Das
Buch der Erfindungen, Gewerbe
und
Industrien.
VI.

Achte neugestaltete Auflage.

Pracht-Ausgabe.

Das

Buch der Erfindungen, Gewerbe

und

Industrien.

Rundschau auf allen Gebieten der gewerblichen Arbeit.

In Verbindung mit

Privatdozent Dr. G. Baumert, Fabrikant E. W. F. Berg, Ingenieur Schwarz-Flemming, Hofbuchbinder Gustav Fritzsche, Prof. G. Gayer, Direktor H. Haedicke, Regierungsbaumeister W. Hartmann, Dr. Fr. Heincke, Dr. G. Heppe, Redakteur A. Hirschberg, A. von Ihering, Professor Dr. A. Kirchhoff, Oberlehrer E. Krause, Carl Lorck, Fr. Luckenbacher, Prof. A. Lüdicke, Baurath Dr. O. Mothes, Prof. Dr. H. Nitsche, Dr. K. Persecke, Emil Schallopp, Herm. Schnauß, Major I. Schott, Ingen. Th. Schwarze, Redakteur Dr. Franz Stolze, A. Werner, Ulr. Wilcke, Professor Dr. Moritz Willkomm, Jul. Zöllner u. a.

herausgegeben von

Professor F. Reuleaux.

Sechster Band.

Die mechanische Bearbeitung der Rohstoffe.

Achte umgearbeitete und stark vermehrte Auflage.

Mit vielen Ton- und Titelbildern, nebst mehreren Tausend Text-Illustrationen.

Nach Originalzeichnungen
von L. Burger, O. Mothes, G. Rehlender, Albert Richter u. a.

Leipzig und Berlin.

Verlag und Druck von Otto Spamer.

1887.

Das Buch der Erfind. 8. Aufl. VI. Bd.   Leipzig: Verlag von Otto Spamer.

Die
mechanische Bearbeitung der Rohstoffe.

Inhalt:

Der Maschinenbau und seine Hilfsmittel.
Geschützwesen, blanke Waffen und Stahlwerkzeuge. Messer, Gabeln und Werkzeuge.
Schlösser und feuerfeste Geldschränke. Nägel und Nadeln.
Die Verarbeitung der Bleche und die Stahlfederfabrikation. Die Uhrenfabrikation.
Die Goldschmiedekunst und Bijouteriefabrikation. Die Verarbeitung des Holzes.
Das Drechseln und die Spielwarenfabrikation. Wagen- und Kutschenbau. Holz- und Strohflechterei.
Die Verarbeitung der Faserstoffe. Die Spinnerei. Seil- und Taufabrikation. Das Weben.
Die Nähmaschine. Papiermaché und Verwandtes. Die Buchbinderei.
Die Verarbeitung des Leders. Sattler, Schuh- und Handschuhmacher.
Verarbeitung der Haare, Borsten und Därme.

Achte umgearbeitete und bedeutend erweiterte Auflage.

Unter Mitwirkung von E. F. W. Berg, Gustav Fritzsche, H. Haedicke, W. Hartmann, A. Hirschberg,
A. von Ihering, A. Lüdicke, J. Schott, Th. Schwartze, Jul. Zöllner

herausgegeben von

Professor F. Reuleaux.

Mit fünf Tonbildern, 979 in den Text gedruckten Illustrationen sowie einem Titelbilde.

Anfangs- und Abteilungsbilder gezeichnet von Ludwig Burger.

Leipzig und Berlin.

Verlag und Druck von Otto Spamer.

1887.

Verfasser und Verleger behalten sich das ausschließliche Recht der Übersetzung vor.

Leipzig: Spamersche Buchdruckerei.

Inhaltsverzeichnis
zu dem
Buch der Erfindungen, Gewerbe und Industrien.
Achte Auflage.
Sechster Band.

Der Maschinenbau und seine Hilfsmittel.
Die Entwickelung des Maschinenbaues von den ältesten Werkzeugen bis zur Dampfmaschine. Watt und seine Zeitgenossen. Statistik der Dampfmaschinen. Was bringt der moderne Maschinenbau alles hervor? Klassifikation der Maschine. Praktische Förderer. Whitworth. Borsig. Hartmann. Zimmermann. Theorie des Maschinenbaues, begonnen und ausgebildet durch Redtenbacher und Karmarsch. Die Hauptmaterialien des Maschinenbaues, seine Arbeitsmethoden und Hilfsmittel. Kraftmaschinen und Arbeitsmaschinen. Schmieden. Scheren und Lochmaschinen. Dampfkesselfabrikation. Die Nietmaschine. Die Werkzeugmaschinen. Drehbank. Bohrmaschine. Hobelmaschine. Fräsmaschine u. s. w. 3

Geschützwesen, blanke Waffen und Stahlwerkzeuge.
Geschichtliche Entwickelung des Kriegswesens. Die Artilleriefeuerwaffen in ihrer allmählichen Ausbildung bis zu Napoleon I. Das Geschützrohr. Material und Anfertigung. Kaliber. Geschoß und Ladung. Gezogene Geschütze. Lafetten. Die Artillerie der verschiedenen Staaten. Raketen. Mitrailleusen. Die Handfeuerwaffen. Geschichtliches. Glatte Gewehre. Züge, Langgeschoß, Kaliber, Vorderlader, Hinterlader. Jagdgewehr. Revolver. Blanke Waffen. Geschichte derselben. Rüstung, Helm und Harnisch. Die Waffenschmiedekunst und Plattnerei. Anfertigung der blanken Waffen. Damaszenerklingen. Solinger Waffenfabrikation 69

Messer, Gabeln und Werkzeug.
Die Messerschmiederei und ihr Verfahren. Schmieden von Tischmessern und Gabeln. Taschenmesser und Rasiermesser. Die Scheren. Sensen. Sägen. Fabrikation der Feilen, Raspeln und ähnlicher Stahlwaren 159

Schlösser und feuerfeste Geldschränke.
Geschichtliches. Älteste Verschlußweisen. Das ägyptische Schloß. Das chinesische Schloß. Vexierschlösser des 18. Jahrhunderts. Leistungen der neueren Schlosserei gegen Diebe und Feuer. Das Schloß und seine Teile. Riegel und Schlüssel. Das deutsche Schloß. Der Schlüsselbart. Eingerichte. Der Dorn. Das französische Schloß, erfunden von Freitag. Vorlegeschlösser. Sicherheits- und Vexierschlösser. Das Chubbschloß. Amerikanische Schlösserfabrikation. Das Yaleschloß. Feuerfeste Geldschränke 189

Nägel und Nadeln.
Der Nagelschmied. Maschinennägel und Stifte. Drahtfabrikation. Herstellung der Drahtstifte. Gegossene Nägel. Ziernägel. Herstellung der Holz- und Metallschrauben. — Geschichtliches über die Fabrikation der Nadeln. Material und Herstellung der Nähnadeln. Die Stecknadeln und ihre Fabrikation. Selbstthätige Maschinen zur Erzeugung von Stecknadeln 217

Die Verarbeitung der Bleche und die Stahlfederfabrikation.

Verarbeitung der Bleche in früheren Zeiten. Der Klempner, seine Materialien und Werkzeuge, Hammer, Punze u. s. w. Die neu erfundenen Blechbearbeitungsmaschinen. Arbeitsprozesse. Spannen des Bleches. Ausschneiden der Formstücke mittels Scheren und Meißel. Verbinden der Blechstücke durch Falzen, Löten u. dergl. Arbeiten über dem Sperrhorn. Rundbiegen. Abkanten. Börteln und die Börtelmaschine. Treiben und Drücken. Polieren und Fertigmachen. Metallmoireé. Lampenfabrikation. Die Stahlfeder. Ihre Fabrikation in Birmingham. Zubereitung des Rohmaterials zu Blechbändern. Ausstücken der Federn. Schlitzen, Aufbiegen, Schleifen, Spalten, Putzen und Bronzieren. Verpacken 249

Die Uhrenfabrikation.

Anfänge. Sonnenuhren. Wasser- und Sanduhren. Räder- und Gewichtuhren. Die Waaguhr. Die Uhr des Straßburger Münsters. Die Unruhuhr. Taschenuhren. Hemmungen. Uhrwerke für besondere Zwecke. Elektrische und pneumatische Uhren. Die Fabrikation der Uhren. Die Schwarzwälder und die Schweizer Uhrenindustrie 267

Die Goldschmiedekunst und Bijouteriefabrikation.

Schmuck. Verzierung. Ornament. Charakteristik der verschiedenen Kunststile. Materialien der Bijouterie. Die Bronze als ältestes Kunstmaterial. Geschichtliches über die Bijouterie. Die Goldschmiedekunst der Alten. Hildesheimer Silberfund. Byzantiner. Suger in Frankreich. Das Mittelalter. Benvenuto Cellini und sein Einfluß. Die Kleinkünstler in Deutschland und die Kunstkammern. Die heutige Bijouterie. — Technische Methoden. — Email. Entwickelung der Emaillierkunst. Verschiedene Arten der Ausübung . . 297

Die Verarbeitung des Holzes.

Vorbereitung des Holzes, Trocknen, Imprägnieren u. s. w. Verarbeitung im Altertum. Holzbearbeitungsmaschinen. Sägewerke. Furnierschneidemaschinen. Maschinen zum Hobeln, Zapfenfräsen, Drehmaschinen. Universalholzbearbeitungsmaschinen. Faßdaubenmaschine. — Holzschnitzerei. Möbeltischlerei. Entwickelung derselben bis in die Neuzeit. Holzmosaik. Holzstoff. Cellulose und Celluloid 327

Das Drechseln und die Spielwarenfabrikation.

Erfindung der Drehkunst. Rohmaterialien. Alte Drehbänke. Spitzen- und Spindeldrehbank. Die Bestandteile einer zweckmäßigen Drehbank, Reitstock, Auflage, Spindel. Futter und Mitnehmer. Die mancherlei Drehstähle und sonstigen Werkzeuge. Drehbank mit Support. Schraubenschneiden. Exzentrisches Drehen. Das Ovalwerk. Spielwarenfabrikation. Knopffabrikation. Tabletterie. Fächer und dergleichen kurze Waren 353

Wagen- und Kutschenbau.

Über das Alter der Wagen und ihre Erfindung. Das Scheibenrad. Das Speichenrad. Der Radreif. Rennwagen bei den Römern. Transportwagen und Luxusfuhrwerke. Die Herstellung einer Kutsche. Kastenmacher und Stellmacher. Radband. Federn. Lederüberzug, Polster, Auspuß. Verschiedenheit der Fuhrwerke. Russische Geschirre. Die türkische Araba. Ostindische und neapolitanische Wagen. Der Eisenbahnomnibus . . . 367

Holz- und Strohflechterei.

Das Flechten eine sehr ursprüngliche Kunst. Korbflechterei, Werkzeug und Verfahren. Spanisches Rohr und seine Behandlung. Flechten der Rohrstühle. Fertigmachen der Korbwaren durch Lackieren u. s. w. Strohflechterei. In Italien; Anbau und Zubereitung des Weizenstrohes. Gemischte Geflechte aus Stroh und Haaren u. s. w. Ausbreitung der Strohhutfabrikation von Italien aus. Panamahüte 381

Die Verarbeitung der Faserstoffe.
Die Spinnerei.

Einleitung. Geschichtlicher Überblick über die Entwickelung der Spinnerei und Weberei. Die Rohstoffe. Wolle. Seide. Gewinnung der Rohseide. Baumwolle. Flachs und seine Behandlung. Hanf. Jute. Verfälschungen und ihre Erkennung durch das Mikroskop. Das Spinnen. Spindel und Spinnrad. Die mechanische Spinnerei. Ihre Geschichte. Hargreaves und Arkwright. Die Hauptoperationen des Spinnens und die dabei gebräuchlichen

Inhaltsverzeichnis.

Maschinen. Vorbereitungsmaschine. Whipper. Schlagmaschine. Krempel. Strecke u. s. w. Die Spinnmaschine. Vorspinn- und Feinspinnmaschine. Ringspinnmaschine. Mule-Jenny. Selfaktor. Haspeln, Sortieren und Verpacken des Garns. Mechanische Wollspinnerei. Streichgarn und Kammgarn. Die Flachs- und Werkspinnerei. Die Jutespinnerei 391

Seil- und Taufabrikation.

Theorie des Seiles. Material. Innere Beschaffenheit eines Seiles. Das Seilerrad. Spinnen. Anschweifen. Teeren. Seildrehen über die Leere. Maschinenseilerei. Huddarts Patenttaue. Bindfadenfabrikation. Verknüpfung der Taue. Flachseile. Netzstrickerei. Drahtseile 455

Das Weben.

Was ist ein Gewebe? Indischer Webstuhl. Webstuhl aus den Pfahlbauten. Altrömischer Webstuhl. Geschichtliche Bemerkungen über den Betrieb der Woll- und Leinweberei im Mittelalter. Der bei uns gebräuchliche Webstuhl mit seinen Bestandteilen: Kettenbaum mit Spannvorrichtung, das Geschirr mit Tritten. Litzen. Die Lade mit Schützen. Der Brustbaum mit Aufwinder. Die Vorarbeiten des Webens. Spulen mit der Hand und mit der Spulmaschine. Das Scheren. Scherrahmen. Das Aufbäumen, Einziehen und Anschnüren und das Schlichten der Kette. Das Weben. Die Grundstoffe: Taft, Köper, Atlas. Fuß- und gezogene Arbeit. Kontermarsch und die Vorläufer der Jacquardmaschine. Charles Marie Jacquard. Die Jacquardmaschine und ihre Einrichtung. Bonellis elektrischer Webstuhl. Erzeugnisse der Kunstweberei. Schalweberei. Doppelstoffe und Hohlgewebe. Pikee. Gaze, Samt, Teppiche, Gobelins, Bänder. Der mechanische Webstuhl. Schaftscheiben. Appretur: Walken, Sengen, Rauhen, Scheren, Mangen, Moirieren und Kräuseln. 467

Die Nähmaschine.

Geschichte der Erfindung der Nähmaschine. Thomas Saint. Madersberger. Thimonnier. Walter Hunt. Newton und Archbold. Corliß u. s. w. Howe. Vervollkommnung der Nähmaschine durch Singer, Wilson. Grover und Backer. J. E. A. Gibbs. Anteil Europas an der Nähmaschinenfabrikation. Die Grundprinzipen der verschiedenen Systeme. Einfadenmaschinen, Wilcox und Gibbs. Kreisnadelmaschine. Maschine mit Greifer, Wheeler und Wilson. Schiffchenmaschine, Singer. Leistungen der Nähmaschine. Handel mit Nähmaschinen. Preise. Fabrikation. — Die Stickmaschine. Die Strickmaschine . . . 517

Papiermaché und Verwandtes.

Ursprung der Industrie. Ihre Rohstoffe. Methoden der Verarbeitung derselben. Herstellung eines plastischen Breies. Formen desselben. Brennen, Steinpappe. Gepreßte Holzmasse. Methode des Übereinanderleimens. Dosenfabrikation. Japanische Artikel. Fabrikation in England und Deutschland. Spielwaren. Die Pappe. Papierwäsche und ihre Herstellung 544

Die Buchbinderei.

Geschichtliches. Alte und moderne Buchbinderei. Das Technische derselben. Die neuen Hilfsmaschinen des Buchbinders. Falzen. Falzmaschine. Schlagen und Glätten. Heften. Das Beschneiden und die dazu dienenden Werkzeuge. Das Anbringen des Schnittes. Marmorieren, Goldschnitt u. s. w. Ziselieren des Schnittes. Ziseliermaschine. Rücken und Ecken. Die Decke. Pressen, Vergoldung und sonstige Verzierungen. Ledermosaik 557

Die Verarbeitung des Leders.
Sattler, Schuh- und Handschuhmacher.

Verarbeitung des Leders. Sattler- und Täschnerarbeit. Der Schuhmacher. Der fabrikmäßige Betrieb, die mechanische Schuhfabrikation. Glaceehandschuhe. Ursprung ihrer Fabrikation. Material. Egalisieren der Felle. Zuschneiden und Nähen 581

Verarbeitung der Haare, Borsten und Därme.

Die Hutmacherei. Vorbereiten der Haare zur Erzeugung des Filzes. Das Fachen, Walken und Plattieren. Das Formen und Appretieren. Kammerfilze, Dachfilze u. s. w. — Borsten, Bürsten und Pinsel. Sortieren und Zurichten der Borsten. Einsetzen. Rauharbeit und eingezogene Arbeit. Pinselfabrikation. — Darmsaiten. Ihre Herstellung in Italien, Frankreich und Deutschland 592

Tonbilder,

welche an den nachstehend bezeichneten Stellen in den Text einzuheften sind.

Seite

Porträtgruppe (Titelbild).
Borsigs Maschinenbauanstalt. Lokomotivensaal 19
Künstlerisch ausgestattete Waffen 103
Silberne Humpen von Sy & Wagner in Berlin 297
Reichgeschmücktes Herrenzimmer. Nach Entwurf von Rehlender 327
Kunstreiche Hutformen 598

Vorwärts wandeln, wiederkehren,
Und das Rohe neugestalten,
Ordnung in Verwirrung schalten
Wird auf Erden immer währen.
L. Thieck.

Nicht wo die gold'ne Ceres lacht
Und der friedliche Pan, der Flurenbehüter,
Wo das Eisen wächst in der Berge Schacht,
Da entspringen der Erde Gebieter.

Schiller.

Der Maschinenbau und seine Hilfsmittel.

Die Entwickelung des Maschinenbaues von den ältesten Werkzeugen bis zur Dampfmaschine. Watt und seine Zeitgenossen. Statistik der Dampfmaschinen. Was bringt der moderne Maschinenbau alles hervor? Klassifikation der Maschine. Praktische Förderer. Whitworth. Borsig. Hartmann. Zimmermann. Theorie des Maschinenbaues, begonnen und ausgebildet durch Redtenbacher und Karmarsch. Die Hauptmaterialien des Maschinenbaues, seine Arbeitsmethoden und Hilfsmittel. Kraftmaschinen und Arbeitsmaschinen. Schmieden. Scheren und Lochmaschinen. Dampfkesselfabrikation. Die Nietmaschine. Die Werkzeugmaschinen. Drehbank. Bohrmaschine. Hobelmaschine. Fräsmaschine u. s. w.

Die Entwickelung des Maschinenbaues zu einem selbständigen, bedeutsamen Industriezweige begann erst nach der Erfindung der Dampfmaschine, dieses Allerweltsmotors, der es möglich machte, fast an jedem Orte und in beliebiger Stärke mechanische Arbeitskraft zu entwickeln. Die Wiege des Maschinenbaues stand daher auch in England, wo die Dampfmaschine zuerst in brauchbarer Form hergestellt wurde, und längere Zeit hindurch schien jenes Land beinahe das Monopol für die Anfertigung von Maschinen überhaupt zu besitzen, bis infolge der fortwährend sich steigernden allgemeinen Entfaltung der Industrie auch andre Länder endlich anfingen, ihren Bedarf an Maschinen wenigstens teilweise selbst zu decken, und namentlich erhielt der Maschinenbau durch die Erfindung des Dampfwagens und des rasch sich entwickelnden Eisenbahnwesens einen wirksamen Antrieb. Gegenwärtig ist die Maschine das unentbehrliche Mittel zur Ausführung der für unsre Bedürfnisse nötigen mechanischen Arbeiten geworden, und ihre Leistungen in Beschaffenheit wie Menge haben sich unausgesetzt in erstaunlicher Weise vervollkommnet. So haben in der

That die Fortschritte in der Bemeisterung der Naturkräfte und in der nutzbaren Verwendung der Naturstoffe sich in den letzten 50 Jahren in einer noch nie erreichten Weise zusammengedrängt, als wenn das ganze Zeitalter mit Dampf gearbeitet habe. Doch jetzt scheint es fast, als habe die Dampfmaschine eine in gewisser Beziehung ebenbürtige Mitbewerberin in der Gasmaschine gefunden, die als Kraftspenderin aus kleinen Anfängen herangewachsen ist und sich nunmehr die Nutzbringung erobert hat. Als Vorrichtung zur mechanischen Wärmeausnutzung oder, sagen wir kurz, als Wärmemaschine steht die Dampfmaschine hinter der Gasmaschine zurück; denn während erstere nur 5—10 Prozent der zu ihrem Betrieb entwickelten Wärme in mechanische Kraftleistung umsetzt, ergibt die letztere eine Wärmeausnutzung von etwa 16 Prozent. Schon wird die Gasmaschine bis zu Kraftleistungen von 100 Pferdestärken gebaut. Und wenn auch über den Nutzen des Gebrauchs so großer Gasmaschinen noch keine sehr weit gehenden Erfahrungen gewonnen worden sind, so steht doch fest, daß rücksichtlich des Kleinbetriebes die Gasmaschine der Dampfmaschine entschieden überlegen ist.

Geschichtliches. Die Erfindung der Maschine verliert sich im Dunkel der Urzeit unsres Geschlechts. Gewiß ist das Werkzeug älter als die Maschine. Der aufgeraffte Stein, der abgebrochene Baumast können in der Not als Bewehrung der Hand zum Schaffen oder Vernichten dienen, und durch die von den Gliedmaßen ihm erteilte unmittelbare Bewegung wird das Werkzeug gewissermaßen zum Körperteile. Die Maschine dagegen ist eine mehr oder minder kunstreich zusammengebaute Vorrichtung, mittels welcher bestimmte, durch die Einrichtung bedingte, mehr oder minder zusammengesetzte Bewegungen hervorgebracht werden. Uralt sind Wasser- und Windräder; uralt ist auch der Quirlbohrer, der zuerst vielleicht zur Feuererzeugung benützt und entweder zwischen beiden hin und her bewegten Handflächen oder mittels einer doppelt umgelegten Schnur durch Hin- und Herziehen von deren Enden in eine

Fig. 3. Quirlholz zum Feuerzünden.
Nach Tylors „Early history of mankind".

entsprechende hin und her drehende Bewegung versetzt wurde. Fig. 3 zeigt zwei in dieser Weise Feuer machende Eskimos. Das runde, durch die Schnur hin und her gedrehte Holz wird dabei mit seinem unteren zugespitzten Ende gegen ein mit einer kleinen Vertiefung versehenes Brett gestemmt und das Feuerfangen durch die infolge der Reibung erzeugte Wärme mittels eingestreuter, leicht entzündlicher Stoffe, wie trockenes Moos und dergleichen, befördert. Die in den Ausgrabungen uralter Ruinenstätten gemachten Funde beweisen, daß schon hinein in die vorgeschichtliche Zeit ähnliche Bohrmaschinen benutzt wurden, um damit Holz, Knochen, Hirschhorn und selbst harte Steine zu durchlochen oder vertiefte Verzierungen hineinzuarbeiten, wobei Sand und Wasser mithelfen mußten. Neuerdings hat Flinders Petrie in seinem Buche „The Pyramids and Temples of Gizeh" mit Bezug auf alte Fundstücke nachgewiesen, daß die Ägypter schon in allerältester Zeit in maschinenartigen Vorrichtungen Bohrer, Sägen und andre Werkzeuge mit Spitzen und Schneiden aus härtesten Edelsteinen, wahrscheinlich Korund oder gar Diamant, zur Bearbeitung des Granits, Porphyrs und Basalts benutzten. Die erste und wichtigste Arbeit bestand darin, die herzurichtenden, für Bauwerke, Särge u. s. w. bestimmten Steine auf einer Art Hobelmaschine mit Furchen zu versehen. Wenn es galt, Löcher durch Steine zu bohren, so bedienten sich die altägyptischen Steinmetzen röhrenförmiger Bohrer mit sägenzähniger Schneide, womit cylindrische, mehrfach vorgefundene Kerne herausgebohrt wurden. Vorgefundene Stücke von Basalt, Granit und Diorit zeigen noch ganz deutlich auf ihren Flächen die

Spuren benutzter Sägen, die zum Teil drehend, d. i. als Kreissägen, angewendet worden sind. An andern Stücken erkennt man, daß dieselben in einer Drehbank bearbeitet wurden. Man hat versucht, die Spuren dieser alten Werkzeuge nachzuahmen und gefunden, daß dies nur mit den härtesten Edelsteinen möglich ist.

Wohl eine der ältesten Formen der Drehbank ist noch heute bei den Kalmücken zu finden. Wir geben deren Abbildung in Fig. 4 nach Klemms Kulturwissenschaft und der Besprechung in Reuleaux' Kinematik. Diesem Werke, in welchem zum erstenmal mit wissenschaftlicher Schärfe die Entwickelungsgeschichte der Maschine darzustellen gesucht ist, folgen wir noch mehrfach. Diese Maschine besteht aus einer wagerecht gelagerten hölzernen Spindel, welche mittels eines zwischen den Lagern mehrfach um sie geschlungenen Riemens durch Hin= und Herziehen, ganz nach Art des in Fig. 3 abgebildeten Feuerquirls, von einem Gehilfen des Drechslers gedreht wird. Der Drehkünstler pflöckt seine Maschine einfach in den Boden, setzt die wie ein kleiner Stiefelknecht geformte Vorlage zum Auflegen des Drehstahls heran und beginnt seine Arbeit, durch welche er verhältnismäßig zu seiner einfachen Vorrichtung sehr hübsche Gefäße anfertigt. In der noch jetzt üblichen, wohl aus uralter Zeit abstammenden noch einfacheren ägyptischen Drehbank wird das abzudrehende Holzstück zwischen zwei eisernen Spitzen eingespannt und mittels der umschlungenen Schnur eines elastischen Fiedelbogens quirlartig hin und her gedreht. Der Drechsler hockt hinter seiner am Boden befestigten Maschine und bewegt mit der Linken den Fiedelbogen, während er mit der Rechten den Meißel gegen das Arbeitsstück führt, welchen er mit der großen Zehe des rechten Fußes auf die Vorlage drückt. Die Geschicklichkeit dieser Drehkünstler soll sehr groß sein.

Die mit quirlartiger Bewegung arbeitende, aus der grauen Vorzeit herstammende Drechselbank hat sich in einzelnen Gegenden bis auf den heutigen Tag erhalten, so besonders in Italien. Mit dieser Vorrichtung arbeitet der Drechsler so, daß er eine Schnur um das abzudrehende

Fig. 4. Kalmückische Drehbank. Nach Klemms „Kulturwissenschaft".

Holzstück oder um die Drehbankspindel geschlungen hat; oben ist die Schnur mit dem freien Ende eines an der Decke befestigten elastischen Holzstabes und unten mit dem Trittbrett verbunden. Beim Niedertreten dreht sich das Arbeitsstück gegen die daran gehaltene Schneide des Werkzeugs und beim Lüpfen des Fußes erfolgt die Rückwärtsdrehung. Für kleine Dreh= und Bohrarbeiten wird die mit einem Fiedelbogen oder auch mit einem steilen vielgängigen Schraubengewinde bewirkte Quirlbewegung von Uhrmachern und Feinmechanikern immer noch benutzt. Der Fiedelbohrer hat unzweifelhaft ein sehr hohes Alter. Die Ägypter haben denselben nachweislich schon 1500 Jahre v. Chr. gebraucht; auch bei den Chinesen wird er allgemein angewendet. Neuere Entdeckungen haben es sogar höchst wahrscheinlich gemacht, daß die untergegangenen Völkerschaften, welche vor den uns bekannten Indianern Amerika bewohnten, ebenfalls mit dem Fiedelbohrer gearbeitet haben, worauf Professor Reuleaux in seiner Kinematik hinweist.

Eine sehr wichtige Anwendung der Drehbewegung, welche wohl sehr frühzeitig schon zur Erfindung von Maschinen mit andauernd einseitiger Drehbewegung führte, ist das Spinnen. Zuerst wurde das zum Spinnen führende Zusammendrehen von Pflanzenfasern nur mittels der Hände ausgeführt; dann wurde schon in der Steinzeit die Handspindel erfunden, deren Anwendung auf dem mechanischen Grundgesetze beruht, daß eine hervorgerufene Drehbewegung durch eine Schwungmasse eine Zeitlang fortgesetzt wird. Uralt ist auch die mit dem Spinnen nahe verwandte Seilerei, zu deren Ausführung die Ägypter schon sehr frühzeitig maschinenartig betriebene Vorrichtungen benutzten.

Das Verarbeiten der gesponnenen Fäden zu Geweben wurde bereits von den Pfahlbauern, also in vorgeschichtlicher Zeit, auf Webstühlen bewirkt, die aber noch nicht als

Maschinen zu betrachten sind, indem die Arbeit ähnlich dem Spitzenklöppeln ausgeführt wurde. Eine sehr alte, aber doch wohl nicht bis in die Vorgeschichte des Menschengeschlechts zurückreichende Maschine ist die in Fig. 5 nach Professor Reuleaux' „Kinematik" dargestellte Picota oder Kuppilay der Inder. Es ist dies eine Art Ziehbrunnen, bei welchem die Hebelbewegung mittels eines Wippbaumes oder Schwengels benutzt wird, den zwei darauf stehende Männer durch Vor= und Rückschreiten in Bewegung setzen. Der Schwengelbrunnen ist bis heute außer in Indien auch in Nordafrika, in Spanien, auch in Belgien bei den Ziegelstreichern, ja auch hier und da in Deutschland im Gebrauch. Ihm sehr ähnlich ist die Vorrichtung, mittels welcher die Chinesen mit dem sogenannten Seilbohrer ihre erstaunlichen artesischen Brunnen stoßen.

In den Kriegsgeräten der Griechen und Römer, das ist bei den Ballisten und Katapulten, zeigt sich die bedeutende maschinenartige Ausbildung des uralten pfeilschießenden Bogens. Die Ansammlung der Kraft zum Schleudern der Geschosse ist darin bereits auf eine hohe Stufe gebracht, indem die daran befindliche Spannvorrichtung wie auch die Geradführungen, Windwerke u. s. w. mit viel Geschick und Kunstfertigkeit eingerichtet sind.

Fig. 5. Altindische Wasserhebemaschine. Nach F. Reuleaux' „Kinematik".

Zu den ältesten Maschinen gehören die Getreidemühlen, aber auch der Feuerspritze kommt ein ziemlich hohes Alter zu. Ihr Erfinder ist der um das Jahr 250 v. Chr. unter dem Kaiser Augustus lebende Grieche Ktesibios. Sein Zeitgenosse, der römische Kriegsingenieur Vitruvius, gibt davon in seinem Werke „De Architectura" die folgende interessante Beschreibung: „Nunmehr muß ich von der Ktesibischen Maschine reden, welche das Wasser sehr hoch in die Höhe bringt. Sie wird aus Kupfer gemacht und besteht aus zwei Stiefeln oder Kolbenröhren, welche weit voneinander stehen und zwei gabelförmige Kropfröhren oder Gurgeln haben, die miteinander zusammenhängen, indem beide in der Mitte eines Windkessels gehen. In dem Windkessel werden auf die oberen Öffnungen der Kropfröhren Klappenventile vermittelst eines feinen Gewindes befestigt; diese verschließen die Mündung der Kropfröhren und lassen das Wasser nicht wieder zurück, das mit Hilfe der Luft in den Windkessel hineingetrieben worden ist. Oben ist der Windkessel mit einem Deckel in Gestalt eines umgekehrten Trichters versehen, welcher wohl eingefügt und vermittelst eines Bolzens mit einem Niet an den Windkessel befestigt wird, damit derselbe durch den Druck der Luft und des Wassers nicht abgeworfen werde; und mitten aus diesem Deckel erhebt sich die eingelötete Steigröhre. Die Stiefel haben unter der unteren Mündung der Kropfröhre oder Gurgel ein Klappenventil auf der Öffnung der Saugröhre unten im Boden. Durch die obere Öffnung der Stiefel werden massive Kolben, welche auf der Drechselbank abgedreht und mit Öl beschmiert sind, vermittelst der Kolbenstangen durch einen damit verbundenen Hebel geschoben und wiederholt auf und nieder bewegt. Wenn jetzt der in die Höhe gezogene Kolben durch das Ventil Luft und Wasser eingesaugt hat,

Geschichtliches. 7

so preßt er, wenn er wieder niedergedrückt wird, beides zusammen, weil es durch das nun geschlossene Ventil nicht zurückweichen kann, und treibt das Wasser mit Hilfe der Ausdehnungskraft der Luft durch die Kropfröhre in den Windkessel. Hier wird dadurch die Luft gegen den Deckel gedrängt, dehnt sich aber nach dem Drucke wieder aus und preßt das Wasser so, daß dasselbe durch die Steigröhre hoch in die Luft spritzt. Also wird das Wasser aus einem unterhalb befindlichen Behälter gehoben und gleich einem Springbrunnen emporgetrieben." Anzufügen ist noch, daß als der Erfinder des Windkessels Heron, der Schüler des Ktesibios, vermutungsweise genannt wird. Aus dem vorstehenden glaubwürdigen Berichte ist zu ersehen, daß bereits in der altrömischen Zeit der Maschinenbau immerhin schon über die Anfänge hinaus war.

Ein späterer römischer Schriftsteller, Plinius, erzählt, daß in der altpersischen Landschaft Karien eine Sägemühle zum Schneiden von Marmor schon 350 Jahre v. Chr. bestanden habe, und es seien in dieser Steinschneidemühle die Marmorblöcke und Platten zu dem Grabmal des Königs Mausolus geschnitten worden. Weiter gibt derselbe auch noch an, daß jene alten Steinsägen durch Schleifen mit Sand wirkten, wie dies ja heute noch üblich ist.

Fig. 6. Bohrmaschine nach einer Skizze von Leonardo da Vinci.

Ein ziemlich hohes Alter kommt auch dem Flaschenzuge und der Schraubenpresse zu. Der erstere wurde schon von den alten Ägyptern und Griechen bei der Ausführung ihrer Bauwerke, die letztere schon sehr frühzeitig in der Tuchwalkerei benutzt.

Zu den ältesten automatisch wirkenden Maschinen gehören auch die Räderuhren, von deren Vorhandensein man Spuren schon im 11. Jahrhundert und selbst noch früher gefunden haben will, jedoch schwebt über deren Erfindung noch Dunkel. Dagegen liegen ziemlich ausführliche Nachrichten über die im 15. Jahrhundert zum Bohren der hölzernen Wasserleitungs- und Brunnenröhren benutzten, durch Wasserräder betriebenen Bohrmühlen vor. So berichtet Felix Fabri in seiner gegen Ende des 15. Jahrhunderts geschriebenen „Historia Suevorum" über eine solche in Ulm betriebene Bohrmühle, und von dem berühmten Maler und Techniker Leonardo da Vinci ist neben andern technischen Skizzen und Maschinenentwürfen auch die Zeichnung einer wahrscheinlich von ihm selbst erfundenen derartigen Bohrmaschine vorhanden, deren Abbildung wir in Fig. 6 wiedergeben. Diese Abbildung entspricht vollständig der Fabrischen Beschreibung der Ulmer Bohrmühle und zeigt, daß deren Einrichtung recht praktisch und ziemlich vollkommen war. Der Bohrer wird durch eine Welle in Umlauf gesetzt und der zu bohrende Baumstamm rückt ihm auf einem Wagen oder Schlitten entgegen. Aus Fig. 6 ist zu ersehen, daß die Bohrwelle a mit dem Bohrer b in einem starken Holzgestell eingelagert ist, wobei der Bohrer durch eine Führung d gestützt wird. Der zu bohrende Baumstamm e ist in eine Art Klemmfutter an beiden Enden mit vier Backen durch Druckschrauben f fest eingespannt. Diese Schrauben sind mit außen verzahnten Muttern g versehen und können mittels einer verzahnten Scheibe, die bei h sichtbar ist, gleichzeitig in Umdrehung gesetzt werden, so daß die vier Schrauben gleichmäßig andrücken und die Einspannung des Baumstammes ganz gleichmäßig von allen Seiten erfolgt. Diese Einspannvorrichtung befindet sich auf einem Schlitten i, der unterhalb mittels einer durch das ganze Gestell hindurchgehenden Schraubenwelle k auf dem Gestell verschoben werden kann. Die ganze Bauart ist sinnreich und zweckmäßig und beweist, daß man in der damaligen Zeit nicht unbedeutende maschinentechnische Kenntnisse besaß. Unter den erwähnten Entwürfen Leonardo da Vincis befindet sich auch die Zeichnung einer Feilenhaumaschine, die ebenfalls sehr merkwürdig ist.

Wenn es demnach auch ganz bestimmt ist, daß man vielerlei Maschinen schon lange gekannt und benutzt hat, so war doch diese Benutzung immerhin eine sehr beschränkte, denn es gab nur ausnahmsweise geistreiche Köpfe, welche in dieser Beziehung ihre glücklichen Gedanken zu verwirklichen wußten; noch wenigere ließen sich herbei, ihre Erfindung vor die Öffentlichkeit zu bringen. Das Bedürfnis war noch nicht geweckt und auch die Möglichkeit rascher Mitteilung eine sehr beschränkte. Einen eigentlichen Maschinenbau in dem Sinne, den man heute dem Worte unterlegt, gab es vor Watts Zeiten nicht. Meist waren es geschickte Zimmerleute und Schmiede, welche derartige Arbeiten mit ausführten, deren wichtigstes Fach jahrhundertelang der Mühlenbau gewesen war.

Von größter Bedeutung für die Entwickelung des Maschinenbaues ist die Erfindung der Dampfmaschine gewesen, deren Geschichte deshalb hier eine etwas ausführlichere Betrachtung verdient.

Die treibende Kraft des Wasserdampfes war schon im Altertume in ihren Anfängen bekannt. Etwa 130 Jahre v. Chr. benutzte der bereits erwähnte Heron von Alexandrien die durch Feuer erregte Dampfkraft zum Betriebe spielzeugartiger kleiner Vorrichtungen. Indessen hielt er den Dampf nicht für das, was er ist, sondern für Luft. Letztere hatte er geschickt in dem nach ihm genannten Brunnen zur Wirkung gebracht.

Während des Mittelalters blieb der Gedanke haften, daß durch Erhitzung das Element Wasser in das Element Luft verwandelt werden könne, sowie daß die Natur Abscheu vor dem Leeren habe; man erklärte so gut es ging die beobachteten Erscheinungen. Erst mit der Entdeckung der Luftschwere durch Torricelli (1643) beginnen die richtigen Anschauungen über die Natur des Wasserdampfes, die sich dann allmählich verbreiten und überall umgestaltend auf die Wissenschaft der Mechanik einwirken.

Ums Jahr 1663 trat in England der Marquis von Worcester mit dem Vorschlage auf, einen Dampferzeugungsapparat mit einer Art Heronsball zu verbinden, um auf diese Weise eine Wasserhebemaschine herzustellen. Nach andern Mitteilungen soll der Genannte sogar eine derartige Maschine ausgeführt und in Betrieb gesetzt haben.

Wahrscheinlich wurde man damals schon in weiteren Kreisen mit dem Gedanken vertraut, daß es möglich sei, mittels Dampf größere Wassermengen auf bedeutende Höhen zu heben.

In bestimmterer Weise als bisher tritt der Gedanke, die Dampfkraft als Maschinenbetriebsmittel nutzbar zu machen, in den Bestrebungen des Marburger Professors Dionysius Papin gegen Ende des 17. Jahrhunderts hervor. Als der Sohn eines protestantischen französischen Pfarrers kam derselbe bei Vertreibung der Protestanten aus Frankreich schon in jungen Jahren nach Deutschland und wurde, als tüchtiger Physiker, im Jahre 1687 vom Landgrafen Karl von Hessen zum Professor der Physik an die Marburger Hochschule berufen. In diesem Wirkungskreise beschäftigte sich Papin sehr eifrig mit der Herstellung einer Dampfmaschine, und zwar, wie es scheint, hauptsächlich auf Anregung des Grafen Zinsendorf. Letzterer hatte sich an Papin gewendet, um sich bei ihm Rats zu erholen, wie er am besten aus seinen in Böhmen gelegenen Bergwerken das Wasser herausbringen könne. In einem noch vorhandenen Briefe erwidert Papin darauf folgendes:

„Da der durch Feuer erzeugte Wasserdampf die Eigenschaft hat, ebenso wie Luft eine Federkraft auszuüben, aber auch durch Abkühlung wieder zu Wasser sich zu verdichten vermag, so daß auch nicht die Spur jener Federkraft übrig bleibt, so glaube ich, daß es nicht schwierig sein werde, Maschinen zu bauen, in welchen vermittelst eines Feuers mit nicht zu großen Kosten die Kräfte des Wasserdampfes nutzbar gemacht werden könnten."

Gegen Anfang des 18. Jahrhunderts ging er nach England und starb daselbst 1710.

Ein Zeuge für Papins Dampfmaschinenbau ist der im Kasseler Museum stehende Dampfcylinder, der von einer seiner Versuchsmaschinen herstammt. Leider hatte aber der sinnreiche Erfinder kein Glück.

Wir können voraussetzen, daß die weiteren, auf die Herstellung einer Dampfmaschine hinzielenden und an die Namen Savery, Newcomen und Watt sich anknüpfenden Bestrebungen bekannt sind. Mit Bezug auf die genannten und noch andrer, demselben Ziele nachstrebender Erfinder ist es uns nicht vergönnt, die Ideenverknüpfungen zu verfolgen. Wie Reuleaux in seiner „Kinematik" bemerkt, sehen wir das Ganze gleichsam wie ein nur leicht skizziertes oder schon halb verwischtes Bild vor uns. — Vielleicht vermochten jene Männer sich selbst kaum volle Rechenschaft über ihren Gedankengang zu geben, denn — wie abermals Reuleaux bemerkt — der Erfinder schafft ähnlich dem Künstler. Mit leichtem Fuß überschreitet das Genie die luftigen Bauwerke von Schlüssen, die es zu dem neuen Standpunkte jeweilig hingespannt hat. Rechenschaft von Künstlern und Erfindern über ihre Schritte zu begehren, ist zu Zeiten völlig unrichtig.

Goethe beantwortet die Frage: „Was ist Erfinden?" mit den treffenden Worten: „der Abschluß des Gesuchten."

Bezüglich der Dampfmaschine tritt uns dieser Abschluß in Watts Erfindung entgegen. Sein Genie schließt das Jahrhundert der dasselbe Ziel verfolgenden Bestrebungen erfolgreich ab.

Gleichzeitig mit Watt trat Arkwright, der Schöpfer der Baumwollspinnerei, durch Herstellung der ersten leistungsfähigen Spinnmaschine auf, welcher er mit großem Geschick wichtige Hilfsmaschinen beifügte. Hargreaves mit der durch ihre Einfachheit sich auszeichnenden Jennyspinnmaschine folgte, welche aber später durch Cromptons schon 1779 hergestellte Mulemaschine, die feinere und nach Belieben gedrehte Fäden spann, verdrängt wurde. Zu Cromptons Zeit verbesserte John Lees in Manchester die Kratzmaschine und nur einige Jahre später erfand der ehrsame Pfarrer Cartwright den mechanischen Webstuhl, und zwar — wie es heißt — auf Grund einer Wette binnen Jahresfrist. Aber nicht bloß in Spinnerei und Weberei, auch auf andern Gebieten des Maschinenbaues ging es nunmehr wie mit Dampfkraft vorwärts. Der Engländer William Nicholson, Handelsreisender, Schulvorsteher, Zivilingenieur und Schriftsteller, ließ sich 1790 eine von ihm erfundene Schnellpresse, die erste ihrer Art, patentieren; dieselbe war zwar noch unpraktisch eingerichtet, verkörperte aber doch die Grundidee einer solchen Maschine, die ungefähr seit 1810 nach der sinnreichen Verbesserung durch den Eislebener Buchdrucker Friedrich König ihre Rolle zu spielen begann und die Firma König & Bauer zu hohen Ehren gebracht hat. Um zwei Jahrzehnte zurückschreitend, haben wir die Erbauung des ersten Gießereikupolofens durch den geschickten Gießermeister der Firma Watt & Boulton zu verzeichnen, womit dem Maschinenbaue eine bedeutende Hilfe geleistet wurde. Wir wollen übrigens hier einzuschieben nicht unterlassen, daß in Deutschland gegossene Waren, wie Öfen, Herdplatten 2c., schon Anfang des 16. Jahrhunderts bei uns im Gebrauch waren. Dann trat die von Bramah 1795 erfundene, zu gewaltiger Kraftleistung bei Aufwand geringer Betriebskraft befähigte hydraulische Presse auf. Zwei Jahre später stellte Henry Maudslay, nach Watt der zweite bedeutendste Dampfmaschinenbauer Englands, die erste Supportdrehbank her und schuf damit ein für die genaue Ausführung der Maschinen unentbehrliches Hilfsmittel. Aus demselben Jahre datiert auch die von einem zweiten Cartwright gemachte Erfindung des Kolbens mit Metallliderung, wodurch die unhaltbare Hanfpackung mit Vorteil ersetzt wurde. Als Beweis dafür, daß in England der Erfindungsgeist viel zeitiger zu allgemeiner Bethätigung erwachte als anderwärts, dürfen ganz besonders die schon 1623 aufgestellten Gesetze über Erfindungspatente gelten, durch welche aber nach dem Gesetz der Wechselwirkung auch wiederum der Sinn für Erfindung seine Anspornung erhielt. Eine nach gleicher Richtung wirksame Gesetzgebung trat in Frankreich und gleichzeitig in

Bayern erst 1791, in den nordamerikanischen Vereinsstaaten 1793 und noch später in Österreich und andern deutschen Staaten in Wirksamkeit. Die frühere vielgestaltige Patentgesetzgebung des deutschen Staatenbundes konnte aber keineswegs die gleiche Wirkung wie diejenige Englands besitzen, erst durch die Wiedererstehung des Deutschen Kaiserreichs wurde auch den deutschen Erfindern ein dem Bedürfnis genügendes Patentgesetz zu teil.

Mit der Geschichte der Dampfmaschine ist diejenige des Dampfschiffes und der Lokomotive eng verknüpft. Wir haben schon erwähnt, daß Papin als der erste Erfinder des Dampfschiffs anzusehen ist. Aus einer Korrespondenz zwischen ihm und Leibniz geht hervor, daß er schon 1698 mit dem Versuche sich beschäftigte, ein Boot mittels Dampf durch ein Ruderrad zu betreiben, und später wollte er mit einem solchen Boote die Fulda, Werra und Weser hinunter bis Bremen fahren, aber sein Fahrzeug wurde von den dem Neuen abholden Mündener Schiffern zerstört. Von der Zeit an wurde der Gedanke, ein Dampfschiff zu bauen, in mehr Köpfen lebendig. Gewöhnlich wird die Erfindung des Dampfschiffes dem Amerikaner Robert Fulton zugeschrieben, der 1803 zu Paris auf der Seine gelungene Versuche anstellte, ohne damit aber bei den Franzosen Beifall zu erwerben. Indessen — und Fulton gesteht dies selbst in einem aus dem Jahre 1807 datierenden Schriftstücke zu — ist ihm schon 1783 der Marquis Claude de Jouffroy mit seinem Dampfboote auf der Doubs, einem Nebenflusse der Saone, zuvorgekommen. Jouffroys Boot war gegen 46 m lang, $4{,}6$ m breit und mit 300 Zentner beladen. Die auf demselben befindliche Dampfmaschine betrieb an jeder Seite ein Schaufelrad mit 24—27 Umdrehungen in der Minute, wobei das Boot stündlich etwa 12 km zurücklegte. Die Lyoner Akademie setzte eine Kommission ein, welche den Versuchen beiwohnte und in einem darüber geführten Protokoll sich anerkennend aussprach. Wie dem aber auch sein mag, so gebührt doch jedenfalls Fulton der Ruhm, die erste regelmäßige Dampfschiffahrt, und zwar 1807 auf dem Hudson, in das Leben gerufen zu haben, und unter seiner Leitung wurden allmählich 15 Dampfer gebaut.

Das erste in Europa zu dauernder Anwendung gekommene Dampfboot wurde von Henry Bell 1812 für die Fahrt auf dem Clydeflusse in Schottland beschafft. Im Jahre 1817 ging der erste Dampfer auf dem Rhein, 1818 auf der Donau und 1819 befuhr das erste Seedampfboot das Adriatische Meer zwischen Triest und Venedig. In demselben Jahre, im schönen Monat Mai, wurde aber auch der Atlantische Ozean von einem amerikanischen Dampfer Namens „Savannah" zwischen New York und Liverpool in 22 Tagen durchschnitten, wogegen freilich die heutigen neuesten, viel kräftigeren Dampfer nur sechs bis sieben Tage dazu brauchen. Bezüglich der Vervollkommnung der Seeschiffahrt durch Einführung der Schraube anstatt der Schaufelräder wurden zwar schon gegen Ende des vorigen Jahrhunderts Versuche in England angestellt, jedoch ohne Erfolg; erst 1829 wurde diese Aufgabe durch den Deutschböhmen Joseph Ressel im Hafen von Triest gelöst.

Die Geschichte des Dampfwagens reicht in ihren ersten Anfängen wohl bis auf Savery zurück. Im Jahre 1759 teilte Robison, der später beratende Freund Watts, diesem eine ähnliche Idee mit. Der erste, der einen Dampfwagen wirklich baute, war der Ingenieur Cugnot in Paris und dieser dachte hauptsächlich an die Bewegung von Kanonen ohne Pferde. So spielte der Erfindungseifer mit dieser Aufgabe fast durch ein halbes Jahrhundert hindurch und eine Reihe von damit verknüpften Namen wäre zu nennen. Auch Watt arbeitete in den Jahren 1772—76 eine derartige Maschine auf dem Papiere aus. Bei allen bezüglichen Entwürfen und Versuchen wurde ganz besonders der Zweck ins Auge gefaßt, auf den bereits bestehenden Kohleneisenbahnen in Cornwall die Pferde durch die fahrende Dampfmaschine zu ersetzen. Im Jahre 1802 nahm endlich der talentvolle Mechaniker Richard Trevithick, auch ein Cornwaller, ein Patent auf einen mit der von ihm gleichfalls zuerst gebauten Hochdruckmaschine versehenen Dampfwagen. Sechs Jahre später, nachdem er sein Werk mehrfach umgeändert und verbessert hatte, baute er bei London eine kreisförmige Eisenbahn, auf welcher er, um die Aufmerksamkeit zu erregen und das ihm mangelnde Geld einzunehmen, seine Maschine wie auf einem Karussell laufen ließ und Fahrgäste zur Benutzung des angestaunten Fuhrwerks einlud. Das Vergnügen dauerte einige Wochen, dann entgleiste die Maschine und fiel um. Trevithick aber war mit seinen Mitteln zu Ende und verkam in Armut. Jetzt erst ist sein Andenken wieder zu Ehren gekommen und soll durch ein Denkmal verewigt werden. Bezüglich der Herstellung der ersteren Lokomotiven war man von dem allgemeinen Irrtum befangen, daß zur Hervorbringung des Fortrollens der Räder zwischen Maschine und Eisenbahn eine mechanische Verbindung bestehen müsse. Die Möglichkeit des Haftens der glattrandigen Räder an glatten Schienen hatte man eben noch nicht angenommen. Im Jahre 1812 kam endlich William Hedley, der Aufseher einer Kohlengrube in Cornwall, zu der Einsicht, daß die mit Dampfkraft gedrehten Räder bei gehöriger Belastung ohne weiteres auf einer Eisenbahn fortzurollen vermögen. Er setzte die Sache ins Werk und baute seine erste Lokomotive — aber mit zu kleinem Kessel. Dann kam die zweite verbesserte, die „Puffing Billy", zu deutsch würden wir „Pust=Jule" sagen, die im Mai 1813 ihre erfolgreiche Thätigkeit begann, wenn auch vielleicht mit mehr Getöse als nötig war. Diese Maschine arbeitete auf ihrer Kohlenbahn fast unausgesetzt bis 1862, ein Zeuge für die Beständigkeit des Engländers. Erst ein Jahr nach Hedleys erstem Erfolge trat der als Erfinder der wirklichen Lokomotive gewöhnlich genannte George Stephenson auf, indem er seine erste Lokomotive auf der Kohleneisenbahn zu Killingworth bei Newcastle in Betrieb setzte.

Nach vielem Probieren und mannigfachen Versuchen errang derselbe 1829 bei der Wettfahrt auf der Liverpool=Manchester=Bahn durch die bewunderte große Schnelligkeit seiner Maschine einen durchschlagenden Erfolg. Verhältnismäßig rasch vermehrten sich dann die mit den Dampfwagenzügen befahrenen Schienenstränge zu länderüberspannenden Verkehrsnetzen und heute beträgt ihre Länge auf der Erde über 400000 km und ihr Anlagekapital rund 84 Milliarden Mark.

Auch die Dampfmaschine im allgemeinen hat sich gewaltig entwickelt und als wahrhafter Faktor unsrer materiellen Kultur eine hochwichtige Bedeutung erlangt. Tausende von Erfindern haben sich um ihre Verbesserung bemüht. Vielfach hat man versucht, die Dampfmaschine durch künstlich zusammengesetzte, die Dampfverteilung für den Cylinder genau regelnde Steuerungen zu verbessern und dabei oft übersehen, daß in der Hauptsache die sparsame Ausnutzung des im Cylinder arbeitenden Dampfes im gehörigen Zusammenhalten von dessen Wärme liegt, deren Verlust nach außen man durch geeignete Mittel möglichst zu beschränken hat. Schon Watt hatte den Dampfmantel als Schutzhülle für den Dampfmaschinencylinder in Anwendung gebracht, aber später hat man dessen Wirksamkeit im allgemeinen verkannt, weil man überhaupt über das physikalische Verhalten des arbeitenden Dampfes noch im Unklaren war. Ein großer Fortschritt im Dampfbetriebe wurde durch die möglichst gesteigerte Ausnutzung der Dampfexpansion erzielt, zu welchem Zwecke schon 1781 der Engländer Jonathan Hornblower eine Doppelcylindermaschine baute, um dem Dampfe die aufeinander folgende Ausdehnung in zwei Cylindern zu gestatten. Diese Maschine wurde dann 1804 von Woolf verbessert und später in die sogenannte Kompoundmaschine umgewandelt, für deren englische Bezeichnung neuerdings das deutsche Wort „Verbundmaschine" aufgekommen ist.

Bei der Woolfmaschine, die ebenfalls unter die Klasse der Verbundmaschinen zu rechnen ist, treten beide Kolben gleichzeitig in ihre Endstellungen ein, indem die Kurbeln gleich oder entgegengesetzt gestellt sind. Bei der später und zwar zuerst für den Schiffsbetrieb aufgekommenen Verbundmaschine sind die Kurbeln rechtwinkelig zu einander gestellt, wodurch ein gleichmäßigerer Betrieb erlangt, zugleich aber auch bedingt wird, daß der Dampf, bevor er aus dem einen Cylinder in den andern gelangt, erst in eine Zwischenkammer treten muß, weil derselbe nicht sofort den für ihn nötigen Raum im andern Cylinder vorfindet. Im allgemeinen besteht die Verbundmaschine aus einem kleinen Cylinder, welcher den frischen Kesseldampf aufnimmt und deshalb als Hochdruckcylinder bezeichnet wird, und aus einem großen Cylinder, der den bereits im kleinen Cylinder etwas zur Ausdehnung gelangten Dampf nachträglich noch zur vollen Ausdehnung gelangen läßt und deshalb Niederdruckcylinder heißt.

Die Verbundmaschine hat nunmehr ausgedehnte Benutzung für Schiffahrt und Industrie gefunden, und auch für den Eisenbahnbetrieb beginnt sie sich einzubürgern, weil sie eine auf andre Weise nicht erreichbare große Dampfersparnis und bei rechtwinkeliger Kurbelstellung auch einen sehr gleichmäßigen Gang ergibt.

Die Dampfmaschine, welche nunmehr die weitgehendste Verbreitung gefunden hat und in Größen bis zu über 6000 Pferdestärken schon gebaut worden ist, steht in engster

Beziehung zum Kohlenbergbau, denn nicht nur, daß sie durch denselben eigentlich ins Dasein gerufen wurde, indem die Notwendigkeit starker Wasserförderung aus den immer mehr sich vertiefenden Kohlenschächten zur Erfindung dieser Maschine hindrängte, sondern die Dampfmaschine ist in ihrer Leistungsfähigkeit auch hauptsächlich auf die Zufuhr von Steinkohlen angewiesen, und man hat berechnet, daß von den mehr als 400 Millionen Tonnen der jährlich auf der Erde geförderten Steinkohle etwa der vierte Teil für die 20 Millionen Pferdestärken der vorhandenen Dampfmaschinen verbraucht wird, während die übrigen Dreiviertel für andre technische Zwecke verwendet werden und der Überschuß über jene 400 Millionen für die häuslichen Heizungsbedürfnisse ausreicht.

Schließlich mögen hier noch einige Bemerkungen über die erste Einführung und Verbreitung der Dampfmaschine in Deutschland Platz finden.

Das Verdienst, die erste Dampfmaschine in Deutschland eingeführt zu haben, kommt den Mansfeldschen königlichen Bergbaubehörden zu. Es war am 25. August 1785, als dieselbe auf dem Friedrich-Wilhelm-Schachte bei Hettstädt in Betrieb gesetzt wurde; ihr folgte bald eine zweite in Oberschlesien nach, wo der Dampfbetrieb am 1. April 1788 auf den Bleierzgruben Friedrich bei Tarnowitz in Gang kam, dann folgten andre Dampfbetriebsanlagen in Schönebeck, in Langweddingen und auf den anhaltischen Gruben, wo zum Teil sehr große Maschinen aufgestellt wurden. In Westfalen wurde zu gleicher Zeit auf der Saline Königsborn bei Unna eine Wattsche und auf der Kohlenzeche Vollmond bei Bochum eine 1801 in Oberschlesien gebaute Newcomensche atmosphärische Maschine in Betrieb gesetzt. Die letztere wurde dadurch für den Maschinenbau Westfalens von besonderer Bedeutung, daß der Zimmermann Franz Dinnendahl, welcher bei ihrer Aufstellung beschäftigt war, hierdurch veranlaßt wurde, bei Steele eine Werkstatt zu eröffnen.

Fig. 7. Verbundmaschine mit Zwischenkammer.

Diese ist als die erste Dampfmaschinenfabrik Westfalens anzusehen. Die Gußsachen und schweren Schmiedeteile bezog Dinnendahl von der der Witwe Krupp in Essen gehörigen Grube Hoffnungshütte bei Sterkrade, ein damals schon lange bestehendes Hüttenwerk, das auch mehrere von Wasser betriebene Drehbänke hatte und daher an Dinnendahl ausgebohrte Cylinder liefern konnte. Da die von Dinnendahl gebauten Dampfmaschinen nur zum Wasserheben benutzt wurden, so bestanden dieselben außer den von Sterkrade gelieferten Gußstücken nur aus dem hölzernen Balancier sowie aus einem schmiedeisernen Gestänge. Die Hoffnungshütte wurde 1808 von der Firma Jacobi, Haniel & Huyssen gekauft, welche noch andre Eisenwerke besaß, und aus den alten Büchern dieser Firma ergibt sich, daß an Dinnendahl viel Maschinenteile abgeliefert worden sind. Im Jahre 1819 wurde auf der Hoffnungshütte die erste vollständige Dampfmaschine, und zwar eine Gebläsemaschine von 450 mm Cylinderbohrung, zu eignem Gebrauche gebaut. Von da ab begann der Dampfmaschinenbau der Firma Jacobi, Haniel & Huyssen, der sich zu großer Bedeutung für den Bergbau entfaltete.

In demselben Jahre (1819) begann auch Friedrich Harkort, welcher in Deutschland das erste Puddelwerk ins Leben rief, seine Maschinenfabrikation zu Freiheit-Wetter unter der Heranziehung englischer Arbeiter. Die Harkortsche Maschinenfabrik (später Stuckenholz) wurde namentlich durch ihre Kesselschmiede für das ganze Land besonders wichtig und man kann sie als Pflanzschule für die gesamte rheinisch-westfälische Dampfkesselschmiederei ansehen.

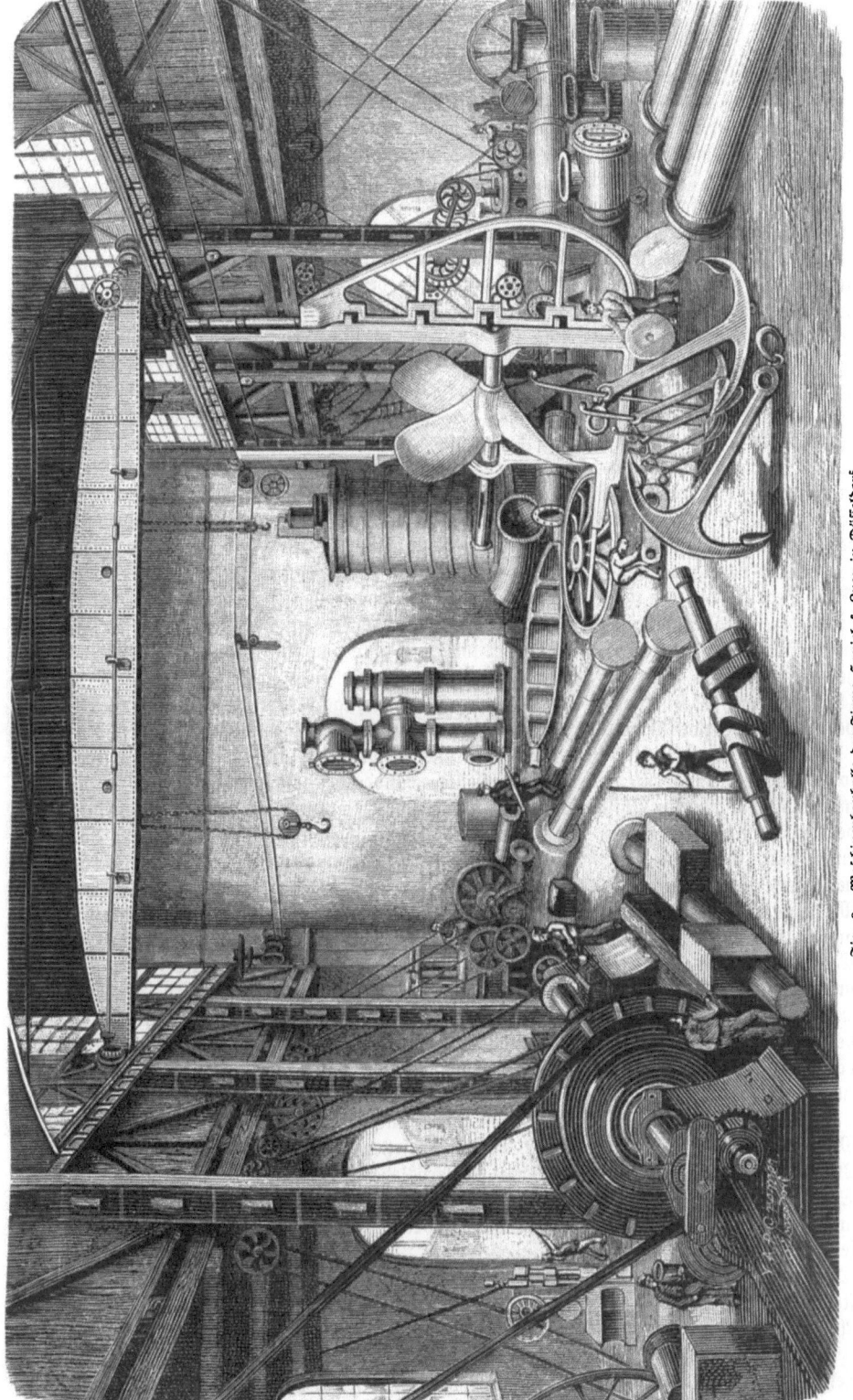

Fig. 8. Maschinenbauhalle der Firma Haniel & Lueg in Düsseldorf.

Damals wurde die Herstellung dichter Dampfkessel noch als ein großes Kunststück betrachtet, denn erstens waren damals die Eisenbleche zu deren Herstellung noch sehr klein und dann gab es noch keine gelernten Kesselschmiede, so daß man sich durch Verkitten der Fugen und allerlei Pfuschmittel zu helfen suchen mußte. Auf dem linken Rheinufer wurde die erste Dampfmaschinenfabrik 1824 bei Eschweiler durch J. J. Reuleaux (dessen Sohn der Herausgeber dieses Werkes ist) gegründet.

Die Harkortsche Maschinenfabrik zu Wetter bildete erst unter Leitung englischer Vorarbeiter tüchtige deutsche Kesselschmiede heran. Aus solchen kleinen Anfängen wuchs durch deutschen Fleiß, deutsche Gründlichkeit und deutsche Intelligenz der Maschinenbau auch in unserm Vaterlande allmählich empor und erstarkte derartig, daß Deutschland selbst mit England den Wettbewerb in der Versorgung des Weltmarktes mit Maschinen aufgenommen hat. Im Jahre 1866 zählte man im Gebiete des deutschen Zollvereins bereits nahezu 14000 Dampfmaschinen mit einer Gesamtleistung von etwa 600000 Pferdestärken, worin gegen 300 Schiffsmaschinen mit etwa 33000 Pferdestärken und 2704 Lokomotiven mit über 376000 Pferdestärken inbegriffen sind. Die Ausbreitung der Eisenbahnen mit ihrem bedeutenden Schienenbedarf hat nicht nur die Eisenindustrie, sondern auch den Maschinenbau in hohem Grade gefördert und zu der jetzigen Höhe emporgebracht. Deutsche Maschinen, insbesondere Lokomotiven und Dampfschiffe, gar nicht zu reden von den Riesenkanonen Krupps, haben im Auslande ein gutes Ansehen erlangt. Gern wollen wir aber zugeben, daß die Engländer in der Hauptsache unsre Lehrmeister gewesen sind.

Über das, was ungefähr auf diesem Gebiete zu leisten ist, gibt Fig. 8 einigermaßen einen Begriff; dieselbe zeigt eine Maschinenbauhalle der Firma Haniel & Lueg in Düsseldorf, deren Fabrikate aus großen Guß- und Schmiedeteilen bis zu 30000 kg Gewicht eines Stückes bestehen. Zum Transport solcher Stücke von einem Orte der Maschinenbauhalle zum andern dient der oberhalb auf Schienen rollende starke Fahrkran. Das Bild zeigt uns einen Schiffssteven mit Triebschraube, mächtige Kurbelwellen, Dampfmaschinenbalanciers, Bergwerkspumpen, Anker, Röhren und andre Gegenstände.

Fragen wir schließlich noch nach der Größe, in welcher Dampfmaschinen herstellbar sind, so ist als eine der größten in Betrieb gesetzten Landdampfmaschinen die von G. H. Corliß in Providence für die Philadelphiaausstellung gebaute anzuführen. Dieselbe wurde besonders noch bewundert wegen der von ihrem Erbauer erfundenen sinnreichen Schiebersteuerung, durch welche die Corlißmaschinen einen Weltruf erlangten, jedoch nunmehr durch andre verbesserte Steuerungen wieder ziemlich verdrängt worden sind. Jene über 12 m hohe Maschine hatte ein Gewicht von 12000 Zentner. Ihre zwei Hochdruckcylinder, die an gußeisernen Balanciers von $8{,}95$ m Länge arbeiten, haben $1{,}016$ m Durchmesser und $3{,}048$ m Kolbenhub. Das verzahnte Schwungrad, welches die Kraft überträgt, wiegt 1010 Zentner; und mit ihren 20 senkrechten Stahlkesseln von je 70 Pferdestärken vermag diese Maschine eine Arbeit bis zu 1000 Pferdestärken zu leisten. Die neueren Schiffsmaschinen sind freilich bedeutend stärker; sowohl für die gewaltigen schweren Panzerschiffe, als für die leichteren, dafür aber schnelleren Postschiffe sind Verbundmaschinen bis zu 6- und 7000 Pferdestärken im Gebrauch.

Die oben erwähnten 20 Millionen Pferdestärken, welche durch ungefähr anderthalb Millionen Dampfmaschinen geliefert werden, ersetzen mit ihrer stetigen Arbeit mindestens 200 Millionen Menschen. Das ganze Erwerbsleben ist durch diese Heeresmacht eiserner Dampfarbeiter umgestaltet worden, und ihre Erfolge stellten die Erfindung der Dampfmaschine ebenbürtig neben die der Buchdruckerpresse. Macht diese den Geist frei, so befreit jene den Leib von schwerer physischer Arbeit. Wären die vorhandenen 20 Millionen Dampfpferdestärken gleichmäßig auf die männliche Arbeiterbevölkerung sämtlicher Kulturstaaten der Erde verteilt, so stände schon heute jedem Arbeiter ein williger, ihm die schwerste Arbeitslast abnehmender Dampfgehilfe zur Seite.

Die große Vervollkommnung, welche der Dampfmaschine seit Watts Zeiten zu teil geworden ist, geht sehr augenfällig daraus hervor, daß die heutigen Verbundmaschinen nur etwa den zehnten Teil der Brennstoffmenge für dieselbe Arbeitsleistung erfordern, welche bei den von Watt gebauten Maschinen nötig war. Wenn aber auch in bezug auf den Wärmeverbrauch dieser mächtige Hebel für die Entwickelung unsrer Kultur noch nicht den

Ansprüchen, welche die Wissenschaft stellt, gerecht zu werden vermag, so hat die Dampfmaschine zur Zeit noch immer ihren Rang als Betriebsmaschine für Industrie und Verkehr sich gewahrt.

Gegenstand des Maschinenbaues. Nachdem wir so in der Entwickelung der Dampfmaschinen die Ergebnisse des Maschinenbaues zwar nur nach der einen, aber nach seiner wichtigsten Seite hin ins Auge gefaßt haben, steht uns zu, uns einen Überblick zu verschaffen über diejenigen Leistungen, welche dieser großartige Industriezweig mit Unterstützung seiner mächtigen Tochter, der Dampfmaschine, zuwege gebracht hat. Es würde sich vor uns dabei das ganze große Gebiet der mechanischen Arbeit als Schauplatz ausbreiten, denn es gibt kaum noch eine Thätigkeit dieser Art, für welche noch keine Maschine erfunden wäre; indessen können wir uns ersparen, in das Einzelne uns zu verlieren, wenn wir die Hauptgruppen derjenigen Erzeugnisse schildern, in deren Hervorbringung der Maschinenbau seine Aufgabe findet. Alle vorhandenen Maschinen lassen sich in zwei Hauptklassen scheiden, in Kraftmaschinen und in Arbeitsmaschinen.

Die Kraft- oder Umtriebsmaschinen, auch Motoren, haben den Zweck, irgend welche mechanische Kraftwirkung, vor allem die Wirkung der Elementarkräfte (des Wassergefälles, der Windströmung, der Wärme, auch der mechanischen Kraft von Menschen und Tieren) aufzunehmen und zu einer regelmäßigen entweder stetig im Kreise vor sich gehenden, oder geradlinig hin und her fahrenden Bewegung zu zwingen; die Arbeitsmaschinen dagegen vermitteln die Übertragung der genannten mechanischen Kraft auf die zu bearbeitenden Körper.

Wenn wir aber nunmehr das sich hier unserm geistigen Blicke erschließende Gebiet des Maschinenwesens überschauen, so gewahren wir eine verwirrende Vielgestaltigkeit der Vorrichtungen, welche es unmöglich zu machen scheint, in kurzer Schilderung klares Verständnis zu gewinnen. Und doch ist dies dem Scharfsinne eines Mannes gelungen, welchem die Entwickelung des deutschen Maschinenbaues besonders rücksichtlich der Herstellung der Einzelteile in zweckmäßigen und geschmackvollen Formen viel zu danken hat, desselben, der einst der deutschen Industrie die Warnung vor „billig und schlecht" zurief und damit das Weitergehen auf abschüssiger Bahn verhütete. Wir meinen den Professor Franz Reuleaux, auf dessen Arbeiten wir später nochmals zu sprechen kommen. Derselbe hat in einer neueren Schrift „Kultur und Technik"*) eine scharf logische und sehr übersichtliche Einteilung der Maschinenbestandteile gegeben, welche wir im folgenden kurz darlegen.

Fig. 9 zeigt ein Zahnrad a, welches bei 2 in die Zahnstange b in bekannter Weise eingreift; dieses Zahnrad dreht sich bei 1 in dem ruhend gedachten Gestell c, in welchem an einer Führung 3 auch die sehr lang zu denkende Zahnstange b etwa infolge des Zuges durch ein bei B hängendes Gewicht gleitet. Wird das Rad so gedreht, daß die Zahnstange sich hebt oder senkt, so haben wir ein mit stetiger Bewegungsübertragung wirksames Maschinenwerk vor uns, das als Laufwerk zu bezeichnen ist. Hierher gehören alle Wellen, Reibräder, Zahnräder, Riemscheiben, Kurbelgetriebe u. s. w.

Diesem Mechanismus stehen solche einer andern Klasse mit andrer Bewegungsart gegenüber. Ein Beispiel zeigt Fig. 10. Das im ruhenden Gestell c bei 1 drehbare Rad a ist am Rande gezackt und in diese Zacken stemmt sich bei 2 die federnde Sperrklinke b ein, welche bei 3 sich um einen Zapfen dreht und bei 5 mittels eines Knopfes niederdrücken läßt. Mit dem Rade a ist eine Rolle verbunden, um welche sich bei 4 eine mit dem Gewicht A belastete Schnur windet. Wird die Klinke durch Niederdrücken bei 5 aus den Sperrzähnen des Rades herausgehoben, so wird das Rad von dem Gewichte A herumgezogen und in Umdrehung versetzt. Läßt man die Sperrklinke wieder frei, so greift diese wieder in das Rad ein und hält dasselbe fest. Dieser Mechanismus ist demnach als Sperrwerk zu bezeichnen; seine Bewegung ist unstetig und beim Vor- und Rückwärtsgang verschieden, wodurch dasselbe vom Laufwerk sich unterscheidet. Die Bewegung des ausgelösten Gewichts läßt sich mannigfach verwerten, so zum Stoß wie bei der Ramme, oder langsam und allmählich wie bei den Uhren, oder abwechselnd wie bei Telegraphen. In allen solchen Fällen wird beim Aufwinden des Gewichts oder einer statt dessen wirksamen Schneckenfeder Kraft aufgespeichert und durch Auslösen des Sperrwerks alsdann nützlich verwendet.

---

*) Nach einem Vortrage im niederösterreichischen Gewerbeverein am 14. November 1884.

Der Mechanismus geht daher aus dem einfachen Sperrwerk in ein Spannwerk über. Als Federspannwerk ist auch die Armbrust und das Flintenschloß zu betrachten.

Ein dritter Mechanismus entsteht, wenn man nach vorhergegangener Gesperrlösung die Klinke wieder eingreifen läßt und dadurch die in Bewegung begriffene Masse plötzlich anhält oder auffängt. Es ist alsdann ein Fangwerk vorhanden. Fügt man in Fig. 10 zu der federnden Klinke noch eine zweite gleiche Klinke, die aber mit einem beweglichen Arme verbunden ist, hinzu, so hat man neben der Sperrklinke eine Schubklinke, mittels welcher man das Rad absatzweise zur Hebung des Gewichts herumdrehen kann, indem beim Zurückgehen der Schubklinke die Sperrklinke das Rad festhält. Man hat dann ein Schaltwerk.

Eine fünfte Verwendung des Sperrwerks entsteht, wenn man nur einen schmalen, sektorförmigen Ausschnitt des Rades benutzt und ihn als Hindernis für den Durchgang zwischen den Punkten 1 und 2 thürartig ausbildet. Dann kann durch Schließung des Gesperres bei 2 der Durchgang gehindert, verschlossen, durch Auslösung geöffnet werden. Man hat dann ein Schließwerk vor sich, welches bei den Verschließvorrichtungen aller Art, besonders aber in der Form des eigentlichen Schlosses vorkommt.

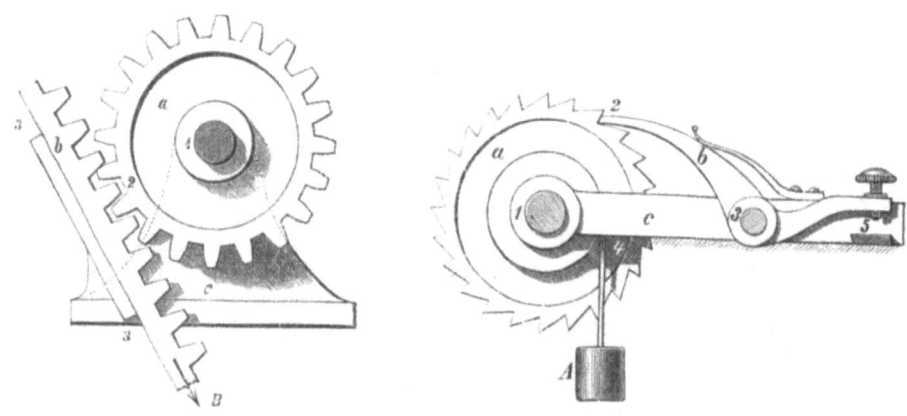

Fig. 9. Laufwerk.   Fig. 10. Sperrwerk.

Die sechste und vom Standpunkte des Maschinentechnikers merkwürdigste Anwendung des Gesperres ist die als Hemmung oder Hemmwerk. Sie entsteht, wenn man in Fig. 10 durch leichtes Tupfen auf den Knopf bei 5 die Sperrung auslösen und gleich darauf wieder sich schließen läßt. Geschieht dieser Vorgang ganz regelmäßig, im Takt, so kann die Fortschreitung des Rades a auch zur Zeitmessung benutzt werden. Daher werden die Hemmwerke auch in den Uhren angewendet; man findet dieselben aber auch vielfach in andern Maschinen. So sehen wir das Sperrwerk zu einer Menge praktischer Anwendungen geeignet. Durch Verbindung mehrerer Sperrwerke zu einem Mechanismus, wie z. B. im Stecherschlosse der Scheibenbüchsen, kann man die Benutzung noch vermehren. Beim Stecherschloß löst ein Spannwerk das andre aus. Auch bei der Uhr ist eine solche Verbindung von Sperrwerken vorhanden, indem das Gewicht- oder Federsperrwerk das Hemmwerk treibt. Es sind dies Sperrwerke höherer Ordnung. In ähnlicher Weise kann man auch Laufwerke mit Gesperrwerken verbinden, wie dies z. B. auch bei der Uhr der Fall ist, wo das Zahnräderlaufwerk, welches die Zeiger umtreibt, an das Hemmwerk sich anschließt.

Anstatt der Kraft- und Bewegungsübertragung durch feste Teile werden dazu im Maschinenbetrieb auch vielfach flüssige Körper benutzt, so in der hydraulischen Presse, in der Pumpe, in der Wassersäulenmaschine, dann im Wasserrade, in der Turbine u. s. w. Zu gleichem Zwecke dienen aber selbst auch gasförmige Körper, so in der Gas- und in der Luftmaschine, vor allem aber in der Dampfmaschine, wobei die tropfbaren oder gasförmigen Flüssigkeiten durch Röhren, Kanäle und Gefäße zu einer bestimmten Bewegung gezwungen werden und also einen „Zwanglauf" annehmen müssen.

Aber der Bereich unsrer Betrachtung ist noch umfassender. Das Spannwerk und Hemmwerk verkörpert sich uns auch im erweiterten Sinne in der Dampfmaschine. Mit der Verbrennung der Kohle unter dem Kessel wird ein chemisches Spannwerk gelöst, welches im Ablauf Wärme hervorbringt. Dieses Spannwerk löst aber wiederum ein andres physikalisches im Dampfkessel, das sich durch den Dampfdruck bemerkbar macht, und dieser Dampfdruck wird durch das aus Kolben, Cylinder und Steuerung bestehende mechanische Hemmwerk der eigentlichen Dampfmaschine zu geregelter Arbeit gezwungen. Wir haben demnach in der gesamten Dampfbetriebsanlage ein Treibwerk dritter Ordnung, weil aus drei verschiedenen Treibwerken zusammengesetzt, vor uns, wobei aber die Dampfmaschine vorläufig nur mit bloßem Hin= und Hergange des Kolbens gedacht ist. Tritt noch die Kurbel, also ein Laufwerk, hinzu, so geht dieselbe in ein Treibwerk vierter Ordnung über.

Ein solches zusammengesetztes Treibwerk ist auch der Eisenbahnzug. Hierbei treten zunächst die Treibräder der Lokomotive als Laufwerk (Reibräderwerk) und der an der Lokomotive hängende, auf den Schienen gleitende und sich bewegende Zug als zweites Laufwerk auf, so daß die Maschine mit dem Zuge ein Treibwerk sechster Ordnung bildet. Der Zug sei aber außerdem noch mit einer Westinghouseschen Bremse versehen, welche als Fangwerk aus einem Reibungssperrwerk gebildet ist, und dieses Reibungssperrwerk steht durch einen auf jedem Wagen angebrachten Windkessel mit einem stets bereiten Spannwerk in Verbindung, welches durch einen als Sperrklinke wirksamen Absperrhahn sofort ausgelöst werden kann, und welches sodann auf einen Kolben, d. h. auf ein Hemmwerk thätig wird. Dieser Bremsapparat setzt sich im ganzen zusammen: aus einer kleinen Dampfmaschine als Hemmwerk, aus der Luftpreßpumpe als Schaltwerk, aus dem Windkessel als Spannwerk, aus der erwähnten Kolbenvorrichtung als Hemmwerk und aus der Backenbremse als Fangwerk. Wird hierzu noch, wie es der Betrieb bedingt, Dampfkessel und Feuerung gerechnet, so ergibt sich ein Treibwerk siebenter Ordnung. Jedoch gehören noch höhere Ordnungen der Treibwerke nicht zu den Seltenheiten; so ist z. B. der „hydro=pneumatische Uhrenbetrieb" von Mayrhofer in Wien von nicht geringerer als der 17. Ordnung.

Der Schlüssel also, den Reuleaux zu den oft sinnverwirrenden Hieroglyphen des Maschinenwesens oder, noch weiter gehend, zu den unendlich wechselvollen Formen gibt, in welchen der Erfindungsgeist dem Menschen die Naturkräfte zu geregeltem Wirken dienstbar gemacht hat, ist folgender: Jede Maschine im weitesten Sinne besteht aus Treibwerken; diese Treibwerke zerfallen in zwei einzige Klassen, die eine für stetige, die andre für unstetige oder unterbrochene Bewegungen (Laufwerke und Gesperrwerke); die Treibwerke, welche eine Maschine bilden, sind über= und untereinander so geordnet, daß jedes höher geordnete das nächst untergeordnete in Bewegung setzt oder gelangen läßt; die Treibwerke einzeln genommen bestehen aus bestimmten und gesetzmäßig geordneten Elementen; aus diesen, rückwärts schreitend, kann man alle Treibwerke und aus diesen wieder alle Maschinen bilden.

Zu den Kraftmaschinen sind außer den unter den Begriff der Wärmemaschinen fallenden Dampf=, Gas= und Heißluftmaschinen noch zu rechnen die Wind= und Wasserräder, welche letzteren wiederum in eigentliche Wasserräder und Turbinen eingeteilt werden. So ist denn schon die Klasse der Kraftmaschinen eine ziemlich mannigfaltige, noch weit zahlreicher ist aber die Klasse der Arbeitsmaschinen, welche man wiederum in zwei Hauptarten einteilen kann, nämlich in:

I. ortsändernde Maschinen;
II. formändernde Maschinen.

Was die ortsändernden Maschinen anbelangt, so können wir wiederum nach der Beschaffenheit der fortzuschaffenden Körper drei Arten unterscheiden:

1) Die Fördermaschinen oder Maschinen zum Fortschaffen fester Körper, wozu die Wagen, Hebezeuge, Krane, Winden u. dergl. gehören.

2) Die Wasserhebemaschinen, wie Pumpwerke, archimedische Schraube, Paternosterwerke, Schöpfräder, Schleudermaschinen, Spritzen u. s. w.

3) Die Gebläsemaschinen und Ventilatoren zum Fortschaffen der Luft und beziehentlich andrer Gase.

Die formändernden Arbeitsmaschinen aber sind in ihrer Zahl geradezu unerschöpflich. Es gehören hierher:

1) Die Zerkleinerungsmaschinen, als Pochwerke, Quetschwerke, Mahlmühlen, Schneidemaschinen, Reibapparate u. s. w., deren man sich in den verschiedenen Industrie- und Gewerbefächern bedient.

2) Die Metallbearbeitungsmaschinen, als Hammerwerke, Walzwerke, Bohrwerke, Drahtziehwerke, Münzwerke, Nägelmaschinen, Hobel-, Fräs-, Loch-, Niet-, Biegemaschinen u. s. w.

3) Holzbearbeitungsmaschinen mit ihren Sägemühlen, Dreh- und Hobelbänken, Ziehmaschinen u. s. w.

4) Die Manufakturmaschinen zur Bearbeitung der Wolle, Baumwolle, des Papiers u. s. w.

Wir ersehen hieraus die großartige Vielseitigkeit in den Aufgaben des Maschinenbauers und welches weite Gebiet dem Erfindungsgeiste hier sich öffnet. In der That bietet sich hier dem strebsamen Geiste eine unerschöpfliche Fülle von Aufgaben, und so verbreitet sich der Maschinenbau auf einem grenzenlosen Gebiete. Alle vorkommenden Verrichtungen muß die Maschine übernehmen und anstatt der belebten Wesen können wir sie Arbeit verrichten lassen. Sollen wir erwähnen, daß man Maschinen zum Rechnen, zum Schriftsetzen, ja selbst zum Aufschreiben der Rede, zum Kartenmischen und zum Zigarrenrauchen (d. h. zur Prüfung der Brenngüte der Zigarren) erfunden hat?

Damit im allgemeinen der Maschinenbau die ihm zufallenden Arbeiten zu bewältigen vermag, bedient er sich selbst wiederum besonderer Maschinen, welche zu den unter 2) und 3) verzeichneten Klassen der Metall- und Holzbearbeitungsmaschinen gehören und die unter der Bezeichnung „Werkzeugmaschinen" zusammenzufassen sind; Maschinen also, welche die Arbeit des Drehens, Hobelns, Bohrens, Schleifens, des Durchlochens, Nietens u. s. w., die früher mit der Hand ausgeführt werden mußten, durch die mächtigen Motoren der Dampf- oder Wasserkraft, folglich auch in ungleich großartigerem Maßstabe, auszuführen gestatten. Erst durch die Werkzeugmaschinen hat die Technik die Riesenaufgaben überwältigen können, welche der Maschinenbau ihr stellt. Die Wichtigkeit dieser Maschinenklasse gibt uns Anlaß, deren Entwickelung hier kurz vorzuführen.

Wie schon bemerkt, befand sich der Maschinenbau zu Watts Zeiten noch in seiner Kindheit, einmal deshalb, weil ihm eine rationelle theoretische Grundlage mangelte, dann aber auch deshalb, weil ihm nur eine geringe Anzahl und noch dazu sehr unvollkommener Werkzeugmaschinen zu Gebote stand.

Als der erste Mechaniker, der sich mit der Vervollkommnung der Werkzeugmaschinen befaßte, ist der englische Maschinenbauer Henry Maudslay (geboren 1771, gestorben 1831) anzuführen. Er ist derjenige, welcher das wichtige Hilfsmittel des Maschinenbaues, die Drehbank, bedeutend verbesserte, indem er nicht nur zuerst die für feinere Arbeiten sehr zweckmäßigen Prismadrehbänke baute (so genannt, weil deren Bett aus einer einzigen prismatischen Eisenschiene besteht, auf welcher sich die Reitstöcke und Vorlagen sehr genau verschieben lassen), sondern indem er auch den Drehbankschlitten erfand, diese jetzt dem Maschinenbauer unentbehrliche mechanische Vorrichtung zur genauen Führung des Drehstahles. Eine andre für den Maschinenbau sehr wichtige Maschine, die Metallbohrmaschine, bestand zwar schon zu Watts Zeit, aber in sehr unvollkommener Bauart und bloß für Handbetrieb eingerichtet, also nur zum Bohren kleinerer Löcher dienend; ihre verschiedenen, den einzelnen Arbeitszwecken angepaßten Abänderungen, von denen, wie von den übrigen Werkzeugmaschinen, ausführlich weiterhin die Rede sein wird, kamen erst später auf und zuerst in England, denn in Deutschland war die Metallbohrmaschine noch in den zwanziger Jahren dieses Jahrhunderts eine Seltenheit, und erst zu Anfang der dreißiger Jahre wurden die vervollkommneten englischen Bauarten in Deutschland mehr und mehr bekannt.

Ehe wir zu dem praktischen Betrieb des Maschinenbaues und insbesondere der weiteren Besprechung der Werkzeugmaschinen übergehen, wollen wir unsre Aufmerksamkeit noch einigen Männern zuwenden, welche sich um die Hebung des Maschinenbaues besonders verdient gemacht haben, sei es durch dessen praktische Ausbildung, sei es durch ihre Thätigkeit als Lehrer und Schriftsteller.

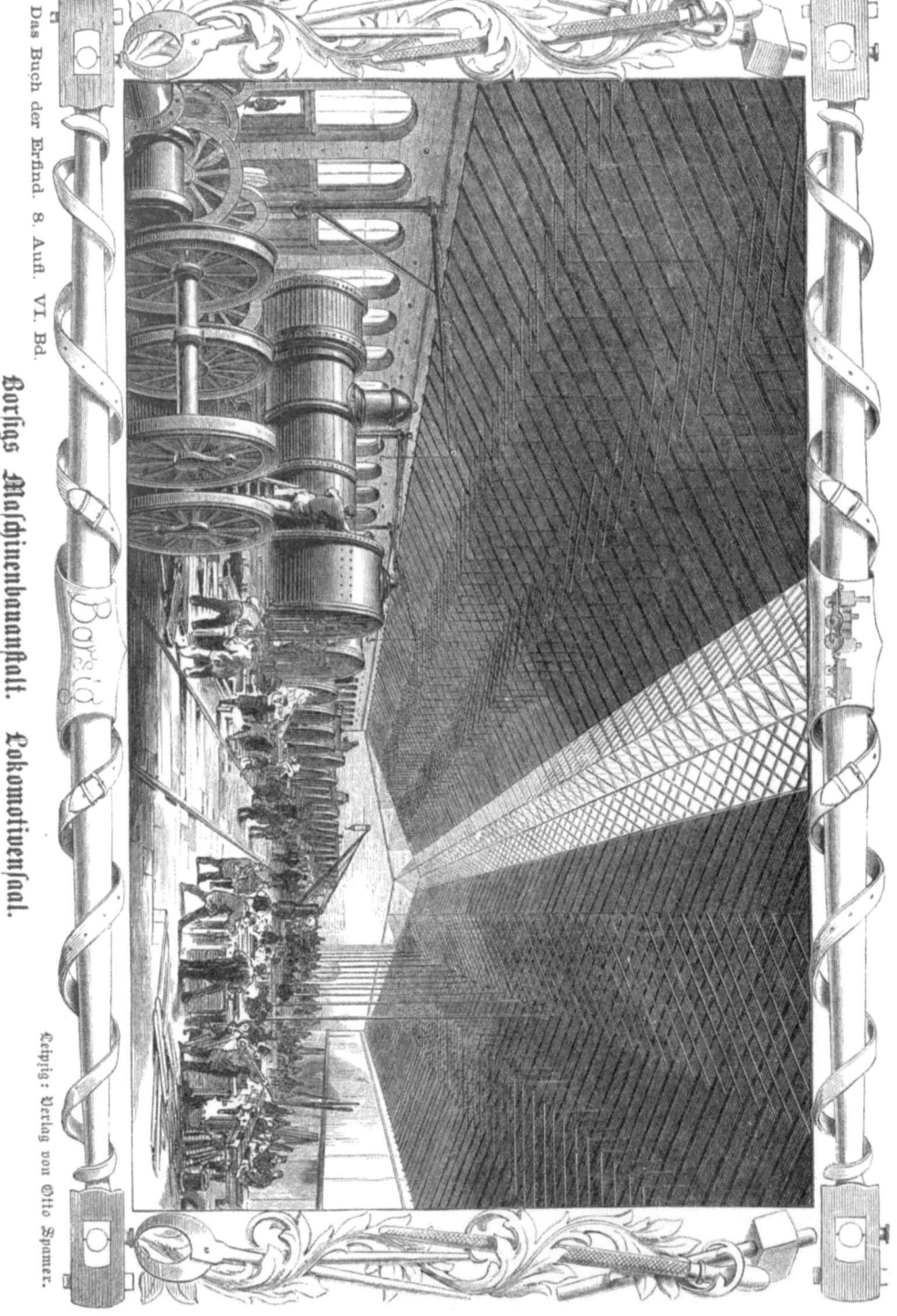

Das Buch der Erfind. 8. Aufl. VI. Bd.

Borsigs Maschinenbauanstalt. Lokomotivensaal.

Leipzig: Verlag von Otto Spamer.

Praktische Förderer des Maschinenbaues. Darunter ist als einer der ersten und bedeutendsten zu nennen Joseph Whitworth (geboren 1805), Chef der großen Maschinenfabrik zu Manchester, die durch sein geniales Wirken einen Weltruf erlangt hat. Er ist der Vater des heutigen Werkzeugmaschinenbaues. Die Whitworthschen Werkzeugmaschinen waren längere Zeit als Muster maßgebend. Weiter aber hat sich Whitworth berühmt gemacht durch die Erfindung neuer Meßinstrumente und Markierapparate, durch die Einführung der Arbeit mit Richtplatte und durch die Behandlung genau zu bearbeitender Flächen mit dem Schaber. Alle diese Erfindungen haben den Zweck, eine möglichst genaue Ausführung der Maschinenteile zu erzielen, und sind für den Maschinenbau von größter Wichtigkeit, indem dadurch bewirkt werden kann, daß die einzelnen, nach dem Grundsatze der Arbeitsteilung hergestellten Teile ohne weitere Nachhilfe genau zusammenpassen. Außerdem hat Whitworth auch noch durch die Einführung einer allgemeinen systematischen Schraubenskala einen ganz bedeutenden Fortschritt angebahnt, indem er damit überhaupt die Richtung angegeben hat, welche die Großfabrikation auch bezüglich der Herstellung andrer vielfach gebrauchter Maschinenteile, wie Wellenlager, Zahnräder u. s. w., einzuschlagen hat; denn es muß von dem größten Nutzen sein, wenn auch hierfür gewisse, allgemein gültige Grundsätze für die Bauart zur Geltung gebracht werden.

Unter den deutschen Maschinenbauern sind als Förderer des von ihnen kultivierten Industriezweigs ganz besonders drei zu nennen: Borsig, Hartmann und Zimmermann.

Johann Friedrich Karl August Borsig, geboren 1804 zu Breslau, gestorben 1854 zu Moabit bei Berlin, Besitzer der von ihm vor dem Oranienburger Thore zu Berlin begründeten großen Maschinenfabrik. Ihm verdanken wir namentlich die Einführung und Hebung des deutschen Lokomotivbaues, durch dessen Ausbildung das deutsche Eisenbahnwesen sich durch ihn von England unabhängig gemacht hat;

Fig. 11. Whitworth.

es würde ohne dies bei weitem nicht die segensreiche Entwickelung gefunden haben, durch die es das Wesentlichste zu unserm nationalen Wohlstande beigetragen hat. Unter seiner energischen Leitung wuchs die von ihm mit 50 Arbeitern ins Leben gerufene Fabrik rasch empor, so daß 1847 schon ungefähr 1200 Mann darin beschäftigt wurden. Bis gegen Ende 1851 waren daraus 330 Stück Lokomotiven hervorgegangen; im Jahre 1847 lieferte Borsig 67 Lokomotiven nebst Tendern, das ist mehr, als zu jener Zeit die größten Werkstätten Englands in gleicher Zeit fertig bringen konnten. Der infolge so umfassender Arbeiten eingetretene starke Verbrauch von Schmiedeeisen, das bis dahin nur von den größten und besten Eisenwerken Englands bezogen werden konnte, bestimmte Borsig zur Anlegung eines eignen Eisenwerks. Der Grundstein zu dieser Fabrik wurde 1847 zu Moabit bei Berlin gelegt und 1850 der Betrieb begonnen. Durch die Herstellung von vorzüglichem Eisen konnte Borsig mit zuerst unter den deutschen Maschinenbauern sich bezüglich des Bedarfs an diesem Material vom englischen Markte abwenden. Im Jahre 1850 ging auch die zu Moabit gelegene, früher der Seehandlungsgesellschaft gehörige Maschinenbauanstalt und Eisengießerei durch Kauf an Borsig über.

Die Absicht, sich für den Bedarf der hauptsächlichsten Materialien von andrer Seite unabhängig zu machen, veranlaßte Borsig zu Anfang des Jahres 1854, Kohlenfelder bei Biskupitz in Oberschlesien anzukaufen, woran sich weiter der Plan knüpfte, ein Hochofenwerk daselbst zu begründen — da raffte ihn der Tod hinweg! Doch er hinterließ einen Sohn, der die großartigen Ideen seines Vaters zur Ausführung bringen wollte, jedoch nur zu bald, noch in der Blüte seiner Jahre, dem Vater im Tode nachfolgte. Im Jahre 1860 wurde das Hochofenwerk erbaut, welches (in letzter Zeit auf den Betrieb von vier Öfen ausgedehnt) dem Eisenwerke in Moabit das nötige Rohmaterial liefert. Mit dem in der Periode von 1856 und 1857 aufspringenden lebhaften Aufschwung im Maschinenbaufache wurde für die Lokomotivbauanstalt in Berlin und für das Eisenwerk in Moabit eine allgemeine Vergrößerung ins Werk gesetzt, die 1858 zur Vollendung kam. Von diesem Zeitpunkte an konnte erstere Anstalt ihre jährliche Produktion auf 150—160 Lokomotiven, das Eisenwerk aber die seinige auf 250000—300000 Zentner jährlich erhöhen. Als 1866—70 die schlesischen Walzwerke ihre Ware mit sinkenden Preisen auf den Markt brachten, kam das Moabiter Walzwerk durch die hohe Fracht des Rohmaterials von Schlesien nach Berlin so in Nachteil, daß sich Borsig genötigt sah, dieses Werk nach Schlesien zu verlegen, um billiger arbeiten zu können. Diese Verlegung kam 1870 zustande, und die zu Moabit dadurch frei gewordenen Räumlichkeiten sind behufs Herbeiführung einer erhöhten Leistungsfähigkeit der Lokomotivbauanstalt in Berlin zu Schmiede= und Kesselschmiedewerkstätten für diese benutzt worden, wodurch der Bau von 250 Lokomotiven pro Jahr für die Berliner Fabrikanlage ermöglicht wird. Bis zu Ende von 1871 waren aus der Borsigschen Fabrik in Berlin 2810 Lokomotiven hervorgegangen und etwa 1800 Arbeiter darin beschäftigt, während in Moabit etwa 700 Arbeiter zur Herstellung aller Arten von Dampfmaschinen, Wasserhaltungs= und Fördermaschinen sowie Einrichtung gewerblicher

Fig. 12. Johann Friedrich Borsig.

Anlagen, Dampfkessel, eiserner Brücken u. s. w. verwendet werden. In Oberschlesien sind ferner auf Borsigs Werken für Kohlenförderung, Hochofen= und Walzwerksbetrieb gegen 3000 Arbeiter in Thätigkeit.

Gleichzeitig mit Borsig, d. h. ebenfalls im Jahre 1837, begründete Richard Hartmann, geboren 1809 zu Barr bei Schlettstadt im Elsaß, eine zu großer Bedeutung und ihrer vielseitigen ausgezeichneten Leistungen wegen zu hohem Rufe gelangte Maschinenfabrik zu Chemnitz im Königreich Sachsen, die im März 1870 von einer Aktiengesellschaft übernommen und unter der Firma „Sächsische Maschinenfabrik" fortgeführt wurde. Infolge des wohlverdienten Rufes ihrer Erzeugnisse entwickelte sich der Geschäftsbetrieb unter der neuen Firma in einer Weise, welche eine bedeutende Vergrößerung der Baulichkeiten nötig machte, wozu Grund und Boden bereits vorhanden war. Die stete Erweiterung des Absatzgebietes hat in neuester Zeit eine abermalige Ausdehnung der Werkstätten nötig gemacht, wozu neuer Grundbesitz erworben werden mußte. Aber nicht nur in ihrer Größe, sondern auch durch die vortreffliche Einrichtung ihrer Geschäftsverwaltung ist diese größte Maschinenbauanstalt des betriebsamen Sachsenlandes befähigt, in ihren Leistungen allen Anforderungen zu genügen und im Wettkampfe unsrer hart arbeitenden Zeit mit obenan zu stehen.

Der großartige Betrieb zerfällt in neun selbständige Hauptabteilungen, die aber doch wiederum unter einer Oberleitung stehen. Diese Abteilungen sind: Lokomotivbau, Dampfmaschinenbau, Turbinenbau, Werkzeugmaschinenbau, Selfaktorbau, Pressenbau, Spinnmaschinenbau, Webstuhlbau, wozu noch seit einigen Jahren der Bau von Zuckerfabrikationsmaschinen hinzugekommen ist.

Der Lokomotivbau ist im stande, jährlich etwa 120 Lokomotiven nebst Tendern zu liefern, und zwar laufen solche sächsische Lokomotiven nicht nur fast auf allen europäischen Bahnen, sondern eine größere Anzahl derselben fand auch Absatz in außereuropäische Länder. Bisher gingen aus dieser Anstalt in runder Zahl 1500 Lokomotiven hervor. In der Abteilung für Dampfmaschinenbau werden außer den eigentlichen Fabriks- und Betriebsmaschinen auch Maschinen für Bergbau- und Hüttenbetrieb in jeder Größe hergestellt und ganze Förderungsanlagen, ferner Walzwerkseinrichtungen, Wasserhebemaschinen, Krane, Drehscheiben, Schiebebühnen, Triebwerke u. s. w. hergestellt. Der Turbinenbau liefert nicht nur alle Arten von Wassermotoren, sondern auch vollständige Einrichtungen für Mahlmühlen, Papierfabriken und Maschinen zur Herstellung von Papierholzstoff. Aus der Abteilung für Werkzeugmaschinenbau gehen Maschinen zur Bearbeitung aller Materialien, insbesondere von Holz und Eisen, sowie Einrichtungen für Arsenale, Schiffsbauwerften, Militär- und Eisenbahnwerkstätten u. s. w. hervor, und es haben diese Erzeugnisse ihres vorzüglichen Rufes wegen Absatz nach fast allen Kulturländern gefunden. Die nächste Abteilung ist mit dem Bau von Buchdruckpressen nach amerikanischer Einrichtung beschäftigt, welche ebenfalls große Verbreitung gefunden haben. In der Abteilung für den Bau von Spinnereimaschinen werden vollständige Einrichtungen für Woll-, Kunstwoll-, Baumwollabfall und Seidenspinnerei sowie für Tuchfabriken, Appreturanstalten u. s. w. ausge-

Fig. 13. Richard Hartmann.

führt; einen besonders guten Ruf genießen die hier in einer Unterabteilung gebauten Selbstspinner, ferner die Garn- und Tuchtrockenmaschinen; sodann werden noch Ring- und Flügelzwirnmaschinen, Wölfe, Krempeln und Schleudertrockenmaschinen geliefert. Großartig ist auch die Abteilung für Webstuhlbau, aus welcher jährlich über 1500 Webstühle hervorgehen. Auch die jüngste, erst seit zwei Jahren bestehende Abteilung für den Bau von Einrichtungen von Zuckerfabriken, außerdem auch für Stärkefabriken und Spiritusbrennereien, hat schon eine bedeutende Ausdehnung erlangt.

Daß eine derartige Anstalt mit Schmiede, Gießerei, Kesselbauwerkstätte, Kupferschmiede und einer Modelltischlerei, alles im großen Maßstabe, versehen sein muß, ist wohl selbstverständlich; außerdem ist aber auch eine Stein- und Buchdruckerei damit verbunden, und so sehen wir hier ein unter einheitlicher Leitung stehendes industrielles Getriebe vor uns, wie es in seiner Art nicht großartiger und vielseitiger vorkommen kann.

Als dritten der ältesten und wohlrenommierten deutschen Maschinenbauer haben wir Johann Zimmermann in Chemnitz zu nennen, der neben dem Engländer Whitworth und dem Amerikaner Sellers (Sellers & Co. in Philadelphia) auf der Pariser Ausstellung von 1867 als der bedeutendste Werkzeugmaschinenbauer anerkannt und mit dem höchsten

Preise prämiiert wurde. Sogar die Engländer mußten zugeben, daß die Leistungen des deutschen Kollegen sich den ihrigen vollständig ebenbürtig zur Seite stellten.

Johann Zimmermann wurde zu Pápa in Ungarn 1820 geboren und begründete 1844 zu Chemnitz die sehr bald als Musteranstalt anerkannte Werkzeugmaschinenfabrik. Im Jahre 1871 ging die Anstalt unter der Firma „Chemnitzer Werkzeugmaschinenfabrik" an eine Aktiengesellschaft über, welche ein Grundkapital von 6 Millionen Mark für den Weiterbetrieb zur Verfügung stellte. Der jährliche Umsatz betrug 3500000 kg bis zum Werte von 3300000 Mark.

Die Anstalt zerfällt gegenwärtig außer der großen Gießerei, welche Stücke bis zu 30000 kg zu liefern vermag, in fünf Abteilungen. Die erste Abteilung liefert alle Arten von Werkzeugmaschinen zur Eisen= und Metallbearbeitung; ferner auch Spezialmaschinen für Wirk=, Strick= und Nähmaschinenbau; Dampfhämmer in allen Größen, Gebläse und hydraulische Pressen. Aus der zweiten Abteilung gehen hervor Gewehr=, Geschütz= und Geschoßfabrikationsmaschinen für Arsenale, Geschützgießereien, Gewehr= und Torpedofabriken. Vollständige Fabrikeinrichtungen zur Herstellung von Handfeuerwaffen, Geschützen und Geschossen u. s. w. In der dritten Abteilung werden Holzbearbeitungsmaschinen aller Art angefertigt, in der vierten Dampfmaschinen gebaut und in der fünften vollständige Werkstattsanlagen hergestellt. Seit Entstehen der Fabrik bis Ende 1871, wo dieselbe in den Besitz der Aktiengesellschaft überging, sind daraus gegen 9300 Werkzeugmaschinen der verschiedensten Art hervorgegangen.

Fig. 14. Johann Zimmermann.

Theoretische Förderer. Neben diesen auf dem praktischen Felde des Maschinenbaues ausgezeichneten Männern, deren Reihe wir hier des Raumes wegen auf die genannten beschränken müssen, dürfen wir auch derer nicht vergessen, welche durch ihre theoretischen Forschungen den Maschinenbau eigentlich erst in den Kreis wissenschaftlicher Behandlung hineingezogen haben. Vor allen müssen wir da auf die Namen Navier, Eytelwein, Poncelet, Coriolis, Moseley, Morin, Redtenbacher, Karmarsch und Reuleaux hinweisen.

Ganz besonders hat sich Redtenbacher große Verdienste um die Ausbildung tüchtiger Techniker erworben. Er war der erste, welcher das scheinbar trockene und für die beschreibende Darstellung unerquickliche Gebiet zu beleben wußte. Vortrefflich verstand er es, ohne großen mathematischen Apparat in das Wesen der zu untersuchenden Maschine einzudringen, das Spiel der Kräfte, die Funktionen der einzelnen Organe der Maschinen mit Worten zu schildern und Hörern und Lesern auf die einfachste Weise über die zusammengesetzten Mechanismen und Vorgänge einen klaren Überblick zu verschaffen. Redtenbacher hat die fruchtbare Methode der Behandlung des Maschinenbaues als Lehrgegenstand für Deutschland eigentlich erfunden, das beweisen am besten die polytechnischen Schulen, auf denen in seinem Geiste mit dem besten Erfolge gelehrt wird.

In England, dem Geburtslande der Maschinenindustrie, suchen wir selbst heute noch vergebens nach einem systematischen wissenschaftlich=technischen Schulunterricht in unserm Sinne. Die Regierung, in Übereinstimmung mit dem Parlament und den Anschauungen des Volkes, hält sich grundsätzlich von fast jeder unmittelbaren Einwirkung darauf fern;

Theoretische Förderer. 23

der Ingenieur und Techniker findet seine Ausbildung vorwiegend durch unmittelbare Ein=
führung in das gewählte Fach unter Leitung eines Fachmannes von Ruf, gewissermaßen
als Jünger im Gefolge des Meisters, und indem er von vornherein mit der ganzen Kraft
seiner natürlichen Energie und Intelligenz auf eine Spezialität sich zu werfen pflegt, findet

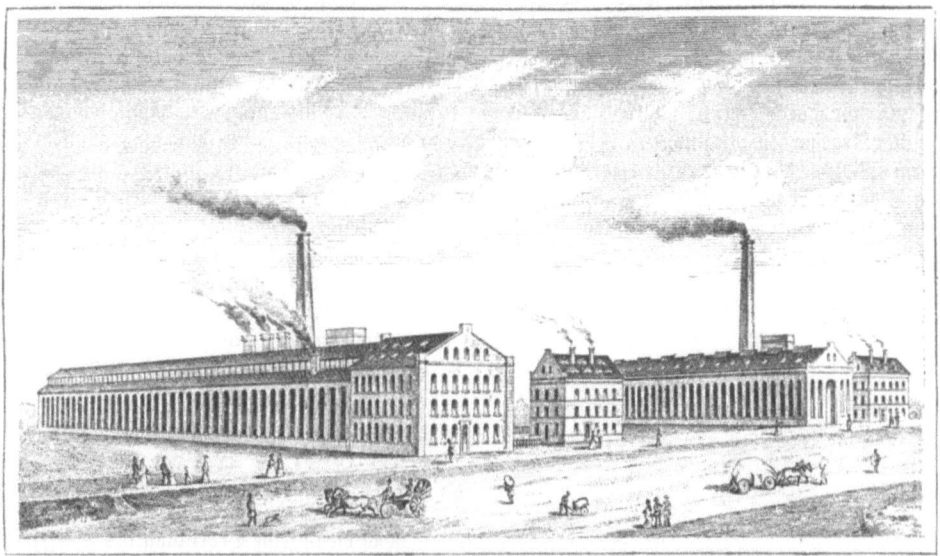

Fig. 15. Maschinenfabrik I der Chemnitzer Werkzeugmaschinenfabrik, vormals Joh. Zimmermann.

er seine Stärke in der staunenswerten Sicherheit, mit welcher er diese einseitige Richtung
nach überkommenen Regeln verfolgt, oder bei Neuerungen durch sein praktisches Gefühl
und seinen kühnen Unternehmungsgeist sich leiten läßt. Wenn indessen unter solchen Um=
ständen die englische Technik in raschem Laufe die höchste Stufe erreicht hat, so ist dies

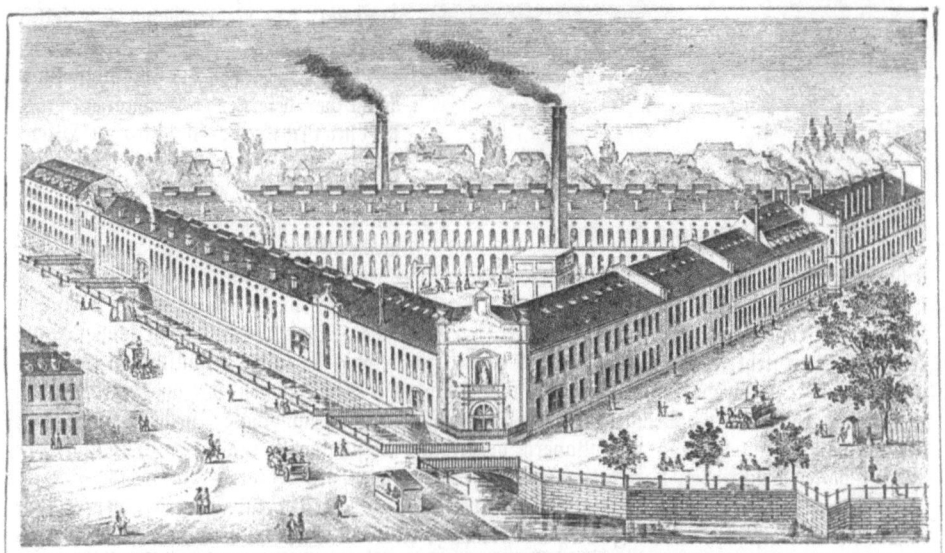

Fig. 16. Eisengießerei der Maschinenfabrik II der Chemnitzer Werkzeugmaschinenfabrik.

doch nächst ihrem noch fortwirkenden Vorsprunge früherer Entwickelung wesentlich den
reichen Hilfsquellen des Landes und der vortrefflichen Anlage des englischen Volkes zuzu=
schreiben, und es haben vorurteilsfreie Männer selbst in England einsehen gelernt — so
ganz besonders auch Whitworth, der neuerdings für bezügliche Anstalten zur Ausbildung

allgemein theoretisch gebildeter Techniker große Summen hergegeben hat — daß in anbetracht der sich mehr und mehr vollziehenden gegenseitigen Durchdringung von Wissenschaft und Praxis das Übergewicht englischer Technik in mancher Beziehung Gefahr läuft, überholt zu werden, wenn sie nicht von ihrer empirischen auf eine mehr wissenschaftliche Grundlage hinübergeführt wird. Waren es bis vor noch nicht vier Dezennien englische Techniker, denen wir die Einrichtung und den Betrieb unsrer jungen Maschinenindustrie überlassen mußten, so sehen wir heute vielfach deutsche, auf unsern polytechnischen Schulen gebildete Techniker als Konstrukteure und Dirigenten industrieller Anstalten in England thätig, um durch ihre wissenschaftliche Bildung englischem Kapital und der Tüchtigkeit englischer Arbeiter die Richtung zu geben. Daß dies so gekommen ist, haben wir ganz besonders dem Wirken Jakob Ferdinand Redtenbachers zu danken. Derselbe ist 1809 zu Stein in Oberösterreich geboren, nach Vollendung seiner Studien und vierjähriger Lehrthätigkeit am Polytechnikum in Wien ging er 1834 als Professor der Maschinenlehre an die damalige höhere Industrieschule in Zürich und wurde 1841 zu gleicher Thätigkeit an die 1829 begründete polytechnische Schule nach Karlsruhe berufen, an welcher er 1857 das Direktorat übernahm und, verehrt von seinen zahlreichen Schülern, daselbst bis 1863, wo er starb, lehrte. So hoch seine Wirksamkeit als Lehrer anzuschlagen ist, wird dieselbe doch fast noch durch seine Bedeutung als Schriftsteller auf dem Gebiete, dem er sich begeistert gewidmet hatte, übertroffen. Seine Werke haben großenteils bleibenden Wert, alle aber sind originell und anregend, und in ihrer Gesamtheit bilden sie das schönste und dauerndste Denkmal, das Redtenbacher sich selbst gesetzt hat.

Fig. 17. Ferdinand Redtenbacher.

Neben Redtenbacher steht in gleicher Reihe der bedeutende Technolog Karl Karmarsch, geboren 1803 zu Wien, Schüler und später Lehrer des dortigen polytechnischen Instituts, von 1830 bis 1875 Direktor und Professor der mechanischen Technologie an der polytechnischen Schule zu Hannover, welche er, berufen von der Regierung, selbst gründete. Neben seiner fruchtbaren Lehrthätigkeit hat sich Karmarsch besonders durch seine schriftstellerischen Leistungen große Verdienste erworben. Er starb den 24. März 1879. Von seinen zahlreichen Werken steht sein „Handbuch der Technologie" einzig da in der technischen Litteratur, indem darin der spröde Stoff ohne Zuhilfenahme von Abbildungen mit unübertrefflicher Klarheit abgehandelt ist. Dem neuesten Werke „Geschichte der Technologie", welches Karmarsch für die vom König Ludwig von Bayern veranlaßte Gesamtdarstellung der Geschichte der Wissenschaften geschrieben hat, verdanken wir hier manchen interessanten Nachweis.

Unter den Schülern Redtenbachers ist als einer der bedeutendsten Förderer der Theorie des Maschinenbaues Franz Reuleaux, geb. 1829 zu Eschweiler in der Rheinprovinz, zu nennen, der in weiten Kreisen durch seine scharfe, aber in vieler Beziehung unanfechtbare Kritik der deutschen Industrie wohlbekannte Juror der Philadelphiaausstellung. Derselbe hat im Geiste Redtenbachers, aber in selbständig geistreicher Weise, weiter auf die systematische Ausbildung der Konstruktionslehre des Maschinenbaues hingewirkt. Durch sein rationelles Konstruktionsverfahren können in der That die Kosten für die Herstellung der Maschinen bedeutend vermindert werden, was natürlich der gesamten maschinenbedürftigen

Industrie zu gute kommt. Reuleaux' Handbuch „Der Konstrukteur" ist in dieser Beziehung als Epoche machend zu bezeichnen. Nicht minder bedeutend ist sein andres Werk, „Die theoretische Kinematik", d. h. die Lehre von den Bewegungsmechanismen, ein Buch, welches die Grundzüge einer das ganze Maschinenwesen umfassenden Theorie entwickelt, einer Theorie, die bisher noch gänzlich fehlte oder doch nur in vereinzeltem Stückwerk ohne inneren Zusammenhang vorhanden war. Man darf behaupten, daß erst durch dieses Buch eine klare Einsicht in das Wesen der Maschine eröffnet und der Hinweis gegeben worden ist, wie auf wissenschaftlichem Wege neue Mechanismen erfunden und neue Maschinen gebildet werden können. Diese kurzen Bemerkungen mögen an dieser Stelle genügen, um das große Verdienst zu bezeichnen, welches sich Reuleaux um die Entwickelung und Förderung des Maschinenbaues erworben hat.

Materialien, Arbeitsmethoden und Hilfsmittel. Im folgenden haben wir nun, wenn auch auf beschränktem Raume, die Materialien, Arbeitsmethoden und Hilfsmittel zu besprechen, deren sich der Maschinenbau gegenwärtig bei Ausführung seiner Konstruktionen bedient.

Obwohl eine große Anzahl verschiedener Materialien zur Konstruktion der Maschinen benutzt wird, so versteht man doch unter Maschinenbaumaterialien im engeren Sinne nur die Stoffe, aus denen die Hauptteile der Maschinen bestehen. Wir haben daher hier nur auf drei: Gußeisen, Schmiedeeisen und Stahl, einen Blick zu werfen.

Von dem Gußeisen, aus welchem, nach dem heutigen Stande der Technik, alle andern Eisensorten fast ausschließlich hergestellt werden, benutzt die Maschinenfabrikation nur die graue, mehr oder weniger grobkristallinische Art, da diese zum Gusse in Formen besonders gut geeignet ist. Nur ausnahmsweise wird auch das weiße, äußerst spröde, schnell erstarrende und die Formen nicht genau ausfüllende Gußeisen (weißes Gußeisen oder Spiegeleisen) angewendet und dann auch nur vermischt mit grauem Gußeisen;

Fig. 18 Karmarsch.

besonders geschieht dies zum Gusse solcher Teile, die eine große Härte besitzen sollen, und die man ihrer Größe wegen nicht aus Stahl herstellen will, also z. B. Hartwalzen. Das graue Gußeisen läßt sich allerdings verhältnismäßig leicht schmelzen und unter Beobachtung gewisser, nicht allzuschwer zu erfüllender Bedingungen in beliebige Formen gießen, weshalb es die bequeme Herstellung vieler, oft sehr verschiedenartig geformter Teile erlaubt, allein es ist kein sehr zuverlässiges Material, seine Festigkeit ist viel geringer als die des Schmiedeeisens, seine Sprödigkeit dagegen größer, außerdem haben die daraus hergestellten Gußstücke häufig in ihrem Innern von außen unbemerkbare Blasen, welche die Widerstandsfähigkeit wesentlich vermindern oder ganz aufheben. Dadurch aber wird die ganze, auf die nötige Sicherheit des Baues hinzielende Berechnung des Technikers zu schanden gemacht.

Trotzdem ist das Gußeisen zur Zeit noch das Hauptmaterial für den Maschinenbauer, denn es läßt sich bis jetzt noch kein andres und besseres mit ähnlicher Leichtigkeit in beliebig geformte Maschinenelemente gestalten; jedoch werden gegenwärtig schon viele Stücke aus Schmiedeeisen oder auch aus Stahl durch Schmieden angefertigt. Durch Einführung mechanischer Vorrichtungen in der Formerei hat man die Genauigkeit und die Schnelligkeit dieser Arbeit sehr gefördert und durch besondere Behandlungsweisen des flüssigen Metalls in der Form, z. B. durch Wasser= oder Luftdruck, oder auch durch Herstellung eines Vakuums, dessen Qualität bedeutend verbessert. Für besondere Zwecke hat man auch das Formen mit der Hand durch Maschinenformerei ersetzt.

Das Schmieden. Was nun die schmiedeeisernen oder auch stählernen Maschinenteile betrifft, so werden erstere, wenn es sich um massenhafte Herstellung kleinerer verschieden= artig gestalteter Stücke handelt, häufig zuerst durch Gießen in Formen gestaltet, also aus Gußeisen gebildet, dann aber nachträglich durch ein besonders geleitetes Glühverfahren in Schmiedeeisen umgewandelt; man nennt das so zubereitete Material schmiedbaren oder hämmerbaren Guß. Einfacher gestaltete und größere Stücke werden aus dem zum Glühen gebrachten Metall durch Hämmern, Drücken oder wohl auch zuweilen durch Walzen geformt, indem Schmiedeeisen und Stahl die Eigenschaft besitzen, in starker Glühhitze in einen fast teigartigen oder plastischen Zustand überzugehen. Infolge dieser Eigenschaft kann man weißglühende Stücke des Me= talls miteinander zu einem Ganzen vereinigen, förmlich zusammenkneten, das ist das Schweißen, eine der wich= tigsten Arbeiten des Schmiedes.

Die Arbeit des Schwei= ßens selbst ist einfach genug; dieselbe besteht in der Haupt= sache darin, daß durch zweck= mäßiges Stauchen die Fasern der zu schweißenden Stücke in möglich innigster Berührung übereinander gelegt und zum Teil zwischeneinander hinein= geknetet werden. Die innige haltbare Verbindung des Eisens, welche man durch das Schweißen herzustellen ver= mag, wird aber dadurch er= schwert, daß die Luft sich un= berufen in die Sache mischt und durch rasche Oxydation der glühenden Oberflächen deren genaue Verbindung hin= dert. Die möglichste Abhal= tung der Luft ist daher ein

Fig. 19. Franz Reuleaux.

Hauptaugenmerk bei dieser Arbeit, und man bestreut zu diesem Behufe die ins Feuer ge= brachten Stücke mit einem sogenannten Schweißpulver, welches mit dem entstehenden Glühspan zusammenschmilzt und eine dünnflüssige Schlacke bildet, durch welche die weitere Einwirkung der Luft gehemmt wird. Hierzu kann vielerlei dienen, und gewöhnlich kommen mehrere Stoffe im Gemisch zur Anwendung. Es muß aber dann so gearbeitet werden, daß der schlackige Überzug aus den Schweißfugen vollständig herausgequetscht wird und die reinen Metallflächen miteinander in Berührung kommen. — Ein interessantes Beispiel der Schweißarbeit bildet z. B. die Anfertigung der Räder für Lokomotiven und sonstige Eisenbahn= gefährte, soweit dieselben Speichen haben. Man macht dieselben der größeren Sicherheit halber ganz von Schmiedeeisen. Zuvörderst werden die einzelnen Radspeichen geschmiedet, deren jede an dem einen Ende ein T Querstück enthält, so daß die ungefähre Form eines Hammers ent= steht. Diese sogenannten T förmigen Ankerstücke werden, nachdem die inneren Enden dieses Ankers keilförmig zugeschmiedet worden sind, während die Umfangsteile der Anker an den Enden eine nahezu rechtwinkelige Form erhalten, in eine Muldenform so eingelegt, daß die inneren keilförmigen Teile sich zu einer Ringform, der zu bildenden Nabe, fest aneinander schließen, worauf die Anker in der Mulde in radialer Richtung fest zusammengekeilt werden.

Fig. 20. Maschinensaal in der Hartmann'schen Fabrik.

Die Mulde hat in der Mitte eine Öffnung, die etwas größer ist als die Nabe. Hierauf wird diese Mulde auf ein dazu geeignetes Schmiedefeuer gelegt, aus welchem die Speichen ringsum herausragen, so daß beim Anblasen des Feuers nur der mittlere Teil des herzustellenden Rades erhitzt und zur Schweißglut gebracht wird. Unterdessen werden auch zwei zu dem Zwecke im Durchmesser der Nabe angefertigte und im Durchmesser der Achse durchlochte schmiede=
eiserne Scheiben weißglühend gemacht. Hierauf wird eine dieser Ringplatten auf die breite Amboßfläche eines Dampfhammers gelegt, darauf kommt die aus den Keilstücken zusammen=
gesetzte Radnabe und auf deren Oberseite die zweite Ringplatte zu liegen. Nun läßt man den Bär des Dampfhammers anfangs mit schwachen, allmählich aber mit stärkeren und zuletzt mit den stärksten Schlägen darauf wirken, so daß die ganze zur Bildung der Nabe

Fig. 21. Gewöhnlicher Schmiedeamboß.

bestimmte Eisenmasse stark zusammengequetscht wird. Hier=
durch schweißen nicht nur die Keilstücke untereinander, sondern auch mit den beiden Ringplatten zu einem festen Stück zu=
sammen. Ist das Arbeitsstück erkaltet, so werden die den Radkranz bildenden Teile der Anker der Reihe nach erhitzt und durch Einschweißung keilförmiger Stücke zu einem voll=
ständigen Ringe verbunden. Um den Radreifen anzufertigen und mit dem Radkörper zu verbinden, verfährt man folgen=
dermaßen. Es wird ein gerader Reifeisenstab in einer dem Umfange entsprechenden Länge genommen und in einem Schweißofen so stark erhitzt, daß es sich biegen läßt, dann an eine aus keilförmigen Eisenstücken bestehende Form an=
geklemmt und durch ein Hebelwerk um diese Form herumgebogen, so daß ein offener Ring entsteht, dessen innerer Durchmesser ein wenig kleiner ist als der Durchmesser des Rad=
körpers. Dann wird die offene Stelle des Ringes unter Einschweißung von Keilstücken geschlossen und nach dem Erkalten der innere Ringumfang auf einer Drehbank derartig ausgedreht, daß der innere Durchmesser immer noch etwas kleiner bleibt als der äußere Radumfang. Dieser glatt ausgedrehte Ring wird hierauf in einem Kohlenfeuer so stark erwärmt, daß derselbe sich auf etwas größere Weite wie der ebenfalls vorher abgedrehte Radumfang ausdehnt, so daß der Ring bequem auf das Rad aufgeschoben werden kann, und alsdann wird derselbe durch Begießen mit kaltem Wasser plötzlich abgekühlt, wodurch er sich zusammenzieht und mit sehr starkem Drucke um das Rad herumlegt. Um jede Ver=
schiebung des Ringes infolge von Erschütterungen zu verhüten, wird derselbe schließlich

Fig. 22. Der Setzhammer.

noch mit schwach konischen Eisenbolzen, die in passende Boh=
rungen des Radreifens und inneren Radkranzes eingetrieben und vernietet werden, mit dem Radkranze verbunden.

Das Schmieden kann durch Handarbeit oder mit Hilfe von Maschinen (Schmiedemaschinen, mechanischen Hämmern, hydraulischen Pressen, Walzwerken) ausgeführt werden. Bei der gewöhnlichen Handschmiederei kommen in Anwendung: Amboß als Unterlage, Hämmer, Zangen, Meißel, Gesenke und andre untergeordnete Werkzeuge.

In Fig. 21 ist ein gewöhnlicher Schmiedeamboß ab=
gebildet; bei demselben verlängern sich die beiden schmalen Enden der Bahn zu hornartigen Ansätzen, von denen der eine kegelförmig geformt ist und zum Schmieden rundlich gebogener Stücke dient, während der andre scharfe Kanten hat, so daß darauf die Stücke scharfwinkelig umgebogen werden können.

Was die Hämmer anbelangt, so unterscheidet man gewöhnliche Handhämmer im Ge=
wicht bis zu 2 kg, Zuschlaghämmer im Gewicht von 3 bis zu 10 kg und Setzhämmer; letztere wirken nicht unmittelbar durch Schlag, sondern werden, ähnlich wie die sogenannten Schrotmeißel (die zum Abhauen von Eisenstücken dienen) auf die zu bearbeitende Stelle des glühenden Metalls aufgesetzt, worauf mit dem Zuschlaghammer ein Schlag auf deren Kopf ausgeführt wird; auf diese Weise können an einem Stücke scharfe Absätze gebildet werden, wie Fig. 22 illustriert. Die schweren Zuschlaghämmer, die mit beiden Armen geschwungen werden müssen, werden von Hilfsarbeitern, den Zuschlägern, gehandhabt.

Das Schmieden.

Um dem Schmied die Arbeit ohne Zuschläger zu ermöglichen, hat man in Amerika die in Fig. 23 illustrierte Vorrichtung, einen sogenannten Feder- oder Wipphammer, konstruiert, der nunmehr auch in Deutschland mehrfach ausgeführt und benutzt wird. Der Betrieb des Hammers erfolgt mittels Riemenübertragung, wodurch eine Kurbelwelle in schnelle Drehung versetzt wird. Mit dieser Kurbelwelle ist eine, nach Art der Wagenfedern aus mehreren Stahlstreifen zusammengesetzte, mehr oder weniger gekrümmte Feder verbunden, an deren beiden Enden durch Riemen oder eiserne Gelenkstücke der Hammerbär hängt. Derartige Hämmer arbeiten leicht und dabei kräftig und schnell und werden mit 25—250 kg Hammerbärgewicht ausgeführt. Ein sehr sinnreich gebauter Schmiedehammer war auf der Wiener Weltausstellung zu sehen. Diese vom Engländer Davis erfundene Konstruktion zeigte eine Art Schwanzhammer, der am hinteren, kurzen Ende unmittelbar mit der Kolbenstange eines kleinen Dampfcylinders verbunden und mit diesem zusammen in einem senkrechten Ringe drehbar war, so daß der Hammer seine Schläge sowohl senkrecht als auch wagerecht und zwischen beiden Hauptstellungen unter allen Winkeln ausführen konnte. Außerdem konnte das ganze Hammergestell mittels einer hydraulischen Maschinerie, die im Boden eingesenkt war, gehoben werden.

Der größte Dampfhammer befindet sich gegenwärtig auf den Eisenwerken von Creusot. Derselbe arbeitet mit 1800 Zentner Bärgewicht und übertrifft also noch weit den berühmten Kruppschen Riesenhammer.

Auch das Walzwerk hat man unmittelbar als Arbeitsmaschine für den Maschinenbau in den Dienst genommen, indem man z. B. in England und Amerika lange Getriebswellen auf kaltem Wege zwischen Walzen fix und fertig, genau rund und gerade herstellt. Hierbei verrichten allerdings die Walzen mehr

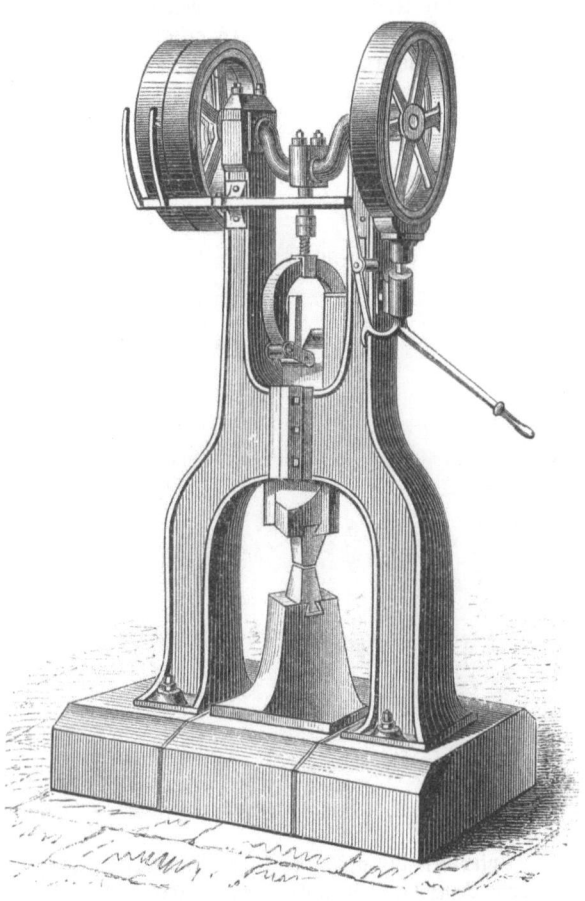

Fig. 23. Feder- oder Wipphammer.

den Dienst einer Drehbank als einer Schmiedemaschine. — Schwere Schmiedestücke, wie sie zum Bau der großen Ozeandampfer und Panzerfregatten im Gewicht von 600—800 Zentner herzustellen sind, erfordern selbstverständlich besondere Vorrichtungen. Es werden hierbei zum Erhitzen Siemenssche Regenerativöfen benutzt; zum Herausnehmen aus dem Ofen und zum Fortschaffen nach dem Amboß werden hydraulische Hebezeuge oder Krane und zum Schmieden verbesserte große Fallhämmer mit Dampfbetrieb benutzt, welche sehr weite Ständer haben, so daß dazwischen die größten Arbeitsstücke Platz finden.

Mit bezug auf das in Fig. 24 dargestellte hydraulische Hebezeug ist folgendes zu bemerken. Dasselbe besteht aus zwei voneinander getrennten hydraulischen Hebemechanismen, welche an den Enden eines horizontalen Kranbalkens angreifen und diesen mit der daran gehängten und längs desselben verschiebbaren Last gleichmäßig heben. Diese beiden

Hebewerke sind entweder (wie in der Abbildung) feststehend oder auf kleinen auf Schienen laufenden Wagen angeordnet und für Hand- oder Dampfbetrieb eingerichtet. Bei der vorliegenden Anwendung sind die beiden hydraulischen Cylinder mittels angegossener Grundplatte auf einem gemauerten oder aus Holz bestehenden Fundament aufgestellt. Zur Erzielung eines größeren Hubes besteht jeder Stempel aus zwei ineinander sich verschiebenden Teilen. Auf der Grundplatte jedes Cylinders befindet sich das die Druckflüssigkeit fassende Gefäß, sowie eine einfache Druckpumpe. Der Antrieb der letzteren folgt von einer Kurbelwelle aus, deren Lager am Cylinder angebracht sind und die beiderseits ein Schwungrad mit Kurbel trägt. An dem schmiedeeisernen, im Querschnitt kastenförmigen Querbalken hängt die zu hebende Last an einem auf Schienen laufenden kleinen Wagen, der sogenannten Katze, dessen Bewegung mittels Kette und Kettenrad von unten bewirkt wird. Derartige Krane werden von H. Gruson in Buckau-Magdeburg gebaut und erwünschten Falls auch fahrbar auf einem Rädergestell geliefert. Die Tragfähigkeit beträgt 30000—40000 kg.

Fig. 24. Hydraulisches Hebezeug mit horizontalem Kranbalken.

Unter den für nicht zu große Schmiedestücke verwendbaren Maschinenhämmern hat sich der vom Amerikaner Bradley gebaute und zum erstenmal auf der Philadelphiaausstellung vor die Öffentlichkeit gebrachte Aufwerfhammer großen Beifall erworben. Die großen Maschinenhämmer, welche den Hammerklotz an einem Stiel oder, wie man sagt, Helm tragen, nennt man Stirnhämmer, Brust- oder Aufwerfhämmer und Schwanzhämmer, je nachdem die Krafteinleitung außerhalb des Hammerklotzes oder zwischen diesem und der Drehachse des Helmes, oder endlich außerhalb der Drehachse angreift. Alle drei Formen waren in den älteren deutschen Eisenhütten im Gebrauch. Bradley hat den Aufwerfhammer für die Werkstatt brauchbar zu machen gesucht. Bei seinem Hammer ist der hölzerne Hammerhelm zwischen zwei gehärteten, in ihrer Höhe verstellbaren Stahlspitzen aufgehängt und hinter wie vor denselben auf starken Gummiprellkissen gebettet. Gleichzeitig wird durch oberhalb des Stiels befindliche verstellbare Gummipuffer das Übergewicht des Hammers durch entsprechendes Einstellen dieser Preller ausgeglichen. Die Bewegung des Hammers erfolgt von einer unterhalb des Hammerstiels zwischen den Aufhängespitzen und dem Amboß gelagerten Welle aus mittels eines darauf sitzenden und für verschiedene Hammerhubhöhen verstellbaren

Exzenters und einer damit verbundenen Lenkstange, welche an dem Gehäuse, zwischen das der Stiel gespannt ist, eingreift. Der Antrieb dieser Welle erfolgt durch Riementrieb. Der Riemen läuft vorerst lose über die Scheibe, wird aber, sobald der Hammer in Betrieb gesetzt werden soll, mittels Spannrolle angezogen. Dies geschieht mittels eines um den Hammer herumgebauten Tretschemels, und es hängt von dessen geringerem oder kräftigerem Anziehen zugleich die Hammergeschwindigkeit und Schlagstärke ab. Mit diesem Tretschemel steht ferner noch ein Bremshebel in Verbindung, mittels dessen ein augenblickliches Stillstehen des Hammers herbeigeführt werden kann.

Fig. 25. Bradleys Aufwerfhammer.

Der Amboß ruht auf einer besonderen Grundlage und nimmt somit die Hammerschläge für sich allein auf, so daß die übrigen Hammerteile keine Erschütterung erleiden, während die aus dem Exzenterbetrieb und dem geringen Stoß des Hammerschlags erfolgenden schwachen Erzitterungen von den Prellkissen aufgenommen werden, so daß die Lagerspitzen des Hammers keinen Schaden leiden. Diese Hämmer liefern mit einem Hammergewicht von 12—100 kg beziehentlich 350—200 Schläge in der Minute und werden von der Firma Ludwig Loewe & Cie., Kommanditgesellschaft auf Aktien in Berlin, gebaut.

Es gibt Fälle, wo selbst Hämmer von kräftigster Konstruktion sich nicht mehr ausreichend erweisen, wenn die Schmiedestücke, insbesondere solche aus Gußstahl, über gewisse Größen hinausgehen. Der momentan wirkende Schlag kann die Masse großer Stücke, die ja oft viele Hunderte von Zentnern schwer sind, nicht mehr durchdringen. Selbst bei kolossalen Hammergewichten wird durch die Schläge, wie die Erfahrung gelehrt hat, nur auf die äußere Schicht eines solchen massigen Metallstücks eingewirkt, so daß die innere Masse entweder entzwei reißt oder die äußeren Teilchen über die innere Masse hinweggleiten, woburch dann allmählich die Enden des Stücks eine trichterförmige Gestalt annehmen, keineswegs aber die gewünschte Streckung der ganzen Masse erfolgt. Bereits 1856 ließ sich deshalb Bessemer in England die Anwendung der hydraulischen Presse zum Ausschmieden großer Stücke patentieren. Danach ist vom Ingenieur Haswell in Wien die Methode des Preßschmiedens sehr ausgebildet und von demselben in den Werkstätten der k. k. privil. Staatseisenbahngesellschaft zur Herstellung der Lokomotivbestandteile in Anwendung gebracht worden, von wo aus sie sich rasch verbreitet hat. Dem System nach läßt sich Haswells Methode des Preßschmiedens mit dem Schmieden in Gesenken unter dem Dampfhammer vergleichen, bietet jedoch eine weit vollständigere Ausführung in bezug auf die Gestalt der Stücke, wie auch die Möglichkeit, selbst solche Maschinenteile in Gesenken zu pressen, welche niemals unter dem Hammer auf gleiche Weise erzeugt werden könnten. Ein großer Vorteil dieser Methode liegt auch in der raschen und sehr billigen Herstellung der bezüglichen Maschinenteile.

Scheren und Lochmaschinen. Neben dem Schmieden, als der Bearbeitungsmethode, die sich am glühenden Metall zu vollziehen hat, sind noch gewisse Bearbeitungsmethoden, die für besondere Zwecke mit dem kalten Metall vorgenommen werden, zu erwähnen. Hierher gehört das Schneiden mit Meißel und Scheren und das Durchstoßen von Löchern mit durch Maschinenkraft bewegten Stempeln.

Fig. 26. Große Hebelschere.

Der Meißel ist ein vielgebrauchtes Werkzeug des Maschinenbauers und Metallarbeiters überhaupt. Mit Meißel und Hammer schlägt man Zapfenlöcher, Durchlochungen u. dgl. ein, zerteilt Eisenstangen und dicke Bleche, arbeitet die Gußstücke aus dem Rohen ab, um der Feile die Arbeit zu erleichtern. Zum Zerteilen dicker Platten setzt man wohl auch einen Meißel in den Kopf eines kleinen Schwanzhammers ein, den die Dampfmaschine oder das Wasserrad nebenbei mit treibt. Mit Scheren zerteilt man Bleche, selbst Platten oder Stangen, zerschneidet Drahtbündel behufs der Nadelfabrikation u. s. w. Man unterscheidet Scheren mit Hebelbewegung, wozu die gewöhnlichen Handscheren gehören, und Scheren mit Parallelbewegung, die als große Maschinen ausgeführt werden. Größere Hebelscheren konstruiert man als sogenannte Stockscheren, indem man den einen Schenkel fest macht und den andern behufs des Schneidens mit den Händen niederdrückt.

Unsre Fig. 26 stellt eine mittels Kurbelgetriebes bewegte Doppelschere dar. Links bei c wie rechts bei c' befindet sich eine Stahlschneide sowohl am festen wie am beweglichen Teil. Zwei Arbeiter können also gleichzeitig an der Schere arbeiten, indem sie die abzuschneidenden Eisenstücke unter die mit unwiderstehlicher Gewalt langsam herabgehende Schneide zur Linken oder Rechten schieben.

Was das Durchlochen, d. h. das Durchstoßen der Löcher in Metall betrifft, so ist dies eine viel rascher fördernde Methode als das später zu besprechende Bohren, doch läßt sich dieselbe hauptsächlich nur für nicht allzustarke Schmiedeeisenplatten anwenden, wie solche zu Eisenbauten, Dampfkesseln, Brücken, Schiffen, Dachstühlen u. s. w. verwendet werden. Man hat zwar dem Durchlochen den Vorwurf gemacht, daß dabei das Metall in seiner Widerstandsfähigkeit gegen Zerreißen geschädigt, d. h. spröde gemacht werde; indessen behaupten andre Techniker wieder das Gegenteil; jedenfalls ist das Verfahren ein so bequemes, daß es unter allen Umständen in ausgedehnter Anwendung bleiben wird. Es wird mittels eines cylindrisch geformten, an der Aufsatzfläche flachen Stempels aus gut gehärtetem Stahl bewirkt, welcher genau in ein in der ebenfalls aus gehärtetem Stahl bestehenden Unterlegplatte ausgebohrtes Loch, die Matrize, paßt. Das zu lochende Metallstück wird mit der entsprechenden Stelle auf die Unterlage über die Matrize gelegt und der Stempel wirken gelassen, der nun ein Stück von der Form seines eignen Querschnitts bei seinem Herabgehen in die Matrizenbohrung hineindrückt. Es lassen sich auf solche Weise die Nietlöcher in Dampfkesselblechen oder in Eisenschienen für Brückenbau u. s. w. schnell und genau herstellen; ferner können durch derartige Maschinen Zähne in Sägenblätter geschnitten oder andre Durchbrechungen in dünneren oder stärkeren Blechen ausgeführt werden. Kleine Loch- und Stoßmaschinen für Handbetrieb baut man mit Anwendung des Kniehebels, der Differenzialschraube oder neuerdings auch mit Benutzung des hydraulischen Druckes. Fig. 27 zeigt eine hydraulische Lochmaschine, wie solche in England konstruiert worden sind und ihrer guten Wirkung wegen schnell Verbreitung in den Werkstätten der Eisenarbeiter gefunden haben. Damit lassen sich, je nach der Größe der Maschine, Löcher von 1—3 cm Durchmesser durch ebenso starkes Blech hindurchstoßen. Auch Scheren werden nach diesem Prinzip gebaut. Man hat sich die Einrichtung ganz wie die einer hydraulischen Presse zu denken, bei welcher der Preßkolben mit dem Lochstempel ausgerüstet ist, der in diesem Falle nicht von unten nach oben, sondern umgekehrt wirkt. Die Pumpeneinrichtung befindet sich in dem Innern des starken Gußeisenkörpers, der nach oben in einen cylindrischen Ansatz übergeht. Der untere Hebel in Fig. 27 dient zum Emporheben des großen Kolbens samt Lochstempel nach geschehener Durchlochung.

Dampfkesselbau. Die Scheren, Lochmaschinen und einige andre mechanische Vorrichtungen, wie Blechbieg- und Nietmaschinen, finden ihre hauptsächliche Anwendung in dem Dampfkesselbau, womit die Herstellung andrer großer Blech-

Fig. 27. Hydraulische Lochmaschine.

gefäße, als da sind große Wasserbehälter, Glasglocken, Vorwärmer u. s. w., verbunden ist.

Die Herstellung der Dampfkessel oder die Kesselschmiederei geht in folgender Weise vor sich. Nachdem die Bleche entsprechend der Kesselform nach den Plänen angezeichnet, die Nietstellen eingeteilt, die Ränder beschnitten und die Nietlöcher selbst durchgestoßen worden sind, werden sie in die richtige Form gebogen. Zu diesem Zwecke müssen die Bleche in besonderen Glühöfen bis zur Rotglut vorgewärmt werden. Zum Biegen bedient man sich entweder der Hämmer oder besonderer Blechbiegmaschinen. Die erstere Art der Herrichtung nennt man das Poltern oder Auspoltern der Bleche.

Die Blechbiegmaschinen mit Walzen lassen sich im allgemeinen nur anwenden, wenn die Formen der Bleche Flächen von einfacher Krümmung darstellen sollen; wenn dagegen die Bleche, wie z. B. bei den Böden der Kessel, Flächen von doppelter Krümmung oder die Form von Kümpfen erhalten müssen, so wendet man starke Pressen, sogenannte Kümpfel- oder Kümpelpressen, an, in deren Ermangelung man allerdings zum Auspoltern greifen muß. Fig. 28 gibt einen Begriff von der Einrichtung einer Blechbiegmaschine für leichte Arbeit. Starke, breite Bleche erfordern eine etwas andre Anordnung der Walzen, doch ist immerhin das Grundsätzliche der Einrichtung dasselbe.

34 Der Maschinenbau und seine Hilfsmittel.

Um Bleche für Kesselböden durch Auspoltern zu kümpeln, bedient man sich hohler Schalen aus Gußeisen von 4—5 cm Wanddicke. Man legt die glühende Blechtafel auf eine solche Schale und beginnt das Ausrecken entweder mit Handhämmern oder auch mit Maschinenhämmern, insbesondere mit eigentümlich gebauten Dampfhämmern, indem man vom Rande aus anfängt und nach der Mitte hinarbeitet. Um die Bleche an ihren Rändern umzubiegen (umzukrempen), was bezüglich der Verbindung mancher Dampfkesselteile nötig ist, werden wieder besondere Maschinen (sogenannte Umkrempmaschinen) angewandt, welche die Arbeit zwischen schmalen und gegeneinander verstellbaren Walzen oder Rollen bewirken.

Fig. 28. Blechbiegmaschine.

Zuweilen, namentlich bei Kesselböden von großem Durchmesser, setzt man die halbkugelförmigen Schalen, welche die Kesselenden oder sogenannten Böden bilden, aus einzelnen aneinander genieteten Teilen zusammen. Einen mit solchen Böden versehenen Dampfkessel größeren Kalibers stellt Fig. 29 dar; derselbe ist mit einem engen Unterkessel versehen, der — je nachdem er das direkte Feuer zuerst empfängt oder erst nachträglich von der durch die Ofenkanäle ziehenden Feuerluft umströmt wird — die Bezeichnung Sieder (Bouilleur) oder Vorwärmer erhält. Aus dieser Illustration wird man überhaupt auch die durch Nieten bewirkte Verbindungsweise der Bleche zur Herstellung eines Dampfkessels deutlich erkennen. Wenn die Bleche in die richtige Form gebracht und gelocht worden sind, so schreitet man zum Vernieten derselben. Die Nieten werden vorher aus dem besten und

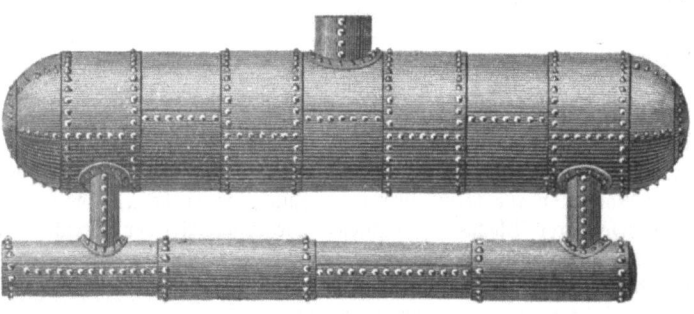

Fig. 29. Dampfkessel.

zähesten Rundeisen hergestellt. Man schneidet behufs ihrer Anfertigung das Rundeisen in Stäbe von bestimmter Länge, wozu man gewöhnlich eine Parallelschere benutzt, bei welcher das feste Messer mit Löchern von verschiedener Weite zum Durchschieben des Nieteisens von verschiedener Stärke versehen ist. Hinter dem Messer befindet sich eine feste Platte, deren Abstand sich nach der herzustellenden Nietlänge regulieren läßt; gegen diese Platte stemmt sich das durchgeschobene Eisen und das bewegliche Messer schneidet beim Heruntergleiten stets Stücke von gleicher Länge ab. Hierauf werden die Eisenstücke in einem Schmiedefeuer erhitzt und mittels eines Setzhammers an dem einen Ende mit dem sog. Setzkopfe versehen, während der sog. Schließkopf, welcher die Niete zum Festhalten der zu verbindenden Teile zwingt, nach dem Einsetzen der Niete in das Nietloch hergestellt wird. Die Anfertigung der Schließköpfe geschieht entweder durch Handarbeit oder mit Hilfe der Nietmaschine. Um die Bleche zusammenzunieten, heftet man sie vorläufig an einzelnen Stellen mit Schraubenbolzen zusammen; die Nieten werden dann rotwarm gemacht und von einem nach außen durch die genau übereinander gepaßten (zu diesem Zwecke nachträglich mit der Reibahle nachgearbeiteten) Löcher hindurchgesteckt, wie aus Fig. 30 deutlich zu ersehen ist. Der Setzkopf wird darauf mit Hilfe eines Schellhammers, auch Döpper genannt (s. Fig. 31) oder aus freier Hand angeschmiedet oder auch mittels Maschine angedrückt.

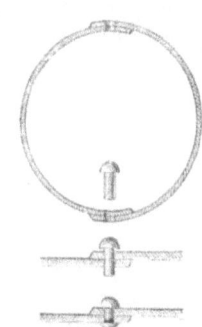

Fig. 30.
Verbindung der Bleche durch Nieten.

Wenn der Kessel mittels Handarbeit genietet wird, so muß man die Stelle, an welcher die Vernietung gerade stattfinden soll, womöglich oben haben, damit die Schläge in kräftiger Weise senkrecht auf den Nietkopf geführt werden können. Um das Arbeitsstück bei dieser Arbeit leicht beweglich zu machen, legt man es auf vier Rollen, welche das allmählich stattfindende Umdrehen der cylindrischen Stücke wesentlich erleichtern.

Das Erwärmen der Nieten geschieht häufig in einem leicht von Ort zu Ort zu bringenden Schmiedefeuer, in welches gleichzeitig mehrere Nieten hineingelegt werden, da die Arbeiten des Nietens schneller als das Erwärmen einer Niete von statten geht. Um den Schließkopf der Niete anzuschmieden, muß man die Niete von untenher festhalten, um eine entsprechende Schmiedunterlage zu haben. Hierzu bedient man sich der sogenannten Keule (s. Fig. 31), die mittels eines Hebels angedrückt wird. Zu schwerer Nietarbeit sind gewöhnlich sechs Arbeiter erforderlich, von denen zwei innerhalb des Kessels die Niete von untenher durchstecken und die Keule andrücken, während drei außerhalb des Kessels den Schließkopf anhämmern und einer das Warmmachen der Niete besorgt und sie den im Kessel befindlichen Arbeitern zugibt.

Das Nieten selbst erfordert einen bedeutenden Aufwand an Handarbeit, so daß der Gedanke, es möglichst durch Maschinenarbeit zu verrichten, sich nahe legte. Man hat Nietmaschinen verschiedenster Art, welche je nach Umständen zur Anwendung kommen. Die bekannteste und wohl auch zweckmäßigste ist die von Fairbairn erfundene, in Fig. 32 abgebildete; Anordnung und Wirkungsweise wird aus der Zeichnung leicht verständlich. Neuerdings benutzt man auch häufig hydraulische Nietmaschinen; von denselben ist die vom Engländer Ralph Tweddell erfundene die verbreitetste. Fig. 33 und 34 zeigt die Tweddellsche Nietmaschine in zwei verschiedenen Anordnungen für leichtere und für schwerste Arbeit.

Fig. 31. Vernietung mit Hilfe des Schellhammers.

Diese zeichnet sich durch leichte Beweglichkeit, bequeme Handhabung und große Kraftleistung aus. Der Betrieb erfolgt von einem sogenannten Akkumulator aus, welcher aus einem hohen eisernen Cylinder besteht, in dessen wassererfülltem Raum ein dichtschließender, dabei aber doch möglichst leicht verschiebbarer Kolben mittels aufgelegter Gewichte hineingepreßt wird. Dieser Akkumulator ist durch ein Leitungsrohr mit dem hydraulischen Cylinder der Nietmaschine verbunden, in welchem ein kleinerer Kolben oder Stempel sich befindet, der mit seinem ähnlich wie der in Fig. 31 abgebildete Schellhammer geformten Ende gegen das aus dem Nietloche hervorragende Ende der Niete preßt, während ein an der andern Seite der Nietmaschine angebrachter fester Stempel das Zurückweichen des Setzkopfes verhindert, so daß ein scharfes Andrücken des

Schließkopfes erfolgen kann. Bei der Arbeit ist diese hydraulische Nietmaschine an einem Kran mittels einer Kette aufgehängt, so daß man dieselbe am Arbeitsstück von Nietloch zu Nietloch leicht bewegen und zur Anwendung bringen kann. Die in Fig. 33 abgebildete leichtere Maschine wird besonders zum Vernieten von leichteren eisernen Brückenträgern sowie von Dachstuhlbauten u. s. w. benutzt, während die in Fig. 34 hauptsächlich für die massigen Arbeiten des Schiffsbaues dient. Mittels an beiden Maschinen angebrachten Armes läßt der Nietapparat sich leicht in alle möglichen, zur Ausführung der Arbeit geschickte Lagen bringen. Der mit dem Nietstempel ausgeübte Druck läßt sich nach Bedürfnis rasch bis auf viele Hundert Kilogramm für jeden Quadratzentimeter der Druckfläche steigern. Bei den neuen schweren Nietmaschinen Tweddells kann die Niete mit 150000 kg, 150 Tonnen, Druck gepreßt werden. Die Speisung des den Druck bewirkenden Akkumulators erfolgt mittels eines durch Dampf getriebenen Druckpumpwerkes.

Fig. 32. Fairbairnsche Nietmaschine.

Was die Festigkeit der Nietverbindungen anbelangt, so ist klar, daß dieselbe stets geringer sein muß als die des vollen, ungelochten Blechs bei gleichem Querschnitte. Im allgemeinen geben weit auseinander stehende dicke Nieten eine festere Verbindung als eng stehende dünne, doch muß gerade die letztere Verbindungsweise für Dampfkessel gewählt werden, weil es sich hier um dampfdichte Nietnähte handelt. Um die Schwächung der Kesselbleche durch das Vernieten zu vermeiden, hat man neuerdings das Zusammenschweißen derselben versucht und für einzelne Kesselteile, wie z. B. für die Feuerbuchsen der Lokomotivkessel, in praktische Anwendung gebracht.

Werkzeugmaschinen. Die aus Gießerei und Schmiede kommenden rohen Arbeitsstücke erfordern aber noch eine weitere genaue Bearbeitung, welche mit den uns bisher bekannt gewordenen Methoden nicht zu erreichen ist. Andre Verfahren sind dazu erforderlich, und zwar werden dieselben teils durch Handarbeit (Feilen, Meißeln, Schleifen, Schaben), teils auf automatische Weise mit Maschinen ausgeführt. Um den heutigen Anforderungen an die Maschinenfabriken in betreff äußerst genauer und doch wohlfeiler Ausführung ihrer Arbeiten zu entsprechen, sucht man die Handarbeit auf die geringste Zeit (Vollendungsarbeiten u. dgl.) zu beschränken und, wo nur immer thunlich, die reine Maschinenarbeit in Anwendung zu bringen. Die hierzu dienlichen Maschinen führen im allgemeinen den Namen Werkzeugmaschinen. Das zu bearbeitende Werkstück einerseits wird in oder auf dieselben befestigt (aufgespannt), anderseits ist das arbeitende Werkzeug meist ein schneidender Stichel, in einer besonderen Fassung eingespannt; und es besteht das Grundgesetz jeder Werkzeugmaschine darin, durch geeignete Mechanismen entweder das Arbeitsstück oder den Stichel, oder auch beide Teile zugleich so gegeneinander zu bewegen, daß die Schneidekante des Stichels in dem Werkstück oder an dessen Oberfläche nach und nach Teile des Materials lostrennt, bis die beabsichtigte Form gebildet ist.

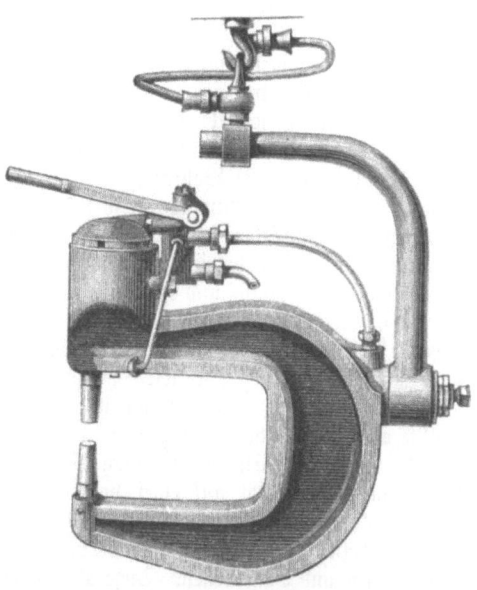

Fig. 33. Tweddells hydraulische Nietmaschine.

Ein Hauptaugenmerk ist hierbei auf das Werkzeug (den Stichel) zu richten, d. h. für seine richtige Form, Schneide, Härte u. s. w. zu sorgen. Die Schneidestichel (Dreh=, Bohr=, Hobelstichel u. s. w.) sind aus bestem Gußstahl herzustellen; neuerdings benutzt man zur Bearbeitung von Gegenständen aus Hartguß oder Stahl auch Werkzeuge, deren Schneiden durch eingesetzte Diamanten gebildet sind. Die Grundform der Schneidestichel ist meistens die eines prismatischen Stabes, der an einem oder an beiden Enden keilförmig angeschmiedet, gehärtet und angeschliffen ist. Es ist wohl selbstverständlich, daß sowohl das Auf= und Einspannen von Werkstück und Stichel bezüglich richtiger Stellung gegeneinander, als auch deren gegenseitige Bewegungen mit bezug auf die Art der auszuführenden Arbeit nach gewissen, durch lange Erfahrung gefundenen Regeln anzuordnen ist.

Was die Einteilung der Werkzeugmaschinen betrifft, so lassen dieselben sich zuerst nach dem zu bearbeitenden Material in zwei große Klassen ordnen, nämlich in Metallbearbeitungsmaschinen und in Holzbearbeitungsmaschinen; von letzteren wird in einem späteren Kapitel die Rede sein.

Faßt man ferner bei den verschiedenen Werkzeugmaschinen die Art der Arbeit und die Gestalt der zu bearbeitenden Stücke ins Auge, so macht sich zuerst eine Reihe von Maschinen bemerklich, deren Einrichtung und Wirkungsweise hauptsächlich nur von der Gattung der

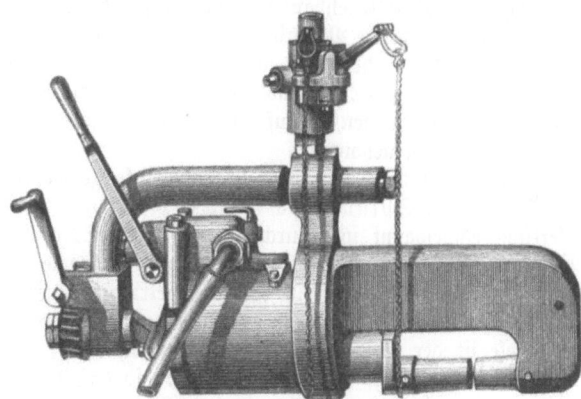

Fig. 34. Tweddells hydraulische Nietmaschine.

zu erzeugenden Arbeitsfläche abhängt und durchaus nicht, oder doch nur untergeordneter Weise, durch die besondere Form des zu bearbeitenden Gegenstandes bedingt wird. Anderseits finden sich wieder Maschinen, die nur für die Herstellung oder Bearbeitung eines ganz bestimmten Gegenstandes geeignet und also für einen besonderen Zweck konstruiert worden sind, so daß bei denselben Abmessungen, Einrichtung und Bewegungsweise nicht nur durch die Art der Arbeitsfläche, sondern wesentlich noch durch die besondere Form und

Größe des einen Artikels oder der wenigen auf ihnen bearbeitbaren Gegenstände bedingt wurde. Die erste Klasse, die aus einer verhältnismäßig geringen Zahl von Einzelmaschinen besteht und die zur Ausführung aller häufig vorkommenden, sich oft wiederholenden Arbeiten ausreicht, sind die gewöhnlichen Werkzeugmaschinen, die man in jeder gut eingerichteten größeren Maschinenwerkstätte beisammen vorfindet.

Die zweite Klasse umfaßt eine außerordentlich große, sich fortwährend vermehrende Zahl von verschiedenen Maschinen; man findet dieselben einzeln oder in zusammengehörigen Gruppen in allen denjenigen Fabriken, welche sich mit der Herstellung von Besonderheiten befassen und daher nur für die Erzeugung ganz bestimmter Artikel eingerichtet sind; man kann diese Klasse daher als Sonderwerkzeugmaschinen bezeichnen.

Die gewöhnlichen Werkzeugmaschinen lassen sich in folgende sieben Hauptklassen einteilen: 1) Drehbänke; 2) Bohrmaschinen; 3) Hobelmaschinen; 4) Stoßmaschinen; 5) Fräsmaschinen; 6) Schraubenmaschinen und 7) Maschinen für Blechbearbeitung, Schmieden und Schleiferei. Dann aber folgt ein großes Heer von Sondermaschinen, von denen der Maschinenbau, der Hüttenbetrieb, Lokomotivenbau und die Fabrikation von Eisenbahnzeug, der Schiffsbau, die Geschütz- und Gewehrfabrikation, der Spinnmaschinenbau, der Nähmaschinen-, Winden-, Blechwaren-, Nieten- und Uhrenbau u. s. w. alle ihre besonderen Konstruktionen haben. Von den gewöhnlichen Werkzeugmaschinen ist die Drehbank die wichtigste.

Die Drehbank. Sie wird hauptsächlich zur Bearbeitung drehrunder Gegenstände, d. h. zur Herstellung von Rotationsflächen benutzt, und zwar werden darauf vorzüglich gewölbte oder Außenflächen bearbeitet, doch lassen sich auch vertiefte oder hohle Drehflächen und bei geeigneter Einrichtung auch ebene und Schraubenflächen darauf erzeugen. So kann man in der That auf einer vollkommenen Drehbank selbstthätig lang- oder paralleldrehen, plandrehen, konischdrehen, vollbohren, ausbohren, Schrauben schneiden und selbst Nuten hobeln. Bei gewissen Sondervorrichtungen kommt hierzu noch das Kurvendrehen, Kugeldrehen und Ovaldrehen. Diese Maschinen sind daher als die ersten und notwendigsten einer jeden Maschinenwerkstätte zu betrachten, und es stellt die Drehbank das Minimum von Ausrüstung dar, unter welches auch die bescheidenste mechanische Werkstätte nicht herabgehen kann. Die Drehbank ist dasjenige Hilfsmittel, dessen Anwendung die Schlosserwerkstätte von der Maschinenwerkstätte unterscheidet. Der Schlosser rundet die Außenfläche runder Körper mit der Feile, der Mechaniker und Maschinenbauer drechselt oder dreht diese Flächen ab.

Die Einrichtung der Drehbank in der Grundlage, sowie die Art der Arbeit daran ist für Holz- und Metalldrehbank dieselbe, ja für die erstere ist der Bau insofern sogar vielfältiger, als das weiche Material eine Menge kleiner künstlicher Hervorbringungen gestattet, womit die Maschinendrehbank nichts zu thun hat. Wir werden daher später da, wo wir von der Herstellung der Spielwaren reden, die vollständige Einrichtung der Holzdrehbänke besprechen und verweisen darauf, indem wir hier nur das auf unsern besonderen Gegenstand Bezügliche vorweg nehmen.

Im wesentlichen bestehen alle Drehbänke gewöhnlicher Einrichtung aus dem Gestell oder Bett, dem Spindelstock und dem Reitstock; zwischen die beiden letzteren kann das Werkstück eingespannt und durch die im festen Spindelstock eingelagerte und auf geeignete Weise in Umdrehung versetzte Spindel zur Teilname an deren Drehbewegung veranlaßt werden. Der Reitstock ist in der Spindelrichtung verschiebbar, um Werkstücke von verschiedenen Abmessungen einspannen zu können. Der dritte Hauptbestandteil der Maschinendrehbänke ist der Support oder Stichelschlitten, kurz auch „Schlitten" genannt, in welchen der Drehstahl fest eingesetzt wird, so daß derselbe nur die genau vorgeschriebene Bewegung machen kann, welche in der Bauart der Maschine vorgesehen ist und die auch in der Regel selbstthätig von der letzteren bewirkt wird. Abweichungen von dieser Einrichtung kommen nur bei einigen besonderen Arten von Drehbänken vor; so fällt bei den eigentlichen Plandrehbänken der Reitstock weg, wogegen die Räderdrehbänke an dessen Stelle einen zweiten Spindelstock haben; ferner gibt es Drehbänke mit zwei Schlitten (Doppelschlittendrehbänke); ja es erhalten die Räderdrehbänke stets mindestens zwei, zuweilen auch vier Schlitten. Bei allen eigentlichen Dreharbeiten macht das zwischen den Spitzen des Spindelstocks und Reitstocks oder auf die Planscheibe gespannte Werkstück immer die

Hauptbewegung, und zwar eine gleichförmig umdrehende; der Schlitten mit dem Schneidestahl dagegen hat die fortschreitende Bewegung auszuführen, welche nach und nach den Stichel über die ganze Fläche des Arbeitsstückes hinwegführt. Beim selbstthätigen Drehen ist diese Fortrückung eine geradlinige und fortdauernde, sie wird bewirkt durch eine lange, mittels Räderwerk in genau geregelte Drehung versetzte Schraube, die Leitspindel, welche durch eine Mutter in dem unteren Teile des Schlittens geht, und da sie sich selbst in ihren Lagern nicht verschieben kann, den Schlitten schiebt. Beim einmaligen Abdrehen wird nur ein schwacher Span genommen, um die Arbeitsstähle nicht zu sehr zu erhitzen und untauglich zu machen; bei jedem späteren Durchgange wird dann der Schneidestahl dem Arbeitsstück etwas näher geschraubt und dadurch eine entsprechende Schicht in einem spiralförmigen Spane abgenommen. Zur Mäßigung der bei der Arbeit entstehenden Hitze ist über dem Schneidezeug gewöhnlich ein Wassergefäß angebracht, das fortwährend Tropfen auf die angegriffene Stelle fallen läßt. Beim Parallel- und Plandrehen ist der Schlitten so eingerichtet, daß mit demselben dem eingespannten Schneidestahl zwei Bewegungen mitgeteilt werden können, von denen die eine parallel mit der Drehachse des in der Drehbank rotierenden Werkstückes und die andre rechtwinkelig zu dieser Drehachse gerichtet ist; beide Bewegungen vereinigt ergeben ein schräge Richtung gegen die Drehachse, so daß damit die Möglichkeit des Konisch- oder Spitzdrehens vorliegt. Ein so eingerichteter, sogenannter Kreuzschlitten ist in seiner einfachsten Anordnung in Fig. 35 im Seitendurchschnitt und in der Oberansicht von oben dargestellt. A A sind die beiden Ständer des Drehbankbettes, in welchen die durch die ganze Länge der Bank gehende Leitspindel V bei T so eingelagert ist, daß sie mittels der Kurbel M durch die Hand des Arbeiters in Umdrehung versetzt werden kann. Auf den dreiseitig prismatischen Wangen A A der Drehbank ruht ein Schlitten B, die Grundlage des Schlittens, welcher unterhalb mit einer Schraubenmutter fest verbunden ist, durch welche die erwähnte Leitspindel hindurchgeht, so daß durch die Drehung derselben der Schlitten längs der Drehbankswangen fortgleiten muß. Dieser Schlitten ist seinerseits in ähnlicher Weise wie das Drehbanksgestell auch wieder mit einer Schraube versehen, die rechtwinkelig zur Leitspindel gerichtet ist. Durch eine Kurbel m kann auch diese zweite Schraube vom Arbeiter in Drehung versetzt und mittels derselben nun auf den Grundschlitten B des Supports ein zweiter kleinerer Schlitten, welcher den Drehstahl C trägt, rechtwinkelig zur Bewegungsrichtung des ersten verschoben werden. Der Schneidestahl muß somit an allen Bewegungen des Supports teilnehmen.

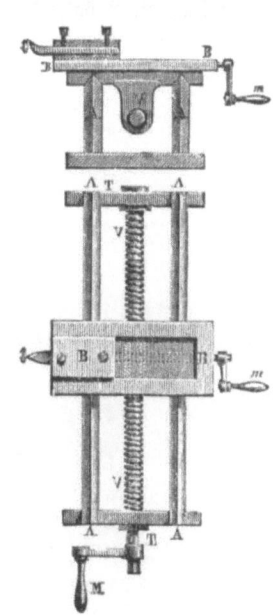

Fig. 35. Der Kreuzschlitten von der Seite und von oben gesehen.

Fig. 36 zeigt eine vollständig ausgerüstete Paralleldrehbank mit Vorgelege und Wechselrädern, auf welcher demnach auch lange Schraubenspindeln, ähnlich der unteren zur Supportführung dienenden Leitspindel, geschnitten werden können. Der Betrieb wird durch einen auf der links am Spindelstock befindlichen Stufenscheibe laufenden Riemen von einem ebenfalls mit einer solchen, aber umgekehrt gelagerten Stufenscheibe versehenen Deckenvorgelege aus bewirkt. Durch die an der linken Gestellseite der Drehbank befindlichen Räder, die nach Bedürfnis ausgewechselt, d. h. durch andre Räder von verschiedener Größe ersetzt werden können und die deshalb Wechselräder heißen, kann der Leitspindel eine Drehgeschwindigkeit erteilt werden, die in einem gewissen erwünschten Verhältnis zur Drehgeschwindigkeit des zwischen Spindel und Reitstock eingespannten Werkstückes steht; ist nun dieses Werkstück eine vorher genau cylindrisch abgedrehte Stange, so kann auf diese Weise bewirkt werden, daß der vom Support geführte Schneidestahl eine gleichmäßig fortlaufende schraubenförmige Furche von gewisser Steigung, d. i. ein Schraubengewinde, in die angenommene in Umdrehung versetzte Stange einschneidet. In Fig. 36 ist, beiläufig bemerkt, das zwischen die Drehbankspitzen eingespannte Werkstück keine zu fertigende Schraubenspindel, sondern eine glatt abzudrehende Kurbel= oder Bleuelstange. Der Schlitten ist bei dieser Drehbank im vorliegenden Falle einfach auf das Drehbankbett festgeschraubt und nicht mit der Leitspindel in Verbindung gesetzt, so daß demnach der Arbeiter beide Bewegungen des Schlittens mit der Hand auszuführen hat, in welchem Falle die Anordnung von der in Fig. 35 abgebildeten insofern verschieden ist, als der erste Schlitten nicht auf dem Dreh=bankbett, sondern auf einer selbständigen Unterlage gleitet und also der Support selbst mit zwei, durch Kurbeln drehbaren Schrauben versehen ist. Manche Drehbänke haben zur Füh=rung des Schlittens auch nur eine Zahnstange; solche Maschinen können aber dann nicht zum Schraubenschneiden benutzt werden.

An großen Maschinendrehbänken findet sich häufig die äußerliche Abänderung, daß der Arbeitskörper sich nicht zwischen Zapfen dreht, sondern es sitzt sowohl am Kopf der Dreh=spindel als an dem der Gegendocke eine große, vielfach durchbrochene Scheibe. Zwischen diesen Scheiben lassen sich Arbeitsstücke von verschiedenen, auch mehr oder weniger unregel=mäßigen Formen am besten einspannen, indem die vielfachen Durchlochungen für jeden ein=zelnen Fall die Möglichkeit gewähren, einen geeigneten Platz für die Aufschraubbolzen zu finden. Solche Bänke heißen dann Scheibendrehbänke.

Fig. 36. Paralleldrehbank.

Unterschieden davon sind die Kopf= oder Planscheibendrehbänke zum Ausdrehen von Lokomotiv=, Tender= und Wagenreifen, deren Spitzenhöhe etwa 1 m beträgt. Der Spindel=stock trägt hier an seinen beiden Seiten große Planscheiben mit äußerem Radkranze und auf jeder dieser Scheiben sitzen acht Klauen zum Festhalten der Reifen; der Betrieb dieser Planscheiben erfolgt mittels Räderübersetzungen und Deckenvorgelege durch einen Riemen, jedoch werden zuweilen die Rädervorgelege auch weggelassen. Außerdem ist jede solche Bank mit zwei Schlitten versehen, die sowohl mit der Hand, wie auch selbstwirkend durch Schaltwerk benutzt werden können. Ferner benutzt man noch in den Lokomotivbau= und Reparaturwerkstätten große Räderdrehbänke von $1{,}2$ m Spitzenhöhe, dieselben haben zwei Spindelstöcke, zwei Planscheiben und zwei Schlitten. Der linke Spindelstock steht fest, während der rechte, der Länge der Radachse entsprechend, verstellt werden kann. Ebenso können auch die beiden Schlitten der Länge nach verschoben und an jeden beliebigen Ort zwischen den Spitzen der beiden Spindeln gebracht werden. Der linke Spindelstock trägt außer der Hauptspindel mit der Planscheibe noch zwei Wellen mit je einer Stufenscheibe, von denen die eine als Übersetzung zum Antrieb der Bank gebraucht wird, während die andre unmittelbar in den äußeren Zahnkranz der linken Planscheibe eingreifen kann. Das Deckenvorgelege ist doppelt vorhanden und zwar dient das eine zur Bewegung der einen und das andre zur Bewegung der andern vorhin erwähnten Stufenscheibe des linken Spindelstocks. Die beiden Schlitten können vermittelst eines Schalthebels selbstthätig für Parallel- und Plandrehen arbeiten. Zu bemerken ist noch, daß die Spitze der Spindel im linken Spindelstocke feststeht, während die Spitze des rechten Spindelstocks verstellbar ist.

Als neuerer Fortschritt im Bau der Drehbänke ist noch die Einrichtung zu verzeichnen, welche es ermöglicht, Stücke mit verschiedentlich gekrümmten Oberflächen abzudrehen. Hierzu muß, wie sich denken läßt, der Schlitten eine freiere Bewegung haben, d. h. außer der gewöhnlichen Fortrückung auch selbstthätig der Achse das Drehstück näher und ferner rücken können, um immer den Drehstahl in Berührung mit der Oberfläche zu haben. Hierzu dient eine neben dem Schlitten befestigte Schablone, gegen welche dieser elastisch vorgerückt wird und von ihr seinen Weg vorgeschrieben erhält.

Da das Drehen von Gegenständen, deren Abmessungen nach zwei Richtungen hin bedeutende sind, bei wagerechter Anordnung der Drehspindel zu Schwierigkeiten sowohl betreffs der Aufspannung und richtigen Einstellung des Mittelpunktes der Arbeitsstücke als auch zu höchst schädlicher Beanspruchung der Drehbankspindel Veranlassung giebt, hat zu der im Vertikaldrehwerk angewendeten senkrechten Anordnung der Spindel geführt. Eine derartige Maschine eignet sich zum Bearbeiten aller Metalle und ist hauptsächlich zur Herstellung von großen Ventilen, Wasserschiebern, Eisenbahnrädern u. s. w. anwendbar; dieselbe ersetzt in jeder Beziehung vollkommen eine Kopfdrehbank. Grundplatte und Vorgelege befinden sich in einer Grube und die horizontale Planscheibe läuft in der Höhe des Fußbodens wie eine Drehscheibe um. Der Stichelschlitten ist ähnlich wie bei der später zu beschreibenden Hobelmaschine angeordnet und drehbar eingerichtet, um auch konische Umfänge abdrehen zu können. Die Bewegung des Drehstichels ist selbstthätig fortschreitend, sowohl in senkrechter als in wagerechter Richtung. Zwei Stirnräderwendegetriebe gestatten die Umkehrung der Bewegung in beiden Richtungen. Die Planscheibe wird von einem Spurzapfen getragen und in einem rinnenförmigen Ringe von sehr großem Durchmesser geführt. Mit dieser Planscheibe kann auch ein Ovalwerk verbunden werden.

Ferner ist hier zu nennen die Universaldrehbank, welche als Passigdrehbank eingerichtet ist und zur Herstellung von Gegenständen mit unrundem Querschnitt ohne Zuhilfenahme von Leitkurven dient. Eine solche Bank gestattet nicht nur auf der Planscheibe an plattenförmigen Arbeitsstücken elliptische Formen, sowie Vier-, Sechs- und Achtkante zu drehen, sondern es können diese Formen auch zwischen den Spitzen an stangenförmigen Arbeitsstücken hergestellt werden. Stehen die Spitzen einander genau gegenüber, so wird die abgedrehte Stange oder Welle ein Cylinder, dessen Grundkurve der Bewegungsweise entspricht. Stehen die Spitzen nicht genau gegenüber, so wird eine schraubenartig gedrehte Stange hergestellt. Sind die Übersetzungsverhältnisse am Spindelkasten und Spindelstock verschieden, so werden an beiden Enden der abgedrehten Stange verschiedene Querschnittsformen hergestellt, die in der Mitte ineinander übergehen. Alle diese Formen werden im Baufache, in der Kunsttischlerei sowie in der Stock- und Schirmfabrikation u. s. w. gute Verwendung finden. Wählt man bei Kuppelstangen und Bleuelstangen von Lokomotiven den elliptischen Querschnitt an Stelle des rechteckigen, so läßt sich der ganze Schaft abdrehen und bedeutend billiger herstellen als durch Hobel- und Feilarbeit. Dabei kann man nach Belieben den Schaft in der Mitte zu anschwellen oder sich verjüngen lassen. Stellt man die Spitze des Spindelstocks fest, so wird der Querschnitt der abgedrehten Stange aus der unrunden in die runde Form übergehen. Diese Form eignet sich besonders für Reibahlen und Gewindebohrer. Dieselben werden von der Bank für rückfallende Schneidenform abgeliefert, und man hat nur die Nuten für den Schnitt einzufräsen. Derartige Drehbänke werden nach dem Patent von Koch und Müller von Ludw. Löwe in Berlin gebaut.

Die Massenfabrikation, welche sich in neuerer Zeit mehr und mehr gewisser Gegenstände bemächtigt, so der Schrauben, der Gewehrteile, der Nähmaschinenteile u. s. w., hat auf die Herstellung einer Drehbanksvorrichtung hingewirkt, welche man auf Grund einer gewissen Ähnlichkeit mit der Einrichtung des bekannten schnellschießenden Drehpistols als Revolverkopf bezeichnet hat. Diese Einrichtung besteht in der Hauptsache in einem cylindrischen drehbaren Werkzeughalter, in welchen eine Anzahl verschiedenartiger, zur vollständigen Fertigstellung eines gewissen Gegenstandes dienender Werkzeuge eingespannt sind, welche vermöge der Drehung des Werkzeughalters rasch nacheinander zur gehörigen Wirkung gebracht werden können.

Bei der in Fig. 37 abgebildeten Drehbank ist der Revolverkopf mit sechs Werkzeugen, außerdem aber der Querschlitten noch mit zwei Werkzeugen versehen. Die Spindel hat Rädervorgelege. Infolge dieser Einrichtung ist diese Maschine besonders für die Herstellung starker Schrauben und gewisser Artikel geeignet, wie Schwung= und Handräder für Maschinenbau u. s. w. Diese Maschine ist von der Firma Ludwig Löwe & Co. in Berlin zu beziehen.

Die Herstellung von Schrauben bildet eine wichtige Abteilung der Massenfabrikation, und es sind dazu besondere Maschinen gebaut worden (s. Fig. 37), bei denen der gewöhnlich mit sechs verschiedenen Werkzeugen versehene Revolverkopf ebenfalls in Anwendung kommt. Dieser Revolverkopf ist wie bei der vorigen Maschine um eine senkrechte Achse drehbar und kann mittels eines Drehkreuzes rasch vor= und zurückgeschoben werden, wobei der Vorschub durch einen verstellbaren Anschlag begrenzt wird. Bei dem Zurückschieben dieses Revolver= schlittens stellen sich die Werkzeuge durch einen sinnreichen Mechanismus selbstthätig um.

Fig. 37. Drehbank mit Revolverkopf.

Außerdem ist auch hier noch ein kleiner Querschlitten vorhanden, der mit zwei Form= oder Abstechstählen versehen ist, welche in zwei nach Höhe und Breite verstellbaren Stichelhäusern befestigt werden. Zum Drehen mit diesen Stählen auf bestimmte Tiefe sind an diesem Schlitten verstellbare Anschläge vorhanden. Diese Maschine wird mit Deckenvorgelege zum Rechts= und Linksgange der durchbohrten Arbeitsspindeln von der Firma Ludw. Löwe & Co. in Berlin geliefert.

Die Treibspindel der in Fig. 39 abgebildeten, ebenfalls von Ludw. Löwe & Co. in Berlin gebauten Maschine ist mit Stufenscheibe und Getriebe versehen, welches mit einem Zahnrade auf der hohlen Spindel im Eingriff steht. Auf dem vorderen Ende dieser Spindel sitzt ein Zentrierfutter, welches zum Einspannen des zu schneidenden Bolzens oder des Mutterschneidbohrers dient. Der Cylinder, in welchem die Backen gelagert sind, ruht auf einem durch Handrad, Getriebe und Zahnstange verschiebbaren Schlitten und ist am Umfange mit neun Lagern versehen, worin die die Schneidbacken tragenden Muffen Platz finden; ferner ist ein Kopf zum Einspannen vier= und sechskantiger Muttern vorhanden. Die Backen sowie die sich selbst zentrierenden Halteklöben sind abnehmbar und es können an Stelle derselben Futter mit Formköpfen oder durchbohrte Stichelhalter zum Abdrehen der Bolzen, zum Ansetzen für den Vierkant unter dem Kopfe oder zum Zentrieren eingesetzt werden.

Die Drehbank. 43

Auf diese Weise kann der Bolzen zentriert, gebohrt, gedreht, für den Vierkant unter dem Kopfe angesetzt und mit Gewinde versehen werden, ohne daß ein Umspannen desselben nötig ist.

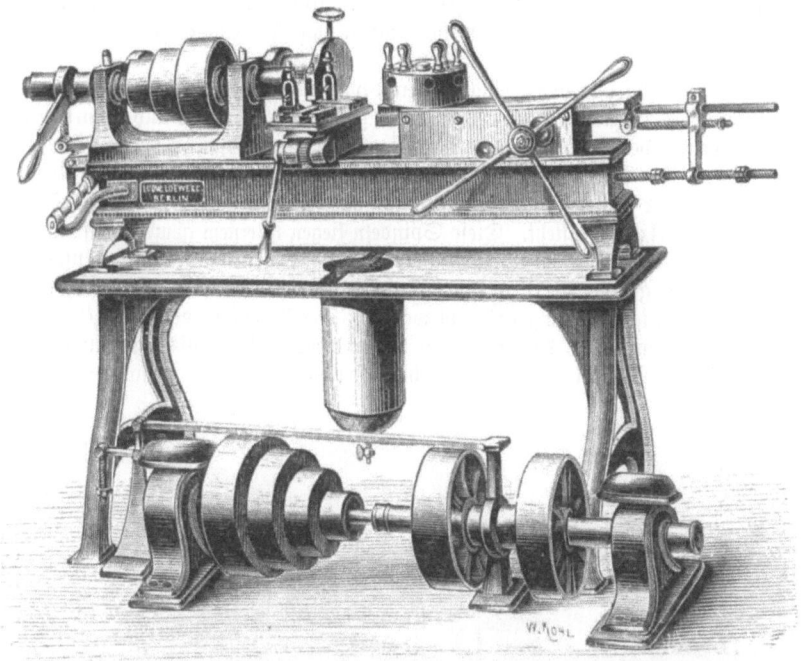

Fig. 38. Schraubenmaschine mit Gewindeschneideapparat.

Fig. 39. Bolzen- und Mutternschneidemaschine mit Revolverkopf.

Die hohle Spindel gestattet, diese Arbeiten an Bolzen jeder Länge vorzunehmen und nach Wegnahme des dem gerade zur Bearbeitung benutzten Backens gegenüberliegenden Futters auch Gewinde von jeder Länge anzuschneiden. Späne und abtriefendes Öl sammeln sich im

Bett der Maschine und das Öl fließt durch ein Sieb in einen Behälter ab, aus dem es zum wiederholten Gebrauch entnommen werden kann.

Die Maschine schneidet Bolzen von 1/4—1 Zoll englisch (6,35—25,4 mm) Durchmesser und ist mit sieben Sätzen Gewindebohrer und Backen, mit Deckenvorgelege und sonstigem Zubehör versehen.

Die in Fig. 40 abgebildete, ebenfalls von der Firma Ludw. Löwe & Co. gebaute Horizontalbohrmaschine ist zum genauen Bohren langer Löcher bestimmt und kann besonders mit großem Nutzen in der Gewehr- und Munitionsfabrikation sowie für ähnliche Zwecke Verwendung finden. Die Werkzeuge werden in einem sechs- beziehentlich achtfachen Revolverkopf eingespannt, welcher aus sechs beziehentlich acht horizontal liegenden einzelnen Spindeln zur Aufnahme der Werkzeuge besteht. Diese Spindeln liegen in einem gemeinschaftlichen Gehäuse, worin sie eine lange und daher sehr sichere Führung haben und um eine gemeinschaftliche horizontale Achse gedreht werden können, so daß dadurch die einzelnen Werkzeuge nacheinander in die richtige Stellung gebracht werden. Der Vorschub der Werkzeuge erfolgt mittels eines großen Handrades, das auf einen entsprechenden Mechanismus einwirkt. Der Vorgang der einzelnen Spindeln läßt sich durch verstellbare Anschläge genau begrenzen.

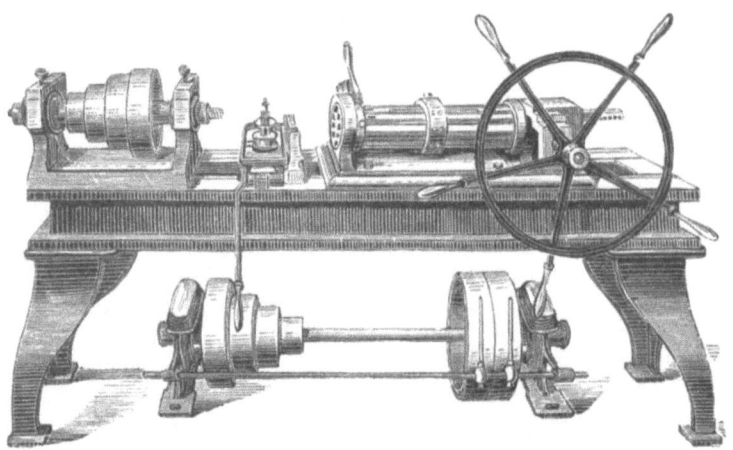

Fig. 40. Horizontalbohrmaschine mit sechs bis acht Werkzeugspindeln.

Die Bohrmaschine ist die nächste zu betrachtende Werkzeugmaschine. Dieselbe dient zur Herstellung von hohlen cylindrischen Oberflächen oder cylindrischen Höhlungen, wobei diese Höhlungen oder Bohrungen entweder aus dem vollen Materiale ausgearbeitet werden oder sich schon in der Grundform an den Arbeitsstücken vorfinden und nur eine genaue Nacharbeitung der cylindrischen Innenfläche vorzunehmen ist. Die erste Bearbeitungsweise, die besonders bei kleinen Bohrungen gebräuchlich ist, heißt das Vollbohren oder kurzweg Bohren, während die letztere, die vorherrschend bei Bohrungen von größerer Weite in Anwendung kommt, das Ausbohren genannt wird.

Bezüglich der Bewegungen haben alle Bohrmaschinen (mit Ausnahme einiger Sonderbauarten) das gemein, daß das Arbeitsstück festliegt und das Werkzeug (Bohrer, Bohrzahn, Bohrkopf) beide Bewegungen macht, nämlich die Haupt- und Arbeitsbewegung, welche hier immer eine gleichförmig rotierende, und die Fortrückungsbewegung, welche eine geradlinige, in der Richtung der Drehachse beständig fortschreitende ist. Nur ausnahmsweise wird diese letztere Bewegung ruckweise ausgeführt.

Unter den Bohrmaschinen, wie sie für die Zwecke des Maschinenbaues gegenwärtig benutzt werden, lassen sich vier Hauptsysteme unterscheiden, die sowohl bezüglich der ganzen Anordnung, wie auch hinsichtlich der auf ihnen hauptsächlich auszuführenden Arbeiten charakteristische Verschiedenheiten zeigen. Es sind dies die Senkrechtbohrmaschinen, die Wagerechtbohrmaschinen, die Langlochbohrmaschinen und die Cylinderbohrmaschinen.

Die Senkrechtbohrmaschine, von denen Fig. 41 eine Anordnung für Handbetrieb zeigt, sind die gewöhnlicheren und dienen hauptsächlich zum Vollbohren, d. i. zum Bohren runder Löcher; die Hauptteile einer derartigen Maschine sind: das Bohrgerüst (Gestelle oder Ständer), die Bohrspindel mit Antrieb, die Nachstellvorrichtung und der Bohrtisch.

Bei der in unsrer Figur abgebildeten Bohrmaschine bewirkt der Arbeiter durch Umtreiben einer Kurbel mit der rechten Hand die Drehung der Bohrspindel, welche durch eine Verbindung von Zahnrädern mittels einer oben mit einem Schwungrad versehenen Hilfswelle (sogenannte Vorlegewelle) die geeignete Umdrehungsgeschwindigkeit erhält. Mit der linken Hand bewirkt der Arbeiter gleichzeitig das Herabgehen der Bohrspindel und so das Ein- und Durchdringen des Bohrers bezüglich des untergelegten, auf dem Tische der Maschine fest eingespannten Arbeitsstückes. Größere Bohrmaschinen sind mit Riemscheiben versehen und werden von dem Fabriktriebwerk aus bewegt, wobei öfter das Heruntergehen der Bohrspindel in selbstthätiger Weise durch den Mechanismus herbeigeführt wird.

Was die Langlochbohrmaschinen betrifft, so fällt deren Konstruktion verwickelter aus, weil bei ihnen der Bohrer außer den beiden, auch in der Senkrechtbohrmaschine vorkommenden Bewegungen noch eine wagerecht hin- und hergehende zu machen hat; ausnahmsweise wird auch das Arbeitsstück zu der letzteren Bewegung veranlaßt. Mit den Langlochbohrmaschinen können längliche Vertiefungen, wie namentlich Keilnuten für Längskeile und Keilschlitze für Querkeile, hergestellt werden. Die Wagerechtbohrmaschinen werden zum Ausbohren schon bestehender Höhlungen angewendet; insbesondere werden sie bei der Bearbeitung von Lagern und

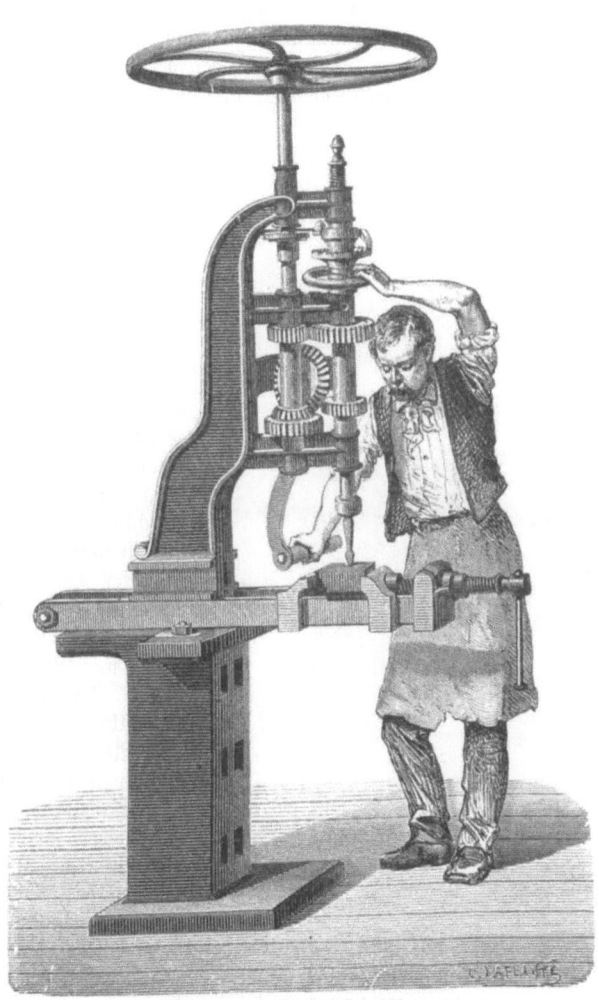

Fig. 41. Senkrechtbohrmaschine.

Kuppelmuffen, sowie bei kleinen Dampfmaschinen und Pumpencylindern benutzt.

Die Cylinderbohrmaschinen, deren gewöhnliche Anordnung in Fig. 42 dargestellt ist, dienen zum genauen Ausbohren der großen Dampf-, Gebläse- und Pumpencylinder. Den wesentlichsten Teil bildet eine starke senkrecht oder wagerecht gelagerte Bohrwelle mit Bohrkopf. Bei der in Fig. 42 abgebildeten Maschine ist A der zu bohrende Cylinder, der auf einer Plattform B befestigt ist, so daß seine Achse mit der Drehachse der Bohrwelle D zusammenfällt, an welcher durch einen besonderen Mechanismus der scheibenförmige Bohrkopf C gleitet, so daß die an demselben angebrachten Schneidestähle die ganze Innenfläche des Cylinders allmählich abarbeiten. Die Umdrehung der Bohrwelle wird von unten durch eine Schraube ohne Ende V bewirkt, die mittels einer Riemscheibe in Umdrehung versetzt wird und in ein auf der Bohrwelle sitzendes Zahnrad R eingreift. Die Verschiebung des Bohrkopfes C längs der Welle D geschieht durch zwei mit ersterem verbundene Hängestangen ll', welche oben durch ein Querstück verbunden sind, an der eine Zahnstange befestigt ist; in diese Zahnstange greift ein mit einem Räderwerk verbundenes Getriebe ein.

Auch die Bohrmaschine ist für Massenfabrikation in geeigneter Weise eingerichtet worden, indem man dieselbe mit einer größeren Anzahl nebeneinander gelagerter und gleichzeitig betriebener Bohrspindeln eingerichtet hat. Man benutzt derartige Bohrmaschinen mit 2, 3, 4 und 6 Spindeln. Eine Maschine der letzteren Art aus der Werkzeugmaschinenfabrik von Ludw. Löwe & Co. in Berlin zeigt Fig. 43; dieselbe ist in Maschinenfabriken, Nähmaschinenfabriken, Telegraphenbauanstalten und andern derartigen Werkstätten sehr vorteilhaft zu benutzen, indem man darauf Stücke der verschiedensten Form mit Hilfe eines sogenannten Bohrapparates, in welchem die Stücke eingespannt werden, bei einmaliger Einspannung mit einer Reihe von Löchern von sechs verschiedenen Weiten versehen kann. Der Bohrapparat dient dabei für die verschiedenen Bohrer zur Führung, so daß man auf diese Weise im stande ist, die Löcher alle genau auf die richtige Stelle bohren zu können, ohne sie vorher vorzeichnen zu müssen. Anstatt der Bohrer kann man auch andre Werkzeuge, wie z. B. Reibahlen, Versenker u. s. w. anwenden. Die zu bohrenden Stücke werden auf einem in der Höhe verstellbaren sogenannten Bohrtisch, dessen Gewicht mit dem Bohrapparat durch ein Gegengewicht ausgeglichen ist, mit Hilfe eines Hebelmechanismus durch Hand oder Fuß senkrecht gegen die Bohrspindel bewegt. Die Bewegung des Tisches läßt sich durch Anschlagmuttern auf eine bestimmte Höhe feststellen, so daß man dadurch im stande ist, Löcher von bestimmter Tiefe zu bohren. Die Geschwindigkeit der einzelnen Bohrspindeln ist verschieden und der Größe des Bohrwerkzeugs entsprechend. Die Maschinen haben nur Riemenbetrieb und arbeiten daher sehr ruhig. Am vorteilhaftesten werden in diesem Falle Spiralbohrer benutzt.

Als dritte der hauptsächlichsten Werkzeugmaschinen haben wir die

Hobelmaschine anzuführen. Diese Maschine ist neueren Ursprungs als die vorher erwähnten. Der Hobelmaschine liegt ursprünglich der Gedanke

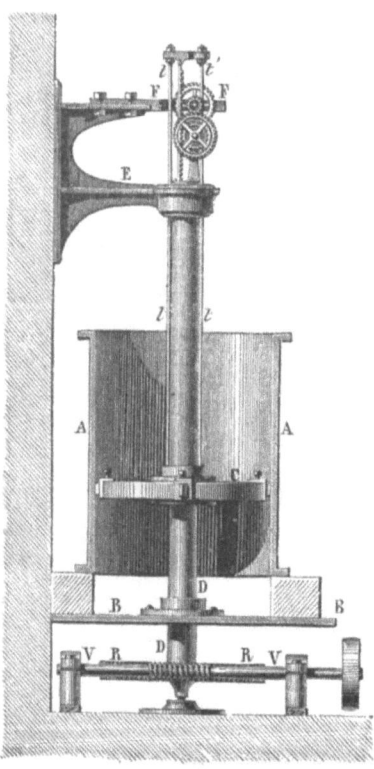

Fig. 42. Cylinderbohrmaschine.

zu Grunde, die mittels Feilen ausgeführte Handarbeit durch Maschinenarbeit zu ersetzen, und zwar ist diese Idee zuerst von dem genialen Georg v. Reichenbach (geboren zu Durlach 1772, gestorben in München 1826), einem der bedeutendsten Mechaniker aller Zeiten, gefaßt worden. Die von Reichenbach in den Jahren 1804—18 zu diesem Zwecke gebaute Maschine wirkte aber nicht mittels einer Feile, sondern durch ein viel einfacheres und billigeres Werkzeug, den Meißel, und war also thatsächlich eine wirkliche Hobelmaschine. Erst später hat man für einige besondere, untergeordnete Zwecke auch Feilmaschinen gebaut.

Die jetzt gebräuchlichen Hobelmaschinen arbeiten mittels eines schmalen oder selbst spitzigen Meißels, durch welchen nach wagerechten geraden und parallelen Linien Späne von der in Behandlung befindlichen Metallfläche abgetrennt werden. Dieser Vorgang ist an sich mit dem bei Feilmaschinen völlig gleichartig, und daher kommt es auch, daß die Unterscheidung zwischen Hobel- und Feilmaschinen nicht streng festzuhalten ist, vielmehr der Hauptunterschied nur in dem in die Maschine eingesetzten Werkzeug (Feile oder Meißel) besteht. Im allgemeinen jedoch heben sich die Hobelmaschinen dadurch hervor, daß sie vermöge ihrer Bauart eine große Länge der Meißelschnitte, manchmal bis zu 10 m, zulassen und daß (mit höchst seltenen Ausnahmen) die zum Nebeneinanderlegen der Schnitte erforderliche Querverschiebung am Meißel vorgenommen wird, während das Arbeitsstück, das auf einem beweglichen Tische festgespannt ist, die Längsverschiebung im Hin- und Hergange erhält. Bei kleineren Hobelmaschinen, den sogenannten Shapingmaschinen, zu deutsch Bestoßmaschinen, bei denen nur kleine Schnittlängen ausgeführt werden, wird meistens der Meißel in der Schnittbewegung geführt, wobei er gleichzeitig auch die zum Aneinanderlegen der Meißelschnitte erforderliche Querverschiebung erhalten kann; zuweilen wird jedoch diese Querverschiebung dem Arbeitsstück mitgeteilt. Man teilt die Hobelmaschinen in drei Hauptklassen ein: Planhobelmaschinen oder gewöhnliche Hobelmaschinen, Rundhobelmaschinen und Nutenstoßmaschinen. Mit diesen Maschinen können der Natur der Sache nach nur solche Körperformen hergestellt werden, deren Begrenzungen sich durch parallele gerade Linien erzeugen lassen, also namentlich alle Körperformen, die von Ebenen oder von einfach gekrümmten Oberflächen eingeschlossen sind, also von solchen Flächen, die sich auf einer Ebene abwickeln lassen. Es würde hier zu weit führen, alle die verschiedenen Bewegungsverbindungen, welche bei diesen Maschinen mit bezug auf Meißel und Arbeitsstück zu Grunde gelegt werden können, sowie die dabei angewendeten Mechanismen zu erörtern; erwähnt sei nur, daß auch hier Zahnstangen- und Schraubengewinde wichtige Rollen zu übernehmen haben, wie sich aus der Beschreibung der in Fig. 44 und 45 abgebildeten Hobelmaschinenkonstruktion ergeben wird.

Die abgebildeten Konstruktionen beziehen sich auf die Anordnung einer gewöhnlichen oder Planhobelmaschine, und zwar zeigt Fig. 44 die hauptsächlichsten Teile (ohne das eigentliche Gestelle) in der Vorderansicht, d. h. von der Seite, wo der Meißel sich befindet, und Fig. 45 die Totalansicht. Bei dieser Art Hobelmaschinen hat der Meißel nur die ruckweise stattfindende Querbewegung zu machen, um Schnitt an Schnitt zu legen, während das Arbeitsstück in der Schnittlänge hin und her geführt wird.

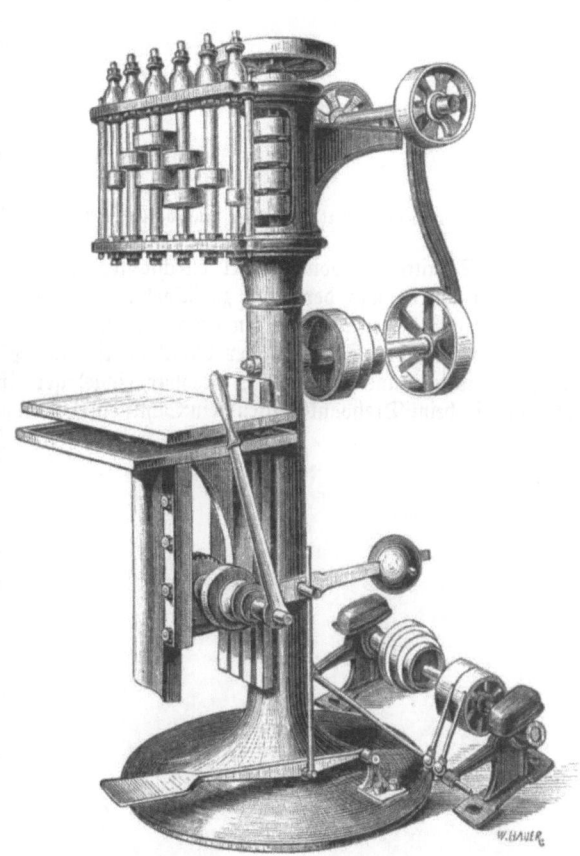

Fig. 43. Sechsspindelige Senkrechtbohrmaschine.

In Fig. 44 sind A A die beiden Seitenteile des Maschinengestelles, die oben mit genau abgerichteten und glatten Führungsleisten für den beweglichen Tisch B versehen sind, auf welchen letzteren das Arbeitsstück P festgespannt wird. Der Schlitten ist unterhalb mit einer Zahnstange D versehen, in welche ein Getriebe C eingreift, das auf der Hauptbetriebswelle der Maschine sitzt; diese Welle erhält mittels Riemscheibe eine Drehbewegung, welche abwechselnd nach der einen und andern Richtung vor sich gehen muß, damit das Hin- und Hergleiten des Tisches bewirkt wird. Da die Hauptwelle der Maschine ihre Bewegung von dem in gleichmäßiger Umdrehung begriffenen Triebwerk der Fabrik mitgeteilt erhält, so muß eine Vorrichtung an der Hobelmaschine angebracht sein, durch welche die gleichmäßige

Drehbewegung in eine vor- und rückwärts gehende umgewandelt wird. Es gibt verschiedene, diesem Zwecke dienende mechanische Vorrichtungen, sog. Wendegetriebe, auch Umsteuerungen genannt. Eine derartige Vorrichtung zeigt Fig. 45; dieselbe besteht aus drei Riemscheiben, von denen die mittlere lose auf der Welle sitzt und also sich um die Welle herumdrehen kann, ohne diese zu bewegen oder an deren Umdrehung teilnehmen zu müssen. Auf zwei dieser Scheiben, und zwar auf zwei nebeneinander befindliche, sind nun Riemen gelegt, von denen

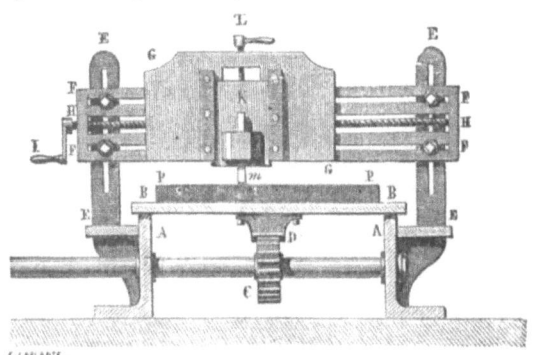

Fig. 44. Hobelmaschine. Vorderansicht der hauptsächlichsten Teile.

der eine gekreuzt, der andre aber offen ist, so daß die von diesen Riemen übertragenen Drehbewegungen entgegengesetzt gerichtet sind; da aber abwechselnd der eine dieser Riemen auf die lose Riemscheibe zu liegen kommt, so wird nur die eine dieser Bewegungen auf die Hobelmaschine übertragen. Die Abwechselung der Umdrehung wird dadurch bewirkt, daß die Riemen durch einen vom Tische der Maschine selbst bewegten Schieber auf den Scheiben verschoben werden,

sobald die Schnittlänge vom Meißel durchlaufen ist, so daß alsdann die entgegengesetzte Umdrehung eintritt und der Tisch zurückgeht. Der Mechanismus zur Querbewegung des Meißels ist aus beiden Abbildungen ersichtlich; mit bezug auf Fig. 44 ist darüber folgendes zu bemerken: An den Ständern der Maschine ist eine Platte F senkrecht beweglich angebracht, in welche eine Schraube H drehbar eingelagert ist; mittels dieser Schraube kann (ähnlich wie beim Drehbankschlitten) ein Schlitten G hin und her bewegt werden, an welchem

Fig. 45. Totalansicht der Hobelmaschine.

sich der Meißelhalter K befindet. Dieser Meißelhalter läßt sich entsprechend der Höhe des Arbeitsstückes mittels der Schraube L senkrecht verstellen. Bemerkt mag noch sein, daß — wie aus Fig. 45 ersichtlich — der eigentliche Stichelhalter mittels eines Gelenkes am Vertikalschlitten K angebracht ist, wodurch bewirkt wird, daß der Meißel nur beim Vorwärtsgange des Tisches schneidet, indem sich alsdann der Meißelhalter an den Schlitten fest anlegt, während beim Rückwärtsgange der Meißelhalter keinen Stützpunkt hat, so daß bei dieser Bewegung der Meißel leicht auf dem Arbeitsstück hinschleift; hierdurch wird die Schneide des Meißels möglichst geschont. Unzweifelhaft sind die Hobelmaschinen

so vollkommene Werkzeugmaschinen, daß sie sich nicht leicht ersetzen lassen, jedoch kann die Bearbeitung zahlreicher kleinerer Gegenstände gar nicht oder doch nicht mit Vorteil auf Hobel- oder Bestoßmaschinen ausgeführt werden, weshalb man neuerdings für diesen Zweck ganz eigentümliche Maschinen in sehr ausgedehnter Weise eingeführt hat.

Eine sehr zweckmäßige Senkrechtbestoßmaschine zeigt Fig. 46. Dieselbe ist für die Zwecke der Massenfabrikation mit einem sogenannten Revolverkopfe versehen, der ähnlich wie bei den früher beschriebenen Drehbänken benutzt wird. Auf diese Weise kann diese

Maschine sehr vorteilhaft zum Ausstoßen von Löchern irgend welcher Form sowie zur Bearbeitung unregelmäßig gestalteter Gegenstände, wie solche z. B. in der Gewehrfabrikation vorkommen, benutzt werden. Man kann der Reihe nach vier Stoßwerkzeuge zur Anwendung bringen, welche in dem um eine wagerechte Achse drehbaren Revolverkopf Platz finden und darin sich sehr genau einspannen lassen. Bei dem Betriebe dieser ebenfalls von der Firma Ludw. Löwe & Co. in Berlin gebauten Maschine stehen die Werkzeuge still und die zu bearbeitenden Stücke werden von unten nach oben gegen dieselben geführt. Der Stoßtisch, welcher durch ein Exzenter bewegt wird und dessen Höhe verstellbar ist, hat oben einen wagerechten Schlitten mit Schraubenspindel zum allmählichen Vorführen der Arbeitsstücke. Die betreffenden Teile werden in besonders dafür eingerichteten und auf dem Tische angebrachten Einspannvorrichtungen schnell und sicher befestigt. Die Maschine arbeitet sehr zuverlässig und sauber.

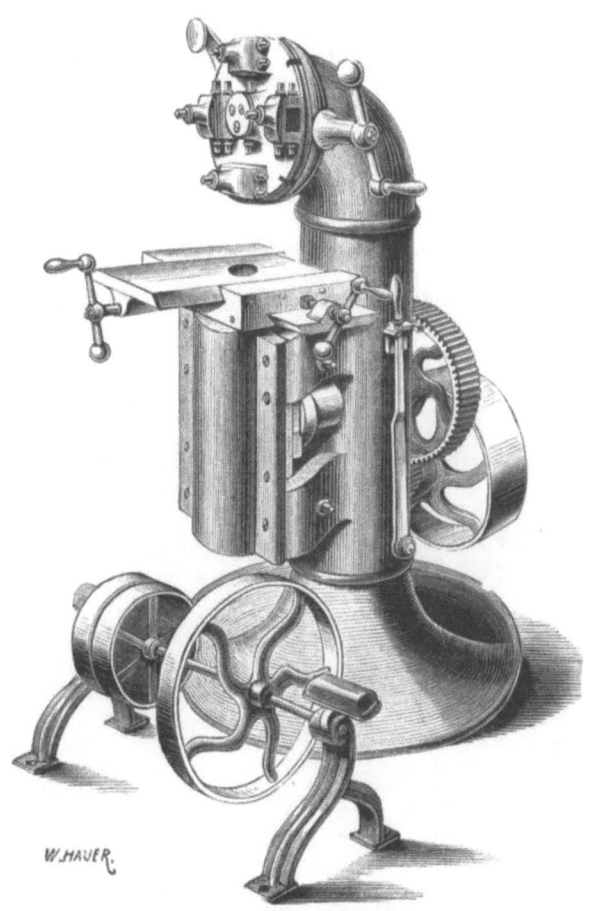

Fig. 46. Senkrechtbestoßmaschine mit Revolverkopf.

Die Fräsmaschine. Diese namentlich in Amerika in Schwung gebrachte Maschinengattung ermöglicht infolge der schnell drehenden Bewegung des als Kreisfeile zu bezeichnenden Werkzeugs eine schnelle und genaue Ausführung selbst sehr zusammengesetzter Formen. Die Fräsmaschine hat deshalb für manche Fächer des Maschinenbaues, so besonders für den Nähmaschinenbau, die Gewehrfabrikation ꝛc., in letzter Zeit eine außerordentliche Bedeutung gewonnen, indem man mit derselben das Hobeln, Feilen, Abstoßen u. s. w. mit großem Vorteil ersetzen kann. Mittels solcher Fräsmaschinen erfolgt die Herstellung aller Arten von Maschinenteilen fast ganz mechanisch, so daß bei ein und demselben Gegenstand ein Stück genau wie das andre ausfällt und sofort, ohne weitere Nachhilfe, in die zu bauende Maschine eingesetzt werden kann, um seine Funktion zu erfüllen. Die Methode des Fräsens eignet sich daher auch besonders zur Herstellung von Zahnrädern; die dabei befolgte Arbeitsmethode ist in Fig. 47 illustriert. Das mit den Zähnen zu versehende, vorher genau rund und glatt abgedrehte Rad R wird auf einer wagerechten Achse O befestigt, welche zwischen Spitzen in eine Drehbank eingespannt wird. Auf der Achse des Rades ist ferner eine sogenannte Teilscheibe P befestigt, auf deren Umfang in verschiedenen parallelen Kreisen verschiedenartige Kreisteilungen durch kleine Löcher markiert sind. In diese Löcher kann ein am Ende des Hebels AB angebrachter Stift gesteckt und so die Scheibe und mit ihr das zu schneidende Rad R in beliebige Winkelstellung zur Fräse F festgestellt werden. Die Fräse sitzt auf einer mit der Schnurscheibe p versehenen senkrechten Achse, welche in sehr schnelle Umdrehung versetzt werden kann. Die Achse dagegen ist auf einem Schlitten J angebracht, welchem mittels zweier Kurbeln m und M zwei zu einander rechtwinkelige Wagerechtverschiebungen zu erteilen sind, so daß man die

Zähne bis zu beliebiger, der Form des Fräsenprofils entsprechender Tiefe längs der Richtung der Radachse einschneiden kann. — Der Hauptbestandteil dieser Maschine ist, wie man sieht, die Fräse F, welche auf das genaueste gearbeitet sein muß. Dieses an sich alte Werkzeug

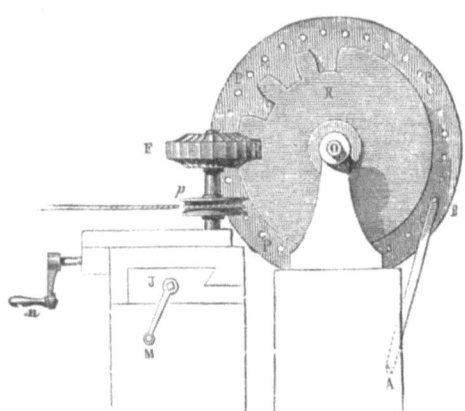

Fig. 47. Räderfräsmaschine.

hat seinen Namen von der Formähnlichkeit mit dem mittelalterlichen Fältelkragen, der Fräse, erhalten. Sie stellt eine scheibenförmige Feile dar, welche auf ihrer Oberfläche mit scharfen Schneiden versehen ist, die bei der Umdrehung in das dagegen gehaltene Arbeitsstück eine Vertiefung einarbeitet, deren Querschnitt genau mit dem Querschnitt der Frässcheibe übereinstimmt. Mittels solcher Fräsmaschinen werden auch ebene Flächen, Nuten, Schlitze (z. B. in die Köpfe der Schrauben) ꝛc. hergestellt. Kurz, es können damit fast alle Arbeiten, die früher ausschließlich der Feile zufielen, ausgeführt werden, und zwar bei weitem sauberer, genauer und rascher als mit den alten Verfahren.

Die Fräsmaschine wird für die verschiedenen Zwecke in mannigfachen Formen gebaut. Fig. 48 zeigt eine für Massenfabrikation von verschiedenartig geformten Stücken, wie solche in der Gewehr- und Nähmaschinenfabrikation, in der Bauschlosserei und im Telegraphenbau u. s. w. vorkommen, geeignete Maschinen von sehr zweckmäßiger Einrichtung. Ein gewöhnlicher Arbeiter ist im stande, je nach den Frässchnittlängen sechs bis zehn solche Maschinen zu bedienen. In der Werkzeugmaschinenbauanstalt der Firma Ludw. Löwe & Co. in Berlin, von welcher diese Maschine gebaut wird, sind 400 Stück solcher Maschinen zur Herstellung der verschiedenartigsten Artikel im Betrieb.

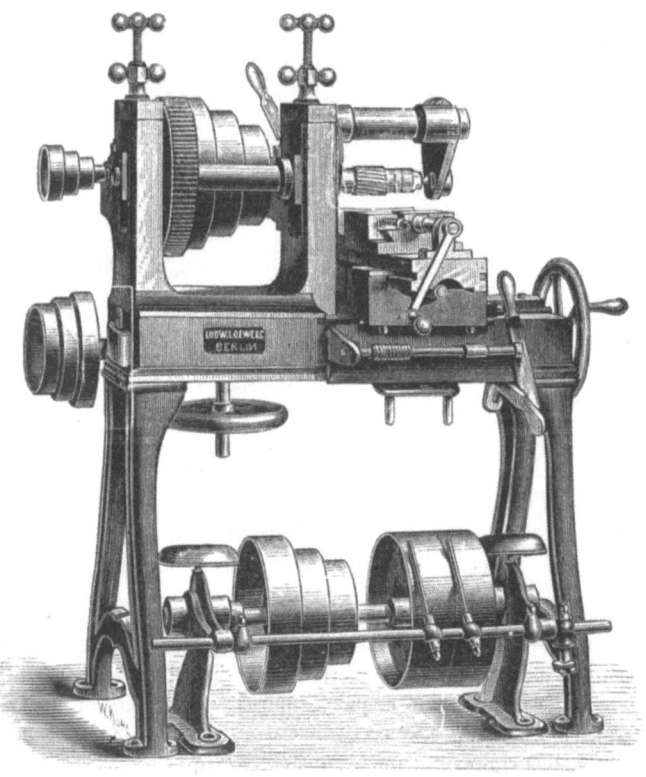

Fig. 48. Fräsmaschine für Massenfabrikation.

Die Maschine ist ausgestattet mit Deckenvorgelege, schnell aus- und einrückbarem Rädervorgelege, mit einer zweckmäßigen Vorrichtung zur Herstellung der Arbeitsspindel, mit verstellbarem und in verschiedenen Geschwindigkeiten selbstthätigem Schlitten, Parallelschraubstock zum leichten Einsetzen von Stahlbacken für die entsprechenden Arbeitsstücke, sowie mit einem Spitzenhalter. —
In Fig. 49 führen wir endlich noch eine von derselben Firma gelieferte Fräsmaschine vor,

Die Fräsmaschine. 51

die als Universalfräsmaschine bezeichnet wird und für allerhand Arbeitsausführungen benutzt werden kann. Diese Maschine verdient ihre Bezeichnung als überaus vielfach anwendbar recht wohl und kann in allen mechanischen Werkstätten mit Nutzen Verwendung finden, vorzüglich ist sie aber zur Herstellung von Schneidwerkzeugen, als Spiralbohrern, Gewindebohrern, Spiralfräsern, Stirnfräsern, konischen Fräsern, Verzahnungen, Lagern, allerhand Formstücken, zum Bohren von Teilscheiben u. s. w. geeignet. Vor der gewöhnlichen Fräsmaschine hat diese Maschine folgendes voraus: Die Arbeitsspindel hat Rechts- und Linksbewegung und die Schneidwerkzeuge werden in ihr mittels langen Konus und Mitnehmer befestigt. Die Lagerung der Spindel ist sehr sorgfältig eingerichtet, vorn im doppelten Konus und hinten in einem dreifach aufgeschnittenen Konuslager, welches mittels einer Mutter beliebig angezogen werden kann, so daß jede Spur von totem Gange zu beseitigen ist. Der horizontale Schlitten, auf welchem die Arbeitsstücke befestigt werden, ist unter allen Winkeln verstellbar und in allen Stellungen mittels zweier Universalgelenke selbstthätig beweglich, so daß man mit diesem Mechanismus im stande ist, die Bewegungen der Hauptspindel auf die Schraubenspindel des Schlittens beliebig zu übertragen. Der wagerechte Schlitten hat außerdem selbstthätige, verstellbare Auslösung, wodurch es ermöglicht wird, daß ein Arbeiter mehrere dieser Maschinen bedienen kann. Der Schlitten läßt sich sowohl wagerecht als senkrecht in den kleinsten Unterschieden, genauer gesprochen bis zu $1/40$ mm, verstellen. Die Spindel am Spitzenkopfe des Schlittens ist mit Teilvorrichtung und Rädervorgelege zum selbstthätigen Betriebe beim Schneiden von Spiralen versehen und

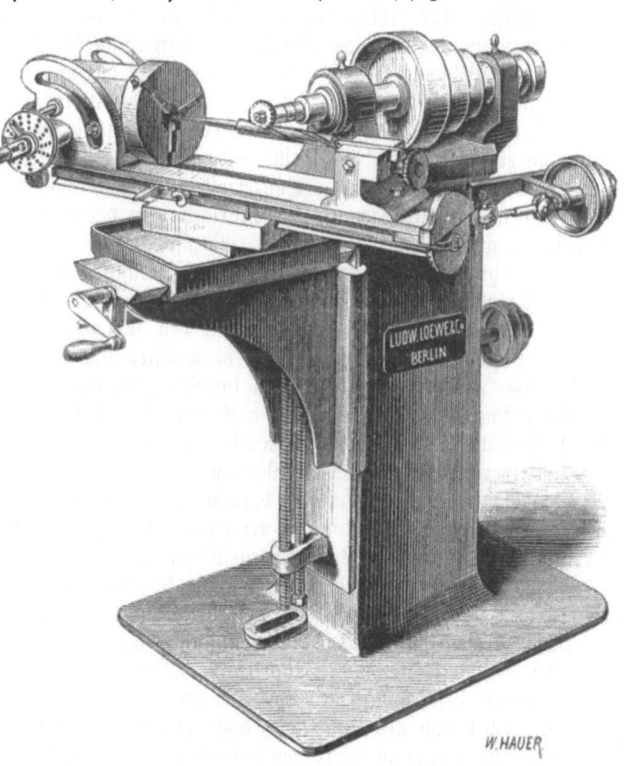

Fig. 49. Kleine Fräsmaschine für allerhand Arbeiten.

läßt sich ebenfalls unter jedem nötigen Winkel senkrecht verstellen. Man ersieht hieraus, daß diese Maschine alles Wünschenswerte zu leisten vermag.

Ein ungemein wichtiger Vorteil der Fräsmaschinen besteht darin, daß sie die Arbeit, für die sie einmal eingerichtet sind, mit fast mathematischer Genauigkeit immer wieder ausführen. Dadurch eignen sie sich besonders zur Herstellung der einzelnen Teile solcher Maschinen, welche, wie z. B. die Nähmaschinen, selbst in ungeheurer Anzahl und genau immer wieder in derselben Bauart ausgeführt werden, eine Herstellung, welche Reuleaux die der Machinofaktur nennt.

Verwandt mit den Fräsmaschinen sind die Schmirgelscheibenschleifmaschinen, deren Anwendung zuerst in Amerika eingeführt worden ist. Dieselben ersetzen unter Umständen sehr zweckmäßig die Feile, vor allem aber vertreten sie die Stelle des Schleifsteins. Sie dienen durch rasches kräftiges Angreifen zur Bearbeitung selbst der härtesten Metalle.

Das sind die hauptsächlichsten Werkzeugmaschinen, welche für die Metallbearbeitung in Anwendung sind. Mit den genannten ist aber die Zahl der mechanischen Hilfsmittel, deren

7*

sich der Maschinenbauer bedient, nicht erschöpft; denn auch hier findet es statt, daß für besondere Zwecke immer neue Abänderungen gebaut werden, Übergangsformen aus einer in die andre; so könnten wir auch noch die Schleifapparate und andre Vollendungsmaschinen hier in Betracht ziehen; wir werden aber dazu noch an andern Stellen Gelegenheit haben.

Die Herstellung dieser eisernen Hilfsarbeiter beschäftigt an sich schon eine große Zahl von Maschinenbauanstalten ausschließlich, während fast alle Maschinenbauereien wenigstens nebenher diese ganz unentbehrliche Ausrüstung mechanischer Werkstätten mit ausführen. Und das sind erst die Werkzeuge des Maschinenbauers, sie sind mehr oder weniger immer nur das Mittel; der eigentliche Zweck desselben liegt in der Hervorbringung jener unzählig verschiedenen Kraft- und Arbeitsmaschinen, die wir weiter oben schon wenigstens nach ihren Hauptgruppen genannt haben. Wir sind vielen davon schon in den früheren Bänden dieses Werkes begegnet, die Bekanntschaft wichtiger andrer werden wir später noch machen.

Maschinen für Kriegszwecke. Nach allen Richtungen hin ist der deutsche Maschinenbau in vorzüglicher Weise fortgeschritten, so daß er im Wettbewerb selbst England gegenüber in manchen Beziehungen sich den Vorrang erobert hat und im allgemeinen in keiner Weise zurücksteht. Genötigt durch die Mißgunst der Nachbarvölker, hat die deutsche Technik insbesondere danach streben müssen, in der Vervollkommnung der Mittel zu Schutz und Wehr das Höchste zu erringen, und dies ist ihr gelungen. Deutsche Kanonen, deutsche Kriegsschiffe, deutsche Torpedoboote, deutsche Panzerfesten sind als mustergültig anerkannt und fremde Nationen bewerben sich darum. Die Einrichtungen der deutschen Schiffsbauwerfte entwickeln sich rasch zu großer Leistungsfähigkeit. Bezüglich der Güte des Materials, der Gründlichkeit aller Maßnahmen, der Zweckmäßigkeit der Einrichtungen, der sachgemäßen Überlegung vor der Ausführung stellte keine andre Nation unsre Schiffsbauanstalten in Schatten.

Wohl kein Gebiet der Technik hat in den letzten Jahrzehnten eine so ungemein aufmerksame Behandlung von seiten der bedeutendsten Ingenieure aller Nationen gefunden, wie die Angriffs- und Verteidigungsmittel für Kriegszwecke. Ein Wettkampf zwischen Geschützen und Panzerungen ist entbrannt, der noch nicht den Abschluß gefunden zu haben scheint, obschon beiderseits bewundernswerte Fortschritte gemacht worden sind. Es entstanden Panzerschiffe, mit deren starken eisernen Wänden man den Kanonengeschossen zu trotzen vermeinte, aber die bald darauf eingeführten verbesserten Geschosse schlugen dieselben durch. Selbst die alsdann benutzten Stahlpanzer erwiesen sich gegen die von dem deutschen Maschinenfabrikanten H. Gruson in Buckau hergestellten Hartgußgeschosse als widerstandsunfähig.

Eine neue Epoche für die Verteidigung begann mit der Herstellung von Küstenbatterien und Türmen aus Walzeisen, dessen Fabrikation sich unterdessen zu höherer Vollendung emporgeschwungen hatte. Mit der Benutzung dieses zähen, aber doch gegenüber dem Anschlag der Geschosse zu weichen Materials wollte man die verderbliche Geschoßwirkung auf den Treffpunkt beschränken und das unberechenbare Entstehen von Rissen und Sprüngen verhüten, wobei man also zugestand, daß man nicht im stande sei, Panzer herzustellen, die den Geschossen überhaupt zu trotzen vermögen. In England wurde kein Geld gespart, mit derartiger Panzerung das Mögliche zu leisten; man brachte es damit zu einer damals staunenerweckenden Vollkommenheit, so daß 1871 das königlich preußische Kriegsministerium auf dem Punkte stand, die Mittel zur Befestigung der deutschen Küsten aus England zu beziehen. Glücklicherweise war es aber wiederum auch dem schon genannten deutschen Ingenieur H. Gruson, der bis dahin das Mittel zum Durchschlagen aller bisherigen Metallpanzerungen erfunden hatte, gelungen, ein neues, genügend widerstandskräftiges Schutzmittel gegen seine eignen, damals als unwiderstehlich anerkannten Geschosse ausfindig zu machen. Es waren dies die Hartgußpanzer, deren Herstellung auf dem Grundsatz beruhte, durch Härte und Wirkungsverteilung auf große Flächen den Anprall der Geschosse bis zu einem ungefährlichen Grade abzuschwächen. Früher hatte man die harten Panzer wegen ihrer Sprödigkeit verworfen. Grusons Metall bietet aber auf einer gleichmäßig weichen, jedenfalls aber sehr zähen Unterlage eine Oberfläche von größter Härte. Sehr beachtenswert ist die Herstellung dieser Panzerplatten; dieselben dürfen als die schwersten, bis jetzt durch Guß hergestellten Stücke gelten. Die Gießerei ist mit drei großen Kupolöfen versehen, in denen das sehr sorgfältig aus verschiedenen Sorten zusammengesetzte Gußeisen, 200 Zentner in jedem Ofen, geschmolzen wird. Der Guß erfolgt in 7—8 m tiefen Formgruben, deren

Maschinen für Kriegszwecke.

Grund durch eine in der Form des gewölbten Panzers vertiefte kalte Gußeisenmasse, die sogenannte Coquille, gebildet wird. Durch diese Metallmasse wird das eingegossene glühendflüssige Metall rasch abgekühlt oder abgeschreckt und dadurch sofort glashart gemacht.

Fig. 50 zeigt den Durchschnitt eines Grusonschen Panzerturmes. Dieser Turm ist drehbar, so daß das Geschütz nach allen Seiten hin gewendet werden kann. Die flach gewölbte Kuppel ruht auf einem schmiedeisernen Unterbau, welcher sich vermittelst eines Rollenkranzes in einer auf dem Fundament angebrachten Bahn dreht und durch einen Vorpanzer vor der Wirkung der Geschosse gesichert ist. Sie besteht aus einer Anzahl einzelner Platten, welche durch ihre Form sich gegenseitig im Gleichgewicht erhalten und durch ihre Schwere eine weitere Verbindung überflüssig machen. Die Stoßfugen dieser Platten sind mit Rinnen versehen und nach dem Zusammensetzen mit Zink ausgegossen.

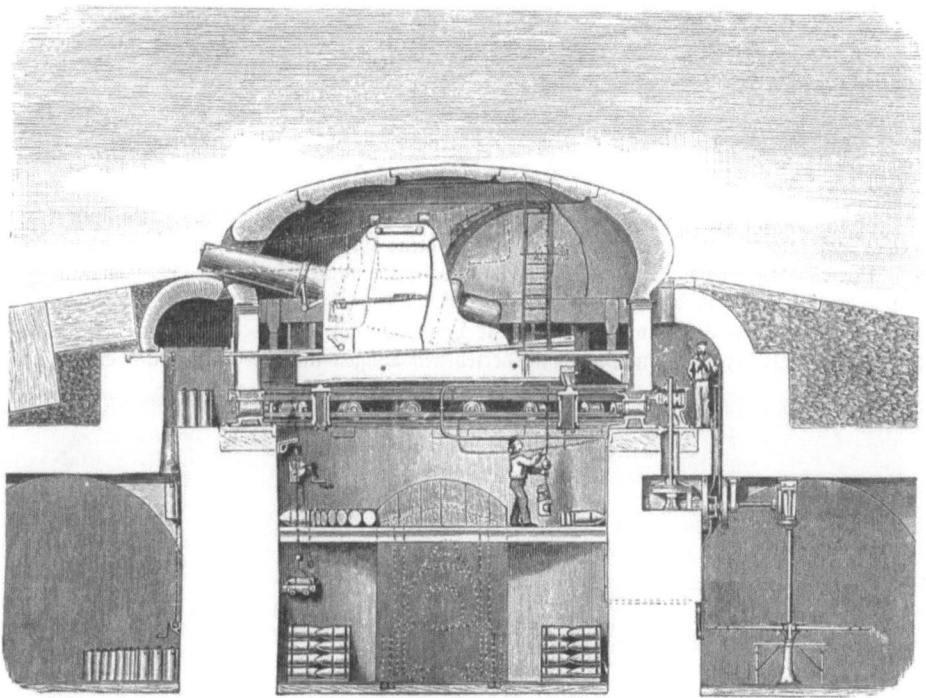

Fig. 50. Ein Grusonscher Panzerturm.

Die doppelt gewölbte Form erfüllt einen fünffachen Zweck, indem dadurch ein Abgleiten der Geschosse, die Übertragung des Stoßes auf die ganze Masse des Turmes, eine möglichste Raumersparnis, eine Verbindung ohne Anker und Schrauben und eine einfache Bauart ermöglicht wird. Bei kleineren Türmen besteht diese Decke aus einem Stück.

Der zum Schutze des Unterbaues dienende Vorpanzer besteht ebenfalls aus einem Ringe gewölbter gußeiserner Platten, welche je nach Bedürfnis ganz oder teilweise um den Turm herumführt und mit einer Betonschicht und Granitauflage bedeckt sind. Die Drehung des Turmes wird durch einen auf der oberen Rollbahn befestigten Zahnkranz vermittelt, in welchen ein auf senkrechter Welle befindliches Getriebe eingreift. Auf diese Weise kann die Bewegung des Turmes durch Menschenkraft bewirkt werden.

Die nötigen Befehle für die Drehung des Turmes erfolgen mittels eines Sprachrohrs von einem Ausguckposten oder gelegentlich vom Befehlshaber selbst, welcher auf einer Treppe stehend durch eine Öffnung der Decke hinauslugt und mit Hilfe eines auf dem Turme angebrachten Visiers die allgemeine Richtung der Geschütze bestimmt, worauf dieselben wie in den Batterien durch Schwenkung der Lafetten genauer eingestellt werden.

Von den Maschinen für Kriegszwecke kehren wir zu den Maschinen für Industriebedarf zurück, um ohne besondere Reihenfolge einige bemerkenswerte Vorrichtungen anzuführen.

54 Der Maschinenbau und seine Hilfsmittel.

Fig. 51 zeigt ein von der Firma Haniel & Lueg in Düsseldorf gebautes Walzwerk für starke Eisenplatten. Der mit abgebildete Mann gibt einen Begriff von der Größe dieser mächtigen Maschine, welche zur Bearbeitung der stärksten Eisenplatten befähigt ist.

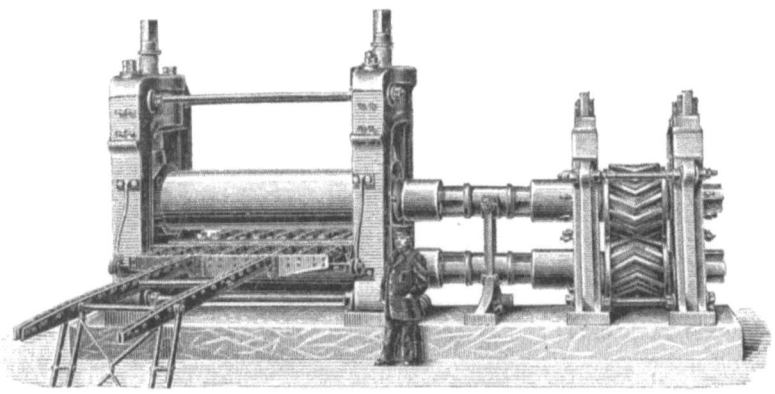

Fig. 51. Plattenwalzwerk.

Akkumulatoren. Fig. 52 stellt eine selbstthätige hydraulische Kippvorrichtung dar. Diese Apparate dienen zur Überführung von Kohlen, Erzen und andern Materialien aus den Eisenbahnfahrzeugen in die Schiffe und bestehen im allgemeinen aus einer zunächst der Kai= oder Uferkante in das Eisenbahngleis eingebauten Plattform, die mittels eines geeigneten Mechanismus in eine solche geneigte Lage gebracht werden kann, daß die darauf geschobenen, mit beweglichem Stirnband versehenen Wagen sich von selbst entladen.

Fig. 52. Hydraulische selbstthätige Kippvorrichtung.

In diesem Falle bietet wiederum die Kraftübertragung durch Wasserdruck das Mittel zur Bewältigung bedeutender Lasten mit derjenigen Sicherheit und Schnelligkeit, welche man von derartigen Apparaten fordern muß. Von besonderem Vorteil ist hier die Anwendung der hydraulischen Akkumulatoren, welche es unter Umständen ermöglichen, auch das eigne Gewicht der beladenen Wagen für die Verrichtung der Arbeit nutzbringend verwenden zu können. Diese Kippvorrichtungen werden nach zweierlei Anordnungen ausgeführt, je nachdem die Höhe des Schienengleises über dem Wasserspiegel ein Heben der Wagen vor dem Kippen nötig macht oder nicht. Die in Fig. 52 abgebildete Kippvorrichtung ist in dem Falle anwendbar, wo das Schienengleis in so großer Höhe über dem Wasserspiegel sich befindet, daß ein Heben der Eisenbahnwagen unnötig ist, und es wird dabei das Eigengewicht des Wagens als Betriebskraft verwendet.

Wie ersichtlich ist, stützt sich die um eine feste horizontale Achse drehbare Plattform mit dem Vorderteil auf den Stempel des ebenfalls um eine horizontale Achse schwingenden, durch eine Rohrleitung mit dem Akkumulator verbundenen Treibcylinders. Die Belastung des Akkumulators ist so bemessen, daß der auf den Treibstempel wirksame Druck nicht ausreicht, dem Gewichte der Plattform und des beladenen Wagens das Gleichgewicht zu halten, so daß der bis zur Vorderkante der Plattform vorgeschobene Wagen nach Öffnen des Steuerventilators den Stempel zum Niedergange bringt und damit ein Niedersinken der Plattform hervorruft, wobei das Akkumulatorgewicht gehoben wird, das letztere ist aber schwer genug, um nach erfolgter Entladung des Wagens diesen mit der Plattform in die horizontale Lage zurückzutreiben.

Unter den Hebezeugen spielt der gewöhnliche Kran eine bedeutende Rolle. Fig. 53 zeigt einen feststehenden Drehkran mit Hand= und Dampfbetrieb für Kaianlagen zum Ausladen der Schiffe. Der abgebildete Kran besitzt bei 9 m Ausladung und 11 m Hub eine Tragfähigkeit von 25 000 kg. Der Ausleger hat einen kastenförmigen, nach den Enden zu verjüngten Querschnitt und ist, behufs möglichster Gewichtsverminderung, aus Gitterwerk hergestellt. Der unter das Fundament reichende, von einem schmiedeisernen Kasten umschlossene Teil ruht mittels eines stählernen Zapfens auf der den Boden dieses Kastens bildenden gußeisernen Platte, während er sich in der Höhe

Fig. 53. Feststehender Drehkran.

der Kaikante durch einen Kranz von drehbaren wagerechten Rollen gegen einen durch starke Bolzen mit dem Mauerwerk verankerten gußeisernen Ring stützt. Auf seinem äußeren Umfange trägt dieser Ring einen Zahnkranz, in welchen das Triebrad für die Drehbewegung des Krans eingreift, das unterhalb der an den Ausleger befestigten, mit Geländer versehenen soliden Plattform angeordnet ist. Der Aufzug erfolgt mit einer Gelenkkette, die, von einem Paar Kettenrädern gefaßt, im Innern des Auslegers über Rollen geführt, an doppeltem Strange die Last trägt. Die mit zwei Cylindern versehene Dampfmaschine ist ebenfalls am Ausleger angeschraubt, der stehende Dampfkessel aber auf der Plattform befestigt und das Räderwerk so angeordnet, daß bei gleicher Umdrehungszahl der Maschine das Heben der Last und die Drehbewegung mit zweierlei Geschwindigkeit erfolgen kann. Die Winde ist mit zwei Kurbelwellen mit je zwei zweimännischen Kurbeln versehen, so daß daran nötigenfalls gleichzeitig acht Mann arbeiten können.

Kraftmaschinen. Eine bedeutende Rolle im Maschinenbetriebe bilden die Kraftübertragungen auf größere Entfernungen oder Ferntriebwerke, wie Reuleaux sie nennt, und es ist in dieser Beziehung insbesondere die Ausnutzung der natürlichen Wasserkräfte neuerdings scharf ins Auge gefaßt worden. In volkswirtschaftlicher Beziehung erschien es als eine für die Ingenieurkunst ersprießliche Aufgabe, den Kraftüberfluß der reichen Wasserfälle der Gebirge in geeigneter Weise den zur Betreibung industrieller Unternehmungen geeigneten Gegenden zur Verfügung zu stellen. Vortrefflich bewährt hat sich der von den Brüdern Hirn in Logelbach gegen 1850 zuerst angewandte Drahtseiltrieb, d. i. die Kraftleitung mittels Drahtseilen, welche über Rollen laufen. Der Drahtseiltrieb hat in Süddeutschland und der Schweiz ausgedehnte Anwendung gefunden, so in und bei Schaffhausen, wo 600 Pferdestärken nach dieser Methode über den Rhein geleitet und in der Stadt verteilt werden, in Zürich, wo 150, in Freiburg in der Schweiz, wo 600 Pferdestärken auf die Höhe von Porolles geleitet werden und die Kraftlieferung bis auf 2100 Pferdestärken erhöht werden soll, wenn industrieller Absatz dafür vorhanden sein wird. Ein großartiger Seiltrieb ist ferner der an der Porte du Rhône bei Bellegarde in Frankreich; er liefert jetzt 750, kann aber 1150 Pferdestärken liefern. In Schweden bei Fahlun, auch in Rußland (Pulverfabriken bei St. Petersburg) hat ebenfalls der Drahtseiltrieb Verwendung gefunden.

Die Elektrizität schien ebenfalls ein sehr passendes Mittel zur Fernleitung der Kräfte an die Hand zu geben. Der französische Elektrotechniker Deprez hat sich besonders um die praktische Ausbildung dieses Kraftübertragungssystems bemüht. Diese Art der Kraftübertragung stützt sich auf die der Dynamomaschine zukommende Umkehrbarkeit, welche darin besteht, daß, während die mit mechanischem Kraftaufwande in Umdrehung versetzte Dynamomaschine einen elektrischen Strom liefert, dieser in eine zweite Dynamomaschine hineingeführte elektrische Strom diese zweite Maschine zur Umdrehung zwingt, selbst wenn dieser Umdrehung ein gewisser, etwa 50—55 Prozent der ursprünglichen Kraftleistung entsprechender Widerstand entgegensteht. Es geht daraus hervor, daß mit der zweiten Dynamomaschine, wie mit einer beliebigen andern Arbeitsmaschine, eine beliebige mechanische Arbeit bis zu dem eben erwähnten Verhältnis ausgeführt werden kann.

Unser Bild Fig. 54 zeigt die von Deprez in Paris eingerichtete Anlage zur Ausführung dieser Kraftübertragung. Im Jahre 1881 bewies Deprez, daß es möglich sei, auf diese Weise eine Kraftleistung von mehreren Pferdestärken durch eine gewöhnliche Telegraphenleitung von Paris bis Marseille zu bewerkstelligen, und neuerdings ist es ihm gelungen, 40 Pferdestärken auf 50 km Entfernung elektrisch zu übertragen. Trotz der hohen Kosten des Verfahrens ist der Betrieb unsicher und gefährlich, weil man auf größere Entfernungen mit sehr hoher elektrischer Spannung arbeiten muß, wenn man nicht sehr starke und kostspielige Leitungen verwenden will. Obwohl also die elektrische Kraftübertragung für gewisse Verhältnisse vorzüglich ist, so vermag dieselbe zur Zeit doch noch nicht mit andern sich darbietenden Arten der Kraftübertragung in den Wettbewerb einzutreten, was Zuverlässigkeit, Einfachheit und Sicherheit betrifft, wobei wir den Kostenpunkt ganz beiseite lassen.

Als andre Arten der Kraftübertragung sind Luftdruck und Wasserdruck in Anwendung gebracht worden. Was die Preßluftübertragung anbelangt, so hat sich diese ausgezeichnet bewährt beim Bau der großen Alpentunnel, welche ohne die Anwendung von Preßluftbahnen wohl überhaupt nicht zur Ausführung gekommen wären. Bei dem Bau des Gotthardtunnels wurde beispielsweise das Wasser der wilden Reuß oberhalb des Tuneleingangs bei Göschenen 96 m über demselben aufgefangen und in einer eisernen Rohrleitung den mit 1400 Pferdestärken arbeitenden Turbinen zugeführt. Mit dieser bedeutenden Wasserkraft wurden eine Anzahl von Luftpreßpumpen in Thätigkeit gesetzt, mit deren Hilfe die auf sechs Atmosphären gepreßte Luft in einer eisernen Rohrleitung bis zu dem am äußersten Ende des Stollens arbeitenden Steinbohrern getrieben wurde. Die beim Betriebe derselben entweichende Luft trug in günstiger Weise zur Lüftung und Wetterführung bei. Ein wesentlicher Vorteil dieser Kraftübertragung besteht in dem sehr geringen Druckverluste, der auf dem Wege von der Kraftquelle bis zum Arbeitsplatze stattfindet. Nachteilig ist jedoch die starke Abkühlung, welche beim Entweichen der Preßluft eintritt, sowie der Umstand, daß die Spannung verhältnismäßig nicht hoch getrieben werden kann. Für Betriebe, welche nur geringe Kraftleistung erfordern, wie z. B. für Uhren, ist die Preßluftübertragung sehr geeignet.

Fig. 54. Elektrische Kraftübertragung von Deprez.

58 Der Maschinenbau und seine Hilfsmittel.

Anstatt mit Preßluft hat man die Kraftübertragung auch mittels Luftverdünnung und des dadurch wirksam werdenden Gegendrucks der atmosphärischen Luft für Kleinbetrieb ins Werk gesetzt. Eine ähnliche Idee hat Papin allerdings schon vor 150 Jahren gefaßt. Eine Zentralstation für diese Kraftverteilung findet sich in der Straße Beaubourg zu Paris.

Fig. 55. Durchschnitt eines Hauses in der Straße Beaubourg in Paris mit Einrichtung für Betriebskraftverteilung.

Mittels einer 75pferdigen Dampfmaschine bester Konstruktion wird daselbst eine große Luftpumpe betrieben, deren Kolben direkt mit der Kolbenstange der liegenden Dampfmaschine verbunden ist. Der Cylinder dieser Luftpumpe steht mit einer Röhrenleitung in Verbindung, aus welcher die Luft herausgesaugt wird, so daß darin eine ziemlich starke Luftverdünnung entsteht. Die Rohrleitung besteht aus gußeisernen Röhren, deren Durchmesser sich mit der Entfernung von der Zentralstation allmählich verringert.

Die Verbindung der etwa 3 m langen Rohrstücke ist durch einen Ring überdeckt und mittels eingetriebenen Bleies gedichtet. Die Röhren liegen in den Straßenkanälen, wie aus Fig. 55 ersichtlich ist; das Bild zeigt im Durchschnitt ein dreistöckiges, mit der Kraftleitung verbundenes Haus in der Straße Beaubourg zu Paris. Wie ersichtlich, treibt hier im Erdgeschoß ein Bürstenmacher sein Gewerbe; darüber befindet sich eine Hutmacherwerkstätte und noch weiter oben haust ein Metallrahmenverfertiger. Die in das Haus führenden Röhren sind von Blei und in ihrer Weise der Größe und Anzahl der damit zu betreibenden Luftdruckmotoren angemessen. Jedes der Zweigrohre ist selbstverständlich mit einem besonderen Abschlußhahn versehen. Die ganze Rohrleitung ist einer Gas- oder Wasserrohranlage ähnlich. Der an den einzelnen Arbeitsorten bei den Kraftmietern aufgestellte Motor (Fig. 56) wird in drei

Größen, zu 24, 40 und 80 Sekundenkilogrammeter (75 skgm gleich einer Pferdestärke), geliefert; derselbe ist doppeltwirkend. Sein Betrieb erfolgt in der Weise, daß, während an der einen Seite des Kolbens die Luft abgesaugt wird, an der andern Kolbenseite die äußere Luft Zutritt erhält und hier mit ihrem Überdruck über den stark luftverdünnten Raum die Kolbenfläche preßt. Ein derartiger Betrieb bietet zugleich den Vorteil, daß die schlechte Luft aus den Werkstätten abgesaugt wird, so daß reine frische Luft durch passend angebrachte Zuglöcher eintreten kann. Bei diesem Betriebe wird die volle Pferdestärke stündlich zu etwa 45 Pfennig abgegeben. Kleinere Teile der Betriebskraft stellen sich selbstverständlich höher.

Der Ferntrieb mit Wasserdruck oder Hochdruckwassertrieb, anfänglich nur für Hebewerke im Gebrauch, kommt mehr und mehr für allgemeinere Zwecke in Anwendung und wird besonders nützlich dadurch, daß man dem Wasser sehr hohe Spannungen, 100, 200, ja 300 Atmosphären verleihen, also die Kolben der Motoren sehr klein machen kann. Die Verteilung des Druckwassers geschieht von Akkumulatoren oder Drucksammlern aus (Pumpengefäße mit schwer belasteten Kolben), die Leitung durch schmiedeiserne oder stählerne Röhren.

 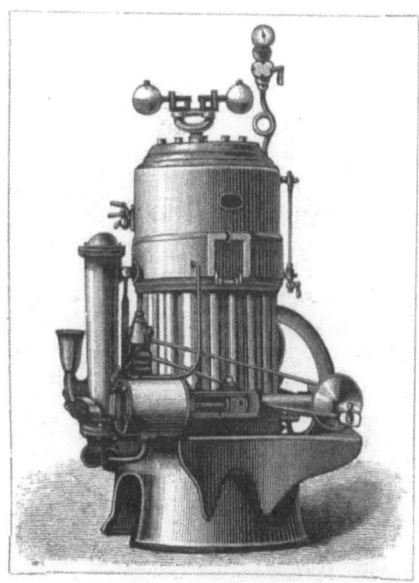

Fig. 56. Kleiner Luftdruckmotor. Fig. 57. Simplexmotor.

In London besteht ein Unternehmen zur Versorgung von Fabriken mit Druckwasser. Wesentlicher Förderer des Druckwassertriebs in England ist der oben genannte Nietmaschinenerbauer Tweddell. Eine ausgezeichnete neue deutsche Anlage für Wassertrieb ist die eben fertig gewordene des neuen Packhofes in Berlin.

Während sich so im Ferntriebwesen die Richtung zeigt, mehrere oder viele Betriebsstätten von einer Kraftquelle aus mit Triebkraft zu versehen, die Kraftzufuhr also zu zentralisieren, ist neuerdings ein reges Bestreben zur Herstellung kleiner, möglichst bequemer und sparsamer Dampfmaschinen hervorgetreten, mithin die Kraftlieferung zu dezentralisieren, und es dürfte hier wohl am Platze sein, einige dieser kleinen, in ihren Einzelheiten manche sinnreichen Betriebsmaschinen zu besprechen.

Dampfmaschinen. Wir beginnen mit einer derselben, welche neuerdings unter der Bezeichnung „Simplexmotor" durch die Firma L. Frobeen in Berlin eingeführt worden ist und von fachkundiger Seite Beifall gefunden hat. Das Bild läßt die einfache gedrungene Bauart dieser Maschine erkennen; auch soll der Kohlenverbrauch zur Heizung des Kessels ein verhältnismäßig geringer sein. Die ganze Einrichtung ist dem Bedürfnis des Kleinbetriebes möglichst angepaßt.

Eine von dem durch die Erfindung der Luftdruckbremse für Eisenbahnfahrzeuge bekannten amerikanischen Mechaniker Westinghouse gebaute kleine schnellgehende Dampfmaschine zeigt Fig. 58 und 59. Bei der Herstellung dieser Maschine war der Grundsatz maßgebend, möglichst wenig bewegliche Teile anzubringen und deren Instandhaltung wie Schmierung und Einstellung so bequem als möglich zu machen, so daß kein besonders eingeübter Wärter nötig ist. Insbesondere sollte aber eine Maschine hergestellt werden, welche bei ruhigem, regelmäßigem Gange sich mit einer großen Umdrehungszahl bewegt. Die Einrichtung ist so getroffen, daß die beiden einfach wirkenden und mit ihren Kolbenstangen an den entgegengesetzt gestellten Kurbeln der Schwungradwelle anstoßenden Cylinder den Dampf von oben zugeführt erhalten, so daß demnach die Kolben nur nach unten drücken und dabei abwechselnd auf die entgegengesetzten Kurbeln wirken. Die äußere Form der Maschine zeigt Fig. 58 in perspektivischer Ansicht, während Fig. 59 den mittleren Durchschnitt durch den Verteilungsapparat darstellt. Cylinder und Dampfverteilungskammer sind aus einem Stück gegossen, welches auf einem gußeisernen Gestell aufgebolzt ist, das ein Gehäuse C bildet, worin sich die Kurbelwelle und der Regulator befinden und das mittels des Deckels h luftdicht verschlossen ist. Auf diese Art werden alle wesentlichen Teile der Maschine unter sicheren Verschluß gebracht, jedoch sind dieselben dabei leicht zugänglich. Das untere Ende der einfach wirkenden Cylinder mündet in das Gehäuse C ein. Die Kolben sind hohl und mit einer eingreifenden Bleuelstange versehen, so daß gar keine Kolbenstangenführung vorhanden ist. Die Kolben haben ihre genügende Führung im Cylinder, indem dieselben außergewöhnlich hoch sind; ihr dichter Abschluß an der Cylinderwand ist durch vier Liderungsringe gesichert. An dem doppelwandigen Kolbenboden greift die Bleuelstange mittels eines in zwei Knaggen steckenden Bolzens an. Die Bleuelstangen sind hohl und flach mit Seitenrippen; sie arbeiten nur auf Druck, weil der Dampf nur von oben auf den Kolben wirkt.

Fig. 58. Westinghouses schnellgehende kleine Dampfmaschine.

Der Dampfverteilungsapparat, den Fig. 59 im Durchschnitt zeigt, besteht aus zwei Ringen bei p und p', welche an einer Stange derartig angebracht sind, daß sie eine Art Kolben bilden. Der mittels eines Ventils zugelassene Dampf umgibt den ringförmigen Raum s; die Öffnung bei p steht mit dem oberen Teile des einen der Cylinder und die Öffnung p' mit dem oberen Teile des andern Cylinders in Verbindung, so daß demnach der ringförmige Raum s bald mit dem einen, bald mit dem andern Cylinder abwechselnd in Verbindung gesetzt wird, je nachdem der kolbenartige Verteilungsschieber mit den inneren Kanten seiner beiden Ringe die Öffnungen bei p und p' aufmacht. Der Dampfaustritt erfolgt durch N. Die Führung des Verteilungsschiebers erfolgt mittels eines besonderen dampfdicht schließenden Kolbens J in einem unterhalb an der Schieberkammer angebrachten cylindrischen Ansatze, der als Stopfbüchse wirkt. In dem mit der Schieberstange m verbundenen hohlen Kolben J greift die Exzenterstange r ein.

Der Verteilungsschieber und die Kolben werden auf die gewöhnliche Art mittels eines auf dem Dampfzuleitungsrohre angebrachten Schmierapparates geschmiert. Alle übrigen Teile befinden sich in dem das Fußgestell bildenden Gehäuse C, weshalb diese Maschine unter die Klasse der sogenannten Gehäusemaschinen gerechnet wird. Die Schmierung dieser Teile wird durch den darüber befindlichen Ölbehälter O geführt, der sich im Raume zwischen den beiden Cylindern befindet und dessen Öl durch Röhren in die Schmierbecher der Wellenlager läuft. Der Ölbehälter O braucht nur alle acht Tage einmal gefüllt zu werden. Durch eine besondere Einrichtung der Lagerschalen wird das für die Wellenlager überflüssige Öl in den unteren Teil des Gehäuses C geführt, wo es sich sammelt und mittels eines Traufrohrs auf bestimmter Höhe erhalten wird. Die Kurbeln und der dazwischen befindliche, auf Verdrehung des Exzenters hinwirkende Regulator tauchen bei jeder Umdrehung in dieses Öl ein, so daß dasselbe emporgeschleudert wird, und auf diese Weise wird im Gange der Maschine das ganze Gehäuse mit fein zerteiltem Öl erfüllt, wodurch stetig eine reichliche Schmierung aller einzelnen Teile erfolgt.

Der Regulator bewirkt eine Verdrehung des unmittelbar auf der Kurbelwelle H sitzenden Exzenters I mittels der gegen zwei mit dem Exzenter verbundene schwere Arme wirkenden Zentrifugalkraft, wobei die Arme durch Federn in ihre ursprüngliche Lage zurückgezogen werden, sobald die Zentrifugalkraft schwächer wird. Bei richtiger Einstellung beginnt dieser Regulator seine Wirksamkeit, sobald die Maschine ihre richtige Geschwindigkeit um 1 Prozent verläßt. Wenn daher eine solche Maschine auf eine Geschwindigkeit von 300 Umdrehungen in der Minute eingestellt ist, so geht diese Geschwindigkeit bei voller Belastung nicht unter 297 Umdrehungen herunter und nicht über 303 Umdrehungen hinauf.

Derartige Maschinen von 10 Pferdestärken mit 1000 Umdrehungen in der Minute sind auf Räder gestellt und dienen zum Betriebe elektrischer Lichtmaschinen oder zum Wasserheben mit Kreiselpumpen, Kreissägen und andern, einen raschen Gang erfordernden Zwecken.

Die von Abel Pifre in Paris erfundene Dampfmaschine für Kleinbetrieb ist ebenfalls erwähnenswert. Fig. 60 zeigt die Gesamtansicht der Maschine nebst Kessel und sonstigen dazu gehörigen Einrichtungen, während Fig. 61 den Durchschnitt darstellt. Kessel und Maschine stehen auf einer gußeisernen Grundplatte, der Kondensator und Speisewasservorwärmer ist an der Wand angebracht.

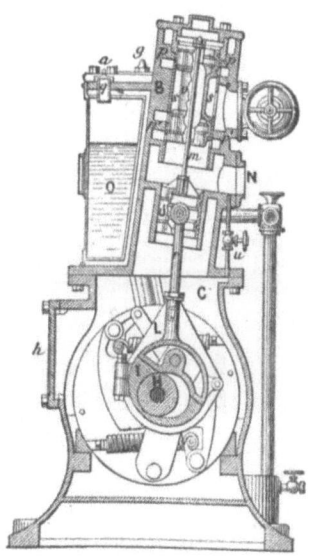

Fig. 59. Westinghouses Dampfmaschine. Durchschnitt.

Der Kessel ist senkrecht und mit einer inneren, den Füllschacht D umgebenden Feuerung versehen, während der ringförmige Wasser- und Dampfraum A wiederum die Feuerung umgibt und unterhalb mit einer Reihe kreisförmig angeordneter Wasserröhren in den Feuerraum hineinragt. Durch diese sich stark erhitzenden Röhren wird eine lebhafte Wasserströmung und dadurch auch eine rasche Dampfbildung hervorgerufen. Über dem Aschenfall E befindet sich ein beweglicher Rost und die Luftzufuhr nach dem Feuer kann durch eine seitwärts vom Aschenfall angebrachte Klappe geregelt werden. Diese selbstthätige Zuführung des Brennmaterials wird dadurch bewirkt, daß, ähnlich wie bei einem Füllofen, ein senkrechter Schacht mit Kleinkohle beschickt wird, so daß also die Kohle gemäß der unten stattfindenden Verbrennung allmählich niedersinkt. Um die zu starke Erhitzung des Brennstoffs im Füllschachte zu vermeiden, hat der Erfinder die in Fig. 60 dargestellte Einrichtung insofern abgeändert, als der Füllschacht durch einen oben mit dem Dampfraum und unten mit dem Wasserraum des Kessels verbundenen Mantel umgeben ist, durch welchen senkrechte Feuerröhren hindurchgehen, die oben in die mit dem Schornstein verbundene Rauchkammer ausmünden. Der oberhalb an der Wand angebrachte Kondensator besteht aus einem wagerecht befestigten Rohre G, worin sich das Dampfausblasrohr F befindet und von dem nach dem Rohre G geleiteten Kühlwasser umgeben wird. Auf diese Weise wird der Abstoßdampf

62 Der Maschinenbau und seine Hilfsmittel.

der Maschine größtenteils verdichtet und fließt als heißes Wasser in den Kasten K ab, um zum Speisen des Kessels durch die Pumpe L Verwendung zu finden. Der Kasten K ist mit einem Schwimmer versehen, durch welchen, sobald das Wasser im Kasten zu hoch steigt, ein elektrisches Läutewerk in Gang gesetzt wird, welches anzeigt, daß das Wasser überfließen will. Die abgebildete Maschine ist von der kleinsten Art und leistet etwa $1/4$ Pferdestärke.

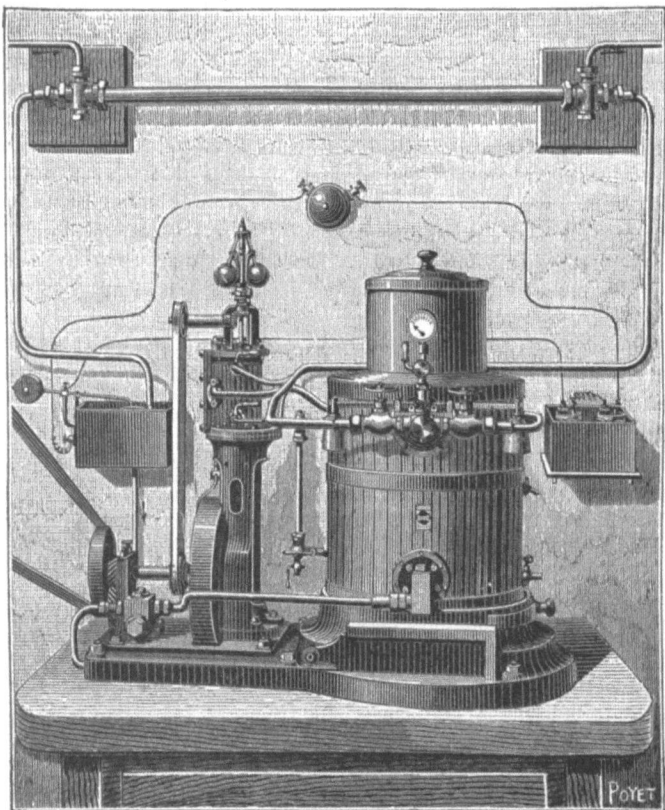

Fig. 60. Pifres Dampfmaschine.

Wir kommen endlich auch auf eine neuerdings in England von der Firma Hathorn, Davey & Co. in Leeds gebaute kleine Dampfmaschine zu sprechen, welche deshalb besonderes Interesse bietet, weil dieselbe in einer Zeit, wo man den Dampfdruck zum Maschinenbetrieb aus ökonomischen Gründen möglichst steigert, ein Zurückgreifen auf die Niederdruckwirkung der Wattschen Zeit erweist, wobei die Rücksicht auf möglichste Sicherung gegen Explosionsgefahr maßgebend gewesen ist.

Wie aus den bezüglichen Abbildungen Fig. 62—64 zu ersehen ist, bildet das hohle, gußeiserne Gestell den Dampferzeuger, in dessen oberhalb befindlichen Dampfraum der Arbeitscylinder eingesetzt ist, über welchem sich der mit einem leichten Ventil versehene, an sich selbst lose aufliegende Deckel befindet. Fig. 62 zeigt den Senkrechtschnitt quer zur Kurbelwelle; Fig. 63 ist der Senkrechtschnitt durch den Kondensator und Fig. 64 die Vorderansicht mit einem Senkrechtschnitt durch die Mitte des Arbeitscylinders und die Feuerung. A ist der mit dem Roste versehene Feuerraum, B der senkrechte gußeiserne Dampferzeuger, C die Kur-

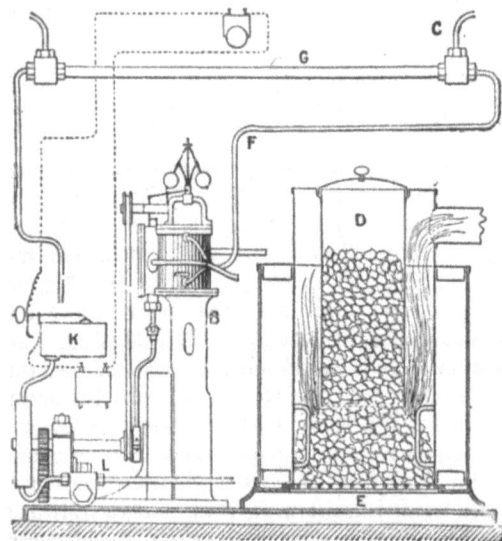

Fig. 61. Pifres Dampfmaschine im Durchschnitt.

bel- und Schwungradwelle, D das Schwungrad, E der aus Rotguß bestehende Arbeitscylinder, F die mit dessen Kolbenstange verbundene Kurbelstange, G das Rauchrohr zur

Abführung der Feuergase, B sind über dem Feuerraume liegende, mit dem Kesselwasser gefüllte Quersieder, K ist ein neben dem Dampferzeuger stehendes vierseitiges röhrenförmiges gußeisernes Gehäuse, welches durch eine Scheidewand in zwei Abteilungen geschieden ist, von denen die eine den unterhalb mit der Luft= und Wasserpumpe in Verbindung stehenden Kondensator, die andre aber eine mit dem Speiserohre und oben wie unten mit dem Dampferzeuger verbundene Speisungskammer bildet. Der aus dem Arbeitszylinder entweichende Abdampf wird dem Kondensator durch das doppelte Knierohr L zugeführt, welches mit einem Schraubenventil versehen ist, mit dem man die Geschwindigkeit der Maschine regulieren kann, indem man das Entweichen des Abdampfes nach dem Kondensator hin mehr oder minder beschränkt. M ist das Zuleitungsrohr, welches mit einem höher als das Wasser im Dampferzeuger stehenden Behälter verbunden ist und durch welches der Einspritzhahn I des Kondensators gespeist wird.

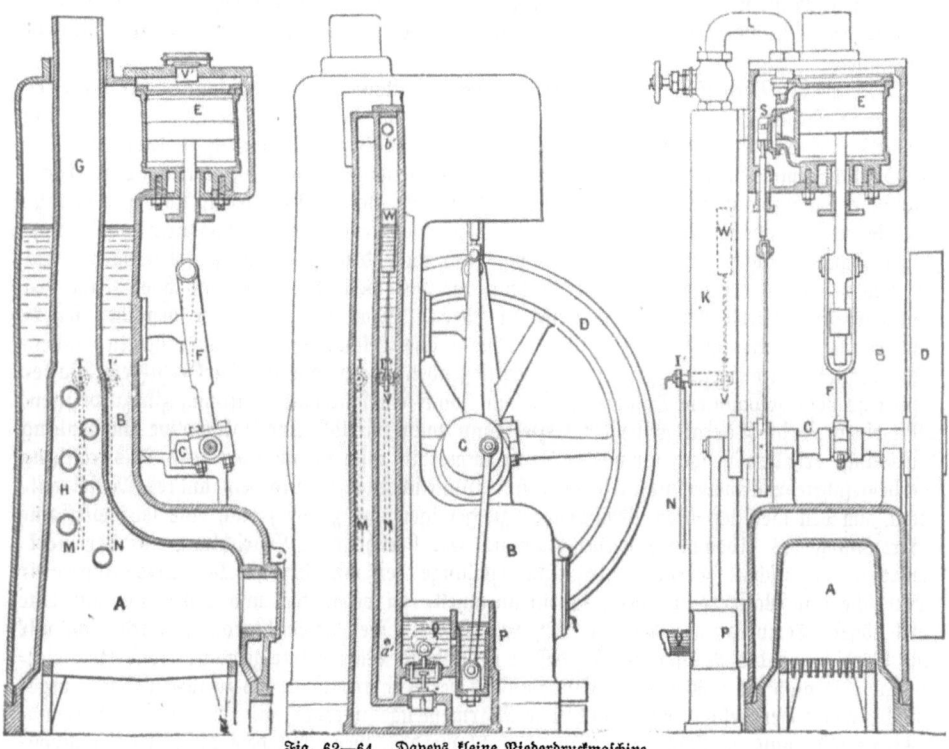

Fig. 62—64. Daveys kleine Niederdruckmaschine.

N ist das mit dem Absperrhahn I' versehene Speiserohr, welches in die gleichzeitig vom Kondensator K umschlossene, aber vom Kondensationsraume getrennte Kammer einmündet, die oben und unten durch die Öffnungen a' und b' mit dem Dampferzeuger verbunden ist, so daß in dieser Kammer das Wasser stets genau so hoch wie im Dampferzeuger steht. W ist ein in der Speisungskammer befindlicher Schwimmer, der unterhalb mit einem konischen Ventil v versehen ist, welches sich in den mit dem Hahn I' versehenen horizontalen Teil des Speiserohrs einsetzt und dieses Rohr schließt, wenn das Wasser unter seinen richtigen Stand sinkt. Auf diese Weise findet die Speisung selbstthätig statt. P ist die Luft= und Wasserpumpe, welche den Kondensator entleert und das aus demselben gezogene warme Wasser entweder durch das Rohr N nach der Speisungskammer oder durch das in Fig. 63 sichtbare Druckventil in den Behälter Q preßt, von wo das Wasser durch ein seitlich angebrachtes Rohr frei abfließen kann. Damit das erwähnte Druckventil der Pumpe P sich nicht eher öffnet, als bis das Speiserohr N durch das Ventil V oder den Hahn I' abgesperrt ist, wird dasselbe genügend schwer gemacht. Der Betrieb der Luftpumpe P erfolgt von einer auf der Schwungradwelle C sitzenden Kurbelscheibe aus. S ist der für den Arbeitszylinder E dienende Dampfverteilungsschieber, welcher durch ein auf der Schwungradwelle C sitzendes

Exzenter getrieben wird. Da der Arbeitcylinder E in den Dampfraum des Dampferzeugers eingesetzt ist, so ist kein Schieberkasten nötig, indem der Dampf unmittelbar durch den vom Schieber geöffneten Kanal in den Cylinder eintritt. Der Kolben wird durch den Schieber abwechselnd auf beiden Seiten mit dem Dampfraume des Kessels und mit dem Kondensator in Verbindung gesetzt.

Noch ist auf die eigentümliche Einrichtung der Luft- und Wasserpumpe aufmerksam zu machen. Der Kolben derselben ist ohne die gewöhnliche Abdichtung mit sanfter Reibung in den Cylinder eingepreßt. Um denselben aber trotzdem dicht zu halten und für einen raschen Gang zu befähigen, ist seitwärts im Pumpcylinder eine Öffnung angebracht, welche nach dem Kondensationswasserbehälter Q geht, so daß bei der tiefsten Stellung des Kolbens etwas Wasser über denselben treten und einen luftdichten Verschluß bilden kann.

Diese Maschine wird in verschiedenen Größen von $1/4$—4 Pferdestärken gebaut und ist zwar im Brennmaterialverbrauche nicht sehr sparsam, dafür aber außerordentlich bequem und sicher.

Neben der Verbesserung und zweckmäßigen Gestaltung der Kraftmaschinen für die verschiedenen Erwerbs- und Industriebetriebe geht auch die Herstellung der Maschinen für die Beförderung von Lasten von Ort zu Ort in weiterer Vervollkommnung vorwärts. Die gewöhnliche, mit einem gefeuerten Dampfkessel verbundene Lokomotive wird als wirkliche fahrende Dampfmaschine in dieser Beziehung stets die Hauptrolle spielen, aber für manche Zwecke des Eisenbahnbetriebes ist es erwünscht, einen feuerlosen und dadurch auch rauchlosen Dampferzeuger zu besitzen und womöglich auch den Abdampf zu beseitigen. Es ist dies besonders der Fall bei dem Verkehr auf den städtischen Straßenbahnen, um den übrigen Straßenverkehr in keiner Weise zu stören. Man hat sich daher bemüht, feuer- und rauchlose Lokomotiven herzustellen. Eine solche Lokomotive hat man erhalten, indem man deren Kessel aus einem gewöhnlichen festliegenden Dampfkessel mit stark erhitztem Wasser und sehr hoch gespanntem Dampfe speiste, um somit ein fahrendes Kraftmagazin zu besitzen. Mit einem so im Vorrat gespeisten Kessel kann man wirklich eine Lokomotive stundenlang im Gange erhalten, jedoch nimmt die Kraft immerhin rasch ab und der durch Ausstrahlung herbeigeführte Wärmeverlust ist sehr groß. Glücklicherweise wurde ein andres Mittel entdeckt, um den hier gestellten Bedingungen zu genügen und zugleich auch eine sehr wirksame Verdichtung des Abdampfes herbeizuführen. Es beruht diese Einrichtung auf der merkwürdigen Eigenschaft der gesättigten Ätznatronlauge den mit gewöhnlicher Siedetemperatur entweichenden Wasserdampf begierig aufzunehmen, zu verdichten und dabei sich auf eine viel höhere Temperatur, etwa 180° C., zu erhitzen. Bei diesem Vorgange wird nicht nur die Verdichtung des Wasserdampfes dessen gebundene Wärme frei gemacht, sondern gleichzeitig wird auch die während des Eindampfens der Ätznatronlauge bis zu ihrem Sättigungspunkte von dieser gebundene beträchtliche Wärmemenge wieder frei. Diese frei werdende Wärme kann nun zur Dampferzeugung benutzt werden, wenn mit dem die heiße Ätznatronlauge enthaltenden Gefäße in geeigneter Weise ein Dampfkessel verbunden, beziehentlich von der heißen Lauge umgeben wird, so daß die frei werdende Wärme in den Kessel eindringen, sich dem darin befindlichen Wasser mitteilen und dieses unter einem gewissen Drucke verdampfen kann. Nach diesen Grundsätzen ist die neuerdings zur Anwendung gekommene Honigmannsche sogenannte Natronlokomotive eingerichtet.

Der aus zwei Abteilungen bestehende Kessel einer solchen Maschine wird bei Anfang des Betriebs von einer besonderen Anlage aus in seinem unteren Teile mit stark erhitzter gesättigter Ätznatronlauge und in seinem oberen Teile mit stark erhitztem Wasser gefüllt, welches in den übrig bleibenden Dampfraum sofort den zum Betriebe nötigen Dampf von 6—8 Atmosphären Spannung liefert. Mit diesem Dampfe wird alsdann die Maschine in Gang gesetzt und der aus deren Cylinder entweichende Abstoßdampf in die Ätznatronlauge geführt, welche denselben verdichtet und in der bereits geschilderten Weise an das Wasser des Dampfkessels Wärme abgibt, wodurch der Betrieb etwa sechs Stunden lang erhalten werden kann. Die Ätznatronlauge ist alsdann durch das aus dem eingeleiteten Dampfe gebildete Wasser so stark verdünnt worden, daß sie allmählich in ihrer Temperatur herabsinkt und nicht mehr die für den Betrieb nötige Wärme zu liefern vermag, weshalb sie zu wiederholter Eindampfung entfernt und durch frische heiße Lauge ersetzt werden muß.

Ob man derartige Lokomotiven mit Nutzen anstatt der Pferde auf den jetzigen Pferdebahnen in Anwendung bringen kann, muß indessen erst noch durch Versuche festgestellt werden. Jedenfalls möchte deren Benutzung eine beschränkte bleiben.

Luftdrahtseilbahn. Als mechanisches Beförderungsmittel für kleine Lasten ist neuerdings die Drahtseilbahn zu wichtiger Bedeutung gelangt, deren Anfänge bis in das 15. Jahrhundert zurückreichen, deren Benutzung aber lange Zeit vergessen war und die erst neuerdings wieder in viel verbesserter Form zur Anwendung gebracht worden ist.

Wenn die Leistungsfähigkeit der Lokomotive mit bezug auf Lastenbeförderung im großen auch nicht annähernd von der Drahtseilbahn erreicht werden kann, so schafft dieselbe doch für kleinere Entfernungen und namentlich in solchen Fällen, wo die Anlegung von Eisenbahngleisen auf Schwierigkeiten stößt, großen Nutzen, indem sie über Gewässer und Thäler, Straßen und Gebäude hinweggeführt und steile Anhöhen hinauf und hinab geleitet werden kann.

Fig. 65. Seilbahnanlage von Adolf Bleichert & Co. in Gohlis-Leipzig.

Die verbesserte Drahtseilbahneinrichtung beruht auf der Anwendung von gespannten und in gewissen Entfernungen unterstützten Drahtseilen, die als Laufbahn für die daranhängenden Fördergefäße dienen, deren Bewegung durch ein andres von einer Dampfmaschine oder unter Umständen auch einer Wasserkraft gezogenes Drahtseil erfolgt. Bei Drahtseilbahnen für ununterbrochenen Betrieb wird die Laufbahn durch zwei parallel nebeneinander gespannte Drahtseile oder Rundeisenstangen, die sogenannten Stand- oder Laufseile oder Laufdrähte, gebildet, welche an dem einen Endpunkte der Bahn fest verankert und an dem andern Endpunkte über Rollen gelegt und mit Gewichten belastet sind. Bei zu steifen Drähten werden die über die Rollen gelegten Enden durch Ketten gebildet. Auf der Bahnlinie werden die Standseile durch Stützen getragen. Die Enden der Bahnlinie werden durch Weichen verbunden, so daß die Wagen ungehindert von dem einen Standseil auf das andre gelangen können.

Ein an beiden Endpunkten der Bahn über wagerechte Scheiben geführtes und durch irgend eine Bewegkraft in Bewegung gesetztes endloses Seil, das Zugseil, bewirkt die Fortbewegung der in Rollen auf den Standseilen hängenden Förderwagen, wie dies aus der Abbildung ersichtlich ist. Diese Wagen sind durch besondere, leicht lösbare Kuppelungsvorrichtungen mit dem Zugseile verbunden und werden so von demselben zum Kreislaufe gezwungen.

Hat ein gefüllter Wagen die Bahn in ihrer ganzen Länge durchlaufen, so löst sich derselbe selbstthätig von dem Zugseile ab und geht auf die Weiche, während das Zugseil sich ungestört weiter bewegt. Nachdem ein Arbeiter den Wagen entleert und auf der Weichenschiene weiter nach dem andern Standseil geführt und daran befestigt hat, bewegt das Zugseil den Wagen nach der ersten Abgangsstation zurück. Die Auskuppelung erfolgt hier gleichfalls selbstthätig und der Wagen gelangt auf der Weichenschiene zu den Beladestellen, wird daselbst gefüllt und wieder auf das erste Standseil gebracht, worauf derselbe den gleichen Kreislauf in der beschriebenen Weise aufs neue zurücklegt.

Werden jedoch bei etwa eintretender zeitweiliger Unterbrechung des Betriebes die Wagen nach den beiderseitigen Stationen eingezogen, so nehmen besondere Tragrollen, die an einer gewissen Anzahl der Unterstützungen angebracht sind, das Zugseil auf.

Meist gestatten die örtlichen Verhältnisse die Beibehaltung der geraden Linie für den Lauf der Bahn; ist dies jedoch aus besonderen Gründen nicht ausführbar, so kann die Bahn in sogenannten Brechpunkten unter beliebigen Winkeln mit Anwendung von Kurvenunterstützungen geführt werden. Die Länge der Drahtseilbahn ist unbegrenzt. Bei Längen über 5000 m werden Zwischenstationen eingeschaltet, an denen das Zugseil unterbrochen wird.

Von der Bleichertschen Drahtseilbahn sind bis jetzt im ganzen über 260 Anlagen mit einer Gesamtbahnlänge von ungefähr 270 000 m ausgeführt; dieselben dienen zur Beförderung der verschiedenartigsten Lasten, insbesondere zur Beförderung von Kohlen, Erzen, Sand, Gesteinen, Baumaterialien u. s. w. und es schaffen dieselben in den geeigneten Fällen großen Nutzen.

Neuerdings ist in England von Flemming Jenkin auch eine elektrische Drahtseilbahn ausgeführt worden, auf welcher ein ganzer Zug von Förderkasten mit einer daran gespannten elektrischen Lokomotive auf dem Drahte oder Seile läuft, wobei diese Lokomotive den elektrischen Strom von einer an der Station aufgestellten Dynamomaschine durch die Bahn selbst zugeführt erhält. Da bei dieser Art der Seilbahnbeförderung kein Zugseil wirksam ist, sondern die Wagenbewegung ähnlich wie bei dem Eisenbahnbetriebe nur durch das Haften der Lokomotivtriebräder an der Bahn bewirkt wird, so können mit dieser elektrischen Bahn Steigungen kaum überwunden werden und es ist auch das Gewicht der zu befördernden Last ein ziemlich beschränktes.

Somit sind wir zum Schlusse unsres Überblickes über die Mittel und Leistungen des Maschinenbaues gelangt. Selbstverständlich konnte in dem engen Rahmen dieses Kapitels nur ein sehr zusammengedrängtes und keineswegs alles schilderndes Bild Platz finden. Aus der gegebenen Schilderung ist aber doch zu ersehen, daß der Maschinenbau auch in unserm deutschen Vaterlande sich kräftig entfaltet hat. In der That hat derselbe sich etwa seit 45 Jahren in bewundernswerter Weise entwickelt. Während noch vor 30—40 Jahren zur Deckung des inländischen Bedarfs an Maschinen der verschiedensten Art zum Teil das Ausland in Anspruch genommen werden mußte, befriedigt gegenwärtig der deutsche Maschinenbau — geringfügige Einzelheiten vielleicht ausgenommen — nicht bloß die Ansprüche des heimischen Marktes, sondern erfreut sich auch einer mit jedem Tage zunehmenden Ausfuhr. Solche Erfolge waren nur unter dem glücklichen Zusammentreffen besonders günstiger Bedingungen möglich, die in Deutschland auch in der That vorhanden sind.

In erster Linie verfügt der deutsche Maschinenbau über anerkannt vortreffliches Material in den verschiedenen deutschen Eisen- und Stahlsorten, die — insoweit es sich um Massenverbrauch handelt — kaum in einem Lande in besserer Beschaffenheit geliefert werden; hierzu kommt die auch auf Einzelheiten angewandte gute und sorgfältige Bearbeitung durch die für den Maschinenbau besonders gut geeigneten deutschen Arbeiter unter der Leitung von wissenschaftlich gut vorgebildeten Maschineningenieuren und Technikern.

Auch besitzt der Deutsche im allgemeinen einen regen Erfindungsgeist, und so ist in der Verbesserung und in der Erfindung von allerhand Maschinen besonders unter der Wirkung des deutschen Reichspatentgesetzes viel Tüchtiges geleistet worden.

Der deutsche Maschinenbau erstreckt sich fast über alle Zweige des Maschinenwesens, ja es wird sogar sehr schwer fallen, irgend einen Zweig des Maschinenbaues zu nennen, der in Deutschland nicht zu Hause wäre. Während die Eisenindustrie ihre Sitze in der Nähe der Fundstätten von Kohlen und Eisenerzen aufgeschlagen hat, siedelte der Maschinenbau sich überall in Deutschland an, wo irgend ein Erwerbszweig seiner Unterstützung bedurfte. Als hervorragende Plätze des deutschen Maschinenbaues sind zu nennen Berlin und Chemnitz, doch finden sich Maschinenbauanstalten in allen größeren Städten und nicht selten sind sie auch in kleineren und selbst in den kleinsten Orten vorhanden, namentlich in den gewerbfleißigen Gegenden des Königreichs Sachsen, Rheinland-Westfalens, Schlesiens, im Elsaß, in Württemberg, in der Provinz Sachsen, in Thüringen u. s. w.

Im Jahre 1866 betrug nach Hausners vergleichender Statistik die Zahl der Maschinenfabriken in Europa etwa 2400. Nach der Gewerbestatistik von 1875 waren im Deutschen Reiche vorhanden 2941 Maschinenbauanstalten mit mehr als je fünf Gehilfen, welche zusammen 142473 Arbeiter beschäftigten, während nach Hausners Statistik im Jahre 1866 in Großbritannien nur 84000 Arbeiter im Maschinenbau thätig waren.

Einen Begriff von der Bedeutung des deutschen Maschinenbaues geben auch die auf Dampfkessel und Dampfmaschinen bezüglichen Ziffern. Nachdem die allgemeine Gewerbezählung in Preußen vom 1. Dezember 1875 zum erstenmal nähere Daten über die Dampfkesselbetriebe ergeben hatte und 1876 eine Kommission von Sachverständigen zur Aufstellung von Grundsätzen für die statistische Aufnahme der Dampfkessel und Dampfmaschinen berufen worden war, wurde am 1. Januar 1879 eine genaue Kontrolliste aufgestellt und in der amtlichen preußischen Statistik veröffentlicht. Danach waren zu Anfang des Jahres 1879 in Preußen vorhanden: 32411 feststehende Dampfkessel, 5536 bewegliche Dampfkessel und Lokomobilen, 28895 feststehende Dampfmaschinen, 702 Schiffskessel und 623 Schiffsmaschinen. Die Veränderungen im Bestande der Maschinen sind bis jetzt bis zum 1. April eines jeden Jahres bei der statistischen Zentralstelle einzureichen. Bis zum 1. Januar 1884 haben sich nun folgende erhöhte Zahlen ergeben: 39646 feststehende Dampfkessel, 8229 bewegliche Dampfkessel und Lokomobilen, 361747 feststehende Dampfmaschinen, 1091 Schiffsdampfkessel und 906 Schiffsmaschinen.

Indem die meisten an den kleineren Orten zerstreuten Maschinenfabriken dem Bedarfe ihrer Umgebung und den täglich wachsenden Ansprüchen Rechnung tragen, ist die strenge Durchführung der sonst so vorteilhaften Arbeitsteilung und der Beschränkung auf bestimmte Arbeitsgebiete für die größte Anzahl der deutschen Maschinenfabriken weniger vorteilhaft und möglich, und derartige Fabriken kommen mit Rücksicht auf die Ausfuhr kaum in Betracht. Immerhin ist aber die Ausfuhr deutscher Maschinen beträchtlich gewachsen, so daß der deutsche Maschinenbau auf dem Weltmarkte bereits eine nicht unbedeutende Stelle einnimmt. Einzelne deutsche Maschinenbauanstalten sind in der That in den Wettbewerb mit den auf diesem Gebiete leistungsfähigsten Nationen getreten, indem sie ihre Fabrikation auf wenige Bedarfsartikel beschränken, diese aber in möglichst vollkommener Beschaffenheit und zu möglichst billigem Preise herstellen.

Welche Ausdehnung die Ausfuhr der Erzeugnisse des deutschen Maschinenbaues bereits gewonnen hat, zeigt die folgende Aufstellung:

	1880		1881	
	Meterzentner zu 100 kg	Wert in Mark	Meterzentner zu 100 kg	Wert in Mark
Lokomotiven	60591	6059000	63816	6382000
Lokomobilen	4637	603000	4209	421000
Dampfkessel	30887	1235000	23191	974000
Maschinen aller Art	540372	35665000	578011	38149000
Kratzen und Kratzenbeschläge	2066	1446000	1297	908000
Zusammen:	638553	45008000	670524	46834000

Der Lokomotivbau wird jetzt im Deutschen Reiche auf 20 Werken betrieben, von denen drei nur kleinere Lokomotiven für Bauzwecke, Verschiebdienst und Sekundärbahnen liefern. Diese zwanzig Lokomotivbauanstalten können bei vollem Betriebe jährlich ungefähr 1700 bis 1800 Lokomotiven für Normalbahnen und eine entsprechende Anzahl kleinerer Lokomotiven herstellen und diese deutschen Lokomotiven sind den besten ausländischen mindestens gleichzustellen.

Im Werkzeugmaschinenbau sind Berlin und Chemnitz voran, jedoch hat dieser Zweig des Maschinenbaues sich seit 15 Jahren auch in Rheinland-Westfalen, im Elsaß, in der Provinz Sachsen, in Schlesien und andern Orten Deutschlands zu mehr oder minder großer Bedeutung entwickelt.

Der landwirtschaftliche Maschinenbau hat sich nunmehr in Deutschland derartig erweitert, daß die Einfuhr fremder Maschinen dieser Art nur noch eine sehr beschränkte ist, dagegen steigert sich auch nach dieser Richtung die deutsche Ausfuhr.

Besonders vorteilhaft hat sich der von Amerika auf deutschen Boden verpflanzte Nähmaschinenbau entwickelt. Man zählt jetzt in Deutschland 46 Nähmaschinenfabriken, welche zusammen 5800 Arbeiter beschäftigen. Im Jahre 1882 wurden von diesen Fabriken ungefähr 420000 Maschinen im Werte von über 19 Millionen Mark geliefert und zum Teil fast nach allen Weltteilen versendet.

Im Jahre 1881 wurden in Deutschland 265789 Meterzentner Maschinen aller Art, einschließlich Dampfkessel und Lokomotiven, eingeführt, dagegen aber 670542 Meterzentner, also 404755 Meterzentner mehr, ausgeführt.

Bei alledem dürfen aber die deutschen Maschinenbauer nicht außer acht lassen, daß sie frisch auf dem Damm sein müssen, um mit dem ebenfalls vorwärts schreitenden Auslande im Schritt zu bleiben und sich nicht aus dem Sattel heben zu lassen. Es kann nicht geleugnet werden, daß insbesondere die Amerikaner die europäischen Nationen und darunter auch die Deutschen in mancher Beziehung überflügelt haben, und zwar fast überall da, wo es sich um die Herstellung eines Werkzeugs oder einer Maschine im Wege der Massenherstellung handelt. Dagegen stehen die Amerikaner den Deutschen im Bau schwerer Maschinen, insbesondere aber im Bau der Dampfmaschinen größerer Art sowie der Lokomotiven und überhaupt überall da, wo gründliche theoretische Kenntnisse die Grundlage des Maschinenbaues bilden müssen, nicht gleich. Der Grund davon liegt darin, daß man bei uns für die Ausübung der Maschinenbaupraxis eine möglichst allgemeine und gründliche wissenschaftliche Ausbildung für durchaus notwendig hält, während der Amerikaner in der Regel die wissenschaftliche Ausbildung auf praktischer Grundlage erstrebt, wobei er stets das naheliegende Bedürfnis im Auge behält. Die Praxis ist dem Amerikaner wie dem Engländer die Hauptsache, und in der Praxis wird wiederum die Besonderheit bis an die äußerste Grenze erstrebt. Auf diese Weise kann allerdings in vieler Beziehung die größte Vollkommenheit und Wohlfeilheit in der Herstellung erreicht werden. Indessen hat man neuerdings dies auch bei uns einsehen gelernt und die bezüglichen Grundsätze zur Anwendung gebracht. Wir Deutsche haben in den letzten fünfzehn Jahren sehr viel auf praktischem Gebiete gelernt, und dies kommt besonders auch unserm Maschinenbau zugute.

Möge der deutsche Maschinenbau sich in stetem Wachstum entwickeln.

Schwert, wie dir mein Hammerschwingen,
Helle Funken ausgetrieben,
Sollen bald von deinen Hieben,
Seelen aus den Leibern springen.

Lenau.

Geschützwesen, blanke Waffen und Stahlwerkzeuge.

Geschichtliche Entwickelung des Kriegswesens. Die Artilleriefeuerwaffen in ihrer allmählichen Ausbildung bis zu Napoleon I. Das Geschützrohr. Material und Anfertigung. Kaliber. Geschoß und Ladung. Gezogene Geschütze. Lafetten. Die Artillerie der verschiedenen Staaten. Raketen. Mitrailleusen. Die Handfeuerwaffen. Geschichtliches. Glatte Gewehre. Züge, Langgeschoß, Kaliber, Vorderlader, Hinterlader. Jagdgewehr. Revolver. Blanke Waffen. Geschichte derselben. Rüstung, Helm und Harnisch. Die Waffenschmiedekunst und Plattnerei. Anfertigung der blanken Waffen. Damaszenerklingen. Solinger Waffenfabrikation.

Dem Maschinenbau schließt sich eng die Waffenfabrikation an, insbesondere die Herstellung der Feuerwaffen, welche in den gußstählernen Monsterkanonen Produkte hervorbringt, zu deren Bearbeitung die großartigsten Maschineneinrichtungen geradezu erst erfunden werden mußten. Die riesigen Dampfhämmer, welche auf den Werken von Krupp in Thätigkeit sind, wurden gebaut nicht für das Ausschmieden von Maschinenteilen, sondern für die Herstellung der großen Gußstahlblöcke, aus denen die Kanonenrohre gebohrt werden, und darum wird es am Platze erscheinen, wenn wir dem Geschützwesen in seinem mechanischen Teile, der sich auf Einrichtung und Fabrikation dieser Kriegsgeräte bezieht, jetzt unsre Aufmerksamkeit zuwenden. Die blanken Waffen werden uns dann zur friedlicheren Industrie der Messerschmiederei und der Herstellung der stählernen Schneidewerkzeuge im allgemeinen überleiten.

Die geschichtliche Entwickelung des Waffenwesens fällt mit der Geschichte des Kriegs zusammen, die so alt ist wie die Geschichte der Menschheit. Aus den Pfahlbauten graben wir die ältesten Zeugen dieser Wahrheit noch aus und, wie die Verhältnisse jetzt liegen, scheint der Krieg für die Menschheit leider noch ein Hauptmittel ihrer Entwickelung zu sein.

Es ist auch kein Absehen, daß es jemals anders werden sollte, belehren uns doch die Ereignisse des Spätherbstes 1885, daß selbst unter den Augen des Areopags der europäischen Großmächte ein kaum zur Selbständigkeit gelangtes kleines Königreich, wie Serbien, die Veranlassung vom Zaune brechend, einem Bruderstamm die Brandfackel des Krieges ins Land schleuderte.

Für jede Nation ist daher die stete Bereitschaft, für die höchsten Güter des Lebens mit den Waffen in der Hand einzustehen, Daseinsbedingung und erhält allerdings in den Völkern die echten Mannestugenden, Vaterlandsliebe und Opfermut. Nur ein Volk, welches den Krieg als ultima ratio, als Äußerung seiner letzten Willensmeinung, nicht scheut und entschlossen sein Schwert in die Wagschale wirft, wenn ihm von übermütigen Nachbarn eine Demütigung droht, wird auf der Höhe der Zeit bleiben und in der Geschichte stets einen ehrenvollen Platz behaupten.

Die Kämpfe des frühsten Altertums waren vorzugsweise Stammesfehden, Raubzüge, wie wir sie heutzutage noch bei rohen Völkern finden, deren Waffen deshalb auch mit den zu jenen Zeiten gebräuchlichen in Material und Gestalt wesentlich übereinstimmen. Die ersten Spuren eines geordneten Kriegswesens zeigen sich in Ägyptens Geschichte; namentlich ist es Sesostris, 2275 v. Chr., welcher ein zahlreiches und wohlgegliedertes Heer besaß.

Fig. 68. Hellenische Krieger.

Genauere Nachrichten über das Kriegswesen beginnen erst mit dem Jahre 550 v. Chr. Die Perser und nach ihnen die Griechen beherrschen in der Periode von 550—250 v. Chr. die Gestaltung der lebenden und toten Kriegsmittel. Der rohe Empirismus der ersteren muß der methodischen Kriegführung der letzteren, namentlich der Athener, weichen. Männer wie Miltiades, Jphikrates, Epaminondas, Philipp von Makedonien lehren Terrainbenutzung und fördern die Elementartaktik, während Xenophon und Alexander in Leitung und Gebrauch der Kriegsmittel im großen oder, um den technischen Ausdruck zu gebrauchen, in der Strategie bereits Grundsätze aufstellen, welche nur wenige der in unsrer Zeit diese Wissenschaft ausmachenden Elemente vermissen lassen.

In der Periode von 250 v. Chr. bis 50 n. Chr. treten die Römer mit ihrer energischen Politik, mit ihrer Unbeugsamkeit im Unglück in den Vordergrund. Das Kriegswesen andrer Völker verschwindet neben der auf allgemeine Wehrpflicht gegründeten und durch eine eiserne Mannszucht zusammengehaltenen, wohlgeordneten römischen Heereseinrichtung. Die Taktik der in einzelnen Abteilungen (Manipeln) aufgestellten, bis 5000 Mann starken Legion war der unbehilflichen, nur für ganz ebenes Terrain berechneten griechischen Phalanx entschieden überlegen. Die Schmiegsamkeit der Legion, die Kriege der Römer in der ganzen damals bekannten Welt brachten ihre Militäreinrichtungen auf eine Stufe der Vollkommenheit, welche uns begreifen läßt, daß Fachmänner auch heute noch einen hohen Wert auf die Lehren der römischen Kriegsschriftsteller legen.

Römische Taktik blieb deshalb in der ganzen folgenden Periode von 50—1350 n. Chr. maßgebend, wenn auch einige Zeit durch die rohe Kampfesweise der in der Völkerwanderung auftretenden Massen verdrängt. Das römische Nationalheer war nach und nach in ein geworbenes Söldnerheer übergegangen, welches zur Zeit Konstantins des Großen sogar eine Stärke von 645000 Mann erreichte. Bei den germanischen Völkern entwickelte sich aus den Gefolgschaften der Heerbann, anfänglich nur eine Einladung, später aber, zu

Zeiten Karls des Großen, schon eine Verpflichtung zur Heeresfolge. Seit Heinrich I. entstehen städtische Milizen, geordnet nach Zünften. Man hielt Übungen im Reiten, im Bogen- und Armbrustschießen. Aus dem Heerbann entstanden durch einzelne Befreiungen nach und nach Lehnstruppen und mit diesen durch den Dienst zu Pferde die Ritterschaft. Anfangs konnte man vom Waffenjungen zum Knappen und von diesem zum Ritter vorrücken. Im 12. Jahrhundert aber entstand schon der Grundsatz der Ritterbürtigkeit, welcher die Erlangung dieser Würde von vier Ahnen abhängig machte. Die Nichtritter einer berittenen Abteilung hießen Reisige. Durch das Ritterwesen, welches in den Kreuzzügen wesentlich gefördert wurde, gewann die Reiterei das Übergewicht in den europäischen Heeren, und erst die Siege der Schweizer über Habsburgs Ritterschaft, namentlich aber die Einführung der Feuerwaffen, verschafften dem Fußvolke wieder die bis heute auch nicht mehr bestrittene Oberhand.

Das System der Lehnstruppen weicht allmählich den Söldnerheeren, welche in den steten Kämpfen der nun folgenden Periode von 1350—1650 sich aus nur für die Dauer einzelner Kriege geworbenen Banden zu lebenslänglich dienenden stehenden Heeren entwickeln. Das Wesen der geworbenen Truppen und ihrer Kriegführung erreicht seinen Gipfel in Italien durch die Condottieri, in Deutschland durch die Landsknechte im Laufe des 15. und 16. Jahrhunderts. Die Führer dieser Banden, unter denen sich in Italien Carmagnola, Sforza u. s. w., in Deutschland Frundsberg u. s. w. bekannt machten, leiteten den Kampf ganz wissenschaftlich. Sie suchten den Sieg mehr durch geschickte Manöver als durch Vernichtung der gegnerischen Streitkräfte zu gewinnen. Je länger der Krieg dauerte, desto lukrativer war er für den Führer und die Soldaten.

Wirklichen Fortschritten in der Taktik begegnen wir erst gegen das Ende der Periode, wo die reformatorische Thätigkeit eines Moritz von Oranien den Belagerungs- und Festungskrieg, eines Gustav Adolf den Feldkrieg den Wirkungen des Geschütz- und Gewehrfeuers entsprechend abgeändert. Wie Gustav Adolf Infanterie und Feldartillerie beweglicher macht, so führt er auch die Reiterei wieder zur Ausbeutung ihres Haupt-

Fig. 69.
Bogen- und Armbrustschütze aus dem 14. Jahrhundert.

elements, nämlich der energischen Offensive. Um die Hebung des Artillerie- und Ingenieurwesens im engeren Sinne durch Abschaffung des zunftmäßigen und Anbahnung eines wissenschaftlichen Betriebes dieser Fächer macht sich auch Herzog Sully, grand maitre d'artillerie unter Heinrich IV., besonders verdient.

Die nächste Periode von 1650—1790 bringt durch langjährige Friedenspausen eine gewisse Künstlichkeit in die Kriegführung, welche die einzelnen Feldzüge wenig entscheidend macht. Nur Friedrich der Große verstand es, die Formen der Lineartaktik mit Meisterhand auf dem Schlachtfelde zu gebrauchen und durch kühne strategische Operationen der ihn fast erdrückenden Macht seiner Feinde Herr zu werden. Allein trotz eines Heeres, welches die drei Haupteigenschaften der Ordnung, des Gehorsams und der Tapferkeit im höchsten Grade besaß, welches einen Leopold von Dessau, einen Zieten und Seydlitz unter seinen Führern zählte, dauerte der Entscheidungskampf um den Besitz Schlesiens sieben Jahre. Dies hatte seinen Grund in der verhältnismäßig geringen Stärke der Armeen, in der aus Magazinen angewiesenen Verpflegung der Truppen, in den unzureichenden Verkehrswegen und in der Sitte, nur während der guten Jahreszeit zu Felde zu liegen.

Der Revolution von 1790 und ihrem großen Sohne Napoleon I. war es vorbehalten, diejenige Kriegführung zu lehren, welche in ihren Grundprinzipien heute noch gültig ist. Sie hat sich durch fortgesetzte Vervollkommnung der Waffen, durch Verwertung der Dampfkraft zur Beschleunigung des Truppentransports, durch Benutzung der elektromagnetischen Telegraphie, der Telephonie, der Luftschiffahrt und der Taubenpost zur Verbesserung des Nachrichtenwesens, durch Verbindung mit der großen Industrie zu besserer und massenhafter Lieferung der Heeresbedürfnisse auf eine Stufe der Entwickelung erhoben, welche die schnelle Entscheidung der Kriege unsrer Tage zum Nutzen der Völker möglich macht. Die stehenden Heere im engeren Sinne sind verschwunden und die Mehrzahl der Völker Europas hat sich zu dem Opfer verstanden, eine Wehrverfassung anzunehmen, welcher die preußische Heeresgestaltung, die Schöpfung von Scharnhorst und Gneisenau, als Vorbild gedient hat. Volksheere, denen ein unerschöpfliches Menschenmaterial zur Verfügung steht, sind an die Stelle getreten; nur England, auf seine Insellage pochend und im materiellen Erwerb die ideellen Güter vergessend, hält noch an den alten Einrichtungen fest. Wachen wir, daß wir den gewonnenen Vorsprung vor den andern Kontinentalmächten nicht verlieren.

Die Feuerwaffen hatten bis zu Anfang des 14. Jahrhunderts wegen ihrer mangelhaften Beschaffenheit nur geringe Bedeutung. Die eisengepanzerten Reiterscharen bildeten immer noch den Kern der Heere. Die Artillerie, heutzutage eine dritte Waffengattung, war ursprünglich und noch bis in das 18. Jahrhundert hinein ein zünftiges Handwerk. Gustav Adolf, der Schwedenkönig, legte den Grund zur eigentlichen Feldartillerie; Friedrich der Große erhöhte die Schnelligkeit derselben durch Errichtung der reitenden oder fliegenden Artillerie. Napoleon I., selbst Artillerist, begründete die eigentliche Taktik dieser herrlichen Waffe durch ihre Anwendung in großen Massen. Er gab der Artillerie, die vor ihm in einzelnen Geschützen an die Infanteriebataillone gebunden war oder in großen, unbehilflichen Batterien an der Stelle haftete, Selbständigkeit und Beweglichkeit und beutete so die ungeheuren Siegesmittel aus, welche in dem richtigen Gebrauche der Geschütze liegen. Die Schlachten von Friedland und Wagram sind Artillerieschlachten. Dresden und Leipzig im Jahre 1813 sind berühmt durch die furchtbaren Kanonaden, mit welchen Napoleon sich gegen die Übermacht des Feindes hielt und seine neugebildeten Infanterie- und Reiterregimenter stützte. Die Österreicher erzielten ihre Erfolge 1848 und 1849 in Italien und Ungarn wesentlich durch ihre Artillerie, und die Siege der Deutschen in Frankreich 1870 und 1871 werden von dem Feinde wesentlich der furchtbaren Wirkung der deutschen Artillerie zugeschrieben. Der französische General von Wimpffen führt dies ausdrücklich in dem Berichte über die Schlacht von Sedan an. Französische Gefangene äußerten unmittelbar nach der Schlacht von Gravelotte: „Votre artillerie nous a criblé" (zu Staub zerrieben).

Die ersten Geschützrohre waren rohe Gefäße, aus welchen das Pulver die Geschosse mit kaum größerer Sicherheit schleuderte, als dies von den großen Wurfmaschinen des Altertums und Mittelalters geschehen. Will man diese ersten Geschütze ihrer Gestalt nach benennen, so muß man ihnen den Namen „Mörser" geben. Diese Geschützart hat indes, freilich in verbesserter Form, ihren Platz in unsrer heutigen Artillerie behauptet und noch in den neuesten Kriegen ersprießliche Dienste geleistet. Die Rohre waren anfänglich aus Eisenstäben gebildet, die häufig aneinander geschweißt waren, bald aber ging man zum Guß der Rohre in Bronze (Geschützmetall) über. Die Rohre, welche man in Bronze goß, waren meist wahre Kunstwerke in äußerlicher Verzierung, mit Denksprüchen, teilweise auf den Namen des Gießmeisters, teilweise auf die Thätigkeit des Geschützes versehen. So führte z. B. ein in Breslau im Jahre 1507 gegossenes Bronzegeschütz die Aufschrift:

„Ich bin lank und eben
Leonart Diokariette Geceugmesthr
Hot mich angeben.
Ich bin gros,
Meister Georg Kanengießer mich gos."

In dem Artilleriemuseum zu Woolwich befindet sich ein Geschütz, auf welchem ein Bauer mit einem Korbe voll Eier abgebildet ist. Dasselbe trägt die deutsche Aufschrift:

„Ich bin fürwar ein grober Baur,
Wer frißt mein Ayr,
Es wird i'm saur."

Fig. 70. Aus dem 15. Jahrhundert. x Reiterei (Ritter). y Pikeniere und Landsknechte.

Fig. 71. Aus dem 15. Jahrhundert. i Musketier. k Fahnenträger. l Hauptmann. m Oberster. n Hellebardier. o und p Tambour und Pfeifer. q Arkebusier.

Fig. 72. Aus dem 15. Jahrhundert. u Mannschaft zur Bedeckung der Geschütze. v Hauptmann derselben. w Artilleriepark.

Auch führten die Geschütze Namen, wie dies noch bis in die neueste Zeit in Frankreich üblich ist. Die im französischen Kriege eroberten Geschütze, von denen viele erst in den letzten Jahren angefertigt waren, trugen fast sämtlich Namen, z. B. l'Observateur, l'Aigle ꝛc. Auf dem Ehrenbreitstein hatte man seiner Zeit einen „Greif", bei der Belagerung von Kronenburg (dem heutigen Kronberg im Taunus) 1522 eine „Ungnade", ein „Schellchen", „Hahn", „böse Else". Der Kurfürst von Brandenburg hatte bereits 1414 einen Vierundzwanzigpfünder, genannt die „faule Grete"; der Sultan Amurath ließ 1422 ein Bronzegeschütz in der Türkei gießen, das 1100 Pfund Gestein schoß, und die Genter hatten 1452 bei der Belagerung von Oudenarde ein 33000 Pfund schweres, aus eisernen Stäben geschmiedetes Geschütz, die „tolle Grete von Gent", auch Dulle Griete oder Margot la Folle genannt, deren Kammer 140 Pfund Pulver faßte, während die zugehörige Steinkugel 680 Pfund wog. Wenn wir die Abbildung der „tollen Grete" betrachten, so leuchtet es uns wohl von selbst ein, mit welchen enormen Anstrengungen ein einziger Schuß aus solchem Geschütz zu erkaufen ist. Man kann es wohl der damaligen Zeit verzeihen, daß sie versuchte, die Wirkung des ihr kaum bekannten Schießpulvers nunmehr, nachdem sie sich vom ersten Schrecken und Staunen erholt hatte, über alle Grenzen auszudehnen. Sie überzeugte sich aber bald, daß des Menschen Streben endlich ist. Die „tolle Grete" mußte 1452 vor Oudenarde stehen bleiben (wurde aber nach mehr als 100 Jahren von den Gentern zurückerobert und ist noch heute dort zu sehen) und den Türken zersprang ihr ungeheures Geschütz, mit welchem sie 1453 bei der Belagerung von Konstantinopel die Mauern einwerfen wollten. Auch in unserm Jahrhundert trat das Streben nach kolossalen Dimensionen der Rohre bei einzelnen Gelegenheiten wieder hervor und steigerte sich in den fünfziger Jahren in England im Palmerstonmörser bis zu einem Geschütz, welches Bomben bis zu 1500 kg Gewicht schleudern sollte, aber schon beim vierten Schusse zersprang. Die Einführung der Langgeschosse und der gezogenen Geschütze gestattete, wie wir weiter unten sehen werden, sehr bedeutende Geschoßgewichte zu schleudern, trotz der kolossalen Rohrgewichte erlaubt aber die Ausnutzung aller Vorteile der heutigen Technik eine geregelte und schnelle Bedienung.

Während man in Deutschland bis vor einem Jahrzehnt die im Verhältnis zu ihrem Mündungsdurchmesser (Kaliber) langen Rohre oder Kanonen nach dem Gewichte der aus ihnen geschossenen eisernen Vollkugeln Sechspfünder, Zwölfpfünder ꝛc., die im Verhältnis zu ihrem Kaliber kurzen Rohre, wie Mörser und Haubitzen, nach dem Gewicht der früher aus ihnen geworfenen steinernen Kugeln, siebenpfündige, zehn-, dreißig- ꝛc. pfündige benannte, ist man neuerdings darauf gekommen, die Geschütze ohne Ausnahme nach dem Maße ihres Kalibers zu benennen. So ist unser früherer Sechspfünder zu einem 9 cm-, der Vierpfünder zum 8 cm-Geschütz geworden. Diese Änderung der Benennung war um so mehr nötig, als mit Aufgeben der Kugel als einziger Geschoßgestalt und mit Annahme des Langgeschosses bei den gezogenen Geschützen die feste Beziehung des Durchmessers zum Geschoßgewichte wegfiel. Die englische Artillerie benennt ihre gezogenen Geschütze nach dem wirklichen Gewichte des Langgeschosses. Unser 9 cm-Geschütz, früher bei uns Sechspfünder genannt, würde in England ein Vierzehnpfünder sein, weil sein Geschoß etwa 14 Pfund wiegt.

Bis ins 16. und 17. Jahrhundert ist es schwer, ein System in den Geschützrohren zu finden. Die Rohre waren meist sehr schwer und häufig unnötig lang. Wir finden die heutigen Kanonen unter den Namen Kartaunen und Schlangen, und zwar gab es doppelte, ganze, halbe ꝛc. Kartaunen, Feld- und Quartierschlangen, auch Notschlangen. Die Kugeln dieser Geschütze wogen von 8 bis zu 120 Pfund. Ihre Länge bewegte sich zwischen 18 und 30 Kalibern, d. h. sie waren 18—30mal so lang, wie der Durchmesser ihrer Mündung betrug. Außer diesen schweren Geschützen hatte man noch eine große Menge kleiner und endlich noch Kammerstücke oder Kammerbüchsen (mit beweglicher Pulverkammer, daher von hinten zu laden), nicht zu verwechseln mit den Kammergeschützen (Mörser und Haubitzen), Böller oder Tummler (unsern heutigen Mörsern entsprechend), Hagelbüchsen, auch Schreigeschütze, mit mehreren Läufen, woraus die Orgelgeschütze oder Todtenorgeln, die Vorläufer unsrer heutigen Mitrailleusen, entstanden, u. s. w. Dazwischen kamen auch sogenannte Wallbüchsen vor, welche sich bis in unsre Zeit in den Festungen erhalten haben. Die Lafettierung war roh und gestattete wenig Abwechselung in der Richtung. Erst nach Heinrich IV. erhielt die französische Artillerie Protzen (Vorderwagen, welche leicht von den Geschützen getrennt werden können).

Fig. 73. Die „tolle Grete" in Gent.

Fig. 74. Mörser aus dem 16. Jahrhundert.

Fig. 75. Wallbüchse und Mörser aus dem 17. Jahrhundert.

Fig. 76. Burgundische Serpentine aus der Artillerie Karls des Kühnen.

Fig. 77. Kanone und Haubitze aus dem 17. Jahrhundert.

Fig. 78. Lederkanone der schwedischen Artillerie unter Gustav Adolf.

Fig. 79. Doppelbombarde mit Dach. Ende des 14. Jahrh.

Fig. 80. „Basilium". Deutsche Siebzigpfünder-Zapfenkanone. 16. Jahrhundert.

Fig. 81. Doppelfalkonett aus dem 16. Jahrhundert.

Fig. 82. Deutscher Zwölfpfünder aus dem 16. Jahrh.

Fig. 83. Italienische Kanone aus dem 16. Jahrhundert.

Fig. 84. Französische Kanone aus dem 17. Jahrhundert.

Fig. 85. Spanisches Feldgeschütz aus dem 16. Jahrhundert.

Fig. 86. Alte schweizerische Gebirgskanone.

Die deutsche und spanische Artillerie hatte diese für ein rascheres Auffahren und Beginnen des Feuers in der Schlacht höchst wichtige Verbesserung schon seit längerer Zeit eingeführt. Fig. 73—86 sollen Typen der bis zu jener Periode, also im 15. und 16. Jahrhundert, gebräuchlichen Geschütze darstellen. Wir heben daraus besonders aus Karls des Kühnen Artillerie eine Schlange (auch serpentine, couleuvrine genannt) hervor, sodann aus der Artillerie seiner Hauptgegner, der Schweizer, eine Gebirgskanone. Die Gestalt der Lafette dieser letzteren deutet auf ihren, durch Menschen bewirkten, schiebkarrenähnlichen Transport. Weiterhin einen Mörser aus dem 16., sodann Wallbüchse und Mörser aus dem 17. und Kanone und Haubitze aus demselben Jahrhundert, also Geschütze, wie sie zur Zeit des Dreißigjährigen Krieges im Gebrauch waren. Der Dreißigjährige Krieg und nach demselben die Kriege unter Ludwig XIV. hatten die Notwendigkeit einer Scheidung der Artillerie in leichtere für den Feldkrieg und in schwerere für den Festungskrieg dargethan. In Frankreich beschränkte der berühmte Artilleriegeneral La Vallière die verschiedenen Kaliber auf Vierundzwanzig-, Sechzehn-, Zwölf-, Acht- und Vierpfünder; immer noch eine hinreichende Zahl, aus welcher auch schon damals andre Artilleristen noch den Sechzehn- und den Achtpfünder ausscheiden wollten. Die Geschützrohre waren immer noch sehr lang, 22—26 Kaliber, und sehr schwer, die Ladungen aber schon wesentlich verringert, etwas über $1/3$ des Gewichts der Kugel. Die österreichische Artillerie setzte 1753 nach ihres Feldzeugmeisters Fürst Liechtenstein Versuchen die Kaliber der Feld- und Belagerungsartillerie fest. Zu ersterer rechnete man die Zwölf-, Sechs- und Dreipfünder-Kanonen und die Siebenpfünder-Haubitze, zu letzterer die Vierundzwanzig-, Achtzehn- und Zwölfpfünder-Kanonen und eine Anzahl Mörser. Die Feldgeschütze waren nur 16 Kaliber lang und sehr leicht, ein Vorzug, den sich die österreichische Artillerie bis jetzt bewahrt hat.

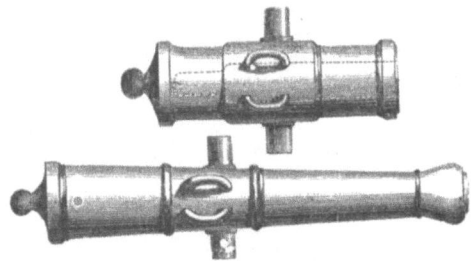

Fig. 87 und 88. Kanone und Haubitze nach Gribeauval.

Während des Siebenjährigen Krieges hatten die Franzosen die Erfahrung gemacht, daß ihre Geschütze immer noch zu schwer waren. Der französische Artilleriegeneral Johann v. Gribeauval führte vielfache Verbesserungen in der französischen Artillerie ein von so eingreifender Natur, daß der Name dieses Mannes, der außerdem den Ruf eines freimütigen, uneigennützigen und festen Charakters hat, eine der hervorragendsten Stellen in ihrer Geschichte einzunehmen verdient. Der Hauptgegner Gribeauvals war natürlich La Vallière, dessen System durch ihn verdrängt wurde. Gribeauvals System hat sich trotzdem in einzelnen Teilen bis in die neuere Zeit gehalten, und Rohre seiner Konstruktion sind noch in großer Menge in Frankreich in gezogene Geschütze umgewandelt worden.

In dieselbe Periode, Ende des 18. und Anfang des 19. Jahrhunderts, fällt auch die auf wissenschaftlichem und praktischem Wege ermittelte Bestimmung von Ladung und Rohrlänge. Schon die Preußen und Österreicher hatten Mitte des 18. Jahrhunderts ihre Rohre verkürzt. Gribeauval gab als passende Länge für die Kanonenrohre 18 Kaliber an. Diese Rohrlänge erhielt sich bei $1/3$ Geschoßschwere bis in die dreißiger Jahre unsres Jahrhunderts. Die verbesserte Pulveranfertigung ergab ein regelmäßiger verbrennendes und dichteres Pulver. Man setzte deshalb die Ladungen von $1/3$ auf $1/4$ der Geschoßschwere herab und konnte demgemäß die Feldgeschützrohre wieder um etwas verkürzen und dadurch erleichtern.

Die Kaliber, mit welchen die Schlachten Napoleons geschlagen und die Belagerungen dieser Zeit geführt wurden, waren zum großen Teil noch die von Gribeauval festgesetzten (Fig. 87 und 88); Marschall Marmont, Napoleons Artilleriechef, schied 1803 die Drei- und Achtpfünder aus, und die Feldartillerie wurde aus Sechs- und Zwölfpfünder-Kanonen und siebenpfündigen kurzen Haubitzen hergestellt. Übrigens hielt Napoleon von den Haubitzen nicht viel. Die Bedienung dieses Geschützes, welches bekanntlich ein Mittelding zwischen Kanone und Mörser ist, indem es sowohl seine Geschosse in flachem Bogen gegen senkrechte Ziele wie eine Kanone schießen, als auch in hohem Bogen wie ein Mörser gegen wagerechte Ziele werfen

Die Feuerwaffen.

kann, war etwas umständlich und sie sagte deshalb den Franzosen weniger zu. Das Hauptgeschoß dieses Geschützes ist nämlich die Granate, eine mit Pulver gefüllte gußeiserne Hohlkugel, ganz gleich der aus Mörsern geworfenen Bombe, nur kleiner. Diese Hohlkugel hat einen Zünder, bestehend aus einer hölzernen, mit Mehlpulver (zu Mehl geriebenem Pulver) fest ausgeschlagenen Röhre. Sobald das Geschütz abgefeuert wird, zündet die Pulverflamme den Zünder an. Das festgeschlagene Mehlpulver brennt, während das Geschoß die Luft durchfliegt, langsam in der Röhre abwärts und entzündet, am Ende der Röhre angelangt, die Sprengladung, durch deren Explosion die Granate zertrümmert wird. Die auf 100—200 Schritte herumfliegenden Stücke üben oft eine sehr bedeutende Wirkung aus, und manches Viereck ist schon rascher durch eine einzige Granate gesprengt worden, als durch den Chok mehrerer Schwadronen Reiterei. Eine solche Wirkung war aber leider sehr unsicher, und zwar aus zwei Gründen. Zuerst war die Trefffähigkeit der Haubitze eine geringe. Der zweite Grund für die Unsicherheit der Granatwirkung war der oben beschriebene Holzzünder, welcher ein Tempieren (Bestimmen der Brennzeit durch Abschneiden oder Anbohren des Zünders), wenigstens für alle Fälle des offenen Gefechts, unthunlich machte. Erst vor etwa 50 Jahren wurde diese für die Wirkung des Hohlgeschoßfeuers — welches fast seinen ganzen Wert verliert, wenn das Geschoß nicht an der richtigen Stelle explodiert — so wichtige Frage gelöst. Dem aus Sachsen gebürtigen, nachmals belgischen General Bormann gebührt das Verdienst der Erfindung und dem kurhessischen Artillerieleutnant, später k. k. Oberstleutnant Breithaupt dasjenige der Fortbildung des tempierbaren Metallzünders mit ringförmiger Satzlage. Die Bormannsche Konstruktion bestand aus einem metallenen (Legierung von Blei und Zinn) Körper a (Fig. 89), welcher den Zündsatz (Mehlpulver) b in einer ringförmigen Vertiefung erhielt; d ist die Pulverkammer mit der Verschlußscheibe r. Die Oberfläche des Zünders wurde durch die feste Metalldecke gebildet, welche eine auf der Satzrinne herumlaufende, den verschiedenen Brennzeiten entsprechende Teilung e nach halben Sekunden trug, wonach der Artillerist in den Stand gesetzt war, durch Aufstechen der Metalldecke an der entsprechenden Stelle die Zünder für die verschiedenen Entfernungen zu tempieren. Breithaupt verwandelte die feste Decke in eine drehbare, die sogenannte Tempierplatte T (Fig. 90), welche bei O das Brandloch hat. Der Zünderkörper Z, welcher den Satzring, die Brennskala und den Schlagkanal C enthält, wird in ein Muttergewinde im Mundloch des Geschosses eingeschraubt. Die Druckschraube t hält die Tempierplatte in ihrer jedesmaligen Stellung fest. Erst durch Breithaupts Idee wurde der Zünder lebensfähig und bildete die Grundlage aller neueren Konstruktionen von Zeitzündern.

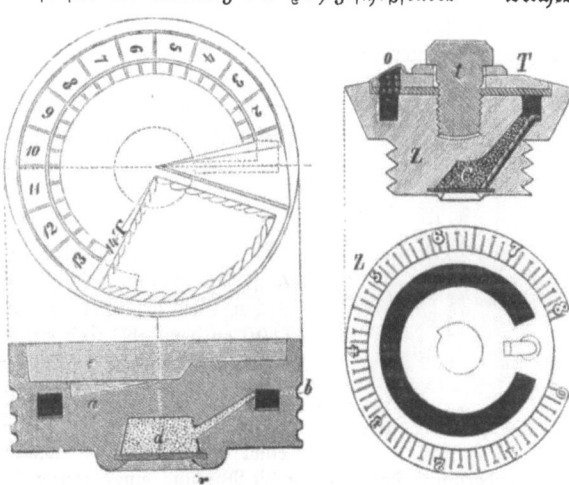

Fig. 89. Bormanns Zünder.   Fig. 90. Breithaupts Zünder.

Schon Napoleon I. erkannte die Bedeutung des Hohlgeschoßfeuers an, und die Obersten Villantroy und Paixhans, unter ihm dienend, sind die Schöpfer der Bombengeschütze. Ersterer konstruierte namentlich Mörser, letzterer Bombenkanonen. Ältere Versuche, Hohlgeschosse aus Kanonen zu schießen, waren meist mißlungen, weil man die Ladungen zu stark nahm und deshalb die Hohlgeschosse im Rohre, das ohnehin für diesen Zweck zu lang war, zerschellten. Die neueren Bombenkanonen, wie man sie seit 1819 einführte, waren dagegen kürzer und die Seele verengte sich nach hinten zu einer sogenannten Kammer, welche auch bei den Mörsern und Haubitzen zur besseren Verwertung der für die verschiedenen Zwecke notwendigen kleineren und wechselnden Ladungen besteht. Diese Möglichkeit der Anwendung verschiedener Ladungen gestattete einen Wechsel in den Bahnen der Geschosse und damit die bessere Bekämpfung der vielfachen Hohlbauten, welche nach den Vorschlägen des Marquis Montalembert (1715—1801) im preußischen und deutschen Festungsbau nach 1815, besonders durch Aster und Brese, zum Schutze des Verteidigers Anwendung gefunden hatten. Die Bombenkanonen waren vorzüglich zur Bekämpfung der Holzschiffe, welche bis 1860 die einzige Ausrüstung der Flotten bildeten, wie dies u. a. die Zerstörung der türkischen Flotte bei Sinope 1853 darthat, und blieben bis in unsre Zeit im Gebrauch. Die gezogenen Kanonen erfüllten auch den eben beschriebenen Zweck besser, und die Bombenkanonen traten zurück.

Ein ungemein wichtiges Geschoß, welches besonders in der Feldartillerie eine Rolle spielt, bot sich der Artillerie in der Granatkartätsche, auch Kartätschgranate oder nach ihrem im Jahre 1825 gestorbenen Erfinder, dem englischen General Shrapnel, kurzweg Shrapnel genannt.

Die Geschichte der Feuerwaffen kennt zwar schon frühere Beispiele über die Verwendung derartiger Geschosse, allein erst seit dem Kriege in Spanien, 1808—13, wurden sie bekannter, und nach oben erwähnten Verbesserungen der Zünder führte man sie in allen Artillerien ein. Sie halfen der Artillerie ihr Übergewicht in der Feuerwirkung behaupten, und zwar in einer Zeit, in welcher dasselbe durch Einführung gezogener Handfeuerwaffen, deren Tragweite durch das damalige Hauptgeschoß, die gußeiserne Vollkugel, kaum, durch die Büchsenkartätsche aber keineswegs übertroffen wurde, an die Infanterie überzugehen drohte.

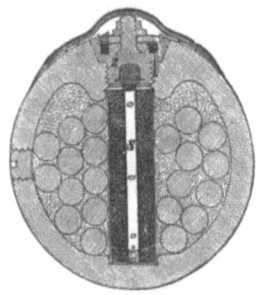

Fig. 91.
Österreichisches Rundshrapnel.

Der Shrapnel ist im wesentlichen ein Hohlgeschoß, mit Bleikugeln gefüllt und mit Sprengladung und Zünder versehen. Fig. 91 zeigt ein derartiges Geschoß, wie es seiner Zeit in der k. k. Artillerie für glatte Kanonen und Haubitzen eingeführt war. Z ist der Zünder nach Breithaupt, S die Sprengladung von 3 Lot Gewehrpulver in einer Messingröhre; die Bleikugeln (190 an der Zahl) sind mit Sand festgelagert. Durch das Tempieren des Zünders ist es möglich, das Geschoß in einem beliebigen Punkte seiner Bahn zu sprengen. Die Sprengpartikeln (Geschoßstücke und Bleikugeln) werden von dem Sprengpunkte an in einer Garbe von stets wachsender Ausdehnung gegen den Feind geschleudert und haben dann die Wirkung einer ganzen Salve aus Infanteriegewehren, wenn anders der Zünder richtig konstruiert und tempiert war.

Die Ladung des Geschützes entzündet man mittels sogenannter Friktionsschlagröhren. Man versteht darunter Röhren von Messing- oder Kupferblech, etwa 5 cm lang und so dick, daß sie mit geringem Spielraum in das Zündloch passen. Eine Füllung von fest über einen Dorn geschlagenem Schießpulver läßt dem aus chlorsaurem Kali und Antimon durch heftige Reibung entwickelten Feuerstrahl Raum zur Entzündung dieses Pulvers und zur sicheren und raschen Leitung des Feuers zu der Geschützladung. Der Reibapparat besteht einfach aus einer zusammengedrehten Draht- oder Blechschleife, auf deren zusammengewundenem Teile die oben erwähnte Zündmasse aufgetragen wird. Der Apparat wird sodann so in das Röhrchen eingeklemmt, daß der Zündsatz sich innerhalb befindet, die Schleife aber heraussteht. Der zum Abfeuern bestimmte Kanonier führt eine lange Schnur, an deren einem Ende sich ein Häkchen befindet. Er hakt hier die Schleife des Zündröhrchens ein, steckt dieses in das Zündloch und reißt auf das Kommando „Feuer" die Schleife durch einen kräftigen Ruck an der Schnur aus dem Röhrchen, worauf der Feuerstrahl des Zündröhrchens sofort die Ladung entzündet.

Das Material zu den Rohren war lange Zeit hindurch die Bronze. Verschiedene Versuche, welche man mit dem billigeren Gußeisen gemacht hatte, mißlangen, namentlich für die Rohre der Feldartillerie. Es kamen häufig Unglücksfälle vor, und der Umstand, daß das Gußeisen, weniger dünnflüssig als die Bronze, dem Geschmacke der Zeit, die Rohre zu verzieren, nicht entsprach, mag wohl auch das Seinige dazu beigetragen haben, daß man den Eisenguß selten zur Erzeugung von Geschützrohren verwendete. Nur Schweden, dem ein vorzügliches Eisen zu Gebote stand, hatte schon früh eiserne Rohre und verwendete sie mit gutem Erfolge auch in der Feldartillerie. Die Vorwürfe, welche man dem Eisen machte, waren namentlich seine geringe Festigkeit und Elastizität wie seine große Sprödigkeit, welche ein häufiges Springen der Rohre im Gefolge hatte. Als aber die französische Revolution und das Massenaufgebot zur Rettung Frankreichs dieses Land zu unerhörten Anstrengungen für die Ausrüstung der Heere zwang, da mußten Rohre herbei, und zwar in großer Masse und für wenig Geld. Da blieb denn nichts andres übrig, als auch eiserne Rohre zu gießen. Nach den napoleonischen Kriegen wandte sich sodann die unterdes bedeutend fortgeschrittene Wissenschaft der genauen Untersuchung der Rohrmaterialien zu. Die Ergebnisse waren, daß man von nun an die schweren Kaliber, mit Ausnahme der Belagerungsartillerie, vorzugsweise aus Eisen goß und bei der Konstruktion des Rohrs auf die geringe Elastizität dieses Metalls in der Art Rücksicht nahm, daß man alle äußeren Zieraten, Friese und Verstäbungen, welche die Schwingungen des Metalls beim Schießen unterbrechen, vermied, den Boden der Seele abrundete und die Rohrgestalt bis gegen die Zapfen hin fast cylindrisch und von da an konisch nach vorn verlaufen ließ. Diese Gestalt haben nun fast sämtliche in neuerer Zeit konstruierten Rohre, weil die Vorteile derselben jedenfalls die Haltbarkeit auch der zäheren Materialien vermehren. Belgien, Preußen und die Verein. Staaten haben sich namentlich durch gründliche Untersuchung des Gußeisens ausgezeichnet. In Belgien ist unter Leitung des um die Anfertigung der Geschütze verdienten Generals Huguenin bereits 1830 vorgeschlagen worden, den Teil der gußeisernen Rohre, in welchem die Verbrennung und größte Kraftäußerung der Ladung vor sich geht, also das Stück vom hinteren Ende, dem Boden, bis an die Zapfen mit schmiedeeisernen Reifen zu verstärken. Fast sämtliche Rohre schweren Kalibers aus Kohlenstoffverbindungen des Eisens werden, wie wir unten sehen werden, heutzutage bereift, und diese neue Art der Rohranfertigung gestattet auch die schwersten Kaliber herzustellen.

Als Material für die Feldgeschützrohre behauptet sich fast durchweg die Bronze. Das Geschützmaterial aber, welches gegenüber dem Gußeisen große Festigkeit gegen die Gewalt der Gase, gegenüber der Bronze große Härte gegen die Anschläge der Geschosse, und Unempfindlichkeit gegenüber der hohen Verbrennungstemperatur des Pulvers besitzt, ist der Gußstahl, der von Friedrich Krupp in Essen zuerst in großen Massen hergestellt wurde. Krupps Gußstahl ist der Grundstein der neuen Artillerie. Die Unverwüstlichkeit desselben ging schon aus den Versuchen hervor, welche in der preußischen Artillerie 1849 mit einem Dreipfünder und in der braunschweigischen 1854 mit einer zwölfpfündigen Granatkanone angestellt wurden. Der Gußstahl hat sich auch in allen Feldzügen bewährt. Viele Rohre haben allein in einer Schlacht, z. B. bei Gravelotte, in dem Zeitraum eines halben Tages über 100 Schüsse gethan, ohne daß die Seele die geringste Veränderung zeigte. Bronzene Feldgeschützrohre seitheriger Anfertigung würden den Feldzug 1870/71 in keiner Hinsicht ausgehalten haben.

Die Festigkeit der drei betrachteten Materialien, Gußeisen, Bronze und Gußstahl, verhält sich etwa wie 1 : 2 : 8. Das Preisverhältnis der fertigen Rohre ist fast dasselbe. Anders dagegen verhält es sich, wenn man den Wert des Metalls an sich in Betracht zieht. Gußeisen und besonders der Stahl gebrauchter Rohre hat dann nur den geringen Wert des alten Eisens, während Bronze infolge ihrer vielseitigen Verwendbarkeit in der Industrie (Band IV dieses Werkes) einen Wert behält, der mindestens der Hälfte des Neuwertes gleichkommt. Die neueste Zeit hat, nachdem sie auf dem Gebiete der Eisenindustrie durch näheres Eingehen auf die Natur der Kohleneisenverbindungen so schöne Ergebnisse erzielt hatte, sich auch der Verbesserung der Bronze zugewendet, deren an sich vorzügliche Eigenschaften der Zähigkeit, Wetterbeständigkeit und Leichtflüssigkeit die Konkurrenz mit Gußeisen und Stahl auf dem Gebiete der Geschützanfertigung bis in unsre Zeit bestanden hatten. Die ersten Versuche gingen darauf aus, durch bloße chemische Änderung der Zusammensetzung des Metalls die Eigenschaften der Bronze zu verbessern. Dies führte auf die Aluminium- und auf die Phosphorbronze, von welchen letztere eine Zeitlang Erfolg versprach, aber sich nicht zu behaupten vermochte. Man ging zu einem veränderten Herstellungsverfahren der bronzenen Rohre über. Der deutsche Fabrikant Küntzell und der Franzose Lavoissière wählten den Guß der bronzenen Rohre in gußeisernen Schalen (Coquillen), statt der bisherigen Güsse in Lehm- oder Sandformen, und erzielten so eine raschere Abkühlung der flüssigen Masse und damit eine größere Dichtigkeit, Festigkeit und Flüssigkeit des Fabrikats.

Gießt man die Rohre gleichzeitig über einen eisernen Kern statt des Massivgusses, so erzielt man außerdem eine größere Beständigkeit der Seelenwände gegenüber den hohen Temperaturen der Pulvergase. Der verstorbene k. k. General Uchatius fügte zu den genannten Ideen diejenige der Verdichtung des Metalls von innen nach außen, indem er durch den zunächst enger als beabsichtigt ausgebohrten Rohrkörper mittels hydraulischer Pressen konische Stahlkolben größeren Durchmessers trieb. Die auf diesem Wege erlangte Kompression der Bronze verleiht derselben im Verein mit den andern Einwirkungen so vorzügliche Eigenschaften, daß sie bis zu einem gewissen Grade mit dem Stahl zu konkurrieren vermag. Österreich-Ungarn war dadurch bei seinem Übergang von der Vorder- zur Hinterladung 1875 in der vorteilhaften Lage, aus dieser sogenannten Stahlbronze seine Feldgeschützrohre herstellen zu können und somit unabhängig von der Privatindustrie und namentlich vom Auslande zu bleiben, was bei der Wahl des Stahls als Rohrmaterial nicht der Fall gewesen wäre. Es gelang auch, die schwereren Rohre der Belagerungsartillerie in derselben Weise kriegsbrauchbar herzustellen. Andre Staaten, wie z. B. das Deutsche Reich, Italien, Rußland, Spanien, nahmen für ihre bronzenen Rohre dasselbe Verfahren an. Im Deutschen Reiche wird jetzt das gesamte Material der Belagerungs- und Festungsartillerie auf diesem Wege erzeugt; man nennt diese Bronze hier Hartbronze.

Die Anfertigung der Rohre erfordert sehr geschickte Arbeiter. Bronzene sowie gußeiserne Rohre werden durch den Guß hergestellt und unterschied man bisher Lehm- und Sandformerei. Im ersteren Falle wird die erforderliche Form über ein aus Lehm hergestelltes Modell gleichfalls aus Lehm geformt und dann gebrannt, bei letzterer aber wird sie über ein metallenes, in einzelne Teile zerlegbares Modell in gußeisernen Kästen mit Sand geformt. Die letztere Art der Formerei hat sich aus einer zur Zeit der französischen Revolution versuchten Schnellformerei nach und nach entwickelt. Man hat bei letzterem Verfahren nicht nötig, für jedes einzelne Rohr auch derselben Gattung stets ein Modell aus Lehm zu bilden, welches nach Fertigung der Form verloren ist. Das Metall (Gußeisen oder Bronze) zu einem großen oder mehreren kleinen Geschützen befindet sich in einem oder zwei gekuppelten Flammöfen, und sämtliche in der Dammgrube vor diesen Öfen stehende Formen werden aus einem Flusse daraus vollgegossen. Gußeiserne Rohre gießt man heutzutage vielfach nach dem Vorgange des Amerikaners Rodman über einen hohlen Kern. Zweck ist, durch Einleitung von Wasser oder feuchter Luft die Abkühlung auch von innen zu bewirken und dadurch eine gleichmäßige Spannung der Rohrwände zu erzeugen, weil erfahrungsgemäß die ungleichartige Beschaffenheit der Seelenwände, im Vergleich zu derjenigen der an der Form abgekühlten Außenflächen bei den aus dem Vollen ausgebohrten Rohren, namentlich bei schweren Kalibern, leicht Veranlassung zum Springen wird. Die neuere Art des Gusses von Bronzerohren wendet, wie oben erwähnt, den Hartguß in gußeisernen Formen und den Guß über einen massiven Kern an. — Bevor man den Gußstahl kannte, hatte man mit Schmiedeeisen als Rohrmaterial Versuche gemacht, aber ohne Erfolg, da ein gleichmäßiges Zusammenschweißen und Durchschmieden großer Stücke, wie sie zu Rohrkörpern erforderlich, nicht gelingen wollte. Dem englischen Zivilingenieur Sir Robert Armstrong gelang es in den fünfziger Jahren, schmiedeeiserne Rohre aus einzelnen kürzeren und längeren Hohlcylindern, welche durch das spiralförmige Aufrollen und Zusammenschweißen von Eisenstäben erzeugt wurden, herzustellen. Diese Cylinder wurden Coils genannt, und aus solchen Coils setzt nun England alle seine Rohre zusammen. Für die Herstellung der eigentlichen Seele wählt man aber in neuerer Zeit Rohre aus Stahl, welche gegossen, durchgeschmiedet und dann gebohrt sind, weil die Schweißnähte in den Seelenwänden doch zu Rissen Veranlassung geben. Die große Zahl der Coils dieses nach Armstrong „aufgebauten" (built up) Rohres veranlaßte den Obersten Fraser, die Rohre aus einer geringeren Anzahl von Coils, und zwar, außer der A-Röhre von Stahl und der eisernen Schlußschraube, nur aus einer B-Röhre und einem Bodenstück (breech-coil) oder, wie der Engländer sagt, aus „Jacke und Hose" herzustellen. Von dieser Konstruktion gibt uns Fig. 92 ein Bild. Die einzelnen Gänge oder Coils sind mit Buchstaben bezeichnet: das Rohr, welches die Seele bildet, hat A. Schwerere Rohre werden je nach Bedarf mit Jacke, Weste und Hose bekleidet. Diese Konstruktion, welche uns Fig. 93 darstellt, stammt aus dem Jahre 1867 und ist jetzt veraltet. — Eine andre Art der Konstruktion, und zwar eigentlich die umgekehrte Manier des oben erwähnten Bereifens gußeiserner Kanonen, ist die von Palliser vorgeschlagene. Die von ihm angefertigte neunzöllige (22,8 cm) Kanone bestand aus schmiedeiserner Seele und darüber gegossenem gußeisernen Mantel. Sie wurde in England geprüft, ist zwar bewährt gefunden, aber nicht eingeführt worden.

Bei der Herstellung der Geschützrohre aus gewöhnlichem Stahl würde sich keine genügende Gleichmäßigkeit des Materials erzielen lassen. Letzteres wird daher zunächst in flüssigen Zustand gebracht. Besonders ausgewähltes Gußeisen wird durch Puddeln in Rohstahl und in Schmiedeeisen von ganz bestimmtem Kohlenstoffgehalt übergeführt, dann in Stangen ausgewalzt und in kurze Stückchen zerschlagen, bez. zerschnitten. Dieses Material kommt in die Schmelztiegel, nachdem vorher das Verhältnis des Stahls und Schmiedeeisens genau berechnet worden ist. In jeden Tiegel kommen 14,40 kg Material. Die Tiegel sind aus besonderem Material gefertigt, welches der Hitze von ca. 2000° widersteht. Die luftdicht verschlossenen Tiegel kommen in die Stahlschmelzöfen, und es wird, nachdem der geflossene Zustand erreicht ist, eine entsprechende Zahl

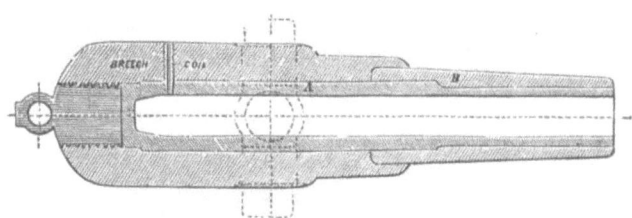

Fig. 92. Neunzöllige englische Vorderladungskanone.

mit ihrem Inhalt in eine Form von Gußeisen entleert, wozu große Umsicht erforderlich ist. Bei Güssen von 60 000 kg Gewicht sind hierbei nicht weniger als 1200 Menschen beschäftigt, welche 1500 Tiegel nach und nach zur Gußstelle bringen müssen. Aus den Güssen werden die verschiedenen Teile zu Kanonen geschmiedet; diese Bearbeitung verbessert das Material und gibt demselben die nötige Form. Das Schmieden, mit welchem ein stetes Anwärmen verbunden ist, erfordert großartige Einrichtungen, Geschicklichkeit und Zeit. Nach demselben erfolgt die innere und äußere Bearbeitung der Rohre. Wie langwierig das Verfahren, ergibt sich daraus, daß z. B. eine 40cm=Kanone von 35 Kaliber Länge eine Arbeitszeit von zwei Jahren erfordert.

Man hatte anfänglich die Stahlrohre aus einem Stück hergestellt, begegnete aber dabei dem Nachteil, daß die äußeren Schichten des Metalls viel weniger an dem Widerstande gegen die ausdehnende Gewalt der Pulvergase teilnehmen als die inneren, daher nicht gehörig ausgenutzt werden. Es wurde daher ein ähnlicher Aufbau der Rohre aus konzentrischen Schichten gewählt, wie wir es bei Armstrong gesehen haben. Anfänglich legte man um die hintere Hälfte eines Kernrohrs eine oder mehrere Lagen von Ringen,

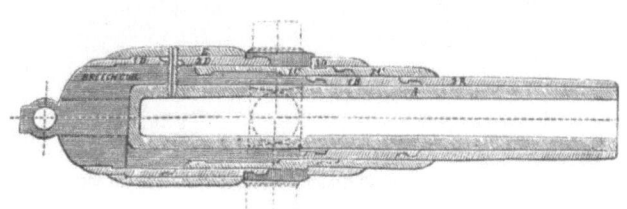

Fig. 93. Bekleidung der schweren Rohre mit Jacke, Weste und Hose.

welche, in warmem Zustande aufgebracht, beim Erkalten sich nicht nur hermetisch an das Kernrohr oder die inneren Ringe anlegen, sondern letztere noch zusammenpressen und denselben einen höheren Grad von Spannung verleihen, welche sie instand setzt, den Druck der Pulvergase unmittelbar auf die äußeren Schichten zu übertragen. Der Widerstand eines solchen Rohrs ist der doppelte bis dreifache eines Massivrohrs gleicher Stärke. Man nennt es ein Ringrohr. Bei neueren Konstruktionen, den sogenannten Mantelrohren, reicht das Kernrohr nur bis zum hinteren Ende der Seele und ist in einen sogenannten Mantel gesteckt, welcher zugleich das Verschlußstück bildet. Bei schweren Rohren werden um den Mantel noch Ringe gelegt und entsteht so das Mantelringrohr. Nur auf diesem Wege des künstlichen Aufbaues oder der künstlichen Metallkonstruktion ist es möglich, die neueren Riesengeschütze herzustellen.

Der angewandte Stahl heißt Tiegelstahl und kann an Güte durch Bessemer= oder Martinstahl nicht erreicht werden. Als Beispiel hiervon geben wir hier die Anfertigung des bekannten Tausendpfünders, der 1867 auf der Pariser Ausstellung den großen Preis erhielt. Geschütz und Lafette sind aus Tiegelgußstahl gefertigt. Die Kanone besteht aus einem inneren Rohr und darauf warm aufgezogenen Gußstahlringen. Das innere Rohr wiegt für sich ca. 20000 kg und ist aus einem massiv gegossenen Gußstahlblock von ca. 42000 kg mittels Ausschmiedens unter einem Tausendzentnerhammer hergestellt worden. Der Gewichtsverlust ist durch abfallendes Kopf= oder Eingußende, durch Schmieden, Drehen und Ausbohren herbeigeführt. Die aufgezogenen Gußstahlringe, an der Pulverkammer eine dreifache, an der Mündung eine zweifache Lage bildend, wiegen zusammen 30000 kg. Dieselben sind aus massiven Blöcken ohne Schweißung durch Schmieden hergestellt. Der Verschluß ist der treffliche Kruppsche Keilverschluß für schwere Geschütze. Rohrgewicht mit Verschluß = 50000 kg, Kaliber 14 Zoll oder 35,56 cm, Zahl der Züge 40, mit steigendem Drall, Gewicht des massiven Langgeschosses 550 kg, der Granate von Gußstahl = etwa 500 kg (Geschoßkern = 382,5 kg, Bleimantel = 100 kg, Sprengladung = 8 kg), Geschützladung = 50—60 kg. Die Kanone liegt auf einer Stahllafette von etwa 15000 kg und mit dieser zusammen auf einem drehbaren (nicht abgebildeten) Rahmen von etwa 25000 kg.

Fig. 94. Krupps Riesenkanone (Tausendpfünder) mit Geschoßkern und Geschoßtrage.

Die nötigen Triebvorrichtungen (siehe die starken, am hinteren Ende des Rohrs emporstehenden Schraubenspindeln sowie die unten an diesen vorübergehende Horizontalwelle mit Schrauben ohne Ende) sind angebracht, um mit 1—2 Mann sowohl Elevation als Inklination und Drehung so rasch und leicht geben zu können, daß ein in größter Nähe mit größter Geschwindigkeit vorübereilendes Panzerschiff mit Sicherheit verfolgt werden kann. Preis des Rohrs allein 315000 Mark, mit Lafette und Rahmen 435000 Mark.

Die eben beschriebenen Manipulationen des Gießens, Schmiedens, Schweißens haben alle nur den rohen Rohrkörper dargestellt. Das Fertigmachen desselben erfordert nun noch große Arbeiten auf Dreh= und Bohrbänken sowie zur Herstellung der jetzt fast ausschließlich verwendeten gezogenen Rohre auch auf der Ziehbank. Zu allen diesen zum Teil sehr feinen Arbeiten bietet selbstverständlich die Industrie unsrer Zeit Maschinen, deren Thätigkeit nichts zu wünschen übrig läßt.

Wie der deutsche Krieg von 1866 die Herrschaft der Hinterladung bei den Handfeuerwaffen besiegelte, so entschied er auch das endgültige Ausscheiden der glatten Rohre aus der Feldartillerie. Selbst aus den Beständen der Festungsartillerie sind die glatten Geschütze

Die Anfertigung der Rohre. 83

so gut wie verschwunden. Amerika hat am längsten daran festgehalten und sogar noch in neuerer Zeit sehr schwere glatte Rohre, sogenannte smashers, konstruiert, welche mit ihren kolossalen Rundkugeln die Schiffspanzer nicht bloß durchbohren, sondern vollständig zerschmettern sollten.

Das Kaliber der gezogenen Geschütze bewegt sich bezüglich der Feldartillerie zwischen 8 und 10 cm, bezüglich der Belagerungs= u. s. w. Artillerie zwischen 8 und 28—30, ja bis 45 cm. Die Langgeschosse der Feldartillerie wiegen zwischen 5 und 7, ja 11 kg, die der Belagerungs= u. s. w. Artillerie bis zu 1000 kg mit Pulverladungen bis über 300 kg.

Die Versuche zur Darstellung gezogener Kanonen sind schon vor Jahrhunderten gemacht worden. Sie scheiterten an dem Mangel eines passenden Rohrmaterials und an dem niedrigen Standpunkte der Technik. Sie wurden auch schließlich nicht mit dem Ernste betrieben, zu dem endlich die in die Mitte unsres Jahrhunderts fallende allgemeine Einführung der gezogenen Handfeuerwaffen zwang, wenn die Artillerie ihr altes Übergewicht in Tragweite und Zerstörungsfähigkeit beibehalten wollte. Die Überlegenheit des Langgeschosses, welches mit relativ kleinem Querschnitt ein großes Gewicht zu verbinden gestattet und somit eine beharrlichere Überwindung des Luftwiderstandes und folglich größere Schußweiten sichert als die Rundkugel, kannte man bereits von den Handfeuerwaffen her. Ebenso hatte man bei diesen die bei allen gezogenen Rohren vorkommende, aus der Drehung um die Längenachse und der Lage des Geschoßschwerpunktes hinter der Mitte dieser Achse resultierende Abweichung des Geschosses nach der Seite kennen gelernt. Diese Abweichung, Derivation genannt, findet, da die Windung der Züge oder der Drall bei allen Rohren, mit Ausnahme einiger Konstruktionen der französischen Artillerie, für den hinter dem Rohre stehenden Beobachter von links nach rechts geht, auch nach rechts statt und wächst mit der Entfernung. Ihrem Einfluß auf die Trefffähigkeit wird durch die Visiereinrichtung Rechnung getragen.

Da das Prinzip der Expansion oder der Kompression, welches sich bei den Bleigeschossen der Handfeuerwaffen sowohl mit Vorder= als mit Hinterladung verbinden läßt, bei den starren Eisenprojektilen der Geschütze nicht anwendbar war, so mußte ein andres Mittel, das Geschoß in den Zügen zu führen, gefunden werden, und danach unterscheiden sich die Systeme der gezogenen Geschützrohre. La Hitte, Kommandant der Artillerieschule zu Lafère, ließ die alten bronzenen Vierpfünder aus Gribeauvals Zeit einfach mit sechs flachkantigen Zügen versehen und führte die in Fig. 95—97 dargestellten flaschenförmigen Hohlgeschosse, Granaten, mittels 12 Zapfen (ailettes) aus Zink, die, in zwei Reihen um den Geschoßmantel sitzend, zu je zwei in einen Zug paßten. Dieser Art waren die Ge=

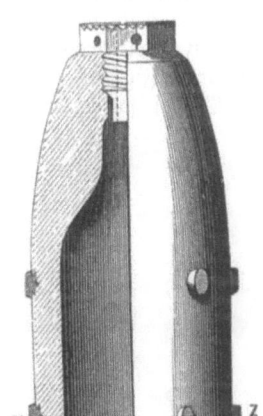
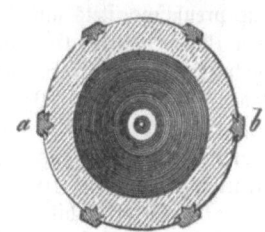

Fig. 95—97.
Granate für die französische gezogene Kanone. Zünder, Längendurchschnitt und Querdurchschnitt.

schütze, mit welchen Napoleon III. auf den Schlachtfeldern Italiens 1859 debütierte und somit das gezogene Geschütz zum erstenmal in der Feldschlacht verwendete. Die Österreicher, am meisten betroffen von dieser neuen Artillerie, folgten alsbald mit einfacher Nachahmung des Systems La Hitte, ebenso fast alle romanischen Staaten. Preußen, schon längere Zeit mit Versuchen zur Konstruktion gezogener Rohre beschäftigt, entging es nicht, wie die schlotterige Führung mittels der Zapfen einmal die Trefffähigkeit des Geschosses beeinträchtigte und sodann die weichen Bronzerohre erheblich beschädigte. Man wendete deshalb Rohre von Gußstahl an, führte die Hinterladung ein und preßte so ein mit einem Bleimantel umgebenes Langgeschoß durch die mit einer großen Anzahl scharfkantiger Züge versehene Seele. Der Erfolg krönte das Werk. Das preußische Hinterladungsgeschütz ist an Tragweite und Treffsicherheit von keinem Modell überboten worden und hat 1870/71

11*

das System La Hitte, mit welchem die Franzosen ausgerüstet waren, vollständig geschlagen. Dem preußischen ähnlich war das englische Hinterladungsgeschütz von Armstrong mit einer nicht glücklich gewählten Verschiedenheit im Verschluß. Um den mit der Vorderladung verbundenen, nicht zu verkennenden Vorteil einer einfacheren Rohrkonstruktion nicht zu verlieren und doch den dabei unvermeidlichen Spielraum auf ein geringes Maß zu beschränken, kam man in Österreich, unter Aufgebung des Systems La Hitte, nach dem Vorschlage des Generals von Lenk auf das Prinzip der Keilbohrung. Diesem Prinzip liegt die Idee zu Grunde, den so vielfach schädlichen Spielraum, da er bei der Vorderladung nicht ganz zu verbannen ist, wenigstens auf bestimmte Stellen zu beschränken. Demgemäß hat der Querschnitt der Lenkschen Bohrung die Gestalt eines Kreises, um welchen verschiedene Dreiecke so gelegt sind, daß die Peripherie der Bohrung, sich stetig erweiternd, jedesmal mit einem scharfen, durch die Basis des Dreiecks gebildeten Absatz (den Keilabsatz) wieder in die Kreislinie zurückkehrt. Der Querschnitt des Geschosses ist natürlich der Bohrung entsprechend und dessen äußere Fläche wird durch einen Zinnmantel gebildet. Nachdem das Geschoß, auf den Keilabsätzen schleifend (Fig. 98), den Boden der Seele erreicht hat, wird es mittels des Laders gedreht, so daß es fest an die gekrümmten Stellen der Rohrwände anschließt und der ganze Spielraum auf die Stellen zwischen Keilabsätzen des Geschosses und des Rohrs verteilt ist (Fig. 99) und während der Bewegung des Geschosses nach vorwärts so verbleibt, das Geschoß somit zentral in der Seele sich bewegt. Man pflegt solche Züge, deren sechs bis acht sind, als Bogenzüge zu bezeichnen.

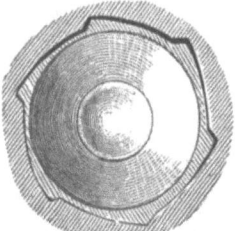 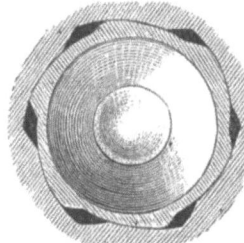

Fig. 98. Geschoß der österreichischen Geschütze in der Mündung.   Fig. 99. am Boden des Rohrs.

Die vorstehend beschriebenen Systeme, das System La Hitte, das preußische System und das Lenksche oder österreichische System, bilden die Haupttypen, nach welchen die Geschützrohre gezogen werden. La Hitte finden wir fast ausschließlich bei Vorderladern. Das österreichische System der Bogenzüge ist nirgends nachgeahmt und seit 1875 in Österreich selbst zu gunsten der Hinterladung wieder aufgegeben worden, während das preußische, stets mit Hinterladung verbundene System, mit seiner durch die große Zahl von Zügen und den Geschoßmantel von schmiegsamem Metall gesicherten Führung nach und nach überall zur Einführung gelangt ist und auch die französischen und englischen Vorderlader verdrängt hat. Bevor wir uns zu der Beschreibung des preußischen Hinterladungssystems wenden, müssen wir noch die Lafetten betrachten, um dann nach Erledigung aller Hauptteile des Geschützes das genannte System und die aus ihm hervorgegangenen Konstruktionen näher im Zusammenhange beleuchten zu können.

Die Lafetten bilden die Schießgestelle für alle Rohre, zugleich auch die Transportmittel für die Rohre der Feldartillerie. Nach ihrer Konstruktion richtet sich mehr oder weniger die der Armeefahrzeuge aller Art.

Schon La Vallière und Gribeauval hatten in das Chaos von Fuhrwerken einer damaligen Armee einiges System zu bringen gesucht. Die Lafetten, welche von Gribeauval und nach ihm für die Feldartillerie konstruiert wurden, bestanden im wesentlichen aus zwei auf der hohen Kante stehenden starken Bohlen mit nach hinten divergierender, später paralleler Spannung, welche die Zapfen des Rohrs in zwei halbrunden Ausschnitten, den Zapfenlagern, aufnahmen und so eine Bewegung desselben um diese Zapfenachse aufwärts und abwärts, zum Zwecke der Richtung auf das Ziel, gestatteten. Die Richtmaschine, anfangs ein einfacher Keil, welcher unter das Bodenstück geschoben wurde, verwandelte sich nach und nach in einen mit horizontaler Schraube bewegten Keil und ging schließlich in die später fast allgemein gebräuchliche, aufrecht stehende Richtschraube über, deren Kopf das Rohr trägt, entweder unmittelbar oder unter Vermittelung einer sogenannten Richtsohle von Eisen oder Holz. Der General Congrève, derselbe, welcher auch die Kriegsraketen nach Europa brachte, konstruierte nach mehreren Versuchen, die Mängel der alten Lafette zu

Die Lafetten.

beseitigen, die sogenannte Blocklafette, deren Gestalt wir an mehreren Illustrationen des gegenwärtigen Abschnitts, z. B. an der aus Eisenblech konstruierten Schweizer Feldlafette Fig. 101, sehen. Die beiden Wände wurden so weit verkürzt, daß sie, eben nur zum Tragen des Rohrs bestimmt, bis an das Ende des Bodenstücks reichten. Ein zwischen ihnen eingefügter starker Block von Eichenholz, aus einem Stücke oder auch aus zwei fest aneinander geschraubten Bohlenstücken bestehend, bildet den Lafettenschwanz und trägt an seinem Ende einen großen eisernen Ring, mit welchem er in den starken eisernen, an der Achse der Protze befestigten Haken eingehängt wird. Der englische Major Millar schlug 1806 einen nach diesem System gebauten vierrädrigen Munitionswagen sowie nur eine Räder= und Achsengattung für die gesamte Feldartillerie vor. Die englische Artillerie führte das nach solchen Grundsätzen gebaute Material in den Jahren 1808—13 mit gutem Erfolge in Spanien. Die nach Congrève und Millar gebauten Fuhrwerke fanden infolge ihrer hohen Vorzüge bald so vielfache Nachahmung, daß von 1825 an fast alle Staaten sie einführten oder wenigstens ihre Wandlafetten oder Munitionswagen den Hauptgrundsätzen dieses Systems entsprechend abänderten. Österreich, Preußen und Bayern gehören zu den letzteren. In Preußen wurde 1842 ein neues sehr bewegliches Feldartilleriematerial geschaffen, welches durch eine einheitliche Konstruktion der Lafetten und Batteriefahrzeuge ausgezeichnet war. In Bayern ward 1836 ein aus Vorschlägen des Zeughausdirektors, späteren Feldzeugmeisters, Freiherrn v. Zoller hervorgegangenes Lafettensystem eingeführt, welches sich durch eine besonders stetige und nach Bedarf demnach hinreichend bewegliche Verbindung von Lafette und Protze kennzeichnete (herzförmiges Protzloch).

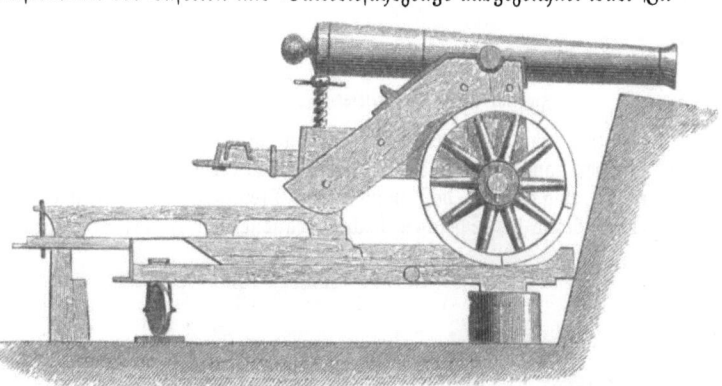

Fig. 100. Lielsche Lafette auf hohem Rahmen.

Frankreich, Holland und die meisten süddeutschen Staaten nahmen das Blocksystem mit unwesentlichen Veränderungen an.

Bei den Lafetten für die schwere (Belagerungs=, Festungs=, Marine= und Küsten=) Artillerie machte sich nach und nach ebenfalls ein Streben nach größerer Beweglichkeit und namentlich nach Verwendbarkeit sowohl auf verschiedenen Aufstellungspunkten, auf dem Wall, in Kasematten, als auch für verschiedene Rohre geltend. Diesen Anforderungen genügte die von dem bayrischen Artillerieoberstleutnant und nachmaligen Kriegsminister von Liel um das Jahr 1836 konstruierte Lafette. Sie hatte wesentlich die Gestalt der in Frankreich bestehenden affût à sauterelle (so genannt von ihrem hüpfenden Rücklauf) und gestattete, durch Anstecken verschieden hoher Räder, Anbringen oder Wegnehmen von Unterlagen des Rahmens u. s. w., ihren Gebrauch auf dem Walle und in der Kasematte.

Die stete Kriegsbereitschaft der heutigen Staaten erfordert ein stets fertiges und deshalb aufbewahrungsfähiges Material. Unsre Industrie in Eisen ist aber so weit vorgeschritten, daß sie vor den schwierigsten Anforderungen, welche hinsichtlich Konstruktion von Kriegsmitteln an sie gestellt werden, nicht mehr zurückschreckt. So kommt es, daß man heutzutage in der Lage ist, das wenig aufbewahrungsfähige Holz durch das in dieser Beziehung unübertroffen dastehende Eisen zu ersetzen. Man verwendet Eisenblech, Stahlblech, Walzeisen. Endgültig eingeführt sind eiserne Feldlafetten in allen europäischen Staaten. Als Typen der wichtigsten Feldlafettenkonstruktionen und zugleich als Typen der bestehenden Eisenfeldlafetten geben wir in Fig. 101 die Schweizer Feldlafette von Eisenblech mit den Umrissen der Blocklafette und in Fig. 102 eine in Paris ausgestellt gewesene Wandfeldlafette von Eisenblech, von Krupp konstruiert. Diese Lafette enthält außerdem die Achssitze, welche nebst der Protze, und in gleicher Weise wie der an Fig. 101 sichtbare Auftritt a an der

86 Geschützwesen, blanke Waffen und Stahlwerkzeuge.

Achse der Schweizerlafette, zum Transportieren der Bedienungsmannschaften dienen. Solche oder ähnliche Einrichtungen finden sich an fast allen heutigen Feldlafetten. Sie tragen wesentlich zur größeren Schnelligkeit der Batterien bei.

Fig. 101. Schweizer Feldlafette von Eisenblech zum Transport von Mannschaft.

Außer den Achssitzen sehen wir an unsrer Fig. 102 auch das in der preußischen und jetzt in der ganzen deutschen Artillerie eingeführte Thonetrad, ein Rad mit metallener Nabe a und so eingerichtet, daß man durch Trennung der aus zwei Scheiben mit Röhre bestehenden Nabe die Speichen leicht herausnehmen kann, ohne den Radkranz zu zerstören.

Fig. 102. Krupps Lafette für Feldgeschütz.

Außerdem, und das ist der Hauptvorteil, hat die metallene Nabe eine weit größere Aufbewahrungsfähigkeit und Witterungsbeständigkeit als die dicke hölzerne der älteren Konstruktionen.

In der schweren Artillerie waren eiserne Lafetten schon früher eingeführt. Preußen hatte deren bereits seit 1831 aus Gußeisen zum Gebrauche für Mörser eingestellt. In den

Jahren 1848—49 folgte die Einführung schmiedeeiserner Rahmenlafetten für Festungs=
artillerie, deren Gestalt uns Fig. 103 zeigt. Es würde zu weit führen, die mannigfaltigen
Lafettengestalten der schweren Artillerie alle aufzuführen und zu illustrieren. Wir geben
auch deshalb hier nur Typen einzelner Konstruktionen, und zwar zunächst die Lafetten für
Minimalscharten. Die vermehrte Anwendung des Eisens als Bekleidungsmittel von
Schiffen und bei fortifikatorischen Anlagen aller Art, verbunden mit der großen Trefffähig=
keit der gezogenen Geschütze, gestattet nicht mehr
eine so große Schartenöffnung, wie sie die seit=
herige Art und Weise, das Rohr beim Richten
um die feststehende Schildzapfenachse auf=
oder abwärts zu drehen, erforderlich macht.
Man wendet jetzt eine möglichst kleine Scharten=
öffnung, eine Klein= oder Minimalscharte,
an, und deshalb muß bei dem Richten der Kopf
des Rohrs, die Mündung, auf einer und derselben
Stelle bleiben und somit den Drehpunkt bilden,
während die Schildzapfen und das Hinterteil des
Rohrs gehoben oder gesenkt werden können.
Auf diese Brauchbarkeit für Minimalscharten,
in welche nicht mehr der ganze vordere Teil
des Rohrs, sondern nur der Kopf hinreinreicht, richtet sich die neuere Lafettenkonstruktion.

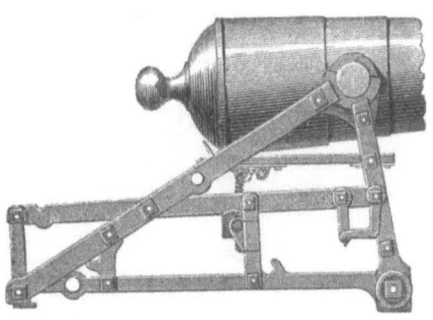

Fig. 103.
Schmiedeiserne Rahmenlafette mit Bombenkanone.

Fig. 104 zeigt uns die aus Blech und T=Eisen erbaute Lafette des Majors Schumann,
eine der ersten, welche den erwähnten Anforderungen entsprach. Die Bewegung der Schild=
zapfen auf= und abwärts wird durch die starke, im Schlitz der Wände sichtbare Schraube
bewirkt, deren Mutter ihrerseits durch einen mit dem großen Kurbelrad in Verbindung
stehenden Schneckentrieb gedreht wird.

Fig. 104. Schumannsche Lafette für Minimalscharte.

Gleichzeitig muß das Bodenstück des Rohrs durch die darunter sichtbare Richtschraube in
Bewegung gesetzt werden. Die Schwenkung des Rahmens nach der erforderlichen Seiten=
richtung geschieht hier, wie bei allen schweren Lafetten der Neuzeit, nicht mehr durch ein
schwerfälliges Wuchten mit Hebebäumen, sondern durch ineinander greifende Kammräder,
welche der auf dem Rahmen stehende Kanonier mittels des in seiner Hand befindlichen Kurbel=
rades in Bewegung setzt. Die in Fig. 105 abgebildete Lafette ist aus Eisenhartguß von Gruson

in Buckau bei Magdeburg hergestellt. Sie beruht auf demselben Prinzip wie die Schumannsche Lafette, bewegt aber das Rohr mittels einer kleinen an der Seitenwand der Lafette sichtbaren Pumpe durch hydrostatischen Druck. Eine neuere Konstruktion dieser Art von Gruson, welche im Deutschen Reiche und in Italien eingeführt ist, zeigt Fig. 106. Die Schildzapfen des Rohrs ruhen in zwei Lagern, welche in zwei an den eisernen Lafettenwänden angebrachten kreisförmigen Bahnen gleiten und vermittelst einer Traverse durch einen hydraulischen Kolben gehoben werden.

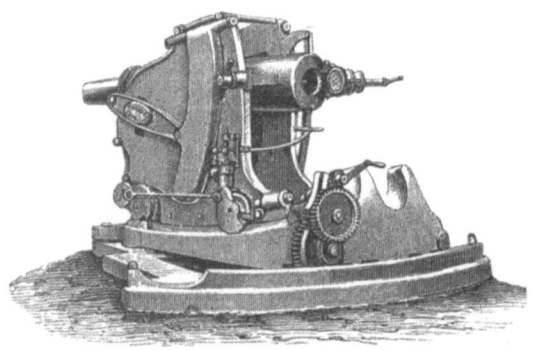

Fig. 105. Grusonsche Lafette für Minimalscharte.

Die Veränderung der Elevation wird dadurch bewirkt, daß die Flüssigkeit (Glycerin) entweder in den hydraulischen Cylinder hineingepumpt oder aus demselben abgelassen wird. Die Oberlafette gleitet beim Rücklauf auf der ansteigenden Bahn eines Rahmens und wird durch eine hydraulische Bremse gehemmt. Von letzterer sehen wir den mit Glycerin gefüllten Cylinder an der Seite des Rahmens; aus dem Cylinder tritt die an der Oberlafette befestigte Kolbenstange hervor (s. weiter unten bei Fig. 108).

Der hydraulische Druck in dem Hubcylinder wird bei der Lafette c/80 nicht mehr durch eine Handpumpe, sondern durch einen Akkumulator hervorgebracht. Letzterer besteht aus einem ziemlich langen eisernen Cylinder mit Stempel, welch letzterer mit schweren Gewichten belastet ist. Der Stempel wird durch Einpressen von Flüssigkeit in den Cylinder gehoben.

Fig. 106. Grusons neueste Minimalschartenlafette c/80 in Elevationsstellung.

Indem nun der Cylinder des Akkumulators mit dem Hubcylinder der Lafette in Verbindung steht, wird durch den Druck der gehobenen Gewichte der am Rohrträger befestigte Kolben und damit das Geschützrohr gehoben, sobald die Verbindung durch Umdrehen eines Hahnes hergestellt ist. Besonders tritt die Verbesserung der Lafette c/80 beim Senken des Rohrs hervor, indem das Rohrgewicht benutzt wird, um die Akkumulatorstempel nebst Gewicht in die Höhe zu treiben, wodurch beim Pumpen bedeutende Kraft erspart wird. Die Rohre werden bei der neuen Einrichtung ungefähr zehnmal so schnell gehoben als durch Handpumpen, was im Ernstfalle von großer Wichtigkeit ist. Besonders vorteilhaft ist auch der neue Führungsmechanismus, welcher gegenüber den älteren Konstruktionen eine abermalige Verkleinerung der Scharte gestattet.

Als Beispiel einer der neueren Schiffslafetten ist die Brookwelllafette anzuführen. Der Kampf mit Panzerschiffen zwingt zu großen Ladungen. Diese verlangen bedeutend erhöhte Widerstandsfähigkeit vom eignen Material, daher sind neue Lafettenarten zu konstruieren, wenn man die Widerstandsfähigkeit nicht lediglich im Gewichte herstellen will. Die sogenannte Brookwelllafette, welche 1870/71 festgestellt wurde und in der Fabrik von A. Wagenknecht für die deutsche Marine für 12= und 15cm=Kanonen gebaut wird, und deren Abbildung wir in Fig. 107 geben, besteht aus zwei eisernen, fest untereinander verbundenen Wänden, welche in den Schildzapfenpfannen b das Rohr, durch die Richtmaschine e auf= und abwärts beweglich und also elevationsfähig, tragen. Die Lafette ist behufs Seitenrichtung um den Bolzen h beweglich. Das Tau, welches den Rücklauf hemmen soll, geht um eine starke Trommel t, welche mittels eines an der linken Seite befindlichen Hebels mehr oder weniger leicht gehend gestellt werden kann. Das Wiedervorbringen erfolgt, indem man mittels eines Vorgeleges die Trommel in umgekehrter Richtung dreht und so das Tau wieder aufwickelt.

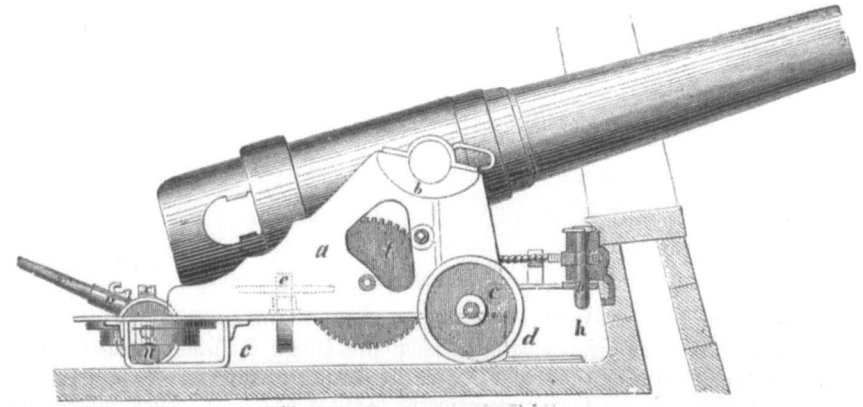

Fig. 107. Die Brookwelllafette.

Während des Schießens ruht die Lafette auf den Schleifbügeln c und d. Ein einfacher Druck auf einen Hebel legt die Achsen der Blockräder e und u so an, daß die Lafette wiederum auf den beiden vorderen und dem hinteren, der Lenkbarkeit wegen auch horizontal drehbaren Rade ruht. Jede Stückpforte mit Pivotvorrichtung kann die Lafette gebrauchen. Der Name Brookwelllafette kommt von Brook (Hemmtau).

Fig. 108. Kruppsche 17cm=Kanone von 30 Kaliber Länge in Oberdecklafette.

Wenn diese Lafetten nun auch den Vorzug der Einfachheit, der Billigkeit, geringen Raumbedarfs beim Nichtgebrauch des Geschützes und leichten Pfortenwechsels haben, so würden sie sich doch für schwerere Geschütze nicht eignen, da das größere Gewicht die Beherrschung ihrer Bewegungen beim Schlingern des Schiffs zu sehr erschwert. Deshalb kommen in der deutschen Marine vom 17cm Kaliber aufwärts ausschließlich und auch für geringere Kaliber vielfach die Rahmenlafetten zu Anwendung, die Küstenartillerie bedient sich aber nur solcher. Wir geben als Beispiel in Fig. 108 eine derartige von Krupp gebaute Oberdecklafette, in welcher eine 30 Kaliber lange 17cm=Kanone ruht. Der Rahmen bildet eine nach hinten ansteigende Fahrbahn für die eigentliche Lafette und ist vermittelst der vorderen Pivotklappe um einen auf Deck angebrachten Pivotbolzen drehbar.

Die seitliche Drehung des Rahmens, welche sich auf Lafette und Rohr überträgt, wird durch zwei Paar Rollräder unterstützt. Eine hydraulische Bremse hemmt den Rücklauf in einer sowohl das Geschütz als das Schiff schonenden Weise. Von derselben sehen wir nur den am vorderen Ende des Rahmens angebrachten, mit Glycerin gefüllten Bremscylinder, in welchem ein mit Längenkanälen versehener und durch eine Stange mit der Lafette in Verbindung befindlicher Kolben vor- und rückwärts beweglich ist. Beim Rücklauf des Geschützes wird der Kolben mit nach rückwärts genommen und hat die hemmende Gegenwirkung der Flüssigkeit zu überwinden, die bei der bedeutenden Rücklaufsgeschwindigkeit eine erhebliche ist. Die Lafette hat ein Zahnbogenrichtwerk, mittels dessen unter Benutzung des an der rechten Seite der Lafette angebrachten Greifrades dem Rohre die erforderliche Höhenrichtung gegeben wird. Die Bedienung wird durch die Rahmlafetten außerordentlich erleichtert und würde ohne solche die Anwendung der schweren Rohre, wie sie jetzt die Schiffs- und Küstenartillerie führen muß, ganz undenkbar sein. Zu ganz besonderen Zwecken, wie z. B. zum Schießen aus der Höhe in die Tiefe, wie es bei Festungswerken vorkommt, welche an steilen Felsabhängen lie-

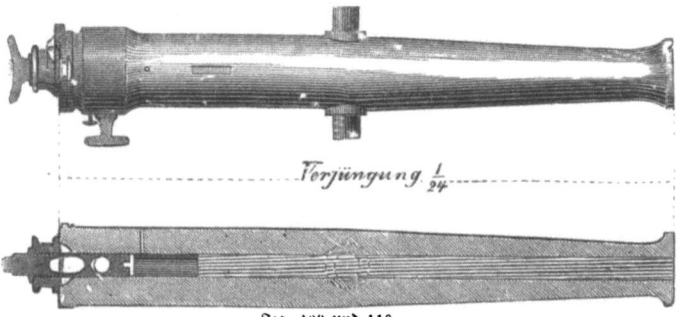

Fig. 109 und 110. Preußisches 9cm-Gußstahlrohr c/61 mit Kolbenverschluß von oben und im Durchschnitt.

gen, besitzt man besondere Lafettenkonstruktionen, deren Aufführung uns zu weit führen würde.

Geschütze. Das erste gezogene Geschütz preußischen Systems, welches als Resultat der oben (S. 83) erwähnten Versuche in die Artillerie eingestellt wurde, war ein 9cm-Rohr mit Kolbenverschluß, der sogenannte gezogene Sechspfünder c/61, dessen äußere und innere Einrichtung uns Fig. 109 und 110 veranschaulichen, und dessen Beschreibung wir etwas näher geben, weil alle andern gezogenen Hinterladungsgeschütze der Jetztzeit wesentlich auf den Erfahrungen mit diesem Geschützrohre und seinen Geschossen basieren. Das Rohr aus Gußstahl und in Krupps Werken erzeugt ist von hinten nach vorn ganz durchbohrt; der vordere, engere cylindrische Teil dieses Hohlraums, die eigentliche Seele, ist mit 18 Zügen versehen, welche durchweg die doppelte Breite der Felder besitzen, Parallelzüge, und auf etwa 5 m einen ganzen Umgang beschreiben würden. Der hintere, etwas erweiterte Teil der Seele bildet den sogenannten Ladungsraum, welcher zur Aufnahme des Geschosses, der Pulverladung und

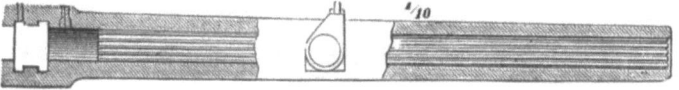

Fig. 111. Preußisches 8cm-Gußstahlrohr mit Keilverschluß c/64.

des Preßspanbodens bestimmt ist. Die von dem preußischen General von Neumann hergestellte Verschlußvorrichtung ist eine Verbesserung der von dem schwedischen Freiherrn von Wahrendorff erfundenen Konstruktion. Der von hinten eingeschobene schmiedeiserne Verschlußkolben besteht aus einem massiven cylindrischen Kopf mit Stahlansatz, welcher den Boden der Seele bildet, und aus dem doppelt durchbrochenen Kolbenhals, durch dessen vordere Öffnung ein starker gußstählerner Quercylinder geschoben wird. Das Rohr ist nämlich hinterm Ladungsraum quer durchbohrt, um diesen an einer kurzen Kette befestigten Cylinder aufzunehmen. Die durch ein Scharnier mit dem Rohre verbundene bronzene Verschlußthür dient zur Führung des Kolbens, dessen Hals durch einen Schlitz der Verschlußthür vor- und zurückgeschoben werden kann. Der Kolbenhals endigt in eine Schraube, auf der sich eine zweiarmige Kurbel bewegt, durch deren Anziehen der Kolben sich fest gegen den Quercylinder und dieser an die Wandung des Querlochs anlegt.

Das leichte Feldkaliber wurde durch ein 8cm-Rohr aus Gußstahl mit Keilverschluß, dessen Konstruktion uns Fig. 110 und Fig. 111 vor Augen führen, repräsentiert. Das Rohr hat zwölf Züge, Keilzüge genannt, weil sie von hinten bis zur Mündung an Breite abnehmen, während es bei den Feldern umgekehrt ist, um dem Geschoß den Eintritt in den gezogenen Teil zu erleichtern. Die Züge machen auf $3{,}75$ m einen ganzen Umgang.

Der Keilverschluß dieses Rohrs bestand meistens aus zwei, mit ihren schiefen Flächen aneinander liegenden Keilen, welche zusammen einen prismatischen Querriegel bilden, der gerade wie der Quercylinder des Kolbenverschlusses von der Seite eingeschoben wird und den hinteren Abschluß des ganz durchbohrten Rohrs bildet.

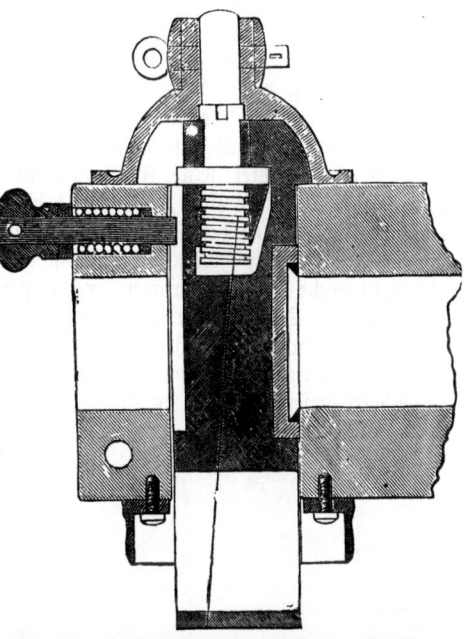

Ein Hemmnis für die Bedienung der Hinterladungsrohre bildeten anfangs die nach rückwärts entweichenden Pulvergase und Pulverrückstände, indem sie den Verschlußapparat beschmutzten, seine Gangbarkeit beeinträchtigten und selbst die Bedienungsmannschaften gefährdeten. Man hat diesem Übelstande durch verschiedene Einrichtungen, unter anderm durch Ringe von Kupfer oder Stahl, welche sich infolge des Gasdrucks expandieren und die Fugen des Apparates verschließen, abgeholfen. Dieser Abschluß wird mit dem Namen Liderung, welcher der Maschinentechnik entlehnt ist, bezeichnet. Bei dem Keilverschlusse besteht die Kupferliderung, in neuerer Zeit auch die Stahlliderung, nach ihrem Erfinder auch Broadwellliderung benannt. Die Liderung beim Kolbenverschluß wird durch den sogenannten Preßspanboden hergestellt. Es ist dies eine Scheibe aus starker Hanf- und Lederpappe mit tellerförmig umgebogenem Rande. Das Ganze hat die Gestalt eines Flaschenbodens, wird hinter der Patrone eingesetzt oder ist auch durch Leim fest mit ihr verbunden.

Fig. 112. Doppelkeilverschluß preußischer 8cm-Geschütze.

Fig. 113. Stahlfeldgeschütz der deutschen Armee seit 1873 nebst dazu gehörigem Keilverschluß.

Durch den Stoß der Explosion weitet sich dieser Preßspanboden aus und schließt den Spielraum am Kopfe des Verschlußkolbens vollständig ab. Die eben beschriebenen Feldgeschütze führte die deutsche Artillerie während des ganzen Feldzugs von 1870/71. Trotz der guten Resultate, welche die Artillerie erreichte, strebte man dennoch nach Verbesserungen, namentlich nach Anwendung starker Ladungen zur Erlangung gestreckterer Geschoßbahnen. Das Ergebnis dieser Bestrebungen liegt in dem Feldgeschützrohr c/73 vor, dessen allgemeines Bild wir in Fig. 113 nebst zugehörigem Verschluß Fig. 114 darstellen. Nach dem Vorhergegangenen bedürfen wir nur weniger Worte, um die Konstruktion verständlich zu machen. Das Rohr ist aus Gußstahl und besteht aus einer ganz durchbohrten Röhre r mit Mantel m, welch letzterer das Verschlußstück bildet sowie die Schildzapfen z und das Korn v trägt. Am hinteren Teil sehen wir das Keilloch k, welches in seiner rückwärtigen ausgerundeten Anlehnungsfläche der Abneigung der

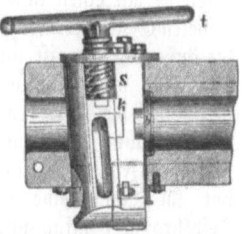

Fig. 114. Rundkeilverschluß.

Kohleneisenverbindungen gegen scharfe Kanten Rechnung trägt, dann den Ladungsraum, welcher die Munition aufnimmt und in den Pulverraum l und den Geschoßraum g zerfällt, endlich s den gezogenen Teil der Seele. Der Verschluß ist der Rundkeilverschluß mit Stahlliderung und besteht aus dem einfachen Rundkeil k (gebildet aus einem massiven Stahlkeil, von vorn prismatischer und hinten cylindrischer Gestalt). Der Doppelkeil wurde verlassen, weil er zu kompliziert ist und den großen Pulverladungen nicht widersteht. Der Rundkeil wird in das Keilloch von links nach rechts eingeschoben, und der Verschluß bildet sich durch einfache Drehung der Kurbel t, wodurch die Schraubengänge der Schraubenspindel s in eine entsprechende Mutter des Rohrkörpers eingreifen. Die Schraubengänge sind auf einer Seite abgeschnitten. Diese Seite liegt beim Einschieben oben, und es genügt demnach eine halbe Drehung, um sämtliche Gewinde sofort in die Muttergewinde eingreifen zu lassen. Den Gasabschluß bildet der Stahlring b, welcher bei der Explosion der Ladung durch die Gasspannung an die in die vordere Keilfläche eingelassene Stahlplatte und an die Wandung seines Lagers im Rohr sich fest anpreßt. Der Liderungsring der deutschen Feldgeschütze verrichtet seine Funktionen in ausgezeichneter Weise und hält eine große Schußzahl aus, ehe er einer Erneuerung bedarf. Dessenungeachtet gehen manche Ansichten dahin, ähnlich wie bei den Gewehren, auch bei den Geschützen Metallpatronen einzuführen und mit denselben die Zündung zu verbinden. Die Maschinenfabrik von Lorenz in Karlsruhe stellt solche Geschützpatronen her, die gerühmt werden. Selbstredend muß die Metallhülse nach den Schüssen entfernt werden, entweder mit der Hand oder mittels einer am Verschluß angebrachten selbstthätigen Ausziehvorrichtung. Die deutsche Artillerie besitzt von den oben beschriebenen Feldgeschützrohren zwei Kaliber, nämlich ein leichtes von 7,85 cm Seelendurchmesser und 390 kg Gewicht für alle reitenden Batterien, und ein schweres von 8,80 cm und 450 kg Gewicht für alle Feldbatterien, deren Mannschaften sämtlich gefahren werden. Durch die gleichmäßige Bewaffnung aller fahrenden Batterien ist ein bedeutender Schritt zur Vereinfachung des Materials und zur Verwirklichung der Idee eines Einheitsgeschützes für die gesamte Feldartillerie geschehen, auf Grund der Erfahrung, daß man im Kriege keinen Unterschied in der Verwendung leichter und schwerer Feldbatterien machte. Die Lafettierung der deutschen Feldartillerie ist von Stahlblech, hat die oben an Fig. 102 ersichtlichen Thonetträger, Achssitze und sonstige äußere Einrichtung, gleicht aber in den äußeren Umrissen der Schweizer=, nach dem Blocksystem konstruierten und in Fig. 101 abgebildeten Lafette. Die Protze ist zum Teil von Eisenblech und hat ebenso hohe Räder wie die Lafette. Verbindung

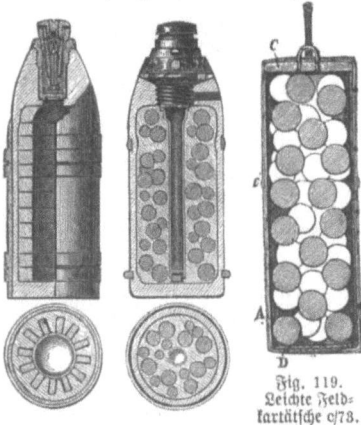

Fig. 115 u. 116.
Schwere Feld=
granate c/76.

Fig. 117 u. 118.
Leichtes Feld=
shrapnel c/83.

Fig. 119.
Leichte Feld=
kartätsche c/73.

von Lafette und Protze findet nicht mehr durch Protznagel und Protzblech, sondern durch Haken und Ring statt, wodurch das ganze System an Unabhängigkeit und Beweglichkeit im Terrain sowie an Einfachheit gegen früher gewonnen hat. Die Munition besteht in Granaten, Shrapnels und Büchsenkartätschen, letztere in geringer Zahl. Die Einrichtung der Geschosse zeigen die Fig. 115—119. Fig. 115 ist die Feldgranate, welche ihrer inneren Einrichtung nach auch als Ringgranate bezeichnet wird. Dieselbe hat einen inneren, aus übereinander gesetzten sternförmig ausgezackten Ringen gebildeten Geschoßkern, um welchen herum der äußere gegossen ist. Letzterer gibt dem Geschosse die äußere Form, ist mit dem zur Führung dienenden Mantel aus Hartblei versehen und nimmt in seiner Spitze den Perkussionszünder auf. Die Höhlung hat die Sprengladung, welche bei der schweren Feldgranate 280 g beträgt. Der Aufbau des Geschosses hat bei der Zerteilung desselben am Ziele die Erzeugung einer großen Anzahl von Sprengteilen im Gefolge. Fig. 117 zeigt das Feldshrapnel, welches eine dünne und einfache Geschoßwandung hat, im Innern eine große Zahl von Bleikugeln (160 beim leichten, 270 beim schweren Feldshrapnel) aufnimmt, die durch Schwefelenguß festgelegt sind, in einer Messingröhre eine kleine Sprengladung faßt, zur Führung an der Außenseite zwei Kupferringe und zur rechtzeitigen Zerteilung an der Spitze einen Zeitzünder birgt. Die in Fig. 119 abgebildete Feldkartätsche hat 76 Zinkkugeln in einer Büchse A von Weißblech (daran c Wulst) mit Zinkblecheinlage und zwei Schlußscheiben C D von Kupfer.

Bei dem Perkussionszünder, welcher in Fig. 120 abgebildet ist, ist das Beharrungsvermögen eines schweren Körpers in doppelter Weise ausgenutzt. Ein Schlagbolzen 1 ruht auf dem Boden eines Bolzenträgers h und auf einer Nadel n. Beim Abfeuern bleibt der= selbe vermöge seiner Trägheit zunächst stehen, die mit dem Geschoß vorgehende Nadel schießt sich in den Bolzen hinein, der die Arme des Bolzenträgers so weit ausreckt, bis der Boden der Bolzenkapsel e an den Schlagbolzen herangerückt ist; letzterer, nunmehr mit der Nadel vereinigt, verharrt so lange in seiner Lage, bis die Granate einen festen Widerstand trifft. Während letztere nun an Geschwindigkeit plötzlich einbüßt, bleibt diejenige des Bolzens zunächst unvermindert, so daß dieser, das Geschoß gewissermaßen überholend, mit der Spitze der Nadel in die Zündpille k eines Zündhütchens trifft, dessen Feuerstrahl, nach rückwärts durch die Leinwandplatte b des Mundlochfutters c durchschlagend, die Spreng= ladung der Granate entzündet, wodurch diese zur Zer= teilung gebracht wird. Die Granate zerteilt sich also regelmäßig, sobald sie das Ziel trifft, oder bei einem Aufschlag auf dem Erdboden; die Zerteilung in der Luft ist ausgeschlossen, es sei denn, daß die Granate auf einen Baumast oder sonstigen zufälligen Widerstand träfe. Der frühere, vom General von Neumann kon= struierte preußische Perkussionszünder erwies sich bei den jetzigen Geschützen nicht als hinreichend gefahrlos. Der gegenwärtige, welcher seine Konstruktion den Be= mühungen des k. Feuerwerkslaboratoriums zu Spandau, insbesondere der Idee eines Hauptmanns Hofmann, verdankt, ist es durchaus, wie aus der Beschreibung erhellt. Die Shrapnels, welche sich in der Luft kurz vor dem Ziele zerteilen müssen, haben den Zeitzünder, der in Fig. 121 abgebildet ist. Der Satz liegt ring= förmig in einem drehbaren Stück S und fängt durch

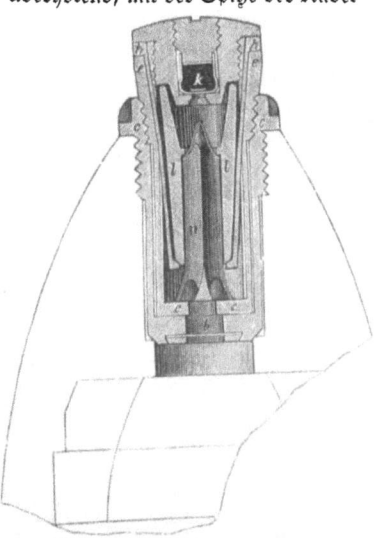

Fig. 120. Feldgranatzünder c/80.

eine besondere Vorrichtung Feuer, bei welcher ebenfalls das Beharrungsvermögen ausgenutzt ist. Der Bolzen B mit der Zündpille P bleibt beim Abfeuern des Geschützes, wodurch seine Arme a zertrümmert werden, stehen und wird so von der Nadel N eingeholt, deren Stich die Pille entzündet. Das erregte Feuer teilt sich dem Satze an einem Endpunkte mit, der im Kreise weiterbrennt. Je nach der Einstellung gelangt das Feuer des Satzes früher oder später in den Schlagkanal des Zünderstellers T und entzündet dann die Sprengladung.

Die Ladung von $1{,}5$ beim schweren, $1{,}25$ kg beim leichten Geschütz stellt bei den Geschoß= gewichten von $7{-}8{,}15$ bez. $5{,}07{-}5{,}53$ kg das bei glatten Geschützen bestandene Verhältnis von $1/4$ geschoßschwerer Ladung wieder her, was durch Annahme eines grobkörnigen, langsam verbrennenden Schießpulvers ermöglicht worden ist.

In neuester Zeit ist es gelungen, die Wirkung der schwe= ren Geschütze im flachen Schusse wieder um ein erhebliches Maß zu steigern. Man hat zunächst die Längen der Geschütz= rohre um etwa ein Drittel vermehrt. Während früher hier die Gesamtlänge 25 Kaliber nicht überstieg, kommen jetzt Längen von 30 und 35 Kalibern vor. Die Geschosse sind gleichzeitig auf $3^{1}/_{2}$ und 4 Kaliber Länge gebracht worden, statt der früheren $2^{1}/_{2}$ Kaliber. Die Ladungen hat man bis zu einem Drittel der Geschoßschwere gesteigert. Das Pulver

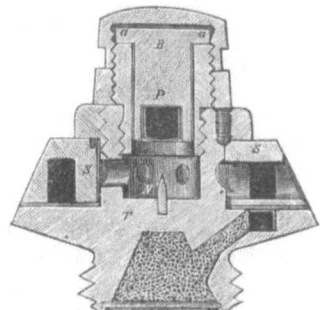

Fig. 121. Zeitzünder.

ist ein langsam verbrennendes, von prismatischer Form wie bisher, auch wendet man das von der Aktiengesellschaft Rottweil=Hamburg hergestellte braune Pulver (poudre chocolat) an, welches sich bezüglich des Gasdrucks auf die Rohrwände besonders milde verhält. Die längeren Rohrseelen ergeben eine länger dauernde Verwertung der gesteigerten Pulverladungen und erheblich gesteigerte Geschoßgeschwindigkeiten. Letztere gehen jetzt bei den gewöhnlichen Spreng= granaten bis an 600 m, bei den massiveren und schwereren (nur mit geringer Spreng= ladung versehenen) Panzergranaten aus Stahl bis 530 m in der ersten Sekunde. Die längeren und damit im Verhältnis zu ihrem Querschnitt schwerer gewordenen Geschosse büßen von der im Rohre gewonnenen Geschwindigkeit durch den Luftwiderstand viel weniger ein. Das Fazit ist eine erheblich größere Durchschlagskraft desselben Kalibers, was den Panzerzielen gegenüber von enormer Wichtigkeit ist. Besondere Verdienste um die Lösung dieser Frage hat die Kruppsche Fabrik. Ein Rohr dieser Art ist in Fig. 108 abgebildet. Die deutsche Marine hat dieses System bereits angenommen, und zwar für die Kaliber 10,5, 15, 21, 24 und 28 cm. Wenn nun auch der Einwand erhoben werden kann, daß das verlängerte Rohr erheblich schwerer wird, so wird dies durch die vermehrte Wirkung reichlich ausgeglichen, so daß z. B. das neue 24cm-Kaliber die Wirkung des bisherigen 28cm erreicht. Krupp hat bereits ein 35 Kaliber langes 40cm-Kanon konstruiert, welches bei 121 000 kg Rohrgewicht eine Anfangsgeschwindigkeit von 615 m bei der 740 kg schweren Sprenggranate und von 530 m bei der 1050 kg schweren Panzergranate ergibt, in beiden Fällen mit einer Ladung von 325 kg, welche das Gewicht des englischen, italienischen und österreichischen leichten Feldgeschützrohrs übertrifft. Dagegen ist der obenerwähnte Tausendpfünder ein Kind zu nennen.

Fig. 122. Krupps 21cm-Haubitze in Festungs- und Belagerungslafette.

Den heutigen Festungsbauten gegenüber spielen die kurzen Kanonen (Haubitzen) und die Mörser eine wichtige Rolle. Damit der Leser ersehe, daß auch auf diesem Gebiete nicht gefeiert wird, bringen wir zwei Geschütze von Krupp: eine kurze 21cm-Kanone oder Haubitze (Fig. 122) und einen 24cm-Mörser (Fig. 123), von denen letzterer den Franzosen vor kurzem patriotische Beklemmungen verursachte. Auch der deutsche 9cm-Mörser findet in Fig. 124 und 125 Aufnahme, bei dem sich die Pulverladung in der Verschlußschraube befindet. Der Verschluß ist nach dem französischen Vorbilde und beweist, daß wir das Gute des Rivalen nicht verschmähen. Wir fügen einige Daten über die genannten drei Geschütze hinzu. Die beiden Kruppschen Geschütze sind von Stahl und haben den Rundkeilverschluß. Die Haubitze hat ein Rohr von 12 Kaliber Länge und 3030 kg Gewicht, schießt eine Granate von 91 kg mit einer Maximalladung von 7,25 kg, welches einer Geschoßgeschwindigkeit von 300 m entspricht. Der 24cm-Mörser hat ein Rohr von 8$\frac{1}{3}$ Kaliber Länge und 1700 kg Gewicht, er wirft eine Granate von 136 kg mit einer Maximalladung von 5,4 kg, welches eine Geschoßgeschwindigkeit von 200 m ergibt. Die Sprengladung der Granate beträgt 7 kg. Das Geschütz läßt sich vollständig fahrbar machen. Der 9cm-Mörser hat ein Rohr von Hartbronze; dasselbe wiegt 104,5 kg, seine Länge ist 8 Kaliber; er wirft die schwere Feldgranate (7 kg) mit einer Maximalladung von 0,28 kg.

Frankreich hatte schon 1864 die Hinterladung für seine Marinegeschütze, allerdings mit Beibehalt des Spielraumes, angenommen. Napoleon III., welcher der Vervollkommnung des Waffenmaterials stets rege Beachtung schenkte, aber nicht immer und häufig zu spät den richtigen Weg einschlug, hatte beim Ausbruch des Krieges 1870/71 ein Hinterladefeldgeschütz nach der Idee des Kapitäns Reffye im Modell fertig. Die Republik stellte deren in Paris während der Belagerung eine große Zahl her und machte davon vielfach Gebrauch.

Fig. 123. Krupps 24cm-Festungs- und Belagerungsmörser in der Ladestellung.

Es ist dies das canon de 7 mit einem Kaliber von 8,5 cm und mit einer 7 kg schweren Granate, welches nach dem Kriege als provisorisches schweres Feldgeschütz gewählt wurde. Dazu trat das canon de 5 als leichtes Feldgeschütz mit einem Rohrgewicht von 475 kg, einem Kaliber von 7,5 cm und einem Geschoß von 4,8 kg Gewicht. An Stelle des früheren Brennzünders führte man einen Perkussionszünder von Demarest für Granaten und Shrapnels ein.

Fig. 124 und 125. Deutscher 9cm-Mörser für Festungs- und Belagerungsartillerie.

Die Kartätschen wurden abgeschafft. Das Rohrmaterial war teils Stahl, teils Bronze, der Verschluß ein Schraubenverschluß, die Lafettierung von Eisen innerhalb der bereits beschriebenen Konstruktionsprinzipien. Dem Verschluß diente der bereits 1842 vom späteren Oberst Treuille de Beaulieu erfundene, 1864 für die Marinegeschütze angenommene Schraubenverschluß (Fig. 126) als Grundlage. Die Spindel wird mittels der glatten Teile in das

Rohr geschoben; eine kurze Drehung genügt, die Teile der Schraubengänge mit den entsprechenden Teilen der als Schraubenmutter dienenden hinteren Rohröffnung fest zu verbinden. Ein Messingboden in der Patrone diente als Liderung. Inzwischen arbeitete man eifrig an einem neuen System der Feldgeschütze, welches alle bereits bestehenden in Schatten stellen sollte. 1879 gelangte dies neue System zur Einführung, und zwar nach der Konstruktion von Bange. Es sind umringte Stahlrohre von 80 und 90 mm Kaliber mit Rohrgewichten von 425 und 530 kg, erheblich schwerer als die deutschen. Als Liderung dienen schmiegsame Scheiben von Fett und Asbest in Leinwandhülle, welche durch einen pilzförmigen Stempel an die (beibehaltene) Verschlußschraube gedrückt und ausgedehnt werden. Die Führung erfolgt durch Kupferringe. Die Lafetten sind von Stahlblech. Die Geschosse, Granaten mit Füllstücken, welche zugleich die Shrapnels ersetzen sollen, wiegen 5,9 beziehentlich 8,17 kg. Die Ladungsverhältnisse sind $1/3{,}73$ und $1/4{,}21$, die Anfangsgeschwindigkeit 490 und 455 m. Die Geschosse haben einen Zünder mit doppelter Wirkung, als Zeit- wie als Perkussionszünder verwendbar. An Präzision und Gestrecktheit der Bahn lassen diese Geschütze nichts zu wünschen übrig, die Geschoßeinrichtung ist aber mangelhaft. In neuester Zeit laufen Klagen über die geringe Solidität des Verschlusses durch die Blätter.

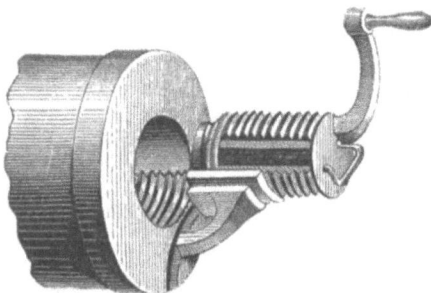

Fig. 126. Schraubenverschluß der französischen Marinegeschütze.

Im vergangenen Jahre machte es viel Aufsehen, daß Serbien den Geschützen von Bange vor denen Krupps den Vorzug gab. Der kurze Krieg von 1885 wurde aber noch mit den alten Geschützen ausgefochten. Die schwere Artillerie Frankreichs hat Geschütze von ähnlicher Konstruktion wie die Feldgeschütze; die Kaliber gehen bis 42 cm.

Rußlands Feldartillerie führt Hinterladungsrohre von Stahl nach Krupps System in zwei Kalibern, 8,7 und 10,67 cm, mit Geschossen von 6,8 und 12,49 kg Gewicht und Ladungen von 1,5 und 1,843 kg. Die Belagerungsartillerie hat als schwerstes Geschütz ein achtzölliges (20,32 cm) Kanon, welches sich zum Transport in verschiedene Teile zerlegen, zum Gebrauch wieder zusammensetzen läßt.

Österreich hat in der Feldartillerie 1875 Hinterladungsrohre von Stahlbronze mit Flachkeilverschluß in zwei Kalibern von 7,5 und 8,7 cm und eiserne Lafetten eingeführt. Die schwere Landartillerie stellt ihre Rohre gleichfalls in Stahlbronze her, für die Küstenartillerie hat man Stahlrohre von Krupp.

England hat aus dem Umstande, daß das preußische Zündnadelgewehr im Jahre 1866 durch seine überraschenden Erfolge die eigene Artillerie, welche damals nur zur Hälfte mit gezogenen Rohren bewaffnet war, vor der Welt in den Schatten stellte, während die österreichische, ganz mit gezogenen Geschützen ausgerüstete Artillerie durch todesmutiges Ausharren in den Defensivstellungen ganz verdientermaßen reiches Lob einerntete, den falschen Schluß gezogen, daß die Vorderladung vorzuziehen sei. Man bedachte nicht die schönen Resultate, welche die preußische Artillerie da erzielte, wo sie gezogene Geschütze zur Verfügung hatte, und ebensowenig untersuchte man, welche Leistungen wohl gezogene Hinterlader aus den Positionen der österreichischen Artillerie erreicht haben würden.

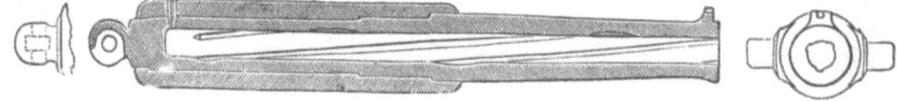

Fig. 127—129. Englisches Neunpfünder-Vorderladungsrohr im Durchschnitt und von der Mündung aus gesehen.

Dazu kam noch, daß, wie wir bereits im IV. Bande der 5. Auflage des Buchs der Erfindungen andeuteten, der Armstrongverschluß sich nicht bewährte; kurz, man entschied sich für Vorderladung, und so wurde denn 1869 für Indien ein bronzener Neunpfünder (nach dem wirklichen Gewichte des Geschosses benannt) eingeführt. Ihm folgte alsbald für die europäische reitende Artillerie Englands ein Neunpfünder nach Fraser mit Kernrohr von Stahl und schmiedeisernem

Mantel, sodann ein Sechzehnpfünder für die fahrende Artillerie. Die Kaliber waren 7,62 cm für den Neunpfünder, 9,14 cm für den Sechzehnpfünder, die Geschoßgewichte 4,11 kg und 7,34 kg mit den verhältnismäßig sehr starken Geschützladungen von 0,794 und 1,361 kg für Neunpfünder und Sechzehnpfünder. Jetzt ist man wieder zur Hinterladung zurückgekehrt, was man billiger haben konnte. Man hat Stahlrohre mit französischem Schraubenverschluß angenommen. Das leichte Geschütz ist bereits eingeführt, hat ein Kaliber von 7,62 cm, Granaten und Shrapnels von 4,895 kg mit einem Ladungsverhältnis von $1/3,18$, heißt Dreizehnpfünder und hat eine Anfangsgeschwindigkeit von 522 m. Das schwere Feldgeschütz soll ein Zweiundzwanzigpfünder werden mit einer Granate von 9,98 kg, einer Ladung von 3,4 kg und einer Anfangsgeschwindigkeit von 542 m. Auch die schwere Artillerie durchläuft dieselbe Wandlung.

Italien, welches früher das französische System eingeführt hatte, wandte sich infolge der Erfahrungen von 1870 und 1871 dem preußischen System zu. Im Jahre 1872 wurde ein Hinterladungsrohr von Bronze, Kaliber 7,5 cm, mit Kruppschem Rundkeil eingeführt. Diesem folgte ein schweres Feldgeschütz von 8,7 cm Kaliber aus Gußstahl. Die Neubeschaffungen macht man in Hartbronze. Die schwere Artillerie hat vielfach umreifte gußeiserne Rohre, das größte Kaliber ist 45 cm. Neuerdings bestellte man auch 40 cm-Stahl-Kanonen bei Krupp.

Fig. 130. Gatlings sechsläufige (Revolver-) Kanone.

Es besteht zur Zeit auch unter den mittleren und kleineren Staaten der kultivierten Welt kein einziger mehr, der nicht Hinterladungsgeschütze als Bedingung seiner militärischen und damit staatlichen Existenz betrachtete.

Kartätschgeschütze. Wir haben nunmehr noch derjenigen Konstruktionen zu gedenken, welche die höchste mechanische Steigerung des Schnellfeuers mit kleineren Geschossen zum Gegenstand haben, deren jedes für sich mindestens dieselbe Präzision und Tragweite besitzen soll, als wenn es aus einer der besten Handfeuerwaffen abgeschossen worden wäre. Es sind dies also diejenigen Instrumente, welche auf mechanischem Wege die Feuerkraft einer kleinen Abteilung gut bewaffneter und gut geübter Infanteristen in sich konzentrieren. Man nennt sie auch Maschinengeschütze. Hierher gehört zunächst die amerikanische Revolverkanone und die weiland französische Infanteriekanone oder Mitrailleuse, welche beide wesentlich nach verschiedenen Prinzipien konstruiert sind. Bei der amerikanischen Konstruktion, nach ihrem Erfinder Gatling aus Indianopolis mit dem Namen Gatlingkanone (s. Fig. 130) bezeichnet, liegt der Ladeapparat fest, während sich die freiliegenden Rohre um eine gemeinschaftliche Achse drehen und so bei steter Einführung neuer Patronen in den seitwärts hervorstehenden Ladetrichter ein stetig fortgeführtes Feuer gestatten.

Fig. 131. Die französische Mitrailleuse. Rohr mit Lafette.

Die in Frankreich konstruierte Mitrailleuse, nach ihrem Fabrikationsorte Mitrailleuse de Meudon, und die in Belgien von Christophe & Montigny hergestellte Mitrailleuse, Montigny=Mitrailleur genannt, zeigen die Läufe in einem festliegenden Bündel, während das Bodenstück zum Behufe des Ladens weggenommen und dann wieder eingesetzt wird.

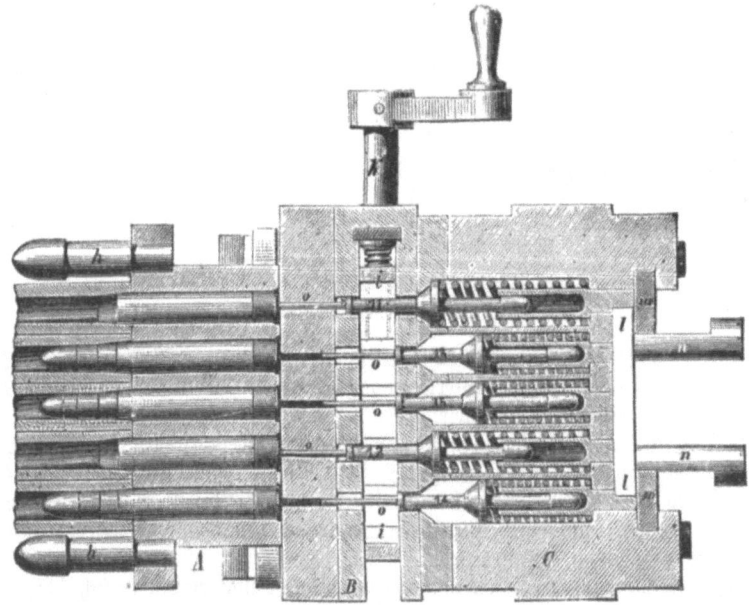

Fig. 132. Verschlußwerk der französischen Mitrailleuse.

Zu diesem Zwecke bestehen besondere Ladeplatten, bei der französischen Mitrailleuse für 25 Patronen eingerichtet, welche zugleich als Bodenstück dienen und zwischen die hinteren Rohrenden und den Verschlußmechanismus nach jeder Reihe von Schüssen eingesetzt werden

Kartätschgeschütze. 99

müssen. Die französische Mitrailleuse gibt also ihr Feuer in Salven von je 25 beliebig rasch hintereinander folgenden Schüssen ab. Die Pausen zwischen diesen Salven dienen zum Einsetzen der frisch gefüllten Platten. Fig. 131 zeigt uns das Rohr mit Lafette.

Fig. 133. Mitrailleuse von Montigny.

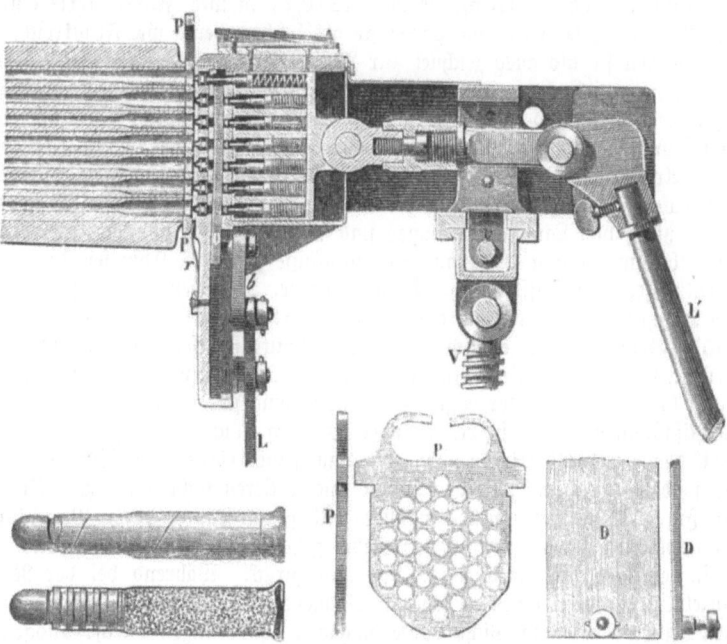

Fig. 134. Details zur Mitrailleuse von Montigny.

Der hinten befindliche Kniehebel dient zum festen Anziehen des Bodenstücks, der seitwärts belegene Hebel zum Abfeuern. Fig. 132 stellt das Verschlußwerk mit Ladeplatte, Verschluß- und Schloßplatte mit Schloßmechanismus im wagerechten Durchschnitte dar. Wir sehen

13*

daraus, daß die Munition aus gasdichten Kartonpatronen à la Lefaucheux mit Zentralzündung besteht und das Abfeuern durch Schlagbolzen o bewirkt wird, welche wie im Zündnadelgewehr durch Spiralfedern bewegt werden. Die Kurbel k verschiebt die sogenannte Spannplatte i, wodurch die einzelnen Schlagbolzen o nacheinander ausgelöst und losgeschnellt werden. Nach dem Abfeuern wird die Ladeplatte durch Öffnen der hinteren Kurbel entfernt, die leeren Hülsen werden mittels der auf dem Schwanzende befindlichen Vorrichtung ausgeworfen, eine frisch gefüllte Ladeplatte eingesetzt und die eben gebrauchte auf dem seitwärts stehenden Tischchen wieder geladen. Das genannte Tischchen ist kastenartig gestaltet und dient während des Marsches zur Bedeckung der Entladevorrichtung.

Die Mitrailleuse von Montigny, von der uns in den Fig. 133 und 134 Abbildungen gegeben sind, vereinigt 37 Läufe durch einen eisernen Mantel zu einem Bündel. Der ganze Schloßapparat wird durch Hebel L' schlittenartig zurückbewegt, hierauf die Ladeplatte P, welche mit Patronen besetzt ist, vor das offene Rohr gesetzt. Ein zweiter Druck von L' gestattet den eigentlichen Schloßmechanismus, d. h. die mit Spiralfedern umgebenen Schlagstifte, zurückzuziehen, um zwischen sie und die mit den 37 kurzen Zündstiften versehene und deshalb durchbrochene Platte eine massive Platte D einzuschieben. Mit L' wird der ganze Apparat wieder vorgeschoben und die Spiralfedern dabei durch festes Andrücken der Schlagstifte an D gespannt. Durch das mehr oder weniger rasche Herausziehen von D, welches mit Hebel L' oder auch mittels Kurbel und Zahnstange geschehen kann, werden die Spiralfedern entfesselt und die Sperrstifte schlagen nun kräftig gegen die kurzen Zündstifte. Diese wiederum bringen die gasdichten Patronen zur Entzündung und geben somit eine Salve von 37 Schüssen mit ansehnlicher Trefffähigkeit. Die an der Lafette sichtbaren Achskasten dienen zur Aufnahme von Munition u. s. w., der große aufrecht stehende eiserne Schild soll der Bedienungsmannschaft Schutz gegen feindliche Geschosse gewähren.

Wenige gut treffende Schüsse unsrer Artillerie genügten 1870/71, um den Mitrailleusen das Handwerk zu legen. Trotzdem sind sie ein gutes Mittel zur Bestreichung von schmalen Zugängen, Brücken u. s. w., welche der Feind durchaus passieren muß. Wenn einzelne Staaten, wie Rußland und Österreich, sie nach 1870/71 in ihre Feldartillerie einstellten, so sahen sie die Verirrung bald ein und gaben sie als solche, ebenso wie Frankreich, wieder auf. Dagegen wurden sie als ausgezeichnet zur Bestreichung von Festungsgräben in verbesserten Konstruktionen vielfach, so auch im Deutschen Reiche, angenommen bez. beibehalten. Vor allem aber bemächtigte sich die Kriegsmarine derselben, wobei aber die Kaliber erheblich vergrößert und Sprenggeschosse angenommen wurden. Man gebraucht sie auf Deck, aus den Mastkörben, zur Armierung der Torpedoboote behufs Wirkung gegen das feindliche Schiffsdeck, gegen die Takelage, besonders aber gegen die Maschinen der feindlichen Torpedoboote, auch zur Unterstützung von Landungsversuchen und als Landungsgeschütze. Die Franzosen gebrauchten dieselbe mit Erfolg 1884 auf dem Minflusse gegen die Chinesen, die Deutschen im Dezember 1884 gegen die aufständischen Kamerunneger. Man benutzt verbesserte Gatlingkanonen, dann Hotchkißkanonen, wie sie die deutsche Marine vom Kaliber 37 mm mit Granaten von 455 g Gewicht führt, endlich die Nordenfeltmitrailleusen vom schwedischen Ingenieur Nordenfelt, von welchen wir in Fig. 135 eine Konstruktion (vierläufig mit 1 Zoll oder 25 mm Kaliber) bringen, die in der englischen Marine eingeführt ist.

Die Hotchkißkanonen haben ein Rohrbündel von fünf Läufen, welches ebenso wie bei Gatling rotiert, dagegen hat bei jenen nicht jeder Lauf seinen eignen Verschluß- und Schloßmechanismus, sondern dieselben sind gemeinsam und rotieren nicht mit. Die Nordenfeltmitrailleuse in Fig. 135 hat vier nebeneinander festliegende Läufe, deren Verschluß- und Schloßmechanismen durch einen gemeinsamen Hebel gehandhabt werden; der Mann rechts hat denselben in der Hand und bewegt ihn vor und zurück. Während bei der Revolverkanone die einzelnen Läufe in einem gegebenen Moment in verschiedenen Stadien sich befinden, machen bei Nordenfelt sämtliche Läufe dieselben Wandlungen durch, ausgenommen das Abfeuern, welches in kurzen Pausen hintereinander vor sich geht. Nordenfelts Geschütz hat ein massives Stahlgeschoß von $205{,}4$ g Gewicht mit messingenem Führungsmantel. Die Pulverladung beträgt $40{,}5$ g, in ein massives Korn gepreßt. Die Hülse der Patrone ist aus Messing. Die Munition wird aus dem in der Figur ersichtlichen kastenförmigen

Magazin zugeführt, welches oberhalb der Läufe steht. Der Mann links besorgt das Richten, zur Seitenrichtung handhabt er mit der rechten Hand eine Kurbel. Die Höhenrichtung giebt er dem um eine Querachse beweglichen System unmittelbar. Die Nordenfeltschen Konstruktionen, welche in sehr verschiedenen Kalibern und abweichender Läufezahl vorkommen, finden gegenwärtig viel Anklang.

Raketen. Zur Vervollständigung unsrer Angaben über die Feuerwaffen müssen wir noch der Kriegsraketen erwähnen, welche in verschiedenen großen Artillerien neben der gewöhnlichen oder Rohrartillerie zu besonderen Zwecken in Gebrauch waren. Die Raketen sind schon aus früheren Zeiten, insbesondere zum Anzünden brennbarer Objekte, bekannt.

Fig. 135. Nordenfelts vierläufige einzöllige Mitrailleuse der englischen Admiralität.

In Europa wurden sie jedoch schon lange nicht mehr zu diesem Zwecke angewendet, sondern nur als Signale, wozu sie der lange feurige Schweif, den sie nach sich ziehen, sehr geeignet macht. Gegen Ende des vorigen Jahrhunderts lernten sie die Engländer vor Seringapatam in einem ihrer Feldzüge gegen Tippu Sahib wieder kennen. Congreve, den wir bereits oben bei der Beschreibung der Lafetten anführten, brachte sie mit nach Europa und wendete sie 1806 gegen Boulogne und 1807 bei dem berühmten Bombardement von Kopenhagen mit großem Erfolge an. Der Flügeladjutant des dänischen Königs, Schumacher, war der erste, welcher auf die Idee kam, die seither nur zum Anzünden verwendeten Raketen zum Tragen von Geschossen, sowohl Kugeln als Granaten und Kartätschen, zu gebrauchen, so daß er eigentlich als der Begründer der Raketenartillerie anzusehen ist. Die weitere Fortbildung des Raketenwesens erreichte außer in England ihre höchste Stufe in Österreich, besonders durch den Feldmarschallleutnant Augustin. Die Österreicher machten noch 1866 von Raketenbatterien Gebrauch. Seitdem ist die Raketenartillerie gegenüber der Trefffähigkeit und Tragweite der gezogenen Artillerie ganz in den Hintergrund getreten.

Eine Kriegsrakete besteht im allgemeinen aus einer cylindrischen Hülse von Eisenblech, welche mittels Maschinen mit dem Treibsatze (Kornpulver) vollgepreßt und dann ausgebohrt wird. Dadurch entsteht in dem Satze eine cylindrische Öffnung, welche jedoch nur so weit reicht, daß noch der letzte Teil der Hülse auf eine Höhe gleich ihrem Durchmesser massiv mit Satz gefüllt ist. Man nennt diesen Teil des Satzes die Zehrung, von ihrer Höhe hängt die Brenndauer der ganzen Rakete ab. Vorwärts der Zehrung wird das Geschoß angebracht. Man hat gegenwärtig nur noch Leuchtraketen; diese tragen eine mit Leuchtkugeln gefüllte cylindrokonische Blechhaube, die im höchsten Punkte der Bahn ihren Inhalt brennend auswirft, welcher nun in Gestalt einer langsam herabsinkenden Feuergarbe die darunterliegende Erdoberfläche in einem größeren Umkreise erleuchtet, allerdings nicht längere Zeit als etwa eine Viertelminute. Um die Schwerpunktslage der Rakete während des Fluges zu regulieren und das Überschlagen derselben zu verhindern, wird entgegengesetzt dem Geschoß oder der Vorderbeschwerung ein langer hölzerner Stab mit der Hülse verbunden. Man kann die Sicherheit der Bewegung noch durch Verleihung einer Drehung um die Längenachse vermehren. Der Engländer Hale konstruierte 1846 eine Rotationsrakete, die des (in vieler Beziehung lästigen) Stabes ganz entbehrte und an dem dem Geschoß entgegengesetzten Ende ein Gegengewicht trug. Beim Abfeuern ruht die Rakete auf dem sogenannten Raketengestell, welches gewöhnlich die Gestalt eines Dreifußes hat und der Rakete die gehörige Abgangsrichtung verleiht.

Die Bewegung der Rakete beruht auf demselben Gesetze, wonach der Rücklauf der Geschütze und der Rückstoß der Gewehre erfolgt, nämlich auf der einseitigen Aufhebung des Gleichgewichts der nach allen Seiten gespannten Gase. Wird die Rakete an ihrem offenen Ende entzündet, so nimmt das Feuer sofort den ganzen inneren hohlen Raum, die Seele, ein. Die Gase finden nach vorn und nach den Seitenwänden Widerstand und können nur nach rückwärts ausströmen. Gerade so, wie nun das Geschütz, sobald durch das Austreten des Geschosses aus der Mündung das Gleichgewicht der gespannten Gase aufgehoben ist, zurückläuft, ebenso bewegt sich die Rakete nach der ihrer Ausströmöffnung entgegengesetzten Richtung, und zwar um so rascher, je stärker und heftiger die Gasentwickelung ist. Eine Rakete mit stark verdichtetem, langsam brennendem Satze hat deshalb eine größere Tragweite, eine solche mit rasch verbrennendem und wenig verdichtetem Satz eine größere Anfangsgeschwindigkeit und präzisere Schußwirkung.

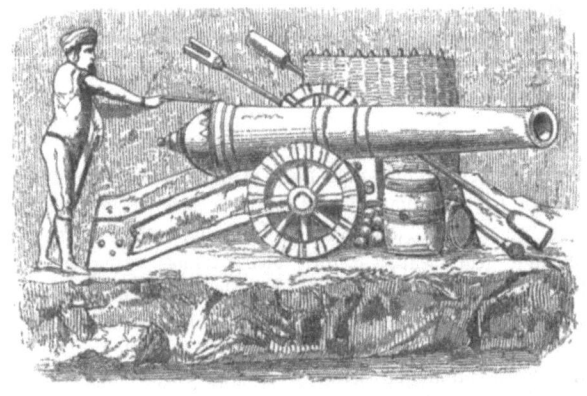

Künstlerisch ausgestattete Waffen.
Entworfen von Architekt G. Rehlender in Berlin.

Fig. 137. Französische Musketiere unter Ludwig XIV.

Die Handfeuerwaffen.

Gleichzeitig mit dem Pulver treten uns die Geschütze und, kaum später als diese, die Handfeuerwaffen entgegen. Die letzteren ersetzen allmählich und ebenso natürlich die kleinen Fernwaffen (Schleuder, Bogen, Armbrust), als die ersteren die großen (Ballisten und Katapulten des Altertums, Blyden und Mangen des Mittelalters).

Neuere Forscher haben mit Recht darauf hingewiesen, daß die Kraft und Bedeutung der alten Fernwaffen nicht so tief unter derjenigen der ersten Feuerrohre stand, als man anzunehmen geneigt ist. Schon im 11. und noch mehr im 12. Jahrhundert erhielt die (häufig mit einer Winde gespannte) Armbrust Fig. 138 eine eminente Schnellkraft und ihr Geschoß eine wohldurchdachte Konstruktion, welche zur Überwindung des Luftwiderstandes und zum Durchschlagen fester Körper besonders geeignet war. Wir sehen an diesen vorderwichtigen Bolzen oder Pfeilen eiserne Spitzen von eichelförmiger oder parabolischer Gestalt, starke eichene Schäfte und spiralförmig eingesetztes Gefieder aus dünnen Plättchen von Buchenholz.

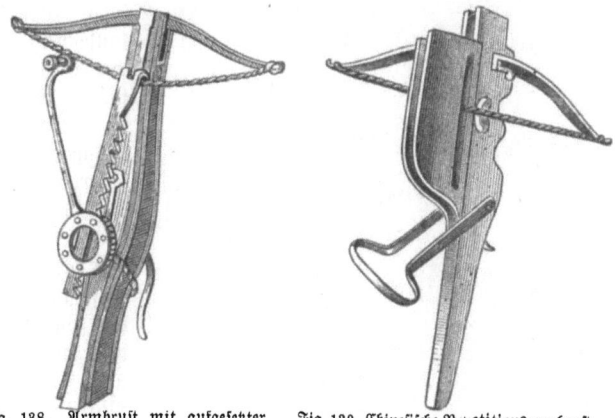

Fig. 138. Armbrust mit aufgesetzter Winde.   Fig. 139. Chinesische Repetitionsarmbrust mit Raum für 20 Pfeile in der Schublade.

Drei verschiedene Gewerbe: die Pfeilschäfter, Pfeilschmiede und Pfeilsticker, nährten sich von der kunstgerechten Herstellung solcher Geschosse. Zum Durchschlagen der Eisenplatten auf nahen Distanzen gab man dem vorderen Ende des Bolzens mitunter die Form eines stern- oder kronenförmigen Stempels, dessen scharfe Kanten das Einschneiden und Durchdringen der glatten Metallfläche erleichtern, ähnlich wie man in allerneuester Zeit und zu verwandten Zwecken größeren Projektilen durch Abschneiden eines Teils der Spitze scharfe Kanten und eine größere Schlagfläche gibt. Es steht fest, daß die für die Städteverteidigung so wichtigen deutschen

Armbrustschützen des 11. und 12. Jahrhunderts sehr wohl im stande waren, schon auf eine Distanz von 150—200 Schritten Schilde und Panzer der stürmenden Angreifer zu durchschmettern und manchen Feind so rasch wie durch die Wirkung einer Gewehrkugel niederzustrecken. Wurde doch auf der zweiten Lateranischen Synode 1139 der Gebrauch der Armbrust als eines gar zu gefährlichen und dem Völkerrechte widerstreitenden Werkzeuges unter Androhung schwerer Strafe verboten! Daß man auch an der Armbrust die Idee der Repetierwaffen schon verwirklicht hat, zeigt die chinesische Repetitionsarmbrust aus dem Artilleriemuseum von Paris, Fig. 139, welche wir, wie mehrere hierher gehörige Zeichnungen dem Demminschen Werke über Kriegswaffen entnommen haben.

Fig. 140. Hand= oder Faustrohr von 1505.

Wie die edle Kunst des Schleuderns, des Bogen= und später des Armbrustschießens in die ältesten und schönsten Überlieferungen aller Völker verflochten ist, so reicht ihre Übung auch noch fast bis in unsre Tage herein. Wir brauchen nur Esau, Nimrod und David, Herkules und Odysseus, Egil, Wilhelm Tell und Robin Hood zu nennen, um an die nationale Bedeutung und den praktischen Nimbus zu erinnern, welcher zu allen Zeiten an die tragbare Fernwaffe geknüpft war. Kein Wunder, daß die noch unvollkommenen frühsten Feuerwaffen auch in Europa nur allmählich ihre alten Vorbilder verdrängten.

Fig. 141. Büchsenmacherwerkstatt im 16. Jahrhundert. Nach J. Aman.

Zu den berühmtesten Bogenschützen des Altertums gehörten die Skythen, Parther und Perser, und noch heute führen die nomadischen Völkerstämme Asiens, Afrikas und Amerikas diese Angriffswaffe, deren Alter nach Jahrtausenden zählt. Hervorragende Schleuderer waren im Altertum die Balearen, Akarnanen und Achäer.

Schleudern wurden noch 1572 bei der Belagerung von Saucère, Bogen bei der Belagerung von Ostende 1602—4 verwendet; englische Bogen= und Armbrustschützen traten noch bei der Belagerung von Rey 1627 auf, und endlich wissen noch unsre Väter aus eigner Anschauung von den berittenen Bogenschützen, den Baschkiren u. s. w., zu erzählen, welche dem russischen Heere 1814 durch Deutschland nach Frankreich gefolgt sind. Durch die im Mittelalter so bedeutsamen bürgerlichen Schützengesellschaften hat sich bekanntlich in Deutschland und den Niederlanden, besonders in Belgien, der Gebrauch jener primitiven Fernwaffe noch hier und da bei Vogelschießen und andern Gelegenheiten bis in unser Jahrhundert fortgesetzt.

Die ersten sogenannten Hand= oder Faustrohre, welche Kugeln von etwa $1/2$ Pfund Bleigewicht schossen, mußten freilich noch von zwei Mann auf ihren unbehilflichen Gestellen gehandhabt werden; über das erste Auftreten der eigentlichen, d. h. durch einen Mann

Die Handfeuerwaffen.

getragenen und bedienten Handfeuerwaffen bestehen sehr widersprechende Ansichten. Da indessen schon die Armbrust mitunter ein eisernes Rohr besaß und selbst bleierne Kugeln schoß, so war jedenfalls die Herstellung eines ganz ähnlichen, mit bequemer Schäftung versehenen Feuerrohrs nur an die Fabrikation eines für die neue Triebkraft genügend haltbaren und dabei nicht zu schweren Eisenrohrs geknüpft. Wie es scheint, war diese Aufgabe zu Ende des 15. Jahrhunderts durch die deutschen und niederländischen Waffenschmiede gelöst worden, denn wir begegnen um 1480 den sogenannten Arkebusen, welche bei einer nach hinten verlängerten, der Armbrust ähnlichen Schäftung einen freilich noch unbequemen Anschlag mittels des linken Armes gestatteten, während die rechte Hand die Zündung mittels einer brennenden Lunte auszuführen hatte. Die leichtesten dieser Instrumente, die eigentlichen Arkebusen,

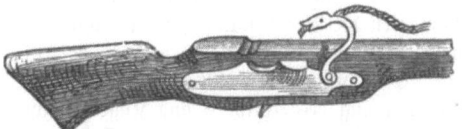
Fig. 142. Luntenschloß mit Serpentin oder Schlangenhahn.

welche schon damals Kugeln des heutigen Kalibers, freilich mit sehr schwachen Ladungen, geschossen haben sollen, waren ihrer geringen Tragweite und Präzision halber nur wenig geschätzt. Die schweren, auch Musketen genannt, welche Bleikugeln von 65—115 g weit und genau genug schossen und demgemäß das doppelte oder dreifache Gewicht unsrer heutigen leichten Kriegsgewehre besaßen, konnten zwar zur Not schon von einem Manne fortgeschleppt und bedient werden, forderten aber zum Zielen und zur Brechung des Rückstoßes eigentümliche Vorrichtungen, besonders den unterhalb der Mündung vorstehenden Haken, mittels dessen man die Waffe auf einer Mauerkante oder sonstigen Brustwehr fest anlegte oder einhängte (daher die Bezeichnung Hakenbüchse, Doppelhaken), und später die in die Erde eingepflanzten Gabeln, deren man sich selbst noch im Dreißigjährigen Kriege zum Auflegen der schwereren Feuerrohre bediente. Erst für das Jahr 1521 ist mit zureichender Bestimmtheit nachgewiesen, daß einige spanische Tirailleurkompanien Karls V. mit bequem geschäfteten Gewehren von bedeutender Tragweite und mäßigem Gewichte ausgerüstet waren, welche dreilötige Bleikugeln geschossen haben sollen und füglich als die ersten Modelle von

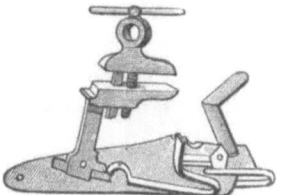
Fig. 143. Schnapphahnschloß.

Infanteriegewehren betrachtet werden können, wenn sie auch immerhin noch etwa um die Hälfte schwerer waren als die heutzutage üblichen Waffen.

Das Streben nach Vereinfachung der Zündweise führte gleichfalls schon im 15. Jahrhundert zur Erfindung des Lunten-, Serpentin- oder Schlangenschlosses, welches als die ersten Elemente der späteren Mechanismen, eine neben dem Zündloch vorstehende Pfanne und einen roh geformten Hahn darbietet, nämlich einen mittels des Drückers gegen die Pfanne hin drehbaren Hebel (ohne Feder), in dessen gespaltenes oberes Ende ein Stückchen Schwamm oder das brennende Ende einer Lunte eingeklemmt wurde.

Fig. 144 und 145. Hakenbüchse mit Radschloß.

Zu Anfang des 16. Jahrhunderts erfand ein Nürnberger Uhrmacher das deutsche Radschloß, welches, seinen Ursprung nicht verleugnend, etwas von der Komplikation und Gebrechlichkeit eines Uhrwerks an sich hat. In die Pfanne greift ein Stahlrädchen mit gerippten Umfang, welches mittels Kette, Feder und Schlüssel aufgezogen wurde, um sodann, durch den Drücker ausgelöst, in rascher Rotationsbewegung abzulaufen. Vor dem Abziehen drückte man den Hahn, der zwischen seinen Lippen ein Stück Schwefelkies (Pyrit) oder auch einen stumpfen Feuerstein enthielt, auf das Rädchen nieder, dessen reibender Umschwung endlich die Zündung bewirkte. Die etwas spätere spanische Erfindung des Schnapphahnschlosses (platine à miquelet), dessen Hahn durch eine Schlagfeder gegen die gerippte

Stahlfläche des Pfannendeckels getrieben wurde, kommt der bekannten Konstruktion der späteren Feuersteinschlösser schon etwas näher.

Die Luntenschlösser blieben indes noch im Dreißigjährigen Kriege vorherrschend und erhielten sich, ihrer Einfachheit halber, länger als die Radschlösser im Kriegsgebrauch, auch noch in der zweiten Hälfte des 17. Jahrhunderts, obgleich schon 1650 in Italien die eigentlichen Stein- oder Flintenschlösser (fusil vom ital. focile, Feuerstahl) erfunden worden, welche den noch jetzt üblichen inneren Schloßmechanismus bereits in seinen Hauptteilen enthalten. Deutsche und französische Kriegsingenieure jener Zeit, z. B. Böckler und Vauban, empfehlen die Verwendung solcher Schlösser, welche für beide Zündungen, Lunte und Feuerstein, verwendbar wären.

Eine weitergehende Erleichterung der Waffe bis auf etwa 6 kg, mit entsprechender Veränderung des Kalibers und Kugelgewichts bis auf etwa 18 mm, beziehungsweise 40 g, war schon in der ersten Hälfte des 17. Jahrhunderts wenigstens für einen Teil der Infanterie erreicht worden. Neben diesen Musketen (italienisch moschetto) des Fußvolkes, welche schon damals, angeblich nach Gustav Adolfs Erfindung, mit Patronen geladen wurden, führte jedoch im Dreißigjährigen Kriege und noch später wenigstens ein Drittel des Fußvolkes die Pike als ein unentbehrliches Element des Infanteriekampfes. Eine Vereinigung beider Waffen, welche auch die fortgeschrittene Kriegskunst der Gegenwart noch immer verlangt, lag schon damals nahe genug. Der oben erwähnte deutsche Ingenieur Georg Andreas Böckler sagt in seiner 1683 zu Frankfurt a. M. erschienenen „Kriegsschule": „Wollte man an die halbe Pike den geschmeidigen Lauf eines Rohrs mit einem kompendiösen Flinten- oder Feuerschloß samt einem Ladestecken machen, so möchte vielleicht solche Invention an ihrem Orte nicht ohne sonderbaren Nutzen gebraucht werden." Übrigens wird das Bajonett schon 1570 in Frankreich erwähnt und wurde 1640 dort eingeführt, anfänglich als Stahlklinge an hölzernem Heft, welches in die Mündung paßte. Etwa 40 Jahre später führte die Infanterie Ludwigs XIV. Bajonette mit der bis in die neuere Zeit üblichen Dillen- und Ringbefestigung.

Fig. 146.
Musketiere aus der zweiten Hälfte des 17. Jahrhunderts.

Die weiteren Verbesserungen, durch welche das Feuergewehr, bei fortschreitender Erleichterung bis auf etwa 5 kg, zur vollen Kriegstauglichkeit und zur alleinigen Infanteriewaffe gelangte, gehören dem 18. Jahrhundert und vorzugsweise der preußischen Armee an: so die unter Friedrich Wilhelm I. 1730 durch Leopold von Dessau eingeführten eisernen Ladestöcke, welchen der Prinz von Braunschweig 1774 die cylindrische Gestalt gab, um das Umwenden überflüssig zu machen. Unter Friedrich dem Großen, der auf die schnelle und massenhafte Ausführung des Schlagfeuers besonders Wert legte und große Erfolge dadurch errang, entstanden die konischen Zündlöcher, welche das Zündpulver beim Stoßen der Ladung auf die Pfanne laufen ließen, also das Auflegen eines besonderen Zündkrautes ersparten. Übrigens war die Schäftung jener Militärgewehre sehr unvollkommen, mit kurzen, geraden und scharfkantigen Kolben, welche einen bequemen Anschlag und ein sorgfältiges Zielen nicht gestatteten. Nur durch meisterhafte Dressur der Mannschaft wurde ein ungefähr horizontaler Anschlag und eine kartätschenartige Massenwirkung der feuernden Linien erreicht.

Der Anfang des 19. Jahrhunderts brachte die Verwertung der kurz vorher entdeckten Knallpräparate als Zündmittel für Feuerwaffen und die Erfindung der Zündhütchen, welche indessen erst um 1840 nach entsprechender Abänderung der Steinschlösser in Perkussions- oder Pistonschlösser in den allgemeinen Kriegsgebrauch übergingen. Der schottische Waffenschmied Forsyth soll der Erfinder des Piston- oder Perkussionsgewehrs sein, wenigstens im Jahre 1807 ein Patent darauf genommen haben. Andre nennen einen englischen

Kapitän Fergusson, welcher Ende des 18. Jahrhunderts lebte und den amerikanischen Krieg in einem hessischen Regimente mitmachte. Als Erfinder der Zündhütchen im Jahre 1818 gilt ein in England lebender Deutscher Johann Egg.

Die wichtigste Erfindung, welcher auch die Geschosse unsrer neuesten Feuerwaffen die Regelmäßigkeit ihrer Bahnen verdanken, ist diejenige der Züge oder spiralförmig gewundenen inneren Einschnitte des Rohrs, welche dem Geschoß die rotierende Bewegung um seine Längenachse und hierdurch ein Bestreben, in seiner anfänglichen Richtung zu verharren, mitteilen. Die gezogenen Büchsen und Gewehre (französisch carabine) sind jedenfalls eine deutsche Erfindung, mag man nun dem Kaspar Zollner in Wien 1480, oder August Kotter in Nürnberg 1520, oder Wolf Danner ebendaselbst den größten Anteil an der Ehre dieser sinnreichen Konstruktion zuschreiben. Alle die genannten Meister hatten übrigens von der hohen Bedeutung der Rotation für die Richtungsfestigkeit der Geschoßachse schwerlich eine deutliche Vorstellung. Sie versahen die Rohre mit eingeschnittenen Rinnen, um das Einkeilen der mit gefettetem Pflaster umgebenen Kugel zu erleichtern, und wählten die gewundenen Züge vielleicht nur deshalb, weil sie durch die drehende Bewegung des Geschosses den Luftwiderstand zu überwinden hofften.

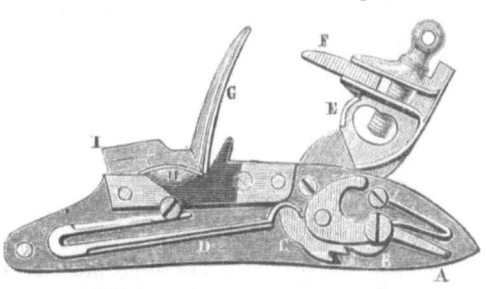

Fig. 149. Französisches Feuersteinschloß.
A Schloßblech, B Stange, C Nuß, D Schlagfeder, E Hahn, F Stein, G Batterie, H Pfanne, I Pfannendeckel.

Gezogene Handrohre wurden nachweislich 1498 bei einem Scheibenschießen in Leipzig gebraucht und sodann ohne Unterbrechung von den Schützen-Gesellschaften deutscher Bürger mit Vorliebe geführt. Im Feldkrieg erschienen erst zu Anfang des 17. Jahrhunderts, zunächst unter den polnischen Truppen, Büchsenschützen in größerer Anzahl; besondere Kompanien von Jägern und Scharfschützen errichteten Landgraf Wilhelm von Hessen 1631 und Kurfürst Max von Bayern 1641. Die kriegerische Verwendung dieser Spezialwaffe machte in dem folgenden Jahrhundert nur wenige Fortschritte; Friedrich der Große besaß einige Freikompanien gelernter Jäger, und auch in andern deutschen Kontingenten finden wir dieselben noch beim Ausbruch der französischen Revolutionskriege. Die napoleonische Kriegführung, welche ihrer ganzen Tendenz nach eine möglichst einfache, für die Massenwirkung geeignete Waffe verlangte und auf komplizierte Einzelheiten nicht eingehen konnte, ließ die gezogenen Büchsen, sowohl in den französischen als in den Rheinbundsheeren, fast gänzlich eingehen. Doch als die natürlichste und wirksamste Waffe irregulärer Nationaltruppen wurde die alte Büchse den Heeren des großen Eroberers häufig mit Erfolg gegenübergestellt, z. B. durch die spanischen Guerillas und die tapferen Tiroler 1809. Noch mehr kam die erprobte Präzisionswaffe wieder zu Ehren durch die freiwilligen Jäger des deutschen Befreiungskrieges.

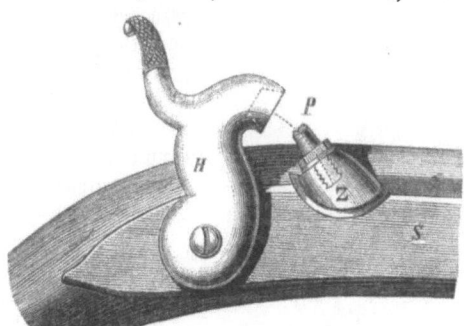

Fig. 150. Perkussionsschloß, äußerlich.
H Hahn, Z Zündstollen, P Piston, S Schloßblech.

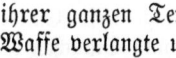

Fig. 147 und 148.
Flinte und Bajonett aus der Zeit Ludwigs XIV.

Um die allgemeine Einführung gezogener Kriegswaffen zu ermöglichen, handelte es sich darum, einen erheblichen Spielraum, also ein leichtes Laden des Geschosses, herzustellen und dennoch dessen Eintreiben in die Züge zu bewirken.

Die erfolgreichsten Bestrebungen auf diesem Gebiete sehen wir seit den zwanziger Jahren in Frankreich; hier fanden Delvigne und Thouvenin das erste Auskunftsmittel in einem ringförmigen Absatz oder auch in einem Stifte, auf welchen die leicht bis an die Pulverkammer hinabgeschobene Kugel durch Stöße mit dem Ladestock fest aufgesetzt wurde, so daß sie durch Stauchung in die Züge eintrat. Die Übelstände dieses Verfahrens liegen in der Unregelmäßigkeit der Stauchung, in der Deformierung der Geschosse und in der Notwendigkeit einer komplizierten inneren Einrichtung des Rohrs (Kammer- oder Dorngewehr), durch welche die Reinigung des Rohrs erschwert wird.

Dem Kapitän Minié war es vorbehalten, ein neues Prinzip zur Geltung zu bringen, nämlich die Eintreibung des Geschosses in die Züge durch die Wirkung der explodierenden Pulverladung, wodurch alle jene besonderen Einrichtungen des Rohrs überflüssig wurden. Minié erreichte diesen Zweck durch Aushöhlung des Geschosses und durch Einfügung eines sogenannten Spiegels oder Culots, welcher die Höhlung verschließt und die nötige Transportfestigkeit des Geschosses herstellt, beim Schuß aber in das Innere des Hohlprojektils vordringt und eine kräftige Expansion desselben bewirkt, bevor es noch einen erheblichen Weg im Rohre zurückgelegt hat. Die Fig. 153 zeigt eines der bestgelungensten Modelle dieses Systems, nämlich das früher in der russischen Armee eingeführte Miniégeschoß mit eisernem Treibspiegel. Das in Fig. 151 und 152 dargestellte russische gezogene Gewehr zeigt uns zugleich die äußere Gestalt der Kriegshandfeuerwaffe, wie sie mit geringen Modifikationen bis zur allgemeinen Einführung der Hinterladung in allen europäischen Heeren, mit Ausnahme Preußens, bestand.

Wir haben die durch die Pulvergase ausgedehnten sogenannten Expansionsgeschosse, welche bis 1866 mit mehr oder weniger Modifikationen in den französischen (Neßler), englischen (Enfield-Pritchett) und süddeutschen (Plönnies und Podewils) Armeen eingeführt waren, zuerst betrachtet, weil sie durch die Ermöglichung eines bedeutenden Spielraumes für die allgemeine Einführung der gezogenen Feuerwaffe die Bahn gebrochen haben. Von den andern Mitteln, welche zur Eintreibung des Geschosses in die Züge angewendet wurden, betrachten wir noch speziell das Prinzip der Kompression oder Stauchung, auf welches die Einrichtung der österreichischen Gewehr- und Büchsenprojektile begründet war. Fig. 154 zeigt uns das von Lorenz nach einer Idee des Engländers Wilkinson konstruierte sogenannte Kompressivgeschoß, dessen ringförmige tiefe Einkerbungen das Zusammendrücken und Stauchen des Projektils durch die Pulvergase befördern.

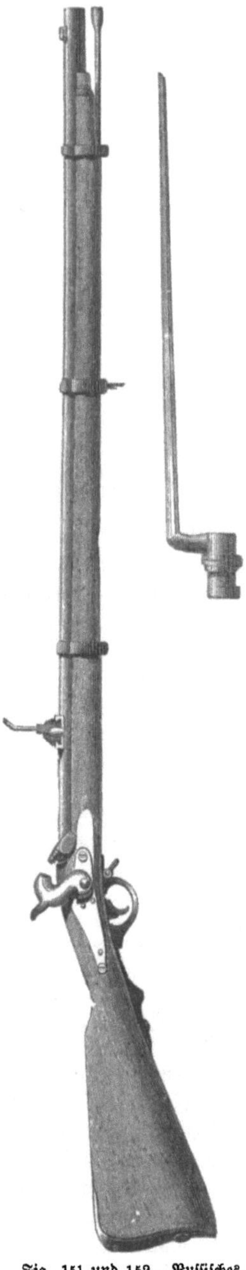

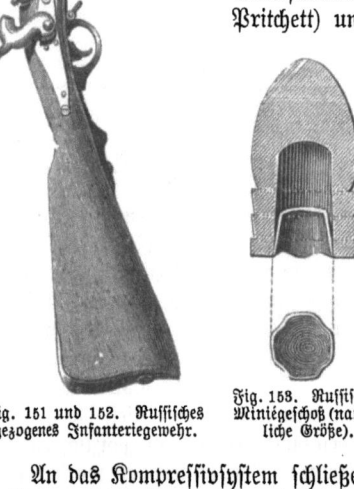

Fig. 151 und 152. Russisches gezogenes Infanteriegewehr.

Fig. 153. Russisches Miniégeschoß (natürliche Größe).

An das Kompressivsystem schließen sich die in Fig. 155—158 dargestellten schweizerischen Geschosse, welche insofern den wichtigsten Fortschritt repräsentieren, als in ihrer Konstruktion das Prinzip des kleinen Kalibers bis an die äußerste zulässige Grenze befolgt ist. Züge und ein langes Geschoß — dies sind die beiden Grundbedingungen, auf welche sich die Wirkung der gezogenen Waffen nach dem neuesten Standpunkt der Wissenschaft reduzieren läßt: Züge, um Rotation und Richtungsfestigkeit zu erzeugen; ein langes Geschoß, um dem Luftwiderstande einen kleinen Querschnitt im Verhältnis zur Masse des Bleies entgegenzusetzen.

Mit der Annahme des kleinen Kalibers von 10—11 mm gegenüber den früheren Kalibern von 13 und 17—18 mm und der Kompressionsgeschosse hatte die Treffsicherheit der Kriegshandfeuerwaffen eine Stufe erreicht, über welche hinaus unter Beibehaltung des Treibmittels und Geschoßmaterials eine Steigerung nicht zu erwarten war. Die Annahme dieses Kalibers war nur möglich durch Einführung des Gußstahls als Rohrmaterial. Der Stahl hat nämlich eine viel größere Festigkeit gegen das Verbiegen, als das früher hier gebräuchliche Schmiedeeisen, und die Biegungsfestigkeit ist eine notwendige Eigenschaft der Handfeuerwaffe, welche, wie das Militärgewehr wegen seines Gebrauchs als Stoßwaffe und in mehrgliederigem Feuer, an eine bestimmte Lauflänge von etwa 1 m gebunden bleibt.

Hinterladungsgewehre. Wenn aber auch die Handfeuerwaffe auf der Stufe, auf welcher wir jetzt in unsrer Beschreibung angelangt sind, durch Einführung der Züge, der Langgeschosse und des kleinen Kalibers an Trefffähigkeit und Schußweite bisher Ungekanntes leistete, so war doch die Methode, das Gewehr von vorn mittels des Ladestocks zu laden und die Zündung gesondert von der Patrone anzubringen, eine ganz außerordentlich umständliche und langsame. Mittels der Hinterladung dagegen war es möglich, ein wesentlich bequemeres und schnelleres Laden zu erreichen, dadurch die Feuergeschwindigkeit des Gewehrs außerordentlich zu steigern und zugleich dem Schützen das Laden in jeder Körperlage und damit die volle Ausnutzung etwaiger Deckungen zu gestatten, somit gleichzeitig die Verluste durch das feindliche Feuer zu vermindern. Es ergibt sich daraus, daß die Hinterladung wesentlich zur Erhöhung des taktischen Wertes der Handfeuerwaffe beiträgt und

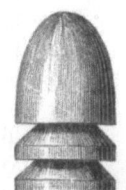
Fig. 154. Österreichisches Kompressionsgeschoß nach Lorenz.

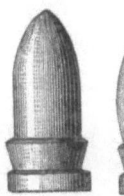
Fig. 155—158. Schweizer Geschosse für Stutzen und Jägergewehre.

eine mit Hinterladern bewaffnete Infanterie in ihrem Gewehr den Faktor einer entscheidenden Überlegenheit über einen mit Vorderladern ausgerüsteten Gegner besitzt. Obwohl man nun schon lange den großen Wert der Hinterladung erkannt hatte, so gelang es doch erst der fortgeschrittenen Technik unsres Jahrhunderts, Verschlußkonstruktionen zu erfinden, welche mit der bequemen Ladung die Sicherung gegen Entweichen der Gase und die nötige Haltbarkeit verbinden. Die geniale Idee, die Zündung unmittelbar mit der Patrone zu verbinden und so den Schützen von der Mitführung und dem Aufsetzen eines besonderen Zündmittels zu befreien, konnte die Schnelligkeit des Feuers nur noch erhöhen. Die Herstellung einer solchen Patrone, welche Geschoß, Ladung und Zündung in sich vereinigt und als ein Stück in das Patronenlager gebracht und deshalb Einheitspatrone genannt wird, gelang zuerst dem Erfinder des Zündnadelgewehrs, Nikolaus Dreyse, ursprünglich Schlosser, später Kommerzienrath von Dreyse, in Sömmerda (gestorben 1867). Es ist weltbekannt, wie das Zündnadelgewehr seit den vierziger Jahren unsres Jahrhunderts durch den kühnen und mit richtiger Voraussicht trotz des bedenklichen Kopfschüttelns mancher ergrauten Autoritäten gefaßten Entschluß Friedrich Wilhelms IV., unterstützt durch die Generale von Witzleben und von Peucker, in der preußischen Armee eingeführt wurde, wie es von allen übrigen Staaten mit Mißtrauen betrachtet, im Jahre 1864 und noch mehr 1866 die Überlegenheit seines Schnellfeuers in einer Weise dem Vorderlader gegenüber geltend machte, daß fortan die Hinterladungswaffe mit Einheitspatrone in allen Heeren ausnahmslos zur Annahme gelangte und die neuen Modelle wie Pilze aus der Erde schossen.

Bevor wir nun zur Beschreibung des Zündnadelgewehrs schreiten, welches als der erste Hinterlader, der auf den europäischen Schlachtfeldern erschien, den Vorrang in der Betrachtung verdient, wollen wir unserm Leser zuerst einen kurzen Überblick der in der neueren Zeit in Anwendung gekommenen Systeme von Hinterladern geben. Daß wir dabei nur wirklich eingeführte Modelle betrachten, entspricht unserm in der ganzen Arbeit durchgeführten Grundsatz, indem es nur auf diesem Wege möglich ist, sich in der Masse der Projekte zurecht zu finden.

Als nur unvollkommen die Vorteile der Hinterladung in bezug auf Schnellfeuer ausbeutend, müssen wir zunächst diejenigen Systeme von Hinterladern ausscheiden, welche die Trennung des Zündmittels von der Patrone beibehielten, also keine Einheitspatrone führten, wie die französische Wallbüchse (1831), das norwegische Kammerladungsgewehr, die badische Jägerbüchse, den kgl. sächsischen Reiterkarabiner, welche sämtlich schon vor 1866 existiert haben, endlich das bayrische zur Hinterladung umgeänderte Podewilsgewehr, welches zur Beschleunigung der Umbewaffnung 1867 als provisorische Waffe angenommen wurde und mit dem der größte Teil der bayrischen Armee den Feldzug 1870—71 ausfechten mußte, da die Volksvertretung mit ihrer in militärischen Dingen leider zu häufigen Kurzsichtigkeit die Mittel zur Beschaffung des 1869 angenommenen Werdergewehrs nur in Raten bewilligt hatte.

Fig. 159. Johann Nikolaus von Dreyse.

Ein vollkommenes Hinterladungsgewehr ist nur mit Einheitspatrone denkbar, wie wir es beim preußischen Zündnadelgewehr und bei (mit jener einen Ausnahme) sämtlichen nach 1866 als Um- wie als Neubewaffnung angenommenen Hinterladern finden. Unter dieser Voraussetzung zerfallen die Hinterlader nach der Verschiedenheit des Materials der Patronenhülse in solche mit Patronen von verbrennlicher Hülse oder Papierpatronen und in solche mit Patronen von unverbrennlicher Hülse, gewöhnlich aus Metall bestehend, gasdichte Patronen oder nach dem allgemein gewordenen Material Metallpatronen genannt.

Bei den Papierpatronen muß der Verschlußmechanismus des Gewehrs die Absperrung der Gase nach rückwärts, die sogenannte Liderung, übernehmen, wie wir es bereits bei den Hinterladungsgeschützen kennen gelernt haben. Der Hauptrepräsentant und sozusagen Urvater dieser Gruppe ist das preußische Zündnadelgewehr, und hierher gehören alle als Zündnadelgewehre bezeichnete Waffen, unter welchen außer jenem das französische M/66, nach seinem Erfinder gewöhnlich Chassepotgewehr genannt, die größte Bedeutung erlangt hat. Die Schwierigkeiten, für Handfeuerwaffen eine gute, dauerhafte Liderung durch den Verschluß zu bewirken, sind erheblich. Da Metallringe bei den kleinen Pulverladungen nicht schmiegsam genug sind, griff Chassepot, wie wir weiter unten sehen werden, zum Kautschuk, dem aber auf die Dauer die genügende Widerstandsfähigkeit gegenüber der hohen Verbrennungstemperatur des Pulvers fehlt. Die auf so hoher Stufe stehende Industrie Nordamerikas wählte, um jenen Schwierigkeiten aus dem Wege zu gehen, für die neuen Hinterlader, welchen der große Bürgerkrieg 1861—65 Geburtsrechte verlieh, die Metallpatrone, deren Hülse die Absperrung der Gase nach rückwärts übernimmt und somit bei jedem Schuß eine neue, darum sehr widerstandsfähige Liderung schafft. Ein Vorbild für dieselben hatte bereits 1850 der Pariser Gewehrfabrikant Lefaucheux in seiner gasdichten Schrotpatrone für Hinterladungsjagdflinten gegeben (s. weiter unten). Die Amerikaner prägten die Patronenhülsen aus einem Stück Kupferblech und legten die Zündmasse in den hohlen Rand der Krempe, welche am Boden der Hülse seitlich vorspringt, um als Angriffsstelle für den Patronenzieher zu dienen. Die Entzündung der Zündmasse erfolgte durch den im Verschluß liegenden Schlagstift oder Schlagbolzen, auf welchen der Hahn eines gewöhnlichen oder modifizierten Perkussionsschlosses wirkt. So entstanden die Systeme Remington, Peabody, Spencer, Henry (letztere beiden zugleich Magazingewehre), s. weiter unten. Die kupfernen Randzündungspatronen (Fig. 160) wurden vielfach von den europäischen Mächten, namentlich bei ihren Übergangssystemen von Hinterladern, womit sie nach 1866 ihrer Infanterie eine der preußischen ebenbürtige Bewaffnung Hals über Kopf zu schaffen suchten, angenommen, bei einzelnen sogar auf die neuen Systeme übertragen.

England schlug indes einen andern Weg ein, indem es die Patronenhülse aus zwei Hauptteilen, einer Bodenkappe und einer aus dünnem Messingblech zusammengerollten Seitenwandung, herstellte und statt der Randzündung die viel praktischere Zentralzündung annahm, welche auf einem in der Mitte des Patronenbodens angebrachten Zündhütchen beruht (Fig. 161—162). Bald gelang es auch der nimmer rastenden Technik, die Patronenhülsen aus dem widerstandsfähigeren Messing (statt des weicheren Kupfers) in einem Stück zu prägen und für Zentralzündung einzurichten, und damit war der jetzt in Europa verbreitetste Typus von Metallpatronen gefunden (Fig. 163).

Es erübrigt nun, einen Blick auf die Verschluß- und Schloßmechanismen der Hinterladungsgewehre zu werfen und dieselben nach gemeinsamen Gesichtspunkten zu gruppieren. Das Zündnadelgewehr von Dreyse ist der Ausgangspunkt einer zahlreichen und heute die erste Stelle einnehmenden Gruppe von Verschlußmechanismen gewesen, die man als Cylinder- oder Kolbenverschlüsse zu bezeichnen pflegt. Rückwärts des hinten offenen Laufes liegt ein Cylinder von bedeutender Länge, gewöhnlich Kammer genannt, da er zur Auf=

Fig. 160.
Schweizer Randzündungspatrone.
Z Zündmasse.

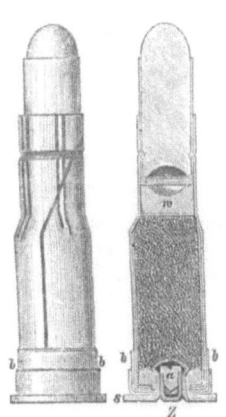

Fig. 161 und 162.
Englische Gewehrpatrone (gerollte Hülse). b Bodenkappe, s Kremve, Z Zündhütchen, a Amboß, w Wachspfropfen.

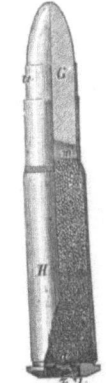

Fig. 163.
Deutsche Gewehrpatrone M/71. H Hülse, Z Zündhütchen, a Amboß, l Zündloch, w Wachspfropfen, G Geschoß, u Papierumwickelung.

nahme des Schlosses oder wenigstens wichtigerer Teile desselben ausgehöhlt ist, und findet seine Führung und sein Widerlager in dem hohlen Verschlußgehäuse, gewöhnlich Hülse genannt, welches mit dem Laufe verschraubt ist. Meistenteils hat die Kammer in der Hülse fortschreitende und drehende Bewegung. Mit der Verschlußeinrichtung ist bei den Cylinderverschlüssen in der Regel der Schloßmechanismus so kombiniert, daß die Mehrzahl der Teile an beiden Funktionen beteiligt ist, weshalb beim preußischen Gewehr überhaupt nur von einem Schloß die Rede ist. Die den Erreger der Entzündung, den Nadelbolzen, oder bei Metallpatronen Schlagbolzen, in Bewegung setzende Feder hat meistenteils eine gewundene Gestalt und wird (allerdings fälschlich) als Spiralfeder bezeichnet. Man spricht daher von Cylinderverschlüssen mit Spiralfederschloß. Die eigentümliche Bewegung des Verschlußcylinders und die Anordnung des Schlosses bedingen bei dieser Gruppe eine bedeutende Länge des ganzen Verschlusses und Schlosses und seitens des Schützen ziemlich ausgreifende Bewegungen bei Handhabung des Mechanismus. Diese indes kaum als Übelstände zu bezeichnenden Eigentümlichkeiten, sowie das in der Gewehrtechnik seit lange eingebürgerte Krappen- oder Hahnschloß sind Ursache gewesen, daß namentlich in der Übergangszeit, zum Teil auch bei neuen Modellen vielfach die sogenannten Klappen- oder Scharnierverschlüsse mit gewöhnlichem oder modifiziertem Hahnschloß Anwendung fanden und selbst namhafte Gewehrverständige denselben eine große Zukunft verhießen. Die ursprünglich hierbei vorgekommene Trennung des Verschluß= und des Schloßmechanismus widersprach den Grundsätzen der Einfachheit. Wenngleich nun einzelne hervorragende Techniker dieses Verschlußsystem fortzubilden und auf Grundlage desselben an sich vorzügliche Gewehrsysteme zu schaffen wußten, so vermochten sie doch einen Übelstand, der bei fast allen vorliegt, nicht zu beseitigen, nämlich den, daß der Schütze genötigt ist, die Patrone mit der Hand vollständig in den Lauf zu schieben, was bei den Cylinderverschlüssen der Mechanismus herbeiführt. Seit den letzten fünfzehn Jahren sind keine nennenswerten Konstruktionen dieser Gruppe mehr entstanden, mit Vorliebe hat man sich den Cylinderverschlüssen zugewendet, namentlich aber, wo es sich um Magazingewehre handelte.

Bezüglich der Anbringung der Verschlußklappen kommen bei diesen Verschlüssen erhebliche Verschiedenheiten vor, bei den Übergangssystemen ist namentlich die Lage der Drehachse quer zur Laufrichtung und dabei am oberen vorderen Teile des Verschlußstücks sowie parallel zu jener und seitwärts liegend verbreitet; erstere werden Fallen=, letztere Dosenverschlüsse genannt. Bei Neukonstruktionen findet sich die Lage der Achse hinten oben und quer zum Lauf (man spricht dann von Fallblockverschlüssen), oder vorn unten und ebenfalls quer zum Lauf (Hahnverschluß); endlich hat man die Lage der Achse parallel zum Lauf und versenkt in der Mittellinie des Gewehrs (Wellenverschluß).

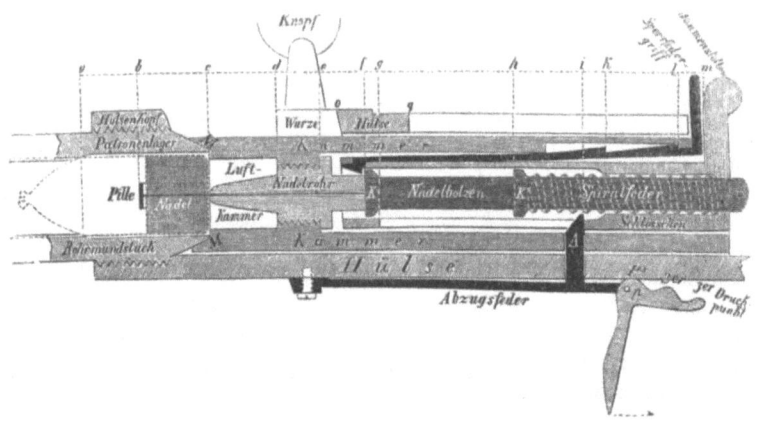

Fig. 164. Allgemeine Grundzüge der Konstruktion des Zündnadelmechanismus. Schematische Darstellung. Außer Verhältnis.

Die Vorzüge der gasdichten oder Metallpatronen vor den Papierpatronen sind so eminent, daß seit 1867 keine andern als auf ersteren beruhenden Systeme zur Einführung gelangt sind. Ein sehr wichtiger Teil solcher Gewehre ist der Patronenzieher, der bei vollkommenen Systemen ganz selbstthätig wirkt, indem das Ausziehen der leeren Patronenhülse mit dem Griff des Öffnens kombiniert ist. Die meisten der gegenwärtigen Systeme sind Selbstspanner, d. h. sie erfordern zum Spannen des Schlosses keinen besonderen Griff, und es ist damit die Zahl der notwendigen Ladegriffe (abgesehen vom Einlegen der Patrone) auf zwei vermindert. Von den Infanteriegewehren der Großmächte ist zur Zeit nur das österreichische kein Selbstspanner.

Wenn nun auch die vollkommensten Gewehre der Gegenwart eine außerordentliche Feuergeschwindigkeit aufweisen, so verschließt man sich doch der Ansicht nicht mehr, daß es in wichtigen Momenten einer noch größeren Steigerung derselben bedarf und es zu dem Ende nötig ist, den Schützen in den Stand zu setzen, eine beschränkte Zahl von Schüssen hintereinander abgeben zu können, ohne jedesmal dem Gewehr eine neue Patrone mit der Hand zuzuführen. Dies wird durch das (übrigens schon in früheren Jahrhunderten erdachte) Magazingewehr ermöglicht. An diesem ist ein besonderes Behältnis, das Magazin, meist in Gestalt einer im Kolben oder im Holze des Vorderschafts liegenden Röhre, welches eine Anzahl Patronen aufzunehmen vermag. Diese werden durch den Mechanismus nacheinander selbstthätig in den Lauf geführt, so daß der Schütze im stande ist, das Magazin

Hinterladungsgewehre.

auszuschießen, ohne das Gewehr aufs neue mit Munition versorgen zu brauchen. Das Verdienst, derartige Gewehre zuerst in lebensfähige Gestalt gebracht zu haben, gebührt, wie wir unten sehen werden, den Amerikanern.

Die übrigen Einrichtungen der Kriegsgewehre, wie Schaft, Garnitur, sind ziemlich unverändert von den Vorderladern übernommen worden. Bei den Modellen, welche ihre Verschluß= und Schloßmechanismen in metallenen Gehäusen von der ganzen Dicke des Schaftes bergen, besteht dieser letztere aus zwei getrennten Teilen, Kolben und Vorder= schaft, welche ihre Verbindung durch das erwähnte Gehäuse selbst erlangen. Sämtliche Eisenteile, auch der Lauf sind brüniert. Der Ladestock dient als Entladestock. Als Bajonett wird heute fast durchweg das Seitengewehr des Infanteristen benutzt. Die Züge winden sich mit Ausnahme derjenigen des französischen Gewehrs, welches links gezogen ist, von links über oben nach rechts und machen bei den Waffen mit 11 mm Kaliber gewöhnlich auf 50 Kaliber Länge eine Umdrehung.

In der nun folgenden Beschreibung einzelner Haupttypen stellen wir, aus bereits er= wähnten Gründen, das preußische Zündnadelgewehr voraus und geben an der hier beigefügten schematischen Darstellung (s. Fig. 164) eine Erklärung des Verschluß= und Schloßmechanismus, während uns die Fig. 165 und 166 das Gewehr in geöffnetem, zum Laden fertigem und in geschlossenem, schußbereitem Zustande zeigen.

Fig. 165. Preußisches Zündnadelgewehr, zum Laden geöffnet.

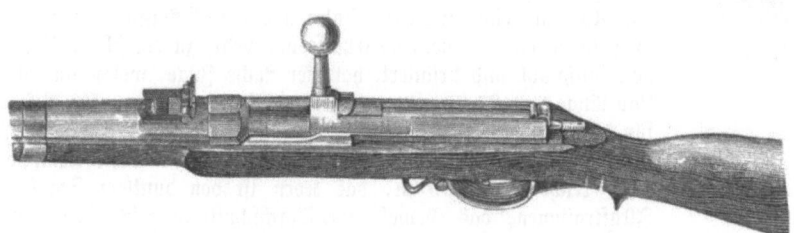

Fig. 166. Preußisches Zündnadelgewehr, geschlossen und gespannt.

Der Mechanismus des Schlosses (s. Fig. 164), der sich als hintere Verlängerung des Rohrs ansetzt, besteht im wesentlichen aus drei ineinander geschobenen hohlen Cylindern, von welchen der äußere, die sogenannte Hülse, oben in besonderer Weise ausgeschlitzt und mit seinem Kopfe an das hintere Laufende (Laufmundstück) angeschraubt ist, während die beiden inneren Cylinder (Kammer und Schlößchen) sich innerhalb der Hülse und in der Rich= tung der verlängerten Rohrachse verschieben lassen. Die Kammer verschließt mit ihrem Mundstück die Seele und umfaßt das Schlößchen, welches den Nadelbolzen und die Spiral= feder enthält. Die Handhabung, das Laden, Spannen und Abfeuern geschieht mit wenigen einfachen Bewegungen, wobei die Kammer an ihrem vorstehenden Griff vor- und zurück= geschoben und gedreht, das Schlößchen aber am hinteren Ende herausgezogen oder hinein= gedrückt und durch eine Sperrfeder in seiner Lage fixiert wird. Die Zündung erfolgt durch die in dem Nadelbolzen befestigte Zündnadel, welche, von der Spiralfeder vorgeschnellt, das Pulver durchdringt und die Zündpille durch Einstechen zur Explosion bringt.

Das eiförmige, 31 g schwere Geschoß (s. Fig. 167), Langblei genannt, sitzt in einem gepreßten Pappspiegel, welcher es auf der hinteren Hälfte umgibt und in Rotation versetzt, indem er sich zwischen das Projektil und die Rohrwände einzwängt. In diesem Spiegel wird die aus chlorsaurem Kali und Schwefelantimon, ohne Bindemittel, hergestellte

Zündpille fest eingelagert. Die ganze Patrone besteht also aus einer cylindrischen Hülse von gewöhnlichem Papier, in welche man zuerst die Ladung von 4,85 g Pulver einfüllt und sodann den Zündspiegel mit dem Geschoß einschiebt, an dessen Spitze die Hülse zusammengewürgt, gebunden und schließlich gefettet wird. Vorstehend beschriebener Einrichtung entsprachen im wesentlichen die Gewehre, Büchsen und Karabiner der deutschen Infanterie, Jäger und Kavallerie bis nach dem Feldzuge gegen Frankreich im Jahre 1870—71, nur Bayern führte andre Waffen. Eine schon vor dem Feldzuge geplante und durch diesen aufgehaltene Verbesserung in der Einrichtung des Zündnadelgewehrs und seiner Munition kam zwar nach dem Feldzuge zur Ausführung, doch war es über allen Zweifel erhaben, daß die Kaliber- und die Verschlußverhältnisse des Zündnadelgewehrs von den neueren Waffen in jeder Richtung überholt waren. Man schob deshalb die Dreyseschen Zündnadelwaffen zunächst in die Landwehrbestände über und führte ein von dem (1882 verstorbenen) Gewehrfabrikanten Wilhelm Mauser in Oberndorf in Württemberg gemeinschaftlich mit

Fig. 167.
Preußische Ordonnanz-Zündnadelpatrone von 1857—72.

seinem Bruder Paul konstruiertes und auf der Militärschießschule in Spandau eingehend geprüftes Gewehr, im Volksmunde Mausergewehr, offiziell Gewehr M/71 genannt, im Sommer 1872 in der Armee ein. Das Gewehr entspricht den an die Handfeuerwaffen der Jetztzeit zu machenden Anforderungen, d. h. es hat 11 mm Kaliber, führt eine gasdichte Einheitspatrone mit Messinghülse und Zentralzündung, massives Bleigeschoß und bedarf zum Laden und Fertigmachen, abgesehen vom Einlegen der Patrone, nur zweier Griffe, Öffnen und Schließen, wodurch zugleich das Spannen erfolgt. Es hat Cylinderverschluß mit Spiralfederschloß. Der gasdichte Abschluß wird durch die Metallpatrone gebildet und es genügt die einfache Anlehnung des Verschlußkopfes c (Fig. 168 und 169) an den Boden der Patrone sowie das genaue Passen derselben in das Patronenlager, um ein Zerreißen der Hülse zu verhüten und die relativ starke Ladung von $^1/_5$ Geschoßgewicht (Geschoß 25 g, Pulverladung 5 g) zu gestatten und somit eine Anfangsgeschwindigkeit von 440 m, eine gestreckte Bahn und eine Schußweite von 1600 m (gegenüber 1200 m bei dem Chassepotgewehr) zu erreichen. Das Rohr, von Gußstahl und brüniert, hat vier flache Züge, welche auf die ganze Lauflänge von 85 cm etwa $1^1/_2$ Umdrehung machen. Als Visier dient für die geringeren Entfernungen ein Standvisier und eine kleine Klappe, für die größeren eine nach Bedarf auszuziehende Schieberklappe, dieselbe reicht bis 1600 m, das Korn ist von dunklem Stahl. Unsre Illustrationen, das Gewehr im Durchschnitt in geschlossenem und gespanntem Zustande und in der äußeren Ansicht in geöffnetem Zustande zeigend, werden nur weniger erläuternder Worte bedürfen, um den Mechanismus verständlich hervortreten zu lassen. — Zum Öffnen des Gewehrs wird der Handgriff a der Kammer b links aufwärts gedreht und so weit zurückgeschoben, als es die an dem Widerlager w der Hülse h anstoßende Kammerscheibe m gestattet. Das Schlößchen d kann die Drehung der Kammer nicht mitmachen, da seine Leitschiene l, welche vor dem Zurückschieben des Verschlusses noch in dem Einschnitt der Hülse festgehalten ist, es daran verhindert. Die schief geschnittenen Flächen e e, mit welchen Schlößchen und Kammer aber während der erwähnten Drehung aneinander hingleiten, bewirken ein Zurückziehen des Schlößchens und des mit ihm verbundenen Schlagbolzens f und dadurch bereits eine teilweise Zusammenpressung (Spannung) der um den Schlagbolzen gewundenen Spiralfeder. Gleichzeitig lockert die neben dem Verschlußkopf c hervortretende Kralle g des Auszlehers, welche den Rand der im Patronenlager noch sitzenden leeren Patronenhülse erfaßt hat, die letztere. Beim nunmehrigen Zurückziehen des ganzen Mechanismus, dessen Richtung durch die in den oberen Schlitz der Hülse eingreifende Leitschiene l gesichert ist, nimmt der Auszieher die Patronenhülse mit und ein leichtes Drehen des Gewehrs genügt, sie nach rechts auszuwerfen. Das Schlößchen (mit Schlagbolzen) ist bei dem Aufdrehen der Kammer mit dem vorderen Absatze bis hinter den Abzugsstollen gelangt. Auf dieses erste Tempo (Öffnen, dabei Auswerfen der Hülse des

Hinterladungsgewehre. 115

vorhergehenden Schusses und teilweises Spannen) erfolgt das Einlegen der Patrone und als zweites Tempo das Schließen und völlige Spannen des Gewehrs. Der ganze Mechanismus wird nämlich mittels des Handgriffs a bis an das Laufmundstück herangeschoben. Dadurch geht nun die Patrone in das Patronenlager und das Gewehr spannt sich, indem Schlößchen und Schlagbolzen durch den Abzugsstollen festgehalten, die Spiralfeder aber auf letzterem durch das Vorschieben und Zudrehen der Kammer zusammengeschoben wird.

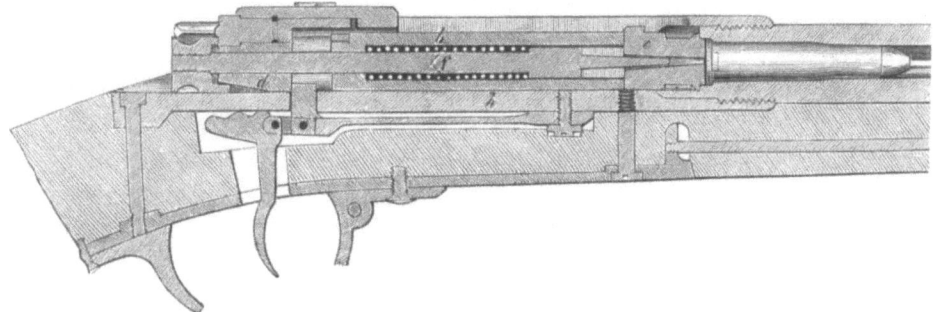

Fig. 168. Deutsches Infanteriegewehr M/71, geschlossen und gespannt, im Längendurchschnitt.

Dieses Zudrehen mittels des Handgriffs a schließt das Gewehr um so fester, als der Einschnitt der Hülse, an welchem der Handgriff a beim Schließen des Gewehrs herabgleitet, eine schraubengangartige Fläche q bildet. Wird nun durch den Drücker n die Abzugsfeder niedergebogen und somit der Abzugsstollen in die Hülsenwandung hinabgezogen, so wird der Schlagbolzen frei, die Spiralfeder schnellt nach vorwärts aus und treibt die Spitze des Schlagbolzens gegen das Zündhütchen der Patrone. Das Gewicht des Gewehrs ohne das als Bajonett aufzupflanzende Seitengewehr beträgt 4,5 kg, mit Bajonett 5,3 kg, die Länge des Gewehrs ohne Bajonett ist 1350 mm, mit Bajonett 1820 mm.

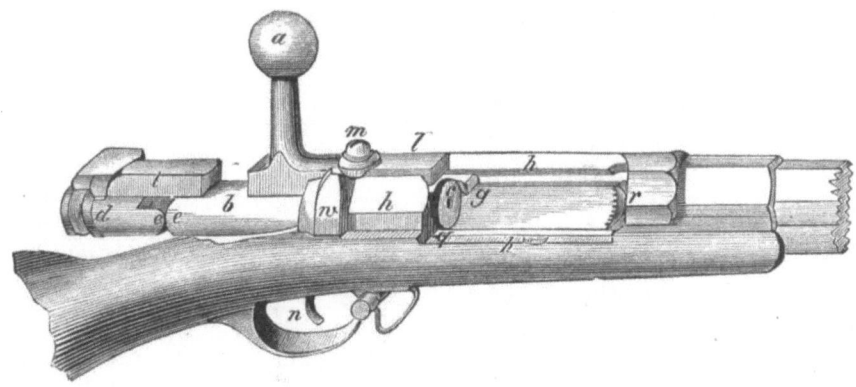

Fig. 169. Deutsches Infanteriegewehr M/71, zum Laden geöffnet.

Nach dem vorbeschriebenen System besitzt die deutsche Armee ein Infanteriegewehr, eine Jägerbüchse und einen Karabiner. Auch Bayern, das sein Werdergewehr zunächst für die Patrone M/71 aptiert hatte, hat jetzt im Interesse der vollständigen Einigung im Waffenwesen das M/71 angenommen.

Frankreich nahm das Zündnadelgewehr kleinen Kalibers (11 mm) unter dem Namen Chassepotgewehr an, indem ein kaiserliches Dekret vom 30. August 1866 dasselbe zur Ordonnanzwaffe erhob. Das Gewehr wurde 1858 von Chassepot, damals Arbeiter in der Werkstätte des Dépôt central de l'artillerie, vorgelegt und durch ausgedehnte, wohl vorzugsweise von dem bekannten französischen Oberstleutnant Neßler technisch geleitete Versuche zu einer Waffe ausgebildet, welche den vom Major von Plönnies zuerst entwickelten Grundsätzen über Konstruktion von Handfeuerwaffen entsprach.

15*

116 Geschützwesen, blanke Waffen und Stahlwerkzeuge.

Der Mechanismus des Chassepotgewehrschlosses, welches wir in Fig. 170 im Durchschnitt darstellen, erfordert drei Ladegriffe. Zuerst erfolgt das Zurückziehen des Nadelbolzens o, um dessen Schaft die Spiralfeder greift und an dem die Nadel befestigt ist,

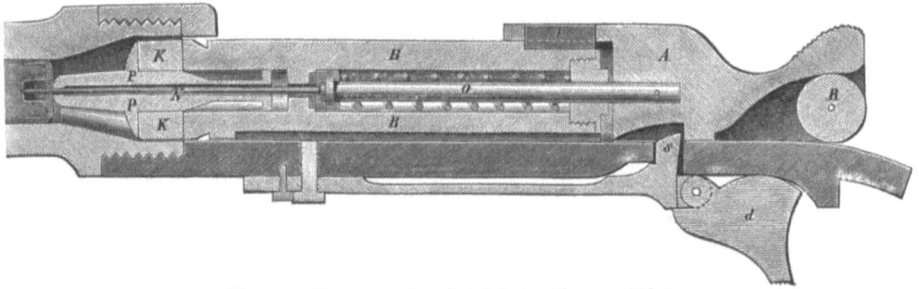

Fig. 170. Chassepotgewehr, abgedrückt, im Längendurchschnitt.

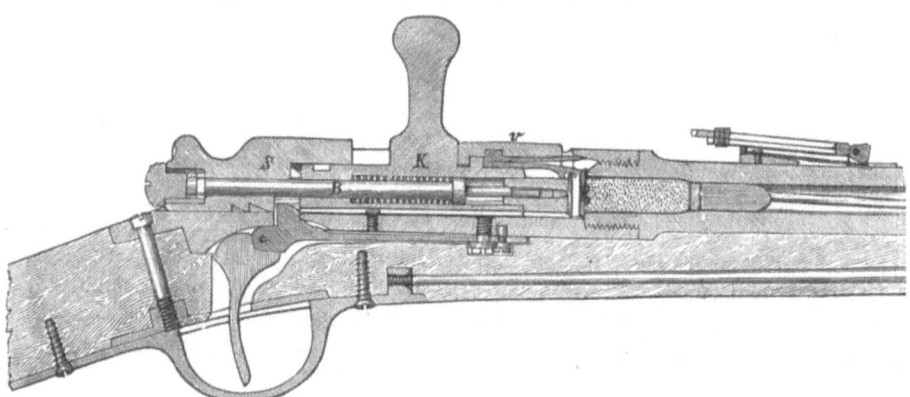

Fig. 171. Grasgewehr, geschlossen und gespannt, im Längendurchschnitt.

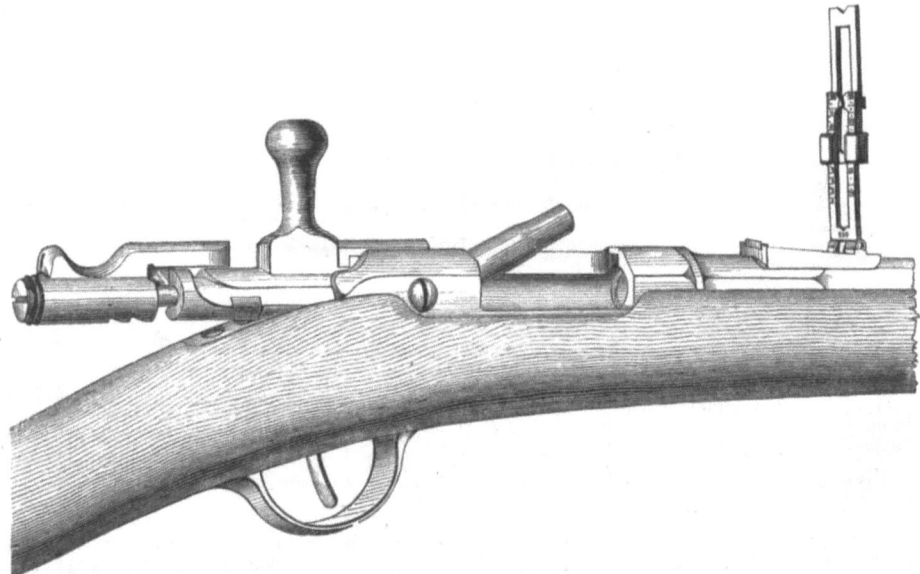

Fig. 172. Grasgewehr, geöffnet, Patronenhülse im Moment des Auswerfens.

mittels des Schlößchens A und dadurch das Spannen des Gewehrs. Diese Bewegung, welche durch die Rolle R erleichtert wird, entfernt den Ansatz l aus dem Schlitze der Kammer B und gestattet nunmehr das Aufdrehen und Zurückschieben der letzteren mittels des Griffes mit Knopf. Nunmehr kann die Patrone, welche ihr Zündhütchen in der Mitte des härteren Kartonbodens der papierenen und mit Seidenmusselin überzogenen Papierhülse trägt, und deren glattes, massives, 25 g schweres Bleigeschoß mittels einer konischen gefetteten Kartonhaube mit der Pulverhülse verbunden ist, eingelegt werden. Schließlich erfolgt das Vorschieben und Zudrehen der Kammer. Hierbei bleibt das Schlößchen am Abzugsstollen s stehen und die gespannte Stellung wird beibehalten.

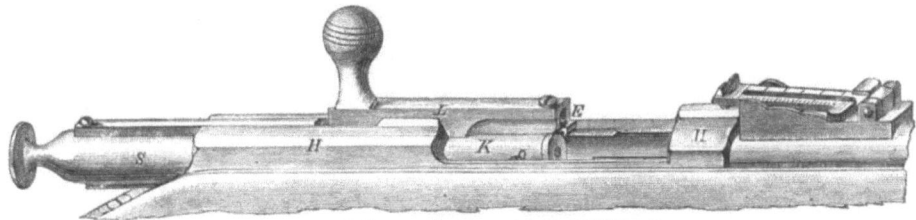

Nr. 173. Berdangewehr, Kammer halb zurückgezogen.

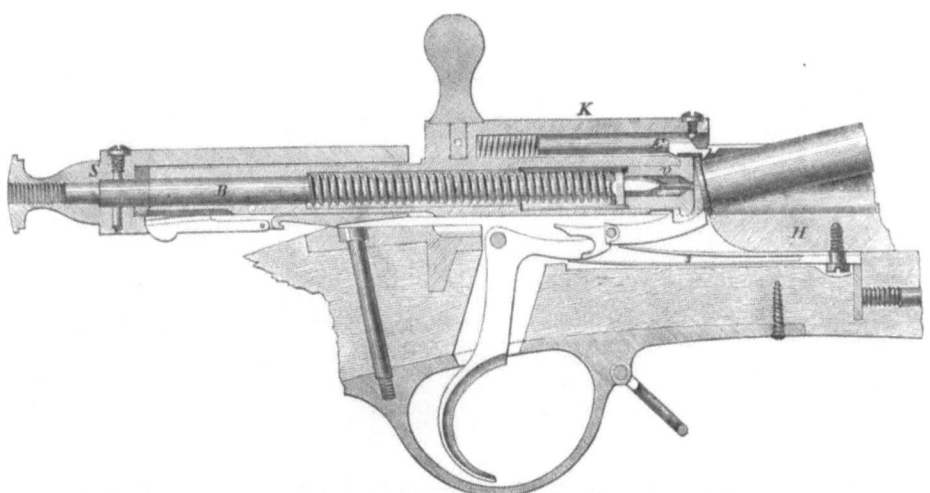

Nr. 174. Berdangewehr, geöffnet im Längendurchschnitt.

Durch das Zurückziehen des Abzugs kann der Nadelbolzen, durch die Spiralfeder bewegt, vorschnellen. Die Gasdichtung wird durch den auf die Kammer vorn aufgesetzten Kautschukring K gebildet, welcher durch den beweglich eingesetzten, zugleich als Nadelrohr dienenden Puffer P infolge der Gasspannung beim Abfeuern zusammengepreßt, sich in seinem Umfang erweitert und den Spielraum zwischen Rohr und Kammer verschließt. Diese Einrichtung hat sich indes nicht bewährt. Das Chassepotgewehr, wenn auch ballistisch dem Zündnadelgewehr Dreyses erheblich überlegen und zugleich an Feuergeschwindigkeit dasselbe überragend, hat im Kriege 1870—71 viele technische Mängel gezeigt und ist deren Hauptanlaß in der Kautschukliderung und in der Papierpatrone zu suchen. Man änderte dasselbe daher in den Jahren nach dem Kriege zur Metallpatrone um und nahm zugleich ein neues zeitgemäßes Gewehr an, dessen Ver-

Fig. 175. Vetterligewehr, geschlossen und gespannt.

schluß- und Schloßmechanismus ebenso wie der des umgeänderten Chassepotgewehrs vom Eskadronchef Gras herrührt. Offiziell heißt dasselbe Infanteriegewehr M/74. Es hat ebenso wie das niederländische Beaumontgewehr (bei dem indes in wenig glücklicher Weise die Spiralfeder durch eine im hohlen Kammergriff liegende Stangenfeder ersetzt ist) große Verwandtschaft mit dem Mausergewehr. Wir geben vom Grasgewehr in Fig. 171 einen

Längendurchschnitt, in Fig. 172 eine äußere Ansicht des Mechanismus. Ebenso wie Deutschland und Frankreich haben auch Rußland und Italien bei ihren neuen Gewehrsystemen Cylinderverschluß mit Spiralfederschloß, indes mit wesentlichen Abweichungen von jenen angenommen.

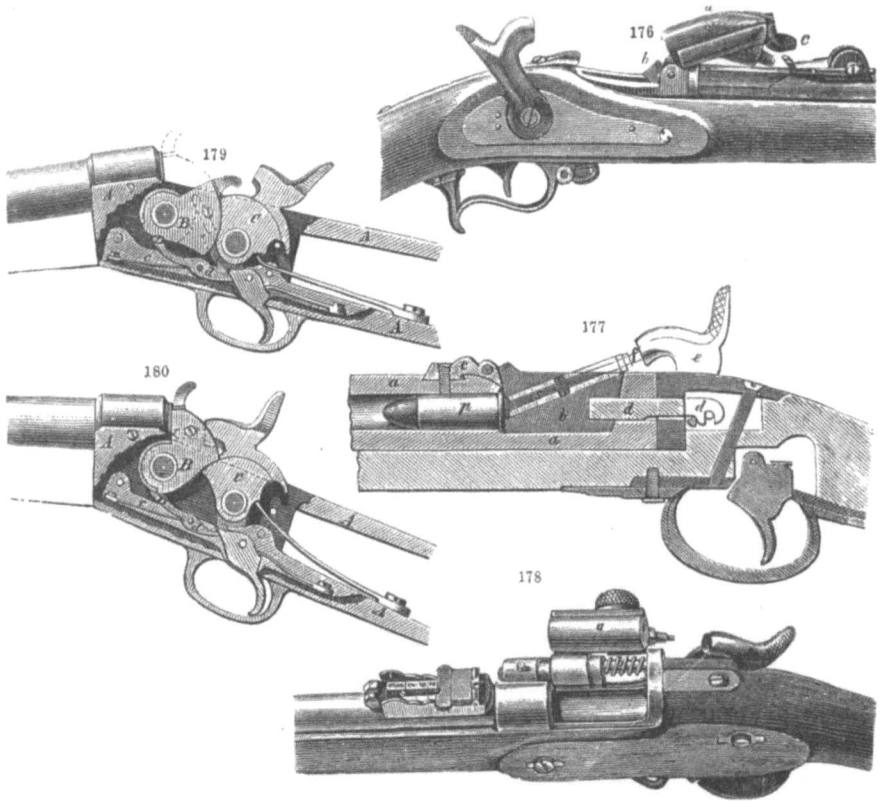

Fig. 176. Schweizer Abänderungssystem nach Milbank-Amsler. — Fig. 177. Österreichisches Abänderungssystem nach Wänzl.
Fig. 178. Englisches Abänderungssystem Snider. — Fig. 179. Dänisches Gewehr nach Remington, geöffnet.
Fig. 180. Dasselbe geschlossen.

Das russische Gewehr, eine Konstruktion des nordamerikanischen Generals Berdan, ist in Fig. 173 und 174, das italienische, von dem Schweizer Techniker Vetterli (gest. 1882) herrührend, in Fig. 175 abgebildet.

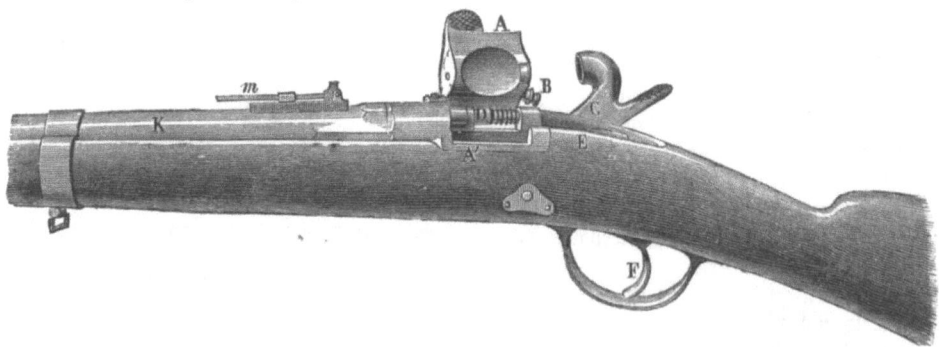

Fig. 181. Französisches Fusil à tabatière.
A Klappe, A' Verschlußgehäuse, B Schlagstift, C Hahn, E Schaft, K Lauf, F Abzug, m Visier.

Wenige erläuternde Worte über die drei Gewehre werden genügen. Die Gestalt der Hülse ergibt sich unmittelbar aus den Ansichten; die Kammer K wird bei Gras vom Verschlußkopf V umfaßt und setzt letzterer die an jener befindliche Leitschiene nach vorn fort.

Bei Berdan ist der Verschlußkopf mit der Kammer verschraubt und nimmt an deren Drehung teil (bei Mauser und Gras hat der Verschlußkopf keine Drehung). Bei Vetterli hat die Kammer nur fortschreitende Bewegung, ihre Handhabung erfolgt mittels der Nuß N. Die Auszieher E liegen bei allen drei Systemen oben, Auswerfer sind in der unteren Hülsenwand. Die Spiralfeder liegt bei Gras und Berdan ähnlich wie bei M/71, bei Vetterli umfaßt sie den hinteren Teil der Kammer und liegt zu Tage. Bei Gras und Vetterli tritt die Spannung mittels schiefer Flächen schon beim Öffnen ein, bei Berdan dagegen erfolgt sie erst beim Schließen, indem das die Kammer umfassende Schlößchen S am Abzug stehen bleibt, damit auch der Schlagbolzen und das vordere Ende der Spiralfeder f, deren hinteres Ende die weiter vorschreitende Kammer mitnimmt und so die Feder zusammendrückt.

Wir wollen nun die Waffen mit Klappen= oder Scharnierverschlüssen betrachten: Fig. 176 ist das nach Professor Amsler in Schaffhausen umgeänderte Schweizer Infanteriegewehr. Das Verschlußstück läßt sich mittels des Griffes c, der bei a noch ein besonderes Scharnier hat, leicht aufheben und auf das hintere Rohrende legen. Der Auszieher b schleudert hierbei die alte Hülse heraus. Das Gewehr wird geladen und das Verschlußstück wieder eingelegt, wobei c die Fixierung übernimmt. Der Schlagstift steht sodann in der Gestalt eines Pistons dem gespannten Hahn gegenüber, und das Gewehr ist zum Feuern bereit. Als neues Modell hat die Schweiz ein von Vetterli konstruiertes Magazingewehr angenommen (s. unten Repetiergewehre). Fig. 177 stellt uns das System des Gewehrfabrikanten Wänzl dar, nach welchem die österreichischen Vorderladungsgewehre in Hinterlader umgewandelt wurden. Das Verschlußstück b dreht sich wie das von Amsler um das am Rohr angebrachte Scharnier c und enthält wie jenes den hier im Durchschnitt sichtbaren Schlagstift s f. Die Fixierung des wieder eingelegten Verschlußstücks erfolgt durch Anwendung eines an die Nuß gehängten, also durch das Schloß vor und zurück bewegten, von hinten in das Verschlußstück eingreifenden Bolzens d. Die Patrone ist wie bei Amsler die

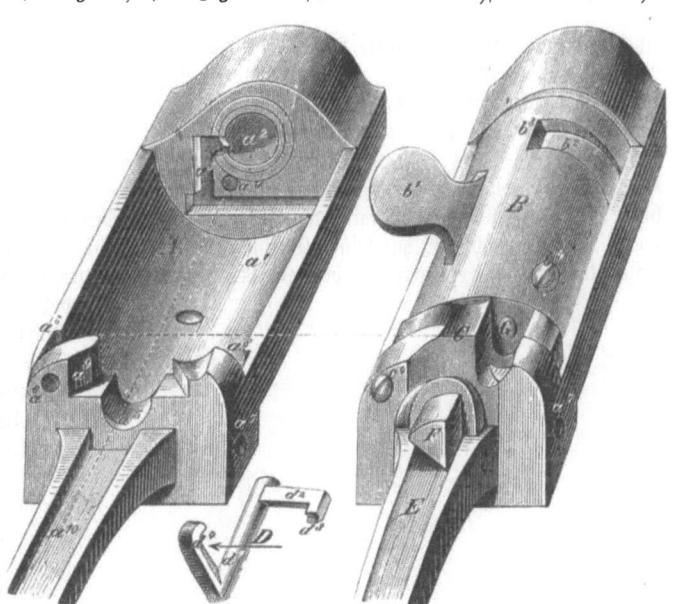

Fig. 182—184. Wellenverschluß des österreichischen Infanteriegewehrs (Werndl).

amerikanische. Die neuen Waffen Österreichs haben das Kaliber von 11 mm, sind vom Gewehrfabrikanten Joseph Werndl aus Steyr in Oberösterreich konstruiert und 1867 zur Einführung gelangt. Fig. 182—184 zeigt die Verschlußkonstruktion mittels der Welle B, die, am Griff b' aufgedreht, zugleich die Laderinne repräsentiert. Die Patronenhülse ist aus Tombak gefertigt und für Zentralzündung eingerichtet. Der Mechanismus fordert drei Ladegriffe: 1) Spannen mittels Aufziehen des Hahnes; 2) Öffnen des Verschlusses und Auswerfen der Hülse der abgeschossenen Patrone mittels Rechtsdrehen der Welle, indem diese auf den besonders abgebildeten, einen Winkelhebel mit verstellten Armen bildenden Auswerfer wirkt; 3) Schließen mittes Linksdrehen der Welle. Die bisherigen Waffen der nordischen Staaten Schweden, Norwegen und Dänemark sind nach Remington (Remington & Sons in Ilion, Staat New York), Fig. 179—180, konstruiert. Schloß und Verschlußteile befinden sich, wie bei allen neuen amerikanischen Waffen, in einem soliden metallenen Gehäuse, in welchem vorn der Lauf mit Vorderschaft, hinten der Kolben befestigt wird. Der Mechanismus erfordert folgende Griffe: 1) Spannen des massiven, unten als Nuß mit Rasten versehenen Hahnes C, wobei der Abzug als Stange fungiert; 2) Zurückziehen des Verschlußstücks B, welches zugleich den Schlagstift enthält; 3) Vorschieben des Verschlußstücks B, welches durch den Hebel d in seiner Lage gehalten wird. Fig. 179 zeigt das Gewehr geöffnet und gespannt, Fig. 180 geschlossen und abgedrückt. Der Hahn ist Widerlager des Verschlußstücks.

In Fig. 178 sehen wir das nach Snider abgeänderte Enfieldgewehr, mit welchem die englische Infanterie in der Übergangszeit bewaffnet war. Sein massives Verschlußstück a wird nicht auf das Rohr, wie bei Amsler und Wänzl, sondern zur Seite umgeklappt.

Fig. 185. Martini-Henrygewehr, geschlossen und gespannt.

Die in unsrer Figur sichtbare Spiralfeder drückt das Verschlußstück stets gegen das Rohr an. Die Patrone ist die oben beschriebene mit Zentralzündung. Der Schlagstift befindet sich in dem Verschlußstück. Das Schloß ist das gewöhnliche Perkussionsschloß, dessen Hahn den Stift gegen das Zündhütchen der Patrone schleudert. Eine ähnliche Abänderungskonstruktion führte 1870—71 die französische mobile Nationalgarde unter dem Namen fusil à tabatière (vergl. Fig. 181). Auch Holland und die Türkei hatten ihre alten Waffen nach Snider umgeändert.

Fig. 187 zeigt ein von dem Amerikaner H. O. Peabody 1862 erfundenes und von der Providence-Tool-Company (Rhode-Island) massenhaft produziertes Gewehr. Der Mechanismus gehört zu den Fallblockverschlüssen und wird, wie bei den später in Fig. 188 bis 191 dargestellten amerikanischen Gewehren, durch den als Hebel fungierenden Bügelbogen E gehandhabt. E hat seinen Drehpunkt in b. Stößt man E nach vorwärts, so zieht dessen kurzer, nach rückwärts gebogener Arm den um a drehbaren Fallblock abwärts und der Lauf ist zum Laden geöffnet.

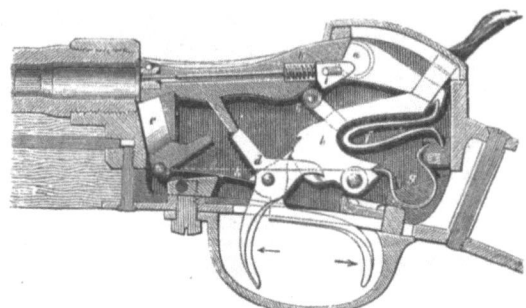

Fig. 186. Verschluß- und Schloßmechanismus des Werdergewehrs (geschlossen und gespannt). A Verschlußblock, b Hahn mit Friktionsrolle b, d Stütze, e Ejektor, f Verschlußstückfeder, g Schlagfeder, h Abzugsfeder, i Schlagstift mit Nase, k Spiralfeder.

Das vordere Ende des Verschlußstücks hat zugleich den Hebel F in Bewegung gesetzt und mit ihm die alte Patronenhülse herausgeschleudert. Die neue Patrone wird eingeschoben, der Hebel E zurückgezogen und so der Fallblock gehoben und das Rohr geschlossen. Die doppelarmige Feder G sichert den strammen Gang des Verschlußstücks. Der Hahn muß besonders gespannt werden, doch hat der Schweizer Martini in Frauenfeld auch diese Verrichtung durch ein den Bügel und den unteren Teil des Hahnes verbindendes Kettenglied mit der Verschlußbewegung vereinigt. Da indessen dieses gleichzeitige Spannen und Öffnen zu große Kraft erforderte, so wurde das Perkussionsschloß durch einen mit Spiralfeder umwundenen Stift ersetzt, welcher sich in dem Verschlußstück vor und zurück bewegen läßt. Beim Vorstoßen des Bügels wird die Spiralfeder zugleich zusammengedrückt und gespannt. Dieses Gewehr, dessen Abbildung wir in Fig. 185 geben, ist unter dem Namen Martini-Henrygewehr aus 65 mitkonkurrierenden Modellen mit einem Kaliber von $11{,}43$ mm in der englischen Armee 1871 zur Einführung gelangt. Der Mechanismus erfordert zwei Griffe: 1) Öffnen, Auswerfen und Spannen durch Vorstoßen des Bügels; 2) Schließen durch Zurückziehen des Bügels. Die Patrone ist für Zentralzündung eingerichtet.

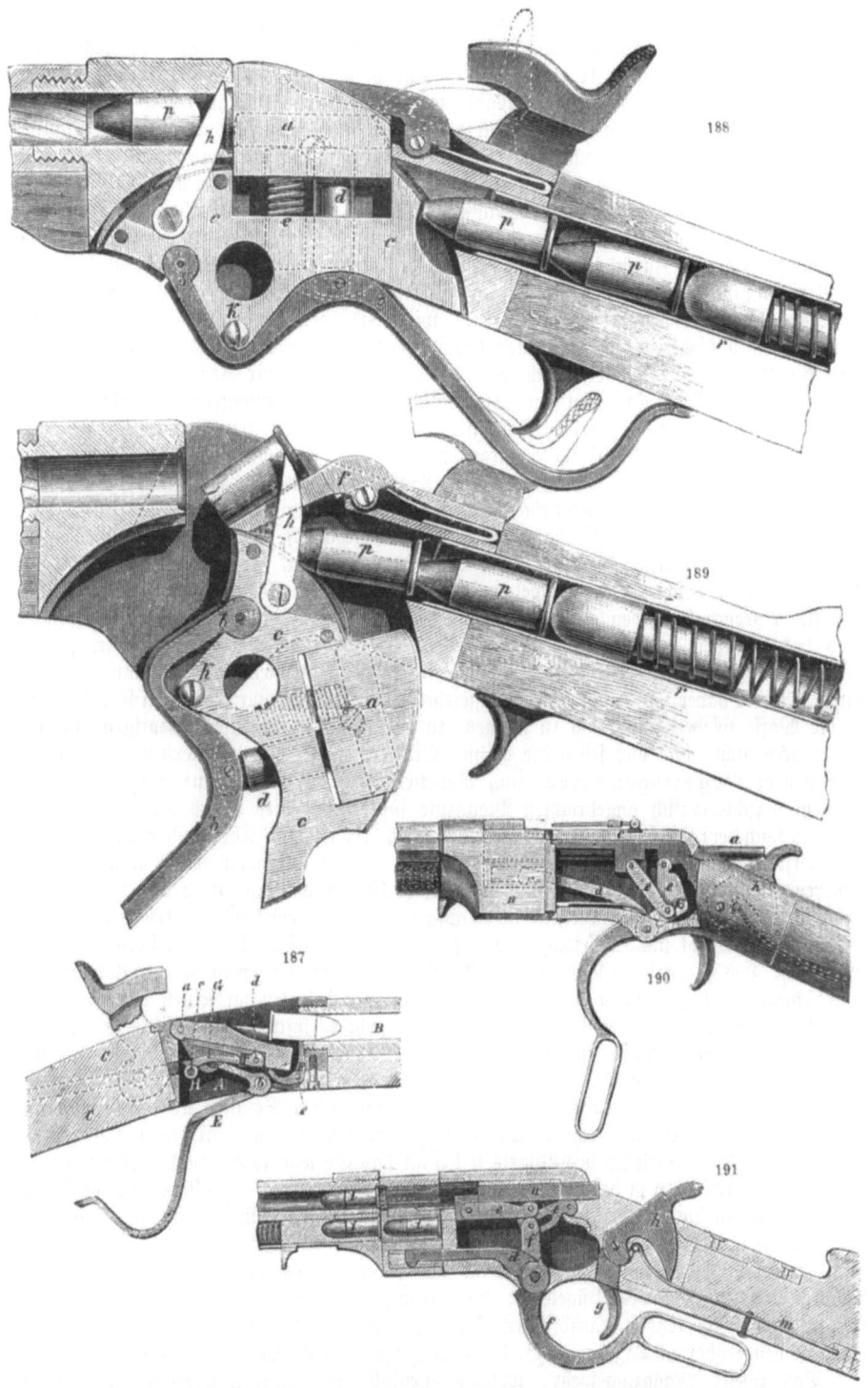

Fig. 187—191. Amerikanische Hinterlader und Magazingewehre.
Fig. 187. Verschluß vom Peabodygewehr. — Fig. 188 und 189. Spencersches Magazingewehr.
Fig. 190 und 191. Magazingewehr nach B. Tyler Henry.

Eine andre Abänderung des Peabodymechanismus erblicken wir in dem bayrischen Werdergewehr, so genannt von seinem Konstrukteur J. L. Werder, technischem Direktor in der Fabrik von Kramer=Klett in Nürnberg (gestorben 1885). Das Gewehr, welches sich, soweit es noch zur Verausgabung gelangte, im Feldzuge 1870—71 trefflich bewährte, hat ein Kaliber von 11 mm, Metallpatrone mit Zentralzündung. Den Verschluß= und Schloßmechanismus stellt uns Fig. 186 dar. Die Stütze d wird vorgedrückt, der Fall= block A dreht sich um a nach vorn abwärts und wird durch die Verschlußstückfeder f so heftig an der hinteren Laufmündung heruntergeschleudert, daß er den Auszieher e zum kräf= tigen Ausschleudern der leeren Patronenhülse veranlaßt. Nunmehr wird die neue Patrone eingeschoben. Durch Zurückziehen des Hahnes b, welcher mit der Friktionsrolle b' unter das Verschlußstück A greift und mit seinem unteren als Nuß eingeschnittenen Teile an dem als Stange fungierenden Abzuge hergleitet, wird das Gewehr geschlossen und gespannt, indem die Abzugsfeder h ein Austreten des Abzugs aus der Rast des Hahnes verhütet. Wird der Abzug nun, wie es durch den Pfeil in unsrer Figur angedeutet ist, zurück= gezogen, so wird die Rast frei und die halbkreisförmige Schlagfeder g schleudert den oberen Teil des Hahnes gegen den Schlagstift i. Dieser letztere tritt seinerseits wiederum, durch die spiralförmige Prellfeder k veranlaßt, aus der Patronenhülse heraus und bietet beim Öffnen des Gewehrs kein Hindernis. Die Waffe erfordert also zwei Griffe: 1) Öffnen und Auswerfen durch Vorwärtsdrücken der Stütze d; 2) Spannen und Schließen durch Aufziehen des Hahnes b. Wir haben oben bereits erwähnt, daß die bayrischen Truppen nunmehr auch das deutsche Gewehr M/71 angenommen haben.

Alle die vorbeschriebenen Gewehre sind sogenannte Einlader oder Einzellader, d. h. sie erfordern für jeden einzelnen Schuß das besondere Einlegen der Patrone mit der Hand des Schützen, was besonders zeitraubend ist, wenn die Patronen nicht in gewisser Anzahl bereit gelegt werden können, sondern einzeln der Patrontasche entnommen werden müssen. Wenn dabei nun auch, wie wir gesehen haben, meist nur zwei Griffe nötig sind, um die Waffe wieder schußfähig zu machen, so genügt das doch unsern heutigen Anforde= rungen noch nicht, und wir sehen die höchste Steigerung des Schnellfeuers in den Mehr= ladern oder Magazingewehren (auch Repetiergewehren), welche eine Anzahl Patronen in einem verschiedentlich angebrachten Magazine führen und diese durch den Mechanismus nach und nach dem Laufe zubringen. Die Waffe des Amerikaners Christopher M. Spencer ist die erste und bis heute noch die einzige, welche sich als Ordonnanzwaffe auch bereits in größerem Maßstabe im Felde erprobt hat. Die türkische Kavallerie ist in dem Kriege gegen Rußland 1877—78 mit Spencerkarabinern aufgetreten. Im amerikanischen Kriege 1860—64 haben General Grant und Sheridan eine äußerst günstige Ansicht über ihre Leistungen aus= gesprochen. Das Magazin derselben faßt sieben Patronen, befindet sich im Kolben in besonderer Röhre, kann herausgenommen und geladen werden. Der Bügel b hat seinen Drehpunkt in k (Fig. 188, 189). Stößt man ihn vorwärts, so zieht er mittels des Stiftes d das Ver= schlußstück a, unter Zusammenpressen der Spiralfeder e, in das Stück c hinein. Bei wei= terem Vorwärtsdrücken von b gelangt das ganze System in die Lage Fig. 189. Der Ex= traktor h schleudert die verbrauchte Hülse des vorhergehenden Schusses über f hinaus fort. Aus dem Magazin bringt, durch die Spiralfeder r geschoben, eine Patrone p vor auf das Stück c. Das Wiederanziehen des Bügels b bringt das System wieder nach und nach in die Lage Fig. 188, so daß p in das Rohr eintritt. Letzteres wird durch a, welches von der Spiral= feder e wieder in die Höhe gehoben wird, geschlossen. In a befindet sich der Schlagstift. Der Hahn muß besonders gespannt werden. Man hat demnach zur Bedienung dieses Ge= wehrs folgende Bewegungen nötig, wenn das Magazin geladen ist: 1) Spannen des Hahns, 2) Vorstoßen des Bügels b, 3) Zurückziehen des Bügels b. Spencergewehre wurden vielfach im letzten französischen Feldzuge, namentlich seit Gambetta an der Spitze stand, in den eroberten Lagern, z. B. bei dem Zuge nach Le Mans, erbeutet.

Das zweite Magazingewehr, welches ebenfalls in einzelnen Exemplaren schon im amerikanischen Kriege diente und bei Versuchen in Aarau den Sieg davontrug, so daß es, von Vetterli modifiziert, in der Schweiz eingeführt wurde, ist das von B. Tyler Henry aus New Haven in Connecticut konstruierte, nach ihm benannte und von der New Haven= Arms=Company in großen Massen gefertigte Gewehr, welches wir in Fig. 190 und 191 darstellen. Das Magazin liegt unter dem Laufe und faßt 15 Patronen. Das zeitraubende Laden des Magazins von oben ist von Winchester, dem Präsidenten der eben genannten Arms=Company, dahin verbessert worden, daß man dasselbe durch eine Klappe von der Seite laden kann. Das Gewehr heißt deshalb nunmehr Henry=Winchester. Wir setzen das Magazin gefüllt voraus und beschreiben den Mechanismus zum Laden und Ab= feuern: 1) Vorstoßen des Bügels f. Sein oberer kurzer Arm f' zieht mittels der Kettenglieder e e den Bolzen a zurück, welcher zugleich durch an seinem vorderen Ende angebrachte Haken den Auszieher bildet und mit seinem hinteren Ende den Hahn h in die gespannte Stellung drückt. Fast gleichzeitig setzt f den Hebel d in Bewegung, welcher eine aus dem Magazin in den kastenförmigen Zubringer vorgetretene Patrone mit diesem in die Höhe, hinter das offene Laufende, hebt. 2) Zurückziehen von f. Dadurch wird a vorgeschoben und drückt die Patrone in das Rohr. Der Zubringer senkt sich und nimmt eine neue Patrone aus dem Magazin auf. Das Gewehr ist schußfertig. Der abgedrückte Hahn h schlägt gegen a und treibt aus diesem den mit zwei stumpfen Spitzen versehenen Schlagstift gegen den Rand der Patrone, wodurch die Zündung erfolgt. Die Handhabung dieses Gewehrs ist gewiß einfach; denn sieht man von dem Füllen des Magazins ab, was keine Schwierigkeiten bereitet, so erfordert Henrys Gewehr nur zwei Ladebewegungen für jeden Schuß: Vordrücken und Zurückziehen des Bügels. Eine sehr sinnreiche Fortbildung dieses Gewehrs ist das in der Schweiz 1869 eingeführte Magazingewehr nach Vetterli.

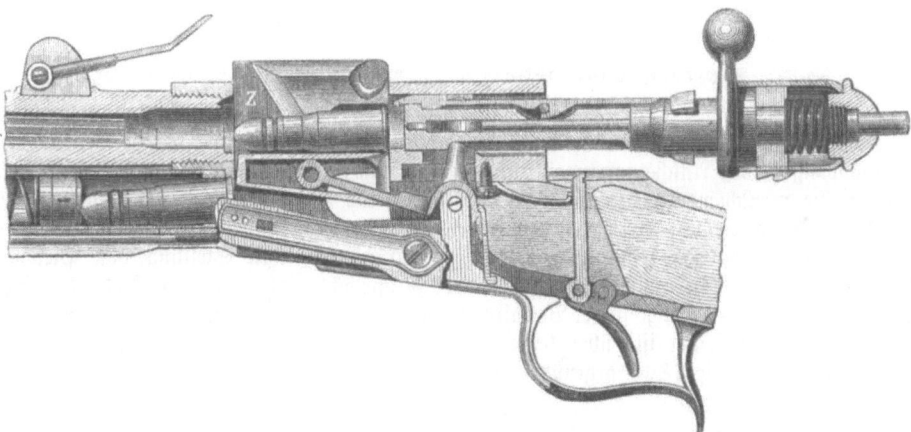

Fig. 192. Schweizerisches Magazingewehr Vetterli, geöffnet, Zubringer (Z) hoch, im Längendurchschnitt und teilweise in Ansicht (Schaftmagazin für elf Patronen).

Derselbe hat das Hahnschloß durch ein Spiralfederschloß ersetzt, welches wir bereits beim italienischen Gewehr gesehen haben. Öffnen und Schließen des Gewehrs erfolgt durch Zurück= und Vorschieben eines Verschlußcylinders, in welchem der Schlagstift geführt wird. Das Heben und nachherige Senken des Zubringers Z wird durch den Verschlußcylinder bewirkt. Wir verweisen im übrigen auf Fig. 192.

Seitens der größeren Armeen Europas verhielt man sich längere Zeit hindurch den Magazingewehren gegenüber ablehnend. Man erachtete die Feuergeschwindigkeit der Ein= lader als vollständig ausreichend und glaubte bei weiterer Steigerung und damit ver= größertem Munitionsverbrauch die gesicherte Munitionsversorgung auf dem Schlachtfelde in Frage gestellt. Außerdem scheute man die unvermeidliche größere Kompliziertheit der Ein= richtung bei den Mehrladern, ihr größeres Gewicht, die schwierigere Instandhaltung und den höheren Preis derselben. Hierzu kam, daß die bewährten Modelle, wie Spencer und Henry und auch das bereits als Vorbild geltende schweizerische Magazingewehr von Vetterli, nur für kurze Patronen mit geringem Geschoßgewicht und entsprechender Pulverladung kon= struiert waren und daher einen wesentlichen ballistischen Nachteil, namentlich der geringeren Tragweite, in sich schlossen. Die Lage des Magazins im Kolben hat zwar den Vorteil, daß sie auf die Schwerpunktslage des Gewehrs keinen ungünstigen Einfluß übt und die Zuführung der Patronen ohne komplizierte Einrichtungen möglich ist. Die Zahl der Patronen im Magazin ist aber naturgemäß eine geringe und muß sich bei langen Patronen gegenüber derjenigen bei Spencer noch wesentlich verringern, sie hat daher, wenn nicht besondere Komplikationen angebracht werden, kaum eine Zukunft. Das Magazin im Vorderschaft läßt eine größere Zahl von Patronen zu, hat aber den Nachteil, daß der Schwerpunkt des Gewehrs bei vollem Magazin weiter nach vorn gerückt wird und während des Ausschießens des Magazins seine Lage ändert. Die beim Schnellfeuer eintretende starke Erhitzung des Laufs übt einen ungünstigen Einfluß auf die Patronen des Magazins; endlich sind für die Zuführung der Patronen komplizierte Vorrichtungen erforderlich.

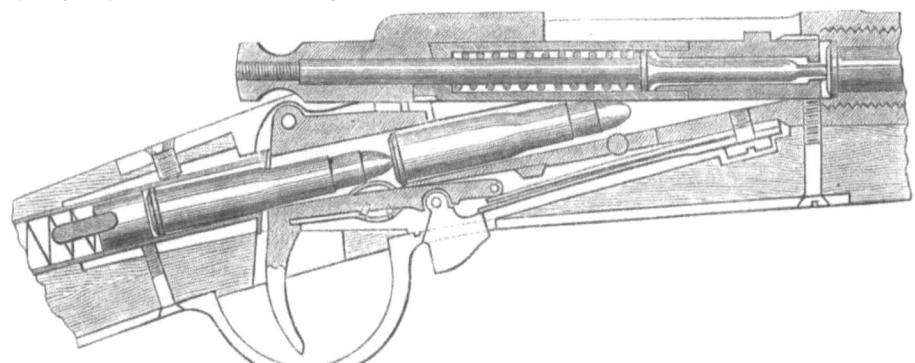

Fig. 193. Magazingewehr Hotchkiß, geschlossen und abgedrückt. (Kolbenmagazin für sechs Patronen.)

Wenn nun auch in den siebziger Jahren die Aussichten der Mehrlader auf weitere Verbreitung oder gar auf die Rolle als zukünftige Hauptwaffe gering waren, so trat ein Umschwung in den Anschauungen ein, als der russisch-türkische Krieg von 1877—78 von neuem die vernichtende Wirkung des Schnellfeuers vor Augen geführt hatte, wie es die türkische Infanterie mit ihren Martini-Henry-Einladern und Winchester-Mehrladern, besonders gegenüber den Angriffen der Russen auf die befestigte Stellung von Plewna, entwickelt hatte. Man verschloß sich seitens der Großmächte nicht mehr dem Gedanken, daß eine größere Armee, welche in der Bewaffnung mit Mehrladern der andern einen Vorsprung abzugewinnen im stande ist, über letztere eine ähnliche Überlegenheit erlangt, wie sie die preußische Infanterie 1866 gegenüber der österreichischen und süddeutschen besessen hatte.

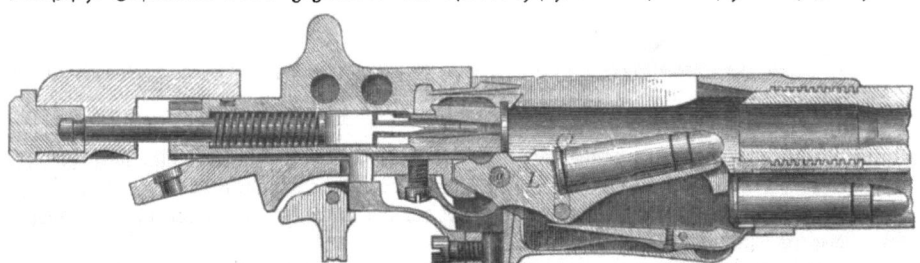

Fig. 194. Magazingewehr Kropatschek, zum Laden geöffnet, L Zubringer, a Drehachse desselben. (Schaftmagazin für acht Patronen.)

Für unsre heutzutage hochentwickelte Technik, welche auch im Zeitalter der Humanität dem Vernichtungswerk gern ihre Dienste leiht, bedurfte es keiner weiteren Anregung, um nicht bloß die amerikanischen Urtypen zeitgemäß fortzubilden, sondern auch neue, zum Teil sehr sinnreiche Kombinationen aufzustellen.

Zuerst gedenken wir hier einer Konstruktion des Nordamerikaners **Hotchkiß** (gestorben 1885 in Paris), welcher das Kolbenmagazin in sehr einfacher Weise mit dem Cylinderverschluß kombiniert hat*). Das Magazin, welches sechs Patronen faßt, ist viel leichter zu laden als bei Spencer, und das Gewehr läßt sich nach Belieben als Ein- wie als

---

*) Die Fig. 193—195, 198—202 und 204 entnehmen wir der Abhandlung „Erfindungen in der Waffentechnik der Neuzeit zur Erhöhung der Feuerschnelligkeit bei Handfeuerwaffen" von

Mehrlader verwenden (s. Fig. 193). Das Gewehr hat bei Versuchen in Nordamerika sehr Gutes geleistet. Die meisten neueren Erscheinungen dieses Gebiets und zugleich diejenigen, welche die größte Zukunft haben, gehören den Mehrladern mit Schaftmagazinen an.

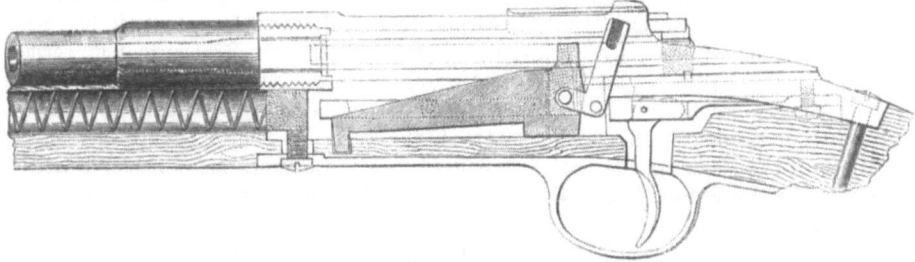

Fig. 195. Mausergewehr, zur Magazinladung aptiert.

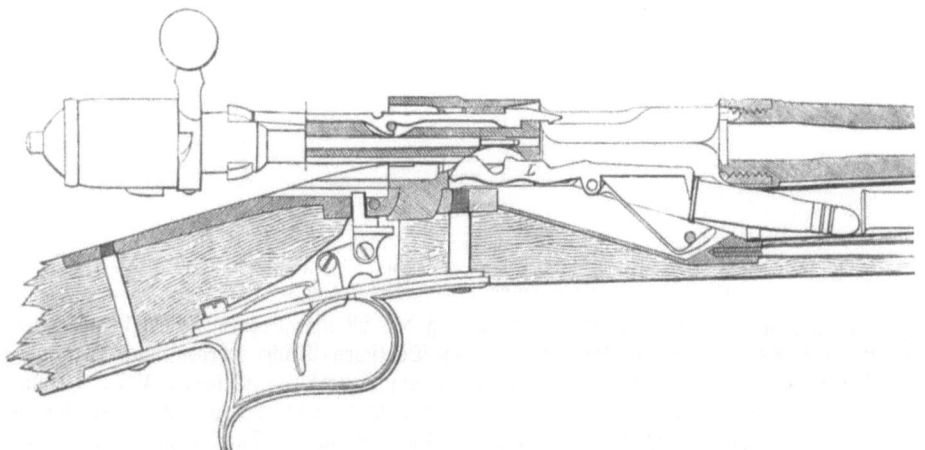

Fig. 196. Magazingewehr der italienischen Marine (Bertoldo), geöffnet, Zubringer (L) hoch, im Längendurchschnitt.

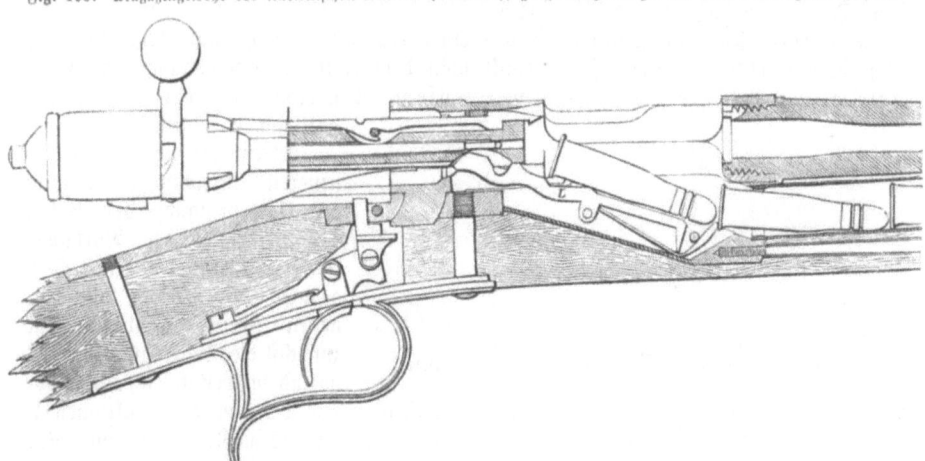

Fig. 197. Magazingewehr von Bertoldo, geöffnet, Zubringer (L) tief. (Schaftmagazin für neun Patronen.)

Man hat den in senkrechter Richtung laufenden kastenförmigen Zubringer Henrys und Vetterlis, der bei langen Patronen eine zu unsichere Führung hat, durch den löffelartigen ersetzt, der in einem Ausschnitt der unteren Hülsenwand um eine in seinem hinteren oberen Teile liegende Querachse abwärts drehbar (ähnlich dem Fallblockverschluß) angebracht ist. Dieser

---

Konrad Kromar in „Mitteilungen über Gegenstände des Artillerie= und Geniewesens, herausgegeben vom k. k. technischen und administrativen Militärkomitee" (Wien 1885).

Löffel senkt sich mit seinem Vorderteil behufs Aufnahme einer neuen Patrone aus dem Magazin und hebt sich wieder, um letztere hinter das Patronenlager zu bringen, in welches sie durch den vorgehenden Verschlußcylinder eingeführt wird. Die Bewegungen des Löffels sind mit denen des Verschlußmechanismus, der ein Cylinderverschluß ist, kombiniert und so selbstthätig gemacht. Die löffelartige Anordnung des Zubringers kommt zuerst bei dem für die österreichische Gendarmerie bestimmten Magazingewehr von Fruhwirth vor; demnächst finden wir dieselbe bei dem 1878 für die französische Marine angenommenen System Gras-Kropatschek, welches bei den Feldzügen in Tunis und Tonkin vorzügliche Dienste geleistet hat (s. Kropatschekgewehr in Fig. 194). Das Senken des Löffels L wird hier durch das Umlegen des Kammergriffs, das Heben durch das Zurückziehen der Kammer bewirkt. Die jedesmalige Lage des Löffels wird durch die Zubringerfeder gesichert. Die Patronenzuführung kann vollständig abgestellt werden, worauf das Gewehr dann als guter Einlader dient. Eine ähnliche Aptierung des Grasgewehrs zur Magazinladung existiert von Vetterli.

Fig. 198. Schwedisch-norwegisches Magazingewehr Jarmann. L Zubringer, a Drehachse desselben.
(Schaftmagazin für acht Patronen.)

Auf ähnlichem Prinzip beruht die Aptierung des Mausergewehrs als Mehrlader von dem Erfinder des ersteren (s. Fig. 195). Im Deutschen Reiche werden nach Zeitungsnachrichten seit mehreren Jahren zur Magazinladung eingerichtete Gewehre M/71 bei einzelnen Truppenteilen geprüft. Eine ähnliche Konstruktion von Pietro Bertoldo wurde 1884 in der italienischen Marine eingeführt (s. Fig. 196 und 197). Im Jahre 1880 hat die schwedisch-norwegische Infanterie ein Magazingewehr nach der Konstruktion des Ingenieurs Jarmann angenommen (Fig. 198).

Eine vortreffliche Konstruktion eines Mehrladers mit senkrecht laufendem Zubringer, welche in Fig. 199 abgebildet ist, verdankt man dem rastlosen Erfinder auf dem Gebiete der Kriegs- wie der Jagdgewehre Franz v. Dreyse in Sömmerda, dem Sohne des Erfinders des Zündnadelgewehrs.

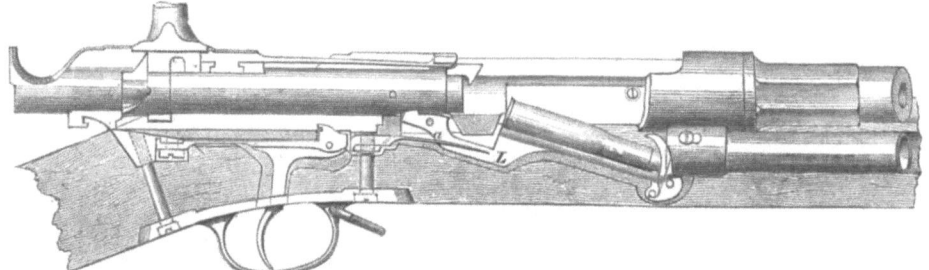

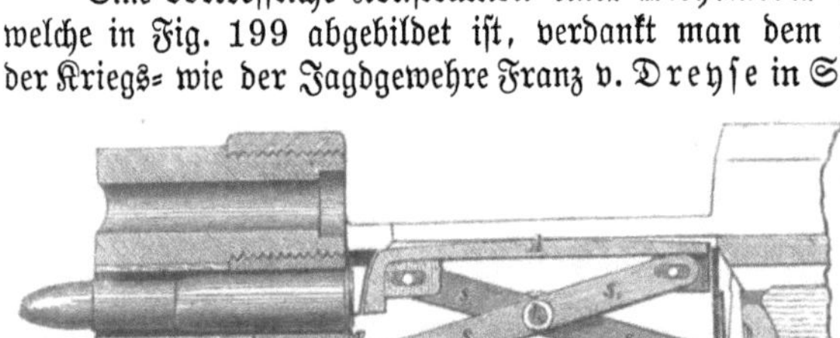

Fig. 199. Magazingewehr von Franz von Dreyse.
A Zubringer, S S Scherenhebel, K Achse desselben, F Hebelfeder.

Wenn die bisher erwähnten neueren Einrichtungen bezüglich der Unterbringung der Patrone den Prinzipien der Nordamerikaner treu geblieben sind, so begegnen wir vielfach auch ganz neuen Ideen. Hierher gehört zunächst die Anbringung des Magazins in Gestalt einer Revolvertrommel unmittelbar hinter dem rückwärtigen Laufende, wie bei den Konstruktionen von Roper, Spitalsky und andern. Sehr sinnreich ist ferner das im Kolben liegende Rohrbündelmagazin des österreichischen Oberingenieurs Mannlicher, welches in Fig. 200 und 201 abgebildet ist. Dasselbe ist für die Patrone des österreichischen Wernblgewehrs eingerichtet und umfaßt drei Röhren zu fünf Patronen, in jeder derselben eine Spiralfeder, welche die Patronen vorschiebt. Das Magazin befindet sich bei der Repetition in fortgesetzter Drehung, und die vorderste Patrone der zuoberst befindlichen Röhre wird jedesmal dem Laufe zugeführt. Wir sehen hierbei, allerdings unter Benutzung einer komplizierten Vorrichtung, den Hauptnachteil des Kolbenmagazins, seine geringe Patronenmenge, glücklich vermieden. Eine ähnliche Bedeutung hat desselben Erfinders Kolbenmagazin mit schräger Lagerung der Patronen. Mannlicher hat übrigens auch einen Mehrlader mit Schaftmagazin von sehr zweckmäßiger Einrichtung geschaffen. Eine seiner Konstruktionen wird jetzt in der österreichischen Armee geprüft. Bei allen bisher behandelten Mehrladern ist das Magazin in dauernder Verbindung mit dem Gewehr und bildet einen integrierenden Teil desselben, weshalb man diese Gewehre auch als einheitliche Magazingewehre bezeichnet. Bei allen vollkommneren Konstruktionen kann nach Bedarf die Patronenzuführung vollständig abgestellt werden. Alle diese Systeme bedingen aber, wenn sie einer schon vorhandenen Bewaffnung angepaßt werden sollen, sehr bedeutende Umänderungskosten. Man hat nun vielfach versucht, die Magazineinrichtung als solche zu umgehen und dennoch dem Gewehr die Vorteile desselben annähernd zu gewährleisten.

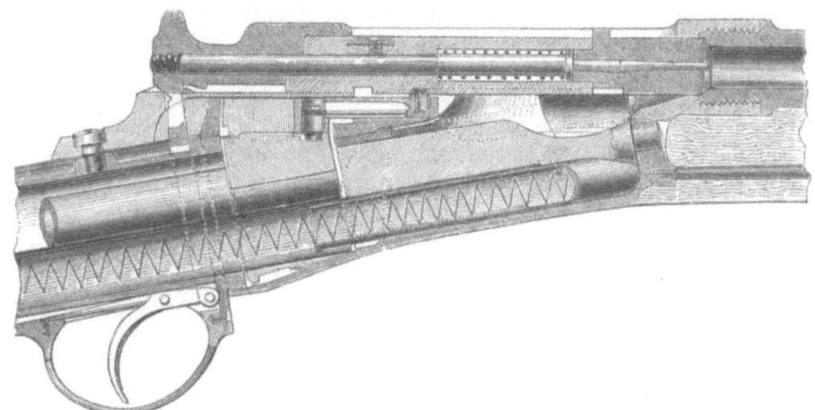

Fig. 200. Magazingewehr von Mannlicher mit Rohrbündelmagazin für 15 Patronen.

Der österreichische Büchsenmacher Krnka, nach dessen Idee seiner Zeit die russischen Vorderlader in Hinterlader umgewandelt wurden (dieses sogenannte Krnkagewehr, dem Sniderschen ähnlich, bildete 1877—78 die Ausrüstung der russischen Infanterie), brachte die Patronen in fächerartiger Lagerung zu je zehn Stück in Pappschachteln unter (Fig. 202) und gab dem Gewehrschaft eine sehr einfache Einrichtung, um die Schachtel in der Nähe der Patroneneinlage am Gewehr zu befestigen. Der Schütze konnte dann die Patronen sehr bequem und rasch aus der Schachtel entnehmen und ins Gewehr legen, jene nach Verbrauch des Inhalts sehr schnell durch eine gefüllte ersetzen. Aus diesen sogenannten Schnellladern entstanden die aufsteckbaren Magazine, aus welchen die Patronen durch den Mechanismus selbstthätig dem Gewehr zugeführt werden.

Fig. 201. Magazingewehr von Mannlicher. Rohrbündelvorderteil samt Nutentrommel.

Fig. 202. Patronenmagazin von Krnka.

Eine derartige vom Fabrikanten Ludwig Löwe in Berlin herrührende Einrichtung sehen wir in Fig. 203 abgebildet. Das Magazin umfaßt den Schaft bügelartig und kann nach Belieben am Gewehr angebracht werden. Das Löwesche Magazin ist in Preußen eingehend geprüft worden, aber nicht zur Annahme gelangt. Dasselbe mußte nach Verbrauch seines Inhalts jedesmal neu gefüllt werden, wie bei den einheitlichen Mehrladern. Die hierdurch entstehende Feuerpause hat der Amerikaner Lee durch sein Fig. 204 abgebildetes, aus dünnem Blech hergestelltes Magazin (zu 5 Patronen) zu vermeiden gesucht, indem er dem Schützen deren mehrere in die Patrontasche gibt, wovon jedes in etwa drei Sekunden am Gewehr angebracht werden kann. Das Leesche Gewehr gilt als das vollkommenste dieser Art und dürfte eine Zukunft haben. Eine Einrichtung des Grasgewehrs zum Aufstecken eines Magazins rührt von Werndl her.

Was die mittels der Magazinladung zu erreichende Feuergeschwindigkeit betrifft, so nimmt man im allgemeinen an, daß der Schütze auf diesem Wege in 2—3 Sekunden einen gezielten Schuß abzugeben im stande ist, wogegen beim Laden aus der Tasche 5—6 Sekunden für den Schuß veranschlagt werden müssen. Es leuchtet ein, welche Überlegenheit Mehrlader über Einlader haben müssen, wenn jene im stande sind, die Magazinladung auf genügende Zeit ohne Unterbrechung beizubehalten. Auf der andern Seite kann man sich aber auch dem Gedanken nicht verschließen, welche Gefahr der Munitionsvergeudung ein solches Gewehr in sich schließt und wie dem nur durch die strengste Feuerdisziplin entgegengewirkt werden kann. Wieviel größer aber wird diese Gefahr noch werden, wenn es erst gelingt, die Rückwirkung des Pulvers als bewegende Kraft für den Mechanismus auszunutzen? Ein Engländer Maxim hat dieser Idee bereits durch Konstruktion einer selbstthätigen Mitrailleuse, wie eines selbstthätigen Gewehrs Ausdruck gegeben. Es bleibt abzuwarten, inwieweit diese Erfindungen auf Kriegsbrauchbarkeit Anspruch machen können.

Wenn wir im Vorstehenden getreu dem Programm des Gesamtwerks den mechanischen Verbesserungen der Gewehre bis zur jüngsten Vergangenheit gefolgt sind, so muß auch noch einer ballistischen Vervollkommnung gedacht werden, die sich in aller Stille vorbereitet. Auch hier ist die Schweiz, ihren Traditionen getreu, wieder Bahnbrecher.

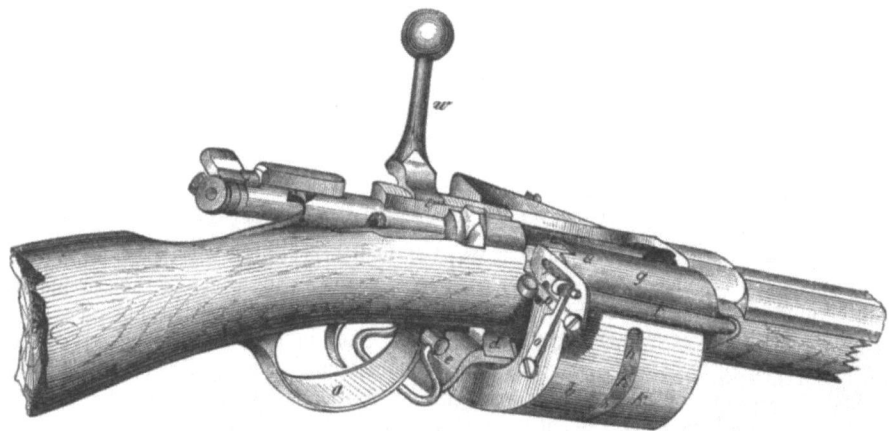

Fig. 203. Ansicht des mit dem Löweschen Patronenmagazin versehenen Mausergewehrs.
a Abzugsbügel, b Magazin für zwölf Patronen (h), k Schlitz des äußeren Mantels, d Knagge, c Schnappfeder, f Längenachse, g Löffel, o. p drehbarer Hebel, u Aussparung, v Leitschiene der Kammer, w Kammergriff.

Der schweizerische Professor Hebler in Zürich und Major Rubin erstreben seit Jahren eine weitere Herabsetzung des Kalibers der Kriegsgewehre. Längere Zeit hatte man geglaubt, daß mit den Kalibern von $10{,}5$ und 11 mm die denkbare Grenze der Kaliberverminderung erreicht sei. Daß dem nicht so ist, erweisen die Versuche der genannten Herren, denen besonders die spanische Militärschießschule in Toledo gefolgt ist. Hebler will das Kaliber des schweizer Magazingewehrs durch ein eingesetztes Rohr von $10{,}4$ auf $8{,}7$ mm herabsetzen, plant auch ein Gewehr von 8 mm, während Rubin sogar solche mit $7{,}5$ mm konstruiert hat. Die damit erlangte weitere Erleichterung des Geschosses, bei trotzdem günstiger Gestaltung zur Überwindung des Luftwiderstandes, und die Möglichkeit, die bisherige Pulverladung beizubehalten, ja sogar unter Verwendung langsam verbrennender Sorten noch zu vermehren, ergeben ganz erheblich gesteigerte Geschoßgeschwindigkeiten und damit wesentlich vermehrte Flachwirkung, Treffgenauigkeit, Tragweite und Durchschlagskraft der Waffe. Man spricht von Geschoßgeschwindigkeiten von 550 und 600 m in Stelle der bisherigen von höchstens 450 m. Das kleine Serbien hat bei seinem 1880 angenommenen Gewehr des Systems Mauser-Milanovic bereits ein Kaliber von $10{,}15$ mm gewählt, ebenso Schweden-Norwegen bei seinem neuen Jarmanngewehr. Bei der starken Kaliberverminderung würde sich die Verbleiung der Läufe, der man jetzt durch Papierumwickelung des Geschosses entgegenarbeitet, um so fühlbarer machen. Das bisherige Weichblei ist daher nicht mehr anwendbar. Man wählt Hartblei und gibt diesem eine kupferne Haut oder selbst Kupferringe. Der

Maschinenfabrikbesitzer Lorenz in Karlsruhe hat in seinem Compound- oder Verbundgeschoß das Blei mit einer dünnen Stahlhaube versehen und erzielt damit günstige Resultate. Die neuen Geschosse dienen bei erhöhten ballistischen Leistungen gleich den Zwecken der Humanität. Die verursachten Verwundungen werden weniger gefährlich, da das bisherige so nachteilige Umherspritzen des Bleies im getroffenen Körperteile wegfällt. Weitere Verbesserungen sind bezüglich des Treibmittels im Gange; man erstrebt ein Gewehrpulver von größerer Leistungsfähigkeit bei geringerer Rauchentwickelung und verminderter Verschmutzung wie Erhitzung der Läufe.

In einem derartig vervollkommneten Gewehre kleinsten Kalibers, dessen Geschosse, vermöge ihrer überaus gestreckten Flugbahn auf einen halben Kilometer Weite kaum bis zur Mannshöhe sich erhebend, gleichsam über den Boden fegen und ein freies Gelände vor einer Stellung für den Gegner absolut unbetretbar machen, welches ferner vermöge einer Verbindung mit einem zweckmäßigen Magazin (Schaftmagazin oder aufsteckbares) jenen mit einem wahren Platzregen von Blei zu überschütten vermag, würden wir unbedingt die Waffe einer nicht fernen Zukunft erblicken, wenn nicht militärisch-politische Rücksichten den tonangebenden Mächten die Verpflichtung auferlegten, um jeden Preis ein zur Massenfabrikation fertiges Magazingewehr bereit zu halten, um sofort damit auf der

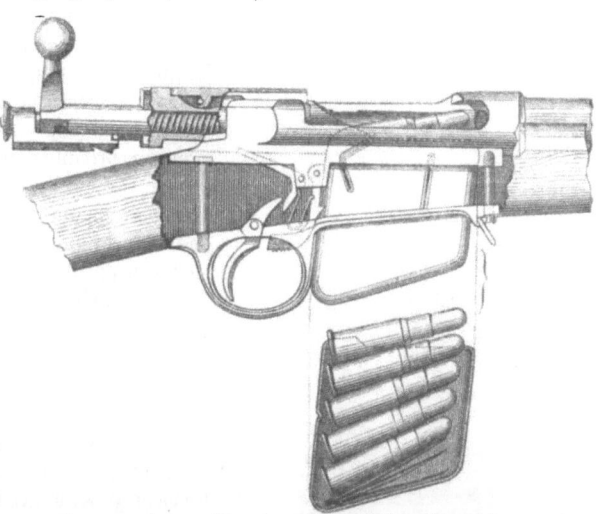

Fig. 204 und 205. Magazingewehr des Nordamerikaners Lee mit aufsteckbarem Magazin. Das Patronenmagazin ist besonders abgebildet.

Bildfläche zu erscheinen, sobald die Annahme eines solchen bei einem der Rivalen sich als fait accompli ergibt. Somit dürfte die noch immer eine lange Versuchsreihe benötigende Kaliberfrage vor jenem großen Moment wohl nicht mehr zur Erledigung gelangen. Das Magazingewehr liegt heute derart in der Luft, daß kaum noch Jahre bis zu seiner allgemeinen Annahme vergehen werden. Dann wird die Zeit da sein, wo man es unbegreiflich findet, daß man überhaupt hat ohne dasselbe existieren können, ganz ebenso wie es nach 1866 bezüglich des Hinterladers der Fall gewesen ist.

Jagdgewehre und Revolver. Das Buch der Erfindungen hat in seinem III. Bande der Jagd eine Abhandlung gewidmet. Wir geben deshalb einen kurzen Überblick über die neueren Jagdgewehre und beginnen mit den Schrotgewehren oder Flinten, welche, gewöhnlich doppelläufig, auf der niederen Jagd vorkommen. Für den Schrotschuß kann nicht die Rede davon sein, den Vorteil der Züge auszunutzen. Die Schrote müssen zusammenhalten, durch die Züge würde ihre Streuung unnütz erhöht; wir finden daher bei den Schrotgewehren ausschließlich den glatten Lauf, und zwar von viel größerem Kaliber, als es bei den gezogenen Gewehren sich als zweckmäßig herausgestellt hat. Die Kaliber schwanken zwischen $15{,}8$ und $19{,}8$ mm. Das am meisten verbreitete ist dasjenige von $17{,}6$ mm. Die Ladung muß in einem bestimmten Verhältnis zu dem Geschoßgewichte stehen oder, mit andern Worten, mit schwacher Ladung wird ein und dasselbe Schrotgewicht weniger Durchschlagkraft zeigen als mit starker auf die gleiche Entfernung. Es folgt hieraus, daß es durchaus fehlerhaft ist, wenn die Schrotmenge zur Erhöhung der Trefferzahl ungebührlich vermehrt wird. Das Wild wird in diesem Falle wohl getroffen, wenn es anders nahe genug herankommt, aber es wird nicht erlegt, d. h. die Schrote schlagen nicht durch. Der Jäger klagt jetzt über den geringen „Brand" seiner Flinte, d. i. Mangel an Perkussion, und manche Büchsenmacher wissen diesem Fehler nicht unbedingt abzuhelfen, weil sie häufig das Gegenmittel in einer besonderen Gestaltung der Seele suchen, über deren Ursache

Fig. 206. Verbundgeschoß von M. Lorenz.

sie sich aber keine Rechenschaft geben können. Die Gestalt der Seele ist für die Jagdflinte am besten ein reiner Cylinder. Eine Erweiterung der Seele auf dem hinteren Drittel, der sogenannte Fall, ist auch nicht schädlich. Die in England jetzt vielfach verbreiteten „choke bored", Läufe, welche kurz vor der Mündung eine plötzliche Erweiterung haben, sollen das Zusammenhalten der Schrote sehr begünstigen. Eine wissenschaftliche Erklärung dieser Erscheinung fehlt. Ein längere Zeit nicht gereinigtes, mit fest ansitzenden Pulverkrusten behaftetes Gewehr, sowie ein solches, dessen Seelenwände noch die Bohrringe oder sonstige Vertiefungen tragen, wird weniger Brand haben, weil eben die Schrote an den ungleichen Seelenwänden zum Nachteil ihrer Perkussionskraft und regelmäßigen Streuung eine größere Reibung erfahren. In diesem Falle hilft ein gründliches Reinigen und insbesondere ein glattes Auskolben dem Fehler ab. Schießt das Gewehr auch dann noch nicht „todt", wie der Jäger zu sagen pflegt, so ist seine Ladung nicht richtig ermittelt, und es muß dies in folgender Weise geschehen. Jedes Jagdgewehr soll seinen Gewichtsverhältnissen nach für eine Rundkugel gebaut sein, welche für sein Kaliber paßt. Das Gewehr muß demnach, mit einer solchen Kugel und etwa $1/4$ oder $1/5$ ihres Gewichts an Pulver geladen, gerade nur einen eben fühlbaren Rückstoß erzeugen. Ist der Rückstoß zu stark, so ist das Gewehr zu leicht gebaut; denn an der $1/5$ kugelschweren Ladung darf man bei einer gewöhnlichen Jagdflinte nur noch wenig abbrechen, ohne der Perkussionskraft Eintrag zu thun. Um nun das für diese Pulverladung passende Schrotgewicht zu finden, lade man zuerst die ganze Kugelschwere von Schrot und schieße auf die Entfernung, auf welche man das Gewehr einschießen will, gegen ein trockenes tannenes Brett, dessen vordere Fläche mit einem weißen Bogen Papier versehen ist. Man breche nun nach und nach, ohne an dem Pulver etwas zu ändern, an den Schroten so viel ab, bis man findet, daß die einzelnen Körner tief genug in das Holz einschlagen und der auf dem Papierbogen, der selbstverständlich bei jedem Schusse durch einen frischen ersetzt werden muß, an den Durchschlägen der einzelnen Körner sichtbare Boden des Streuungskegels der Schrote derart ist, daß die Zwischenräume keiner Kreatur das Entkommen sichern. Das Schrotgewicht wird sich auf diese Weise zu ungefähr dem Dreifachen des Pulvergewichts ermitteln, ein Verhältnis, welches auch bei den Büchsenkartätschenladungen der glatten Feldgeschütze bestand. Es versteht sich von selbst, daß der Jäger nunmehr, wenn er seiner Flinte den „Brand" erhalten will, die Pulver- und Schrotladungen für seine Patronen abwägen muß, und daß er nur dann auch bei den größeren Schrotsorten sicher ist, die richtige Zahl von Körnern zu laden. Die größeren Körner lagern sich nämlich nicht so zusammen, wie die kleinen. Wer also seine Schrotladung

Fig. 207.
Lefaucheuxflinte, zum Laden geöffnet, nebst Schrotpatrone (Fig. 208).

Jagdgewehre und Revolver.   131

nur nach dem Raume abmessen wollte, würde bei groben Schroten zu wenig Körner in den Lauf bekommen. Das Laden der Flinte aus der Hand oder mittels eines am Pulverhorne angebrachten, nicht für die Flinte regulierten Maßes ist nicht zu empfehlen. Namentlich ist vor den zu starken Schrotladungen zu warnen. Denn abgesehen von der nach unsrer Darlegung völligen Zwecklosigkeit dieses Verfahrens kann das Springen des Gewehrs viel leichter durch die nur schwer zu bewegende Masse der Schrotkörner erfolgen, welche das Pulver in dem Laufe gewissermaßen verdämmen, wie in dem Bohrloche eines Steins, als durch eine starke Pulverladung bei wenig Schrot. Der aufmerksame Schütze wird finden, daß jedes Gewehr eine bestimmte Schrotsorte am besten schießt. Es ist dies eine Folge der regelmäßigen Lagerung der Körner, welche natürlich von dem Verhältnis der Körnergröße zu dem Kaliber des Gewehrs abhängt. Es ist deshalb gut, wenn man nach dem Einschütten der Schrotkörner die Flinte senkrecht anhebt und die Schrote im Laufe einigemal sacht in die Höhe schnellt, wodurch sie sich regelmäßiger lagern. Der Pfropf zwischen Pulver und Schroten soll beide Ladungen sicher trennen und bei dem Schusse den Schroten als Treibscheibe dienen. Er darf also nicht rasch verbrennen, weil sonst die Schrote durch die Pulvergase zu unregelmäßige Stöße bekommen und vor der Mündung auseinander fahren und zu stark streuen. Der Pfropf über den Schroten soll dieselben nur zusammenhalten und ferner verhüten, daß bei der Handhabung des geladenen Gewehrs einzelne Schrotkörner herausfallen. Beide Pfröpfe dürfen nicht unnötig fest aufgehämmert werden, weil man sonst einesteils das Pulver zerstampft und die regelmäßige Verbrennung der Ladung beeinträchtigt, andernteils aber die Schrote ineinander klemmt, platt drückt und dadurch der regelmäßigen Streuung Eintrag thut.

Von den verschiedenen Schrotsorten wendet man aus naheliegenden Gründen für die größeren Tiere die gröberen, für die kleineren die feineren Sorten an. Die Körnergröße nimmt mit steigender Nummer ab, und man schießt z. B. große Raubvögel, wilde Gänse, auch Füchse mit Nr. 0 bis Nr. 3, Hasen mit Nr. 4 oder Nr. 5, Enten im Herbst und Winter mit Nr. 6, im Beginn der Entenjagd mit Nr. 7 und Nr. 8. Das beste Hühnerschrot ist Nr. 8 und Nr. 9, für Schnepfen ist Nr. 9 und 10, für Bekassinen aber Nr. 10—12 zu empfehlen. Die Schrotnummer über Nr. 13 nennt man auch Dunst. Von den gröbsten Sorten gehen etwa 12, von den feinsten 720—1800 und mehr Körner auf ein Neulot. Doch ist diese Nummerbezeichnung auch nach den Fabriken verschieden und daher nicht absolut zu nehmen.

Noch ist ein Vorurteil zu erwähnen, welches man bei vielen Jägern findet, nämlich die Gewehre in geladenem Zustande längere Zeit aufzubewahren. Das Pulver zieht bekanntlich Feuchtigkeit an, und die Ladung wird dadurch Ursache zu Rosterzeugung, woher es kommt, daß solche Gewehre beim Herausschießen des alten Schusses öfters springen. Die Untersuchung eines solchen Laufes zeigte, daß der Rost tiefe Löcher gefressen hatte. Es handelt sich hier freilich um Fälle, in welchen die Gewehre monate-, ja selbst jahrelang geladen stehen. Ganz besonders gefährlich wird die erwähnte Sitte, wenn die Gewehre mit aufgesetzter Zündung aufbewahrt werden. Die Jagdzündhütchen enthalten nämlich meist Knallquecksilber, und aus diesen Knallquecksilberpräparaten

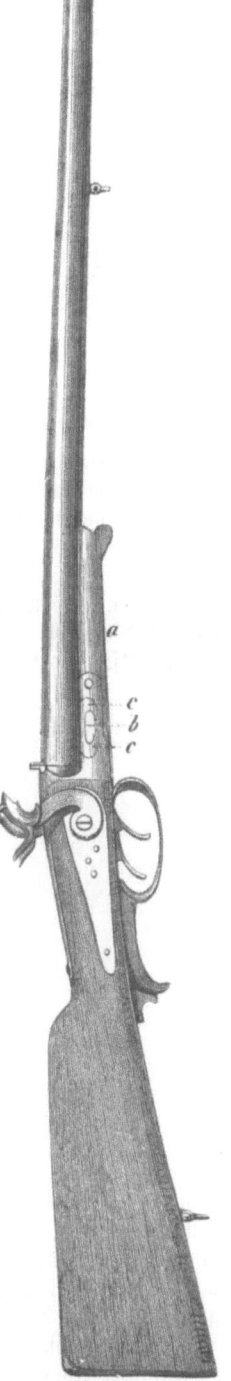

Fig. 209.
Lefaucheuxflinte, geschlossen und gespannt.

17*

entstehen bei ungünstigen Fabrikations- und Aufbewahrungsverhältnissen kleine, für ein unbewaffnetes Auge unsichtbare Kristallnädelchen, welche bei der geringsten Erschütterung zerbrechen und die Explosion des Satzes zur Folge haben. Daher das zeitweise Losgehen der Gewehre beim Aufsetzen der Hütchen und die für unerklärlich gehaltene Entladung von Jagdflinten, welche an der Wand hingen.

Das Prinzip der Hinterladung hat sich in neuerer Zeit auch bei den Jagdgewehren vollständig Bahn gebrochen, doch ist es hier nicht, wie bei den Kriegsgewehren, die größere Feuergeschwindigkeit, sondern die Bequemlichkeit des Ladens und die leichtere Behandlung des Gewehrs, welche den Ausschlag geben. Das erste Hinterladejagdgewehr von größerer Verbreitung ist dasjenige des Pariser Gewehrfabrikanten Lefaucheux gewesen. Man kann letztere etwa von 1850 ab datieren. Lefaucheux hatte den glücklichen Griff gethan, die Einheitspatrone

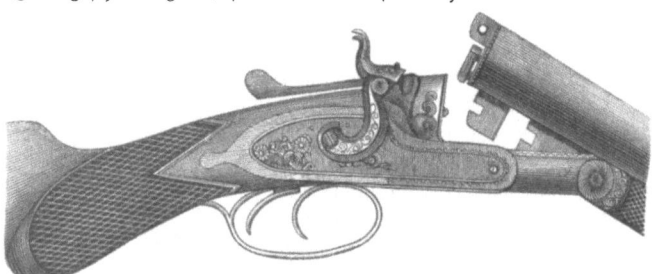

Fig. 210. Zentralfeuer-Doppeljagdgewehr nach dem neuesten dreifachen Verschluß (Laufbefestigung).

gasdicht zu machen. Noch heute ist das Lefaucheuxgewehr, obgleich technisch von andern Systemen überholt, unter den Jägern sehr eingebürgert. Den höchst einfachen und für Jagdgewehre genügend haltbaren Mechanismus zeigt uns Fig. 207, das Gewehr zum Laden geöffnet. Hebel a wird von links nach rechts gedreht, Zapfen b stellt sich quer und verläßt den Doppelhaken c, die Läufe senken sich um das Scharnier e, die Patronen werden bei ff eingeschoben und die Läufe wieder gehoben. Der Zahn d drückt dadurch den Zapfen b und mit ihm den Hebel a wieder nach links und ein Druck des rechten Daumens schiebt den Hebel a fest, so daß b in c eingreift.

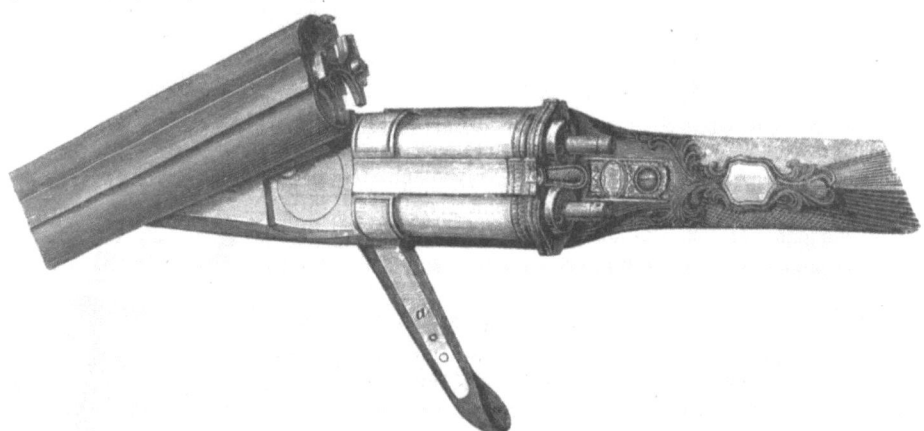

Fig. 211. Zündnadel-Doppeljagdgewehr von Franz v. Dreyse, Läufe geöffnet.

Die Einrichtung der Patronen, welche namentlich die Fabrik von Gevelot in Paris, sowie Dreyse und Collenbusch in Sömmerda liefert, wird durch Fig. 208 sowohl dem Äußeren nach als auch im Durchschnitt veranschaulicht. Die Hülse ist von dünner Pappe und trägt in ihrem mit niedriger, geprägter Kappe aus Messingblech umschlossenen Boden das aufwärts stehende Zündhütchen, in welches durch den Schlag des Hahnes der Messingstift eingetrieben wird. Die Explosion des Knallpräparates erfolgt sofort und teilt ihr Feuer der Pulverladung mit. Der gasdichte Abschluß der Läufe wird einesteils durch das feste Anschließen der rechtwinkelig zur Seelenachse abgeschnittenen hinteren Fläche derselben an die in gleicher Weise bearbeitete vordere Fläche des Kolbenhalses, andernteils durch die Patronenhülse verbürgt. Die Läufe sind von ihrem hinteren Ende an auf die Länge der Patronenhülse

Jagdgewehre und Revolver. 133

und der Wanddicke dieser Hülse entsprechend aufgebohrt, so daß das stets gleichmäßige Ein=
schieben der Patrone, welche sonst nur durch den Messingstift zum Nachteil der geraden
Stellung dieses letzteren aufgehalten würde, gesichert ist. Aus dem Gebrauche der Einheits=
patrone, welche vor Feuchtwerden und Verschütten des Pulvers beim Laden sichert, folgt, daß
die Lefaucheuxgewehre meist eine geringe Ladung, etwa $1/7 — 1/6$ des Schrotgewichts, bedürfen.

In Fig. 209 sehen wir die Lefaucheuxflinte geschlossen und gespannt.
Das mit punktierten Linien angegebene Eingreifen des Doppelhakens c in
den mit dem Hebel a verbundenen Zapfen b wird keinen Zweifel mehr
über den bekannten Mechanismus lassen. Wir bemerken noch, daß Lefaucheux
diesen Verschluß noch in verschiedener Weise herstellt. Der von uns ge=
zeichnete ist der älteste und heute noch gebräuchlichste. Die Kaliber der er=
wähnten Gewehre und demnach auch Durchmesser und Länge der Patronen
sind verschieden und werden mit Nummern bis zu 28 bezeichnet. Diese
Nummern sind auf dem Messingboden der Patrone mit der Umschrift der
Firma aufgeprägt. Je höher die Nummer, desto kleiner das Kaliber.

Einen wesentlichen Fortschritt gegenüber dem Lefaucheuxgewehr zeigt
das Zentralfeuer= oder Lancastergewehr, bei welchem der Zündstift
nicht der Patrone, sondern dem Schloßmechanismus (ähnlich wie bei den
Kriegsgewehren) angehört. Die Patronenhülse enthält in ihrer messingenen
Bodenkappe das Zündhütchen, ähnlich wie bei der Kriegsmunition zentral
gelagert. Der Rand der Bodenkappe hat eine Krempe für den Auszieher.
Die Hülsenwandung ist wie bei Lefaucheux aus Karton. Die Schlösser
sind Hahnschlösser mit rückspringenden Hähnen. Die Zündstifte befinden sich
in schräg liegenden Pistons, welche ähnlich wie bei Perkussionsgewehren
angebracht sind. Jene nehmen den Schlag der Hähne auf und übertragen
ihn auf die Zündung. Am Verschluß kommen wesentliche Verbesserungen vor,

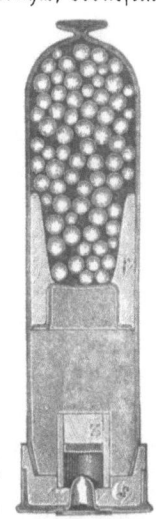

Fig. 212. Patrone
zu Dreyses Doppel=
jagdgewehr.

die namentlich eine größere Sicherheit gegen das Lockern der Läufe bezwecken. Die voll=
kommenste Konstruktion ist das Zentralfeuergewehr mit dreifachem Verschluß (s. Fig. 210).
Selbstredend steigert sich auch der Preis solcher Gewehre erheblich, trotzdem erfreut sich das
Zentralfeuergewehr jetzt einer ausgedehnten Verbreitung. Als Erfinder gilt ein Lütticher
Gewehrfabrikant Bernimolin, der schon 1850 solche Gewehre mit Munition herstellte, eher
als Lancaster, nach dem das Gewehr häufig benannt wird. Die Mängel des Lefaucheuxgewehrs,
welche hauptsächlich auf der Anbringung des Zündstifts in der Patrone beruhen, sind hier
vermieden, trotzdem ziehen viele jenes wegen seiner Einfachheit und Billigkeit noch heute vor.

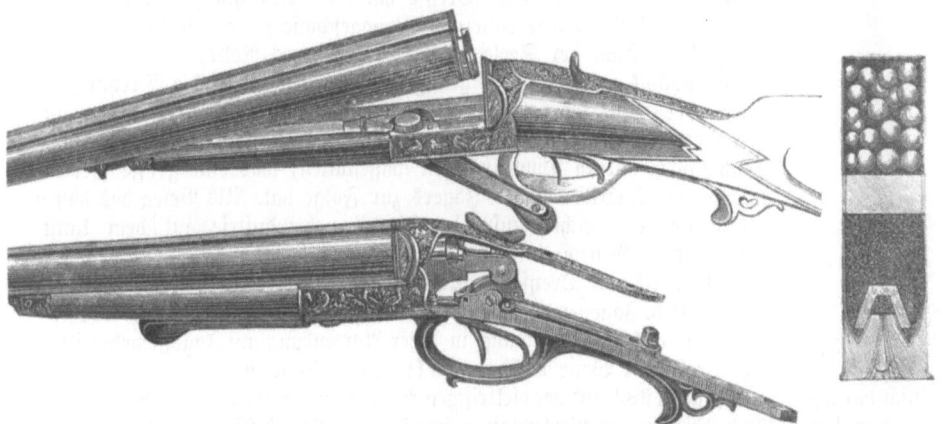

Fig. 213 und 214. Zündnadeljagdgewehr von Teschner mit Patrone.

Eine dritte Gruppe von Hinterladungsjagdgewehren bilden die Zündnadelgewehre.
Das anerkannt beste System dieser Art rührt von dem oben erwähnten Franz von Dreyse
in Sömmerda her und wurde bereits 1856 konstruiert. Die Läufe der Dreyseschen Doppel=
flinte sind seitwärts beweglich (s. Fig. 211). Zum Öffnen wird ein am Gewehr befindlicher

Hebel a nach links gedreht. Damit rücken die Läufe erst etwas vor und dann rechts seitwärts heraus, wodurch zugleich die Schlösser gespannt werden. Ein Herunterdrücken der Sperrfedern genügt, um die gespannten Schlösser zu sichern. Die Patrone (Fig. 212) hat eine Papierhülse, deren hinteres Ende in einen Schlußspiegel s eingeleimt ist. Letzterer übernimmt den rückwärtigen Abschluß und dient zugleich als Lager der Zündpille z. Zum Beseitigen desselben nach dem Schusse dient eine Ausziehvorrichtung. Der Treibspiegel f tritt infolge der verbrennenden Papierhülse in unmittelbare Berührung mit den Seelenwänden und bewirkt den von allen Jägern anerkannten kräftigen Schuß des Dreyseschen Gewehrs. Statt der Papier- können auch Kartonpatronen verwendet werden. Ein andres gleichfalls beliebtes Zündnadelgewehr rührt von dem Fabrikanten Teschner in Frankfurt a. O. her (Fig. 213—214).

In neuerer Zeit ist es gelungen, die Hülsen der Schrotpatronen aus dünnem Messingblech herzustellen. Dieselben sind gegen Feuchtigkeit unempfindlich, was von den Kartonhülsen nicht gilt, sichern das Pulver am besten gegen äußere Einflüsse und gestatten einen fortgesetzten Gebrauch bis zu Hunderten von Malen, während Kartonhülsen nur zwei- bis dreimal gebraucht werden können. Infolgedessen stellt sich ihre Verwendung erheblich billiger als diejenige der Kartonhülsen. Der Patronenfabrikant Kynoch in Birmingham stellt Messinghülsen für Schrotpatronen unter dem Namen Perfekthülsen her, selbstredend haben dieselben Zentralzündung.

Die Jagdgewehre mit gezogenen Läufen, Büchsen genannt, unterliegen gleichen Konstruktionsbedingungen wie die Kriegsgewehre. Man findet jetzt allgemein das Kaliber von 11 mm und Patronen mit starken Metallhülsen. Bei einläufigen oder Birschbüchsen wird häufig der Verschluß- und Schloßmechanismus der Kriegsgewehre direkt benutzt, so in Deutschland derjenige des Mausergewehrs. Daneben wird auch vielfach das sehr einfache und solide Patentschloß des Franz von Dreyse gebraucht, eine zeitgemäße Umbildung des Zündnadelschlosses zur Metallpatrone und Selbstspannung. Zur Jagd auf gefährliche Raubtiere haben die Magazingewehre vielfach Eingang gefunden, insbesondere die Konstruktionen von Spencer, Winchester, Dreyse, Mauser, Kropatschek, Werndl. Man wendet für diesen Zweck auch Explosionsgeschosse an, welche für Kriegszwecke völkerrechtlich verpönt sind. Dreyse hat eine Einrichtung erfunden, um aus einem glatten Laufe rotierende Langgeschosse zu verschießen: er setzt am hinteren Ende der Seele ein kurzes gezogenes Rohr, das sogenannte Rotationsstück, ein, welches genügt, um dem Geschoß die Drehung zu geben, die es bei der weiteren Bewegung im glatten Teil der Seele unverändert beibehält. Auf diese Weise kann man Doppelflinten beliebig in Büchsflinten und in Doppelbüchsen umgestalten, was eine große Vereinfachung der Ausrüstung des Jägers zur Folge hat. Als Beleg des hohen Standpunktes, welchen unsre deutsche Gewehrindustrie auf dem kunstgewerblichen Gebiete einnimmt, fügen wir die Abbildung eines in der Gewehrfabrik von Dreyse in Sömmerda kürzlich hergestellten, kunstvoll geschmückten Jagdgewehrs für den Kaiser von Japan bei (Fig. 215).

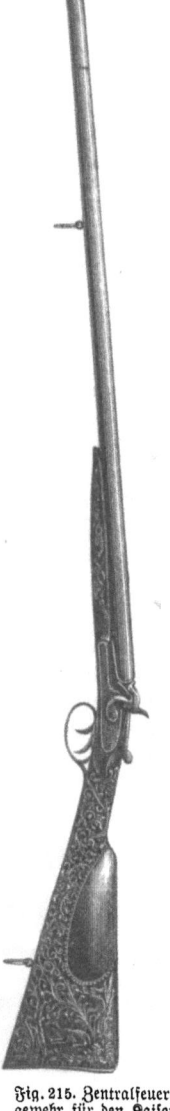

Fig. 215. Zentralfeuergewehr für den Kaiser von Japan, in Sömmerda hergestellt.

Die elektrische Zündung in ihrer Anwendung auf Jagdgewehre ist in sehr praktischer Weise bei dem elektrischen Gewehr von H. Pieper in Lüttich durchgeführt, welches 1883 auf der elektrischen Ausstellung in Wien vielen Beifall fand.

Revolver. Auch bei den zur Verteidigung in nächster Nähe bestimmten Feuerwaffen, den Pistolen, Terzerolen u. s. w., hat die Hinterladung Eingang gefunden. Der amerikanische Oberst Colt, Besitzer einer Patentfeuerwaffenmanufaktur zu Hartford, brachte zuerst eine solche, nach neuen Prinzipien gebaute Drehpistole, einen sogenannten Revolver, in den Handel. Die keineswegs neue Idee von mehrläufigen, zum Drehen des Laufstücks um seine Achse eingerichteten Pistolen war hier, im Interesse der Erleichterung, in der Art verbessert, daß nur die Pulverkammern, in eine solide Walze von Stahl gebohrt, sich drehten und ihre Geschosse nacheinander einem einzigen gezogenen Laufe gegenüber brachten. Der Umstand, daß der Coltsche Revolver für jeden seiner sechs Schüsse besonders gespannt werden mußte, erschien für alle Fälle des nächsten Handgemenges nicht geeignet, und die Engländer Adams und Deane konstruierten einen Revolver, welcher alle die oben beschriebenen Funktionen, nämlich Umdrehen des Cylinders, Spannen und Losdrücken des Hahnes, lediglich an die Arbeit des Abzugs band und auf diese Weise gestattete, die fünf Schüsse, welche der Revolver Adams-Deane führte, in einer Folge abzugeben. Dieser Revolver wurde in der englischen Marine eingeführt und soll in der Krim und in Indien gute Dienste geleistet haben.

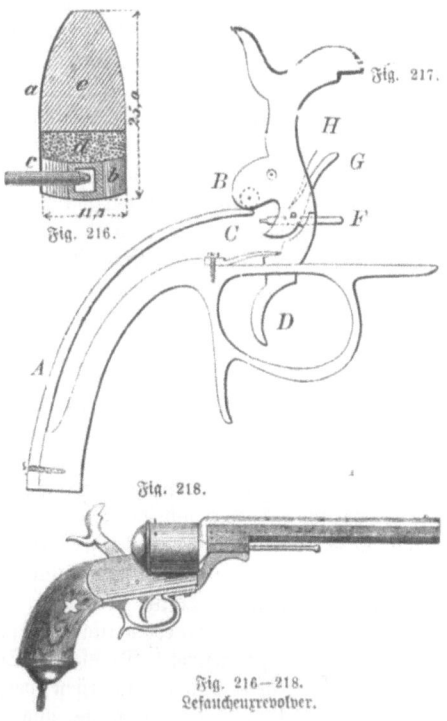

Im Privatleben und in der Offiziersausrüstung fand vielfach ein von Lefaucheux konstruierter Revolver Eingang. Der Vorzug des Lefaucheuxrevolvers vor den beiden genannten Konstruktionen bestand namentlich in der Einheitspatrone (in Fig. 216 in natürlicher Größe dargestellt), aus einer Kupferblechhülse, welche Zündung, Pulver und Geschoß verbindet und unter steter Drehung des Cylinders mit der linken Hand, nach Öffnung der dem Hahne gegenüber befindlichen Ladethür, mit der rechten Hand in die Patronenlager nach und nach eingeschoben wird. Fig. 217 zeigt den Schloßmechanismus des Lefaucheuxrevolvers in $1/2$ und Fig. 218 die zusammengesetzte Pistole in $1/5$ der natürlichen Größe. Der Hahn befindet sich in der Ruhrast. Sein unterer Teil vertritt die Stelle der Nuß, der Abzug die der Stange eines gewöhnlichen Perkussionsschlosses.

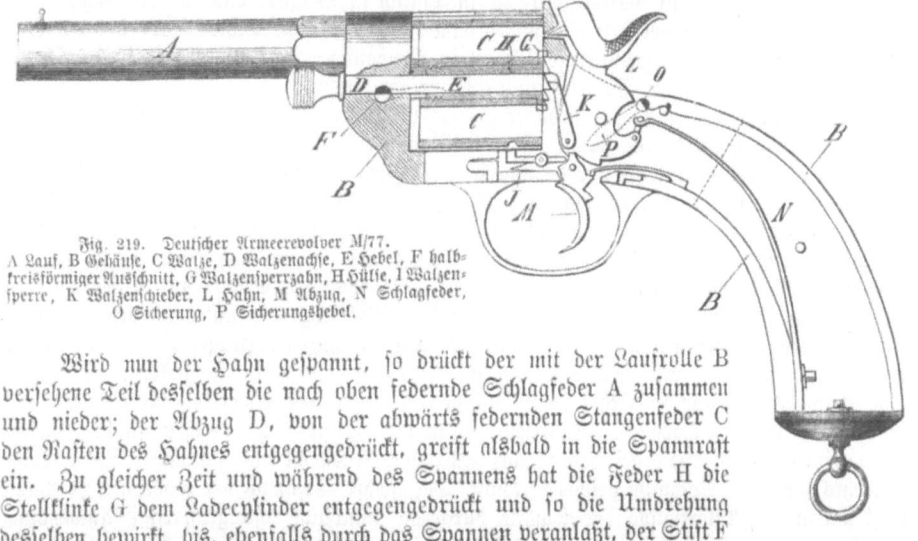

Fig. 219. Deutscher Armeerevolver M/77.
A Lauf, B Gehäuse, C Walze, D Walzenachse, E Hebel, F halbkreisförmiger Ausschnitt, G Walzensperrzahn, H Hülse, I Walzensperre, K Walzenschieber, L Hahn, M Abzug, N Schlagfeder, O Sicherung, P Sicherungshebel.

Wird nun der Hahn gespannt, so drückt der mit der Laufrolle B versehene Teil desselben die nach oben federnde Schlagfeder A zusammen und nieder; der Abzug D, von der abwärts federnden Stangenfeder C den Rasten des Hahnes entgegengedrückt, greift alsbald in die Spannrast ein. Zu gleicher Zeit und während des Spannens hat die Feder H die Stellklinke G dem Ladecylinder entgegengedrückt und so die Umdrehung desselben bewirkt, bis, ebenfalls durch das Spannen veranlaßt, der Stift F in den Ladecylinder eintritt, um ihn so fest zu halten, daß dem gespannten Hahne gerade ein Zündstift gegenübersteht. Durch Rückwärtsziehen der Zunge des Abzugs D wird die Verbindung von Hahn und Abzug gelöst und ersterer durch die entfesselte Schlagfeder A auf den Zündstift geschleudert. Ein weiteres Spannen bringt dem Hahne den folgenden Zündstift gegenüber u. s. f.

Um die stete Feuerbereitschaft des Adams-Deane-Revolvers mit der Treffsicherheit der eben beschriebenen Lefaucheuxdrehpistole je nach Umständen zu vereinigen, liefert u. a. der bewährte Gewehrfabrikant Schilling in Suhl Lefaucheuxrevolver mit doppelter Drehung. Sie gestatten ein Spannen für jeden einzelnen Schuß, sind aber dabei so eingerichtet, daß man durch einen stärkeren Druck am Abzug auch Spannen, Umdrehen und Abziehen vereinigen, also sämtliche sechs Schüsse nacheinander ohne besonderes Aufziehen des Hahnes abfeuern kann. Die neueste Zeit kennt weitere Revolverkonstruktionen, welche im ganzen auf den oben dargestellten Prinzipien beruhen; der Revolver der Gebrüder Mauser in Oberndorf zeichnet sich dabei durch vorzügliche Bauart aus. Der in der deutschen Armee 1879 eingeführte Revolver ist in Fig. 219 abgebildet. Im Jahre 1883 wurde auch ein Offizierrevolver eingeführt. Die königl. sächsische Armee hat einen verbesserten Revolver nach Adams und Deane. Der österreichische Armeerevolver M/77 stammt von dem Wiener Gewehrfabrikanten Gasser. Andre neuere Revolverkonstruktionen sind von Galand für Frankreich, Chamelot-Delvigne für Schweiz, Italien, Belgien, Smith-Wesson für Rußland, ein verbesserter Adam-Deane für England und Dänemark.

Die Fabrikation der Handfeuerwaffen für Kriegszwecke findet seitens aller größeren Staaten in staatlichen Fabriken statt; bei größeren Neubeschaffungen wird die Privatindustrie des In= wie des Auslandes vielfach mit herangezogen. Das Deutsche Reich hat Gewehr= und Munitionsfabriken in Spandau, Erfurt, Danzig, für Bayern in Amberg. Die ärarischen Gewehrfabriken Österreich-Ungarns sind im Arsenal zu Wien und in Pest und stehen unter Leitung von J. Werndl in Steier. Frankreich hat Gewehrfabriken in Chatellerault, St. Etienne und Tulle, Rußland in Seßtroriask, Tula und Ijewski, Italien in Brescia, Terni, Torre-Annunziata und Turin, Großbritannien in Enfield, Spanien in Oviedo, Nordamerika in Springfield. Als hervorragende Privatfabriken sind in Deutschland zu nennen: Dreyse in Sömmerda, die leistungsfähigste unter allen, für Kriegs= wie Jagd= und Luxuswaffen (vergl. u. a. Erzeugnisse dieser Fabrik in Fig. 199, 211, 212, 215), Sauer, Schilling und Hähnel in Suhl, Mauser in Oberndorf (Württemberg), für Jagd= und Luxuswaffen noch Barella sowie Leue und Timpe in Berlin. In Österreich ist die namhafteste Fabrik diejenige von J. Werndl in Steier, welche auch umfangreiche Bestellungen für fremde Staaten ausgeführt hat. Eine blühende Gewehrindustrie sowohl für Privat= als für Kriegszwecke ist in Lüttich in Belgien und in Birmingham in England sowie an verschiedenen Orten Nordamerikas. Für die Schweiz arbeitet die Gewehrfabrik der Schweizer Industriegesellschaft in Neuhausen. In Italien hat Brescia einen schon sehr alten Ruf in der Gewehr= und Waffenfabrikation.

Die wichtigsten Neuerungen in dieser gesamten Industrie sind die folgenden. Die Rohre, früher fast ausschließlich aus schmiedeisernen Platten (Platinen) unter dem Hammer über den Dorn geschweißt, und später, besonders in England, zwischen kannelierten Walzen gestreckt oder ausgewalzt, werden jetzt vorzugsweise aus dem trefflichen westfälischen Gußstahl (z. B. bei Berger in Witten) erzeugt, indem man gegossene massive Stahlcylinder zu massiven Stangen auswalzt, auf Rohrlänge abhaut und sodann von einer Seite her auf besonderen Bänken aus dem Vollen ausbohrt. Die sonstigen Stahl= und Eisenteile des Gewehrs wurden schon längst mit möglichster Arbeitsteilung und unter Anwendung verschiedener mechanischer Hilfsmittel, besonders Gesenke, Stanzen=, Präg=, Bohr= und Fräsapparate, Drehbänke und Schleifmaschinen, in rationeller Weise hergestellt. Die ausgedehnteste Anwendung selbstthätiger Maschinen gelangte aus Amerika, vornehmlich aus Springfield, in die europäischen Fabriken. Man vermag sämtliche Teile in solcher Gleichförmigkeit zu liefern, daß bei deren ganz beliebiger Auswahl die Zusammensetzung eines Gewehrs fast ohne Nachhilfe geschehen kann. Der höchste Triumph der modernen Mechanik zeigt sich in der Anfertigung der Schäfte durch die sinnreiche und großartige Anwendung der Kopiermaschinen, welche, von jugendlichen Arbeitern bedient und nach eisernen Modellen arbeitend, den Schaft in seinen Formeinzelheiten ausführen und selbst die zum Einlassen des Schlosses u. s. w. erforderlichen Vertiefungen mit bewunderswerter Genauigkeit herstellen.

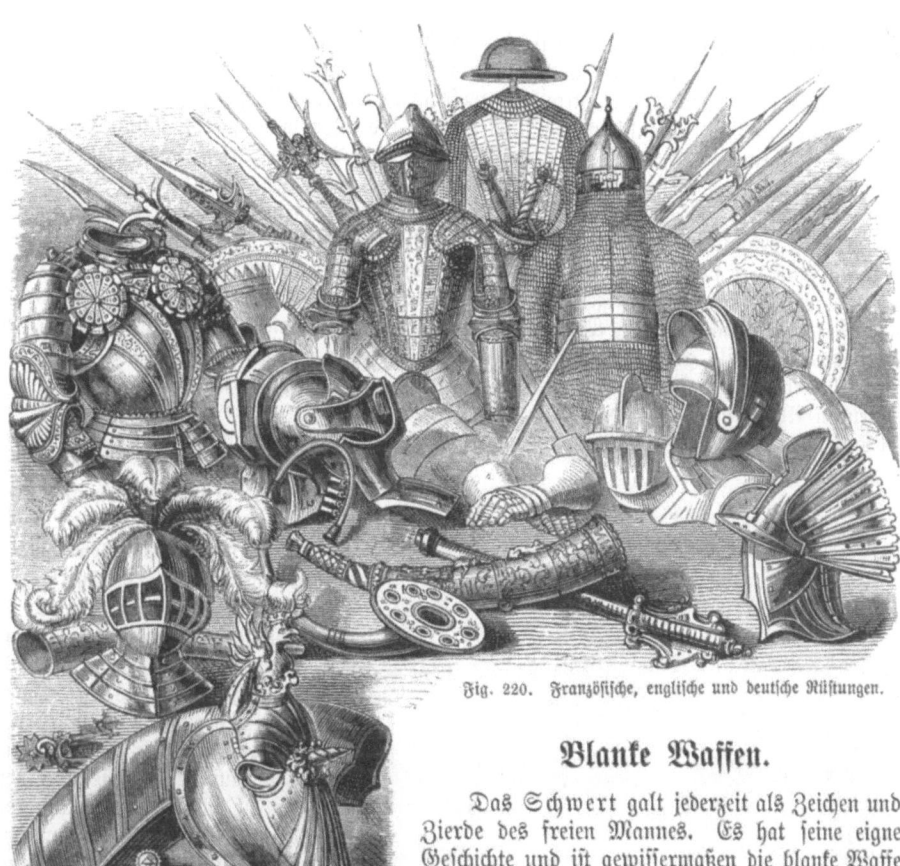

Fig. 220. Französische, englische und deutsche Rüstungen.

Blanke Waffen.

Das Schwert galt jederzeit als Zeichen und Zierde des freien Mannes. Es hat seine eigne Geschichte und ist gewissermaßen die blanke Waffe par excellence, die Wehr. Noch heute gilt das Schwert in Wort und Bild als Symbol des Kriegerstandes.

Die ältesten schwertähnlichen Waffen waren von hartem Holz oder von Stein. Erst später verwendete man Metalle, nämlich Kupfer, Bronze und endlich Eisen. Noch zu Zeiten der Römer finden wir Schwerter von Kupfer und solche von Bronze. Die Gestalt dieser Waffen zeigt fast durchweg eine gerade Klinge mit kreuzförmigem Griffe. Mit dem häufiger vorkommenden Kampfe zu Pferde und gegen Reiter wächst die Länge der Klinge. Die Verwendung des Schwertes als Hiebwaffe machte später einen Schutz für die Hand nötig, welcher sich zunächst in dem gepanzerten Handschuhe und erst in späterer Zeit in der Gestaltung des Gefäßes fand. Nach dem Gefäße unterscheidet man deshalb auch am sichersten das Zeitalter eines Schwertes, während die Klingenmode weniger wechselte. Bei genauem Verfahren hat man freilich beide Hauptteile zu prüfen, weil die Antiquitätenhändler heutzutage in Zusammensetzung der Waffen aus verschiedenen Zeiten angehörenden Stücken wirklich Unglaubliches leisten. Das Schwert des frühen Mittelalters entspricht der in Fig. 221 vorgeführten Form. Dieser englischen Waffe aus dem 12. Jahrhundert gleicht auch das Schwert des berühmten Cid Campeador, welches 1838 in dessen Grabe zu Burgos gefunden wurde und 1867 in Paris ausgestellt war. Das spätere Mittelalter und selbst der Beginn der neueren Zeit behält noch das einfache Gefäß in Kreuzform bei, jedoch in schönerer Arbeit, wie uns die auf Fig. 222 dargebotene Sammlung von Schwertern und Dolchen vom Ende des 15. und Anfang des 16. Jahrhunderts zeigt. Besonders merkwürdig aus jener Zeit ist das zweihändige Schwert der Landsknechte. Auf dem Marsche hing es der Landsknecht auf den Rücken. In der Schlacht stützte er den Knauf auf den Gürtel, faßte mit der einen Hand den Griff, mit der andern den oberen mit Leder überzogenen Teil der Klinge zunächst des Griffs und führte in dieser Weise die Hiebe und Stiche aus. In der Mitte einer durchbrochenen Reiterschar oder auch auf der Bresche gegen die Sturmkolonnen des Angreifers war das Schwert eine furchtbare sensenartig wirkende Waffe.

Wenn auch die Waffenschmiede Mitteleuropas und Skandinaviens Vorzügliches leisteten, wie unsre altdeutschen Heldensagen berichten, so lieferte doch der Orient, wie sich aus dem durch die Kreuzzüge wieder auflebenden Verkehr mit demselben ergab, vortreffliche und namentlich schön verzierte Waffen, in deren Nachahmung indessen die Völker des Abendlandes bald erfolgreich konkurrierten. Die Gestalt des Gefäßes ist der Größe der Hand angepaßt und wir finden deshalb bei orientalischen kurze, bei europäischen, namentlich den nördlicheren Völkern angehörigen Waffen längere Hefte. In Fig. 222 treten uns unter Nr. 13 und 14 zwei solcher Waffenstücke entgegen, welche dem letzten Maurenkönig von Granada, Boabdil, gehört haben. Sie tragen ganz die charakteristischen Merkmale der orientalischen Seitengewehre, das kürzere Heft und die reiche Verzierung, welche aus den folgenden Abbildungen noch deutlicher hervorgehen. Dagegen zeigen die Schwerter 1—8, 11 und 12 auf derselben Figur Griffe, welche eine breite kräftige Faust voraussetzen lassen.

Fig. 221. Englisches Schwert, Helm, Banner und Schilde aus dem 12. Jahrhundert.

Die Parierstange von Nr. 2 besitzt bereits in dem hervorspringenden Halbringe den um die zweite Hälfte des 16. Jahrhunderts allgemein werdenden sogenannten Eselshuf, zum Schutze der Hand. Nr. 11 und 12 heißen von der eigenartigen gewellten Gestalt der Klinge Flamberge. Die nach der Spitze hin stets breiter werdende Klinge der Säbelgattung Nr. 7 (Fig. 224) macht Scheiden nötig, welche sich auf der Rückseite öffnen. Um nun die Klinge vor Feuchtigkeit, dem ärgsten Feinde des Damastes, zu wahren, trägt der Türke seinen Säbel an seidener Schnur auf der linken Seite hängend, die Schneide nach oben, den Rücken also nach unten gekehrt.

Von den beiden Dolchen auf Fig. 224 ist Nr. 10 der unter dem Namen Djembiya bekannte Dolch der Wüste, welchen ein jeder Araber im Gürtel trägt.

In Fig. 225 haben wir eine Zusammenstellung hindu-mohammedanischer Waffen. Nr. 1 und 2 sind die unter dem Namen Khuttar bekannten Hindudolche. Nr. 4 stellt eine ganz aus Damast geschmiedete Pike dar, welche wegen ihrer Ähnlichkeit mit Zulfikar, dem in zwei Spitzen auslaufenden Schwerte des Kalifen Ali, in der Sammlung von Zarskoje Sselo ebenfalls den Namen Zulfikar erhalten hat. Nr. 5 und 6 sind reich mit Gold verzierte und damaszierte Säbel, von denen die erste Gattung Kunda, die zweite Johur genannt ist. Beide werden nur von Rajahs geführt. Die Säbel Nr. 7 und 8 bezeichnet der Orientale mit dem Namen Zafar-Dakiah oder Kissen des Sieges. Sie verlassen den indischen Fürsten nie. Er steckt sie in die Kissen seines Diwans, der Arm stützt sich auf den Griff, um stets zur Verteidigung bereit zu sein. Nr. 9 und 10 sind Säbel aus Nepal, Kora und Kukri genannt. Man rühmt an ihnen die ganz besondere Schärfe ihrer feinen Klingen. Prinz Waldemar von Preußen sah auf seiner Reise nach Indien, wie ein Bewohner von Nepal den Kopf eines Büffels durch einen Hieb mit der Kora vom Rumpfe trennte.

Streitkolben und Streitäxte finden wir bei den Völkern des Orients, wo die Moden so wenig wechseln und alle Nahewaffen wegen des Kampfes zu Pferde einen weit

Die Schilde.   139

höheren Wert behalten haben als bei uns, noch bis in die heutigen Zeiten. In Fig. 223 ist Nr. 5 ein russisches Kampfbeil mit eingeätztem Einhorn und Drachen. Das Einhorn bedeutet die Reinheit des Glaubens und findet sich häufig auf russischen Denkmälern, während der Drache dem tatarischen Wappen angehört. Auf unserm Kampfbeil ist das Einhorn im Begriff, den Drachen zu tödten. Nr. 6 ist die von den Strelitzen geführte Streitaxt. Bogen, Pfeil und Köcher sind in Fig. 225 unter Nr. 12—14 dargestellt; die abgebildeten Waffen wurden 1683 in dem Zelte Kara Mustafas vor Wien erbeutet.

Die Gestalt der Schilde war im Altertum kreisrund für leichte Truppen und Reiter, rechteckförmig mit abgestumpften Ecken für die schweren Fußtruppen. Fig. 221 zeigt uns die Schildformen aus dem 11. bis in das 13. Jahrhundert. Die späteren Zeiten (Fig. 223) bringen verschiedene Gestalten, darunter auch wieder die kreisrunde. Das Material wechselt je nach Nationalität und Reichtum des Besitzers. Wir finden Schilde von Holz mit Leder überzogen und solche von Metall; im Morgenlande verwendet man Rhinozeros- und Elefantenhaut, in Amerika Büffelhaut. Nr. 1 ist eine böhmische Paveza oder Setztartsche von Holz mit Leder überzogen, wie sie in den Hussitenkriegen vielfach gebräuchlich war. Der Name Tartsche kommt von dem italienischen targa und bedeutet das starke Leder aus der Rückenhaut des Stiers. Nach Tacitus bemalten schon die Germanen ihre Schilde mit Farben und stellten darauf entweder die Waffe dar, womit sie eine Heldenthat ausgeführt, oder auch den Kopf des Tieres, das sie erlegt, oder sonst irgend welche einfache, vielleicht mit den Beschlägen des Schildes zusammenhängende Figur. Daraus entstanden die Wappen von adligen Familien, welche anfangs nur persönlich und

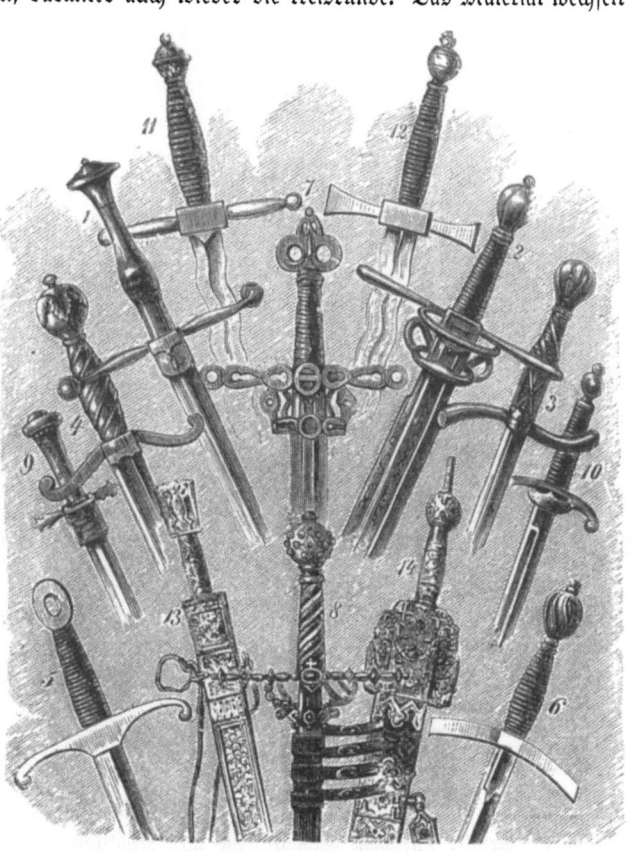

Fig. 222. Schwerter und Dolche aus dem Ende des 15. und Anfang des 16. Jahrh. 1—8 Deutsche und italienische Schwerter und Degen. 9, 10 Deutsche und italienische Dolche (sämtlich aus Zarskoje Selo). 11, 12 Schweizer Flamberge. 13, 14 Maurische Waffen des Boabdil aus dem Madrider Waffenmuseum.

erst vom 10. Jahrhundert an, wo die Turniere schon in Deutschland landesüblich waren, auf die Familien übergingen und erblich wurden. Von der Einfachheit der ursprünglichen Wappen kommt der französische Spruch: Qui porte le moins, est le plus.

Die Feldzeichen des Altertums hatten allmählich den Fahnen für das Fußvolk und den Bannern (Fig. 221) für die Reiterei Platz gemacht. Man bezeichnete nach ihnen die Größe der Abteilungen und verstand unter einem Fähnlein etwa 100 Mann Fußvolk, unter einem Banner 30—40 geharnischte Reiter.

Der Wunsch, unsern Gegenstand umfassend darzustellen, wird uns hier Veranlassung, ein Kapitel vorweg zu nehmen, das wir sachgemäß erst später zu behandeln haben würden. Wir meinen die Rüstungen, welche wir im kulturgeschichtlichen Interesse bei einer Betrachtung des Waffenwesens nicht gesondert für sich behandeln können.

140   Geschützwesen, blanke Waffen und Stahlwerkzeuge.

Die Rüstung umfaßt zahlreiche und verschiedenartige Bestandteile.

Die Helme unterscheiden sich in der ersten christlichen Zeit und bis in das 11. Jahrhundert nur wenig von denjenigen der Griechen und Römer. Zu Karls des Großen Zeiten trug man Helme von rundlicher Gestalt mit einem Kamm oder Grat, Vorder= und Hinterschirm sowie Backenschienen. Gegen Ende des 11. Jahrhunderts trägt der Ritter über dem mit der Kettenhaube bekleideten Kopf eine dem späteren Bassinet entsprechende konische Kopfbedeckung (Fig. 221) mit eiserner Schiene zum Schutze von Nase und Gesicht. An dem Helm war zuweilen zum Schutze für Nacken und Hals das Kettengeflecht des Panzerhemdes unmittelbar angenestelt. Die orientalischen Helme späterer Zeiten lassen jene während der Periode der Kreuzzüge herrschenden Formen noch recht gut erkennen, ein Umstand, der bei der Unbeweglichkeit der Moden im Orient nicht auffallen darf.

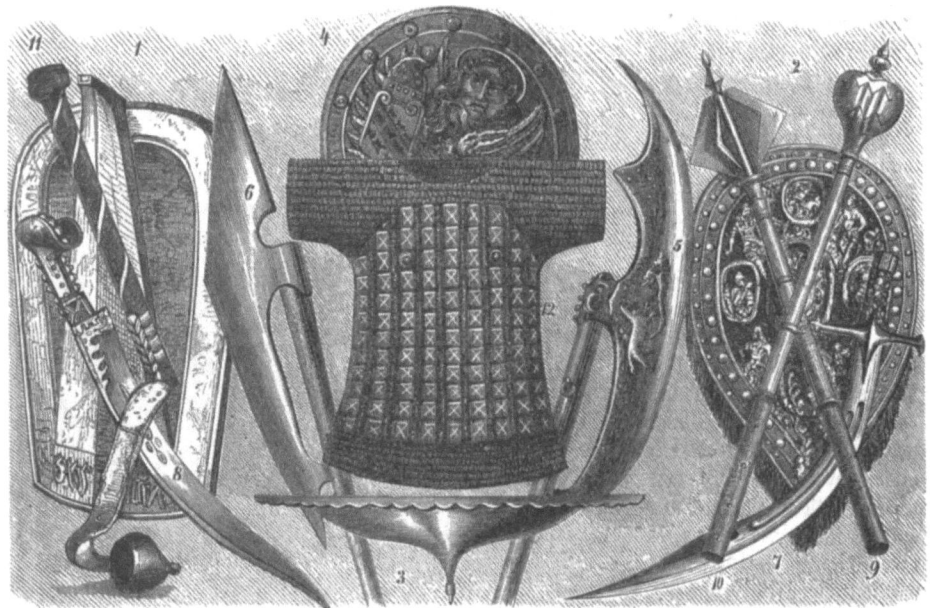

Fig. 223. Schilde, Streitkolben, türkische Säbel, Panzerhemd u. s. w.
1 Hölzerner, mit Leder überzogener Schild aus der Zeit der Hussitenkriege (15. Jahrhundert). 2 Deutscher Turnierschild, italienisch getriebene Arbeit (1545). 3 Deutscher Rundschild (beide aus der Rüstkammer zu Dresden). 4 Rundschild des Dogen Barbarigo. 5, 6 Russische Streitäxte (Barskoje Sselo). 7 Türkischer Säbel mit zwei stark markierten Blutrinnen. 8 Türkischer Yatagan, mit Gold damasziert (beide 1683 vor Wien erbeutet). 9, 10 Altrussische Streitkolben, Griffe von Holz, der Kolben von 9 ist versilbert, der von 10 von Eisen. 11 Russische Eisenknute (Dresdener Rüstkammer).
12 Eisenhemd des Wladimir (Barskoje Sselo).

So ist Nr. 1 auf Fig. 224 der reich mit Gold damaszierte Helm eines mongolischen Fürsten, welcher auf dem Schlachtfelde von Koulikowo aufgefunden wurde, woselbst im Jahre 1380 Großfürst Demetrius Iwanowitsch die Mongolen unter Mamai vernichtete. Nr. 2 ist ein zu Erzerum erbeuteter tatarischer Eisenhelm mit reichen Goldverzierungen, Nr. 5 ein persischer, schön damaszierter und wie Nr. 1 mit Koransprüchen gezierter Helm aus dem Jahre 1700. Wir sehen an ihm ein vollständiges Kettengeflecht als Nackenschutz befestigt. Von ganz eigentümlicher Gestalt erscheint der auf Fig. 225 unter 11 a und b von zwei Seiten abgebildete hindu=mohammedanische Helm. Seine Gestalt gleicht einer phrygischen Mütze. Der Helm ist ganz vergoldet, ziseliert, von teilweise durchbrochener Arbeit, mit Edelsteinen besetzt und, wie alle hier abgebildeten orientalischen Helme, mit verschiebbarer Nasenschiene, der auch bei deutschen Helmen vorkommenden Nasenberge (von bergen, soviel wie schützen), Fig. 226, versehen.

Die vollkommenste Gestalt und Einrichtung erlangen die Helme zur Zeit Kaiser Maximilians I., des „Letzten Ritters". Nach ihm nennt man vielfach die schönen kannelierten Rüstungen „Maximilianische Rüstungen". Doch bevor wir zur Beschreibung eines solchen vollständigen Plattenharnisches schreiten, müssen wir einen Blick auf die frühere

Die Rüstung. 141

Harnischtracht werfen. Das vortreffliche Werk von F. v. Leber „Wiens kaiserliches Zeughaus" dient uns hierbei als Quelle. Mehrfach ist auch Demmins „Waffenkunde" benutzt. Von Malern und Bildhauern der Neuzeit wird häufig gegen die historischen Thatsachen gefehlt, und man sieht Kreuzfahrer in funkelnden Plattenharnischen mit wallenden Federn

Fig. 224. Mongolische, persische und russische Helme.
1 Mongolischer, 2 Tatarischer Helm. 3 Mongolische, 4 Russische Rüstung. 5 Persischer Helm. 6, 7 Streitkolben und Streitaxt eines türkischen Paschas. 8, 9 Streitkolben und Axt Schamils 10, 11 Arabischer und marokkanischer Dolch (aus der Waffensammlung von Zarskoje Sselo).

Fig. 225. Hindu-mohammedanische Waffen.
1, 2 Khuttars. 3 Streitaxt. 4 Pike. 5 Kunda. 6—8 Yatagans. 9 Kora. 10 Kukri von Nepal. 11a Hindu-mohammedanischer Helm. 11b Derselbe, Vorderansicht. 12—14 Türkische Pfeile, Köcher und Bogen aus dem Zelte des Wesirs Kara Mustafa (1683 vor Wien erbeutet, aus der Rüstkammer in Dresden). 15, 16 Sattel und Steigbügel des Tippu Sahib von Mysore.

auf den Helmen, Ritter und Reisige der ersten Hälfte des 14. Jahrhunderts mit Harnischen von getriebener Arbeit. Vom 8. bis einschließlich 11. Jahrhundert wurde das einfache Ringhemd, auch Haubert genannt, getragen, ein Leder- oder Zwilchwams mit nebeneinander genähten Eisenringen. Es ist dies eigentlich die Harnischart der Römer, nur mit dem Unterschiede, daß die römische Lorica meist mit Kettchen besetzt war. Auch Homer nennt schon das Kettenwams unter den Harnischtrachten der griechischen und trojanischen Krieger. Wir erwähnen dabei, daß die ältesten Harnischtrachten meist noch lange Zeit in die neuere Sitte hineinreichen und daß Vaterland, Stand des Kriegers u. s. w. dabei vielfach in Anschlag kommen. Vom 10. bis 12. Jahrhundert erscheint das Schuppenhemb mit fischschuppenartig, schindel- oder rautenförmig übereinander liegenden Eisen- oder Hornblättlein benäht, eine Tracht, die bis ins 13. Jahrhundert hinein fortdauert. Die Haut des Hörnenen Siegfried dürfte sich hiernach auf ein Hornschuppenwams, eine Hornbrüne reduzieren. Unter Brüne (französisch brugne, lateinisch brunia) verstand man ursprünglich das Schuppenhemb, dann aber auch das Ringhemb und später das Panzerhemb, während die Brigandine oder Brigantine speziell das Metallschuppenwams und später im 14. und 15. Jahrhundert auch die Rüstung der Bogenschützen und aller herumschweifenden Kriegsknechte (brigands genannt) bezeichnet. Vom 11.—13. Jahrhundert einschließlich findet man in Frankreich und England das Scheibenhemb, seltener in Deutschland. Metallscheiben oder Metallbuckel wurden vermittelst Ochsensehnen auf Leder genäht. Das 13. Jahrhundert zeigt den Korazin oder Jazerin, eine hemdartige Bekleidung aus buntem Stoff, inwendig mit Metallschuppen belegt, deren vergoldete Nieten außen auf dem Stoffe sichtbar waren. Einen solchen Korazin (italienisch ghiazzerino) zeigt uns die russische Fußsoldatenrüstung auf Fig. 224 unter Nr. 4. Dieselbe ist aus rotem Samt und stammt aus dem 15. Jahrhundert. Die äußerlich sichtbaren Nietköpfe sind ziseliert. Die zugehörige konische Kopfbedeckung besteht aus doppeltem, abgenähtem und hiebfest gepolstertem Samt mit eisernem Nasenschutz. Die auf derselben Figur unter Nr. 3 abgebildete mongolische Rüstung aus dem 14. Jahrhundert, 1829 in Adrianopel erbeutet, trägt die Metallscheiben auf Panzergeflecht. Die Haube ist von Stahl und mit Rosetten und goldeingelegten Blumen versehen. Ganz ähnliche Arbeit sehen wir an dem aus dem Jahre 1550 stammenden Panzerhembe mit aufgesetzten Eisenplatten in Nr. 12 der Fig. 223. Vom 13.—15. Jahrhundert zeigt sich der unschöne lederstreifige Ringharnisch, bei dem eine Reihe Ringe mit Lederstreifen abwechseln, von denen letztere die Nähte decken. Hierzu trug man schon seit dem 9. Jahrhundert das geschobene Ringhemb, auf welchem wagerechte Reihen

Fig. 226. Deutscher konischer Helm mit Nasenberg und angenesteltem Nackenschutz aus Panzerwerk. Nach einem Basrelief im Dome zu Hildesheim, aus dem 11. Jahrhundert.

von Eisenringen herumliefen, deren jeder folgende halb auf den früheren so genäht war, daß wechselnd die eine Reihe gegen rechts emporstand, die nächste gegen links. Den Kopf deckte eine Art Kapuze, über welche der eiserne Hut gestülpt wurde. Doch deuten ältere Gedichte darauf hin, daß, wenn auch in geringer Zahl, schon zu jener Zeit Panzerhemben, d. h. Drahthemben, getragen wurden.

Die feingearbeiteten Panzerhemben, welche man in Sammlungen und Zeughäusern gewöhnlich findet, sind indessen weit jünger, denn die Bearbeitung des Drahtes geschah bis zu Anfang des 14. Jahrhunderts mit dem Hammer, wodurch ein so gleichartiges Produkt wie auf der Ziehbank nicht erreicht werden konnte. Nachdem aber wurde das Panzerhemb die allgemeine Tracht der Krieger, die indessen nach andern schon zur Zeit des dritten Kreuzzuges nach Europa gekommen sein soll. Mit der Erfindung der Feuerwaffe erscheint im Laufe des 14. Jahrhunderts auch der in Stahl gehüllte Ritter, und die Umwandlung des Panzerharnisches in den Plattenharnisch geht vor sich.

Um 1370 ist die vollständige Eisenkleidung bereits eingebürgert, um im 15. Jahrhundert ihre kunstvollste Ausbildung zu erreichen. Fig. 227 zeigt uns die Vorderseite, Fig. 228 die Rückseite eines Ritters in Maximilianischer Rüstung.

In der Abbildung wird uns bemerkenswert: 1) Der Helm, umfassend den eigentlichen Kopfteil, die Kalotte, mit den Öffnungen 1a (Ohrlöchern) zur Vermittelung des Hörens. 2) Der Kamm, gewöhnlich nur wenig vorspringend und durch den Federbusch, der in der Röhre 6 befestigt wurde, gedeckt. Die Bourguignotten hatten einen höheren Kamm. 3) Das Visier, eigentlich das Mittelstück des Helmes, bestand aus einem, auch zwei und vier Stücken, wie wir es an den Helmen (s. Fig. 235) sehen. Verschiedenartig gestaltete Öffnungen dienten für die Augen (das eigentliche Visierstück, 3a) und für das Atmen (das Mundstück, 3b).

An manchen Visieren findet sich auch auf der rechten Seite eine Klappe, welche geöffnet werden konnte und das Ansetzen eines Hifthorns gestattete. 4) Das Kinnstück umfaßt den unteren Teil des Kopfes und reicht bis an die Unterlippe herauf, so daß man unter dem Helme sprechen und nach aufgeschlagenem Visier trinken konnte. Um den Helm abzusetzen, mußte man das Kinnstück, welches an diesen mit einem Haken befestigt war, abnehmen. An dem Kinnstück wurde sodann das Visier festgehakt. Die Unterlassung dieses Zusammenhakens von Visier und Kinnstück kostete Heinrich II. auf dem Turniere an der Porte St. Antoine zu Paris 1559 das Leben. Visierstück, Mundstück und Kinnstück wurden auf der Kalotte durch die Schraube 3 c beweglich befestigt. 5) Das Kehlstück, meist aus mehreren Schuppen und Schienen bestehend (geschoben), war in der Regel mit dem Kinnstück verbunden und öffnete und schloß sich mit diesem. 5 a) Der Nackenschirm hatte gewöhnlich dieselbe Anzahl von Schienen wie das Kehlstück. Auf unsrer Figur ist Kehl- und Kinnstück eins, während der Nackenschirm aus drei Schienen geschoben erscheint. 6) Die Öse für den Federbusch. 7) Die Halsberge bestand gewöhnlich aus drei Schienen und wurde mittels Scharniers auf der linken und eines Knopfes, der in eine Nute eingriff, auf der rechten Seite geöffnet und geschlossen. Da die Halsberge den eigentlichen Schlußstein für die ganze Rüstung bildete, so mußte sie sehr genau angepaßt sein. Wenn der Helm mit einer Falze versehen war, so entbehrte er des Kehlstückes und Nackenschirmes und war direkt in die Halsberge oder den Ringkragen eingefalzt, so daß man den Kopf hin und her wenden konnte. Selbstverständlich mußten dergleichen Rüstungen sehr genau gearbeitet sein. Die Halsberge legte der Ritter zuerst an, weil an ihr der Harnisch mit Riemen befestigt wurde. Im übrigen begann seine Toilette von den Füßen an. Der Helm kam zuletzt. Zum Anziehen bedurfte der Ritter stets seines Knappen. Derselbe besorgte auch kleinere Herstellungen. Für größere Reparaturen war der Waffenschmied nötig, weshalb solche den Heeren stets folgten. Auch bei Turnieren mußten Waffenschmiede anwesend sein.

Nr. 8) Der Harnisch bestand aus Brust- (9) und Rückenstück (13); ersteres war an seinem oberen Teile (9) zur Abhaltung der feindlichen Degen- oder Lanzenspitze mit einem starken Grate versehen. An dem Bruststück kann man vorzugsweise die Zeit erkennen, aus welcher die Rüstung stammt. Dasselbe war gewölbt, bisweilen spitzgewölbt (Ende des 15. bis Anfang des 16. Jahrhunderts); mit mehr oder weniger vorspringender oder auch abgestumpfter Kante gegen 1550; mit Kante, welche, von der Seite gesehen, einen nach vorn ausspringenden Winkel darstellt, seit etwa 1574; kurz und anliegend im Anfang des 17. Jahrhunderts. Das Bruststück bestand in der Regel aus einem einzigen Stahlblech, zuweilen war es indessen an seinem unteren Teile, zuweilen auch Brust- und Rückenstück ganz aus beweglichen Schienen gebildet, geschoben. Ein ganz geschobener Harnisch hieß ein ganzer, ein nur am unteren Teil geschobener ein halber Krebs (Anfang des 16. Jahrhunderts).

10) Die kleinen Schienen an den Armlöchern des Harnisches, um die Bewegung des Armes zu gestatten. Unter den Harnisch zog der Ritter ein gestepptes Wams von Elenhaut, auch zuweilen von Seide, den sogenannten Gambeis. Dasselbe mußte sehr genau passen, damit es den schmerzhaften und gefährlichen Druck unter der Wucht feindlicher Hiebe vom Körper abhalten konnte. Man findet solche Unterkleider nur noch sehr selten. In der Kathedrale von Chartres wird ein solches von rotem Stoffe aufbewahrt, als dessen Besitzer man Philipp den Schönen († 1314) oder seinen Sohn Karl den Schönen († 1328) bezeichnet. Auf dieses Koller oder Wams, zu welchem noch ebensolche Lederhosen kamen, wurde das Panzerhemd (29) gezogen. Dasselbe machte etwaige Öffnungen im Plattharnische unschädlich. 11) Der Schurz, geschoben aus Schienen, deckte die Lendengegend und bestand aus dem Vorder- (11) und Hinterschurz (14). An ersterem waren zwei ebenfalls geschobene Schöße (12) befestigt; oft auch war der Vorderschurz mit den Schößen in einem gearbeitet. Die sogenannten halben Rüstungen gegen das Ende des 16. Jahrhunderts gingen vom Kopf bis zu diesen allenfalls noch etwas verlängerten Schößen.

15 a) Der Riemen, mit welchem der Harnisch (das Bruststück über das Rückenstück übergreifend, s. 15) fest zusammengeschnallt wurde. Der Ritter durfte von dem auf den Weichen der Hüfte aufsitzenden Panzer nichts spüren als das Gewicht.

144 Geschützwesen, blanke Waffen und Stahlwerkzeuge.

16) Auf den Harnisch wurden die Achselstücke (16) mittels Federstifte (18) oder Riemen befestigt. Auf dem Rücken waren beide Achselstücke gleich, auf der Brust aber war das rechte kleiner, weil man den rechten Arm mehr und besser gebrauchen mußte.

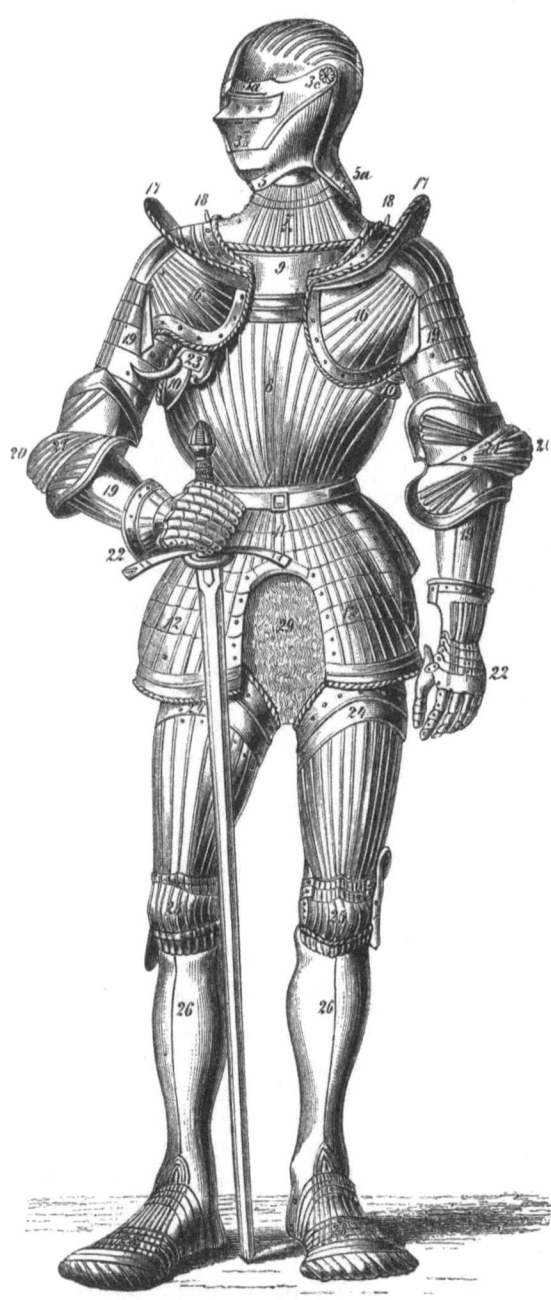

Fig. 227. Ein geharnischter Ritter. Vorderseite.

Auf den Achselstücken finden sich als Schutz für den Hals gegen Piken- und Hellebardenstöße sogenannte Ränder (17). Manche Rüstungen sind ohne solche bis auf Brust und Rücken übergreifende Achselstücke mit Rändern. In diesem Falle wurden die Achselhöhlen durch runde Stahlscheiben gedeckt, welche mit Riemchen angenestelt waren und der Bewegung des Armes nachgaben.

19) Das Armzeug (die Armschienen) zerfiel an jedem Arm in zwei Teile, das obere teilweise geschoben, sodann, wie das ganze untere, aus zwei Hälften. Die Verbindung von Ober- und Unterarmzeug geschah durch Riemen. Den Ellbogen deckten die nach außen entweder gewölbten oder spitz auslaufenden sogenannten Meuseln, Ellbogenstücke (20), welche mit Schraubenbolzen (21) auf dem Armzeug befestigt wurden.

22) Die Handschuhe waren entweder Finger- oder Fausthandschuhe aus Elenleder und mit Schienen bedeckt. Bei den Fingerhandschuhen kamen auf den Zeigefinger und kleinen Finger 15, auf den Ringfinger 16, auf den Mittelfinger 22 Schienen. Bei den Fausthandschuhen waren die Finger entweder nur angedeutet oder die Schienen gingen ganz durch, über die Hand. Der Daumen war auch bei den Fausthandschuhen abgesondert und mit Schienen bedeckt. An den Handschuh schlossen sich eiserne Stulpen. Mit der Turniertartsche verbunden und auch ohne diese gab es eiserne Fausthandschuhe mit eisernen Stulpen.

23) Der Rüsthaken, zum Einlegen der Lanze, war zuweilen zum Umlegen eingerichtet.

24) Die Schenkelstücke (Dielinge oder Diechlinge), oben aus zwei Schienen geschoben, sodann aus einem Stücke bis ans Knie, mit Schnallriemen befestigt. Ein scharfer Grat auf den geschobenen Schienen sollte die Lanze des Feindes aufhalten und ablenken.

25) Die Kniestücke, geschoben, sonst ähnlich den Ellbogenstücken.

26) Die Beinschienen, früher (1500) nur Halbschienen wie die Schenkelstücke, später (1562) vollständige Schienen (Beinröhren), welche mit Scharnieren (27) und kleinen Bolzen und Ösen geöffnet und geschlossen wurden. Dazu kamen ein Paar Schienenschuhe (28) von geschobener Arbeit mit sogenannten Bärenfüßen, d. h. vorn abgestumpft, wie auf unsern beiden Figuren und in Fig. 232 Nr. 18. Dieser letztere Eisenschuh gehört zu einer Rüstung des Kurfürsten Moritz von Sachsen. Vor der Mode der „Bärenfüße", schon im 12. und noch zu Ende des 15. Jahrhunderts, trug man Schnabelschuhe. Diese Schnäbel waren ein reiner Zierat. Sie konnten ab- und angesteckt werden, dienten aber weder zur Tödtung feindlicher Pferde, noch hat Libussa die Männer damit gemordet, wie wohl vordem behauptet worden ist. Die Mode kam nach einigen in Ungarn, nach andern in England auf, woselbst der sonst sehr schöne König Heinrich II. ein häßliches Gewächs, welches ihm einen Fuß verunstaltete, unter dem Schnabelschuh verdecken wollte. Man trug die Schnäbel auch bei ledernen Schuhen und hielt sie beim Gehen mit goldenen Kettchen in die Höhe.

Die Rüstungen der zweiten Hälfte des 16. Jahrhunderts zeichnen sich durch schöne Gravierung, aber auch durch bei Schwere der einzelnen Stücke aus. Die Platten wurden stärker, um den überhandnehmenden Feuerwaffen Trotz zu bieten. Der Harnisch Landgraf Philipps des Großmütigen von Hessen (gestorben 1567) trug solche schöne Gravierungen, namentlich auch an den Rundscheibchen, welche man zum Schutze der Armhöhlen an demselben angebracht findet.

Über der Rüstung trug der Ritter den Waffenrock von Samt oder Seide in den Farben seiner Dame. Ein schmaler Gürtel hielt den Waffenrock zusammen, während ein breiter, reich mit Goldschmiedearbeit verzierter Gurt, der Rittergürtel, auf der linken Seite das Schwert, auf der rechten den Dolch trug. Zuweilen befestigte man an ihm auch den Turnierschild, um ihn außerhalb des Kampfplatzes bequemer zu tragen. Die Dolchscheiden im 15. und 16. Jahrhundert führten ferner noch ein Messer und einen Pfriem, um Riemen schneiden und Löcher schlagen zu können, was bei dem Anpassen des Harnisches leicht nötig wurde.

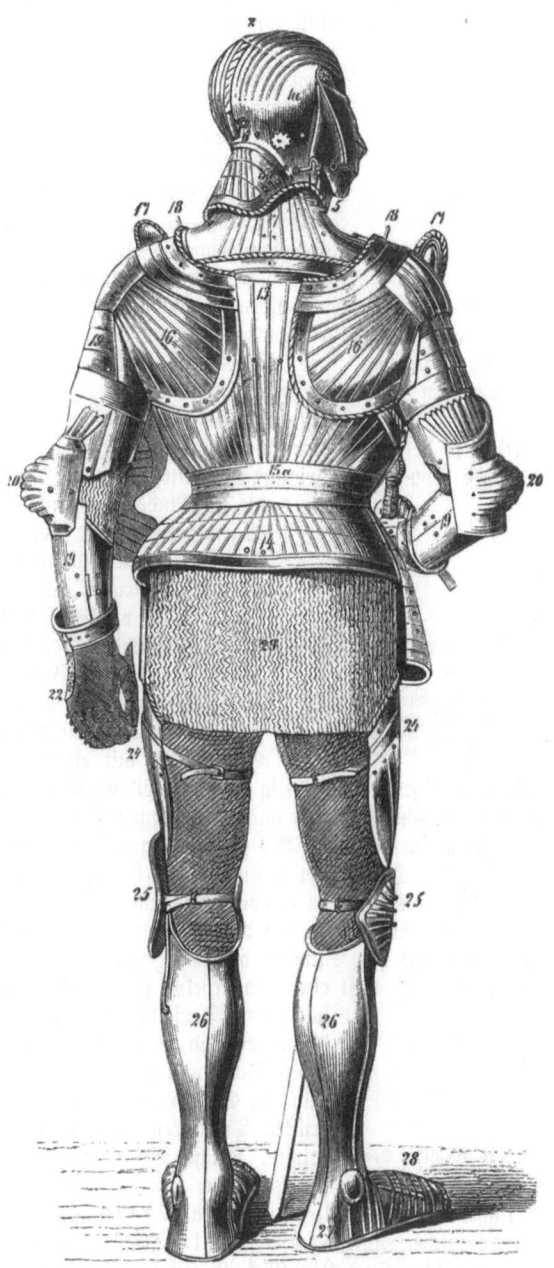

Fig. 228. Ein geharnischter Ritter. Rückseite.

Die Sporen der Ritter waren von Gold oder vergoldet, während die Knappen oder die abligen Wappner (Harnischmeister) der Ritter sie von Silber trugen. Man findet nur selten Sporen, welche noch aus dem 15. Jahrhundert stammen. Die deutschen Sporen, die uns noch aus dem 16. Jahrhundert erhalten sind, zeichnen sich hauptsächlich durch ihre großen und eigentümlich angeordneten Rädchen aus. Übrigens trug man auch einfache Stachelsporen, wie man sie noch heutzutage im Orient findet. Riemen, mit farbigem Samt überzogen, dienten zum Anschnallen. Im 16. Jahrhundert findet man auch in den Beinschienen über der Ferse Öffnungen, um die unter der Rüstung angeschnallten Sporen durchzulassen.

Fig. 229. Deutscher Sporn aus dem 10. Jahrh.

Das Gewicht einer Rüstung ohne Helm wechselte zwischen 20 und 26 kg. Ein Helm wog 2—4,8 kg, ein Panzerhemd 4,8—7,6 kg, ein Schild 3,2—6 kg, ein Schwert 1,2—2,8 kg. Hieraus ergibt sich als Gesamtgewicht dessen, was der Ritter an Waffen und Rüstung zu tragen hatte, eine Last von 31,2—47,2 kg. Wenn man sich vorstellt, daß mit einem so bedeutenden Gewichte auf dem Körper eine schwere Lanze gehandhabt und Kämpfe ausgeführt wurden, welche große Gewandtheit erforderten, so begreift man, wie die Erziehung eines Ritters schon mit dem achten Lebensjahre beginnen mußte und erst mit dem 21. Jahre endigen konnte.

Da in der ritterlichen Zeit der Helm unter dem Ausdruck „Harnisch" nicht mitbegriffen wurde, so betrachten wir auch die Kopfbedeckung des Ritters für sich. Der französische Chronist Boucicaut bezeichnet den Ritterhelm mit dem Namen Bacinet oder Bassinet. Auch die Engländer wenden dieses Wort an, während man sonst im allgemeinen für die Kopfbedeckung des Ritters im 15. und 16. Jahrhundert den Namen Helm (französisch heaume, englisch helmet, italienisch elmo, spanisch yelmo) findet. Deutsche Schriftsteller verstehen vielfach unter dem Namen Bassinet eine offene Sturmhaube. Die „Notice sur le Musée de Tsarskoe-Selo" gebraucht Bassinet namentlich für den Helm des 14. und 15. Jahrhunderts. Besonders im 14. Jahrhundert hatte derselbe zuweilen enorme Verhältnisse, war gewöhnlich von konischer Gestalt und mit einem spitz vorspringenden Visier aus einem

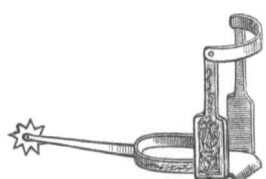

Fig. 230. Steigbügelsporn von vergoldetem Kupfer aus dem 15. Jahrhundert (war Herzog Christoph von Bayern angehörig).

Stücke versehen. Das in Fig. 233 abgebildete Bassinet gehört einer englischen Waffensammlung an, welche in Paris mit verschiedenen Helmen aus dem Tower ausgestellt war.

Von den auf Fig. 232 zusammengestellten Helmtypen des 15. und 16. Jahrhunderts ist Nr. 1 der Helm einer kannelierten Rüstung mit Visier aus einem Stücke, Falze, um die Drehung des Kopfes zu ermöglichen, und Ringkragen; Nr. 2 gehört einer glatten deutschen Rüstung an, hat Visier aus drei Stücken und ein Kehlstück; Nr. 3 ist ein spanischer Helm mit Visier aus vier Stücken; die drei Helme stammen aus Anfang und Mitte des 16. Jahrhunderts. Nr. 4 ist ein Turnierhelm zum Kolbenturnier aus dem Anfang des 15. Jahrhunderts. Derselbe besteht aus vergoldetem Eisen, und seine Visieröffnungen sind so berechnet, daß die bei dieser Turnierart gebräuchlichen Scheinwaffen, nämlich hölzerne Streitkolben und kurze, abgestumpfte Schwerter, den Kämpfer nicht verletzen konnten. Zu den ernsten Turnieren gebrauchte man die schweren sogenannten Stechhelme, welche ein Gewicht von 8,5—9 kg hatten, während die Schlachthelme nur 3—5 kg wogen. Die Fig. 234 ist ein englischer

Fig. 231. Deutscher Sporn aus dem 16. Jahrhundert.

Stechhelm (tilting helmet) vom Jahre 1450 aus der Sammlung des Towers. Nr. 5 gehört einer deutschen Rüstung aus dem 15. Jahrhundert an. Die Konstruktion ist dem Stechhelm ähnlich. Das Kinnstück ist auf die Brust des Harnisches aufgenietet, und der Helm mit seinem aus einem Stück bestehenden Visier wird gerade übergestülpt und durch einen ganz herumgehenden Riemen hinten mit dem Nackenschirm am Rücken befestigt. Deutsche Chronisten bezeichnen diese Helmgattung mit dem Namen „Schallern", französische mit dem Namen Salade, abgeleitet von dem spanischen Worte celada, „verborgen", wohl deshalb, weil der Kopf des Ritters bis zu vollständiger Unkenntlichkeit durch diesen Helm bedeckt wird, namentlich da das Visier nur einen Querschlitz als Öffnung hat.

Fig. 232. Helme, Waffen und Rüstzeug aus dem 15. und 16. Jahrhundert.

Da es bei diesem wie ein Schachteldeckel über den Kopf gestürzten Helme sehr leicht vorkam, daß der Ritter dieses kostbaren Schutzes im Gefechte verlustig ging, so wurden die oben erwähnten Helme mit Scharnier oder mit geschobenem Halskragen vorgezogen. Der Herzog von Burgund trug bei seiner Zusammenkunft mit Ludwig XI. einen Helm à Salade, der, wahrscheinlich infolge seiner Verzierung mit Edelsteinen, 100000 Thaler in Gold gekostet hatte.

Die übrigen in unsrer Abbildung dargestellten Helme sind Bourguignoten, Morions, Marinehelme und Sturmhauben; ferner enthält dieselbe auch einen sogenannten Eisenhut aus der Mitte des 15. Jahrhunderts. Nr. 6 ist ein offener Helm

Fig. 233. Bassinet aus dem Jahre 1360.

von eleganter Arbeit. Er gehörte dem berühmten Sprößling des Hauses Sforza, Ascanio Sforza-Pallavicino, welcher unter Don Juan d'Austria an der Seeschlacht von Lepanto teilnahm. Nr. 7 und 8 sind Schweizer und italienische Bourguignoten, Nr. 9 ein deutscher Morion, alle aus dem 16. Jahrhundert. Die Lilie, welche auf dem letzteren in getriebener Arbeit zu sehen ist, steht in keiner Beziehung zu Frankreich, sondern ist das Symbol der Jungfrau Maria. Der Name der ersteren Helmart stammt aus Burgund, der der letzteren aus Spanien und wird nach einigen von den Mauren, nach andern von dem spanischen Worte Morro = runder Körper abgeleitet. Sie waren vorzugsweise für die Arkebusiere zu Pferde im Gebrauch, und erstere wurden in der Schweiz und Italien, letztere namentlich in Spanien, Italien und Frankreich geführt. Auch dienten sie, besonders die Morions, als Wechselstücke, welche die Ritter an Stelle der schwereren anlegten, um das Gewicht der Rüstung zu vermindern. Nr. 10 ist der Helm eines italienischen Marineoffiziers aus dem 16. Jahrhundert. Er ist aus Stahl gefertigt und brüniert (alla sanguigna, wie die Italiener diese Färbung bezeichnen). Wahrscheinlich hat er einem Admiral oder Schiffskapitän aus Andreas Dorias Zeiten angehört. Die Sturmhaube Nr. 11 war die Kopfbedeckung der Musketiere und Arkebusiere zu Fuß im 16. Jahrhundert. Sie heißt von ihrer Gestalt auch Birnenhelm. Die ganze Infanterie unter König Franz I. von Frankreich trug solche Cabassets, wie der französische Name heißt (wahrscheinlich von dem spanischen cabeza, Kopf, abgeleitet). Man findet diese Sturm- oder Pickelhauben noch häufig. Sie sind meist durch eingeätzte Figuren verziert.

Fig. 234. Englischer Turnier-(Stech-)Helm aus dem Jahre 1450.

Der vollständig gepanzerte Ritter suchte sein Streitroß ebenso zu sichern, und wir finden deshalb eiserne Roßstirnen, sodann geschobene Panzerplatten zum Schutze von Hals, Brust und Kruppe. Eine Panzerung der Beine bis herunter auf den Huf kommt zwar nach Geldstücken und sonstigen Denkmälern aus der Zeit des Kaisers Maximilian I. auch vor, ist jedoch mehr als Meisterstück einzelner Waffenschmiede denn als allgemeine Mode anzusehen. Zu den erwähnten Eisenbedeckungen für Kopf, Hals, Brust und Kruppe kam noch eine Überdecke und der mit Eisen beschlagene, gepolsterte Sattel, welcher durch seine aufgebogenen Teile auch den Reiter in hohem Grade schützte und seinen Sitz festigte. Nr. 19 und 20 auf Fig. 232 zeigen Roßstirn und Sattel aus der Zeit Kaiser Maximilians I. Die Gestalt des Sattels gleicht im allgemeinen der unsrer Schulsättel. Der Orient hat diese Sattelform mehr oder weniger beibehalten, wie aus einer Vergleichung zwischen Nr. 19 und 20 auf Fig. 232 und Nr. 15 und 16 auf Fig. 225, welche den aus Silber getriebenen und ziselierten Sattel und Steigbügel Tippu Sahibs von Mysore darstellen, hervorgeht.

Unter den Stoß- und Hiebstoßwaffen des 15. und 16. Jahrhunderts spielt die alte Pike noch eine große Rolle. Sie findet in der Rennlanze des Mittelalters eine sehr erfolgreiche Verwendung. Die Kombinationen von Pike und Beil oder Barte zu den Hellebarden oder Helmbarten (weil sie gegen die Helme gebraucht wurden) sehen wir an den Schweizer Waffen dieser Art unter Nr. 12—14 auf Fig. 232. Nr. 15 ist eine sogenannte „Feder", Nr. 16 ein als Enterwaffe gebrauchtes italienisches Pistolenbeil. Kriegssensen hatte

Die Rüstung. 149

man schon im 9. Jahrhundert. Sie finden sich auch im Bauernkriege und in allen Volks= aufständen bis in unsre Zeiten. Kriegssicheln (fauchards) waren besonders im 14. Jahr= hundert in Frankreich im Gebrauch. Sie hatten wie die Sense nur eine Schneide. Die Gläfe, Schwertgläfe, auch Stoßschinder (französisch guisarme, guisard, wahrscheinlich weil sie dort auch von den Anhängern der Guisen geführt wurde) genannt, ist zweischneidig und eine Kombination von Schwert und Widerhaken an langem Schafte. Sie diente dem Fußvolke im Kampfe gegen Reiterei, auch zum Zerschneiden der Sehnen der Pferde und kommt schon in den ältesten keltischen und germanischen Zeiten vor. Die Parti= sane, der böhmische Ohrlöffel (französisch per= tuisane), ist eine Abart der Hellebarde, trägt aber kein Beil, sondern eine lange breite Klinge. Sie er= scheint in etwas abgekürzter Gestalt noch in dem Sponton (französisch Esponton), welches die In= fanterieoffiziere bis ins 18. Jahrhundert trugen. Die Korseke ist eine Art Partisane korsischen Ursprungs.

Fig. 235. Schweizerische Gläfe aus dem 15. Jahrhundert.

Fig. 236—238. Schweizerische Partisane aus dem 15. Jahrh.; französische Parti= sane aus dem 16. Jahrh.; deutsche Partisane aus dem 17. Jahrh.

Degen und Dolche des 16. und 17. Jahr= hunderts zeigen schön gearbeitete, namentlich auch ziselierte Gefäße, welche zum Schutze der Hand mehr oder weniger geschlossen sind. Mit dem 16. Jahr= hundert hatte nämlich die Harnischtracht ihre höchste Stufe erreicht, und da der Schutz derselben gegen die Feuerwaffen in keinem Verhältnisse zu ihrem Gewichte stand, so legte man ein Stück nach dem andern ab. Es entstanden so zunächst die soge= nannten halben Harnische durch Weglassung der Beinröhren. Später entfernte man auch Armzeug und Schenkelstücke und behielt schließlich nur noch Brust= und Rückenharnisch sowie Helm, und auch diese Stücke nur bei der schweren Reiterei, welche in manchen Staaten noch heute damit versehen ist. An Stelle des Küraß war im Dreißigjährigen Kriege schon vielfach der Lederkoller mit Ringkragen von Stahl oder bronziertem Eisen getreten. — Die besser ausgebildete Fechtkunst und der Verlust des Eisenhandschuhes ließen das einfache Gefäß in Kreuz= form nicht mehr genügend erscheinen, und so sehen wir denn auf Fig. 253 eine Sammlung von Degen mit geschlossenen Gefäßen aus dem 16. und 17. Jahrh. Nr. 1 ist ein italienischer Degen mit zisielertem Ge= fäß aus brüniertem Stahl. Nr. 2, 7 und 8 sind ita= lienische Waffen. Der Degen Nr. 3, ähnlich dem in Schottland unter dem Namen Claymore bekannten Schwerte, wurde von den Schiavoni, dalmatinischen Söldnern im Dienste der Republik Venedig, geführt. Demmin nennt diese Art Degen Schiavona und ver= steht unter Claymore eine schottische Waffe mit ein= fachem Kreuz. Die schottischen Reitersäbel aus dem 18. Jahrhundert haben übrigens ähnliche Gefäße und werden ebenfalls, nach Demmin allerdings fälsch=

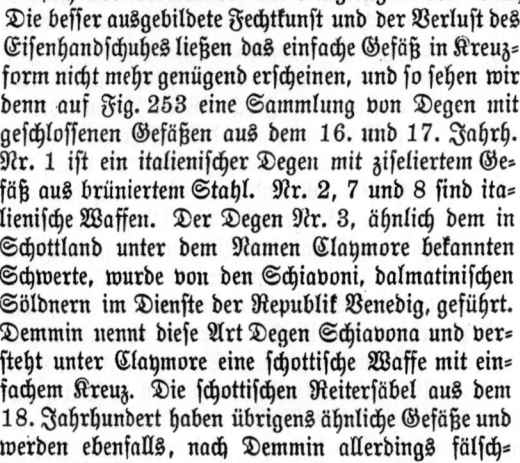

Fig. 239—241. Linke Hand.
1. Artillerie= museum Paris. 2. Sammlung Nieuwerkerke. 3. Bayrisches Nationalmuseum.

licherweise, Claymore genannt. Nr. 4 gehörte den unter dem Namen der „schwarzen" Bande berühmten Truppen des Johann von Medici, Neffen Papst Leos X., an. Johann von Medici starb 1526 im jugendlichen Alter, und seine Truppen sollen deshalb schwarze Feldzeichen geführt haben. Die deutschen und italienischen Dolche Nr. 10, 11 und 12 sind sogenannte main-gauches, d. h. Dolche zum Gebrauch mit der linken Hand, um die Degenstöße des Gegners zu parieren. Gleichen Zweck hatten die beiden spanischen Dolche Nr. 5 und 6. Die eigentümlich gestaltete Klinge von Nr. 5 sollte den feindlichen Degen fangen und festhalten. Zu diesem Zwecke gab es auch Dolche mit ausgezacktem Rücken, sogenannte Degenbrecherklinge

(f. Fig. 239—241). Nr. 9 ist ein deutscher Springdolch, welcher sich durch einen Druck des Fingers in drei Schneiden teilt. Ebenso konstruiert ist auch der Freischöffendolch, welcher bei den Femgerichten vorkommt. Er soll bei der Eidesleistung im Namen der Dreieinigkeit gedient haben. — Über den Zweck des Dolches überhaupt spricht sich ein englisches Werk aus der Zeit Jakobs I. aus. Er dient hiernach als Zierde, im Handgemenge, als Pikettpfahl, um das Pferd im freien Felde daran zu binden, und schließlich dazu, dem Besiegten den Gnadenstoß zu geben, weshalb er auch den Name miséricorde führt.

Die Waffenschmiedekunst stand in alten Zeiten sehr hoch. Zur Zeit der Kreuzzüge nahm dieselbe durch die Kenntnis der orientalischen Arbeiten einen neuen Aufschwung. Schon die Sage erzählt von manchem kunstreichen Waffenschmied, von den wunderbaren Leistungen berühmter Schwerter und den merkwürdigen Prozeduren zu ihrer Herstellung.

Die Schwerter hatten ihre Namen: Oliviers Schwert hieß Altecler, Rolands Durindana, Siegfrieds Balmung, Karls des Großen Joyeuse, Wilhelms von Oranje Choyeuse, Ganklus Malagir oder Murgalle, Engelirs Glarmiel, Arnolds Mal. Von den Schwertern hatte man ganze Geschichten. Das Schwert „Der Mistelstein" vernichtete 2400 Männer. In der nordischen Sage finden wir die berühmten Schmiede beschäftigt, vortreffliche Schwerter zu fertigen. Sie wetteten Leib und Leben, wer ein besseres Schwert oder eine bessere Rüstung machen könne. Wieland machte ein Schwert, das dem König Nidung wohl gefiel, Wieland aber war damit noch nicht zufrieden. Er zerfeilte die Klinge zu Staub, schüttete diesen in Milch, knetete dies mit Mehl und gab es den Mastvögeln zu fressen. Sodann sammelte er den Vogelkot, brachte ihn in die Schmiedeesse und schmolz das Eisen heraus, von welchem er ein Schwert machte, das kleiner war als das vorige. Nun machte er die Probe; er geht mit dem Könige an den Fluß, wirft eine zwei Fuß dicke Flocke Wolle hinein, die er vom Strome gegen das Schwert treiben läßt, die Wolle ward zerschnitten durch das Schwert. Wieland war aber noch nicht zufrieden. Er zerfeilte die Klinge abermals, gab den Staub den Vögeln und schmolz den Kot. Dann machte er ein mit Gold ausgelegtes Schwert mit prächtigem Griff, das

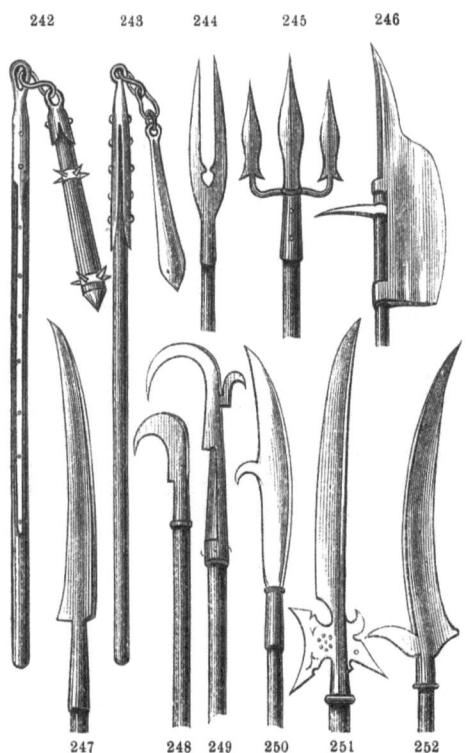

2 und 243. Kriegsflegel. — Fig. 244 und 245. Sturm= — Fig. 246. Kriegshippe. — Fig. 247. Kriegsfense. Fig. 248—252. Kriegssicheln.

eine drei Fuß dicke Wollflocke zerschnitt. Jetzt erschien Amilas in der von ihm gefertigten Rüstung und verlangte, daß er sie probieren solle. Wieland legte sein Schwert auf den Helm und fuhr damit durch Kopf, Brust und Leib. Als er den Amilas fragte, ob er spüre, daß das Schwert schneide, sagte er: „Mir ist, als ob mir kaltes Wasser über den Leib führe." Da sagte Wieland, er solle sich schütteln, und als Amilas das that, fiel er in zwei Hälften auseinander. So erzählt uns das Amelungenlied. Wir machen dergleichen Schwerter nicht mehr. Seit alten Zeiten aber ist der Orient berühmt durch seine Fabrikation ausgezeichneter Hiebwaffen, zu denen der nicht minder berühmte von den Indiern seit undenklicher Zeit gefertigte Gußstahl (Wootz) das Material liefern soll. Besonders hervorzuheben ist die Kunst der Orientalen in der kalten Bearbeitung des Eisens. Die hindostanischen Schilde z. B. sind sämtlich aus zwei Eisenstücken, dem Mittel= und dem Randstücke, kalt geschmiedet, eine Kunst, welche sich in Delhi bis zur großen Revolution von 1858 erhalten hatte. Je weniger Verzierungen ein solcher hindostanischer Eisenschild hat, desto wertvoller ist er. Zeigt die Oberfläche irgend eine in Gold damaszierte Blume oder sonstige Gestalt, welche zu der Anordnung des Ganzen nicht vollkommen paßt, so kann man sicher sein, daß der Schmied damit einen Riß verdecken wollte.

Das vollendete Panzerwerk, welches in Europa erst im 14. Jahrhundert nach Erfindung des Drahtziehens zu einem wirklichen Eisengewebe oder -Geflechte (vier Ringe, durch einen fünften zusammengehalten) sich herangebildet, war, wie bereits oben erwähnt, im Orient schon weit früher bekannt, weil man es dort besser verstand, seinen Metalldraht zu schmieden. Die einzelnen Ringe wurden auf einem Gesenkamboß mit ebenfalls ausgesenkten Stempeln so zusammengenietet, daß sie an diesen Stellen die Form eines Gerstenkornes zeigten, daher der Ausdruck cotte de mailles à grain d'orge. Daß einzelne Panzerhemden auch in Europa schon vor der angegebenen Zeit von Vornehmen getragen wurden, machten uns Denkmäler und Dichter wahrscheinlich. Denn in dem Heldenliede „Kudrun" schüttet Herwig seine Brüne in den Schild, und seine Kleider sind von dem heißen Kampfe eisenfarben geworden. Dies deutet offenbar auf ein selbständiges, nicht auf eine Unterlage aufgenähtes Eisenkleid.

Mit dem Aufkommen der Plattenharnische im Laufe des 14. Jahrhunderts bildet sich die Kunst des Plattners aus. Derselbe muß es verstehen, Eisen mittels Hammer und Punzen zu treiben und Relieffiguren auf demselben darzustellen. Diese Kunst ist in ihrer Vollkommenheit heutzutage fast gänzlich verschwunden. Nur mit Prägmaschinen würde man es fertig bringen, die Kalotte (den eigentlichen Kopf) des Helmes aus einem Stücke zu treiben, wie es im Mittelalter verlangt wurde. Man kann deshalb daran auch die Echtheit eines Helmes aus jener Zeit erkennen, daß seine Kalotte keine Schweiß= oder Löt=

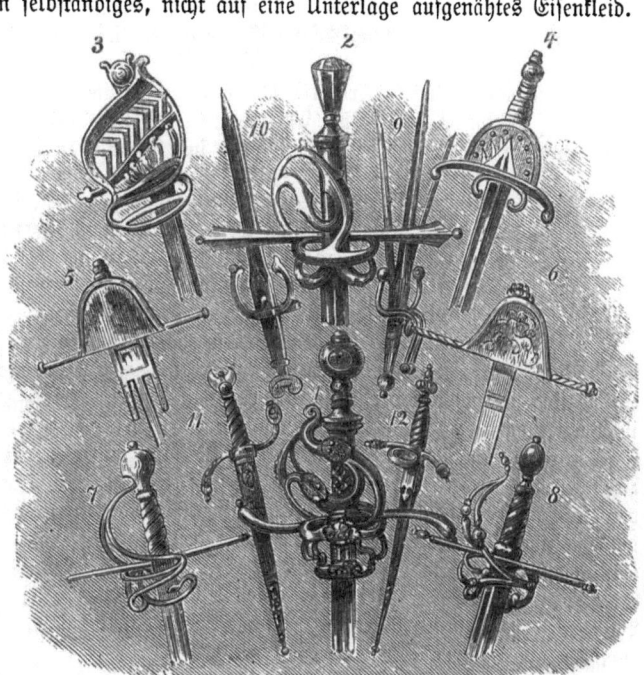

Fig. 253. Degen und Dolche aus dem 16. und 17. Jahrhundert.

naht zeigt. Antiquitätenhändler schneiden oft echte glatte Helme in zwei Teile, lassen schöne Figuren in Relief darauf treiben und löten sie wieder zusammen. Der mittelalterliche Waffenschmied hatte dies Hilfsmittel nicht nötig, er trieb auch die Figuren auf die ungetrennte Kalotte. Der Plattner, welcher nicht im stande war, einen vollständigen Mannesharnisch anzufertigen, konnte nach einer Wiener Verordnung von 1439 kein Meister seines Handwerks werden. Die Zeit der edelsten Harnischformen fällt, wie bereits erwähnt, in die Jahre 1500—1520. Nach dem Ambraser Inventar von 1596 war der Harnisch entweder weiß (blank) oder gefärbt, z. B. blau oder braun angelaufen, schwarz oder schwarz und weiß gereift, angestrichen, mit Samt überzogen, gerifflet, mit Malergold bemalt, die Orte von durchsichtigem Eisen oder Messing (d. h. ausgeschlagen, durchbrochen), gestampft, d. h. mittels Stempel verziert, oder hohlgeschliffen (das vorgeschriebene Meisterwerk eines Plattners) oder mit erhabener Arbeit (getrieben en bas-relief) oder geschmelzter Arbeit (émail). Jeder Harnischreif (schmaler Stahlreif) hatte seinen Fürfeil (abschüssig gefeilter Rand) u. s. w. — Im „Weißkunig" (dem nach Kaiser Max I. eignen Angaben redigierten Buche) ist die Werkstätte eines Waffenschmieds mit allem Zubehör (Tafel 42 der Wiener Ausgabe von 1775) abgebildet. Wenn auch der

Betrieb einer solchen kein fabrikmäßiger nach unsern heutigen Begriffen genannt werden kann, so finden wir doch Beispiele von bedeutenden Leistungen. So versahen die Mailänder Waffenschmiede nach der Schlacht von Macalo (11. Oktober 1427) in wenigen Tagen 4000 Reiter und 2000 Fußgänger nicht bloß mit Harnischen, sondern auch mit allen andern Rüstungsstücken. — An berühmten Plattnern in Deutschland haben wir anzuführen: Desiderius Kollmann aus Augsburg, Lorenz Plattner, Wilhelm Seussenhofer. Kollmann war namentlich ein vorzüglicher Helmschmied. Er lebte noch im Jahre 1532 und hat unter anderm einige Stücke zu der Rüstung des spanischen Prinzen Philipp gefertigt, wofür ihm 600 Kronen gezahlt wurden. In Dresden befindet sich eine reich vergoldete Stahlrüstung für Mann und Pferd, welche vermutlich von Kollmann für den Kurfürsten Christian I. geschlagen wurde. Die Thaten des Herkules sind auf ihr dargestellt, und sie soll 14000 Thaler gekostet haben. Lorenz Plattner wurde von Kaiser Max sehr hoch gehalten und begleitete ihn häufig auf seinen Zügen. Seussenhofer lebte am Hofe Kaiser Karls V. sowie Ferdinands I. und fertigte für seine Monarchen prachtvolle Rüstungen, wozu Augsburger Goldschmiede die Verzierungen lieferten. Er starb 1547 in hohem Ansehen. Die engen Beziehungen, in welchen seit Karl V. Deutschland und Spanien standen, haben vielfach dahin geführt, deutsche Plattnerarbeiten für spanische oder italienische anzusehen. Baron von Werthern, seiner Zeit preußischer Gesandter in Madrid, hat aktenmäßig nachgewiesen, daß die meisten der schönen im Arsenal von Madrid aufbewahrten Rüstungen von deutschen Meistern stammen und nicht von italienischen und spanischen.

Fig. 254.
Augsburger
Plattnerzeichen.

Von berühmten Plattnern Italiens nennen wir Filippo Nigroli und Brüder, welche für Karl V. und Franz I. arbeiteten, Johann Ambrogio den Älteren, Bernardo Civo, den Mailänder Hieronymus Spacini, welcher den berühmten Schild Karls V. geschlagen.

Die Plattner hatten verschiedene Zeichen, welche sie ihren Arbeiten einschlugen. Das Zeichen der Augsburger haben wir in Fig. 254 abgebildet.

Vorzügliche Helmschmiede finden wir auch in Iran. Die oben abgebildeten orientalischen Helme sind vielfach von persischen Schmieden gefertigt. Besonders geübt ist man im Orient in Verzierungen, z. B. in der sogenannten Tauschierarbeit, welche auch nach Europa sich verbreitete und im 16. Jahrhundert in Mailand und Venedig blühte. Man unterscheidet zwei Arten, die eingeschlagene und die aufgeschlagene Tauschierarbeit. Bei ersterer, der dauerhafteren, steht das edle Metall nicht vor, sondern bildet mit dem Eisengrund eine und dieselbe Fläche, bei der zweiten aber besteht die Zeichnung in erhabenen Zieraten, ähnlich der Perlen- und Silberstickerei. Meister in der Tauschierarbeit waren die Italiener Figino, Ghinello, Pellizoni, Piatti u. a. m. — Eine eigentümliche Methode der Verzierung herrscht in Marokko. Man wendet daselbst stets Silber und Kupfer nebeneinander zur Ausschmückung der Waffen an.

Die Anfertigung der blanken Waffen war von alters her einem besonderen Zweige der Waffenschmiede anvertraut. In Europa blühte die Waffenfabrikation hauptsächlich mit dem Ritterwesen auf; vom 13. Jahrhundert an wurden die deutschen Klingenschmiede und Schwertfeger in Nürnberg, Solingen, Herzberg u. s. w. berühmt. Besonders in Solingen, wo noch heute dieser Fabrikzweig in bester Pflege steht, verbesserte man die Form der Hieb- und Stichwaffen in verschiedener Weise und brachte das Härten, Schleifen, Polieren, Gravieren, Ätzen und Vergolden der Klingen zu höherer Vollkommenheit. Auch englische und französische Fabriken zeichneten sich frühzeitig durch vorzügliche Leistungen aus. Den größten Ruf im Klingenschmieden hatte Spanien, namentlich Toledo, während die deutschen und italienischen Plattner als solche am höchsten standen und auch die Orientalen darin übertrafen, welche ihrerseits wiederum Meister in verzierten Hieb- und Stichwaffen aller Art waren. Unsre heutige Fabrikation mit ihren besseren Hilfsmitteln kann natürlich ebenso gute Klingen liefern wie andre Stahlwaren, hat aber doch das Ideal aller Hiebwaffen, die Damaszenerklinge, noch nicht erreichen können; vielleicht ist auch der Begehr nach solchen Meisterstücken ein zu geringer gewesen.

Die Reihenfolge der Arbeiten zur Herstellung einer Degen- oder Säbelklinge ist im allgemeinen dieselbe, wie sie für andre Schneidewaren gilt; das Material dazu ist aber unter allen Umständen ein Gemenge von Eisen und Stahl. Man legt eine Eisenstange

Die Anfertigung von blanken Waffen.

zwischen zwei Stahlstangen, schweißt die drei Stücke zu einem Ganzen zusammen, das man in der Mitte durchhaut, legt die Hälften aufeinander und schweißt sie abermals zusammen. Sonach kommt eine doppelte Stahlschicht in die Mitte zu liegen, was zur nachgehenden Bildung der Schneide notwendig ist. Das so erzeugte Schienenstück hat etwa $^2/_3$ der Länge und Breite und das Anderthalbfache der Dicke einer ausgebildeten Klinge. Die Angel für den Griff wird gewöhnlich aus einem Stück Eisen gebildet, das klammerähnlich auf die Schiene gehoben, angeschweißt und aus dem Groben formiert wird. Dann geht das Schmieden der Klinge selbst aus dem Groben weiter von der Angel bis zur Spitze.

Fig. 255. In der Werkstätte eines Waffenschmieds. Nach dem Weißkunig.

Nach dieser Bearbeitung, bei welcher die Klinge etwa fünfmal ins Feuer kommt und auch bereits ihre keilförmige Verdünnung nach der Schneidseite zu erhalten hat, gibt man ihr zwischen zwei Gesenken, von denen das untere auf dem Amboß feststeht, das andre aufgesetzt und vom Zuschläger mit schwerem Hammer angetrieben wird, Schritt um Schritt weiterrückend, die hohle Auskehlung der beiden Flächen, welche die nötige Leichtigkeit verleiht. Hierzu gehören gewöhnlich drei Hitzen. Auf einer schrägen Amboßfläche hämmert sodann der Schmied die Schneide dünn aus; durch die dabei stattfindende einseitige Ausdehnung entsteht die Krümmung der Waffe, wenn solche beabsichtigt wird, andernfalls muß dem

Krummziehen durch passende Gegenschläge vorgebeugt werden. Die Bearbeitung erfordert drei bis vier Hitzen und dann noch eine zur völligen Ausbildung der Angel; sonach kommt eine Säbel= oder Degenklinge während der Schmiedearbeit etwa 15mal ins Feuer. Eine folgende kalte Behandlung auf dem Schleifstein oder mit der Feile bezweckt die Entfernung der Schmiedehaut und der gröberen Unebenheiten, worauf in bekannter Weise Feuer und Wasser oder Hitze und Kälte abwechselnd den Härteprozeß bewirken. Die Klingen werden mit den stärksten Teilen, also mit dem Rücken und dem hinteren Ende, zuerst ins Härtewasser getaucht, vorher aber rotglühend sehr schnell durch eine Masse feuchten Hammerschlags geschoben. Das Anlassen erfolgt über glühenden Kohlen bis zum Erscheinen der gelben Farbe.

Ihre Schleifung erhalten die Klingen auf großen nassen Schleifsteinen, die des Rückens und der ebenen Flächen bei Querhaltung, die der Schneiden der Länge nach. Für die Hohlkehlungen dienen dann ganz wie bei den Barbiermessern Steine von sehr kleinem Durchmesser und sehr rascher Umdrehung, dem die Klinge wieder der Quere nach entgegengehalten wird. Für Klingen mit doppelten Hohlrücken müssen diese kleinen Steine eine besondere Modelung, nämlich zwei faßreifenähnlich erhabene Wülste, haben. Das Anlegen der Klinge geschieht hierbei wieder der Länge nach. Schließliches Schmirgeln und Polieren der Klingen auf entsprechend geformten Scheiben, welches durchweg in der Länge geschieht, ausgenommen der letzte, etwa 5 cm lange Teil dicht an der Angel, der in die Quere bearbeitet wird, gibt der Waffe die Vollendung. Den letzten und feinsten Glanz erhalten die Klingen aber auf hölzernen Scheiben, welche, nachdem sie mit Holzkohle eingerieben worden, mit einem Achat= oder Blutstein glänzend gemacht worden sind.

Die fertigen Klingen werden in verschiedener Weise auf ihre Härte, Zähigkeit und Elastizität geprüft. Die letztere Eigenschaft wird erprobt durch Ausbiegen der mit der Spitze angestemmten Klinge nach beiden Seiten hin, mittels eines langsam fortgesetzten Drucks auf die Angel. Die entstehende Krümmung muß eine regelmäßige Bogenform zeigen und beim Nachlassen des Drucks völlig wieder verschwinden. Man haut ferner die flachen Klingen mit aller Kraft auf einen Tisch oder gegen die Seite eines runden hölzernen Pfostens; die entscheidendste Probe aber besteht darin, daß man mit der Schärfe der Klinge an drei verschiedenen Stellen derselben in eine auf der Hochkante stehende, 6—8 mm dicke Eisenschiene haut. Zeigen sich hierbei keine Scharten, so kann die Klinge wohl für gut gelten.

Öfters erfahren die Klingen irgend eine weitere Behandlung, die sich auf die Verschönerung ihrer Außenseite bezieht. Manche werden über Kohlenfeuer blau angelassen. Durch in der Hitze aufgelegtes und mit dem Polierstahl angeriebenes Blattgold werden Verzierungen angebracht, oder man wendet ein Ätzverfahren an, das uneigentlich sogenannte Damaszieren, indem man auf der polierten Fläche mit flüssig gemachtem Ätzgrund Verzierungen aufträgt und damit alle diejenigen Stellen deckt, welche blank bleiben sollen, dann die Flächen den Dämpfen von Salzsäure aussetzt und schließlich den Ätzgrund beseitigt. Solchergestalt entstehen die spiegelnden Verzierungen auf mattem Grunde.

Damaszenerklingen. Ganz andrer und eigentümlicher Art sind die Zieraten, durch welche die wirklichen Damaszenerklingen sich auszeichnen. Diese liegen in der Metallmasse selbst, so daß sie beim Abschleifen immer neu erscheinen würden; sie sind, als Folge einer eigentümlichen Herstellungsweise der Waffe, zugleich das Zeichen ihrer besonders guten Qualität, haben also eine höhere Bedeutung als die einer bloßen äußerlichen Verschönerung. Die Türken und Perser unterscheiden vier Hauptklassen von Damaszenerstahl: 1) Kirknerdéven oder „vierzig Stufen", so genannt von den zwanzig wellenförmigen Absätzen oder vielmehr Streifen, welche quer über die Längenfasern der Klinge auf jeder Seite derselben zu laufen scheinen und ihr bei genauer Betrachtung das Ansehen eines fließenden Baches geben. Die Farbe der Klinge ist grau und schwarz. 2) Kara Khoraçan. Diese Klingen haben sehr viele wellenförmige Linien und sind fast ganz schwarz. 3) Kara-taban, wellenförmige Linien, Klinge schwarzgrau und glänzend. 4) Scham, eigentlich der arabische Name für ganz Syrien und auch für Damaskus in engerem Sinne. Unter dieser Bezeichnung faßt man alle übrigen Damastklingen, selbst diejenigen von Konstantinopel, welche die wenigst schönen sind, zusammen. Die Perser unterscheiden eigentlich zehn Sorten, darunter auch eine goldschimmernde. Von den vier hervorgehobenen Sorten sind 1 und 2 die vorzüglichsten. In Indien und namentlich in Delhi soll sich die Kunst, Damast zu schmieden, am reinsten erhalten haben. Die besten Klingen werden Assab' Oullah, dem berühmten Waffenschmied des Schah Abbas des Großen, zugeschrieben.

Über das Verfahren, welches die Orientalen bei Herstellung ihrer damaszierten Klingen befolgen oder befolgten, ist den Abendländern nichts Sicheres bekannt geworden, oder vielmehr haben sie — wenn wir annehmen, daß jetzt der Schlüssel zum Rätsel und zwar in Rußland gefunden ist — darüber gar nichts gewußt. Das eigentümliche Linienwerk der Damaszierung in seiner Abwechselung von Hell und Dunkel mußte den Gedanken eingeben, die Klingen seien aus zweierlei Material, aus Stahl und Eisen oder hartem und weichem Eisen geschmiedet, welche durch lange fortgesetzte Schweißarbeit so durcheinander gemengt seien, wie es nachgehends durch die Damastfiguren erkennbar werde. Von dieser Ansicht sind alle Nachahmungsversuche ausgegangen, die zu verschiedenen Zeiten in Solingen, in Frankreich, England und Italien unternommen worden sind, und die Praxis ist bei diesem Verfahren, das natürlich mancherlei Abwandlungen zuläßt, bisher stehen geblieben, da man hiermit in der That ganz hübsche Damaszierungen erzeugen kann, nur daß sie von dem Charakter der echten wenig oder nichts an sich haben. Um z. B. damaszierte Flintenläufe herzustellen, verfährt man wie folgt: Dünne Stäbe oder bandförmige Stücke von Stahl und Eisen werden abwechselnd übereinander gelegt, zu einem Stück verschweißt, dieses unter dem Hammer gestreckt, die so erhaltene Barre in glühendem Zustande mit dem einen Ende eingespannt und am andern Ende mehrmals um ihre Achse gedreht, also schraubenförmig gewunden. Nach Befinden halbiert man dann die Stange, schweißt die Stücke zusammen und führt den Drehungsprozeß noch einmal aus u. s. w. Schließlich schmiedet man das Metall in Bänder aus, windet diese wieder schraubenförmig um einen eisernen Dorn und macht über demselben den Gewehrlauf fertig.

Eine solche Masse besteht nun aus einer sehr großen Menge miteinander abwechselnder höchst dünner Schichten von Stahl und Eisen; diese können und sollen aber, wie es schon von vornherein darauf angelegt war, nicht in parallelen Ebenen liegen, wie etwa ein Stoß eingepreßter Papierblätter, sondern sie werden verschiedentlich auf- und abgekrümmt oder verworfen sein, wie der Bergmann von seinen Schichten sagt. Feilt oder schleift man daher das Stück über die Breite der Fläche, so werden hier diese, dort andre Schichten durchschnitten und bloßgelegt, und das Resultat ist eine aus zufälligen Linien und Flecken zusammengesetzte Zeichnung, die im ganzen doch einen gewissen gleichförmigen Charakter hat. In zweierlei Weise kann derselbe noch weiter modifiziert werden. Feilt man in dem Stabe querlaufende halbrunde Rinnen aus, dergestalt, daß diese abwechselnd auf der einen und andern Seite, sonst aber dicht aneinander liegen, so entsteht eine Art Schlangenform; wird diese durch Ausschmieden wieder beseitigt, so zeigt der Damast Schlangenlinien oder durch deren Ineinandergreifen vielmehr lauter fast elliptisch aussehende Maschen. Noch willkürlicher läßt sich die Verzierung gestalten, wenn man den Stab auf einem Schmiedegesenke bearbeitet, welches auf demselben irgend eine erhabene Zierfigur hervorbringt. Man feilt dann diese Erhöhungen weg und findet auf der Fläche nach dem Beizen dieselbe Figur in feinen Linien ausgeführt. Gebeizt, d. h. mit irgend einer schwachen Säure kurze Zeit angeätzt, muß jede Damaszierung werden; denn dadurch erst, daß die Säure die verschiedenen Stellen je nach ihrer Härte und ihrem Kohlenstoffgehalt verschieden angreift, werden die Zeichnungen, die nach dem Schleifen und Polieren noch unsichtbar sind, zum Vorschein gebracht.

Wenn aber auch die mit den vorstehend angedeuteten Mitteln erzeugte Art von Damaszierung nicht die echte ist, so läßt sich doch von der inneren Beschaffenheit der auf solche Weise hergestellten Klingen nur Gutes erwarten. Die mehrfache Durcharbeitung des Materials und die dabei erzeugte innige Verwebung der Fasern beider Metallsorten müssen einem solchen Gemenge bedeutend mehr Zähigkeit verleihen, als Stahl und Eisen für sich allein besitzen. In Rußland, zu Slatuft am Ural, werden nun neuerdings Stahlwaren, namentlich Klingen fabriziert, welche den echten Damastklingen in jeder Hinsicht völlig gleichstehen sollen. Das hier geübte Verfahren ist ein Ergebnis der Versuche, welche der Ingenieur Anossow angestellt hat, und gründet sich in der Hauptsache darauf, daß der damaszierte Stahl kein Gemisch aus zwei Metallsorten ist, sondern eine Art Gußstahl; der Damast entsteht in der Masse von selbst, und die verschiedenen Gestaltungen desselben hängen von der Dauer der Feuerwirkung ab. Als das stahlerzeugende Mittel dient nicht Kohle in gewöhnlicher Form, sondern Graphit. Schon durch Verschmelzen von reinsten Eisenerzen mit Graphit kann der damaszierte Stahl erhalten werden, und Anossow glaubt, daß dieses Verfahren das von alters her geübte sein werde. Leichter aber als mit Eisenerzen geht der Prozeß mit gediegenem Eisen von statten; diese Methode ist die in Slatuft adoptierte und nimmt im allgemeinen folgenden Gang.

Die Schmelzarbeit geht wie beim gewöhnlichen Gußstahl in kleinen feuerfesten Thontiegeln in einem kleinen Gebläseofen vor sich. Man bearbeitet höchstens 5 kg Eisen auf einmal, da größere Stahlklumpen zu schwierig zu schmieden wären, geht aber in gewissen Fällen auf 4 und 3 kg zurück; denn je kleinere Mengen eingesetzt werden, desto härterer Stahl wird erhalten. Das Eisen wird im Tiegel mit einer Schicht bedeckt, die aus einem Gemisch von Graphit, Hammerschlag und einem Flußmittel besteht. Als letzteres ist kalcinierter Quarz oder Dolomit gleich gut anwendbar. Nachdem der so gefüllte und gut geschlossene Tiegel 3½ Stunden im Gebläsefeuer gestanden, findet sich das Metall mit einer dünnen Schicht flüssiger Schlacke bedeckt, auf welcher der noch überflüssige Rest des Graphits schwimmt. Das Metall zeigt in dieser Periode bereits ein schwaches, längsgestreiftes, hellgrundiges Moiree und, wenn der Graphit gut war, einen gewissen Farbenreflex. Nachdem das Feuer eine halbe Stunde weiter angedauert, hat das Metall eine wellenförmige Damaszierung angenommen; noch eine halbe Stunde weiter und das Moiree hat sich vergrößert. Verträgt der Tiegel noch mehr Hitze, so erhält man ein netzartiges Moiree, welches nach und nach kräftiger wird und zuweilen ins Bandförmige übergeht. Während der ganzen Dauer des Prozesses mindert sich die Quantität des Graphits mehr und mehr. Derselbe muß von bester Güte sein, da sonst das Metall selten schmiedbar ist. Verminderter Zuschlag von Graphit bewirkt eine Verkleinerung des Moireenetzes und gibt einen weicheren Stahl.

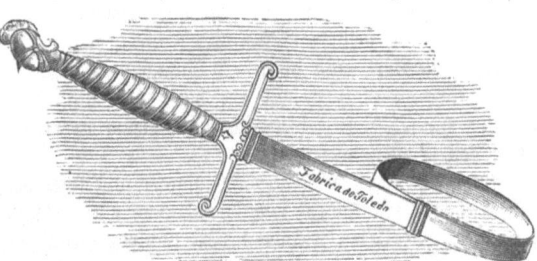

Fig. 256. Toledoklinge.

Nach dem Abstellen des Feuers und Erkalten des Ofens findet sich am Grunde des Tiegels ein Stahlkuchen mit völlig ebener und damaszierter Oberfläche und einer Einsenkung in der Mitte, in welcher die Kristallisation sich am markiertesten zeigt. Fehlt diese Einsenkung, so ist die Auskühlung zu rasch erfolgt, der Kuchen ist dann im Innern hohl, das Stück ist unschmiedbar und nicht zu gebrauchen, wenn es auch das schönste Moiree zeigt. Der gewonnene Klumpen wird nun unter einem kleinen Schwanzhammer in 3—9 Hitzen zu Barren ausgeschmiedet. Je widerspenstiger der Stahl sich beim Schmieden zeigt und je länger er unterm Hammer heiß bleibt, um so besser ist er. Weißglühhitze verdirbt entweder den ganzen Stahl oder doch das Moiree. Der Glühspan, d. h. die Oxydhaut, womit sich das Metall beim Ausschmieden überzieht, formt die Damaszierung so schön und deutlich ab, daß sie hierauf weit deutlicher als am Metall selbst sichtbar wird. Dieser Umstand gibt für die alsbaldige Beurteilung eines Stahlkuchens einen erwünschten Anhalt.

Die wesentliche Bedingung zum Gelingen der ganzen Arbeit ist das sehr allmähliche Erkaltenlassen der Stahlmasse im Tiegel, denn die Periode der Erstarrung ist eben der Zeitpunkt, in welchem die Formation des Moiree vor sich geht. Es findet dabei in der That eine gewisse Sonderung in zweierlei Metallsorten statt, indem ein kohlenstoffreicheres Eisen sich in der Masse isoliert und durch seine Kristallisation eben die Damaszierung herstellt.

Der damaszierte Stahl zeigt außer seinem Moiree auch noch einen farbigen Reflex, wenn er in schräger Richtung betrachtet wird. Auch diese Eigenheit, die schon an den erkalteten Stahlkuchen sichtbar wird, ist ein sicheres Merkmal der Güte. Gar nicht reflektierender Stahl ist schlecht und brüchig, die Verbindung zwischen Kohlenstoff und Eisen scheint bei ihm nicht innig genug zu sein; bei gelungener Arbeit zeigt sich ein bläulicher Schein, und die beste Qualität spricht sich durch einen Goldschimmer aus.

Die weitere Verarbeitung der Stahlbarren weicht nicht wesentlich von der bekannten Art ab, nur muß alles, vom Schmieden ab, das nur bei Rotglut erfolgen darf, durch die

Prozeduren des Härtens, Schleifens u. s. w. mit der äußersten Sorgfalt und Vorsicht geschehen, denn der Damaststahl ist von sehr empfindlicher und subtiler Art.

In Europa waren und sind es namentlich die spanischen Klingen aus Toledo, welche großen Ruf genießen, dank ihrem ausgezeichneten Stahl aus den Bergwerken von Biscaya und Guipuscoa. Einer der berühmtesten Klingenschmiede von Toledo war Juan Martinez. In dem Schriftchen „Notices sur les armes défensives etc." von Jubinal (Paris 1840) werden die Klingenzeichen von 99 Toledaner Schmieden aufgeführt. Außer diesen enthält auch Demmins „Waffenkunde" (Leipzig 1869) noch eine Menge Monogramme und Namen berühmter Waffenschmiede.

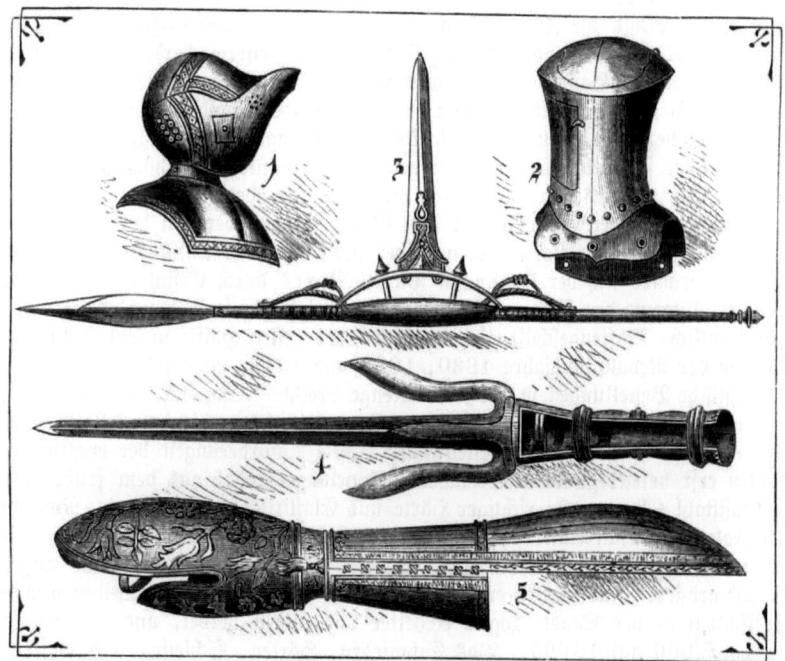

Fig. 257—261. Arabische Waffen.
1, 2 Maurische Helme. 3 Halbpike. 4 Stoßwaffe mit Dolchklinge. 5 Armschiene.

Auch die deutschen Klingenschmiede bedienten sich vielfacher Zeichen, die Passauer vorzugsweise des **Wolfszeichens**, d. h. eines auf der Klinge eingehauenen Wolfes, dessen Gestalt freilich auch jedem andern Vierfüßler ähnlich sieht (s. Fig. 262). Ein Herzog Albrecht von Österreich soll ihnen dieses Zeichen, welches sich indessen auch auf Solinger Klingen findet, im Jahre 1349 verliehen haben. Die Wolfsklingen standen in großem Ansehen und finden sich heute noch als geschätzte Waffen bei den Kaukasiern. Man begegnet dort noch sehr alten europäischen Klingen, z. B. solchen, welche neben dem Wolfszeichen auch den Namen des Schmiedes tragen, wie: Peter Munsten me fecit Solingen, andre mit dem Namen des berühmten Toledaner Klingenschmiedes Andrea Ferrara ꝛc. Die Sitte, Worte und ganze Sätze in die Klingen zu hauen, ist sehr alt. Mit dem Aufkommen der Ätzkunst, welche von

Fig. 262. Wolfszeichen einer Schwertklinge aus dem 14. Jahrhundert. Im Züricher Zeughaus.

Plattnern und Klingenschmieden nach den Vorzeichnungen berühmter Maler getrieben wurde und im 16. Jahrhundert ihren Gipfel erreichte, übertrieb man diese Liebhaberei so sehr, daß man ganze Gebete, Stammbäume, Kalender ꝛc. auf Schwertklingen einätzte.

Die bedeutendsten Werkstätten zur Erzeugung von blanken Waffen, namentlich Säbeln, befinden sich gegenwärtig in Solingen in Rheinpreußen. Wir geben deshalb über dieselben einige nähere Notizen. Die Solinger Waffenfabrikation reicht bis in das 12. oder 13. Jahrhundert zurück, zu welcher Zeit steirische Arbeiter dort eingewandert und die ersten gewesen sein sollen, welche in den Solinger Bergen Schwerter schmiedeten. Unter der Regierung der Herzoge von Berg und später der Kurfürsten von der Pfalz erhielten die Zünfte wichtige Privilegien. Es bestanden vier Innungen, Handwerke genannt, zu deren Betreibung nur gewisse Familien erbberechtigt waren. Wer nicht zum Handwerk gehörte, durfte weder darin arbeiten, noch Fabrikant werden; auch wurde von keinem Meister ein Lehrling angenommen, der nicht aus einer privilegierten Familie stammte. Die Schleifer haben dies noch bis in das erste Drittel dieses Jahrhunderts beibehalten, und noch heute gibt es Schwertschleifermeister, welche um keinen Preis einen sogenannten „wilden" Lehrburschen annehmen würden. — Die Fabrikanten (Kaufleute genannt, weil sie es sind, welche die von den Handwerkern gelieferten einzelnen Teile zusammenfügen und im Handel vertreiben) gingen aus dem Arbeiterstande hervor. Von den vier Handwerken gehörten drei, die Schmiede, die Schleifer und Härter und die Feger (Schwertfeger, Scheiden- und Gefäßemacher), zu der Waffenpartie. Das vierte Handwerk, die Meßmacher (Messermacher), stand eine Stufe tiefer. Ein aus diesem Handwerke hervorgegangener Kaufmann durfte keine Schwerter fabrizieren, sondern mußte dieselben, wenn er damit handeln wollte, von einem Schwertfabrikanten fertig beziehen. Auf dem Markte von Solingen bestand zu jener Zeit eine Halle, unter welcher sämtliche Klingen gestempelt werden mußten. Es hörten aber alle diese Beschränkungen auf, als das Land zu Anfang unsres Jahrhunderts französisch wurde. Viele intelligente Kräfte widmeten sich nunmehr dem Geschäfte, und der von der Kaufmannschaft befürchtete Ruin verwandelte sich in einen früher nicht geahnten Aufschwung. Ein besonderes Verdienst erwarb sich der Kaufmann Daniel Peres durch Erfindung der englischen Politur und Einführung der Scherenfabrikation, welche jetzt Tausende von Arbeitern ernährt.

Das eigentliche Waffengeschäft ging während der ersten Hälfte unsres Jahrhunderts, mit Ausnahme der Revolutionsjahre 1830, 1831 und 1848, meist sehr schwach, bis der Krimkrieg englische Bestellungen in größerer Menge brachte. England hatte bis dahin nur ganz ordinäre Ware für den Export bezogen. Der plötzlich eintretende große Bedarf veranlaßte die englische Regierung zu Bestellungen. Die Anforderungen der englischen Kontrolle konnten erst befriedigt werden, nachdem es gelungen war, aus dem früher nie verwendeten Gußstahl Klingen von richtiger Härte und Elastizität zu schmieden. Nun wurden die meisten Fabrikanten mit Aufträgen für England beschäftigt, und es sind seitdem bestimmt Hunderttausende von Seitengewehren aller Waffen in Solingen für England angefertigt worden. Die größeren Fabrikanten errichteten jetzt zur Anfertigung der Scheiden und Gefäße eigne Werkstätten in der Stadt, zogen Arbeiter von außen herbei, und die Einwohnerzahl stieg von 6000 auf 12000. Das Schmieden, Härten, Schleifen und Polieren der Klingen geschieht indessen noch wie seither von den zerstreut in den Bergen und an der Wupper wohnenden Meistern. Merkwürdig ist die Teilung der Arbeit bei der Klingenfabrikation. Schwertschmied und Vorschläger geben dem rohen Stahl die erste Form. Dann geht die Klinge zum Härter, der ihr die Federkraft gibt, hierauf zum Schleifer, der sie blank macht. Je nach dem Grade der Feinheit, welche die Klingen besitzen, werden sie ein- oder mehreremal mit Schmirgel und Öl auf einer Holzscheibe „gespließt"; dann wandern sie zum Monteur, der sie mit Griffen versieht, an denen wieder mehrere Arbeiter ihre Kunst versucht haben. Die Scheiden, Ringe u. s. w. erfordern abermals vielfache Arbeitskräfte. So wandert ein Schwert, ehe es ins Lager des Kaufmanns übergeht, durch viele Hände, und jede übt daran ihre Geschicklichkeit, die uns erstaunlich scheint, wenn man die Prachtgefäße und Prachtklingen neben den schlichten Infanteriesäbeln stehen sieht.

Der Solinger Waffenhandel erstreckt sich über die ganze Erde. Tausende von Säbeln gehen durch Vermittelung heimischer und auch englischer Häuser nach den Küsten Afrikas. Die Leistungsfähigkeit Solingens innerhalb einer bestimmten Zeit hängt selbstverständlich von der verlangten Qualität der Ware ab. Während der letzten Kriege haben einzelne Fabrikanten öfters 1000 Stück Seitengewehre wöchentlich fertig hergestellt. Bei Anstrengung aller Arbeitskräfte vermögen die verschiedenen Fabriken zusammen wohl 8—10000 Seitengewehre in der Woche zu liefern. Die kürzlich (1886) in England gegen die deutsche Stahlindustrie wegen angeblicher Lieferung unbrauchbarer Bajonette erhobenen Anklagen haben sich als unbegründet erwiesen. England bezieht heute einen ansehnlichen Teil seiner Seitengewehre aus Deutschland und geben dieselben zu voller Zufriedenheit Anlaß."

Am leicht'sten schartig werden scharfe
Messer:
Doch — schneidet man deshalb mit stumpfen
besser?

Mirza=Schaffy.

Messer, Gabeln und Werkzeug.

Die Messerschmiederei und ihr Verfahren. Schmieden von Tischmessern und Gabeln. Taschenmesser und Rasier= messer. Die Scheren. Sensen. Sägen. Fabrikation der Feilen, Raspeln und ähnlicher Stahlwaren.

Der Gebrauch der Tischmesser soll erst im 16. Jahrhundert allgemeiner geworden sein; bis dahin trug jedermann sein Messer bei sich im Stock als ein vielseitig brauchbares Gerät. Man darf daher auch wohl annehmen, daß von jener Zeit an die Messer= schmiederei ihren Aufschwung genommen hat, doch ist ihr Ursprung als gesondertes Hand= werk viel weiter hinaus zu datieren. So entnehmen wir einem Berichte über die Birming= hamer Industrie („The Resources, Products and Industrial History of Birmingham and the Midland Hardware District", London, Rob. Hardwicke, 1861), welcher durch ein von der British Association berufenes Komitee in ausführlichster Weise abgefaßt wurde, die Mitteilung, daß ein englischer Schriftsteller, Laland, bereits im Jahre 1538 über Birmingham die folgende Bemerkung niederschrieb: „Ich kam in die schönste Straße Bir= minghams, sie hieß Dirtay; in ihr wohnten Schmiede und Messerschmiede. — Es gibt überhaupt viele Schmiede in der Stadt, welche Messer und allerhand Schneidewerkzeuge fabrizieren, auch viele Sporenmacher und eine große Anzahl von Nagelschmieden, so daß die ganze Stadt von Feuerarbeitern bewohnt scheint."

Die englischen Messerschmiede sind in der Zwischenzeit von Birmingham nach Sheffield übergesiedelt, jedoch werden immer noch Schneidewerkzeuge in Birmingham angefertigt. In Deutschland hat die Fabrikation von Messerschmiedewaren in einem Teile des ehemaligen Herzogtums Jülich=Kleve=Berg sowie in der daran grenzenden Gegend von Westfalen, besonders aber in Solingen und Umgegend, ihren Sitz, während für Österreich in dieser

Beziehung der Traunkreis, vorzüglich aber die Stadt Steyr zu nennen ist. Das Privilegium der Messerfabriken zu Solingen datiert schon aus dem Jahre 1571, während die dortige eigenartige Industrie selbst weit älter ist. Man führt sie mit der des ganzen bergischen Landes auf die wenn auch heute abgebauten oder als wertlos angesehenen Erzlager im Wüstholz, in der Wahlert, unter den Kirchen, auf den Eyßen, im Herrenholz, welche alle bereits seit dem 16. Jahrhundert verlassen sind, zurück, deren Benutzung durch die früher dort so reichlichen Waldungen und Wasserkräfte begünstigt wurde. Ihre Wurzel beruht wohl in der Erzeugung von Schwertern und andern Waffen in grauer Vorzeit (vgl. S. 158 am Schlusse). — Die ältesten Nachrichten beziehen sich vielleicht bereits auf eine Auffrischung der Schmiedekunst, indem berichtet wird, daß Graf Adolf VII. (1256—95) Eisenarbeiter von der Pikardie nach Kronenberg (zwischen Solingen und Remscheid) verpflanzt habe. Die Ähnlichkeit einiger Einrichtungen, welche die bergische Industrie schon früh mit denen in Bradford aufwies, läßt ferner auf alte Beziehungen mit England schließen; doch ist nicht festgestellt worden, welcher Art dieselben gewesen sind. Es mag hier so liegen, wie mit der Kunst des Osmundschmiedens (die älteste Schmiedeeisenbereitung), in bezug auf welche man noch heute im Streit ist darüber, ob dieselbe im Süderlande heimisch und von da nach Schweden übertragen worden ist, oder ob das Umgekehrte der Fall war.

Die bergische Fabrikation, als deren eigentliches Zentrum Kronenberg angenommen werden muß, beschränkte sich lange Zeit hindurch auf Schwerter, Sensen und Sicheln und zerfiel sehr bald in das Schmieden und Schleifen; sie wies also schon früh die Arbeitsteilung auf, welche auch zu scharfen sozialen Trennungen Veranlassungen gab. Namentlich bildeten die weißen Sensen eine Zeitlang einen Hauptartikel, in welchem besonders Kronenberg große Berühmtheit erlangte. Einen großen Einfluß übte die wiederholte Einwanderung der aus Frankreich vertriebenen Hugenotten aus, welche namentlich den Anlaß abgaben, daß sich in Remscheid ein neues industrielles Zentrum bildete. Diese legten Hammerwerke an, führten neue Artikel, wie Hausgerätschaften, Schlösser, Handwerkzeuge, ein und unterhielten ihre früheren Verbindungen, so daß dadurch die gesamte Industrie des bergischen Landes einen neuen Aufschwung erhielt. Freilich machten sich namentlich die späteren Einwanderungen auch in andrer Weise geltend. Die Privilegien der alten Meister in der geschlossenen, erblichen Zunft duldeten keine Fremdlinge. Es entstanden Streitigkeiten, und im Jahre 1687 wanderten viele Schmiede in die benachbarte Mark aus, wo noch heute ihr damaliges Handwerk hoch in Blüte steht. — In der zweiten Hälfte des vorigen Jahrhunderts wurde abermals ein neuer Artikel in den schwarzen Sensen zugeführt. Ein märkischer Gefangener, Namens Roentgen, hatte beim Transport durch Steiermark Gelegenheit genommen, die dortige Fabrikation einzusehen und darüber nach der Rückkehr seinem Bruder mitgeteilt. Der Versuch gelang und die steirischen (schwarzen) Sensen bildeten lange Zeit hindurch einen Hauptartikel. Auch andre Produkte, wie Sägen, Feilen, Schlittschuhe, brachen sich Bahn, und heute liegt der Schwerpunkt der bergischen Industrie vorzugsweise neben der Solinger Schneidwarenindustrie in diesen und andern Werkzeugen für die Eisen- und Holzbearbeitung, während die Sensen (wie die Sackhauer, Schaufeln und groben Eisenwaren) sich fast ganz nach dem Volme- und Ennepethal verzogen haben. Im Jahre 1763 zählte man bereits 300, 1803 600 verschiedene Sorten von Stahl- und Eisenwaren, welche die bergische Industrie produzierte, und heute dürfte ihre Menge zahllos sein. In Solingen fertigt man jährlich etwa 500000 Dutzend Messer und Gabeln, 300000 Schwert- und Degenklingen und 200000 Dutzend Scheren. Infolge der schon lange eingeführten Arbeitsteilung, die größtenteils mit Hausindustrie verknüpft ist, vermögen die Kommissionsfirmen, welche die Produkte zentralisieren und ihre Reisenden mit Proben derselben nach allen Gegenden Deutschlands und des Auslandes schicken, mit England und Amerika wenigstens in gewissen Artikeln sehr gut zu konkurrieren. Eine ziemliche Quantität der von England aus exportierten Kurzwaren sind Remscheider und Solinger Produkte. In Frankreich liefert Paris hauptsächlich Luxuswaren und bezieht die Klingen hierzu aus der Provinz, wo die Fabrikation in den Departements Puy-de-Dome, Haute-Marne und Vienne konzentriert ist. Zu Langres in Haute-Marne sollen schon vor der Eroberung Galliens durch die Römer Messerschmiede seßhaft gewesen sein, doch ist die Verfertigung besserer Ware nach englischer Art erst 1795 durch Engländer eingeführt worden.

Herstellung der Werkzeuge.

Die verschiedenen Artikel der Messerschmiederei werden teils aus raffiniertem (gegerbtem) Stahl, teils aus Gußstahl verfertigt. Die erstere Stahlgattung eignet sich vorzüglich zu Schneidewaren, welche keine sehr große Härte, wohl aber eine gewisse Festigkeit oder Zähigkeit besitzen müssen. Der Gußstahl nimmt unter allen Stahlsorten die höchste und gleichförmigste Politur an und ist der stärksten Härtung fähig, weshalb derselbe zu allen feinen Messerschmiedewaren, namentlich zu Rasier- und Federmessern, zu chirurgischen Messern, zu den besten Scheren u. s. w., verarbeitet wird; er ist aber teuer und wird bei nicht ganz sorgfältiger Verarbeitung leicht spröde, so daß die Schneiden der daraus gefertigten Instrumente leicht schartig werden. Außerdem bringt das feine, gleichmäßige Korn des Gußstahls es mit sich, daß auch die Schneide allzuglatt ausfällt, während die mikroskopische Ungleichartigkeit der Struktur des Raffinierstahls den eigentlichen Schneideprozeß mehr begünstigt.

Hinsichtlich ihrer **Herstellung** haben die schneidenden Werkzeuge bei aller Verschiedenheit ihrer Form viel Gemeinsames. Dem Materiale nach scheiden sie sich in zwei Gruppen: sie bestehen entweder ganz aus Stahl, oder sie sind verstählt, d. h. ihr Hauptkörper ist Eisen, und nur der Teil, welcher die Schneide bilden soll, ist aus Stahl angeschweißt. Ganz aus Stahl werden die kleinsten und feinsten Schneidewaren verfertigt, wie Rasier- und Federmesserklingen, kleine Scheren, chirurgische Instrumente u. dgl.; größere und gröbere Werkzeuge sind nach der zweiten Art hergestellt. Durch die Mitverwendung von Eisen, als des wohlfeileren Materials, wird an Kosten gespart, doch ist das Sparen öfters auch nur Nebensache. Namentlich hat bei Äxten, Hauen, Meißeln und ähnlichen stark angegriffenen Werkzeugen die Verbindung von Stahl und Eisen einen höheren Zweck, nämlich den, die Haltbarkeit des Instruments zu vermehren. Das zähe, sehnige Eisen, das keine Anwandlungen hat zum Zerspringen, ist besonders passend für den Körper des Werkzeugs, der härtere, aber auch sprödere Stahl dagegen zur Bildung der Schneide. In der Neuzeit sind hierzu noch einige andre Fabrikationsmethoden getreten, welche sich namentlich auf gröbere Schneidewaren, Blechscheren, Zweig-, Reben-, Rosenscheren, Zangen ꝛc. beziehen. Der Hauptkörper wird aus Temperguß hergestellt und die Schneide entweder durch einen eigentümlichen Schweißprozeß angefügt, oder auswechselbar angeschraubt bezw. angenietet. Auch ist die Herstellung dieser und ähnlicher Ware (Sensen) aus gepreßtem Stahlblech mit Erfolg versucht worden; namentlich für Exportartikel, bei denen das Gewicht eine große Rolle spielt, hat diese Fabrikationsmethode eine Bedeutung.

Es gehört ferner hierher ein Verfahren zur Verbindung von nicht schweißbarem Gußstahl mit schmiedbarem Eisenguß behufs Herstellung von Schneidewerkzeugen, welches A. Ludwig in Elberfeld für das Deutsche Reich patentiert worden ist. Man verfährt bei Herstellung eines Hobeleisens derart, daß zunächst das letztere aus Eisenguß gebildet und dann durch anhaltendes Tempern zu einer solchen Weichheit gebracht wird, welche ein leichtes Bearbeiten zuläßt und ein späteres Glühen und Ablöschen keine Veränderung in der Härte mehr hervorzubringen vermag. Hiernach wird die Stelle, welche mit der Stahlplatte in Verbindung kommen soll, blank gefeilt und ebenso wie die entsprechende Fläche der Stahlplatte mit Salzsäure gebeizt. Dann werden beide Flächen mit Borax und gestoßenem Glase, naß aufgetragen, versehen; die an dem Gußeisen hervorstehenden Zacken werden über die aufgelegte Stahlplatte umgenietet und das so vorbereitete Werkzeug wird in einen Tiegel voll leichtflüssigem Messing senkrecht eingetaucht. Der nach oben wirkende Druck des flüssigen Metalls drängt letzteres mit großer Gewalt in Form einer dünnen Schicht zwischen die beiden zu vereinigenden Flächen und verbindet dieselben in solidester Weise. Hierauf erfolgt die Fertigstellung des Werkzeugs durch Feilen, Härten, Anlassen und Schleifen nach der gewöhnlichen Art.

Die Operationen zur Erzeugung der Stahlwaren sind der Reihe nach: das Schmieden, wodurch die Form aus dem Groben hergestellt wird und womit zugleich bei bloß verstählten Stücken das Anschweißen des Stahls sich verbindet. Dem Schmieden ist in jüngster Zeit ein weiterer Prozeß, das Schlagen, zur Seite getreten. Dasselbe ist nichts als eine Vervollkommnung der Gesenkschmiederei, bei welcher das warme, weiche Eisen in vertiefte Formen geschlagen wird, um eine mühsame und unvollkommene Handschmiederei zu vermeiden. Diese Methode wird jetzt auf die verschiedensten Sachen, selbst Kneifzangen ꝛc., ausgedehnt und zwar meist unter Zuhilfenahme eines Fallhammers. Bei den meisten Stücken folgt auf das Schmieden noch eine sorgfältigere Ausarbeitung durch Feilen u. s. w., und dann der wichtige Prozeß des Härtens und Anlassens. Durch nasses Schleifen auf umlaufenden Schleifsteinen erhalten darauf die gehärteten Stücke sowohl die volle Ausbildung der Gestalt als die Glättung der Oberflächen und die Schärfung der Schneiden. Durch successive Anwendung feinerer Schleifmittel auf umlaufenden Scheiben, zunächst grober Schmirgel mit Öl (Grobpließen), dann event. feiner Schmirgel mit Öl (Feinpließen, halbe Politur) und endlich Polierrot oder Zinnasche mit Spirituswasser (Spiegelpolitur), mit Kalk ꝛc. nachgeputzt, gibt man der Ware den gewünschten Grad von Politur. Einer schönen, glanzvollen Politur ist aber nur der harte Stahl fähig, nicht so gut der weiche und noch weniger das Eisen. Es müssen daher Stücke, die eine Hochpolitur erhalten sollen, entweder ganz aus Stahl angefertigt werden, oder die verstählten erhalten für diesen Zweck eine Einsatzhärtung, welche das Eisen oberflächlich in Stahl verwandelt.

Härten und Anlassen. Die wichtigste und für die Güte aller schneidigen und spitzigen Waren entscheidende Operation bildet die gute und richtige Härtung, d. h. die Herstellung eines solchen Härtegrades, wie er für den speziellen Zweck erfahrungsmäßig der passendste ist. Es gehört aber hierzu eine Summe von Geschick und Erfahrung, die nur vereinzelt bei den Arbeitern angetroffen wird. Nicht nur muß der richtige Hitzegrad getroffen werden, sondern es verlangt auch die so wechselvolle Natur des Stahls Berücksichtigung, da verschiedene Stahlsorten bei ganz gleicher Behandlung verschiedene Härtegrade annehmen können, und ebenso ist die Art des Eintauchens in die Härteflüssigkeit der Form des Stückes anzupassen, d. h. der Arbeiter muß aus der Form ersehen, mit welchem Ende oder Teile er zuerst eintauchen muß, wenn er das Krummziehen oder Rissigwerden des Stückes vermeiden will.

Das Erhitzen des Stahls zur Härtung geschieht bei den hier in Rede stehenden Artikeln über gewöhnlichem freien Schmiedefeuer aus Kohlen oder Koks (Uhrmacher, Grabstichelarbeiter u. s. w. erhitzen ihre feinen Instrumente in einer gewöhnlichen Lampen- oder auch Lötrohrflamme und tauchen sie dann in Talg, Öl u. dergl.). Sehr zweckmäßig ist das Erhitzen der zu härtenden Gegenstände zum Zweck des Härtens und Anlassens in einem leichtflüssigen Metallbade, das in der Hauptsache aus Blei besteht und auf die geeignete Temperatur erhitzt wird. Es wird davon noch weiterhin die Rede sein. Die Stücke müssen zum Behufe des Härtens glühend gemacht werden; helle Rotglut ist der passendste Hitzegrad. Hierauf kommen sie sofort in kaltes Wasser und werden in demselben hin und her bewegt. Infolge dieser plötzlichen Abschreckung werden sie glashart, wie der Kunstausdruck lautet, entweder weil solcher Stahl Glas ritzt, oder weil er spröde wie Glas ist. Jedenfalls ist er in diesem Zustande für die meisten Zwecke unbrauchbar und muß durch abermaliges Erhitzen, jedoch niemals bis zum Glühen, auf den gewünschten Grad der Weiche und Elastizität zurückgeführt werden. Diese Arbeit heißt das Anlassen. Wird hierbei ein glasharter Stahl nur gelinde erhitzt und dann in Wasser getaucht, so behält er die größte Stahlhärte; je weiter die Erhitzung getrieben wurde, desto weicherer Stahl wird erhalten. Sonach erscheint es als ein Haupterfordernis, die Grade der erlangten Hitze zu kennen, und hierfür geben den erwünschten Anhalt die Anlauffarben, mit welchen sich der Stahl beim Erhitzen überzieht. Es nimmt aber ein blankes Stück Stahl, das einer allmählich steigenden Hitze ausgesetzt wird, nacheinander folgende Farbentöne an: 1) blasses Strohgelb bei 221° C.; 2) dunkleres Strohgelb 232°; 3) Orangegelb 243°; 4) Gelbbraun 254°; 5) Gelbbraun mit einem Stich in Purpurrot 265°; 6) Purpurrot 277°; 7) Blaßblau 288°; 8) gewöhnliches Blau 293°; 9) Dunkelschwarzblau 317°; 10) Meergrün 332°.

Die Hitze Nr. 1 paßt für das Anlassen von Lanzetten; Nr. 2 für Rasiermesser und die meisten chirurgischen Instrumente; Nr. 3 für Federmesser; Nr. 4 für Meißel und Blechscheren; Nr. 5 für Hobeleisen und Zimmerbeile; Nr. 6 für Tischmesser und Tuchscheren; Nr. 7 für Degenklingen und Uhrfedern; Nr. 8 für feine Sägen, Dolche ꝛc.; Nr. 9 für große Holzsägen. Dies ist jedoch nicht durchaus maßgebend. Neuere Untersuchungen haben gelehrt, daß auch die Dauer des Nachlassens von großer Bedeutung ist, so also, daß z. B. ein Stahlstück, welches sehr lange der Temperatur von 221° ausgesetzt war, so weich wird, wie etwa ein gleiches Stahlstück, welches nur kurze Zeit die Temperatur von 332° gehabt hat. Die Praxis hilft sich dadurch, daß sie den Prozeß des Anlassens stets möglichst beschleunigt.

Das Schmieden von Tischmessern erfordert zwei Arbeiter, den Schmied oder Meister, welcher das Werkstück mit der einen Hand regiert und mit der andern einen kleinen Hammer, den Schmiedehammer, führt, und den Zuschläger, welcher mit einem größeren Hammer dorthin schlägt, wo es der Meister mit dem Schmiedehammer andeutet. So wird das Ende einer Stahlstange in der Rotglühhitze zu der Form einer Messerklinge rasch ausgeschmiedet. Die Schneideseite wird hierbei zwar verdünnt, jedoch nicht in eine scharfe Kante ausgeschlagen; dem Schmieden folgt sogleich das Abhauen der Klinge, wobei hinten so viel Material zugegeben wird, daß daraus nachher die Angel oder der Dorn, bei Einschlagemessern aber der sogenannte Druck gebildet werden kann, was in einer zweiten Hitze geschieht. Häufig wird zur Bildung dieses Teiles an die Stahlklinge ein Eisenstäbchen angeschweißt und in der verlangten Form ausgeschmiedet. Der bei den Tischmessern zwischen Klinge und Angel befindliche Ansatz, die sogenannte Scheibe, wird schon beim ersten Schmieden durch Ansetzen auf den Amboß vorgeformt, dann aber in einem zweiteiligen Gesenke vollends ausgebildet. Hierbei wird die Klinge senkrecht in einen Schlitz des Unterteils des Gesenkes eingesteckt, so daß der Ansatz aufzuliegen kommt, und der Oberteil des Gesenkes, der eine Vertiefung zur Aufnahme der Angel hat, darauf gesetzt und mit einigen Hammerschlägen aufgetrieben. Beim ersten Schmieden wird auch das Fabrikzeichen durch Auflegen auf einen in den Amboß befestigten Stahlstempel mit einem Hammerschlage aufgeprägt. Wenn Angel und Scheibe in dieser Weise ausgeschmiedet worden sind, so wird das Messer wiederum in das Feuer gebracht, und der Schmied gibt nun, ohne Beihilfe des Zuschlägers, der Klinge die Vollendung, soweit diese mit dem Hammer zu erreichen ist. Wie also schon erwähnt, wendet man zur Vergrößerung der Leistung neuerdings Gesenke an und es kommen bei Be-

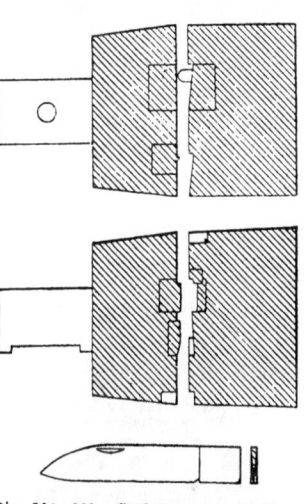

Fig. 264—268. Herstellung von Messerklingen durch die Schneidemaschine.

nutzung dieser verschiedene Verfahren in Betracht. Ein solches ist z. B. von Gebrüder Heller in Liebwestern angegeben worden. Wie bei allen, so hat auch dieses den Zweck, das zeitraubende Schmieden der Messerklingen durch Hand zu vereinfachen. Bei Benutzung verschiedener Gesenke unter dem Fallhammer — mehr noch benutzt man einen Schwanzhammer — kann die Klinge in höchstens zwei Hitzen bis zum Schleifen fertig gestellt werden und erhält hierbei nacheinander die in Fig. 264—268 aufgezeichnete Gestalt. Es kommen dazu Flachstäbe in Verwendung, von deren Enden ab die Messer gebildet werden. Die Aufeinanderfolge der Prozesse ist derart, daß die zugespitzten Stabenden in Gesenken erst zusammengedrückt, dann ausgestreckt, hohl geschlagen, hierauf scharf geschlagen, egalisiert und mit einem Nagelkerb versehen werden. Im Vergleich mit der Handarbeit erzielt ein Arbeiter durch diese machinale Herstellung in derselben Zeit ungefähr eine Produktion von 3000 Klingen, wobei er keines geübten Zuschlägers, sondern nur eines Maschinenjungen als Gehilfen bedarf. Außer diesem Preßverfahren ist das Stanzen der Messerklingen

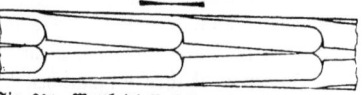

Fig. 269. Mattheis' Verfahren der Herstellung von Messerklingen.

aus Stahlblech und hierbei besonders dasselbe nach Mattheis' in Solingen Angabe erwähnenswert, weil jenes einen möglichst geringen Materialverlust stattfinden läßt. Hiernach walzt man zunächst Stahlblech zu dem in Fig. 269 dargestellten Querschnitt und läßt darauf ein Ausstanzen beziehentlich Ausschneiden erfolgen. Wie für Messer, so verfährt man auch für Gabeln, Scheren, Löffel u. s. w., nur daß hierbei selbstverständlich andre, der Form des herzustellenden Gegenstandes entsprechende, gestählte Matrizen und Patrizen in Anwendung kommen müssen. Anstatt der plattenförmigen Gesenke verlegt man solche auch auf den Umfang zweier Preßzylinder, d. h. man wendet also auch Walzwerke an. Bei Qualitätsware jedoch hat das eigentliche Schmieden noch immer den Vorzug. Die berühmte Firma J. A. Henkels in Solingen, deren Stempel, Zwillinge, sich einen Weltruf

21*

ersten Ranges erobert hat, besitzt das seltene Verdienst, die Vorteile der Massenfabrikation mit der Erhaltung der Qualität vereinigt zu haben. Die beliebten Tischmesser dieser Fabrik werden durchweg geschmiedet. Aber man benutzt dort nicht mehr die oben beschriebene Handschmiederei, sondern eine eigens für diesen Zweck konstruierte Gattung von Triebwerkshämmern (Schwanzfederhämmer), welche durch außerordentlich schnelle Schläge die Formgebung bewirken. Wir haben mehrmals angedeutet, daß der wirklich gute Stahl — solcher, welcher seine Härte nur dem Kohlenstoff und nicht andern härtegebenden Körpern, wie Mangan, Chrom, Arsen, Wolfram, verdankt — nur schwer zu behandeln ist. Er verträgt keine große Hitze und muß deswegen bei der Handschmiederei öfter warm gemacht werden, was ihm ebenfalls schaden kann. Bei der großen Schnelligkeit in der Arbeit der genannten mechanischen Hämmer jedoch, welche bis zu 400 Schläge in der Minute geben, gelingt das Ausschmieden der Klinge in einem Zuge. Außerdem üben diese schnellen Schläge eine günstige Wirkung auf das Material aus, wie sie auf anderm Wege nicht zu erreichen ist. In jüngster Zeit hat man in Solingen deshalb begonnen, selbst die Rasiermesser, also Klingen allerbester Qualität, unter dem Schnellhammer zu schmieden, wobei allerdings der eigenartigen Form wegen Gesenke angewendet werden. Auch hier ist es A. Henkels, welcher in seinem neuesten Dampfhammer das geeignete Instrument gefunden hat.

Nach dem Schmiedprozesse werden die Klingen resp. Gabeln durch ein Schnittwerk auf die genaue Form gebracht und dann der Prozedur des Abfeilens oder Schleifens unterzogen, welche die saubere Gestalt herbeiführen sollen, dann folgt das Härten und Anlassen und endlich das Polieren; bei Messern auch noch zur Beseitigung des Grates ein Abziehen auf dem Handölstein. Neuerdings ist von Mermilliod in Frankreich, wo überhaupt die Messerschmiederei auf einer hohen Stufe steht, das Walzen der Messerklingen eingeführt worden. Ein derartiges Walzwerk zeigt Fig. 270. Wie hier die Schmiedearbeit in sehr regelmäßiger und schneller Weise durch Walzendruck ersetzt wird, dürfte deutlich genug aus

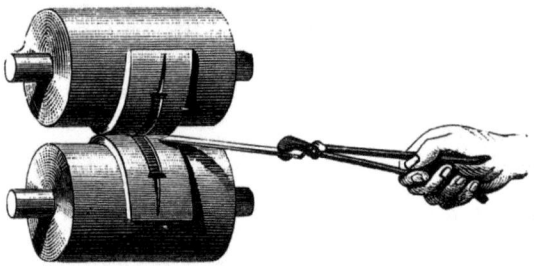

Fig. 270. Herstellen der Tischmesserklingen mittels Auswalzen.

der betreffenden Abbildung hervorgehen; die Wirkungsweise ist ganz entsprechend dem Nägelwalzen. Ein derartiges Walzwerk liefert mit Leichtigkeit täglich 100 Dutzend Tischmesser. Hierauf folgt das Härten, nachdem die bessere Ware vorher mit verdünnter Säure blank gebeizt worden ist. Beim Härten wird die glühende Klinge mit der Spitze voran in kaltes Wasser eingetaucht; bei besonders feinen Artikeln benutzt man wohl auch andre Härtungsmittel. Um nachträglich die Härte zu vermindern, damit die Klingen nicht zu spröde bleiben, läßt man das Nach- oder Anlassen folgen, d. h. man erhitzt den Stahl insoweit, daß er violett oder blau anläuft, was man an einer zu diesem Zwecke blank gescheuerten Stelle beobachtet. Nach diesem Prozesse kommt die Ware in die Hände des Schleifers, über dessen Arbeit weiter unten gesprochen werden wird.

In den durch ihre vorzüglichen Arbeiten bekannten, durch Erber hervorgerufenen Fabriken zu Neustadt in Sachsen, welche nur Gußstahl, früher englischen, jetzt deutschen, verarbeiten, findet wahrscheinlich eben deshalb ein etwas andrer Arbeitsgang statt. Hier erfahren die aus der Schmiede kommenden Klingen zunächst eine lange Ausglühung (6—18 Stunden) mit Holzkohlen, wodurch sie äußerst weich und biegsam werden. Sie lassen sich daher sehr bequem feilen und erhalten nun auch ihre hauptsächliche Ausarbeitung durch die Feile, so daß in der weiter folgenden, von der gewöhnlichen nicht abweichenden Reihe von Arbeiten das Schleifen aus einer leichteren, nicht so angreifenden Überarbeitung bestehen kann.

Die Angeln der Messer werden flach oder konisch vierseitig hergestellt. Die flachen, blattförmigen Angeln werden zwischen das aus zwei Teilen bestehende Heft eingelegt und durch einige Nieten damit verbunden. Die vierseitigen Angeln befestigt man in dem zu diesem Zwecke mit einem Loche versehenen Hefte mittels eines Kittes aus Pech und Ziegelmehl oder, bei metallenen Heften, durch Eingießen von Blei.

Das Schmieden von Tischmessern.

Der Engländer Thomason erfand die Herstellung goldener und silberner Messer mit stählernen Schneiden. Hierbei wird der Stahl mittels Gold- oder Silberlot mit dem edlen Metall verbunden, dann die Klinge zurecht gefeilt, geschliffen, gehärtet und nachgelassen, endlich wieder abgeschliffen und poliert. Zuletzt kann man das edle Metall noch durch Gravieren u. s. w. ausputzen.

Die Verfertigung der Gabeln bildet öfter, so namentlich in England, einen eignen, von jener der Messer getrennten Fabrikationszweig, und die Messerschmiede kaufen von den Gabelmachern die Gabeln ganz fertig, um sie nur noch mit Heften zu versehen.

Die Gabeln werden gewöhnlich aus quadratischen Stahlstäben von 8—10 mm Stärke ausgeschmiedet. Silberne und neusilberne Gabeln werden mit Stoßwerken geprägt, vielfach auch gewalzt. Beim Schmieden formt man zuerst die hintere Partie aus dem Rohen und haut dann das Stück so ab, daß für die Zinken ein etwa 2½ cm langes Stück des Stabes daran bleibt. Dieses Stück wird in einer zweiten Hitze in die erforderliche Länge und Breite abgeflacht, so daß es eine schaufelähnliche Form erhält. Der hintere Teil (Angel und Schaft) wird dann mittels einer Matrize (Gesenke) vollendet, worauf die Zinken durch ein Fallwerk, dessen Klotz etwa einen Zentner schwer ist, durch einen Schlag zwischen Stempeln in Weißglühhitze ausgeprägt werden; das zwischen den Zinken stehen gebliebene, ganz dünn geschlagene Metall wird durch eine Schneidepresse vollends entfernt. Häufig (Solingen) begnügt sich die Schmiedearbeit mit der Herstellung eines Körpers, der einer Gabel gleicht, welcher anstatt der Zinken eine entsprechend geformte und gebogene Platte hat, aus welcher durch eine Schnittpresse die Zinken herausgeschnitten werden. Nach dieser Bearbeitung bleibt die weitere Vollendung der Feile oder dem Schleifsteine überlassen; letzteres Mittel wird besonders häufig in der Sheffielder Stahlwarenindustrie angewendet, zu welchem Zweck große Schleifsteine in Betrieb sind.

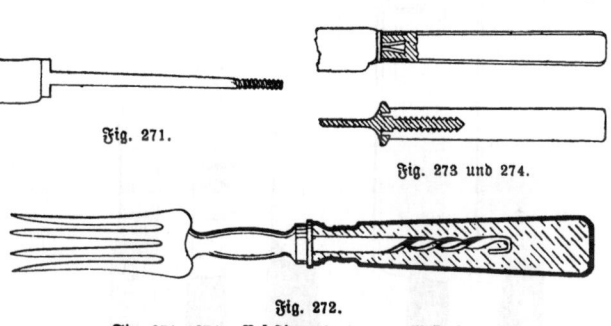

Fig. 271.

Fig. 273 und 274.

Fig. 272.

Fig. 271—274. Befestigungsarten von Messerheften.

Soll die Bearbeitung mit der Feile erfolgen, so muß der Stahl, welcher durch das Prägen sehr hart geworden ist, durch schwaches Ausglühen und langsames Abkühlen wieder gehörig weich gemacht werden. Nach der Vollendung folgt Härten und Anlassen.

In der Neuzeit werden die Gabeln auch vielfach — wie auch zum Teil die Löffel — gegossen. Das Material ist eine Art Neusilber, Nickel, Zink und Kupfer, welches an sich schon dem Silber nicht unähnlich ist, und, versilbert, unter den Namen Alfenid, Christofflemetall u. s. w. sehr beliebt ist. Um den Zinken die nötige Stärke, namentlich am Grunde, zu geben, werden an der Wurzel verzinnte Drähte eingelegt. Die Gußform besteht aus Metall, ist zweiteilig und durch eine einfache Vorrichtung leicht zu schließen und zu öffnen. Die auf diese Weise erzielte schnelle Ableitung der Wärme der an sich geringen geschmolzenen Metallmasse macht in Verbindung mit jener Verschlußvorrichtung ein sehr schnelles Arbeiten möglich. Wie bereits bemerkt, ist die Fabrikation der Löffel, welche ebenfalls vielfach auch durch Walzen hergestellt werden, der der Gabeln sehr ähnlich. Auch hier werden zur Verstärkung verzinnte Drahtstücke eingelegt.

Auch sind viele Verbesserungen von Anbringungsarten der verschiedenen Hefte jener Teile, die man tagtäglich in die Hand nimmt, zu verzeichnen. Es sei z. B. einiger amerikanischer Patente gedacht, welche die Firma „Ruffel Manufacturing Company" in Greenfield erworben, jene bedeutende Fabrik, die gegenwärtig in entschiedene Konkurrenz mit den Hauptplätzen für Messerschmiedewaren, Sheffield in England und Solingen in Deutschland, getreten ist, und dies insbesondere durch die Einführung von zweckmäßigen Maschinen. In jenem amerikanischen Hause verwendet man zu den hölzernen Griffen hauptsächlich das Holz des Apfelbaumes, welches in entsprechende Stücke geschnitten und in Öl getaucht wird,

166 Messer, Gabeln und Werkzeug.

um dann in einer Maschine gepreßt zu werden. Auch schmiedet man daselbst Klinge und Heft aus einem Stück Stahl, wobei die Hefte mit Silber plattiert werden, eine Methode, welche seit mehreren Jahren auch in Deutschland heimisch geworden ist. In dieser Ausführung findet man Messer und Gabeln gewöhnlich in Hotels und Gasthäusern. Ebenso kann man natürlich das Heft zur größeren Wohlfeilheit nur aus Eisen herstellen und dasselbe lackieren. Ferner benutzt die Firma hierzu auch eine aus England stammende Komposition, das sogenannte Ivorid, das mit dem Elfenbein eine täuschende Ähnlichkeit, außerdem aber auch die Eigenschaft besitzt, sich beim Eintauchen des Messers in heißes Wasser von der Eisen= oder Stahlangel nicht abzulösen. In Fig. 271—274 haben wir noch ein kleines Sortiment der in Deutschland gebräuchlichen guten Befestigungen der Hefte gebracht. Die in Fig. 271 dargestellte wird erreicht durch Aufkeilung beziehentlich Aufsetzen des Kropfes auf einen Zapfen des Heftes und durch die im unteren Teile des Heftes angebrachte Verschraubung der Angel, wobei die Wurzel der letzteren in einem Schlitze des Kropfes ruht.

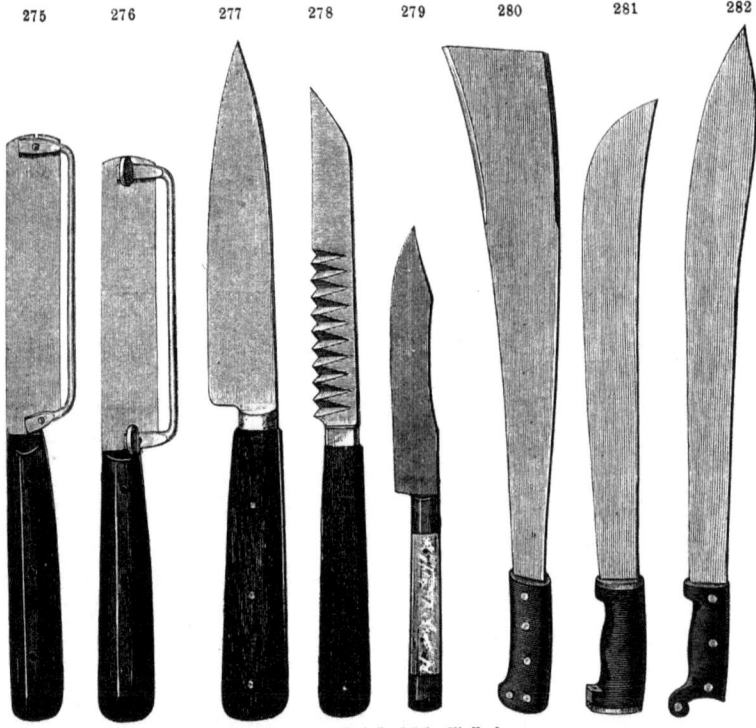

Fig. 275—282. Gebräuchliche Messerformen.
275 und 276 Bohnenmesser. 277 Küchenmesser. 278 Buntschneider. 279 Obstmesser. 280—282 Sackhauer.

Fig. 272 dagegen macht eine Verbindung ersichtlich, wie solche mit hohlen metallenen Heften mittels eines Wulstes geschieht, und in Fig. 273 ersehen wir die Befestigung der Klinge durch Eintreiben eines Keils zwischen die an den Enden des ersteren befindlichen Ansätze. Fig. 214 bringt eine solche, bei welcher die Angel mit einem Holzschraubengewinde versehen, außerdem aber der Kropf ausgefräst wird, so daß der letztere das Heft wie eine Bandzwinge fest umschließt und vor Spalten schützt.

Bei den außerdem in der Hauswirtschaft sehr häufig zu findenden, aber weniger empfehlenswerten Befestigungsweisen lassen sich verschiedene Nachteile angeben, als z. B. bei derjenigen Befestigungsweise, die in dem Einstecken einer spitz geschmiedeten Angel in das vorgebohrte Heft und Ausgießen der Hohlräume des letzteren mit Harz beruht, findet beim starken Gebrauch ein Zerdrücken dieses Harzes zu Mehl oder ein Schmelzen desselben in heißem Wasser und demnach ein Lockerwerden statt. Anderseits existiert auch die durchgehende Angel, welche ebenfalls mit Harz, am unteren Ende aber mit einer Bleizinnlegierung

Federmesser und Taschenmesser.

vergossen wird. Hierfür treten dieselben nachteiligen Gründe wie bei der vorhergehenden Befestigungsart auf. Und wird endlich die Messerklinge mit einer dünnen flachen Angel von der Breite der Schale versehen und das Heft in Form von zwei Schalen von beiden Seiten mit durchgehendem Stift auf der Angel vernietet, so erreicht man zwar ein festes, jedoch teures und im Aussehen unschönes Heft. Trotzdem findet diese Methode sehr vielfache Verwendung bei Küchen= und ähnlichen Messern, welche für besondere Zwecke hergestellt werden.

Fig. 275—279 zeigt uns eine Reihe gebräuchlicher Formen, zum Teil neuerer Art, während die Fig. 280—282 einige der vielfachen Formen der sogenannten Sackhauer darstellen, schwere Messer, welche in den Zuckerplantagen zum Abhauen der Rohrstengel dienen. Fig. 283 und 284 zeigt die Art der Befestigung der gewöhnlichen Tischmesser. Dieselben bestehen aus der Klinge L, der Angel S und dem dazwischen liegenden Bunde V. Das hölzerne Heft ist durchbohrt, so daß die Angel durch dasselbe gesteckt und unten durch Eingießen von Zinn und Vernieten befestigt werden kann.

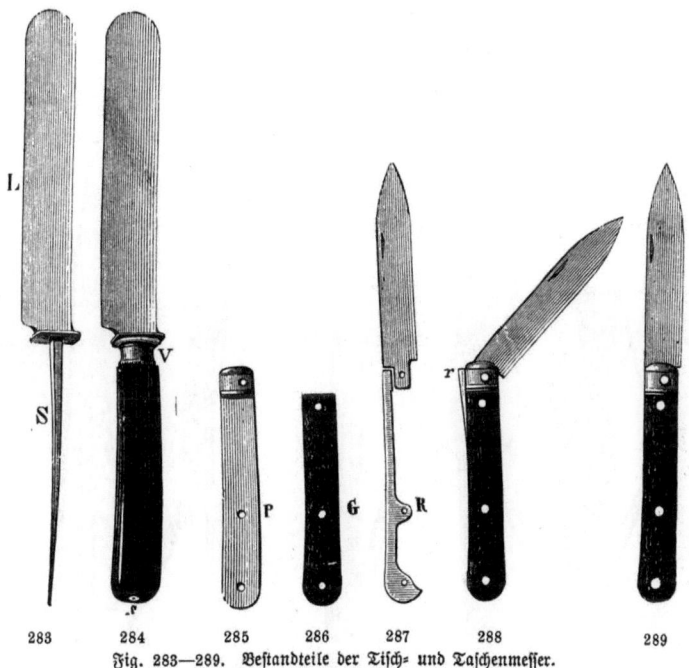

Fig. 283—289. Bestandteile der Tisch= und Taschenmesser.

Federmesser= und Taschenmesserklingen werden von einem Arbeiter mit einem leichten Hammer ausgeschmiedet, wozu für jede Klinge drei Hitzen nötig sind. Die Klinge wird aus den glühend gemachten Enden eines Stahlstäbchens gehämmert und so abgehauen, daß das Material für das gegen die Feder wirkende runde Ende, wie auch zur Anbildung einer kurzen interimistischen Angel, disponibel bleibt, an welche nachgehends ein Schleifheft gesteckt wird. Die schließliche Ausarbeitung, das Durchlochen und das Einschlagen der zum Öffnen dienenden Kämme, erfolgt in der zweiten Hitze. Zum Anlassen nach dem Härten wird eine Anzahl Klingen dicht nebeneinander mit dem Rücken nach unten auf eine Eisenplatte gestellt und diese über Feuer gebracht, bis die Messer die passende Anlauffarbe zeigen.

Bezüglich der als Einschlagmesser konstruierten Taschenmesser ist zu bemerken, daß dieselben aus drei wesentlichen Teilen zusammengesetzt sind, nämlich aus Klinge, Feder und Heft (s. Fig. 285—289). Der am unteren Ende der Klinge befindliche Ansatz, der Druck genannt, wird durch einen vernieteten Stift drehbar mit dem Heft verbunden. Das Heft selbst besteht aus zwei dünnen Metallplättchen P, welche zu beiden Seiten mit Plättchen G aus Horn, Elfenbein, Knochen u. s. w. überdeckt sind. Am Rücken des Heftes ist die Feder R an zwei Stellen fest eingenietet, so daß zwischen den Metallplättchen noch Raum zur Aufnahme der eingeschlagenen Klinge bleibt.

Während diese einfache Form bis vor kurzem fast allein das Feld behauptet hat, wenn man von den Zuthaten, wie Federmesser, Korkenzieher, Champagnerbrecher, Handschuhknöpfer, Nagelfeile, Nagelschere, Zigarrenspitzenschneider, Bleistiftspitzer u. s. w. absehen will (die Solinger Firmen haben Messer ausgestellt mit mehreren Hundert derartigen Klingen und Zuthaten), treten jetzt neue Konstruktionen auf, welche namentlich das Öffnen der Messer erleichtern sollen. Auch hier ist es wieder Solingen, welches sich ganz besonders hervorthut. Die Fig. 295—299 zeigen ein Messer, bei welchem die Schale aus zwei U-förmig gepreßten Metallplatten besteht, welche mit dem Messer ein dreigliederiges Gelenk geben, so daß sich alles bequem zusammenlegen läßt. In andrer Weise führt die Konstruktion (Fig. 294 u. 295) zum Ziele, bei der das Heft aus zwei schmalen Heften zusammengesetzt ist, welche die Klinge entweder verdeckt zwischen sich aufnehmen (Fig. 295) oder, auseinander geklappt und anderseitig zusammengelegt, das eigentliche Heft abgeben (Fig. 294).

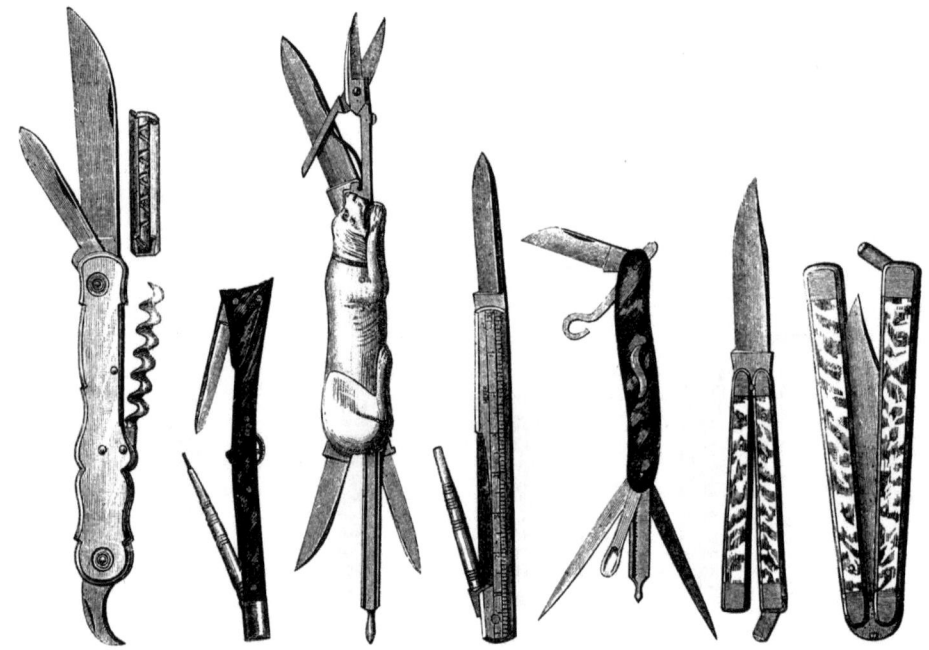

Fig. 290—296. Verschiedene Formen von Taschenmessern.

Eine Konstruktion ohne wesentliche Änderung des Heftes zeigt Fig. 300, bei welcher die Klinge sich durch Herausziehen eines Hakens am unteren Ende öffnet. Ebenso behalten die sogenannten Springmesser das einheitliche Heft bei, besitzen aber eine Einrichtung, vermöge welcher ein Druck auf das Knöpfchen A (Fig. 301) genügt, um ein Herausspringen der Klinge hervorzubringen. Diese Messer haben den großen Vorteil, daß man nur eine Hand gebraucht, um sie zu öffnen und zum Gebrauch fertig zu machen, was namentlich für Matrosen, welche sich in der Takelage befinden und oft nur eine Hand frei haben, von Vorteil ist. Um zu verhüten, daß solche Messer zufällig, ohne absichtlichen Druck, aufspringen, hat man bei den „Springmessern mit Sicherheit" die kleine Druckplatte B (Fig. 302) drehbar angeordnet, so daß sie über die Beschläge herausragt und ein Eindrücken des beweglichen Teils desselben verhindert. Erst durch Querstellen des ovalen Knöpfchens ist die Seitenplatte des Beschlages frei, läßt sich eindrücken und gestattet der kräftigen im Heft verborgenen Feder, die Klinge herauszuwerfen. Durch den Schwung springt die letztere in die aufrechte Lage, in welcher sie durch Einklinken eines an der beweglichen Backe befindlichen Stiftes festgehalten wird.

Das Schmieden von Tischmessern.

Die Herstellung von Messer und Gabel, diesem uns neben dem Löffel unentbehrlichsten Tischgerät, hat in der Neuzeit kaum erst wieder angefangen, einen schüchternen Versuch zu

Fig. 297—299. Einfaches Taschenmesser.

machen, um zu künstlerischer Gestaltung zu gelangen, während in früheren Zeiten gerade ihrer Form und Verzierung ein ganz besonderes Augenmerk geschenkt wurde. Für die letzten

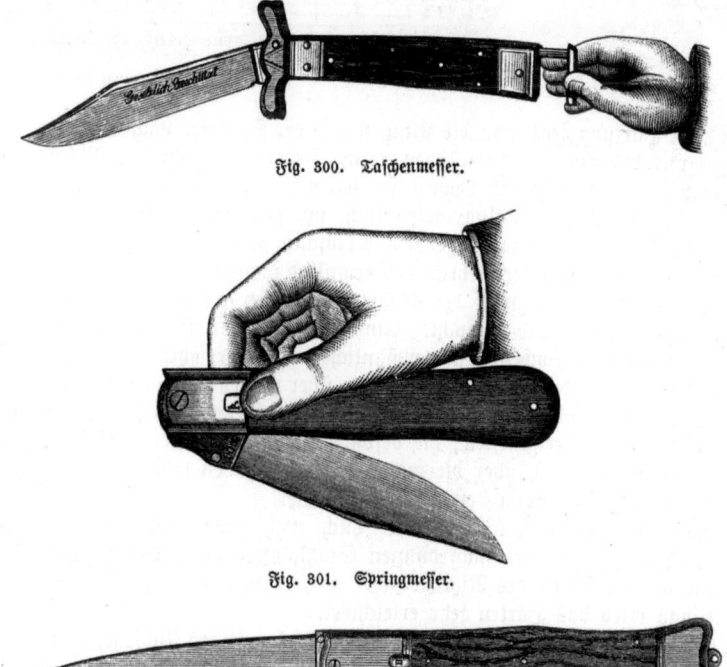

Fig. 300. Taschenmesser.

Fig. 301. Springmesser.

Fig. 302. Springmesser mit Sicherheit

Jahrhunderte sind Messer und Gabel nichts weiter gewesen als Werkzeuge; solcherart sind sie auch in ihrer ganzen Herstellung gehalten worden, höchstens in bezug auf diesen ihren Zweck durch Verbesserung des Materials oder in bezug auf Wohlfeilheit vervollkommnet. Die kunstsinnige Vergangenheit empfand anders, und nicht nur Griff oder Scheide wurden künstlerisch behandelt, und wenngleich nicht jederzeit kostbar, so doch geschmackvoll verziert, auch auf die Klinge erstreckte sich jenes Bestreben, die gewöhnlichen Gebrauchsgeräte zu verschönern, ein Bestreben, das unverkürzt sich nur bei den orientalischen Völkern erhalten hat, an dessen Wiedererweckung wir aber mit allen Kräften arbeiten müssen.

Die Herstellung der Rasiermesser nimmt die Sorgfalt und das Geschick des Arbeiters in besonderem Grade in Anspruch. Vorzüglich guter Stahl, angemessener Härtegrad und eine sehr feine Schneide sind die wesentlichen Bedingungen für ein solches Messer. Das Schmieden der Rasierklingen erfolgt durch zwei Arbeiter auf einem etwas gewölbten Amboß aus flachen Gußstahlstangen von einer dem Rücken entsprechenden Dicke, in den letzten Jahren auch vielfach mit Hilfe von Dampf- bez. Fallhämmern. Die Schmiedehitze darf schwache Rotglut nicht übersteigen, um den Stahl nicht zu verschlechtern; es sind für die Handschmiederei deshalb zehn bis zwölf Hitzen zur Vollendung notwendig, während selbstredend bei Verwendung mechanischer Hämmer eine schnellere Arbeit möglich ist, so daß der Stahl, dem jedes Erwärmen etwas schadet, alsdann weniger leidet. In der letzten Hitze wird das Hämmern bis zur Abkühlung fortgesetzt, um eine große, für die Güte der Schneide wirksame Dichtigkeit zu erzielen.

Fig. 303 und 304. Verziertes Messer (Altargerät zum Zerschneiden des geweihten Brotes).

Behufs der Härtung legt man die Klingen mit der Schneide nach oben über das Feuer und erhitzt sie nur bis zum Kirschrotglühen, taucht sie dann in schräger Richtung mit dem Rücken voran ins Härtewasser und bewegt sie darin bis zum völligen Kaltwerden. Das hintere Ende, der Druck oder Talon, wird nicht mit gehärtet. Besser ist das Erhitzen in einem glühenden Bleibade mit nachfolgendem Ablöschen in Rüböl, wie dies in der größten französischen Tafelmesserfabrik der Gebrüder Mermilliod in Prieurs bei Châtellerault geschieht. Behufs des Anlassens werden zwölf der gehärteten Messer auf einmal in ein auf geeignete Temperatur erhitztes Metallbad getaucht. Eins dieser Messer ist blank gescheuert, um die Anlauffarbe beobachten zu können. In gewöhnlicher Weise verfährt man beim Anlassen so, daß man die Klingen mit dem Rücken nach unten über glühende Kohlen legt oder dazu wohl auch bei einzelnen Gegenständen eine Weingeistflamme benutzt. Für Rasiermesser sind die gelben Auflauffarben die geeignetsten; die besondere Auswahl unter diesen hängt von der Beschaffenheit des Stahles ab, über die man Erfahrung haben muß. Das schließlich erfolgende Schleifen und Polieren besprechen wir später.

Sehr gute Rasiermesserklingen werden auch nach einer aus England stammenden Methode dadurch hergestellt, daß man dünnen Stahlplatten durch Ausstanzen die gehörige Form gibt und an der Stelle des Rückens zwei stärkere schmale Stahlstreifen annietet. Bei dieser Herstellung wird das Härten sehr erleichtert.

Zur äußeren Ausstattung gibt man den Messern sehr oft das Aussehen von Damaszenerklingen, d. h. man ätzt mittels Scheidewasser auf der Oberfläche Muster ein. Ein beliebtes Verfahren ist hierbei, daß man unter Benutzung eines steifborstigen Pinsels, den man vorher in Öl eingetaucht hat, durch Darüberstreichen mit einem Stäbchen kleine Tropfen auf das Messer ausspritzt und das letztere dann einige Minuten in die ätzende Flüssigkeit bringt. Obwohl die Klinge dadurch ein schönes Aussehen erhält, so wolle man deshalb jedoch nicht nach der Verzierung auf die Güte des Messers als solches schließen. — Für den Gebrauch der Rasiermesser sind mannigfache Sicherheitsvorrichtungen gegen Verwundung empfohlen worden. So wird z. B. neben die Schneide mittels Hülse eine sogenannte Präservativrolle aufgeschoben, die sich beim Hinwegführen des Messers über die Haut dreht und dadurch die abgeschnittenen Barthaare nebst Seifenschaum fortführt, zugleich aber auch ein Eindringen in das Fleisch verhindert, indem sie bei zu kräftigem Auflegen des Messers die Haut niederdrückt. Eine andre Sicherung wird durch Anwendung eines rechtwinkelig gebogenen Blechstreifens erzielt, der an der Kante mit Ausschnitten versehen ist. Bis scharf an diese Kante tritt die Schneide des aufgeschobenen Messers, welche beim Gebrauch die durch jene Schlitze tretenden Barthaare wegnimmt. Als Handgriff dient hierbei der längere Teil des Blechstreifens (Fig. 305).

Fig. 305. Apparat beim Rasieren.

Scheren. Das Schmieden der Scheren ist eine der schwierigsten Arbeiten des Messerschmiedes, weil hier das zu fertigende Instrument, wie es jetzt gebraucht wird, aus zwei genau zusammenpassenden Stücken herzustellen ist, während die alten Scheren, wie Fig. 306 zeigt, eine ursprünglichere Form haben. Wie schon gesagt, werden die Scheren, große wie kleine, meistens geschmiedet. Die großen bestehen in der Regel aus Eisen und sind nur an den Schneiden verstählt. Das Schmieden erfolgt auf einem mittelgroßen Amboß mit länglich viereckiger Bahn und einem auf demselben Amboßstocke sitzenden Sperrhorn mit einem rundlich konischen und einem cylindersegmentförmigen Horne, dessen Rundung oberhalb ist. Auf dem Amboß werden zur schnellen und genauen Formung der einzelnen Teile der Schere Gesenke eingesetzt. Zuerst wird in einem Gesenke das Blatt (der Teil mit der Schneide), dann in einem zweiten Gesenke der mittlere

Fig. 306. Alte Form der Schere.

Teil, d. i. das Schild und die Stangen, und zuletzt der Ring geformt. Bei großen Scheren stellt man den Ring in der Weise her, daß aus dem Eisen ein stengelförmiges Ende geradeaus geschmiedet, dann auf dem rundlichen Horne des Amboßes umgebogen und schließlich das Ende verschweißt wird, so daß ein geschlossener Ring entsteht. Bei kleinen Scheren dagegen schmiedet man das Ende zu einer runden Scheibe aus, schlägt in diese mittels eines Stempels ein Loch und formt den so hergestellten Ring schließlich auf dem Sperrhorn mit dem Hammer vollends fertig. Etwaige Verzierungen werden durch Prägen zwischen zweiteiligen Matrizen gebildet.

Der Wohlfeilheit wegen stellt man auch die größeren Scheren durch Zusammenschweißen eines für die Schneide bestimmten Stahlstücks mit einem solchen aus Eisen für den Rücken her. Durch Ansetzen des Schildes an der Amboßkante erzeugt man die Stufe, denjenigen Teil, an welchem die beiden Scherenblätter beim Schluß aneinander stoßen. Desgleichen dient der Amboß, und zwar

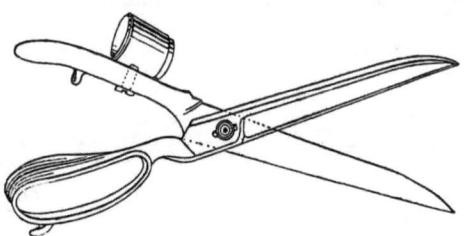

Fig. 307. Fischers Handgriff von Scheren.

mit seinem Horn, welchem man zu diesem Zwecke einen entsprechenden Querschnitt gibt, zur Bildung der ringförmigen Griffe, indem man die Enden um dasselbe umbiegt und durch Schweißen mit den Blättern verbindet. Dies gilt jedoch nur für größere Scheren, die kleineren erhalten diese Griffe durch plattes Ausschmieden dieser Enden und durch darauf folgendes Lochen mittels eines Durchschlags. Die dadurch entstandenen Ringe werden hierauf über dem Amboßhorn zu der richtigen Form noch ausgeschmiedet. Außer diesen als Griff dienenden Ringen oder Schleifen hat man auch an dem einen Blatt einen kleinen Cylinder angebracht, durch welchen bei der Handhabung der Schere der Daumen gesteckt wird (Fig. 307). Bei dieser Einrichtung kann man die ganze Hand- und Armmuskelstärke zum Druck verwenden, ohne dabei leicht zu ermüden; auch werden hierbei die beim Gebrauche der gewöhnlichen Schere häufig eintretenden Verrenkungen des Daumengelenks vermieden. Eine Abänderung in anderm Sinne zeigt Fig. 308. Diese Schere ist mit einem

172 Meſſer, Gabeln und Werkzeug.

gezahnten Rädchen verſehen, welches, wie in der Figur angedeutet, zum Vorzeichnen von Muſtern dient. — Für Scheren, welche in Beſtecken, Futteralen und Etuis untergebracht werden ſollen, bedingen die Ringgriffe gewöhnlich zu viel Platz. Es empfiehlt ſich, ſolchen Scheren gegliederte Handgriffe zu geben, die beim Gebrauch leicht in die Schleifenform gebracht werden können (Fig. 309 und 310). Zuweilen begnügt man ſich damit, die Spitze abzuſtumpfen (Fig. 311) oder aber dem Ganzen eine ſolche Form zu geben, daß die aufgeſpreizte Schere leicht in der Taſche unterzubringen

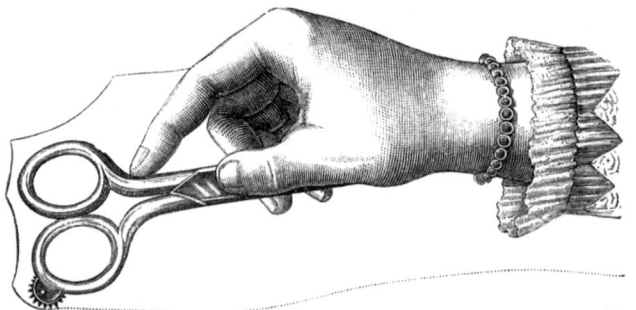

Fig. 308. Perforierſchere zum Vorziehen von Muſtern.

iſt (Fig. 312). Endlich zeigen die Fig. 313—316 eine uns bereits von den Meſſern her bekannte Einrichtung.

Die feinere Ausbildung der Scheren iſt Sache der Feilarbeit. Man feilt die Teile erſt einzeln aus, bohrt dann die Niet- oder Schraubenlöcher in die Schilde, ſchneidet im letzteren Falle in die eine Hälfte auch noch Gewinde und vereinigt dann die beiden Hälften proviſoriſch miteinander, um ſie im ganzen nochmals zu überfeilen. Langen Scherenblättern gibt man alsdann durch vorſichtiges Biegen im Schraubſtock diejenige leichte Krümmung, welche jeder Schere eigen ſein muß, damit beide Schneiden immer nur an dem Punkte, wo augenblicklich der Schnitt erfolgt, ſich genau berühren, weiter rückwärts aber, zur Vermeidung unnötiger Reibung, wieder etwas auseinander treten. Bei kleinen und kurzen Scheren findet indes eine ſolche Biegung nicht ſtatt, ſondern die leicht ausgeſchweifte

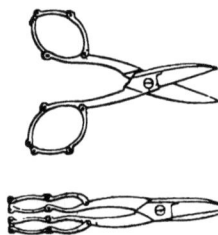

Fig. 309 und 310. Fiſchers Schere mit gegliedertem Handgriff.

Form der Schnittflächen wird lediglich durch das nachfolgende Schleifen hergeſtellt.

Beim Härteprozeß bleiben die beiden Scherenhälften ebenfalls vereinigt, damit ſie das Erhitzen zur Rotglut, das Eintauchen ins Härtewaſſer und das Ablaſſen unter möglichſt gleichen Umſtänden durchmachen und ſomit zu einem und demſelben Härtegrade gelangen. Die weitere Vollendung durch Schmirgeln und Polieren geſchieht wie bei den Meſſerwaren, nur daß den krummen Flächen der Ringe und etwaigen Verzierungen die Politur zum Teil aus freier Hand gegeben werden muß. Durch Abziehen auf einem Handölſteine wird ſchließlich der Grat von den Schneiden weggenommen.

Fig. 311. Taſchen- und Zigarrenſchere.

Auch für Scheren, wenigſtens für kleinere, hat man Herſtellungsmethoden, die auf wohlfeilere und maſſenhafte Produktion abzielen. So werden aus gewalztem Stahlblech mittels eines Durchſchnitts Scherenblätter durch einen einzigen Druck ſo weit hergeſtellt, daß mit Wegfall des Schmiedens ihre weitere Fertigbildung mit der Feilarbeit beginnen kann.

Neben den beſprochenen Arbeitsmethoden und Hilfsmitteln zur Herſtellung der Schneidewaren hat man auch andre eingeführt, um Arbeit zu ſparen und ein möglichſt gutes und

Fig 312. Nagel- und Zigarrenſchere zum Umlegen für die Taſche.

billiges Produkt zu erzielen. Es iſt hier die Anwendung der Schmiedemaſchine zu erwähnen, welche mit ſehr raſch durch Exzenter bewegten Stempeln arbeitet und in mancher Beziehung mehr leiſtet als die geübteſten Hände. Auch hat man, wie bereits oben angedeutet, zur teilweiſen oder gänzlichen Erſetzung des Ausſchmiedens der Meſſerklingen die Walzenarbeit, ober auch hier, sowie bei der Fabrikation der Scheren, Stanzmaschinen benutzt. Ferner ist die Feilarbeit durch Fräsen oder Schleifen ersetzt worden, und endlich hat man Messer, Gabeln und Scheren aus Eisen gegossen, worauf man durch einen Glühprozeß (Adoucieren) eine Umwandlung der Gußstücke in Stahl folgen ließ; selbst für Rasiermesser hat man dieses Verfahren in Anwendung gebracht. Eine geringe, wegen des billigen Preises gesuchte Art Scheren wird einfach durch Guß in trockenen Sandformen hergestellt, wobei man die Härte der Schneiden durch Befeuchten der Form an diesen Stellen und dadurch herbeigeführtes Abschrecken des Gußeisens erzeugt. Die so hergestellten Stücke sind nur noch zu schleifen und zu polieren.

Schleifen und Polieren. Was das Schleifen und Polieren der Messerschmiedewaren im allgemeinen anbelangt, wodurch nicht nur die Vollendung der Form erfolgt, sondern auch eine feine, glatte, mehr oder weniger glänzende Oberfläche und die Schärfe hergestellt wird, so benutzt

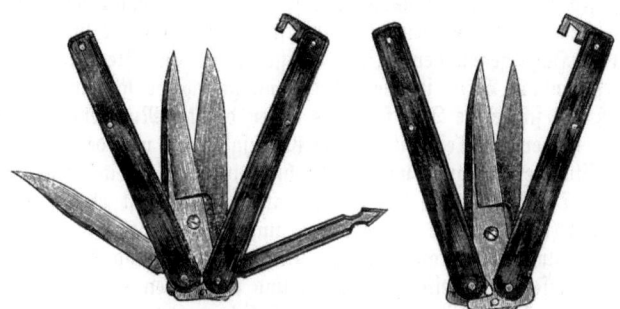

Fig. 313 und 314. Zusammenlegbare Schere.

man hierzu Maschinerien, welche durch Wasser- oder Dampfkraft betrieben werden. Die Arbeit des Schleifers teilt sich in drei Perioden: das Vorschleifen, das Feinschleifen und das Polieren.

Das Vorschleifen erfolgt auf schnell rotierenden Steinen (Schleifsteinen) von verschiedener Beschaffenheit und Größe, je nach der Art der zu behandelnden Ware. Gegenstände mit ebenen Flächen erfordern größere Steine, während dagegen Rasiermesser, deren Flächen hohl sind, auf Steinen von sehr kleinem Durchmesser geschliffen werden müssen. Die meisten Artikel werden auf nassen Steinen geschliffen, damit hierbei keine solche Erhitzung eintreten kann, welche der Härte der Schneiden nachteilig ist. Das Naßschleifen gibt auch eine feinere Fläche als das Trockenschleifen, geht aber langsamer als dieses vor sich.

Auch im Schleifen eiserner und stählerner Gegenstände hat man neuerdings insofern Fortschritte gemacht, als man verschiedene Arten künstlicher Schleifsteine erfunden hat, die vor natürlichen Steinen oftmals den Vorzug dadurch behaupten, daß sie entweder wohlfeiler als diese herzustellen sind oder von beliebiger Härte, von beliebig feinem, stets gleichförmigem Korn angefertigt werden können. Die vorzüglichste Art künstlicher

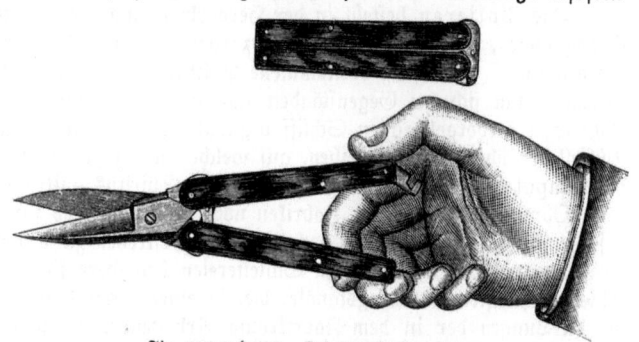

Fig. 315 und 316. Zusammenlegbare Schere.

Schleifsteine soll schon vor mehr als 50 Jahren in Hindostan gebräuchlich gewesen sein, indem man dieselben aus gepulvertem Korund und Schellack zusammensetzte. Diese Komposition wurde bald in Europa nachgebildet, indem man anstatt des Korund den wohlfeileren Schmirgel oder auch scharfes Quarzpulver anwendete und aus diesen Materialien unter Beihilfe verschiedener Bindemittel nicht nur eigentliche Schleifsteine, sondern auch feilenartige Werkzeuge herstellte. Neuerdings werden solche künstliche Schleifsteine aus Schmirgelpulver und Wasserglas oder Zinkoxychlorid, Celluloid u. s. w. hergestellt. Die künstlichen Schleifsteine werden mehr zum Trocken- als zum Naßschleifen benutzt.

Durch das Feinschleifen oder Schmirgeln der Messerschmiedewaren, welches auf das Vorschleifen folgt, wird derjenige Grad von Glätte und Glanz hervorgebracht, welchen die folgemäßige Anwendung verschiedener Sorten Schmirgel und der eigentlichen Poliermittel erzeugen kann. Die Vorrichtung hierzu ist eine hölzerne Schleifscheibe, welche aus Stücken so zusammengesetzt ist, daß ihr Umkreis (ihre Stirn= oder Mantelfläche) überall nur Hirnholz darbietet. Hierdurch wird die gleichmäßige Abnutzung und folglich Erhaltung der kreisrunden Gestalt gesichert und vor allem das Verziehen der Scheiben möglichst verhindert, so daß die Scheibe stets genau zentrisch läuft und nicht in das Schlagen kommt. Außerdem werden diese Scheiben auf das sorgfältigste ausgewogen. Alles dies ist notwendig, weil die Drehgeschwin= digkeit eine außerordentlich große ist (bis 3000 Umdrehungen in der Minute) und die ge= ringste Abweichung des Schwerpunktes von der Achse ein starkes Schlagen mit sich bringt. Dieses Auswuchten, Ausbalancieren geschieht auf einer besonders hierfür angefertigten Welle, welche an beiden Enden zugespitzt ist. Das eine Ende wird auf den Tisch gelegt, das andre in die Hand genommen. Beide Spitzen ruhen auf Blech= oder ähnlichen glatten Stücken. Auf diese einfache Weise ist die Scheibe mit geringster Reibung gelagert und dreht sich sofort so, daß der schwerere Teil sich nach unten dreht. Nunmehr wird ein Bleistückchen seitlich und dem schwereren Teil entgegengesetzt aufgenagelt und der Versuch, bez. das Aufnageln von Bleistückchen so lange wiederholt, bis keine Schlagseite mehr gefunden werden kann.

Die Befestigung der Scheibe auf die Achse ist ebenso einfach. Die Achse ist schwach konisch (in der Mitte am stärksten) und dem entsprechend ist auch die Scheibe ausgebohrt, welche nun einfach aufgeschoben und durch Reibung durchaus genügend festgehalten wird. Die Achse läuft meist in Körnern und primitiven Holzlagern. Erst in der Neuzeit wendet man eine konstruktive und demgemäß sichere Zapfenlagerung an. Die Schwierigkeit ist nur die, daß das eine Ende der Achse muß freigelegt werden können, während das andre im Lager bleibt, um die Auswechselung der Scheiben möglichst schnell zu gestatten.

Manche Schleifscheiben sind mit Leder umkleidet (Lederscheiben, andre mit einem Ringe aus einer Zinn=Bleilegierung (Zinnscheiben) versehen; noch andre werden ohne Bekleidung gebraucht, indem man den Schmirgel unmittelbar auf das Holz aufträgt (Holzscheiben). Die= jenigen Schleifscheiben, welche man zur Bearbeitung der Gabeln und Tischmesser und andrer grob polierter Artikel benutzt, werden mit Leim bestrichen und mit gepulvertem Schmirgel bestreut, der beim Trocknen des Leimes sich auf der Scheibe befestigt. Die Oberfläche der Zinnscheiben wird dadurch vorbereitet, daß man sie, nachdem sie genau rund und glatt ab= gedreht worden sind, mittels eines scharfkantigen Hammers mit feinen Furchen bedeckt und dann mit einer Salbe aus Talg und Schmirgelpulver einreibt.

Das Polieren besteht in der Hervorbringung des höchsten Glanzes auf solchen feinen Gegenständen, welche vorher mit dem zartesten Schmirgelpulver auf Schleifscheiben behandelt worden sind. Eine ganz vollkommene Politur läßt sich nur auf Gußstahlartikeln erzeugen, weshalb man sich bei Gegenständen aus Gärbstahl und Eisen mit einem feinen, durch Schmirgel hervorgebrachten Schliff begnügt. Zum Polieren gebraucht man hölzerne, mit Büffelleder überzogene Scheiben, auf welche man geschlämmtes rotes Eisenoxyd (Kolkothar oder Caput mortuum) mit sehr verdünntem Spiritus aufträgt.

Obwohl in sehr vielen Fabriken noch nicht genügend für die Gesundheit der Arbeiter gesorgt ist, so ist neuerdings doch sehr das Bestreben zu bemerken, diesem Umstande nach Kräften gerecht zu werden. In Schleifereien besonders findet man deshalb neben den ein= zelnen Schleifsteinen Abzugskanäle, die, in einen Hauptkanal mündend, zur Absaugung der für die Lungen der in dem Fabrikraum Arbeitenden so schädlichen Staubteilchen dienen. Für derartige Ventilationsanlagen dürften die folgenden von Robert Röntgen in Rem= scheid angeführten Grundsätze zu beachten sein: 1) der zur Erzeugung der Saugwirkung dienende Ventilator muß in einem besonderen Raume, der mit der freien Luft in Verbin= dung und von den Arbeitsräumen getrennt ist, seinen Platz haben; 2) er muß an seinem Umfange offen sein, so daß die angesogenen Staubteilchen unmittelbar in die freie Luft ent= weichen können; 3) der Ventilator soll mit dem Hauptkanale in derselben Tiefe liegen, da= mit die Öffnungen in den Seitenwänden desselben direkt mit dem Hauptkanal verkehren; 4) vermöge der Gründe 2 und 3 sollte man keine Ventilatoren mit geraden, sondern mit schraubenförmig gebogenen Flügeln anwenden, wovon die eine Seite mit dem Hauptkanal, die andre mit der freien Luft in Verbindung steht. Soviel in bezug auf den Ventilator; für die Örtlichkeit der Schleifsteine dagegen ist zu beachten, daß man 1) die Wirkung der Ventilation vorzüglich auf denjenigen Punkt zu konzentrieren suchen muß, wo der Staub entsteht; 2) um dies zu erreichen, hat man dafür zu sorgen, daß nur von dieser Stelle her die Luft dem Ventilationskanale zuströmen kann. Wir müssen übrigens bemerken, daß die Amerikaner auch in diesem Gebiete bereits allgemein einen vorgeschrittenen Standpunkt einnehmen. (Vgl. den Abschnitt über die Bearbeitung des Holzes.)

Sensen und die ihnen verwandten Sicheln und Futterklingen sind in der Regel Gegenstand einer für sich bestehenden Fabrikation, die am frühsten in Deutschland sich ausbildete, von wo aus selbst die Nachbarländer ihren Bedarf an Sensen beziehen mußten. In Deutschland wiederum war und ist noch jetzt, vermöge seines vorzüglichen Eisens und der lang gewohnten Praxis, Steiermark das Bezugsland der meisten Sensen, was hauptsächlich auch wohl darin seinen Grund hat, daß man ihnen dort immer noch eine größere Leichtigkeit zu geben versteht als anderswo. Nächstdem liefert Westfalen die meisten und besten Sensen, deren Ursprung, wie am Eingang dieses Kapitels erwähnt ist, in Kronenberg zu suchen ist.

Fig. 317. Schleifen der Stahlwaren (Vorschleifen).

Das Material zu den Sensen ist Rohstahl (Puddelstahl) und die Verarbeitung desselben zu Gärb= oder raffiniertem Stahl ist die erste Arbeit des Sensenschmiedes. Man sondert die Rohstahlbarren gleich anfänglich, nach Maßgabe des Ansehens ihrer Bruchflächen, in zwei Kategorien; die mehr eisenartigen geben das Material für die Rücken, die besseren das zur Schneide der Sensen. Beide Sorten werden für sich gegärbt, d. h. ein Arbeiter mit seinem Gehilfen schmiedet die Barren zu dünnen Schienen aus, haut diese in Stücke, legt sie in Pakete zusammen und schmiedet hieraus wieder Barren und schließlich quadratische Stäbe von etwa 2,5 cm Dicke. Diese werden **Flammen** genannt. Die Rückenflammen erhalten immer ein etwas stärkeres Kaliber als die Schneideflammen und geht man hiermit wohl bis zu doppelter Stärke, so daß, wenn gleiche Längen beider zusammengeschweißt werden, die Verbindung zu $1/3$ aus Feinstahl und zu $2/3$ aus geringerem besteht. Dieses Aufeinanderschweißen ist, nachdem die Flammen in solche Stücke zerhauen worden, wie sie zu den einzelnen Sensenklingen erforderlich sind, die nächste Arbeit. Darauf folgt das **Zainen**: die Stücke werden unter einem Wasserhammer, der 30—50 kg wiegt und bei 24 cm Hub etwa 200 Schläge in der Minute thut, dergestalt flach geschlagen, daß die beiden Stahlsorten mit ihren Breitseiten nebeneinander zu liegen kommen. Unter dem Breithammer, der um das Doppelte oder noch schwerer ist als sein Vorgänger, wird nunmehr die Schiene in die Breite und Länge ausgedehnt und ihr die rohe Sensenform gegeben, wozu mehrere Hitzen erforderlich sind. Der Schmied führt das mit Zangen gefaßte Arbeitsstück lang und quer und in den verschiedensten Richtungen unter den Hammer, bildet an dem breiten Ende die Angel, das Verbindungsstück zwischen Klinge und Stiel, und formiert durch Aufbiegen der einen stärker gelassenen Kante den Rücken aus dem Gröbsten. Der Rücken liegt bekanntlich auf der Oberseite der Klinge und die untere Fläche ist völlig eben. Er ist derjenige Teil, welcher den übrigen sehr dünnen Partien Halt und Steifigkeit gibt. Die Vollendung ihrer Gestalt, namentlich die richtige Formierung des Rückens, erhält die Sense durch einen Handhammer, dann kommt wieder ein leichterer, sehr rasch gehender Maschinenhammer an die Reihe, der Klein- oder Polierhammer, welcher die Glättung der beiden Flächen besorgt. Die Sensen sind hierbei nicht glühend, sondern nur mäßig heiß. Mit dem Einschlagen des Fabrikzeichens und dem Beschneiden der Schärfe mittels einer Blechschere ist die Schmiedearbeit beendet. Behufs des nun folgenden Härtens erhalten die Klingen eine Gelbrotglühhitze. Ein über dem Feuer erbauter länglicher, geschlossener Kasten aus Ziegeln, der nur vorn eine spaltartige schmale Öffnung hat, leistet hierbei die Dienste einer Muffel; die Klingen, welche man zu sechs bis acht auf einmal durch den Spalt einschiebt, werden in dem geschlossenen Raume gleichmäßig erhitzt und vor dem Zutritt der Luft geschützt. Geschmolzener Talg bildet das Abkühlmittel. Zum Anlassen hält man sie kurze Zeit in ein Flammfeuer, steckt sie rasch in einen Haufen Kohlenlösche und dann plötzlich, mit hauender Bewegung, in kaltes Wasser. Hiernach werden sie durch einen Schaber von dem Rest des Glühspans befreit, der beim Einbringen ins Wasser nicht von selbst abgesprungen ist, und blau angelassen. Dann kommen sie wieder, kalt oder gelinde erwärmt, unter den Polierhammer, der ihnen die beim Härten entstandenen Krümmungen teilweise benimmt und die Dichtigkeit und Zähigkeit des Stahls vermehrt. Mit einem schweren Handhammer auf einem Holzblocke werden sodann die etwa vorhandenen Krümmungen vollends beseitigt und hierauf auf einem großen Schleifsteine die Schneide angeschliffen, was so schnell geht, daß ein Arbeiter in einer Stunde über 50 Sensen fertig macht.

Eine Sensenschmiede mit 17 Arbeitern liefert in einer Tagarbeit über 200 kleine oder 150—160 mittlere Sensen. Aus 50 kg Stahl werden etwa 30 kg fertige Klingen gewonnen, und von 100 Klingen kommen etwa 5—6 als Ausschuß in Abgang, besonders durch Zerspringen beim Härten oder bei der nachfolgenden Hammerarbeit.

Eine gute Sensenklinge muß hart und zäh zugleich sein, denn sie soll eine gute, dauernde Schneide annehmen und durch Steine und andre harte Körper, denen sie bei der Arbeit begegnet, nicht schartig werden. Die Sensen werden bekanntlich in der Regel gedengelt, d. h. die Mäher schlagen mit einem Hammer auf einem kleinen Amboß die Schneide dünner, worauf das Nachschleifen mit dem Wetzstein schnell geschehen ist. Hierdurch dokumentieren die Klingen ihre gute Eigenschaft von selbst, denn nicht alle Klingen vertragen das Dengeln, sondern manche können nur durch Schleifen auf der Schneide erhalten werden. Letztere zeigen dadurch, daß zu ihrer Herstellung die erforderliche gute Stahlsorte nicht verwendet wurde.

Sägen. Diese im allgemeinen wohlbekannten Werkzeuge bestehen in ihrem Hauptstück immer aus Stahl, und zwar die großen 2—2½ m langen Brettsägen aus Rohstahl, die kleineren, gewöhnlichen aus Gärbstahl, die feinsten auch aus Gußstahl. Zu den größten Sägeblättern schmiedet und streckt man das Material unter Maschinenhämmern bis zu der verlangten Gestalt; kleinere Kaliber schneidet man in der Regel mit der Maschinenschere aus gewalztem Stahlblech, wodurch das Schmieden erspart wird und ein Haupterfordernis, die gleichmäßige Dicke durch das ganze Blatt, sich ganz von selbst ergibt. Nach dem Formen werden die Sägeblätter je nach dem Grade, den ihre Bestimmung erfordert, gehärtet. Diese bei allen Stahlarbeiten wiederkehrende wichtige Operation pflegt bei Sägeblättern dergestalt zu geschehen, daß man sie rotglühend in Öl oder Thran taucht; sie erhalten dadurch eine etwas schwächere Härtung, als wenn sie in kaltes Wasser getaucht würden; immerhin sind sie aber überhärtet und spröde geworden und müssen deswegen durch Anlassen auf den brauchbaren Härtegrad zurückgebracht werden. Metallsägeblätter läßt man strohoder goldgelb an, die weniger Härte bedürfenden Holzsägen violett oder blau.

Durch den Prozeß des Härtens krümmen sich meistens die Sägeblätter, und die nachträgliche Geraderichtung durch Hämmern ist ein langwieriges Geschäft. Man vermeidet daher das Werfen wenigstens größtenteils dadurch, daß man die glühenden Blätter in irgend einer Einspannung in das Härtefett setzt; oder man vollzieht auch das Ablassen dergestalt, daß man die Blätter abwechselnd mit glühenden Eisenschienen schichtet und der Schicht überdies durch Belastung oder Schraubendruck eine Pressung gibt. Die jetzigen größeren Fabriken benutzen hierzu sogar meistens hydraulische Pressen.

Bei dünnen Sägeblättern wie bei andern kleinen Gegenständen ist übrigens ein Verfahren anwendbar, das gleichsam die Prozesse des Härtens und Anlassens vereinigt: man taucht dieselben nämlich rotglühend in geschmolzenes Blei und erhält dadurch eine gelinde Federhärte. Wendet man statt des Bleibades ein solches von Zinn an, so wird eine etwas größere, der gelben Anlauffarbe entsprechende Härte erlangt. Haben diese Gegenstände eine größe Länge (die Blätter der Bandsäge, federnde Stahlbunde zu Krinolinreifen u. dgl.), dann wendet man ein stetig wirkendes Verfahren an, ähnlich, wie es zum Verzinken der Stahldrähte gebraucht wird. Das Band durchläuft dann nacheinander das Metallbad, einen Härtetrog und eine Vorrichtung zum Nachlassen (Anlassen), welche aus einer Walze und einer darüber lagernden, durch ein Koksfeuer erhitzten Rolle besteht.

Nachdem die Sägenblätter gehärtet und angelassen sind, werden sie auf Maschinenschleifsteinen blank geschliffen und schließlich abgeschmirgelt. Das Schleifen geschieht selbst bei den großen Mühlensägen zum Teil noch vor den Knieen mit Hilfe gewöhnlicher Schleifsteine. Die neueren größeren Fabriken benutzen jedoch eine besondere Schleifmaschine, bei denen dann der Strich der Länge nach läuft. Dieselbe besteht aus zwei senkrecht übereinander gelagerten Steinen, deren Achsen parallel liegen. Der untere, größere, läuft sehr schnell und besorgt die eigentliche Schleifarbeit. Der obere, kleinere, läuft bedeutend langsamer und dient zum Aufdrücken und Aufhalten der Säge, die trotzdem mit ziemlicher Geschwindigkeit die Steine passiert. Es kommt sogar häufig vor, daß die Säge mit rapider Geschwindigkeit durchfährt, wenn nämlich der obere Stein infolge einer auf der Säge befindlichen Unreinigkeit oder dergleichen nicht faßt, und es ist deshalb hinter jeder Schleifmaschine eine Bohlwand angebracht, welche die so mit großer Kraft fortgeschleuderten Sägen auffängt. — Das Schmirgeln geschieht zwischen zwei Schmirgelwalzen, welche jedoch oft von beiden Seiten gleichmäßig arbeiten, während bei der Schleifmaschine immer nur eine Seite geschliffen wird, die Säge also zweimal aufgegeben werden muß. Das Schleifen der Kreissägen geschieht in folgender Weise. Die Säge, welche oft über 1 m im Durchmesser hat, wird an eine Scheibe befestigt, welche sich wie die Planscheibe einer Drehbank langsam dreht. Mit der Achse derselben auf gleicher Höhe, jedoch senkrecht dazu, ist der Schleifstein gelagert, welcher mit seinem Umfang die Kreissäge zu bearbeiten hat, während sich letztere gleichmäßig herumbewegt. — Dann folgt als letzte Arbeit die Bildung der Zähne; nur bei den größten Sägen werden die Zähne schon vor dem Härten geformt. Eine Zahnreihe entsteht, wenn in gleichmäßigem Abstande aus der geraden Stahlkante dreieckige Stückchen herausgeschlagen werden. Dies geschieht entweder aus freier Hand mit dem Hammer und entsprechend geformten Stahlpunzen (Durchschlägen) oder mehr maschinenmäßig. Beim Ausschlagen liegt das Blatt auf einer verstählten Lochscheibe; ein Zeiger an derselben, der mit seiner Spitze immer in die zuletzt gemachte Kerbe eingreift, gibt den Anhalt für das gleichmäßige Fortschieben des Blattes. Eine andre Einrichtung macht das Aufsetzen bequemer und beugt allen Fehlschlägen vor: das Blatt wird zwischen zwei stählerne Schienen oder Backen gefaßt, die an der einen Seite über beide Stücke hinweg dieselbe Kerbung haben, welche die Säge erhalten soll; in jeder dieser Kerben steht also das Teilchen des Blattes, das zu entfernen ist, frei und läßt sich mit Bequemlichkeit herausschlagen. Auch hier beginnt die Maschine bereits die Arbeit vollständig zu übernehmen. Namentlich die Blätter der gewöhnlichen Handsäge und kleinere werden durchaus selbstthätig gestanzt. Die Maschine besteht aus einem Bock, an welchem, durch einen Riemen getrieben, ein Stempel auf und nieder geht. Unter diesem schiebt sich, auf dem Tisch entlang, die Säge selbstthätig, nach jedem Schnitt, ruckweis vor. Die Bedienung besteht lediglich in dem Aufgeben neuer Sägen. (Hürxthal & Brune in Remscheid.)

Die durch Ausschlagen oder im Durchstoß gebildeten Sägenzähne müssen mit der Handfeile vollendet werden, ebenso wie die Feile der im Gebrauch stumpf gewordenen Säge wieder zu Kräften hilft. Bei Bandsägen verwendet man neuerdings auch hier Maschinen.

Es gibt zur Zeit zwei Arten derselben; bei der einen wird die Säge senkrecht eingespannt, bei der andern wagerecht. Die Fig. 318 gibt eine Ansicht der letzteren Gattung. Manche kleine Blätter sind auch ganz mit der Feile ausgearbeitet, während die feinen, aus Uhrfedern gemachten Laubsägen ähnlich den Feilen mit dem Meißel eingehauen werden. Man spannt ihrer eine Mehrzahl zugleich in einem Paket in den Schraubstock und bearbeitet sie wie ein Stück mit Meißel und Hammer dergestalt, daß auf den Raum eines Zentimeters 10—20 Zähnchen kommen.

Je nach der Form der Zähne und dem Grade ihrer Schärfe oder Abnutzung kann man sich bei der Arbeit der Säge verschiedene Werkzeuge en miniature, wie Raspel, Feile, Hobel u. s. w., thätig denken. Form und Größe der Zähne aber werden durch das Material bestimmt, welches eine Säge zu bearbeiten hat. In weichem Holz löst ein einzelner Durchgang der Säge schon eine ziemliche Menge Späne los, diese müssen in den Lücken zwischen den Zähnen Platz finden, bis sie ausgeworfen werden können; es muß also zwischen Zähnen und Lücken ein gewisses proportioniertes Größenverhältnis bestehen. Bei hartem Holz und zumal bei Metall kann nur wenig Masse auf einmal losgetrennt werden, es sind keine großen Zwischenräume nötig, und man kann daher die

Fig. 318. Bandsägefeilmaschine „Stagelse".

Zähne kleiner machen und gedrängter stellen. Kleine Zähne aber sind für die Kraftausübung günstiger als große, und ihre größere Anzahl erhöht die Summe der Arbeit. Es ist einleuchtend, daß alle Zähne einer Säge im allgemeinen nicht nur gleiche Größe, sondern auch die gleiche Form und Stellung haben müssen. Die Stellung der Zähne kann aber bei Holzsägen entweder in bezug auf die Linie des Blattes eine gerade oder eine schräge sein. Im ersten Falle schneidet die Säge nach beiden Richtungen, im andern nur in einer. Die letztere Form gehört zu dem Werkzeug des einzelnen Arbeiters. Da ein solcher nur im Fortstoßen seine volle Kraft ausüben kann, so hat man die Wirkung der Säge durch die geneigte Stellung der Zähne auch ganz nach dieser Seite hin verlegt. Eine Ausnahme hiervon machen gewisse Baum- oder Gärtnersägen, die beim Ziehen fassen (Fig. 319).

Fig. 319. Baum- oder Gärtnersäge.

Die Säge Fig. 322 schneidet nur in der Richtung nach links; der Winkel ihrer Zähne ist etwas kleiner als 45°. Die großen Schrotsägen, womit zwei übereinander stehende Männer Holzstämme der Länge nach teilen, haben die nämliche Verzahnung und schneiden im Niedergange. Ebenso haben Kreissägen, da sie immer in derselben Richtung wirken, meistens nach dieser Richtung geneigte Zähne. Sägen für zwei Arbeiter oder überhaupt solche, die in härterem Material gehen sollen, haben geradeaus stehende Zähne in Form eines gleichschenkeligen Dreiecks. Ihr Winkel kann zwischen 30 und 60° variieren; über 60° ist die Kante schon zu stumpf, um noch zu schneiden, und unter 30° wird der Zahn zu schmächtig, bricht sehr leicht und stumpft sich schnell ab. — Die Form der Zähne ist hiernach sehr verschieden und nicht nur von dem Material, welches geschnitten werden soll, sondern auch vielfach von den persönlichen Ansichten und Gewohnheiten der Benutzer abhängig. Es würde zu weit führen, dieselben hier alle zu nennen. Die Fig. 322—327 zeigen verschiedene gebräuchliche Zahnformen. Die Fig. 320 und 321 versinnlichen große, nach beiden Seiten schneidende Schrotsägen. Bei der

Sägen. 179

erften hat jeder Zahn zwei Schneiden, die in ihren Funktionen abwechseln, denn es ist leicht ersichtlich, daß beim Gange nach links alle linken, und im andern Falle alle rechten Zahn= hälften arbeiten werden. Zähne dieser Art leisten mehr als die der nachfolgenden einfacheren Form, sind aber auch zerbrechlicher und schwieriger zuzufeilen. An neueren Sägen findet man auch in bestimmten Zwischenräumen einen besonders geformten Zahn, den Räume= oder Raumzahn (Fig. 328 und 329), eingeschaltet, welcher namentlich den Zweck hat, für Entfernung der Späne zu sorgen. Die Zähne stehen im allgemeinen um so enger, die Teilung ist um so kleiner, je härter das Holz ist. Eine große Teilung haben daher die Brettsägen, welche stets längs der Faser arbeiten, wogegen die Kopfsägen, welche die Bäume quer abzuschneiden haben, eine kleinere Teilung, unter sonst gleichen Umständen, be= sitzen. Die größte Teilung, bis zu 8 cm, findet man bei den sogenannten Abschwartsägen, welche die Balken, be=

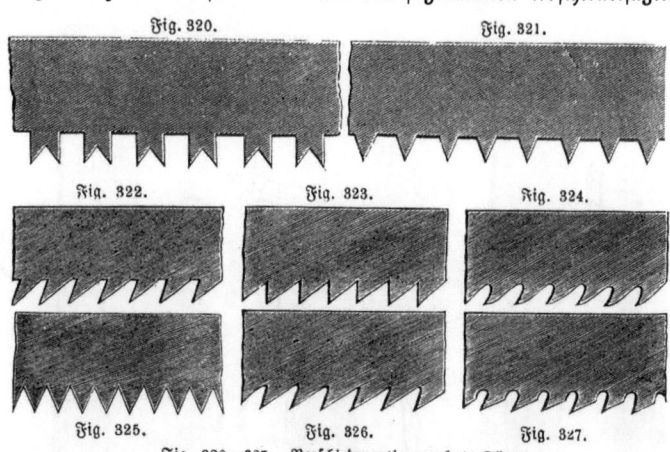

Fig. 320—327. Verschiedenartig gezahnte Sägen.

vor sie auf das eigent= liche Gatter kommen, abschwarten, d. h. die runden (segmentarti= gen) Kanten fortneh= men, damit sie glatt durch die Walzen des eigentlichen Gatters gehen können. Wei= teres hierüber ist unter dem Abschnitt „Holz= bearbeitung" zu finden.

Damit eine Säge sich im Schnitt nicht klemmt und durch Rei= bung nicht zu stark er= hitzt, muß sie einen breiteren Schnitt machen, als sie selbst dick ist. Bei Holzsägen bewirkt man dies durch das Schränken der Zähne, d. h. man biegt dieselben abwechselnd nach rechts und links etwas aus und verschafft dadurch dem Blatte Spielraum und Luft. Diese Arbeit wird in den Fabriken in der Regel mit Hilfe eines Werkzeugs vorgenommen, welches einem Durchschlag gleicht. Derselbe wird auf den Zahn gesetzt und letzterer durch einen leichten Hammerschlag entsprechend ausgebogen (geschränkt). Es erfordert dies eine große Geschicklichkeit, wenn es schnell gehen soll. In der Regel jedoch wird das Schränken von dem Benutzer besorgt, welcher sich zuweilen mit einem gewöhnlichen Schraubenzieher be= hilft, jedoch meistens das Schränkeisen (Sägensetzer) oder, für größere Sägen, auch wohl Schränkmaschinen, eine Art Hebeldruckmaschine benutzt. Außerdem gibt es eine ganze Reihe sogenannter Schränk= zangen, deren Backen so ge= formt sind, daß sie den Zahn

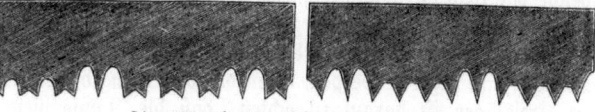

Fig. 328 und 329. Sägen mit Raumzahn.

seitlich auszubiegen vermögen. Die Fig. 330—336 zeigen einige der gebräuchlichsten Sägensetzer, zum Teil mit dem genannten Schraubenzieher. Bei Metallsägen ist dieses Mittel wegen der Kleinheit und Härte der Zähne nicht anwendbar; statt dessen sorgt man schon beim Schmieden dafür, daß das Blatt von der Zahn= nach der glatten Seite hin allmählich an Stärke etwas abnimmt, und erreicht so auf anderm Wege den gleichen Erfolg. Die einfachen Metallsägen, wie sie der Schlosser gebraucht, werden, wie oben angedeutet, gehauen und erhalten so einen seitlich abstehenden Grat, welcher ebenfalls ein „Freischneiden" bewirkt. In dieser Weise ist auch die kürzlich aufgekommene „Diamantstahlsäge" von Hart= mann & Co. in Fulda gefertigt, welche neben außerordentlicher Härte (sie schneidet Glas ꝛc.) die Eigenart besitzt, nur in den Zähnen so hart, sonst aber weich und biegsam zu sein.

Neuerdings wendet man, nach dem Vorgange der Amerikaner, das Anstauchen der Zahnspitzen anstatt des Schränkens bei den größeren Holzsägen, besonders aber bei den

23*

Kreissägen an. Man setzt dabei ein spitzwinkelig eingefeiltes Stahlstück, Stauch eisen genannt, auf die Zahnspitze auf und treibt dasselbe durch Hammerschläge an, so daß die Zahnspitze etwas dicker wird als das übrige Sägeblatt. Dieser Vorgang hat viel Ähnlichkeit mit dem Dengeln der Sensen. Wie dort ist die Operation gleichzeitig eine Probe für die Güte des Stahls, da ein zu weicher Stahl keine „stehende" Schneide gibt — sie legt sich leicht um — und zu spröder Stahl wieder leicht ausbricht. In beiden Fällen erzielt man durch eine Art Verdichtung des Materials eine besonders widerstandsfähige Schneide. Fig. 337 zeigt einen durch Anstauchen geschärften Zahn und Fig. 338 das dazu verwendete Stauch eisen, wie es von der oben bereits genannten Firma Disston & Sons verfertigt wurde. Diese Zähne schneiden auf der ganzen Breite, während die Schränkung stets ein zu einseitiges Arbeiten, also einen weniger glatten Schnitt bewirkt.

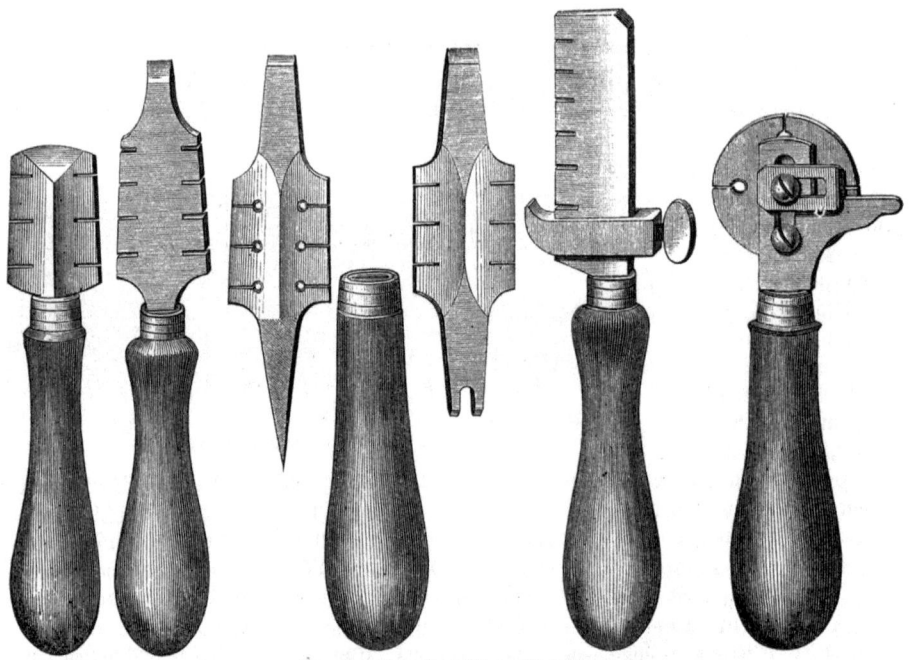

Fig. 330—336. Verschiedene Sägensetzer.

Das Schärfen der Sägen geschieht, abgesehen von der besprochenen Stauchmethode, welche das Schränken und Schärfen in sich schließt, in der Regel mit der Feile, in größeren Werken jedoch mit der Schmirgelscheibe. Für letztere namentlich ist der mit rundem Grunde versehene Wolfszahn (Fig. 324 und 327) geeignet. Die letzte Schärfung muß auch hier mit der Feile gegeben werden, wenn die Schrägung derselben abwechseln soll. Beim Schärfen der Kreissägen ist darauf zu achten, daß die Zähne mehr zurück- als heruntergefeilt werden, damit der Durchmesser möglichst wenig geändert werde. Manche Sägen sind daher mit Schleiflinien versehen, welche die beim Schleifen einzuhaltenden äußeren Zahnflächen angeben und den Verlauf logarithmischer Spiralen besitzen.

Sägen besonderer Art sind die Kreissägen mit eingesetzten Zähnen, die Trenn-, Spalt- oder Furniersägen, die Flattersägen, Kugelsägen und Cylindersägen. Das Einsetzen der Zähne geschieht aus zwei Gründen: erstens kann man denselben das allerbeste Material geben, was namentlich bei großen Sägen, auch des Richtens wegen, von Bedeutung ist, da die aus hartem Stahl sich schwieriger richten (spannen) lassen als solche aus weicherem Material, und zweitens behält die Säge mit eingesetzten Zähnen trotz des Nachschärfens ihren Durchmesser und die Teilung ziemlich genau bei. Das Einsetzen selbst wird auf verschiedene Weise bewirkt. Fig. 339 zeigt die einfachere Art der Sägen der berühmten amerikanischen Firma Henry Disston & Sons, bei denen die Zähne in rechteckige Ausschnitte des Blattes eingeschoben und durch einen Stift festgehalten werden. Weniger einfach, obschon sehr sinnreich, ist die Befestigungsart der Firma R. Hoe & Co. in New York, bei welcher die Zähne außerordentlich wenig Material beanspruchen. Der Einsatz besteht hier (Fig. 340) aus dem eigentlichen Zahn z und dem Schloßstück s. Beides zusammen bildet in der äußeren Begrenzung einen Kreis, der genau zu den Ausnehmungen paßt, mit denen der Umfang des Sägeblattes zur Aufnahme der Zähne versehen ist. Die inneren Ränder desselben sind keilförmig zugeschärft, so daß die Einsatzstücke gegen seitliche Verschiebung gesichert sind. Gegen Verschiebung im Sinne des Angriffs schützt die Brust m, während eine Drehung im entgegen-

Fig. 337 und 338. Simondsscher Zahnstaucher.

gesetzten Sinne den Einsatz herausnehmen läßt, welcher sonst nur durch Spannung und außerordentlich sorgfältige Arbeit festsitzt.

Die Trenn- oder Spaltsägen (Furniersägen) sind als Kreissägen im Gegensatz zu den bisherigen Sägen am Schnitt dünner als in der Mitte, also keilförmig zugeschärft. Ihre Verwendung setzt voraus, daß das abgetrennte Material sich seitlich abbiegt, was eben in der Furnierschneiderei der Fall ist. Auch hier hat man eine Auswechselbarkeit der Zähne in der Weise bewirkt, daß man die eigentliche Säge in Ringteilen an das Blatt setzt (Fig. 341), welches dann ebenfalls zugeschärft wird, um das Abspalten zu begünstigen. Man erreicht auf diese Weise einen sehr feinen Schnitt — also geringen Materialverlust — und eine große Stabilität. Doch sind diese Sägen von den erstgenannten so ziemlich verdrängt worden.

Fig. 339. Kreissäge mit eingesetzten Zähnen nach Henry Disston & Sons.

Fig. 340. Kreissäge mit eingesetzten Zähnen nach R. Hoe & Co.

Die Flatter- (Taumel-) Säge ist eine schief auf die Achse gesetzte Kreissäge, welche zum Ausarbeiten von Nuten gebraucht wird. Diese Sägen geben, im Verhältnis zum Vorschub, sehr schnell laufend, eine Nut von der doppelten Breite der Abweichung von der Mittellage, vermehrt um die eigentliche Schnittbreite. Bei sehr kleinem Durchmesser erhält man eine zum Einschieben bez. Festhalten brauchbare Konizität, weshalb man diese Sägen auch zum Herstellen von Verzinkungen angewendet hat. Die Schrägung wird zuweilen dadurch verstellbar gemacht, daß die Spannbacken, zwischen welche die Säge behufs ihrer Befestigung auf der Achse gespannt ist, als Kalotten geformt werden, die für

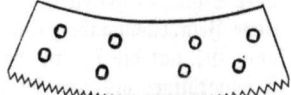

Fig. 341. Furniersäge.

Fig. 342. Kugelschalsäge.

sich wieder in dem entsprechend kugelförmig ausgehöhlten Spannmuffen beweglich sind.

Die Kugelsäge (Kugelschalsäge) ist eine Kreissäge, deren Fläche einer Kugeloberfläche entnommen ist (Fig. 342). Sie dient bei der Anfertigung der Faßböden, um denselben die zur Einspundung notwendige Zuschärfung zu geben.

Die Cylindersäge besteht (Fig. 343) aus einem aus Stahlblech hergestellten Cylinder, dessen eine Endkante gezahnt ist. Auch diese Säge wird in der Faßfabrikation verwendet und dient zum Ausschneiden der Dauben. Ihre Anfertigung ist ganz besonders schwierig. (A. Ibach & Co., Remscheid.)

Von der einfachsten Beschaffenheit sind die Steinsägen, denn sie haben ein glattes Blatt ohne jegliche Verzahnung. Die Arbeit der Zähne leistet hier scharfer Sand, der von Zeit zu Zeit nebst etwas Wasser in den Schnitt gebracht wird. Um den Angriff zu verstärken, ist das Gatter der Säge extra belastet. Der Arbeiter sitzt vor seinem Block, schiebt die Säge in horizontaler Richtung hin und her und formt solchergestalt im langsamen Fortgange sein Rohmaterial von Stein oder Marmor in Würfel oder Platten. Interessant ist

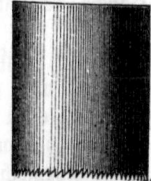

Fig. 343. Cylindersäge.

die Verwendung eines endlosen Drahtseilchens zum Ausschneiden größer Blöcke, wie dieselbe (s. Reuleaux, Konstr. S. 716) in Niedermendig von J. Zerva durchgeführt worden ist. In einer Entfernung gleich der Länge der aus dem Gestein zu schneidenden Blöcke (Lava und ähnliche Steinarten) werden zwei Schächte getrieben, welche dazu dienen, zwei Leitrollen, über deren Unterseite der schneidende Teil eines endlosen Seiles läuft, und welche dem Fortschritt des Schneidens entsprechend langsam niedergeführt werden, aufzunehmen. Außerhalb dieser Stelle läuft das Seil über entsprechende Leitrollen, eine Spannvorrichtung und die Arbeitsscheibe. Die Schneidarbeit wird, wie bei der gewöhnlichen Steinsäge, durch regelmäßig zugeführtes Wasser mit Sand vermittelt.

In neuerer Zeit verwendet man auch Sägen zum Zerschneiden großer Eisenstücke, und zwar sowohl in kaltem wie in warmem Zustande. Man benutzt hierzu starke Kreissägen aus sehr widerstandsfähigem Stahl, der in vielen Fällen sogar ungehärtet verwendet wird.

Feilen. Kein andres Werkzeug findet bei Bearbeitung der Metalle eine so allgemeine Anwendung als die vielgestaltige Feile. Durch Hobelmaschine, Drehbank und Schleifstein hat man zwar in neuerer Zeit die mühsame Feilarbeit teilweise entbehrlich zu machen gewußt, doch bilden die hierzu geeigneten Fälle immer nur eine kleine Minderzahl, und alle übrigen, durch Schmieden oder Gießen erzeugten Arbeitsstücke bedürfen, wenn sie eine feinere Ausarbeitung erhalten müssen, hierzu der Feile.

Außer den größten Armfeilen, die öfter einen eisernen Kern mit umgeschweißtem Stahl haben, bestehen die Feilen stets aus glashartem Stahl. Die Feile ist das einzige Instrument, das diesen höchsten Härtegrad hat und haben muß, bei dem mithin der abmindernde Teil des gewöhnlichen Härtungsprozesses, das Anlassen, in Wegfall kommt. Sprödigkeit und Leichtbrüchigkeit sind daher von der Feile nicht zu trennen. Dieselbe kann auch nicht wie andre Werkzeuge, wenn sie stumpf geworden, einfach wieder nachgeschärft werden, sondern wird, falls sie nicht neu aufgehauen werden kann, in der Regel außer Dienst gesetzt, bleibt aber, wenn sie von guter Masse ist, dann immer noch ein geschätztes Material zu Grabsticheln, Schabern und andern feinschneidigen Werkzeugen. Neuere Versuche über die Schärfung stumpf gewordener Feilen sollen weiter unten besprochen werden.

Der Größe nach variieren die Feilen von circa $1/2$ m bis herab zu den kleinsten Uhrmacherfeilen von 2 cm Länge. Den verschiedenen Abstufungen der Feinheit des Hiebes nach unterscheidet man im allgemeinen in Grob=, Mittel= (oder Bastard=) und Fein= (oder Schlicht=) Feilen mit noch einigen Zwischenstufen, wie Halbschlicht, Feinschlicht u. s. w. Diese Feinheitsangaben sind aber immer erst verständlich, wenn die Größe der Feilen bekannt ist, auf die sie sich beziehen sollen, denn eine Schlichtfeile von 15 cm Größe z. B. ist feingrätiger als eine solche von 30 cm. Außerdem fehlt es nicht nur zwischen deutschen, englischen und französischen Fabriken, sondern selbst zwischen solchen eines einzelnen Landes an der rechten Übereinstimmung in bezug auf die Bezeichnung der Feinheitsgrade. Auch die Verpackungsart und Verkaufsweise gibt zu einer Reihe Benennungen Veranlassung, und zwar in Verbindung mit ihrer Verwendung. Man unterscheidet daher: Gewichtsfeilen und Maßfeilen. Zu den Gewichtsfeilen gehören: 1) die Hand= oder Armfeilen, größte und schwerste Gattung mit grobem Hieb; 2) Maschinenfeilen, etwas kleiner, flach, mit etwas feinerem Hieb; 3) Pack=, Bund= oder Strohfeilen, leichter wie die vorhergehenden, aber wieder mit grobem Hieb, und 4) alles, was sonst nach Gewicht gekauft wird, also meistens grobe, schwere Ware. — Die Packfeilen kommen zwar nur pack= oder bundweise in den Handel, sie unterliegen aber dennoch einer bestimmten Gewichtsgrenze. Man sagt deshalb auch $5/4$, $6/4$, $7/4$ ꝛc. bis $12/4$, einer, zweier, dreier und vierer Packfeilen, und will damit ausdrücken, daß in jedem Pack oder Bund je eine, zwei ꝛc. Feilen vorhanden sind, die zusammen, also pro Pack oder Bund, $5/4$, $6/4$, $7/4$, $8/4$ ꝛc. bis $12/4$ Pfund wiegen. Die übrigen Feilen werden nicht nach Gewicht, sondern nach Maß — mit Rücksicht auf den Hieb — verkauft, und unterscheidet man bei ihnen: Dutzendfeilen, Schlosserfeilen, Sägefeilen, Uhrmacherfeilen, Gold= und Silberarbeiterfeilen ꝛc. — Diese sämtlichen Benennungen beziehen sich auf den Handel, dienen also zwischen dem Fabrikanten und Kommissionär bezw. Händler zum Verständnis.

Der Benutzer legt der Bezeichnung erstens den Hieb und zweitens die Form oder auch die Verwendung zu Grunde. Ersteres wurde bereits oben angegeben. Der Form nach unterscheidet man a) nach dem Querschnitt: flache (▭), Vierkant= (▫), Rund= (◯), Halbrund=feilen (⌒); dann Vogelzungen (◇), Schwert= (◇) und Messerfeilen (◁); b) nach der Form der flachen Seite: gewöhnliche (flachstumpfe), spitze und Stuhlfeilen; letztere haben die breiteste Stelle in der Mitte; c) nach der besonderen Verwendung und dann meist verschiedenartigster Form: Schlosserfeilen, Raumfeilen, Sägenfeilen, Bildhauerfeilen, Uhrmacherfeilen, Gürtlerfeilen 2c. 2c. Die letzteren sind verschiedentlich gekrümmt oder gekröpft, um damit in vertieften Stellen 2c. arbeiten zu können. — Die meisten Feilen laufen an dem einem Ende, am Grunde, spitz zu (die Angel), um das Heft aufnehmen zu können. In manchen Fällen wird das Heft durch einen aufliegenden, bügelartigen Griff ersetzt, um damit auf einer vollen Ebene arbeiten zu können; auch hat man Feilen mit zwei Angeln, so daß an jedem Ende ein Heft sich befinden kann.

Das Material zu den gröberen und schwereren Feilen ist ordinärer Zement= oder Puddelstahl, zu den mittleren eine feinere Sorte Stahl und zu den besten Gußstahl. Der letztere eignet sich für Feilen am besten, da er mit großer Härte Zähigkeit verbindet und Gleichförmigkeit der Masse besitzt, welche dem Zementstahl bei seiner häufig schieferigen Textur abgeht. Ganz grobe Feilen, zum Gußputzen zu verwenden, werden unmittelbar gezahnt gegossen. Die kleineren Raumfeilen, mit denen der Schlosser Schlüssellöcher 2c. ausfeilt, sind häufig aus Schmiedeeisen und nur auf der Oberfläche gehärtet (eingesetzt, zementiert). Die besten Feilen dieser Art aber werden aus Stahl und Eisen zusammengesetzt, so daß eine weiche Schicht aus Eisen sich in der Mitte befindet, man gibt ihnen einen Eisenkern, um das Brechen dieser oft stark beanspruchten Werkzeuge zu vermeiden, ihnen also mehr Zähigkeit zu geben, ohne die Grifffähigkeit der Oberfläche zu mindern. Treffliche Kernstahlfeilen liefert die Firma Mannesmann in Remscheid.

Die Feilenfabrikation hat sich zuerst in England in großem Maßstabe entwickelt, und bis zu Anfang dieses Jahrhunderts wurden alle andern Länder von dorther mit Feilen versorgt. Seitdem haben aber namentlich Deutschland, Frankreich und die Schweiz sich in dieser Beziehung auf eigne Füße gestellt. In Deutschland sind die Feilenfabriken zu Remscheid besonders hervorragend. Die Fabrikanten von Remscheid und Solingen verbrauchen insgesamt jährlich durchschnittlich 10 Millionen Pfund Stahl und 21 Millionen Pfund Eisen und erzeugen durch ihre Fabrikation einen Geldwert von etwa $4{,}5$ Millionen Mark. Mit bezug auf feine Waren sind die Schweizer und Pariser Uhrmacherfeilen sehr beliebt, vor allem sind die ganz feinen Schweizer Feilen den englischen überlegen.

Die Fabrikation der Feilen durchläuft vier Hauptstationen: das Schmieden, Schleifen, Hauen und Härten. Der Feilenschmied arbeitet bei Koksfeuer und braucht einen Zuschläger. Auf seinem Amboß befindet sich ein feststehender Meißel (Abschrot) zum Abhauen der ausgeschmiedeten Feilen von dem Stahlbarren, und die Gesenke, in welchen die dreikantigen, halbrunden und runden Feilen ihre Ausprägung erhalten. Die quadratischen und flachen Feilen werden lediglich aus freier Hand mit dem Hammer gebildet. Der Schmied führt in der einen Hand den Stahlstab, in der andern einen leichteren Hammer; der Gehilfe dagegen schlägt mit einem sehr wuchtigen Hammer beidhändig zu. Durch lange Übung an einem und demselben Gegenstande eingearbeitet, vollbringen sie ihre Aufgabe mit unglaublicher Gewandtheit und Hurtigkeit so perfekt, daß die Form der Feile völlig ausgebildet, die Flächen glatt und ohne die Spur eines Hammerschlags erscheinen. Die dreikantigen Feilen erhalten ihre Form in einem Gesenke. In einem solchen schmiedete dem Amelungenliede nach Wieland der Schmied einen dreikantigen Nagel, d. h. in einer in einen Stahlblock gearbeiteten Rinne mit zwei schräg zusammenlaufenden Flächen; der hier durch Hammerschläge eingetriebene Stab formt sich nach diesen Flächen zu den zwei Seiten der Feile, und die obere, mit dem Amboß in eine Ebene geschlagene Seite gibt die dritte. Dem entsprechend entstehen in einem muldenförmigen Gesenke die flachrunden Feilen, während zu den ganz runden eind oppeltes, aus Ober= und Unterteil bestehendes Gesenke gehört, zwischen welchem sie unter beständigem Drehen bald nach dieser, bald nach jener Seite hin ausgeschmiedet werden. Durch Anwendung façonnierter, d. h. dreikantig, halbrund u. s. w. gewalzter Stäbchen läßt sich übrigens der erste und gröbere Teil der Schmiedearbeit ersparen. Hierauf müssen die Feilen in den Zustand der Weichheit versetzt werden, der für die weitere Bearbeitung, namentlich für das Hauen, erforderlich ist. Man setzt sie deshalb in einen Glühofen und überläßt sie dann einer sehr langsamen Abkühlung. Die Menge der Feilen, welche ein Ofen faßt, hängt natürlich von dessen Größe ab. In den größten Fabriken hat man solche, die 1000—1500 kg Feilen auf einmal enthalten; bei kleinerem Betriebe begnügt man sich auch mit solchen, welche etwa die Hälfte fassen. Das Glühen sowohl wie das Abkühlen an sich dauert in der Regel mehrere Tage.

Wie alle Schmiedewaren sind die aus dem Ofen kommenden Feilen mit einer dunklen Oxydhaut (Glühspan) bedeckt; außerdem hat sich meistens ein Teil derselben krumm gezogen. Sie werden daher zunächst gerichtet, wobei schon ein Teil des Glühspans abspringt. Dann kommen sie in die Schleiferei, wo sie eine durchaus reine Oberfläche erhalten. Nun erst gelangen sie in die Hände des Fachkünstlers, des Feilenhauers. Die Werkzeuge desselben bestehen aus einem Amboß mit ebener und glatter Oberfläche, Bleiunterlagen für die bereits auf einer Seite gehauenen Feilen, einem Meißel und Hammer, und seine ganze Arbeit ist weiter nichts als ein beständiges Schlagen mit dem Hammer auf den Kopf des Meißels, unter jedesmaliger entsprechender Fortrückung des letzteren. Der Hammer richtet sich nach dem Kaliber der Feilen und wiegt 1, 2—3 kg, für die feinsten schwachen Feilen sogar nur etwa 30 g. Er hat eine eigentümliche Form (oben dicker als unten) und einen noch eigentümlicheren krummen Stiel, welcher nicht in der Mitte, sondern oben eingesetzt ist. Die Meißel, die stets eine größere Breite haben müssen als die zu hauende Feile, sind für feineren Hieb unter einem spitzeren Winkel zugeschärft als für gröberen.

Es gibt eine Art nicht allgemein gebräuchlicher Feilen, die man einhiebige nennt, weil der Meißel nur einmal über sie hinweggegangen ist. Feilen dieser Art werden vornehmlich auf Zinn und Blei und andre weiche Stoffe gebraucht, weil sie nicht so sehr wie die übrigen sich mit Feilspänen vollsetzen. Ebenso haben die Sägenfeilen (Feilen zum Schärfen der Sägen) meist nur einen Hieb. Die meisten Feilen aber sind doppelhiebig, d. h. die Kerben des ersten Hiebes, die dann stets schrägüber gelegt sind, werden von einer in der andern Richtung laufenden Lage von Kerben gekreuzt. Hierdurch entstehen nun lauter kleine rautenförmige Zähnchen, welche, indem der Meißel stets in schräger Richtung, mit der Schärfe hinterwärts weisend, eingedrungen ist, ihre steilste Seite nach vorn haben, während sie nach hinten allmählich abfallen. Es ergibt sich hieraus, daß die hauptsächlichste Wirkung der Feile auf den Stoß erfolgt und das Zurückziehen weit weniger eingreifend wirkt.

Außerdem sind die Schläge des Oberhiebes immer etwas steiler gegen die Mittellinie der Feilfläche gestellt als die seines Vorgängers; die Kreuzungspunkte und mithin die Stellung der Zähnchen bilden demzufolge keine der Achse der Feile parallelen Linien mehr, so daß mehr Zähne gleichzeitig zum Angriff kommen als außerdem der Fall sein würde, die Feile also ausgiebiger und auch glatter arbeitet.

Das Hauen gekrümmter Feilflächen erfordert diejenige Abwandlung in der Behandlung, die in der Natur der Dinge liegt. Eine gerade Linie, hier die Meißelschneide, auf eine krumme gesetzt, berührt von dieser nur einen sehr kleinen Teil, genau genommen nur einen Punkt; auf diesem kleinen Wirkungsraume wird aber der Meißel schon durch einen leichten Schlag willig eindringen und eine kurze Kerbe erzeugen. Sonach bilden die Linien, die bei gradflächigen Feilen das Erzeugnis eines einzigen Hammerschlags sind, bei den gekrümmten eine Zusammensetzung aus einer Anzahl kürzerer Stückchen. Übrigens kommen auch wohl Meißel in Anwendung, deren Schneide nach demselben Bogen geformt ist wie die Feile, und die Arbeit gestaltet sich dann wie bei den gradflächigen Feilen; die Gleichartigkeit des Hiebes fällt aber hierbei notwendig weniger vollkommen aus.

Der Feilenhauer sitzt bei seiner Arbeit rittlings auf einer Bank hinter dem Amboß, die Feile liegt vor ihm so, daß die Angel nach dem Arbeiter zugekehrt ist. Handelt es sich um Bearbeitung der ersten Seite, so liegt die Feile direkt auf der Amboßfläche, die dann zur Verhütung des Gleitens mit Sand bestreut ist. Kommt die entgegengesetzte in Arbeit, so wird zur Schonung der ersten ein Stück Pappe oder eine Platte untergelegt, die aus einer Legierung von Zinn und Blei, auch wohl aus Zink besteht. Die feste Auflage der Feile auf dem Amboß wird durch ein paar endlose Riemen, gleich dem Spannriemen des Schuhmachers, vermittelt; sie umfassen einerseits die Angel, anderseits die Spitze der Feile, während sie über den jenseitigen Rand des Amboßes hinausragen. In die linke Schlinge hat der Arbeiter seinen Fuß wie in einen Steigbügel gesetzt.

Fabrikation der Feilen.

Hat der Feilenhauer alle Flächen seiner Feile mit dem Unterhiebe versehen, so wird dieser durch leichtes Überfahren mit einer flachen Feile von dem aufgestandenen scharfen Grate befreit und dann in gleicher Weise der Oberhieb aufgesetzt. Ohne diese Wegnahme würden durch den zweiten Hieb die Einschnitte des ersten einfach wieder zugedrückt werden.

Die Arbeit eines Feilenhauers ähnelt so sehr der einer Maschine, daß man schon seit langer Zeit versucht hat, dieselbe durch wirkliche Maschinen verrichten zu lassen. Es gibt mehrfache darauf bezügliche Pläne und Versuche. Als die gelungenste Feilenhaumaschine wurde früher die von Bellot in Paris erfundene bezeichnet; sie sollte in Brüssel und Douai in Frankreich in praktischer Anwendung stehen, eine gute Arbeit zum achten Teil der gewöhnlichen Kosten liefern und gegen 1000 Meißelschläge in der Minute ausführen. Der allgemeinen Einrichtung nach besteht diese Maschine aus einem Hammer, der das verkleinerte Abbild eines Schwanzhammers auf Eisenwerken ist. Eine auf sein hinteres Ende drückende Daumenwelle hebt ihn, eine Feder hilft zum rascheren Niedergange. Der Meißel, dessen Kopf er bearbeitet, wird von Federn an seiner Stelle gehalten, die ihn nach jedem Schlag wieder ein wenig heben. Hammer und Meißel arbeiten stets auf der nämlichen Stelle.

Fig. 344. Feilenhauerei in Sheffield.

Die Fortschrittsrolle ist hier der Feile zugeteilt. Die Geschwindigkeit des gleitenden Trägers, auf welchem sie befestigt ist, kann gemehrt und gemindert werden, und hiervon hängt der weitere oder engere Hieb ab; die größte Feinheit resultiert aus dem langsamsten Durchgange und umgekehrt. Diese Einrichtung ergibt sich aus der Sache selbst und dürfte sich auch bei den später aufgetretenen Maschinen im wesentlichen wiederfinden. Es haben aber bei den mehrfachen zu überwindenden Schwierigkeiten die Feilenhaumaschinen einer langen Entwickelungszeit bedurft, und erst in neuerer Zeit geben sie marktgängige Fabrikware. Dieselbe kam zuerst von Birmingham, wo eine große Fabrikationsgesellschaft für Feilen besteht; jetzt gibt es auch in Berlin eine blühende Patentfeilenfabrik. Ebenso sind die Maschinenfeilen jetzt bei den Nordamerikanern durchgedrungen. Vor einigen Jahren warfen sie sich mit Eifer auf diesen Gegenstand; sie wollten nicht länger ein paar Millionen Dollars für Feilen nach der Alten Welt schicken; aber Selbsthilfe war nur durch Maschinen möglich, da die Handarbeit dort viel zu teuer ist. Es gab zunächst einige Mißerfolge; gegenwärtig aber besteht eine „Amerikanische Feilenkompanie" zu Pawtucket (R. J.), deren Erzeugnisse immer beliebter werden und die englischen Feilen schon aus vielen Werkstätten verdrängt haben. In Sheffield ist es in neuester Zeit dem Fabrikanten Dodge gelungen, Maschinen herzustellen, welche Feilen besser schmieden, schleifen und hauen, als es durch Handarbeit möglich ist. Eine große Anzahl dieser Maschinen sind bereits im Betrieb, und die darauf gefertigten Feilen werden an die bedeutendsten englischen Eisenbahnwerkstätten und Maschinenbauer geliefert. Solche Maschinen arbeiten schon seit Jahren mit den besten Resultaten nicht nur in England, sondern auch in Amerika, Deutschland und Österreich. Ein vollständiger Satz besteht für gewöhnlich aus einer Schmiedemaschine, einer Schleifmaschine und sieben Feilenhaumaschinen für die verschiedenen Feilensorten. Eine Schmiedemaschine liefert in zehn Stunden 75 Dutzend 14zöllige Hand=, Flach= oder halbrunde Feilen bei vier Pferden Betriebskraft.

Die letzte und wichtigste Vornahme ist das Härten der Feilen; erst wenn dieses wohlgelungen ist, kann auch der Wert, der in der Güte des Materials und des Hiebes liegen mag, zur Geltung gelangen. Drei wesentliche Rücksichten sind bei dieser Arbeit zu nehmen. Erstlich muß die Feile mit einer passenden Hülle umgeben werden, die nicht nur den Zutritt der Luft während des Glühens abhält und somit die Entstehung einer Oxydhaut verhindert, sondern auch noch dem Stahle Kohlenstoff zuzuführen im stande ist. Zweitens muß der Grad der Glühhitze durch die ganze Länge der Feile ein völlig gleichmäßiger sein, das Härtewasser so frisch und kalt wie möglich, und endlich ist auch die Art des Eintauchens von Wichtigkeit, weil es hiervon abhängt, ob die Feilen gerade bleiben oder sich krumm ziehen, was zu verhindern bei langen und dünnen Feilen sehr schwer ist.

Früher bestrich man die zu härtenden Feilen mit Bierhefe, bestreute sie dann mit gepulvertem Kochsalz, ließ sie trocknen und brachte sie dann über das Feuer; die Hefe verkohlt, und das Salz kommt zum Schmelzen, womit der nötige firnisartige Überzug hergestellt ist. Gegenwärtig mischt man die Hefe oder einen Mehlkleister mit Klauenmehl (geröstete und dann zerstoßene Klauen, Leder= und Hornabfälle 2c.) und Kochsalzlösung, taucht die Feilen hinein und bringt sie über das Feuer. Hierdurch erhält man den geschmolzenen Überzug geschlossener und erspart $3/4$ der früher benötigten Salzmenge.

Um den Feilen beim Glühen die richtige Temperatur zu geben, sowie um im stande zu sein, mehrere Feilen gleichzeitig in diesen Zustand zu bringen, hat man schon in früherer Zeit ein sogenanntes Metallbad verwendet. Man schmolz in einem geeigneten (eisernen) Gefäß Blei (oder Zinn oder eine passende Legierung) und tauchte die Feilen dort ein, bis sie die Temperatur dieses Bades, welches auf gute Rotglut gehalten wurde, angenommen hatten. Die durch die Oxydation des Bleies entstandenen Verluste, auch wohl zum Teil das Einsetzen des Bleies in den Hieb ließen die Verwendung der Metallbäder für diesen Zweck wieder zurücktreten, bis es in neuer Zeit (Hoefer & Schmidt, Hagen in W.) gelang, trotzdem ausgezeichnete Ergebnisse zu erlangen. Die Oxydation des Bleies wird durch eine Decke aus geschmolzenen Salzen und das Versetzen des Hiebes durch einen genügend widerstandsfähigen Bezug vermieden, der gleichzeitig stark zementierende (d. h. Kohle zuführende) Eigenschaften besitzt. Es können ein Dutzend Feilen, in eine einzige Zange genommen, mit einem Male geglüht und gehärtet werden, und da die Temperatur des 20—40 Zentner schweren Bades naturgemäß eine sehr gleichmäßige bleibt, so gelingt es auch, eine außerordentliche Gleichmäßigkeit in der Härte und, vermöge der zementierenden Wirkung des Bezugs, eine vorzügliche Härte zu erzielen, wie sie namentlich die dort gefertigten Sägenfeilen erfordern.

Beim Härten der Feilen, welche nicht einen symmetrischen Querschnitt haben, ist noch eine interessante Operation zu erwähnen, nämlich das Krummsetzen. Zunächst werden alle Feilen kurz vor dem Eintauchen in den Härtetrog mit schnellem Blick auf ihre Geradheit geprüft und eventuell mit Hilfe eines Holzhammers durch einen gewandten Schlag gerichtet. Da nun aber eine halbrunde Feile auf der Rückseite eine größere Kühlfläche besitzt als auf der flachen Seite, so zieht sie sich auch mit der erstgenannten schneller zusammen, krümmt sich also so, daß die Spitze sich nach der Rückseite zu biegt. Um dies zu vermeiden, gibt der Härter durch einen genau bemessenen Schlag der Feile die entgegengesetzte Krümmung, setzt also die flache Seite konkav, so daß sich die Feile nunmehr beim Ablöschen gerade zieht. Selbstredend gehört hierzu eine ganz besondere Sachkenntnis und Übung.

Nach dem Ablöschen werden die Feilen mit Hilfe einer Bürste von den noch anhängenden Resten des Bezugs gereinigt, in Wasser gespült und, um das spätere Rosten zu verhindern, in Kaltwasser getaucht und getrocknet. Alsdann ist noch die Angel abzulassen, um derselben eine größere Weichheit zu geben. Dies geschieht durch Eintauchen in Blei oder in eine Legierung (100 Blei auf 13 Zinn), welches aber nicht überhitzt sein darf, sondern möglichst eben die Schmelztemperatur hat. Man erzielt dies dadurch, daß man ab und zu frische Stücke der Legierung hineinwirft. Nunmehr werden sie noch einmal gereinigt, eingeölt und sind dann zum Verpacken fertig.

Geringere Sorten von Feilen werden heutzutage oft aus Eisen gefertigt, und solche müssen im gegenwärtigen Arbeitsstadium zugleich eine oberflächliche Verstählung erhalten. Hierzu dient einfach ein Zusatz von Blutlaugensalz zu dem Salzkleister. Dieses rasch und kräftig wirkende Zementationsmittel erzeugt während des Anglühens eine ziemlich starke Stahlschicht, die durch Eintauchen in kaltes Wasser eine große Härte annimmt.

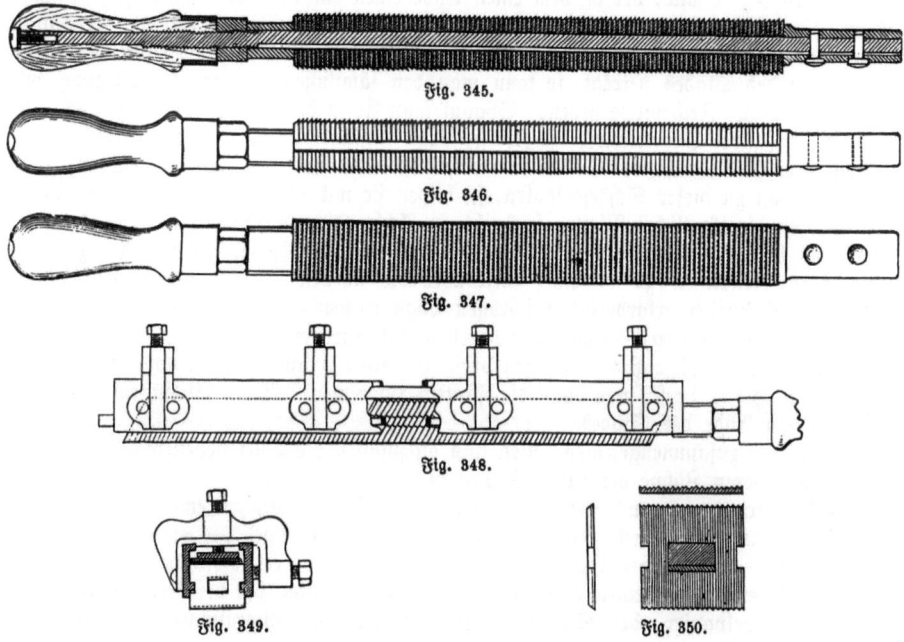

Fig. 345—350. Plattenfeile von Rießler in Zerbst.

Das Schärfen stumpf gewordener Feilen besteht in der Regel in einem neuen Aufhauen, also in allen den Operationen, die bei neuen Feilen dem Schmieden folgen, wobei das Schleifen nach dem Glühen nicht nur den Glühspan, sondern eben auch den alten Hieb fortzunehmen hat. Einige Fabriken benutzen indessen eine Art Hobelapparat, um das letztere zu besorgen.

Seit einigen Jahren hat man das Schärfen der Feilen unter Umgehung des Ausglühens, Schleifens, Hauens und Härtens mit Hilfe des Sandgebläses ausgeführt. — Ein Luft= oder Dampfstrahl, welchem durch eine in seiner Leitung befindliche Öffnung Sand zugeführt wird, trifft die Feile, schräg von der Angelseite herkommend, so also, daß der Sand nur die oberen Flächen der Zähne, nicht aber die Griffseite derselben abzuschleifen im stande ist. Eine vollkommene Schärfung wird selbstredend hierdurch nicht erzielt, indessen erhalten die Feilen immerhin eine Brauchbarkeit, und zwar auf eine schnelle und, gegenüber dem Aufhau, billige Weise.

Dieses Verfahren des Sandstrahlgebläses wird auch für ganz neue Feilen angewendet, und zwar aus folgendem Grunde. Beobachtet man die schräge Fläche der Zähne namentlich an Feilen, die mit einem nicht sehr schlanken Meißel gehauen sind, so findet man, daß dieselbe nicht glatt ist, sondern mit einem scharf aufstehenden Grat endet. Dieser Grat bricht bei dem allerersten Strich, den der Schlosser mit der Feile macht, aus, wenn dieselbe gut, d. h. hart genug ist. Das Ausbrechen deformiert aber gleichzeitig die eigentliche schneidende

24*

Kante in unzweckmäßiger Weise. Setzt man nun eine frisch gehauene Feile in der obengenannten Weise einem scharfen Sandstrahlgebläse aus, so nimmt dies jenen (sonst beim ersten Gebrauch abspringenden) Grat vorsichtig fort und gibt dem Zahn die Form eines eigentlichen Schneidezahnes, der, weil er eben nicht so leicht ausbricht, seine Schneidefähigkeit — es ist mehr der Vorgang des Hobelns — länger bewahrt.

Dieselbe Schwierigkeit — die des Schärfens — hat in ganz neuer Zeit zur Konstruktion zusammengesetzter Feilen geführt. Es existieren jetzt zwei Gattungen dieser Art: der Länge nach und seitlich zusammengesetzte Feilen. Die erstere (Fig. 345—350) besteht aus einer entsprechenden Anzahl quadratisch geschnittener Stahlplatten von etwa 30 mm Seite (Fig. 348) mit einem Loch von etwa 12×10 mm. Die Platten sind auf der einen Seite geriffelt und etwa 2 mm stark. — Die Seele der Feile bildet ein Stab von 16×10 mm, der an dem einen Ende einen aufschraubbaren Griff (Feilenheft) und an dem andern einen angenieteten Kopf besitzt. Auf diesen Stab werden die genannten Platten nach Abnahme des Heftes aufgestreift. Da nun aber das Loch derselben weiter ist, als die Dicke des Stabes beträgt, so kann man den sämtlichen Platten eine Neigung von etwa 30 Grad zur Feilenachse geben. Spannt man sie in dieser Lage fest (Fig. 348) und schleift die auf zwei Seiten durch die schräge Lage entstandenen treppenartigen Ansätze ab, so erhält jede Platte auf zwei Seiten eine einseitige Schärfe. Weil nun die (eingewalzten) Riffeln senkrecht zu dieser Schärfe laufen, so bilden sie mit dieser kleine Zähnchen. Stellt man nunmehr die sämtlichen Platten senkrecht zur Achse (Fig. 350), so treten diese Zähnchen hervor und bilden zusammen eine Fläche, die, wie die einer Feile, geeignet ist, zur Bearbeitung von Eisen ꝛc. zu dienen. Weil aber die in den Platten befindlichen Löcher — der zum Schleifen erforderlichen schrägen Lage wegen — weiter sind, als der Stab dick ist (12 gegen 10 mm), so schiebt man einen Blechstreifen längs des Stabes ein, der bei den angegebenen Dimensionen 16 mm breit und etwa 2 mm dick sein muß. Beim Aufschrauben des Heftes preßt man dann die Platten zusammen. Andre Ausführungen haben die Mutter am Ende des Stabes.

Die seitlich zusammengesetzten Feilen sind aufzufassen als Paket nebeneinander gelegter feiner Sägen, deren Zähne die Arbeitsflächen bilden.

Endlich fertigt man auch Schmirgelfeilen an. Dieselben besitzen einen eisernen Kern, auf welchem mit Hilfe eines geeigneten Bindemittels Schmirgel — eigentlich also ein Schmirgelbrei — aufgetragen ist, der nach dem Erhärten eine rauhe Fläche bildet. — Die Schmirgelfeile ersetzt in kleinen Dimensionen das zum Glätten der befeilten Flächen sonst benutzte Schmirgelpapier oder Schmirgelleinen, in größeren Dimensionen unter gewissen Umständen die Feile.

Raspeln, auch Raspen genannt, sind für Holz, Horn u. dergl. dasselbe, was Feilen auf Metall sind. Ihre Herstellung, wie auch die verschiedenen Formen, unter denen sie auftreten, sind im wesentlichen wie bei den Feilen; auch das Hauen geschieht mit denselben Handgriffen, nur der dabei gebrauchte Meißel ist ein andres Instrument, nämlich kein Flachmeißel, sondern ein spitzer Stahl, dessen Spitze durch das Zusammenlaufen dreier schräger Flächen gebildet wird. Durch das schräge Einschlagen dieser Spitze wird ein Span gelöst und aufgebogen, und diese über die ganze Fläche verteilten scharfen Auftreibungen sind die wirksamen Organe der Raspel. Jeder Zahn verlangt also seinen besonderen Hieb, und das Geschick des Arbeiters zeigt sich vornehmlich darin, daß er jeden neuen Zahn ganz genau der Mitte zwischen zwei Zähnen der früheren Reihe gegenüberstellt. Die Figur der Zahngruppierung ist somit, um einen fremden Kunstausdruck zu gebrauchen, die des Quincunx, dieselbe Anordnung, wie sie gut angelegte Obstbaumpflanzungen haben. Das Hauen der Raspeln unterscheidet sich wesentlich von dem Hauen der Feilen. Erstens fängt man nicht am Ende an zu hauen, sondern an der Wurzel, der Angel zunächst; und dann kommt dem Arbeiter hier auch nicht die Hilfe des Grates des vorhergehenden Hiebes zu statten, sondern er muß den Meißel frei aufsetzen. Daher ist die Herstellung einer ganz regelmäßig gehauenen Raspel schwieriger als die einer Feile ähnlicher Dimensionen.

Geheimnisvoll am lichten Tag
Läßt sich Natur des Schleiers nicht berauben,
Und was sie deinem Geist nicht offenbaren mag,
Das zwingst du ihr nicht ab mit Hebeln und mit Schrauben.
　　　　　　　　　　　　　　　Goethe.

Schlösser und feuerfeste Geldschränke.

Geschichtliches. Älteste Verschlußweisen. Das ägyptische Schloß. Das chinesische Schloß. Vexierschlösser des 18. Jahrhunderts. Leistungen der neueren Schlosserei gegen Diebe und Feuer. Das Schloß und seine Teile. Riegel und Schlüssel. Das deutsche Schloß. Der Schlüsselbart. Eingerichte. Der Dorn. Das französische Schloß, erfunden von Freitag. Vorlegeschlösser. Sicherheits- und Vexierschlösser. Das Chubbschloß. Amerikanische Schlösserfabrikation. Das Yaleschloß. Feuerfeste Geldschränke.

In den ältesten bekannten Aufzeichnungen, im Homer und in der Bibel, ist schon von Schlössern und Schlüsseln die Rede. Es muß also damals schon, als die Welt noch jung war, die Notwendigkeit eines Verschlusses von Haus und Habe empfunden worden sein. Daß die alten Verschlußmittel im allgemeinen sehr einfach waren, ist anzunehmen, jedoch ist die Auskunft, die man über dieselben hat erlangen können, nur eine sehr oberflächliche. Die früheste Nachricht über Schlösser findet sich in der Odyssee, wo erzählt wird, daß Penelope sich eines metallenen, gekrümmten Schlüssels mit elfenbeinernem Griffe bedient habe, um eine Vorratskammer zu öffnen. Das altgriechische Schloß, auf welches hier Bezug genommen ist, bestand der Hauptsache nach aus einem Riegel, der auf der inneren Thürseite angebracht war und den man von außen mit einem schmalen Riemen in die Schließstellung zog, worauf man den Riemen verknotete. Den Knoten dieses Riemens löst Penelope zuerst. Darauf führt sie den langen, einer halben Feuerzange ähnlichen Schlüssel durch ein weit oberhalb des Riegels angebrachtes Loch hinein und schiebt damit den Riegel zur Seite, wobei sie mit dem Schlüssel tastend zwischen zwei Vorsprünge greift, die auf dem Riegel angebracht sind. Die Römer benutzten noch lange zur Verwahrung ihrer Hausthüren von innen vorgelegte Querbalken, wozu in den Ruinen von Pompeji überall die Mauerlöcher zu sehen sind, während sie für inneren Verschluß, für Kasten und Schränke, schon künstlichere Einrichtungen hatten. Unter diesen war das lakedämonische Schloß berühmt. Überhaupt scheint bei den Römern mit dem Verfall der republikanischen Sitten die Schlosserei sich vervollkommnet zu haben, und bis auf uns gekommene einzelne Schlüssel beweisen, daß sie in späteren Zeiten bereits Schlösser mit einer Art Eingerichte gehabt haben. Anderseits scheint es, daß Schließvorrichtungen, die nur durch eine Kette mit der Thür verbunden waren, also Vorlegeschlösser, früher vorhanden waren als solche, die unsern Thürschlössern näher standen. In Ägypten gefundene alte Schlüssel sind einfache Haken, gleich Dietrichen, wie sie zum Zurück- und Vorschieben eines Riegels ausreichend sind. Aber gerade in diesem Lande scheint ein sehr sinnreiches, wenn auch durchaus hölzernes Schloß schon seit uralten

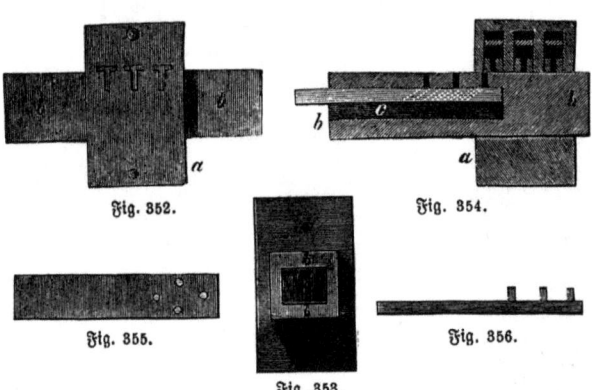

Fig. 352—356. Altägyptisches Schloß.

Zeiten in Gebrauch gewesen zu sein, da man sein Abbild schon in den Darstellungen der ältesten Skulpturen zu erkennen glaubt. Und dieses ägyptische Schloß ist auch heute nicht nur in Ägypten sondern auch in andern Teilen der Türkei in Anwendung. Dies alte Schloß verwirklicht in einfach sinnreicher Weise die Idee des Kombinationsschlosses, dessen Prinzip den modernen Sicherheitsschlössern zu Grunde gelegt ist. Wir wollen uns diese morgenländische Erfindung, die in ihrer äußeren Erscheinung zwar sehr plump ist, aber ihrem Zwecke sehr gut entspricht, etwas näher ansehen. Wir sehen in Fig. 352 und 353 das Schloß von außen, a ist das Gehäuse, bb der hindurchgeschobene Riegel und c die Öffnung, in welche der Schlüssel gesteckt wird. Die folgende Fig. 354 zeigt die Einrichtung des Innern mit eingestecktem Schlüssel, welcher letztere in zwei Ansichten, Fig. 355 und 356, noch besonders abgebildet ist. Die den Verschluß bewirkenden Teile sind einige in dem oberen Teile des Klotzes frei spielende Stifte, im vorliegenden Falle vier, die von unten gehoben werden können und, wenn freigelassen, wieder herabfallen, soweit es ihre Köpfe gestatten.

Im oberen Teile des Riegels befindet sich für jeden Stift ein Loch, und wenn derselbe so weit wie in Fig. 352 eingeschoben ist, werden alle Stifte in diese Löcher herunterfallen, wodurch das Schloß gesperrt ist. Die jetzige Lage der Stifte ist in der Figur durch Punktierung angedeutet. Nun aber ist der Riegel, wie Fig. 354 ergibt, von der einen Seite her ausgehöhlt, so daß er eine Art längliches Kästchen bildet. Die oben befindlichen Löcher für die Stifte gehen durch die Oberwand des Kastens ganz durch, und die Enden der letzteren, wenn sie herabfallen, schneiden mit der Innenfläche dieser Oberwand gerade ab. Als Schlüssel dient ein Schieber, der auf einer Stelle ebensoviel Stifte oder Vorsprünge in der gleichen Anordnung trägt, wie sie im oberen Teile des Schlosses vorhanden sind. Der Kanal im Schlosse, c in den Fig. 353 und 354, hat eine solche Höhe, daß der Schlüssel mit seinen nach oben gerichteten Stiften gerade hineingeht. Wird dieser jetzt ganz nach hinten geschoben, so stehen seine Stifte genau unter den beweglichen oberen Stiften, und es bedarf nur eines Druckes mit dem Schlüssel nach oben, um die letzteren durch die ersteren in die Höhe zu treiben und damit den Riegel frei zu machen, der nun so, wie Fig. 354 zeigt, herausgezogen werden kann. Das Schloß ist in dieser Stellung offen, und der Schlüssel kann weggenommen werden. Um es aber durch Hineinschieben wieder zu schließen, wird die Anlegung des Schlüssels wenigstens in den Fällen nötig sein, wo auf einer Längslinie mehr als ein Stift vorkommt. In der gezeichneten Stellung von vier Stiften z. B. würde ohne Mithilfe des Schlüssels nur der erste vorausgehende zum Einfall kommen und damit das Weiterschieben behindert sein. Man ersieht leicht, daß das Eigentümliche jedes einzelnen Schlosses in der Zahl der Stifte und der Figur liegt, die sie bilden, worin viel Abwechselung möglich ist. Ein anderes sehr altes Schloß mit hölzernen Sperrstäbchen, die durch einen gezahnten Schlüssel gehoben werden, worauf man den Riegel (mit der andern Hand) zieht, ist in Mitteleuropa stellenweise bis heute noch in Anwendung, so in Cornwall, auf den Faröer, aber auch in Deutschland, nämlich in Hessen, der Mark und Schlesien. Der Zug seiner Verbreitung geht westöstlich bis Persien; die von manchen vermutete Abstammung vom ägyptischen Schlosse ist unwahrscheinlich.

Die Römer bedienten sich, wie erwähnt, auch der Vorhängeschlösser. In der Bauart denselben sehr ähnlich ist das wohl ebenfalls uralte chinesische Schloß, wie es noch heute dort Verwendung findet. Dasselbe ist ein Vorhängeschloß und besteht aus zwei Teilen, Fig. 357 u. 358, welche, ineinander geschoben, das Ganze bilden (Fig. 359). Man kann dabei nicht sagen, welcher Teil das eigentliche Schloß und welcher der Riegel sei, also eher von einem positiven und einem negativen Teile sprechen. Fig. 357 zeigt einen hohlen, meist aus Messingblech angefertigten Körper, dessen Lappen a zur Aufnahme

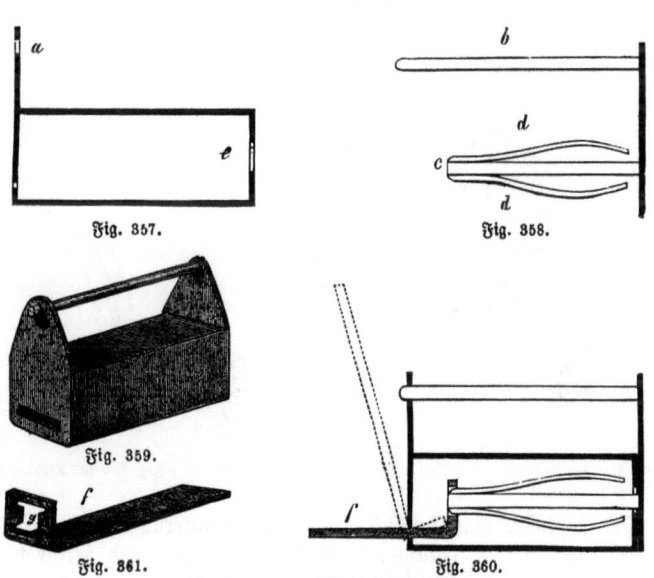

Fig. 357—361. Chinesisches Schloß.

des Endes des Schlußstiftes b der andern Hälfte, Fig. 358, dient. Letztere trägt einen zweiten Stift c, an dessen Ende die beiden Sperrfedern d d genietet sind. Beim Zusammenschieben drücken sich diese Federn, die für deren natürliche Stellung zu enge Öffnung e passierend, zusammen und federn beim Schluß auseinander, beide Teile nunmehr fest verbindend (Fig. 360). Zum Öffnen dient der Schlüssel f, in Fig. 361 besonders dargestellt. Derselbe besteht aus einem gebogenen Blechstreifen, dessen kurzer Schenkel eine Öffnung g enthält. Letzterer wird zunächst (siehe die punktierte Stellung der Fig. 360) hineingeschoben und mit seiner Öffnung über das Ende des Dornes c gebracht. Nunmehr schiebt man ihn gerade hinein, zwängt dabei die Federn d d zusammen und ist dann leicht im stande, das Schloß durch Herausziehen der rechten Hälfte zu öffnen. Wie man sieht, ist das Schloß unschwer zu öffnen, obschon die Form der Federn einige Variationen möglich macht. Immerhin hat es viel Verbreitung außerhalb des Himmlischen Reiches gefunden oder ist auch anderweitig erfunden worden.

Ähnliche Schlösser finden sich nämlich in Indien, Persien, Ägypten; auch in Deutschland ist es früher im Gebrauch gewesen, wie aus Stücken in verschiedenen Altertumsmuseen unsres Vaterlandes hervorgeht.

192   Schlösser und feuerfeste Geldschränke.

War also schon im Altertum das Nachdenken auf Erfindung wirksamer Schließvorrichtungen gerichtet, so noch mehr in späteren Zeiten, und es dürfte kaum einen zweiten Gegenstand geben, an dem sich Scharfsinn und Erfindungsgeist so vielfach versucht hätten. Manche sinnreiche Erfindungen an Schlössern sind daher auch schon vor Jahrhunderten gemacht worden. Im Mittelalter war Deutschland in künstlichen Metallarbeiten allen andern Ländern voran, und auch die Schlosserei stand in hoher Pflege. Es gibt noch jetzt aus dem 16. und 17. Jahrhundert eiserne, meist künstlerisch verzierte Spinden mit künstlichen Schlössern, ebenso gediegene eichene, später auch eiserne Schatztruhen, deren komplizierte Schlösser oft so groß sind, daß sie die ganze Innnenseite des Deckels einnehmen. Die Schlosserei war noch im vorigen Jahrhundert viel mehr ein Kunstgewerbe als heutzutage.

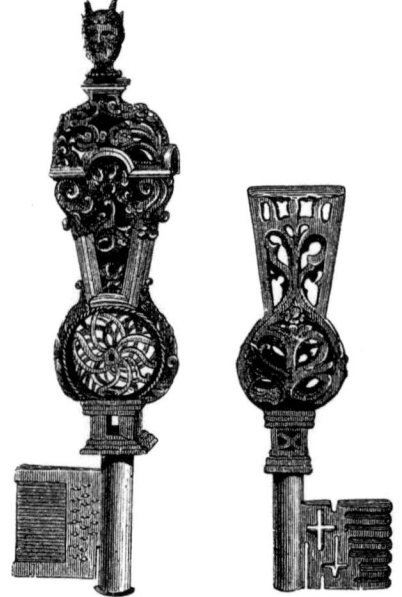 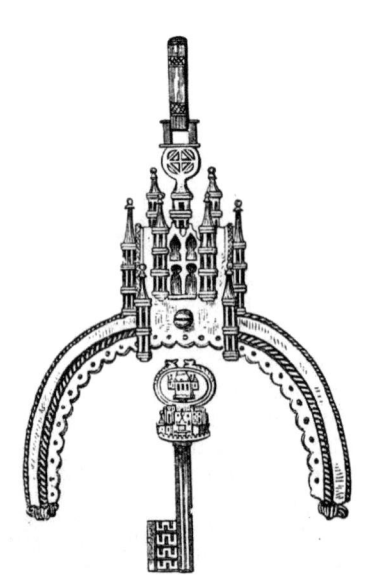

Fig. 362 und 363. Schlüssel aus dem 15. Jahrhundert.   Fig. 364 und 365.   Schloß aus dem 15. Jahrhundert.

Der Schlosser war geschickt in der Ornamentierung, und wir finden Thür- und Truhenbeschläge, Gitter, Füllungen, Brunnenkrönungen und dergleichen Arbeiten, die in gleicher Vollkommenheit heute fast gar nicht mehr oder nur selten ausgeführt werden, die aber früher auch für das gewöhnliche bürgerliche Wohnhaus hergestellt wurden. Überhaupt gebührt ihr der Ruhm, schon im frühen Mittelalter Meisterwerke in der Schmiedekunst geliefert zu haben, obschon sie erst im 15. Jahrhundert im Wettstreit mit dem Plattnergewerbe sich zu voller Blüte entwickelte. Das technisch-künstlerische Prinzip, welches in diesen mittelalterlichen Schlosserarbeiten, in Schlössern und Beschlägen, Gittern, Füllungen, Brunnenkrönungen, Thüren u. s. w., zur Geltung kommt, beruht auf der Eigentümlichkeit des Schmiedeisens, in glühendem Zustande ein vollständig plastisches Material zu werden, das sich unter dem Hammer strecken, stauchen und zusammenkneten, zu dünnen Platten ausschlagen, in Spitzen austreiben, in Bogen- und Spiralformen sich krümmen läßt. Die unter den Hammerschlägen sich ausbreitenden Eisenstangen können in vielfache Äste zerspalten, zu Rankenwerk mit Blättern und Blüten verzweigt, in Tier- und Menschengestalten oder in phantastische Gebilde, wie durch organisches Wachstum sich erzeugend, aus dem hart und steif erscheinenden Material herausgearbeitet werden.

Schon unter der Herrschaft des romanischen Stils im 12. Jahrhundert gab es ausgezeichnete Meister in solcher Arbeit, wie ein prächtiges Kirchenthor an der Notre-Dame in Paris beweist. Aber erst die Gotik hat die Eisenarbeiten sich aufs reichste und schönste entwickeln lassen, indem sie in der Ornamentation eine mannigfachere Bildung und feinere Ausführung hervorrief, vor allem aber, indem sie den Übergang aus dem flachen Ornament

Geschichtliches. 193

in das reliefartige beförderte, wodurch Licht und Schatten zur Wirkung gebracht wurde. Die Blüte der Gotik dauerte aber nur kurze Zeit, und bald wurden in Eisen auch sehr unberechtigt architektonische Formen nachgeahmt. Die Rundschilder an Thürklopfern wurden wie Fensterrosetten gestaltet, die Schloßbeschläge und andre Gegenstände erhielten Verzierungen mit unpassendem Maßwerk und Nachahmungen von ganzen Gebäudefassaden. Trotzdem behielt aber der Hammer bei größeren Arbeiten sein Recht, und im 16. Jahrhundert zeigte sich auch in der Renaissance, und hier fast noch ausgesprochener als früher, eine besondere Vorliebe für getriebene Eisenarbeit, die sich in den mit breiten, spitz gelappten Blättern verzierten Gittern besonders kund gab, womit auch Maskerons, Köpfe, kleine nackte Figuren, Medaillons und andre Zuthaten sich einstellten. Schlösser und Schlüssel zeigen in der Renaissance zwar auch noch viel Hammerarbeit, dabei tritt aber doch das Streben zur Vervollkommnung des Mechanismus sehr in den Vordergrund, wobei man sich alsdann vielfach mit einer leichteren äußeren Ausstattung begnügte und

Fig. 366. Schmiedeisernes Kohlenbecken des bischöflichen Palastes zu Narbonne (13. Jahrhundert).

deshalb von den Plattnern und Waffenschmieden die Ätzung entnahm.

Es sind aus jener Zeit noch Schlösser vorhanden, die mit bezug auf die Konstruktion des Mechanismus als Meisterwerke zu gelten haben; so die im Nürnberger Germanischen Museum von Augustin Hirschvogel gefertigten, die nach 300 Jahren ihren Dienst noch wie neue verrichten. Die Schlosser- und Schmiedetechnik der damaligen Zeit hatte mit dem größeren technischen Können im allgemeinen sich auch ein weiteres Gebiet unterworfen, so daß Geräte und Gegenstände aus Schmiedeeisen gebildet wurden, welche jetzt in diesem Material kaum noch hergestellt werden. Wir erinnern nur an die zierlichen Ständer für Waschbecken, von denen in italienischer Arbeit unsre Antiquitätensammlungen wunderschöne Belegstücke aufweisen. Einige Beispiele geben wir auch in Fig. 368—370.

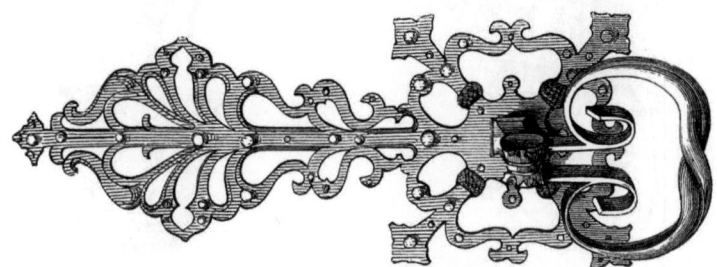

Fig. 367. Gotischer Thürbeschlag mit Klopfer.

Im 17. Jahrhundert fand man besonderen Geschmack daran, die Spitzen der Gitterstangen mit großen, frei gebildeten Blumen zu verzieren, und mit dem 18. Jahrhundert gelangt die Zopf- oder Rokokoornamentik mit all ihrem Schnörkel- und Muschelwerk auch in der Schlosserei zur Herrschaft, doch stammen aus dieser Zeit noch Eisenarbeiten, die als bewundernswerte Leistungen erscheinen. Je mehr aber von da an im modernen Europa das

Das Buch der Erfind. 8. Aufl. VI. Bd.

Gießen des Eisens zur Anwendung gelangte, um so augenscheinlicher tritt ein Verfall in der künstlerischen Behandlung dieses vielverwandten Materials hervor. Das feinere Schmiedehandwerk erfuhr durch die leichter zu übende und billigere Gießerei eine immer weitergehende Vernachlässigung, welche allmählich alle die früher geübten künstlerischen Manipulationen außer Übung brachte.

Fig. 368. Schloßblech, gotische Arbeit aus Neukirchen.

Wie die Gitter gegossen werden, so werden Schlösser und Bänder in Fabriken massenhaft nach der Schablone produziert. Eines Schmuckes bedurften sie nicht, da sie in das Holz eingelassen wurden. Eine blanke Messingplatte und ein glatter gelber Griff genügten. Erst in neuester Zeit hat sich als Wirkung der großen Ausstellungen eine bessere Richtung wieder geltend gemacht. In England hat man zuerst wieder angefangen, dem Eisenwerk der Thür größere Aufmerksamkeit zu widmen, und hat sich dabei mit richtigem Gefühl an gute alte Vorbilder gehalten, ohne jedoch sofort die Feinheit und Eleganz erreichen zu können, welche auch die kleineren Eisenornamente des 15. und 16. Jahrhunderts zeigen. In Deutschland versucht man schöne kunstvolle Gitter, Füllungen, Beschläge und dergleichen geschmiedete Eisenarbeiten erst in neuester Zeit, und besonders seit der letzten Wiener Weltausstellung, in verschiedenen Städten wieder herzustellen, und das ist als der Anfang einer neuen Epoche in der Kunstschlosserei freudig zu begrüßen.

Fig. 369. Kastenschloß aus dem 15. Jahrhundert, gotisch. (Paris.)

Fig. 370. Schlüsselraute (Schlüsselring) aus dem 16. Jahrhundert.

Die eigentlichen Zierden der feineren Eisenarbeit, die Tauschierung und Ätzung, freilich sucht man bei unsrer modernen Kunstindustrie fast immer noch vergebens; außer im Orient ist die Technik nur in Rußland und vereinzelt, aber dann mindestens mit höchster Vollkommenheit, in Spanien in der Übung.

Geschichtliches. 195

Erst in jüngster Zeit beginnt diese reizvolle Technik in Deutschland neue Sprossen zu treiben, und der Düsseldorfer Kunstgewerbeverein hat das Verdienst, die Aufmerksamkeit der Künstler derselben wieder zugewendet zu haben. Auch die eigentliche Kunstschmiederei treibt in Deutschland wieder ihre Blüten und die letzten Ausstellungen ließen erfreuliche Fortschritte auch in dieser Beziehung erkennen. Nur ist es immer noch zu selten die eigentliche Schmiedekunst, welche sich zeigt, sondern mehr die Kunst des Biegens und Nietens, verbunden mit der Treibarbeit, welche das Blätterwerk liefern muß, während die alten Meister weniger nieteten und mehr schweißten, aus diesem Grunde auch weit kräftigere, mehr aus der Ebene heraustretende Formen lieferten. Man hat daher mit Recht zwischen Kunstschmiederei und Kunstschlosserei unterschieden. Erstere lieferte das Gitterwerk, letztere die mehr auf kaltem Wege hergestellten Flächenverzierungen, zu denen das Schloß den Mittelpunkt bildete.

Fig. 371 und 372. Thorschloß mit Schlüssel, neu, von Chubb in London.

Der Sicherheit wegen brachte man in früheren Zeiten an den Schlössern allerhand, oft außerordentlich komplizierte Beziere an, die aber als unpraktisch meist wieder in Vergessenheit geraten sind. Auch eine Art Kombinationsschloß war damals beliebt, das sogenannte Ring=, Mal= oder Buchstabenschloß; dasselbe soll ums Jahr 1540 von Hans Ehemann in Nürnberg erfunden worden sein, ist aber wahrscheinlich noch älteren Ursprungs. Diese als walzenförmiges Vorlegeschloß konstruierte Verschlußvorrichtung, welche sich übrigens in der Neuzeit wieder eingebürgert hat, ist in Fig. 374 und 375 dargestellt. Sie bedarf zur Sperrung keines Schlüssels, sondern es werden die daran befindlichen mit verschiedenen Buchstaben versehenen Ringe durch successives Drehen auf ein gewisses Losungswort eingestellt, um den Riegel frei zu machen; bei jeder andern Stellung der Ringe greifen diese in die Einkerbungen des Riegels (s. Fig. 375).

Der französische Mechaniker Regnier (gest. 1825 zu Paris) verbesserte das Buchstabenschloß insofern, als er eine doppelte Lage Ringe an demselben anbrachte, wodurch man mit der zum Öffnen dienenden Zeichenstellung beliebig wechseln konnte. Immerhin bleibt die Sicherheit dieses Schlosses illusorisch, indem sich durch geschicktes Probieren die Stellung der Ringe auf das Öffnen unschwer herausfinden läßt. Ein solches Schloß moderner Fabrikation ist in Fig. 376 und 377 dargestellt. Die äußeren Ringe besitzen, wie in Fig. 375 sichtbar, eine Anzahl (hier acht) Kerbe, welche je zu einer Nase des inneren Ringes passen. Das Schloß öffnet sich in der gezeichneten Lage auf den Namen Moltke. Wird jedoch nach dem Auseinanderschrauben der letzte Ring mit einem andern Kerb auf jene Nase gesetzt, z. B. mit dem unter Y befindlichen, dann würde in der Stellung „Moltke" der Kerb des inneren, in der Zeichnung freigelegten Ringes nicht zu den Nasen passen, die sich an dem Verschlußstift a des zweiten Schloßteils befinden.

Fig. 373. Schloß im Stil der Renaissance, von Huby, auf der Pariser Ausstellung 1867.

Das Schloß und seine Teile. Die unzähligen Schloßkonstruktionen, welche von Jahr zu Jahr entstehen, geben ein deutliches Bild von dem Kriege zum Schutze der Sicherheit gegenüber dem Feinde, dem Einbrechertum; zugleich beweist aber nur dieses Auftauchen und Wiederverschwinden der sinnreichsten Konstruktionen, daß mit einem recht gefährlichen Gegner der Kampf geführt wird, ferner daß mit dem Aufwande der kompliziertesten Mechanismen auch die Diebe ihre schwarzen Fachkenntnisse erweitert haben und zu wahren Virtuosen in ihrem Handwerke geworden sind. Fehlt doch jenen Einbrechern erster Klasse keines der notwendigen Instrumente in ihrer Kollektion; eine große Auswahl Drillbohrer von allen Graden der Härte, sowie Blaserohre, womit dem Stahle die Härte genommen wird, eine Quantität Sprengpulver, Nitroglycerin und Zünder, ferner Keile, Feilen und Sägen, auch ein Spiegel, durch den das Innere der Geldschränke untersucht werden kann, eine Auswahl von Dietrichen und dergleichen stehen ihnen zu Diensten. Außerdem gelangen aber auch Millionen von Schlössern in den Handel, die den Namen solcher eigentlich mit Unrecht tragen, und so kann man denn sagen, daß 99 Prozent der Schlösser ihren Zweck nicht erfüllen, insofern sie von jedermann ohne Schlüssel leicht geöffnet werden können.

Fig. 374. Das Mal- oder Buchstabenschloß.

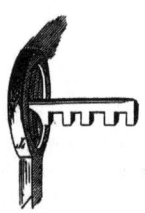
Fig. 375. Riegel zum Malschloß.

Fig. 376—378. Buchstabenschloß mit verstellbarem Namen.

Die wesentlichsten Bestandteile aller Schlösser sind 1) der Riegel oder die Zunge, die beim Zuschließen aus dem Kasten hervortritt, hinter einer Platte oder Vertiefung festgehalten wird und dadurch das Öffnen der Thür ꝛc. verhindert. Es ist darum der Riegel der wichtigste Theil eines jeden Schlosses. 2) Die Zuhaltung, ein im Kasten angebrachtes Stück, wodurch der Riegel den Stand, den er, sei es in geöffnetem, sei es in ganz oder halb geschlossenem Zustande, so lange behält, bis mittels des Schlüssels derselbe geändert wird. 3) Der Schlüssel, ein besonderes, in zahllosen Gestaltungen ausgeführtes Werkzeug, womit die Zuhaltung entfernt und dann der Riegel hinein- oder herausgeschoben, d. h. geöffnet oder geschlossen wird.

Am Riegel sind der Riegelkopf und der Schaft zu unterscheiden; der erstere, besonders starke Teil ist oftmals in mehrere Ausläufer gespalten. Der Schaft liegt im Innern des Schlosses, und er ist der Teil, auf welchen der Schlüsselbart wirkt. Die Zuhaltung ist meist als Haken gestaltet, wird durch eine Feder angedrückt und fällt in eine passende Kerbe des Riegels, dadurch denselben festhaltend. An dem Schlüssel unterscheidet man den Bart oder Kamm, dann den Schaft und den als Handhabe dienenden Ring, Reide oder Raute; für hohle Schlüssel kommt noch das Unterscheidungsmerkmal des Rohrs oder der Höhlung hinzu. Beim Umdrehen des Schlüssels wird von dem Bart die Zuhaltung durch Aufhebung außer Wirkung gesetzt und der Riegel geschoben. Je nach der Schloßkonstruktion wird der Riegel bei einer oder zwei ꝛc. Umdrehungen des Schlüssels bis in seine Endstellungen gebracht und spricht man hiernach von einem ein- oder zweitourigen ꝛc. Schlosse. Die letztere Art bilden gewöhnlich größere, also z. B. Hausthür- und Geldschrankschlösser. Bei gewissen Vexierschlössern kommen auch halbe Touren vor, bei denen man also die Zuhaltung nicht einfallen lassen darf, um die Zunge vom Riegel frei zu halten. Der Schlüssel findet seine Stützung gegenüber dem ihm von der Zuhaltung entgegengesetzten Widerstande in den Schlüssellöchern und, wenn er ein hohler Schlüssel ist, an dem Stift oder Dorn.

Die Sicherheitsvorrichtungen. Nur bei den allergeringsten Schlößchen erscheint der Schlüsselbart als ein einfacher Zahn oder als ein Plättchen; sonst läßt der Schlüssel überall erkennen, daß gewisse Einrichtungen vorhanden sind, welche unbefugtes Öffnen durch fremde Schlüssel oder Dietriche verhindern oder doch möglichst erschweren sollen. Von der schmalen Seite gesehen, bieten die Schlüsselbärte bekanntlich gar mancherlei geschweifte, gekröpfte, zickzackige, gekreuzte und andre Figuren dar. Nach derselben Figur ist denn auch das Schlüsselloch ausgeschnitten, so daß ein anders geformter Bart in der Regel nicht eingeführt werden kann. Hat man aber das Schlüsselloch offen vor sich, so kann ein Dietrich unschwer so gebogen werden, daß er die Figur im allgemeinen wiedergibt, d. h. ihrer Mittellinie folgt und also hineingehen wird. Am besten wirkt daher die Vorrichtung noch, wenn das eigentliche Schlüsselloch mit den Ausschnitten tiefer gelegt und durch ein Vorsatzblech mit anders geformtem Loch dafür gesorgt ist, daß jenes nicht gesehen werden kann.

Fig. 379. Die Besatzung oder das Eingerichte.

Das zweite von alters her gebräuchliche Sicherungsmittel ist das sogenannte Eingerichte (auch Besatzung oder Gewirre genannt), von dessen Dasein ebenfalls der Schlüsselbart Zeugnis gibt durch die mannigfaltigen Einschnitte oder Durchbrechungen, welche der von der Breitseite betrachtete Bart sehen läßt; und endlich die Zuhaltung. Letzteres Mittel finden wir sogar schon bei dem ägyptischen Schlosse angewandt; jedoch wurden die eigentlichen Zuhaltungsschlösser in Europa erst vor etwa hundert Jahren gebräuchlich, indem zu Anfang der siebziger Jahre des vorigen Jahrhunderts Robert Barron in London das Eingerichte mit der Zuhaltung in Verbindung brachte und so das erste vollkommenere Schloß herstellte. Was die auf das Eingerichte oder die Besatzung bezüglichen Einschnitte (den Einstrich) des Bartes anbelangt, so können diese in verschiedener Richtung von außen nach innen geführt sein, oder sie gehen von einer mittleren Hauptspalte (dem Mittelbruch) aus ein Stück nach außen unter geraden oder andern Winkeln ab, so daß kreuz- und sternförmige Figuren im Barte entstehen. Wird der Schlüssel eingesteckt und gedreht, so begegnet er, noch ehe er den Angriff erreicht, dem Eingerichte, d. h. einem in die Einschnitte genau passenden Besatz von Streifen, welche dem Bart kein Hindernis entgegenstellen, aber andre Schlüssel aufhalten, die nicht denselben Einstrich haben. Wir geben in Fig. 379 das Bild eines ganz einfachen Eingerichtes, wobei der Bart nur zwei Schlitze hat. Die Bogen sind Streifen von Eisen- oder Kupferblech und müssen selbstverständlich nach dem Kreise gebogen sein, welchen der betreffende Punkt des Bartes beschreibt. Solche Eingerichte, welche wie das abgebildete reifartig um das Schlüsselloch auf der Innenseite des Schloßbleches und für etwaige auf der andern Bartseite angebrachte Schlitze auf der jenseitigen Platte stehen, heißen Reifbesatzungen. Fig. 380—385 zeigen in a und b Schlüsselbärte mit Einschnitten, deren entsprechende Eingerichte nur auf einer Seite, in c, d und e dagegen solche, wo dieselben auf beiden Schloßblechen angebracht sind. Ist der ganze Bart in zwei Hälften geteilt, so spielt die Hauptspalte in einem besonderen senkrecht stehenden Blechring, an welchem dann die weiteren Besatzungen für etwaige Seitenschlitze des Bartes angelötet sind. Dies bildet dann eine Mittelbruchbesatzung; ein dafür ausgefeilter Schlüssel ist in f abgebildet. Beide Besatzungen kommen auch gemischt vor. Komplizierte Eingerichte werden meistens nicht auf die Schloßbleche aufgelötet, sondern von besonderen Einsätzen gehalten. Bei der Zusammensetzung der Blechstreifen und der entsprechenden Barteinschnitte dienen die Grundformen T L Z, welche eine große Mannigfaltigkeit von Kombinationen zulassen. Verwickelte Eingerichte sind sehr schwierig herzustellen, und zudem wird der Schlüsselbart durch die vielen Einschnitte bedenklich geschwächt. Auch die Eingerichte bieten keine bedeutende Sicherheit, die einfachsten natürlich auch im geringsten Grade. Sehr bekannt ist, daß sich mit einem mit Wachs überzogenen Blechbarte die Form der Eingerichte leicht ausfindig machen läßt; auch ist gar nicht nötig, einen Dietrich alle Windungen der Besatzung durchlaufen zu lassen. Dies ist schon erkenntlich bei Vergleichung eines Hauptschlüssels mit einem zugehörigen gewöhnlichen Schlüssel. Die Schlösser eines Hauses z. B., für welche ein Hauptschlüssel vorhanden, sind durchgängig gleich gebaut; nur die Eingerichte sind verschieden, so daß zu jedem ein besonderer Schlüssel sein muß. Der durchgängig schließende Hauptschlüssel aber nimmt von diesen Eingerichten wenig Notizen, da an seinem Barte so viel Fleisch herausgenommen ist, daß gleichsam nur der Umriß, gewöhnlich in Form zweier gegeneinander gerichteter Haken oder einer einzelnen Γ=Figur übrig geblieben ist. Durch die große Lücke passieren dann die Eingerichte unberührt. Ein weiterer Grund, auf die Eingerichte nicht viel zu geben, liegt in dem, wie es scheint, nicht seltenen Vorkommnis, daß die Schlüsselbärte zur Täuschung Unkundiger auf komplizierte Eingerichte geschnitten sind, während im Schloß selbst wenig oder nichts davon enthalten ist.

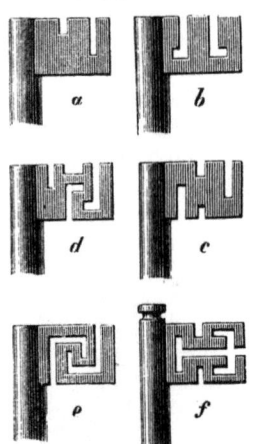

Fig. 380—385. Verschiedene Schlüsselbärte; a, b für einfache, c, d und e für doppelte Reifbesatzung, f für Mittelbruchbesatzung.

Die alten Schlösser hatten in der Regel hohle Schlüsselrohre, die sich um einen aus dem Schloß hervorragenden Dorn drehten. Dieser Dorn bietet immer auch ein gewisses Hindernis für die Annäherung zum Riegel, ist aber in den neueren Schlössern meist aufgegeben. Solche Dornschlösser dienen nur für einseitigen Verschluß und können für den Zugang des Schlüssels von beiden Seiten nicht füglich anders geschickt gemacht werden, als durch versetzte Schlüssellöcher, d. h. Löcher, die nicht aufeinander treffen, wobei denn der Riegel auf jeder Seite mit besonderen Angriffen zu versehen ist. Daß ein Schloß im allgemeinen von beiden Seiten schließbar ist, verrät schon der Schlüsselbart, denn er hat in diesem Falle einen Mittelbruch, und seine beiden Hälften sind eine der andern Gegenbild. Sie bilden faktisch zwei Bärte auf einem Schaft, indem immer nur die eine oder andre Hälfte in Angriff kommt.

Den einfachen Dorn hat man öfter noch weiter kultiviert, indem man ihn wieder hohl machte und einen Dorn aus dem Innern des Schlüssels hineintreten ließ. So entstanden zwei= oder gar dreifach gebohrte Schlüssel. Ebenso gibt es façonnierte Schlüsselrohre, die auf dem Durchschnitte kreuz=, stern=, rautenförmig u. s. w. erscheinen. Im Schlosse steckt dann die entsprechend geformte Hülse zur Aufnahme des Schlüssels, die nun keine Drehung des Schlüssels in sich gestattet, sondern selbst mit dem Schlüssel drehbar sein muß.

Arten der Schlösser. Je nach der Zusammensetzung, die wiederum von der Verwendung abhängig ist, unterscheidet man 1) Kastenschlösser, das sind Schlösser, deren einzelne Teile von einem eisernen Kästchen ganz eingeschlossen sind. Sie dienen für Thüren, an deren innerer, dem zu verschließenden Raume zugekehrten Seite sie mittels Schrauben befestigt werden. Ferner spricht man 2) von Einlaßschlössern. Dieselben werden in einer Aushöhlung der Thür u. s. w. geborgen und verdecken nach den beiden offenen, dem Rauminnern und dem Thürpfosten zugekehrten Seiten den Mechanismus durch Platten, welche einen der für die Riegel belassenen Ausschnitt tragen und die ebenfalls, jedoch in eingelassener Weise, mittels Schrauben befestigt werden; 3) die Einsteckschlösser werden in eine an der schmalen Thürseite ausgemeißelte Aushöhlung gesenkt und gegen die einzige offene Schmalseite durch einen bis auf seine Dicke eingelassenen Metallstreifen unzugänglich gemacht; 4) sind die bekannten, mit einem Bügel versehenen Hängeschlösser zu nennen, und endlich 5) die Kunstschlösser mit ihren mehr oder weniger komplizierten Mechanismen, welch letztere Eigenschaft das unbefugte Öffnen erschweren soll.

Um die exakte Bewegung des Riegels zu sichern, ist derselbe in den allermeisten Schloß= konstruktionen mit einer Feder in Verbindung gesetzt, die ihn entweder direkt in die Stel= lung schiebt, in welcher er den Verschluß bewerkstelligt, oder ihn in seinen beiden entgegen= gesetzten Lagen, in denen das Schloß auf= oder zugesperrt ist und in welche er durch Drehung des Schlüssels versetzt wird, festhält. Schlösser von der ersteren Anordnung nennt man Schnapp= oder Zuspringschlösser, während man die von der zweiten Anordnung als (ge= wöhnliche) Zuhaltungsschlösser bezeichnet.

In Fig. 386 ist das Innere eines Schnappschlosses (wozu auch das gewöhnliche deutsche Schloß gehört) dargestellt; der Riegel b steht hier auf der Mitte seines Weges, d. h. er befindet sich in halb schließender Stel= lung und kann durch die Wirkung des Schlüssels vor= oder rück= wärts gezogen werden; am oberen Teile des Riegels befindet sich die Feder s, die entweder durch Einschlitzen des Riegels oder besser durch einen auf demselben aufgeschraubten Metallstreifen gebildet wird, der nach oben federt. Durch die Spannung dieser Feder wird der Riegel auf den Rand der Öffnung des Umschweifes oder

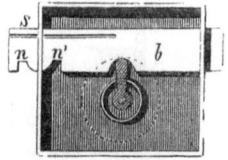

Fig. 386. Schnappschloß.

Stulpes gedrückt und fällt, wenn er vollständig heraus= oder hereingeschoben ist, mit seinen Einschnitten n oder n' in den Rand der Öffnung für den Riegeldurchgang ein. Ist der Riegel, wie in der Abbildung, nur halb geschlossen, so ruht er mit einem konvexen Vor= sprung zwischen den beiden Einschnitten auf dem Rande des Umschweifes; die Feder s erfüllt dabei den Zweck, den Riegel in seinen verschiedenen Stellungen, in die er durch den Schlüssel versetzt wird, festzuhalten.

Bei dem nur noch selten vorkommenden sogenannten deutschen Schlosse liegt hinter dem Riegel eine gewundene Feder, welche den letzteren vortreibt, sobald er freigelassen ist. Das Schloß ist nur halbtourig, d. h. der Schlüssel hat keinen vollen Umgang. Ist der Riegel am weitesten nach hinten getrieben, so bleibt er stehen, weil dann der Schlüsselbart selbst dem Angriff entgegensteht und als Aufhalter wirkt. Oder das Schloß hat einen besonderen Aufhalter, der in eine Kerbe des Riegels einfällt, wenn derselbe am weitesten zurückgeschoben ist. In diesem Falle ist das Zuschließen ein Zuschnappen, d. h. man drückt auf einen hervor= stehenden Knopf oder dergleichen, wodurch der Aufhalter ausgehoben wird, so daß die Feder den Riegel vorschnellen kann. Bei solchen Schlössern ist der Riegelkopf in der Regel vorn abgeschrägt; in= folgedessen schließt sich das Schloß schon beim Zuschlagen der Thür durch den Druck, den der Riegel beim Anschlagen an den Schließ=

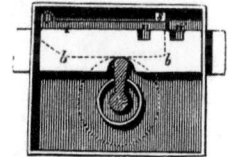

Fig. 387. Zuhaltungsschloß.

kloben erleidet. Allerdings gewährt dies alte Schloß auch keine Sicherheit, wenn dem Riegelkopfe beizukommen ist.

Das gewöhnliche Zuhaltungsschloß ist in Fig. 387 abgebildet. Bei demselben hat der Riegel b an seiner oberen Kante zwei Einschnitte n n', und teilweise hinter demselben befindet sich die nach unten federnde Zuhaltung oder Sperrklinge i, welche an der über den Riegel hervorragenden Kante mit einem viereckigen, in die Einschnitte des Riegels passenden Vorsprunge s versehen ist. Der Schlüssel drückt während der Umdrehung mit seinem Barte die Zuhaltung in die Höhe, so daß der Vorsprung s aus dem einen oder andern Riegel= einschnitte herausgehoben wird und letzterer danach verschoben werden kann. Bei den äußersten Stellungen des Riegels fällt dagegen der Vorsprung s in einen der Einschnitte ein und hält den Riegel dadurch in seiner Stellung fest.

Am meisten in Anwendung sind jetzt die sogenannten französischen Schlösser, welche zwar eigentlich auch deutschen Ursprungs sind, und zwar von G. A. Freitag in Gera im vorigen Jahrhundert erfunden worden sein sollen. Ein Mittelding zwischen französischem und deutschem Schloß heißt Bastardschloß und kommt in beschränkter Anwendung noch als Schubladenschloß vor. Am französischen Schlosse gibt es also zweierlei sichernde Hindernisse, die feststehenden der Eingerichte und die beweglichen der Zuhaltungen. Letztere haben den Zweck, den Riegel jedesmal, wenn der Schlüsselbart einen Durchgang gemacht hat, wieder unverrückbar festzustellen, und zwar sowohl in beiden Endlagen des Riegels als in etwaigen mittleren. Soll der Riegel nach einer der beiden Seiten fortgedreht werden, so muß der Schlüsselbart, bevor er zu den Angriffen gelangen kann, erst die Zuhaltung ausheben, welche

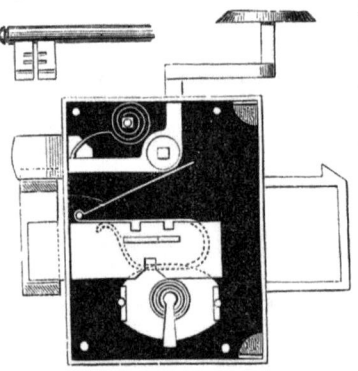

Fig. 388 und 389.
Französisches Schloß mit Schlüssel.

den Riegel gefangen hält. Eine Zuhaltung fungiert also gleichsam wie eine kleine Thürklinke. Die Fig. 388 und 389 eines einfachen Schlosses zeigen eine Zuhaltung von einer der gewöhnlichsten Formen und Fig. 390 die abgesonderte Darstellung derselben von der andern Seite. Man erkennt leicht, daß der Schlüsselbart beim Passieren des oberen Halbkreises, sei es von der einen oder von der andern Seite, noch bevor er zum Angriff gelangt, den Bügel der Zuhaltung treffen und so weit heben muß, daß die Krampe (der Haken) derselben aus der Kerbe auf der Oberseite des Riegels, an welcher sie gerade liegt, sich heraushebt und so der Riegel frei wird. Ist der Schub vollbracht, so geht mit dem Schlüsselbart zugleich die federnde Zuhaltung wieder nieder und legt sich in die folgende Kerbe ein und der Riegel ist wieder festgestellt. Das Schloß ist ein eintouriges, bei welchem nur zwei Lagen des Riegels vorkommen, also zwei Kerben nötig sind. Daneben, Fig. 391, ist ein Riegel eines zweitourigen Schlosses abgebildet, der sich als solcher durch drei Kerben und einen zweilückigen Angriff zu erkennen gibt. Der obere Teil der Zuhaltung Fig. 389 ist da, wo er rechts um einen Stift gebogen ist, federnd, und sein Endstück stemmt sich gegen einen andern Stift oder wie hier gegen den Kropf der Klinke; in Fig. 390 ist diese Zuhaltung für sich dargestellt. Eine besondere Einwirkung auf die Klinke findet dabei nicht statt. Alle andern Formen, unter denen die Zuhaltungen im französischen Schloß noch vorkommen können, sind auf das Prinzip der Sperrklinken gegründet

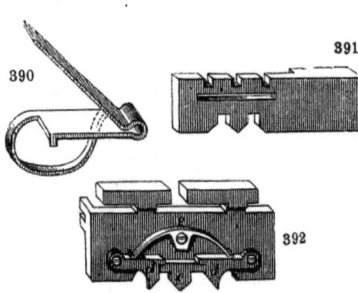

Fig. 390. Zuhaltung für ein französisches Schloß.
Fig. 391. Zweitouriger Riegel.
Fig. 392. Zweitouriger Riegel mit Versicherung.

und greifen immer mit Vorsprüngen in Riegelkerben ein. So arbeiten auch die sogenannten steigenden Zuhaltungen, welche die Klinkenform nicht haben, sondern zwischen Führungen sich senkrecht auf und nieder schieben. Die untere Kante dieser Vorrichtungen, auf welche der Schlüssel die hebende Wirkung auszuüben hat, ist natürlich immer bogenförmig gestaltet.

Man hat die Zuhaltungen auch vervielfacht, so daß zwei oder mehr Hebungen stattfinden müssen, ehe der Bart zum Angriffe gelangt. Dies ist z. B. in Barrons Schloß der Fall, welches noch in weiterer Abänderung zeigt, daß die Hebungen auch nach oben eine Beschränkung haben, während bei den bisher beschriebenen Zuhaltungen der Spielraum nach oben nicht begrenzt ist und also auch ein höher als nötig hebender Dietrich noch anwendbar bleibt. In Barrons Schloß liegen die Zuhaltungen neben dem Riegel in Form ziemlich einfacher Hebelbleche und ragen jede mit einem seitlich angesetzten Stift in den Riegel hinein. Letzterer hat einen Längsschlitz wie in den vorstehenden Abbildungen, aber mit andrer Bestimmung: in der unteren Bahn liegen nämlich die Kerben für die Hebelstifte, und in der oberen sind ähnliche Kerben, die auf die Zwischenräume der unteren herabsehen. Hebt nun ein falscher Schlüssel die Zuhaltungshebel nur um ein ganz Geringes höher als der rechte, so gerät der eine oder andre Stift gleich in eine obere Kerbe, und der Riegel kann nicht weiter.

Der Gang des Riegels ist einerseits dadurch gesichert, daß er sich mit seinem Kopfende in dem genau passenden Loche des Schloßkastens schiebt, während er am Hinterende entweder in einer Art Haspen gleitet oder am häufigsten, wie Fig. 389, 394 u. 395 zeigt, mit einem Längsschlitz versehen ist, in welchen ein auf dem Schloßblech fest sitzender Zapfen hineingreift. Hierdurch ist zugleich der Spielraum bestimmt, den der Riegel überhaupt haben soll. Um einer Verdrückung nach innenhin zu begegnen, liegt außerdem an der Innenseite des Riegels eine Feder, an welcher er mit mäßigem Drucke schleift. Der Riegel ist zuweilen zwei- oder dreiköpfig, d. h. es schieben sich zwei oder drei Stücke aus dem Schlosse; im Innern aber ist er einfach, und die Ansicht des ganzen Stückes gibt daher den Eindruck einer Gabel.

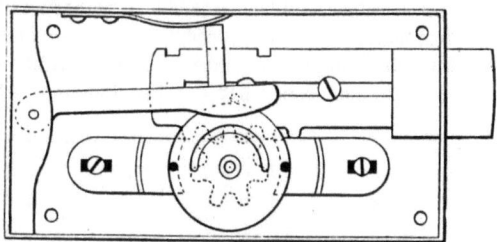

Auch gegen unachtsame und unverständige Behandlung können am Bau der Schlösser einige Vorkehrungen getroffen werden. Besondere Erwähnung verdienen die sogenannten fliegenden Angriffe, die zumal bei stark ausgeschnittenem Bart geboten sind, wo bei vielem Drehen und Zwängen am ersten ein Bruch erfolgen kann. Der vorstehende zweitourige Riegel, Fig. 392, zeigt die Einrichtung. Der mittlere Angriffszahn c steht fest, die beiden äußeren sind an den angelenkten Lappen d d angeformt,

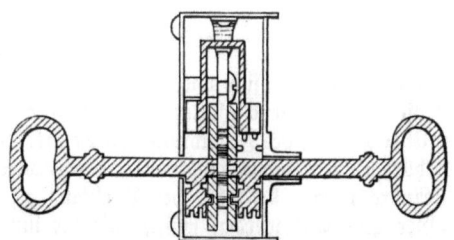

Fig. 393 und 394. Schloß mit drehbaren Scheiben.

welche durch eine schwache Feder e niedergehalten werden. Die beiden wirksamen Schübe finden nur statt, wenn der Bart, in einer oder der andern Richtung, aus einer in die andre Lücke tritt, also stets von d nach c; eine dritte Drehung bringt den Bart in die gerundete Kehlung des einen oder andern fliegenden Angriffs, wo kein Schub weiter stattfindet. Alles Drehen hat vielmehr nur die Wirkung, daß der Angriff in die Höhe getrieben wird, den Schlüssel durchgleiten läßt und wieder zurückschnappt.

Beabsichtigt man, diese große Riegelverschiebung durch nur eine Schlüsselumdrehung zu erreichen, so versieht man den Schließriegel mit Verzahnung, Fig. 393 und 394, in welche ein vom Schlüssel gedrehtes Zahnrädchen eingreift. Das letztere ist hierbei zwischen zwei drehbaren Scheiben gelagert und läuft der Schlüssel mit seinem vorstehenden Zäpfchen in einem halbkreisförmigen Einschnitt in der Mitte der Scheibe; sobald er gedreht wird, hebt er den Aufhaltbügel (Zuhaltung) mit seinen beiden Stellzäpfchen, der durch eine oben angebrachte Feder in die Einschnitte des Riegels und der Scheibe eingedrückt wird, empor, erfaßt dann die Scheibe mit Zahnrädchen und dreht sie halb um, worauf der Aufhaltbügel wieder in die beiden andern nachfolgenden Einschnitte sowohl des Riegels als der Scheibe eingreift und so dessen geschlossene Lage bewirkt.

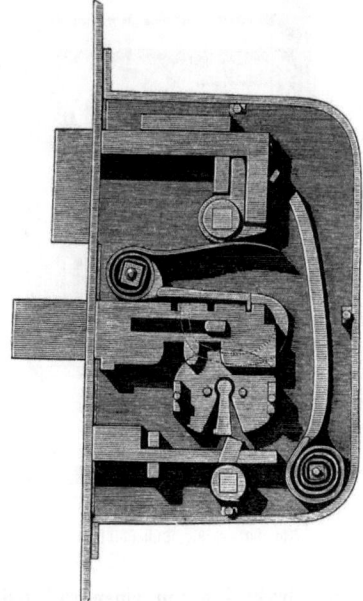

Fig. 395. Einrichtung der Stubenschlösser.

Die eingesteckten Stubenschlösser unterscheiden sich von den Kastenschlössern, Fig. 389, durch ihre gedrängtere Konstruktion und eine andre Anordnung der Falle (Klinke). Letztere ist ein mit einem abgeschrägten Kopfe versehener Riegel für sich, Fig. 395, der durch eine Stangenfeder in ausgeschobener Lage erhalten wird. Beim Schließen (Zuschlagen) der Thür drückt sich die Falle vermöge des schrägen Kopfes hinein und schnappt dann wieder heraus, wenn die Thür angedrückt ist, in einem hierzu im Gegenpfosten eingestemmten Loch Platz greifend. Das Übrige dürfte ohne weitere Erklärung verständlich sein.

Diese ursprüngliche und außerordentlich viel in Anwendung befindliche Konstruktion hat nun in verschiedener Richtung Veranlassung zu Verbesserungen gegeben, ganz abgesehen von den verschiedenen Sicherheitsvorrichtungen und Riegelkonstruktionen, welche weiter unten erörtert werden sollen. Zunächst war man bestrebt, das Einziehen der Falle von der Drehrichtung unabhängig zu machen. Man erreichte dies, indem man der Nuß zwei Daumenansätze gab, von denen der eine der Richtung des ersten entgegengesetzt stand und zu dem eine entsprechende Nase der Falle paßte.

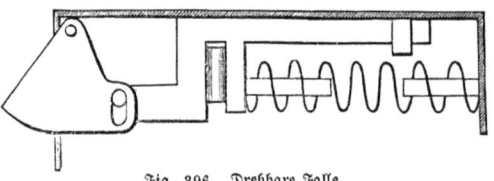

Fig. 396. Drehbare Falle.

Einige neuere (mitteldeutsche) Koupeethürschlösser, an welche besondere Anforderungen in bezug auf Solidität und schnellen Schluß gestellt werden, besitzen eine sehr empfehlenswerte Einrichtung, Fig. 396, welche ein außerordentlich leichtes Einschnappen bewirkt. Der Kopf der Falle ist hier für sich und drehbar angeordnet, so daß dieselbe nicht durch Wirkung einer oft nicht genügend glatten schiefen Ebene zurückgezwängt wird, sondern sich leicht, nur unter Überwindung des Federdrucks, eindreht. Das Herausschnappen nach erfolgtem Schluß der Thür geschieht dann, wie immer, durch Wirkung jener Feder.

Andre waren bestrebt, den Übelstand zu beseitigen, daß für rechte Thüren andre Schlösser gebraucht werden müssen als für linke Thüren, indem die Schrägung der Falle dann eine andre sein muß; ebenso für ein= bezw. ausschlagende Thüren. Man machte aus diesem Grunde die Falle umlegbar, so daß die schräge Fläche nach Belieben so oder so gestellt werden konnte. Fig. 397—399 geben hiervon eine Anschauung, welche gleichzeitig, etwas vorgreifend, eine besondere Zuhaltung (s. unter Chubbschloß) enthält.

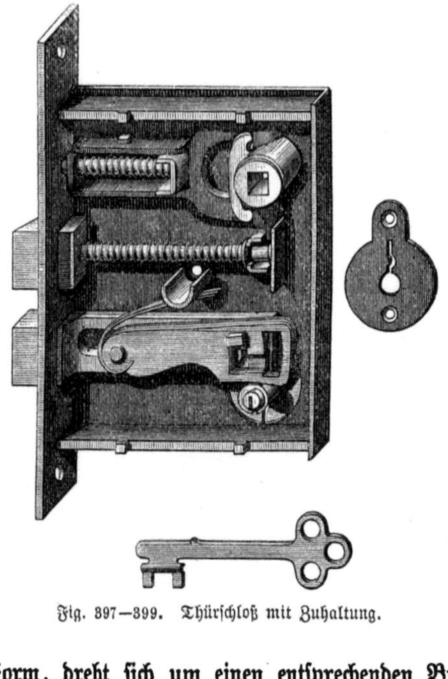

Zuweilen benutzt man auch einen Schlüssel zum Zurückziehen der Falle, zurückgehend auf das Prinzip des alten Schnappschlosses, wie oben in Fig. 886 erläutert. Dies hat in neuester Zeit zu einem ganz eigenartigen Schloß geführt, welches in Fig. 400—402 dargestellt ist. Dasselbe besteht im wesentlichen aus dem Gehäuse, dem Fallriegel a, der Verschlußscheibe b, der mit letzterer zusammenhängenden Deckscheibe c und der Nuß d.

Das Prinzip ist, das Schloß mit Hilfe eines Schlüssels nach Belieben so zu stellen, daß die Falle durch einen Drücker zu öffnen ist, oder daß solches Öffnen verhindert wird. Dies wird in folgender Weise erreicht: der Riegel a erhält eine Ausnehmung, in welche die Verschlußplatte b mit der Zunge m greift. Diese Platte, ein Blechstück von der in ihrem unteren Teil punktiert gezeichneten

Fig. 397—399. Thürschloß mit Zuhaltung.

Form, dreht sich um einen entsprechenden Bund der Nuß d, welche ihrerseits durch die Feder f mit ihrer Zunge n gegen den Fallriegel gepreßt wird. Das Zurückziehen des letzteren soll nun durch Drehung dieser Nuß erfolgen. Dies kann aber ohne weiteres nicht geschehen, wie am besten die Fig. 402 zeigt, wo ein Drehen der Nuß weiter keine Folge als das Zusammenpressen der Feder hat. Erst wenn die Deckplatte c, welche mit der Verschlußplatte b durch den Drehzapfen e (in allen drei Figuren punktiert gezeichnet) die in Fig. 400 und 401 gezeichnete Lage hat, in welcher sie mit dem Ansatz m gegen den Ansatz l

Vorlegeschlösser.   203

der Nuß stößt, hat eine Drehung der letzteren die gleichzeitige Drehung beider Platten und ein Zurückziehen des Fallriegels im Gefolge. Es handelt sich nun darum, der Deckplatte c nach Belieben die eine oder die andre Lage zu erteilen. Dies geschieht nun durch den Schlüssel in der aus der Zeichnung leicht ersichtlichen Weise. In der Fig. 401 wird durch Rechtsdrehung die Stellung der Fig. 400 erzeugt, bei welcher also der Drücker, in die Nuß gesteckt, wirksam ist, während umgekehrt durch Linksdrehung in der Fig. 400 der Zustand der Fig. 401 hergestellt wird. 400 Fig. zeigt die Stellung der Teile für den eingezogenen Fallriegel.

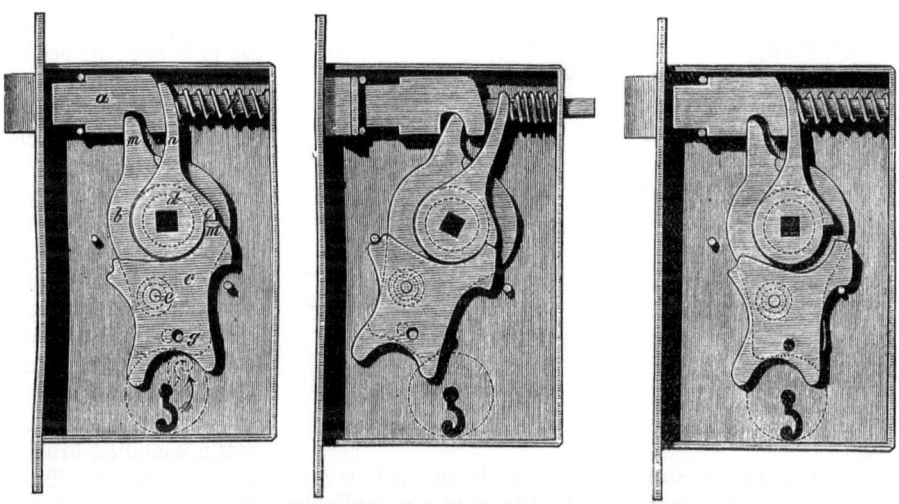

Fig. 400—402. Thürschloß von A. Weck ohne Verschlußriegel.
Fig. 400. Geschlossen, mit Drücker zu öffnen. — Fig. 401. Mit Drücker geöffnet. — Fig. 402. Geschlossen, mit Drücker nicht zu öffnen.

Nun besitzen noch die beiden Platten b und c je ein kleines Loch, g, welche in der Stellung der Fig. 402 übereinander liegen, so daß ein Stift hineingesteckt werden kann. Dieser sichert dann auch das Schloß gegen Öffnung mit dem Schlüssel.

Bevor wir nun zu den neueren, komplizierten Sicherheitsschlössern übergehen, mag noch eine recht einfache und für gewisse Verhältnisse recht zweckmäßige Konstruktion Erwähnung finden, welche dahin zielt, ein unbefugtes Öffnen durch eine Art Wecker zu melden. Ein solches Schloß, im Grunde genommen ein einfaches Einlaßschloß, ist in Fig. 403 dargestellt. Dasselbe zeichnet sich durch die Glocke a aus, welche beim Schließen durch einen kleinen Klöppel b angeschlagen wird, so daß ein geräuschloses Öffnen ohne weiteres nicht möglich ist. Diese Schlösser finden namentlich da Verwendung, wo man selbst in nächster Nähe sich nicht sicher fühlt, wie an Bord der Schiffe u. s. w.

Fig. 403. Einlaßschloß mit Wecker.

Vorlegeschlösser haben, wenn sie mehr in die Breite gebaut sind, die Einrichtung des französischen Schlosses; die rund gebauten dagegen haben einen sogenannten Radriegel. Es leuchtet ein, daß auf dem Umfange einer Scheibe sich ebenso gut Angriffs= und Zuhaltungskerben anbringen lassen wie auf einer geraden Schiene, und so wird auch die Einrichtung des in Fig. 404 abgebildeten Schlosses gleich verständlich sein. Der Radriegel a dreht sich auf einem Stift b; die Zuhaltung hat die Form eines Winkelhebels, dessen langer Arm in eine Höhlung in der runden Scheibe einspielt, welche keine höhere Hebung desselben zuläßt, als für den richtigen Schlüssel eben nötig ist. Das zweitourige Schloß ist

26*

jetzt geöffnet, nach zwei Schlüsseldrehungen hat sich der Riegelkopf d so weit durch die Öse e des Bügels durchgeschoben, wie die Punktierung anzeigt. Ein sehr einfaches und billiges, dabei aber zweckmäßiges Vorlegeschloß ist in Fig. 405 und 406 in der äußeren Ansicht und mit abgenommenem Schließblech dargestellt. Es wird dieses Schloß, welches im ganzen aus 17 Teilen besteht, in einigen Schloßfabriken Frankreichs (in der Pikardie) mittels Maschinen und rationeller Arbeitsteilung pro Dutzend für 90 Centimes Herstellungskosten angefertigt.

Eine eigenartige Konstruktion zeigt Fig. 407, bei welcher ebenfalls die Zuhaltung und der Riegel Verwendung findet. Derselbe wird durch eine Feder an die unteren Flächen der Schlitze fest angedrückt und so in einer der beiden Endlagen gehalten. Der über der Fläche im Schlitz gleitende Teil hat die Form eines vorspringenden Winkels, dessen Neigung beiderseits so groß ist, daß der Riegel, sobald einer der Winkelschenkel im Schlitze aufliegt, durch den Druck der Feder gleichsam eine schiefe Ebene hinabgleitet. Der Bart des auf den Dorn gesteckten Schlüssels braucht

Fig. 404. Vorlegeschloß. Fig. 405 und 406. Französisches Vorlegeschloß.

demnach beim Öffnen oder Schließen nur so weit auf die am Riegel ausgeschnittene Bahn einzuwirken, bis die Spitze des Winkels über den Schlitz hinausbewegt ist, worauf der weitere Vorschub bis in die betreffende Endstellung selbstthätig vor sich geht. Zur Sicherung der beiden Endstellungen ist der Riegel mit zwei Anschlägen versehen, die sich hierbei gegen die Brücken anlehnen. Der Vorhängebügel, welcher kein eigentliches Scharnier besitzt, besteht aus einem längeren und einem kürzeren Schenkel; der längere ist in die Brücke eingelassen und durch einen hinter der letzteren befindlichen Vorsprung vor dem Herausziehen geschützt. Ferner befindet sich in diesem Schenkel ein Ausschnitt, in welchen sich der Riegel beim Schließen einschiebt, so daß alsdann der Bügel zwischen Riegel und Vorsprung festgehalten wird. Ist das Schloß geöffnet, so läßt sich der Bügel so weit herausziehen, daß der kurze Schenkel außerhalb umgedreht werden kann.

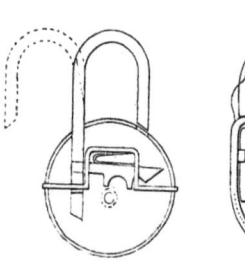
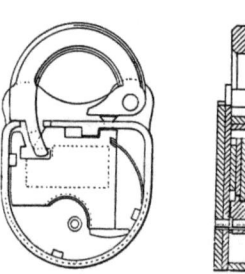

Fig. 407. Hängeschloß mit Riegel. Fig. 408 und 409. Schloß mit drehbarem Hängebügel.

Eine andre Einrichtung machen die Fig. 408 und 409 ersichtlich. Wie sich sofort erkennen läßt, hat man hier keinen verschiebbaren, sondern einen drehbaren Hängebügel. Der Schloßdeckel ist nicht wie gewöhnlich aufgenietet, sondern in das Gehäuse eingeschliffen aufgepaßt und mittels Schraube befestigt. Zu diesem Zwecke ist an der Schloßdeckelplatte ein Verschlußnaggen angebracht, welcher sich auf die obere Gehäusewand schiebt. Derselbe wird alsdann mittels einer Schraube mit dem Gehäuse fest verbunden und dadurch die Schloßdeckelplatte befestigt. Damit jedoch jene Schraube im geschlossenen Zustande unzugänglich werde, ist der Hängebügel mit einem Decknaggen versehen, welcher die Schraube überdeckt und so ein Lösen derselben nur im geöffneten Zustande des Schlosses ermöglicht. Der Verschluß wird durch drei übereinander liegende Riegel bewirkt, welche durch den Schlüssel gleichmäßig bewegt werden und ein Öffnen des Schlosses nur dann gestatten, wenn ein ganz genau passender Schlüssel angewendet wird. Ist letzteres nicht der Fall, so werden die Riegel entweder ungleichmäßig oder nur so weit verschoben, daß die Haken der Riegel in den Hängebügel eingreifen und der Verschluß des Schlosses nicht geöffnet wird. Durch Anordnung mehrerer übereinander liegender Riegel, in Verbindung mit einem entsprechend geformten Schlüssel, ist die Möglichkeit, ein solches Schloß zu öffnen, nicht einzusehen. Durch die schiefe Fläche an den Riegeln wird allerdings erreicht, daß das Schloß durch bloßes Zudrücken des Hängebügels zum Schluß gebracht werden kann.

Sicherheitsschlösser. Sachgemäß soll jedes Schloß ein Sicherheitsschloß sein; jedoch bedingen die Leistungen der verschiedenen Konstruktionen, der Wert der zu sichernden Gegenstände, der Ort der Aufbewahrung und andre Verhältnisse verschiedene Sicherheitsgrade, wonach man die Art des Verschlusses bestimmt. Fast alle in früherer Zeit als Sicherungsmittel angesehenen Vorrichtungen, künstlich geformte Schlüsselbärte und dergleichen Schlüssellöcher, komplizierte Besatzungen und Vexiere haben sich der modernen Diebsgeschicklichkeit gegenüber als ungenügend erwiesen, und man hat in neuerer Zeit das Kombinationsprinzip als das allein richtige Sicherungsmittel bei der Schloßkonstruktion kultiviert. Allerdings hat man — wie wir bereits anführten — schon im Altertume Kombinationsschlösser benutzt, jedoch wirkliche Sicherheitsschlösser nach dieser Richtung hin erst in der neuesten Zeit hergestellt. Das Wesen dieser Schlösser beruht auf dem Vorhandensein einer Anzahl von Bestandteilen, welche das Öffnen verhindern und erst dann gestatten, wenn sie alle in eine bestimmte (für jeden Teil verschiedene) Lage oder Stellung versetzt worden sind, was entweder durch direkte Bewegung mit der Hand oder mittels eines Schlüssels von genau entsprechender Gestalt geschehen kann. Die erstere Art des Öffnens (ohne Schlüssel) fand bei dem als Ring- oder Malschloß bereits erwähnten älteren Kombinationsschloß statt, während das älteste hierher gehörige Schloß, das ebenfalls bereits erwähnte ägyptische, mit einem Schlüssel zu öffnen ist. Auch die beliebtesten neuesten Kombinationsschlösser gehören zu dieser Art. Von diesen werden wir zunächst das Bramahschloß und das Chubbschloß besprechen.

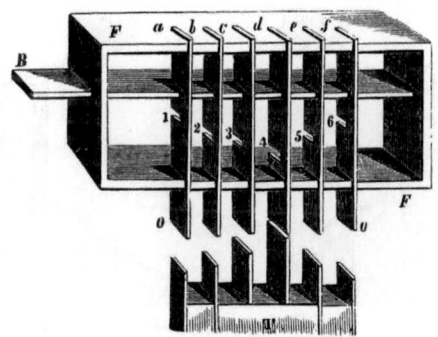

Fig. 410. Einrichtung des Bramahschlosses.

Das Bramahschloß ist im Jahre 1784 von Joseph Bramah erfunden. Bramah, 1748 oder 1749 zu Stainsborough in der englischen Graffschaft Yorkshire geboren und 1814 zu London gestorben, war ursprünglich Kunsttischler, schwang sich aber durch sein erfinderisches Genie zu einem berühmten Mechaniker und Ingenieur auf, dem wir auch die Erfindung der hydraulischen Presse verdanken. Sein Sicherheitsschloß war in seiner ursprünglichen Form allerdings nicht so vollkommen eingerichtet, wie es jetzt ausgeführt wird, nichtsdestoweniger fand es sehr rasche Verbreitung. Es gehört, wie wir schon erwähnt haben, nebst dem später erfundenen Chubbschloß zu den Kombinationsschlössern; doch besteht zwischen ihnen und dem im Prinzip mit ihnen verwandten ägyptischen Schlosse ein wesentlicher Unterschied darin, daß bei letzterem die Sicherheit gegen Beseitigen der Zuhaltungen in der Kombination verschiedener Stellungen, bei ersteren aber diese Sicherheit in der Kombination verschiedener Bewegungen beruht.

Die Eigentümlichkeit des Bramahschlosses insbesondere liegt einerseits in dem die Sicherheit bedingenden Apparate der Zuhaltungen mit Kombination, andererseits aber auch darin, daß der Riegel beim Auf- und Zuschließen nicht, wie bei andern Schlössern allgemein gebräuchlich ist, durch den Schlüssel unmittelbar, sondern mittels eines vom Schlüssel um seine Achse gedrehten Cylinders, der mit seiner Basis auf der Fläche des Riegels senkrecht steht, bewirkt wird.

Mit Hinweis auf Fig. 410 wird es keine Schwierigkeiten bieten, das diesem Schlosse zu Grunde liegende Prinzip zu erläutern. Nehmen wir an, der in dieser Skizze ersichtliche Riegel B sei beispielsweise mit sechs Einschnitten versehen und ebenso die obere und untere Wand des Rahmens F, so wird der Riegel in seiner Lage schon festgehalten, wenn ein voller Blechstreifen (Schieber oder Zuhaltung) durch nur eine Reihe der zu je drei über einander liegenden sechs Einschnitte vertikal hindurchgeschoben wird. Bei der vorliegenden Einrichtung sind aber sechs solcher Schieber oder Zuhaltungen vorhanden. Diese Schieber sind nicht voll, sondern mit je einem, den Einschnitten in Riegel und Rahmen entsprechenden Einschnitte versehen, die sich in verschiedenen Höhen befinden, so daß die gleichlangen und mit ihren oberen Enden mit der oberen Rahmenfläche in eine Ebene gebrachten Schieber auf verschiedene Höhen gehoben werden müssen, wenn dem Riegel B der Weg frei gemacht werden soll, was der Fall sein wird, wenn die Einschnitte sämtlicher Schieber mit dem Riegel in einer Höhe liegen, so daß derselbe durch diese Einschnitte hindurchgleiten kann. Die gleichzeitige Hebung sämtlicher Schieber auf die oben angedeutete Weise kann nun leicht mittels einer Vorrichtung T bewirkt werden, welche für jeden der Schieber einen entsprechend hohen Ansatz hat, und wer diese Vorrichtung besitzt, ist in den Stand gesetzt, das Schloß auf die leichteste Weise zu öffnen, während jeder andre, welcher die spezielle Anordnung des Schlosses nicht kennt und die in einem festen Gehäuse eingeschlossenen Schieber nicht sehen kann, so lange probieren müßte, bis es ihm zufällig gelungen wäre, diese Schieber alle der Reihe nach auf die richtige Höhe zu heben. Hätte man nun weiter kein Merkmal für die richtige Stellung der Schieber im einzelnen, so würde ein solches auf Öffnen des Schlosses hinzielendes Probieren schon bei weniger als sechs Schiebern ziemlich viel Zeit kosten; diese Zeitdauer für das so mögliche Öffnen des Schlosses steigert sich aber in sehr raschem Verhältnis mit einer geringen Vermehrung der Schieber und würde bei sechs Schiebern, der gewöhnlich im Bramahschloß vorhandenen Anzahl, wenigstens für jeden, der

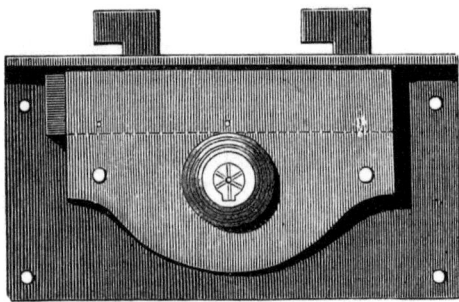

Fig. 411. Äußere Ansicht eines Bramahschlosses.

nicht mit aller Ruhe sich wochen-, ja monatelang mit dem Schlosse beschäftigen könnte, ganz unwahrscheinlich werden, so daß demnach diese Vorrichtung als absolut diebessicher anzusehen sein würde. In der That ist dies jedoch bei dieser einfachen Anordnung nicht der Fall; denn es gibt allerdings ein Mittel, auf ziemlich leichte Weise die Riegel einzeln richtig einzustellen. Denkt man sich nämlich, daß der Riegel etwas gegen die Schieber angedrückt wird und daß die letzteren alsdann durch irgend welches Mittel langsam verschoben werden, wobei der

Operierende stets den Widerstand des am Riegel sich reibenden Schiebers fühlen kann, so wird das Gefühl ihm sofort sagen, wenn der Einschnitt des Schiebers in die Ringelhöhe gelangt ist, weil alsdann der Schieber momentan außer Berührung mit dem Riegel kommt und also der Reibungswiderstand aufhört. Der so in die richtige Lage gebrachte Schieber wird alsdann befestigt und dieselbe Operation mit den übrigen Schiebern vorgenommen, bis alle gehörig gehoben sind und dem Riegel der Weg frei gemacht ist. Geschickten Diebeshänden gegenüber sind also die älteren nach diesem System konstruierten Bramahschlösser nicht sicher, sie sind aber im Verlaufe so verbessert worden, daß sie in ihrer jetzigen Konstruktion als absolut sicher anzusehen sind.

Diese neuere Einrichtung geben wir in Fig. 412—416. Die äußere Kapsel ist darin durch a bezeichnet, b ist ein messingener hohler Cylinder, in dessen angeschraubtem Boden B (s. Fig. 415) der Dorn e befestigt ist; wird der Cylinder gedreht, so muß der an seinem Boden hervorragende Stift d eine Kreislinie beschreiben und wirkt dabei verschiebend auf den Riegel A, wobei die Einrichtung wie in Fig. 410 getroffen sein kann. Die Anordnung der Zuhaltung wird aus folgendem klar werden. Im Cylinder b ist um den Dorn e eine Spiralfeder gelegt, welche sich oben gegen eine kleine Scheibe g stützt, die sich auf dem Dorn verschieben läßt und womit man also die Spiralfeder zusammendrücken kann, während sie beim Nachlassen des Drucks von der Feder wieder emporgeschnellt wird. An dieser Scheibe hängen mit ihren winkelhakenförmigen Köpfen eine größere Anzahl (4—8), hier sechs Schieber oder Zuhaltungen, die aus doppelt zusammengebogenem Stahlblech angefertigt sind, so daß ihre unteren Enden auseinander federn (s. Fig. 417). Diese Zuhaltungen sitzen mit leichter Reibung in sechs Schlitzen, die radial von innen in den Cylinder b eingeschnitten sind (f. Fig. 413 und 414). Unterhalb ist der Cylinder b mit einer Nut versehen, in welche eine Stahlplatte f eingelegt ist, die, um sie einlegen zu können, aus zwei Teilen besteht. In Fig. 414 ist diese Platte für sich dargestellt, während sie in Fig. 413 am punktierten Umriß angedeutet ist. Diese Stahlplatte ist in der Mitte mit einer Durchbrechung versehen, in welcher sich sechs mit den radialen Einschnitten des Cylinders korrespondierende Einschnitte befinden. In diese Einschnitte greifen die sechs Zuhaltungen ein. Es steht also der Drehung des Cylinders ein sechsfaches Hindernis entgegen, das nicht eher beseitigt ist, als bis alle Zuhaltungen so eingestellt worden sind, daß die an ihrer Rückkante angebrachten Einschnitte in die Ebene der Platte f zu stehen kommen; da nun aber an jeder Zuhaltung der Einschnitt sich an einer andern Stelle ihrer Höhe befindet, so muß jede Zuhaltung in besonderer Weise verschoben werden. Diese richtige Verschiebung sämtlicher Zuhaltungen kann in einem Moment mit dem rohrförmigen, auf den Dorn e geschobenen und die Spiralfeder komprimierenden Schlüssel (f. Fig. 415) bewirkt werden, indem dieser an dem eingeführten Ende seines hohlen Schaftes mit so viel Schlitzen als Zuhaltungen vorhanden sind, versehen ist, welche Schlitze die für die richtige Einstellung jeder Zuhaltung entsprechende Tiefe haben. Indem diese Schlitze im Schlüssel die oberen Enden der Zuhaltungen aufnehmen, werden dieselben beim Einschieben des Schlüssels in das Schlüsselloch entsprechend der Tiefe dieser Schlitze mehr oder weniger weit zurückgeschoben, wodurch schließlich die Einschnitte der Zuhaltungen gleichzeitig in die Ebene der Scheibe f gelangen und somit die Drehung des Cylinders und die dadurch herbeigeführte Verschiebung des Riegels, also das Öffnen oder Schließen des Schlosses, ermöglicht wird.

Fig. 412.

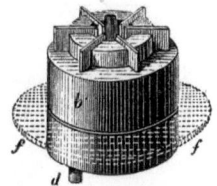

Fig. 413.

Fig. 412 und 413. Schlüssel und Cylinder.

Fig. 414.

Fig. 415.

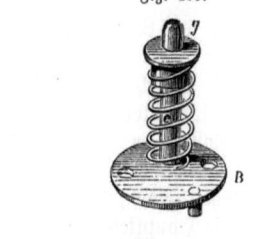

Fig. 416.

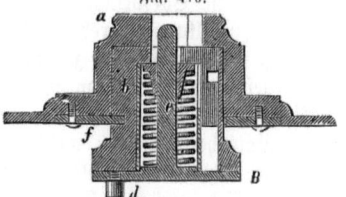

Fig. 414—416. Sicherheitsplatte und Spiralfeder.

Wie weit diese Einrichtung Sicherheit bietet und in welcher Weise kundige Hände ein solches Schloß auch ohne Schlüssel zu öffnen vermögen, ist oben schon erwähnt worden. Wie man nun hiergegen Vorbeugungsmaßregeln getroffen und damit das Schloß geradezu absolut sicher gemacht hat, werden wir sogleich sehen. Ein Teil dieser Einrichtungen ist schon mit in Fig. 414 angedeutet, indem die Einschnitte der dort abgebildeten Scheibe f zu Anfang etwas breiter sind als am Ende; der hintere schmalere Teil der Einschnitte entspricht der Dicke der Zuhaltungen. Wie man ferner aus den in Fig. 418 dargestellten Zuhaltungen ersieht, sind diese je mit zwei Kerben, einer tieferen u und einer seichteren v, einem sog. falschen Einschnitt, versehen, und zwar befindet sich der letztere bald über, bald unter der ersteren. Steht nun der falsche Einschnitt unten, wie hier an den Zuhaltungen b und d, so kommt beim versuchten Niederdrücken einer solchen Zuhaltung dieser falsche Einschnitt zuerst in die Ebene der Sicherheitsplatte f, womit zugleich aller (vorher durch das Drehungsbestreben des Cylinders erzeugte) Reibungswiderstand zwischen Platte und Zuhaltung aufhört, weil nun vermöge der Kerbe die Zuhaltung den engen Teil des Einschnitts in der Platte f nicht mehr berührt, die Wand des weiteren Einschnitts aber nicht sofort zur Berührung kommt. Der Dieb könnte demnach glauben, diese Zuhaltung richtig eingestellt zu haben, und wird sich an die Verschiebung der andern machen, bei denen zuerst teils der richtige Einschnitt, teils der falsche in die Ebene der Scheibe f gebracht werden wird; sind nun alle Zuhaltungen nach immerhin ziemlich mühsamer Arbeit in solcher Weise eingestellt worden, so wird mit sehr großer Wahrscheinlichkeit nur bei einem Teile derselben der richtige Einschnitt die richtige Stellung erhalten haben, die Drehung des Cylinders aber deshalb nicht möglich sein, weil die weiteren Teile der Platteneinschnitte die auf ihre seichten Kerben eingestellten Zuhaltungen sofort wieder abfangen und den Cylinder festhalten. Und daß es unmöglich schien, nach der angedeuteten Methode fünf bis sechs Zuhaltungen der Reihe nach in ihre richtige Stellung zu bringen, ist wohl begreiflich. Dennoch gelang es dem Amerikaner Hobbs, das in Bramahs Schaufenster ausgestellte, höchst verwickelt gebaute Bramahschloß zu dietrichen und den von Bramah dagegen gewetteten Preis von 200 Guineen zu gewinnen. Die Sache wurde von einem besonderen auserlesenen Komitee überwacht. Hobbs wurden 30 Tage Zeit gegeben; das Schloß mußte unbeschädigt und gangbar bleiben. Am 24 Juli begann Hobbs seine Arbeiten, am 29. August öffnete er das Schloß vor der Jury und verschloß es wieder, worauf mittels des inzwischen versiegelt bewahrt gebliebenen Schlüssels die Jury desgleichen that. 17 Tage zwischen den genannten Daten war Hobbs anderweitig beschäftigt gewesen; im ganzen hatte er 51 Stunden in dem Zimmer, in welchem das Schloß befestigt war, zugebracht. Auch Schlösser von Chubb öffnete Hobbs mit seinen Instrumenten und gab überhaupt durch seine Dietrichskunst Anlaß, durch neue Sicherheitsmittel sowohl das Bramahschloß als andre Schlösser noch bedeutend sicherer zu machen, als sie bis dahin gewesen waren.

Fig. 417. Zuhaltung und Riegel.

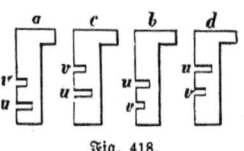

Fig. 418.

Das Chubbschloß. Das zweite von uns erwähnte Sicherheitsschloß ist das von Jeremiah Chubb (zu Portsea in der englischen Grafschaft Southampton) erfundene. Derselbe nahm sein erstes Patent 1818; verschiedene, das Wesentliche der Erfindung nicht berührende Verbesserungen wurden von seinem Nachfolger Charles Chubb später eingeführt. Der allgemeine und gerechtfertigte Beifall, den das Chubbschloß fand, war Ursache, daß von Anfang der fünfziger Jahre an bis in die neuere Zeit die meisten Erfindungen in Kombinationsschlössern mehr oder weniger dieselbe Grundidee verfolgten.

Das Chubbschloß, von welchem Fig. 419 eine Ansicht gibt, enthält ebenfalls eine größere Zahl, gewöhnlich sechs, hier aber hebelartig beweglicher, doppeltwirkender Zuhaltungen. Die Hauptteile führt Fig. 419 vor Augen. b ist der Riegel, an welchem der mit ihm vernietete Vorsprung s durch die Zuhaltungen t hervorsteht. Die sechs ähnlich geformten Zuhaltungen drehen sich um die gemeinsame Achse a; sie liegen aufeinander, doch so, daß jede für sich bis zu einer gewissen Höhe gehoben werden kann. d ist eine in sechs Teile geschlitzte Feder, von der je ein Teil auf eine der Zuhaltungen wirkt; e ist die Entdeckfeder (wovon nachher). An der hintersten Zuhaltung tritt in der Nähe der Entdecker ein Ansatz hervor, von welchem der Stift p ausgeht. Neben dem Schlosse ist der zugehörige Schlüssel abgebildet, dessen Bart mit einer Anzahl Einschnitte versehen ist. Um den Riegel b zurückschieben zu können, ist es notwendig, daß jede Zuhaltung auf eine gerade für sie bestimmte Höhe gehoben wird, wodurch für den Vorsprung s des Riegels der Weg durch die (an den einzelnen Zuhaltungen verschieden gestellten) Schlitze n frei gemacht wird. Durch diese sinnreiche Vorrichtung soll jedem Unberufenen das Öffnen des Schlosses (ohne den zugehörigen Schlüssel) unmöglich gemacht werden; dennoch läßt sich, wie zuerst Hobbs zeigte, bei dieser Einrichtung ein Öffnen ohne Schlüssel in ähnlicher Weise, wie beim Bramahschlosse erwähnt wurde, ausführen, weshalb man noch andre Sicherungsvorrichtungen getroffen hat. Vorher wollen wir jedoch eine Einrichtung besprechen, durch welche bewirkt wird, daß der Besitzer davon Kunde erhält, wenn unbefugter

Das Chubbſchloß. 209

Weiſe mit andern Inſtrumenten als dem wirklichen Schlüſſel Öffnungsverſuche ſtattgefunden haben. Wird nämlich mit einem Dietrich oder Nachſchlüſſel ein Öffnen verſucht und dabei nur eine der Zuhaltungen über die richtige Höhe hinaufgedrückt, ſo ergreift ſofort die Entdeckfeder o die letzte Zuhaltung und hält ſie zurück, wodurch natürlich ein Verſchieben des Riegels verhindert wird. Soll nach einem ſolchen Verſuche das Schloß mit dem richtigen Schlüſſel geöffnet werden, und gelingt dies nicht bei dem erſten Umdrehen, ſo iſt dies ein Zeichen, daß ein heimliches Öffnen mit ungeeigneten Werkzeugen verſucht worden iſt. In ſolchem Falle iſt alsdann der Schlüſſel in der entgegengeſetzten Richtung, wie beim Zuſchließen, zu drehen, wodurch bewirkt wird, daß die zu hoch gehobene Zuhaltung wieder in die richtige Ruhelage herabfällt, der Riegel läßt ſich bewegen und der Vorſprung s greift in die Einſchnitte n' ein; hierbei hebt der abgeſchrägte Teil des Riegels die Entdeckfeder, ſo daß dieſelbe die hintere Zuhaltung frei gibt und dieſe in ihre normale Ruhelage herabfällt. Nun erſt läßt ſich das wieder in Ordnung gebrachte Schloß in der gewöhnlichen Weiſe aufſchließen. Obwohl der Stift p nur an der hinterſten Zuhaltung feſt anliegt, ſo wird er doch, da er über ſämtliche Zuhaltungen hervorragt, ſofort ſelbſt gehoben, wenn eine derſelben zu hoch gehoben wird, und hierdurch wird von dem Stifte p die Entdeckfeder ausgelöſt, bevor der Verſuch des Öffnens weiter fortgeſetzt werden kann. Bezüglich des Schlüſſels iſt noch zu bemerken, daß der erſte Vorſprung am vorderen Ende des Bartes auf den Riegelangriff wirkt, während die übrigen Vorſprünge ſamt den Einſchnitten zur Bewegung der Zuhaltungen dienen. Erklärlich iſt, daß durch die bloße Veränderung in der Tiefe der Einſchnitte des Schlüſſelbartes und dem entſprechende Anordnung in der Reihenfolge der Zuhaltungen ſich eine unendliche Menge verſchiedener Schlöſſer dieſer Art herſtellen läßt.

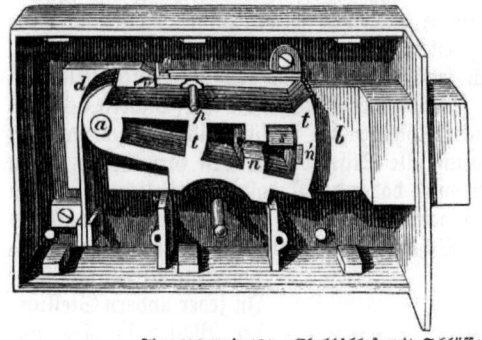

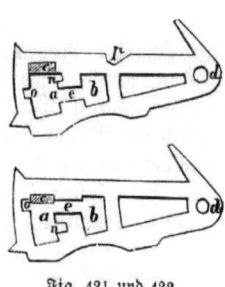

Fig. 419 und 420. Chubbſchloß mit Schlüſſel.

Fig. 421 und 422. Verbeſſerte Zuhaltungen für das Chubbſchloß.

Um das Öffnen eines Chubbſchloſſes auf jeden Fall in ähnlicher Weiſe wie beim Bramahſchloſſe unmöglich zu machen, iſt ſchon von Charles Chubb eine höchſt einfache Einrichtung getroffen worden. Bezeichnet Fig. 421 eine gewöhnliche und Fig. 422 eine verbeſſerte Zuhaltungsplatte, ſo ſind in beiden die Ausſchnitte a, b (ſogenannte Fenſter), ebenſo der Schlitz e ganz übereinſtimmend angeordnet. Die Schnitte o und p beziehen ſich auf den von Chubb angebrachten Entdecker, wodurch nicht nur, wie wir oben erklärt haben, das unbefugte Hantieren am Schloſſe nachträglich verraten, ſondern auch das Öffnen ſelbſt unbedingt verhindert wird, ſobald eine der Zuhaltungen etwas über ihre richtige Stellung (die ſie haben muß, wenn der Riegel verſchiebbar ſein ſoll) hinausgehoben wird. Die Neuerung nun liegt in der Kerbe am inneren Rande des Fenſters a.

Es ſei c der am Riegel feſtſitzende Zuhaltungsſtift, ferner ſei angenommen, der Riegel erleide einen Druck nach innen, während die Zuhaltungsplatte langſam gehoben wird, ſo hört hierbei jeder Reibungswiderſtand (aus welchem der Dieb das Eintreten der richtigen Hebung erkennen will) in dem Augenblicke auf, wo der Stift c völlig vor die Kerbe n tritt. Schnappt nun der Stift in dieſe Kerbe ein, ſo hört jede Beweglichkeit der Zuhaltung, mithin auch jede Möglichkeit auf, dieſelbe bis zur richtigen Höhe zu heben. Der Dieb hat dann ſelber der Fortſetzung ſeines Bemühens ein Hindernis in den Weg gelegt. Findet aber das erwähnte Einſchnappen nicht ſtatt, ſo täuſcht wenigſtens das Aufhören des Reibungswiderſtandes und verführt zu dem Glauben, der Schlitz e ſtehe vor dem Stifte c, und es ſei die Zuhaltung in die richtige Öffnungsstellung gebracht. Ein Öffnen des Schlosses auf diese Weise gehört demnach zu den unwahrscheinlichsten Dingen und ist praktisch ebenso schwer durchführbar wie beim verbesserten Bramahschlosse, so daß wir demnach hier wirklich zwei Schlösser mit fast absoluter Sicherheit vor uns haben. Seitdem sind beide Schlösser von zwei deutschen Schlossern, von J. Wolff in Berlin das Bramahschloß und von H. G. Hummel in Oberkunnersdorf das Chubbschloß, noch wesentlich verbessert worden. Der letztere liefert sein verbessertes Chubbschloß in fünf verschiedenen Größen für 18—36 Mark pro Dutzend, und ist dabei jedes Schloß mit zwei Schlüsseln versehen, da bei etwaigem Abhandenkommen eines Schlüssels das Schloß durch Sperrhaken oder Nachschlüssel nicht geöffnet werden kann.

Die von Th. Herschleb in Hamburg am Chubbschloß getroffenen Verbesserungen beruhen auf einer gesonderten Anordnung der Zuhaltungen zwischen festen Führungsstücken, so daß letztere nur geradlinige Bewegungen ausführen können, die ihnen durch Hebel, welche einen gemeinschaftlichen Drehpunkt besitzen, erteilt wird.

Fig. 423. Schlüssel von Abe.

Bei beiden Schlössern kommen also Federn zur Verwendung, und es hat daher das von dem Geldschrankfabrikanten Abe in Stuttgart erfundene Sicherheitsschloß Aufmerksamkeit erregt, weil hierbei die leicht zerbrechlichen Federn weggelassen sind. Das Prinzip des Schlosses ist etwa das folgende: Bei Drehung eines gewöhnlichen Schlüssels wird durch des letzteren Bart die Zuhaltung gehoben und mit ihr werden zugleich zwei auf einem Bolzen sitzende Stücke, die zwischen sich ebenfalls auf demselben Bolzen befindliche, kreissegmentartig gestaltete Blätter einklemmen und so durch Reibung mitnehmen, gedreht, jedoch jede einzelne dabei nur so weit mitgenommen, als die Tiefen der in einem zweiten sogenannten Sicherheitsschlüssel befindlichen konischen Röhrchen gestatten, in welch letztere sich die an den erwähnten Blättern sitzenden kegelförmigen Stifte einschieben und somit das entsprechende Blatt (Sicherheitsblatt) festhalten (Fig. 423). Die Weite der einzelnen Röhrchen im Schlüssel ist nun so gewählt, daß sich die Blätter mit einer Nut decken, wenn alle Stifte bis auf den Grund des ihnen gegenüberliegenden Röhrchens aufstoßen. Es wird daher der Zuhaltung möglich, mit einem an ihr befindlichen Anstoß sich in diese Nut hinein zu bewegen und dadurch den anfangs erwähnten Schlüsselbart das Zurückziehen des Schloßriegels bei dessen Weiterdrehung ausführen zu lassen (Fig. 424).

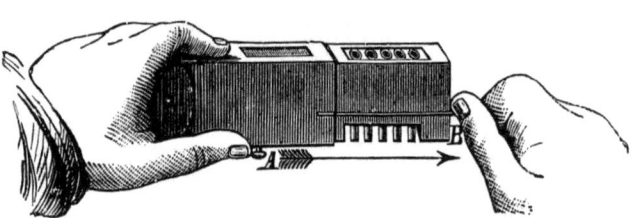

Fig. 424. Schlüssel von Abe.

In jeder andern Stellung der Blätter ist dies unmöglich, vielmehr wird sich der gezahnte Anstoß der Zuhaltung gegen die ebenfalls verzahnte Peripherie der Blätter legen und dadurch weitere Handhabungen verhindern.

Das Yaleschloß. Die Amerikaner haben in neuerer Zeit in der Schlösserfabrikation sich ganz besonders hervorgethan. Eine der bedeutendsten Schloßfabriken ist die von Linus Yale zu Stamford in Connecticut. Der Inhaber derselben hatte sich als Schloßöffner (Lock-Picker) einen Namen gemacht, indem er das von England kommende Chubbschloß, das früher in Amerika als diebessicher galt, ohne Schlüssel zu öffnen wußte. Hierauf verwendete er seine Geschicklichkeit auf die Konstruktion neuer Sicherheitsschlösser und erfand so das jetzt als vorzüglich anerkannte Yaleschloß, das wegen seines kleinen flachen Schlüssels schnell beliebt wurde. Das Etablissement der Yale-Lock-Company beschäftigt etwa 200 Arbeiter, die von den besten Hilfsmaschinen und den praktischsten Einrichtungen unterstützt werden.

Die Yaleschlösser werden in vielen verschiedenen Formen hergestellt. Das Wesen dieser Schlösser liegt in dem Vorhandensein zweier ineinander steckender Cylinder, von denen der äußere fest mit dem Schloßkörper verbunden ist, während der innere, drehbare

Cylinder die Zuhaltung trägt, welche im geschlossenen Zustande den Riegel feststellt, beim Drehen aber denselben losläßt.

In den Fig. 425 und 426 ist diese Einrichtung verdeutlicht. Wie Fig. 425 zeigt, ist der äußere Cylinder mit einer Anzahl von Stiften versehen, die in einer auf der Längenachse sich befindenden Reihe von Löchern stecken und durch kleine Spiralfedern aus den Löchern herausgedrängt werden, so daß sie in eine gleiche Reihe von Löchern des inneren Cylinders eintreten und so diesen feststellen. Jeder Stift besteht aus zwei Teilen, die untereinander von ungleicher Länge sind. Wird nun der richtige Schlüssel in die Schlüsselbahn gedrückt, so werden die Stifte gehoben und durch die verschiedenen Erhöhungen und Vertiefungen der Schlüsselkante so gestellt, daß die Durchschnitte der Stifte mit dem Umfange des inneren Cylinders zusammenfallen (wie Fig. 425 erkennen läßt), so daß nunmehr dieser Cylinder mittels des Schlüssels gedreht und das Schloß geöffnet werden kann. Der innere drehbare Cylinder nimmt bei dieser Drehung die unteren Teile der Stifte mit, während die oberen Teile im festen Cylinder stecken bleiben und am Umfange des inneren Cylinders hinstreifen. Wird wieder geschlossen und der Schlüssel herausgezogen, so fallen die unteren Stiftteile wieder zurück und die oberen Stiftteile greifen in die Löcher des unteren Cylinders ein, um diesen festzustellen. Fig. 426 ist ein Querschnitt der in Fig. 425 dargestellten inneren Anordnung. Die Weite des Schlosses erlaubt ungefähr zehn verschiedene Abstufungen am Schlüssel, folglich könnte, wenn nur ein Stift benutzt würde, das Verhältnis der beiden Teile desselben so gewählt werden, daß zehn verschiedene Schlüssel möglich wären. Bei zwei Stiften kommt die Zahl auf Hundert, bei drei auf Tausend und mit sieben schon auf zehn Millionen. Weniger als vier Stifte werden in keinem Schlosse angewendet. Bankschlösser haben gewöhnlich sieben. Die Schlüssel, welche eine sehr bequeme Form haben, werden aus Stahl gemacht und mit Nickel plattiert; die Cylinder bestehen gewöhnlich aus Messing. Der in Fig. 425 angegebene Schlüssel ist in wirklicher Größe und nur etwa 1 mm dick, also bequem im Portemonnaie zu tragen.

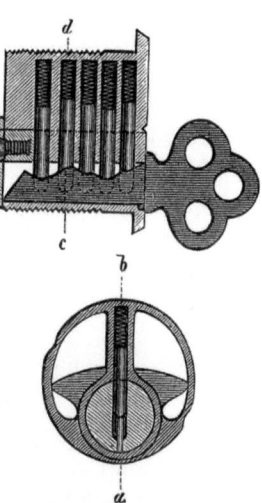

Fig. 425 und 426. Yaleschloß im Durchschnitt und Querschnitt.

Fig. 427 zeigt ein einfaches Yaleschloß für Schubkästen. Der äußere Cylinder ist im Schloßkörper festgeschraubt und in seiner unteren Hälfte liegt der innere drehbare Cylinder, der mit dem Schlitze zur Aufnahme des Schlüssels versehen ist. Am Ende dieses Cylinders ist die Zuhaltung sichtbar, welche den Riegel in Position erhält. Ein weiterer Fabrikationszweig des genannten Etablissements sind die Kassenschrankschlösser mit zwei sogenannten Vexierzifferblättern, so daß zum Öffnen stets zwei Kombinationen gekannt sein müssen. In Banken wird gewöhnlich die Einrichtung so getroffen, daß der Direktor einen Riegel mit seiner Kombination öffnet, während der Kassierer den andern vorschiebt, jeder von beiden aber seine Zifferstellung vor dem andern geheim hält. Ferner ist in neuester Zeit das Yale-Zeitschloß sehr beliebt geworden; es hat den Zweck, das Öffnen

Fig. 427. Einfaches Yaleschloß für Schubkästen.

der Kassenschlösser nur zu einer bestimmten Zeit zu ermöglichen, was durch die Verbindung des Schloßapparates mit einem Uhrwerk erreicht wird.

Wir wollen übrigens nicht verschweigen, daß auch das Yaleschloß seinen Hobbs, und zwar in dem Hamburger Schloßfabrikanten Kleinert gefunden hat. Die neueste Verbesserung der Yaleschlösser ist dem wieder begegnet, und zwar dadurch, daß sie das senkrechte Profil des Schlüssels als schmalen Zickzackzug formt, der an Stelle der glatten, senkrechten Linie tritt.

Feuerfeste Geldschränke. Die Sicherheitsschlösser finden ihre hauptsächliche Verwendung bei den sogenannten feuer= und diebessicheren Geldschränken und Kassen. Die Feuerfestigkeit dieser Behälter wird dadurch zu erreichen gesucht, daß man die Wände allseitig

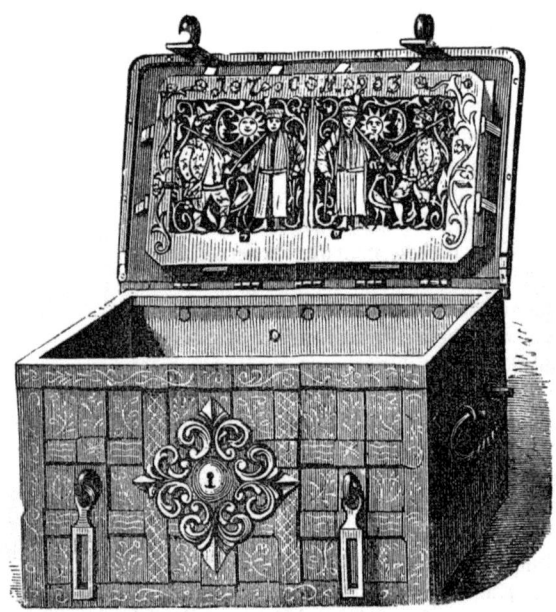

Fig. 428. Alte eiserne Geldtruhe.

doppelt macht und den Hohlraum zwischen beiden ringsum mit einem Materiale ausfüllt, das die Wärme möglichst schlecht leitet, so daß die auf den äußeren Kasten etwa einwirkende

Fig. 429. Juwelenschrank aus Eisen, mit Gold und Silber tauschiert. Italienische Arbeit aus dem 16. Jahrhundert.

Hitze eines Brandes sich nur in sehr vermindertem Grade bis zum inneren Kasten fortpflanzen und der verbrennliche Inhalt an Wertpapieren oder Dokumenten nicht beschädigt werden kann. Ganz besonders günstig hat sich für den hier vorliegenden Fall die Anwendung des Alauns und alkalischer Salze erwiesen. Soviel uns bekannt, ist dieses Material zum besprochenen Zwecke für feuerfeste Kassen zuerst vom Engländer Thomas Millner in Liverpool benutzt worden, welcher hierauf schon zu Anfang der vierziger Jahre ein Patent nahm. Nach demselben werden die Kassen mit mehreren Zwischenwänden versehen und deren Zwischenräume werden mit Sägespänen, Knochenstaub und ähnlichen Stoffen ausgefüllt, ferner aber — und dies ist das Wesentliche — sind in dem Füllungsraume Gefäße oder Röhren angebracht, welche mit gestoßenem Alaun, Soda oder Pottasche, mit Gips vermischt, gefüllt sind. Die bezügliche Wirkung der genannten Salze beruht auf deren Gehalt an Kristallwasser, wodurch die an sich trockenen Salze bei der Erwärmung Wasser abgeben und in einen breiigen Zustand geraten. Durch diese Abgabe von Feuchtigkeit wird aber das Eindringen der Wärme in die dem Feuer ausgesetzten Kassen verhindert, und die inneren Wände derselben halten sich länger kühl als bei andern nicht so vorbereiteten Kassen.

Die Konstruktion der Kassen in bezug auf deren Sicherheit gegen Einbruch wird auf verschiedene Weise zu realisieren gesucht; selbstverständlich hört der Schutz der Sicherheitsschlösser auf, wo Bohrer, Stemmeisen und Brechstange zur Wirkung gebracht werden, und es kann im letzten Falle nur ein äußerst festes Material dem Eindringen eine Grenze setzen. Eisen und Stahl sind daher seit langen Zeiten schon zu diesem Zwecke verwandt worden. wie Fig. 429 beweist, welche einen eisernen, mit Gold und Silber damaszierten Juwelenschrank darstellt, ein Werk italienischer Schlosserkunst, das aus dem 16. Jahrhundert stammt. In England und Amerika,

Fig. 430. Geldschrank von Ade & Co.

wo die Diebe ganz besonders raffiniert und technisch geübt zu Werke zu gehen pflegen, hat man denn auch die sorgfältigsten Ausführungen erdacht, um den oft unglaublich frechen Gaunern den nötigen Widerstand in den Weg zu stellen. Wer sich der Einbruchsgeschichten erinnert, welche von Zeit zu Zeit die Zeitungen mitgeteilt haben und die oft geradezu unter den Augen der Wächter und Polizei sich ereignet haben, der wird begreiflich finden, daß in den genannten Ländern an die diebessichern Kassen ganz andre Ansprüche gemacht zu werden pflegen als bei uns.

Die meisten der älteren deutschen Kassen würden einem englischen oder amerikanischen Einbrecher keine großen Schwierigkeiten in den Weg legen; neuerdings werden auch bei uns ganz vortreffliche feuerfeste und diebessichere Geldschränke fabriziert. Anfänglich benutzte man in England für solche Kassen Gußeisen als Material, d. h. man goß den Kasten sowie die Thür je für sich im ganzen und fügte beide Teile alsdann in entsprechender Weise zusammen. Bald erkannte man aber die Unzweckmäßigkeit dieses Verfahrens und fertigt die doppelten Kästen aus Eisenblech, in dessen Dicke man bald bis auf 1¼ cm und selbst 2½ cm stieg. In der Fabrik von G. Price zu Wolverhampton werden 2½ cm starke Platten zur größeren Sicherheit gegen Anbohren gehärtet und zuweilen sogar zwei solcher Platten aufeinander genietet, während in der Fabrik von Hobbs, Hart & Co. auf der inneren Seite der eisernen 2½ cm starken Thürplatte noch gehärtete Stahlplatten von 2½ cm Stärke aufgeschraubt werden. Als besonders widerstandsfähig hat man in neuerer Zeit Panzerungen mit zwei gewellten Stahlblechen und dazwischen liegender gerippter Hartgußplatte als Wandung angewendet. Hierbei sind die drei Teile durch Zusammennieten verbunden und die gewellten Stahlbleche so gelegt, daß die Wellen derselben rechtwinkelig zu einander laufen. Die an beiden Seiten der Hartgußplatte angebrachten Rippen greifen in die Vertiefungen der Wellen und laufen, wie die Wellen der Stahlplatten, rechtwinkelig zu einander. Es hat diese Anordnung der Rippen außer der dadurch bewirkten Verstärkung der Platte noch den Vorteil, daß weder die Platte selbst noch irgend ein kleines Stück der etwa zerbrochenen Platte zwischen den Wellenblechen verschoben werden kann, so daß ein Zerbrechen der Gußplatte die Widerstandsfähigkeit derselben nicht beeinträchtigt. Gegen das gefährliche geräuschlose Anbohren bietet dieser Panzer eine absolute Sicherheit; denn die gewellten Stahlplatten, welche durch ihre Wellenform dem Kreisfräser keinen sicheren Angriffspunkt gestatten, können, selbst wenn derselbe eindringt, nur an den Kämmen der Wellen durchschnitten werden, weil alsdann der Fräser auf die Rippen der Hartgußplatte stößt, welche ein weiteres Vordringen unmöglich machen, da dieselben auch durch Erwärmung nicht weich gemacht werden können. Ein derartiger Panzer kann durch Anwendung mehrerer Bleche noch beliebig verstärkt werden.

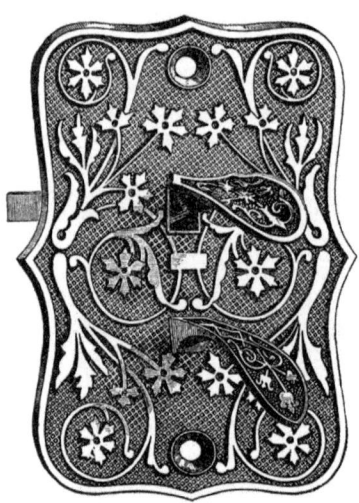

Fig. 431. Sicherheitsthürdrücker.

Die gewöhnlichen englischen Kassen sind im Vergleich zu den deutschen sehr einfach gebaut. Die vier Seitenwände, welche gewissermaßen den Rahmen, also den Kasten ohne Thür und Rückwand, bilden, werden öfter in den zusammenstoßenden Winkeln in derselben Weise wie Holzkisten verzinkt, worauf in jeden inneren Winkel ein Stück starkes Winkeleisen umgenietet wird. Bei weniger sorgfältiger Ausführung läßt man die Verzinkung weg und stellt die Verbindung einfach durch Einnieten von Winkeleisen her. Die Rückwand wird dann mit dem Rahmen in ähnlicher Weise verbunden, wobei natürlich stets die äußeren Köpfe der Schrauben versenkt sein müssen, damit sie nicht abgesprengt werden können; sie werden so weit abgefeilt, daß sie mit der Ebene der Kastenwand eine Fläche bilden und kein Einschnitt zum Anfassen mit dem Schraubenzieher vorhanden ist. Der innere Kasten, der in ähnlicher Weise wie der äußere nur aus schwächerem Bleche hergestellt ist, wird mit dem letzteren durch Schraubenbolzen verbunden. Er tritt an der Vorderseite so weit zurück, daß die Thür eingeschlagen werden kann, wobei die äußeren Seitenwände den Falz bilden. Von weiteren Falzen, wie sie an deutschen Kassen häufig angebracht sind, um das Eindringen der Hitze zu verhüten, sieht der englische Fabrikant ab, weil man dieselben als unnötig erkannt hat. Seit dem Einbruch in der Cornhill City zu London (1866), wo im Laden des Uhrmachers und Juweliers Walker ein aus der renommierten Fabrik von Millner & Sohn in Liverpool hervorgegangener Kassenschrank in 30 bis höchstens 75 Minuten mittels nach und nach eingetriebener Stahlfeile und einer stählernen Brechstange gewissermaßen unter den Augen der nachtwachenden Polizei aufgesperrt wurde, sind in England eine Menge bezüglicher

Verbesserungen aufgetaucht, die ihrem Zwecke wohl gut entsprechen, aber das Produkt außerordentlich verteuern. So hat S. Chatwood in Bolton (Lancashire) patentierte und prämiierte Kassenschränke hergestellt, bei denen Wände und Thür von doppelten Stahl- und Eisenplatten hergestellt sind, in deren aufeinander liegenden Seiten zahlreiche eingehobelte Nuten sich befinden, in welche nach dem Zusammennieten der Platten ein hartes Metall eingegossen ist. Um ferner das Eindringen von Stahlkeilen in den Thürspalt unmöglich zu machen, hat Chatwood den Anschlag oder Falz des Thürrahmens und der Thür halbrund herstellen lassen.

Gelegentlich der Pariser Ausstellung fand zwischen Chatwood aus Bolton und dem Deutsch-Amerikaner Herring ein sehr interessanter Wettkampf statt. Die beiden berühmten Geldschrankfabrikanten hatten über die größere Vollkommenheit ihrer Fabrikate, besonders über die größere Widerstandsfähigkeit diebischen Angriffen gegenüber, um die Summe von 15 000 Frank gewettet, dergestalt, daß derjenige jene Summe gewonnen haben sollte, der

Fig. 432. Äußere Ansicht des Connellschen Sicherheitsdrückers.

es zuerst vermöchte, den Schrank des Gegners zu eröffnen und ein darin verschlossenes Wahrzeichen herauszuholen. Bedingung war für beide gleiche Werkzeuge und gleiche Zahl der Helfer; im übrigen herrschte aber in dem Werke der Zerstörung volle Freiheit. Nach etwa vier Stunden hatten die Amerikaner den englischen Schrank geöffnet und das Siegeszeichen herausgenommen, während der amerikanische Schrank noch widerstand; der siegreiche Herringsche Schrank war späterhin in seinem allerdings übel zugerichteten Zustande in der Maschinengalerie ausgestellt.

In andrer Weise hat sich der Geldschrankfabrikant Abe in Stuttgart bekannt gemacht, derselbe, welchen wir oben gelegentlich des nach ihm benannten Sicherheitsschlosses erwähnten. Derselbe hat nämlich die Vorteile der amerikanischen Geldschrankfabrikation wohl beachtet und baut jetzt Schränke, die nicht aus Winkeleisen und an solche angenieteten eisernen Platten bestehen, sondern deren Umfangsmantel aus einer einzigen Platte vierseitig kalt gebogen wird. Hierbei benutzt er eine eigne Einrichtung der Thürkonstruktion. Er stellt nämlich die Thürrahmen aus zu diesem Zwecke gewalztem Façoneisen von Z-Querschnitt her und nicht aus massivem Vierkanteisen mit angenietetem ⊓-Blech.

Fig. 433 und 434. Handhabe und innere Einrichtung des Mechanismus des Connellschen Sicherheitsdrückers.

Es erscheint denn auch ganz richtig, die Festigkeit eines solchen Rahmens weniger in der Größe des massiven Querschnitts, als vielmehr in einer zweckmäßigen Form desselben und in der soliden Verbindung der einzelnen Teile zu einem Ganzen zu suchen. In letzterer Beziehung ist das Walzen des Rahmens aus einem Stücke dem Zusammennieten aus mehreren Teilen vorzuziehen. Auch dürfte das große Gewicht des massiven Rahmens unter Umständen nur schaden, indem es bei einem etwaigen Sturze die Wucht des Falles vermehrt und bei einem Einbruchsversuch mit Hammer und Meißel diese Werkzeuge auf einer schweren Unterlage mehr als auf einer leichten und daher nachgiebigeren, also federnden wirken (Fig. 430).

Es hat sich denn ein Schrank derartiger Konstruktion auf der Ausstellung zu Arnheim 1879 bei Gelegenheit des abgehaltenen Wettstreites glänzend bewährt. Der Schrank wurde zuerst 4½ Stunden lang dem Feuer ausgesetzt, sodann in schräger Lage 6 m hoch gezogen und auf spitzkantiges Basaltpflaster gestürzt; schließlich widerstand dieses Fabrikat noch der neuesten englischen Einbruchsprobe, obgleich sieben Arbeiter, mit Brechwerkzeugen versehen, 7½ Stunden lang das Öffnen versuchten. Die eingelegten Bücher und Papiere wurden unversehrt gefunden und eine vorher aufgezogene goldene Damenuhr war im Schranke trotz Feuer-, Fall- und Einbruchsprobe im Gange geblieben.

Es hat sich auch das Bedürfnis herausgestellt, selbstthätige Anmelder von in Räume eintretenden Personen zu schaffen; namentlich sind solche in Geschäftslokalen, wo die oft ungeheizten Verkaufsräume von den warmen Arbeits- und Wohnräumen getrennt sind, notwendig; man pflegt statt der bisherigen Einrichtung — am oberen Ende der Thür einen Metallstift anzubringen, der eine darüber befindliche Glocke beim Thüröffnen in Bewegung setzt — viel häufiger Sicherheitsthürdrücker mit Glocke in neuester Zeit anzuwenden. Diese Apparate stammen aus Amerika und werden daselbst in großen Mengen fabrikmäßig erzeugt und in amerikanischer Art mit Ornamenten ausgestattet, wie die Fig. 431, 432 und 433 zeigen. Fig. 431 gibt uns ein Bild der älteren Doppeldrücker, Fig. 432 zeigt die äußere Ansicht der neueren nach Connells Patent angefertigten kreisrunden Sicherheitsthürdrücker, während uns auf Fig. 433 und 434 die Handhabe und die innere Einrichtung des Mechanismus mit der Glocke vorgeführt wird.

Endlich mag noch eine Methode der Sicherung Erwähnung finden, welche sich weder auf die Festigkeit des Geldschrankes noch auf die in seinem Verschluß liegende Kombination gründet, sondern einfach den Zweck hat, das unbefugte Öffnen, ähnlich wie oben bei dem in Fig. 403, durch Weckerruf zu signalisieren. Nur befindet sich hier die Glocke nicht am Geldschrank selbst, sondern in dem Schlafzimmer des Interessenten oder seines Wächters, und wird durch einen elektrischen Strom in Thätigkeit gesetzt. Man hat hier zwei Methoden. Die eine derselben läßt irgend einen elektrischen Kontakt dann entstehen, wenn die Thür geöffnet wird und setzt dann durch Stromschluß eine elektrische Klingel auf bekannte Weise in Thätigkeit. Diese Einrichtung würde aber einem vertrauten Diebe keine große Schwierigkeit machen, da er, falls er die Leitungsdrähte entdeckt, dieselben einfach durchzukneifen hat, um ungestört weiter arbeiten zu können. Wenn man dagegen die Einrichtung so trifft, daß ein dauernder Strom beim Öffnen der Thür des Geldschrankes geöffnet ward, dann hat das Durchkneifen der Leitungsdrähte genau denselben Erfolg, wie das Öffnen der Thür und die Absicht des Diebes wird vereitelt. Freilich weiß der unterrichtete Dieb auch hier ein Auskunftsmittel, er hat eben nur irgendwo einen Schluß zwischen den Leitungsdrähten herzustellen, um sich vor Störung zu sichern. Da er aber nie wissen kann, ob er durchkneifen oder die entgegengesetzte Operation ausführen muß, so liegt in der genannten Einrichtung eine nicht unbedeutende Sicherheit.

Welch eine Zauberin
Muß das nicht sein,
Die das Zwiespältige
Bringt zum Verein.

Rückert.

Nägel und Nadeln.

Der Nagelschmied. Maschinennägel und Stifte. Drahtfabrikation. Herstellung der Drahtstifte. Gegossene Nägel. Biernägel. Herstellung der Holz- und Metallschrauben. — Geschichtliches über die Fabrikation der Nadeln. Material und Herstellung der Nähnadeln. Die Stecknadeln und ihre Fabrikation. Selbstthätige Maschinen zur Erzeugung von Stecknadeln.

Verschiedene Eisen- und Stahlwaren verdienen durch ihre weit verbreitete Benutzung und die dadurch hervorgerufene Massenproduktion dieser Artikel eine besondere Aufmerksamkeit. Wenn dieselben auch an sich weniger ins Auge fallend sind als die Erzeugnisse der Groß-Eisenindustrie, besonders aber als die des Maschinenbaues, so wird doch das nähere Eingehen auf ihre Herstellung sowie die Vorführung sinnreicher Arbeitsmethoden und geschickt erfundener Hilfsmittel gewiß das Interesse unsrer Leser erregen. Wir beginnen mit dem einfachsten Produkte dieser Warenklasse, indem wir zuerst besprechen:

Die Fabrikation der Nägel und Stifte als der gewöhnlichsten Mittel zum Festhalten und Verbinden, wobei gleichzeitig zuweilen der Zweck der Verzierung mit erfüllt wird.

Die Fabrikation der gewöhnlichen eisernen Nägel ist ein Gebiet, auf welchem die Handarbeit bisher noch immer die Konkurrenz der Maschinenarbeit ausgehalten hat; denn so einfach die Form der Nägel ist, so groß sind die Schwierigkeiten, welche sich deren Herstellung mit der Maschine entgegensetzen, sobald es sich darum handelt, mit letzterer ein ebenso gutes Produkt, wie es durch Handarbeit erzeugt wird, zu erzielen. Und außerdem ist auch die Handgeschicklichkeit der Nagelschmiede so groß, daß es schwer hält, zur Fabrikation der besseren Nägelsorten Maschinen zu konstruieren, die billiger als die geübten Hände produzieren. Nur bei Herstellung der ordinären Nagelsorten hat die Maschine schon seit Jahren den Markt vollständig erobert.

Das Buch der Erfind. 8. Aufl. VI. Bd.

Bezüglich der Handschmiederei der Nägel — Nagelschmiederei schlechtweg — ist zu bemerken, daß dieselbe in der Umgegend von Birmingham und in Derbyshire besonders stark betrieben wird. Um Birmingham allein zählt man in einem Umkreise von 30 englischen Meilen über 20000 Menschen, die vom Nagelschmieden leben, d. h. freilich nur eine zum größten Teil sehr kümmerliche Existenz fristen.

Die Einrichtung einer Nagelschmiede ist so einfach wie die Arbeitsmethode, desto bewundernswerter aber die Geschicklichkeit der Arbeiter. Ein kleines Schmiedefeuer oder ein Gebläseofen, ein Amboß, ein Blockmeißel, einige Hämmer und Zangen und insbesondere eine Anzahl sogenannter Nageleisen zum Formen der Köpfe ist alles, was der Nagelschmied braucht, um sein Produkt aus dünnen vierkantigen Walzeisenstäben herzustellen.

Fig. 436. Nagelschmiedeofen.

Der Amboß a (Fig. 437) hat eine längliche Form und ist mit seiner Spitze in den Amboßstock b getrieben. Neben demselben, in gleicher Weise in den Amboßstock befestigt, befindet sich der Nageleisenhalter, in welchem das Nageleisen c fest, wenn auch leicht auswechselbar, eingekeilt ist. Dasselbe liegt mit dem Kopfende auf dem Amboß auf, links vor dem Nageleisen befindet sich der Blockmeißel d, ein mit scharfer horizontaler Kante versehenes Eisen, ebenfalls mit seiner Spitze in den Amboßstock eingetrieben. Je nach der gewünschten Form des Kopfes haben selbstredend auch die Nageleisen verschiedene Formen, wie sie in Fig. 439 für flache, viereckige, versenkte u. s. w. Köpfe dargestellt sind. Der Stiel ist, wie sich für das Einkeilen von selbst versteht, viereckig. Häufig jedoch nimmt der Schmied das Nageleisen einfach in die Hand, in welchem Falle der Stiel die Form eines Griffes erhält. In manchen Gegenden wird das Nageleisen (Fig. 438) auf eine eiserne Gabel gesetzt, in welchem Falle es mit zwei Löchern versehen ist, welche zu den am Ende der Gabel befindlichen Zapfen passen. Um eine größere Haltbarkeit zu erzielen, sind die Nageleisen auf der oberen Fläche des Kopfes verstählt. Das Loch hat nur oben die genaue Form und erweitert sich ziemlich stark nach unten, um das Herauswerfen des fertigen Nagels möglichst zu erleichtern. Damit der letztere sich beim Schmieden nicht festsetzt, befindet sich

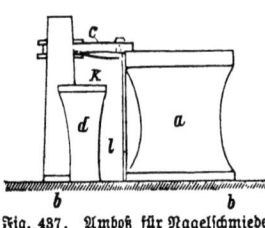
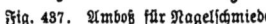
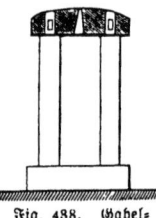

Fig. 437. Amboß für Nagelschmiede.   Fig. 438. Gabelförmiges Nageleisen.

unter dem Nageleisen oft noch eine Feder k (Fig. 437), welche bestrebt ist, den mit der Spitze aufliegenden Nagel etwas emporzuheben, so also, daß derselbe nach jedem Hammerschlag gelockert wird. Das Schmieden selbst geschieht in folgender Weise:

Die verhältnismäßig dünnen Stäbe werden bis zur Weißglut erhitzt, damit sie bei der Bearbeitung nicht zu schnell erkalten. Der an dem einen Ende erhitzte Stab wird vom Schmied erfaßt, der glühende Teil auf den Amboß gelegt und mit einigen gewandt geführten Hammerschlägen die für den Nagel erforderliche Zuspitzung hergestellt. Entsprechend der Nagellänge wird hinter dem zugespitzten Ende durch Auflegen auf die Amboßkante mit dem Hammer ein Ansatz gebildet, Fig. 440 a, hinter welchem dann durch Auflegen auf den Blockmeißel das Eisen ziemlich durchgehauen wird, b, so daß das für den Nagel vorgearbeitete Ende nur noch schwach mit dem Stabe zusammenhängt. Aus dem vorhin erwähnten Ansatze wird der Kopf gebildet, indem das zugespitzte Ende, in eines der schon erwähnten Nageleisen gesteckt, durch eine kurze Biegung vom Stabe abgeknickt, c, und durch einige rasche Hammerschläge der Kopf in seiner gewünschten Form hergestellt wird, d. Durch einen leichten Schlag gegen die Spitze wird schließlich der fertige Nagel aus dem Nageleisen herausgeworfen. Um diesen Schlag sicher und ohne weiter hinsehen zu müssen, zu führen, fährt der Schmied mit seinem Hammer längs der Schiene l, Fig. 437, welche

Maschinennägel.

links neben dem Amboß angebracht ist. Unterdessen ist der Stab schon wieder in das Feuer gelegt und ein frisch glühender zur Hand genommen worden, um einen andern Nagel zu schmieden. Ist der Nagel kürzer, als das Nageleisen dick ist, dann muß die Feder k mit einem in das Loch von untenher hineinragenden Stift versehen sein, welcher die Nagelspitze trifft. Auch wendet man zum Herausheben der kleinen Nägel eine Art Federzange (Fig. 441) an, welche mit ihren keilförmigen Schneiden beim Zusammendrücken unter den Kopf greift.

Die Gestalt des Kopfes hängt, abgesehen vom Nageleisen, von der Führung der Schläge ab und ist gewöhnlich eine flachpyramidale, oben abgeplattete. Bei guter Hammerführung sind die letzten Schläge genau an den Flächen des Kopfes zu erkennen. Zuweilen soll die Form des Kopfes eine andre sein; derselbe wird alsdann gestempelt. Das Werkzeug hierzu, der Stempel, Kopfmacher, Fig. 442, besitzt unten eine Höhlung, die der gewünschten Kopfform: halbkugelig, dreieckig ꝛc. entspricht.

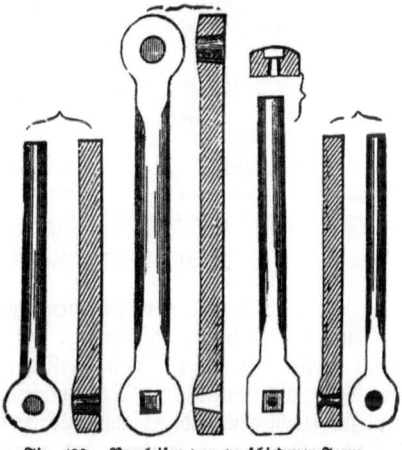

Fig. 439. Nageleisen von verschiedener Form.

Bei kurzen Nägeln vermag ein geschickter Arbeiter aus einem glühenden Stabende zwei Nägel hintereinander (in einer Hitze) auszuschmieden. Überhaupt ist, wie schon bemerkt wurde, die Behendigkeit der geübten Nagelschmiede eine wirklich erstaunliche; denn ein solcher Schmied fertigt in zwölf Arbeitsstunden 2000—2500 Stück kleiner Schuhnägel im Gewicht von etwa 1 kg, oder 1500—2000 Hufnägel im Gewicht von 3—4 kg, oder 500—600 große Brettnägel im Gewicht von $4\frac{1}{2}$—5 kg, wobei noch in Betracht zu ziehen ist, daß die bestimmte Länge der Nägel, die für jede Sorte genau einzuhalten ist, nur nach dem Augenmaße beurteilt wird. Größere Nägel werden mit Hilfe eines Zuschlägers geschmiedet, der sich dann mit dem eigentlichen Schmied in die Arbeit teilt.

Maschinennägel. Die Erfindung der Maschinen zur Herstellung von Nägeln verdanken wir England; daselbst sind von 1790—1852 über 50 bezügliche Erfindungspatente erteilt worden, und schon 1809 bestanden in Birmingham Maschinennägelfabriken. Die Methoden, welche man dabei befolgt, sind verschieden, indem man das Eisen entweder im glühenden Zustande, oder kalt — im letzteren Falle in Form von Blech oder Draht — der Bearbeitung unterwirft.

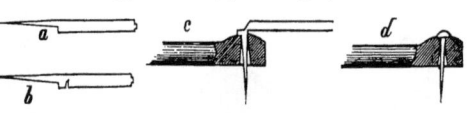

Fig. 440. Ansetzen und Anschmieden des Nagelkopfes.

Zur Herstellung der Nägel aus glühendem Eisen benutzte man zuerst Walzwerke, welche man späterhin mannigfach verbessert hat. Ein solches Walzwerk ist in Fig. 443 in der Vorderansicht und im Schnitt 1—2 in Fig. 444 abgebildet.

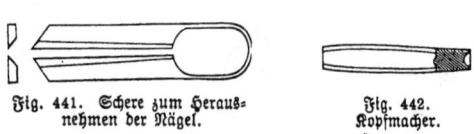

Fig. 441. Schere zum Herausnehmen der Nägel.   Fig. 442. Kopfmacher.

Es besteht aus zwei, an beiden Seiten mit Zahngetrieben ineinander greifenden Walzen C C', die, entsprechend der Form, welche die Nägel erhalten sollen, auf ihren Umfängen mit Furchen versehen sind.

Die doppelte Zahnkuppelung der Walzen hat den Zweck, die Umdrehung ganz gleichmäßig zu machen.

In Fig. 444 ist der durch die Walzen gehende und teilweise schon in Nagelform gedrückte Eisenstreifen x sichtbar; die folgende Abbildung aber zeigt ihn, nachdem er die Walzen verlassen hat, unter A von der Breitseite, unter B im Längsdurchschnitt. Er enthält nicht bloß der Länge, sondern auch der Breite nach das Material für eine Anzahl Nägel und kommt nun, um diese einzeln daraus herzustellen, zwischen ein paar Schneidewalzen E (s. Fig. 443), welche ihn, wie unter A in Fig. 445 zu sehen, in schmale Streifen y

220   Nägel und Nadeln.

von einer der Nagelstärke entsprechenden Breite zerschneiden. Die schmalen Nagelstreifen kommen im erhitzten Zustande sodann in eine besonders für diesen Zweck konstruierte Maschine, deren Beschreibung hier zu weit führen würde, wo sie zwischen Klemmbacken durch Druck fertig geformt und einzeln vom Streifen abgeschnitten werden.

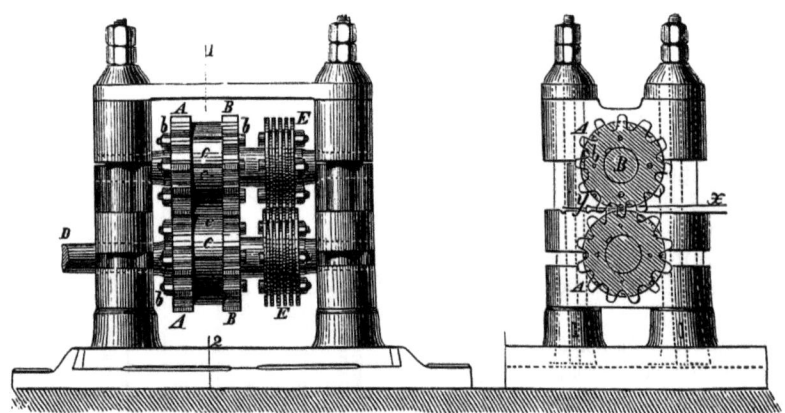

Fig. 443 und 444. Nagelwalzwerk von vorn und von der Seite.

Die Fabrikation der Schienennägel nach dem bisherigen Verfahren hatte für das Produkt den Nachteil, daß infolge der Lagerung des Eisens der Nagel unter dem Kopfe leicht abriß, insofern bei dem Pressen an dieser letzteren Stelle eine starke Beanspruchung des Materials stattfindet. Man vermeidet dies, indem man jetzt den Kopf nicht durch zweimaliges Umbiegen und Zusammenlegen bildet, wie dies die Fig. 446 zeigt, sondern durch einfaches Stauchen. Matrize und Stempel bleiben hierbei dieselben, und es bedarf nur eines schiefen Abschneidens des Bolzens an der Angriffsstelle des Stempels.

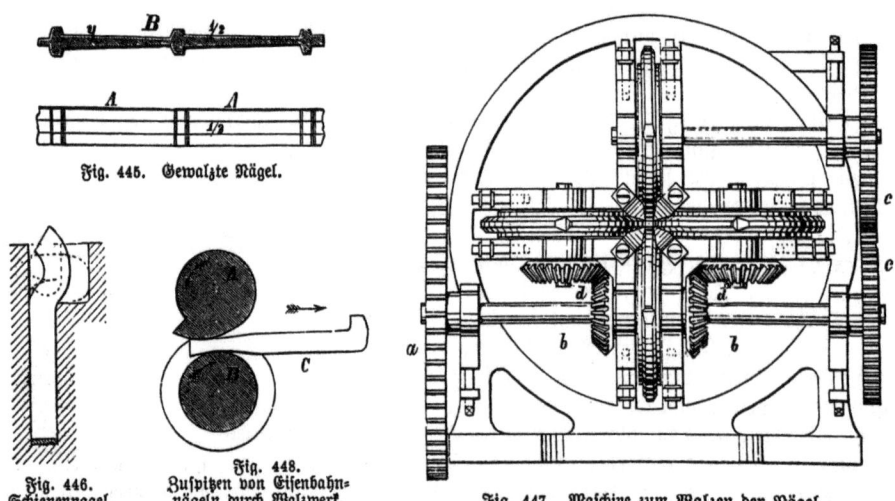

Fig. 445. Gewalzte Nägel.

Fig. 446. Schienennagel.

Fig. 448. Zuspitzen von Eisenbahnnägeln durch Walzwerk.

Fig. 447. Maschine zum Walzen der Nägel.

Für die vorliegende Zeichnung würde diese Abschrägung als von rechts nach links aufwärts gerichtet zu betrachten sein. Zur kontinuierlichen Anfertigung von Nägeln eignet sich auch hier das Walzwerk. Die oben abgebildete Maschine (Fig. 447) zeigt für ein solches die Benutzung von vier Walzen, welche an ihrer Peripherie behufs Herstellung verschiedener Nägelsorten mit auswechselbaren Ringen bekleidet sind. Letztere zeigen den zu bildenden Köpfen entsprechende Vertiefungen. Der Antrieb der unteren Walze erfolgt durch das Sternrad a bezw. die Welle b, welche mit Hilfe des Sternräderpaares c c die obere Walze und durch die beiden konischen Räderpaare d d die seitlich gelegenen Walzen treibt.

Zum Zuspitzen der so erzeugten Nägel werden ebenfalls Walzwerke, jedoch von andrer Form und Wirkungsweise wie das vorige, benutzt. Das Prinzip eines solchen Walzwerks ist in Fig. 448 illustriert. Die obere Walze A ist mit einem exzentrischen Zahne oder Kamme, die untere B aber mit einer entsprechend tiefen und breiten Furche versehen. Beide Walzen bestehen aus Hartguß und sind durch gleichgroße Zahngetriebe verkuppelt, so daß sie sich mit gleicher Geschwindigkeit in entgegengesetzter Richtung drehen. Der glühend gemachte, vorher auf einer besonderen Stanzmaschine mit dem hakenförmigen Kopfe versehene Nagel wird im Moment, wo der Zahn der Walze A die Furche der Walze B verlassen hat, entgegengesetzt zur Walzendrehung mittels einer Zange in die seiner Breite entsprechende Furche eingeschoben. Der allmählich ansteigende Kamm der Walze A faßt den Nagel, quetscht ihn vorn zu einer meißelförmigen Zuspitzung zusammen und schiebt ihn dabei gleichzeitig wieder aus den Walzen heraus. Neuerdings sind auch Maschinen konstruiert worden, welche das Zuspitzen, Abschneiden und Anköpfen der Nägel in stetigem Verlaufe selbstthätig verrichten.

Dies gilt zum Teil auch von einer wichtigen Nagelklasse, die wir noch besonders erwähnen müssen, derjenigen der Hufnägel. An den Hufnagel, mittels dessen wir unserm besten und edelsten Helfer aus der Tierwelt seine starke Mitwirkung bei unsern Geschäften ermöglichen, werden die größten Anforderungen hinsichtlich der Zähigkeit und Weichheit, verbunden mit Festigkeit, gestellt, da der Nagel klingenförmig dünn sein muß, um sich gut durch die Hornmasse des Hufs treiben und dann auch umschlagen und später wieder gerade klopfen zu lassen. Für den Hufnagel erster Güte eignet sich daher nur das allerbeste Eisen, und dieses ist das schwedische Holzkohleneisen erster Sorte. Wir haben die Maschine zu Hilfe genommen, um aus dem zuerst weißglühenden und später kalt gerichteten und gezwickten Eisenstäbchen den Hufnagel zu formen und nehmen jetzt wohl die erste Stelle in dem Fache ein; die Fabrik der Deutschen Gesellschaft für Hufbeschlag in Eberswalde ist die bedeutendste ihrer Gattung. Aus kleinen Anfängen seit 1870 entwickelt, hat sie soeben ihre neueste Erweiterung voll-

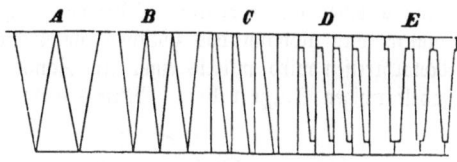

Fig. 449. Verschiedene Nagelschnitte.

endet und liefert täglich Hufnägel in der kolossalen Menge von 25—30000 kg oder jährlich rund 9000 Tonnen. Sie beschäftigt 850 Arbeiter an 400 Hufnagelmaschinen. Diese erfordern eine bedeutende Betriebskraft, und zwar zusammen nahe 1500 Pferdestärken, welche von zehn Dampfmaschinen und zehn Dampfkesseln (von zusammen 850 qm Heizfläche) geliefert werden. Die Fabrik hat eine eigne Abteilung für Bau und Instandhaltung der Hufnagelmaschinen, in welcher allein 38 Arbeitsmaschinen vorzüglicher moderner Bauart thätig sind. Die Hufnägel werden in 25 Gattungen in zusammen 235 verschiedenen Nummern in dieser großartigen Anlage gefertigt. Letztere umfaßt ein Grundstück von 105000 qm, wovon 18500 überbaut sind. Hier haben deutscher Fleiß und deutsche Tüchtigkeit einen Erfolg errungen, auf den wir mit Genugthuung hinblicken können.

Daß es auch auf dem reinen Nutzgebiete nationale Anschauungen giebt, zeigt sich in Nordamerika, wo man unsern Drahtstift so nur von ferne kennt (unter dem Namen pointes de Paris) und sich statt seiner des aus Blech kalt geschnittenen Nagels bedient. Die Blechnägel werden selbstverständlich auf Maschinen hergestellt; diese sind im Vergleich zu den Schmiedemaschinen von viel einfacherer Konstruktion, um so einfacher, je einfacher das damit erzielte Fabrikat ist, so daß z. B. die kopflosen Absatzstifte (für Schuhmacher) glattweg nur von Eisenstreifen abgeschnitten werden, welche nach der Breite keilförmig ausgewalzt sind.

Je nach der Sorte wird das Nagelschneiden auch auf verschiedene Weise ausgeführt, wie aus Fig. 449 zu ersehen ist. Im allgemeinen werden dabei die Schnitte, der Materialersparnis wegen, so geführt, daß immer zwischen zwei zusammenstoßende breitere Enden, welche den Köpfen entsprechen, ein spitzes Ende (Spitze) zu liegen kommt. Die in Fig. 449 mit A bezeichneten Schnitte würden z. B. Heftzwecken für Schuhmacher, die mit B bezeichneten Spannnägel für Tischler und Glaser sowie Absatzstifte für Schuhmacher, die mit C bezeichneten Sohlenstifte, die mit D bezeichneten Spikernägel (zum Annageln von Dielenbrettern) u. s. w. ergeben. Zum Abschneiden benutzt man eine Art Parallelschere oder

Stanze, deren Betrieb entweder durch eine mittels Schwungkugeln getriebene Fallschraube oder durch Exzenter oder auch durch einen Kniehebelmechanismus erfolgt. Eine derartige mit Exzenter- oder Krummzapfenbewegung arbeitende Maschine, welche sich zur Massenfabrikation sehr gut eignet, stellt uns Fig. 450 dar. Fig. 451 erläutert uns ihr Konstruktionsprinzip und die Arbeitsweise.

Fig. 450. Maschine zum Nägelschneiden.

Die Stanze a bewegt sich in einer vertikalen Kulissenführung und ist an dem Ende eines Hebels b angebracht, der seinen Drehpunkt bei c hat und nahe am vorderen Ende durch ein Gelenkstück mit dem Krummzapfen e verbunden ist. Die Stanze selbst ist am unteren Ende rechtwinkelig eingefeilt; der vordere einspringende Teil bildet die Schneide, während der hintere, längere Teil, der auch beim höchsten Stande der Stanze nicht über die vordere, feste Schneidekante f emporgeht, einen Anschlag für den abzuschneidenden Eisenstreifen g abgibt, so daß dieser stets nur in der Breite des abzuschneidenden Stückes unter die bewegliche Schneide geschoben werden kann. Beim Niedergange der Stanze wird alsdann das zwischen die Schneiden eingeklemmte Eisen abgequetscht. Der Metallstreifen wird mittels einer Art Zange h gehalten, deren stabförmiges Ende in der gabelförmigen Stütze r liegt. Mittels dieser Vorrichtung vermag der Arbeiter den Metallstreifen leicht und schnell herumzudrehen, wenn die Stanze hinaufgeht. Dieses Herumdrehen des Metallstreifens ist beim Abschneiden solcher Nägel nötig, die, wie z. B. die Spikernägel, mit einem Kopfe versehen sind, weil hierbei stets an der einen Seite des Streifens ein kleiner Ansatz zur Bildung des Kopfes stehen bleiben muß, wie aus den in Fig. 449

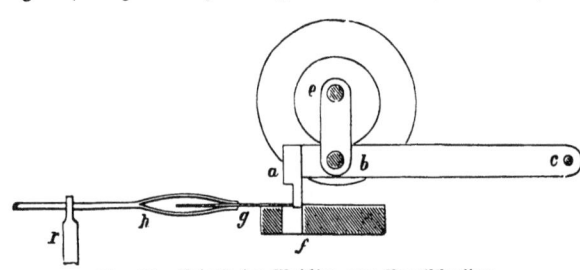

Fig. 451. Prinzip der Maschine zum Nagelschneiden.

unter D und E dargestellten Nagelschnitten ersichtlich ist.

In der Regel sind die Maschinen dieser Art noch mit Einrichtungen versehen, welche das Anstauchen der Köpfe in unmittelbarer Folge besorgen, also den Nagel nur erst in ganz fertigem Zustande fallen lassen. Alle diese aus Blech auf kaltem Wege hergestellten Nägel nennt man Schnittnägel. Eine besondere Art dieser Nagelgattung verdient noch der Erwähnung: die der Wickersham Nail Company in Boston, welche nahezu ohne Abfall Nägel mit Spitzen und Köpfen nur durch den Schnitt liefert. Fig. 452 zeigt das Prinzip der betreffenden Maschine ohne weiteres.

Fig. 452. Schnittnägel.

Das bei dem Zuschnitt der Spitzen entfallende Material gibt die Seitenstücke der Nachbarköpfe ab. Die Maschine besitzt demzufolge eine Anzahl, etwa zehn, nebeneinander stehender Messer der durch das Nagelprofil angegebenen Art, welche gleichzeitig niedergehen und die den vorgelegten Blechstreifen der ganzen Breite nach zerteilen. Nach vollführtem Schnitt schiebt sich dieser Streifen um die Nagellänge vor, es erfolgt abermals ein Schnitt u. s. f.

Drahtfabrikation. 223

Als Zwischengruppe zwischen den gewalzten und geschnittenen Nägeln kann man die gepreßten Nägel ansehen. Die Herstellung geschieht mehr in einer dem Schmieden ähnlichen Art, also, wie auch bei den Walznägeln, unter Anwendung des Feuers. Eine Maschine für die Erzeugung von Nägeln auf diesem Wege ist die von Fuller. Die aus gewalzten Eisenschienen kalt geschnittenen, rein prismatischen Schäfte werden warm gemacht und gelangen in eine Vorrichtung, welche sie unter Freilassung des zur Spitze zu formenden Teiles einspannt. Drei stufenweis verstärkte Hammerschläge genügen, um dieses Ende in eine schlanke Spitze umzuformen. Der noch glühende Nagel wird dann von der zweiten Vorrichtung aufgenommen, welche ihn, diesmal unter Freilassung des andern Endes, einspannt, worauf ein sich gegen dasselbe bewegender Stempel die zur Bildung des Kopfes notwendige Anstauchung bewirkt. Offenbar ist die Güte der so erzeugten (Preß-) Nägel der der Schnittnägel wesentlich überlegen.

Die Leistungsfähigkeit der Nagelmaschinen ist so gesteigert worden, daß z. B. in der Stunde bis zu 160 Halbzollnägel von einer einzigen Maschine und von größeren Sorten bis 40 Zentner pro Tag geliefert werden können.

Die bei weitem größere Masse der Maschinennägel für den europäischen Bedarf wird jedoch aus Draht hergestellt, und dies führt uns zu den hiernach benannten Drahtstiften, bez. der Drahtstiftfabrikation. Wir haben oben der Erzeugung des Drahtes

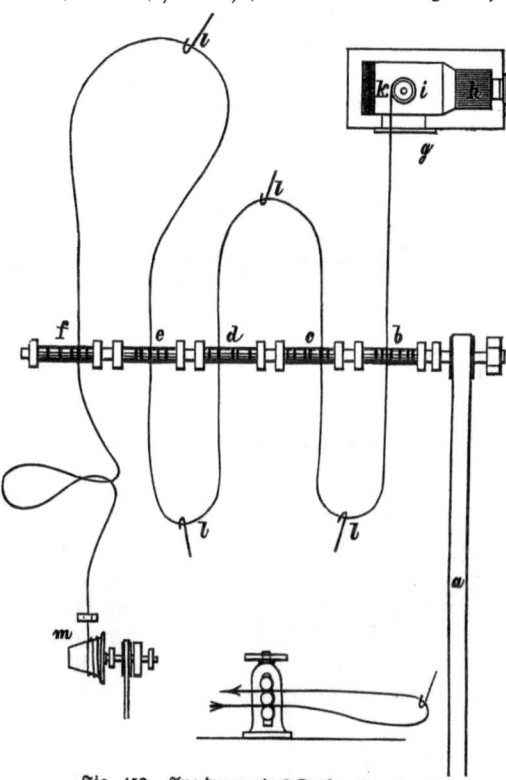

Fig. 453. Anordnung eines Drahtwalzwerkes.

in kurzer Weise gedacht und wollen hier das Nähere darüber angeben, denn namentlich die Fabrikation der Drahtnägel hat die des Drahtes auf die hohe Stufe gebracht, welche sie jetzt einnimmt, und es ist die wichtige Drahtindustrie Westfalens innig mit der Fabrikation der Drahtnägel verknüpft.

Die Grundlage ist, wie wir bereits oben (s. Eisen) angedeutet, das Walzen des Drahtes, welches man so weit wie möglich fortzuführen bestrebt ist. Dem feinen Auswalzen stellt sich die schnelle Abkühlung des Eisens entgegen und ist man daher schon bei Anordnung des Drahtwalzwerkes bestrebt gewesen, das endgültige Auswalzen möglichst schnell zu vollführen. Es passiert daher der Walzdraht, gegenüber allen andern Walzstücken, regelmäßig mehrere Walzenpaare zu gleicher Zeit, durch welche er sich schlangenartig

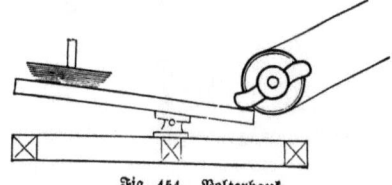

Fig. 454. Polterbank.

durchwindet. Der Arbeiter ergreift das das erste Walzenpaar verlassende Stück an dem vorschießenden Ende und steckt es, während das nachfolgende noch längst nicht heraus ist, zwischen die nächsten Walzen u. s. w., welcher Vorgang durch das bedeutende Strecken ermöglicht wird, dem das Walzstück unterliegt. Und so kommt es denn, daß manchmal fünf Walzenpaare gleichzeitig dasselbe Stück bearbeiten und daß trotzdem der Draht noch glühend und weich genug ist, sich glatt auf die Trommeln aufwinden zu lassen. Aber dies allein genügt, namentlich beim Stahldraht, nicht, um die gewünschte Verdünnung hervorzubringen, also das nun folgende Ziehen möglichst zu beschränken. Man legt daher neuerdings den vorgewalzten Draht auf der Spule in einen Ofen, von dem aus er unmittelbar in das Drahtwalzwerk gelangt, so daß also eine nur außerordentlich kurze Zeit vergeht, bevor ein beliebiger Teil des Drahtes aus dem Ofen in die Walze gelangt. Fig. 453 zeigt die diesbezügliche Anordnung in einer einfachen Skizze. a ist der von der Maschine kommende Riemen, welcher oft eine außerordentliche Breite besitzt. Das Walzwerk besteht aus den fünf Walzengängen b, c, d, e, f, zwischen welche der bereits vorgewalzte Draht aus dem Ofen g gelangt. h ist die Feuerung desselben, i die Spule, k der Abzug für die glühenden Gase. Der in Schleifen sich mit großer Geschwindigkeit durchwindende Draht wird durch die Gehilfen mittels der Haken 11 geführt, eine gefährliche Arbeit, bei der nicht selten dadurch ein Unglück angerichtet wird, daß die Schlinge den Fuß oder auch wohl sogar den Hals des Gehilfen erfaßt. Nachdem der Draht das letzte Walzenpaar verlassen hat, wird er auf die Spule m gelegt und dort aufgewickelt. Auf diese Weise kann der Draht bis auf ca. 3½ mm gebracht werden, während sonst 5 mm die annähernde Grenze bildet.

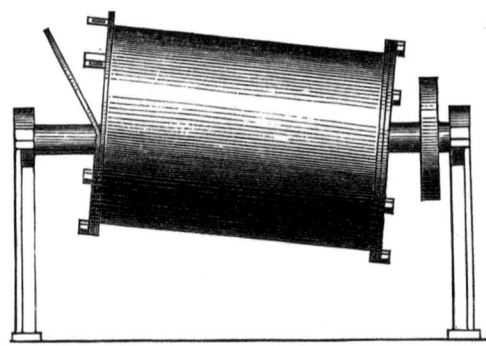

Fig. 455. Drahtreinigungsmaschine von Kaiser & Mengeringhausen.

Der Walzdraht muß nunmehr von seiner Oxydschicht (Glühspan) befreit werden. Es geschieht dies durch Abbeizen mit Hilfe sehr verdünnter Schwefelsäure und nachträgliches Schlagen oder Poltern. Die Schwefelsäure löst an sich den Glühspan zwar nicht, aber sie lockert ihn durch Unterfressung ab, so daß die auf der Polterbank (Fig. 454) hervorgebrachten Erschütterungen genügen, um denselben abzuwerfen. Statt der Polterbank sind auch andre Vorrichtungen in Anwendung gekommen, wie die schiefe Trommel von Kaiser & Mengeringhausen (Fig. 455) und der um eine Querachse rotierende Cylinder (Fig. 456) von Ulmke & Hort. In beiden Fällen sollen die durch das Gegeneinanderfallen der lose eingelegten Drahtbunde bewirkten Erschütterungen ein Abspringen des Glühspans hervorbringen. Der Draht kommt dann zur Entfernung der Säure in Kalkwasser und endlich auf ein Kohlenfeuer oder in einen geeigneten Raum zum Trocknen. Nunmehr erst ist er zum Ziehen reif, da der Glühspan sonst die Zieheisen in kurzer Zeit erweitern bez. verderben würde.

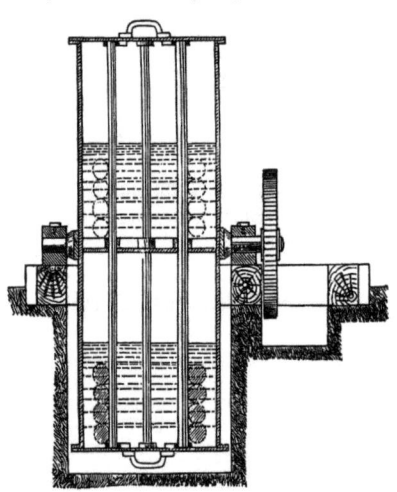

Fig. 456. Ulmke & Horts Vorrichtung zum Reinigen von Walzdraht.

Die Zieheisen sind in der Regel, zum mindesten bei größeren Dimensionen, aus Stahl und Eisen hergestellte und entsprechend durchlochte Platten. Ihre Fabrikation ist zu interessant, um hier übergangen werden zu dürfen.

Der Schmied formt zuerst aus einem entsprechenden Eisen eine Art Pfanne a (Fig. 457), welche er mit einer gewissen Gattung Rohstahl (halbgarer Stahl) füllt, nachdem er denselben glühend abgelöscht und in nußgroße Stücke zerschlagen hat. Nunmehr bringt er das Ganze in einem ofenartig gehaltenen Schmiedefeuer zur Weißglut: der Stahl schmilzt, wird bei richtiger Windführung gar, dabei teigig und läßt sich nunmehr durch zuerst sehr vorsichtig geführte Hammerschläge aufschweißen und mit dem Eisen zusammen zu einer Platte b ausrecken. Diese ist also auf der einen (in b oberen) Seite und auch nur nach dem linken Ende zu sehr stark verstählt. Nach sauberem Abschlichten und vorsichtigem Ausglühen behufs Erweichung des durch das Schmieden hart gewordenen Materials beginnt

Drahtfabrikation.

nunmehr das Lochen der Platte c; dasselbe geschieht kalt, durch Eintreiben von Spitz=
dornen. Diese, aus allerbestem Stahl gefertigt, werden nacheinander in drei Stufen ver=
wendet. Der zuerst benutzte Dorn ist naturgemäß kräftiger als der andre, der letzte ist der
schlankste. Alle drei Dorne sind sehr spitz geschliffen. Der Arbeiter setzt den etwas ein=
geölten Dorn auf die Eisenseite der Platte und treibt ihn unter gleichmäßigem Schlage
ein, ihm nach jedem Schlag eine kleine Drehung erteilend. Der Hammer hat dieselbe Form,
wie wir ihn beim Feilenhauen fanden. Ist der erste Dorn etwa zur Hälfte eingetrieben,
dann folgt der zweite, zuletzt der dritte. Das Lochen wird nur so weit fortgesetzt, bis die
Spitze eben zu fühlen ist. Bei den Zieheisen für feine Drähte kann man dieselbe sogar nicht
einmal fühlen, sondern erkennt ihre Ankunft an dem Durchtritt des Öles. Die Zieheisen wer=
den in Westfalen in drei Größen verfertigt: Grobzieheisen, Feinzieheisen und Kratzeneisen.

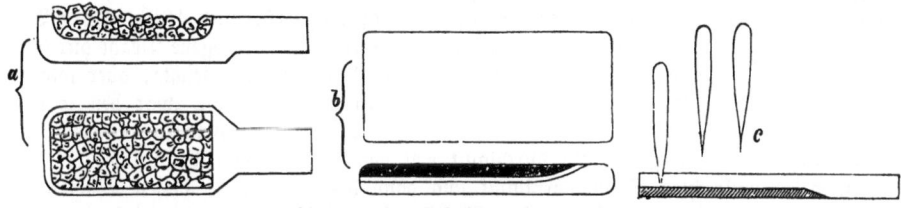

Fig. 457—459. Fabrikation von Zieheisen.

Die definitive Erweiterung des Loches auf das genaueste Maß geschieht in der Zieherei
selbst durch Eintreiben eines ähnlichen Spitzdornes von der Stahlseite. In entsprechender
Weise erhalten kantige Ziehlöcher ihre Form durch Nachtreiben. Manchmal bricht bei dieser
Manipulation ein Dorn ab. Der Schmied läßt dann die Spitze ruhig sitzen und bezeichnet
das betreffende Loch einfach durch einen Kreuzhieb als unbrauchbar.

Draht und Zieheisen gelangen nunmehr auf die Ziehbank (Fig. 460), ersterer auf die
Spule a, letzterer in den Zieheisenhalter b. Der Draht wird zugespitzt, durch das erste
(größte) Loch gesteckt, von der Ziehzange c ergriffen und durchgezogen. Die Zange be=
findet sich an einer Kette d, welche am Grunde der Trommel e befestigt ist und sich unter
Drehung der Welle aufwindet. Ihr folgt die Zange und dann der Draht. Soll das Ziehen
unterbrochen werden, so wird die Trommel e mit Hilfe eines Hebels etwas angehoben,
wodurch sich eine Klaue der Welle f auslöst und die Trommel freigibt.

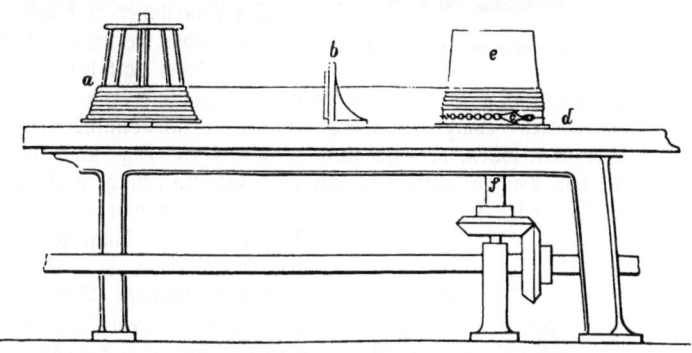

Fig. 460. Ziehbank.

Der Draht erleidet nun beim Ziehen eine Veränderung, indem er eine harte Oberfläche
erhält und eine Spannung im Innern annimmt. Es kann daher das Ziehen nur etwa
zwei= bis dreimal hintereinander erfolgen und muß, wenn das Reißen des Drahtes ver=
mieden werden soll, ein Glühen stattfinden. Dies geschieht in Töpfen aus Gußeisen,
Eisenblech oder neuerdings Gußstahl von etwa $1^{1}/_{2}$ m Höhe und $0{,}6$ m Durchmesser. Der
Draht wird in Bunden übereinander geschichtet (Fig. 461) und mit dem sorgfältig abge=
deckten und abgedichteten Topf in einem Ofen einer lange andauernden Rotglut ausgesetzt.
Dabei ist besonders auf die Flammenführung zu achten, welche reduzierend (Überschuß an

Kohlenstoff) gehalten werden muß, damit der Draht möglichst wenig oxydiert. Trotzdem ist die Glühspanschicht nicht ganz zu vermeiden und es sind daher die Operationen abermals erforderlich, welche wir oben aufgezählt haben: Beizen, Poltern, Kälken, Trocknen. Von diesen ist nun namentlich das Beizen mit oft großen Unannehmlichkeiten verknüpft. Denn das Beizwasser kann nicht anders als in die Flußläufe gelassen werden und damit wird das Wasser der letzteren zum mindesten den Fischen tödlich, häufig auch für alle weiteren Zwecke unbrauchbar, so daß für die Anwohnenden oft die größten Mißstände entstehen.

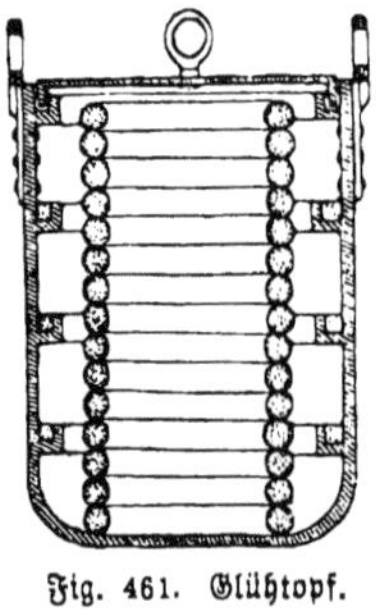

Fig. 461. Glühtopf.

Man hat, namentlich aus letzterem Grunde, vielfach versucht, den Glühspan auf mechanischem Wege zu entfernen und es sind bereits eine Reihe von Versuchen in dieser Richtung angestellt worden. Die erste Maschine, welche einen praktischen Erfolg erzielt hat, ist nach dem Vorgange von Graumann die von Betz (Fig. 462 und 463). Ihre Wirkung beruht darauf, daß der mit Glühspan überzogene Draht durch ein System Walzen geleitet wird, welches demselben leichte, aber wiederholte Biegungen in verschiedenen Ebenen erteilt, die zwar den weichen Draht an sich nicht schädigen, aber den spröden Glühspan zum Abspringen bringen. Der auf die Trommel a gelegte Draht durchläuft erst das Walzensystem b, welches die Biegungen in der senkrechten Ebene vornimmt und dann das System c, dessen Walzen den Draht winkelrecht hierzu durchbiegt; der Antrieb bez. die Aufwickelung erfolgt von der Trommel d aus. Die Maschine fand zuerst eine bereitwillige Aufnahme, war aber nicht

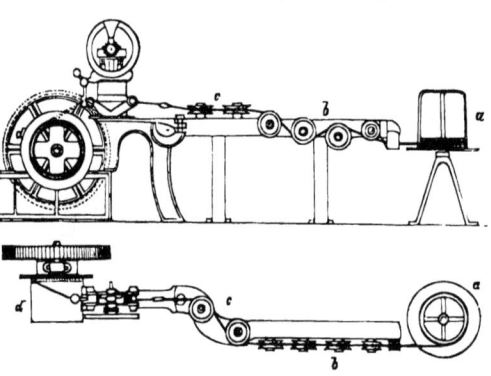

Fig. 462 und 463. Drahtreinigungsmaschine von Betz.

im stande, die Anforderungen sämtlich zu erfüllen. Aus diesem Grunde versuchte man unter Beibehaltung der Biegungen statt der Walzen feste Bänke anzuwenden, welche gleichzeitig schabend wirkten. Eine solche Maschine zeigt Fig. 464. Aber auch diese genügte nicht, sowenig wie eine Konstruktion von Boecker, bei welcher man auf die Walzen wieder zurückgegangen war und dem ganzen System eine schwingende Bewegung erteilt hatte. Der Amerikaner Adt dehnte das Betzsche System weiter aus (Fig. 465) und führte dann statt der Schwingung die Rotation des ganzen Apparates ein, wodurch recht gute Resultate erzielt wurden. Endlich hat man versucht, durch kleine Walzwerke, welche eine Querschnittsverminderung des Drahtes in kaltem Zustande erzielen sollen, den Glühspan abzusprengen. Fig. 466 zeigt eine solche Vorrichtung, wie sie von Bansen konstruiert worden. Indessen genügt auch diese Methode zum Teil nicht, zum Teil wirkt sie auch durch Einwalzen des gelösten Glühspans schädlich.

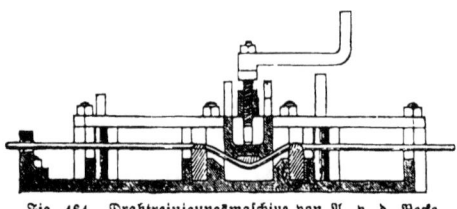

Fig. 464. Drahtreinigungsmaschine von A. v. d. Becke.

Nach einem Vorschlage von Wedding soll der Draht einer die Elastizitätsgrenze nahezu erreichenden Dehnung ausgesetzt werden, in welchem Zustande er bei sehr geringen Biegungen den Glühspan abwirft. Endlich sind auch sogenannte Scheuertrommeln in Anwendung gekommen, in welchen die Drahtbunde mit Sand und ähnlichen Körpern in Berührung und in Bewegung gebracht werden. Alle diese Methoden haben aber noch nicht zur Lösung des Problems, das Beizen ganz zu vermeiden, geführt und man hat aus diesem Grunde die Aufmerksamkeit wieder dem Glühtopf zugewendet, in der Absicht, der Bildung des Glühspans durch Abhaltung des Sauerstoffs vorzubeugen. Hierzu können Körper dienen, die, in den Glühtopf geworfen, neutrale Gase entwickeln, welche denselben erfüllen.

Herstellung der Drahtstifte.

Außerdem hat man beobachtet, daß die Glühspanbildung vorzugsweise nach dem Herausheben des Topfes vor sich geht, indem beim Erkalten desselben Luft eindringt und die Oxydation bewerkstelligt. Haedicke hat deswegen das Bepacken des etwas gelochten Deckels mit Kohlenklein in Vorschlag gebracht, in welchem Falle unter sonstiger Dichtigkeit des Topfes statt der Luft die Vergasungsprodukte der Steinkohlen eintreten würden. Jedenfalls hat sich die richtige Leitung der Flamme, welche reduzierend sein muß, als vorteilhaft erwiesen.

In neuester Zeit hat Wedding nachgewiesen, daß die übliche Glühtemperatur nicht notwendig sei, um die durch das Ziehen des Drahtes hervorgebrachten Spannungen aufzuheben, daß vielmehr bereits circa 340 Grad, die Temperatur des geschmolzenen Bleies, hierzu genüge. Er leitet daraus den Vorschlag ab, das Ziehen gleich hinter einem Bleibade vorzunehmen, welches für sich gegen die Oxydation durch eine Holzkohlendecke zu schützen sei.

Gehen wir nunmehr wieder zu unserm ursprünglichen Thema, den Drahtstiften, zurück.

Die Herstellung der Drahtstifte gleicht gewissermaßen derjenigen der Stecknadeln, nur macht die Anformung des Kopfes viel weniger Umstände. Das gewöhnliche Material ist hart gezogener (unausgeglühter) Eisendraht; messingene und kupferne Stifte kommen nur selten vor. Für die größten Nummern von 15—17 cm Länge haut man die einzelnen Schäfte gleich über einer Meißelkante in der erforderlichen Länge ab und versieht sie dann mit Spitze und Kopf; bei kleineren Sorten erfolgt zuerst das Anschleifen der Spitzen, und um hierbei die nötige Handhabe zu erhalten, nimmt man den Draht in Stücken von 0,6—8,8 m Länge, schleift eine Anzahl derselben auf einem Schleifsteine oder Spitzringe zusammen unter beständigem Drehen spitz, schneidet die zugespitzten Enden mit einer Stockschere ab und schleift an den neu entstandenen Enden gleich weiter, bis der Draht aufgearbeitet ist. Der Spitzring, der in der Ansicht einem rasch umlaufenden kleinen Schleifsteine ähnelt, besteht aus einer Eisenscheibe, die am Umfange mit einem stählernen, feilenartig rauhen Ringe versehen ist.

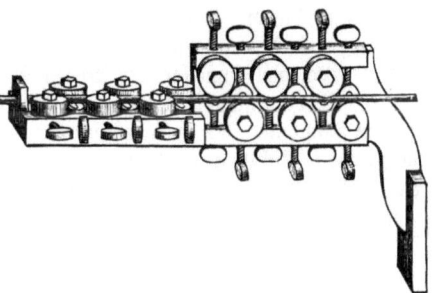

Fig. 465. Drahtreinigungsmaschine von Adt.

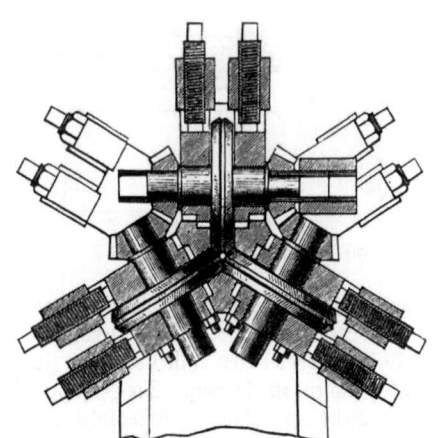

Fig. 466. Drahtwalzwerk von W. Bansen.

Eine schnellere Zuspitzung als auf dem Spitzringe oder Schleifsteine wird durch Pressung erhalten. Hierbei werden die auf Doppellänge geschnittenen Schäfte einzeln in eine kleine Maschine zwischen vier stählerne Backen gesteckt, die durch Schrauben oder Hebelwerk gegeneinander bewegt werden und die Schaftmitte in zwei scharfe vierseitige Spitzen auspressen, wobei zugleich die Trennung in zwei Stifte erfolgt. Das Anköpfen der zugespitzten Schäfte geschieht bei der Handarbeit dadurch, daß man die Stifte einzeln in eine Art Schraubstock einspannt und das etwas hervorstehende Ende mit einem Hammer breit schlägt. Man kann so ganz flache oder versenkte Köpfe und durch Aufsetzen eines passenden Hohlstempels auch oberhalb abgerundete Köpfe herstellen.

Der enorme Verbrauch von Drahtstiften, die man jetzt bis zu 24 cm Länge und 8 mm Dicke herstellt, hat schon längst Veranlassung gegeben, an die Konstruktion von Maschinen zu deren Fabrikation zu denken; aber erst in neuerer Zeit ist es geglückt, solche Maschinen ihrem Zwecke entsprechend herzustellen. In der Zeit von 1822—54 sind in Frankreich wenigstens 40 Patente für Drahtstiftmaschinen erteilt worden, indem lange Zeit Paris ein Hauptsitz dieser Fabrikation war, woher Deutschland bis gegen das Jahr 1840 beträchtliche Mengen dieses Artikels bezog. Seitdem ist die Fabrikation bei uns allmählich bis zu großem Maßstab entwickelt worden.

Die Arbeit einer solchen Maschine zerfällt, abgesehen von der regelmäßigen Einführung des Drahtes und dem Herauswerfen der fertigen Stifte, in drei Operationen: das Abschneiden entsprechend langer Stücke, die Bildung der Spitze und das Anstauchen des Kopfes, welches letztere zuweilen durch den Schlag eines fallenden Hammers, meist aber durch den Druck oder Stoß eines horizontal bewegten Stempels bewirkt wird. Das Abschneiden und die Erzeugung der Spitze ist bei den neueren Maschinen zu einer einzigen, durch dieselben Maschinenteile verrichteten Operation verbunden, und zwar ist die Zuspitzung vierseitig pyramidal.

Eine andre Kategorie hierher gehöriger Maschinen stellt Bolzen durch Abschneiden gleichlanger Stücke von einem zugeführten Drahtfaden und Anpressen des Kopfes her. Gewöhnlich dienen hierzu Kniehebelmechanismen. Die letzteren bewegen sich jedoch zu langsam, und deshalb ist man in neuerer Zeit zur Ersetzung dieser durch die in gleicher Weise, jedoch viel schneller arbeitenden Exzenterhebel geschritten. Mit diesen Neuerungen ausgerüstet, veranschaulicht die Fig. 467 eine von Charles Dake Rogers in Providence erbaute Maschine. Es befindet sich hier in dem Bette der Maschine ein vom Exzenter in horizontaler Richtung zu bewegender Gleitkopf, welcher den Stempel zum Anpressen der Bolzenköpfe trägt, und dieser letztere ist behufs zentraler Einstellung justierbar eingesetzt, denn er wird von einem Block gefaßt, dessen Seiten sowie auch die seines Lagers schief

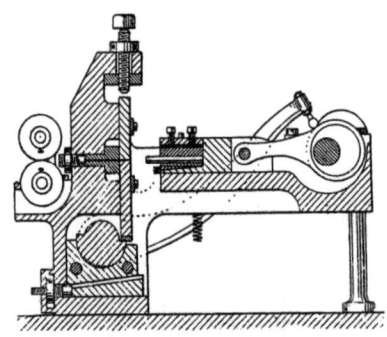

Fig. 467. Rogers' Nagelmaschine.

laufen, so daß eine seitliche Verschiebung möglich wird. Für die senkrechte Justierung dagegen sitzt der Block auf einem durch Zahnstange und Getriebe verschiebbaren Keil. Die dem Stempel gegenüberliegenden Klemmbacken lassen sich in Führungen auf und nieder bewegen, und zwar erfolgt dies unter Vermittelung eines oszillierenden Sattels, der sich an die untere Seite jener unteren Backe anlegt und durch Hebung dieser letzteren auch die obere in die Höhe schiebt. Hierbei wird nun zwischen beide Backen das in dem röhrenförmigen Teil zugeführte Drahtstück eingeklemmt und scherenartig abgeschnitten. Sobald die obere Backe an die über ihr liegende justierbare Schraube angedrückt wird, erfolgt das Anpressen des Kopfes durch den erwähnten, nunmehr vorschreitenden Stempel. Wie dieser letztere, so ist auch der Sattel durch Verschiebung eines Keilstücks höher oder tiefer einstellbar zum Zweck, Draht von verschiedener Dicke zwischen beiden Backen fassen zu können. Die Zuführung des endlosen Drahtfadens besorgt das an der linken Seite der Maschine befindliche Walzenpaar.

Sehr gute Drahtstiftmaschinen sind von Georg Quirin in Graz konstruiert worden, wobei von den dünneren Drahtsorten mit jedem Schlage der Maschine zwei Stifte fertig werden, so daß die kleinsten Maschinen, welche Stifte von 2 bis zu 30 mm Länge liefern, in der Minute durchschnittlich 500 Stück fertig bringen; die beste Maschine von allen ist aber die von Werder (dem verstorbenen Erfinder des bayrischen Infanteriegewehrs) erbaute, mit welcher die Klettsche Fabrik in Nürnberg arbeitet und in kolossalen Massen trefflichen Fabrikats einen großen Teil des Gesamtbedarfs deckt.

Gegossene Nägel. Abgesehen von einigen Ziernägeln (s. d.), welche durch Gießen hergestellt werden, fertigt man auch grobe Nägel auf diese Weise. Das Material ist Gußeisen, Kupfer und Bronze (Messing). Im ersteren Falle folgt selbstredend stets ein Temperprozeß darauf, da das Material sonst viel zu spröde sein würde. Man hat vorzugsweise zwei Methoden des Formens. Entweder ist die Form seitlich geteilt, so daß die Hälften symmetrisch zu einander sind, oder es enthält die eine Hälfte den ganzen Nagelschaft, die andre den Kopf. In beiden Fällen wird stets eine größere Anzahl Nägel gleichzeitig, von einem Einguß aus, gegossen, so daß sie zusammen ein gitterförmiges Gebilde darstellen, bevor sie auseinander gebrochen werden.

Gegossene Nägel. Ziernägel.

Ziernägel. Die Fabrikation der Ziernägel überhaupt ist besonders in Frankreich ein bedeutender Industriezweig (Manufacture de clous dorés). In dem Preiskurante einer derartigen Pariser Fabrik finden sich über 150 Nummern verschiedener, durchgängig elegantester Muster und Größen in acht Qualitäten vor, nämlich gewöhnlich gelb, leicht oder schwer im Feuer vergoldet oder versilbert und von poliertem Stahl. Unter dem Namen clous de tapissiers (Tapeziernägel) gibt es Muster im Preise von 4—20 Frank das Tausend, clous pour bourreliers (Sattlernägel) von 3—6 Frank, clous de fantaisie gravés (Phantasienägel, graviert) von 12—60 Frank, clous pour malles (Koffernägel) von 12—60 Frank. Die Fabrik liefert täglich über 200000 Stück solcher Nägel, die ein außerordentlich gesuchter Artikel sind.

Bis vor zwanzig Jahren wurden diese Nägel, die aus einem verhältnismäßig großen, halbkugeligen, hohlen Kopfe und einem kurzen spitzen Schafte bestehen, durch Gießen in Formen hergestellt, doch waren die so fabrizierten Nägel mit mancherlei Unvollkommenheiten behaftet, indem sie nicht regelmäßig genug ausfielen, scharfe Ränder hatten, womit sie die durch sie zu befestigenden Stoffe zerschnitten und leicht zerbrechlich waren. Gegenwärtig werden sie durch Stanzen und Prägen mittels Maschinen erlangt.

Die zur Fabrikation nötigen Maschinen sind 1) eine Stoß- oder Stanzmaschine, womit ein Arbeiter täglich mindestens 1500 Stück Köpfe ausschneiden kann; 2) ein Fallhammer; 3) eine Polierbank, worauf bei schneller Rotation die Nagelköpfe mittels Polierstahl blank gemacht werden; 4) eine Prägpresse für verzierte sogenannte gravierte Köpfe.

In Fig. 468 ist die Herstellung solcher Nägel nach einer von Cormay erfundenen Methode illustriert. Die Köpfe werden hierbei aus Kupferblech von etwa 1 mm Dicke in Scheibenform ausgestanzt. Dann werden diese Scheiben auf einer Prägpresse am Rande bis

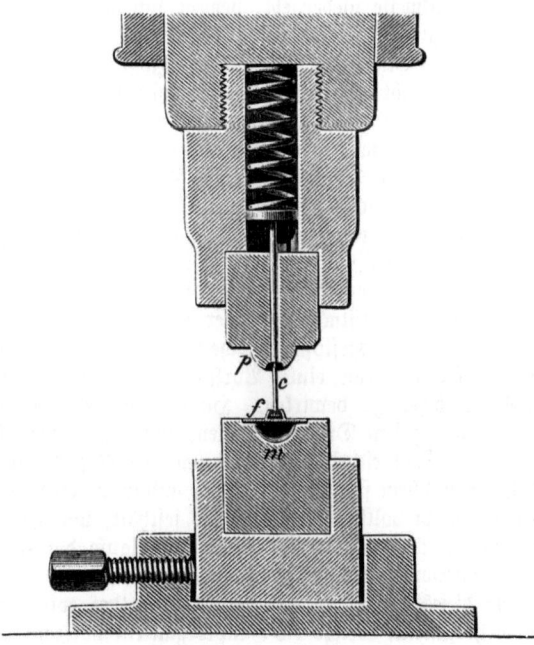

Fig. 468. Maschine zur Herstellung von Tapeziernägeln.

Fig. 469—472. Verschiedene Phasen in der Herstellung der Tapeziernägel.

auf etwa ¼ mm Dicke zusammengequetscht und in ihrer Mitte ein kleiner ausgehöhlter cylindrischer Vorsprung gebildet, in welchen der mit dem Kopfe zu verbindende Drahtstift mit seiner Kuppe eingesteckt wird, um alsdann der Scheibe durch eine zweite Prägung die halbkugelige Gestalt zu geben und sie fest mit dem Stifte zu vereinigen. Zu diesem Zwecke legt man die bereits durch die erste Prägung vorbereitete Scheibe f auf eine Matrize m, welche mit einer halbkugeligen Vertiefung, entsprechend der Größe des zu bildenden Nagelkopfes, versehen ist. In dem vertieften Ansatz der Scheibe wird der Kopf eines Drahtstiftes c eingesenkt. Über der Matrize m befindet sich ein Stempel p mit einem konvexen, zu der Höhlung der Matrize passenden Vorsprunge. Sobald dieser Stempel mit dem gehörigen Drucke gegen die Scheibe f gepreßt wird, tritt der Schaft des Drahtstiftes, der sich gegen eine mit einer Spiralfeder verbundene dünne Stange stemmt, in einen Kanal des Stempels ein, während der konvexe Vorsprung des letzteren die Scheibe f in die Höhlung der Matrize preßt und ihr so die verlangte Kopfform gibt, gleichzeitig aber auch durch Zusammenquetschen des in der Scheibenmitte befindlichen hohlen Ansatzes den Stift fest mit dem Kopfe vereinigt.

Neuerdings hat man Maschinen konstruiert, welche die bisher einzeln ausgeführten Operationen, wie das Ausstoßen der kleinen Metallköpfe, das vorbereitende Prägen derselben zu einer Art runder Näpfchen und die Anfertigung der kleinen eisernen Nägel mit glattem Schafte, Kopf und Spitze gleichzeitig und zwar automatisch, d. h. selbstthätig verrichten und so das Fabrikat, in allerdings noch rohem Zustande, fertig liefern. Eine derartige Maschine ist unter andern vom französischen Mechaniker Dubreuil erfunden worden.

Dieser Maschine wird das Kupfer, woraus die Köpfe gebildet werden, in Form eines Streifens und der Eisendraht im Ringe übergeben. Während der Eisendraht in vertikaler Richtung ruckweise niedergeht, bewegt sich der Kupferstreifen horizontal ruckweise vorwärts und empfängt auf seinem Wege den Druck eines kleinen Stempels, welcher in der Mitte des Streifens eine etwa $1/2$ mm tiefe Höhlung mit einem etwas größeren Durchmesser als der Draht macht, so daß das Drahtende leicht in dieselbe hineintreten kann. Sind dann Kupferstreifen und Eisendraht an der richtigen Stelle angelangt, d. h. ist das Drahtende in die kleine Vertiefung des Kupferstreifens eingedrungen, so vollzieht diese geistreich konstruierte Maschine die interessanteste Funktion. Der Kupferstreifen ist bei seinem Eintritt in die Maschine zwischen die zwei Teile eines Durchstoßes eingeführt worden, der Draht aber beim Herabgehen zwischen die Backen und die Spitzenpresse einer Stiftmaschine gelangt, Durchstoß und Stiftmaschine haben in diesem Falle die Eigentümlichkeit, daß der erstere in umgekehrter Richtung, d. h. von unten nach oben arbeitet und so das ausgestoßene Scheibchen emporhebt; die Stiftmaschine aber hat keine Kopfpresse. Der Stempel des Durchstoßes, welcher das herausgestoßene Scheibchen trägt und beim Aufsteigen unter das Drahtende bringt, bildet daran einen Vorsprung, um die Vereinigung des Nagelschaftes mit dem Kupferscheibchen zu bewirken. Hierbei vollzieht sich eine doppelte Operation, indem die Backen, welche den Draht festhalten, unterhalb einen kleinen vorspringenden Wulst haben, der in das Kupferscheibchen rings um den Nagelschaft eindringt und in demselben Augenblicke, in welchem sich der Nagelkopf anstaucht, eine vorläufige Fassung hervorbringt, welche den Nagelkopf vollkommen genügend festhält, um ihn gegen die Stöße widerstandsfähig zu machen, welche derselbe im weiteren Verlaufe der Fabrikation, namentlich beim Passieren der Scheuertonne, erhält. Die endgültige Form und vollständige Solidität, welche den Hauptvorzug dieses ausgezeichneten Produktes bildet, wird mittels einer zweiten, einfacheren Maschine hergestellt, welche als Hauptorgan ein horizontales, durch Druck wirkendes Prägwerk enthält. Die Matrize, welche die erhaben gewölbte Fläche des Nagelkopfes bildet, erhält durch einen Daumen eine hin und her gehende Bewegung, während der Stempel, welcher die Höhlung des Kopfes formt, fest mit dem Maschinengestell verbunden ist. Von diesen Maschinen waren im Jahre 1869 in den Pariser Ziernagelfabriken bereits vier Stück in Thätigkeit, welche zusammen täglich 170000 Nägel, entsprechend einem Totalgewicht von 50000 kg pro Jahr, zu liefern vermochten.

Die Nägel mit Porzellanköpfen, in welchem Fache Deutschland obenan steht, fertigt man in folgender Weise: Die Porzellanköpfe werden aus der betreffenden Masse durch Pressen geformt, gebrannt und glasiert und erhalten dabei behufs Aufnahme des Stiftes eine Vertiefung, welche mit einem schmelzbaren Material ausgefüllt war. Hierauf wird der Stift eingesetzt und durch Erhitzen und nachheriges Erstarren jener Masse befestigt. Letztere ist entweder ein asphalt= (pech=) ähnliches Material oder auch eine leichtflüssige Legierung.

Eiserne Nägel mit messingenen Köpfen oder Haken mit eisernen Spitzen oder Schrauben werden durch Angießen der Köpfe oder Haken gefertigt. Die Schäfte werden, durch Schmieden ꝛc. hergestellt, in entsprechende Sandformen gelegt, worauf das Messing herumgegossen wird. Alsdann werden die Köpfe abgedreht, die Haken befeilt und poliert. Handelt es sich um die Anbringung plattierter Kopfstifte, so verwendet man, wie bekannt, einen Überzug von geeignetem Blech, das z. B. aus Messing bestehen kann und als solches auch vielfach für derartige Überzüge beliebt ist. Bei der Herstellung kann man sich nach einem neuen Verfahren in folgender Weise verhalten: Über den Kopf eines gewöhnlichen Eisennagels wird eine passende, durch Stanzen in bekannter Weise hergestellte Messingkappe gestülpt, und nachdem der Nagel in eine Matrize eingesetzt, erfolgt die Befestigung der ersteren durch einen Stempel, dessen zapfenartiger Teil für genannte Kappe der in der Matrize gelassenen Aussparung entspricht. Die untere Fläche des Zapfens ist konkav und von entsprechender Form, so daß, wenn der Stempel unter Druck gegen die Matrize bewegt wird, die Messingkappe die Form der Aushöhlung des Zapfens annimmt und die Kante der Kappe sich unter den Kopf des Nagels legt.

Wie zur Verzierung der Nagelköpfe, so können derartige Bekleidungen auch zur Verbindung zweier Teile und natürlich dabei gleichzeitig zur Verschönerung dienen. So zeigt z. B. die Fig. 473 die Anfertigung von Schraubenhaken, wie sie als Rouleauhaken ausgedehnte Verwendung finden. Der Bolzen, welcher später durch Umbiegen zum Haken gebildet wird, wird mit seinem Kopf auf den Schraubennagel gesetzt und mittels des niedergehenden Stempels geschieht das Zusammenlegen der Kappe, indem, wie dies im Vorhergehenden beschrieben wurde, die letztere nach der Form der Stempelaushöhlung gebogen wird.

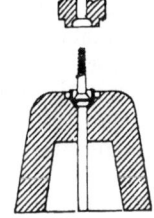

Fig. 473. Rouleauhaken.

Schraubenfabrikation. Neben den Nägeln und Stiften gehören die Schrauben zu den massenhaft erzeugten und verbrauchten Kleinartikeln aus Metall. Ihre Herstellung ist eine verschiedene, indem sie entweder aus freier Hand unter Beihilfe des festhaltenden Schraubstocks mittels Schneidekluppe und Schneidebohrer oder auf der Drehbank mittels des aus freier Hand geführten Schraubstahls oder mittels eines in automatisch geführten Support eingespannten Drehstahls, oder endlich mittels besonderer zur Massenfabrikation geeigneter Maschinen erfolgen kann.

In größter Menge, fast gleich den Nägeln, werden die Holzschrauben verbraucht, und ihre Fabrikation kann unter Umständen enorme Bedeutung erlangen. Eine einzige Fabrik zu Birmingham bringt jährlich mindestens 1000 Millionen Stück oder wöchentlich 150000 Gros dieses Artikels in den Handel.

Früher wurde die Holzschraubenfabrikation nur mit Hilfe sehr einfacher Vorrichtungen betrieben. Im Jahre 1845 nahm der Holzschraubenfabrikant Japy in Frankreich ein Patent auf Maschinen zur Holzschraubenfabrikation, während jetzt die in der größten Holzschraubenfabrik der Welt, der von Nettlefold & Chamberlain, und auch von andern Fabrikanten gebrauchte sinnreiche Maschinerie, von J. J. Sloane erfunden und zuerst von William Angely zu Providence in den Vereinigten Staaten benutzt, in Gebrauch ist. Sloanes Erfindung wurde vor etwa 25 Jahren in England eingeführt und hat dann alsbald auch bei uns, namentlich in Westfalen (Hagen), festen Fuß gefaßt. Die Holzschraubenfabrikation bedient sich nicht einer einzigen, sondern einer ganzen Anzahl von Maschinen, deren jeder eine besondere Funktion obliegt; ihrer Konstruktion nach kann man sie in drei Arten einteilen. Die Gewindeschneidemaschine schneidet in der Minute sechs Schrauben an, während die Drehmaschine in der Minute zehn Stück abdreht. Die Einschnitte in den

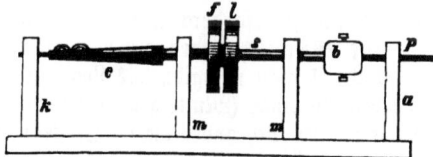

Fig. 474. Schneidebank für Holzschrauben.

Schraubenköpfen werden mit kleinen Kreissägen gemacht, von denen die Fabrik von Nettlefold & Chamberlain wöchentlich etwa 20000 Stück abnutzt, indem mit einer Säge etwa 1000 Schrauben eingeschnitten werden können. Diese Sägen haben circa 7 cm Durchmesser, 90—100 Zähne und kosteten früher pro Stück etwa 70—80 Pfennig, während man sie in der Birminghamer Fabrik schon seit einigen Jahren nach einer neuen Methode für etwa $1/2$ Pence das Stück herstellt.

Das ältere Verfahren bei der Herstellung der Holzschrauben beruht auf folgenden Operationen. Der Eisendraht wird auf einer Ziehbank zu der nötigen gleichmäßigen Stärke ausgezogen und in Stücke von geeigneter Länge zerschnitten. Unter einem Prägwerke mit Kniehebelmechanismus erhält jedes solches Drahtstück einen Kopf gepreßt, welcher in weiterer Operation auf der Drehbank geglättet und hierauf mit einem Einschnitt versehen wird. Das Anschneiden des Gewindes erfolgt ebenfalls auf einer drehbankähnlichen Maschine, deren Einrichtung in Fig. 474 skizziert ist. s ist eine Spindel, welche ihre rotierende

Bewegung durch einen auf die Scheibe f gelegten Riemen mitgeteilt erhält, während die daneben befindliche lose Scheibe l zur Aufnahme des Riemens dient, wenn die Spindel s außer Betrieb gesetzt werden soll. Am hinteren Ende (rechts) ist die Spindel mit einer Büchse b versehen, in welche die 12—15 cm lange Modellschraube p gesteckt und fest mit der Spindel verbunden wird. Diese Schraube hat im Ständer a ihr Muttergewinde, während die Spindel s in den Ständern mm eingelagert ist. Am vorderen Ende ist eine Art langes Klemmfutter c angebracht, wovon Fig. 475 eine Ansicht in größerem Maßstabe zeigt. Die Befestigung des Schraubenschaftes in diesem Futter erfolgt in der Weise, daß der bereits mit einem Einschnitt versehene Kopf auf eine meißelförmige Schneide gesetzt und der Länge nach durch eine mittels Hebelvorrichtung aufgedrückte Schiene m (f. Fig. 475) festgehalten wird. Das Schneidezeug, von welchem Fig. 476 eine Spezialansicht gibt, befindet sich in dem vordersten Ständer k (f. Fig. 474). Mittels eines Hebels n (f. Fig. 476) können die Messerhalter pp durch einen Druck mit der Hand weiter oder enger gestellt werden, um das Schraubengewinde bis zu der erforderlichen Tiefe in konischer Form einzuschneiden.

Das Anschneiden des Gewindes an Holzschrauben führt den Nachteil herbei, daß die Metallfasern zwischen den Windungen aus ihrem Längszusammenhange getrennt und dadurch in ihrer Festigkeit sehr beeinträchtigt werden. Mit Rücksicht hierauf hat neuerdings der englische Fabrikant F. P. Boyd sich eine Methode patentieren lassen, wonach besonders größere Holzschrauben ihr Gewinde angeschmiedet erhalten; die Fasern werden dabei nicht zerstört, erfahren nur eine Biegung und bleiben mit dem Schafte in vollem Zusammenhange. Nach diesem Verfahren sollen Holzschrauben von 1,4 cm Durchmesser an aufwärts in jeder Größe mit großer Schnelligkeit hergestellt und zu einem Preise geliefert werden, welcher den Preis der durch Maschinen geschnittenen Schrauben nicht übersteigt. Überhaupt sind in neuerer Zeit verschiedene Maschinen für Herstellung grober Holzschrauben durch Druck konstruiert worden. Eine sehr billige,

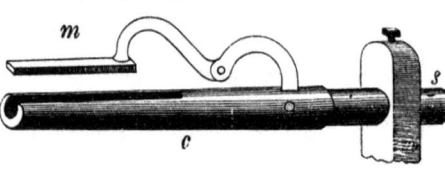

Fig. 475. Klemmfutter.

Fig. 476. Schneidezeug zur Holzschraubenfabrikation.

wenn auch nicht besonders gute Sorte Holzschrauben wird durch Eisenguß hergestellt.

Die Metallschrauben dienen zum Einschrauben in Metall, und es muß daher, weil das Material nicht nachgibt, das Loch, in welches die Schraube einzudrehen ist, mit genau passendem Gewinde (Muttergewinde) versehen werden. Es handelt sich also bei der Verwendung dieser Schrauben um die Herstellung des Bolzen- und des Muttergewindes; hierzu dienen verschiedene Mittel.

Die gröbste Art der Herstellung von Gewinden ist das Auflöten derselben, welche bei der Anfertigung der Spindeln und Muttern der Schraubstöcke verwendet wird. Man windet quadratisches Eisen von entsprechendem Querschnitt um den für sich hergestellten Schraubenkern, und zwar in zwei Lagen nebeneinander, so daß also möglichst parallele Windungen entstehen. Der eine Gang wird dann durch Verbohren, Binden 2c. provisorisch befestigt und der andre herausgedreht, worauf die definitive Vereinigung des zurückbleibenden Ganges durch Lötung bewirkt wird. Hierauf windet man den noch losen Gang wieder ein und dreht oder treibt die Schraube mit demselben in die Hülse. In der Regel spannt sich hierbei der lose (Mutter-) Gang so fest in die Hülse ein, daß die Schraube, ohne jenen zu verschieben, herausgedreht werden kann. Nunmehr endlich kann auch das Muttergewinde durch Verlöten festgesetzt werden. Namentlich ist es die Hülse, welche auf diese Weise hergestellt wird, während die Spindel in den allermeisten Fällen auf der Drehbank gefertigt wird.

Das Schneiden der Schrauben auf der Drehbank kann in verschiedener Weise geschehen. Im allgemeinen gibt es zwei Arten: Das Drehstück verschiebt sich bei ruhendem

Die Metallschrauben. 233

Stahl, oder der Stahl verschiebt sich, während das Drehstück nur rund läuft. Der erste Vorgang spielt sich auf der sogenannten Patronendrehbank ab. Die Drehbankspindel (die kurze Welle, an welcher das Drehstück befestigt ist) ist in ihren Lagern verschiebbar angeordnet und besitzt an ihrem freien Ende Gewinde. Durch Ansetzen eines zu diesem Gewinde passenden Mutterstücks (Patrone) zwingt man die Spindel, sich während ihrer Drehung mit dem Drehstück zusammen der Steigung der Patrone gemäß vorzuschieben, so daß der Drehstahl den entsprechenden Gewindegang einschneidet. In der Regel ist die Bank für verschiedene Gewinde vorgerichtet. Aus diesem Grunde ist die Patrone (auf der Drehbankspindel) auswechselbar und das Mutterstück als drehbare Scheibe angeordnet, welche mit der entsprechenden Zahl Gangstücken versehen ist und beim Gebrauch an die Patrone herangeschoben wird. In der Fig. 477 ist a der Spindelkasten, b die um ein gewisses Stück verschiebbare Spindel, c die Patrone und d die Mutterscheibe mit sechs verschiedenen Gewinden.

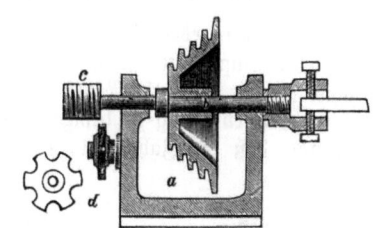

Fig. 477. Spindelkasten zu einer Patronendrehbank.

Wie bereits bemerkt, kann man mit dieser Bank nur kurze Gewinde (gleich der Verschiebbarkeit der Spindel) schneiden; die Unvollkommenheit derselben bezieht sich ferner darauf, daß das Drehstück an der Planscheibe bezw. dem Kopf der Spindel befestigt sein muß, und endlich kann man nur eine beschränkte Zahl von Gewindearten darauf fertigen. Man hat daher einen vollkommeneren Apparat ersonnen: die Leitspindelbank (Fig. 478). Das Prinzip dieser Bank ist bereits oben angedeutet: das Drehstück wird nur gedreht, während der Stahl sich dem gewünschten Gewinde gemäß entsprechend verschiebt. Derselbe ist nämlich in einen auf dem Drehbankbett leicht und sicher verschiebbaren Gestell, dem Schlitten oder Support a, gespannt, welcher durch die Leitspindel b hin und her geschoben wird. Zur Vermittelung dieser Bewegung dient eine Mutter, welche, aus zwei Hälften bestehend, in die Gänge der Leitspindel gedrückt werden kann und alsdann gezwungen wird, sich der Geschwindigkeit der Drehung der Leitspindel gemäß an derselben entlang zu bewegen. Die Leitspindel nun steht für sich mit der Drehbankspindel in Verbindung.

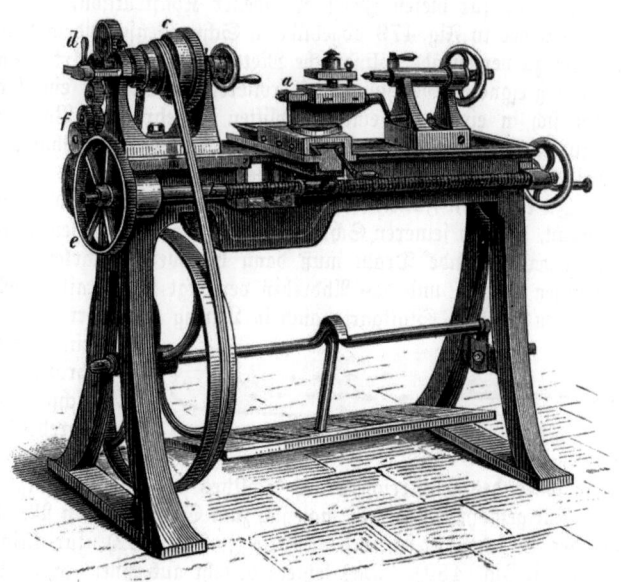

Fig. 478. Drehbank mit Leitspindel zum Gewindeschneiden.

Es ist klar, daß der Stahl um so feinere Gänge schneidet, je langsamer sich die Leitspindel dreht, die Drehbewegung der Drehbankspindel als gleichbleibend vorausgesetzt. Beim gewöhnlichen Abdrehen wird die Drehung der Leitspindel so langsam eingestellt, daß die auf dem Drehstück hervorgebrachte Ganghöhe (die Entfernung zweier benachbarter Windungen) kleiner ist als die Breite der Stahlschneide, so daß kein vertiefter Gewindegang bemerkbar ist. Durch Auswechseln der zwischen Leit- und Drehbankspindel befindlichen Zahnräder, welche aus diesem Grunde Wechselräder heißen, kann man nun die Ganghöhe beliebig ändern. In der Regel bezog man diese früher auf einen englischen Zoll. Die Leitspindel besitzt sehr häufig zwei Gänge auf den Zoll englisch, eine halbzöllige Schraube deren zwölf. Es muß also die Leitspindel sechsmal so langsam gedreht werden als die Drehbankspindel. Hat nun, was bei Annahme von zwei Gängen pro Zoll englisch für die Leitspindel in der Regel der Fall ist, das kleine Rad d, welches sich auf dem linken Ende der Drehbankspindel befindet, 20 Zähne, dann muß das Rad e auf der Leitspindel $6 \times 20 = 120$ Zähne haben. Würde die Leitspindel drei Gänge pro Zoll englisch und das Rädchen d 30 Zähne haben, dann würde das Übersetzungsverhältnis $\frac{12}{30} = 4$ sein, also das Rad auf der Leitspindelbank 4×30, mithin ebenfalls 120 Zähne erhalten müssen; d. h. bei Drehbänken, welche wie beschrieben eingerichtet sind, erhält das Rad auf der Leitspindel zehnmal so viel Zähne, als die Schraube Gänge pro Zoll englisch erhalten soll. Um dieses Rad e mit dem Rad d in Verbindung zu bringen, setzt man Zwischenräder ein, f in Fig. 478. Es kommt auch vor, daß die Zähnezahl, z. B. für grobes Gewinde, zu groß ausfällt, oder daß man ein passendes Rad e nicht findet. In diesem Falle nimmt man ein beliebiges andres Rad, z. B. mit 80 Kämmen, statt 120, und übersetzt durch Zwischenräder im Verhältnis von 120 zu 80, also von 3 zu 2. Unsre neueren Leitspindelbänke sind alle auf Steigungen, die sich durch runde Zahlen in Millimetern messen lassen, eingerichtet.

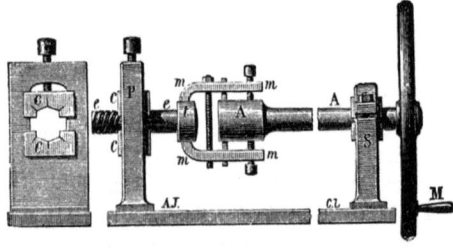

Fig. 479. Schraubenschneidemaschine.

Zur massenhaften Herstellung von Bolzen- und Muttergewinden benutzt man außer der Drehbank Maschinen von eigentümlicher, eigens für diesen Zweck erfundener Konstruktion.

Bei der in Fig. 479 abgebildeten Schraubenschneidemaschine wird das mit Schraubengewinde zu versehende cylindrische Metallstück in eine Art Klemmfutter am vorderen Ende der mit geeigneter Geschwindigkeit rotierenden Spindel eingespannt; das Schneidezeug befindet sich in einer auf einem Schlitten angebrachten Vorlage; es besteht aus drei mit geeigneten Zähnen versehenen Stahlbacken und wirkt in ähnlicher Weise wie die Schraubenschneidekluppe, von welcher nachher die Rede sein wird.

In einzelnen Fällen wird der Kopf der Metallschraube wie bei den Holzschrauben angestaucht, bei den feineren Schrauben aber wird er aus dem vollen Metall herausgeschnitten; der zu verarbeitende Draht muß dann bei weitem stärker sein, als die Schraubenspindel verlangen würde, und das Abdrehen verlangt viel Kraft. Solche Schrauben werden vorzüglich in Berlin, Stuttgart, auch in Leipzig fabriziert, und an letztgenanntem Orte hat Rechsteiner sogar Maschinen erfunden und zur Schraubenfabrikation benutzt, welche alle die verschiedenen Arbeiten des Kopfformens, des Abdrehens der Spindel, des Gewindeschneidens, des Abstechens von der Drahtlänge sowie des Einstreichens des Schlitzes selbstthätig besorgten.

Fig. 480. Schneideisen.

Für gewöhnlich bedient man sich zum Schneiden von Metallschrauben (etwa von $1/2$ cm an) der Geschwindschneidekluppe (s. Fig. 482), für kleinere dagegen des Schneideisens (s. Fig. 480). Das letztere besteht aus einem in Stahl eingebohrten und gut gehärteten Muttergewinde von vier oder fünf Gängen, welches dadurch schneidend gemacht worden ist, daß man in der Richtung der Achse Nuten eingefeilt hat, deren scharfe Ränder dem eingedrehten Draht das Gewinde einschneiden. Selbstverständlich können mit einem Loch nur Schrauben von derselben Stärke und derselben Ganghöhe geschnitten werden, und da die Operation mit der Hand geschieht, so ist die Wirkungsweise eine noch beschränktere.

Im allgemeinen kann man mit dem Schneideisen nur diejenigen Schrauben schneiden, welche durch einmaliges Herunterdrehen „ausgeschnitten" werden, d. h. ein reines Gewinde erhalten können, was von der Feinheit des Gewindes und dem Material abhängt. Dabei wird der Stift (Draht) in der Regel in den Schraubstock gespannt, während das Schneidwerkzeug von der Hand gedreht wird. In selteneren Fällen macht man es umgekehrt, dreht also den Stift in das festgehaltene Schneidzeug hinein. — Bei gröberem Gewinde

Die Metallschrauben.

ober härterem Material genügt ein einmaliges Herunter= bezw. Zurückdrehen nicht und es muß dann dem Schneidzeug eine Nachstellbarkeit erteilt werden. Dasselbe erhält daher bewegliche Backen und wird so zur Kluppe.

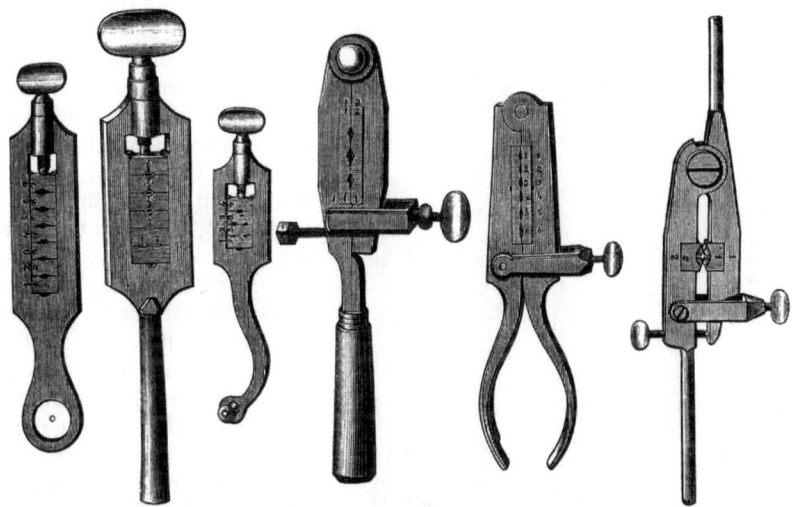

Fig. 481. Ringkluppe. Fig. 482. Kleine Stielkluppe. Fig. 483. Büchsenmacherkluppe. Fig. 484—486. Scharnier= oder Scherkluppen.

Die kleineren dieser Art sind noch, wie das Schneideisen, für eine Hand (auch einen Finger, Fig. 481) bestimmt und ist dann die Nachstellbarkeit entweder in der Längenrichtung (Fig. 481—483) oder in der Seitenrichtung (Fig. 484—486) angeordnet. In letzterem Falle besteht das Werkzeug aus zwei durch ein Scharnier verbundenen Teilen, welche durch Bügel und Stellschraube zusammengespannt werden können, und heißt dann Scharnier= oder auch Scherkluppe.

Die größeren Kluppen unterscheiden sich vorzugsweise in der Art der Backenstellung. Die Fig. 487—490 stellen die wichtigsten Grundtypen dieser außerordentlich mannigfach geformten Werkzeuge dar. Das Anspannen der Backen geschieht in Fig. 487 durch eine Keil= und in Fig. 488 durch eine Stellschraube, während in Fig. 489 deren zwei angewendet worden sind. In Fig. 490 endlich ist der eine (obere) Griff zur Stellschraube umgewandelt worden. Auch in der Befestigungsart der Backen finden wir Verschiedenheiten. In Fig. 487, 489 und 490 sind

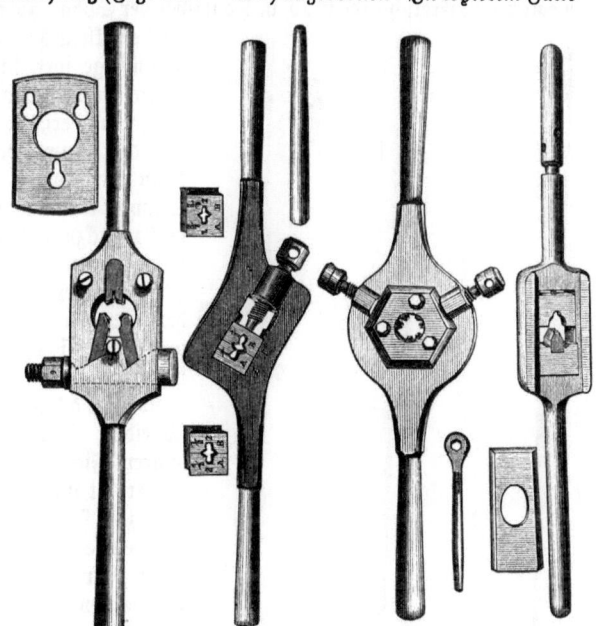

Fig. 487—490. Größere Schneidkluppen.

dieselben seitlich eingelegt und durch eine Decke festgehalten, die entweder eingeschoben (Fig. 490) oder aufgeschraubt sind (Fig. 487 und 489). Diese Kluppen heißen der genannten Einrichtung gemäß Deckenkluppen. Sehr häufig schiebt man die Backen ein (Fig. 488). —

Zum Einfachsten zurückgehend, mag noch der ursprünglichsten Methode, Gewinde zu schneiden, Erwähnung werden, wie sie die Holz- und Horndreher, auch Mechaniker, vielfach üben. Das Werkzeug hierzu ist der Schraubstift oder Strähler, ein mit mehreren Spitzen, die dem Gewinde entsprechen, versehener Stahl, welcher von der Hand gegen das rotierende Dreh-

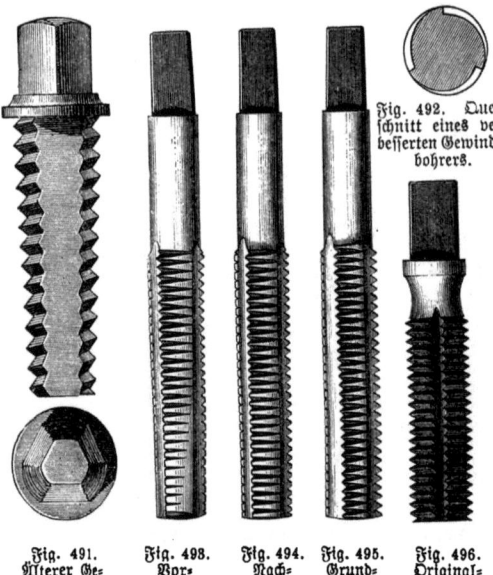

Fig. 492. Querschnitt eines verbesserten Gewindebohrers.

Fig. 491. Älterer Gewindebohrer.
Fig. 493. Vorschneider.
Fig. 494. Nachschneider.
Fig. 495. Grundbohrer.
Fig. 496. Originalbohrer.

stück gedrückt und gleichzeitig seitlich verschoben wird. Das Werkzeug erfordert viel Übung, namentlich um die seitliche Verschiebung genau der Steigung anzupassen, und es entstehen bei ungeübter Hand nicht selten zwei- statt eingängige Schrauben. Die Muttern werden mit einem ähnlichen Stahl „gestrählt", der dann die Zähne seitlich hat.

Zur Anfertigung der Muttern dienen die Bohrer. Während die Kluppen als stählerne, mit Schneidkanten versehene Muttern aufzufassen sind, stellen sich die Bohrer als stählerne Schrauben dar, welche durch Einarbeiten von Nuten geeignete Schneidkanten erhalten haben. Früher stellte man diese Schneidkanten einfach durch Anfeilen von vier (auch drei) Flächen (Fig. 491) her. Diese Werkzeuge wirken aber weniger schneidend als quetschend. Zur Zeit verwendet man fast nur solche Gewindebohrer, welche ihre Schneidkanten durch drei oder mehr eingearbeitete Nuten erhalten haben (Fig. 492). Um hier ein möglichstes „Freischneiden", d. h. Freilassen der Späne, zu erzielen, läßt man an den Zähnen

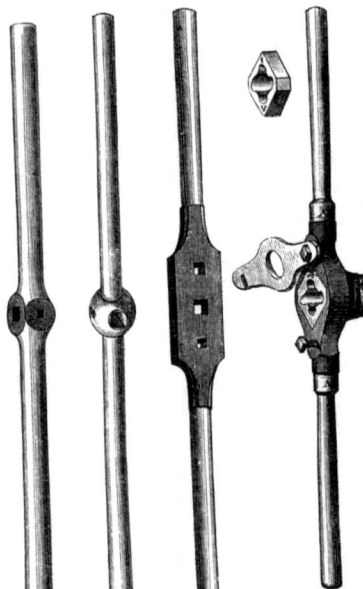

nur ein kleines Stück kreisförmig stehen und nimmt das übrige fort, so daß jeder Zahn einen spiralförmigen Rücken, von der Schneidkante her kreisförmig beginnend, erhält. Man hat diese Exzentrizität auch auf den Grund der Gänge ausgedehnt und fertigt dann die Bohrer auf Drehbänken, bei denen der Support während einer Umdrehung der Spindel dreimal zurückzuckt. Einige Fabrikanten gehen noch weiter und nehmen sogar, abwechselnd und spiralförmig heruntergehend, einzelne Zähne ganz fort, nur um den Spänen möglichst freien Abzug zu verschaffen und so ein sicheres Arbeiten der immerhin noch reichlich vorhandenen Zähne zu bewirken. — Der Verwendung nach unterscheidet man Vorschneider, Nachschneider, Grundbohrer und Original- oder Meisterbohrer (Fig. 493—496). Der Zweck der ersteren drei ergibt sich aus den Namen. Der Originalbohrer dient zum Nachschneiden der Kluppen und unterscheidet sich demgemäß durch schärfer ausgeschnittene Gänge. Zum Eindrehen der Gewindebohrer dienen die Windeeisen, von denen die Fig. 497—499 drei gebräuchliche Formen darstellen.

Fig. 497—499. Windeeisen. Fig. 500. Gaskluppe.

Die Form der Gänge (der Querschnitt derselben) ist sehr verschieden. Bei weichen Materialien (Holzschrauben) muß man dafür sorgen, daß zwischen den Gängen mehr stehen bleibt, als der Gang selbst beansprucht (Fig. 501), während bei andern Schrauben andre Rücksichten geltend gemacht werden müssen. Die Preßschrauben erhalten Gänge mit quadratischem oder trapezförmigem Querschnitt, je nachdem man eine sehr große oder sehr geringe Steigung (Fortschreiten bei einer Umdrehung) wünscht. Die Spindeln vieler Eisenbahnwagenkuppelungen sowie die Leitspindeln der älteren Drehbänke besitzen runde Gänge, lediglich zu dem Zweck der leichteren Reinigung. Die letzteren erhalten heute meistens Dreiecksgänge mit abgestumpfter Kante (ein symmetrisches Paralleltrapez im Querschnitt), weil dieselben neben dem Zweck einer Schraube auch den einer Zahnstange, zum schnellen Transport des Supports, zu erfüllen haben. Eine sehr ausgedehnte und bereits ziemlich einheitliche Verwendung findet das Gasgewinde, welches vermöge seiner Feinheit gestattet, wenigstens in geringeren Dimensionen (bis etwa zu 2 cm lichter Weite der Rohre), in einem Zug auszuschneiden. Die Gasklippen haben daher (Fig. 500) keine nachstellbaren Backen, wohl aber, zum sicheren Ansetzen, ein Führungsrohr, wie an der Figur deutlich zu erkennen.

Für die eigentliche Befestigungsschraube hat man nach dem Vorgange von Whitworth seit etwa 30 Jahren ein einheitliches System im Gebrauch, welches namentlich in Deutschland, England und Amerika die älteren sehr verschiedenen Systeme verdrängt hat. Der Querschnitt eines Ganges ist dabei ein gleichschenkeliges Dreieck mit 55 Grad Spitzenwinkel. Die Einführung des Metermaßes und der Umstand, daß Frankreich sich dem Whitworthsystem nicht angeschlossen hat, ließ schon seit vielen Jahren den Wunsch, ja die Notwendigkeit erkennen, unter Zugrundelegung desselben ein neues System zu schaffen, und namentlich war es Reuleaux, welcher hier bahnbrechend voranging. Leider ist es bis jetzt noch nicht gelungen, das genannte Ziel zu erreichen, doch steht zu hoffen, daß aus der Mitte der bereits zahllosen Vorschläge heraus ein Einheitssystem bald erstehen werde.

Fig. 501. Holzschraube.

Geschichtliches über die Nadeln. Der Gebrauchswert der Dinge ist oft ein ganz andrer als ihr Handelswert; aber der erstere wird uns gewöhnlich erst recht nahe gerückt, wenn wir eine notwendige Sache entbehren müssen. Lesen wir in Reisebeschreibungen, wie glücklich sich eine Eskimofrau fühlt durch das Geschenk einer einzigen Nähnadel, so haben wir damit gleich eine lebendige Illustration über den Unterschied beider Werte. Für den Menschen der ältesten Zeiten wuchsen die Nadeln wahrscheinlich frei in der Natur, und noch heute sehen wir Völker der Südsee mit spitzigen Dornen, Eskimos mit Fischgräten, afrikanische Neger mit eisernen Pfriemen Löcher in ihre Zeuge oder Tierhäute vorstechen und den Faden hinterher durchschieben. Die alten Kulturvölker jedoch gebrauchten bereits Nadeln in unserem Sinne; das sagt uns nicht allein das Neue Testament in seinem, allerdings umstrittenen Vergleich vom Kamel und Nadelöhr ausdrücklich, sondern wir vermögen das Walten der Nähnadel schon bei viel früheren morgenländischen Völkern zu erkennen, bei denen sich ein Grad des Luxus namentlich auch in der Kleidung entwickelt hatte, der ohne jenes kleine Instrument kaum als möglich gedacht werden kann. Es wurde im Altertum nicht bloß genäht, sondern selbst gestickt („mit der Nadel gemalt" nannten es die Römer), und dies setzte Werkzeuge von gewisser Feinheit voraus.

Lange Zeit haben die Nadeln aus gespitzten Metallstiften bestanden, deren hinteres Ende zu einem Ohr umgebogen war; voran gingen ihnen die knöchernen Nadeln von zwar grober, aber sonst recht brauchbarer Ausführung. Daneben aber finden wir unter den Überresten etrurischer, keltischer, griechischer und altrömischer Kultur Nadeln, welche nicht nur in bezug auf geschmackvolle künstlerische Ausführung noch heute als Muster dienen können, sondern die auch schon sehr scharfsinnig erdachte Instrumente darstellen, welche in den neuesten Zeiten geradezu erst wieder erfunden worden sind und ihrer Zweckmäßigkeit wegen massenhaft erzeugt und verwendet werden. Das Beispiel, welches wir hier im Auge haben, ist die sogenannte Schließnadel, die als etwas Neues in England patentiert worden und von dort zu uns gekommen ist; sie findet sich genau in derselben Form schon als Fibula bei den ältesten europäischen Völkern, und wenn wir unsre Altertumssammlungen durchwandern, drängt sich uns bei Betrachtung dieses unscheinbaren Gegenstandes die Wahrnehmung auf, daß wir in Rücksicht auf Schönheit der Form noch weit hinter der Gewerbthätigkeit des Altertums zurückstehen.

Als zu Anfang des 14. Jahrhunderts das Drahtziehen erfunden worden war, fiel eine sehr mühsame Vorarbeit weg, und das Nadelmachen konnte sich nunmehr zu einem fördersamen Geschäft gestalten. Die Heimat desselben in Deutschland und im Abendland überhaupt ist Nürnberg; hier finden sich zuerst um 1370 zünftige Nadelmacher erwähnt. Diese alten Nadler bildeten, ehe das Durchschlagen oder Bohren aufkam, das Öhr ihrer Nadeln dergestalt, daß sie das Drahtende breitschlugen, einen Mittelspalt hinein machten und die Enden der beiden Läppchen wieder zusammenklopften. Von den Nürnbergern lernten Franzosen und Engländer die Verfertigung der Näh- und Stecknadeln; bis über die Mitte des 16. Jahrhunderts bezogen letztere ihren Nadelbedarf teils aus Deutschland, teils aus Spanien. Um 1545 gab es in London einen Neger, der feine spanische Nadeln fertigte. Er wollte aber seine Kunst niemand zeigen, und so starb sie mit ihm wieder aus. Doch kam nicht lange darauf ein Deutscher und lehrte das Nadelmachen. Die Engländer haben das Gelernte gut angewendet, indem sie zuerst (seit 1650) den Großbetrieb der Nadelfabrikation ergriffen, die dazu nötigen Methoden und Maschinen erfanden und sich für längere Zeit zu den Weltlieferanten in diesem Artikel machten. Heute jedoch sind sie von deutschen Fabrikanten in der Güte der Ware völlig erreicht und in der Wohlfeilheit überholt. Hauptsitze der Nadelfabrikation sind Aachen und Iserlohn.

Die Nadelfabrikation ist einer von denjenigen Industriezweigen, bei welchen der Nutzen der Arbeitsteilung in der Vollendung und die Verwohlfeilerung der Ware am schlagendsten zu Tage tritt. Indem jeder Arbeiter nur einen ganz kleinen Abschnitt aus der ganzen Folgereihe der Fabrikationsarbeiten übernimmt und immer nur diese eine Arbeit ausführt, eignet er sich darin eine fast wunderbare Schnelligkeit und Akkuratesse an, und nur dadurch wird der billige Preis einer Nadel erklärlich, welche doch, ehe sie vollständig fertig wird, 80- bis 84mal durch die Hand gehen mußte.

Material und Herstellung der Nähnadeln. Das Material der Nähnadeln, die wir jetzt zunächst im Auge haben, ist meistens Stahldraht; für geringere und starke Sorten kommt auch Eisendraht in Anwendung, der dann erst im Laufe der Fabrikation in Stahl verwandelt wird. Die erste Arbeit ist das Aufhaspeln des zu verarbeitenden Drahtes auf einen großen Cylinder oder auf Haspeln von 5—6 m Umfang. Man erhält so einen großen Drahtring von 50—60 Windungen, der zunächst auf einer kräftigen Maschinenschere an zwei entgegengesetzten Stellen durchschnitten wird. Auf demselben Schneidezeug werden demnächst die so erhaltenen mehrfüßigen Drahtbündel in kürzere Enden

Fig. 502.
Vorrichtung zum Geraderichten der Nadeln.

(Schäfte) zerteilt, welche gerade die doppelte Länge der zu erzeugenden Nadeln haben. Da die Schere durch Maschinenkraft allein geht, so besteht das Geschäft des Arbeiters an derselben in dem Unterschieben des Drahtes, wozu er gleich ganze Bündel von etwa 100 Drähten auf einmal nimmt. Während er den Draht von linksher einschiebt, hält er mit der Rechten ein Modell entgegen, das etwa wie die Hälfte eines der Länge nach geteilten Bechers gestaltet ist und wonach sich die Länge der Abschnitte bestimmt. Indem die Schnittenden bis zum Anstoßen an das Bodenstück des Models eingeführt werden und der Schnitt des Scherenblattes dicht am Oberrande desselben durchgelassen wird, werden alle Abschnitte gleichlang. Die Schere macht in der Minute 21 Schnitte; zwei Schnitte sind nötig, um ein Bündel von 100 Drähten durchzuschneiden, und der dritte geht leer, weil in diesem Moment der Arbeiter die geschnittenen Schäfte weglegt; es können also in einer Minute etwa 700 und per Stunde 40000 Schäfte geschnitten werden, die 80000 Nadeln geben. In Aachen und andern deutschen Fabrikorten ist man jetzt in der Anwendung von Hilfsmaschinen weiter vorgegangen als in England. Hier wird schon das Schneiden der Schäfte von selbstthätigen Maschinen besorgt, die mit mathematischer Genauigkeit arbeiten und bedeutend mehr liefern als die Handarbeit. Ein Arbeiter genügt zur Beaufsichtigung von drei Maschinen.

Da die Schäfte bis jetzt noch schwach gekrümmt oder verbogen sind, so müssen sie nun gerade gerichtet werden. Man faßt zu dem Ende 5—6000 derselben in ein Bündel zusammen und schiebt ein paar starke eiserne Ringe darauf. Zunächst werden diese geschlossenen Bündel, um das Metall weich zu machen, schwach geglüht und dann zwischen zwei Stahlplatten, einer festliegenden und einer frei beweglichen mit schwerer Belastung, gerade gerollt (s. Fig. 502), indem letztere durch ein paar Arbeiter mittels Handhaben hin und her gezogen wird. Die Platten haben ein paar Längseinschnitte, in denen die Umfassungsringe gehen, so daß der Druck der oberen Platte lediglich auf die Drähte fällt.

Material und Herstellung der Nähnadeln.

Diese Platte, das Streicheisen, hängt an einem sich wie ein Pendel bewegenden Schwengel, und der ganze Apparat heißt die Richtmaschine. Durch die gegenseitige Reibung und Pressung beim Rollen, das in wenigen Zügen beendet ist, wird zugleich der Glühspan größtenteils abgearbeitet. Die einzelnen Drähte werden bei dieser Operation nicht nur von allen Seiten gedrückt, was nicht hinreichen würde, sondern durcheinander gerollt. Merkt man sich z. B. mehrere Drähte vor dem Richten, vielleicht dadurch, daß man sie etwas herausschiebt, so findet man dieselben nach kurzer Zeit durch das ganze Bündel verteilt. Es erfolgt darauf das Anspitzen der Schäfte an beiden Enden. Hierzu dienen Schleifsteine aus feinkörnigem Sandstein, die durch Maschinenriemen in reißend schnellem Umlaufe erhalten werden; 2000 Umläufe per Minute werden für erforderlich gehalten, wenn die Spitzen gut werden sollen. Der an seinem Steine sitzende Schleifer erfaßt, je nach der Feinheit der Drähte und nach seiner Geschicklichkeit, ein, zwei Dutzend und mehr Drähte und hält ihre Enden ausgebreitet an den Stein, während er sie zugleich zwischen Daumen und Zeigefinger hin und her dreht, damit sie von allen Seiten getroffen werden. Der Daumen ist hierbei durch eine Art ledernen Däumlings geschützt. Dieses Schleifen muß, um keinen Rost aufkommen zu lassen, trocken geschehen, und der dabei entstehende Stein- und Metallstaub macht die Arbeit zu einer für die Gesundheit des Schleifers höchst gefährlichen. Es sind deshalb auch schon vielerlei schützende Vorkehrungen ersonnen worden. Am wirksamsten erscheint eine Ummantelung des Steins so weit, daß noch ein kleines Stück desselben offen liegt. Der Luftzug, den der so schnell umlaufende Stein erzeugt, reißt dann den Staub in den Kasten hinein und treibt ihn durch das Abzugsrohr in eine geschlossene Kammer oder dergleichen. Am meisten scheint das Übel durch Anwendung der in Deutschland neuerlich erfundenen selbstthätigen Schleifmaschinen abgeschwächt zu werden. Es kann nämlich ein Mann vier Schleifmaschinen beaufsichtigen, ohne daß er ihnen, wie der Handschleifer, unausgesetzt nahe zu sein braucht, und wenn auch nicht für den gerade daran Beschäftigten der schädliche Einfluß sich vermindert, so gewinnt doch die Allgemeinheit dadurch, daß nicht so viele sich einer ungesunden Thätigkeit hinzugeben brauchen. Die Schleifmaschine ist die Erfindung des Nadelfabrikanten Schleicher zu Schöntheil bei Aachen.

Fig. 503 und 504. Packnadeln mit dreieckiger Spitze.

Die ihr auf einer schrägen Fläche vorgelegten Nadeln gelangen zwischen den Umfang einer mit Kautschuk belegten rotierenden Scheibe und werden in ein dieselbe etwa bis zur Hälfte umspannendes Kautschukband gebracht. Diese etwas gegen den Horizont geneigte Scheibe von etwa 33 cm Durchmesser legt sich mit einem Teile ihres vom Kautschukbande umspannten Randes in den am Umfange konkav geformten Schleifstein hinein und führt so die Schaftenden am rasch rotierenden Schleifstein in einer zum Anspitzen geeigneten Lage vorüber. Infolge der eigentümlichen Stellung der Scheibenachse zur Schleifsteinachse werden zuerst die oberen und dann die unteren Schaftenden während eines Vorüberganges angespitzt. Ein geübter Handschleifer spitzt an einem Tage etwa 15000 Schäfte, also 30000 Nadeln. Die Schleichersche Schleifmaschine schleift in der Stunde 10—12000 Schäfte beiderseits spitz, und ein Arbeiter kann vier bis fünf solcher Maschinen bedienen, indem er nur ungespitzte Schäfte vorzulegen und die gefüllten Sammelbüchsen wegzunehmen hat.

Ein andres Verfahren zum Anspitzen muß selbstredend bei eckigen Spitzen angewendet werden, wie wir sie bei den Packnadeln vorfinden, während diese, bis zu den größten Dimensionen hinauf, bis hierher nahezu ganz ebenso angefertigt werden. Hier muß nun wieder, wie beim Ohr, die Presse helfen, welche die Spitze breit drückt (Fig. 503 und 504) und ganz am Ende das Material so abquetscht, daß es leicht durch Abbrechen und Nachschleifen entfernt werden kann.

Nachdem die Drahtstückchen durch Anschleifen ihre beiden Spitzen erhalten, fragt es sich, ob man sie nunmehr mitten durchschneiden oder noch für weitere Prozeduren im ganzen lassen wird. Hierdurch sind zwei verschiedene Wege der Fabrikation bezeichnet, der ältere englische und ein neuerer, der vorzugsweise in Deutschland seine Ausbildung erhalten hat und befolgt wird. Werden die Schäfte durchschnitten, was wieder auf der Maschinenschere unter Anwendung eines Modells geschieht, so folgt hierauf das Pflöcken oder Stampfen, das Breitschlagen der Nadeln an ihrem stumpfen Ende. Dies geschieht aus freier Hand auf einem kleinen eisernen Amboß mit entsprechendem Hammer, und zwar mit ungemeiner Schnelligkeit. Der Arbeiter faßt mit der Linken immer ein paar Dutzend Nadeln zugleich am spitzen Ende, breitet sie fächerförmig aus und gibt ihnen mit leichten, raschen Hammerschlägen die verlangte Form, immer mit einem Schlage eine größere Anzahl zugleich treffend. Die Enden werden aber dadurch für die nächste Bearbeitung, das Durchlochen, zu hart, und daher müssen die Nadeln zuvörderst wieder schwach geglüht und langsam abgekühlt werden.

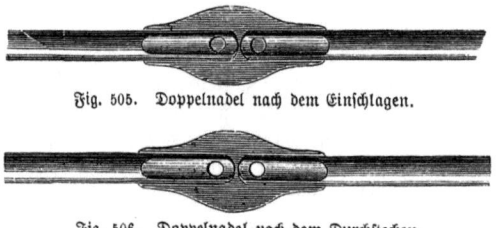

Fig. 505. Doppelnadel nach dem Einschlagen.

Fig. 506. Doppelnadel nach dem Durchstechen.

Das Ohr wird entweder durch Einschlagen oder mittels Durchstichs hervorgebracht; eigentlich gebohrt werden keine Ohre, wie man häufig glaubt; die Anwendung einer Bohrspitze bezieht sich stets auf eine Nachbearbeitung. Die herkömmliche Durchschlagmanier begreift zweierlei Arbeiten, das Einschlagen oder Körnen und sodann das Aushacken. Das erstere besteht darin, daß die Nadel mit ihrem hinteren Ende auf eine aufrecht stehende Stahlspitze aufgelegt wird und mit einem Hammer einen Schlag erhält. Dadurch bekommt sie die Vertiefung eingedrückt, welche, wenn vollends durchbrochen, das Ohr bildet (s. Fig. 505). Dies Durchbrechen oder Aushacken geschieht derart, daß die Nadel auf ein Bleiklötzchen gelegt, eine stählerne Punze auf die Markierung gesetzt und mit einem Hammerschlag das Loch vollends durchgetrieben wird. Das ausfallende Körnchen Stahl bleibt hierbei in dem Blei sitzen und die Nadel steckt an der Durchschlagpunze. Letztere dient nun

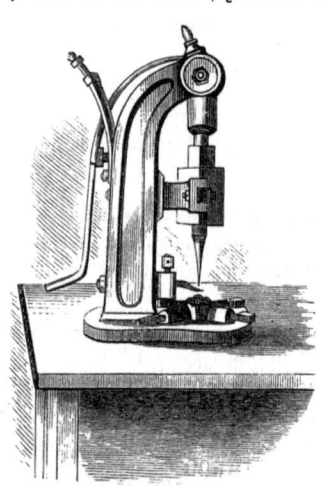

Fig. 507. Einspitzige Durchstechmaschine.

zugleich als Handhabe. Man führt sie mittels derselben auf einen kleinen Amboß und gibt erst auf der einen, dann auf der andern Seite des Ohrs einen leichten Hammerschlag, wodurch eine bessere Formierung des Ohrs erzielt wird. Solche Arbeiten an einer feinen Nadel gehören gewiß zu den subtilsten, und sie können auch kaum anders als von Kinderhänden ausgeführt werden. Die Kinder aber bringen es darin bis zu einer unglaublichen Fertigkeit und Geschwindigkeit. Sie machen vor Fremden gern das Kunststück, daß sie durch ein Menschenhaar ein Loch schlagen und das andre Ende desselben hineinfädeln. — In England ging man allmählich von der Methode des Durchschlagens zu der des Durchstechens über. Die dazu dienliche, hier abgebildete kleine Maschine ist leichtverständlich; ein Zug am Handhebel treibt die stählerne Spitze nieder und durch die richtig untergelegte Nadel hindurch.

Nachdem die Nadeln auf diese oder jene Weise ihr Ohr erhalten haben, bekommen sie die Rinne oder Kerbe angebildet, welche den Faden nach dem Ohr hinleitet. Dies geschah nach der alten Methode durch einen geschickten Feilenstrich auf jeder Seite der Nadel, wobei denn auch die Rauhigkeiten um das Hinterteil derselben entfernt und eine gehörige Rundung hergestellt wurde. Auch gegenwärtig noch ist die Feile das Instrument für diese Bearbeitung, aber sie geht nicht mehr einzeln von Nadel zu Nadel, sondern arbeitet en gros.

Überhaupt ist die bisher beschriebene Art der Nadelerzeugung so ziemlich ein fast überwundener Standpunkt, und neue Manipulationen und Hilfsmaschinen haben, zuerst namentlich in Deutschland, Platz gegriffen. Der Unterschied in der alten und neuen Fabrikationsweise tritt zuerst eigentlich hervor, nachdem die Schäfte angespitzt sind. Während man sie früher durchschnitt, bleiben sie jetzt vorläufig noch ungeteilt; die Reihenfolge der weiteren

Härten der Nadeln.

Prozeduren ordnet sie etwas anders, und eine Anzahl Handarbeiten werden durch mechanische Mittel ersetzt. Zunächst kommt eine Art Prägwerk, sehr ähnlich der Wippe zum Stecknadelköpfen, in Anwendung, dessen eiserner Fallklotz durch den Zug eines Fußtritts gehoben wird und ausgelassen zwischen einer Führung herabfällt. Sind die Schäfte rostig, so nutzen sich die Prägestempel rasch ab, weshalb man die Stelle der Schäfte, welche der Prägung unterliegt, zuweilen erst einer Politur unterwirft, die mit der Hand oder durch eine besondere Maschine mittels rotierender Schmirgelscheibe vollzogen wird. Was nun das Prägwerk betrifft, so sitzt an der Unterseite des Prägklotzes eine Punze, die immer auf dieselbe Stelle eines kleinen Amboßes und den hier stehenden Unterstempel auftrifft. Hier werden die Stifte einzeln aufgelegt und einem jeden derselben sein gehöriger Schlag zuerteilt. Mit einem Male erhalten damit die Stifte auf beiden Seiten folgende Formveränderung: sie werden erstlich abgeplattet, erhalten die zwei länglichen Vertiefungen, in welche nachgehends die Löcher zu liegen kommen; der kleine Raum zwischen den beiden Rillen erhält noch eine Mittelkerbung als Anfang der nachfolgenden Trennung, und gleichzeitig erhalten die Nadeln die ihnen zukommenden Nummern, Buchstaben, Fabrikzeichen u. s. w. eingeprägt. Neuerdings ist in den deutschen Nähnadelfabriken eine Nadelöhrvorschlagmaschine, nach Kaysers Patent, zur Benutzung gekommen, welche im Vergleich zum Fallwerk mehrere Vorteile bietet, indem sie mehr als dieses leistet, mit großer Präzision arbeitet und nur sehr wenig Bedienung erfordert, da ein Knabe eine ganze Reihe von Maschinen bedienen und beaufsichtigen kann, wodurch die Arbeiterzahl in der Fabrik sich sehr vermindern läßt. Die Kaysersche Maschine ähnelt einer Drahtstiftmaschine und arbeitet durch einen mittels Federkraft gestoßenen Stempel auf die selbstthätig von der Maschine vorgelegten Schäfte. In der Hauptsache finden vier Bewegungen in der Maschine statt: Zuführung der Schäfte; Regulierung ihrer Lage; Ausführung des Schlages durch die Feder; Entfernung der angekörnten Schäfte. Alle vier Bewegungen werden von der Antriebswelle durch Daumen bewirkt. Jetzt

Fig. 508. Durchstoßen der Nadeln.

erkennt man schon, daß es sich um ein heranreifendes Nadelpaar handelt; aber die Augen desselben müssen erst noch geöffnet werden. Dies besorgt unsre Arbeiterin an der Durchstoßmaschine, welche mit der Doppelspitze gleich in beide Öhre sticht. Neuere Stechmaschinen wirken mit Spitzen, die von unten nach oben gehen. Eine kleine Gehilfin der Stecherin reiht die Doppelnadeln, sowie sie fertig werden, auf zwei Drähte, so daß eine Figur wie das Grätenstück eines Fisches herauskommt. Hiernach lassen sich die Nadeln im ganzen bequem zu beiden Seiten überfeilen und von den durch die Prägung entstandenen Rauheiten befreien, worauf man sie auseinander bricht und die einfachen Reihen nun auch an den Bruchstellen entweder durch Handarbeit mit der Feile oder auf schmalen, rasch rotierenden Schleifsteinen zurundet und glättet, wobei man die Nadeln reihenweise, wie sie auf den Drähten angereiht sind, in breitmäulige Zangen spannt, die sich durch Federdruck von selbst schließen.

Nachdem solchergestalt die Nadeln ihre gehörige Form erhalten, werden sie gehärtet. Zur besseren Handhabung bringt man die unordentlich durcheinander liegende Nadelmasse zunächst in flache blecherne Mulden oder Schwingen und bewirkt durch eigentümliches Schütteln und Rütteln, daß sie sich binnen wenigen Minuten alle in die Längslage begeben.

Nunmehr kommen sie auf Schiebern von Eisenblech in den Härteofen, um über Kohlenfeuer rotglühend gemacht zu werden, worauf man sie sogleich mit streuender Bewegung in kaltes Wasser oder Öl wirft. Dies gilt von den Nadeln aus Stahldraht, während geringere, aus Eisendraht gefertigte Sorten, um sie nunmehr in Stahl zu verwandeln, mit einem Härtesatze — für gewöhnlich ein Gemisch von $3/4$ Holzkohlenstaub und $1/4$ Knochenmehl — in Tiegel gethan, diese zugedeckt und stark geglüht werden, worauf man den Inhalt ebenfalls noch glühend ins Wasser wirft (Zementieren). Die getrockneten und durch Schütteln wieder gerade gelegten Nadeln sind aber jetzt zu spröde geworden und werden in irgend einer Weise wieder nach- oder angelassen, entweder durch gelinderes Erhitzen auf Eisenplatten, bis sie violett anlaufen, oder durch Erhitzen mit Fett, bis dieses verbrennt, oder auch durch Sieden in Öl. Die besten Nadeln, denen man eine besondere Elastizität verleihen will, werden in Fischthran gesotten.

Fig. 509. Werkstätte zum Zementieren der eisernen Nadeln.

Eine sehr bequeme Vorrichtung zum Nachlassen der Nadeln besteht aus einer eisenblechernen, dünnwandigen Trommel von circa $0{,}6$—$0{,}8$ m Länge und $0{,}3$—$0{,}4$ m Durchmesser, welche über einem Feuer ganz ähnlich wie beim Kaffeebrennen in Umdrehung versetzt wird. Durch das Härten mit Wasser werden viele Nadeln krumm, mit Öl nur wenige; es werden daher alle leichten Verbiegungen durch ein Hämmerchen auf einem kleinen Amboß ausgeglichen, während man zu stark verzogene Nadeln als mißraten wegwirft.

Nach so verschiedenen Stufen der Bearbeitung ist die Nadel noch immer ein rauhes, schmutziges und kulturbedürftiges Ding; es folgt daher nun die langwierigste und mühsamste Arbeit, das Scheuern und Polieren der Nadeln, wenngleich hierbei viele Millionen Nadeln auf einmal in Arbeit genommen werden. Auf einer groben, festen Leinwand werden die in gehörige parallele Lage gebrachten Nadeln mit dazwischen gestreutem scharfen Sand oder, nach englischem Verfahren, mit Schmirgelpulver aufgeschichtet und die Masse mit Öl durchfeuchtet. Ist die Schicht groß genug, so wird das kurze Ende der Leinwand umgeschlagen und nun das Ganze zu einem wurstförmigen Körper aufgerollt, die Enden desselben fest zugebunden und die Rolle noch mit Bindfaden oder starken Lederriemen fest

Polieren und Fertigmachen.

umstrickt. Solche Ballen erhalten eine Länge von 42—56 cm und eine Dicke von 7—10 cm; der Inhalt eines jeden ist etwa $^1/_2$ Million Nadeln, und 20—30 Stück solcher Ballen, also 10—15 Millionen Nadeln, kommen auf einmal in Bearbeitung. Ihre Bestimmung ist, unter Druck eine geraume Zeit hin und her gerollt zu werden, und dazu dient die Scheuermühle, welche viel Ähnlichkeit mit einer gewöhnlichen Wäschrolle hat. Eine mit Steinkästen beschwerte Tafel, durch Maschinenkraft bewegt, rollt die Nadelballen auf einer Strecke von 28—42 cm unablässig hin und her. Nachdem dies 12—18 Stunden angedauert, wird die schwarze, aus Sand, Öl, Nadeln und Schliff bestehende Masse herausgenommen, mit Sägespänen in eine Trommel gethan und in dieser eine Zeitlang gedreht. Die Sägespäne nehmen Öl, Schmutz und Sand auf, und die Nadeln sondern sich schon ziemlich blank ab. Durch eine Gebläsemaschine von der Einrichtung einer gewöhnlichen Kornfege werden nun die fremden Substanzen von den Nadeln weggefegt und letztere dann für die weitere Behandlung wieder gerade gerüttelt. Denn mit dieser einen Bearbeitung ist die Sache noch lange nicht abgethan; die Nadeln kommen vielmehr mit immer feinerem Sand oder Schmirgel von neuem wieder unter die Rolle und in die Sägespäntrommel, und zwar im ganzen zehnmal, nämlich siebenmal mit dem Schleifmittel und die letzten dreimal mit Kleie. Statt des Sandes kommt gegen das Ende hin Zinnasche oder Eisenrot in Anwendung, Körper, die mehr polieren als schleifen.

Fig. 508. Das Braunieren.

Nach ihrer Anwendung tritt dann eine Wäsche der Nadeln mit heißem Seifenwasser in der laufenden Trommel ein, mit nachgehender Abtrocknung in Sägespänen.

Sonach dauert der Scheuerprozeß mit derselben Quantität Nadeln mindestens acht Tage, und gewöhnliche Sorten sind damit fertig. Sie werden jetzt noch einzeln mit leinenen Läppchen oder weichem Leder abgewischt und dabei die beim Scheuern zerbrochenen ausgesondert. Behufs der Verpackung ist es aber noch erwünscht, daß sie alle mit den Spitzen nach einerlei Richtung sehen. Man rüttelt sie also erst wieder in der Blechmulde in die Längslage und läßt sie dann von Kindern vollends in Ordnung bringen. Das Kind zieht etwa ein Dutzend Nadeln von dem Haufen weg, breitet sie auf dem Tische aus, drückt sie mit dem Zeigefinger der linken Hand leicht nieder und tupft mit dem rechten, der in einer Kappe von dickem Tuche steckt, leise gegen die Enden. Alle Spitzen, die rechts stehen, bringen in das Tuch ein, und die betreffenden Nadeln können nun leicht abgesondert und für sich gelegt oder auch gleich gewendet und zu den andern gelegt werden. Dann findet meistens noch ein rasches Sortieren zur Absonderung zu kurz ausgefallener oder gebrochener Nadeln statt. Die Nadeln werden bündelweise in einen Ring gestellt, die Öhrenden nach unten, und durch Aufstoßen auf den Tisch die Unterenden in gleiche Ebene gebracht; hierauf mustert man die Spitzen und zieht etwaigen Ausschuß mit einem Zängelchen heraus.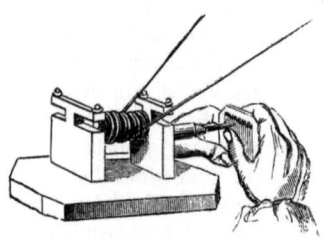

Fig. 509. Der Mechanismus des Drillstuhls.

Bessere Nadelsorten erfahren übrigens nach dieser allgemeinen Behandlung noch vielerlei Bearbeitungen, die auf ihre weitere Verfeinerung oder Verschönerung abzielen. Zunächst folgt bei allen einigermaßen besseren Nummern nach dem Scheuern die Schlußarbeit, durch welche die Spitzen der Nadeln auf mit Schmirgel und Öl versehenen Lederscheiben noch verfeinert werden; denn es ist einleuchtend, daß die Behandlung auf der Scheuermühle die Nadeln nicht spitzer, sondern stumpfer machen muß. Bei dem Wiederanspitzen, dem sogenannten Braunieren, hält man die Nadeln, etwa viertelhundertweise, an einen sehr rasch umlaufenden kleinen Schleifstein, so daß sie in der Richtung ihrer Länge angegriffen werden, und rollt sie mit den Fingern daran hin und her (s. Fig. 508). Der Stein ist seiner Form nach mehr eine kleine Walze als eine Scheibe und besteht aus einem quarzigen Glimmerschiefer; auch ist er in vielen Fällen nicht rund, sondern vierkantig, und hat dann eine schärfer angreifende Wirkung.

Gegenwärtig versteht man unter Braunieren die feinste Politur, welche den besten Nadeln auf ledernen Walzen unter Anwendung pulveriger Poliermittel gegeben wird.

31*

Die glatte Ausrundung des Nadelauges, um dem Zerschneiden des Fadens vorzubeugen, ist bei einer guten Nadel ebenfalls Bedingung. Hierzu dient das Drillen (Fig. 509 u. 510), eine sehr subtile Handarbeit. Auf ein dünnes Kupferplättchen werden etwa 25 Nadeln egal nebeneinander gelegt und auf dieser Unterlage, von beiden Daumen angedrückt, der Reihe nach gegen einen sehr rasch umlaufenden feinen Stahlbohrer gehalten, natürlich so, daß der Bohrer auch unfehlbar in jedes Ohr hintrifft. Die Arbeiter erlangen darin eine solche Sicherheit und Raschheit, daß der Blick des Zuschauers kaum zu folgen vermag.

Zur Ausarbeitung länglicher Nadelöhre ist eine Bohrspitze natürlich nicht das geeignete Werkzeug. Für diesen Zweck haben die Engländer ein andres, recht sinnreiches Mittel gefunden, das übrigens auch für runde Öhre paßt. Man reiht nämlich eine Menge Nadeln auf dünne, harte Stahldrähte, die entweder kantig oder mit Feilen rauh gemacht sind, und spannt sie in einen kleinen, schwingenden Apparat dergestalt, daß die Drähte etwa die Lage der Schaufeln eines Mühlrades haben. Die Drehung des Apparates in einer und derselben Richtung würde aber nicht viel bewirken; derselbe dreht sich vielmehr abwechselnd vor- und rückwärts und zwingt so die Nadeln zu allen möglichen Schwingungen und Überstürzungen; je toller desto besser, weil eben hierdurch das allseitige Glattreiben der Öhre um so sicherer erzielt wird.

Manche Nadeln haben am Ohr eine blaue Anlauffarbe. Es ist dies mehr als ein bloßer Anputz; die Nadel ist noch einmal an derselben Stelle erhitzt worden, um sie etwas weicher und weniger brüchig am Ohr zu machen. Auch hierzu dient eine kleine Maschinerie. Die Nadeln gleiten auf den gekerbten Umfang eines eisernen Rades dergestalt, daß in jede Kerbe eine Nadel fällt und mit dem Ohrende über den Rand des Rades hervorsteht. Während dieses sich langsam dreht und ein mitlaufender Riemen die Nadeln auf eine Strecke des Umfangs festhält, passieren die Öhre einige schmale Gasflammen.

Von den nicht wenigen Nadeln, welche den harten Maßregeln ihrer Erziehung unterliegen, sind wenigstens nicht alle verloren, denn diejenigen, die nur am Öhre mangelhaft sind, werden in einen andern Stand hinübergerettet, indem man ihnen auf dem Wege der Glasbläserei schwarze oder farbige Köpfe ansetzt, so daß sie zu Trauer- und Schmucknadeln werden.

Das Abfassen der Nadeln in einzelnen Hunderten und das Einlegen in Papier u. s. w. bildet dann wieder eine Reihe von Operationen, bei welchen immer ein kleiner Arbeiter dem andern in die Hände arbeitet. Gezählt werden die Nadeln nicht, sondern man bedient sich entweder einer feinen Wage, bei welcher in der einen Schale 100 gezählte Nadeln das Gewicht bilden, oder man benutzt ein eisernes Lineal mit 100 nebeneinander liegenden Kerben, in deren jeder gerade nur eine Nadel Platz hat. Man fährt mit einem Griff Nadeln über das Instrument hin und überzeugt sich, ob in jeder Kerbe auch eine derselben liegen geblieben ist.

In Deutschland hat die Nähnadelfabrikation ihren Sitz in Rheinpreußen (Aachen und Burtscheid), in Westfalen (Iserlohn und Altena), in Mittelfranken (Nürnberg und Schwabach) und in Thüringen (Ichtershausen). Zu den größten Fabriken in diesem Fache gehören die von Wolff und Knippenberg in Ichtershausen und die von Lammertz & Co. in Aachen; es arbeitet jede derselben mit etwa 60 Pferdestärken und gegen 500 Arbeitern. Die erstgenannte Fabrik produziert jährlich 350 Millionen Stück, die andre gegen 150 Millionen Stück Nähnadeln aller Sorten. Dieser Fabrikdistrikt und England zusammen werden sicher $9/10$ der gesamten Nadelfabrikation an den Markt bringen. Aachen hat seinen Hauptabsatz in Frankreich, Norwegen und Deutschland; Iserlohn verkauft außer in Deutschland hauptsächlich in Rußland und Amerika. Überall im Auslande findet das Fabrikat volle Anerkennung und macht dem englischen erfolgreich Konkurrenz. In Deutschland selbst haben sich die feinen Aachener Nadeln das Alleinrecht errungen, und das ehemalige Bestehen des Publikums auf englische Nadeln ist einer richtigeren Schätzung der deutschen Ware gewichen. In den wohlfeileren Sorten besteht eine Konkurrenz zwischen England und Deutschland überhaupt nicht mehr, da die Engländer nicht für die deutschen Preise arbeiten können.

In England hat die gesamte Nähnadelindustrie, nachdem sie mehrmals umquartiert worden, ihren Sitz in der freundlichen, etwa 7000 Einwohnern zählenden Landstadt Radditch aufgeschlagen, deren Name dadurch ebenso weltläufig geworden ist wie Sheffield und Manchester. Alles hängt dort von der Nähnadel ab; nur einzelne fertigen Stecknadeln oder Angelhaken.

Der Nähnadelfabrikation sehr ähnlich ist die der Stricknadeln. Dieselben werden fast durchgängig aus Eisendraht gefertigt und dann zementiert. Die Operationen sind genau dieselben, wie die der Nähnadeln und werden in folgender Reihenfolge vorgenommen: auf Länge schneiden, zementieren, warm richten (wälzen, rollen), schleifen, härten, anlassen, zum zweitenmal richten, also nachrichten, scheuern und endlich polieren. Der Unterschied liegt also, mit Ausnahme der zur Herstellung des Öhrs notwendigen Operationen, nur darin, daß das Zementieren bei den Nadeln nach dem Schleifen, bei den Stricknadeln vor demselben vorgenommen wird.

Fabrikation der Stecknadeln. Wie stark die aktive Armee der kleinen nützlichen Stecknadelmännchen wohl sein möge, hat selbst noch kein Engländer aufzusummieren versucht. Die Zahl müßte schier unaussprechlich sein, wenn wir bedenken, welche Massen die Ersatzkommissionen, die Nadler oder Nadelfabriken, alljährlich nur als Nachschub liefern, um die Armee vollzählig zu erhalten, deren Abgang allerdings groß ist; denn es gibt ja für die Stecknadel fast ebenso mannigfache Arten und Gelegenheiten, die Existenz einzubüßen, wie für den Menschen selbst.

Das Stecknadelmachen ist wie das der Nähnadeln eine alte, ursprünglich deutsche Industrie, die sich, wie so manches andre, an die erfinderische und gewerbfleißige Stadt Nürnberg knüpft, und das Technische dabei hat sich seit 1680 oder 1690, um welche Zeit die Wippe erfunden wurde, im wesentlichen nicht geändert, soweit überhaupt die alte Industrie mit Handbetrieb noch besteht. Der Stoff zu Stecknadeln ist fast immer Messingdraht; doch finden auch eiserne Nadeln, die schließlich blau angelassen oder mit Öl in

Fig. 510. Drillen der Nadeln.

der Hitze geschwärzt werden, als Trauernadeln einige Verwendung. Der Draht verlangt häufig eine Vorbearbeitung, um ihn härter zu machen, als er von den Drahtmühlen geliefert wird: man nimmt ihn nämlich etwas stärker, als die Nadeln werden sollen, und zieht ihn auf einem Handzuge (Handleier) noch durch einige Zuglöcher. Von dieser Vorarbeit abgesehen, ist die erste Handhabung das Geraderichten des aufgewundenen Drahtes auf dem sogenannten Richtholz. Auf einem Brett von hartem Holze befindet sich eine Reihe von sieben starken Stiften eingeschlagen, deren richtige Setzung von Wichtigkeit ist. Sie stehen nicht genau auf einer Linie, sondern es treten der erste, dritte, fünfte und siebente Stift etwas nach der einen Seite, die zwischenliegenden nach der andern zurück, so daß sie eigentlich zwei Reihen bilden, die sich aber doch so nahe stehen, daß der hindurchgezogene Draht mit jedem Stifte in starke Berührung kommt und selbst genötigt wird, sich in leichten Schlangenwindungen hin und her zu biegen. Hierdurch verliert er seine ursprüngliche Krümmung und wird ganz gerade. Damit der Draht aus den Richtstiften nicht nach oben herausspringen kann, wird er durch ein paar Holzkeile niedergehalten; hat das Richtholz länger gedient, so hat sich der Draht am Fuße der Stifte selbst eine Bahn eingeschliffen, die ihn nicht mehr herausläßt. Die Anordnung der Stifte muß sich genau nach der Drahtstärke richten und deshalb für jede Nummer eine besondere Zugreihe vorhanden sein. Ist der Anfang eines Drahtringes zwischen die Stifte eingelegt, so faßt ihn ein Arbeiter mit der Zange und zieht eine Strecke von etwa 20 Schritt heraus, kneipt dann kurz vor den Stiften ab und fährt so fort, bis alles in gleichlange, gerade Stücke verwandelt ist. Letztere werden nun in Bündeln von 100 und mehr Drähten zusammen ganz in derselben Weise unter Anwendung von Längenmodeln zerschroten, wie dies bei der Nähnadelfabrikation stattfindet, und zwar gewöhnlich ebenfalls in Stücke von doppelter Nadellänge. Hierbei kann Maschinenkraft förderlich sein, doch geht das Zerschneiden nach der hergebrachten Art auf der mit dem Fuße getretenen Stockschere auch flott genug. Der Arbeiter kann etwa sechs Schnitte in der Minute machen und stündlich 30—50000 Doppelschäfte liefern. Das Anspitzen dieser letzteren auf beiden Seiten und nachherige Halbieren ist auch eine uns schon bekannte Arbeit; nur geschieht hier das Schleifen nicht auf Sandsteinen, sondern auf schnell rotierenden Stahlscheiben (Spitzringen) von 12—15 cm Durchmesser, die auf ihrem Umfange mit Feilenhieb versehen sind. Für feinere Nadeln hat man auf derselben Welle wenigstens zwei Spitzringe mit verschiedenem Hieb, zum Grob- und Feinschleifen. Gleichzeitiges Bearbeiten von etwa zwei Dutzend Nadeln unter beständigem Drehen zwischen den Fingern findet hier ebenso wie bei den Nähnadeln statt, und das Geschäft ist ebenso ungesund oder noch verderblicher durch den auftretenden Schleifstaub, den man daher durch blasebalgartige Vorrichtungen möglichst zu beseitigen sucht. Aber die feinsten Messingstäubchen finden doch ihren Weg in die Lungen und in den ganzen Körper und untergraben die Gesundheit; ja die Wirkung ist so tiefgreifend, daß die Haare der Zuspitzer sich mit der Zeit deutlich grün färben.

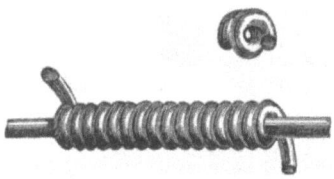

Fig. 511 und 512. Kopfspiralen.

Spinnen der Kopfspirale. Das der Stecknadelfabrikation Eigentümliche ist die Art, wie ihnen nunmehr ein Kopf aufgesetzt wird. Derselbe besteht, wie leicht zu ersehen, aus ein paar fest anliegenden Windungen eines dünneren Drahtes, und es gilt zunächst, diese Gewinde zu erzeugen. Ein großes, mit Kurbel und Schnur versehenes Rad treibt ganz in der Weise des Spinnrades eine kleine Spindel rasch um. Von letzterer ragt ein $2/3$—1 m langes Stück Messingdraht, von derselben Dicke wie die betreffende Nummer der Stecknadeln, als Verlängerung heraus und macht die Drehung mit. Es ist dies die Kopfspindel, und sie ist dazu da, den für die Nadelköpfe bestimmten Draht in einer dicht gedrängten Spirale sich aufwinden zu lassen. Der Kopfdraht, der weich und geschmeidig sein muß, wickelt sich von einer Spule ab und auf die Kopfspindel auf, nachdem der Anfang desselben an dieser fest gehakt worden. Die frei herausragende Kopfspindel bedarf aber hierbei auch für das freie Ende einer Auflage; der Arbeiter bedient sich dazu eines in der Hand geführten Klötzchens, das zwei Stifte und eine Öse hat. Zwischen die Stifte kommt die Spindel zu liegen, und durch die Öse läuft der aufzuwindende Draht. Hiernach dient dieses sogenannte Knopfholz zugleich zur egalen Aufleitung des Drahtes, so daß Gewinde sich an Gewinde legt, und wird zu diesem Zweck vom Arbeiter in angemessener Geschwindigkeit von dem festen Ende der Spindel bis zum freien hingeführt, wobei schon der sich aufwickelnde Draht selbst einen Antrieb gibt. Die Arbeit hat sonach in ihrem Ansehen etwas Seilermäßiges und heißt auch das Spinnen. Es geht aber dieses Vollwickeln des Drahtes so rasch, daß eine Person in der Stunde die Gewinde zu 36000 Nadelköpfen herstellen kann. Übrigens erfolgt die Herstellung von Drahtspiralen in derselben Weise auch bei andern Industriezweigen, z. B. bei Anfertigung von Hosenträgerfedern, und es gibt für dieses Spinnen auch selbstthätige Maschinen, die mit mehreren Spindeln zugleich arbeiten.

Die von den Spindeln abgezogenen Spiralröhrchen werden nunmehr auf einer kleineren und feineren Stockschere, wieder zehn und mehr Stück auf einmal, in kurze Stückchen geschnitten, deren jedes einen Nadelkopf gibt (Fig. 511 u. 511). Die Kunstfertigkeit besteht hier darin, daß jeder Abschnitt nicht mehr und nicht weniger als zwei Windungen hat, und außerdem in der außerordentlichen Geschwindigkeit, daher denn auch ein solcher Kopfabschneider

20—40000 Stück in der Stunde expediert. Um das nun folgende Anköpfen zu erleichtern, werden die Abschnitte gewöhnlich durch Ausglühen noch mehr erweicht.

Anköpfen. Die letzte Hauptoperation bildet die Vereinigung des Nadelschaftes mit dem Kopfe, das Anköpfen, auf der Wippe, die eine Art kleines Fall= und Prägwerk vorstellt. Auf einem soliden Tischchen oder Holzklotz ist ein kleiner stählerner Würfel befestigt, in dessen Oberfläche ein rundes Grübchen für den Kopf und eine Kimme zur Aufnahme des Schaftes der Stecknadel eingepunzt ist. Dies ist der Unterstempel der Wippe, und das Gegenstück hierzu, ein eben solches stählernes Klötzchen, enthält ebenfalls ein halbkugeliges Grübchen, das auf jenes erstere genau paßt und mit ihm zusammen die Hohlform bildet, in welcher dem Stecknadelkopf Halt und Gestalt gegeben werden soll. Dieses zweite, den Oberstempel ausmachende Stück sitzt natürlich unten an dem beweglichen, auf und nieder gehenden Teile des Apparates, welcher aus einer senkrechten, in Führungen gleitenden Stange besteht, die in der Gegend ihrer Mitte mit einem Bleikugelgewicht von 4—6 kg beschwert ist. Durch einen Fußtritt oder Steigbügel mit Schnurenzug hat der Arbeiter diesen beweglichen Teil in der Gewalt; durch Niedertreten geht derselbe in die Höhe und fällt beim Nachlassen durch die eigne Schwere. Die Schläge können um so schneller erfolgen, da die ganze Hubhöhe beim Arbeiten noch keinen Zoll beträgt. Dies ist nun die Wippe, an welcher selbst Mädchen und Knaben arbeiten können. Der Arbeiter hat eine Partie angespitzte Schäfte und Kopfringel vor sich; er nimmt einen der ersten, fährt mit der Spitze in den Haufen der letzteren, spießt einen derselben auf, schiebt ihn sogleich nach dem Kopfende hin, legt, indem er durch einen Druck auf den Tritt den Oberstempel hebt, die Nadel in die kleine Versenkung des Unterstempels und gibt rasch vier bis sechs Schläge, wobei er der Nadel jedesmal eine Wendung gibt. Die Nadel wird nämlich bei dieser Bearbeitung nicht aus der Hand gelassen; sie steht mit der Spitze so weit heraus, als zum Halten nötig, denn die Arbeitsfläche des kleinen Amboßes oder Unterstempels beträgt, wie die seines Gegenstücks, nur etwa 9 mm im Quadrat. Durch die Zusammenstauchung des weichen Drähtchens in der Hohlform der Wippe bekommt der Kopf der Stecknadel einen festen Halt. Zur Befestigung trägt auch der scharfe Bart etwas bei, der durch den Scherenschnitt am Schafte entstanden ist und nun in die Masse des Kopfes mit eingearbeitet wird. Ein geübter Arbeiter kann per Tag 10—15000 Nadeln anköpfen; trotzdem hat man diese große Ausgiebigkeit der Menschenhand durch Maschinerie zu überbieten gesucht.

Nachdem die Nadeln ihre Köpfe erhalten und sonach in der Form vollendet sind, müssen sie jedenfalls von Schmutz und Anlauf befreit und wieder blank gebeizt werden, was durch Kochen mit Weinsteinlösung oder sehr verdünnter Schwefelsäure bewirkt wird; auch bringt man sie wohl mit der Beizflüssigkeit zusammen in eine Drehtonne und unterstützt so die Wirkung der Beize durch mechanisches Scheuern. Die gebeizten und mit reinem Wasser sorgfältig wieder gewaschenen Nadeln läßt man entweder gelb oder gibt ihnen schließlich, was in den meisten Fällen geschieht, eine Verzinnung durch das sogenannte Weißsieden. Die völlig rein gebeizten Nadeln werden zu diesem Ende mit Wasser in einen kupfernen, inwendig verzinnten Kessel gebracht, eine gewisse Portion Weinstein und feingekörntes Zinn oder Zinnspäne, auch wohl mit einem Anteil Zinnsalz, zugegeben und das Ganze so lange, etwa $1^1/_2$—2 Stunden, gekocht, bis die Nadeln durch einen Überzug von Zinn schön weiß geworden sind. Die weinsaure Salzlösung nimmt hierbei einen Anteil Zinn in sich auf, das sich aber durch Austausch gleich wieder auf das Messing niederschlägt, in derselben Weise, wie blankes Eisen, in eine Lösung von Kupfervitriol getaucht, sich augenblicklich mit einem Kupferhäutchen überzieht. Die weißgesottenen Nadeln werden gut gewaschen, durch Schütteln mit Sägespänen oder Kleie getrocknet, von dem Trockenmittel durch Sieben, Schwingen oder eine Windfege wieder getrennt, schließlich auch wohl in einer Lauftrommel mit Kleie noch etwas poliert.

In niederrheinischen Fabriken werden seit einiger Zeit die Nadelköpfe aus Zinn an die Schäfte angegossen. Hundert Schäfte, deren Kopfenden mit einem Schlage rauh gezwickt werden, sind in eine Zange gespannt, welche zugleich Gießform bildet und in welche das flüssige Zinn eingegossen wird. Die Grate werden auf einer Schleifmaschine beseitigt.

Einbriefen. Die Stecknadeln erscheinen im Handel entweder in ungeordneten Massen, wie die Nägel, und werden dann nach Gewicht verkauft, oder sie sind als Briefnadeln in gewisser Zahl und Ordnung auf Papier gesteckt. Dieses Einstecken besorgen Kinder, und die einfache Arbeit wird durch einige Hilfsmittel noch bedeutend bequemer gemacht. Das Papier wird von besonderen Arbeitern in die gehörigen Falten gelegt, entweder durch Brechen über eine scharfe Kante und Streichen, oder mehr maschinenmäßig durch einen kleinen Falzapparat; dann kommt es zwischen eine Art Klemme, die auf dem Arbeitstische in horizontaler Lage angebracht ist und hier durch Federdruck in der gehörigen Lage gehalten wird. Das Papier steht hierbei, mit dem Rücken der gebrochenen Falten nach dem Arbeiter zu gerichtet, etwas aus der Klemme hervor, und die Nadeln werden nun entweder ohne weiteres durchgestochen, oder das Papier wird vorher durchlöchert mittels eines Kammes mit stählernen Spitzen, der gleich eine ganze Reihe Löcher in der bestimmten Ordnung einsticht. Damit aber das Kind weder die vorgestochenen Löcher, noch, wo diese nicht gemacht werden, die richtigen Stellen für die einzustoßenden Nadeln zu suchen braucht, ist der obere linealförmige Teil der Klemme mit eingefeilten Kerben versehen, von der Stellung und Zahl, welche die Nadeln haben sollen, und es ist somit nichts nötig, als durch jeden der kleinen Schlitze hindurch eine Nadel ins Papier zu führen. Der kleine Arbeiter sorgt immer, daß er eine ziemliche Anzahl Nadeln zugleich in Händen hat, und um solche von dem wirren Haufen weg, den er auf dem Schoße liegen hat, gleich geordnet zu bekommen, bedient er sich eines geraden Hornkammes, in dessen Zinken er ein paar Griffe Nadeln einschlägt, wobei dann die mit den Köpfen nach oben gerichteten hängen bleiben und mit den Fingern abgestrichen werden.

Maschinen. In England und einzeln in Deutschland (z. B. Riebel & Müller zu Mühlhausen in Thüringen) hat man Maschinen, die ganz selbstthätig den in Rollen aufgegebenen Draht zu Stecknadeln verarbeiten, also das Abschneiden, Anspitzen und Anköpfen jedes einzelnen Stückes rasch hintereinander vollführen. Die Bildung der Köpfe kann hier nicht in der alten Weise geschehen, sondern der Kopf bildet mit dem Schafte der Nadel ein Ganzes; der letztere hat selbst die Masse dazu liefern müssen, mit einem Worte: die Köpfe sind angestaucht. Köpfe dieser Art sind nie ganz rund, sondern entweder langrund oder stumpf birnförmig, so daß sie sich einigermaßen den Köpfen gewisser Nagelsorten nähern.

In England ist durch eine ganze Reihe von Verbesserungen die Nadelmaschine dermalen zu einem hohen Grade von Leistungsfähigkeit gebracht; sie liefert in jeder Minute 300 Stück Nadeln, und ein Mann mit Hilfe von einem oder zwei Mädchen kann 10—12 Maschinen abwarten. Die Abwartung besteht hauptsächlich im Anlegen neuer Drahtrollen, welche die kleine Maschine in haftiger Eile verschlingt. In den Fabriken finden sich diese kleinen Mechanismen natürlich in Vielzahl, reihenweise von einer Dampfwelle getrieben und mit entsetzlichem Geräusch arbeitend. Das Anköpfen und Abschneiden eines Drahtstückchens ist Sache eines Augenblicks; diese halbfertigen Nadeln fallen dann in eine schräge, keilförmige Rinne, deren zwei Wände unten einen Spalt lassen, welcher wohl die Nadelkörper, aber nicht die Köpfe durchläßt, so daß ein reihenweises Aufhängen erfolgt. In dieser Ordnung werden die Nadeln noch ein Strecke horizontal fortgeleitet und kommen dabei mit gröberen und feineren rotierenden Feilen in Berührung, die ihnen eine richtige Spitze anbilden.

In England ist man übrigens neuerdings zu einer neuen Fabrikationsweise übergegangen, indem man es als zweckmäßiger fand, das Schneiden und Spitzen gänzlich nach alter Art durch Handarbeit zu verrichten und nur schließlich das Anstauchen der Köpfe einer nunmehr sehr vereinfachten Maschine zu übertragen; dieses Verfahren, welches gegenwärtig in den englischen Stecknadelfabriken ziemlich allgemein geworden ist, rechtfertigt sich durch die Beobachtung, daß gerade die Verfertigung und das Aufsetzen der Köpfe nach alter Art den größten Zeitaufwand verursacht; während nämlich nach dem alten Verfahren mit Winden und Schneiden der Kopfdrähte nebst Aufsetzen der Köpfe unter der Wippe eine Person stündlich wenig über 1000 Köpfe zustande bringen würde, liefert eine Maschine bei ungestörter Arbeit stündlich 7000—9000 Köpfe. Auch zum Einstechen der fertigen Nadeln in Papier sind Maschinen in Anwendung gebracht worden.

In Deutschland besteht der größte Teil der Stecknadeln noch aus handgefertigter Ware; das Maschinenerzeugnis bildet immer eine geringere Sorte, da bei diesen die Köpfe Rauheiten und Kanten zeigen, welche die Handhabung unbequem machen.

Diesem Amboß vergleich' ich das Land, den
  Hammer dem Herrscher
Und dem Volke das Blech, das in der Mitte
  sich krümmt.
Wehe dem armen Blech, wenn nur willkür=
  liche Schläge
Ungewiß treffen und nie fertig der Kessel er=
  scheint.
                                    Goethe.

Die Verarbeitung der Bleche und die Stahlfederfabrikation.

Verarbeitung der Bleche in früheren Zeiten. Der Klempner, seine Materialien und Werkzeuge, Hammer, Punze ꝛc. Die neuerfundenen Blechbearbeitungsmaschinen. Arbeitsprozesse. Spannen des Bleches. Ausschneiden der Form= stücke mittels Scheren und Meißel. Verbinden der Blechstücke durch Falzen, Löten u. dergl. Arbeiten über dem Sperrhorn. Rundbiegen. Abkanten. Börteln und die Börtelmaschine. Treiben und Drücken. Polieren und Fertigmachen. Metallmoiree. Lampenfabrikation. Die Stahlfeder. Ihre Fabrikation in Birmingham. Zubereitung des Rohmaterials zu Blechbändern. Ausstückeln der Federn. Schlitzen, Aufbiegen, Schleifen, Spalten, Putzen und Bronzieren. Verpacken.

Metallbleche bilden eine Art Halbfabrikat, eine Stufe der Formgebung, von welcher aus sie, in andre Hände übergehend, auf verschiedenen Wegen ihrer endlichen Gestalt und Bestimmung zugeführt werden. Die hierin liegende Arbeitsteilung hat sich schon seit den Zeiten des Mittelalters allmählich vollzogen; die Erzeugung von Blechen sowie die von Draht wurde Sache der Hüttenwerke und zum Teil besonderer Unternehmer. Im Altertum gab es eine Blechwarenindustrie in so ausgedehntem Sinne, wie wir sie heute besitzen, nicht; wenigstens verstand man nicht das Eisen derartig zu ver= wenden, und indem man dies Material mehr zu den scharfen, schneidenden Werkzeugen verbrauchte, blieben das weiche Gold und Silber sowie das auch noch leicht zu behandelnde Kupfer fast allein für getriebene Arbeiten übrig. Später freilich trat auch das Eisenblech in die Reihe der häufiger verwendeten Materialien, und die Harnischmacher und Plattner, welche die bewundernswürdigen Rüstungen der Renaissancezeit hervorbrachten, waren sogar große Künstler, deren Arbeit gar nicht mit dem zu vergleichen ist, was wir als Erzeugnisse unsrer heutigen Industrie hier ins Auge fassen müssen. Trotzdem würden wir ihre Leistungen an dieser Stelle mit zu besprechen Veranlassung gehabt haben, wenn nicht der Zusammenhang mit dem Waffenwesen uns früher schon darauf geführt hätte. Ebenso versparen wir uns einen andern Teil bis dahin, wo wir von der Gold= und Silberschmiedekunst sprechen werden, und beschäftigen uns hier nur mit derjenigen der Blechbearbeitung, wie sie in der Klempnerei stattfindet, und welche Eisen, Stahl, Zink, Kupfer, Messing und Neusilber als hauptsächlichste Materialien verwendet. Aus Kupfer hämmerte man schon sehr zeitig Schüsseln, Töpfe, Kessel, Lampen u. s. w., kannte auch schon die Gesundheitsschädlichkeit dieses Metalls und wandte bei zu Speise und Trank bestimmten Gefäßen das Schutzmittel der Verzinnung an. Auch hatte man, wiewohl anscheinend nicht so häufig, Speise= und Trinkgefäße aus Zinn.

In Deutschland gab es frühzeitig geschickte Kupferschmiede; schon im 13. Jahrhundert besaßen sie verschiedene Vorrechte. Seit dem 14. Jahrhundert wurden von Augsburger und Nürnberger Klempnern vorzüglich viele Gefäße aus dem gefälligeren und wohlfeileren Messing geschlagen. Deutsche und holländische Kupfer= und Messingwaren gingen noch bis zur Mitte des vorigen Jahrhunderts in großen Mengen nach England, bis die Besitzer der kurz vorher entdeckten reichen englischen Kupfergruben im Verein mit Birminghamer Fabrikanten diese fremden Bezüge allmählich entbehrlich machten. Birmingham ist seitdem der Hauptsitz der Herstellung aller Arten von Kupfer= und Messingwaren geblieben.

Eiserne Hohlgefäße wurden früher vom Schmied geliefert, bis nach Erfindung des Eisengusses die Herstellung solcher Waren größtenteils diesem zufiel. Die Verzinnung schmiedeeiserner Stücke im Innern geschah einfach so, daß das geschmolzene Zinn mit Werg auf die heiß gemachten Flächen gerieben wurde. Später fand man bessere Methoden der Verzinnung und wandte sie gleich auf eiserne Blechtafeln selbst an. Mit diesem Fortschritt, also der Erfindung des Weißblechs, war die Grundlage gegeben zu einer weit ausgedehnteren, einen großen Abnehmerkreis versorgenden Blechwarenindustrie. Das Verzinnen der Eisenbleche ist in der ersten Hälfte des 17. Jahrhunderts von Deutschen erfunden und soll früh in Böhmen ausgeübt worden sein, von wo es 1620 nach Sachsen kam.*) Von zugezogenen deutschen Arbeitern lernten erst die Engländer, dann die Franzosen die Kunst; die ersteren aber widmeten ihr die meiste Pflege, und das englische Weißblech war lange Zeit berühmt, sowohl wegen des schönen englischen Zinns als wegen der Anwendung sehr gleichförmig gewalzten Bleches. Der wichtigste Fortschritt in der Blechfabrikation trat mit der Einführung des Walzwerks (in der ersten Hälfte des vorigen Jahrhunderts) anstatt des früher ausschließlich benutzten Hammers ein.

Der hauptsächlichste Verarbeiter der Bleche aus gewöhnlichen Metallen ist der Klempner, wiewohl nicht wenig davon auch durch andre Hände geht, wie die des Gürtlers, Schlossers, Knopfmachers, Prägers u. s. w. Auch die bekannten Blechlöffel sind kein Produkt des Klempners, sondern bilden den Gegenstand einer besonderen kleinen Industrie. Während sonst der Vornehme mit silbernen, der Mittelmann mit zinnernen Löffeln speiste und bei den geringeren Ständen der Holzlöffel das Gewöhnliche war, suchten Schlosser und Sporer diese letzteren durch eiserne zu ersetzen, die sie roh aus dem Feuer arbeiteten und mit der Feile weiter ausformten. Da unternahmen es zuerst im Jahre 1710 zwei Arbeiter zu Beyerfeld im sächsischen Erzgebirge, die Löffel aus starkem Schwarzblech zu schneiden und dann auf kaltem Wege mit dem Hammer auszutiefen. Hierdurch war eine bedeutende Mehrleistung ermöglicht und die noch heute blühende Industrie der Löffelschmiede begründet, die sich bald über andre Gebirgsgegenden ausbreitete.

Im vorigen Jahrhundert und im Anfange des jetzigen stand die Klempnerei, wie das Gewerbe überhaupt, auf ziemlich niederer Stufe; sie war auf die Herstellung der einfachen Geräte für Haus und Küche und höchstens einige kleine Bauarbeiten beschränkt; Schwarz= und Weißblech waren das Material, in dem sie den Zunftgesetzen zufolge nur arbeiten durfte; etwas Messing wurde nur zuweilen als Verzierung angebracht. Aber hinter dem allgemeinen Aufschwung, den das gesamte Gewerbswesen seitdem genommen, ist auch die Blechwarenindustrie nicht zurückgeblieben. Namentlich gewann sie eine bedeutende

---

*) In Zoncas „Teatro de machine" vom Jahre 1621 wird S. 93 von dünnem verzinnten Blech gesprochen, „welches aus Deutschland kommt".

Erweiterung durch das Aufkommen der lackierten Blechwaren, ferner durch die Einführung des Drückens auf der Drehbank und endlich durch die Hinzunahme neuer Arbeitsmaterialien, wie des Zinks, dessen vielseitige Nutzbarkeit, namentlich für Gegenstände, die mit Wasser in Berührung kommen, immer mehr anerkannt und zu gute gemacht wird.

Allerdings haben sich in dem Maße, wie das Klempnergewerbe vielseitiger wurde, einzelne Zweige davon abgesondert und sind Gegenstand eines fabrikmäßigen Großbetriebes geworden, der vermöge Massenerzeugung und arbeitfördernder Hilfsmaschinen die Waren wohlfeiler liefern kann. Dahin gehören besonders die großen Fabriken für Lackierwaren, ferner solche, die entweder nur Lampen, oder Kaffee- und Theemaschinen, Wagenlaternen u. s. w. verfertigen. Indessen sind dies äußere Erscheinungsformen, die ebenfalls nur zur Vervollkommnung des technischen Wesens geführt haben.

Material und Werkzeuge des Klempners. Die gewöhnlichen Materialien des Klempners oder Blecharbeiters sind wie bekannt Weißblech und Zinkblech; Messingblech wird jetzt von den Klempnern nur noch wenig verarbeitet, vielmehr beziehen dieselben die daraus gefertigten Gegenstände aus besonderen Fabriken. Eine nicht unbedeutende Rolle spielt auch das verzinkte Eisenblech. In beschränktem Maße verarbeitet er Schwarzblech, Kupferblech, Nickelblech und zuweilen auch Neusilber. Das Weißblech, wovon gegenwärtig in Europa und Amerika zusammen jährlich nahezu 250 000 Tonnen zu 1000 kg erzeugt und verbraucht werden, kommt glatt und meist spiegelblank poliert in den Handel, indem es behufs seiner Vollendung zwischen fein polierten Stahlwalzen hindurchgetrieben wird. Der Klempner kann dasselbe daher ohne weitere Zurichtung verarbeiten; ähnlich verhält es sich mit dem Zinkblech. Die glänzendsten Weißbleche, englisches Fabrikat, dürften jedoch keineswegs als die besten gelten; vielmehr haben sie in der Regel die schwächste Verzinnung und rosten folglich leicht durch. Die äußerst schmiegsamen und am stärksten verzinnten russischen Weißbleche dagegen haben eher ein mattes Aussehen. Hat der Klempner andre Blechsorten, z. B. Messing, Argentan oder Kupferblech, zu verarbeiten, so hat er auch ähnlich wie der Kupferschmied zu verfahren, d. h. das in geeigneter Größe zugeschnittene Blech wird blank geschabt oder mit einem geeigneten Poliermittel abgerieben und dann durch Schlagen mit einem blank polierten Stahlhammer auf einem eben solchen Amboß behandelt, um es eben, steif und glatt oder in irgend eine gewölbte Form zu bringen. Diese Arbeit erfordert Übung und Zeit, da Schlag dicht neben Schlag sitzen muß, wenn das Blech schließlich ein gleichmäßig poliertes Aussehen haben soll.

Werkzeuge und sonstige Hilfsmittel gebraucht der Klempner in großer Zahl und Mannigfaltigkeit. Neben scharfen Geräten, wie Scheren, Meißel, Punzen, Schaber u. s. w., findet sich mindestens ein Dutzend nach Größe und Form verschiedener Hämmer, darunter auch hölzerne mit Köpfen von Buchsbaum oder einem andern feinen Holze. Die Bahnen, d. h. die wirkenden Flächen der Hammerköpfe, sind teils kreisrund und eben und nur an den Kanten gerundet (zum Polieren und Spannen), teils schwächer oder stärker, bis zur Halbkugelfläche, gewölbt (zum Treiben u. s. w.); andre Hämmer haben eine lange, schmale Bahn, die eine mehr oder weniger zugerundete Fläche bildet. Meistens dienen die Hämmer zu zwei verschiedenen Zwecken, indem sie auf beiden Kopfseiten mit einer Bahn versehen und beide unter sich verschieden sind. Die Unterlagen, auf denen die Hammerarbeit geschieht, heißen teils Stöcke (Polier-, Spann-, Treibstock), teils Hörner und Dorne. Der Schlagstock für große Arbeiten ist ein gewöhnlicher Schmiedeamboß.

Von der fortgeschrittenen Maschinentechnik sind nun in der Neuzeit eine große Zahl sehr nützlicher Vorrichtungen hergestellt worden, durch welche die früher ausschließlich geübte Handarbeit unterstützt oder ganz ersetzt wird, und es hat dadurch die Klempnerei wenigstens in den großen Werkstätten im Vergleich zum früheren Handwerk einen fabrikmäßigen Charakter erlangt. Im Durchschnitt läßt sich annehmen, daß mit den jetzigen Hilfsmitteln in derselben Zeit eine Werkstätte das Fünf- bis Achtfache der früheren Handarbeit bei gleicher Arbeiterzahl leisten kann, und dabei ist noch viel weniger Handgeschicklichkeit notwendig; ja es ist in der Hauptsache oft hinreichend, diese Maschinen von Frauen und Kindern bedienen zu lassen. Eine der ältesten Fabriken, welche sich in der Herstellung von Blechbearbeitungsmaschinen eines guten Rufes erfreut, ist die von Erdmann Kircheis in Aue (Sachsen).

Die erste Arbeit des Klempners besteht darin, aus den Blechtafeln die Stücke in der Form, wie sie das zu bildende Geschirr u. s. w. verlangt, mit der Hand- oder der Maschinenschere auszuschneiden, nachdem die Umrisse zuvörderst mit einem spitzen oder hakenförmigen Griffel (Reißahle oder Reißhaken) auf dem Bleche vorgerissen worden sind. Für gewöhnliche Vorkommnisse geschieht das Anreißen nach vorhandenen blechernen Mustern (Patronen). Die Zuschneidekunst des Klempners ist dieselbe, die auch der Papparbeiter ausübt, und die hierfür vorhandenen Anweisungen wenden sich an beide Arbeiterklassen zugleich. Nur ist das Blech ein noch kostbareres Material als Pappe, so daß man danach streben muß, möglichst wenig davon in die Späne zu schneiden, weshalb auch das Vorreißen mit Rücksicht auf die beste Ausnutzung des Bleches nur den kenntnisreichsten und umsichtigsten Arbeitern anvertraut wird.

Fig. 514. Kleine Tafelschere.

Zum Zuschneiden bedient man sich in der Hauptsache der Schere, die in verschiedenen Formen und Einrichtungen in einer guten Klempnerwerkstätte vorhanden sein muß.

Die Form der einfachen Handblechschere ist bekannt. Zum Abschneiden langer Streifen benutzt man die Tafel-, Stell- oder Winkelschere, bei der die eine Schneide horizontal fest an einem tischartigen Gestell verschraubt ist, während die andre Schneide in Verbindung mit einem langen Hebelarme steht und behufs der Erhaltung eines konstanten Schnittwinkels gekrümmt ist. Das Öffnen der Schere erfolgt durch ein Gegengewicht, das auf einer hinteren Verlängerung des Scherenhebels sitzt; das Zudrücken zum Schnitt bewirkt die Hand. Um einen rechtwinkeligen Schnitt zu führen, ist auf dem Tische ein zur Schneide rechtwinkelig gerichtetes Lineal angebracht, gegen welches das Blech angelegt wird. Ein zweites mit der Schneide parallel liegendes, verstellbares Lineal dient zur Bestimmung der Breite der abzuschneidenden Streifen; außerdem ist noch eine Klemmvorrichtung vorhanden, um das Blech beim Schneiden festzuhalten. Fig. 514 zeigt eine derartige kleine Schere zum Aufschrauben auf die Werkbank.

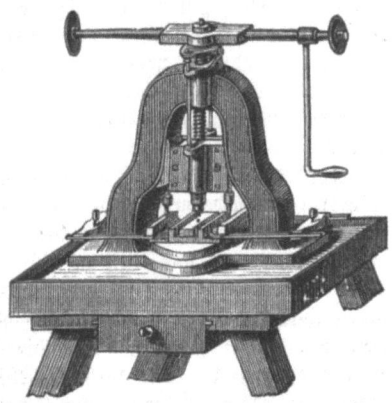

Fig. 515. Durchschnitt.

Was beim Ausschneiden die Schere (mechanische oder Stockschere und Handschere) nicht ausführen kann, müssen Hammer und Meißel besorgen. Das Blech wird dabei auf eine aus Blei und Antimon oder sogenanntem Hartblei bestehende Platte oder in gewissen Fällen auf eine Lochscheibe gelegt, und mit dem richtig senkrecht aufgesetzten Meißel der Vorzeichnung Punkt um Punkt nachgegangen. Hammer und Meißel dienen auch zur Herstellung von Durchbrechungen, wenn sie von einiger Größe und einfacher Gestalt sind; für kleinere derartige Ausschnitte in mancherlei Gestalt dienen Ausschlagstähle, verschiedenartig geformte stählerne Stäbchen, die gleich dem Meißel aufgesetzt und mit dem Hammer durchgeschlagen werden. Für manche Fälle sind diese Werkzeuge auch röhrenförmig gestaltet und ihre unteren Kanten schneidenartig zugeschärft. In dieser Form heißen sie beim Blecharbeiter Hauer; sie trennen ihre Plättchen durch einen wirklichen Schnitt aus dem Blech und nehmen sie in ihrer Hohlung auf. Zu gleichem Zwecke benutzt man den Durchschnitt, auch Lochpresse oder einfach Presse genannt, welche schneller und kräftiger die Durchlochung ausführen läßt als der mit der Hand geführte Hammer. Die unmittelbar arbeitenden Teile dieser Maschine sind der stählerne, vertikal bewegte Oberstempel (Stempel, Patrize) und der Unterstempel (Lochring, Matrize). Der Umfang des Oberstempels hat genau den Umriß des auszustoßenden Blechstücks und muß in den Unterstempel genau hineinpassen, damit ein reiner Schnitt ausgeführt wird. Die Bewegung des Oberstempels erfolgt durch Schrauben, Exzenter oder Hebel, während der Unterstempel im Gestell festsitzt. Fig. 515 zeigt einen

Material und Werkzeuge des Klempners. 253

solchen Durchschnitt von der gebräuchlichsten Bauart mit Schraube und Schwunghebel. — Für das Ausschneiden kreisrunder Scheiben von größerem Durchmesser benutzte man früher den Schneidezirkel, eine Art Stangenzirkel mit Messer, neuerdings wird mit den Kreisscheren diese Arbeit viel leichter verrichtet.

Die Kreisschere Fig. 516 ist eine der lohnendsten und notwendigsten Hilfsmaschinen für jede Klempnerwerkstatt; sie läßt sich nach richtiger Einstellung von jedem Lehrling bedienen, und ein solcher liefert mit ihr mindestens acht= bis zehnmal soviel Arbeit bei unvergleichlich besserer Ausführung, als der geschickteste Meister mit der Handschere zu liefern vermag. Ihre vorteilhafte Konstruktion gestattet, daß man damit genau kreisrunde Böden, Ringe und auch verhältnismäßig sehr breite gerade Streifen abtrennen kann.

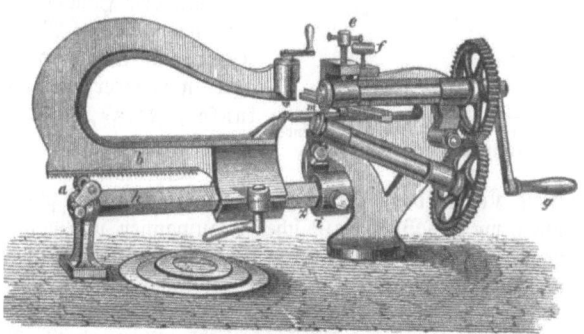

Fig. 516. Kreisschere.

Letzteres wird durch die bügel= artige Form des Gestells b er= möglicht, welche den Durchgang einer ziemlich breiten Blechtafel, von der das betreffende Stück ab= geschnitten werden soll, gestattet, und welche ebenso das Ausschnei= den eines runden Stücks aus einer größeren Tafel ermöglicht. Der wirksame Teil der Maschine sind zwei runde Messer, welche in Fig. 517 gesondert abgebildet sind, an der Maschine selbst Fig. 516 befinden sie sich bei m.

Soll nun ein kreisförmiges Stück, etwa der Boden eines Gefäßes, ausgeschnitten werden, so wird das Blech im Mittelpunkt des auszuschneidenden Kreises zwischen zwei Stahl= spitzen eingespannt, von denen die untere fest im Gestell sitzt. Das so eingespannte Blech läßt sich mit leichter Drehbewegung zwischen den Schneiden der scheibenförmigen Messer hindurchschieben, welche dabei genau in einer Kreislinie wirken. Die Messer selbst sitzen an den Enden zweier gegeneinander geneigten Wellen, welche durch Zahnräder so mit= einander verbunden sind, daß bei der Drehung der oberen horizontalen Welle mittels einer Kurbel die untere schräge Welle genau mit gleicher Geschwindigkeit umgedreht wird. Mittels einer Schraube lassen sich die Messer näher oder weiter stellen, um mehr oder weniger starkes Blech damit schneiden zu können. Beim Schneiden von sehr starkem Bleche werden die Messer nur allmählich einander näher gestellt, so daß das Blech erst nach mehrmaligem Durchgange vollständig durchschnitten wird; dies ist besonders beim Ausschneiden von Ringen nötig, damit kein Quetschen eintritt, wodurch die Blechränder unsauber ausfallen würden. Durch die Verschiebung des bügelförmigen Gestells b auf dem in Fig. 516 ersichtlichen Balken h mittels eines Zahnstangentriebwerks a können die Einspannspitzen in beliebige Entfernung von den Messern gebracht und somit größere oder kleinere Scheiben oder Ringe ausgeschnitten werden. Als Anlage beim Schneiden gerader Streifen dient ein quer im Gestellbügel liegendes, auf einem Stabe verschiebbares Lineal.

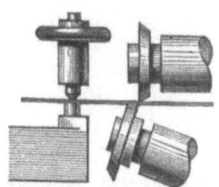

Fig. 517. Detail zur Kreisschere.

Zum Schneiden ovaler oder elliptischer Scheiben hat Kircheis die Einrichtung getroffen, daß anstatt des Bügels b ein sogenanntes Ovalwerk mit dem Balken h der Schere verbunden wird. Ein solcher Apparat kann auch zum Ausschneiden ovaler Pappscheiben für Karto= nagenarbeit benutzt werden, und es wird das Arbeitsmaterial dabei auf einer Scheibe befestigt, die während der Drehung gleichzeitig eine hin und her gehende Bewegung recht= winkelig zur Drehachse mitgeteilt erhält, wodurch der Schnitt in wechselnder, aber von Viertel= zu Viertelumdrehung symmetrisch ab= und zunehmender Entfernung vom Dreh= punkte herumgeführt und so eine elliptische Form gebildet wird.

Um Biegungen in einer gewissen Länge auszuführen, wie solche zur Herstellung von Gesimsen u. s. w. erforderlich sind, benutzt man sowohl Zange, Hammer und Amboß, als eigentümliche Umschlag= und Bördeleisen, und ganz besonders hierfür konstruierte

Abkante=, Falz= und Biegemaschinen. Handelt es sich um Verbindung zweier Blechkanten, dient häufig, wenn das allbekannte Mittel des Lötens nicht in Anwendung gebracht werden soll, weil es allerdings keine sehr große Sicherheit gewährt, der Falz, der als einfacher oder doppelter, liegend oder stehend gebildet wird, wie Fig. 518—521 bei a, b, c und d zeigt. Das Umbiegen der Blechkanten erfolgt mittels einer breitmauligen Zange, der Falzzange, das Zusammenklopfen des Falzes mit dem Holzhammer auf dem Amboß oder, wie beim Dachdecken, mit dem Schalleisen oder der Deckschaufel. Noch einfacher ist die Anwendung des Umschlageisens oder, wenn seine Kante gebogen ist, Bördeleisen genannt, das als kleiner Amboß mit schmaler langer Oberkante, eingespannt im Schraubstock, zum Auflegen der Blechkante dient, deren überragender Teil mit dem Hammer umgeschlagen wird. Das Arbeiten mit diesen älteren Werkzeugen, die in ihrer Handhabung zeitraubend sind und oft viel Geschicklichkeit verlangen, wird in neuerer Zeit mit großem Vorteil durch die Abkante=, Falz=, Sieken= und Wulstmaschinen ersetzt.

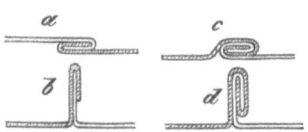

Fig. 518—521. a einfacher liegender Falz; b einfacher stehender Falz; c liegender Doppelfalz; d stehender Doppelfalz.

Im allgemeinen bestehen diese Maschinen aus zwei mehr oder minder langen gußeisernen Klemmbacken, welche mittels Keilen oder Exzentern durch einen Hebel schnell geöffnet und geschlossen werden können, um das Blech dazwischen einzuspannen und dann mittels einer beweglichen, gleichlangen Schiene, die Biegewange genannt, die vorstehende Blechkante in ihrer ganzen Länge auf einmal in geeigneter Weise umzubiegen.

In Fig. 522—525 sind die Klemmbacken A und B, von denen A der fest mit dem Gestell verbundene und B der bewegliche ist, sowie die Biegewange C im Querschnitt dargestellt, und es ist dabei die Wirkungsweise der in verschiedenen Stellungen vorgeführten Biegewange zu ersehen. Bei Herstellung von Rundungen, wie in Fig. 523, wird das Blech allmählich vorgeschoben und die Biegewange C ruckweise dagegen gedrückt. Bei kurzen Abbiegungen, wie in Fig. 525, wird die Biegewange umgekehrt, so daß die schmale Kante gegen das Blech wirkt. Indem an den beweglichen Klemmbacken B passend geformte Rundstäbe angelegt werden, kann man die verschiedensten Profile von Gesimsen ausführen, jedoch benutzt man zur Herstellung solcher Gesimse auch besondere Gesimsmaschinen, die das Blech zwischen zwei passend geformte Walzen biegen.

Die Abkante= und Falzmaschine ist für Klempner einer der wichtigsten Hilfsapparate. Es kommen dergleichen Maschinen in verschiedenartigen Ausführungen vor, sie sind aber in der Wirkungsweise einander alle ähnlich. Eine andre zur Röhrenfabrikation sehr nütz=

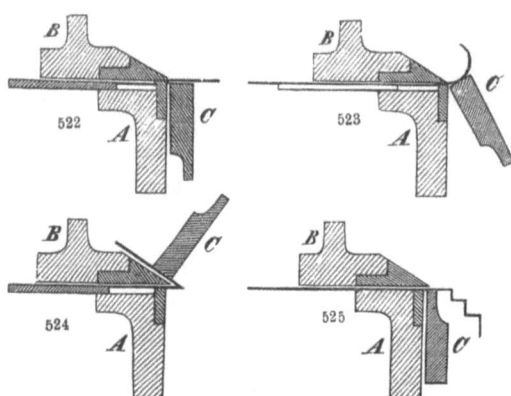

Fig. 522—525. Wirkungsweise der Abkante= und Falzmaschine.

liche Maschine ist die Runde= oder Rollmaschine, eine Art Walzwerk mit drei Walzen, von denen die oberste als Dorn dient, indem das Blech von den beiden andern Walzen um dieselbe herumgebogen wird. Werden Blechränder z. B. bei Dachrinnen zu Cylinderchen eingerollt, welche nur wenige Millimeter Durchmesser haben, so heißt diese Operation das Wulsten, und es dient dazu eine sehr einfache Vorrichtung, die aus einem Stahlstabe mit Längseinschnitt und einer gußeisernen Rinne besteht, in welcher der Stahlstab mit Räderwerk und Kurbel gedreht werden kann, nachdem man den Blechrand in dessen Einschnitt geschoben hat. Früher mußten schmale halbrunde Rinnen, sogenannte Sieken, mittels des Siekenhammers auf dem Siekenstocke ausgearbeitet werden, einem langen schmalen Amboß, auf dessen Oberseite eine Auswahl solcher Rinnen vertieft eingefeilt waren. Durch geeignete Abänderung an den genannten Maschinen läßt sich jede solcher Arbeiten jetzt mit der größten Raschheit und Genauigkeit auf rein mechanischem Wege ausführen.

Zur Herstellung von welligem oder gerifseltem Blech benutzt man die Riffelmaschine, welche aus zwei übereinander liegenden geriffelten oder kannelierten Gußeisenwalzen besteht.

Bei der Anfertigung von Gefäßen u. s. w. wird es der Steifigkeit wegen oft nötig, die Ränder zu einer Art Saum zu formen, d. h. dieselben umzustülpen und wie einen Falz übereinander zu drücken oder sogar zur weiteren Verstärkung einen Draht in den umgestülpten Rand einzulegen. Diese Arbeit wurde früher mit dem Bördeleisen und Hammer vorgenommen. Gegenwärtig benutzt man dazu die Sieken=, Bördel=, Drahteinlege=, Falz= und Falzzudrückmaschinen. In der Hauptsache bestehen alle diese Maschinen aus einem Paar mit den Umfängen aneinander liegender Metallscheiben oder kurzen Walzen, a und b in Fig. 526 und 527, von denen gewöhnlich die eine mit ihrem vorstehenden Rande in eine Vertiefung der andern eingreift.

Zu den interessantesten Blechbearbeitungsmaschinen, welche durch Biegung des Bleches wirken, gehört die Knieblechröhrenmaschine, auf welcher Eisenblechröhren eine kreisbogenförmige Krümmung erhalten. Es geschieht dies dadurch, daß das Rohrblech in gewissen Zwischenräumen einseitig in Falten zusammengerafft wird. Dieses Zusammenraffen oder Falten des Bleches wird durch einen Apparat bewirkt, der aus einem festen und einem beweglichen ringförmigen Backen besteht, welche durch eine scherenartige Bewegung die eingeklemmte Rohrwand zwischen sich zusammenquetschen. Aus all dem Gesagten ersieht man, daß die neuere Blechbearbeitung über einen sehr reichhaltigen Apparat von maschinistischen Hilfsmitteln verfügt.

Weitere Veränderungen der Flächenform werden durch das Stanzen, Treiben und Drücken erhalten. Die ältesten und einfachsten zum Treiben dienenden Mittel sind Hammer und Amboß; daß damit ein geübter Arbeiter schon sehr künstliche Formen zuwege bringen kann, beweisen die Arbeiten früherer Zeiten. Bei dem Treiben wird die Formveränderung nach und nach durch eine Reihenfolge von Hammerschlägen erreicht, wohingegen das Stanzen, Pressen und Prägen die Formveränderung auf der ganzen Blechfläche

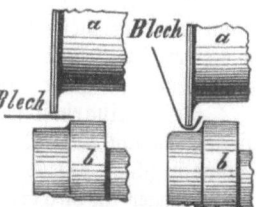

Fig. 526 und 527. Wirkungsweise der Siekenmaschine.

gleichzeitig bewirkt, indem dabei das Material mittels eines geeignet geformten Stempels in eine entsprechend ausgetiefte Matrize gedrückt wird. Man benutzt hierzu, je nach Erfordernis, verschiedenartig gebaute Pressen oder Fallwerke, wovon die ersteren durch stetigen Druck, die zweiten durch Schlag wirken. In bezug auf die für die Blechwarenindustrie geeigneten Pressen haben die Amerikaner Vorzügliches geleistet, und es werden jetzt ganz bedeutende Massen kleiner Blechdosen für Wichse, Konserven, Farben und Medikamente mittels solcher Pressen geliefert, von denen eine je 75—150 Stück (Dosen oder Deckel) in der Minute fertig macht, so daß derartige Dosen ebenso billig wie die früher üblichen Pappdosen sind. Außerdem aber werden durch diese Pressen auch noch viele andre Gegenstände auf erstaunlich billige Weise hergestellt: Knöpfe, Schnallen, Patronenhülsen, Lampenteile u. dergl. Auch größere Blechgefäße und allerlei Küchengerät werden mittels besonders eingerichteter Pressen hergestellt. Wir bringen eine dieser in den Fig. 528—532 zur Darstellung. Die Maschine schneidet zunächst eine kreisrunde Blechscheibe aus (dies muß bei Verwendung der Bördelmaschine auf einer Kreisschere geschehen), zieht deren Rand sofort auf, so daß eine cylindrische Büchse mit Boden entsteht, und wirft das fertige Stück heraus. Die Einzelzeichnungen Fig. 529 und 531 lassen die Wirkungsweise der Maschine erkennen. Eine Blechtafel a wird von der Hand zwischen Stempel b und Matrize c eingeschoben; b erhält durch ein auf Welle d Fig. 528 aufgekeiltes Exzenter hin und her gehende Bewegung in Richtung des Doppelpfeiles. Der niedergehende Stempel schneidet aus der Tafel eine kreisrunde Scheibe heraus, welche sogleich am Rande zwischen Stempel b und den in der Matrize liegenden Ring e eingeklemmt wird. Ring e ist getragen von vier bis sechs gleichlangen Stiften, deren andre Enden auf dem durch Feder f gestützten Teller g aufruhen. Dringt der Stempel b weiter ein, so schiebt er den Ring e vor sich her und drückt die Feder zusammen. Die ausgeschnittene Blechscheibe legt sich auf den mittleren cylindrischen Teil h der Matrize auf und der zwischen b und e mit einem der Zusammendrückung der Feder f entsprechenden Druck eingeklemmte Rand zieht sich heraus und legt sich um den Stempel h; es entsteht die Form Fig. 530 m. Bei dem Aufgang des Stempels schiebt die Feder den Ring e wieder empor und dieser hebt die fertige Büchse aus der Matrize. Die unter 45° geneigte Tischfläche läßt das Arbeitsstück nach hinten abgleiten; es fällt durch die Öffnung des Gestelles in einen untergeschobenen Behälter. Ganz ähnlich vollzieht sich die Herstellung des Bodens und der Deckel der nach Fig. 531 zusammengesetzten Konservenbüchse. Boden a besteht aus einem Stück; der Deckel aus einem ringförmigen Teil b und dem kleinen runden Schlußdeckel c, welcher in der Mitte ein feines Luftloch besitzt, dessen Schluß erst ganz zuletzt mit einem Tropfen Zinn erfolgt. Stempel und Matrize zur Herstellung des Ringdeckels b sind durch Fig. 532 dargestellt. Der runde Stempel xx schneidet zunächst einen Kreisboden von entsprechender Größe aus und schiebt ihn dann in die Matrize hinein. Hierauf schneidet Stempel yy die zentrale Öffnung aus, und es erfolgt bei noch weiterem Eindringen der Stempel die Bildung des Falzes an dem äußeren und der v-Rippe am inneren Rand.

Je nach der Arbeit, die man von ihnen verlangt, werden solche Pressen entweder durch Elementarkraft oder auch durch Menschenkraft in Bewegung gesetzt. Ganz neuerdings ist dem Ingenieur R. W. Fischer in Wernigerode eine hydraulische Presse zur Herstellung hohler Blechwaren patentiert worden, bei welcher als Stempel eine Flüssigkeit wirkt, die mit hohem Drucke unter das Blech gepreßt wird und so dasselbe kalt oder warm in die Form treibt; im letzteren Falle wird als Preßflüssigkeit geschmolzenes Metall benutzt. Das Blech wird hierbei gar nicht verletzt, sondern bleibt, wenn vorher poliert, ganz blank. Man kann mit dieser Presse sehr große Artikel, wie eiserne Boote, Vakuumpfannen u. s. w. aus einem Stück herstellen. In Amerika drückt man Zinnbüchsen direkt aus einem massiven Zinnblocke, und zwar einige Dutzend in der Minute u. s. w. u. s. w.

Die Treibarbeit fängt eigentlich schon da an, wo es sich bei Bearbeitung eines Blechstücks nicht um bloße Biegung, sondern zugleich um Drehung handelt. In diesem weiteren Sinne ist schon das Sicken hierher zu rechnen. Verwandt damit ist das Austreiben von Verzierungen an blechernen Platten und Geschirren, z. B. an Puddingformen. Man zeichnet die aus allerlei Strahlen, Sternen, Rosetten, Laubwerk und andern Ornamenten bestehenden Figuren auf dem Bleche vor und bearbeitet dieses mit passenden, schmalbahnigen Hämmern auf dem Bördel- oder Umschlageisen dergestalt, daß die Zeichnungen sich allmählich über die Fläche herausheben. Gegenwärtig ist die Treibarbeit nur für verhältnismäßig geringfügige Leistungen in Gebrauch; infolgedessen hat ihre Technik auch die hohe künstlerische Vollkommenheit, durch die sie sich in früheren Jahrhunderten auszeichnete, ganz und gar eingebüßt.

Leichter als aus freier Hand verziert man Blechsachen durch Stanzen oder Punzen, d. h. kleine am unteren Ende figurierte Stahlstempel, die, während das Blech auf einer Bleiplatte ruht, mit dem Hammer vertieft eingeschlagen werden, so daß auf der andern Seite die Verzierungen erhaben heraustreten. Bei fabrikmäßigem Betriebe kommen die schon erwähnten Prägwerke (Fallwerke) mit Ober- und Unterstempel in Anwendung, welche größere Prägungen ermöglichen, die, wenn ihr Relief sehr tief ist, durch mehrmalige Prägung unter Anwendung immer tiefer eindringender Stempel ausgeführt werden.

Eine Art Treibarbeit in Anwendung auf hohle Arbeitsstücke ist das Schweifen. Soll z. B. ein cylindrischer Becher nach oben zu ausgeweitet und nach außen gebogen werden, so bearbeitet man das Stück, indem man es an eine runde Amboßkante anlegt, mit dem Hammer von innen heraus so lange, bis das Metall sich genug ausgedehnt hat, um die verlangte Form anzunehmen. Ein Leuchterfuß ist anfänglich eine runde Blechscheibe, in deren Mitte ein rundes Loch ausgeschlagen ist. Den Rand dieses Loches treibt man in erwähnter Weise mit dem Schweifhammer aus, wodurch er sich über die Fläche des Bleches erhebt. Dann steckt man das Blech mit seinem Loche auf ein Sperrhorn (Schweifstock) und treibt durch Schläge auf die äußere Seite das Metall weiter empor, bis die verlangte Form entstanden ist.

Hohlgefäße, die keine Zusammenlötung erleiden sollen, wie z. B. Theekannen, Vasen, werden aus einem Stück Blech mit dem Hammer getrieben; das am besten hierzu geeignete Material ist das Kupfer. Dieses Treiben bildet daher die eigentlichste Arbeit des Kupferschmieds, kommt aber auch beim Klempner vor, wiewohl es hier zum großen Teil durch das Drücken auf der Drehbank vorteilhaft ersetzt wird.

Die Treibarbeit. 257

Um die durch das Hämmern entstehende Sprödigkeit zu beseitigen und Risse zu verhüten, müssen die Arbeitsstücke ab und zu geglüht werden. Dadurch ist das Weißblech, weil es bei dem Ausglühen die Verzinnung verlieren würde, als Treibmaterial ausgeschlossen, und auch das Eisen besitzt hierfür zu wenig Geschmeidigkeit. Nur schwach gewölbte Stücke, wie sie z. B. an Durchschlägen, Stürzen u. s. w. vorkommen, lassen sich aus Eisenblech herstellen. Dagegen ist das Zinkblech in letzter Zeit als Material zu getriebenen Arbeiten, namentlich für ornamentale Sachen, häufiger verwendet worden.

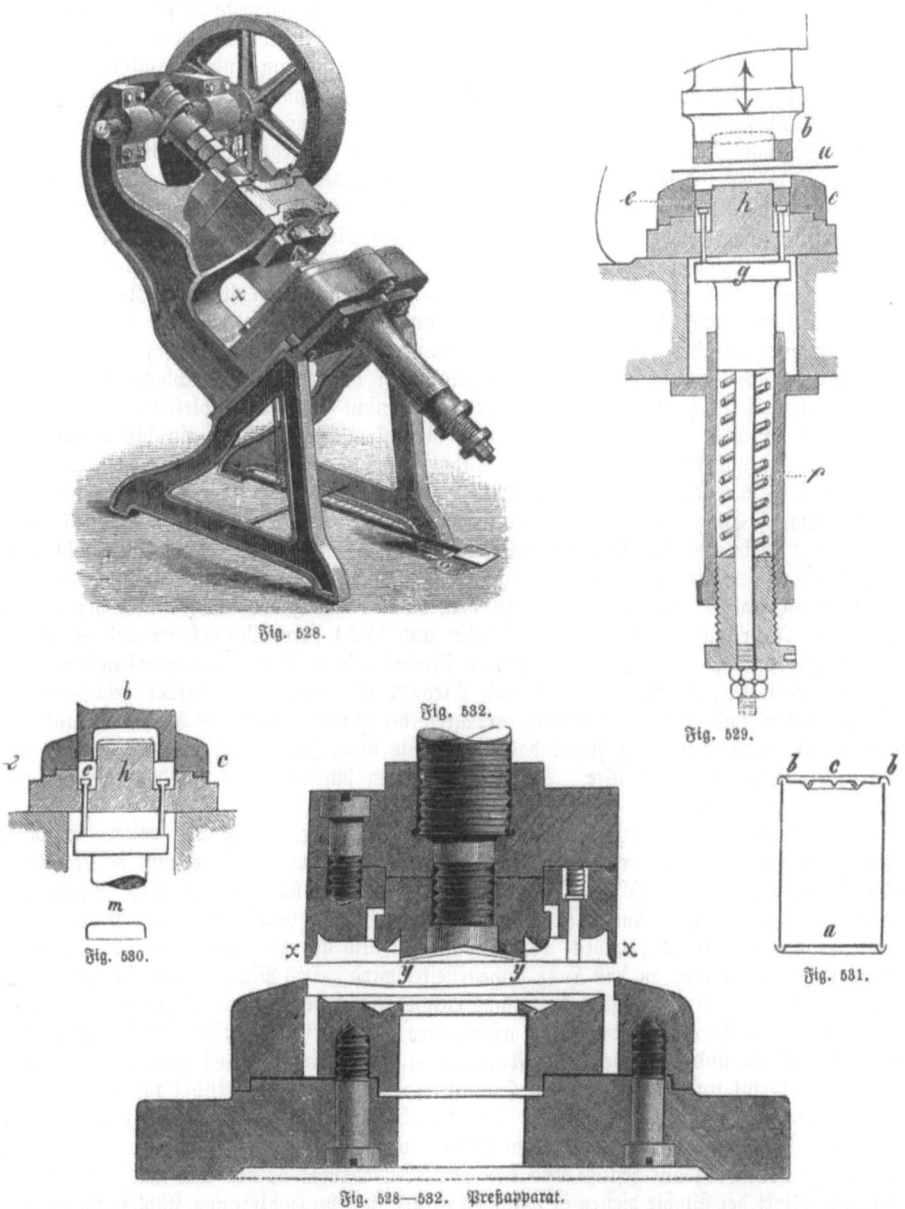

Fig. 528—532. Preßapparat.

Alle getriebenen oder geschweiften Gegenstände werden nach Ausbildung ihrer Form geschlichtet, d. h. mit polierten Hämmern glatt gehämmert, damit die Spuren des Treibhammers verschwinden und eine ebene Oberfläche hergestellt wird. Beim letzten und subtilsten Schlichten (Nachschlichten) wird entweder die Unterlage (Polierstock u. s. w.) oder auch die Bahn des Hammers mit Pergament belegt.

Das Treiben aus freier Hand findet besonders dann Anwendung, wenn es sich um die Herstellung einzelner Stücke in einer geringen Anzahl von Exemplaren handelt, während bei Anfertigung bestimmter Formen in großen Mengen das Gießen oder Stanzen im Fallwerk als der wohlfeilere Weg dem Treiben vorgezogen wird. Als ein Beispiel, wie die Blechwarenindustrie durch Anwendung zweckmäßiger Methoden Gebilde hervorzubringen im stande ist, welche bei sehr billigem Preis künstlerischen Wert besitzen, dürfen wir die blechernen Blumen anführen, welche Nachahmungen der Kinder Floras, in Weißblech und mit den natürlichen Farben lackiert, in der letzten Zeit eine so lebhafte Aufnahme gefunden haben. Dieser eigentümliche Industriezweig verdankt den Gebrüdern Zobel, Hofklempnermeistern und akademischen Künstlern in Berlin, seine Entstehung und Ausbildung bis zu den ausgezeichnetsten Leistungen. In der Fabrik der Genannten werden alle möglichen Blumen, Blattpflanzen und Bäumchen in schönster Naturtreue angefertigt und bilden für Zimmer, Salons, Gärten, Balustraden, Springbrunnen u. dergl. recht schöne und dauerhafte Verzierungen. Ihre Verwendung im großen finden diese Gebilde namentlich an solchen öffentlichen Vergnügungsorten, welche durch Anwendung der in neuester Zeit aufs raffinierteste ausgebildeten Illuminations= und Wasserkünste ihr Publikum fesseln, wie dies z. B. im Leipziger Kristallpalast der Fall ist. Da sind die Blumen meistens zugleich Teile der Gas= oder der Wasserkunst, es brennen Gasflämmchen in ihren Kelchen, oder diese senden feine Wasserstrahlen aus, oder es sind sonst Feuer und Wasser, wie z. B. an Springbrunnen, zwischen deren Strahlen Gasflammen brennen, zu überraschenden Effekten kombiniert. Auch die jetzt in die Mode gekommenen buntfarbigen Blechdekorationen und Zinnbrillanten für Christbäume dürfen hier wohl nicht unerwähnt bleiben. Überhaupt haben die mehr und mehr sich ausbreitende Gasbeleuchtung und ebenso die öffentlichen Wasserleitungen mit ihrem Gefolge von Bade=, Wasch= und andern Geräten, Springbrunnen u. s. w. der Klempnerei einen schönen und interessanten Arbeitszuwachs verschafft.

Drücken. Eine Menge Gefäße und sonstige vertiefte Gegenstände werden in der Neuzeit nicht mehr mit dem Hammer ausgetrieben, sondern rascher, schöner und wohlfeiler durch Drücken auf der Drehbank erzeugt. Es ist diese wertvolle und wichtige Art der Formkunst im Jahre 1816 zu Paris erfunden, dann einige Jahre später durch den Goldschmied und Fabrikanten Hossauer nach Berlin und 1824 durch Maierhofer und Klinkosch nach Wien verpflanzt worden. Die gedrückten silberplattierten Waren dieser ersten deutschen Drückwarenfabriken, welche in Form und Eleganz die aus echtem Silber gehämmerten noch übertrafen und wohlfeiler waren, erregten bei ihrem Erscheinen Aufsehen, und die Gewerksleute trachteten eifrig hinter das Geheimnis ihrer Herstellung zu kommen, das sich denn auch mit der Zeit enthüllte. Besonders machten sich Drechsler um die Ausbreitung dieser Kunst verdient.

Das Metalldrücken ersetzt die Schläge des Treibhammers durch eine sanftere Gewalt, einen fortgesetzten Druck, der sich, indem das Arbeitsstück auf der Drehbank in schnellem Umlauf begriffen ist, in rascher Folge von Punkt zu Punkt über eine größere Fläche hin verbreitet. Die Form, die das Blech hierbei erhalten soll, ist bereits in einem Modell aus hartem Holz oder Metall gegeben; der Drücker hat also nur zu sorgen, daß das Metall überall dicht und sauber an das Holz angearbeitet wird. Das Modell (das Futter, sagen die Fachleute) hat seine formgebende Fläche entweder auf der Außenseite oder es ist eine Hohlform; über ersteres wird das Blech aufgezogen, in letztere eingedrückt. Beide Manieren finden oft auf ein und dasselbe Stück Anwendung in der Art, daß es zunächst auf einem Vollfutter geformt und dann in einem Hohlfutter noch weiter ausgeführt wird.

Die hierzu dienenden Drückstähle sind verschiedentlich geformt, stets aber, wie ein Polierstahl, blank und ohne scharfe Ecken und Kanten. Sie werden wie beim Drehen auf die Auflage der Drehbank gestützt und des glatteren Ganges halber mit Talg oder Seife bestrichen. Statt der Stähle dienen in manchen Fällen, wie bei Hohlrinnen, stählerne Rädchen, die in einem Stiel eingesetzt sind. In vielen Fällen ist die Form der Arbeitsstücke bauchig oder in der Mitte verengt oder kanneliert, kurz so beschaffen, daß die fertigen Sachen gar nicht vom Futter abgezogen werden könnten, wenn dieses aus nur einem Stücke bestände. Hier müssen dann Teilfutter in Anwendung kommen, die aus mehreren Stücken bestehen und durch Schrauben, Zapfen, Ringe oder Lötung zusammengehalten werden.

Das Drücken gelingt begreiflich um so leichter, je dünner das Blech und je weicher das Metall seiner Natur nach ist. Zinn und Britanniametall, Kupfer, roh und plattiert, und feines Silber lassen sich am leichtesten drücken; schwieriger schon das Messing, das aber gerade das meistverwendete Material diesem Fache ist; Weißblech kann in der Regel gar nicht oder doch nur bei größter Weichheit des Eisens zum Drücken verwendet werden.

Gegenwärtig nimmt Wien in der Metalldrückerei den ersten Rang ein. Überhaupt werden in Österreich und Deutschland viel mehr Artikel durch Drücken auf der Drehbank erzeugt als in Frankreich, England und Amerika, wo man es der Massenerzeugung wegen für vorteilhafter findet, Pressen zu benutzen. So ist das Metalldrücken für die Kleinindustrie im Metallfach von größter Bedeutung.

Polieren und Fertigmachen. Gedrückte Sachen können nach Erfordern gleich auf dem Futter noch mit dem Drehstahl überarbeitet oder mit dem Polierstahl oder auch mit Blutstein nachpoliert und so in einem Zuge fertig gemacht werden. Von den übrigen Blechwaren läßt man den schwarzblechenen gewöhnlich ihre rohe Oberfläche oder gibt ihnen irgend eine Schwärze; die aus Weißblech pflegen auch keine weitere Verfeinerung zu erfahren, als ihnen der Polierhammer gegeben hat, während die messingenen öfter, wenn der Hammerglanz nicht genügt, noch geschliffen oder poliert werden. Das Schleifen erfolgt mit ganzem oder gepulvertem Bimsstein und Wasser, später mittels Holzkohle mit Wasser, die Politur mit Tripel, Englischrot u. s. w. unter Anwendung von Baumöl und einem Wollentuch.

Moiree. Eine zu ihrer Zeit sehr beliebte und allgemein auf Lackierwaren angewandte Art der Blechverzierung ist das Metallmoiree, dessen Effekt ein sehr wohlgefälliger ist. Eingeführt wurde das Verfahren im Jahre 1814 durch Alard in Paris. Die Figuren des Moiree (Wässerung) beruhen darauf, daß die Zinnhaut des Bleches beim Erkalten in Kristallen anschießt, die um so größere baumförmige Muster bilden, je langsamer die Erkaltung vor sich geht. Die Figuren sind aber von einem feinen Oberflächenhäutchen überdeckt und treten erst hervor, nachdem dieses durch Waschen mit einer Säure weggeschafft worden ist. Sonach wird man an jedem Blech durch Anätzen wenigstens Andeutungen eines Moiree hervorrufen können. Die Erfahrung hat aber gelehrt, daß nur das feinste Zinn ein gutes Moiree gibt und daß dieses kräftiger wird, wenn die Verzinnung stärker als gewöhnlich gemacht worden ist. Durch rasche oder ungleichmäßige Abkühlung hat man es in der Gewalt, gewissermaßen willkürlich Muster zu erzeugen. Man erhitzt also das Blech über Kohlenfeuer, bis das Zinn zu schmelzen anfängt; taucht man es jetzt rasch in schräger Führung in kaltes Wasser, so entsteht ein feines granitartiges Moiree; spritzt man das Wasser mit einem Besen, einer Brause u. s. w. tropfenweise auf, so erzeugt jeder Tropfen ein Kristallisationszentrum, und es entsteht ein sternförmiges oder, wenn das Wasser durch eine geneigte Lage der Platte zum Fließen veranlaßt wurde, ein streifiges oder aderiges Muster. Ein heißer Lötkolben, mit der Spitze auf das kalte Blech gehalten, bringt eine runde Stelle des Zinns zum Schmelzen, welche nach dem Erkalten und Beizen als ein strahliger Stern erscheint. Übergeht man das Blech mit dem Lötkolben in einer Linie, so entsteht ein Kristallisationsstreifen mit ährenförmiger Zeichnung. Auf diese Weise kann man Kränze und andre einfache Figuren beliebig hervorbringen. Nach dem Abkühlen wird das Blech noch mit Salzsäure gewaschen, dann in Wasser abgespült und mit etwas Ätzkali überfahren, um etwa gebildetes Zinnoxyd wegzunehmen. Ein sehr schönes Moiree wird auch erhalten, wenn man gutes Weißblech vorsichtig erhitzt, bis der Zinnüberzug in Fluß gerät, worauf man es schnell in eine Flüssigkeit wirft, die durch Auflösen von 2 Gewichtsteilen Zinnchlorid in 4 Teilen Wasser, 1 Teil Salpetersäure und 2 Teilen Salzsäure besteht.

Das Moiree wird immer durch Lackieren der fertigen Stücke mit einem durchsichtigen Firnis geschützt und in seiner Wirkung noch gehoben. Moirierte Bleche dürfen bei der Verarbeitung nur mit hölzernen Hämmern behandelt werden; getriebene oder sonst mit Eisenhämmern zu formende Stücke würden dabei ihre Zeichnung einbüßen und können daher erst moiriert werden, wenn sie fertig sind.

Der Klempner muß auch den Metallguß in seinen Bereich ziehen, um die an gewissen Arten seiner Waren vorkommenden gegossenen Füße, Säulen, Knäufe, Handhaben u. s. w. sich erzeugen zu können. Der Guß erfolgt entweder in Messing, oder in einer Legierung von Blei und Antimon u. s. w. Auch die Galvanoplastik ist hier anzuführen, welche vielerlei Artikel anstatt durch Prägen und Drücken herstellen läßt, oder auch solche, die sich sonst nicht anfertigen lassen. So ist es z. B. möglich, auf galvanoplastischem Wege lange Kupferröhren von 2—3 mm Weite anzufertigen, indem man Bindfaden stark wichst, mit Graphit einreibt und dann in das galvanische Kupferbad bringt. Ist der Niederschlag hergestellt, so wird das Kupferrohr erhitzt, bis der Bindfaden verkohlt ist, worauf man das Rohr mit einem Drahte innen reinigt. Der ausgedehnteste Zweig der Blechwarenindustrie ist wohl die Lampenfabrikation, die ihren Hauptsitz in Berlin hat.

Die Anfertigung der Lampen, in deren Besonderheiten einzugehen uns zu weit führen würde, liegt schon lange ganz in den Händen besonderer Fabriken, in denen Klempner, Gürtler, Drücker und Dreher, Gelb=, Zinn= und Zinkgießer, Bronzierer, Lackierer u. s. w. thätig sind. Durch diese Arbeitsteilung und die Anfertigung in großen Mengen hat die heutige Lampenfabrikation eine Ähnlichkeit mit der der Uhren, der sie auch in Hinsicht der technischen Ausbildung nahe kommen dürfte. Hilfsmaschinen sind in einer Lampenfabrik überall thätig, wo sich damit irgend eine noch so kleine Handarbeit verbessern oder ersparen läßt. Gegenstände, die sonst einen Handarbeiter stundenlang beschäftigen, werden jetzt in wenigen Minuten gedrückt, gestanzt u. s. w. Durchschnittmaschinen schneiden die einzelnen Bestandteile zu, stellen Löcher und Durchbrechungen her. Fast alle kleineren Teile, wie Zahnstangen, Windungen u. s. w., sind Erzeugnisse von Maschinen und werden von denselben nicht nur wohlfeiler, sondern zugleich in einer solchen Gleichförmigkeit und Sauberkeit hergestellt, daß der zusammensetzende Arbeiter sie ohne weitere Nachbearbeitung benutzen kann. Es werden gegenwärtig auch von einer Hamburger Firma dekorierte Mosaikbleche, in ganz ähnlicher Weise wie das Buntpapier, in allen Mustern und Farben in den Handel gebracht; darunter sind hervorzuheben die bunten schottischen Bleche, die in allen Farben spielenden Papageienbleche, die Parkettmosaikbleche und andre Sorten. Das Verfahren zur Herstellung dieser Bleche ist in allen Ländern der bezeichneten Firma patentiert, und es können diese Bleche einer starken Hitze ausgesetzt werden, ohne daß Farbe und Glanz Schaden leiden. Überhaupt ist durch verschiedenartige chemische Mittel die Metalldekorierung außerordentlich vielseitig geworden. So ist es in neuester Zeit z. B. dem Regierungsrathe F. Kosch in Wien gelungen, die Oberfläche von Gußeisen und Eisenblech mit den zartesten Farbentönen durch Einbrennen zu versehen und so Öfen mit den schönsten Farben herstellen zu lassen. Derartig gefärbtes Blech zeigt geradezu völlige Beständigkeit, da es Biegen und Hitze im stärksten Grade aushält.

Die Stahlfederfabrikation. Die ältesten Versuche, durch Auftragen von gefärbten Flüssigkeiten Zeichnungen hervorzubringen, geschahen jedenfalls mittels zugespitzter Hölzer, aus deren allmählich sich zerfasernden Enden man den Pinsel abzuleiten versucht wird. Die zahlreichen Ausflußöffnungen aber, welche der Pinsel hat, erlaubten nur die Anwendung mehr oder weniger dickflüssiger Farbstoffe; wässerige Lösungen waren zu flüssig, um schnell eine gleichmäßige Zeichnung mit ihnen hervorzubringen. Es bot sich aber, als man das Bedürfnis danach behufs der raschen Aufzeichnung von Schriftzügen fühlte, ein ebenso natürliches Auskunftsmittel in dem Schilfrohr, das, nach einer Seite spitz zugeschnitten und mit einem Spalt versehen, der aufgesaugten Flüssigkeit einen allmählichen, aber für die deutliche Ausprägung genügenden Ausfluß durch die Ritze gestattete. Die Formung des schnabelförmigen Endes machte es außerdem noch möglich, starke und schwache Striche nach Belieben hervorzubringen und damit die Schrift mit größerer Leichtigkeit zierlich zu gestalten als mit dem frühgewohnten Pinsel. Das alte Schreibrohr hat sich auch sehr lange in Geltung zu erhalten gewußt, obwohl seine Leistungen, verglichen mit den Anforderungen, welche die heutige Schönschreibkunst an die Schreibmaterialien macht, noch ziemlich mangelhafter Natur waren. Die Zeiten waren aber dafür auch weniger schreibselig und zeitbedürftig als jetzt; man konnte sich in großen Zügen ergehen und hatte zu ihrer Ausmalung immer noch die nötige Muße.

Aus dem 5. Jahrhundert etwa finden sich die ersten Andeutungen, daß man zu dem Gebrauch der Federspulen oder Posen übergegangen ist; der alte Gänsekiel hat also schon

Die Stahlfederfabrikation.

seit langer Zeit das tausendjährige Jubiläum seiner Mitwirkung an der Kultur hinter sich. Er hat sich in seiner ehrenwerten Stellung lange in unbestrittener Herrschaft gehalten. Zwar sind Versuche gemacht worden, ihn zu verdrängen oder wenigstens zu ersetzen; man hat Spulen von Horn, Schildpatt und ähnlichen Stoffen gefertigt, indessen nicht mit dem Erfolg, den man sich davon versprach. Selbst eine sonderbare Glasfeder tauchte einmal auf. Es waren Glasstängelchen, die unten etwas kantig und um sich selbst gedreht waren, so daß sie einigermaßen einem Nagelbohrer glichen, zwischen dessen Schenkeln die Tinte herabsickerte. Für Schönschrift taugten sie freilich nicht, aber sie schrieben doch. Und ebensowenig haben sich diejenigen Glasfedern Eingang zu verschaffen gewußt, welche, wie die Gänsefedern, einen aus zwei kleinen Schenkeln bestehenden gläsernen Schnabel hatten. Die Pose blieb im Besitz ihrer Herrschaft, bis — ja bis die Stahlfeder kam. Wer hätte zu Anfang unsres Jahrhunderts den Gedanken fassen können, daß der kriegerische Stahl, dessen Erfolg empörenderweise so oft durch die Federn der Diplomaten zerstört worden, es versuchen würde, jene ihm so verderbliche Macht in ihren Mitteln sogar noch zu stärken und sich in ihren Dienst zu begeben! Und doch ist es so, und der alte Federkiel ist überflügelt und rettungslos verloren; die heutige Jugend kennt den Gänsekiel nur noch vom Hörensagen.

Die Stahlfederfabrikation hat bekanntlich ihren Ursprung, wie noch jetzt ihren hauptsächlichen Betrieb, in England, und zwar ausschließlich in der Fabrikstadt Birmingham. Doch streiten sich England und Deutschland um die Ehre der Erfindung der Stahlfeder. Es scheint jetzt so viel festzustehen, daß die Verwendung von Metall zu Schreibfedern viel älter ist, als man gewöhnlich annimmt, und daß die Erfindung der Stahlschreibfeder von verschiedenen unabhängig voneinander in verschiedenen Zeiten und Ländern gemacht worden ist. — Wattenbach gibt in seinem „Schriftwesen im Mittelalter" an, daß in Rom bronzene Schreibfedern ausgegraben worden seien, wonach also schon zu Zeiten, in welchen nach bisheriger Annahme Pinsel und Schreibrohr Geschichte überlieferten, die Metallschreibfeder bekannt war. Ferner sollen im Mittelalter die Patriarchen mit silberner Feder unterzeichnet haben. Der berühmte Nürnberger Schreib- und Rechenmeister Johann Neudorf gab 1544 eine Schrift heraus „Anweysung und eigentlicher bericht, wie man eynen yeden Kil zum schreiben erwälen, bereiten, teylen, schneiden und temperiren soll", in welcher unter den Materialien, aus welchen Federn hergestellt werden, auch „eiserne und kupferne Rohr, auch kupferne und messingne Blechlein" aufgeführt werden. Zwei Jahrhunderte später fertigte Johann Janßen, Bürgermeistereischreiber in Aachen, Federn aus Stahl an und fand damit guten Absatz bei den zum Friedensschluß des Österreichischen Erbfolgekriegs 1748 versammelten Gesandten. Er selbst bezeichnet sich in einer Chronik als den Erfinder der Stahlfeder; doch geriet seine Erfindung bald wieder in Vergessenheit. Ein Königsberger Schreiblehrer Bürger trat 1808 abermals mit einer Stahlfeder hervor, auf deren Herstellung er durch das lästige Ausschneiden der Gänsekiele für seine zahlreichen Schüler gekommen war. Doch brachte ihm seine Erfindung nur Unglück; nach Aufwendung aller seiner Mittel, nach Verlust seiner Schüler sah er sich im Alter gezwungen, am Eingang der Königsberger Börse englische Stahlfedern feilzuhalten! O Ironie des Schicksals!

Hiernach erscheint es erwiesen, daß in Deutschland schon um die Mitte des 18. Jahrhunderts Stahlschreibfedern angewendet worden sind, während die englische Erfindungsgeschichte erst mit 1780 anhebt. Sie lautet: Der berühmte englische Chemiker Priestley, der Entdecker des Sauerstoffs, welchem das Federschneiden viel Kummer bereitete, fragte einst seinen geschickten Freund Harrison, Verfertiger von Metallspielwaren in Birmingham, ob er ihm nicht eine dauerhafte Feder aus Metall herstellen könne. Dieser brachte nach wenig Tagen Probefedern, die heute noch im Museum zu Birmingham aufbewahrt werden und durch ihre Gestalt den Kindern unsrer Tage ein Lächeln entlocken. Aber der erste Schritt war geschehen, und Harrison war nicht der Mann, sich durch Mißerfolge abschrecken zu lassen. Später nahm er in sein Geschäft Josiah Mason auf, welcher der eigentliche Begründer der Stahlfederindustrie in Birmingham wurde. Mason starb 1881 als Besitzer der größten Stahlfederfabrik und hinterließ fast sein ganzes eine Million Pfund Sterling betragendes Vermögen für öffentliche Zwecke. Zu seinen

Lebzeiten wurden in seiner Fabrik wöchentlich von 1000 Arbeitern 5000 kg Stahl zu 7½ Millionen Federn verarbeitet. Jetzt schätzt man die Leistung sämtlicher Stahlfeder= fabriken Birminghams zu 50 Millionen Stück in einer Woche.

Außerhalb Englands hat der neue Fabrikationszweig zuerst in Frankreich Boden ge= faßt; es gibt Fabriken in Boulogne, Aigle und Paris; ihr Gesamterzeugnis wurde schon vor mehreren Jahren auf wenigstens 200 Millionen Stück geschätzt. In Deutschland ver= tritt die Firma Heintze & Blanckertz in Berlin die Fabrikation nach englischer Art in würdiger Weise; ihre Produktion mag sich auf 10—12000 Groß in der Woche belaufen, und ihre Erzeugnisse sind ungemein wohlfeil. In Österreich gibt es nur ein paar schwach betriebene Fabriken. Manche im Handel vorkommende Firmen von Stahlfederfabriken sind und waren übrigens bloße Dekorationen und ihre Inhaber lediglich Großhändler, die ihre Ware aus Birmingham bezogen, wo man Bestellern en gros bereitwillig jede gewünschte Firma auf die Ware druckt.

Fig. 533. Das Walzen des Stahles.

Das Rohmaterial und dessen Vorbereitung. Ehe der Stahl als Schreibfeder scharf und blitzend und in zierlicher Verpackung auf unserm Schreibtische erscheinen kann, hat er zahlreiche Stufen zu durchlaufen. Als Stahl für Federn dient meist raffinierter Zement= stahl, sogenannter Gußstahl, aus bestem schwedischen Eisen, welcher sich durch feines Korn, Härte und Zähigkeit vortrefflich dazu eignet. Für die wohlfeilen Sorten ist derselbe aber zu teuer, und es werden jene aus geringerem Material gemacht.

Der Stahl kommt gewöhnlich in brettstückähnlichen Blöcken, der schwedische in großen Tafeln von etwa 1,40 m Länge und 45 cm Breite von den Stahlwerken, und die erste Arbeit der Federfabriken besteht darin, diese Stücke in schmale Leisten oder Streifen zu schneiden. Der nächste Prozeß ist ein 10—12stündiges Glühen dieser Stücke in eisernen Einsatzkästen, die in einem Steinofen der Weißglühhitze ausgesetzt werden. Dieses so= genannte Einsetzen benimmt dem Stahl seine ursprüngliche zu große Härte und macht ihn erst für die weitere Bearbeitung geeignet. Ist der Stahl durch Beizen mit starker Schwefelsäure von Rost befreit und säurerein gewaschen, so wird er auf den Streckwerken zu Blechen von der erforderlichen Dünne ausgewalzt. Mehrere Paare stählerner oder Hartgußwalzen drehen sich durch Maschinenkraft und geben jedes Metallstück, das zwischen sie geschoben wird, auf der andern Seite beträchtlich verdünnt und verlängert wieder heraus (s. Fig. 533). Nach wiederholtem Durchgang bei immer engerer Stellung der Walzen sind dünne und lange Streifen entstanden, welche sorgfältig auf Dicke geprüft und danach sortiert werden.

Zubereitungsarbeiten. Die Arbeiten, durch welche aus den Stahlbändern nach und nach fertige Federn entstehen, werden fast ausschließlich von den feinen und behenden Fingern der Frauen und Mädchen ausgeführt. Von den Arbeitern, die in Birmingham in der Stahlfederindustrie beschäftigt sind, gehören nicht zehn Prozent dem männlichen Geschlecht an.

Die Arbeit selbst beginnt nun zunächst mit dem Ausstückeln der Bleche (s. Fig. 534). An langen Tafeln hat jede Arbeiterin eine kleine Durchstoßmaschine vor sich, unter welcher sie das Blechband hinführt, während sie zugleich mit der andern Hand an dem Druckhebel arbeitet, so daß mit jedem Druck durch den niedergehenden Stempel ein Plättchen abgestoßen wird von der Form, wie sie eine plattgedrückte Stahlfeder wieder annehmen würde. Das Ausstückeln geht so rasch vor sich, daß eine geübte Arbeiterin täglich 250 Groß zu 192 Stück Plättchen liefert, die bei den Engländern blanks oder flats (Flachstücke) heißen. Das Groß zählt hier 192 und nicht 144 Stück, weil erfahrungsgemäß 48 Stück Ausschuß werden. Aus der Breite jedes Stahlstreifens werden zwei Federn geschlagen (s. Fig. 535), so daß der Abfall möglichst gering wird. Doch beträgt derselbe bei der gezeichneten Form immer noch etwa 25 Prozent. Die Abfälle wandern in die Stahlfabriken zurück. In einer folgenden Abteilung der Fabrik werden nun diese Urformen der Feder ihrer Vollendung einen Schritt näher geführt. Auf ähnlichen Handpressen, nur mit

Fig. 534. Ausstückeln der Bleche.

anders geformtem Stempel und Unterlage, werden sie zunächst gelocht und geschlitzt, d. h. sie erhalten in der Mitte das Loch oder den Schlitz, worin gewöhnlich die Schnabelspalte ausläuft, und gleichzeitig die etwaigen Seitenschlitze, welche man zur Vermehrung der Biegsamkeit anzubringen pflegt (s. Fig. 536). Auch hier geht die Arbeit, obgleich jedes Plättchen mit einer Hand einzeln aufgelegt und wieder weggestoßen wird, während die andre den Druck ausführt, ungemein rasch von statten (eine Arbeiterin 85—100 Groß in einem Tage). Da für die nun darauf folgende Arbeit, das Zeichnen oder Prägen, das Metall einen noch viel höheren Grad von Weiche bekommen muß, als es bereits hat, so werden die Plättchen in großer Menge auf einmal in einer Muffel schwach rotglühend gemacht, wodurch sie so weich und biegsam werden wie Blei und nun fähig sind, durch

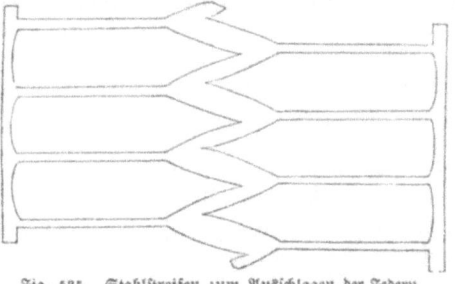

Fig. 535. Stahlstreifen zum Ausschlagen der Federn.

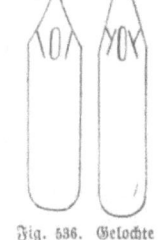

Fig. 536. Gelochte und geschlitzte Federn.

ein kleines Prägwerk den Fabrikstempel oder sonstige Inschriften, Wappen oder Verzierungen zu empfangen. Dies geschieht, nach vorheriger Säuberung der ausgeglühten Plättchen, im Prägsaal, und hier geht es ziemlich laut zu; die unausgesetzt niederfallenden, von Arbeiterinnen in Bewegung gesetzten Prägstempel verursachen einen betäubenden Lärm. Jedes Mädchen kann täglich 130—135 Groß prägen. Hierauf folgt das Auf- oder Hohlbiegen. Die bis jetzt flache Feder wird Stück für Stück in einen kleinen, entsprechend ausgetieften Prägstock gelegt und mit einem Hebeldruck ein Stempel herabgetrieben, der in die rinnenartige Höhlung des Prägstocks genau hineinpaßt. Das jetzt ganz unelastische und weiche Metallplättchen fügt sich leicht in diese Umformung, und die

Feder ist damit, was ihre Gestalt anlangt, mit Ausnahme der Mittelspalte, vollendet. Nun aber kommt es darauf an, dem Metall die Eigenschaften des Stahls wiederzugeben. Man macht daher die so weit fertigen Federn in großen Mengen auf einmal wieder rotglühend und schüttet sie rasch in einen Bottich mit Öl aus. Hiernach nehmen die Federn mit der Stahlhärte zugleich eine glasartige Sprödigkeit an, die ihnen sofort wieder benommen werden muß. Zu diesem Behufe werden sie mittels Sägespänen von dem anhängenden Öle befreit und dann getempert, indem man sie in denselben cylinderförmigen Trommeln, die nachgehends zum Bronzieren dienen, über offenem Feuer langsam dreht, in der Weise etwa, wie man Kaffee brennt. Hierdurch werden die Federn auf den Härtegrad herabgebracht, den sie für immer behalten sollen; sie sind aber dagegen wieder durch einen Überzug von Oxydul beschmutzt, der wegzuschaffen ist, und zwar geschieht dies in einem andern umlaufenden Cylinder, in welchem scharfer Sand oder zu Pulver gestoßene Schmelztiegelscherben das Zwischenmittel bilden, welches die Ware von ihren Rauheiten befreit und blank scheuert.

Fig. 587. Das Aufbiegen der Stahlfedern.   Fig. 538. Das Spalten der Stahlfedern.

Fertigmachen. Die so weit fertigen Federn wandern jetzt nach dem Schleifsaal, wo über die Arbeitstafeln hinlaufende Triebwellen für jede Arbeiterin einen Treibriemen herabsenden, der eine Schmirgelscheibe in rascher Umdrehung erhält. Hier, wo eine fast lautlose Rührigkeit herrscht und ein Viertel der ganzen Arbeitszahl fortwährend beschäftigt ist, wird jede Feder mit einer Zange oder auch mit der bloßen Hand gefaßt und durch ein fast nur augenblickliches Anhalten an die Schleifscheibe der obere Teil des Schnabels etwas abgeschliffen. Das Anlegen erfolgt entweder nur in einer oder in zwei Richtungen, nämlich so, daß die Schleifung den Schnabel erst der Länge nach, dann querüber trifft. Von dem Schleifen hängt die Güte der Feder hauptsächlich ab. Es wird dadurch eine allmähliche Verdünnung nach der Schnabelspitze zu bezweckt, um den Schnabel biegsamer zu machen, und zwar soll die Verdünnung bis zur Schnabelspitze herab allmählich zunehmen. Eine weitere Folge des Schleifens soll das bessere Aneinanderschließen der beiden Schnabelhälften sein. Überhaupt wird dem Schleifen derselbe Zweck zugeschrieben, welchen das Abschaben des Gänsekiels an der Stelle hatte, wohin der Schnabel kommen sollte.

Die letzte Arbeit ist das Anbringen des Mittelspaltes im Schnabel. Auf einer ganz ähnlichen kleinen Maschine, wie die vorigen, wird die einzelne Feder aufgelegt, und der Druck am Hebel führt das stählerne Werkzeug herab, welches den Spalt durchdrückt (s. Fig. 538). In dem mit Frauen und Mädchen gefüllten Spaltesaal hört man nur das vielfache leise Klippen dieses Instruments. Die Hauptaufgabe der Arbeiterin ist hier, darauf zu achten, daß jede Feder genau auf die richtige Stelle aufgelegt wird, wofür am Instrument Vorrichtungen angebracht sind. Der Spalteschnitt sowie die etwa früher schon erzeugten Seitenschlitze sind eigentlich Scherenschnitte; wo nämlich ein Spalt entstehen soll, fällt der Unterstempel senkrecht ab und bildet eine scharfe Kante; auf diese Kante kommt der Federschnabel so zu liegen, daß die Hälfte desselben darüber hinausragt. Indem nun der Oberstempel an dieser Seite niedergeht und sich mit einer ebenso scharfen Kante dicht vorbeischiebt, wird das zwischenliegende Federblech mit einem glatten Schnitt getrennt.

Es läßt sich annehmen, daß in den verschiedenen Fabriken nicht immer genau dasselbe Verfahren eingehalten wird. So geschieht nach einer Beschreibung der Birminghamer Industrien das Spalten zum Teil der Art, daß die Spalte zuerst nur halb durchgestoßen und nachgehends mit einer entsprechend geformten Zange vollends durchgezwickt wird. Dieselbe Quelle beschreibt auch ein eigentümliches Putzverfahren, welches nach dem Formen des Spaltes noch vorgenommen werden soll, wahrscheinlich aber nur bei feineren Sorten. Denn obwohl in diesem Stadium die Feder eigentlich fertig ist, so wird sie doch von kleinen Rauheiten und Schärfen noch nicht frei sein können, wie es die geringen käuflichen Sorten auch in der That nicht sind. Um ihnen den letzten Schliff zu geben, kommen sie daher in Partien von etwa 50000 in einen aus Zinn gegossenen Hohlcylinder von etwa 1 m Länge und 25 cm Weite. Zwei von der Maschine getriebene Schwungräder stehen in einem gewissen Abstande nebeneinander, und jedes hat auf seiner Welle nach der Seite seines Nachbars zu eine Kurbel. Die Kurbeln sind um einen halben Umgang verstellt, so daß die eine nach oben gerichtet ist, während die andre gerade nach unten steht. Zwischen beiden Kurbelarmen ist mittels einiger Kettengelenke der Zinncylinder aufgehängt und wird bei dem Umgange durch alle möglichen Schräglagen hindurchgeführt. Sein Inhalt kommt dadurch in eine starke schüttelnde Bewegung, und es findet ein fortwährendes Rutschen von einer Seite auf die andre statt. Die beständige Reibung der Federn unter sich und an den Innenwänden hat einen äußerst reinen und weichen Schliff zur Folge. In den meisten Stahlfederfabriken ist aber das Putzen der Federn in umlaufenden Trommeln mit Sägespänen gebräuchlich.

Nachdem die Federn ihren Spalt erhalten haben, wird die Beschaffenheit des Schnabels durch Andrücken jeder Feder an einen knöchernen Daumenring rasch geprüft und nach dem Ausfall dieser Prüfung die Feder entweder zur Klasse der guten, mittlen oder schlechten gegeben, während die ganz mißlungenen zum Wiedereinschmelzen verurteilt werden. Manche Federn werden nun noch mit einer weingeistigen Schellacklösung überzogen, die dem Metall gegen das Oxydieren einigen Schutz verleiht. Andre erscheinen im Handel bronziert, d. h. in ihrer gelben, braunen oder blauen Anlauffarbe, was ein bloßer Anputz ist; denn das feine, farbige Häutchen, das selbst schon das Produkt einer beginnenden Oxydation ist, ist noch empfindlicher als der Stahl und kann zu seinem Schutze nichts beitragen. Dagegen wird den Federn durch eine galvanische Verkupferung, Versilberung oder Verzinnung eine größere Dauer und Haltbarkeit verliehen. Manche Sorten werden mit sauren Beizen, Cyankalium u. dergl. behandelt und dadurch dunkel- oder hellgrau gemacht; sie werden dann als Amalgam-, Zement-, Zinkkompositionsfedern und unter andern Namen zum Verkauf ausgeboten. Guttaperchafedern ist ebenfalls ein leerer Titel; Aluminiumfedern bestehen aus Aluminiumbronze, die aber den Stahl nicht ersetzen kann.

Die fertigen Federn sind nun in Groß abzuwiegen und entweder auf Karten zu heften oder, wie jetzt gewöhnlicher, in zierliche Pappschachteln zu verpacken. Merkwürdig ist die Verwohlfeilerung dieses Artikels infolge des Großbetriebes und verbesserter Fabrikationsweisen. Während vor 40 Jahren ein Groß Federn an 3 Thaler galt, erhält man jetzt von besseren Sorten das Groß um 50 Pfennig, und die geringsten kosten gar nur 25 Pfennig.

Kommt es auf den Preis nicht an, so kann man sich an die silberlegierten Goldfedern mit Diamantspitzen halten, wenn auch der sogenannte Diamant nichts weiter ist als ein angelöteter Splitter von Osmium-Iridium. Solche Federn sind gut, freilich auch sehr teuer. Die Goldfedern bestehen aus einer sehr harten und elastischen Legierung von 14 Feingold, 16 Silber, 18 Kupfer; in einem gewissen Stadium der Ausbildung erhält jede einzelne dieser Federn durch fortgesetztes Hämmern besonders ihre Dichte und Härte.

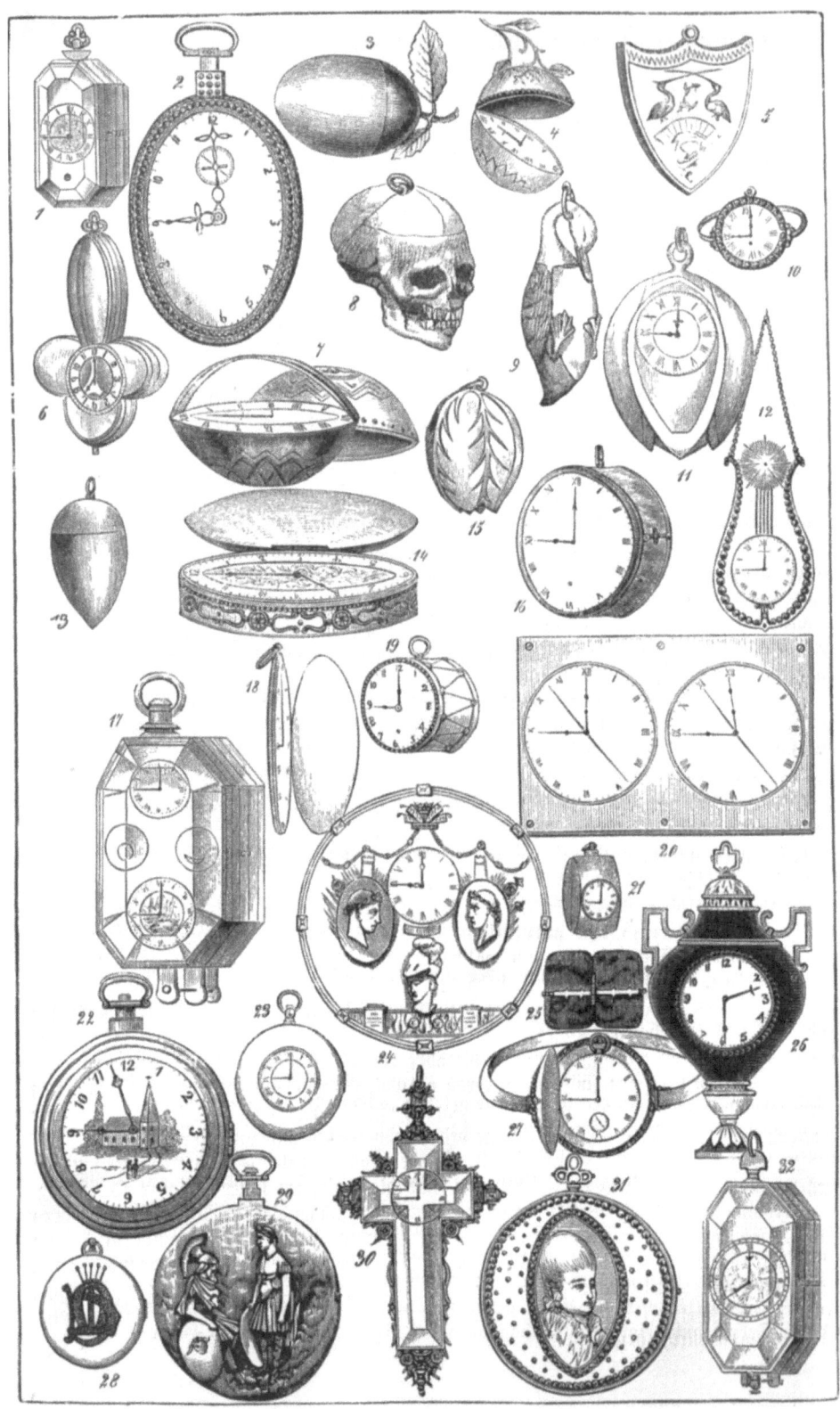

Fig. 539—570. Verschiedene Arten und Formen von Uhren aus den drei letzten Jahrhunderten.

Dreifach ist der Schritt der Zeit:
Zögernd kommt die Zukunft hergezogen,
Pfeilschnell ist das Jetzt entflogen,
Ewig still steht die Vergangenheit.

Schiller.

Die Uhrenfabrikation.

Anfänge. Sonnenuhren. Waſſer- und Sanduhren. Räder- und Gewichtuhren. Die Waaguhr. Die Uhr des Straßburger Münſters. Die Unruhuhr, Taſchenuhren. Hemmungen. Uhrwerke für beſondere Zwecke. Elektriſche und pneumatiſche Uhren. Die Fabrikation der Uhren. Die Schwarzwälder und die Schweizer Uhreninduſtrie.

Die Uhr nimmt unter den mechaniſchen Vorrichtungen ihrer kunſtvollen Konſtruktion und ihres bedeutſamen Zweckes wegen eine wichtige Stelle ein. Sie iſt eine der kunſt= vollſten und jedenfalls die unentbehrlichſte Maſchine, der Regler des bürgerlichen Lebens, der Ordner des Geſchäftsverkehrs, aber auch dem wiſſenſchaftlichen Beobachter, dem Phyſiker und Aſtronomen ein notwendiger Gehilfe. Infolge der großen Wichtigkeit mög= lichſt richtig gehender Uhren haben die bedeutendſten Mechaniker ſich um deren Vervoll= kommnung bemüht, und es iſt auf die Herſtellung weniger anderen mechaniſchen Vorrich= tung mehr Nachdenken, ſo viel Wiſſenſchaft und ſo viel Scharfſinn verwendet worden als auf die Herſtellung der Uhr. Dieſelbe iſt daher in ihrer Art zu ſo hoher Vollkommenheit ge= bracht worden, daß man ſie, in ihren nunmehr erreichbaren beſten Bauarten, als ein Meiſter= werk der mechaniſchen Kunſt anzuſehen hat.

Anfänge. Die ſich der menſchlichen Erfahrung unmittelbar darbietenden größeren Zeitabſchnitte: der Jahreslauf, die Mondwechſel, Tag und Nacht, welche alle auch in den tiefſten Kulturzuſtänden Beachtung und Ausdruck finden, genügten bei erwachender und ſteigender Vernunftentwickelung bald nicht mehr; man ſuchte vorerſt durch Schätzung, dann aber durch Meſſung Unterabteilungen des Tageslaufs feſtzuſtellen. Bei verſchiedenen

Völkern kam man auf verschiedene Teilungen, Wachen von etwa drei unsrer Stunden, zweistündige und andre Abschnitte; einer aber wurde überall zuerst festgehalten: die Scheidung von Tag und Nacht, und das Einteilen des Tages für sich und der Nacht für sich. Dies zieht sich herauf durch die Jahrtausende bei allen Kulturvölkern, ja gilt auch von uns Deutschen, die wir stellenweise bis zum 16. Jahrhundert hin die Nacht vom Sonnenuntergang bis =Aufgang in acht gleiche Teile und den Tag von Aufgang bis Niedergang der Sonne wieder in acht gleiche Teile zu teilen trachteten; andre machten sechs und sechs Teile, wie die Chinesen und älteren Japaner noch heute thun; desgleichen die Perser. Und diese Einteilungen sind natürliche. Unsre heutige dagegen, welche den Gesamtverlauf von Tag und Nacht in 24 gleiche Teile scheidet, diesen Gesamtverlauf auf einen mittleren Jahreswert bringt (der oft beträchtlich von der Umschwungszeit des Erdballs abweicht), den Gesamtverlauf des Jahres abermals auf einen mittleren Wert setzt und die entstehenden starken Fehler durch Einschiebungen von Schalttagen in sein ausgesonnenem System ausgleicht, ist künstlich im höchsten Grade. Unsre durch Kulturarbeit nach Jahrtausenden erst erzielte Einfachheit des Messens der Zeitabschnitte ist von der Natur weit abgewichen, während die an der Natur festhaltenden Völker sich mit nicht endenden Schwierigkeiten in der Zeitmessung herumschlagen mußten, wollten sie sich selbst treu bleiben, oder wollten sie nicht sich mit groben Annäherungen begnügen und je nach Bedarf Flicken in den Mantel der dahinschwebenden Zeit setzen, um ihn passend zu erhalten. Die Moslim mit ihrem reinen Mondmonat, desgleichen die Perser, Chinesen, Japaner (älteren Stils) müssen gelegentlich ganze Monate einschalten, um den ersten Mondmonat wieder mit dem Jahresanfang zusammenzubringen. Das besorgt dort die Polizei, wenn das Übel des Nichtstimmens gar zu stark geworden ist, und das geschieht von Land zu Land erklärlicherweise verschieden. Manchmal hilft man sich mit halben Monaten. Rußland sträubt sich noch immer stolz gegen das Nachbessern, hat übrigens auch schon 13 ganze Tage auf dem Kerbholz der Jahresabschlüsse; die Zeit aber hat Zeit, einmal wird es doch den Sprung machen müssen.

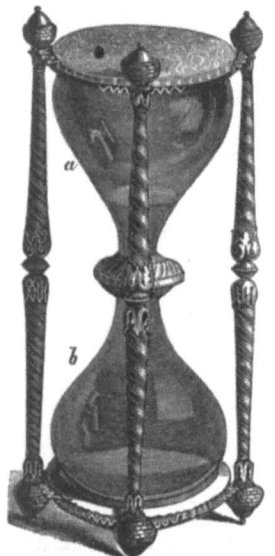

Fig. 572.
Sanduhr aus dem 13. Jahrhundert.

Das Teilen des hellen Tageslaufs ließ sich mit Hilfe der Sonne erträglich herausbringen, weshalb die Sonnenuhr eine schon sehr alte Erfindung ist, die im Laufe der Zeiten auch recht weit ausgebildet wurde. Sie genügte aber nicht bei steigenden Bedürfnissen und leistete kaum etwas bei bewölktem Himmel, gar nichts nach Sonnenuntergang. Man suchte deshalb nach andern Mitteln. Die den Nymphen der laufenden Brunnen abgelauschte Wasseruhr kam auf, bei den Assyrern wahrscheinlich zuerst. Sie ist im 5. Jahrhundert vor unsrer Zeitrechnung schon bei den Griechen, aber 600 v. Chr. bereits bei den Assyrern nachgewiesen. Die zu Sardanapals Zeit benutzte assyrische Wasseruhr bestand aus einem ehernen cylindrischen Gefäß, das unten eine feine Öffnung zum Abtropfen des Wassers hatte; es wurde bei Sonnenaufgang gefüllt; Ausrufer verkündeten, wann es leer geworden, worauf es wieder neu gefüllt wurde, was fünf= bis sechsmal des Tages zu geschehen hatte. Wir dürfen hieraus auf eine dort übliche Sechsteilung des hellen Tages, also auch wohl der Nacht schließen. Das Wasser lief in feinem Strahl aus dem unten angebohrten Gefäß ab in eine untergestellte Schale; die Wasserhöhe im unteren oder oberen Gefäß zeigte Teile des ganzen Ablaufs an. Noch immer sprechen wir ja von dem „Ablaufen" der Zeit. Die Römer führten die Wasseruhr — Klepsydra — 159 v. Chr. ein und brauchten sie nicht nur wie die Griechen bei der Gerichtspraxis, um den Advokaten die Sprechzeit zuzumessen, sondern auch im militärischen Dienst zur Bestimmung der Wachendauer.

Neben der Wasseruhr kam auch die Sanduhr auf, in welcher bekanntlich der herabrieselnde Sand sich ähnlich einer Flüssigkeit verhält. In kleinem Maßstabe brauchen wir ja noch heute das wie von selbst sich stilrecht gestaltende Gerät, die Hausfrau beim Eierkochen, der Seemann beim Logwerfen.

Eine Wasseruhr aus der Renaissancezeit zeigt Fig. 573. Hier ist ein Schwimmer zu Hilfe genommen, der mit dem aufsteigenden Wasserspiegel des unteren Gefäßes in die Höhe geht und mittels Schnur und Gegengewichts C die bei B erkennbare Zeigerachse in Umdrehung versetzt. In den Behälter A fließt aus dem oberen Zulaufrohr stets etwas mehr Wasser als unten abläuft, um das Niveau in dem Behälter A, der ein Überlaufrohr besitzt, stets auf gleicher Höhe zu erhalten, demnach das Auslaufen unten gleichförmig zu machen. Auch dem altägyptischen Mechaniker Ktesibios wird nacherzählt, daß er Wasseruhren mit Zeigerwerk hergestellt habe. Manche jener antiken Uhren müssen voll Pracht gewesen sein. So erbeutete Pompejus im Jahre 62 v. Chr. in Pontus eine Wasseruhr mit goldenem Gefäß und Zifferblatt, dessen Zeiger mit Rubinen besetzt und dessen Ziffern aus Saphiren bestanden; diese Uhr brauchte nur einmal täglich gefüllt zu werden. Hochberühmt ist auch die Wasseruhr, welche Harun al Raschid Karl dem Großen schenkte; sie war sehr kunstreich, zweifellos auch mit Räderwerk ausgestattet; unter anderm war an ihr ein sichtbar gestelltes Stundenglas, wohl mit Sand, angebracht, welches zweimal des Tages automatisch gewendet wurde.

Ältere Räder- und Gewichtuhren. Wann der Übergang vom Betrieb durch Wasser oder Sand zu dem mit Gewichten stattfand, ist noch nicht genau festgestellt. Die Vermutung, daß der gelehrte Kleriker Gerbert (späterer Papst Silvester II.) die von ihm in Magdeburg gegen 990 aufgerichtete Uhr mit Gewichten betrieben, ist nicht bestimmt erwiesen; die Nachrichten sind eher auf eine Sonnenuhr zu deuten; ungewiß ist noch, ob der Abt Wilhelm von Hirschau (gestorben 1090) die Erfindung gemacht. Sicher ist indessen, daß schon 1120 Gewichtuhren mit Schlagwerk vorhanden waren, indem in den Regeln des Cistercienserordens aus dem genannten Jahre den Sakristanen vorgeschrieben wird, dafür zu sorgen, „daß die Uhr vor der Frühmesse schlage und wecke". Demnach ist die Schlaguhr, welche der Deutsche Heinrich von Wiek oder Wyk 1364—70 für den französischen König Karl V. fertigte — dieselbe Uhr, deren Schlag 200 Jahre später in der Bartholomäusnacht das Zeichen zum Beginn von Mord und Blutthat gab — nicht die älteste Schlaguhr, wie man früher angenommen. Ihre Bauart ist übrigens bekannt geblieben. Sie ist sehr ähnlich der um 1400 gebauten Nürnberger großen Uhr, welche bis heute erhalten ist (im Germanischen Museum) und von welcher wir in Fig. 574 eine Abbildung geben.

Fig. 573. Wasseruhr.

Sie war keine öffentliche Uhr, sondern befand sich im Turmgemach von St. Sebaldus und diente dazu, dem Wächter die Zeit anzugeben, bezw. ihn — zu wecken. Das Zifferblatt hat Sechzehnerteilung. Es ist auf unsrer Zeichnung abgenommen gedacht. Die Uhr zeigt zugleich, abgesehen vom Wecker, den durch jene Jahrhunderte üblichen, dem Pendel vorangehenden Regler des Uhrenganges. Es ist die damals sogenannte Waag (siehe unsre Figur) ein um eine senkrechte Achse hin und her schwingender Stab. Man nannte ihn auch Schwengel, die Bilanz, das Libramentum, Äquilibrium, auch Rastrum, letzteres wegen der Kerben für die kleinen Belastungsgewichte, mittels deren seine Schwingungszeit geregelt wurde. Die Achse der Waag hat zwei Schaufeln p und q, welche beim Hin- und Herschwingen abwechselnd in die Zähne des Kronrades 35 eingreifen und dasselbe hindern, der Kraft des Treibgewichts folgend abzulaufen. Sobald die eine der Schaufeln das Kronrad auffängt, zwingt letzteres den Waagarm, in seiner Bewegung umzukehren, worauf die Schaufel dann einen Zahn des Kronrades durchschlüpfen läßt. Inzwischen gelangt aber die gegenüberliegende Schaufel mit den vor ihr befindlichen Zähnen des Kronrades in Eingriff und fängt das Kronrad wieder auf, worauf letzteres die Waag zum Rückschwunge bringt. Die Hin- und Herschwünge der Waag geschehen langsamer oder schneller, je nachdem die kleinen Gewichte weiter hinaus von der Achse oder näher an dieselbe gesetzt werden. Das Kronrad, zusammen mit der Waag und deren Achse nebst den Schaufeln, bildet das, was man die Hemmung, das Hemmwerk der Uhr (auch mit dem überflüssigen Fremdwort Echappement) nennt. Die Waaghemmung ist nicht gerade schlecht, denn sie hat Jahrhunderte hindurch ihre Aufgabe erfüllt; allein sie ist auch nicht gut, heute, weil sie wegen der unvermeidlichen Stöße und der wechselnden Reibungshindernisse sich nicht zu einer sehr genauen Regelung des Uhrganges eignet. Verachten wir sie aber nicht. Sie hat ihre Kulturaufgabe redlich erfüllt, diese alte Waaghemmung. Kännten wir den Erfinder endlich, wir müßten ihn krönen. Hat doch in Dover-Castle eine eiserne Waaguhr, welche 1348 in der Schweiz hergestellt war, erst im Jahre 1872, also nach 524 Jahren, ihre treuen Dienste eingestellt.

Erfindung der Taschenuhr. Die ersten Schwarzwälder Uhren waren ebenfalls Waaguhren, bis auf Kleinigkeiten gänzlich in Holz ausgeführt. Was die Hemmung an sich betrifft, so ist sie als „Spindelhemmung" bis heute noch vielfach im Gebrauch; nur ist an dem Ganzen eine wichtige Änderung angebracht.

Die Waag hat nämlich als Regler des Uhrganges den großen Fehler, daß sie nicht

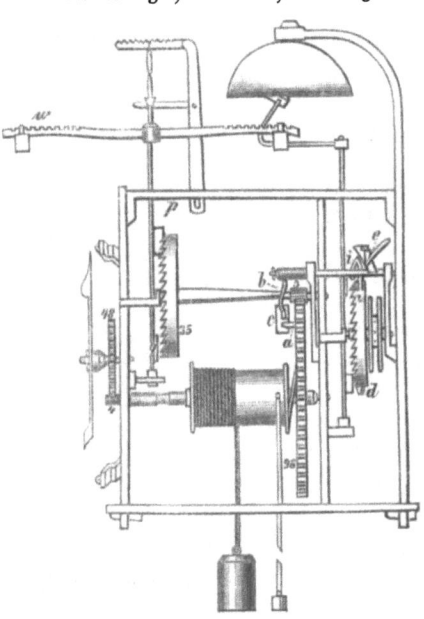

Fig. 574.
Nürnberger Räderuhr im Germanischen Museum.

von selbst zurückschwingt, sondern erst durch den Gegenstoß an der andern Schaufel gezwungen werden muß, jedesmal umzukehren. Sich selbst überlassen, ohne Gegenstoß, würde sie sich so lange weiter drehen, bis die Reibung sie zum Stillstand brächte. Etwas strebt dem allerdings entgegen, d. i., daß die Waagachse an einem doppelten Faden oder Schnürchen hängt (s. unsre Figur), welches sich zusammenzwirnt, also die Waagachse hebt, wenn ein Ausschlag aus der Mittellage erfolgt. Hiermit wird eine Kraft geschaffen, welche den Rückschwung einleiten möchte. Allein diese Wirkung ist bei der Kleinheit des Schwingungswinkels (lange nicht 90 Grad nach jeder Seite) zu klein, um von Bedeutung zu sein. Man kam aber darauf, die genannte Wirkung zu verstärken oder recht eigentlich vorbeizuführen, durch Anbringung einer Feder, welche auf die Waagachse wirkte, einer Feder, welche in der Mittellage ungespannt war, wenn aber nach links oder rechts ausschlagend, nach rechts oder links gespannt wurde. Diese Hilfsfeder suchte somit die Waag immer nach der Mittellage zurückzuführen und verlieh ihr eine Regelmäßigkeit des Hin- und Herschwingens.

Es scheint, daß diese hochwichtige Erfindung nur auf kleine Uhren Anwendung fand. Sie gestattete, die Hemmung zu regeln, ohne die früher erwähnten Gewichtchen anbringen zu müssen; man verstellte die Kraft an der Schwingungsfeder. Nun konnte man die Waag in ein festes Gebilde überführen; man gestaltete sie als Rad und nannte dieses nun die Unruh (bei den Franzosen ist der alte Name Balancier, d. i. Waagbalken, noch geblieben). Die Schwingungs- oder Schwungfeder konnte bei kleinen Uhren sehr leicht sein: man gestaltete sie aus einer Schweinsborste. Mit solchen rüsteten die Uhrenbauer ihre Werke aus, die nun an Verbreitung mehr und mehr gewannen.

Wer waren denn diese Uhrenbauer? Man muß unterscheiden. Die großen, kunstvollen, die Turmuhren u. s. w. wurden von Künstlern, namentlich Astrologen und Astronomen, hergestellt, die kleineren aber selbständig vom — Schlosser. In Nürnberg entwickelte sich die Uhrmacherei zuerst zu hoher Bedeutung. Eine Reihe von tüchtigen Schlossern oder „Plattnern" beschäftigten sich mit dem Uhrenbau; erst später trennten sich die „Hormacher", „Orelmacher", „Ormacher" als besondere Gewerbsleute ab. Ein solcher Schlosser und Ormacher war auch Peter Henlein (in unsrer Zeit unrichtig Hele genannt), der gegen 1500 die erste Taschenuhr baute. Diese hatte eine Unruh wie beschrieben und wurde statt durch ein Gewicht durch eine Spiralfeder betrieben. Es ist jetzt durchaus bestätigt, daß Henlein (geboren 1480, gestorben 1542) der wirkliche Erfinder der Taschenuhren ist, die 1511 schon von ihm so ausgebildet waren, daß sie 40 Stunden gingen und schlugen, „gleichviel ob sie im Busen oder in der Geldbörse getragen werden". Sie wurden zuerst in Dosen, sogenannte Bisamknöpfe oder Bisamäpfel, gesetzt und bekamen bald den bekannteren Namen der Nürnberger Eier (Eyerlein). Bis zur Stunde hat man Henlein noch kein Denkmal gesetzt!

Japanische Uhr. Die mit Gewichten betriebene Unruhuhr dürfen wir nicht verlassen, ohne noch der japanischen Ausführungen derselben zu gedenken, die sehr bemerkenswert sind. Fig. 576 stellt eine solche in halber natürlicher Größe dar. Bei P oben sieht man die Unruh, deren Schwingungsfeder eine Spirale ist. Die Getriebräder B, M, N u. s. w. sind bloß durch Kreise angedeutet, O ist das Kronrad der Hemmung; Besonderes bietet diese weiter nicht. Bemerkenswert aber ist, daß die Zeitweisung nicht von einer der Räderachsen aus auf einem Ziffernkreis, sondern vom Treibgewicht aus an gerader Bahn geschieht. A ist der am Treibgewicht befestigte Zeiger. Er tritt beim Heruntersinken vor die Zifferschildchen hin. Diese Schildchen nun sind verstellbar in dem Schlitz U, und zwar werden sie je nach der Jahreszeit mit Hilfe des Maßstabes I I eingestellt. Alle 14 Tage wechselt der Familienvater das Maßstäbchen gegen ein andres aus und richtet die Ziffern. Man sieht hier deutlich, welche Schwierigkeiten die sich der Natur anschließende (die naturistische) Zeitmessung bereitet, versteht aber auch, warum der Kreis, auf dem die Ziffernstellung sehr schwer gewesen wäre, nicht benutzt wurde.

Fig. 575. Uhrmacherwerkstatt aus dem 16. Jahrhundert nach Jost Amman.

Die Uhr ist jetzt für Winterszeit eingestellt, eine lange Nacht und kurzen Tag, denn das Aufziehen erfolgt abends bei Sonnenuntergang. Die Ziffern, welche wir dem Leser ins Deutsche übersetzen müssen, folgen in sonderbarer Weise aufeinander, nämlich so: 6, 5, 4, 9, 8, 7, 6, 5, 4, 9, 8, 7, 6 und geben an: den Zeitabstand bis zu Sonnenaufgang oder -Untergang, gemessen in Sechsteln des Tages bezw. der Nacht. Nennen wir, lediglich der Erklärung wegen, ein solches Sechsteil eine Hore, so besagt der in der Figur dargestellte Zeigerstand (auf Ziffer 4), daß noch vier Horen bis Sonnenaufgang sind. Zur Zeit der Tag- und Nachtgleiche sind alle Horen zwei unsrer Stunden lang.

Es würde also zu dieser soeben genannten Zeit bedeuten:

6 Horen vor Sonnenaufgang	. . . .	6 Uhr abends,
5 „ „ „	. . . .	8 „ „
4 „ „ „	. . . .	10 „ „
9 „ „ Sonnenuntergang	. . .	12 „ nachts,
8 „ „ „	. . . .	2 „ morgens,
6 „ „ „	. . . .	4 „ „ u. s. w.

Das oberste Zeichen sollte 6 sein, es ist aber ein andres dort zu erkennen, und zwar ist es der Name für Hahn. Dieses Tier beherrscht aber, der japanischen Anschauung nach, die Hore von 6 bis 5. Darauf folgt ein andrer Stundenregent (es ist der Hund) u. s. w., einer für jede Hore. Diese zwölf Tiergestalten entsprechen Sternbildern, und zwar denen des altjapanischen, d. i. des chinesischen Tierkreises. Dies sei nur nebenher berührt, um zu zeigen, einesteils, wie tief und gelehrt die japanische Zeitmessung im Grunde ist, andernteils, wie dieselbe an die Naturerscheinung, an die Gestirnbewegung angeknüpft und fern davon ist, lächerlich zu sein, wie manche Fachleute im Abendland geglaubt haben, indem sie aus Äußerlichkeiten schlossen. Es sei noch bemerkt, daß die dargestellte Zeitmessung, welche eigentlich die chinesische ist, in ganz Mittelasien durch Persien hindurch bis nach Konstantinopel hin mehr oder weniger gebräuchlich ist. Sie hat besondere Hilfsmittel und Aufgeschriebenes stets erfordert, und dadurch ist es gekommen, daß wir den Asiaten die Kalender verdanken. Man schreibt dem 1374 verstorbenen berühmten Abacisten Dagomari in Florenz das Verdienst zu, den ersten italienischen Kalender geschrieben zu haben; er nannte denselben taccuini; dies ist aber nichts andres als die Umschreibung des arabischen, auch persischen Wortes taqvîm, d. i. Kalender.

Die Straßburger Münsteruhr. Wie schon oben angedeutet, hatte man früh angefangen, mit den Waaguhren Weckerwerke und auch vollständige Schlagwerke zu verbinden. Aber nicht bloß das, sondern auch astronomische Zeigwerke und daneben zur Lust der Zuschauer, denen das astronomische Verständnis wie die Sterne fern bleiben mußte, bewegliche Figuren, wie schon zu Haruns Zeit. Eines der berühmtesten Uhrwerke dieser Art ist die Straßburger Uhr. Schon im Jahre 1352 hatte man für den Münster eine für jene Zeiten sehr künstliche, in Holz ausgeführte Uhr begonnen, nach zwei Jahren unter dem Bischof Johann von Falkenberg vollendet und in dem südlichen Kreuzarme aufgestellt; sie wurde indessen nach 200 Jahren durch eine neue, noch bei weitem kunstvollere ersetzt. Diese damalige neue Uhr, von den Schaffhauser Uhrmachern Isaak und Josias Habrecht 1571 begonnen und 1574 in Gang gesetzt, hörte im Jahre 1789 auf zu gehen. Sie galt für jene Zeiten als ein Wunder der Mechanik und ihre Wiederherstellung für unmöglich. Der berühmte Uhrmacher Joh. Bapt. Schwilgué aber hat vom 24. Januar 1838 bis 2. Oktober 1842 ein Kunstwerk geschaffen, welches das alte, das man noch im Frauenhause zu Straßburg sehen kann (auf ihr auch ein Bildnis des Kopernikus), weit hinter sich läßt und ein Bild von dem hohen Stande gibt, den die Uhrmacherkunst jetzt einnimmt.

Die neue Uhr, die übrigens in Form und Größe die alte annähernd wiedergibt, hat wie diese im Vordergrunde eine Himmelskugel, welche die Sternzeit, d. h. die tägliche Bewegung der Sterne, angibt. Auf derselben sind über 5000 Sterne angegeben, von der ersten bis zur sechsten Größe in ihren Gruppen zusammengestellt; sie vollbringt ihren Kreislauf in einem Sterntage, der um 3 Minuten 56 Sekunden kürzer ist als der Sonnentag. Außer dieser täglichen Bewegung vollzieht die Himmelskugel noch eine zweite, die Präzession, nämlich die Darstellung des Vorrückens der Tag- und Nachtgleichen, indem die Äquinoktialpunkte längs der Ekliptik jährlich um $50{,}2$ Sekunden zurückgehen, weshalb der Frühlingspunkt sich nicht mehr, wie um 150 v. Chr. im Widder, sondern im östlichen Ende der Fische befindet.

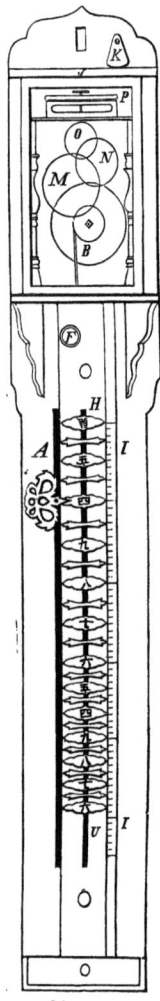

Fig. 576.
Japanische Uhr.

Hinter der Kugel ist auf einer Scheibe ein ewiger Kalender angebracht, auf welchem eine Apollofigur den Tag mit einem Pfeil anzeigt. Nicht allein aber, daß die Uhr im Schaltjahre ihren Gang verändert, sondern sie veranschaulicht auch durch einen eignen Mechanismus die als Säkularschaltjahr bekannte Unregelmäßigkeit, wonach in 400 Jahren drei Schalttage ausgelassen werden. Zwischen dem 31. Dezember und dem 1. Januar stehen die Worte: „Anfang des gemeinen Jahres"; fällt aber ein Schaltjahr ein, so verschwindet das Wort „gemein", und es tritt zwischen den 28. Februar und den 1. März der Schalttag ein. Auf den Glockenschlag der Mitternachtsstunde des 31. Dezember stellen sich die beweglichen Feste des Jahres auf ihre Tage ein.

Ein Feld mitten im Kalender ist zur Angabe der bürgerlichen Zeit bestimmt, welche mit der wahren Zeit nur zweimal im Jahre übereinstimmt. Das Zifferblatt ist ein gewöhnlicher Stundenring, doch werden auch auf ihm angegeben: Sonnenaufgang und -Untergang für Straßburg, die wahre Sonnenzeit, die Mondphasen und Finsternisse. Außerdem zeigt die Uhr noch alle Kalenderzahlen, nämlich die Jahreszahl, den Sonnencyklus, die Goldene Zahl, die Römerzinszahl, die Sonntagsbuchstaben, die Epakten und das Osterfest. Die Ringe, welche die bezüglichen Zeitbestimmungen auf sich tragen, müssen ihre Umläufe in sehr verschiedenen Zeiträumen machen, z. B. der für den Sonnencyklus in 28, der für den Mondcyklus in 19 Jahren und Bruchteilen, die aber in der Uhr mit großer Genauigkeit berücksichtigt sind und zwar mittels sogenannter Differential- oder Umlaufräderwerke. Höchst einfach dagegen ist der Mechanismus der Jahreszahl. Er ist ein kleines Zählwerk, wie solche an Datumstempeln, Aktenstempeln u. s. w. in Gebrauch sind. Nur geht dieses Zählwerkchen sehr langsam; der Tausenderring würde in 10000 Jahren erst eine Umdrehung machen.

Viele bewegliche Figuren mit allerlei Symbolen beleben äußerlich das Werk; sie ziehen das große Publikum stets an, vor allem der Hahn oben auf der Nebenturmspitze, welcher zu Mittag mit den Flügeln schlägt und kräht, Momente, welche — die Taschendiebe an den oft hingerissenen Zuschauern gern ausnutzen, was jetzt ein Schutzmann stets bekannt macht.

So sahen wir denn verschiedene Nationen an der Uhr bilden und

Fig. 577. Die Uhr des Straßburger Münsters.

schaffen. Dies spricht sich auch merkwürdig in den Namen aus, welche dem Zeitmesser gegeben worden sind und fast überall ein selbständiges Erfassen der Aufgabe, ein Eindringen in die Sache verraten. Wir finden folgende Bezeichnungen vor:

Deutsch Uhr vom lateinischen hora, Stunde, dies vom sanskrit. hora = Weg*).
Schweizerisch mundartlich Zitli . . . . Zeitlein.
Französisch montre . . . . Zeiger.
    " horloge, vom lat. horologium . . . . . Stundenanzeiger.
Spanisch reloj**) . . . . Stundenanzeiger.
Italienisch orologio, oriuolo, von demselben . . . . . Stundenanzeiger.
Neugriechisch horológion . . . . Stundenanzeiger.
Englisch watch . . . . Wache.
    " time-keeper . . . . Zeithalter.
    " klock . . . . Glocke.
Schwedisch klock . . . . Glocke.
Hindostanisch chauki-karna***) . . . . Wachhalter oder auch Wecker.

Fig. 578. Taschenuhr aus dem 16. Jahrhundert.

Die Pendeluhr. Das Pendel wurde schon sehr früh im Mittelalter von Sternkundigen zu Zeitmessungen begrenzter Art benutzt, indem man bald entdeckt hatte, daß seine Schwingungen bei nicht gar zu großem Anschlag nahe zeitengleich verlaufen, gleichviel, ob die Schwingung weit oder eng stattfindet. Es ist daher begreiflich, daß die genannten Gelehrten verschiedentlich versuchen mochten, die Uhren statt durch die ungenau wirkende Waag durch das Pendel regelrecht gehen zu machen.

Derjenige, dem dies zuerst gelang, ist, wie nun ermittelt ist, Galilei gewesen, nicht Huyghens, welcher erst später und auch anders die Aufgabe löste. Galilei erfand seine Pendelhemmung 1641, und zwar gab er ihr die in Fig. 579 dargestellte Anordnung. A Pendel, E Steigrad, welches von dem nur teilweise mitgezeichneten Gewichtstriebwerk stets rechtsläufig (wie unsre Uhrzeiger) umgetrieben wurde. Eine Sperrklinke C hielt das Steigrad auf, wenn sie in dessen Zähne eingriff. Sie wurde aber beim Linksschwingen des Pendels von dem mit dem letzteren fest verbundenen Arme B ausgehoben. Dann aber trat zugleich ein zweiter, mit B verbundener Arm D vor einen der stiftförmigen Zähne, mit welchen das Steigrad seitlich ausgerüstet war. Mittels des stiftförmigen Zahns trieb nun das Steigrad das Pendel nach rechts hin, wobei letzteres die Sperrklinke C wieder in den Zahnkreis von E eintreten ließ, womit dann E gehemmt war. Beim Rückschwung des Pendels erneuerte sich das Spiel. Diese schöne Hemmung, welche erst im vorigen Jahrhundert in der sogenannten Chronometerhemmung in verfeinerter Ausführung wieder Aufnahme gefunden hat oder, besser gesagt, neu erfunden worden ist, drang nicht in die Praxis ein, wahrscheinlich weil der schon schwerkranke Meister nichts mehr für sein Werk thun konnte.

Im Jahre 1656 erfand Huyghens (geboren 1629, gestorben 1695), ohne Galileis Hemmung zu kennen, seine Pendelhemmung. Diese ist in Fig. 580 dargestellt. An dieser Konstruktion erkennt man unschwer den zu Tage liegenden Begriffsweg, an die Stelle der

---

*) Am Sonnenuhrkreis. **) Sprich reloch. ***) Sprich Tschauki.

Waag das Pendel zu setzen. Das alte Kronrad c der Waaguhr treibt nämlich statt der Waag mittels der Lappenspindel d ein teilweise verzahntes Rad m hin und her, dessen Achse mittels des Armes n o (heute Weiserarm genannt) das Pendel u p bei o faßt und zum Weiterschwingen veranlaßt. Die Pendelschwingungen gehen nun regelmäßig vor sich und verleihen der Uhr einen guten, gleichmäßig fortschreitenden Gang.

Indem Huyghens seine Hemmung sorgfältig ausführte und die Gewichts- und Kraftverhältnisse genau einander anpaßte, erzielte er eine recht brauchbare Uhr. Es darf aber nicht übersehen werden, daß in der von da ab sich verbreitenden Penduluhr eine Beschränkung in den Kauf genommen werden mußte, welche der bereits ausgebildeten Unruhuhr nicht auflag, diejenige, daß die Penduluhr fest aufgestellt sein mußte, um in gutem Gang zu bleiben. Die damals hervortretende Notwendigkeit der Verwendung der Uhren auf der See behufs der Längenmessungen ließen Huyghens auf Verbesserungen auch an der Unruhuhr sinnen, die ihm auch gelangen.

Fig. 579. Galileis Penduluhr.   Fig. 580. Huyghens' Penduluhr.

Die verbesserte Unruhuhr. Das Wesentliche, was Huyghens für die Unruhuhr that, war, daß er die als Schwingungsfeder in Henleins Uhren dienende Schweinsborste, welche Witterungseinflüssen stets nachgab, durch eine genau ausgeführte Stahlspirale ersetzte. Dieser wichtige Fortschritt enthielt zwar kein neues Prinzip, aber eine sehr wichtige technische Verbesserung, welche sich auch alsbald bei Seeuhren bewährte. Wir geben von Huyghens Konstruktion in Fig. 581 eine Darstellung, welche als Faksimile einer zeitgenössischen Zeichnung dem Sachkenner gewiß willkommen sein wird. Man erkennt sofort die als Rad gebildete Unruhe D und die bei G befestigte Schwingungsspirale H, sodann aber auch in RS das Hülfszahnrad m aus Huyghens Penduluhr in der vorigen Figur, und bemerkt, daß die Unruhachse TE nicht die Schäufelchen der Hemmung an sich trägt; diese

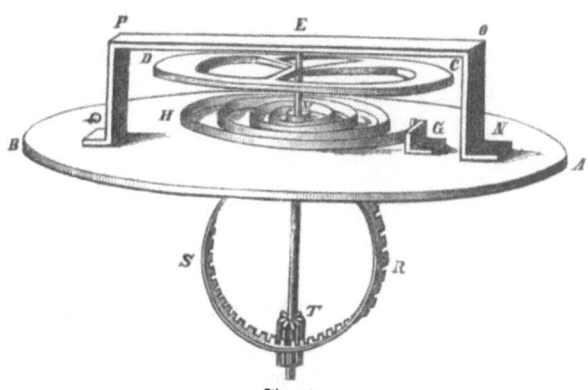

Fig. 581. Huyghens' verbesserte Uhrenunruh. Nach Johannes Christophorus Sturmius.

haben wir vielmehr auf der Achse des Rades RS zu suchen. Huyghens machte die vorliegende Erfindung 1665. Er hob mit ihr die Spindeluhr beträchtlich in ihrer Vollkommenheit. Daß übrigens Robert Hooke schon 1658 eine ähnliche Erfindung gemacht habe, scheint nunmehr nachgewiesen; wenigstens hat Hooke seiner Zeit eine Uhr vorgebracht, welche eine bezügliche Inschrift trug.

Verfolgen wir zunächst die Unruhuhr in ihrer Entwickelung und betrachten ein vollständiges Spindeluhrwerk. Ein solches stellt Fig. 582 schematisch dar. Die spiralige Treibfeder A ist mit ihrem äußeren Ende am Gestell, mit ihrem inneren an der Achse des Rades B befestigt. Auf dieser Achse, welcher der Federstift heißt, ist das Zahnrad C drehbar befestigt; dasselbe trägt aber eine Sperrklinke an sich, welche in das Sperrrad B eingreift. Windet man nun, indem man mit dem Uhrschlüssel bei T angreift, die Feder auf, so läßt die genannte Sperrklinke das Rad B zwar vorüberschlüpfen, faßt es hingegen treibend an, sobald man den Schlüssel nicht mehr weiter treibt oder ihn entfernt. Durch C und D wird nun die innere Zeigerachse, auf welcher der Minutenzeiger durch Reibung haftet, umgetrieben, mittels P Q R S gleichzeitig die zwölfmal langsamer gehende rohrförmige Achse des Stundenzeigers. Von der Minutenwelle aus wird ferner auch die Hemmung betrieben, und zwar mittels der Zahnräder E F G H K L, von welchen letzteres auf seiner Achse das Steigrad M trägt. Dieses wirkt in oben beschriebener Weise auf die

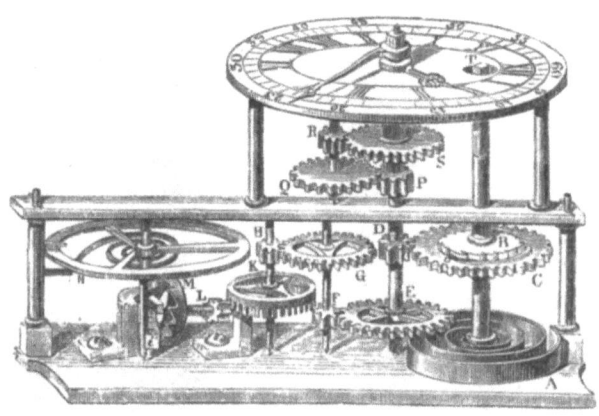

Fig. 582. Gehwerk einer Spindeluhr.

Achse oder „Spindel" der Unruh N. Das vermittelnde Zahnrad von Huyghens (R S in Fig. 581) ist somit als überflüssig weggelassen, wie schon vor Huyghens bei Peter Henlein oder Hele.

Schnecke und Trommel. Der Betrieb mit der Spiralfeder (A in Fig. 583) setzte die Unruhhemmung früh auf eine harte Probe. War die Feder frisch aufgezogen, so wirkte sie drei- bis viermal so stark, als wenn sie beinahe abgelaufen war; diese Ungleichmäßigkeit der Kraftwirkung vermochte die Unruhe nicht unmerkbar zu machen. Man war deshalb genötigt, eine Ausgleichung einzuschieben. Anfänglich that man dies durch Einschiebung von Bremsplatten, welche die Feder aufhielten, öfter auch dadurch, daß man das Bodenrad nicht kreisrund, sondern spiralig gestaltete. Dann aber kam man dazu, einen Mechanismus anzuwenden, den man bei den Bratenwendern bereits bewährt gefunden hatte: Schnecke und Trommel (Fig. 583). Hier wirkt die Triebfeder, welche mit dem einen Ende an der Innenwand einer cylindrischen Trommel befestigt

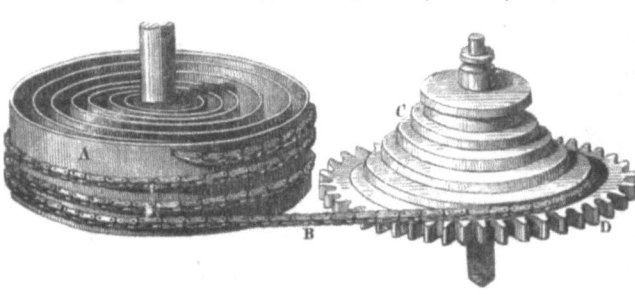

Fig. 583. Schnecke und Trommel.

ist, vermittelst einer Kette B (anfänglich einer Darmseite), auf die schneckenförmige Walze oder kurz Schnecke C, welche auf dem Bodenrad D befestigt ist. Das Aufziehen der Feder erfolgt von der Achse des Bodenrades her, und zwar wickelt sich dabei die Kette auf immer niedriger werdende Teile des Schneckenganges auf, während sich die Feder fortwährend stärker spannt. Ist die Feder ganz gespannt, so greift die Zugkraft der Kette am kleinsten Hebelarm an; dieser Arm aber wächst, wie die sich entrollende Feder an Spannung nachläßt. In unsrer Zeit hat man die Schnecke in der Uhr vielfach weggelassen und der inzwischen verbesserten Hemmung die Gleichmäßighaltung des Ganges der Uhr anvertrauen können; bei feineren Unruhuhren indessen kann man der Schnecke auch jetzt noch nicht entraten.

Regelung des Ganges der Unruh. Bei der Waag konnte man die Schwingungszeit mit erträglich gutem Erfolge durch Versetzung der kleinen Gewichtchen, von denen wir gesprochen, regeln; noch leichter gelang die Regelung beim Pendel, nämlich durch Verschiebung der Pendellinse auf ihrer Stange. Schwieriger dagegen war die Aufgabe bei der Unruhuhr. Erst lange nach Huyghens wurde die jetzt allgemein gebräuchliche Methode üblich, durch Verlängerung oder Verkürzung der Schwungfeder die Schwingungszeit der Unruh zu berichtigen. Dieses Verlängern oder Verkürzen geschieht mittels des sogenannten Rückers, auch Sperre genannt, wovon Fig. 584 eine besonders ausgebildete Ausführungsform darstellt. Durch Rücken an dem Zeiger D wird der Zahnbogen mit dem Arme A, der bei B mit zwei Stiftchen die Spiralfeder umfaßt, verstellt. Es ist nun so, als ob die Feder bei B statt bei C befestigt, also um BC kürzer wäre. Der Rücker wird so lange

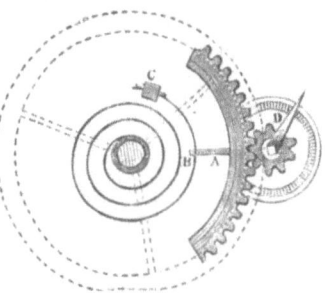

Fig. 584. Die Sperre.

verschoben, bis die Unruh die gewünschte Schwingungsdauer zeigt. Neuerdings beobachten unsre Uhrmacher die Schwingungsdauer durch sofortiges Zählen der Unruhschwünge durch ein oder zwei Minuten vor einer Normaluhr. Die gewöhnlichen Rücker haben die Einrichtung, daß der Arm AB unmittelbar zu versetzen ist, was nicht leicht mit der erwünschten Genauigkeit gelingt.

Fortbildung der Pendeluhr. Wenden wir unsre Blicke jetzt wieder der Pendeluhr zu, so sehen wir dieselbe bald wieder nach dem Eingreifen von Huyghens sich entwickeln, indessen nicht mit der Huygensschen, sondern mit einer andern Hemmung. Es ist die sog. Hakenhemmung, welche 1680 von dem schon genannten englischen Physiker Hooke oder von dem Londoner Uhrmacher Clement erfunden worden sein soll; man nennt sie gewöhnlich den Clementschen Haken. Derselbe ist in Fig. 585 in seiner einfachsten Gestalt vorgeführt. Während bei der Spindelhemmung oder dem Spindelgang die Achse des Steigrades senkrecht zu derjenigen der Schaufel- oder Lappenspindel steht, liegen hier diese beiden Achsen d und c parallel; statt der Schaufeln oder Lappen dienen die Hakenflächen bei a und b. Mit dem Haken acb hat man sich das an dem Arme cd schwingende Pendel verbunden zu denken; die ungefähre Größe des Schwingungswinkels ist punktiert bei a angegeben. Schwingt der Haken bei a nach oben, so läßt er den jetzt gehemmten Steigradzahn nach rechts gleiten und schließlich entschlüpfen, worauf aber der vor b stehende Zahn e alsbald von der Hakenfläche b wieder aufgefangen wird. Bei der Rückschwingung des Hakens läßt dann b den Zahn e entschlüpfen, worauf a den Zahn f auffängt, u. s. w. Bemerkenswert ist, daß, wenn aus der jetzigen Stellung a nach unten schwingt, vermöge der Form der Auffangefläche das

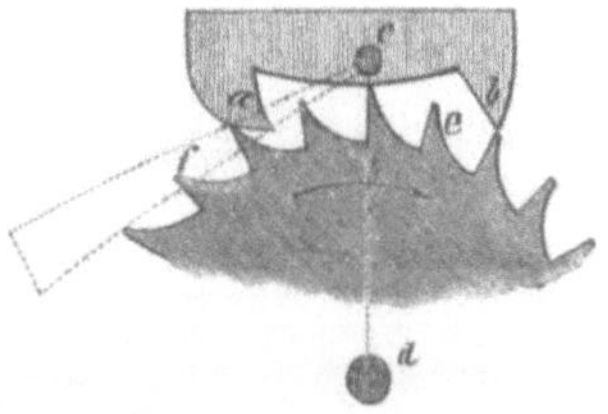

Fig. 585. Clementscher Haken.

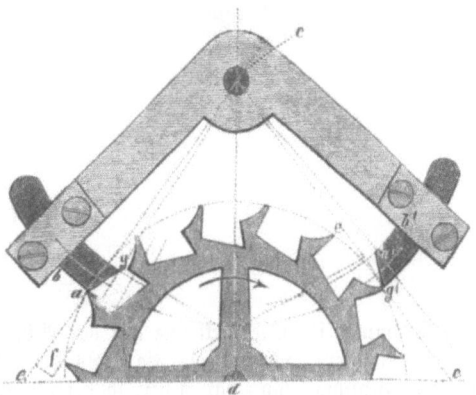

Fig. 586. Grahamsche Ankerhemmung.

Steigrad ein klein wenig nach rückwärts zu gehen gezwungen wird, danach aber wieder nach vorwärts geht; dasselbe gilt vom Eingriff cb. Man nennt dieses Zurückzucken das Rückfallen des Steigrades und die Hemmung danach eine rückfallende oder zurückfallende. Auch die alte Spindelhemmung gehört zu den rückfallenden. Dieses Rückfallen hat für derber gebaute Uhren keinen Nachteil, ja bietet gewisse kleine Vorteile, so daß die Hakenhemmung bis jetzt in vollem Gebrauch geblieben ist; die Schwarzwälder Uhr ist fast durchweg mit derselben ausgerüstet.

Bei feineren und für sehr genauen Gang bestimmten Werken wird aber das Rückfallen störend. Man suchte es zu vermeiden. Dies geschieht bei dem sogenannten ruhenden Ankergang oder der ruhenden Ankerhemmung, welche von Graham in London um 1710 erfunden wurde. Fig. 586 versinnlicht die Grahamsche Ankerhemmung in einer übrigens modernen Form. Der obige Clementsche Haken umfaßt $3^1/_2$ Zahnteilung am Steigrad. Denkt man sich diese Zahl vermehrt, so ändert sich grundsätzlich nichts, nur nimmt der „Haken" eine einem Anker ähnliche Form an. An einem solchen Anker gestaltete nun Graham die Aufhalterflächen so, daß sie jede in zwei Teile zerfielen, in die eigentliche Auffangfläche a b bezw. a′ b′, und in die sogenannte Hebefläche a g bezw. a′ g′. Die Auffangflächen profilierte er konzentrisch zur Achse c des Ankers, wodurch nun das Steigrad beim Gleiten seiner Zähne auf diesen Auffangflächen ruhen bleibt, dagegen den Anker und mit ihm das Pendel beschleunigt oder antreibt, wenn die Zahnspitzen an den Hebeflächen a g oder a′ g′ entlang gleiten. Das Steigrad gibt dabei dem Pendel die durch Reibung verlorene lebendige Kraft stets wieder. In unsrer Figur sind die Hebe- und Ruheflächen an besonders eingesetzten Körperchen, bei feinen Uhren aus Halb- oder Ganzedelsteinen bestehend, hergestellt. Bei einfacheren Werken sind sie aus einem Stück mit dem Anker gebildet. Der Grahamsche Anker ist sehr gebräuchlich.

Fig. 587. Pendeluhr, Seitenansicht des Werkes.

In Fig. 587 und 588 sehen wir nun das Werk einer Pendeluhr dargestellt. Hier ist der Betrieb durch ein Gewicht vorausgesetzt. Von dem treibenden Gewicht A ausgehend, gelangen wir zu der Trommel B. Sie steckt lose auf der Achse des ersten Rades C, ist aber mit diesem durch ein Gesperre, welches aus Fig. 584 deutlich wird, dergestalt verbunden, daß sie in nur einer Richtung, und zwar in der, wobei die Schnur aufgewunden wird, sich selbständig drehen kann. Das Aufwinden geschieht mittels des Uhrschlüssels, der an die hervorstehende vierkantige Welle gesteckt wird; das ganze Werk außer der Trommel bleibt hierbei in Ruhe. Wirkt aber die Zugkraft frei an der Trommel, so muß vermöge der eingefallenen Sperrung das Rad C und alle übrigen Räder sich mitdrehen; aber das Werk würde rasch ablaufen, wenn ihm nicht durch das Pendel ein langsamer, geregelter Gang auferlegt wäre. Von dem Trommelrade C pflanzt sich die Bewegung zunächst auf das Rad E fort, indem die Zähne des ersteren in ein kleines Getriebe D eingreifen, das auf der Welle E vorn sitzt. Vermöge dieser Einrichtung wird das Rad E schon eine bedeutend größere Umlaufsgeschwindigkeit haben als das Rad C. Ganz derselbe Eingriff und die wachsende Geschwindigkeit wiederholt sich bei den folgenden Rädern des Werkes. Die Bewegung überträgt sich von dem Radkranze E auf das Getriebe F und damit auf das Rad G, von G auf H und K, von K auf L und M. Dieses letzte und schnellste Rad M ist das Hemmungsrad oder Steigrad, das mit seinen schrägen Zähnen zwischen den Krampen des Ankers NN steht. Der Anker ist mit einer durchgehenden Welle O verbunden, an welcher nach hinten außerhalb des Werkes auch der Führungsstab S für das Pendel, der sogenannte Weiserarm, angebracht ist. Die Pendelstange hängt oberhalb an zwei Stahlklingen oder Lamellen, nämlich Uhrfederstücken, die sich nach Maßgabe der Schwingungen hin und her biegen, und geht etwas weiter unterhalb durch den Schlitz einer an dem Führungsstäbchen sitzenden Gabel T hindurch. Hier in T ist die einzige Stelle, wo Uhrwerk und Pendel miteinander in Berührung kommen.

Die Wechselwirkung zwischen Uhrwerk und Pendel besteht nun, wie bereits gezeigt, darin, daß letzteres dem ersteren nur erlaubt, absatzweise, Zahn um Zahn fortzugehen, während das Uhrwerk durch die kleinen Antriebe, die es der Pendelstange mittels des Weiserarmes erteilt, das Fortschwingen des Pendels unterhält. Diese Schwingungen gehen um so langsamer, je länger die Pendelstange ist, daher bestimmt sich von dieser Länge aus das Verhältnis der Umdrehungen der verschiedenen Räder, mithin die Zahl der Zähne. Unter allen Umständen aber ist das Räderwerk so zusammengeordnet, daß ein Rad da ist, welches sich genau in der Stunde einmal dreht. Die Welle dieses sogenannten Stundenrades verlängert sich durch das Zifferblatt hindurch und trägt den Minutenzeiger. Die zwölfmal langsamere Bewegung des Stundenzeigers geht ebenfalls von der Welle des Minutenzeigers aus und wird vermittelt durch den dicht hinter dem Zifferblatt befindlichen kleinen Rädersatz, der die Bewegung zwölffach verlangsamt.

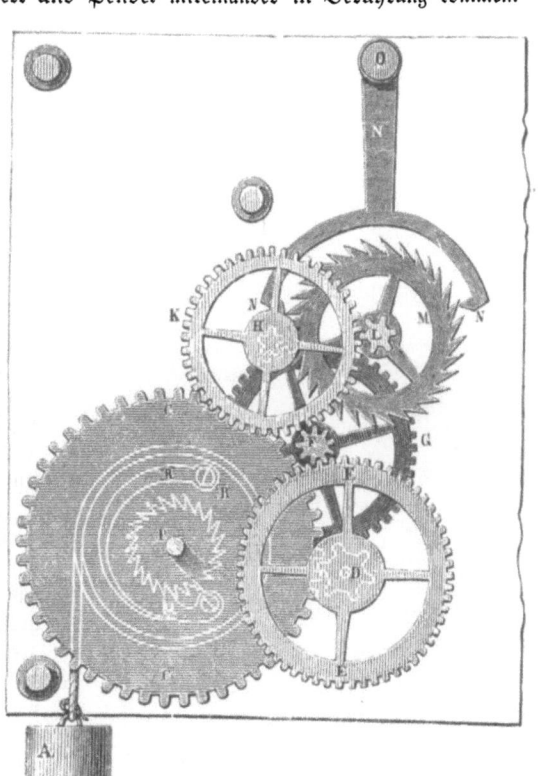

Fig. 588. Pendeluhr, Vorderansicht des Werkes.

Schlaguhren. Unsre soeben beschriebene Uhr hat nur ein Gehwerk, während wir für den Hausbedarf in der Regel noch ein Schlagwerk mit demselben verbinden. Dasselbe hat eine keineswegs einfache Bauart, wie sich sogleich zeigen wird. Man muß aber nicht annehmen, daß es deshalb spät erfunden wäre; Schlagwerke sind im Gegenteil schon vor den Gewichtuhren ausgesonnen und ausgeführt worden. Auch die Uhr, welche Harun Karl dem Großen schenkte, besaß ein Schlagwerk. Es ist eben leichter, für gegebene Kräfte allerlei künstliche Getriebe zu mannigfaltigen Bewegungen herzustellen, als eine gleichförmig fortschreitende Bewegung zu erzielen. Schon Peter Henleins Taschenuhren wurden mit Schlagwerkchen versehen, gewiß eine delikate feine Arbeit voraussetzend, während die Turm- und Standuhren noch mit der ungenauen Waag- oder Schwengelhemmung arbeiteten, auch die Unruh in des geschickten Meisters Kunstwerk nur eine sehr mäßige Genauigkeit des Ganges aufwies. Wir dürfen uns nicht wundern, wenn noch ein halbes Jahrhundert später (1557) Karl V. in der spanischen Mönchskutte vergeblich seine Waaguhren auf einerlei Gang zu bringen suchte, während nebenher allerlei künstliches Uhrmacherwerk, Männleinlaufen, krähende Hähne und all das populäre Figurenwerk wie an der Straßburger Münsteruhr vorhanden war. Es fehlte damals immer noch das die Regelmäßigkeit der Bewegung sichernde Pendel, dessen Einführung in die Uhr erst ein ganzes Jahrhundert nach des Kaisers fruchtlosen Versuchen erfolgte.

Unter den Schlagwerken für Uhren sind zwei Arten vor allem im Gebrauch: das deutsche und das englische Schlagwerk. Ersteres, das mit "Schloßrad und Falle", bei Turmuhren, Haus- und Wanduhren im Gebrauch, schlägt die Stunden und Halben, auch Viertel, wenn das Gehwerk die Auslösung bewirkt; letzteres, das Schlagwerk mit "Rechen und Staffel", auch wenn man den Schlag "repetieren" lassen will und zu dem Ende durch äußeres Eingreifen das Werk auslöst; das englische Schlagwerk ist bei feineren Wanduhren, bei Stutz- und Taschenuhren in Anwendung. Beide Schlagwerke sind ziemlich verwickelt in ihrer Zusammensetzung, weshalb wir uns auf die Beschreibung eines einfachen deutschen Schlagwerks, wie es an gewöhnlichen Wanduhren gebräuchlich ist, beschränken.

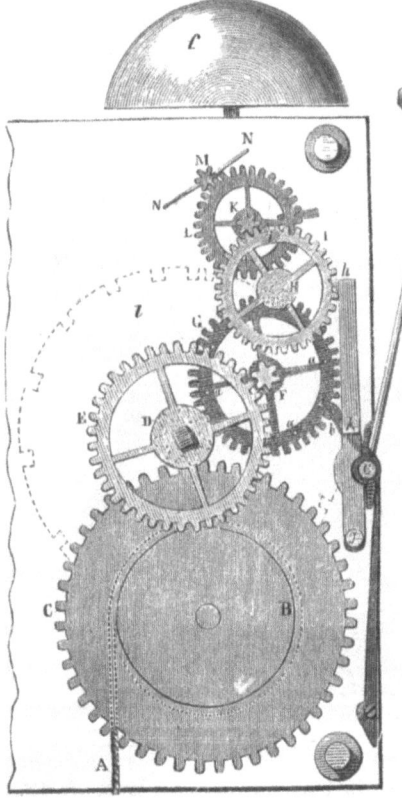

Fig. 589. Schlagwerk.

Der Mechanismus bildet eine besondere Abteilung des Uhrwerks, die ihren eignen Motor, ebenfalls ein Gewicht, hat und von dem Lauf- oder Zeigerwerke aus zu bestimmten Zeiten in Thätigkeit gesetzt wird. Vermöge der Schnur A (s. Fig. 589) zieht das Gewicht an der Trommel B, die mit dem Stirnrade C in gleicher Weise wie bei dem Gehwerke durch ein Gesperre verbunden ist. Von dem Treibrade C geht die Bewegung auf das Getriebe D des Rades E über und setzt sich mit immer wachsender Geschwindigkeit von Rad zu Getriebe in der Reihenfolge E, F, G, H, I, K, L, M fort; die letzte Welle M ist mit zwei Windflügeln, dem sogenannten Windfang, versehen, der, sobald das Schlagwerk in Thätigkeit kommt, mit großer Geschwindigkeit (mit 15—20 Umdrehungen in der Sekunde) rotiert. Durch diese schnelle Rotation wird ein Luftwiderstand erzeugt, der ausreichend ist, den Gang gleichförmig zu machen; der Windfang ist also die Reguliervorrichtung des Schlagwerks. Während das ganze Räderwerk sich dreht, kommen die Stifte aa, die seitwärts an dem Kranze des Rades G vorstehen, der Reihe nach mit dem Hebel b in Berührung, heben ihn etwas und lassen ihn wieder frei. c ist die Drehungsachse des Hebels b, und auf ihr sitzt zugleich der elastische Stiel des Hammers e. In seiner Ruhelage berührt der Hammer die Glocke nicht; wird der Hebel durch einen Stift gehoben, so tritt der Hammer noch weiter von der Glocke zurück; gleitet dann der Hebel ab, so drückt ihn eine Feder rasch in seine erste Lage zurück; der Hammer schnellt aber dann, weil sein Stiel biegsam und elastisch ist, über seine Ruhelage so weit hinaus, daß er an die Glocke schlägt. Nach dem Schlage biegt sich der Stiel sofort wieder zurück und entfernt den Hammer von der Glocke, so daß diese nicht von ihm gedämpft wird.

Um das Schlagwerk in Ruhe zu halten, bis es gebraucht wird, wird eines der schneller laufenden Räder gehemmt. Zu diesem Zwecke ist am Kranze des Rades I ein einzelner Seitenstift i angebracht, welcher auf das obere Ende des Hebels gh trifft, der um g drehbar und für gewöhnlich durch eine Feder angedrückt ist. Wird der Hebel zurückgezogen und gleich wieder losgelassen, so kann das Rad I und der Stift einen Umgang machen, und das

Schlagwerk steht hiernach wieder still. Während dieses Umgangs ist einer der Stifte a unter dem Hebel b durchgegangen, und ein Hammerschlag erfolgt. Das Zurückziehen des hemmenden Hebels gh erfolgt nun von dem Gehwerke der Uhr aus, sobald eine Stunde herum ist; damit aber die Hemmung nicht jedesmal nach dem ersten Schlage, sondern folgeweise erst nach dem zweiten, dritten u. s. w. wieder einfalle, ist eine weitere Vorrichtung nötig. Auf der Welle des Rades E sitzt noch eine größere Metallscheibe l, die sogenannte Schloßscheibe, auf deren Rande Kerben in der Art eingeschnitten sind, daß ihre Abstände nach der der Drehung der Scheibe entgegengesetzten Richtung hin immer größer werden. Sie erhält dadurch zwölf ungleiche Randvorsprünge, deren schmalster und breitester Nachbarn sind. An dem Hemmungshebel befindet sich bei k ein keilförmiger Vorsprung, dessen Schneide beim Stillstande des Schlagwerks in einem der Scheibenausschnitte liegt. Hebt das Gehwerk den Hemmungshebel aus, so kommt das Schlagwerk in Gang und folglich auch die gekerbte Scheibe in Umlauf; der eben vorliegende Vorsprung des Scheibenrandes schiebt sich sofort unter die Schneide von k, und der Hemmungshebel wird dadurch so lange am Einfallen behindert, bis der folgende Einschnitt der Scheibe herangekommen ist. Indem k hier einfällt, stellt sich zugleich das Hebelende h dem Stifte i in den Weg, und das Schlagen hört auf. Je weiter der Abstand des einen Ausschnitts von dem nächstfolgenden ist, desto mehr Hammerschläge erfolgen natürlich, und die Einteilung der Scheibe ist gerade so, daß das kürzeste Randstück nur einen Schlag, das längste deren zwölf gestattet. Die Bewegung des Rades E und der Scheibe ist langsam; sie kommen in zwölf Stunden nur einmal herum. Von 1—12 sind 78 Schläge, folglich muß das Rad I, das bei jedem Schlage einen Umgang macht, sich während dieser Zeit 78mal drehen.

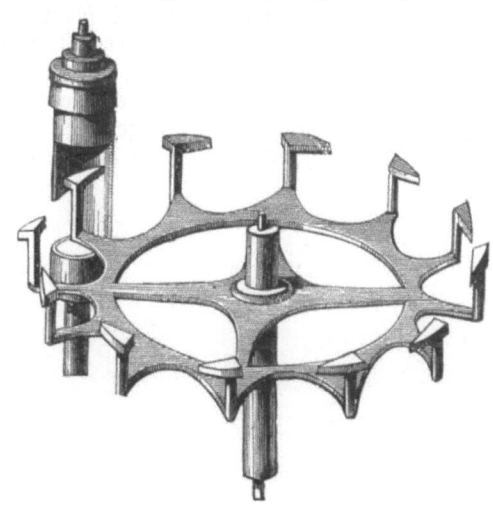

Fig. 590. Cylinderhemmung in vergrößertem Maßstabe.

Weiterentwickelung der Unruhuhr. Neben der Penduhr erfuhr auch die Unruhuhr zur selben Jahrhundertwende eine weitere Ausbildung. Wie man in der Hakenhemmung die Achsen von Anker und Steigrad parallel gemacht, so versuchte man es nun auch für die Unruh, und es gelang in der von Tompion 1695 erfundenen, dann von Graham in ihre noch heute übliche Form gebrachten sogenannten **Cylinderhemmung.** Sie hätte auch später als die ruhende Ankerhem-

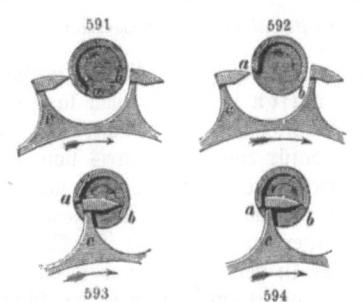

Fig. 591—594.
Wirkungsweise der Cylinderhemmung.

mung gefunden werden können, denn im Grunde ist das eine das andre und das andre das eine: die Cylinderhemmung (f. Fig. 590) ist eine ruhende Ankerhemmung, bei welcher der Anker nur eine halbe Zahnteilung am Steigrade umfaßt. Die äußere Ruhefläche ab an unserm obigen Anker (Fig. 586) ist als der äußere Mantel, die innere Ruhefläche a′b′ als die innere des „Cylinders" ausgebildet; die Hebelflächen ag und a′g′ heißen an demselben die Lippen. Die Fig. 591—594 versinnlichen die Wirkungsweise der Teile.

In Fig. 591, wo die Unruh und folglich auch ihre Spindel den größten Ausschlag nach links hat, wird das Steigrad mittels seines Zahnes c in seiner Bewegung vollständig aufgehalten, in Fig. 592, wo die Unruh einen Teil ihrer Rückwärtsschwingung (nach rechts) gemacht hat, erhält sie von dem nun frei werdenden Zahne c durch dessen Hinstreichen an der Lippe a einen kleinen Antrieb zur Fortsetzung ihrer Schwingung; in Fig. 593 hat die Unruh ihren größten Ausschlag nach rechts erreicht und bringt dabei das Steigrad abermals zum Stillstand, und in Fig. 594 ist die Unruh wieder in der Schwingung nach links begriffen, wobei sie durch das Hinstreichen des Zahnes c an der Lippe c noch einen kleinen Antrieb vom Steigrade erhält.

Die Cylinderhemmung oder der Cylindergang ist, wie dem Leser aus dem Namen bekannt ist, ungemein gebräuchlich; sie wird fein und genau ausgeführt und hat ihre fast 200jährige Probe recht gut bestanden. Immerhin indessen konnte diese Hemmung den im Laufe des 18. Jahrhunderts bedeutend steigenden Ansprüchen an die Gleichmäßigkeit des Ganges nicht nachkommen. Denn die Reibung der Steigradzähne an den Ruheflächen bedingte gewisse, wenn auch kleine Schwankungen und Gangstörungen, wenn man auch den eigentlichen „Cylinder" aus Rubin herstellte (wie für feine Taschenuhren auch jetzt bisweilen geschieht), wenn man auch durch „Schnecke und Trommel" die Kraft möglichst gleichförmig machte und übrigens alles für die genaue Herstellung that. Die erwähnten Ansprüche kamen her einerseits von den Astronomen, anderseits und mit noch weit mehr Nachdruck von den Seefahrern, welche möglichst genaue Uhren gebrauchten, um auf dem Weltmeere die geographische Länge bestimmen zu können. Die Engländer waren es aus letzterem Grunde, welche sich mit der ferneren Ausbildung der Uhr am lebhaftesten befaßten; dann kam Frankreich; wir sind erst in diesem Jahrhundert in den Wettstreit mit eingetreten.

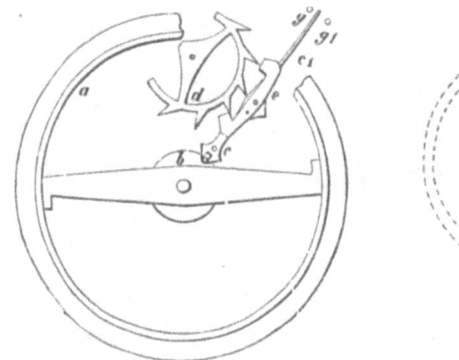 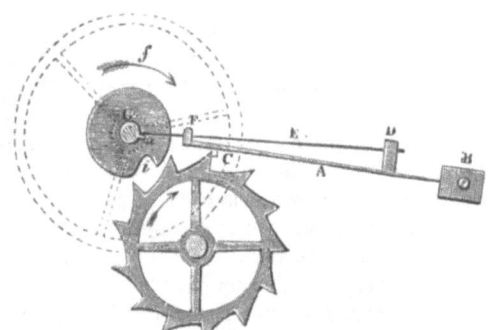

Fig. 595. Freie Ankerhemmung für Taschenuhren.   Fig. 596. Freie Chronometerhemmung.

Einige hervorragende Punkte müssen wir kurz andeuten. Dem englischen Uhrmacher Harrison gelang es nach langen Anstrengungen, 1761 eine Seeuhr herzustellen, welche nach halbjähriger stürmischer Seereise nur eine Abweichung von $1\frac{1}{2}$ Minute zeigte und erhielt dafür einen Ehrenpreis von 10000 Pfd. Sterl. Ferdinand Berthoud in Paris eiferte Harrison mit Erfolg nach. Gegen 1790 erfand der englische Uhrmacher Mudge die sogenannte freie Ankerhemmung für Unruhuhren, die seitdem für feine Werke zu großer Anerkennung gelangt ist. Sie ist in etwas verbesserter Form in Fig. 595. Das damals Neue in der Hemmung war, daß der Anker e, den wir als einer ruhenden Ankerhemmung (s. oben) entnommen denken können, nicht mehr unmittelbar auf sich das Pendel oder die Unruh trägt, sondern mittels des Fortsatzes c erst die Unruh ab beschleunigt, worauf er bei dem Rückschwunge der Unruh in seine zweite Lage versetzt wird und den nachfolgenden Steigradzahn dann wieder mit seinem andern Flügel auffängt u. s. w. Demzufolge schwingt die Unruh frei nach jeder Beschleunigung, weshalb man die Hemmung eine freie nennt, und der Anker steht mit dem Steigrad still während dieser Zeit.

Zu den freien Hemmungen gehört auch der sogenannte Chronometergang. Er wurde schon in der Mitte des 18. Jahrhunderts durch Jullien le Roy erfunden, später, in den neunziger Jahren, in England durch Arnold und durch Earnshaw besonders ausgebildet und ist in unsrer Zeit durch Jürgensen und Martens bei uns noch weiter vervollkommnet worden. Fig. 596 stellt den Chronometergang in einer der gebräuchlichen neueren Formen dar. Merkwürdig genug ist, daß diese Hemmung im Grunde genommen mit dem Galileischen Pendel (Fig. 579) die Grundanordnung gemein hat. Das Steigrad wird durch die Sperrklinke

AB bei C aufgehalten, während die Unruh rechtsum schwingt, ja auch bis sie den Links=
schwung gerade bis in die gezeichnete Stellung vollzogen hat. Dann aber hebt der mit
ihr verbundene Auslösezahn a sie vermittelst der Hilfsklinke FED aus. Das Steigrad
beginnt sofort zu gehen, erreicht mit dem zweiten Zahne hinter C noch die Hebefläche E an
der Unruh und beschleunigt diese, worauf aber der erste Zahn hinter C wieder durch die
Sperrklinke BA aufgefangen wird. Beim Rückschwung nach rechts (Pfeil f) schlüpft der
Auslösezahn a über die federnde Klinke DEF weg, indem diese, sich ausbeugend, nachgibt.
Hier wird also die Unruh nicht nach jeder halben Schwingung, wie überall oben, sondern
erst nach jeder ganzen Schwingung einmal beschleunigt.

Viele Einzelkonstruktionen müssen wir übergehen, die alle zur Entwicke=
lung des Uhrenbaues beigetragen haben, indessen noch gedenken der wich=
tigen Vorkehrungen, welche die störenden Einflüsse der Temperaturwechsel
fernzuhalten bestimmt sind.

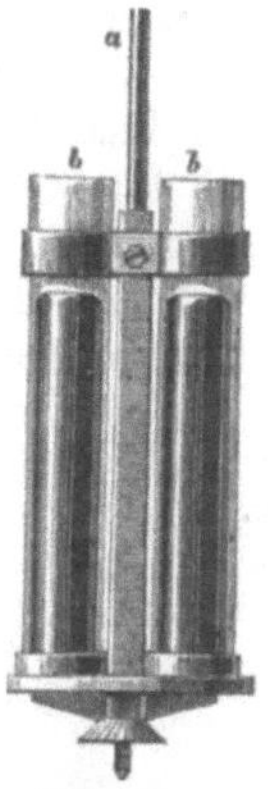

Kompensationen. Es ist bekannt, daß alle Körper, besonders stark aber
Metalle, durch Wärme ausgedehnt und durch Kälte zusammengezogen werden;
hierdurch werden die Pendellängen und die Durchmesser der Unruh und
Spiralfedern zeitweise verändert und infolgedessen die Gleichmäßigkeit in
deren Schwingung gestört, wodurch wiederum der Gang der Uhren beeinflußt
wird, wenn man nicht die Veränderungen in irgend welcher Weise ausgleicht.
Die Mittel hierzu sind in den sogenannten Kompensationen gefunden,
von denen wir die eine sehr bekannte Vorrichtung für Penduluhren, das
Rostpendel, bereits im II. Bande (S. 88) dieses Werkes betrachtet haben.

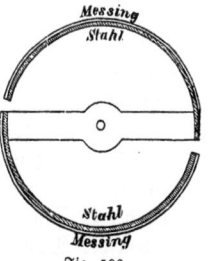

Fig. 597.
Quecksilberpendel.

Eine andre zweckmäßige Kompensation sehen wir bei dem sogenannten
Quecksilberpendel (f. Fig. 597) ausgeführt. Dasselbe ist in der That
das älteste der Kompensationspendel, und zwar wurde es schon von Graham ersonnen; das
Verfallen auf das Quecksilber begreift sich, weil es dasjenige Metall ist, welches die stärksten
Volumänderungen durch Wärmewechsel erleidet. Hier ist die eiserne Pendelstange a anstatt
mit einer Linse mit zwei cylindrischen Glasgefäßen bb, die mit Quecksilber bis zu gewisser
Höhe angefüllt sind, in der von der Abbildung angegebenen Weise versehen. Durch die Aus=
dehnung oder Zusammenziehung des Quecksilbers wird der Schwerpunkt der schwingenden
Masse, entsprechend der Verlängerung oder Verkürzung der Stange, weiter nach oben oder
nach unten verlegt und so die richtige Pendellänge bei allen Temperaturwechseln erhalten.

Bei den Kompensationsvorrichtungen für Unruhuhren, wie solche für die besten Sorten
angewendet werden, ist der Schwungring des Unruhrädchens aus
zwei verschiedenen Metallen zusammengelötet, und zwar benutzt man
dazu Messing und Stahl, von denen man das erstere den äußeren
und den letzteren den inneren Reif bilden läßt; außerdem wird der
Schwungring nicht aus dem Ganzen, sondern aus zwei halbkreis=
förmig gekrümmten Armen hergestellt, welche mit den diametral
gegenüberliegenden Enden durch einen auf der Spindel befestigten
Steg verbunden sind, wie dies Fig. 598 angibt. Die Wirkung der
erwähnten Verbindung zweier verschiedener Metalle, aus denen man
den Schwungring der Unruhe zusammensetzt, beruht auf folgendem.
Während bei Schwungringen aus einem Metall durch den Einfluß
des Temperaturwechsels eine Ausdehnung oder Zusammenziehung
bewirkt wird, findet bei Schwungringen aus den beiden genannten Metallen ein Ausgleich
dieser Ausdehnungen statt, da die Ausdehnung des Messings größer ist als jene des Stahls,
infolgedessen die beiden freien Enden der Sektoren sich bei Temperaturerhöhung nach innen,
bei Erniedrigung nach außen biegen und hierdurch die Lage des Schwerpunkts der schwin=
genden Massenhälften gegenüber der Schwingungsachse fast unverändert bleibt.

Fig. 598.
Kompensationsunruh.

Chronometer. Praktisch weitaus am wichtigsten ist die Kompensation für die See=
uhren, weil diese die Möglichkeit geben, den Verkehr auf dem Weltmeere so zu bewirken,
daß mit großer Sicherheit der Ort des Schiffes auf der „unendlichen" Wogenfläche be=
stimmt werden kann. Die Aufgabe des Uhrmachers ist hier gleichzeitig die allerschwierigste,
weil die Seeuhr in der größten Tropenhitze wie in der Polarkälte aushalten, weil sie im

Sturm wie bei Windstille gleichgut ihre Schuldigkeit thun und zwar durch Jahre womöglich unangerührt, ungeputzt, ungeprüft doch verläßliche Angaben liefern soll. Man hat auf die Seeuhren den Namen Chronometer mit Vorzug übertragen, obwohl man ja eigentlich alle Uhren als Messer der Zeit, d. i. Chronometer, nennen könnte, übrigens auch sehr feine Taschenuhren mit demselben Namen belegt. Man unterscheidet unter den Seeuhren den in einem Kasten untergebrachten und befestigten Kastenchronometer (im Anschluß ans Englische häufig Box-Chronometer genannt) von dem Taschenchronometer. Der erstere ist weitaus der wichtigste. Kastenchronometer werden größeren Schiffen der Sicherheit wegen meist in mehreren Exemplaren beigegeben, ja die neueren Polarforschungsschiffe rüstet man mit 10—15 Stück aus, um den in die Eiswelt, den wahren Tartarus, verbannten Seefahrer vor dem Verlust seines zeitbestimmenden Freundes zu schützen, der ihn durch sein Ticktack mit dem fernen Kulturleben in Verbindung hält. Die Möglichkeit, geographische Längenunterschiede mittels Uhren (durch die Zeitdifferenz der Mittagshöhe der Sonne) zu bestimmen, soll zuerst in einem vom Professor Gemma-Frisius zu Löwen 1547 herausgegebenen Werke ausgesprochen worden sein. Jeder Reisende, der einige Tagereisen nach Osten oder Westen macht, findet, daß seine Uhr im ersten Falle nach-, im zweiten vorgeht; die Uhr aber ist sich gleich geblieben; sie zeigt ihrem Inhaber, welche Zeit es bei ihm zu Hause ist. Dies ist auch die Aufgabe der Chronometer; fährt ein Schiff mit Londoner oder Pariser Zeit in den Ozean und findet einmal die Differenz zwischen dem wirklichen Mittag und dem der Uhr von der Größe einer vollen

Fig. 599. Chronometer.

Stunde, so hat es den 24. Teil des betreffenden Breitenkreises durchlaufen, und wenn diese Breite an einem Gestirn, z. B. der Sonne, aufgenommen ist, so kennt man den Ort, wo das Schiff sich befindet. Es ist selbstverständlich, daß genaue Ortsbestimmungen nur mit sehr genau gehenden Uhren möglich sind; doch hat die Aufgabe, geeignete Uhren zu diesem Zwecke herzustellen, mehr als 200 Jahre zu ihrer Lösung gebraucht. Um zum Bau von Chronometern anzufeuern, wurden im vorigen Jahrhundert sowohl von der Pariser Akademie der Wissenschaften als auch vom englischen Parlamente hohe Belohnungen ausgesetzt. Die von der Pariser Akademie gestellte Preisaufgabe wurde von einem holländischen Uhrmacher Namens Mossy im Jahre 1720 gelöst; doch blieb diese Arbeit ohne praktischen Erfolg. Die vom englischen Parlament ausgesetzte Belohnung von 20000 Pfd. Sterl. erhielt zur Hälfte 1761, wie schon oben erwähnt, John Harrison nach vierzigjähriger Bemühung. In derselben Zeit wie Harrison beschäftigten sich die Pariser Uhrmacher Ferdinand Berthoud (gest. 1807) und Pierre Le Roy (gest. 1785) mit der Anfertigung von Chronometern. Jener vollendete seine erste Seeuhr 1761, dieser 1763. Durch Harrison und die beiden genannten französischen Künstler war die Bahn zur Herstellung wirklich brauchbarer Chronometer gebrochen, und bald fanden sich in größerer Zahl Nachfolger, durch welche dieser Zweig der höheren Uhrmacherkunst ausgebreitet und weiter vervollkommnet wurde, der auch bei uns jetzt auf voller Höhe steht.

Was nun das Wesentliche in der Bauart der Chronometer betrifft, so ist zunächst die Größe des Werkes hervorzuheben, welche die Genauigkeit der Herstellung sehr erleichtert, und sodann die große Sorgfalt, welche der Kompensation gewidmet ist. Wir bringen in Fig. 599 einen Chronometer zur Anschauung, welcher im allgemeinen zeigt, worin die Bauart desselben von der der gewöhnlichen Taschenuhr abweicht. Man sieht, daß das Werk nicht ein, sondern zwei Federhäuser hat; sie werden nacheinander aufgezogen, indes die Uhr immerfort geht. Die Bodenräder treiben ein und dasselbe zwischen ihnen liegende Getriebe; der Chronometer geht daher sozusagen zweispännig. Die Federn in den Federhäusern sind in 20 Umgänge gewunden; das Aufziehen erfolgt alle 24 Stunden, und die Trommeln werden dabei je nur zweimal um ihre Achse gedreht. Man benutzt somit von der mittleren Federspannung nur einen Teil, was die Gewähr gibt für eine durch die ganze Tagesperiode nahezu gleich bleibende Zugkraft. Das erwähnte erste Getriebe sitzt auf der Welle des großen Minutenrades; von diesem geht die Kraft über ein Mittelrad auf das Sekundenrad, und von diesem auf das Hemmungsrad über. Die Hemmung ist hier die oben bei Fig. 595 besprochene freie Ankerhemmung. Die Unruhe unterscheidet sich von einer gewöhnlichen zunächst durch ihre Spiralfeder, die nicht eben, sondern schraubenförmig gewunden ist (Fig. 600). Diese Feder wird zuweilen nicht von Stahl, sondern von Gold gemacht. Die Schrauben, deren Köpfe man auf dem Schwungringe erkennt, dienen zur Regulierung der Schwerpunktslage der Ringhälften; ihre genaue Einstellung erfordert viele Monate hindurch die sorgfältigste Thätigkeit des Uhrmachers.

Die Erfahrung hat ergeben, daß Chronometer, welche in der Tasche getragen werden, oder überhaupt Bewegungen ausgesetzt sind, sich im Gange verlangsamen, wogegen diejenigen, welche an festen Orten aufgehängt oder niedergelegt werden, ihren Gang gleichmäßig einhalten. Die sogenannten Taschenchronometer können daher ohne weiteres keine unfehlbaren Zeitmesser sein; sie müssen vielmehr auch erst sozusagen dem Eigentümer in der Tasche reguliert werden, da die Körperbewegungen des Menschen, somit auch deren Einfluß auf den Gang der Uhr sehr verschieden sind. Um die schwankenden Bewegungen des Schiffes für die Uhr weniger fühlbar zu machen, wird die letztere in einem sogenannten Kardanischen Gehänge, wie der Schiffskompaß, aufgehängt. Ganz kann jedoch der Einfluß der Schiffsschwankungen nicht beseitigt werden; denn jede freihängende Uhr gerät durch das Schwingen der Unruhe in eine geringe schaukelnde Eigenbewegung, die störend auf den Gang einwirkt.

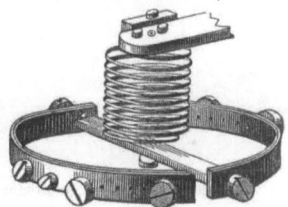

Fig. 600. Chronometerunruhe.

Das Aufziehen geschieht bei neueren Taschenuhren nicht mehr mit einem besonderen Schlüssel, sondern vielfach entweder durch einen Zapfen, der oben am Ringe oder Bügel gedreht wird (Bügelaufzug), oder es wird bei den sogenannten Savonetteuhren, welche über dem Zifferblatt einen metallenen Deckel haben, durch das Zumachen dieses Uhrdeckels jedesmal das Werk um ein bestimmtes Stück aufgezogen. Ein sechsmaliges Auf- und Zumachen reicht hin, um die Uhr für 24 Stunden aufzuziehen. Wird der Deckel öfters geöffnet, so geht der Mechanismus, wenn er ganz aufgezogen ist, leer.

Manche Taschenuhren haben auf dem Hauptzifferblatte noch ein kleineres mit einem Sekundenzeiger, eine sehr leicht herzustellende Sache; denn es gehört dazu nur, daß man die Achse eines der Räder, das ohnehin in einer Minute umläuft, so weit verlängert, daß sie durch das Zifferblatt geht und ein Zeiger aufgesteckt werden kann. Aber diese Einrichtung ist für genaue Beobachtungen wenig nütze, da sie zu klein, die Teilung zu fein ist und das Auge nicht mit Sicherheit dem Zeiger folgen kann, wie er, in vier Rückungen auf die Sekunde, über dieselbe hinweggeht. Zweckmäßiger ist die Einrichtung, wenn der Zeiger statt vier Rückungen nur eine macht, so daß er auf jedem Teilstrich halten bleibt und am Schluß der Sekunde auf den nächsten überspringt. Dies ist dann eine Uhr mit springender Sekunde. Eine fernere Verbesserung war, daß man den Sekundenzeiger, unter Beibehaltung des Sprunges, zu den beiden andern verlegte und über diese hinwegragen ließ, wie dies bei Gewichtuhren schon bestand. Hier war aber die Triebkraft für den Zeiger von der Welle der Unruh zu entnehmen, was wieder dem exakten Gange der Uhr nachteilig war, und so ist es denn für das Beste befunden worden, ein besonderes Triebwerk mit eigner Feder herzustellen, das für sich aufgezogen wird und lediglich den Sekundenzeiger zu drehen hat. Man nennt diese Bauart den selbständigen Sekundengang (Seconde indépendante).

Uhren mit Drehpendel. Wir haben nun noch einige neuere Bauarten der Uhr zu erwähnen; zunächst die dem Publikum seit einigen Jahren vorgeführte Uhr mit Drehpendel. Das den Gang regelnde Organ ist bei denselben eine schwere, äußerst langsam schwingende Unruh, welche sich nicht, wie die gewöhnliche, auf einen Zapfen stützt, sondern an einem solchen hängt, und zwar vermittelst der Schwungfeder an den Zapfen angehängt ist. Die Schwungfeder, welche bei Hele eine gerade Feder (die Schweinsborste oder mehrere derselben) war, durch Huyghens und Hooke in eine Spiralfeder umgestaltet worden, später gelegentlich in eine Schraubenfeder umgeformt wurde, wie beim Chronometer (s. Fig. 600), ist hier endlich gerade gestreckt und der Achsenrichtung nach gelegt. Sie wird meist in Form einer schmalen dünnen Stahlklinge ausgeführt, welche sich bei dem Links- und Rechtsschwingen der Unruh korkzieherartig links und wieder rechts windet, in der Mittellage aber als gerades Bändchen herabhängt. Wenn die Masse der Unruhscheibe groß im Verhältnis zum Verdrehungswiderstand der Schwungfeder ist, so fällt die Zeit jeder einzelnen Schwingung der Scheibe sehr groß aus und gestattet deshalb eine sehr lange Gangdauer des Triebwerks der Uhr. Eine Anwendung des Drehpendels ist in der Harderschen Jahresuhr gemacht. In Fig. 601 ist eine äußere Ansicht einer solchen mit Drehpendel versehenen Uhr gegeben.

Fig. 601. Hardersche Jahresuhr mit Drehpendel.

Man sieht zwischen vier Säulen die schwere Scheibe, welche noch zwei kleinere Scheiben trägt. Die letzteren sind auf der Oberfläche der ersten Scheibe verschiebbar und bezwecken, ein rascheres oder langsameres Schwingen der Scheibe durch Nähern oder Entfernen vom Mittelpunkt der großen Scheibe regulieren zu können. In Fig. 602 ist eine schematische Seitenansicht sowie Oberansicht des Drehpendels gegeben. 1 ist die schwingende, am Stahlband g hängende Scheibe, welche durch die Klemmschraube i k fest mit g verbunden ist, während das Band oben bei h an einem galgenförmigen Arm befestigt ist. Auf das Stahlband g ist nahe seinem Aufhängungspunkte h die kleine Gabel e festgeschraubt, welche mittels des Stiftes d und des Hebels c mit der Spindelhemmung bei b in Verbindung steht, die wir aus Obigem kennen. Da die Scheibe Schwingungen bis 360 Grad und mehr ausführt, so muß sich die Gabel e vom Stifte d zeitweilig lösen. Derselbe bleibt jedoch in seiner Stellung unverrückt stehen, so daß die Gabel bei der Rückkehrschwingung ihn wieder erfaßt und nun den Hebel c nach der andern Seite dreht. Die Schwingungen der Scheibe 1 erfolgen sehr langsam, dieselbe vollführt höchstens vier bis sechs Schwingungen in der Minute.

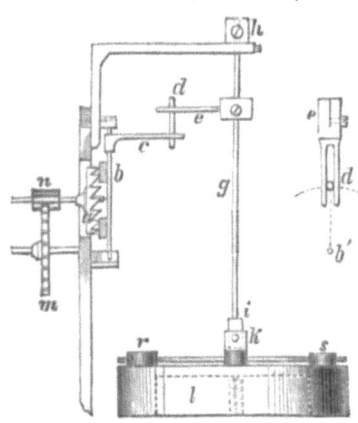

Fig. 602. Anordnung von Reguliergewichten bei der Harderschen Jahresuhr.

Hierdurch macht die Hardersche Uhr sowie ähnliche mit Drehpendel versehenen Uhren einen im Gegensatz zu den raschgehenden Penduluhren wohlthuenden ruhigen Eindruck. Bemerken müssen wir nur, daß sich die Drehpendeluhren nur äußerst schwer regulieren lassen und sich daher für genaue Zeitweisung nicht eignen.

Figurenuhren. Unter diesem Namen versteht man Uhren, an welchen menschliche oder Tierfiguren als Automaten bei der Zeitanzeige zur Wirkung kommen. Abgesehen von den alten figurenreichen Werken, die wir oben berührt, sind gewisse Figurenuhren stark verbreitet. So die so sehr beliebte und immer wieder gern genommene Kuckucksuhr der Schwarzwälder. Der Kuckuck wurde 1730 von Anton Ketterer aus Schönwald im Schwarzwald ersonnen. Zwei hölzerne Pfeifchen geben den Rufton, zwei Blasebälge führen die Luft zu; diese kleine Vorrichtung, das Geschrei genannt, bildet den Gegenstand des Hausfleißes in bestimmten Dorfgemeinden des Waldes. In diesem Jahrhundert hat man zum Viertelrufen die Wachtel noch hinzugezogen; einzelne Dörfer liefern die niedlichen, sehr geschickt hergestellten Vogelautomaten. Beliebt ist auch unter anderm die Schwarzwälder Trompeteruhr, bei welcher zum Stundenschlag zwei Trompeterchen erscheinen und den Stundenmarsch blasen. Auch auf die Stutzuhren hat man in den letzten Jahrzehnten das Figurenwesen angewandt. Stark verbreitet ist die Uhr, bei welcher eine zierliche weibliche Figur das Pendel mit dem erhobenen Arm trägt und gleichsam ohne jede mechanische Hilfe vor sich hin und her schwingen läßt. Es wird hier eine geschickte Täuschung ausgeübt, indem der Beschauer nicht sieht, daß der Figur vom Uhrwerk aus ganz kleine Hin= und Her= drehungen, genau entsprechend den Schwingungszeiten des Pendels, erteilt werden; durch diese Bewegungen wird das Pendel im Gang erhalten. Andre Figurenührchen scherzhafter Natur kommen und vergehen mit der Mode; sie vergehen trotz hübscher Wirkungen meistens sehr schnell, weil sie durch die Häufigkeit der Figurwirkung ermüden, wie das niedlich ersonnene Knäblein mit dem „fliegenden Pendel", die schaukelnden Soldaten und Ähn= liches. Beim Kuckuck ist das Richtige getroffen, indem das Spielwerk beim gewöhnlichen Gang der Uhr verdeckt bleibt.

Turmuhren. Die öffentlichen, weit sichtbar aufgestellten Uhren waren, wie wir oben gesehen haben, schon sehr früh in Anwendung und demnach Gegenstand des Kunstfleißes. Nachdem von ihnen aus die Zeitmesser verkleinert ins Haus, in die Stube, ja in die Tasche gestiegen, unterließ man nicht, sie selbst weiter zu bilden und von ihren Mängeln zu befreien. Der „Uhrenbauer", welcher Turm= und sogenannte Hofuhren fertigt, hat sich vom Uhrmacher häufig getrennt oder ist, um es genauer zu sagen, dem älteren Fache des Schlossers, aus welchem das des Drehmachers hervorging, treuer geblieben. Er hat mit größeren Kräften und Widerständen zu rechnen. Da sind bedeutende Reibungen an langen Wellenleitungen zu überwinden, die Zeiger sturmsicher zu machen, schwere Hämmer für das Schlagwerk zu bewegen u. s. w. Daneben wird dennoch eine große Ge= nauigkeit der Zeitweisung erfordert. Man hat eine Reihe interessanter Hemmungen für die Großuhren ausgebildet, darunter namentlich die so=

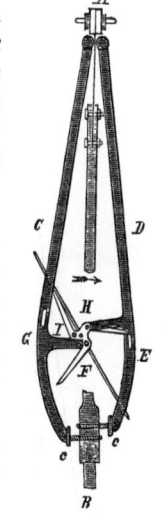

Fig. 603. Denisonsche Schwer= krafthemmung.

genannten Hemmungen mit konstanter Kraft oder Schwerkrafthemmungen. Einen lebhaften Antrieb zur Ausbildung derselben gab Ende der vierziger Jahre die große Uhr für den Westminsterturm in London mit ihren vier Stück 7 m hohen Zifferblättern (das auf dem Dom in Mecheln hat 40' oder $12\frac{1}{4}$ m Durchmesser). Das Pendel dieser Uhr wiegt 685 Pfund; es hängt an einer Stahllamelle von $\frac{1}{60}$ Zoll oder $\frac{4}{10}$ mm Dicke und 76 mm Breite. Jeder der acht Zeiger wiegt nahe zwei Zentner; die ersten waren über dreimal so schwer gewesen. Die Uhr wurde nämlich allmählich verbessert und umgearbeitet. Das Treibgewicht des Gehwerks wiegt $2\frac{1}{2}$ Zentner und bedarf 20 Minuten Aufziehezeit; an= fänglich hatte das Gewicht über die doppelte Größe. Die Hemmung der Uhr ist die Denisonsche Schwerkrafthemmung, welche wir in Fig. 603 skizziert sehen.

A B ist das teilweise abgebrochen dargestellte Pendel, F H das Steigrad. Der Anker der ruhenden Ankerhemmung ist hier in zwei Teile C und D aufgelöst, welche bei E und G die Auffangsflächen für die Steigradzähne an sich tragen. Das jetzt nach rechts schwingende Pendel stößt bei e an den Arm E und bringt nach kurzem Weiterschreiten bei E Auslösung hervor. Das Steigrad wird dadurch sofort frei und treibt nun mittels des Zahnes bei F den Arm C nach links, welcher aber dann mit seiner Auffangsfläche bei G das Steigrad, nachdem es eine Sechsteldrehung vollzogen hat, auffängt oder hemmt.

Das Pendel hat nun den Arm D noch immer gleichsam auf sich lasten, hebt oder drängt denselben zur Seite; beim Rückschwung aber gibt der Arm die ihm mitgeteilte Kraft wieder zurück, ja mehr als das, indem er weiter nach links vorschreitet oder „fällt" als er gehoben worden ist, so weit nämlich, bis er von dem jetzt in der Horizontalebene liegenden Zahn I des Dreischlags F H I aufgehalten wird. Ähnlich geht es bei dem Arm C. Beide werden zwar vom Pendel etwas gehoben, sinken darauf aber tiefer oder weiter mit ihm hinab, als sie gehoben worden, treiben also das Pendel mit Kraftüberschuß, und dieser Überschuß ist konstant, weil bloß von der Schwere der Teile abhängig. Die Denisonsche Hemmung ist jetzt sehr gebräuchlich.

Eine andre Turmuhrenhemmung führen wir noch dem Leser in der Hemmung von Mannhardt vor, des vor einigen Jahren verstorbenen ausgezeichneten Münchener Uhrenbauers, von dem u. a. auch die vortreffliche und bewährte Berliner Rathausuhr herrührt. Eine Eigenschaft der originellen Mannhardtschen Hemmung ist, daß das Pendel nicht nach jedem ganzen oder halben Schwunge, sondern nur minutlich einmal beschleunigt wird.

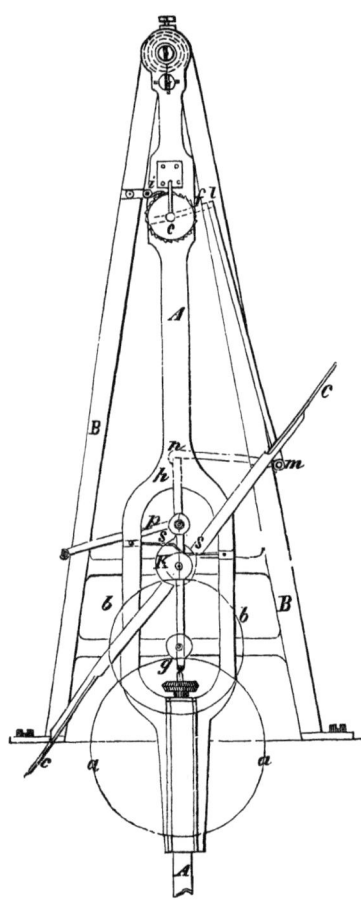

Fig. 604.
Mannhardts freies Pendel für Turmuhren.

Das Räderwerk der Uhr besteht aus einem einfachen Laufwerke, d. i. einem Bodenrade a, einem Laufrade b und einem Windfange c. Das Betriebsgewicht des Laufwerks ist ganz ohne Einfluß auf den Antrieb, welchen das freischwingende Pendel in jeder Minute erhält. Die geniale Art, wie dem Pendel dieser Antrieb jede Minute erteilt und wie das Laufwerk ebenso oft ausgelöst wird, wird durch das Nachstehende klar werden. Am Pendel A, welches in zwei Federn hängt, ist nahe seinem Aufhängepunkte ein kleines Sperrrädchen e angebracht, welches sich leicht und ohne Öl zu bedürfen in seinen feinen Zapfen dreht; dieses Rädchen hat so viele Zähne, als das Pendel in einer Minute Doppelschwingungen (ein Hin- und ein Hergang zusammen) macht.

Es ist nun leicht einzusehen, daß dieses Rädchen bei jeder Pendelschwingung von rechts nach links von dem am festen Ständer B angebrachten, aus Elfenbein gefertigten Sperrhaken i um einen Zahn vorgeschoben wird. An der Achse des Sperrrädchens sitzt ein Hebelarm f, welcher bei jeder Umdrehung des Rädchens, also in jeder Minute einmal, an das Auslösungsstück l m n stößt, wodurch das Laufwerk frei wird und der Windfang c eine Umdrehung vollenden kann. Nach vollendeter Umdrehung wird das Laufwerk an dem auf der Achse des Windfangs sitzenden Arme g h durch den Haken des Auslösungsstücks l m n bei n wieder angehalten.

Nun trägt aber die Achse des Windfangs eine exzentrische Scheibe k, welche die Rolle p sanft auf die Ruhefläche der zweimal gebrochenen und am Pendelrahmen angebrachten Hebelbahn s s legt, von wo sie auf die schiefe Ebene jener Bahn gelangt und durch ihre sich natürlich immer gleich bleibende Schwere auf das Pendel einen Druck ausübt, der ihm den erlittenen Kraftverlust ersetzt. Alles dies geschieht ohne Reibung und ohne Stoß, was bisher noch bei keiner Großuhrhemmung erreicht war. Bei der Vollendung seiner Umdrehung hebt das Exzenter k die Antriebsrolle wieder in die Höhe und das Pendel schwingt wieder ganz frei während der nächsten Minute, um am Ende derselben wieder den sanften Antrieb zu erhalten. An der Berliner Uhr hat der in echt mittelalterlicher Weise launige Künstler den Antreiber als ein kleines Bein gestaltet, dessen zierlicher Elfenbeinfuß dem Pendel jede Minute einen zarten Fußtritt versetzt.

Bei den Zapfen des Sperrrädchens und bei den Antriebsrollen ist die Anwendung irgend eines Schmiermittels unnötig und dadurch die Bildung von pechartiger Verunreinigung unmöglich gemacht; es laufen nämlich die auf das feinste polierten Zäpfchen des Sperrrades in Holzbüchsen, die mit Graphit durchtränkt sind, ebenso sind die Antriebsrollen ausgebüchst. Das Rädchen ist aus Bronze und der dasselbe schiebende Sperrhaken, wie schon bemerkt, aus Elfenbein. Es erübrigt nun noch zu erklären, auf welche Weise das erwähnte Rädchen während des Rückschwunges des Pendels in seiner jedesmal durch den Sperrhaken bewirkten Stellung zu verbleiben gezwungen ist. Das Rädchen ist bis nahe an seine Zähne ausgedreht, und wird durch ein kleines Gewicht mittels einer mit feinstem Leder überzogenen Bremse sanft am inneren Rande gebremst, bis der Sperrhaken von neuem zur Wirkung kommt.

Kontrolluhren. Mit diesem Namen bezeichnet man Uhrwerke, welche man benutzt, um sich von der Aufmerksamkeit und Pünktlichkeit, überhaupt der Pflichterfüllung von Nachtwächtern, Fabrikaufsehern, Gefangenwärtern u. s. w. zu überzeugen. Es gibt eine ziemlich große Anzahl von Bauarten für solche Uhren; sie sind in Deutschland ausgebildet und zu hoher Vollkommenheit gebracht worden, namentlich durch den Uhrmacher Bürk zu Schwenningen in Württemberg. Das Prinzip der gebräuchlichsten beruht darauf, daß sich mit dem Stundenzeiger ein Cylinder bewegt, auf dem von einer bestimmten Stelle aus eine Markierung möglich ist. Der Cylinder kann mit Papier überklebt und die Markierung durch Bleistift oder sonstwie ausführbar sein. Eine von Professor Gintl in Graz entworfene Kontrolluhr ist mit zwei ineinander gesteckten Cylindern versehen, von denen der größere feststeht, der innere sogenannte Stundencylinder aber vom Uhrwerke so bewegt wird, daß er sich in 24 Stunden einmal herumdreht; außerdem ist dieser Cylinder mit 24 oder 48 radialen Fächern versehen, welche vor einem im äußeren Cylinder angebrachten Schlitz vorbeigehen und feine Blech- oder Papiermarken aufnehmen können, die der Wächter durch den Schlitz hindurchsteckt. Beim Öffnen der Kapsel ergibt sich auf einen Blick, zu welchen Zeiten der Wächter markiert hat. — Andre Kontrolluhren laufen nur eine bestimmte Zeit und müssen mit Schlüsseln aufgezogen werden, die an gewissen aufzusuchenden Stellen aufbewahrt werden, oder die verschiedenen Markierungsstempel sind über das zu begehende Gebiet verteilt — kurz es lassen sich zahlreiche Abänderungen denken, die auch für einzelne Zwecke Ausführung gefunden haben. Könnten wir doch sogar eine große Anzahl von Apparaten, deren sich die Wissenschaft und Praxis, namentlich die experimentale Physik, die Astronomie, Physiologie, Telegraphie u. s. w., bedienen, hier noch erwähnen, wenn wir nicht fürchten müßten, uns damit zu weit von unserm Gegenstande zu entfernen.

Elektrische und pneumatische Uhren. Wie die stets fortschreitende Technik auf fast allen Gebieten des modernen Kulturlebens eine großartige Umwandlung hervorgebracht hat, wie sie die räumlichen Grenzen durch Dampf und Eisen und elektrischen Strom fast aufzuheben vermocht, so hat sie sich auch bestrebt, in großen Städten, wo Tausende von Menschen auf engem Raume vereint sind, diese Geschlossenheit zu benutzen, um von Einzelpunkten aus diese vieltausendköpfige Gesamtheit zu vereinigen, an gemeinsame Interessen zu fesseln, gemeinsam mit notwendigen Lebensbedürfnissen zu versehen. Wohl wenige Ideen der neueren Technik sind so segensreich für die große Menge der in großen Städten zusammenlebenden Menschen geworden als diejenige, jedes einzelne Wohnhaus mit Wasser zu versorgen, jedem Mitbürger den Brennstoff für Beleuchtungszwecke ins Haus zu führen, kurz Zentralstellen zu schaffen, von welchen aus eine große Stadt mit Wasser, Gas, elektrischem Licht, ja selbst mit der zur Heizung und zur Speisebereitung nötigen Wärme zu versehen. Was lag da näher, als dem bei hochentwickeltem Geschäftsleben so lebhaften Bedürfnis nach gemeinsamer, richtiger Zeit durch ähnliche Anlagen zu entsprechen. Wohl jede größere Stadt besitzt eine Normaluhr, welche genau nach den astronomischen Beobachtungen geregelt wird. Allein dieselbe kann doch nur dem umliegenden Stadtteil von Nutzen sein. Wenn es gelänge, an den verschiedensten Punkten großer Städte auf öffentlichen Plätzen Uhren aufzustellen, welche genau dieselbe Zeit wie die Hauptuhr der Stadt anzeigten und von letzterer aus reguliert würden, so wäre auch diese wichtige Frage gelöst. Diesem Gedanken nachgehend, konstruierte zuerst Steinheil in München im Jahre 1839 wenige Jahre nach der Erfindung des elektrischen Telegraphen durch Gauß und Weber in Göttingen (1833) eine Anlage, bei welcher von der Zentraluhr aus viele Einzeluhren oder Stationsuhren durch den elektrischen Strom bewegt wurden. Bald folgten andre, wie Wheatstone, Bain, und in neuerer Zeit die rühmlichst bekannte Firma Siemens & Halske mit Verbesserungen und neuen Erfindungen, so daß das Problem gegenwärtig als vollständig gelöst angesehen werden darf. Im folgenden sei die Einrichtung einer solchen elektrischen Uhrenanlage kurz beschrieben.

Fig. 605. Elektrische Uhrenverbindung.

An einer Zentralstelle findet sich eine nach den neuesten Prinzipien gebaute Normaluhr, welche ein kleines Rädchen A in jeder Minute einmal herumbewegt. Dasselbe trägt einen Stift a, welcher bei seiner tiefsten Stellung einen federnden Hebel b c niederdrückt, so daß derselbe einen zweiten Hebel d f berührt und hierdurch einen Kontakt erzeugt. Der erste Hebel ist mittels Leitungsdrahtes mit einer galvanischen Batterie B C in Verbindung gesetzt, während vom unteren Hebel a f aus eine Drahtleitung zu den einzelnen an entfernten Punkten aufgestellten Uhren führt. Bei der tiefsten Stellung des Stiftes a ist also der Kontakt zwischen c und f hergestellt, so daß der Strom der Batterie B C durch die Uhren fließt und schließlich durch die Erde zurückgeleitet wird, analog wie bei allen elektrischen Telegraphen. Es wird somit in jeder Minute ein kurzdauernder Strom durch den ganzen Leitungkreis gesandt. In den Kreisuhren nun befindet sich ein einfacher elektromagnetischer Apparat, wie er in Fig. 606 abgebildet ist. LL sind die von der Zentralstelle kommenden Leitungsdrähte. Dieselben sind um zwei Elektromagnete A gewickelt. Fließt der Strom nun durch den Kreis, so wird von den Polen BB eine dünne Platte a b angezogen. Dieselbe trägt oben einen dünnen Stahlstreifen c, welcher bei der Anziehung des Hebels a b nach links geschoben wird und hierdurch einen Zahn des sechzigzähnigen Rades C

Fig. 606. Elektrische Zeigeruhr nach Siemens & Halske.

weiterschiebt, während ein bei b befestigter Zahn sofort in das Zahnrad eingreift und hierdurch ein weiteres Verschieben des Rades C verhindert. Ein kleiner Sperrhaken d verhindert jeden Rücklauf des Rades. Es wird somit in jeder Minute das Rad C um einen Zahn weiter geschoben, also in einer Stunde einmal ganz herumgedreht. Auf derselben Achse mit C sitzt außerhalb des Uhrgehäuses der Minutenzeiger, während durch geeignete Zwischenräderwerke der Stundenzeiger entsprechend bewegt wird. Es befindet sich also weder Pendel, noch Gewichts- oder Federwerk in der Uhr, so daß selten Ausbesserungen notwendig sind. Es ist nun gleichgültig, wieviel Uhren in den Stromkreis eingeschaltet sind, alle werden genau zur selben Zeit gestellt. In die Leitung können auch Uhren in öffentlichen Gebäuden, Gasthöfen, Fabriken, Kaufläden, Privathäusern eingeschaltet werden.

An Stelle des elektrischen Stromes ist in neuerer Zeit auch der Luftdruck zur Bewegung von Uhrwerken von Zentralstellen aus angewandt worden. Uhren solcher Art werden pneumatische Uhren genannt, und es ist ihre Anordnung, welche vom Ingenieur Mayrhofer in Wien vortrefflich ausgebildet worden ist, im wesentlichen die folgende.

Man hat sich dieselbe ähnlich so vorzustellen wie die Gasleitungseinrichtungen. Auf der Zentralstelle ist ein großer Behälter aufgestellt, in welchen durch Luftpumpen Luft eingepumpt und darin stark zusammengepreßt wird. Der Behälter steht durch viele nach allen Richtungen hin verzweigte Rohre mit den einzelnen Kreisuhren in Verbindung, jedoch ist zwischen dem Behälter und dem Hauptrohr ein leicht bewegliches Ventil eingeschaltet. Das letztere bildet die eigentliche Hemmung, indem dasselbe nur periodisch, meist alle Minuten, geöffnet, aber nach etlichen Sekunden wieder geschlossen wird. Beim Öffnen des Ventils pflanzt sich der Druck, der im Luftkessel herrscht, mit großer Geschwindigkeit auf alle Rohrleitungen fort und drückt in den einzelnen Kreisuhren auf ein eigenartig gestaltetes Schaltwerk, wie solches in Fig. 607 dargestellt ist.

Das Druckrohr mündet in ein cylindrisches Gefäß, in welchem ein blasebalgförmiger Cylinder enthalten ist, auf dessen oberster Platte eine dünne Stange befestigt ist, die an einen einarmigen Hebel angreift. An letzterem ist zugleich eine Sperrklinke befestigt. Wird nun durch den Luftdruck der Blasebalg aufgeblasen, die oberste Platte mit darauf sitzender Stange also gehoben, so wird der Hebel und mit ihm die Sperrklinke nach aufwärts bewegt und das in der Mitte befindliche Sperrad um einen gewissen Betrag weiter gerückt und das Uhrzeigerwerk entsprechend gestellt. Auf der andern Seite des Sperrades ist eine zweite Sperrklinke angebracht, welche eine Rückwärtsdrehung des Sperrades verhindern soll.

Nach Schließung des Ventils am Behälter wird ein andres Ventil in der Hauptleitung geöffnet, wodurch der Überdruck in den Leitungen sofort beseitigt und gewöhnlicher Luftdruck in denselben hergestellt wird.

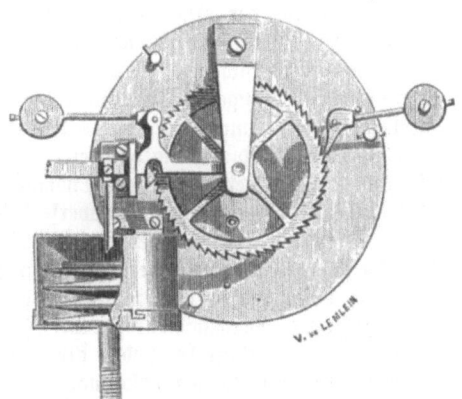

Fig. 607. Verteilungsapparat für pneumatische Uhren.

Hierdurch sinken die Blasebälge in den Kreisuhren wieder zusammen und die Klinke rückt um etliche Zähne nach unten, um so zu neuer Wirkung bereit zu stehen.

Ähnlich der soeben besprochenen, in Wien z. B. ausgeführten Anlage ist eine solche in Paris ausgeführt worden, wobei jedoch der Unterschied vorhanden ist, daß die betr. Gesellschaft Privathäuser, Geschäftslokale sowie öffentliche Lokale mit richtiger Zeitangabe versorgen will. Bei ihr befinden sich an zwei Stellen große Luftdruckpumpen, welche die Luft in mehrere, auf die ganze Stadt verteilte Druckkessel preßt. Von diesen einzelnen Kesseln aus erfolgt der Antrieb der im zugehörigen Rohrnetz befindlichen Uhrwerke. Natürlich ist infolgedessen bei jedem Kessel eine Normaluhr nötig; jedoch hat dies geteilte System den großen Vorteil, daß die Zweigrohrleitungen nicht so groß und weitläufig werden, daher die Widerstände in den Röhren keine so großen sind und die Druckausgleichung rascher erfolgen kann, als es bei Anwendung einer einzigen Zentralstelle der Fall ist. Der Druck in den Kesseln beträgt vier Atmosphären und wird auch hier ebenso wie bei der früher beschriebenen Anlage nach jedem Öffnen des Druckventils aus der Rohrleitung etliche Sekunden später wieder entfernt, dafür der gewöhnliche Luftdruck hergestellt. Diese Anordnung hat auch noch den Vorteil, daß die Leitungen nicht konstant einem hohen Luftdruck ausgesetzt sein müssen, daher das Dichthalten derselben an den Zusammenstößen der Rohre entsprechend leichter zu bewerkstelligen ist. Meist sind schmiedeiserne, dünne Rohre in Gebrauch, welche an den Zusammenstößen durch Muffen verschraubt und dadurch sehr gut gedichtet werden. Es ist klar, daß solche Anlagen sich nur bezahlt machen können in sehr großen Städten und bei entsprechend starker Beteiligung seitens des Publikums. Jedoch ist ihre einfache Bauart ein so wesentlicher Vorzug, daß schon dieser allein für die Einführung derselben in jedem Haushalte sprechen sollte. Neuerdings geht Mayrhofer noch in andrer Richtung vor, indem seine jüngsten Ausführungen mit Luftleere statt mit Luftdruck arbeiten, wodurch eine beträchtliche Vereinfachung des ganzen Mechanismus erreicht wird.

Automaten. Zu den Uhrwerken für besondere Zwecke gehören auch die Automaten. Wenn man allgemein unter einem Automaten eine mechanische Vorrichtung versteht, die eine Zeitlang, ohne Einwirkung von außen, durch im Innern verborgene Kräfte in Bewegung erhalten werden kann, so ist jede Uhr ein Automat; jedoch bezeichnet man im engeren Sinne mit diesem Worte Kunstwerkchen, welche die Thätigkeit lebender Wesen nachahmen und auch an Gestalt diesen nachgebildet sind. Die Erfindung der Automaten ist sehr alt, und man kann nicht sagen, wann das erste Kunstwerk dieser Art hergestellt worden ist. Zu den berühmtesten Automaten des Altertums gehören: die fliegende hölzerne Taube des Archytas von Tarent (400 v. Chr.), ein Adler, von welchem Pausanias erzählt, die kriechende Schnecke des Demetrius Phalereus, der menschenähnliche Automat (Android) des Ptolemäos Philadelphos ꝛc., jedoch ist über deren Bauart nichts bekannt. Im Mittelalter werden Roger Bacon, Albertus Magnus und Regiomontanus, in der Renaissancezeit Leonardo da Vinci als Verfertiger von Automaten mehrfach gerühmt. Die Äußerungen der belebten Natur auf mechanischem Wege hervorzubringen, bloß mit Kraft und Stoff Leben zu bilden, war der philosophische Gedanke, der diese für die geistige Entwickelung der Menschheit so sehr wichtige Periode beherrschte und der nach andern Richtungen dem Steine der Weisen und dem Perpetuum mobile nachging. Wir dürfen uns daher nicht wundern, wenn wir die erleuchtetsten Geister vergangener Jahrhunderte sich damit abmühen sehen, Automaten oft recht lächerlicher Art zusammenzusetzen. Albertus Magnus verfertigte einen Android, welcher die Thür öffnete und die Eintretenden grüßte; diese Frucht dreißigjährigen Sinnens und Arbeitens zerstörte der erschrockene Thomas von Aquino in einem Augenblicke durch einen Schlag mit dem Stocke. Als Kunstwerke des Regiomontanus werden eine laufende Fliege und ein Adler erwähnt, welcher den Kaiser Maximilian bei seinem Einzuge in Nürnberg mit Flügelschlag und Kopfbewegungen begrüßte. Die Erfindung der Taschenuhren durch Peter Hele 1500 machte auch in der Geschichte der Automaten Epoche, indem deren Verfertiger den neuen Mechanismus für ihre Zwecke benutzten. Das kunstreiche Nürnberg war um diese Zeit der klassische Boden für diese Art von mechanischen Wunderwerken. Als Verfertiger werden Werner, Bullmann, Hautsch und Förster mit Auszeichnung genannt. Man machte Androiden, die sich fortbewegten, Zimbeln, Pauken und Lauten schlugen, Gewehre abfeuerten, kegelten, tanzten u. s. w., kleine Armeen von Reitern und Fußvolk, die miteinander kämpften und noch viele dergleichen Kuriositäten. Sehr berühmt wurden um die Mitte des 18. Jahrhunderts die Automaten des französischen Mechanikers Vaucanson. Es sind namentlich drei bekannt: ein Flötenspieler, ein Pfeifer und eine viel genannte Ente. Sie wurden anfänglich zur Schau ausgestellt, u. a. 1753 in Nürnberg gezeigt und für 12000 Frank zum Verkauf ausgeboten. Nachher standen sie 28—30 Jahre lang beim Handelshause Pflüger in Nürnberg eingepackt und wurden endlich 1785 vom Professor Beireis in Helmstädt erstanden, der sie wieder in Gang brachte. Nach dessen Tode (1809) blieben sie noch lange in Helmstädt, bis man sie zuletzt für den bloßen Metallwert an den Geheimrath v. Herlem in Berlin verkaufte. Letzterer geriet mit dem Mechanikus Dörfel in Berlin ihrethalben in einen Prozeß, nach dessen Ausgange die Ente wieder als Schaustück herumgeführt wurde. Was aus Flötist und Pfeifer geworden, ist unbekannt. Die Ente, die als das schönste Stück der drei galt, war etwas über lebensgroß, aus Kupferblech gefertigt; sie bewegte mit bewundernswerter Natürlichkeit Hals und Flügel, sträubte die Federn, schnatterte, tauchte unter, fraß Körner, trank Wasser und — gab sogar etwas von sich.

Noch übertroffen wurden in der letzten Hälfte des vorigen Jahrhunderts Vaucansons Automaten von denen der Schweizer Jacquet Droz (Vater und Sohn) zu Chaux de Fonds. Droz der Ältere verfertigte unter anderm für den König Ferdinand VI. von Spanien eine prächtige Penduluhr, die zugleich den Lauf der Himmelskörper nebst den davon herrührenden Erscheinungen darstellte und mehrere höchst kunstvolle automatische Figuren enthielt. Andre Automaten dieser Künstler stellten ein zeichnendes, ein schreibendes und ein klavierspielendes Kind dar, deren Bewegungen dem Leben so naturgetreu nachgebildet waren, daß sie den wenig aufmerksamen Beschauer wohl zu täuschen vermochten.

Bei dem klavierspielenden Automaten, einem anscheinend 12—13 Jahre alten Mädchen, bewegten sich nicht nur die Finger naturgetreu über die Tasten des Instruments, sondern es folgten auch die Augen zeitweise dem Gange der Finger, zeitweise schweiften sie über die Noten des vorliegenden Blattes, und verschiedene Musikstücke wurden präzis durchgespielt. Der Zeichner und Schreiber waren in der Gestalt drei- bis vierjähriger Knaben dargestellt. Der erstere führte mit dem Stifte sichere Umrisse von Porträts und andern Gegenständen aus, ließ die Hand momentan ruhen und richtete die Augen wie prüfend auf das Gefertigte, blies dann über die Zeichnung und setzte die Arbeit hierauf fort, pausierte wieder u. s. w. Die Figur des dritten Kindes schrieb zusammenhängende Worte in französischer Sprache, tauchte dabei die Feder ein, spritzte die überflüssige Tinte aus, setzte gehörig die Zeilen untereinander und richtete nach dem Niederschreiben eines Wortes jedesmal die Augen auf eine nebenliegende Vorschrift. Diese Automaten waren lange verschollen, sind aber vor etwa 45 Jahren beim Abbruche des Schlosses Malignon unter altem Gerümpel wieder aufgefunden, wieder hergestellt und von neuem in der Welt herumgeführt worden. Auch jetzt werden sie wieder gezeigt, wobei sich indessen herausstellt, daß in den Schilderungen der Naturtreue und Grazie doch die Phantasie mehr zuthun muß als sie vorfindet.

Die Uhrenfabrikation. Was die Uhrmacherei im allgemeinen betrifft, so ist dieselbe in den letzten fünfzig Jahren durch verschiedene Mittel bedeutend gefördert und so ihr Übergang zu einer auf Maschinenarbeit und Arbeitsteilung beruhenden Massenerzeugung auf der einen Seite ermöglicht, auf der andern aber ihre Leistungsfähigkeit in der Herstellung vollkommener Uhren bedeutend gefördert worden. Es wirkten in dieser Beziehung nebst der Erfindung und Verbreitung zahlreicher Maschinen zur Ausarbeitung aller einzelnen Uhrenteile auch die Uhrmacherschulen mit, wie solche 1824 zu Genf, 1831 zu Chaux de Fonds, 1850 zu Furtwangen in Baden und an andern Orten eingerichtet worden sind; ein weiterer Faktor der Ausbildung unsrer heutigen Uhrmacherei liegt auch in der Vereinigung der Uhrmacher zu Fachbildungszwecken, wie solche durch die British horological Institution in England und durch die Société des horlogers in Frankreich und durch den Zentralverband deutscher Uhrmacher dargestellt werden.

England und Frankreich waren es, welche am frühsten die Uhrmacherei vervollkommneten, und noch jetzt werden daselbst für die Bedürfnisse der schiffreichen Marinen Chronometer von vorzüglicher Güte geliefert. Hauptsitze der englischen Uhrmacherei sind London, Liverpool, Manchester und Coventry (in Warwickshire). Das Städtchen Prescot in Lancashire ist der Mittelpunkt einer in dortiger Gegend weit verbreiteten Anfertigung von Uhrbestandteilen durch kleine Fabrikanten. In der letzten Zeit hat indessen England in diesem Industriegebiete sehr viel eingebüßt und an Amerika, die Schweiz und Deutschland abgeben müssen. In Frankreich und insbesondere in Paris werden hauptsächlich Stutz- und Reiseuhren massenhaft fabrikmäßig angefertigt; seit 20 Jahren hat in den an die Schweiz grenzenden Departements, namentlich in Besançon, auch die Taschenuhrenfabrikation einen bedeutenden Aufschwung genommen.

Was nun Deutschland betrifft, so darf es zwar mit der größten Wahrscheinlichkeit die Erfindung der Räderuhren und mit Bestimmtheit die der Taschenuhren für sich beanspruchen, doch war es lange Zeit hindurch von England und Frankreich in der Uhrmacherei übertroffen. Erst in diesem Jahrhundert sind bei uns bedeutende Fortschritte in der Herstellung von Turm- und Stubenuhren gemacht worden. Die Fabrikation von Taschenuhren wurde zwar schon durch den Markgrafen Karl Friedrich von Baden 1767 zu Pforzheim eingeführt; das Unternehmen wollte aber nicht gedeihen und ging 1801 wieder ein. Ums Jahr 1850 gründete Adolf Lange eine Taschenuhrenfabrik zu Glashütte in Sachsen und gegen 1854 Julius Aßmann eine zweite an demselben Orte, denen bald andre nachfolgten, so daß gegenwärtig in Glashütte an 200 Arbeiter in der Uhrenfabrikation thätig sind. Die dortigen Erzeugnisse haben durch ihre Güte einen weitgehenden Ruf erlangt. Es werden nur Uhren besserer Gattung verfertigt, und zwar hauptsächlich für den Export in überseeische Länder.

In Schlesien gründeten 1854 die Gebrüder Eppner eine Uhrenfabrik. Dieselbe wurde 1871 von Lähn nach Silberberg verlegt und fertigt mit einem Arbeiterstande von nahe 300 Köpfen vorzügliche Taschenuhren, Kontroll- und Turmuhren, sowie vortreffliche Seechronometer.

Die Anfänge der berühmten Schwarzwälder Uhrenindustrie sind bis in die zweite Hälfte des 17. Jahrhunderts zu verfolgen. Die ersten dieser Uhren waren allerdings sehr einfache und unvollkommene Waaguhren. Unter ungünstigen Zeitverhältnissen fast gänzlich wieder verschwunden, lebte daselbst im Anfange des 18. Jahrhunderts die Uhrmacherei wieder auf und entwickelte sich in beträchtlicher Ausdehnung zu einer wahren Volksindustrie. Die eigentlichen Begründer dieser Epoche waren die Drechsler Simon Dilger aus Schollach und Franz Ketterer aus Schönwald. Um 1740 ging man von den Waaguhren zu den Pendeluhren über, und bald nachher wurden statt der hölzernen Räder messingene mit eisernen Getriebswellen zur Anwendung gebracht. So wurden allmählich diese Uhren von innen verbessert, von außen geschmackvoller ausgestattet und in allen Größen gebaut. Die glänzendsten Zeiten der Schwarzwälder Uhrenfabrikation fallen in die Zeit von 1810 bis 1830. Um den später eingetretenen gedrückten Zuständen abzuhelfen, wurde, wie schon erwähnt, 1850 die vom Staate begründete Uhrmacherschule zu Furtwangen eröffnet, und hat viel Nutzen gestiftet, indem sie namentlich zu vollkommnerer Bauart der Werke antrieb, neuerdings auch das Gehäuse wieder in veredelter und mannigfaltiger Weise gestalten lehrt.

Zahlreich sind die Gattungen der Schwarzwälder Stand- und Wand-, Gewicht- und Federuhren, vermehrt noch durch allerlei Spieluhren und Musikwerke, deren Bau jetzt einen bedeutenden Teil der ganzen Fabrikation ausmacht. Böhrenbach und Villingen liefern trefflich ausgeführte vielstimmige Musikinstrumente, welche auf den Weltausstellungen das Publikum fesseln, aber auch weit über Land und Meer versandt werden. Als ein noch größeres Wunder erschien aber die fabelhafte Wohlfeilheit der Schwarzwälder Fabrikate; es war den Engländern rein unbegreiflich, wie eine vortreffliche, acht Tage gehende Standuhr mit metallenem Werk für 1 Pfd. Sterl. (20 Mark) geliefert werden konnte. Bekanntlich kauft man aber schon für drei Mark eine kleine brauchbare Schwarzwälder Wanduhr. Es gehen denn auch alljährlich an 200 000 Stück Uhren vom Schwarzwald in alle Welt hinaus, teils auf dem Wege des Großhandels, teils noch immer in der ursprünglichsten Art durch die bekannten hausierenden Uhrenmänner.

Die Stutzuhren- und Regulatorfabrikation ist inzwischen auch in Schlesien heimisch geworden, und zwar namentlich durch die kräftig betriebene tüchtige Fabrik der Gebrüder Becker in Freiburg in Schlesien. Neben den genannten Gattungen fertigt diese Fabrik auch in großer Masse die bekannten kleinen runden Weckuhren.

Schweizer Uhrenfabrikation. Der Industriezweig der Taschenuhrenfabrikation hat seine großartigste Entwickelung in der Schweiz erlangt, und zwar hat hier die massenhafte Verfertigung teils guter, teils geringer, sehr wohlfeiler derartiger Uhren ihren Sitz hauptsächlich in den Kantonen Genf und Neufchatel, namentlich aber in Locle und La Chaux de Fonds. In letzterem Orte, einer Stadt von 20 000 Einwohnern, befinden sich allein gegen 1500 zum Uhrenfache gehörige Werkstätten; ähnlich steht das Verhältnis in Locle, einer Stadt von 15 000 Köpfen; im ganzen führt die Schweiz jetzt jährlich für rund 100 Millionen Frank Uhren aus.

Schon 1587 faßte die Uhrenfabrikation in Genf festen Boden, wo sie durch Cusin von Autun eingeführt wurde; in Neuenburg begann die Fabrikation erst ein Jahrhundert später, indem der begabte Daniel Jean Richard daselbst 1680 nach einem englischen Modell eine Taschenuhr fertigte und dadurch die Industrie begründete; im Kanton Waadt fing man 1748 damit an, und jetzt ist sie über zehn Kantone verbreitet.

Geschlossene Fabriken mit Fabrikherren und Lohnarbeitern, sogenannte Manufakturen, gibt es eine Reihe; ihnen gegenüber stehen die sogenannten Etablisseure, für welche die Arbeiter die verschiedenen Bestandteile der Uhr in Heimarbeit anfertigen. Alle Teile und Teilchen werden von selbständigen Arbeitern oder gleichsam Bruchteilsfabrikanten in ihren Behausungen, unter Mitwirkung und Mitverdienst der Familienglieder, hergestellt. Wohl die subtilste aller dieser Arbeiten ist das Schleifen und Bohren der Rubine und anderen, geringeren Steine für die Zapfenlöcher und die Herstellung der Spiralen für die Unruh. Das Schleifen und Bohren der hirsekorngroßen Steine mittels Diamantstaubes geschieht in der Regel durch Mädchen. Die Arbeit eines ganzen Jahres findet in einer Pillenschachtel Platz, vertritt aber dennoch an Stoff- und Arbeitswert oft ein Kapital von mehr als 100000 Frank. Die bloße Betrachtung der haarfeinen Spiralfeder an der Unruhe vermag schon eine Idee zu geben, welche Geschicklichkeit und Geduld zur Herstellung eines so zarten Gegenstandes erfordert wird, um so mehr, wenn man sich vergegenwärtigt, daß es sich nicht bloß um die Formgebung, sondern hauptsächlich auch um die gute, durchgängig gleichmäßige Härtung handelt, welche der Feder gleichsam erst die Seele gibt. Die Spiralfeder bildet ein hervorragendes und oft citiertes Beispiel von der Wertveredelung eines Rohmaterials: der Stahl, der in seiner besten englischen Qualität um höchstens 200 Frank der Zentner zu haben ist, steigert sich, zu Spiralen verarbeitet, um mehr als das Halbmillionenfache im Preise. Es ist von Interesse zu sehen, wie die verschiedenen Verrichtungen bei der Uhrenfabrikation verteilt sind, und wie etwa 50 Werkstätten bei den einzelnen Verrichtungen beteiligt sind.

Das Ineinandergreifen der einzelnen Verrichtungen und die Entstehung einer Uhr geht ungefähr folgendermaßen vor sich.

Auf der ersten Stufe ihres Aufbaues erscheint die Uhr als Rohwerk (ebauche), bestehend aus den runden Messingscheiben, Platinen genannt, den rohen Rädern und noch verschiedenen einzelnen Stücken. Feder, Zeiger, Zifferblatt und Gehäuse fehlen noch. Der Repasseur prüft nun die Werke und sorgt für ihre weitere Ausbildung in den verschiedenen einschlägigen Werkstätten. Bei dem sogenannten Finisseur werden die kleinen Tragsäulen der Platinen ein- und die Brücken aufgesetzt, die Räderzapfen abgedreht und eingepaßt, die Räderverzahnungen verfeinert und alles so weit in Eingriff gebracht, daß das Werk zur Not gehen kann. Darauf wandern die Platinen und was sonst für die Uhr erforderlich ist, zum Gehäusemacher und sodann mit dem Gehäuse versehen an den Fabrikanten zurück, um nun mit Zifferblatt und Zeiger versehen zu werden. An dem im Gehäuse festliegenden Werke werden nunmehr vom Repasseur noch verschiedene Abgleichungsarbeiten an Zapfen, Rädern u. s. w. vorgenommen. Dann wird die Feder eingesetzt, und der Planteur d'Echappement thut, wie sein Name besagt, er setzt die Unruhe und die übrigen Teile der Hemmung ein, also auch die Spirale, entweder eine vorläufige oder meistens gleich die richtige. Damit ist die Uhr ganz fertig, aber noch nichts für ihre Verschönerung gethan. Sie wird demzufolge wieder ganz zerlegt, die Schrauben gehen an den Schraubenpolierer, die Stahl- und Messingstücke an die betreffenden Polierer, andre Messingteile gehen zum Abschleifen (Adoucieren) und dann erforderlichen Falls zum Vergolder. Inzwischen gingen die Gehäuse an den Gehäusemacher zurück, um das Scharnier zu erhalten, dann an den Graveur oder Guillocheur zur Verzierung und weiter an den Polierer, der dem Gehäuse den inneren und äußeren Glanz verleiht. Schließlich kommen die Gehäuse wieder zu dem Remonteur, der nun die wieder zusammengesetzten Werke endgültig einsetzt. Nachdem nun noch der Glasaufsetzer das Seine gethan, ist die Uhr zum Verkauf fertig.

In der Taschenuhrenfabrikation beherrscht die Schweiz thatsächlich den Weltmarkt. Dieselbe befindet sich indessen augenblicklich in einer schweren Krisis. Die beiden Systeme, die wir oben genannt, das der Manufakturisten und das der Etablisseure, haben einander unaufhörlich bekämpft, jedes das andre zu vernichten suchend, und sie sind nahe daran, dies wirklich fertig zu kriegen, indem sie den Herstellungspreis einer Uhr in den letzten 15 Jahren allmählich um volle 50 Prozent gedrückt haben. Man sieht deshalb „die düsteren Tage für die Arbeiter nahen, wo der Familienvater nicht mehr im stande sein wird, für sich und die Seinigen ein anständiges Auskommen zu finden." Daneben hat die wilde Wettbewerbung die Qualität der Erzeugnisse aufs bedenklichste herabgedrückt; der häßliche Gesell „Billig und Schlecht", der für den Begriff der ehrlichen guten Arbeit nur Achselzucken kennt, hat sich eingefunden; dazu noch eine maßlose Überproduktion, deshalb Schleudern aller Preise in den Nachbarländern, wo auch immer noch Unverständige genug die schlechteste, weil billigste Ware kaufen, die nach wenig Monaten schon unbrauchbar ist; daneben Schmuggel, um die Zölle zu umgehen, aber auch Sinken der Achtung, welche die schöne Industrie sich

296　Die Uhrenfabrikation.

in Jahrhunderten erworben — das ist das Bild, welches die Schweizer Uhrenindustrie bei Prüfung im Spiegel von sich zu erkennen beginnt. Man denkt nun ernstlich auf Abhilfe; möge sie recht bald beginnen und gelingen!

Einen großen Anlauf hat Nordamerika in der Uhrenfabrikation genommen, um sich in bezug auf Taschenuhren von der Alten Welt unabhängig zu machen; Wanduhren werden daselbst schon seit längerer Zeit massenhaft angefertigt. In einer einzigen Anlage, der Taschenuhrenfabrik von Giles, Wales & Co. zu Marion im Staate New York, ist ein Arbeiterpersonal von 500 Personen, Männer und Frauen, thätig. Größer noch ist die Waltham Watch Manufakturing Company. Verschiedene dieser Gesellschaften haben anfangs mit den größten kaufmännischen Schwierigkeiten gekämpft, wiederholt Bankrott gemacht, sind aber am Leben erhalten worden und liefern zu mäßigem Preise tüchtige Arbeiten. Für die Herstellung der einzelnen Uhrenteile, die alle in der Fabrik selbst gemacht werden, sind mehrere Hundert verschiedene Maschinen zum Teil von sehr sinnreicher Bauart und außerordentlicher Leistungsfähigkeit vorhanden. Durch diesen großen Industriebetrieb in der Neuen und Alten Welt ist es nun so weit gebracht worden, daß alljährlich, wie sich berechnet, nicht weniger als 6 Millionen Taschenuhren hergestellt werden. Diese Zahl könnte noch zu klein scheinen; denn die Schweizer Uhrmacherzeitung gab jüngst die Fabrikation der Schweiz auf 10 Millionen Stück zu 10 Frank Ausfuhrwert an. Indessen gehen die Ansichten von Sachkennern doch dahin, daß diese Schätzung irrig sein müsse und man nicht über 5 Millionen setzen dürfe. Hierzu noch 1 Million für alle andern Länder rechnen, erhalten wir die vorhin genannte Zahl. Diese aber macht auf jeden von 300 Arbeitstagen 20000, oder auf jede Minute der 10 Arbeitsstunden 33 Stück, d. i. rund alle 2 Sekunden eines der kleinen, kunstvollen Maschinchen, dienstbaren Geistern gleich, mit denen unser Peter Hele die Welt beschenkt hat. Nochmals: warum ist ihm kein Denkmal gesetzt!!!

Fig. 608. Standuhr von Etzold & Popitz in Leipzig.

Silberner Humpen von Sy & Wagner in Berlin.
Entworfen von H. Zacharias.

Von hundert Schlägen, die der
Goldschmied thut, ist keiner
Ein Hundertstel so derb, als von dem
Grobschmied einer.

Rückert.

Die Goldschmiedekunst
und
Bijouteriefabrikation.

Schmuck, Verzierung. Ornament. Charakteristik der verschiedenen Kunststile. Materialien der Bijouterie. Die Bronze als ältestes Kunstmaterial. Geschichtliches über die Bijouterie. Die Goldschmiedekunst der Alten. Hildesheimer Silberfund. Byzantiner. Suger in Frankreich. Das Mittelalter. Benvenuto Cellini und sein Einfluß. Die Kleinkünstler in Deutschland und die Kunstkammern. Die heutige Bijouterie. — Technische Methoden. — Email. Entwickelung der Emaillierkunst. Verschiedene Arten der Ausübung.

Wir kommen bei der Betrachtung der Metallbearbeitung jetzt auf ein Gebiet, welches wir wahrscheinlich zuerst hätten betreten müssen, wenn wir vom chronologischen Gesichtspunkte aus unsern Gegenstand in das Auge gefaßt hätten. Denn das Gefallen an bunten glänzenden Dingen, das Bestreben, sich mit dem zufällig gefundenen Goldstückchen zu schmücken, tritt jedenfalls früher in der Entwickelungsgeschichte der Menschheit auf, als die Kenntnis derjenigen Eigenschaften der Metalle, die sie zu Waffen, Werkzeugen und Geräten tauglich erscheinen ließen.

Das Schmelzen, Gießen, Hämmern mußte schon erfunden sein, ehe ein bronzenes Beil hergestellt werden konnte — zum rohen Schmuck konnte aber das gediegene Gold ohne weiteres dienen, so wie es auf der Erde vorkommt. Und da die Bekanntschaft mit dem Golde eine ältere ist, als die mit dem Kupfer, so dürfen sich die Goldschmiede mit Recht für die ältesten Metallarbeiter ansehen. Allein im Laufe der Zeit hat dieses Prioritätsrecht viel von seinem Werte eingebüßt; als man Schwerter und Äxte aus Metallen machen lernte, wurde zuerst der Bronze und später dem Eisen die erste Stelle eingeräumt — das Gold aber glitt auf der Staffel der kulturfördernden Materialien weit hinab. Wir mögen es nicht missen — aber wir könnten es entbehren. Wo Eisen uns Nahrung und Sicherheit verschafft, erweckt das Gold uns Behagen — jenes ermöglicht uns das Leben, wie es geworden ist, dieses verschönert es. Und darum wenden wir uns auch erst jetzt der Goldschmiedekunst zu, der schmückenden, heiteren Kunst, nachdem wir ihre ernsteren Schwestern an uns vorüber ziehen gelassen.

Von welch bildendem Einfluß das Streben, sich und seine Umgebung zu schmücken, für den Menschen geworden ist, haben wir schon an einer andern Stelle dieses Werkes, in der Einleitung des I. Bandes, angedeutet — ein großes Gebiet der Künste hat darin seine Wurzeln genährt. Ohne sich der Gründe bewußt zu werden, arbeitete der Mensch schon in seinen Entwickelungsstadien auf die Ausbildung einer Schönheitsidee hin, für welche ihm selbstverständlich nichts andres ein Grund und Gesetz sein konnte, als die ihn umgebende Natur mit ihren tausendfach wechselnden Formen. Keinerlei Offenbarung, keinerlei abstraktes Schönheitsprinzip, wie es die Ästhetiker sich immer und immer wieder erfunden haben, ist für den Menschen leitend gewesen. Durch seine Sinne allein hat er die äußeren Eindrücke aufgenommen und das Gemeinsame der Erscheinungen, welches, weil es natürlich war, ihm zweckmäßig, frei und jederzeit verständlich erschien, zur schließlichen Abstraktion des Schönen verwertet, zum Schönheitsbegriff, welcher in der Vermählung von Form und Bewegung, bei beseelten Geschöpfen durch die Wandlung des Geistes und Gemütes hervorgerufen, den vollkommensten Ausdruck erhält.

Fig. 610.
Goldenes Ohrgehänge aus dem 8. Jahrh. v. Chr.

Es ist nun natürlich, daß sich bei verschiedenen Völkern die Schönheitsbegriffe verschieden entwickeln müssen, je nachdem ihnen die Natur in den Produkten des Tierreichs und der Pflanzenwelt, den Konturen der Gebirge, der Art ihrer Flüsse, dem Aussehen ihres Himmels u. s. w. verschiedene und charakteristische Gegenstände zur Vergleichung darbietet. Was bei primitivem Bildungsstande allein die Natur thut, dazu hilft bei fortgeschrittener Kultur der Verkehr mit andern, das verschiedenartiger sich entwickelnde Bedürfnis und die Gewerbthätigkeit, welche dasselbe zu befriedigen hat und in ihren Erzeugnissen von unzähligen Zeitumständen bestimmt wird. Es unterliegt auf solche Weise der Schönheitsbegriff Veränderungen, welche natürlich auch in den Erzeugnissen der Künste Ausdruck finden, und in den an verschiedenen Orten und zu verschiedenen Zeiten auftretenden Stilen sich generalisiert zeigen. Sonach wird der Stil eigentlich nicht erfunden werden, er ergibt sich mehr oder weniger von selbst; und es ist wieder nicht zufällig, daß die Architektur, die Beschafferin der Wohnung, ihn am prägnantesten ausbildet.

Der hauptsächlichste Gegenstand des Stils ist das Ornament, und in den Worten Schmuck, Verzierung, Ornament liegt eine innige Begriffsverwandtschaft, welche uns ganz verschiedene Künste von demselben Gesichtspunkte aus auffassen lehrt. Alle Künste bedienen sich der Verzierungen als erheiternder Vermittelungsglieder; in der Architektur aber und in der Bijouterie, sowie in denjenigen Künsten, welche in erster Reihe die Befriedigung des Schönheitsbedürfnisses unsres Auges zum Zweck haben, erlangt das Ornament seine höchste Bedeutung. Es wird daher hier am Platze sein, bevor wir uns mit dem Geschichtlichen und dem Technischen dieser Kunst beschäftigen, die hauptsächlichsten Kunststile der Zeiten und Völker miteinander zu vergleichen. Bei dieser Betrachtung werden wir mancherlei Beziehungen aus der Architektur mit herüberziehen müssen, obwohl diese letztere selbst unsrem besonderen Gegenstand sonst fern liegt. Wir können aber namentlich in bezug auf Abbildungen auf die Darstellungen verweisen, welche zu den architektonischen Stilen im I. Bande dieses Werkes gegeben worden sind.

Kunststile. Wenn wir die Stile nach Zeiträumen einteilen, so können wir die Stile der einzelnen Epochen wohl als alte, mittelalterliche und moderne Stile unterscheiden. Es

Kunststile. 299

würde uns aber sehr weit führen, wollten wir versuchen, die Änderungen des Stils bei den verschiedenen Völkern und in verschiedenen Zeiten in ihrer Totalität, in allen Kunstrichtungen zu schildern; deshalb sei es erlaubt, bloß diejenigen Gesichtspunkte in den Vordergrund zu stellen, welche für die Gegenstände des Schmucks im engeren Sinne, für die Bijouterie, gelten.

Ist bei rohen Völkern die Masse für den Wert eines Schmucks das Ausschlaggebende, so kommt bei entwickelteren Nationen die Form als veredelndes Moment dazu, und je weiter die geistige Auffassung sich steigert, um so mehr sucht sich die Form auch noch eine mehr oder weniger tief liegende Bedeutung beizulegen, bei der die wahre Kunst sich nur zu hüten hat, daß letztere nicht zu viel Boden für sich beansprucht und wohl gar Material und Form den der künstlerischen Idee selbst gebührenden Rang streitig macht. Unter den alten Stilen sind für uns von wesentlicher Bedeutung der ägyptische, der griechische, der etruskische und der römische mit den verwandten Arten; unter den mittelalterlichen der byzantinische, romanische und gotische, unter den modernen die Renaissance, das Cinquecento (1450—1550), die verschiedenen französischen Abarten, Barock, Rokoko, Zopf, und die modernen, meist mißglückten Versuche einer originalen Stilisierung.

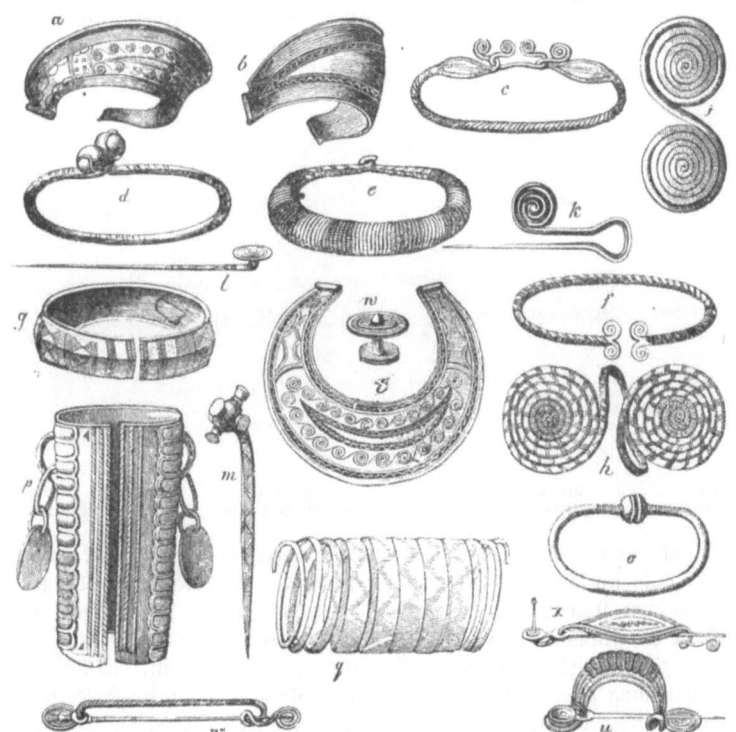

Fig. 611. Antiker Bronzeschmuck keltischer und romanischer Völker.
a, b Diademe; c, d, e Kopfringe; f, g Handgelenkspangen; h, i Armschmuck, Doppelscheiben; k, l, m Nadeln;
n Knöpfchen; o Handgelenkspange; p, q Armschmuck; u, v, w, x Fibuln.

Der Kunststil der Ägypter charakterisiert sich in der Architektur durch das Massenhafte, das sich nach oben Verjüngende, durch große Sparsamkeit architektonischer Glieder und eine große Mannigfaltigkeit von Säulen, deren Stelle bisweilen die menschliche Figur vertritt. Zu der immer bedeutungsvollen Verzierung nahm man die Motive aus allen Erzeugnissen der Natur, die Pflanzenteile des Lotos und Papyrus treten besonders in den Vordergrund. Der Reichtum der Mittel vervielfältigte sich noch dadurch, daß man dem eigentlichen Ornamente schon eine selbständig verzierte Unterlage gab, in der Regel durch ein geistreich kombiniertes Netz geometrischer Linien und Figuren gebildet, und so mit demselben Motiv, je nachdem man es auftreten ließ, ganz verschiedene Wirkungen erreichen konnte. Die formenreiche Hieroglyphenschrift war ebenfalls ein wertvolles Hilfsmittel für die Ornamentik.

38*

Die Kunst der Assyrer, Phöniker, Juden und andrer alten Völkerschaften des Orients ist mit der ägyptischen verwandt, wenn auch viel ärmer als diese und beengter durch starre dynastische und hierarchische Einrichtungen. Einflüsse ägyptischen Geistes zeigen sich vielfach noch in der Entwickelung der griechischen Kunst.

In dem sonnigen Griechenland, wo sich zuerst die Lebensanschauung erheiterte, erhielt auch die Kunst, zurückgeführt auf die einfachsten natürlichen Voraussetzungen, zuerst die Idee der Schönheit als oberstes Prinzip eingehaucht. Die völlig naive Auffassung ihrer Zwecke fand in sich durchaus kein Hindernis, und wie sie unbefangen schaffte, erhielten ihre Werke das Gepräge der Freiheit, welches der Harmonie und Formenschönheit die notwendige Grundlage ist; Zweckmäßigkeit, Ernst und Würde traten, wo es galt, in den Vordergrund. Die Motive der griechischen Ornamentik bewegen sich noch mit Vorliebe auf dem Gebiete linearer Kombinationen (Mäander, laufender Hund), erst später treten pflanzliche und tierische Formen mit auf, welche jedoch in ihrer Behandlung auch einen durchaus schematischen Charakter zeigen. Der Lotos z. B., den die Griechen aus der ägyptischen Kunst als Ornament herübernahmen, hat mit einer aufstrebenden Blumenknospe in der That oft nur das Oberflächliche des sich Entfaltenden gemein und will in keiner Weise anders wirken, als daß er durch seine Form Veranlassung zu einem eigentümlichen linearen Motive wird, das sich durch lineare Verknüpfung in anmutiger Weise wiederholen läßt.

Fig. 612. Griechische Fibula.   Fig. 613. Etruskische Fibula.   Fig. 614. Etruskische Brosche.   Fig. 615. Altrömisches Ohrgehänge.

So einfach der griechische Stil ist, so dankbar erweist er sich in seiner Anwendung auf Werke der Goldschmiedkunst, und die Schmucksachen, die uns durch Ausgrabungen an Orten früherer griechischer Kolonien wieder zugängig gemacht worden sind, zeigen, welch ungemeinen Einfluß die griechische Ornamentik auch auf die römische Dekorationskunst hatte, und wie sich dieser ganz natürliche Einfluß noch geltend zu machen weiß, das bethätigt die allgemeine Nachahmung jener Überlieferungen antiker Kunst durch unsre Goldarbeiter.

Dem griechischen vielfach verwandt, obwohl ebenso viele selbständige Elemente bergend, ist der etruskische Stil, der in seiner Strenge und in der Einfachheit seiner Motive sich sehr von dem üppigen römischen Stile unterscheidet, für die Bijouterie aber bei weitem fruchtbarer gewesen ist als der letztere. Die vorwiegend reiche Verwendung des Akanthus als Ornament, welche der römische Stil zeigt, wird für die Metalltechnik und namentlich für Schmuckgegenstände leicht ungefügig und lastend, das Ornament wird zur körperlichen Hauptsache und verunstaltet dadurch die Form, deren zierliche Beigabe es sein soll.

Der mittelalterliche Stil ist seit der Herrschaft des Christentums zu datieren; er umfaßt folgende voneinander zu sondernde Abschnitte: die früheste christliche Kirche in Rom, den byzantinischen Stil, den romanischen und endlich den gotischen Stil. In die gleiche Zeit fällt die Ausbildung des mohammedanischen Stils, der sich namentlich in Asien, Ägypten und Spanien ausbildete und dessen Elemente auch auf die christliche Kunst, nach der Richtung des rein Dekorativen, Einfluß ausübten.

Die Symbolik, welche einen charakteristischen Bestandteil der christlichen Kunst ausmacht, war eine natürliche Folge der Unterdrückung, welche die Christen in den ersten

Jahrhunderten erlitten, und die sie zwang, ihre Zusammenkünfte in Höhlen, Katakomben oder sonst versteckten Orten zu halten. Es entwickelte sich zuerst eine Bilderschrift, die unter der Form heidnischer Attribute für die Eingeweihten die wichtigsten Geheimnisse der neuen Religion, die Ausdrücke der glühendsten Liebe unter sich, die dringendste Aufforderung zur Standhaftigkeit enthielt. Diese Symbolik hat sich bis auf unsre Zeit erhalten, wie uns die in unsern Schmucksachen immer wiederkehrende Form des Kreuzes und namentlich der fast stereotyp gebliebene Charakter des Kirchenschmucks zeigt. Die sonstigen Eigentümlichkeiten des byzantinischen Stils aber, unter denen eine glänzende, vielfarbige Mosaik obenan stand, haben sich nur noch im russischen Reiche zu erhalten vermocht.

Fig. 616. Mischgefäß.   Fig. 617. Vase mit Masken.
Fig. 618. Trinkgefäß mit Tierfiguren.   Fig. 619. Schale mit der Minerva.
Fig. 616—619. Gegenstände des bei Hildesheim ausgegrabenen antiken Silberfundes.

Mit dem byzantinischen verwandt und aus ihm hervorgegangen sind der romanische und der lombardische Stil (Bauten des 8. und 9. Jahrhunderts), auch der normannische, der im 11. Jahrhundert auftritt. Obwohl der letztere als die Wurzel des gotischen Stils zu betrachten ist, so hat diese Kunstrichtung sich doch bald ganz selbständig in der Verwertung der Motive entwickelt, indem sie von dem bisher herrschenden Rundbogen ab- und zum Spitzbogen überging, wodurch ihre Werke eine zierliche Leichtigkeit und kühne Höhe erreichten, welche der Phantasie in dem Wechsel der Dekorierung förderlich zu statten kam. Indessen ist, so wirkungsvoll der gotische Stil in den Kunstwerken der Architektur, der Möbeltischlerei und in verwandten Zweigen sich zeigt, seine Anwendbarkeit in der Bijouterie, der Gewebeverzierung ꝛc. gerade seiner vielfachen Spitzen und Ecken wegen eine weit beschränktere.

Ganz eigentümlich ist der der Zeit nach hier einzurangierende sarazenische, mohammedanische oder maurische Stil, dessen Ornament nach demjenigen Bauwerke, in welchem es in der am schönsten ausgebildeten Weise auftritt, auch das Alhambraornament genannt wird. Konventionell geformte, stilisierte leblose Gegenstände, namentlich Pflanzenformen, vorzugsweise auch geometrische Linien und Figuren, die in der mannigfaltigsten und phantasievollsten Weise sich verschlingen, reich verzierte Schriftzüge und Inschriften, meist Sprüche aus dem Koran, die Anwendung lebhafter Farben und Vergoldung sind die Hilfsmittel einer Ornamentik, welche an Unerschöpflichkeit hoch über allen andern steht. Dadurch, daß sich zwei, drei, wohl auch mehr Systeme von Ornamenten übereinander aufbauen, die voneinander entweder durch plastische oder koloristische Eigentümlichkeit abgehoben werden, ent-

Fig. 620. Keltischer Armring im Museum zu Paris.

steht die Möglichkeit eines Wechsels, der in seinen Kombinationen kein Ende zu haben scheint und der die Ornamentik der Mauren ebenso wirkungsvoll für die Ausschmückung der größten Räume als für die Verzierung kleiner Gegenstände macht. Sie hat ein eigentümliches Leben, denn indem ihre verschiedenen über- und untereinander geordneten ornamentistischen Systeme je nach dem Grade der Größe ihrer Motive erst nach und nach hervortreten und zur Geltung kommen, sowie der Beschauer sich mehr und mehr nähert und das Detail zu entwirren vermag, beschäftigt der maurische Stil das Auge aus allen Entfernungen und immer aufs neue.

Die christliche Kunst erhielt im 14. Jahrhundert in Italien einen lebhaften Aufschwung, und besonders das Ornament entwickelte sich seit Giotto in sehr selbständiger Weise. Dieser Epoche und ihrem Stile gebührt eigentlich schon der Name Renaissance, welcher gewöhnlich erst auf eine spätere Kunstrichtung, das eigentliche Cinquecento (1500), angewendet wird. Diese letztere, besonders durch Benvenuto Cellini eingeleitet, von seinen weniger genialen Nachahmern aber bald verderbt, neigt zum Bizarren, während die italienische Renaissance, von griechischen Formen ausgehend, die sie mit Menschen-, Tier- und Pflanzengestalten phantasievoll zu verbinden wußte, allen Anforderungen an eine harmonische Verzierung entspricht.

Fig. 621. Schnalle aus der Zeit der Merowinger.

Einen vollständigen Bruch mit den klassischen Überlieferungen kennzeichnet das Zeitalter Ludwigs XIV., welches in seinem Stil die symmetrische Gliederung verachtet und, auf drastische Licht- und Schattenwirkungen abzielend, durch mutwillige Unterbrechungen der Flächen und Linien zu wirken sucht, und bei dem außer Rand und Band gehenden Charakter der Zeit auch wirkte. Mehr noch treten die Verirrungen des Barockstils unter Ludwig XV. zu Tage, wo mit schwülstigen Reliefs aus Muschelwerk, Schilden, Blättergewinden, der Hervorhebung glänzender Flächen, welche sich allerdings für einzelne Zweige der Silberschmiedekunst dankbar erweist, ein großer Mißbrauch getrieben wurde, der sich nur im Rokoko noch zu steigern wußte, und des Prunkvollen und wahrhaft Königlichen, was unter Ludwig XIV. den besseren Werken noch einen hervorragenden Charakter verleiht, vollständig entbehrt. So widersinnig jedoch im ganzen diese Stilrichtungen waren, so haben sie für einzelne Zweige der Kunstgewerbe doch auch ihre fruchtbaren Seiten, und namentlich ist es die Keramik, die in dem Porzellan das ausdrucksfähigste Material für die üppigen Phantasien jener Zeit sich geschaffen hatte, ferner die Möbeltischlerei und die Bijouterie, welche sich auch heute noch jener Perioden gern erinnern.

Eine Reaktion mußte jedoch trotz alledem eintreten, und um aus all dem Übertriebenen sich zu retten, suchte man zunächst sein Heil in der Rückkehr zur strengen Antike; klassische

Formen sollten den durch die Revolution mit Gewalt purifizierten Ideen und Anschauungen zum Ausdruck dienen. Bei allem Ernste, bei aller Strenge jedoch, oder vielmehr gerade deswegen, konnte diese unserm modernen Leben fremde Formenwelt sich nicht heimisch machen. Der sogenannte Napoleonische Stil, jene ohne Wurzelballen verpflanzte Klassizität, behielt einen trockenen schulmeisterlichen Charakter, den sich die Welt so lange gefallen ließ, als die von den Verhältnissen gebotene Sparsamkeit ihn zweckmäßig erscheinen ließ, dem sie aber froh war entlaufen zu können, als sie wieder eigne Kräfte und eignen Mut gewonnen hatte. Allerdings war das, was sich zunächst herausbildete, nichts besonders Rühmenswertes. Die Revolution hatte mit den sozialen und politischen Verhältnissen, die bis zum Ende des vorigen Jahrhunderts noch Konsequenzen der Renaissance waren, reine Wirtschaft gemacht; die Versuche der strengen Gräzisten und Romanisten waren darauf bankrott gegangen, die Kunst im allgemeinen hatte in der Verarmung der Völker ein kümmerliches Dasein nur gefristet; das alles hatte dazu beigetragen, das Stilgefühl zu vernichten. Und als es galt, dem bloß Notwendigen auch das Schöne wieder beizugesellen, da erhob sich im Gegensatz zu der unfruchtbaren doktrinären Klassizitätsmanie ein krasser Naturalismus, der allerdings leicht verständlich war und von dem geschmacksverarmten Haufen ohne Widerstand aufgenommen wurde.

Jene bis zur Täuschung getriebene Nachbildung natürlicher Erzeugnisse, namentlich des Tier- und Pflanzenreichs, deren Berechtigung vom ästhetischen Standpunkte aus fast durchgängig geleugnet werden muß, da bei der Anwendung auf leblose Gegenstände des Gebrauchs oder des Vergnügens Zweck und Bedeutung, Absicht und Form fast immer in den schreiendsten Widersprüchen sich befinden, also die ganze naturalistische Richtung, ist eine arge Verkennung des wahren Wesens der Schönheit, welche nie unsinnig sein kann, und der Aufgabe, welche die Kunst auch in alltäglichen Erzeugnissen der Gewerbe und Industrien zu erfüllen hat.

Die letzten Jahrzehnte erst geben eine Bewegung zum Bessern hin dadurch zu erkennen, daß sie den naturalistischen Weg mehr und mehr verlassen und sich in ihren Form- und Dekorationsbedürfnissen den aus dem Altertum uns überlieferten Motiven wieder zugewandt haben. Infolgedessen

Fig. 622.
Kelch aus vergoldetem Kupferblech, vom Herzog Tassilo von Bayern dem Kloster zu Kremsmünster geschenkt.

tragen unsre guten modernen Kunstwerke in ihren Verzierungen am meisten von dem Charakter der Renaissance, und die tonangebenden Künstler in allen Fächern haben es sich zur Aufgabe gemacht, jene letzte große und blütenreiche Stilperiode für uns wieder zu beleben.

Sehen wir aber nun zu, welche Gegenstände vorzugsweise durch das Ornament eine derartige Bedeutung erlangen, oder vielmehr dem Ornament eine solche Entwickelung gestatten, daß Schönheit und Kostbarkeit, einander glücklich unterstützend, daraus ein Werk für den erhöhten Lebensgenuß, einen Luxusgegenstand hervorbringen können.

Die Schöpfungen der Architektur lassen wir aus nahe liegenden Gründen beiseite, dagegen dürften wir wohl veranlaßt sein, außer den Arbeiten des Goldschmieds, des Juweliers auch in der Kürze einige andre Gebiete mit in den Kreis unsrer Betrachtung zu ziehen. Lassen sich doch die Grenzen überhaupt nicht so scharf abstecken; das Reich, welches durch die Künste verschönert wird, sollte überhaupt keine Schranken haben.

Die Neuzeit hat auch für Deutschland das Gefühl für die bildende Macht des Schönen, welches jahrhundertelang dem Notwendigen und bloß Zweckmäßigen sich unterordnen mußte, lebhafter wieder erweckt und Kunst und Industrie, eins in der ersten Entwickelung, fangen an, auch bei uns sich wieder zu verschwistern, nachdem sie lange einander fast feindlich gegenübergestanden. Man begreift allmählich wieder, daß jedes Gerät nicht bloß dienen, sondern zugleich erfreuen kann. Jedes Ding kann einer Schönheitsidee genähert werden, und die Kunst schließt kein Material aus. Es ist eine falsche Anschauung, daß nur parischer Marmor, Gold, edle Gesteine und die kostbare Seide würdig seien, in schöne Form gebracht zu werden. Damit würde denen allen, welche nicht vermögen, jene teuren Stoffe zu erwerben, der veredelnde Genuß am Schönen sehr spärlich zugemessen sein. Ganz im Gegenteil sollten die gewöhnlichsten Geräte des täglichen Gebrauchs, die uns von frühster Kindheit umgeben, so geformt und beschaffen sein, daß keine gemeine und häßliche Idee durch sie erweckt werden könnte.

Fig. 623—625.
Romanische Altarleuchter von Bronze aus dem 11. Jahrhundert.

Immerhin sind es gewisse Stoffe, die durch ihre Kostbarkeit vorzugsweise zu künstlerischen Erzeugnissen verwendet werden und schon durch die ihnen innewohnende Schönheit zu Gegenständen des Schmucks sich am geeignetsten zeigen. Wir wollen uns mit dieser Art ihrer Verwendung jetzt noch besonders beschäftigen, zumal da die Bijouterie in unserm Sinne zugleich zu den ältesten und verbreitetsten Industrien zählt.

Unter den **Materialien der Bijouterie**, welche für die Zwecke des Schmucks, sei es des Körpers oder der Wohnung, hauptsächlich herangezogen werden, ist die Bronze dasjenige, welches die früheste, allgemeinste und vielseitigste Anwendung gefunden hat. Vermöge ihrer Farbe, ihres Glanzes und der Fähigkeit, sich in die feinsten Formen gießen und in hartem Zustande mit Meißel, Feile und Stichel gut bearbeiten zu lassen, eignet sich die Bronze vorzugsweise zu den Werken der plastischen Kunst, zumal da sie im Laufe der Zeit durch Oxydation keine nachteilige Veränderung erleidet, vielmehr auf der Oberfläche sich mit einem grünen Rost bedeckt, welcher dem Aussehen sehr günstig ist. Solche Vorzüge, verbunden mit der leichten Darstellbarkeit aus Kupfer und Zinn, zwei Rohstoffen, welche auf der Erde sehr verbreitet sind, haben diese von allen Völkern sehr frühzeitig entdeckte Legierung auch sofort in Gebrauch gebracht, nicht nur zu vielfältigen Zieraten und Schmuckgegenständen, sondern auch zu wichtigen Gebrauchsgeräten, auf höheren Kulturstufen dann zu Werken der Plastik, für welche das Erz vermöge seiner vornehmen Eigenschaften sich dem edelsten Marmor als ebenbürtig an die Seite stellte.

Fig. 626.
Romanische Hostienbüchse.

Fig. 627.
Romanisches Räuchergefäß.

Heutzutage freilich hat das vortreffliche Material mancherlei Konkurrenten gefunden, und die Behandlungsmethoden andrer Metalle haben sich so vervollkommnet, daß manche Ausführung, wozu früher nur Bronze verwendet werden konnte, durch minder wertvolle Mischungen erreichbar und die allgemeine Anwendung der Bronze vielleicht gegen früher eine beschränktere geworden ist. Namentlich sind Zink und Eisen zu ganz vorzüglichen Materialien für die Metallskulptur herangewachsen; indessen finden immer noch die höchsten Anforderungen des Künstlers nur in der Bronze ihre Befriedigung, so daß dieselbe besonders in den Erzeugnissen für den feineren Luxus ihr unbestrittenes Gebiet sich wahrt. Ähnliche und oft weit kostbarere Verbindungen sind hergestellt worden und werden immer noch neu erfunden, aber keine vermag sich zu einem Ersatz der vorgeschichtlichen Legierung aufzuschwingen, welche, wo es sich darum handelt, ein glänzendes Äußere anzulegen, sich mit Gold und Silber überkleiden läßt, während sie durch ihre eigne tiefere Farbe am vorteilhaftesten da wirkt, wo ein gewichtiger Gedanke zum Ausdruck gebracht werden soll.

Selbst die edlen Metalle eignen sich trotz ihrer Kostbarkeit und Schönheit für viele künstlerische Zwecke gerade ihres Glanzes oder ihrer Farbe wegen nicht immer und entbehren häufig da, wo sie doch durch ihren hohen Wert das Kunstwerk erhöhen sollen, gerade das dunkle, matte Gewand der Bronze, so daß sie, um einen ähnlichen Effekt hervorzubringen, äußerlich besonders oxydiert, geschwefelt oder sonstwie behandelt werden müssen. Die besondere Farbe macht die Bronze in der Bijouterie zu einem unentbehrlichen Material.

Fig. 628. Reliquienschrein aus Aachen (um 1220 gefertigt).

Wenn nicht Tendenz und Raumverhältnisse uns nach andrer Richtung wiesen, so könnten wir eine Darstellung der verschiedenen Kunstperioden, welche die Bronzebearbeitung durchlaufen hat, geben, von den Götternippfiguren der alten Ägypter an, den wunderbar gearbeiteten Vasen und Karikaturen der Chinesen und Japanesen, den Spangen und Waffen der Kelten, den Lampen, Genrebildern, Statuetten der alten Griechen und Römer hindurch bis zu den Erzeugnissen der modernen Kunst, und wir würden darin eine Folge der herrlichsten Erzeugnisse zur Anschauung bringen können, in denen uns die Bronze bald im selbständigen Kunstwerk, bald im verzierenden Beiwerk ihre schöne Wirkung zeigt, und worin sie, weil sie immer das Vorrecht gehabt hat, von den besten Künstlern bearbeitet zu werden, die Entwickelung der Kunst in ihren feinsten Schöpfungen darstellen würde.

Mit der Bronze verschwistert sich dann eine große Anzahl mehr oder minder edler Stoffe; Metalle, Marmor, Porzellan, Glas, kostbare Gesteine aller Art, edle Hölzer, selbst Leder und künstliche Produkte, wie Papier maché, treten in Wirkung, um die tausenderlei verschiedenen Gegenstände des Luxus hervorbringen zu helfen, welche Mode und Geschmack in täglich wechselnden Gestalten in die Schaufenster stellt. Sie gipfeln sich in den Erzeugnissen der Goldschmiede- und Juwelierkunst, welchen Gegenständen wir daher von jetzt ab unsre Aufmerksamkeit zuwenden wollen.

Die Bijouterie hat ihren Ursprung da zu suchen, wo der allmählich sich entwickelnde Mensch die ersten Regungen des Schönheitssinnes empfand und die Mittel dazu suchte, ihnen gerecht zu werden. Er schmückte zunächst sich selbst, und bunte Steine, farbige Federn, glänzende Samenkörner wurden herbeigezogen, um an Hals und Ohren, in den Haaren, auf der Brust, an Armen und Beinen angebracht zu werden. Aber er gab auch allmählich seiner Umgebung, den Geräten und der Wohnung, einen seinem Geschmack entsprechenden Charakter, und der Topf, den er machte, erhielt eine desto schöner geschwungene Form, je mehr dem Verfertiger die Augen aufgingen über die Harmonie der Verhältnisse. Wir dürfen annehmen, daß bei allen Völkern die Kunst sich zu schmücken in dieser Weise eine Übereinstimmung ihrer ersten Anfänge wird gehabt haben, wenn auch jene leicht vergänglichen Produkte, die zu diesen Zwecken zuerst verwendet wurden, im Strom der Jahrhunderte vergangen und nichts davon als Belegstücke uns überliefert worden ist. Haben wir doch in den primitiven Indianerstämmen Südamerikas, den afrikanischen Buschmännern und ähnlich unentwickelten Völkerschaften Beispiele genug, welche uns zu einem Schluß auf die Anfänge der Kultur überhaupt berechtigen.

Besser sind wir mit den Mineralien und den Metallen daran, die sehr bald auch zu Verschönerungszwecken benutzt wurden, und von denen das Gold deswegen gewiß zuerst Verwendung fand, weil es gediegen vorkommt und die leichteste Verarbeitung gestattet. Mit ihm beginnt unsre Geschichte, denn die daraus gefertigten Gegenstände, welche in

Fig. 629. Antike Vase, gefaßt im 12. oder 13. Jahrhundert (Schatz von St. Denis).

verschüttetem Zustande sich bis in unsre Tage erhalten haben, besitzen noch ihre ursprüngliche Gestalt und lassen uns in ihrer eigentümlichen Bildung erkennen, nicht nur unter welcher Geschmacksrichtung sie entstanden sind, sondern auch sehr oft, welche technischen Mittel und Verfahrungsarten die damaligen Zeiten anzuwenden verstanden. Nachdem die edlen Metalle allmählich in die Verbrauchssphäre des Menschen gezogen worden waren, lernte man das Kupfer und das Zinn aus den betreffenden Erzen darstellen; und wahrscheinlich fast ebenso früh, als man diese beiden Metalle für sich abscheiden konnte, hatte man in der Bronze eine künstliche Mischung entdeckt, die ebenfalls der Erzeugung von Gegenständen des Luxus einen erweiterten Spielraum eröffnete. Mit und neben diesen Metallen waren es die glänzenden natürlich vorkommenden Edelsteine, der durchsichtige Bernstein, bunte Jaspise, Nephrite, Achate, Kristalle und andre Mineralien, welche durch ihre Farbe oder eine merkwürdige Form, die man allmählich auch weiter bearbeiten lernte, sich geschickt erwiesen, um in der nach und nach sich immer weiter ausbildenden Bijouterie angewendet zu werden. Wir finden sie ebenfalls noch bei Nachgrabungen, und es gilt, was die aus ihrer Betrachtung zu entnehmende Belehrung anbelangt, von ihnen dasselbe, was wir von den goldenen Gegenständen sagten. Von den oben erwähnten ersten Anfängen des Schmucks freilich bis dahin, wo sich in der Herstellung ein gewisser Stil, ein besonders ausgeprägter Kunstgeschmack bemerklich macht, mag aber wohl eine lange Zeit vergangen sein. Indessen müssen wir mit unsern Lesern über den dazwischen liegenden Raum den Sprung machen, da unser Interesse erst da angeregt zu werden beginnt, wo wir auf bewußte Anschauungen stoßen.

Schon in den ältesten Arbeiten dieser Art läßt sich in Form und Behandlung eine ganz eigentümliche Stufe künstlerischen Erfassens der Aufgabe erkennen, und die sehr frühzeitig auftretende technische Kunstfertigkeit muß uns merkwürdig sein, welche mit verhältnismäßig sehr geringen Mitteln Gebilde hervorzubringen gewußt hat, die nachzuschaffen unsern mit bei weitem vollkommneren Verfahrungsarten ausgestatteten Künstlern oft noch große Schwierigkeiten bereitet. Schmelzen, Gießen, Hämmern, bis zu einem gewissen Grade auch Pressen des Goldes, eines allerdings sehr bildsamen Materials, mußte sich wohl bald ergeben, und ebenso forderten die halbfertigen Gegenstände zu einer Vollendung mit Hilfe schabender, ritzender und schleifender Geräte auf; aber das war auch alles, und wenn wir uns überlegen wollten, was wir mit derartigen Bearbeitungsmethoden und mit ganz ursprünglichen dazu gehörigen Werkzeugen von unsern Künstlern verlangen könnten, so würden wir unsern Wünschen eine sehr enge Grenze ziehen müssen. Es gibt aber heutzutage noch in Asien, Afrika u. s. w. Goldarbeiter, welche, die Vorteile der modernen Technik verschmähend, auf jene ursprüngliche Weise ihre Kunst ausüben und dabei die zartesten Werke unter ihren Händen entstehen lassen, ebenso wie sich die indischen Shawlweber bei ihrer überaus kunstvollen Arbeit des einfachsten Handwerkszeugs bedienen. Geschicklichkeit der Hand und billige Zeit sind die besten Hilfsmittel; das letztere besitzen wir aber nicht mehr in dem Grade, wie die fast ohne Verkehr und ohne Bedürfnisse lebenden Völker; das erstere wird um so weniger geübt, je mehr Ersatzmittel dafür erfunden werden, und damit gehen künstlerisch wertvolle Verfahren allmählich zu Grunde.

Eine ganz eigentümliche Bearbeitungsart des Goldes ist z. B. die von allen Völkern sehr zeitig geübte in Filigran, welche wir später noch zu betrachten Gelegenheit haben werden. Sie erlaubt, da bei ihr das Gold in die leicht darstellbare Form feiner Drähte verarbeitet wurde, welche sich in alle Biegungen und Formen bringen lassen, der Phantasie des Künstlers einen fast ungehemmten Flug, und zugleich gibt sie das Mittel, die feinsten Verzierungen anzubringen, welche auf andre Weise bei den unvollkommenen Hilfsmitteln schwerlich zu erreichen wären.

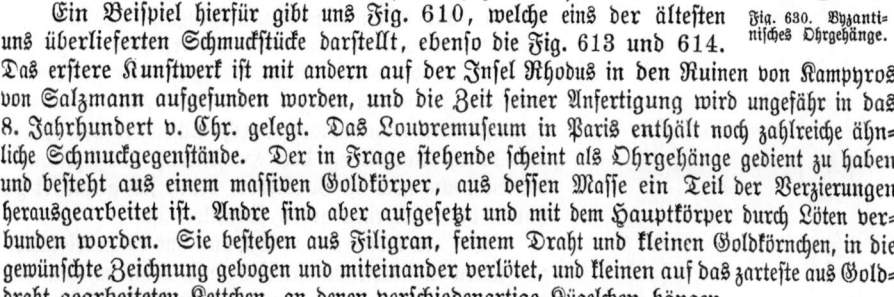

Fig. 630. Byzantinisches Ohrgehänge.

Ein Beispiel hierfür gibt uns Fig. 610, welche eins der ältesten uns überlieferten Schmuckstücke darstellt, ebenso die Fig. 613 und 614. Das erstere Kunstwerk ist mit andern auf der Insel Rhodus in den Ruinen von Kampyros von Salzmann aufgefunden worden, und die Zeit seiner Anfertigung wird ungefähr in das 8. Jahrhundert v. Chr. gelegt. Das Louvremuseum in Paris enthält noch zahlreiche ähnliche Schmuckgegenstände. Der in Frage stehende scheint als Ohrgehänge gedient zu haben und besteht aus einem massiven Goldkörper, aus dessen Masse ein Teil der Verzierungen herausgearbeitet ist. Andre sind aber aufgesetzt und mit dem Hauptkörper durch Löten verbunden worden. Sie bestehen aus Filigran, feinem Draht und kleinen Goldkörnchen, in die gewünschte Zeichnung gebogen und miteinander verlötet, und kleinen auf das zarteste aus Golddraht gearbeiteten Kettchen, an denen verschiedenartige Kügelchen hängen.

Geschichtliches. Daß die Goldarbeiter bei den alten Ägyptern, den Juden, Griechen und allen andern früheren Kulturvölkern eine zahlreiche und viel beschäftigte Klasse ausmachten, dürften wir annehmen, wenn uns auch weniger bestätigende Belege dafür in den Schriften der Alten, in der Bibel und in hieroglyphischen Abbildungen zu Gebote ständen.

Die Goldschmiedekunst diente früher einem weit ausgedehnteren Bedürfnis als heute, indem ihr mancherlei Wirkungen hervorzubringen aufgegeben wurde, welche jetzt der Malerei und den verwandten dekorativen Künsten zufallen. Aus dem Salomonischen Tempelbau wissen wir von der massenhaften Verwendung des Goldes in der Architektur, bei den Griechen wurden einzelne Teile der Statuen, Gewänder, Sandalen, Stirnbänder entweder aus purem Golde dargestellt oder vergoldet, man vergoldete sogar die Hörner der Opfertiere. Als Telemachos auf seiner Erkundigungsfahrt nach den Schicksalen seines Vaters Odysseus zu Nestor kommt, findet er diesen und seine Söhne im Begriff, dem Poseidon am Gestade zu opfern.

Fig. 631. Ring aus dem 14. Jahrhundert.

„Einer heiße hierher den Meister in Golde Laërtes
Kommen, daß er mit Golde des Rindes Hörner umziehe"

ruft Nestor, und Homer singt weiter:

— es kam der Meister in Golde,
Alle Schmiedegeräte, der Kunst Vollender, in Händen,
Seinen Hammer und Amboß und seine gebogene Zange
Auszubilden das Gold. Es kam auch Pallas Athene
Zu der heiligen Feier. Der Rossebändiger Nestor
Gab ihm Gold, und der Meister umzog die Hörner des Rindes
Künstlich, daß sich die Göttin am prangenden Opfer erfreute.

Ja in der allerneuesten Zeit ist sogar von dem bekannten Altertumsforscher Schlie=
mann an der Stelle, wo, wie er vermutet hatte, das alte Troja gestanden, ein reicher,
aus Goldgeräten bestehender Schatz gefunden worden, den er für den Schatz des Priamus
ansieht. Weitere Untersuchungen werden ergeben, ob dem Funde in der That ein so hohes
Alter zuzuschreiben ist; wenn dies der Fall sein sollte, so würde derselbe allerdings als
ältestes historisches Dokument für die Geschichte unsrer
Kultur von unschätzbarem Werte sein.

Der verhältnismäßig spät auftauchende Gebrauch
geprägter Münzen beschäftigte gewiß dieselben Künstler,
welche sich mit der Verarbeitung der edlen Metalle über=
haupt befaßten, wie ja noch Benvenuto Cellini Juwelier,
Bildhauer, Erzgießer und Münzgraveur in einer Per=
son war.

Ganz besonders wichtig sind für uns die wieder
aufgefundenen Goldschmucksachen der Etrusker, jenes
alten Kulturvolkes, welches durch hohe Intelligenz und
wissenschaftliche wie technische Bildung gleich hervor=
ragend erscheint. Leider sind von ihnen außer den=
jenigen Denkzeichen, welche wie das Gold einem zerstö=
renden Einfluß von Jahrtausenden zu widerstehen ver=
mögen, nur sehr wenige Kunsterzeugnisse auf uns ge=
kommen. Dasjenige aber, was wir erfahren, ist gerade
so viel, um die höchste Begierde nach einer genaueren
Kenntnis in uns zu erregen. Die etruskischen Schmuck=
gegenstände, nicht minder durch Schönheit der Form
als durch Vollendung der Herstellung ausgezeichnet,
dienen heute noch als Vorbilder, denen sich genähert zu
haben die Ehre eines guten Künstlers ist.

Bei den Römern war Schmuck aus edlen Metallen
zu Zeiten in übertriebenem Gebrauch, denn da man für
das massenhaft zusammeneroberte Edelmetall nicht die
Verwendung hatte, welche der heutige Verkehr erlaubt,
so gab der große Besitz davon eine schöne Gelegenheit,
Gefäße, Statuen und andre Luxusgegenstände daraus
anfertigen zu lassen und den Reichtum in schönen For=
men zur Schau zu stellen. Ausgrabungen in Gegen=
den, wo römische Ansiedelungen sich befunden haben,
oder welche die Römer auf ihren Heereszügen berührten,
fördern uns jetzt noch oft sehr schön erhaltene Werke der
antiken Goldschmiedekunst, die dort verschüttet worden
sind, zu Tage. Solche Schätze sind namentlich in den
Donauländern gefunden worden. In unsern Tagen
aber hat ein Fund großes Aufsehen erregt, welcher am
17. Oktober 1868 bei Hildesheim von Soldaten, die mit
Erdarbeiten beschäftigt waren, gemacht wurde, und der
unter dem Namen des „Hildesheimer Silberfundes"
weltberühmt geworden ist. Die gefundenen Gegen=

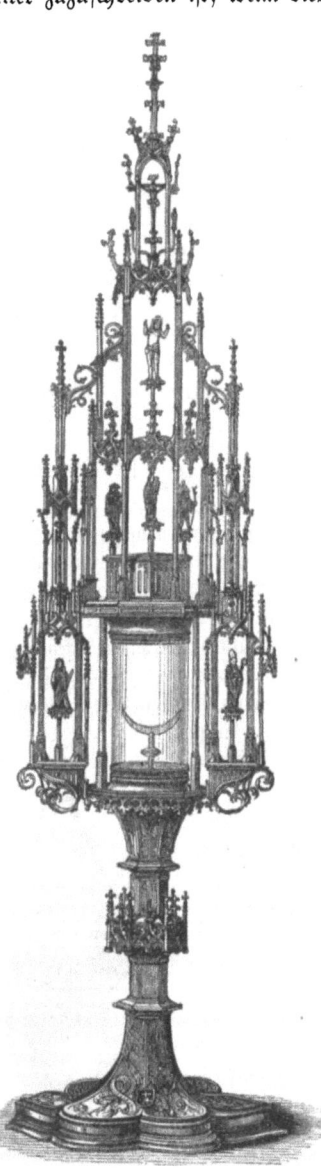

Fig. 632. Gotische Monstranz (Prüglitz).

stände sind Teile eines reichen Tafelgeschirres und aus
massivem Silber ungemein sauber gearbeitet. Einige derselben scheinen gegossen zu sein,
andre zeigen einfache, mit Email eingelegte Ornamente oder sind teilweise stark vergoldet,
die meisten sind mit Reliefs verziert, welche getrieben und auf geschickte Weise ziseliert sind.
Meist sind die Reliefs sehr stark hervortretend; Füße und Henkel sind besonders gefertigt und
an den Körper der Gefäße angelötet gewesen. Die Hauptstücke dieser unschätzbaren Reliquien
sind folgende. Ein 60 cm hoher glockenförmiger Krater oder Mischtrug, dessen Untergestell,
Fuß und Henkel sich nicht vorfanden. Er ist mit getriebenen Ornamenten in griechischem

Stile versehen und mit reizendem Rankenornament geziert. Ein Humpen zeigt rundlaufende Streifen mit Tierfiguren. Vasen, auf denen Masken, Thyrsusstäbe, Blumen modelliert sind, oder Schalen, von denen besonders eine mit dem schlangenwürgenden Herkules, eine andre mit der Minerva bemerkenswert sind, Spiegel ꝛc. bilden einen Schatz, dessen Metallwert allein ohne die Vergoldungen sich auf mehr als 6000 Mark beläuft. Er wird im Berliner Museum aufbewahrt, vortreffliche Nachbildungen der einzelnen Gegenstände sind im Handel erschienen.

In den kleinen Erzeugnissen der Bijouterie, welche damals wie bei uns nur einer Tageslaune huldigten, herrschte eine ungemeine Mannigfaltigkeit der Erfindung; man trug an Halsketten allerlei Anhenkel in Form von Ringen, Kameen, Löwenköpfchen, mythologischen Figuren, kurz von derselben Verschiedenheit, die in den Berlocken, welche noch heute an den Uhrketten getragen zu werden pflegen, zu Tage tritt.

Besonderer Art war der Trauerschmuck, der namentlich bei den Etruskern eine große Rolle spielte und für ganz spezielle Zwecke und mit ganz besonderen Beziehungen hergestellt wurde, welche bisweilen die späteren Deutungsversuche arg in die Irre geführt haben. Es pflegen nämlich beträchtliche Teile derartigen Schmuckes oft ganz weggelassen oder durch andres, minder kostbares Material ersetzt oder wenigstens viel weniger sorgfältig gearbeitet zu sein als andre, und dies mit einer Regelmäßigkeit, durch welche derartigen Erzeugnissen der Juwelierkunst ein ganz eigentümlicher Charakter aufgedrückt wird. Lange hat man sich diese teilweise Unvollkommenheit der Ausführung nicht erklären können, bis man zu der Erklärung kam, daß man in den mangelhaft ausgeführten Partien diejenigen vor Augen habe, welche von Gewändern überdeckt oder auf irgend andre Weise dem Auge des Beschauers unsichtbar blieben und deshalb absichtlich weniger ausgearbeitet waren als die besonders hervortretenden Teile, an denen die Ziselierung mit der höchsten Sorgfalt durchgeführt ist.

Dadurch, daß das römische Kaiserreich nach Byzanz übersiedelte, machte sich auch in der Kunst ein Einfluß geltend, der auf die gebräuchlichen Formen und Methoden umgestaltend einwirkte. Das östliche Christentum war in seinen Anfängen der Kunst wenig

Fig. 633. Gotischer Kelch (St. Paul in Kärnten).

freundlich gesinnt, sowohl was die materielle Unterstützung anbelangt — denn die Ertödtung des Fleisches, welche man lehrte, konnte ein sinnliches Wohlgefallen, wie es der Schmuck und der Luxus überhaupt bezweckte, nicht befördern — als auch, was die zu künstlerischem Ausdruck zu bringende Idee betraf. Die Tendenz trat an die Stelle unbefangener Freude an den Gebilden der Natur; man suchte Abstraktionen Ausdruck zu geben, und wie man auf der einen Seite Surrogate, vergoldetes Kupferblech z. B. statt des echten Metalls, zu verwenden anfing, so kam man anderseits auf das Symbol. Der Gedanke, den man ausdrücken wollte, trat vor der Form in den Vordergrund. Aus diesen Momenten dürfte das Charakteristische der byzantinischen Kunst erklärlich und manche auffällige Eigentümlichkeit derselben verständlich werden. Die Kunst wurde ausschließlich eine kirchliche.

Diese Strenge auf der einen Seite, auf der andern der hereinbrechende Einfluß des barbarischen Orients, welcher zwar die Pracht nicht von sich wies, wohl aber der harmonischen Schönheitsanschauung der Griechen gänzlich bar war, hatten einen Verfall der

Goldschmiedekunst zur Folge. Es war ganz natürlich, daß eine Kunst, welche sich zunächst auf die heitere, natürliche Entwickelung der Phantasie, auf Freiheit und Anmut des Geistes, auf leichte Empfänglichkeit des Gemütes zu verlassen hat, in einer Zeit nicht emporblühen konnte, wo ihre Schwestern, Wissenschaft und Poesie, zu einem langen Schlafe eingingen. Die Musen verließen das Volk, welches einst die Kultur zu verbreiten übernommen hatte.

Erst in der Mitte des 11. Jahrhunderts, nach langem Winterschlaf, zeigte sich wieder ein beginnendes Wachstum in dem noch nicht gänzlich abgestorbenen Baume — und besonders war es Deutschland, namentlich der Rhein mit seinen sonnigen Uferlanden, wo die ersten Blüten sich entfalteten, jene Gegenden, welche auch dem aus der normannischen Bauart sich entwickelnden gotischen Stil die förderlichste Pflege angedeihen ließen. Hätten wir nicht schon erfahren, wie betreffs der Ornamentik alle Kunstrichtungen einer Zeit unter sich in Übereinstimmung sich befinden und wie sie alle hauptsächlich von der Architektur in dieser Beziehung geführt werden, so würde es uns bei der Betrachtung der Reliquienschreine der damaligen Zeit, jenen Hauptwerken der Goldschmiedekunst, ganz besonders auffallen. Geradezu im kleinen nachgebildet wurden Kapellen, Dome, Begräbnisse, um Behältnisse zu schaffen, in denen die Überreste der Heiligen aufbewahrt werden sollten. Trotz der Härten, welche der Stil der damaligen Zeit in Hinsicht auf andre Künste häufig aufweist, wußte die Goldschmiedekunst sich Freiheit genug zu wahren, um ihren Geräten, Kelchen u. s. w. eine zum Gebrauch bequeme, zweckmäßige Form zu geben.

Fig. 684. Gotisches Ölgefäß (Wiener Neustadt).

In Frankreich erhielt diese Kunst einen ganz besonderen Aufschwung unter Suger, einem wahren „Vater des Vaterlandes", wie ihn Ludwig VII. nannte, dessen Rat und Minister er war. Dieser frei- und edeldenkende Mann, aus niedrigem Stande hervorgegangen, wußte die Einflüsse wohl zu würdigen, welche in Zeiten wie die damaligen die Künste in doppelt günstiger Weise auf die Gemüter ausüben. Er ließ die Kathedrale zu St. Denis wieder herstellen, und bei ihrer kostbaren Ausschmückung gab er Künstlern und Handwerkern Gelegenheit, in schönster Weise ihre Ideen, denen sein feiner Geist oft selbst Anstoß und Richtung gab, zu verwirklichen. Die besten Goldschmiede der damaligen Zeit stammten aus Lothringen. Von ihren Werken ist leider das meiste zu Grunde gegangen, was uns aber aufbewahrt geblieben ist, zeugt für den großen Fortschritt, den in verhältnismäßig kurzer Zeit ihre Kunst gemacht hatte. Ein schönes Beispiel ist die Vase oder vielmehr die Fassung derselben, denn das eigentliche Gefäß aus rotem Porphyr ist antik und von unbekannter Herkunft, deren Abbildung in Fig. 629 gegeben ist.

Fig. 635. Venezianischer Ring aus dem 16. Jahrhundert.

Suger (gest. 1151) muß als Wiederbeleber der schönen Künste in Frankreich angesehen werden. Sein Beispiel wirkte nachhaltig auch für die Nachbarländer, namentlich England, von dessen Kunstleistungen bis dahin wenig Hervorragendes zu bemerken gewesen war.

Der Luxus fing an, die Goldarbeiter wieder zu beschäftigen, welche in der Hauptsache vorher sich mit der Herstellung von kirchlichen Geräten oder von königlichen Insignien befaßt hatten, in welchem Schmuck vorzugsweise die kirchlichen und weltlichen Fürsten ihren Reichtum zu entfalten liebten. Der Ring, den uns Fig. 631 zeigt und der aus dem 14. Jahrhundert stammt, ist ein sehr charakteristisches Zeichen für Kunstfertigkeit und Geschmack von damals. Von den Fürsten begann allmählich eine allgemeine Prachtliebe, ja Verschwendung auszugehen, und es wird berichtet, daß bei Gelegenheit der Feste, welche beim Einzug Isabellas von Bayern (1389) in Paris veranstaltet wurden, Geschenke in Gold und edlen Gesteinen hin und wieder gegeben wurden, welche die für die damalige Zeit ganz enorme Summe von mehr als 60000 Goldkronen darstellten. Der Reichtum der Großen füllte ihre Schatzkammern mit kostbaren Geräten, Schmuck und Edelsteinen.

Geschichtliches. 311

und es blieben noch genug edle Metalle, um den Münzbedürfnissen des noch wenig ent=
wickelten Verkehrs zu genügen.

Die einzelnen bedeutenden Künstler können uns hier nicht zu einem näheren Eingehen
auf ihre Leistungen veranlassen, eines von ihnen aber müssen wir hervorhebend gedenken,
nicht nur, weil er unsre Augen auf das allen Künsten die Arme entgegenstreckende Italien
lenkt, sondern auch, weil er unter den Größten seiner Art zur Blüte das Herrlichste mit
beigetragen hat.

Dies ist Benvenuto Cellini, von kunstsinnigen Eltern im Jahre 1500 in Florenz
geboren. Er sollte Musiker werden, ergriff aber aus eigner Wahl das Gewerbe der Gold=
schmiede, welches damals in ganz besonders hohem Ansehen stand. „Im Alter von 15
Jahren", erzählt er selbst, „ging ich (vorher hatte er schon versucht, bei dem Bildhauer
Bandinelli, dem größten Florentiner Goldschmied, in die Lehre zu treten) gegen den Willen
meines Vaters in die Werkstatt des Goldschmieds Antonio di Sandro, zugenannt Marcone.

Fig. 636. Goldarbeiterwerkstatt im 16. Jahrhundert.

Mein Vater verbot demselben, mir irgend einen Gehalt zu geben, und so lernte ich diese
Kunst lediglich zu meiner eignen Genugthuung." Er erwarb sich sehr bald den Ruhm des
geschicktesten Arbeiters, mußte aber eines Duells wegen mit 16 Jahren die Stadt verlassen
und begab sich nach Siena, wo er bei einem Goldarbeiter, Francesco Cactoro, eintrat.
Hierauf ging er nach Bologna und vervollkommnete sich namentlich im Zeichnen, verdiente
sich aber immer seinen Unterhalt durch seine Arbeiten in seinem besonderen Fache. Nach
Florenz zurückgekehrt, erwarb er sich durch seine Werke, in denen ebensoviel Originalität
der Erfindung als Kunstfertigkeit der Ausführung zu erkennen war, bald großen Ruhm,
so daß die bedeutendsten Goldschmiede sich bald um seine Arbeit drängten.

Da es ihm jedoch nicht gelang, sich in Florenz eine eigne Werkstatt zu gründen, so
ging er nach Rom, wo eben Clemens VII. Papst geworden war. Dieser Ort wurde so=
wohl durch den Umgang mit gleichstrebenden Künstlern als durch die Bekanntschaften, welche
Cellini unter den bedeutenden Persönlichkeiten machte und für die er zahlreiche Aufträge
auszuführen bekam, sehr wichtig für ihn. Man trug damals an den Hüten goldene Me=
daillen, verziert auf mancherlei Art, namentlich mit ziselierten Darstellungen aus der Mytho=
logie oder allegorischen Figuren versehen. Eins der schönsten dieser Werke, zu deren Her=
stellung sich alle Hilfsmittel der Goldschmiedekunst, Gravierung, Emaillierung und dergleichen

vereinigten, besitzt das Antikenkabinett in Wien. Es ist darauf der Mythus der Leda dargestellt; dasselbe wurde von Benvenuto Cellini für den Gonfaloniere Gabriello Cesarino gearbeitet. Außerdem stammen aus der damaligen Zeit die berühmten Damaszierungen oder vielmehr die ziselierten und mit Gold und Silber eingelegten Ornamente, welche zur Verzierung an den Waffen angebracht wurden und die vorher namentlich von türkischen Künstlern ausgeführt worden waren, von Benvenuto indessen weit übertroffen wurden.

Die Einnahme von Rom durch den Connetable von Bourbon und die ganze unruhige Zeit waren nicht dazu angethan, unsern heißblütigen Künstler in seiner Werkstätte still arbeiten zu lassen. Verwickelt in die Ereignisse, ging er von Rom weg und war eine Zeitlang in Florenz, welches er, ein nicht sehr begeisterter Bürger, auch wieder verließ, als dasselbe mit Clemens VII. in Krieg geriet. Seine Erlebnisse in dieser Zeit, in der er selbst die Waffen trug, gehören auf ein andres Blatt, und wir müssen uns enthalten, sein bewegtes Leben, das er selbst so anschaulich zu erzählen weiß, hier schildern zu wollen. Wer sich dafür interessiert, weiß ja das Ausführlichere darüber in den Werken Goethes zu finden, der einem der größten Künstler aller Zeiten durch Behandlung seiner Biographie ein unvergängliches Denkmal gesetzt hat.

Fig. 687. Nautilusgefäß aus dem Grünen Gewölbe in Dresden (17. Jahrhundert).

Genug, Cellini verließ Rom, als Paul Farnese unter dem Namen Paul III. Papst geworden war, und nahm bei Alexander von Medici das Amt eines Münzmeisters von Florenz an, welche Stellung er aber nicht lange darauf wieder aufgab, um sich in Rom für einen im Gedränge der Zeit von der Hand gegangenen Todtschlag Absolution zu holen. Da von dem jetzt herrschenden Papst, der von keinem so generösen und kunstsinnigen Charakter war wie sein Vorgänger, keine größeren Aufträge zu erwarten waren, so beschloß Cellini, seine Kunst dem Könige Franz I. anzubieten. Er ging nach Paris, fand indessen hier seine Hoffnungen auch nicht befriedigt und versuchte sich darauf wieder in Rom einzurichten, wo jedoch seiner auch noch keine ruhige Existenz wartete. Denn angeklagt, in seiner früheren Stellung als Goldschmied und Münzmeister des Papstes Clemens VII. Gold veruntreut zu haben, wurde er ins Gefängnis geworfen, aus welchem ihn nur die Gunst des Kardinals Ferrara befreite. Für diesen führte er darauf mehrere Werke aus, unter denen ein Salzfaß aus emailliertem Golde mit den allegorischen Figuren der Erde ganz besonders berühmt geworden ist. Früher in der Ambraser Sammlung, befindet sich dasselbe jetzt in Wien.

Benvenuto Cellini kehrte nach Frankreich zurück, und es beginnt hier die fruchtbarste Periode seiner Thätigkeit. Vom Könige war ihm das Schloß du Petit=Nesle eingeräumt worden, und hier richtete er mit deutschen und italienischen Arbeitern seine Werkstatt ein, welche sich bald mit zahlreichen Entwürfen, halbfertigen und ganz vollendeten Werken der Erzbildnerei füllte. Die Anerkennung, welche er fand, war eine solche, daß er sich über Zurücksetzung gewiß nicht zu beklagen hatte. Nichtsdestoweniger finden wir ihn im August 1545 wieder in Florenz, wo er das Modell zu seinem „Perseus" fertigte, und bald darauf in Venedig. Er war ein hitziger, eitler und wenig verträglicher Charakter, der infolge der Rücksichtslosigkeit seines Auftretens oft Grund zu Streitigkeiten gab und fand. In Venedig blieb er nicht lange, im geheimen kehrte er nach Florenz zurück und machte sich hier an die Ausführung seines Perseus, dazwischen zahlreiche Gefäße und Bijouterien verschiedener

Art, Denkmünzen, kleine Büsten u. dergl. vollendend. Im Jahre 1548 war sein bestes Werk, „Perseus, der Meduse das Haupt abschlagend", beendet und im Guß ausgeführt. So mangelhaft der Entwurf in manchen Einzelheiten ist, so vortrefflich ist er auf die Gesamtwirkung in seinen Konturen und Bewegungen gedacht. Überhaupt gilt es von Cellini, daß man in seinen Werken die Ursprünglichkeit der Erfindung, die Selbständigkeit der Ideen, welche auszudrücken er immer nur den Gesetzen der Natur und den Winken der Antike folgt, mehr als die technische Vollendung der Einzelheiten beachtet. Er war ein im großen ganzen schaffender Künstler, der den Horizont der Kunst seiner Zeit erweiterte und der deshalb auch unsre Bewunderung noch verdient, wenngleich seine Werke von Späteren oft übertroffen worden sind. Dieselben aufzuzählen ist ganz unmöglich, da viele davon, für augenblickliche Zwecke geschaffen, vergessen, andre von dem Namen ihres Urhebers durch Unachtsamkeit getrennt, wieder andre gänzlich verloren worden und zu Grunde gegangen sind.

Die letzten zwanzig Jahre seines Lebens brachte er, nach so wechselvollem Jugendleben endlich beruhigt, in Florenz zu, wo er am 25. Februar 1571 starb.

Seine Einwirkung auf die Goldschmiedekunst der damaligen Zeit gab sich überall zu erkennen. Italien hatte eine große Zahl wenn nicht gleichbedeutender, so doch hervorragender Künstler in diesem Fache, und namentlich wurde der römische Juwelier Caradosso, durch seine Emaillen hochberühmt, von seinen Zeitgenossen Benvenuto Cellini oft an die Seite gestellt. Das Genie des letzteren zeigte sich aber in der Beherrschung eines großen Gebiets, das in seinem ganzen Umfange ihm keiner streitig gemacht hat. Er war der Vertreter eines Stils, den er zum großen Teil selbst geschaffen, und wir haben Gelegenheit, die Nachahmung besonders in den Kannen und Henkelkrügen zu bemerken, welche seit Cellini mit einer Masse von Nebenwerk, Allegorien, Emblemen, ganzen Figurenzügen u. s. w. um den Bauch in getriebener Arbeit verziert wurden. Das diesem Abschnitt beigegebene Tonbild, welches einen Henkelkrug deutscher Arbeit aus dem 16. Jahrhundert zeigt, ist ein Beleg dafür. Wir wollen in keiner Weise die Richtung Cellinis als von untadelhaft reinem Stil und gutem Geschmack loben, denn er weicht bereits aus der Bahn der großen Periode, welche, von Giotto eingeleitet, die Kunstblüte Italiens umfaßt; seine Verzierungen halten sich oft nicht in den Schranken ihrer Bestimmung, Idee und Ausführung stehen nicht immer in

Fig. 638.   Ziergefäß aus dem 16. Jahrh.

richtigem Verhältnis zu einander, und durch die auftretende naturalistische Behandlung der Idee zerfällt das Kunstwerk häufig in sich. Trotzdem ist seine Wirksamkeit von nachhaltigem Einfluß geblieben und hat einer zahlreichen Epigonenschar Selbstvertrauen gegeben, fröhlich und keck zu schaffen. Diese Keckheit artete aber freilich nach und nach in Willkür aus, die sich namentlich in der Verkennung des Wesens des Ornaments bemerkbar machte. Das Ornament soll eine Beigabe sein. Das Gerät, auf welchem es angebracht wird, hat an sich einen bestimmten Zweck, sei es ein Knopf, eine Nadel, ein Gefäß oder sonst etwas. Es muß durch seine Form diesem Zweck entsprechen und die angebrachten Verzierungen — nicht nur, daß sie ihm in diesem Zwecke nicht hinderlich sein dürfen — müssen sich, wenn ihnen überhaupt ein aussprechbarer Gedanke zu Grunde liegt, wenigstens mit diesem auf den Zweck des Gerätes beziehen. Ein Aschenbecher in Form eines Klaviers, wie solche Sachen wohl vorkommen, ist ein geschmackloser Unsinn. Die Alten haben sich davon nicht frei gehalten, denn wir finden unter den ausgegrabenen Terrakotten Trinkbecher in Gestalt von ausgehöhlten Eberköpfen, welche noch dazu auf den Schädel gestellt werden mußten, so daß Schnauze und Ohren den Fuß abgaben, wenn das Gefäß die Flüssigkeit halten sollte. Am ausschweifendsten wurde aber diese Richtung in der späteren Renaissance, wo wir Gefäße in Form von Drachen, Löwen u. dergl. finden, welche auf die allerunvollkommenste Weise ihren eigentlichen Zweck zu erfüllen im stande waren. Die Überraschung, der Witz sollen entschädigen; allein ein fortwährend in Gebrauch befindlicher Gegenstand nutzt den Witz ab und macht ihn fade, selbst wenn er sonst geeignet wäre, ihn auszudrücken. Am allerwenigsten aber darf eine Kanne, ein Glas und alles andre, was einen bestimmten Zweck hat, außerdem zu einer Schreibtafel gemacht werden, um dem Leser eine frappierende Idee beizubringen, die man aus der Natur des Gerätes nicht herauslesen kann. Der Zweck des Gerätes verschwindet hierbei, die Form hat keinen Sinn, und das Gezwungene verursacht nur unangenehme Beklemmung.

Fig. 689. Onyxvase aus dem Grünen Gewölbe zu Dresden, aus dem 17. Jahrh.

Indessen, wenn in der späteren Renaissance schlechter Geschmack auch oft zur Ausschreitung und Überladung führte, so war doch immerhin durch die herangezogenen Mittel der Phantasie eine große Anregung gegeben, welche noch lange Zeit belebend wirkte, zumal da die Reichtümer einer neu entdeckten Welt sich in immer weitere Kreise verbreiteten und namentlich die Menge der edlen Metalle weit über die Bedürfnisse der Münzstätten hinauswuchs.

Der Charakter der Üppigkeit verstärkte sich in den folgenden Zeiten, wo vorzüglich in Frankreich die Bijouterie eine ungemeine Thätigkeit entwickelte; in künstlerischer Beziehung freilich führte dies den edlen Stil der Renaissance immer mehr der Karikatur zu.

Wir treffen zwar noch auf einzelne schöne Werke, und die technische Ausbildung mancher Methoden, wie z. B. der Emaillierung, der Steinschleiferei, der Bearbeitung des Bergkristalls, welche uns wundervolle Werke überliefert haben, oder von Muscheln, unter denen der Nautilus vielfach benutzt wurde, und die Heranziehung neuer Werkstoffe zu neuer Wirkung lassen uns bei andern wieder über die Mangelhaftigkeit der Zeichnung oder die Unschönheit des Stils hinwegsehen; der Gesamteindruck aber, den die ganze Leistung macht, ist nicht mit jenem der letzten Hälfte des 15. und der ersten Hälfte des 16. Jahrhunderts zu vergleichen.

Namentlich war es eine Richtung, welche die Kunstthätigkeit der damaligen Zeit charakterisierte, die sogenannte Kleinkunst, deren Meister vom Ende des 15. bis in das 18. Jahrhundert hinein thätig waren und, wenn auch mitunter sich zu höheren Aufgaben emporraffend, doch ihre hauptsächliche Arbeit darin fanden, Gegenstände in kleinem und kleinstem Maßstabe darzustellen und selbst bei größeren Werken ihr Hauptaugenmerk auf die genaueste Ausführung der Einzelheiten zu richten. Sie wurden unterstützt durch den Sammeleifer der Vornehmen, der in der Anhäufung von Kuriositäten seine vorzügliche Befriedigung fand. Die aus jener Zeit stammenden Kunstkammern, wie die Ambraser Sammlung, das Grüne Gewölbe und andre, enthalten dafür zahlreiche Beweise.

Der Kalabreser Geistliche Faba brachte das gesamte Leiden Christi plastisch auf einer Nußschale an, fertigte auch Wagen mit Gespann und Personen, die mit allem nicht größer als ein Gerstenkorn waren. Flötener zu Nürnberg schnitzte auf einen Kirschkern 113 Gesichter, die Felicitas Neuburger daselbst ganze biblische Vorstellungen, welche Kleinert in noch größerer Menge auf einem Pfirsichkern ausführte. Was Maslitzer und die Gebrüder

Jamnitzer von dort in Gold- und Silberguß, Pier di Nono zu Florenz und der vielseitige Siries um viel später zu Paris in Filigran, im Eisenschnitte Lochner zu Nürnberg, Rucker, angeblich zu Augsburg, leisteten, ist geradezu hervorragend und nicht minder, was der Kärntner Pronner in erstgenannter Stadt in Elfenbein und Korallenschnitt zum besten gab.

Die Niederländer und sogenannten Venezianer Spitzen sowie die Nähtereien und Stickereien, durch die sich Susanne Fischer zu Augsburg und Katharina Cantoni zu Mailand berühmt gemacht haben, dürfen wir auch hierher zählen, ebenso wie die Hautelissebildchen, welche Gregoire in Paris für Medaillons lieferte; andrer Leistungen, die häufig geradezu in das Kindische verfielen, nicht zu gedenken.

Eine ganz besondere Vorliebe machte sich in der ersten Hälfte des 16. Jahrhunderts geltend, die nämlich, einzelne Gebiete der Kulturhöhe durch Gegenstände von kleiner und kleinster Abmessung zu versinnlichen und dieselben einem schubladen- und fächerreichen Kasten oder den inneren und äußeren Räumlichkeiten einer andern baulichen Vorstellung einzuverleiben. Über diese Richtung, die vorzüglich in Augsburg gepflegt wurde, verdanken wir Franz Trautmann eine sehr eingehende Darstellung, die derselbe in seiner „Geschichte der Kleinkunst" gegeben und der wir als Beispiel die Beschreibung eines „Meierhofes" entnehmen, welchen der Herzog Philipp von Pommern bei dem reichen Augsburger Bürger Philipp Hainhofer bestellte, und den dieser, selbst ein großer Sammler, entwarf und von zahlreichen Künstlern ausführen ließ. Die kostbare Tischlerarbeit lieferte Baumgartner, an der Herstellung der fast zahllosen einzelnen Gegenstände beteiligte sich Altenketter und dessen Kollegen, in der Gold- und Silberscheidekunst Pehner, Münder und Walbaum; die Maler Reger und Mozart, die Plastiker Mendler und Schwegler, der Kupferstecher Göttich, der Landschafts- und Muggenkünstler Langenbucher, der Drechsler Miller u. s. w.

Beim Meierhof war beabsichtigt, das Herrenleben, den Kriegsapparat und die Lebensführung der bäuerlichen Welt zu kennzeichnen. Die Zahl der kleinen Gegenstände muß außerordentlich gewesen sein, wie sich aus der allgemeinen Angabe schließen läßt, welche handschriftlich vorhanden ist und als Anhang des Kuglerschen Buches abgedruckt wurde.

Fig. 640. Pendeloque, nach Benvenuto Cellini.

Es ist da nur die Gattung, aber nicht die Zahl der als vielfach bezeichneten Gegenstände angegeben. Wir müssen uns mit einem kleinen Hinweis begnügen, vorausschickend, daß sich in den um das Schloß befindlichen Räumen natürlich alles frei darbot, während sich das im Innern von Schloß- und Gehöftegebäuden Vorhandene durch die Möglichkeit, Dächer und Decken abzunehmen, nahbar machte, und daß, außer leblos gedachten Stücken, auch Menschen und Tiere aller Art in Bezug genommen wurden, in größerer Zahl, als sie sich auf der Delineatio sichtbar machen konnten.

Schon der Turm des Gehöfteeingangs war mit einer Unzahl von Partisanen, Falkonetten u. a. eingerichtet, und was, um sogleich sehr Kleines zu bezeichnen, die Taubenschläge betrifft, so waren nicht weniger als 22 verschiedene „junge und alte Nester" zu finden. In der Wagenhütte zur Rechten waren Schaufeln, Rollen, Leiterwagen, Schiebkarren, Feuerleitern, Hirsch- und Hasengarne, Federhaspeln, Scheuchen zum Weidwerk und vieles andre. Im kleinen Turm nebenan fand man Petarden, Mörser, Dolche, Doppelhaken, Spieße, Hellebarden, Kartaunen, Ketten, Halskragen, Pulverflaschen und der Himmel weiß was. In der Scheune fehlte es nicht an figürlichen Vorstellungen entsprechender Art, noch weniger an allen Vorräten und Arbeitszeugen für hier und zum Feldbau. Im Schlosse selbst waren unter vielem andern im Innern eine Kutsche, Spieße die Menge an den Wänden, desgleichen Wasserspritzen und Feuerkübel. Die Gemächer zu ebener Erde waren mit Betten und genauer weiterer Einrichtung versehen, im Stalle Rosse, in der Speisekammer sah man alles mögliche dahin Gehörige, in der Knechtekammer und in allen übrigen unteren Räumlichkeiten war die nötige und irgendwie thätige Komparserie oder Dienstwelt. So stach in der Küche eine Dirne Schmalz, während eine zweite Fleisch brachte. Nach allen Seiten aufwärts bis in die eigentliche Herrenwohnung war nichts vergessen, oben selbst alles in Einrichtung, Täfelei und Bildwerk vom Großen ins Kleine übersetzt, was damaligen Komfort sichtbar machte. Natürlich war auch die Schloßherrschaft nebst kleiner Nachkommenschaft zu finden. Am Schlosse oben war eine schlagende Uhr, auf dem Kümmich ein Storchnest, aus welchem die Bewohner herausklapperten, auch zwitscherten vielerlei bunte Vögel. Das weiterhin gelegene Fasanenhaus enthielt 36 verschiedene Exemplare, im Blumen= und Baumgarten sah man alles genau der Natur nachgebildet, und es gebrach da so wenig an menschlichen Figuren als am Weiher an solchen, Enten, Fischereigeräten u. s. f. Inmitten des Schloßhofes stand ein Brunnen mit Herkules und obligater Weltkugel. Dieser Brunnen konnte in mehrfache Thätigkeit versetzt werden, ringsum aber näher oder ferner waren verschiedene Personen, Tiere, Wagen zu sehen, und in und an den sich nach links und rechts fortsetzenden Teilen des Gehöftes bemerkte man eine Menge idyllischer, wohl auch prosaischer Vorgänge, wie sie das ländliche und häusliche Leben mit sich bringt.

Fig. 641.
Handspiegel in altägyptischem Stile von Baugrand in Paris.

Der Goldschmied David Altenstetter zu Augsburg glänzte ganz besonders durch seine Schmelzmalerei, von denen das bayrische Nationalmuseum sehr schöne aufbewahrt; andre berühmte Emailleure, namentlich in der Miniaturschmelzmalerei, waren die Dinglinger zu Dresden, Magtens zu Stockholm und Wien, Ismael Mengs zu Hamburg, Rom und Dresden. Das Grüne Gewölbe in Dresden enthält von dem genannten Johann Melchior Dinglinger, dem Hofjuwelier und Günstling Augusts des Starken, noch mehrere der hervorragendsten Werke dieser Art, deren Deutung, wenn man sich die Mühe geben will, sie zu versuchen, allerdings große Schwierigkeiten darbietet.

Das eine stellt, wie der offizielle Katalog sagt, ein ägyptisches Altertumsmuseum im kleinen oder ein System der ägyptischen Mythologie, nach Dinglingers Idee, also so, wie es nicht war, vor. Das berühmteste aber ist der sogenannte Hofhalt des Großmoguls Aurang=Zeb zu Delhi, eine Arbeit, an welcher Dinglinger mit seiner Familie und 14 Gehilfen von 1701—1708, also acht Jahre, gearbeitet hatte, und für die er 58485 Thaler erhielt. Es ist eine Art Tafelaufsatz und besteht aus einer ungefähr 1,25 m im Geviert großen silbernen Platte, welche dreifach abgeteilte Höfe zeigt und von den Frontseiten der

Geschichtliches. 317

sie umgebenden Gebäude eingeschlossen ist. Der Großmogul sitzt im Hintergrunde in einem prachtvoll geschmückten Pavillon auf dem Pfauenthrone, hinter ihm erblickt man eine Onyx= platte mit einer hellen Sonne und einem Löwen, vor ihm seine Leibwächter in vollständigster Bewaffnung, Diener u. s. w. Im Vordergrunde nahte sich ein Zug von Vasallen, die ihrem Oberhaupte Geschenke darbringen, in phantastischem Kostüm, das wohl auf historische Treue ebensowenig Anspruch machen kann als das andre willkürlich zugebrachte Beiwerk. Alle Figuren sind aus Gold und prachtvoll emailliert.

Erst in unsern Tagen, wie schon oben erwähnt, hat die Bijouterie wieder einen großen Aufschwung genommen, sowohl in technischer als in künstlerischer Beziehung. Der Grund davon liegt nur zum Teil in äußeren, durch die Fortschritte der Mechanik und Chemie gestellten Verhältnissen, zum großen Teil hat ihn das richtige Erkennen bewirkt, daß, wo sich der Phantasie nicht freiwillig neue Kunstmotive offenbaren, alles Abängstigen und Erzwingen von Originalität vergeblich und es besser gethan ist, die Überlieferungen der Alten sich zur Richtschnur und ihre Motive sich zu Vorbildern zu nehmen.

Fig. 642. Goldschmuckgehänge in ägyptischem Stile; ausgeführt von Emile Philippe in Paris.

Der bis noch vor kurzem so übermäßig wuchernde naturalistische Stil, welcher sich für die Zwecke der Bijouterie scheinbar noch am besten müßte verwenden lassen, kann einen geraden, unverdorbenen Geschmack gegenüber der einfachen harmonischen Ornamentik, wie sie von Etruskern und Griechen z. B. ausgebildet worden ist, auf die Dauer nicht be= friedigen. Zu dieser Einsicht ist man zum zweiten= oder vielmehr schon zum drittenmal wieder gekommen, und von den besten Juwelieren sehen wir jetzt jene Ornamentik wieder angewandt, welche dem ästhetischen Gefühl aller unverfälschten Gemüter immer und immer noch Freude gewährt. Man kehrt zu alten Mustern zurück und ahmt sie entweder getreu nach oder benutzt wenigstens die in denselben gegebenen Motive. Ägyptische, assyrische, etruskische, byzantinische Ornamentik und was es für verschiedene Stile sonst noch gibt — sie alle finden sich in den Schauläden der Bijouteriefabrikanten vertreten, und Fig. 641—646 legen Zeugnis dafür ab, mit welch feinem Gefühl oft die Künstler den Geschmack der Alten zu treffen wissen. Vor allem aber ist es der Charakter jener Periode, welche schon einmal, von Italien aus, die Erbschaft der Alten hob und sie dem fruchtbaren Leben wiedergab, der Charakter jener klassischen Wiedererstehung, der Renaissance, welcher sich den Gegenständen der Kunstgewerbe als Stil in der neueren Zeit wieder aufdrückt. Für Deutschland im besonderen liegt hier eine große Aufgabe; unser Land hat seinen alten Ruhm wieder herzustellen, der die Holbein, Dürer, Aldegrever, Altdorfer, Beham, Burgkmair, Flötener, Jamnitzer, Mielich, Solis und zahlreiche andre anführt, denen das damalige Frankreich fast niemand an die Seite stellen konnte. Man durchblättere nur irgend ein beliebiges Heft der in dem letzten Jahrzehnt so zahlreich erschienenen Werke, welche die Sammlung und Wiederherausgabe alter Entwürfe, Pläne oder Abbildungen ausgeführter Arbeiten der Kleinkunst zum Zwecke haben und von denen der Formenschatz der Renaissance (Leipzig, G. Hirth) die erste Stelle mit einnimmt, um eine Vorstellung von dem Reichtum an Ideen zu erhalten, der unsern Vorfahren zu Gebote stand, und man braucht nur die künstlerische Armseligkeit unsrer modernen Erzeugnisse dagegen anzusehen, um es als eine nationale Ehrensache zu empfinden, daß die schmählich verlorene Stellung Deutschlands in Sachen des Geschmacks und der künstlerischen Gewerbsthätigkeit wieder erobert werden muß. Zunächst brauchen wir nur die Schätze zu heben, die in den „Werken unsrer Väter" noch begraben liegen, sie verstehen lernen, daran wird unsre eigne schöpferische Kraft erstarken.

Fig. 643. Brosche nach etruskischen Motiven von Julius Wiese in Paris.

Frankreich und vor allen Dingen Paris, das sich in Dingen des Geschmacks lange Zeit zum unbestrittenen Tonangeber zu machen gewußt hatte, ist der mächtigste Gegner; allein wie in gewissen Hervorbringungen Österreich und Wien schon sich ihm an die Seite haben stellen können, so wird es auch uns gelingen, ein Gebiet zurück zu erlangen, auf welchem nicht materielle, sondern geistige Waffen ausschlaggebend sind. Der Anfang dazu ist in sehr glücklicher Art gemacht. In Paris wirken allerdings alle Umstände ungemein begünstigend auf die Entwickelung der Kunstgewerbe. Das Zusammenströmen der besten Arbeiter, Künstler und Gelehrten bewirkt durch die Größe der Stadt, ihre zentrale Lage, ihre geistigen Hilfsmittel sowie ihr großer Verbrauch auf allen Gebieten der Arbeit — die Anregungen, welche ein großes Leben der Phantasie bietet, der raschere Stoffwechsel, der dieselben rasch wieder verarbeitet, die Objektivität der Anschauungen, die dem Tüchtigen jedes Feld der Arbeit bedeutend macht, die fast augenblickliche Verallgemeinerung aller Fortschritte durch den großartigen Verkehr — der Wettbewerb, und hundert andre Faktoren spornen alle Kräfte an, und da sich an dem Kampfe die Besten mit beteiligen, so müssen die Minderbefähigten durch Fleiß und Sorgfalt das zu erreichen suchen, was dem Genialen die Natur bequemer zu erfassen gestattete.

Die Bijouterie im besonderen hatte in Paris durch den Ankauf der Campanaschen Sammlung für das Louvre, welches die größte Zahl antiker Werke dieser Art enthält, das nützlichste Förderungsmittel erhalten, denn sie bietet eine unerschöpfliche Fülle schöner Modelle; die Geschicklichkeit des Pariser Arbeiters selbst aber, welcher sich mit allen technischen Hilfsmitteln auszustatten vermag, ist nirgends bewundernswürdiger als in der Art, wie er einer Idee einen gefälligen Ausdruck zu geben weiß. Man kann kühn behaupten, daß zu keiner Zeit so vollendete Schmuckgegenstände geschaffen worden sind wie in der jetzigen. Denn mögen die alten Künstler auch bedeutender in der Erfindung gewesen sein, so werden sie doch in der Art der Ausführung von den neueren übertroffen. Selbstverständlich werden nicht alle Bijouterien als Kunstwerke ausgeführt, gerade die leichtere Herstellungsweise hat auch auf Massenproduktion hingeführt, welche dem bisweilen noch recht unentwickelten Geschmacke der großen Masse Rechnung zu tragen für vorteilhaft findet; aber auch darin sind von einer Weltausstellung zur andern Fortschritte zum Bessern bemerkbar.

Geschichtliches. 319

Paris war und ist demnach auch noch nahezu die hohe Schule der Bijouterie; und wenn wir auch jetzt nicht mehr so kritiklos, wie früher, alles für schön und vollendet halten, nur weil es aus Paris kommt, so sehen wir doch schon den Umstand, daß unter den Pariser Juwelieren deutsche Künstler mit den ersten Rang einnehmen, als einen nicht geringen Ruhm an.

Außer Paris sind Rom (Castellani), Genua, London, Berlin und Wien durch ihre Juwelierarbeiten berühmt, und Hanau, Schwäbisch-Gmünd und Pforzheim wetteifern in fabrikmäßiger Herstellung von Schmucksachen mit allen Orten der Welt. In den genannten Orten ist die Goldwaren- und Bijouteriefabrikation bereits seit dem 17. Jahrhundert zu Hause; sie wurde durch niederländische und französische Einwanderer dorthin gebracht. Ihren großen Aufschwung hat sie jedoch erst in den letzten Jahrzehnten genommen.

Fig. 644. Metallgefäße in altrömischem Stile von Schultz in Berlin.

In Hanau allein, einer Stadt von etwa 25 000 Einwohnern, sind in diesem Industriezweige weit über 2000 Personen beschäftigt, welche im ganzen an Rohmaterial für mehr als 5 Millionen Mark verarbeiten. Nach den einzelnen Arbeitszweigen verteilt sich die Gesamtproduktion auf circa 180 Fabrikanten. Der weitaus größte Teil, mehr als zwei Drittel, beschäftigen sich mit der Herstellung von Bijouterie- und Juwelierarbeiten, der Rest mit der Fabrikation von Ketten, Uhrketten, Halsketten u. s. w., einige befassen sich ausschließlich mit der Erzeugung von Silberwaren, und zwar sowohl von großen, umfangreichen Arbeiten nach der Art von Christoffle und Elkington als auch von kleinen Bijouteriegegenständen; von den letzteren ist die Spezialität „oxydiertes Silber" geradezu zu einem Massenartikel geworden. All diesen Hauptwerkstätten sind eine Anzahl Hilfswerkstätten in die Hände arbeitend: Etuisarbeiter, Graveure, Emailleure, Stein- und Kameenschneider, Wappen- und Siegelstecher, Steinschleifer, neuerdings auch eine Brillantschleiferei, eine der wenigen in Deutschland.

Der Feingehalt des Goldes, welches hier verarbeitet wird, schwankt je nach dem Absatzgebiete, für welches die Waren bestimmt sind, da in manchen Ländern Goldwaren unter einem gewissen Gehalte (z. B. 14 Karat) gesetzlich verboten sind. Aus diesem edlen Rohstoffe werden allerhand verschiedenartige Artikel hergestellt, in einer endlos wachsenden

Verschiedenheit der Form oder Ausstattung, von dem einfachen Goldreif, mit dem der schlichte Arbeiter sich seiner Auserwählten verbindet, bis zu den kostbarsten Diademen, bestimmt, in fürstlichen Räumen zu prunken, Armbänder, Halsbänder, Ketten, Dosen, Orden, Anhenkel, Schnallen, daneben aber auch Prunkgeräte größeren Formates, Vasen, Pokale, Tafelaufsätze u. s. w. in immer wechselnden Formen.

Fig. 645. Schmuckkästchen (oxydiertes Silber) aus Schwäbisch-Gmünd.

Für die künstlerische Ausbildung der Arbeiter im allgemeinen und der Zeichner im besonderen besteht seit 1772 eine eigne Akademie; es werden infolge davon in Hanau auch ganz besonders die feinen Bijouterien hergestellt; Maschinen sind in der Hauptsache nur bei der Fabrikation von Ringen und Ketten thätig; dagegen wird für gewisse Zwecke die Galvanoplastik zur Mitwirkung gezogen, überhaupt beschränkt sich das Arbeitsgebiet keineswegs nur auf ganz feine Gegenstände, es werden auch Massenartikel aus oxydiertem Silber, aus Kupfer, welches bronziert, versilbert oder vergoldet wird, sogar aus Eisenguß hergestellt, namentlich Montierungen für Gegenstände aus Marmor, Glas u. s. w. Das Absatzgebiet erstreckt sich fast über die ganze Erde — ein großer Teil der Hanauer Waren bleibt in Deutschland, man rechnet ein Drittel; ein andres Drittel wird von dem europäischen Auslande konsumiert, der Rest geht nach überseeischen Plätzen und es sind besonders die südamerikanischen Länder gute Kunden.

Fig. 646. Ciborium (byzantinisch) von Vogenos in Aachen.

Neben Hanau, und dasselbe sogar in bezug auf das Quantitative seiner Produktion übertreffend, nimmt Pforzheim einen hohen Rang in der Bijouteriefabrikation ein; der Wert der hier verarbeiteten Edelmetalle übersteigt die Summe von 20 Millionen Mark, der der fertigen Erzeugnisse ist noch um 25 Prozent höher. In der Stadt Pforzheim und in den nahegelegenen Ortschaften wohnen die Arbeiter, welche die Zahl von 8000 erreichen und der Mehrzahl nach in größeren Goldwarenfabriken, deren man gegen 280 zählt, beschäftigt sind. Neben diesen oft sehr bedeutenden Etablissements bestehen gegen 150 kleinere Bijouteriegeschäfte, welche nur 1—4 Arbeiter halten, und die entsprechende Anzahl Hilfsgeschäfte, deren spezielle Arbeitsthätigkeit wie in Hanau in der Herstellung der Etuis oder in der Pflege ganz spezieller Arbeitszweige, Emaillieren, Gravieren, Guillochieren ꝛc., beruht. Schwäbisch-Gmünd, welches mit etwa 2000 Arbeitern außer echten Schmucksachen auch viele Bijouterien aus weniger edlen Metallen fabriziert, ist besonders durch seine Prägearbeit und die auf galvanoplastischem Wege hergestellten Artikel bekannt. Geschmackvolle Entwürfe und künstlerische Ausführung, vielfach auch von alten guten Mustern, haben in den letzten Jahren der hiesigen Bijouteriefabrikation einen hohen Aufschwung gegeben.

Technisches. Es erübrigt uns aber noch, einiges über die technischen Hilfsmittel und das Verfahren jener Künste zu sagen, die in treuester Gesellschaft den Menschen von seiner frühsten Entwickelungsstufe begleitet haben, um sein Leben zu verschönern und seinen Geist zu veredeln. Wir werden uns darin um so kürzer fassen können, als uns die früheren Bände des „Buches der Erfindungen" bereits schon Gelegenheit gegeben haben, die entsprechenden Zweige der Metallbearbeitung, der Emaillierung, Edelsteinschleiferei und dergleichen zu besprechen und es sich für uns jetzt also lediglich darum handelt, die schon erörterten Grundzüge auf den speziellen Fall anzuwenden.

Die Verarbeitung des Goldes und Silbers in massivem Zustande ist am einfachsten, da dieselbe sich nur der gewöhnlichen Hilfsmittel, wie Gießen, Biegen, Strecken, Hämmern, Feilen, Löten, Ziselieren u. s. w. bedient und unser Künstler seine Materialien nicht anders behandelt, wie für größere Werke, bei denen der Guß die Unterlage bildet, die Bronze behandelt wird, oder wie für kleinere Gegenstände etwa der Klempner oder Gürtler das weniger kostbare Neusilber oder Messing bearbeitet, nur des höheren Wertes wegen mit mehr Sorgfalt und Kunstaufwand. In den ersten Zeiten der Kunstentwickelung werden auf diese Art, besonders durch Gießen und durch Verarbeiten massiver Stangen und Platten, fast ausschließlich die Schmucksachen aus edlen Metallen hergestellt. Ja bei manchen Völkern ist die schon erwähnte Filigranarbeit, die lediglich auf die Geschicklichkeit der Hand angewiesen ist, in ganz vorwiegender Anwendung. Dieselbe verarbeitet das Gold und Silber in Form von Drähten und kleinen Körnern (filo, der Faden, grana, das Korn, daher der Name). Die Kunst des Filigrans blüht außer in Italien, wo sie in Ansehung alter etruskischer Muster sich erhalten hat, namentlich in Rußland, Schweden und Norwegen, der Türkei, Ägypten, Ostindien u. s. w., wo im übrigen sehr wenig gebildete Arbeiter darin Überraschendes leisten. In Italien ist Genua, in Nordeuropa Skandinavien seiner Filigranarbeiten wegen berühmt.

Fig. 647. Bijouteriearbeiter mit der Rennspindel.

Bei weitem mehr technische Hilfsmittel als die Bearbeitung des massiven Goldes verlangt die Herstellung hohler Schmucksachen, welche die edlen Metalle in Gestalt dünner Plättchen verarbeitet, denselben durch Pressen in Matrizen, durch Stanzen, durch Treiben oder aus freier Hand durch Bearbeiten mit dem Hammer über dem Dorn die äußere Form gibt. Diese Art der Bearbeitung ist namentlich für solche Gegenstände in Ausführung, welche wie Hohlgefäße, Ehrenschilde u. dergl. durch Gießen nicht hergestellt werden können.

Unter den mechanischen Bearbeitungsarten der Edelmetalle und vornehmlich des Silbers steht das Treiben oder die Treibarbeit, was künstlerischen Charakter anlangt, in erster Reihe. Es ist dies eine alte Technik, welche in der großen Dehnbarkeit des Silbers ihre natürliche Vorbedingung hat. Das Metall wird in Gestalt von Blechen verarbeitet, aus denen der Gegenstand in seiner rohen Form zuerst ausgeführt wird, die feinere Ausbildung, die Verzierung und schließliche Vollendung erlangt er eben durch Treiben und Ziselieren. Je nach der Gestalt des darzustellenden Kunstwerks, verlangt dessen endliche Herstellung verschiedene Arbeitsverfahren, und man unterschied schon zu Benvenuto Cellinis Zeiten bei der Treibarbeit die sogenannte Minuteria von der Grosseria. Die erstere, als die einfachere Methode besteht darin, daß über ein Modell von Bronze das feine Gold- oder Silberblech gebreitet und durch Pressen, Drücken, Reiben und unter Zuhilfenahme verschiedener Werkzeuge, namentlich verschiedener Sorten von Hämmern so gestaltet wird, daß es ein getreues Abbild jener Form dauernd wiedergibt. Daß die Feinheiten des Modells trotz der Dicke des über dasselbe gebreiteten Blechs in diesem letzteren nicht verloren gehen, ist Sache des Künstlers, der zur Erreichung dieses Effekts in freier Weise auch den Grabstichel behufs des Ziselierens in Anwendung bringen muß. — Die Grosseria arbeitet nicht über einem fertigen Modell, sie bringt vielmehr die Reliefs durch freies Hämmern des Blechs über einem Dorn oder amboßartigen Gegenstück hervor und wird hauptsächlich zur Ausbildung bauchiger Hohlgefäße mit engem Halse angewandt, bei denen die Einbringung eines Modells nicht statthaft sein würde. Dies im Rohen vorgearbeitete Gefäß, welches in den Konturen jedoch ganz genau geformt worden ist, wird im Innern mit schwarzem Pech, an manchen Orten auch mit Bleilegierung ausgegossen, wodurch es gewissermaßen zu einer nachgiebigen Masse wird, die sich mit Hammer und spitzen Eisen bearbeiten läßt, ohne dabei ihre allgemeine Gestalt zu verlieren. Auf die metallene Außenseite des Gefäßes wird sodann das Ornament aufgezeichnet und in seinen Umrissen mit der Punze eingeschlagen, auch in denjenigen Partien, die sich durch eine derartige Behandlung ausführen lassen, soweit als möglich vorgearbeitet. Alles andre aber, und darunter gehört namentlich das Modellieren der hervorspringenden Partien, wird erst durch Gegenhämmern von innen und außen hergestellt, zu welchem Behufe vorher natürlich die Füllmasse aus dem Innern vollständig wieder herausgeschmolzen werden muß. Das Hauptwerkzeug sind die italienisch caccianfuori genannten Treibgeräte, welche zwei stählerne Hörner haben, von denen das eine im Innern an die betreffende Stelle gesetzt und durch vorsichtige Hammerschläge auf das andre gegen die Wand des Gefäßes getrieben wird. Dieses Verfahren läßt selbstverständlich dem Künstler viel größere Freiheit, und gelungene Grosseriaarbeiten haben demnach auch einen viel höheren Kunstwert als die über dem Modell getriebenen. Eine sehr einfache, aber hübsche Effekte gebende Treibarbeit ist das Martelé, das fliegenartige Aushämmern der Oberfläche, worin namentlich die ostasiatischen Silberschmiede eine große Fertigkeit besitzen.

Fig. 648. Kartenkästchen aus Filigran von Forte in Mailand.

Selbstverständlich wird der Künstler bei Werken, welche durch ihren Reichtum und ihre Formvollendung Eindruck zu machen bestimmt sind, in den seltensten Fällen sich damit begnügen können, keine weiteren Methoden heranzuziehen, um seine Absichten in der erfolgreichsten Weise zu verwirklichen. Vielmehr werden verschiedene Metalle, Gold und Silber, wohl auch Stahl und Bronzen miteinander in Verbindung gesetzt werden, um durch Abwechselung der Farbe eine angenehme Wirkung zu machen. Die Japanesen wissen verschiedentlich gefärbte Metalle oder Legierungen durch Ineinanderkneten, Zusammenschweißen und nachheriges Durchschneiden, um die verschiedenartigen Lagen vor das Auge zu führen, zu sehr gefälliger Wirkung zu bringen (Laminieren). Oberflächliches Färben und Ätzen, stellenweises Polieren und Mattieren vermehrt noch diese Effekte, und schließlich gestattet die Anbringung von Zeichnung durch eingelegte oder aufgelegte Arbeit (Tauschieren und Damaszieren), Einsetzen von Edelsteinen, Emaillieren u. s. w., die Gesamtwirkung abzurunden und dem künstlerischen Gedanken die vollendete Ausführung zu geben.

Ganz besonders wichtig ist das Fassen der Edelsteine, Perlen u. s. w. Wie es schon beim Schleifen dieser kostbaren Materialien darauf ankommt, möglichst wenig von der Masse zu opfern und doch die beste Licht= und Farbenwirkung zu erzielen, so hat der Juwelier hauptsächlich auch sein Augenmerk darauf zu richten, den Stein in seiner vollen Größe heraustreten zu lassen und doch auch auf der andern Seite ihn so zu befestigen, daß er aus seinem Sitz nicht herausfallen kann. Steine, die durch ihre Farbe hauptsächlich wirken, werden dabei wieder anders zu behandeln sein als solche, bei denen namentlich die lichtbrechende Kraft, wie beim Diamant, zur Geltung kommen soll, und während die ersteren wohl gar auf eine mit der Farbe des Steines übereinstimmende lebhafte Unterlage (Folie) gesetzt werden, sucht man die andern so frei wie möglich zu halten. Steine in Brillantschnitt, oder en cabochon, werden daher à jour gefaßt, so daß die untere Seite nicht in das umfassende Metall eingebettet ist, sondern der

Fig. 649. Altägyptisches Armband, emailliert.

Stein nur am Rande getragen wird. Perlen, Korallen und tief gefärbte Steine, auch flache Diamanten, Rosetten und Tafelsteine sitzen dagegen auf. Um einem Stein zur besten Wirkung zu verhelfen, ist aber auch Form und Farbe der Fassung zu berücksichtigen; man emailliert daher die umgebenden Partien, oder färbt sie, ja den edelsten Stein, den Diamant, faßt man sogar sehr häufig in Silber, weil neben seinem reichen Farbenspiele die Farbe des Goldes nicht immer angenehm wirkt.

Auf den letzten Weltausstellungen waren Paradiesvögel und Kolibris ausgestellt, welche aus nichts weiter als aus lauter einzelnen eng nebeneinander stehenden kleinen Diamanten, Rubinen, Smaragden u. s. w. bestanden, zum Kopfschmuck bestimmt; Blumen, von fast nur staubkorngroßen Edelsteinen gebildet, so zart, daß das Auge über den Stoff sich täuschte, und wenn man auf einem einzigen solcher Blumenblätter Tausende kleiner Diamantenstäubchen gewahrte, so konnte man daneben Kolliers und Diademe erblicken, welche aus vielleicht nicht mehr als 20 Steinen bestanden und doch Hunderttausende darstellten.

Emaillierung. Wenn aber die Fassung der Edelsteine ein sehr wichtiger Zweig der Bijouterie ist, so ist sie doch in sich selbst nicht Zweck, sondern sie hilft nur dem Steine denselben erreichen. Anders ist es mit der Emaillierung oder Beschmelzung; sie wirkt nicht durch die Kostbarkeit des Materials, sondern allein durch die ihren Werken innewohnende Idee und deren vollendete Ausführung. Die Emaillierung stellt die höchsten Ansprüche an Bildung,

Fig. 650. Byzantinisches Reliquiarium in émail cloisonné.

Geschmack und Kunstfertigkeit, und deswegen sei es erlaubt, einige Bemerkungen über diese, einen Zweig der Malerei bildende Kunst hier noch anzufügen.

Wir wissen, daß der Email oder Schmelz der Hauptsache nach in einem undurchsichtigen Glase besteht, welches mittels Metalloxyden gefärbt und auf der Oberfläche des Gegenstandes eingeschmolzen wird; wir haben auch die Zusammensetzung derartiger Gläser und ihrer Farbstoffe bereits früher kennen gelernt. Es ist aber für den Künstler mit den chemischen Kenntnissen allein nicht abgethan. Von einem guten „Schmelz" (die Franzosen haben aus unserm Worte das ihrige gemacht) verlangt man, daß er sich völlig gleichmäßig durch den Fluß auf dem Metall ausbreite, die vorgezeichnete Fläche nicht überfließe, eine reine, glänzende Oberfläche von ganz gleichmäßiger satter Farbe zeige, fest und dauerhaft denjenigen Einflüssen gegenüber sich verhalte, denen er ausgesetzt sein kann, und wenn diesen Anforderungen schon bei einem einfarbigen Schmelz nicht leicht nachzukommen ist, so erschwert sich die Aufgabe noch ganz wesentlich da, wo es sich darum handelt, vielfarbige Zeichnungen und Gemälde durch Emaillierung hervorzubringen. Die zur Färbung verwendbaren Metalloxyde nämlich geben der Glasmasse oft einen ganz andern Schmelzpunkt, so daß sie nicht zugleich miteinander eingeschmolzen werden können. Denn das mittels eines ätherischen Öles aufgetragene Schmelzpulver darf dabei nicht in völlig dünnen Fluß geraten, sondern nur so weit sich erweichen, daß es, nachdem sich das Öl verflüchtigt hat, wie langsam erhitztes Harz, ohne zu fließen, zu einer tropfenähnlichen Masse verschmilzt, welche eine spiegelnde Oberfläche annimmt. Dieser Hitzegrad muß dem Künstler wohl bekannt sein und von ihm genau inne gehalten werden. Wenn er also Emaillen von verschiedenen Schmelzgraden miteinander zu vereinigen hat, so wird er zuerst das schwer schmelzbare aufbrennen, darauf das weniger schmelzbare auftragen und wieder Feuer geben und so fortfahren müssen, bis er mit dem am leichtesten in Fluß geratenden den Beschluß machen kann. Natürlich ist, daß diese Behandlung sich namentlich für die Hervorrufung der Übergangstöne der Farben schwierig macht. Nichtsdestoweniger verstehen es die Künstler, den unkundigen Beschauer über die unendlich mühsame Arbeit des Beschmelzens durch die Vollendung ihrer Werke oft so zu täuschen, daß derselbe kaum andre Hindernisse überwunden wähnt, als die Ölmalerei oder Porzellanmalerei auch bieten.

Fig. 651. Emaillierter Henkelkrug aus Limoges.

Die Kunst des Emaillierens ist sehr alt. Selbst Völker, bei denen die Glasindustrie, mit der jene doch nahe verwandt ist, auf keine erhebliche Stufe sich erhoben hat, wie die Chinesen, leisten in der Schmelzmalerei Ausgezeichnetes. Die alten Ägypter sowie die Etrusker verstanden sie ebenfalls und aus der Zeit der Byzantiner sind uns wundervolle Werke überliefert worden. Die höchste künstlerische Ausbildung datiert aber erst aus dem 15. Jahrhundert, wo in Frankreich und Italien ausgezeichnete Künstler in diesem Fache thätig waren (Antonio del Pollajuolo, geboren in Florenz).

Im 16. Jahrhundert erreichte die Schmelzmalerei ihre Blüte in Limoges. Pierre Penicaud, Pierre Reymon, Jean Courtois, Jean Limosin und andre haben in zahlreichen Gefäßen und Geräten Kunstwerke geschaffen, die jetzt mit enormen Preisen von Kennern bezahlt werden. Von besonderer Vollendung aus dieser Periode sind die sogenannten Grisaillearbeiten, Malereien von Grau in Grau. Späterhin verlor diese Kunst an Ausdehnung, als in der Majolika ein Material namentlich für Gefäße vervollkommnet wurde, welches bei leichterer Behandlungsweise dem Künstler mehr Freiheit und eine raschere Verwirklichung seiner Ideen gestattete. Die Schmelzmalerei wurde mehr bei besonders kostbaren Werken der Goldschmiedekunst angewandt, wie wir deren schon weiter oben gelegentlich der Besprechung der Kleinkünstler (Dinglinger, Mengs u. s. w.) kennen gelernt haben.

Der Email wird nicht bloß zur Verzierung, sondern, wie schon erwähnt, als Kunstmittel zu selbständigen, eigentümlichen Kunstwerken angewandt und in solchen Fällen gewöhnlich auf Kupferplatten eingeschmolzen. Man kann drei Hauptgattungen von ihm unterscheiden, die sämtlich zu ihrer Grundlage eine in der Regel durch Zusatz von Zinn- und Bleioxyd leichter schmelzbar und undurchsichtig gemachte Glasmasse haben. Dieselbe wird, nachdem sie gut zusammengeschmolzen ist, durch Eingießen in kaltes Wasser und nachheriges

Emaillierung.

Zerstoßen in ein ganz feines Pulver verwandelt, das, wie gesagt, mit Öl angerührt und sodann auf die entweder gemusterte oder geraukte Metalloberfläche aufgetragen wird.

Die älteste aus dem Orient stammende Art der Beschmelzung läßt sich mit der alten Glasmosaik vergleichen. Sie setzt sich aus einfarbigen Stücken zusammen, welche einzeln voneinander durch metallene Scheidewände abgesetzt sind; die Fleischpartien der menschlichen Figuren sind häufig durch Metall ausgedrückt. Eine zweite Art, welche in Italien während der Renaissance zu schönster Ausbildung gelangte, besteht in der eigentlichen Bemalung von reliefartigen oder ganz figürlichen Darstellungen aus Gold, Silber oder Kupfer mit aufgeschmolzenen Farben. Die dritte Art endlich ist die vollständige Miniaturmalerei mit Schmelzfarben auf Gold, wie sie u. a. in Genf zur Verzierung der Uhrgehäuse geübt wird. Sie ist die vollkommenste, aber auch am schwierigsten auszuführen.

Die Metallränder, welche bei der ältesten Art des Emails auftreten, werden entweder als dünne Blechstreifen vorher auf der Malfläche befestigt, oder aber aus der Unterlage stehen gelassen, indem man dann in derselben für den Email kleine Vertiefungen einarbeitet. Danach unterscheiden sich diese Emaillen als cloisonnés und champs levés, in der deutschen Kunstsprache Zellenschmelz und Grubenschmelz genannt. Die letztere Methode wurde im Mittelalter dahin ausgebildet, daß man den Grund mit erhabenen Zeichnungen versah und dadurch die Wirkung der durchsichtigen Schmelzmasse erhöhte. In Frankreich, wohin diese Kunst von Italien kam, erhielt sie den Namen basse-taille. Der Zellenschmelz wird noch heutzutage in wundervoller Vollendung von Chinesen und Japanesen ausgeführt. Die von den ostasiatischen Künstlern angewandten Verfahren entziehen sich zum Teil noch der Nachahmung wegen der Mühseligkeit des Verfahrens, welches man indessen genau kennt und für kostbare Arbeiten auch anwendet, so bei Christoffle in Paris, Elkington in London und in mehreren Werkstätten in Berlin, wohin Ravené und Sußmann die Technik verpflanzt haben.

Fig. 652. Apparat zum Auftragen von Schmelzfarben.

Die zweite Gattung, welche hauptsächlich der Bijouterie dient, indem man die Fassungen der Edelsteine, Ringflächen, figürliche Darstellungen u. s. w. emailliert, hat in der sehr charakteristischen in Limoges blühenden Anwendung ganz wundervolle Erzeugnisse hervorgebracht, die kupfernen Gefäße nämlich, welche mit einer dunkelblauen Schmelzmasse überzogen wurden, auf welcher man mit mehr oder weniger durchsichtigen Schmelzfarben Gemälde ausführte. Die Schattierungen bewirkte der mehr oder weniger durchschimmernde Grund, Haare, Falten und dergleichen Einzelheiten wurden häufig mit Goldfarbe gehöht. In Italien (Benvenuto Cellini) nahm man edle Metalle, überzog sie mit weißem Grunde und malte mit meist undurchsichtigen Farben darauf. Solche Emaillen finden sich in allen Kunstkabinetten und werden von Sammlern mit hohen Preisen bezahlt. Die Zeit der Renaissance hat wundervolle Werke darin hervorgebracht, und die Arbeiten der Kleinkünstler, die wir weiter oben schon erwähnt haben, sind sehr gewöhnlich mit reicher und kunstvoller Emaillierung versehen. Die zur Miniaturmalerei notwendige, undurchsichtige Farbenskala hat in ihrer Vollständigkeit Tontin 1632 aufgestellt.

Nicht um betreffs ihres künstlerischen Wertes mit den eben erwähnten Schmelzarbeiten einen Vergleich herbeizuführen, sondern nur um zu zeigen, wie die moderne Fabrikation

Mittel und Wege findet, um die Wirkungen der Handmalerei auch auf dem Gebiete der Schmelzfarben durch mechanische Vorrichtungen nachzuahmen und in dem Tausendstel der Zeit auszuführen, geben wir in Fig. 652 die Abbildung eines Apparates, mit dessen Hilfe die Schmückung von Platten, Tellern ꝛc. mit Linien in Schmelzfarben besorgt wird. Die Art und Weise, wie dies geschieht, bedarf keiner weiteren Auseinandersetzung; natürlich kann eine derartige fabrikmäßige Herstellung auch nur Fabrikware liefern, von der man den Reiz der künstlerischen Ausführung nicht beanspruchen darf.

Eine dem Emaillieren in mancher Hinsicht zu vergleichende Art der Verzierung ist die schon seit langer Zeit bekannte Kunst des Niellierens. Sie besteht darin, daß in Silber gegrabene Zeichnungen mit einer schwarzen Masse (Nigellum) ausgefüllt und sodann geschliffen werden. Das Niello besteht aus einer Mischung von Silber, Kupfer oder Blei, welche mit Schwefel zusammengeschmolzen wird, so daß die Metalle in Schwefelmetalle übergeführt werden. Letztere sind von tiefschwarzer Farbe und lassen sich in gepulvertem Zustande in Silber einschmelzen, so daß die damit ausgefüllten Verzierungen sehr dauerhaft sind. Die besten Nielloarbeiten werden jetzt noch in Rußland gemacht, und namentlich ist Tula durch seine Dosen in dieser Kunstgattung berühmt.

Die größeren Werke der Gold- und Silberschmiedekunst können wir hier nicht besonders besprechen. Ihre Mittel und Methoden sind nicht andre, als welche die Metallbearbeitung und insbesondere die Bijouterie überhaupt benutzt, und wir könnten nur die künstlerische Idee und den solchen Werken innewohnenden hohen Wert als etwas Eigentümliches betrachten. Wo würden wir aber hingeraten, wenn wir von den zahlreichen Ehrengeschenken und Preisen, die häufig in solchen Kunstwerken bestehen, auch nur die künstlerisch bedeutendsten herausheben und beschreiben wollten. Nur ein Beispiel wollen wir im Bilde vorführen, einen Prachthumpen (s. Tonbild), der nach einem Entwurfe von Zacharias von der berühmten Firma Sy & Wagner in Berlin ausgeführt worden ist. Ebensowenig können wir heute unsre Aufgabe noch dahin ausdehnen, die fabrikmäßige Verarbeitung der Edelmetalle zu Gegenständen des täglichen Gebrauchs, zur Anfertigung von Tischgeräten u. dgl. betrachten zu wollen, wenn auch dieser Gegenstand sehr viel des Interessanten bieten würde. Wir müssen uns mit dem Gesagten begnügen und mit Freude auf den großen Fortschritt blicken, den auch dieser hochwichtige Industriezweig in den letzten Jahrzehnten auch bei uns genommen hat.

Fig. 653. Ziselierte Silberschale von Froment-Meurice in Paris.

Reichgeschmücktes Herrenzimmer.
Nach Entwurf vom Architekt G. Rehlender.

Zwischen der Wieg' und dem Sarg
wir schwanken und schweben
Auf dem großen Kanal
sorglos durchs Leben dahin.
Goethe.

Die Verarbeitung des Holzes.

Vorbereitung des Holzes, Trocknen, Imprägnieren ꝛc.
Verarbeitung im Altertum. Holzbearbeitungsmaschinen.
Sägewerke. Furnierschneidemaschinen. Maschinen zum
Hobeln, Zapfenfräsen, Drehmaschinen. Universalholz=
bearbeitungsmaschinen. Faßdaubenmaschine. — Holz=
schnitzerei. Möbeltischlerei. Entwickelung derselben bis
in die Neuzeit. Holzmosaik. Holzguß. Holzstoff.
Cellulose und Celluloid.

Eine sehr lange Vorzeit hat es ge=
geben, in welcher dem Menschen
das Reich der Metalle verschlossen
und er mit seinem Bedarfe an Geräten und
Werkzeugen auf die anderweiten natür=
lichen Hilfsquellen beschränkt war; fällt
ja doch das Bekanntwerden des wichtigsten
Metalles, des Eisens, fast schon in die
historische Zeit. Gleichsam wie aus mütter=
licher Vorsorge hat die Natur die einmal vorhandenen, nicht mehr nachwachsenden Metall=
vorräte, da sie für alle Zeiten ausreichen müssen, so verlarvt und versteckt, daß sie den
Urvölkern fast ganz verborgen bleiben mußten und selbst heute noch die Schwierigkeit ihrer
Gewinnung eine gewisse Stetigkeit des Verbrauchs gebietet.

Desto reichlicher, für sie unerschöpflich, wuchs dagegen den früheren Erdenkindern das Holz zu, der Artikel, an dem schon unsre heutigen Kulturstaaten immer empfindlicher Mangel leiden. In den jungfräulichen Wäldern fanden die Menschen nicht nur schützenden Aufenthalt, sondern auch eine Rüstkammer, aus der sie ihre Werkzeuge und Geräte für Krieg und Frieden entnehmen konnten. Und nicht nur den Stoff liefert der freigebige Wald, sondern für die einfachsten Bedarfsstücke auch mehr oder weniger schon die Form. In den tausendgestaltigen Ast= und Wurzelgebilden des Urwaldes findet der hierfür geschärfte Blick reiche Auswahl vorgeformter Lanzen, Keulen, Bogen, Gabeln, Hacken u. s. w., die nur abgelöst und wenig nachgearbeitet zu werden brauchen.

Das heutige Kulturleben hat im Vergleich zu primitiven Zuständen wohl unsre Mittel, zugleich aber auch unsre Bedürfnisse vertausendfacht. Manches sonst Hölzerne in Bauwerken, Maschinen und Geräten bilden wir jetzt und immer mehr aus Eisen, ohne deshalb das Bedürfnis des Holzes im mindesten zu verringern. Wir suchen sogar einen großen Teil unsrer Nutzhölzer in weiter Ferne auf, und der überseeische Holzbezug ist zu einem erheblichen Handelszweige geworden; selbst auf künstlichem Wege bilden wir Massen nach, welche das Holz zu ersetzen bestimmt sind, und die Befürchtung, unsern Verbrauch mit der jährlichen Holzproduktion unsres Bodens nicht in dem richtigen Einklange zu sehen, hat die Gemüter der Volkswirte schon in sehr beunruhigender Weise erregt.

Was sich über die Gewinnung und die Rohbearbeitung des Holzes sagen läßt, ebenso was sich auf die physikalische und chemische Natur dieses Rohstoffs bezieht, das ist bereits im III. Bande dieses Werkes zur Erledigung gekommen, und wir können deshalb, indem wir unsre Leser auf jene Stellen verweisen, uns gleich dem eigentlichen Gegenstande zuwenden, der uns hier beschäftigen soll.

Vorbereitung des Holzes, Trocknen, Tränken u. s. w. Der Baum besteht, wie jeder Organismus, aus flüssigen und festen Stoffen; wegen der letzteren müssen wir auch die ersteren mit in den Kauf nehmen, obgleich sie in technischer Hinsicht vom Übel sind. Denn während die Hauptmasse des Holzes, der Faserstoff, an und für sich für gewöhnliche Einwirkungen eine ganz bedeutende Widerstandskraft besitzt, sind es vorzüglich die Saftbestandteile, welche die Vergänglichkeit des Holzes, das Reißen, Schwinden und Werfen desselben, den Wurmfraß, das Modern und Faulen verursachen. Der Saft des Holzes besteht der Hauptsache nach aus Wasser, in welchem sich verschiedene organische Stoffe, wie Zucker, Gummi, Pflanzeneiweiß, Säuren, Salze u. s. w., in Auflösung befinden. Aus dem grünen Holze ausgepreßt oder ausgelaugt, geht der Saft rasch in Gärung über; erfolgt diese Gärung im Holze selbst, so wird die Holzfaser angegriffen und endlich in eine mürbe Masse verwandelt.

Die erste Sorge, die der gefällte Stamm erheischt, ist daher das Austrocknen an der Luft, wobei indes nur der Wassergehalt sich mindert, während die zurückbleibenden gärungsfähigen Substanzen, wenn zum trockenen Holz wieder Feuchtigkeit tritt, gleich ihre chemische Thätigkeit wieder aufnehmen. Der Wassergehalt des grünen Holzes ist bedeutend und beträgt bei Pappeln und Weiden bis zu 60 Prozent des Gesamtgewichts, bei härteren Hölzern etwa zwischen 30 und 40 Prozent. In freier Luft unter Schutzdach entweicht je nach der Stärke der Hölzer in $1/2$—1 Jahr etwa die Hälfte dieser Feuchtigkeit; daher erfordert Holz für Tischler, Pianofortebauer u. s. w. ein mehrjähriges Austrocknen. Aber selbst das lufttrockenste Holz hat noch immer 10 Prozent Wasser, das nur mittels künstlicher Hitze, durch Einbringen in Backöfen oder besondere Trockenöfen oder durch Lagern in den geheizten Werkstätten entfernt werden kann. Dieses Heißtrocknen ist jedoch nur bei bereits lufttrockenem Holze statthaft. Heißgetrocknetes Holz hat zum großen Teil die Eigenschaft, wieder Feuchtigkeit anzuziehen, verloren, da die Hitze die Saftbestandteile umgeändert, namentlich den Eiweißstoff gehärtet hat.

Beim Austrocknen verkleinert sich die Holzmasse (schwindet), und wenn dasselbe zu rasch erfolgt, können Risse entstehen. Dies geschieht leicht bei entrindeten Stämmen, während die Rinde wiederum das Trocknen zu sehr verlangsamt. Man pflegt daher den Mittelweg einzuschlagen, daß man die Rinde nur stellenweise, etwa in Ringeln oder in einer Spirale, abnimmt. Ungleichmäßiges Austrocknen oder einseitiges Wiedereinbringen von Feuchtigkeit in trockenes Holz verursacht das Krummziehen (Werfen) desselben. Kleine

Holzkörper trocknen natürlich rascher aus als größere; daher pflegen Tischler, Drechsler ꝛc. ihre Arbeitsstücke von lufttrockenem Holz aus dem Gröbsten vorzuformen und sie noch einige Monate nachtrocknen zu lassen (das sogenannte Pflegen des Holzes).

Außer dieser gewöhnlichsten Behandlungsart gibt es aber noch ein ganzes Arsenal von Mitteln zur Zubereitung und Aufbewahrung des Holzes, welche entweder den gewöhnlichen Trockenprozeß nur beschleunigen sollen, oder die gänzliche Entfernung der Saftbestandteile aus dem Holze, oder statt dessen die chemische Veränderung und Unschädlichmachung derselben beabsichtigen. In ersterer Hinsicht hat man mit Erfolg die Luftpumpe mit der geschlossenen heißen Trockenkammer in Verbindung gesetzt; es läßt sich denken, daß Wärme und Luftverdünnung zugleich dem Holze energisch das Wasser entziehen. Eine andre neue Methode besteht in der Behandlung des Holzes mit überhitztem Dampf. Auf 120° R. erhitzter Dampf ist ein kräftiger Wasserentzieher; einige Grad heißer kann er das Holz in Kohle verwandeln.

Das Ausziehen der Holzsäfte auf nassem Wege (Auslaugen) ist unstreitig ein gründlicher wirkendes Mittel als das bloße Austreiben des Wassers. Die Praxis, das Auslaugen der Stämme von fließendem Wasser besorgen zu lassen, wird schon lange geübt; in gleicher Absicht setzt man grüne Bretter vor dem Trocknen gern dem Regen aus. Die Auslaugung durch kaltes Wasser erfolgt indes so langsam, daß man die Stämme zwei, auch drei Sommer lang im Flusse lassen muß. Durch Auskochen des Holzes im Wasser läßt sich derselbe Erfolg in einigen Stunden erreichen; am einfachsten jedoch gelangt man zum Ziele durch Anwendung von Dampf. Läßt man in einer geschlossenen Kammer gesättigten Dampf zu dem Holze strömen, so werden dessen Poren geöffnet, die Saftbestandteile bis ins Innerste gelöst und von dem sich bildenden heißen Wasser fortgeführt; es sammelt sich am Boden des Kastens eine stark gefärbte Brühe, je nach den Holzarten von Blaßgelb bis Schwarz, und der Prozeß ist beendet, wenn nach ungefähr 50 Stunden das abgezapfte Wasser farblos erscheint. Derartig behandelte Hölzer werden dann an der Luft oder in Trockenkammern in kurzer Zeit so trocken, als ohne das Dämpfen erst nach Jahren zu erreichen wäre. Sie sind am wenigsten geneigt, Feuchtigkeit anzuziehen und sich zu werfen, und eignen sich zu Bau- und Arbeitsholz besser als einfach getrocknete. Alle Holzarten nehmen jedoch bei dieser Behandlung einen dunkleren Farbenton an. Hierbei sei zugleich bemerkt, daß das Holz nach dieser Behandlung, während es noch warm und naß ist, sich fast in jede Form willig biegen läßt. Sorgt man dafür, daß es in der gegebenen Form gespannt erhalten bleibt, bis es trocken geworden, so ist die Gestaltung eine bleibende. Es läßt sich denken, daß man diese Eigenschaft des gedämpften Holzes an passender Stelle, namentlich zu Herstellung gebogener Möbelstücke, wohl verwertet, und die aus Wien massenhaft in den Handel gekommenen Möbel aus gebogenem Holze beweisen durch die gute Aufnahme, welche sie gefunden, ihre vortrefflichen Eigenschaften zur Genüge.

Gewisse Holzkörper, namentlich Eisenbahnschwellen und Telegraphenstangen, tränkt man mit allerlei chemischen Stoffen, wie Lösungen von Eisen- und Kupfervitriol, Chlorzink, Sublimat, Kreosot u. s. w., und erreicht so mehr oder weniger den Zweck, das Faulen dieser Stücke in der Erde hinauszuschieben. Für Bau- und Arbeitsholz können solche Behandlungen, die das Wesen des Holzes wie auch meist dessen Farbe bedeutend beeinflussen müssen, gar nicht in Betracht kommen.

Die Verarbeitung des Holzes wird lange nicht durch die zahlreichen Hilfsmittel begünstigt, welche dem Metallarbeiter zu statten kommen. Das Holz läßt sich weder schmelzen noch schmieden und gewährt dafür nur einen kleinen Ersatz durch seine Spaltbarkeit. Die Formgebung bei ihm beschränkt sich sonach fast ausschließlich auf Zerteilung und Abarbeitung mittels scharfer Werkzeuge. Die eben erwähnte Biegbarkeit bei Hitze und Nässe bildet eine kleine Ausnahme, und es läßt sich so erweichtem Holze allenfalls auch durch Pressen, ähnlich dem Horn, eine leichtere Formveränderung erteilen. Im übrigen bilden Axt, Beil und Säge, Hobel und Bohrer, Messer und Meißel nebst den übrigen Werkzeugen, die wir vom Zimmermann und Tischler, Böttcher u. s. w. von Jugend auf haben handhaben sehen, die gewöhnlichsten Mittel zur Gestaltung des Holzes. Viele dieser einfachen Werkzeuge sind in neuerer Zeit, indem man ihnen Selbstthätigkeit gab, zu Werkzeugmaschinen erhoben worden. Im allgemeinen ist aber die Maschinenhilfe bei der

Holzbearbeitung, wenigstens soweit sie die eigentliche Handarbeit zu ersetzen bestimmt ist, noch nicht in dem Maße verbreitet wie bei Verarbeitung der Metalle. Die Ägypter sind als das älteste Volk bekannt, bei welchem das Handwerkszeug zur Holzbearbeitung einen höheren Grad der Ausbildung erfahren hatte. Aus den hieroglyphischen Darstellungen an Mumiensärgen ergibt sich eine bedeutende Kunstfertigkeit in der Holzschnitzerei. Der Spitz-, Rund- und Flachmeißel werden als ägyptische Erfindungen bezeichnet; Axt und Beil sind wahrscheinlich schon viel früher bekannt gewesen als Säge, Bohrer und Schnitzmesser sowie Winkel und Setzwage. Nachdem die Ägypter mit Asien Handelsbeziehungen angeknüpft hatten, macht sich eine gefälligere Form in ihren geschnitzten Gefäßen und die Anwendung edlerer Holzarten, so besonders des Ebenholzes, bemerklich.

Aus den alten Schriften wird es kund, daß man schon sehr frühzeitig eine gute Auswahl unter den verschiedenen zur Verarbeitung tauglichen Holzarten zu treffen wußte, und die edleren Sorten, wie Eben-, Cypressen-, Zedern-, Ölbaum-, Rosen- und Sandelholz zu Tempelbauten sowohl wie zu Bildschnitzereien bevorzugte. In Babylon, Ekbatana, Jerusalem verwandte man in den Tempeln schon Zedern-, Cypressen- und Olivenholz. Plinius (liber XVI) führt als hervorragendes Beispiel für die Verwendung solcher edlen Holzarten den Tempel der Diana von Ephesus auf, an welchem ganz Vorderasien baute und ihn doch erst in 400 Jahren vollendete. Das Dach bestand aus Zedernholz, die Thüren dagegen waren von Cypressenholz gefertigt, das vorher vier Jahre lang in zähen Leim eingelegt worden war, um ihm die möglichste Dauerhaftigkeit zu geben. Diese Thüren erhielten sich dann aber auch 400 Jahre lang, d. h. bis der Brand das herrliche Bauwerk zerstörte, in ihrem ursprünglichen Glanze, und in andern Fällen soll solches Holz sich über 1000 Jahre lang vollständig unversehrt erhalten haben. Auch über die natürliche Beschaffenheit der Hölzer und ihren relativen Wert für bauliche und künstlerische Werke, sowie über die geeignetste Zeit des Baumfällens finden sich — freilich mitunter etwas sonderbar lautende — Bemerkungen bei Plinius, Vitruv und andern alten Schriftstellern. — Welch hohen Wert man im Altertum den edlen Holzarten beimaß, dafür kann wohl auch die Thatsache als Beweis dienen, daß der Perserfürst Darius als Tribut von den Äthiopiern sich unter andern kostbaren Naturprodukten ihres reichen Landes auch Ebenholz ausbedungen hatte.

Die neuerdings sehr vervollkommneten Maschinen für Holzbearbeitung sind den Maschinen für Metallbearbeitung zum Teil nachgebildet, obschon die eigentümliche Natur des Holzes es mit sich brachte, daß häufig die Bauprinzipien auch bedeutend abgeändert werden mußten. So vermag man nicht nur mit Maschinenhilfe das Holz zu sägen, zu spalten, zu drechseln, zu bohren und zu fräsen, sondern auch durch Walzen und Pressen zu prägen, mit glühenden Werkzeugen und Modeln beliebige Muster und Ornamente vertieft und erhaben auf Holzflächen herzustellen, Holzstücke in heißem Zustande in beliebige Biegungen zu bringen, ja selbst hölzerne Verzierungsstücke durch Gießen in Formen zu erzeugen, indem man eine ganz oder doch teilweise aus Holzmehl bestehende, teigartig zubereitete Masse in Formen drückt und darin erhärten läßt.

Holzsägemaschinen. Die gegenwärtig zum Zerteilen des Holzes benutzten Sägemaschinen zerfallen in drei Hauptklassen: in Gattersägen, Kreissägen und Bandsägen. Die erste Klasse wurde am frühsten benutzt, ihre Bauart ist jedoch in der Neuzeit noch wesentlich verbessert worden. Es bestehen die Gattersägen im wesentlichen aus einem senkrecht oder wagerecht hin und her bewegten Rahmen oder Gatter, worin die Sägeblätter eingespannt sind und gegen welches das zu schneidende Holz geführt wird.

Die ersten durch Wasser- oder Windkraft betriebenen Gatter- oder Mühlensägen sollen schon im 16. Jahrhundert in Norwegen und Holstein zur Benutzung gekommen sein; sicher ist, das 1596 eine durch Wasserkraft betriebene Sägemühle zu Saardam in Holland existierte. In England wurden die Sägemühlen nicht vor dem 17. Jahrhundert, und zwar unter harter Bekämpfung seitens der davon sich nachteilig berührt wähnenden Arbeiterbevölkerung, eingeführt. Einige der zuerst erbauten Sägemühlen wurden sogar zerstört, und, um die Arbeiter zu beruhigen, wurde deren Betrieb selbst durch einen Parlamentsbeschluß verboten. Erst in der Mitte des vorigen Jahrhunderts wurde dieser Beschluß für ungültig angesehen und der Sägemühlenbetrieb gefördert.

Holzsägemaschinen. 331

Der General Bentham soll zuerst die Dampfkraft zum Betriebe der Sägemühlen in Anwendung gebracht und dieselben verbessert haben; ein ihm ausgestelltes, vom Jahre 1793 datiertes englisches Patent bezieht sich auf eine derartige Maschine. Bei allen älteren Gattersägen findet man durchgängig die Anordnung, daß das zu schneidende Holz auf einem langen, schmalen Wagen befestigt wird, welcher beim Schneiden auf einer Bahn den Sägen ruckweise entgegengeht, während die Sägen selbst eine rechtwinkelig gegen die Bewegung des Holzes gerichtete Bewegung haben. Diese Einrichtung findet sich sowohl bei den Sägemaschinen mit senkrechtem Gatter, die zum Schneiden von Balken und Bohlen dienen, als auch bei solchen mit wagerechtem Gatter, wie man sie zum Schneiden von Brettern und ganz dünnen Holzblättern (Furnieren) benutzt.

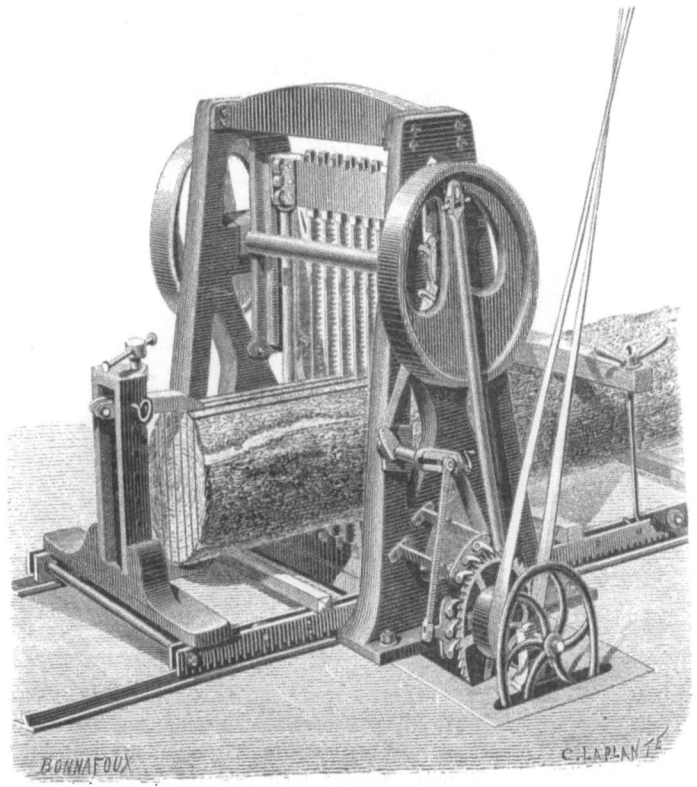

Fig. 655. Bundgattersäge.

Alle diese Einrichtungen haben aber den Übelstand, daß der Wagen leer zurückbewegt werden muß, wodurch Zeit und Kraft verloren geht. Man hat deshalb neuerdings den Wagen ganz beseitigt, indem man das Holz durch festgelagerte und durch ein Rädergetriebe in Umdrehung versetzte geriefte Walzen gegen die Sägen schieben läßt. Die Sägemaschinen mit Walzenvorschub eignen sich jedoch nicht für das Auflegen runder roher Stämme, sondern sie verlangen, daß die Stämme vorher mindestens zweiseitig abgeschwartet worden sind, damit sie glatt und mit breiter Fläche auf den Vorschubwalzen aufliegen, gegen welche sie durch oberhalb befindliche, mit Gewichtshebeln versehene Druckwalzen angepreßt werden. Hinsichtlich der Lage des Sägenblattes im Rahmen unterscheidet man Mittelgatter, bei welchen ein Sägenblatt in der Mitte des Rahmens angebracht ist, wie solche häufig noch in einfachen Sägemühlen auf dem Lande oder im Hochgebirge zu finden sind, ferner Bundgatter, welche eine größere Menge paralleler Sägenblätter ebenfalls in der Mitte des Rahmens enthalten, und endlich Saumgatter, welche ein seitlich vom Rahmenmittel angebrachtes Sägenblatt enthalten. Die letzteren dienen zum Beschneiden der Baumstämme zu viereckigen Balken, Besäumen genannt, weshalb sie den Namen Saumgatter führen. Fig. 655

42*

stellt eine sogenannte Bundgattersäge dar. Die Zwischenräume der Sägenblätter sind dabei genau nach der Brettstärke bemessen. Dieses Gatter bewegt sich in senkrechter Richtung in Führungen, die innerhalb eines starken gußeisernen Gestells angebracht sind. Oberhalb im Gestell ist eine Welle eingelagert, welche beiderseits außerhalb des Gestells ein Schwungrad trägt, das gleichzeitig als Riemscheibe für den Betrieb der Maschine dient. Seitlich an diesen Schwungrädern sind Kurbelzapfen für die Lenk- oder Bleuelstangen angebracht, welche unten am Gatter beiderseits angreifen und so die drehende Bewegung als auf- und abgehende auf das Gatter übertragen. Die Bewegung des Wagens, auf welchem der Stamm befestigt ist, erfolgt ruckweise mittels einer vom Gatter selbst in Bewegung gesetzten Schaltvorrichtung, die aus einer Hebelverbindung, einem Sperrrade und außerdem einem Zahnstangentriebwerk besteht. Die Zahnstangen befinden sich unterhalb des Wagens beiderseits in dessen ganzer Länge, und die in dieselben eingreifenden Getriebe (in der Abbildung nicht sichtbar) sind auf der Welle des Sperrrades befestigt. Bei jedem Aufgange des Gatters, wobei die Sägen leer gehen, wird durch die mit dem Hebelwerk verbundenen Sperrhaken das Sperrrad um eine kleine Drehung weiter bewegt, welche den Vorschub des Stammes gegen die Sägen bewirkt.

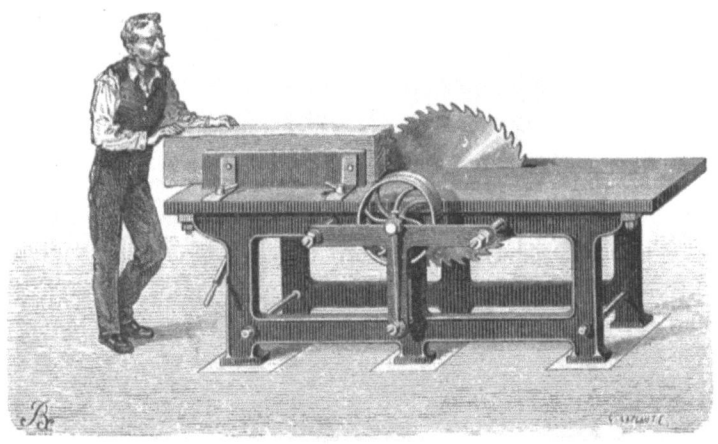

Fig. 656. Kreissäge.

Indem die Sägen nicht senkrecht im Gatter befestigt sind, sondern von oben nach unten gegen den Stammvorschub etwas zurückweichen, wird beim Aufgange der Sägen bezüglich des eben gemachten Anschnitts der nötige Raum für den Vorschub des Stammes gewonnen. Der seitlich in der Abbildung sichtbare Riemen läuft während des Schneidens auf einer lose auf der Sperrradwelle sitzenden Rolle und kommt erst zur Benutzung, wenn es sich nach vollendetem Durchschneiden des Stammes um den Rücklauf des Wagens handelt, wo man ihn dann auf eine zweite fest mit der Sperrradwelle verbundene Welle schiebt.

In Fig. 656 ist eine Kreissäge abgebildet. Diese Sägengattung zeichnet sich durch außerordentliche Leistungsfähigkeit aus, indem hier das scheibenförmige Blatt in eine stetige, sehr schnelle Drehbewegung versetzt wird und deshalb einen ununterbrochenen raschen Vorschub des zu schneidenden Holzes gestattet. Da jedoch derartige Sägenblätter nur in beschränktem Durchmesser auszuführen sind, wenn sie nicht sehr kostspielig und in ihrer Dauerhaftigkeit gefährdet werden sollen, so eignen sich die Kreissägen nur für das Zerschneiden dünnerer Hölzer; jedoch hat man auch ausnahmsweise solche Sägen für das Schneiden starker Stämme gebaut.

Da bei der Abnutzung der Kreissägen und dem stetigen Nachfeilen der Zähne die Durchmesser der Blätter, also auch die Schnitthöhe stets abnimmt, die Sägen also auch in ihrer Leistungsfähigkeit dadurch verringert werden und die verhältnismäßig noch großen Blätter schließlich als wertlos fortgeworfen werden müssen, da ferner bei dem Ausbrechen eines oder mehrerer Zähne oft ein sonst noch völlig gutes Blatt wertlos wird und durch ein neues ersetzt werden muß, so hat man Kreissägen mit eingesetzten Zähnen gebaut,

Furnierschneidemaschinen.

welche allen diesen Übelständen abhelfen. In Fig. 657 ist eine solche Säge dargestellt. Bei derselben ist der Zahn C ein kleiner prismatischer Stab, welcher sich gegen den Rücken D lehnt und durch das Klemmstück A und Keil B festgehalten wird.

Die Bauart der Bandsäge zeigt Fig. 658. Dieselbe besteht aus einem dünnen Stahlband, dessen eine Kante mit Zacken oder Zähnen versehen ist. Dasselbe ist mit den beiden freien Enden zusammengelötet und sodann über zwei vertikal übereinander an einem festen Gestell gelagerte glatte Scheiben gelegt, deren eine durch Riemenbetrieb in rasche Drehung versetzt ist. Die Säge läuft daher nach einer Richtung unaufhörlich herum. Dicht über dem zu zersägenden Holzblocke ist eine am Gestell befestigte Führung für das Sägeblatt angebracht, um ein Ausbiegen desselben sowie Festklemmen in der Schnittfuge möglichst zu verhindern. Auf den Umfang der Scheiben wird häufig Filz oder Leder aufgelegt, um eine größere Reibung der Sägenblätter zu erzeugen, dieselben daher leichter durch das zu sägende Holz durchziehen zu können.

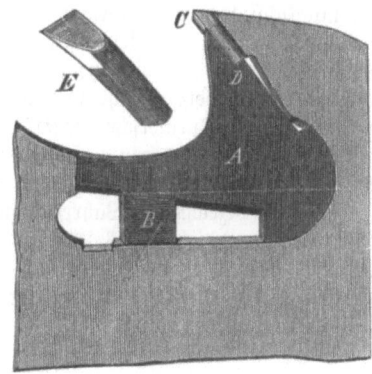

Fig. 657. Eingesetzte Zähne der Kreissäge.

Auch diese Sägen werden für gewöhnlich nur zum Zerschneiden dünnerer Hölzer benutzt, weil sie beim Zerschneiden starker Stücke leicht so viel Widerstand finden, daß sie auf den Scheiben gleiten und auch bei zu starker Reibung sich überhitzen können, so daß sie bald ihre nötige Härte verlieren. Ganz besonders eignen sich die Bandsägen zum Schneiden im Bogen, zum Rundsägen und zum Schneiden windschiefer Hölzer, namentlich Schiffsrippen u. s. w.

Fig. 658. Bandsäge.

Furnierschneidemaschinen. In der Möbeltischlerei werden seit lange die Möbel aus starkem billigen Holze hergestellt und dann mit ganz dünnen Blättchen eines politurfähigen, wertvollen Holzes belegt, um das Aussehen der Möbel zu verschönern. Man könnte dies Verfahren dem Vergolden oder Versilbern von Metallgegenständen mit Blattgold oder Blattsilber vergleichen. Die Herstellung dieser dünnen Blätter, der sogenannten Furniere, geschah früher meist mittels sogenannter Furniersägen. Die Arbeit derselben war einmal dadurch erschwert, daß die betreffenden Hölzer sehr hart und stark durchwachsen waren, sodann aber dadurch, daß sehr dünne Sägenblätter anzuwenden sind, um möglichst wenig Verlust an Sägespänen zu erhalten. Die Furniersägen müssen mit größter Sorgfalt und Genauigkeit hergestellt sein, damit ihr Gang ein ganz sanfter und gleichmäßiger ist. Da die sehr dünnen Sägenblätter, welche doch gut gehärtet sein müssen, um die harten Hölzer leicht zu durchsägen, sehr leicht zerspringen, hat man es neuerdings vorgezogen, die Furnierschneidemaschinen anstatt mit Sägen mit Messern oder Hobeleisen, welche sich über die ganze Holzbreite erstrecken und mit stetigem Schnitt die dünnen Blätter abschälen, zu versehen. So eingerichtete Maschinen werden als Furnierhobel= maschinen bezeichnet. Während man mit den besten Furniersägen aus einer 20 mm dicken Bohle 20, höchstens 25 Furniere erhält, deren Dicke nicht unter 0,5 mm beträgt, so daß dabei etwa die Hälfte durch die abfallenden Späne verloren geht, schneidet man daraus mit einer Maschine der zweiten Art ohne besondere Schwierigkeit 100, ja 150 Blätter, also von Papierstärke.

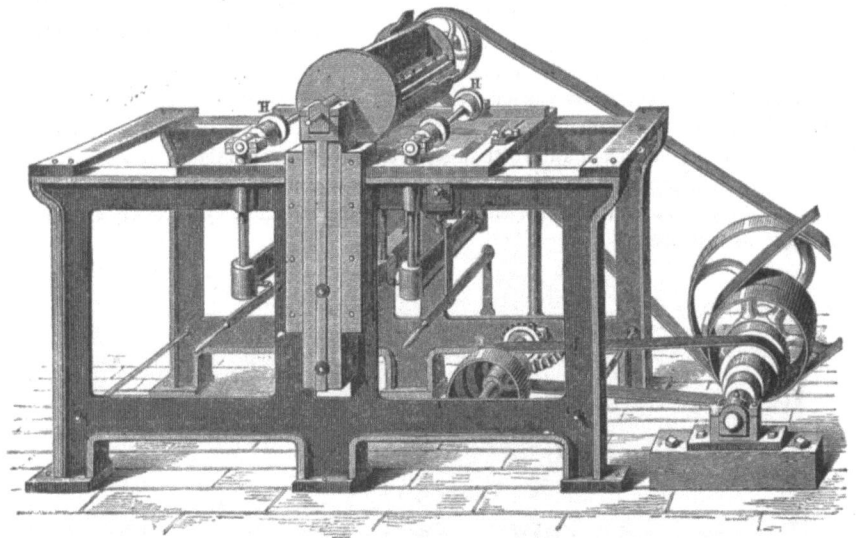

Fig. 659. Tangentialhobelmaschine.

Man hat auch die Furnierschneidemaschinen so gebaut, daß der cylindrisch zugerichtete Holzblock zentrisch auf einer sich langsam drehenden Achse befestigt und das Messer tangential so dagegen geführt wird, daß es einen spiralartigen Schnitt macht, wodurch Furniere von bedeutender Länge erhalten werden. Man unterscheidet demnach Plan= und Spiralfurnier= hobelmaschinen. Die Franzosen haben in deren Bau wohl die meisten Fortschritte ge= macht; insbesondere sind hier die Pariser Mechaniker Garand, Bernier und Abey zu nennen. Eine gute Planfurnierhobelmaschine kostet in Paris ungefähr 8000 Frank.

Holzhobelmaschinen. Von den Furnierhobelmaschinen werden wir von selbst auf die eigentlichen Holzhobelmaschinen geführt, bei denen nicht das Zerlegen der Masse, sondern die Herstellung ebener, glatter Flächen Arbeitszweck ist. Die ersten Holzhobel= maschinen wurden von den Engländern Hatton (1776) und dem schon erwähnten Bentham (1791) konstruiert, natürlich nur in sehr unvollkommener Weise. Eine verbesserte derartige Maschine baute Bramah im Jahre 1802 für das Arsenal in Woolwich zum Zurichten der Lafettenwände und ähnlichen Arbeiten. Dieselbe war mit einem großen liegenden, von Dampfkraft in Umdrehung versetzten Rade versehen, auf dessen Fläche 32 Hohlmeißel und zwei Hobeleisen angebracht waren und unter welchem das zu bearbeitende Holz sich langsam fortbewegte. Bald darauf wurden auch die ersten Gesims= oder Leistenhobelmaschinen erfunden. Seit dieser Zeit hat man sehr verschiedenartig angeordnete Holzhobelmaschinen gebaut, in denen die Messer entweder auf wagerecht oder senkrecht sich drehenden Scheiben, oder auf Cylindern angebracht sind, und man unterscheidet danach Parallel= und Tangentialhobelmaschinen; die letzteren sind die beliebtesten geworden.

Eine derartige sehr einfach eingerichtete Hobelmaschine ist in Fig. 659 abgebildet, und zwar ist dieselbe im vorliegenden Falle mit einer Messereinrichtung zur Ausarbeitung geformter Gesimse und Leisten versehen. Von den beiden Laufriemen bewirkt der untere die Fortschiebung des Arbeitsstückes gegen die vom oberen Riemen umgedrehte Messertrommel, welche sich mit der großen Geschwindigkeit von 2—3000 Umdrehungen in der Minute bewegt. H H sind Druckwalzen zum Festhalten des Arbeitsstückes.

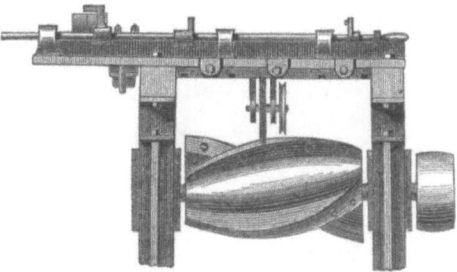

Fig. 660. Hobeltrommel mit spiralförmigen Messern.

Am besten bewährt haben sich zum Bearbeiten ebener Flächen die von den Pariser Mechanikern Marechal und Godeau gebauten Tangentialhobelmaschinen mit schraubenförmigen Messern, indem durch letztere der Angriff auf das Holz nach und nach erfolgt, wodurch die Arbeit wesentlich erleichtert wird. Fig. 660 zeigt eine mit derartigen Messern versehene Hobeltrommel, mit welcher zugleich ein kleiner Schleifapparat, bestehend aus einer sich drehenden, über die Messerschneiden hin und her geführten Schmirgelscheibe verbunden ist.

Die Einrichtung der Hobeltrommeln zum Ausarbeiten geformter Gesims= und Kehlleisten ist in Fig. 661 in der Voransicht und in Fig. 662 im Durchschnitt dargestellt. Die Trommel ist hier mit vier Messern versehen, deren Schneiden nach dem Profil gestaltet sind, welches der auszuarbeitenden Leiste entspricht. Das Werkholz ist auf dem Tische I befestigt, der seine Führung durch die Walze G erfährt, und wird durch Druckwalzen H H niedergehalten.

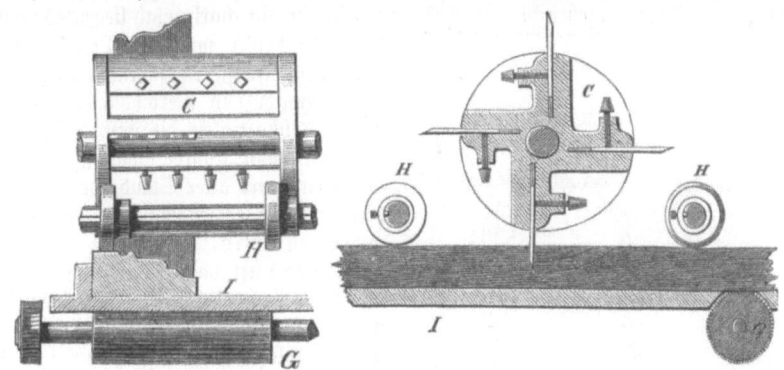

Fig. 661 und 662. Hobelmaschine für Gesims= und Kehlleisten.

Man hat die Hobelmaschinen sehr verschiedenartig abgeändert, um sie zur Ausführung besonderer Arbeiten geschickt zu machen. So hat man derartige Maschinen gebaut, mit denen vierkantige Hölzer gleichzeitig auf drei Seiten glatt gehobelt oder Bretter auf einer Breitseite glatt gehobelt und gleichzeitig an den beiden Längskanten mit Nuten oder mit Nut und Feder versehen werden können.

Eine andre Vereinigung ist die von Hobel= und Sägemaschine, wobei die Säge von einer dicken Bohle dünne Brettchen (zu Kisten) schneidet, deren Außenseite gleichzeitig glattgehobelt wird. Ferner wird die Tangentialhobelmaschine mit zwei oder mehreren nebeneinander wirkenden Sätzen ganz schmaler Schneideisen als Zapfenschneidemaschine brauchbar gemacht. Man hat auch wirkliche Hobelmaschinen oder denselben nahe verwandte Vorrichtungen verschiedener Art zur Herstellung von mancherlei besonderen Holzartikeln, deren Form eine besondere Anordnung der Maschine verlangt, gebaut; so z. B. Maschinen zur Herstellung von Dachschindeln, zum Zurichten der Zapfen an hölzernen Radzähnen, zum Hobeln von Holzkeilen, womit gewisse Arten von Eisenbahnschienen in den

Stühlchen befestigt werden, zur Formung von Wagenradspeichen, zur Anfertigung von Billardstöcken, Zündhölzern 2c.

Verwandt mit den Hobelmaschinen sind die Fräsmaschinen, indem dieselben ebenfalls mit einem sich rasch drehenden Schneidekörper versehen sind. Man hat keine andre Unterscheidung zwischen beiden als die Größe der wirkenden Messer, welche bei den Fräsmaschinen bei weitem kleiner sind als bei Hobelmaschinen. Zur Veranschaulichung der letzteren geben wir die Abbildung einer Vorrichtung zum Zapfenfräsen in Fig. 663 und 664 im Auf- und Grundriß. Auch zur Bearbeitung von Gewehrschäften, Schuhmacherleisten und ähnlichen Gegenständen hat man Fräsmaschinen in Anwendung gebracht; jedoch werden derartige Artikel auch auf drehbankähnlichen Maschinen hergestellt.

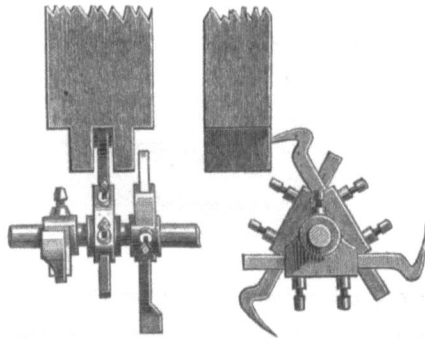

Fig. 663 und 664. Vorrichtung zum Zapfenfräsen.

Ein für die zur Bedienung der Hobelmaschine angestellten Arbeiter großer Übelstand sind die nach allen Richtungen sowohl bei dieser Maschine wie auch bei Kreissägen umherfliegenden gröberen und feineren Späne, welche nicht allein das Auge häufig verletzen, sondern auch die umgebende Luft durchsetzen und daher zum Einatmen untauglich machen. Um also die Arbeiter hiergegen möglichst zu schützen, hat man Schutzvorrichtungen aller Art angebracht, feine Drahtsiebe, geschlossene Trommeln aus dünnem Blech, welche die Maschine umgeben 2c. Eine höchst praktische und bewährte Einrichtung findet sich aber an den meisten nordamerikanischen Holzbearbeitungsmaschinen, welche diesem Übelstand ausgesetzt sind, angewandt.

Über jeder Hobelmaschine, Kreissäge, Universalholzbearbeitungsmaschine 2c. ist ein trichterförmiges Rohr angebracht, welches nach oben in ein horizontal liegendes größeres Verteilungsrohr mündet. Das letztere steht mit einem größeren sogenannten Exhaustor (Luftabsauger) in Verbindung, welcher mit großer Lebhaftigkeit die Luft aus den einzelnen senkrechten Röhren absaugt, wodurch auch alle Späne und aller Staub, welcher durch die betreffende Werkzeugmaschine gebildet wird, mitgerissen wird, so daß die die Maschine umgebende Luft völlig, oder doch nahezu rein von allen Holzteilchen ist. Von dem Sauger werden die Späne sodann in einen gemauerten Turm geblasen, an dessen oberen Ende sie eintreten, nach und nach zur Ruhe gelangen und zu Boden fallen, von wo sie fortgeschaufelt und zur Verfeuerung unter den Dampfkesseln verwandt werden.

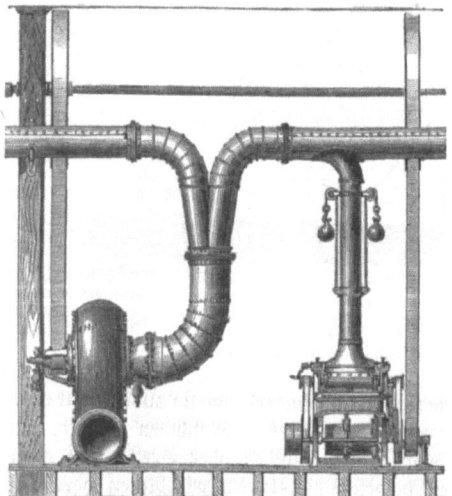

Fig. 665. Absaugevorrichtung.

Es ist klar, daß solche zum Schutze der Gesundheit der Arbeiter getroffene Vorkehrungen höchst empfehlens- und nachahmungswert sind, und es wäre wünschenswert, daß solche Vorkehrungen, ähnlich den Sicherheitsvorrichtungen an Dampfkesseln und Dampfmaschinen, gesetzlich vorgeschrieben würden.

Drehmaschinen. Unter den Drehmaschinen ist die Dreh- oder Drechselbank uralt; dieselbe dient zur Ausarbeitung nicht nur der mannigfaltigsten runden, sondern auch eckigen Gegenstände und unregelmäßigen Formen, so daß es kaum eine Form gibt, welche sich nicht durch Dreharbeit herstellen ließe.

Um das Prinzip dieser interessanten Drehmaschinen für unregelmäßig geformte Gegenstände zu beleuchten, geben wir in Fig. 667 die Abbildung einer Maschine zur Fertigung von Gewehrschäften, welche nach einem Modell wunderbar schnell und genau arbeitet. —

Das noch mit der Säge zugeschnittene Holzstück wird in der angegebenen Weise wagerecht in der Maschine befestigt. Parallel mit ihm ist ein metallenes Modell in gleicher Weise in die Maschine eingespannt, und letzteres sowohl wie das abzudrehende Holzstück werden in gleichschnelle Drehung versetzt, bei welcher ein von der Umfangslinie des Modells geführtes Werkzeug gegen das Holzstück arbeitet, so daß das letztere genau die Gestalt des richtig geformten Modells erhält. Die Führung des Werkzeugs, welches dem in Fig. 663 bis 664 dargestellten ähnlich ist, wird in der Weise erreicht, daß eine mit einem Support verbundene, mit einem Gewicht versehene Rolle am Modell anliegt; gleichzeitig wird dem Support aber — in ähnlicher Weise wie dies bei den Maschinendrehbänken geschieht (man vergleiche den Artikel "Maschinenbau") — eine langsam fortrückende Bewegung in der Längsrichtung der Maschine erteilt. Da nun im Support die Fräse eingespannt ist, so erfolgt das Abarbeiten des Holzstückes in der gewünschten Weise, und zwar arbeitet die Maschine ganz selbstthätig, so daß der sie bedienende Arbeiter nichts weiter zu thun hat, als den fertig bearbeiteten Schaft herauszunehmen und an seiner Statt ein frisches Holzstück wieder darin zu befestigen.

Fig. 667. Fräsbank für Gewehrschäfte.

Es würde hier zu weit führen, alle die sinnreichen Vorrichtungen zu beschreiben, die zur Herstellung gewundener Kannelierungen und andersartig geformter Hölzer gebaut werden.

Bohr- und Stemmmaschinen gehören ebenfalls zu dem Gerät der fabrikartigen Holzbearbeitung; wir kennen sie bereits von der Bearbeitung der Metalle her und begnügen uns, da ihre Einrichtung im wesentlichen dieselbe ist, mit der bloßen Erwähnung.

Alle diese Maschinen verrichten nur eine einzige Arbeitsart.

Universalholzbearbeitungsmaschinen. Neuerdings haben aber insbesondere die Amerikaner und Engländer sich bemüht, Maschinen zu bauen, mit denen eine Anzahl verschiedenartiger Holzarbeiten sich ausführen läßt. Die Amerikaner, welche über einen ungeheuren Reichtum an Rohmaterial, aber nicht über die entsprechenden menschlichen Arbeitskräfte gebieten, um die Schätze ihrer Wälder zu verwerten, waren zuerst veranlaßt, sich machinaler Hilfe zu den meisten Arbeitsprozessen zu bedienen, und ihr Erfindergenie hat in der Universalholzmaschine, in der Fräsmaschine u. a. sich glänzende Zeugnisse ausgestellt. Die sogenannten Universaltischlermaschinen (universal joiner) lassen das Zuschneiden gekrümmter Flächen, das Aushöhlen, Kannelieren, Einfugen, Zapfenschneiden, Planieren,

Fräsen u. s. w. auf einem nicht sehr umfänglichen Gestell ausführen und sind demnach für Tischlerwerkstätten sehr zweckmäßig. Mit einer derartigen Maschine, wie sie die Londoner Firma Allan Ransome & Comp. ausführt, können z. B. in 24 Stunden bei gewöhnlicher regelmäßiger Arbeit 300 Paar Fensterleistchen doppelt angezapft und gefräst, oder in zehn Stunden 100 Thürrahmen angezapft werden. Fig. 668 und 669 stellen eine solche Universalmaschine dar, mit welcher sich zwar nicht alle Arbeiten, wie auf den Universaltischlermaschinen, verrichten lassen, da man mit ihr nicht hobeln kann; immerhin aber dient sie schon zu mancherlei Arbeiten. Man kann auf derselben lang- und quersägen, Zapfen schneiden, abplatten, Gehrung schneiden, säumen, nuten, falzen, abschrägen, karniesen u. s. w., Kehlungen schneiden und bohren. Sie eignet sich vorzüglich für kleinere Werkstätten, insbesondere für Möbelfabriken, Tischler, Instrumentenmacher, Kistenmacher, Goldleistenfabrikanten u. s. w. und hat gegenüber der Universaltischlermaschine den Vorzug, daß sie nur etwa halb so viel kostet wie diese. Unsre Abbildungen zeigen die Maschine links in Seiten- und rechts in Endansicht, wobei das Wesentliche des Mechanismus vollkommen ersichtlich ist. Die Säge hat ein starkes Gestell, das aus einem Stück gegossen ist und eine gehobelte Tischplatte trägt. Auf dieser befindet sich der Führungsapparat, welcher wagerecht verschiebbar und um einen Gradbogen verstellbar ist und den Zweck hat, die Dicke und Form des zu beschneidenden Holzes zu bestimmen.

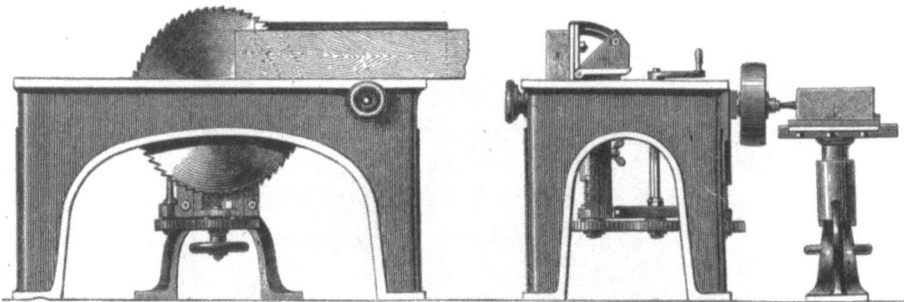

Fig. 668 und 669. Universalkreissäge mit Bohrapparat.

Die Sägewelle ist auf einem Support gelagert, der sich senkrecht verschieben läßt, was durch Drehen an der an dem Tische befindlichen Handkurbel mit Vermittelung senkrechter Spindeln und unter dem Gestell sichtbarer Stirnrädchen erfolgt. Diese senkrechte Verstellung der Sägewelle ist erforderlich, um nuten, falzen, Zapfen schneiden, abplatten u. s. w. zu können, und wird zu diesem Behufe ein kleineres Sägenblatt, zum Falzen und Zapfenschneiden wohl auch eine sogenannte wankende, schief aufgesetzte Säge auf die Welle gesteckt. Um mittels dieser Maschine auch Kehlungen herstellen zu können, wird auf der Sägenwelle ein Messerkopf (Fräser) befestigt und auf dem Tische eine entsprechende Führung angebracht. Die Bohrwerkzeuge befinden sich an der zur Säge entgegengesetzten Seite der Welle. Das zu bohrende Holz wird auf einen Führungsbock gelegt, welcher in angemessenem Abstand neben die Maschine gestellt ist. Diese Maschinen werden in verschiedenen Größen ausgeführt, und zwar mit Sägenblattdurchmessern von 12 bis stufenweise zu 36 Zoll englisch, und sind für deren Betrieb bezüglich 1, 2, 3, 4, 5 Pferdestärken erforderlich.

Holzbearbeitungsmaschinen für besondere Zwecke. Schon oben haben wir erwähnt, daß die Maschinenbauer es sich haben angelegen sein lassen, für gewisse Zweige der Holzwarenindustrie Sätze von geeigneten Maschinen herzustellen, so z. B. für die Fabrikation von Wagenrädern, Eisenbahnwagen, von Fässern, von Zündhölzchen, von Holzstiften (für Schuhmacher) u. s. w. Wir wollen hier nur zu einem der wichtigsten dieser Industriezweige uns wenden, um einen Blick auf die dabei benutzten Maschinen zu werfen. Wir meinen die Faßfabrikation. In großartigster Weise hat wohl die sogenannte Dampfböttcherei sich in den Ölregionen Pennsylvaniens entwickelt. Bis zum Anfange des Jahres 1872 bestanden dort über 150 Fabriken, welche Petroleumfässer lieferten. Eine solche Böttcherei besteht im allgemeinen aus einer etwa 20 Pferdestärken starken Dampfmaschine und einer Reihe von zehn Holzbearbeitungsmaschinen, als eine Faßdauben-

Spaltmaschine, ein Sägegatter für 12—16 Blätter, eine Daubenhaumaschine und eine Doppelkreissäge, eine Fügmaschine, eine Dübelmaschine, zwei Bodendrehbänke, eine für Planboden und eine für Konvexböden, eine Reifenziehmaschine. Sämtliche Maschinen werden, außer dem Heizer, von acht Mann bedient, und diese acht Mann fertigen in 24 Stunden 300 Fässer von je 40 Gallonen Inhalt, d. h. 150 kg Öl haltend. Diese Fässer sind vollkommen öldicht und werden, nachdem sie gefüllt sind, in die entferntesten Gegenden versandt, ohne daß dieselben irgendwie undicht würden.

Große Fässer, d. h. von 10—12 Eimer Gehalt für Spirituosen, werden mit diesen Maschinen 80 Stück in 24 Stunden fertig gestellt. Für Zuckerfässer werden Tannenhölzer verarbeitet; von dieser Gattung werden in 24 Stunden 200 Stück von fünf bis sechs Arbeitern angefertigt. Die bezüglichen Maschinen liefert Dragg in New York für 3000 Dollar ohne Dampfmaschine; ferner Mudlach in New York solche für kleinere Fässer, den Satz zu 2000 Dollar, ebenfalls ohne Dampfmaschine.

Eine Packfaßmaschine, die in zwölf Arbeitsstunden 200 Packfässer vom Rohholz weg bis zum Reifenaufziehen liefert, arbeitet in der Dampfböttcherei der Zuckerraffinerie von Havemeyer in New York. Diese bis jetzt größte Zuckerraffinerie in Amerika versendet täglich 200 Faß ihrer Ware. Im allgemeinen zerfällt die Faßfabrikation, wie bei der Handböttcherei, in drei Arbeiten, nämlich Herstellung der Dauben, der Böden und Zusammenstellung der Fässer. Die Dauben werden entweder gespalten oder mit Sägen (Kreis-, Band- oder Ringsägen) geschnitten. In letzterem Falle können sie ebenflächig geschnitten werden, oder auch durch das Schneiden ihre Querkrümmung erhalten. Die gespaltenen Dauben sind die haltbarsten, weil dabei die Holzfasern nicht durchschnitten werden, wie dies beim Sägen der Fall ist. Selbstverständlich müssen sowohl die gespaltenen als die eben gesägten Dauben ihre Krümmung nachträglich erhalten, was unter Zuhilfenahme der feuchten Wärme des Dampfes oder heißen Wassers durch starke und anhaltende Pressung zwischen entsprechend gekrümmten Lehrkörpern erfolgt.

Fig. 670. Böttcher im 17. Jahrhundert, nach J. Amman.

Nachdem die Dauben auf diese Weise gebogen worden sind, werden sie mittels rotierender Messer auf besonderen Maschinen innen und außen glatt gearbeitet, weiterhin auch mittels konvergierender Kreissägen aa (s. Fig. 671) oder mit zwei auf einer gemeinschaftlichen Achse sitzenden Kegelfräsen bb (s. Fig. 672) an den Längskanten abgeschrägt, um beim Aneinanderfügen sich im Kreise stellen zu können. Die Formung der Böden erfolgt nach dem Zusammendübeln der sie zusammensetzenden Brettstücke durch Sägen oder Fräsen auf Sondermaschinen, und auch zum Aufbauen und Vollenden der Fässer werden besondere Vorrichtungen, die zum Teil im Bau der Drehbank ähnlich sind, benutzt. Außer den aufgezählten Maschinen sind in einer gut ausgerüsteten Faßfabrik noch Vorrichtungen zum Schneiden der Reifenbänder, Biegemaschinen zur Herstellung schwach verjüngter Faßreifen, kleine Loch- und Nietpressen, Holzdrehbänke zum Drehen der Spunde und Faßpichmaschinen u. s. w. vorhanden, so daß eine solche Anlage schließlich einen sehr mannigfaltigen Apparat in Thätigkeit hat.

Was die Fabrikation der Wagenräder betrifft, so ist eine der ältesten bezüglichen Anlagen die der Omnibuswagenfabrik in Paris, welches 1828 gegründet wurde. Gegenwärtig ist daselbst für die folgeweise Herstellung der Räder eine Reihe von elf Maschinen im Gange, von denen drei für die Herstellung der Nabe, drei für Herstellung der Speichen und fünf für Herstellung der Felgen dienen.

In Amerika hat die Holzbearbeitung durch die Maschinenbenutzung einen großartigen Fabrikcharakter angenommen. Eine einzige Sägemühle in Michigan, A. W. Sage & Comp. im Saginawthale, schneidet per Tag 115000 laufende Meter Holz, wozu fünf Dampfmaschinen mit acht Kesseln die bewegende Kraft von etwa 600 Pferdestärken liefern. Bei uns herrschen noch die hergebrachten Arbeitsmethoden vor. Indessen macht sich auch bereits der Übergang bemerklich, und es ist vorauszusehen, daß zur Holzbearbeitung die Maschinen ebenso zur Anwendung kommen werden, wie es in den übrigen Zweigen unsrer Großindustrien der Fall ist. Das Tischlerhandwerk, wie es bisher in kleinen Werkstätten vom Meister mit seinen Gesellen und Lehrlingen geübt worden ist und noch vielfach geübt wird, muß mehr und mehr zurückgedrängt werden von der Maschinenarbeit, wenn die Beteiligten nicht dazu sich entschließen, die Maschinenarbeit sich dienstbar zu machen. Dies kann aber auf zweierlei Weise geschehen: entweder durch Anschaffen von Maschinen, oder durch Beziehen aller der Holzarbeiten, wie Zier= und Falzbekleidungen, Kehlstößen, Kalk=, Scheuer= und Goldleisten, Stäben zu Rollläden, geformten Stäben aller Art u. s. w., welche in den großen Holzbearbeitungsfabriken massenhaft zu billigen Preisen angefertigt werden können.

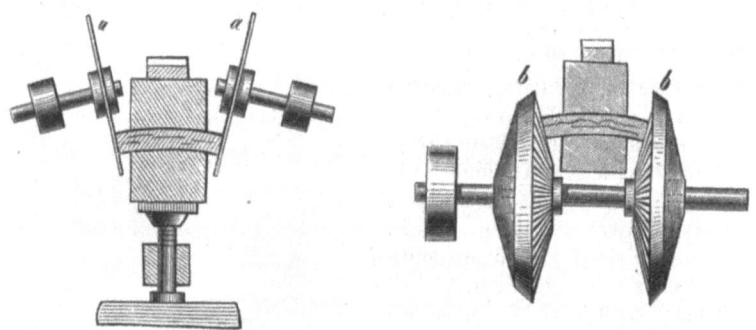

Fig. 671 und 672. Maschinen zum Abschrägen der Faßdauben;
Fig. 671 mittels Kreissäge.   Fig. 672 mittels konischer Fräsen.

Den umfänglichsten Gebrauch der hier angeführten Holzbearbeitungsmaschinen macht man in den neuartigen sogenannten Baufabriken, deren Geschäft es ist, alle zu einem Baue gehörigen Holzarbeiten fertig zu liefern, die sonst nur von drei Seiten, vom Zimmermann, Bautischler und Glaser, zu beziehen sind. Auch von den Sägemühlen sind diese Anstalten unabhängig, und die Sägewerke bilden gerade eines ihrer Hauptorgane; sie dienen zu subtilen Arbeiten sowohl wie zu den gröbsten, namentlich auch zur Verwandlung des Rohholzes in vierseitige Balken, ohne alle Mitwirkung der Axt. In der eigentlichen Möbeltischlerei sind die sägenden, schneidenden und sonstwie formenden Hilfsmaschinen bislang nur wenig und nur in großen Fabrikanlagen in voller Anwendung.

Holzschnitzerei und Kunsttischlerei. Die künstlerische Bearbeitung des Holzes, die Holzbildhauerei oder Holzschnitzerei, bedient sich dagegen noch der ursprünglichen einfachen Werkzeuge. Bei ihr ist es der Geschmack und das feine Gefühl des Ausführenden, welche dem fertigen Werke den hohen Wert verleihen; die schöne, nicht die schnelle Herstellung ist ihr Zweck, und der menschlichen Hand bleibt es allein vorbehalten, die Gebilde der künstlerischen Phantasie in sichtbare, bestimmte Gestaltung überzuführen.

Die Holzschnitzerei war als Kunstgewerbe schon sehr zeitig ausgebildet, wie aus den Urkunden über den Bau von Salomonis Tempel und Davids Stiftshütte deutlich hervorgeht. Im alten Jerusalem waren die Bildschnitzer, die sich mit der Verzierung des Getäfels in den Häusern der Vornehmen und mit der Anfertigung von Gefäßen beschäftigten, eine zahlreiche, angesehene Zunft. Das Holz ist ein fast überall von der Natur gebotenes Material, dessen leichte Bearbeitung von selbst zu einer vielseitigeren und formenreicheren Verwendung aufforderte, als es z. B. bei Stein oder Metall der Fall war. Aus dem alten Ägypten sind uns holzgeschnitzte Mumiendeckel aufbewahrt, deren Alter ebenso weit vor Christi Geburt reicht, als wir jetzt nach derselben leben.

Auch bei den Griechen war die Holzschnitzkunst frühzeitig hoch entwickelt; sie ist die Vorgängerin der bei diesem Volke zu so herrlicher Blüte gelangten Marmorbildnerei gewesen, und man legte ihr selbst göttlichen Ursprung bei, denn nach der Mythe waren die uralten Holzbilder der Götter vom Himmel herabgefallen. Die ersten Versuche dieser Plastik waren Hermen, an hölzernen Pfeilern geschnitzte und den Göttern geweihte Bildnisse; die aus Feigen= oder Pappelholz gezimmerten Wagen, auf denen die Helden in den Kampf jagten, waren mit reicher Schnitzarbeit geziert, ebenso die hölzernen Schilde der Heroen. Die Inder fertigten sogar feine Schmucksachen, wie Ohr= und Armringe, aus edlen Holzarten.

Ebenso wurde bei den germanischen und slawischen Urvölkern die Holzschnitzerei zu verschiedenen Zwecken betrieben; man fertigte mit Hilfe dieser Kunst Schilde, Waffen, Gefäße, Götterbilder und dergleichen mehr. Die Skandinavier nannten ihre Lindenholzschilde „Linde", die mit eschenholzenen Schäften versehenen Speere „Asker", die aus Ulme und Eibe gefertigten Bogen „Alma" und „Yr".

Die auf uns überkommenen alten deutschen Holzgeräte lassen in technischer Beziehung schon eine beträchtliche Geschicklichkeit erkennen, und ihre oft im Kreise geführten Profile führen auf die Vermutung, daß zur Herstellung drehbankartige Vorrichtungen benutzt wurden.

Fig. 673. Holzgeschnitzte Füllung von Frullini (Frühlingseinzug). Wiener Weltausstellung von 1873.

Künstlerische Durchbildung der Form und geschmackvolle Ornamentierung darf man freilich daran nicht suchen. Vom 6. Jahrhundert an ist in diesen Arbeiten ein Aufschwung bemerklich, und es sind von da an bis zum 10. Jahrhundert noch deutsche Holzschnitzereien, insbesondere Gegenstände für kirchliche Zwecke, vorhanden, welche als wahre Kunstwerke zu betrachten sind. Vom 12. Jahrhundert an veredelt sich auch die Form des in den Wohnungen gebräuchlichen Mobiliars, und mit der Ausbildung der gotischen Baukunst gelangte in Deutschland auch die künstlerische Holzbearbeitung zu voller, bewundernswerter Entwickelung. Die aus dem 15. Jahrhundert stammenden Bauwerke enthalten Holzarbeiten, namentlich Vertäfelungen, Hausgeräte, die Kirchen Altäre, Kanzeln, Stühle u. s. w., welche in der Schönheit ihrer Zeichnung und in der kunstvollen Art der Ausführung unübertroffen sind. Die Holzbildnerei ist späterhin nicht wieder in der Ausdehnung betrieben worden wie damals, wo das Holz, namentlich im Norden, den Marmor vertrat.

Das Holz ist so eigentlich das Material für den künstlerischen Bildungstrieb des Volkes; das zeigt sich in jenen alten Werken, welche Zeiten entstammen, in denen die Kunst im ganzen sich vom Handwerk noch nicht so getrennt hatte, wie es leider heute der Fall ist. Es zeigt sich dies aber auch in der Art, wie die Holzschnitzerei jetzt noch in vielen Teilen unsres deutschen Vaterlandes und anderwärts betrieben wird. In keinem andern Kunstzweige kommt es vor, daß einfache Gebirgsbewohner, wie die Landleute in Tirol, Bayern, in der Schweiz und Thüringen, aus eignem Antriebe sich auf die Herstellung von Kunstwerken verlegen und darin es zu einer Vollkommenheit bringen, welche um so mehr überrascht, als sie Feinheit des Geschmacks, des Auges und der Hand voraussetzt, die man bei diesen einfachen und sonst oft ungebildeten Leuten nicht suchen zu dürfen glaubt. Der Grund für die erste Ausbildung dieses Kunstzweigs in den Bergen liegt in dem Mangel an wirklicher Beschäftigung während eines großen Teils des Tages und Jahres; in manchen Gegenden hat besonders guter und billiger Rohstoff, wie in Tirol das feine schöne Holz der Zirbelkiefer, zu zierlicher Bearbeitung aufgefordert, die sich zuerst in der Herstellung von Heiligenbildern versucht hat. Im Laufe der Zeit aber haben die zierlichen Erzeugnisse immer weiteren und rascheren Absatz auch in die Fremde gefunden, so daß jetzt eine zahlreiche Bevölkerung sich durch dieselben nährt und die Regierungen, namentlich die bayrische, Sorge tragen, durch Zeichen- und Schnitzschulen den Kunstzweig zu fördern. Das Grödner und Enneberger Thal in Tirol, in Bayern die Gegenden um Berchtesgaden und Partenkirchen, Brienz in der Schweiz sind durch ihre Holzschnitzereien in der ganzen Welt bekannt. In der Architektur und besonders bei der Herstellung der Möbel fängt man an, der Holzbildnerei mehr Aufmerksamkeit zu schenken. Freilich ist hier mehr als auf andern Gebieten des Kunstgewerbes strenge Achtsamkeit geboten, daß die Schnitzerei als Ornament sich nicht vom Geräte loslöse, nicht fremdartig und aufgeklebt erscheine, sondern den Charakter des aus dem vollen Stoff Gearbeiteten bewahre. Unsre Fig. 673 stellt eine wundervoll geschnitzte Füllung dar, welche Frullini 1873 in Wien ausgestellt hatte.

Fig. 674. Anfertigung der Holzschuhe.

Eine eigne Art der bäuerlichen Holzschnitzerei wird in einigen Gegenden Frankreichs, auch in Steiermark und in Tirol betrieben, deren Erzeugnisse in bezug auf Kunstwert freilich mit den eben erwähnten sich nicht vergleichen lassen. Wir meinen das Schnitzen der Holzschuhe oder Sabots, welche von der Landbevölkerung vielfach getragen und deshalb als Ware weithin verführt werden. Zu ihrer Herstellung genügen die einfachsten, aber starke Werkzeuge, während der Grödner Schnitzer oder „Pitzler", wie er in der Sprache seiner Umgebung genannt wird, sich der feinsten Messer, Feilen, Schaber, Meißel und dergleichen bedient.

Die Möbeltischlerei ist neben der Zimmermannsarbeit derjenige Gewerbszweig, welcher das Holz zu den allgemeinsten Gebrauchsgegenständen verarbeitet. Die letztere sorgt für den Aufbau des Hauses, die erstere dafür, daß dasselbe im Innern auch wohnlich werde.

Häusliches Mobiliar war selbstverständlich schon bei den Kulturvölkern des Altertums üblich. Man hatte Sessel, Tische und Bettstellen von Holz. Bei den Griechen wurde zu deren Anfertigung hauptsächlich Ahorn und Buchsbaum benutzt, und die von den Westasiaten erlernte eingelegte Arbeit daran war beliebt. Was die Römer betrifft, so geht aus alten Abbildungen und aus den Aufzeichnungen ihrer Schriftsteller hervor, daß bei ihnen mit Möbeln großer Luxus getrieben wurde. Es wurden, wie Plinius erzählt, kostbare Möbel aus Asien eingeführt und mit Preisen bezahlt, die für uns fabelhaft klingen. So kaufte Cicero, der noch nicht zu den reichsten Bürgern Roms gerechnet wurde, einen Tisch aus Cypressenholz für eine Million Sesterzien, das sind etwa 214500 Mark. Die Form der Möbel, unter denen Tische, Stühle, Betten und Schreine von jeher die Hauptgattungen darstellten, war ebenso wie ihre Verzierung von dem herrschenden Stile beeinflußt. Wir kennen aus alten Abbildungen die Art und Weise, in der die alten Ägypter, Griechen und Römer diese wichtigen Geräte bildeten. Für Deutschland fehlen aus den ersten Jahrhunderten unsrer Zeitrechnung derartige Nachweise ganz und gar. Erst von da ab, wo die Ausläufer der alten Kultur unser Geistesleben befruchteten, aus der Zeit der Byzantiner, beginnen auch für uns die Quellen zu fließen. Gleichzeitig entstandene Handschriften enthalten oft bildliche Darstellungen, deren Gegenstände, dem damaligen Kulturleben entnommen, uns auch in bezug auf die Einrichtungen der Wohnungen, auf die Hausgeräte im allgemeinen und namentlich in bezug auf die Möbel manchen Aufschluß gewähren. So ist das in Fig. 675 abgebildete Bett einer im 12. Jahrhundert entstandenen Handschrift, dem „Hortus deliciarum" der Herrad von Landsperg, entnommen, in welchem jene begabte

Äbtissin des Klosters auf dem Odilienberge bei Straßburg in einer Reihe von biblischen Darstellungen die Lebensverhältnisse ihrer Zeit trefflich schildert; denn das Nebenwerk in den Abbildungen ist in erklärlichem Anachronismus der damaligen Zeit entnommen und dadurch für uns zu weit höherem Werte gelangt als der Hauptgedanke, der dem Zeichner bei der Abfassung vorschwebte. Mit der höheren Kunstentwickelung, welche der gotische Stil darlegt, erhielten auch die oft reich geschnitzten Möbel eine veränderte und veredelte Ausbildung. Die Technik der Holzbearbeitung machte große Fortschritte, und neben durchschnittlich künstlerischer Vollendung zeigen jene Werke große Festigkeit und Solidität. Wo man heutzutage sich mit bloßem Einlassen und Verleimen begnügt, da hat der Kunsttischler des Mittelalters als solider Zimmermann mehrfache, durch hölzerne oder eiserne Stifte gesicherte Verzapfungen zur Anwendung gebracht und so, unterstützt durch die Verarbeitung von ausgesuchtem, gut ausgetrocknetem Spaltholze, seiner Arbeit eine durch den bloßen Gebrauch unangreifbare Dauerhaftigkeit gegeben.

Fig. 675. Königliches Bett aus dem 12. Jahrhundert.

Das Leimen wurde damals nur zur Befestigung von Füllungen, Mosaikverzierungen und eingelegter Arbeit benutzt. Furniere, aufgeklebte Ornamente und aufgesetzte Figuren kannte man nicht; vielmehr war die Dekoration entweder aus einem Stücke mit dem Skelette des Möbels gefertigt oder auf das festeste mit demselben durch Einfügung verbunden. Hierdurch wurde zwar die Bauart und Ausschmückungsweise beengt, dafür aber eine große Festigkeit erzielt. Die große Haltbarkeit und die Seltenheit des Werfens und Verziehens ist bei den Möbeln jener Zeit dem Umstande zuzuschreiben, daß man bei der Zurichtung des Holzes die Säge wenig benutzte, sei es, daß man keine geeigneten Werkzeuge dieser Art zur Verfügung hatte, oder daß man grundsätzlich von deren Anwendung absah; heutzutage würde freilich die Verwendung von Spaltholz für diesen Zweck zu teuer sein.

Charakteristisch für die mittelalterlichen Möbel ist, daß sie, trotz des Reichtums der Dekoration, in einfachen, dem Zwecke entsprechenden Formen auftreten. Die Stützen, Streben, Querverbindungen, Friesen sind gerade. Der einfache, natürliche Sinn hielt an diesen Formen fest, oder auch die weniger vollkommenen Werkzeuge gestatteten nicht die Ausführung der größeren Teile in kühn gekrümmten Linien, wie solche in späteren Zeiten auftraten. Die Renaissance

Fig. 676. Gotischer Stuhl.

hat in der Freiheit der Behandlung des Materials die größten Fortschritte gemacht. Unterstützt von dem feinen Geschmacke, welcher der Zeit des 15. und 16. Jahrhunderts eigen war, im Besitz neuer und rasch vervollkommneter technischer Methoden, mit neuen

344   Die Verarbeitung des Holzes.

Materialien ausgerüstet, welche der erweiterte Verkehr herbeiführte, begünstigte ein heiterer Luxus, der sich von den Höfen aus auch in den Bürgerkreisen verbreitete, ganz besonders die Kunstzweige, welche für die Ausstattung der Wohnräume thätig waren. Freilich verschmähten auch die besten Künstler nicht, Entwürfe für die Möbeltischler zu zeichnen.

Fig. 677. Fürstliches Wohnzimmer, Anfang des 17. Jahrhunderts.

Ein Peruzzi, ein Giuliano und Benedetto da Majano waren in diesem Sinne thätig, und der Prachtschmuck in der Galerie Pitti, der um 1500 für die Medici gearbeitet worden ist, rühmt seine Urheber nicht minder, als es Werke andrer Künste vermögen.

Fig. 678. Bürgerliches Wohnzimmer, Anfang des 17. Jahrhunderts.

Die Möbel aus jener Zeit sind jetzt noch Musterstücke, und daß sich unser Geschmack wieder der Richtung, welche in der Renaissance herrschte, zugewandt hat, mag am besten für den Wert der damaligen Leistungen sprechen.

Die Möbel der späteren Epochen, der Spätrenaissance, des Rokoko, der Kaiserzeit haben die edlen Umrisse, die strenge Gliederung, welche bei aller Freiheit der Phantasie den Renaissancemöbeln eigen sind, mehr oder weniger, oft ganz und gar verloren. Dagegen haben sie durch Anwendung neuer Dekorationseffekte, namentlich Bronze und Vergoldung, Malerei, Porzellaneinlagen, Mosaik und dergleichen, neue Reizmittel herbeigezogen, und wo diese in künstlerischem Geschmacke Verwendung gefunden haben, sind die schönsten Wirkungen erreicht worden.

Ganz besonders einflußreich wurde die von Boule, dem berühmtesten der Pariser Ebenisten zur Zeit Louis' XVI., eingeschlagene Richtung, die Oberflächen durch reich eingelegte Ornamente von Metall, Schildpatt, Elfenbein und dergleichen zu verzieren. Die farbenprächtige Wirkung, die sich durch das Zusammentreffen der verschiedenartigsten Stoffe erreichen ließ, verschaffte den Boulemöbeln rasch Eingang, und die aus jener Zeit auf uns gekommenen Stücke werden mit enormen Preisen bezahlt, auch jetzt noch vielfach nachgeahmt, zumal die Marqueterie, wie die eigentümliche Arbeit genannt wurde, auch in der Herstellung kleinerer Gegenstände in ausgedehnter Anwendung ist.

Was unsre modernen Möbel betrifft, so wird die große Masse derselben nach üblichen Schablonen und in verteilter Arbeit hergestellt; im einzelnen sind jedoch in der Neuzeit bezüglich der Herstellung von Kunstmöbeln bedeutende Fortschritte gemacht worden, indem man die alten mustergültigen Arbeiten studierte und Ebenbürtiges zu schaffen suchte.

Fig. 679. Einrichtung eines tunesischen Zimmers. Aus dem Industriepalast zu Wien 1873.

Die Möbel, in ihrer Bestimmung am nächsten den Werken der Architektur verwandt, und auch in ihren, obgleich nach den verschiedenen Zwecken sehr wechselnden Formen in engem Zusammenhange damit stehend, verlangen mehr als alle andern Erzeugnisse der Kunstgewerbe eine stilvolle Behandlung. Die breiten Flächen, welche an ihnen auftreten, geben dem Ornamente die beste Gelegenheit, sich zu entfalten, und die äußeren Umrisse fordern unmittelbar zur Verwendung von Säulen, Pfeilern, Bogen heraus, durch welche Motive der Baukunst der Mensch in seinen täglichen Gewohnheiten mit Haus und Ort sich verbindet.

Die meisten unsrer Gebäude verlangen in ihrer Stillosigkeit zwar nicht die Innehaltung eines bestimmten Stils in den Formen der Möbel, und dem Künstler ist daher in der Auswahl seiner Formen eine große Freiheit gegeben; indessen ist es von dem nachteiligsten Einfluß, wo dieselbe in Willkür ausartet. Mehr und schädlicher als auf allen andern Gebieten hat die Armut und Zerfahrenheit der bürgerlichen Architektur durch die Möbel auf die Geschmacksverkümmerung eingewirkt, und erst die jüngste Zeit darf sich das Verdienst zuschreiben, daß sie durch Hinneigung zur Renaissance, durch Wiederaufnahme antiker Motive Formeneinheit und Formenreinheit in diejenigen Geräte zu bringen sucht, welche durch ihre Bedeutsamkeit im täglichen Leben auf die allgemeine Geschmacksbildung nachhaltig wirken.

Schon auf der Londoner Ausstellung von 1862 machte sich dies in ganz entschiedener Weise bemerklich, noch mehr aber auf der Weltausstellung zu Paris und der in Wien, wobei weitem die größte Zahl der ausgestellten Gegenstände der Kunsttischlerei diesem gerade für Möbel so fruchtbaren Geschmacke huldigte. Er erlaubt eine reiche Verzierung in Schnitzwerk sowohl als in Anbringung von Farben durch Metalle und verschieden gefärbte Einlagen. Der Überfluß an Material zahlloser edler Hölzer, aus den Kolonien in der Neuzeit eingeführt, scheint zwar verführerisch auf das Bunte hinzudrängen, trotzdem verstehen gute Künstler die besten Effekte mit Einfachheit zu erreichen.

Bevorzugte Stoffe sind das Ebenholz, welches entweder allein, durch matte und polierte Partien absetzend, oder, wie namentlich von den Franzosen, in Verbindung mit andern bunten Hölzern, besonders Birnbaum für die plastischen Verzierungen, verarbeitet wird; dann die verschiedenen Eichenhölzer für matte, Nußbaum, Mahagoni für polierte Möbel.

Natürlich werden auch alle einheimischen und andern Holzarten, unter den letzteren mit Vorliebe besonders Amaranth= und Rosenholz, verwendet. Mosaik von verschieden gefärbten Hölzern in solcher Feinheit zusammengesetzt, daß damit der Effekt der schönsten Malerei erreicht wird, wird namentlich in Spanien und Italien vollendet hergestellt. In Deutschland sind die großen Städte Berlin und Wien, Dresden, München und Stuttgart durch vortreffliche Kunstmöbel berühmt; eines der wundervollsten Werke moderner Marqueteri, die vorwiegend die Formen der Renaissance wieder aufnimmt, stellen wir in Fig. 680 dar, allerdings hat bei demselben die Holzarbeit nur ihren Teil zu dem Ganzen beigetragen, den Hauptschmuck verdankt dasselbe dem Zusammenwirken der übrigen Kleinkünste.

Einige andre Abbildungen von musterhaft ausgeführten und in ihrer Form edel und stilvoll gehaltenen Erzeugnissen der Kunsttischlerei sind im folgenden gegeben.

Zunächst stellt Fig. 681 ein modernes Schmuckkästchen von Professor F. Miller in München dar. Dasselbe ist aus Ebenholz gefertigt, enthält auf= und eingelegte Metallarbeit und die vier Ecken sind mit kleinen symbolischen Statuen geziert, welche den Zweck des Kästchens als Schmuckkasten sofort zu erkennen geben. In Fig. 683 ist ein von der Firma Ziegler & Weber in Karlsruhe ausgeführter Schrank dargestellt. Derselbe ist in seinen Verhältnissen harmonisch und ruhig gehalten, zeigt ein deutliches Anlehnen an die Form der Renaissance, wenngleich der mittlere überhöhte Aufbau etwas unverhältnismäßig hoch ausgefallen ist. Jedoch ist derselbe durch den halbkreisförmigen Abschluß der mittleren vertieften Nische einigermaßen bedingt.

Die reichen Arabesken in den Füllungen sind Kunstwerke der Holzschnitzerei. Etwas störend wirken die beiden Kandelaber, welche seitlich auf den Schrank aufgesetzt sind, da deren Zweck, zur Beleuchtung des Ganzen Lichtquellen aufzunehmen, verfehlt ist. Tadellos dagegen in Entwurf und Ausführung ist das in Fig. 682 dargestellte Büffett von Graff.

Wir fügen den vorhergehenden Abbildungen noch die eines Erzeugnisses der Kunstindustrie allerneuesten Datums bei, des vom „Verein für deutsches Kunstgewerbe" Ihren k. k. Hoheiten, dem Kronprinzen und der Kronprinzessin des Deutschen Reichs zur Feier ihrer silbernen Hochzeit verehrten Spielschreins, welcher am 18. Februar 1886 Allerhöchst denselben übergeben wurde und hierauf mehrere Wochen zur Besichtigung für das Publikum im Uhrsaale der Akademie der Wissenschaften zu Berlin ausgestellt war. Derselbe ist in reichster Ausführung von der Firma Max Schulz & Co. hergestellt und darf wohl als ein glänzendes Zeugnis der Höhe der Entwickelung angesehen werden, auf welcher das deutsche Kunstgewerbe gegenwärtig steht.

Holzmosaik. Ein zum Verzieren von Möbeln vielfach angewandtes Muster ist das sogenannte Holzmosaik, d. h. die Darstellung regelmäßig gestalteter Muster oder beliebiger Zeichnungen durch Zusammenstellung vieler kleiner farbiger Holzstifte analog der Verwendung bunter Steine zur Erzeugung des Steinmosaiks. Die Herstellung desselben, namentlich regelmäßig gestalteter Muster, welche vielfach verwandt werden sollen, erfolgt auf folgende Weise. Eine große Anzahl dünner prismatischer Stäbchen von bestimmter Färbung werden so zusammengeleimt, daß das entstandene stärkere Prisma oder der cylindrische Körper in seinem Querschnitt die gewünschte Zeichnung darstellt. Von diesem Körper werden sodann dünne Scheibchen mit der Bandsäge abgeschnitten, welche auf die betreffenden Möbel 2c. aufgeleimt oder in entsprechende Vertiefungen eingelegt werden.

Hierher gehört auch die sogenannte eingelegte Arbeit oder Intarsia, welche größere Muster von einer und derselben Färbung oder aus verschiedenfarbigen Hölzern gebildet, herstellt. Aus dem umgebenden Furnier wird mittels sehr feiner Sägen, sogenannter Laubsägen, die Form des einzulegenden Musters ausgesägt, sodann ein genau ebenso großes Stück aus dem die Einlage bildenden Holze ausgesägt und in die Höhlung des Furniers, nachdem letzteres auf dem Möbelstück bereits befestigt ist, eingesetzt und gleichfalls sorgfältig verleimt.

Fig. 680.
Ebenholzkassette mit Elfenbeineinlagen und vergoldeter Bronze, von Ratzersdorfer in Wien. Ausstellung von 1873.

Es ist jedoch die Vorlage des einzulegenden Stückes um einen sehr geringen Betrag größer zu zeichnen als diejenige für das Furnier, damit der durch das Aussägen entstandene Spielraum von dem eingelegten Stück völlig ausgefüllt wird. Häufig werden auch Metalle, Perlmutter u. dgl. zum Einlegen benutzt, wobei dasselbe Verfahren angewandt wird.

Ein neuerdings vorgeschlagenes Verfahren sei noch kurz erwähnt. Die in das Grundfurnier mit anderm Holze einzulegenden Muster oder Zeichnungen werden auf eine

Zinkplatte aufgezeichnet und letztere den Konturen entsprechend ausgeschnitten. Sodann wird auf das Grundfurnier das zur Einlage in dasselbe bestimmte, anders gefärbte Holz in dünner Platte aufgeleimt. Hierauf wird die Zinkschablone auf letzteres gelegt und beides zusammen unter einer hydraulischen oder Schraubenpresse einem starken Drucke ausgesetzt, wobei sich das aufgeleimte Holz entsprechend der Zinkschablone in das Grundfurnier eindrückt. Hierauf wird die Zinkschablone entfernt, das an den Rändern noch überstehende Holz fortgehobelt, sodaß nur die eingepreßte Einlage in den Vertiefungen zurückbleibt und das Muster vollständig deutlich im Grundfurnier sichtbar ist. Sodann wird die ganze Platte gemeinsam den weiteren Prozessen des Abschleifens, Polierens ꝛc. unterworfen.

Fig. 681. Modernes Schmuckkästchen von Professor Miller in München.

Holzguß. Ein sehr wichtiger Zweig der Holzindustrie ist die Erzeugung der sogenannten Holzgußwaren, welche in der Möbeltischlerei, Bautischlerei, zur Herstellung von Bilder- und Spiegelrahmen, zu vielen Arten von Zimmerschmuckgegenständen eine große Verbreitung gefunden haben. An Stelle der kostspieligen und zeitraubenden Holzschnitzerei werden Holzgußornamente verwandt, welche auf die betreffenden Möbel aufgesetzt und festgeleimt werden, und nach erhaltener Politur schwer von echten Holzschnitzereien zu erscheiden sind.

Zur Herstellung dieser Waren dienen meist metallene Hohlformen, in welche eine breiartige, aus feingemahlenen Holzspänen und starkem Leimwasser, sowie Beimengungen von Thon, Gips, Kreide, Pech, Farbstoffen ꝛc. bestehende Masse zunächst mit der Hand eingeknetet und hierauf unter geeigneten Pressen fest in die Form gepreßt wird. Die Form selbst wird zuvor mit einer feinen Ölschicht bestrichen, um das später erfolgende Herausziehen des fertigen Stückes aus der Form zu erleichtern. Selbstverständlich darf die letztere keinerlei Unterschneidungen besitzen, d. h. Vertiefungen, welche nach unten oder der Seite hin weiter werden, da sonst beim Herausziehen des fertigen Stückes in diesen Vertiefungen die Formmasse hängen bleiben würde. Die fertigen Formstücke werden entweder in den Formen selbst oder nach dem Herausnehmen aus denselben getrocknet, sodann gebeizt, geschliffen, poliert, vergoldet ꝛc. Eine sehr häufige Anwendung findet der Holzguß, wie bereits gesagt, zur Herstellung von Bilder= und Spiegelrahmen, welche sodann meist vergoldet werden. Um dem Formstück größere Festigkeit zu geben, werden auch wohl Holz= oder Eisenstäbe in die Formen mit eingelegt, jedoch derart, daß sie an keinem Punkt die Form berühren, vielmehr nur den inneren Kern des Formstückes bilden.

Durch Beimischung geeigneter Farbstoffe zu dem Holzbrei lassen sich alle möglichen Holzsorten imitieren, so daß dies Verfahren hierdurch eine sehr große Verwendbarkeit besitzt. Selbstverständlich ist es bedeutend billiger als die Holzschnitzerei, und wird der Holzguß namentlich da mit großem Vorteil zur Verwendung gebracht, wo viele Stücke derselben Form, wie Säulenkapitäle, Ornamente ꝛc., benötigt werden. Freilich dürfen die auf diese Weise hergestellten Teile keinerlei Belastungen ausgesetzt sein, sondern können lediglich als Verzierungen an den entsprechend haltbar gebauten Möbelteilen angebracht werden.

Holzstoff und Cellulose. Ein sehr wichtiges Ersatzmittel für Hadern, Papierabfälle in der Papierfabrikation bildet das Holz in Form von Holzstoff. Derselbe ist eine weiche, plastische, aus feinen Holzfasern bestehende Masse und wird den Papierfabriken zur Weiterverarbeitung zu Konzeptpapier, Packpapier, Pappen ꝛc. aus den Holzstofffabriken geliefert. Letztere sind naturgemäß meist in holzreichen Gegenden, Gebirgswaldungen angelegt und sehr häufig mit Wasserkraft als elementarer Betriebskraft versehen.

Die rohen Baumstämme werden zunächst geschält, sodann in kleine, würfelförmige Klötze von

Fig. 682. Prunkschrank, nach dem Entwurf des Hofraths Graff, ausgeführt für die Albrechtsburg zu Meißen.

circa 15—20 cm Seitenlänge zersägt. Die letzteren werden auf großen, raschlaufenden Schleifsteinen abgeschliffen (Völtersche Methode), wobei ein beständig zufließender Wasserstrom die Holzfasern fortschwemmt. Dieselben werden sodann durch mehrere Siebapparate geleitet und hierbei von den gröberen Spänen befreit. Auf Mahlgängen mit senkrechten Spindeln, ähnlich den zur Mehlbereitung dienenden, wird die Masse noch feiner zermahlen und schließlich auf große ebene, ähnlich den Papiermaschinen gebaute Apparate geleitet, wo dieselbe langsam entwässert und zu einem dünnen zusammenhängenden, pappenähnlichen Gefüge gestaltet wird, welches am Ende des Apparats über sich langsam drehende Walzen aufgewickelt und nach erfolgtem Trocknen in die Papierfabriken versandt wird.

350 Die Verarbeitung des Holzes.

Ein zu ähnlichen Zwecken wie der Holzstoff verwandter und auf ähnliche Weise aus Rohholz hergestellter Stoff ist die sogenannte Cellulose. Bei Herstellung derselben werden zumeist die geschälten Baumstämme durch rasch umlaufende Messer derart zerschnitten, daß die Baumstämme unter einer schrägen Neigung gegen die Messerwalze bewegt und von ihnen stets kleine Späne abgehackt werden.

Fig. 683. Schrank, ausgeführt von Ziegler & Weber in Karlsruhe.

Diese Späne werden durch geriffelte Walzen völlig zerkleinert und sodann in eiserne Cylinder geschüttet, in welchen dieselben behufs Entfernung der harzigen und fettigen Bestandteile aus dem Holze mit einer Ätznatronlösung gemischt etwa sechs Stunden gekocht und zugleich einem hohen Dampfdruck von mehreren Atmosphären unterworfen werden.

Das Kochen erfolgt in großen eisernen, liegenden Cylindern, welche innen ein Schienengleis besitzen, auf welchem die Kochcylinder bequem ein- und ausgefahren werden können. Der äußere Cylinder wird mittels Deckelplatte luftdicht verschlossen und sodann das Auskochen durch eingeleiteten hochgespannten Dampf bewerkstelligt.

Fig. 684.
Spielschrein Ihrer k. k. Hoheiten des Kronprinzen und der Kronprinzessin des Deutschen Reichs und von Preußen. Zur silbernen Hochzeit gestiftet vom Verein für Kunstgewerbe. (Ausgeführt von Max Schulz & Co.)

Das ausgekochte Holz wird sodann gereinigt und gebleicht, und bildet schließlich eine schneeweiße, schaumige, breiartige Masse, welche sodann in Tücher geschlagen, zu Paketen geformt und unter starken hydraulischen Pressen ausgepreßt wird. Die so erhaltenen

Cellulosekuchen werden sodann noch an der Luft getrocknet und endlich den Papier=
maschinen zugeführt.

Celluloid. Eine ausgedehnte Verwendung findet das Holz auch als Rohmaterial zur
Herstellung des Celluloids oder Zellhorns, einer hornartigen, elastischen, harten Masse,
welche in neuerer Zeit als Ersatzmittel des Kautschuks vielfach zu Schmucksachen, Kämmen,
Messer= und Gabelgriffen, kurz zu allen Artikeln, welche sonst aus Horn oder Kautschuk
hergestellt wurden, verarbeitet wird.

Das Zellhorn ist ein Gemisch von Schießbaumwolle und Kampfer. Die erstere wird
aus Holzstoff dadurch vielfach hergestellt, daß derselbe mit einer Mischung von konzen=
trierter Salpetersäure und Schwefelsäure vermengt und durchgeknetet wird. Das so er=
haltene Gemenge wird sorgfältig ausgewaschen und von jeder überflüssigen Säure befreit.
Hierauf wird die Masse mit Kampfer, Farbstoffen ꝛc. gemischt, in geeignete Formen gebracht
und unter starken hydraulischen Pressen einem längere Zeit anhaltenden hohen Drucke aus=
gesetzt, wobei gleichzeitig ein vorsichtiges Anwärmen der ganzen Masse auf 100 Grad und
darüber erfolgt. Hierauf wird die Masse getrocknet und ist nun als Rohmaterial zur
Weiterverarbeitung für Gebrauchsgegenstände aller Art fertig. Zu bemerken ist noch, daß
die fertige Masse leicht entzündbar ist, weshalb diesem Umstand bei seiner weiteren Ver=
arbeitung und späteren Behandlung sorgsam Rechnung zu tragen ist.

Erwähnt sei schließlich noch, daß das Zellhorn große Bildsamkeit besitzt, daher es zur
Herstellung gepreßter Waren, Kunstgegenständen, von Abklatschen für die Buchdruckerei ꝛc.
ein fast unentbehrliches Material geworden ist.

Fig. 685. Hochzeitskoffer, Spätrenaissance.

Nicht erst vom Werkzeug wird Naturtrieb angehaucht,
Naturtrieb bringt hervor das Werkzeug, das er braucht,
Der Geist gebrauchet nicht, weil sie brauchbar ist, die Hand,
Die erst die Brauchbarkeit, weil er sie brauchte, fand.

Rückert.

Das Drechseln und die Spielwarenfabrikation.

Erfindung der Drehkunst. Rohmaterialien. Alte Drehbänke. Spitzen- und Spindeldrehbank. Die Bestandteile einer zweckmäßigen Drehbank, Reitstock, Auflage, Spindel. Futter und Mitnehmer. Die mancherlei Drehstähle und sonstigen Werkzeuge. Drehbank mit Support. Schraubenschneiden. Exzentrisches Drehen. Das Ovalwerk. Spielwarenfabrikation. Knopffabrikation. Tabletterie. Fächer und dergleichen kurze Waren.

Das Drehen oder Drechseln ist eine alte, interessante, wichtige und vielverzweigte Kunst. Den Nachrichten aus der klassischen Zeit zufolge wäre sie von den Griechen erfunden, ist aber urindischer Herkunft und wurde frühzeitig eine Lieblingsbeschäftigung vieler; vornehme Personen, selbst Kaiser und Könige, lernten und übten sie, und noch jetzt hat sie Freunde bis in die höchsten Stände hinauf; namentlich finden sich unter den vornehmen Engländern viele leidenschaftliche Drechsler. Gewerbsmäßige Dreher gab es schon im alten Rom, ebenso verstand man sich auch in Deutschland schon frühzeitig auf das Drehen in Holz, Horn, Bein u. s. w. sehr gut, auch war das maschinenmäßige Drehen im großen bereits vor ein paar Jahrhunderten gebräuchlich, namentlich bestanden bereits Drehbänke, die von Wasser getrieben wurden.

Die heutige Drehbank in ihren verschiedenen Formen und Größen ist eigentlich eine Art Universalmaschine; denn sie dient nicht bloß dem eigentlichen Drechsler, sondern wirkt noch bei einer ganzen Reihe andrer technischer Zweige mehr oder weniger mit: sie unterstützt namentlich den Mechaniker (der Maschinendrehbank zum Bearbeiten der größten Metallkörper sind wir an einem andern Orte bereits begegnet), den Metalldrücker und Klempner und viele andre Metallarbeiter, den Knopfmacher, den Porzellanformer ꝛc. Je nach dem Vorkommen der zur Verarbeitung gelangenden Rohmaterialien haben sich in gewissen Gegenden ganz besondere Zweige der Drechslerkunst entwickelt, wie z. B. die Bernsteindreherei in den Ostseestädten, die Serpentindrehereien in Zöblitz in Sachsen, die Marmordrehereien am Harz 2c.

Die Rohmaterialien für die Drechslerei stammen aus allen drei Naturreichen; die größte Zahl liefert das Pflanzenreich. Außer den Hölzern dient bekanntlich die Schale der Kokosnuß als ein hübsches Material zu feinen Arbeiten, ebenso die Taguanuß, das verhärtete Eiweiß einer Palmfrucht (Phytelephas macrocarpa), bekannt unter dem Namen vegetabilisches Elfenbein. Das Tierreich liefert Knochen, Elfenbein, Zähne, besonders die des Elefanten, des Walrosses und Flußpferdes, Horn, Geweihe, Hufe, Schildpatt, Korallen, Perlmutter. Die Erde gibt als verhärtete Harzausflüsse vorweltlicher Nadelbäume den schönen Bernstein, dann den Gagat, der eine Art Pechkohle ist, Alabaster, Speckstein, Serpentin, Meerschaum, endlich die Metalle, von welchen sich die meisten zur Verarbeitung auf der Drehbank eignen.

Die Arbeit des Drehens ist uns von der Metallbearbeitung her schon bekannt. Die Holzdreherei bedient sich aber in manchen Stücken bei weitem einfacherer Werkzeuge und Maschinen, wie wir solche (eine sogenannte Spitzendrehbank) im Anfangsbilde in altmodischer Form dargestellt sehen. Das in Umdrehung zu setzende, vorher aus dem Groben vorgerichtete Arbeitsstück ist zwischen stählernen Spitzen eingespannt; oberhalb des Tisches (s. Fig. 687) ist dieses in etwas größerem Maßstabe nochmals abgebildet. Eine Schnur, die ein paarmal um das Stück herumgeht, hängt unten mit dem Tretschemel, oben mit dem an der Decke befestigten federnden Bogen zusammen, der aus elastischen Hölzern oder aus Stahl bestehen kann. Ein Tritt auf den Schemel zieht die Schnur nieder und spannt den Bogen an; beim Nachlassen des Fußes tritt die von ihm überwundene Federkraft wieder in Wirkung; die Schnur geht wieder nach oben. Bei diesem wechselnden Auf- und Absteigen der Schnur wird nun selbstverständlich das Arbeitsstück mit herumgenommen, es läuft abwechselnd in der einen und der andern Richtung um seine Achse. Beim Niedertreten läuft es mit seiner Oberseite gegen den Arbeiter, und das ist der Moment, wo er sein Werkzeug in Anwendung setzen muß, denn beim

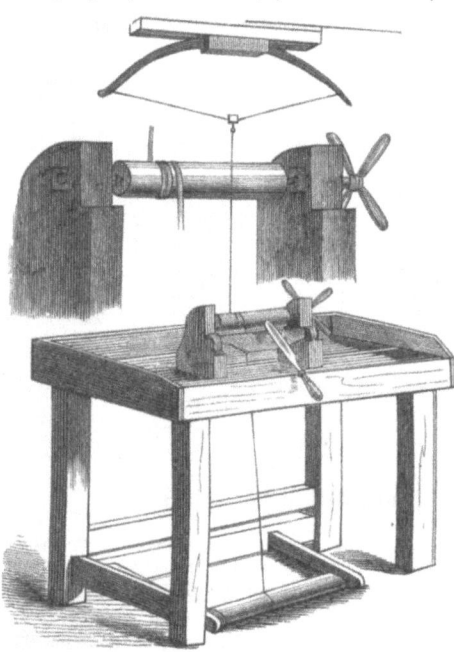

Fig. 687. Alte Drehbank, die sogenannte Fitschel. Der Hauptteil vergrößert.

Rücklauf des Arbeitsstücks muß pausiert werden, weil dasselbe sich von dem Instrumente wegdreht. Dieser Verlust der halben Zeit ist ein wesentlicher Übelstand der Spitzendrehbank oder Fitschel, wie sie im Volksmunde heißt. Auch ist der Apparat zum Ausdrehen hohler Sachen nicht gut zu gebrauchen, obwohl in der Gegend von Berchtesgaden recht zierliche Gegenstände aus Ahornholz darauf hergestellt werden.

Die Körper, zwischen welche das Arbeitsstück eingespannt ist, heißen Docken; die linke steht immer fest, die rechte ist verschiebbar, um Arbeitsstücke von verschiedenen Längen zwischen beide bringen zu können. Letztere heißt daher die fahrende Docke oder der Reitstock; ist ihr die richtige Stelle auf der Unterlage nach Maßgabe des Arbeitsstücks gegeben, so wird sie festgeschraubt oder auch nach alter Art festgekeilt. Die kegelförmige Stahlspitze, welche in der linken Docke unverrückbar festsitzt, befindet sich an dem Reitstock am Ende einer durchgehenden Schraube, die mittels Drehkreuz vor und zurück bewegt werden kann; sie ermöglicht es, kleine Entfernungsverschiedenheiten zwischen den beiden Spitzen herzustellen, ohne daß erst der Reitstock losgemacht und verschoben werden muß.

Der gute Erfolg des Drehens hängt in erster Stelle davon ab, daß die beiden Spitzen, zwischen denen der Gegenstand läuft, möglichst in einer horizontalen Linie, also auch auf

Die Arbeit des Drehens. Die Bestandteile der Drehbank. 355

gleicher Höhe liegen. Damit dies stattfinden kann, müssen die beiden Wangen, die zusammen das Bett ausmachen, recht genau und richtig gearbeitet, und der Schlitz, den sie zwischen sich lassen, muß überall gleichweit sein. Letzterer dient als Bahn für die Docken. Es findet sich eine solche oder ähnliche Führung an jeder Art von Drehbänken.

Eine weit vollkommenere Art von Drehbänken und die fast durchgängig gebrauchte ist die Drehbank mit Rad und Spindel; beide Stücke verhalten sich und bewegen sich durch eine Schnur ohne Ende miteinander wie das Rad und der Wirtel am Spinnrad; die Bewegung geht immer in derselben Richtung fort, und die Arbeit ist daher eine ununterbrochene. Die Spindel, eine eiserne Welle mit aufsitzender Schnurscheibe, ist derjenige Teil, welcher den Antrieb von der Arbeitskraft erhält; das Arbeitsstück wird in irgend einer Weise mit der durch die rechte Docke hindurchragenden Spindelwelle fest verbunden und so genötigt, die Drehung mitzumachen. — Die Fig. 688 gibt uns das Bild einer einfachen modernen Drechselbank; das Gestell besteht aus Holz, die Docke, Reitstock und Schwungrad sind aus Gußeisen, die übrigen Teile aus Schmiedeeisen gefertigt. Wir bemerken als ersten Aufsatz rechts die Spindel mit ihrer Lagerdocke P. Der Spindel gegenüber steht links der verschiebbare Reitstock C. Das Schwungrad ist dreistufig, und dieselben Stufen finden sich in umgekehrter Anordnung auf der an der Spindel festsitzenden Laufscheibe wieder. Je nach der Auflage der Treibschnur sind damit drei verschiedene Geschwindigkeiten möglich. An Bänken für schwere Arbeit kann der Dreher nicht zugleich das Werkzeug führen und das Rad treten; letzteres wird alsdann von einer andern Kraftquelle, Wasserkraft oder Dampfmaschine, in Bewegung gesetzt. In diesem Falle muß dann das Triebwerk so eingerichtet sein, daß es sich leicht und rasch ausschalten läßt, damit man jeden Augenblick die Spindel anhalten kann, um den Erfolg der Arbeit zu beobachten.

Die Bestandteile der Drehbank. Der Reitstock (s. Fig. 689) hat die beiden schon bemerkten Verschiebungsfähigkeiten, einmal seiner

Fig. 688. Verbesserte Drehbank mit Trittrad.

selbst zwischen den Wangen und dann des durch ihn gehenden, mit Schraube versehenen Reitnagels. Ist dem letzteren seine Stellung gegeben, so wird er durch eine senkrechte Druckschraube festgestellt. Das mittlere Stück der Drehbank ist die Auf- oder Vorlage (s. Fig. 690), auf welche der Dreher sein Drehstähle stützt, indem er sie dem umlaufenden Arbeitsstück entgegenhält. Bei der alten hölzernen Drehbank nicht viel mehr als ein simples Querholz, ist dieselbe in dem Eisenbau so weit ausgebildet, daß sie seitwärts vorgeschoben, höher und tiefer gestellt, dem Arbeitsstück näher und ferner gerückt sowie in beliebige Schrägstellungen zu diesem gebracht werden kann.

Der Spindelkopf, nämlich das aus der Docke hervorragende Ende der Spindel, ist zur Aufnahme verschiedener Ansetzstücke eingerichtet. Er ist hohl und hat ein inneres Schraubengewinde, in welches nach Bedarf ein stählerner Spitzkegel oder ein stumpfes Endstück eingeschraubt wird. Die Außenseite des Spindelkopfes hat ebenfalls ein Schraubengewinde, und an diesem finden die verschiedenen Vorrichtungen ihren Haltpunkt, welche nötig sind, um eine feste Verbindung zwischen der Spindel und dem Arbeitsstück herzustellen. Diese Zwischenmittel heißen Futter oder Patronen. Außer dem Schraubengange kann

45*

die Spindel noch eine etwas stärkere Stelle haben, wo sie vier- oder sechsseitig ist und wo eine Scheibe und dergleichen mit entsprechender Durchlochung aufgeschoben werden kann.

Bei den verschiedenen Zwecken, zu denen sich die Drehbank benutzen läßt, und bei der Unzahl von Formen, die auf ihr geschaffen werden können, geschieht auch das Arbeiten an ihr nicht immer in einerlei Weise. Einen Unterschied macht es zunächst, ob der Reitstock gebraucht wird oder nicht. Bei runden Drehstücken und überhaupt solchen, die eine mehr gedrungene als lange Form haben und nicht zu schwer sind, genügt die einseitige Befestigung am Spindelkopfe mittels eines Futters, und der Reitstock bleibt unbenutzt. Diese Form des Drechselns, das sogenannte Freidrehen, kommt bei gewöhnlichen Arbeiten und denen der Dilettanten häufig vor, während es bei genaueren Arbeiten in Metall gern vermieden wird, da man des richtigen Rundlaufens hierbei nicht völlig sicher ist.

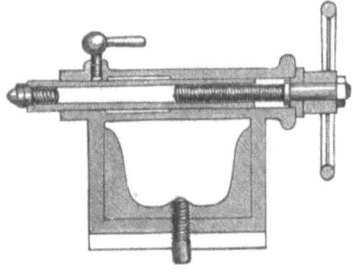

Fig. 689. Der Reitstock.

Die Futter oder Patronen können von Holz oder Metall sein und haben je nach der Form der Arbeitsstücke sehr verschiedenartige Einrichtungen. Bei einigen wird das Stück durch stählerne Backen festgehalten (Backenfutter), bei andern durch eine Zange (Zangenfutter) oder durch Schrauben u. s. w. Schraubenfutter haben einige hervorragende Eisenspitzen, auf welche das Arbeitsstück angetrieben wird; sie können natürlich nur bei Holz und in Fällen gebraucht werden, wo das Eindringen der Spitzen ohne Schaden stattfinden kann. Für flache Gegenstände, wo das Einspannen unthunlich ist, wie z. B. bei einem Holzteller, wird als Futter eine einfache Holzscheibe genommen und der Gegenstand mit Kitt daran befestigt. Häufig werden auch hölzerne Hohlfutter angewandt, in die das Arbeitsstück durch Hammerschläge eingetrieben und durch Einklemmen festgehalten wird.

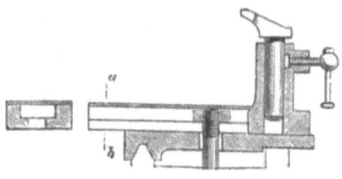

Fig. 690. Die Auflage.

Zur Vermehrung des Zusammenhalts zwischen Futter und Arbeitsstück werden beide gewöhnlich angefeuchtet und stark mit Kreide angerieben. Um hohle Stücke, wie Becher u. dgl., äußerlich abzudrehen, nachdem der Hohlraum ausgedreht ist, findet das Umgekehrte wie beim Hohlfutter statt; man zieht sie auf ein Vollfutter auf, das in den Hohlraum eben hineinpaßt. Viele Sachen können an dem eingespannten Rohstück ohne weiteres fertig gedreht und schließlich abgenommen werden, indem man den Zapfen, der sie mit dem Rest des Holzes noch verbindet, durchdreht; andre hingegen müssen gewendet werden, so daß die zuerst bearbeitete Seite hernach ins Innere des Hohlfutters zu liegen kommt. Durch Eintreiben in ein gewöhnliches Futter würde dieser fertige Teil beschädigt werden können, weshalb man für solche Fälle ein zweckmäßigeres Hohlfutter hat, dessen Wandung durch Sägenschnitte von vornher in mehrere Teile getrennt ist. Das Einspannen geschieht hierbei,

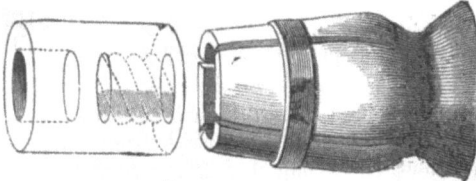

Fig. 691. Hohlfutter.

wie aus Fig. 691 ersichtlich ist, durch Antreiben eines Ringes. In Metall ausgeführte Futter sind in den folgenden Abbildungen dargestellt, und zwar in Fig. 692 die hintere Ansicht und der Durchschnitt einer der gewöhnlichsten Formen, wo der Gegenstand mittels Stellschrauben aa möglichst genau ins Zentrum gebracht und festgehalten wird. Die Amerikaner haben diese Stellfutter durch selbstthätige Spannfutter ersetzt, welche beim Einspannen runder zu fassender Gegenstände diese ohne weiteres Zuthun rundlaufend festspannen. Diese Spannfutter sind jetzt in zahlreichen Formen auf dem Werkzeugmarkt. Ein Beispiel zeigt Fig. 693.

Ist ein Drehstück so lang oder schwer, daß es in der einseitigen Befestigung am Futter keine genügende sichere Stütze hat, so wird der Reitstock herangenommen und seine Spitze gibt einen zweiten Stützpunkt ab. Lange, schwankende Stücke erfordern noch einen dritten Stützpunkt; man führt sie durch das genau umschließende runde Loch einer in der Mitte zwischen beiden Spitzen aufgestellten Hilfsdocke (Lünette), oder die Lünette löst den Reitstock ab in den Fällen, wo auch das Ende des Werkstücks zu bearbeiten ist. Indem dasselbe sich frei in dem runden Loche dreht, hat der Drehstahl Zugang. Trägt diese Hilfsdocke eine drehbare und feststellbare Scheibe mit einer Auswahl verschieden großer Lauflöcher, so heißt sie insbesondere die Anlaufscheibe. — Viele Körper von walzenförmiger oder sonst gestreckter Form werden nicht eingefuttert, sondern unmittelbar zwischen die Spitzkegel der Spindel und des Reitstocks eingespannt. Oder wenn der abzudrehende Gegenstand selbst schon zwei Spitzen an den Enden hat, so ersetzt man die Drehbankspitzen durch zwei stumpfe, mit Grübchen versehene Einsätze. Es leuchtet nun aber ein, daß ein solchergestalt zwischen zwei Spitzen gefaßtes Arbeitstück beim Angriff des Stahls sogleich locker werden und stehen

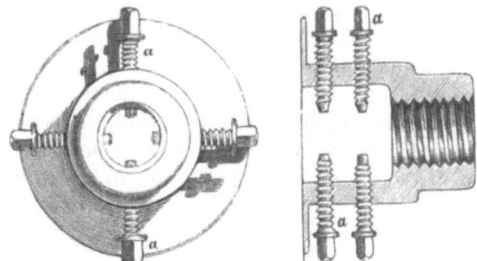

Fig. 692. Schraubenfutter.

bleiben müßte, daß also eine festere Verkuppelung zwischen dem Werkstück und dem Spindelkopf erforderlich ist. Eine solche Vorrichtung, welche Mitnehmer genannt wird, kann verschieden gestaltet sein. In den beiden Fig. 694 und 695 erscheint sie in zwei Ansichten, als eine Scheibe, die an den Spindelkopf geschraubt wird und mit einem Führungsstift a hinter einen Bügel (das sogenannte Spannherz) greift, der an dem Werkstück mit einer Druckschraube angeklemmt ist und dieses so zum Mitlaufen zwingt.

Für Holzarbeiten genügen diese Einrichtungen meistens; der Metallarbeiter dagegen dreht Stücke, die größere Genauigkeit erfordern, z. B. feine Wellen, gern zwischen festen oder sogenannten todten Spitzen. Hierbei bleibt die Spindel aus dem Spiele und die Fehler in der Arbeit werden vermieden, welche ein möglicherweise noch so

Fig. 693. Zentrierendes Spannfutter.

wenig schwankender Gang derselben haben könnte. Man setzt dem Reitstock eine ganz gleich gestaltete feste Docke gegenüber, steckt auf den Bolzen dieser oder des Reitstocks eine Lochscheibe, welche sich lose dreht, legt auf diese den Treibriemen und gibt ihr und dem eingespannten Werkstück irgend eine Mitnehmung.

Die Drehstähle, welche der Drehkünstler in ziemlicher Anzahl gebraucht, sind, je nachdem sie in Holz oder Metall arbeiten sollen, einigermaßen verschieden, wiewohl eine scharfe Trennung nicht stattfindet. Die Holzdrehstähle brauchen nicht in so hohem Grade gehärtet zu sein, wie die für Metall, und haben in den meisten Fällen eine breitere Bahn, um entweder mehr Masse auf einmal fortzunehmen oder einen breiteren Raum des Drehstücks auf einmal

Fig. 694 und 695. Mitnehmer.   Fig. 696. Spannherz.

beherrschen zu können. Die Drehstähle für Metall dagegen können nur wenig auf einmal greifen, sind daher schmäler geformt, mit mehr stichelartigen Schneiden. Die gebräuchlichsten Holzinstrumente können somit auf Metall gar nicht angewendet werden, eher noch umgekehrt die Metallstichel auf Holz, zumal auf hartes. In den Fig. 697 und 698 geben wir nur die schneidenden Teile in Abbildung; der Stahl ist bei den Holzdrehstählen mit einem Holzgriff versehen, der seine Handhabung erleichtert.

Um das vorher mit Säge und Beil roh vorgerichtete Holzstück aus dem Groben drehen zu können, hat der Drechsler zunächst Schrotstähle nötig. Als solcher dient auf weiches,

Das Drechseln und die Spielwarenfabrikation.

nicht ästiges oder maseriges Holz erstlich die Röhre oder Hohlröhre (Hohlmeißel) (a), ein rinnenförmiges, vorn zugeschärftes Werkzeug, das große Späne wegnimmt und nach Erfordern bald mit dem mittleren Teil, bald mehr mit einer der Seiten angesetzt wird. Andre Schrotstähle auf Holz wie auf Metall haben ausgekehlte oder zugerundete Schneiden (b und c); an andern, welche Spitzstähle heißen, sind zwei in einem Winkel zusammenstoßende Schrotflächen angeformt (d). Meißelförmige Stähle (Schlichtmeißel) mit recht- oder schiefwinkelig anstehender Schneide und einer oder zwei Schiefflächen (e und f) werden von verschiedener Form und Größe gebraucht, um die Rauheiten, welche die größeren Werkzeuge hinterlassen, wegzunehmen und überhaupt die Gegenstände fertig zu machen. Diese Meißel sind am schwierigsten zu handhaben, aber ein geübter Arbeiter leistet damit Außerordentliches und vollendet seine Werkstücke so weit, daß sie wie poliert erscheinen. Zum Arbeiten in Hohlungen (Ausdrehen) gibt es Hakenstähle (g, h), deren vorderes Ende rechtwinkelig umgebogen ist, so

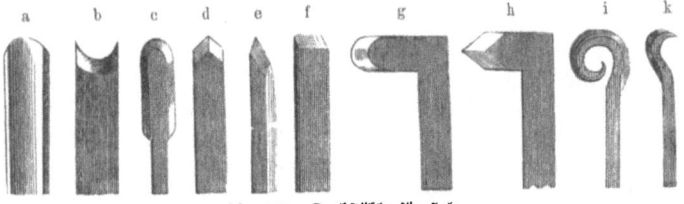

Fig. 697. Drehstähle für Holz.

daß der schneidende Teil, der wieder die Form des Rundstahls, Spitz- oder Schlichtstahls haben kann, nach der Seite sieht. Andre Ausdrehstähle haben seitwärts eine geradlinige Schneide, wieder andre eine Mond- oder Sichelform (i, k und q).

Drehhaken in Form von m, n kommen bei Metallarbeit in verschiedener Größe und mit verschiedenen Schneiden vor und heißen je nach ihrer Funktion Schrot-, Spitz- oder Schlichthaken. Sie haben für größere Stücke ein so langes Heft, daß es an die Achsel anzulegen ist. Ihre Schneiden befinden sich am Ende; die Kerbung kommt auf die Auflage zu liegen und ist nur zur Verhütung des Abgleitens da. Der Grabstichel (s), das Werkzeug des Graveurs, ist auch für den Dreher nicht unwichtig, besonders in Metall und anderm harten Material, ebenso der Drehstahl r, da beide nur ganz schmale Späne auf einmal wegnehmen. p zeigt uns einen Stahl zum Ausdrehen äußerer Schraubengewinde (Schraubenspindeln), o einen für Muttern. Greift p, ohne fortzurücken, immer auf demselben Umkreise des Drehstücks an, so entstehen in sich zurückkehrende Rillen und Kanten. Auch Räntel-

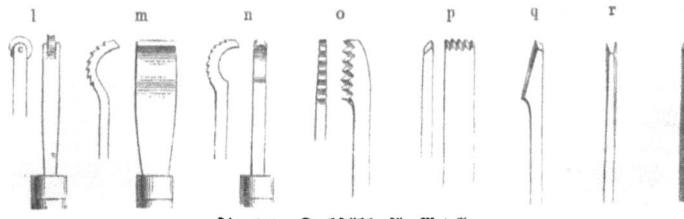

Fig. 698. Drehstähle für Metalle.

rädchen (l) kommen in Anwendung zur Erzeugung von Verzierungen. Da sich das Bohren auf der Drehbank ebenso bequem als rasch ausführen läßt, so kommen auch mancherlei

Bohrer in Anwendung, und man führt sie entweder dem sich in der Spindel drehenden Arbeitsstück entgegen oder spannt sie fest und führt ihnen das Bohrstück zu.

Der Support. So geschickt aber ein Dreher auch sein mag, so greift doch auch bei dieser Arbeit die allgemeine Erfahrung Platz, daß hinsichtlich der Sicherheit und Genauigkeit die Menschenhand von der Maschine weit übertroffen wird. Eine metallene Walze, ein Kegel, eine Kugel oder eine Platte wird bei allem Geschick, bei beständigem Nachmessen mit Zirkel oder Lineal, mit Handarbeit und gewöhnlicher Auflage nicht so vollkommen richtig abgedreht werden können, wie es für viele Zwecke der heutigen Mechanik unerläßlich und auf mechanischem Wege ohne große Schwierigkeit zu erreichen ist. Deshalb sind Bänke, auf welchen Metallarbeit gemacht werden soll, meistens mit einer Vorrichtung versehen, welche die bewegliche Auflage oder der Support heißt und die den Dreher der Mühe der Stichelführung überhebt. In den Support wird der Drehstahl fest und in solcher Stellung eingeschraubt, daß er den richtigen Angriff auf das Drehstück macht; der Arbeiter hat nur das einfache Geschäft der Fortbewegung des Supports am Drehstücke entlang zu besorgen, und bei Maschinendrehbänken auch dieses nicht, da die Maschinerie diese Fortbewegung selbst vermittelt. — Der Support besteht immer aus wenigstens drei Teilen: zwei übereinander liegenden, senkrecht zu einander stehenden Schlitten, deren oberer die Bewegung senkrecht gegen das Werkstück, der untere parallel zur Drehachse ermöglicht. Auf dem oberen Schlitten ist ein Aufsatz zum Einspannen des Drehstahls, das Stichelhaus, befestigt.

Die nachstehenden Abbildungen zeigen das Nähere der Einrichtung eines Supports für die Handdrehbank. Fig. 699 ist eine Vorderansicht, Fig. 700 die Seitenansicht, Fig. 701 ein Durchschnitt in vergrößertem Maßstabe. a ist die Grundplatte, die an den Wangen der Bank befestigt ist. Auf derselben schiebt sich mittels der Schraube b der Schieber c, wenn man die Kurbel d dreht. Der Schieber c trägt den Ständer e, auf welchem sich das Stichelhaus f mittels der Schraube g verschieben läßt. Soll nun z. B. ein Cylinder

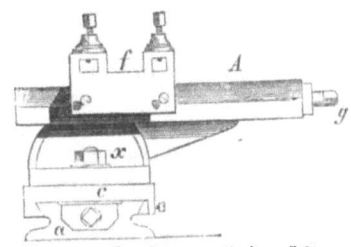

Fig. 699. Der Support. Vorderansicht.

abgedreht werden, so wird der Support zunächst durch die Kurbel an den Anfang desselben gebracht, dann das Stichelhaus durch die Schraube g dem Cylinder so weit genähert, daß das Werkzeug so viel greift, als es auf einmal wegzunehmen im stande ist. Wird nun die Drehbank in Bewegung gesetzt und gleichzeitig der Support durch die Kurbel nach Bedarf langsam weiter gerückt, so ist klar, daß der Cylinder auf allen Punkten eine gleichmäßige Überarbeitung erfahren muß, die unter jedesmaligem, ganz geringem Näherschrauben des Stichelhauses so lange fortgesetzt wird, bis alle Unebenheiten verschwunden sind.

Um flache, d. h. scheiben- oder plattenförmige Körper zu ebnen, oder überhaupt Stücke auf dem Kopfe zu bearbeiten, muß der Stichel in seinem Hause in die andre Lage gebracht werden, wo er mit den Wangen der Bank parallel liegt. Die beiden Führungsschrauben des Supports wechseln hierbei die Rollen, indem nun die

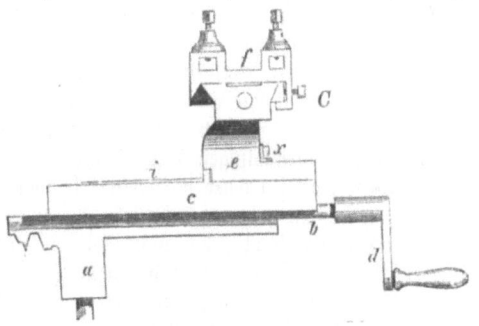

Fig. 700. Der Support. Seitenansicht.

obere das Vorbeiführen, die untere das Näherrücken zu besorgen hat. Dasselbe gilt, wenn Kegelflächen bearbeitet werden. Hierzu ist nichts erforderlich, als den oberen Teil des Supports entsprechend zu verdrehen, so daß die obere Gleitbahn schräg über die untere zu liegen kommt, also der Drehstahl sich in einer schrägen Richtung dem Drehstücke nähert.

Unter die nützlichen Verwendungen, welche die Drehbank gestattet, gehört auch das Schraubenschneiden, wozu, wenn es aus freier Hand ausgeübt wird, besondere Geschicklichkeit gehört. o und p unter den bereits betrachteten Drehstählen sind Werkzeuge zum Schneiden von Schraube und Mutter, sogenannte Schraubstähle. Werden dieselben aus freier Hand geführt, so erhält der weniger geübte Arbeiter leicht ein unvollkommenes Gewinde, weshalb Drechsler wie Mechaniker sich lieber besonderer Vorrichtungen zum Schraubenschneiden bedienen. Das gewöhnliche Schneideverfahren, das eine genauere Arbeit garantiert, besteht darin, daß der Schneidstahl unverrückbar an einer Stelle liegen bleibt und dafür das Arbeitsstück, von der

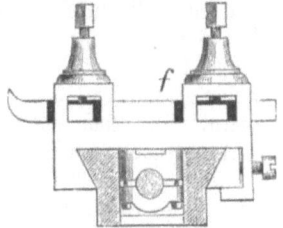

Fig. 701. Der Support. Vergrößerter Durchschnitt.

Spindel getrieben, sich drehend vorbeischiebt. Die seitwärts schiebende Bewegung wird durch eine sogenannte Patrone gegeben, welche mit der Spindel verbunden ist und nichts als ein kurzes Stückchen Schraube darstellt, dessen Gewinde sich gewöhnlich an einem Muttersegmente hinschiebt. Sie wird am linken Ende der Spindel, außerhalb der Hinterdocke, aufgesteckt und hat die Form eines kurzen Cylinders mit schraubenförmig eingeschnittener Rille. In letztere greift ein feststehender Zahn, der wie ein Stückchen Mutter wirkt und die Patrone, und was mit ihr zusammenhängt, zu einer seitlichen Verschiebung nötigt. — Beim Schraubenschneiden mit der Patrone kann die Schraube nur Stück vor Stück und in Absätzen fertig werden, denn der Mechanismus der Drehbank gestattet nur eine kurze Verschiebung der Spindel auf einmal. Hier liegt es nun auf der Hand, daß der Support gerade zum Schraubenschneiden in einem Zuge fort sich viel besser eignen muß, wenn dessen Fortleitung nicht durch die Handleier, sondern durch die Maschine selbst, also mit einem Worte auf der uns bekannten mechanischen Drehbank, erfolgt.

Exzentrisches Drehen. Viele der künstlicheren Drehprodukte sind durch exzentrisches Drehen erzeugt, und namentlich findet das exzentrische Drehen „vor Kopf", d. h. vor der Endfläche des Stücks, Anwendung; die bequemste Vorrichtung hierzu bietet der sogenannte Versetzkopf. Es ist dies eine an die Spindel zu schraubende Metallscheibe, in deren Fläche ein geradliniges, durch eine Schraube bewegliches Stück, der Schieber, liegt. Auf letzterem befinden sich die Vorrichtungen zum Einfuttern des Arbeitsstücks. Solange der Schieber die Mittelstellung hat, läuft das Drehstück rund wie in einem gewöhnlichen Futter, und es lassen sich nur konzentrische Kreise andrehen; rückt man aber das Stück mehr oder weniger aus dem Zentrum, so kann man Kreise verschiedener Größe an verschiedenen Stellen außerhalb der Mitte anbringen. Durch geschmackvolle Verteilung und Verschlingung solcher Kreise lassen sich schon mancherlei hübsche Verzierungen hervorbringen, wobei selbstverständlich auch das Arbeitsstück im Futter nach Bedarf gewendet werden muß. Weitere Abänderungen gibt das sogenannte Ovalwerk, das sich ebenfalls an jeder Drehbank anbringen läßt, und das man als selbstthätigen Versetzkopf bezeichnen könnte. Hierbei bewegt sich der Schieber mit dem Arbeitsstück während einer Umdrehung eine Strecke, deren Länge sich verändern läßt, über das Zentrum fort und wieder zurück, und das Resultat dieser Doppelbewegung ist eine Ellipse. Der Gang der Arbeit ist infolge dieser gezwungenen Bewegung zwar etwas langsam, höchst zweckmäßig aber z. B. zur Herstellung ovaler Bilderrahmen.

Bei der fabrikmäßigen Herstellung einfacher Drechslerwaren machen die Spindeln der durch Wasserkraft betriebenen Drehbänke wohl 2000—2500 Umläufe in der Minute. Für gewisse massenhaft gebrauchte Stücke, besonders Zündholzbüchsen, hat man auch ganz selbstthätig arbeitende Bänke, die man nur mit runden Stangen zu speisen braucht. Die mit drei feststehenden Schneiden und einem Hohlbohrer bewaffnete Spindel erzeugt im Nu eine Büchsenform, eine Kreissäge tritt heran und schneidet sie ab, eine Führung schiebt das Holz auf eine Büchsenlänge nach, und so geht es fort, derart, daß jede Minute eine Büchse fällt.

Die Knopffabrikation bietet in der Herstellung der Knöpfe aus Holz, Steinnuß, Perlmutter, Horn u. s. w. ein sehr instruktives Beispiel der Anwendung der Dreharbeit. Es wird von Interesse sein, an dieser Stelle dem Gegenstande einige Worte zu widmen, um so mehr, als die Knöpfe einen sehr wichtigen Teil der Zugehörigkeiten unsrer Bekleidung bilden. Sie haben teils in ihrer Beschaffenheit, teils nach den Mitteln ihrer Verfertigung in neuerer Zeit mancherlei Veränderungen erfahren. Zu den ältesten Arten gehören die gegossenen Zinnknöpfe mit Öhr, und zwar wurden dieselben zuerst so angefertigt, daß man sie aus zwei gegossenen Teilen (Ober= und Unterboden) zusammenlötete. In England erhielten 1683 Maundrell & Williams ein Patent für alleinige Anfertigung der gegossenen hohlen Zinnknöpfe; doch ist zweifelhaft, ob sie wirklich die ersten Erfinder dieses Artikels waren. Der Guß solcher Knöpfe erfolgt in messingenen oder eisernen Formen. Später wurden Knöpfe zuerst in Birmingham aus hartem Metall in Sandformen gegossen; man verwendete dazu Messing mit viel Zinkzusatz und unterschied eine gelbe Sorte als Bathmetall und eine weiße (besonders zinkreiche) als Platina. Im Jahre 1780 wurde diese Art der Knopffabrikation von England aus nach Österreich verpflanzt. Die Blechknöpfe kamen in der letzten Hälfte des vorigen Jahrhunderts in die Mode, und haben in den letzten fünfzig Jahren zahlreiche Veränderungen in der Herstellungsweise erfahren. Die Metallknopffabrikation ist gegenwärtig namentlich in Frankreich, und zwar besonders in Paris, zu großer Vollkommenheit gelangt. Die dortigen Fabriken sind mit sehr vollständigen Maschineneinrichtungen versehen, so daß durchschnittlich auf 20 darin beschäftigte Arbeiter über 50 Maschinen kommen. Hierdurch ist die Produktion sehr erhöht und bedeutend wohlfeiler gemacht worden. Zu rühmen ist, nicht nur in diesem Fache, sondern im allgemeinen, die Ordnung, Ruhe und Reinlichkeit in den Werkstätten und die Sorgfalt, mit welcher die Pariser

Arbeiter die ihnen übergebenen Maschinen behandeln. Die Pariser Knopffabrikation befaßt sich ausschließlich mit den feinen Sorten, mit Luxusknöpfen, bezieht indessen jetzt große Mengen davon aus Deutschland, namentlich Elberfeld; Wien strebt Paris nach, während in Deutschland besonders die Städte Elberfeld-Barmen, Berlin, Lüdenscheidt und Nürnberg, ebenso wie viele englische Fabriken alle gewöhnlichen Sorten herstellen. Für die sehr bedeutende Steinnußfabrikation, welche früher durch Berlin beherrscht wurde, sind die Hauptstellen jetzt Sachsen und Böhmen. Uniform-, Livree- und Metallknöpfe überhaupt werden übrigens fast in allen Gürtlerwerkstätten Deutschlands gefertigt; doch ist es natürlich den kleinen Meistern schwer, mit der Großfabrikation in Wettbewerb zu bleiben.

Wollen wir auf die Herstellung der Knöpfe etwas näher eingehen, so haben wir an dieser Stelle neben den Metallknöpfen ganz besonders die Knöpfe aus Knochen, Elfenbein, Horn, Holz und dergleichen zu berücksichtigen, weil dieselben ein Erzeugnis der Dreharbeit sind. Die Knöpfe aus Knochen und Holz werden gewöhnlich auf der Drehbank hergestellt. Man zerschneidet zuerst das Material mittels der Kreissäge in schmale Streifen, aus welchen man durch einen rotierenden Zentrumbohrer die Knopfscheiben herausschneiden läßt, wie dies Fig. 702 zeigt. Auf diese Weise wird in die Holz-, Knochen-, Elfenbein- oder auch Perlmutterstreifen Loch an Loch gebohrt und damit die Knöpfe erhalten, welche vorläufig einfach aus runden, in der Mitte durchlochten, durch Hohlkehlen und Nuten mehr oder weniger verzierten Scheibchen bestehen. Es folgt hierauf das Polieren der Knöpfe, was ebenfalls in der Drehbank ausgeführt wird, indem man jeden Knopf einzeln in ein an der Drehbankspindel be-

Fig. 702. Knopfdrehbank.

festigtes Holzfutter zentral einsetzt und mit einem Läppchen, das mit Seife und Kreide bestrichen ist, behandelt. Das Bohren der übrigen Löcher, mit denen derartige Knöpfe meist zu versehen sind, erfolgt mittels einer besonderen Bohrmaschine, welche drei oder vier Löcher auf einmal bohrt. Fig. 703 zeigt deren Einrichtung.

Es wird zur Herstellung von Knöpfen auch neuerdings eine afrikanische, der Kokosnuß ähnliche Frucht, Corozzo genannt, verwendet, deren Masse sich leicht bearbeiten läßt und eine schöne Politur sowie verschiedene Färbung annimmt. Man bezeichnet diese Substanz öfter als vegetabilisches Elfenbein. Die Fabrikation von Knochen- und Corozzoknöpfen ist im französischen Departement der Oise konzentriert, woselbst sich zu Beauvais eine bedeutende, unter der Firma Dupont & Deschamps bestehende Fabrik für diesen Artikel befindet.

Was die Fabrikation der Hornknöpfe betrifft, so werden die auf die oben erwähnte Weise hergestellten, vorher in heißem Wasser erweichten Scheibchen in einer heißen Metallform gepreßt (s. Fig. 704), um sie in gewünschter Weise mit Verzierungen zu versehen. — In neuerer Zeit ist unter dem Namen Celluloid oder Zellhorn ein andres Surrogat für das

Elfenbein aufgetreten, welches von Amerika aus in den Handel gebracht und in Frankreich und Deutschland (Mannheim) zu Kämmen 2c. verarbeitet wird. Es wird aus einer kollodiumähnlichen Verbindung hergestellt, und wir haben seine Eigenschaft und Anfertigung bereits früher im Kapitel über „Holzverarbeitung" näher kennen gelernt. Die weiße Färbung erhält der sehr dichte und politurfähige Stoff durch Beimengung mineralischer Stoffe. Mit geeigneten andern Farbstoffen versetzt, dient er zur Nachahmung des Schildpatts, der Korallen, des Bernsteins 2c.

Die Spielwarenfabrikation benutzt die Drehbank in Fällen, wo es nicht vermutet werden sollte. Man dreht aus einer Scheibe leicht spaltbaren Holzes einen massiven Ring mit allerlei Wülsten; durch Zerspalten und Sägen zerlegt man ihn in lauter gleiche Stückchen, und nun erst wird ersichtlich, daß eine Menge roher Tierfiguren gewonnen ist, die durch Schnitzarbeit ihre Vollendung erhalten, wie es aus der Betrachtung der Fig. 705, 706 und 707 deutlich wird, deren erste den Ring zu

Fig. 703. Bohrmaschine für Knöpfe.

einigen Dutzend Pferden, die zweite zu einer noch größeren Anzahl Gelenkpuppen versinnlicht.

Überhaupt darf die deutsche Fabrikation von Spielwaren und kleinen Galanterie- und Gebrauchsartikeln, wenn von der Verarbeitung des Holzes die Rede ist, nicht ohne Erwähnung bleiben. Sie ist eine echt deutsche Waldindustrie, und in keinem andern Lande findet sich Ähnliches. Viele Tausende genügsamer kleiner Leute finden durch sie auf sonst kargem Boden ihren Lebensunterhalt, und die Erzeugnisse ihrer fleißigen Hände bilden im ganzen einen höchst ansehnlichen Gegenstand für den Großhandel; denn die deutschen Spielwaren gehen in alle Länder der Welt als Freudenbringer für Kinderherzen. Wer könnte all die niedlichen, oft sinnreich erdachten, meist unglaublich wohlfeilen Gegenstände nur namhaft machen, welche die Spielwarenindustrie auf den Markt bringt, und darunter immer etwas neu Ersonnenes — die Musterbücher großer Thüringer Kaufleute zählen nicht weniger als 3000 verschiedene Stücke auf. In Thüringen sind bekanntlich die Städte Sonneberg und Neustadt der Hauptsitz dieser Industrie, die sich jedoch auf einen Umkreis von fünf Stunden mit den darin liegenden Ortschaften erstreckt. Sie ist durchweg Hausindustrie, bei welcher die Teilung der Arbeit

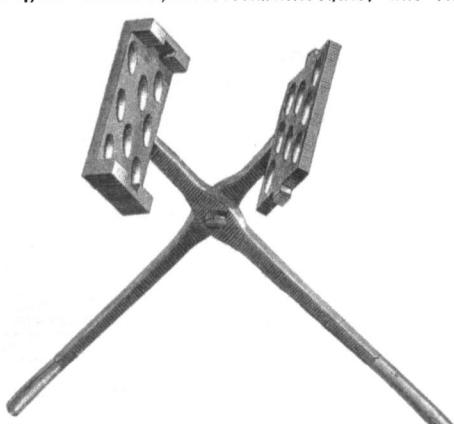

Fig. 704. Formenpresse für Hornknöpfe.

möglichst durchgeführt wird und jede einzelne Person immer dieselbe Art der Arbeit betreibt. Gegen 14 000 Menschen nähren sich hier von der Anfertigung von Spielwaren für die zartere Jugend. Im sächsischen Erzgebirge leben ebenfalls mehrere Tausend Menschen von der Anfertigung von Spielwaren. Berühmt und bekannt sind seit alten Zeiten auch die Orte Ammergau und Berchtesgaden im bayrischen Isarkreise, ebenso das Grödner Thal in Tirol mit ihren niedlichen Erzeugnissen, wie auch einige Gegenden des Schwarzwaldes die Welt mit allerlei gedrechselten und geschnitzten Kleinwaren versorgen, und endlich auch der Bewohner des Riesengebirges in der Spezialität hübscher Knieholzwaren seinen Anteil dazu gibt.

Die Spielwarenfabrikation. 363

In den entferntesten Hafenplätzen Chinas und Japans begegnet man als letztem Erinnerungszeichen an Deutschland doch fast immer, auf Märkten und in Wohnungen, irgend welchem Spielzeug aus Thüringen oder Sachsen, aus Schwaben oder dem Isarkreis, und kommt man nach New York oder Kalifornien, nach Australien und dem afrikanischen Kapland oder in die Niederungen von Madagaskar, überall rufen uns deutsche Spielwaren einen heimatlichen Gruß zu. Als die „Novara" in den Nikobaren einlief, fand sie unsere Spielwaren auch unter den dortigen schwarzen Einwohnern. Und einige davon waren sogar zum Range von Hausgötzen aufgerückt.

Einer der berühmtesten Fabrikorte in diesem Fache ist, wie schon erwähnt, die meiningensche Stadt Sonneberg. Hier wird der Industriezweig schon seit 600 Jahren betrieben, da er laut Chronik im Jahre 1270 von Nürnberger Kaufleuten eingeführt worden ist. Die Kinderwelt ist immer dieselbe gewesen, und wenn wir der Geschichte der Spielzeuge nachspüren, so finden wir, daß bei Griechen und Römern, und noch weiter zurück, bei der Jugend der alten Ägypter schon dieselben Typen in Gebrauch waren, welche noch heutzutage sich der größten Beliebtheit bei unsern Kleinen erfreuen. Aus dem Mittelalter haben wir Miniaturen, welche dies belegen, und der im 16. Jahrhundert erschienene „Weißkunig" Kaiser Maximilians enthält zu den Spielen der prinzlichen Kinder ein artiges Blatt, von dem wir in Fig. 708 eine Abbildung geben.

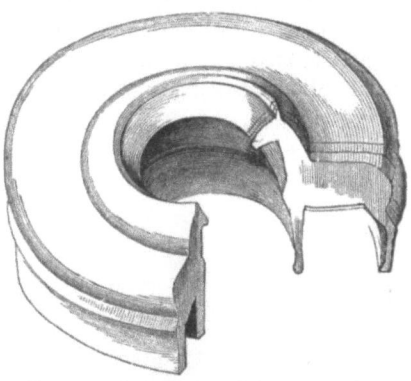

Fig. 705. Herstellung von Spielwaren auf der Drehbank (Pferde).

Wandert man durch die engen Straßen Sonnebergs oder durch die umliegenden Dörfer Neufang, Bettelhecken, Köppelsdorf, Hüttengrund, Hüttensteinach, Judenbach, Nonnenbau, Forschengereuth und wie die Orte alle heißen, oder auch durch die noch mehrere Stunden von Sonneberg entfernten Landstädtchen Schalkau und Rauenstein, Steinach und Lauscha, so wird man fast in jedem Hause eine kleine Spielwarenfabrik finden. Denn Tausende von Familien, welche zusammen eine Kopfzahl von circa 30 000 Arbeitern darstellen, sind im größten Teile des Jahres mit der Fertigung von Spielwaren beschäftigt. Fast überall arbeitet jede Familie für sich selbständig, nur in wenigen Fällen versammeln größere Geschäfte eine größere Anzahl von Arbeitern in ihren Räumen. Im Zusammenhang mit dieser seit Jahrhunderten gepflegten Hausindustrie steht die außerordentliche Handfertigkeit, welche den Bewohnern des Sonneberger Industriebezirks von Kindheit an eigen ist; ja man möchte behaupten, daß das Kunstgeschick denselben angeboren, von den Eltern auf die Kinder vererbt sei. Die von jeher hier übliche Arbeitsteilung bringt es ferner mit sich, daß bestimmte Familiengeschlechter für gewisse Besonderheiten die höchstmögliche Gewandtheit der Herstellung besitzen und bewahren.

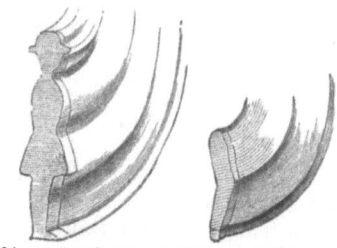

Fig. 706 und 707. Herstellung von Gelenkpuppen auf der Drehbank.

In den früheren Jahrhunderten ging die einzige Richtung der Sonneberger Industrie auf die Bearbeitung des Holzes. Unendliche Reihen von Gegenständen sind hier erdacht und erzeugt worden. Ein einziges Spielzeug z. B., die Arche Noah, zählte in dem Schiffskörper 102 geschnitzte Tiere. Sie ist schon in den ältesten Registern Nürnbergs als Kunstspielwerk aufgeführt:

„Hundert und zwei Gethier fürwahr,
Als man zählt 1270 Jahr
Sind für 8 Pfennige baar
Zu han im Kreis Isar."

So staunenswert auch der Ideenreichtum sein mag, der hier seine heitere Verkörperung erfahren hat, die fabelhaft niedrigen Preise dieser Spielsachen sind es noch mehr. Eine

46*

Arbeiterfamilie, aus fünf Köpfen bestehend, verbraucht jährlich etwa 4 cbm Nadelholz und hat, wenn dieses zu Spielsachen verarbeitet ist (auch die Kinder müssen mithelfen), 300 bis 400 Mark verdient. Ein Mann mit seiner Familie liefert in einer Woche 100 Dutzend, das sind 1200 Stück Kindertrompeten; der Arbeitslohn hierfür beträgt freilich nur gegen 5 Mark. Seitdem aber hier die Preise des Holzes, welches jetzt fast ausnahmslos aus den haushälterischen Staatsforsten entnommen werden muß, so maßlos gestiegen sind, daß für die hieraus hergestellten Waren kaum noch der Wert des Rohmaterials bezahlt wird, kann die Sonneberger Holzwarenindustrie nicht mehr genügend mit der des sächsischen Erzgebirges in Wettbewerb bleiben. In der Stadt Sonneberg wird zur Herstellung von Spielwaren gar kein Holz mehr verarbeitet. Nur einige der umliegenden Dörfer halten diesen Industriezweig noch aufrecht. Neufang liefert noch Violinen. Die Dörfer Forschengereuth, Mengersgereuth und Hämmern liefern den hölzernen Rohbau zu Puppentheatern, Pferdeställen, Kaufmannsläden u. dergl. Aber alle auf dem Lande gefertigten hölzernen Gegenstände wandern in die Stadt, um hier durch zweite Hände bemalt zu werden. Die Fabrikanten oder die Maler sind aber nie zugleich Verkäufer ihrer Waren. Zum Zwecke des Vertriebes in alle bekannten Länder der Erde bestehen in Sonneberg abgesonderte kaufmännische Geschäfte, die je nach Bedürfnis und Geschmack bei den Fabrikanten ihre Bestellungen machen, ohne sich an bestimmte Artikel zu binden. Der Kaufmann, welcher beispielsweise nach England 5 Groß Puppenstuben liefern soll, läßt in Forschengereuth den äußeren Rohbau, in Hämmern die Möbel, in Limbach

Fig. 708. Kinderspiele und Spielzeuge im 16. Jahrhundert.

die Porzellanservice, in Steinach die nackten Puppen fertigen. In Sonneberg werden die Stuben tapeziert, die Möbel poliert, die Puppen gekleidet; und immer wieder andre Hände sind thätig, alle diese einzelnen Sächelchen und Figürchen geschmackvoll zusammenzustellen.

Der weitaus größte Teil der Industriebevölkerung des Sonneberger Kreises ist (schon seit Anfang dieses Jahrhunderts) mit der Verarbeitung der Papiermachémasse beschäftigt. Von der Mannigfaltigkeit der Gegenstände, welche aus dieser Masse, häufig allerdings in Verbindung mit Holz, geformt werden, wird man einen ungefähren Begriff gewinnen, wenn man bedenkt, daß einzelne Sonneberger Kaufmannsfirmen in ihren Musterbüchern 30—40000 Nummern hiervon aufführen. Puppenköpfe, Nickesel, Quietschhündchen, Hanswürste, steife Engländer, grobe Hausknechte, dicke Pächter, stolze Spanier, Theaterfiguren aller Art, melkende Kühe, saftige Früchte, kurz alles, was in natura besteht oder in der Phantasie erdacht werden kann, wird hier aus Papiermachémasse herzustellen gesucht. Wir besprechen diesen Teil der Industrie besonders in einem späteren Kapitel dieses Bandes.

Die sächsische Spielwarenindustrie in den Gebirgsorten Grünhainichen, Waldkirchen, Olbernhau u. s. w. arbeitet unter sehr gedrückten Verhältnissen. Die Ortschaften haben sich in gewisse Geschäftszweige geteilt: die eine liefert nur Baukasten, eine andre Puppenstuben,

Theater, Läden, Küchen u. s. w. Auch hier besteht lediglich Hausindustrie, bei welcher freilich Mann, Weib und Kind zusammen täglich kaum 1½ Mark verdienen.

Im bayrischen Isarkreis ist seit dem 13. Jahrhundert Oberammergau und Berchtesgaden berühmt, besonders für feinere Sorten von Schnitzereien. — Das Grödnerthal in Tirol und der Traunkreis Österreichs sind bekannt durch die Zierlichkeit ihrer Erzeugnisse.

Im Berchtesgadener Thale beschäftigen sich gegen 2000 Personen mit dem Kunstholzhandwerke und verdienen damit jährlich circa 80 000 Gulden. Das verarbeitete Holzquantum beträgt durchschnittlich im Jahre 700 Stämme. Das Material dazu liefern die Zirbelkiefer, die Fichte, Tanne, Lärche, der Ahorn, Wacholder, die Eibe, Linde, der Nuß-, Apfel-, Birnbaum und der Haselstrauch, und zwar wird das Holz gegen einen sehr billigen Preis aus den königlichen Salinenwaldungen an die Arbeiter abgegeben. Die Schnitzer gehören verschiedenen Richtungen an, die unter der Bezeichnung Rössel-, Trüchel-, Löffel- und Feinschnitzer bekannt sind. Der Verdienst der ersteren ist ein geringer. Für ein Dutzend Grillenhäuschen von 5 cm Höhe und 4 cm Breite zahlt der Händler 6 Pfennige. Wenn der Arbeiter 180 Stück pro Tag fertig bringt, was doch keine Kleinigkeit ist, so verdient er 85 Pfennig. Der Trüchelschnitzer fertigt pro Tag 25 Dutzend Puppenwiegen, das Dutzend zu 3 Pfennig.

Nimmt in der Spielwarenherstellung Deutschland den ersten Rang schon seit langem ein, so ist in manchen andern Gewerbszweigen, die auch noch hier anzuführen wären, Frankreich nicht nur ein gefährlicher Nebenbuhler geworden, sondern in einzelnen sogar weit überlegen. Alles, was der Handel als articles de Paris bezeichnet, jene kurzen Waren, die vorzugsweise Erzeugnisse der Tabletterie sind, werden in Paris in unvergleichlicher Vollkommenheit erzeugt.

Fig. 709. Fräsmaschine zur Fächerfabrikation.

Die Tabletterie beschäftigt sich mit der Erzeugung jener zahllosen Gegenstände aus Elfenbein, Metall, feinen Hölzern, Horn, Muscheln u. s. w., welche, ohne notwendig zu sein, sich zu angenehmen Lebensbedürfnissen zu machen gewußt haben, seit ihre Herstellung billig und gut genug geworden ist, um dem großen Publikum die Beschaffung zu gestatten; Fächer, Regenschirme, Zigarrentaschen, Statuetten, Dosen, Tabakspfeifen, Spazierstöcke, Feuerzeuge, Knöpfe, eingelegte Arbeiten, Schatullen, Brieftaschen und tausend Gegenstände, die wir oft nicht einmal zu bezeichnen im stande sein würden, fallen in ihr Arbeitsgebiet.

So verschieden wie die Stoffe und die Verwendungsarten derselben sind, so verschieden sind auch die Methoden der Bearbeitung, und danach teilen sich die Klassen der Arbeiter, welche für die Tabletterie thätig sind und deren jede ein besonderes Arbeitsgebiet in Anspruch nimmt. Modelleure, Skulpteure, Schnitzer, Tischler, Maler, Lackarbeiter, Bronzearbeiter, Ziseleure, Kartonagenarbeiter, Dekorateure, Schleifer, Dreher,

Polierer u. s. w. Die Industrie ist Hausindustrie, die Fabrikanten halten in der Regel keine Werkstätten. Manche der geschicktesten Arbeiter, namentlich solche, welche eigne Ideen ausführen, arbeiten auch für eigne Rechnung und verkaufen ihre Waren an die großen Exporthäuser oder an die Kommissionäre. Die Produktionsziffer der Tabletterie in Frankreich erreicht die Höhe von circa 50 Millionen Frank, dabei ist Paris allein mit etwa 18 Millionen beteiligt. Der größte Teil der Waren geht nach Amerika, England, Rußland, Spanien, auch nach Deutschland.

Fig. 710.
Perlung und Guillochierung der Fächerplatten.

Ganz besonders bemerkenswert ist die Fächerindustrie, welche von Paris aus die ganze Welt mit diesem Toilettenartikel in geschmackvollster Ausführung versorgt. Bei ihr ist die Schnitzerei in Eben-, Akajou-, Rosen-, Palisander- und Sandelholz, von dem der Zentner auf 300 Frank zu stehen kommt, neben der Fräsarbeit in Elfenbein, Perlmutter und Knochen ein Hauptfaktor. Es gibt Fächer, welche Tausende von Frank kosten; die geringeren dagegen sind schon für 3 Sou zu haben. — Im Jahre 1862 betrug der Wert der erzeugten Fächer 7 Millionen Frank, der im Jahre 1867 produzierten aber gar 10 Millionen Frank. Die französische Fächerfabrikation ist besonders zu Sainte-Geneviève im Departement Oise und in einigen benachbarten Ortschaften zentralisiert, wo sie den Erwerbszweig von gegen 5000 Arbeitern und Arbeiterinnen bildet.

Das oben schon erwähnte zu diesem Artikel verwendete Material wird zuerst in dünne, schmale Platten zerschnitten, woraus man die Stäbchen formt, aus denen das mit Papier, Seide oder anderm Stoffe zu überziehende Gerippe des Fächers, oder wohl auch der ganze Fächer in der bekannten Weise hergestellt wird.

Diese Platten oder Streifen werden den als Façonneurs bezeichneten Arbeitern übergeben, welche daraus die Fächerstäbchen in ihrer richtigen Kontur mit Hilfe metallener Schablonen ausschneiden und darauf polieren. Für gewöhnliche Fächer ist diese Bearbeitung genügend, während die Luxusware einer weiteren Operation unterliegt, welche von besonderen Arbeitern ausgeführt wird. Zu dieser Arbeit dient eine Art kleiner Drehbank (s. Fig. 709), deren Spindel eine kleine Kreissäge, eine Fräse, einen Bohrer oder ein andres geeignetes Werkzeug trägt.

Das Verzieren zerfällt in mehrere verschiedene Arbeiten: 1) das Bohren, wobei von den einfacheren Mustern eine Anzahl Stäbchen auf einmal mit Löchern durchbohrt werden; 2) die Perlung (Perlage) oder Guillochierung, um auf der Oberfläche der Stäbchen erhabene oder vertiefte Zeichnungen hervorzubringen; 3) das Ausschneiden (Dekoupieren), wobei der Arbeiter die in einem Schraubstocke eingespannten Stäbchen mit einer feinen Säge bearbeitet; 4) die Gitterung (grille), welche in der Hervorbringung eines mittels Durchbrechungen hergestellten feinen Netzwerkes besteht. Die Ausführung dieser Arbeit wird mittels einer kleinen Kreissäge ausgeführt; 5) die Verzierung (enjolivage), welche darin besteht, in die kleinen vorher hergestellten Höhlungen, in welche man etwas Wachs gebracht hat, kleine Flitter aus Stahl oder andern Metallen einzulegen. Zum Erfassen und Einlegen der Stahlflitter benutzt der Arbeiter ein Magnetstäbchen; für solche Flitter aber, die nicht vom Magnet angezogen werden, dient ein Hölzchen, das an der Spitze benetzt wird; 6) werden endlich gewisse Arten von Fächern graviert, geschnitzt oder mit dünnen Goldplättchen verziert, welche man in die vom Graveur hervorgebrachten Vertiefungen einlegt. Hiermit endet die der Fächerfabrikation gewidmete Arbeit zu Sainte-Geneviève. Die dort hergestellten Stäbchen werden nach Paris gesendet, wo man die Fächer zusammensetzt und mit Papier oder Stoff bezieht.

Wen nicht das Glück berät,
Wer sich nicht kann beraten,
Mit keinerlei Gerät,
Wird ihm die Fahrt geraten?

Rückert.

Wagen- und Kutschenbau.

Über das Alter der Wagen und ihre Erfindung. Das Scheibenrad. Das Speichenrad. Der Radreif. Rennwagen bei den Römern. Transportwagen und Luxusfuhrwerke. Die Herstellung einer Kutsche. Kastenmacher und Stellmacher. Radband. Federn. Lederüberzug, Polster, Ausputz. Verschiedenheit der Fuhrwerke. Russische Geschirre. Die türkische Araba. Ostindische und neapolitanische Wagen. Der Eisenbahnomnibus.

Die Erfindungsgeschichte des Wagens reicht weit hinaus über die Zeiten geschichtlicher Überlieferung, hinauf in jene Zeiten, deren Dunkel die Anfänge aller Kultur bedecken. Soweit geschichtliche Angaben reichen, und beständen dieselben auch nur in den Resten ehemaliger Bauwerke, Tempel, Pyramiden u. dergl. oder in der auf uns gekommenen Benennung der Sternbilder des Himmels, soweit enthalten dieselben auch Angaben dafür, daß damals bereits der Wagen in vielfachem Gebrauch gewesen sein muß.

Auf den Darstellungen des gestirnten Himmels der alten Ägypter wird der Große Bär als „Wagen" bezeichnet, welchen Namen dieses Sternbild bekanntlich auch bei den alten

Deutschen trug. Sogar die uralten Mexikaner stellten in ihren Zeitrechnungen den 52jährigen Zeitlauf durch ein vierspeichiges, von einer Schlange durchwundenes Rad dar; auch zeichneten sie auf ihrem alten Tierkreise einen zweiräderigen, von Ochsen gezogenen Wagen ab, der mitten unter den Sinnbildern einer reichen Ernte erscheint. Altassyrische, persische und ägyptische Tempelbilder zeigen öfters wohlerhaltene Abbildungen von Wagen verschiedener Gestalt.

Aber neben dem räderbegabten Wagen findet sich auch überall erwähnt und bis in die Jetztzeit erhalten ein andres Fahrzeug von noch einfacherer Gestalt, nämlich nichts andres als ein roh gezimmerter Schlitten, der noch bis zur Mitte unsres Jahrhunderts auf den niedersächsischen Dörfern zum Fortschaffen kleinerer Lasten allgemein benutzt wurde, und dessen jetzige Benutzung in manchem abgelegenen Gebirgs- oder Heidedörfchen wohl noch statthaben kann.

Sobald die Menschen der Vorzeit sich aus dem Dämmer des Urzustandes, von dem wir uns noch heutigestags an den sogenannten wilden und halbwilden Völkern Afrikas und Polynesiens einen Begriff machen können, zu einer gewissen Höhe der Kultur emporgeschwungen hatten, mußte auch schon die Notwendigkeit an sie herantreten, Lasten von geringerem oder größerem Gewicht zu befördern. Mochte auch der Jäger sein erbeutetes Stück Wild auf seinen eignen Schultern fortschaffen, so erforderte doch die nächsthöhere Kulturstufe, das wandernde Hirtenleben, bereits gewisse Hilfskräfte beim Fortschaffen der Habseligkeiten von einem Weideplatz zum andern. Die schweren Dienste des Kamels, Pferdes und Ochsen erschienen hierbei unentbehrlich, und war es erst gelungen, diese Starken im Tierreich in die menschliche Dienstbarkeit zu zwingen, so war damit die Vorbedingung für die Entstehung eines Gefährtes bereits gegeben. Es mag dahingestellt bleiben, ob die Erfindung des Wagens bereits in die Zeit des wandernden Hirtenlebens, das die Menschen in so stetiger und mächtiger Bewegung erhielt, fällt, oder ob erst bei dem Übergange zum Ackerbau das Bedürfnis nach einer Vorrichtung zum Fortschaffen größerer Lasten ein dringenderes wurde. Beides mag richtig sein, denn man hat sich die einzelnen Kulturstufen, welche die Menschheit durchlaufen mußte, um in einzelnen Völkerschaften ihre jetzige Höhe zu erreichen, ebensowenig als bestimmt begrenzte Abschnitte vorzustellen, als man sich die Erfindung des Wagens als eine einmalige That irgend eines überlegenen Geistes zu denken hat. Bei der mangelhaften Weise, wie in jenen grauen Zeiten Nachrichten von einem Volke zu einem andern weit entfernt wohnenden nur gelangen konnten, ist es vielmehr wahrscheinlich, daß der Wagen mehrere Male erfunden worden ist. Hiermit in Übereinstimmung befinden sich auch die Sagen verschiedener älterer Kulturvölker, die beständig irgend einen hervorragenden Stammesgenossen, einen Fürsten oder König, als Wagenerfinder preisen und verehren.

Vielfach wird angenommen, daß die bereits erwähnte einfache Schleife oder Schlitten das erste Fahrzeug gewesen sei, aus dem vielleicht durch Zufall, indem sich nämlich unter denselben ein walzenartiger Abschnitt eines Baumstammes geschoben habe, der erste Wagen in rohester Form entstanden sei. Diese Annahme wird unterstützt durch altägyptische Tempelbilder (Fig. 712 zeigt eine Nachbildung eines solchen), welche die Art und Weise erkennen lassen, wie im alten Ägypten die kolossalen Massen, deren man zum Bau der Tempel und Pyramiden sowie zu deren Ausschmückung bedurfte, auf viele Meilen Entfernung fortgeschafft wurden. Die hier abgebildete Statue hat über 22 Fuß engl. Höhe und ist durch Seile auf dem Schlitten befestigt. An dem Schlitten sind vier Zugseile angebracht, woran je 43 Mann ziehen mußten, so daß überhaupt 172 Menschen die Fortbewegung bewirkten. Auf dem Vorderteil des Schlittens bemerkt man einen Arbeiter, welcher Wasser auf die vorher wahrscheinlich durch Holzbelag geebnete Bahn schüttet. Auf dem Knie der Figur steht ein Mann, der das Zeichen zum gemeinsamen Anziehen durch Zusammenschlagen der Hände gibt. Von den diesseit des Schlittens sichtbaren Männern tragen wahrscheinlich einige Wasser zu, während andre Geräte und Werkzeuge zur Stelle bringen.

Auf dieselbe Weise bewegten die alten Ägypter Massen von fast unglaublicher Größe und Schwere. Die Beförderung eines Obelisken von 297 Tonnen Gewicht, der zu dem großen Tempel zu Karnak verwendet worden ist, mußte vom Steinbruche bis zum Bauplatze 28 deutsche Meilen weit zu Lande bewirkt werden. Monolithe im Gewichte von etwa 100000 Zentnern, welche zu den Tempelbauten von Latona und Buto gebraucht wurden, sind wahrscheinlich auf die gleiche Weise fortbewegt worden. Die gewaltigen Steinmassen zum Bau der großen Pyramiden, welche, wie Herodot erzählt, aus den Steinbrüchen im arabischen Gebirge stammen, wurden in derselben Weise auf Wegen befördert, an deren Herstellung Zehntausende von Menschen jahrelang arbeiten mußten.

Obgleich hier verbürgte Nachrichten von der ausgedehnten Anwendung der Schlitten als Fahrzeuge vorliegen, so lassen wieder andre geschichtliche Überlieferungen erkennen, daß in jener Zeit auch bereits der Wagen allgemein bekannt war. Wahrscheinlich wird man aber damals noch nicht verstanden haben, den Wagen so fest zu bauen, daß er solche gewaltige Lasten, wie die oben angegebenen, zu tragen vermochte. Das gleichzeitige Bestehen beider Fahrzeuge, des Schlittens und des Wagens, nebeneinander bis in die Jetztzeit hinein scheint vielmehr dafür zu sprechen, daß der Wagen seinen eignen Entwickelungsgang genommen hat.

Merkwürdigerweise sind in allen indogermanischen Sprachen die Bezeichnungen für den wesentlichsten, charakteristischen Teil des Wagens, das „Rad", sehr nahe miteinander verwandt. In der ältesten dieser Sprachen, dem Sanskrit, heißt der gesamte Wagen ratha. Auch war es im Altertume gebräuchlich, für das Besteigen des Wagens zu sagen „das Rad besteigen", was alles darauf hinzudeuten scheint, daß der gesamte Wagen aus dem rollenden Körper, dem Rade selbst, hervorgegangen ist.

In der That ist auch nicht zu verkennen, daß sich schon die Menschen auf selbst sehr niedriger Kulturstufe nicht lange der Beobachtung verschließen konnten, daß ein runder Gegenstand, wie der Abschnitt eines Baumstammes beispielsweise, viel leichter durch Walzen als durch Tragen fortgeschafft werden kann. Dieser Auffassung entsprechend zeigen denn auch die Räder der Fahrzeuge der Alten ursprünglich die walzenartige Form, indem sie nämlich paarweise mit der Achse fest verbunden waren, so daß sie sich gemeinsam mit derselben drehen mußten.

Von gewaltigen Wagen dieser Art, die allerdings nur den Zweck hatten, ihre eignen Achsen fortzuschaffen, berichtet Vitruv im 6. Kapitel des 10. Buches seiner Baukunst. Der Baumeister Ktesiphon ließ die mächtigen Säulenschäfte zum Baue des Dianatempels in Ephesus von dem benachbarten Steinbruche

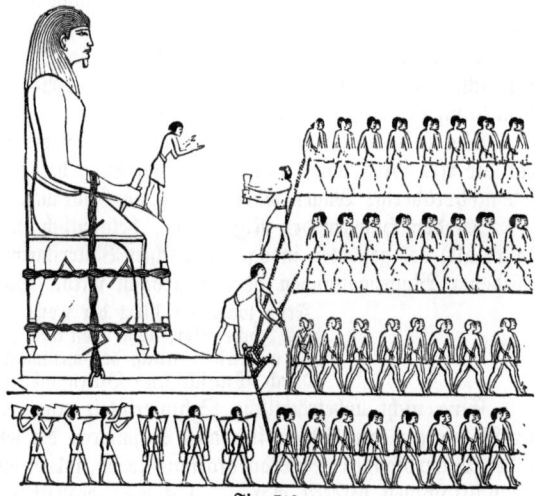

Fig. 712.
Transport eines Kolosses. Nach einem ägyptischen Wandgemälde.

auf die Weise nach dem Bauplatze schaffen, daß er dieselben nach Art unsrer heutigen Chausseewalzen an den Stirnenden mit eisernen Zapfen versah, über welche ein hölzerner Rahmen gelegt wurde, der direkt zum Anspannen der Zugtiere diente. Die nicht runden Architrave zu den Säulen des Dianatempels ließ der Sohn des Ktesiphon, Metagenes, dadurch fortschaffen, daß er ein förmliches Räderfuhrwerk bildete, dessen Achse die Steingebälke selbst ausmachten, wobei die Räder lose auf den Zapfen der Achse saßen.

An den ältesten zweiräderigen Wagen waren die Achsen und scheibenartigen Räder aus Holz roh gezimmert. Die Räder maßen 50—75 cm im Durchmesser und hatten dabei eine Breite von etwa 25 cm. In der ursprünglichsten Form waren dieselben wahrscheinlich nichts andres als Abschnitte eines Baumstammes, die mit hölzernen Keilen auf der Achse befestigt waren. An dem ganzen Wagenbau mochte wohl kaum, wie noch heutzutage an den Wagen der ostasiatischen Steppenvölker und bis zur Mitte dieses Jahrhunderts an den Wagen der Bewohner der Lüneburger Heide, ein Teil aus Erz oder Eisen sein. Daher mußte beim Fortziehen eines solchen beladenen Wagens ein mächtiges Geräusch, ein Knarren und Knacken entstehen, an welches man sich aber so sehr gewöhnt zu haben schien, daß die Dichter jener Zeiten derartiger Wagen als „knarrender Karren" Erwähnung thun, und daß der Prophet Amos Kapitel 2 ausruft: „Ich will es unter euch schreien machen, wie ein schwerbeladener Heuwagen knarrt."

Trotz dieser einfachen und rohen Form, in welcher die Wagen ursprünglich auftraten, waren dieselben dennoch ein Werk von so hoher Bedeutung und es wurde ihr Wert so allgemein anerkannt, daß die Dichter aller Völker in der Lobpreisung des Wagens wetteiferten.

Die älteste indische Litteratur erwähnt seiner wiederholt. So heißt es in der Riksanhita:

"Zwei Räder gleichsam mit der Achse machtvoll
Trennend befestigt Himmel und Erde Indra",

und an einer andern Stelle:

"Wie nach dem Rosse rollt das Rad, so beide
Welten hinter dir",

und ferner bei der Schilderung von Tag und Nacht:

"Sie tragen durch die eigne Kraft das Weltall,
es drehen gleich zwei Rädern Tag und Nacht sich

"Sie zwei nicht gehend, füßelos, besitzen
vielfach gehende fußbegabte Sprossen..."

Namentlich der letzte Vers zeigt, daß das gesproßte Wagenrad damals noch ein Gegenstand der Bewunderung und des Staunens war; wir kommen später hierauf noch zurück. Andre Stellen derselben Dichtung handeln des öfteren von der reichen Ausschmückung des Wagens. Aus all den angeführten Stellen kann man schließen, daß, obgleich der Wagen damals bereits allgemein bekannt und vielleicht schon von einem beträchtlichen Alter war, dennoch das Bewußtsein von jenem Kulturzustande nicht ganz erloschen gewesen sein mag, in welchem man den beräderten Wagen und die Vorteile, welcher der Menschheit durch seine Benutzung erwuchsen, noch nicht kannte.

Wie bereits erwähnt, waren die meisten Wagen der damaligen Zeit zweiräderig, jedoch war die Art ihres Baues und ihrer Benutzung bereits eine vielfach verschiedene. Auch vier- und mehrräderige Wagen waren schon im Gebrauch.

In den Hymnen des Rig-Veda, bekanntlich die ältesten Urkunden (wohl über 4000 Jahre alt) des gesamten indogermanischen Völkerstammes, finden sich viele Stellen, wo verschiedener Wagengattungen bereits gedacht wird. So heißt es in einer Hymne an Indra:

"Früh ward geschirrt der neue, reiche Wagen,
Des Joche vier, zehn Peitschen, sieben Stränge,
Zehn Räder auch, der menschenhold voll Glanz ist;
Durch Wunsch und Bitten laßt ihn uns beeilen."

Eine nicht unbeträchtliche Schwierigkeit ergab sich aus der geschilderten Befestigung der Räder auf den Achsen für das Schmieren der letzteren an denjenigen Stellen, wo sie in den Lagerpfannen des Wagenkastens liefen, indem diese ja von den scheibenartigen Rädern fast vollkommen verdeckt waren. Es mag deshalb das Schmiermaterial nicht gerade sehr häufig erneuert worden sein, denn zum Einbringen desselben war es erforderlich, den gesamten Wagenkasten anzuheben. Hierdurch wird vielleicht verständlich, daß in der oben angezogenen Hymne an Indra es nicht für unwichtig oder unwert erachtet wird, eines gut geschmierten Wagens zu erwähnen. Die betreffende Stelle lautet:

"Ich schirre dir durch Spruch, die spruchgeschirrten
Das rasche Rossepaar beim Mahl, o Indra,
Besteig' den festen, gut geschmierten Wagen,
Des Weges kundig, komme her zum Soma."

Allmählich mußte man darauf sinnen, die Schwierigkeiten beim Schmieren der Achsen des Wagens zu vermindern. Und das Resultat war, daß man die übermäßig festen Scheibenräder mit mehreren Löchern versah, welche es erlaubten, daß man leicht zu den Lagerpfannen gelangen konnte. Waren diese Löcher vielleicht in der ersten Zeit auch nur eben groß genug, um zu gestatten, daß ein menschlicher Arm hindurchgesteckt werden konnte, so werden sie doch allmählich vergrößert worden sein, als man bemerkte, daß dadurch die Räder im Verhältnis zur Festigkeit der Achse nichts verloren hatten. Alsdann genügten aber wenige, etwa vier, größere Löcher, welche nur noch durch schmälere Stücke der Scheibenräder getrennt waren; und so entstand vielleicht unbewußt, wie so manche Verbesserung unsrer Einrichtungen, das Sprossenrad, indem man einen ganz andern Zweck, die Beseitigung eines Übelstandes, im Auge hatte, und gab die Veranlassung zu einer weiteren Vervollkommnung und Verschönerung im Wagenbau.

Als Bestätigung der dargelegten Ansicht kann die Eigentümlichkeit dienen, daß die ältesten Speichenräder gemeiniglich nur vier Sprossen besaßen und daß die vielsprossigen Räder erst verhältnismäßig spät in Aufnahme kamen.

Die Macht der Gewohnheit übertrug später die Vierzahl der Speichen auch auf vollständig erzene Räder, bei denen man doch mit Leichtigkeit mehr Speichen hätte anbringen können. Ja es lassen sich Beispiele dafür bringen, daß achtspeichige Räder mehrfach so erscheinen, als ob sie aus zwei vierspeichigen zusammengesetzt wären.

Obgleich nun das vielsprossige Rad zunächst noch mit der Achse fest verbunden war, so wurde sein Bau doch schon verhältnismäßig früh zu hoher Vollkommenheit ausgebildet. Felgenkranz und Speichen lernte man bald mit Sorgfalt anfertigen und miteinander sowohl als auch mit der verstärkten Nabe verzapfen. Die Festigkeit des Felgenkranzes wurde auch dadurch erhöht, daß man ihn, allerdings erst in uns näher liegender Zeit, aus gebogenem Holze herstellte, so daß die Fasern dem Umfange nach liefen. An besseren Fuhrwerken wurden die Räder bald Gegenstände der künstlerischen Verzierung. Und als man erst gelernt hatte, die Metalle zu verarbeiten und in Formen zu gießen, wurden Festigkeit und künstlerisches Gepräge in einem einzigen Gusse vereinigt. Hierbei wurde aber wiederum herkömmlich verfahren, indem zunächst alle Einzelheiten des Holzrades im Erzrade nachgeahmt wurden, auch wenn sie für das Erzrad selbst zwecklos waren.

Erscheint uns nun auch die Übertragung von Formen von einem Gegenstande auf einen andern, an dem sie selbst zwecklos werden, zunächst nur als Beleg dafür, daß es der Menschheit sehr schwer wird, sich aus dem Banne der Gewohnheit herauszureißen; so gibt sie uns anderseits in der überflüssigen Einzelheit, welche nur noch als Zierrat aufzufassen ist, manchmal ein Bild, welches für die Entstehung der Einzelheit selbst an dem ursprünglichsten Gegenstande die wichtigsten Aufschlüsse zu geben vermag. An dem Rade können wir die Wahrheit des Gesagten ohne weiteres erkennen.

Fig. 713. Assyrischer Wagen (siegreich heimkehrender König). Nach einem alten Relief.

Unter den Bauteilen des Wagenrades spielt der bisher noch nicht erwähnte Radreif offenbar eine ganz bedeutende Rolle, denn durch ihn wird das Rad erst befähigt, auch auf schlechterem Wege schnell und leicht dahinzurollen, ohne Gefahr zu laufen, an jedem quer liegenden Steine zu zerschellen. Nichts erscheint auch einfacher, als den wenig widerstandsfähigen hölzernen Radumfang durch Belegen mit Eisen oder Erz gegen Abnutzung zu schützen. Und dennoch mögen lange Zeiträume in der Benutzung des Wagens dahingeschwunden sein, ehe man daran dachte, den Radumfang mit einer Schutzhülle, mit einem Schuhe zu versehen. Und wiederum mögen Jahrhunderte oder gar Jahrtausende vergangen sein, ehe man zu dem von uns jetzt millionenfach verwendeten geschlossenen eisernen Radreifen, als letztes Glied in der Entwickelung dieses ungemein einfachen Konstruktionsteiles, gelangt war. Unter diesem Gesichtspunkte wird es auch verständlich, wenn der mythische Sänger Altgriechenlands die eisernen Radschienen in schwungvollen Worten preist, wie in der Ilias bei der Beschreibung des Wagens der Hera:

„Hebe nun fügt' um den Wagen ihr schnell die gerundeten Räder,
Mit acht chernen Speichen umher an die eiserne Achse.
Gold ist ihnen der Kranz, unalterndes, aber darauf sind
Eherne Schienen gelegt, anpassende, Wunder dem Anblick."

Deuten die letzten Worte zunächst auf die Schwierigkeit des Aufbringens und Anpassens der Reifen hin, so lassen sie auch vermuten, daß die Reifen noch aus mehreren Teilen zusammengesetzt waren, welche Bauart sich noch bis in die vierziger Jahre unsres Jahrhunderts in der nordwestdeutschen Tiefebene vielfach erhalten hatte. Aber auch die Zusammenfügung des Radreifs aus einzelnen größeren Teilen hatte noch eine Vorstufe.

Assyrische und altpersische Reliefs stellen vielfach Wagen dar, mit schmalem, kaum vom Felgenkranz unterschiedenem Radreif, welche öfters mit kleinen perlförmigen Erhöhungen versehen sind. Auch an chinesischen Wagen der Jetztzeit befinden sich noch häufig schuppenartig eingekerbte, eiserne Radreifen. Was hat die traditionelle Schuppenform, die sich durch die Jahrtausende hindurch erhalten und offenbar zwecklos ist, zu bedeuten?

Fig. 714. Ein ägyptischer Kriegswagen.

Die Schuppenform ist Stilform und nichts andres als die Nachahmung der ursprünglichsten aller Radbeschläge, welche in nichts anderm bestanden, als in einer großen Anzahl breitköpfiger eiserner Nägel, welche ringsum in den Felgenkranz eingetrieben waren, so daß die Köpfe übereinander griffen und damit eine schützende Hülle für den Radumfang bildeten. Unter den süddeutschen Gräberfunden gehören zu den nicht seltenen wohlerhaltene Radreifen, welche nach innen gehende radiale Stacheln und außen die schuppenförmige Umfläche aufweisen. Sie sind, wie die nähere Untersuchung erwiesen hat, die zusammengerosteten Nägel des Ringbeschlags.

Fig. 715. Ein griechischer Kriegswagen.

Sind in der voraufgegangenen Schilderung einigermaßen die Schwierigkeiten hervorgehoben, welche bei der Entwickelung des Wagens überwunden werden mußten, so mögen jetzt einige Angaben über die Bespannung und vielfältige Verwendung desselben ihren Platz finden.

Wir finden bei dem ältesten uns bekannten Kulturvolke, den Ägyptern, zwei- und vierräderige Fuhrwerke in Gebrauch. Die Juden hatten bereits Luxus- oder Prachtwagen, wie wir in der Bibel lesen. Das erste Zugtier scheint überall der Ochse gewesen zu sein; den Griechen galt ein gewisser Trochilos als derjenige, der zuerst gewagt habe, mit Pferden zu fahren. Andre Sagen teilen den Phrygiern in Kleinasien eine Fortschrittsrolle in der Pferdebespannung zu. Jedenfalls ist auch die Benutzung der Pferde sehr alt; denn von den Assyrern, Ägyptern, Griechen und Persern ist bekannt, daß sie auf von Pferden

Geschichtliches. 373

gezogenen Streitwagen in die Schlacht gingen und von ihnen herab kämpften. Ein Vergleich zwischen den assyrischen und ägyptischen Streitwagen, von denen genaue Abbildungen uns aus alten Skulpturen überkommen sind, zeigt einen wesentlichen Ueterschied; jene sind schwerfällige Karren, diese zierliche Gefährte, deren Form sich in den griechischen und römischen Wagen noch erhielt. Übrigens dienten die Fuhrwerke bei den Griechen und ihren

Fig. 716. Römischer Triumphwagen.

Nachfolgern, den Römern, fast nur zu wirtschaftlichen Zwecken; die Männer zogen das Reiten dem Fahren vor und hielten letzteres für unmännlich, nur für Weiber und Kranke schicklich. Erst in der luxuriösen römischen Kaiserzeit fuhren auch die Männer in Prunkwagen, während man früher nur die Triumphwagen gekannt hatte, auf welchen die Feldherren nach einem Siege in die Hauptstadt einziehen durften. Auf rasches Fahren konnte es den Völkern des Altertums freilich nicht ankommen. Diesem widerstrebte sowohl der schlechte

Fig. 717. Römischer Rennwagen.

Zustand der Wege, als auch die Bauart ihrer Fuhrwerke, die selbst bei elegantem Äußeren immer nur auf Räder gesetzte Kasten blieben, ohne Federn oder sonstige Vorkehrungen zur Ableitung von Stößen. Indessen wurde um so mehr gejagt auf den geebneten Rennbahnen, jenen Turnplätzen der alten Griechen und Römer, wo außer Wettlaufen und Wettreiten auch Wettfahrten in kleinen zweiräderigen Wagen, in denen der Fahrende aufrecht stand, sehr im Schwunge waren. Die zweiräderige Form der Fuhrwerke blieb bei den Römern stets die vorherrschende, und man spannte außer Pferden noch mancherlei Getier vor, so Esel, Maultiere, Stiere, Hirsche, Strauße, ja Marc Aurel versuchte es sogar mit Löwen.

Durch die Römer wissen wir von manchen andern Völkern, von Galliern, Briten, Skyten, Sarmaten und namentlich auch von unsern deutschen Vorfahren, daß sie rohe Ochsenfuhrwerke als Kriegs= und Reisewagen besaßen. Im Kriege fuhren die Deutschen und Gallier ihre Fuhrwerke in der Nähe des Kampfplatzes zu einer Wagenburg zusammen, in welcher sie die Frauen und Kinder während der Schlacht unterbrachten.

Bevor die Bauart der Wagen und Wege eine ziemliche Vollkommenheit erreicht hatte, welche erst der vermehrte Verkehr bedingen konnte, gehörte das Fahren jedenfalls nicht zu den erstrebenswertesten Vergnügungen, und Männer wie Frauen, selbst die vornehmsten, zogen es vor zu reiten, hielten dies auch für anständiger. Personenfuhrwerke kamen erst in dem Maße allmählich in Gebrauch, als hier und dort mehr gebahnte und gepflasterte Heerstraßen angelegt wurden.

Fig. 718. Wagen aus dem 12. Jahrhundert, nach einer Abbildung aus der Handschrift: Hortus deliciarum der Herrad von Landsberg.

Luxusfuhrwerke erschienen etwa seit Ende des 15. Jahrhunderts einzeln und zunächst nur bei den höchsten Personen. So wird als ein besonderer Fall angeführt, daß Kaiser Friedrich III. 1494 in einem bedeckten und mit Gehänge verzierten Wagen nach Frankfurt gekommen sei. Im 16. Jahrhundert sah man bei großen Turnieren und andern festlichen Gelegenheiten oft schon viele solcher Staatskutschen im Gefolge der Vornehmen. Sie waren mit feinem Leder überzogen, mit Samt ausgeschlagen, vergoldet, mit seidenen Trobbeln behangen und hatten nicht selten schon weiße Glasscheiben. Das Neue an diesen Fuhrwerken war also, außer dem Luxus, daß sie einen geschlossenen Kasten hatten, der in der Schwebe aufgehangen war, allerdings noch nicht in Stahlfedern, sondern nur in Lederriemen.

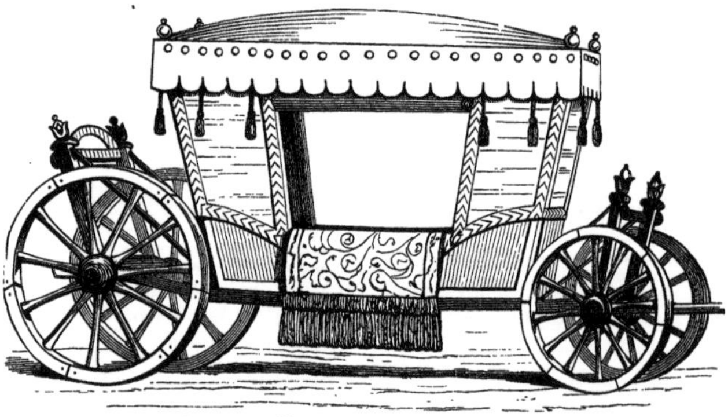

Die Kutschen fanden anfänglich nicht wenig Widerspruch, teils von seiten der Moralisten, die sie als Verweichlichungsanstalten verschrieen, teils von seiten der Sänftenträger, die dadurch in ihrer Existenz ernstlich bedroht wurden. Trotzdem nahm ihr Gebrauch immer mehr überhand und verbreitete sich von Deutschland über die Nachbarländer; das war in jenen Zeiten, wo Deutschland noch den Ton anzugeben pflegte und das Nachmachen den Ausländern verblieb. Im Jahre 1564, erzählen die englischen Chroniken, wurde der Holländer Boonen Leibkutscher der Königin, und eben auf seine Veranlassung war es geschehen, daß die erste Kutsche nach England kam. Aber die gute Königin genoß nicht lange das Vergnügen, etwas ganz Apartes zu besitzen; verschiedene vornehme Damen verschafften sich das neue Möbel ebenfalls und kutschierten damit in Stadt und Land umher „zur großen Bewunderung aller, die es sahen". Zwanzig Jahre später war der Gebrauch der Kutsche bei Adel und andern Vornehmen schon ganz allgemein und der Kutschenbau ein blühender Geschäftszweig geworden. Auch haben

Fig. 719. Wagen aus der Zeit um 1650.

sich die Engländer und nach ihnen die Amerikaner seitdem immer um die Vervollkommnung der Wagen verdient gemacht und vieles dazu beigetragen, um sie dauerhafter, leichter beweglich, sicherer und bequemer, überhaupt zu dem zu machen, was sie heute sind. Bei ihnen kamen zuerst eiserne Achsen und in der Folge ganz eiserne Räder und Gestelle auf; ebenso kultivierten sie das Anfertigen der Sprungfedern, die im vorigen Jahrhundert erfunden wurden und durch welche die Kutsche eigentlich erst ihren Wert erhält.

Was aber Zierlichkeit und geschmackvolle, elegante Form betrifft, so gingen darin die Franzosen voran, die seit dem 16. Jahrhundert in den Wagenformen eine sehr lebhafte Phantasie an den Tag legten, bis die Engländer im vorigen Jahrhundert anfingen, ihnen den Rang streitig zu machen. Heutzutage werden überall gute und schöne Luxusfuhrwerke gebaut, wo sie gesucht und bezahlt werden, was natürlich immer zumeist in den größeren Hauptstädten der Fall sein wird. So sind z. B. Wien und Berlin Hauptpunkte der Kutschenfabrikation, deren Erzeugnisse weithin mit Recht berühmt sind.

Fig. 720. Wagen unter Ludwig XV.

Die Herstellung einer Kutsche oder eines ähnlichen Gefährtes läßt außer dem Wagner und Schmied, die den Grundbau machen, den Kastenmacher, Sattler, Schlosser, Gürtler, Drechsler, Glaser, Posamentier, Lackierer, Vergolder, vielleicht auch den Maler und Holzbildhauer und noch verschiedene andre sich beteiligen. In neuerer Zeit gibt es in den meisten Großstädten Fabriken, wo alle die verschiedenen Werkstätten vereinigt sind. Alles oder doch das meiste wird dort in einer und derselben Anstalt fertig gemacht. In London findet man eine ganze Straße voll lauter Fabriken von Kutschen und Kutschenrequisiten.

Soll eine Kutsche gebaut werden, so ist, ganz wie bei einem Haus oder Schiff, das erste Geschäft der Entwurf, und zwar wird diese Zeichnung in natürlicher Größe ausgeführt. Geschmack, Eleganz und Bequemlichkeit wird von der Kutsche ebenso verlangt wie von einem guten Wohnhause. Eine Kutsche zeigt in ihrem Bau nur selten einen rechten Winkel oder eine gerade Linie;

Fig. 721. Stadtwagen des Königs Ludwig XVI.

Krümmungen und geschwungene Linien der mannigfachsten Art herrschen vor, und für solche läßt sich keine Richtschnur in Fußen und Zollen angeben, sondern die Formen der Zeichnung müssen unmittelbar abgenommen und übertragen werden. Die hierzu dienenden Patronen bestehen aus dünnen Holzplatten, die auf die Zeichnung gelegt und nach Maßgabe derselben zurecht geschnitten werden; an diesen Patronen haben dann die Werkleute einen Anhalt, wonach sie die verlangten Formen aus dem Rohmaterial mit Säge, Hobel u. s. w. herausarbeiten. Dies bezieht sich sowohl auf den Kasten der Kutsche als auf die Teile des Gestells, soweit sie aus Holz gemacht werden. Während letztere der gewöhnlichen Wagenarbeit nahe kommen, muß der Kastenmacher ein geschickter und gut bezahlter Arbeiter sein, da sein Stück aus feinerem

Rahmen- und Täfelwerk besteht. Er ist eigentlich der Künstler, dessen Geschicklichkeit dem Geschäft des Wagenbaues eigentümlich ist. Mit denselben Werkzeugen wie der Kunsttischler formt er, unter beständigem Zuratezihen seiner Patronen, die vielgestaltigen Bestandteile des Kastens, und das endliche Zusammenfügen derselben hat noch deshalb seine besonderen Schwierigkeiten, weil die gekrümmten Stücke meist nicht unter rechten Winkeln zusammenstoßen. Es kommen daher fast alle Arten der Zusammenfügung bei einem Kutschenbau vor, hier eine solche, dort eine andere Art von Fuge, anderweit Leim, Nägel, Schrauben. Das Täfelwerk erhält seine Formen teils durch Hobeln, teils durch Biegen unter Anwendung von Wärme und Nässe. Wird ein dünnes Brett auf der einen Seite naß gemacht und von der andern erhitzt, so wird es sich rasch muldenförmig krümmen, dergestalt, daß die nasse Seite die auswärts gebogene wird; diese Biegungen können alsdann durch Einspannen bleibend gemacht werden. Während der Kasten seiner Vollendung entgegengeht, sorgen Stellmacher und Schmiede für das Gestell des Wagens, wozu auch seine Beine, die Räder, gehören. Ein Kutschrad ist ein Werk, in welchem Leichtigkeit und Festigkeit sich vereinigt finden müssen.

Fig. 722. Russische Telega.

Es ist zusammengesetzt aus Nabe, Speichen und Felgen; Drehbank, Bohrer, Meißel, Schnitzmesser, Hobel u. s. w. arbeiten an seiner Herstellung. Das Einmeißeln der Speichenlöcher in die Nabe ist eine schwierige Arbeit, welche Geschick und ein scharfes Auge erfordert, besonders wegen der eigentümlich schiefen Stellung, in welcher die Speichen in die Nabe zu stehen kommen (gestürzte Räder). Die sichere Verbindung der zahlreichen Teile zu einem festen Ganzen wird aber erst durch den das Rad umgebenden eisernen Reif bewirkt. Der Schmied hat den Reif gerade nur so weit gemacht, daß er unter gewöhnlichen Umständen sich nicht auf das bestimmte Rad ziehen lassen würde; soll diese Operation vorgenommen werden, so wird das Rad mit der hohlen Seite nach unten auf einer dazu bestimmten Unterlage festgemacht, der Reif im Feuer erhitzt und in diesem Zustande, wo er weiter ist als im kalten, rasch auf das Rad gelegt und mit Hämmern angetrieben. In dem Maße, wie das Eisen kalt wird, verengert sich der Reif und schließt sich dadurch um so fester dem Rande an. Eine Anzahl Bolzen, ringsum durch den eisernen und hölzernen Kranz gezogen und an der Innenseite gehörig fest verschraubt, vermehren die Festigkeit. Neuerdings kommt es auch vor, daß der Radring nicht mehr aus Felgen zusammengesetzt, sondern aus einem einzigen Stück gedämpften und durch mechanische Kraft gebogenen Holzes geformt wird.

Über die Einrichtungen, welche unterhalb des Kastens zur Verbindung des Vorder- und Hintergestells, zum Tragen des Bockes u. s. w. vorkommen, wollen wir uns nicht speziell verbreiten, da hierin eine große Mannigfaltigkeit herrscht, indem es einesteils an sich mancherlei Bauarten gibt, anderteils es darauf ankommt, ob das Fuhrwerk eine Kutsche oder ein andres Gefährt, Phaeton u. dergl. ist; dann auch, ob gewisse Teile aus Holz oder aus Eisen konstruiert sind. Vorder- und Hintergestell sind entweder durch einen Langbaum nach Art gewöhnlicher Fuhrwerke verbunden, oder es ist statt dessen ein sogenannter

Die Herstellung einer Kutsche. 377

Schwanenhals vorhanden, ein eisernes Verbindungsstück, dessen Krümmung nach oben zugleich dem Vordergestell mehr Freiheit zu seitlichen Wendungen gestattet.

An den modernen Fuhrwerken sind die Achsen sämtlich von Eisen geschmiedet. Sie gewähren gegen hölzerne nicht nur eine weit größere Dauer, sondern auch, da sie weniger Reibung verursachen, einen leichteren Gang. Die Schenkel der Achse, d. h. die Enden, mit denen sie in der Nabe steckt, sind aufs sauberste rund und glatt gedreht, und ebenso fein ist die zugehörige metallene Büchse im Innern bearbeitet. Indem so zwei glatte Metallflächen aufeinander laufen, wird unter Zugabe von ein wenig Schmiere der sanfteste und leichteste Gang erreicht.

Die Federn sind natürlich ebenfalls ein sehr wichtiger Kutschenbestandteil. Sie sind es, die vermöge ihrer Elastizität die Stöße in sich aufnehmen, welche das Fuhrwerk durch die Unebenheiten des Weges erleidet, und sie entweder gar nicht oder doch nur als sanfte Schwingungen auf den Kutschkasten fortpflanzen.

Fig. 723. Havanesische Volante.

Das einzige hierzu völlig geeignete Material ist der Stahl. Die Formen, in welchen man den Stahl zu Kutschfedern angewandt hat, sind sehr mannigfaltig. Die gewöhnlichsten sind die sogenannten C-Federn und die S-Federn; beliebt sind auch die elliptischen Federn ○, welche unmittelbar zwischen dem Gestell und dem Oberbau liegen. Jede Feder besteht aus mehreren übereinander gelegten Stahlplatten von etwa $1/2 - 1$ cm Dicke, die durch eiserne Bandagen so verbunden sind, daß jeder einzelnen ihre freie Beweglichkeit bleibt. Die größeren eleganten Wagen sind jetzt fast durchgängig auf Doppelfedern, d. h. auf acht Federn gebaut, wodurch die Bewegungen des Kastens außerordentlich sanft werden.

Nicht uninteressant ist es, auf welche Art der obere Teil einer Kutsche mit Leder überzogen wird, wie dies bei besseren Produkten meist geschieht, da das Aufsetzen des Lacks auf das bloße Holz nicht die volle Garantie der Dauer gibt. Der ganze Überzug besteht nämlich aus einer einzigen Haut ohne alle Nähte, und gleichwohl schmiegt sich dieser Überzug allen Teilen des Kastens vollkommen an. Das stark durchnäßte Leder wird über den Holzkörper gezogen und eingewalkt, d. h. durch Streichen und Reiben mit stumpfen Werkzeugen so lange behandelt, bis alle Falten ausgeglichen und verschwunden sind.

Das Anstreichen und Lackieren der Wagen bildet wieder einen besonderen Arbeitszweig, und die Vervollkommnungen, welche die Lackierkunst in neuerer Zeit erfahren hat, weiß auch der Wagenbauer bestens zu nutzen. Die Malstoffe sind die gewöhnlichen Erdfarben, Firnisse und Lacke, und die Arbeit zeichnet sich etwa nur durch die große Anzahl von Anstrichen aus, welche allmählich übereinander gelegt und dazwischen immer wieder abgeschliffen werden. Zuerst wird alles mit Grundierfarbe so dick überzogen, daß Holz, Metall und Leder nicht mehr voneinander zu unterscheiden sind. Nachdem mehrere solche Schichten aufgetragen worden sind, was natürlich jedesmal nicht eher geschehen kann, als bis die vorhergegangenen völlig trocken geworden, erfolgen die wiederholten Anstriche in denjenigen Lackfarben, welche das Fuhrwerk eben erhalten soll.

So bekommen die Hauptteile eines Wagens wohl 12—15 Anstriche von Grundier= und Lackfarben, von denen jeder mit Bimsstein und ähnlichen Mitteln mehrmals sauber abgeschliffen wird. Mit der letzten Politur wird gewartet, bis alles erst vollständig erhärtet ist.

Was der Polsterer oder Tapezier seinerseits beiträgt, um das Innere des Wagens durch Polster, feines Tuch, Leder, Seidenzeuge, Teppiche, Borden u. dergl. mit mehr oder weniger Pracht und Bequemlichkeit auszustatten, ist zu augenfällig, um besonders beschrieben werden zu müssen. Aber auch das Äußere zeigt vielerlei notwendige oder zur Zierde dienende Teile, welche nicht von Eisen, sondern von einem gefälligeren Metall und poliert sind; gewöhnlich verwendet man hierzu Messing oder Neusilber, auch wohl silberplattiertes Kupfer.

In welch verschiedenartiger Form nun diese Künste und Fertigkeiten, welche den Wagenbau unterstützen, schließlich ihre Produkte zu Tage fördern, das zu betrachten wäre eine unterhaltende Beschäftigung, wenn nur nicht der Gegenstand für den Raum, den uns zu seiner Behandlung der Rahmen dieses Werkes gestattet, zu umfangreich wäre. Wir müssen uns daher mit einigen Seitenblicken begnügen, welche eine willkommene Ergänzung durch die beigegebenen Abbildungen erfahren werden. In den höheren Ständen fast aller Länder hat die gesellschaftliche Einheit, welche gewisse Erzeugnisse und Formen gleichmäßig über die ganze Erde verbreitet, auch dieselben Wagengestalten eingeführt, die ihre Muster meist in Paris, London, Berlin und namentlich auch in Wien zu suchen haben.

Fig. 724. Ostindischer Staatswagen.

Die eigentlichen nationalen Züge finden wir mehr in den gewöhnlichen Fuhrwerken, die ihre Form der wechselnden Mode zum Trotz behalten. Man betrachte nur die originellen russischen Gefährte: die Kibitke, eigentlich mehr ein Karren als ein Wagen, mit einem runden Zeltdach, einer sogenannten Plane, versehen; die Telega, ein niedriger, offener schmuckloser Korbwagen, das gewöhnliche Reise= und Postfuhrwerk, mit dem nationalen Dreigespann, Troika genannt, wo das Mittelpferd in der Gabeldeichsel trabt und die beiden Seitenpferde, mit auswärts gewandtem Kopfe, an Strängen ziehend, galoppieren, so daß die leichten Wagen über die Steppen dahin fliegen, wobei der Kutscher durch fortwährende Zurufe, bald liebkosend, bald schmähend, sein Gespann antreibt und mit geschicktem Peitschenschwung die lästigen Bremsen zu verjagen weiß.

Mit diesen flotten Wagen vergleiche man das schwerfällige Nationalfuhrwerk der Türken, die Araba, von Ochsen gezogen. An ihr ist seit Jahrhunderten alles stereotyp geblieben, und wir können sie als ein lebendiges Beispiel von dem Zustande ansehen, in welchem sich das Fuhrwesen des Mittelalters überhaupt befand. Denn obwohl der Kasten innen wie außen mit Schnitzwerk, Malerei und nicht selten mit Vergoldung versehen und auch sonst für Zierat gesorgt ist, so fehlt doch jede Art von Bequemlichkeit nach unsern Begriffen. Das Innere ist leer und enthält als einzige Bequemlichkeit einen Teppich, auf welchem die Insassen in orientalischer Weise kauern und alle Stöße des Fuhrwerks pünktlich überliefert erhalten, denn von Federn u. dergl. ist keine Spur vorhanden; selbst die Beweglichkeit des Vordergestells fehlt, so daß das Fuhrwerk gar nicht wenden kann. Zum

Einsteigen dient eine kleine Leiter, die während des Fahrens aufgezogen ist. Das Gefährt ist eigentlich nur zum Gebrauch für Frauen bestimmt, in welchem Falle dasselbe mit Vorhängen ringsum geschlossen wird; doch dient es für Konstantinopel und Umgegend auch als eine Art von Omnibus zur Aufnahme von 10—12 Personen.

Fig. 725. Die Araba.

Recht hinterasiatisch selbstzufrieden sieht auch der ostindische Wagen aus (Fig. 724) und der in seiner Heimat für etwas Rechtes gehalten werden muß; denn das Original war eingesandt, um sich auf der ersten Londoner Industrieausstellung sehen zu lassen. Ähnliche Vehikel waren auch auf der Weltausstellung zu Wien aus der Türkei, China x. vorhanden.

Fig. 726. Neapolitanischer Wagen.

Versetzen wir uns des Kontrastes wegen jetzt auf einen Augenblick unter den lachenden Himmel Neapels. Dort, wo alles malerisch, graziös erscheint und selbst das geringste Gerät etwas von den klassischen Formen des Altertums an sich trägt, sind auch die öffentlichen Fuhrwerke, die Corricoli, Muster von Zierlichkeit und Leichtigkeit. Der Kutscher steht, und zwar oft nur mit einem Beine, hinten auf und regiert mit einer langen Peitsche seine kleinen, aber feurigen Pferde.

48*

Und wenn wir selbst auch nur in unsern Kulturländern unsre Umschau noch weiter ausdehnen wollten, so würden wir die Verschiedenartigkeit der Straßenfahrzeuge noch durch zahlreiche andre und mitunter sehr drastische Beispiele belegen können. Klima, Lebensgewohnheit und Geschmacksrichtung bedingen im allgemeinen diese Thatsache, welche durch alle diejenigen Fälle noch ganz auffällige Erweiterung erfährt, wo der Wagen zu besonderen Zwecken festlichen Gepränges dienen soll. Bei den historischen Wagen, welche von gekrönten Häuptern zu Einzügen, Hochzeitsauffahrten u. dergl. benutzt worden sind, ist das eigentliche Gefährt nur der Hintergrund, auf welchem sich die phantastischen Darstellungen aller dekorativen Künste ausbreiten, und in welcher Weise dies geschehen kann, beweist der Wagen, den der König von Bayern sich hat bauen lassen und dessen Herstellung Hunderttausende gekostet hat. Unsre Landauer, Kaleschen, Chaisen, Koupees 2c. stechen davon freilich in bezug auf Ausstattung etwas ab. Der Bau dieser Vehikel hat naturgemäß in den Metropolen der Großstaaten seinen Hauptsitz; Paris, Wien, Berlin, Petersburg sind tonangebend, obwohl auch auf Nebenplätzen nicht selten ganz vortreffliche Wagen gebaut werden.

Eine ganz besondere Stellung beansprucht der Eisenbahnwagen, und zwar eine so besondere, daß wir ihn an dieser Stelle eigentlich gar nicht zu erwähnen haben würden, wenn nicht seine Entwickelungsgeschichte unmittelbar auf das alte gelbe Postkabriolett sich zurückführen ließe, welches in Zeiten, die uns jetzt wie antediluvianisch vorkommen, einen wesentlichen Teil des Verkehrs zu vermitteln hatte. Auf der Wiener Weltausstellung von 1873 war der erste in Österreich zur Personenbeförderung auf Eisenbahnen in Gebrauch gekommene Waggon noch in natura zu sehen, vorn offen mit zurückzuschlagendem Verdeck und Spritzleder, es fehlten nur die vier lebendigen Gäule und der hornblasende Postillion.

Die Lokomotive hat alle diese Verhältnisse gewaltig geändert, der Eisenbahnwagen ist zu einem Wohnhause geworden, das für wochenlangen Aufenthalt berechnet mit allen Annehmlichkeiten einer luxuriös eingerichteten Häuslichkeit, nur in etwas zusammengedrängterer Weise, versehen ist. Mit sogenannten Salonwagen sind jetzt fast alle Eisenbahnen ausgerüstet, viele der Hauptverkehrslinien stellen dem Reisenden auch schon elegant ausgestattete Schlafwagen zur Verfügung, in denen er sich der Annehmlichkeit eines bequemen Bettes und vollständiger Toiletteinrichtung erfreut, und die amerikanische Pacificbahn gestaltet ihre Wagen sogar zu Speisesälen, Konversationsräumen, Lesezimmern u. s. w. Daß Bauwerke, welche derartigen Anforderungen genügen, nicht mehr unter die Erzeugnisse des eigentlichen Wagenbaues zu rechnen sind, leuchtet ein. Sie gehören einer ganz andern Klasse an, zu der unsre Omnibusse und die Wagen, welche auf den Pferdebahnen, den Tramways, verkehren, den Übergang bilden. Ihre Herstellung ist Sache des großen Fabrikbetriebs, und die Wagenbauanstalten dieser Art sind den Maschinenbauanstalten näher verwandt als denjenigen Fabriken, aus denen die Straßenfahrzeuge hervorzugehen pflegen.

An dem umgekehrten Besen
Sieh', wozu er nütz gewesen.
Gäben's doch so deutlich kund
Menschenhand und Menschenmund.

W. Müller.

Holz- und Strohflechterei.

Das Flechten eine sehr ursprüngliche Kunst. Korbflechterei, Werkzeuge und Verfahren. Spanisches Rohr und seine Behandlung. Flechten der Rohrstühle. Fertigmachen der Korbwaren durch Lackieren u. s. w. Strohflechterei. In Italien; Anbau und Zubereitung des Weizenstrohes. Gemischte Geflechte aus Stroh und Haaren u. s. w. Ausbreitung der Strohhutfabrikation von Italien aus. Panamahüte.

Die vielfältige Nutzbarkeit der Pflanzenkörper zu mechanisch-technischen Zwecken beruht fast ausschließlich (etwa mit Ausnahme des Korkes) auf den Eigenschaften der Pflanzenfaser. Der stärkste Waldbaum wie der schwächste Halm sind hauptsächlich aus Fasern, und zwar dem Wesen nach aus völlig gleichartigen Fasern aufgebaut. Die einzelne Faser erweist sich als sehr biegsam und leistet gegen das Zerreißen einen gewissen Widerstand. Bei harten Hölzern haben die Zellen der Holzfaser auch durch an- und zwischengelagerte erhärtete Stoffe (sogenannte inkrustierende Substanzen) viel von ihrer Geschmeidigkeit eingebüßt, wogegen wir einen weichen Holzstamm, Linde, Pappel und Weide, mit hobelartigen Werkzeugen nur in feine Streifen zerlegen dürfen, um ein Material zu haben, das sich nicht nur sehr gut flechten, sondern selbst auf dem Webstuhl verarbeiten läßt (Siebböden, Sparterie). Am meisten wird die Biegsamkeit und der Zerreißungswiderstand zugleich in Anspruch genommen bei den Fasern der Gespinstpflanzen; die Gewebe, die wir aus ihnen erzeugen, sind im Grunde nichts andres als Geflechte, und zwar die feinsten und geschmeidigsten.

Die eigentliche Flechterei, der wir hier eine kurze Betrachtung widmen wollen, ist sicher eine der ursprünglichsten Praktiken des Menschen, die Dinge der Außenwelt nach seinem Sinne zu gestalten. Die von der Natur so mannigfach dargebotenen Ruten und Rohre, Halme, Wurzeln und Baste mußten sehr bald als ein bequemes Material zur Herstellung von allerhand Nutz- und Zierstücken erkannt werden, und wenn wir sehen, daß unsre Kleinen das Flechten sozusagen fort und fort neu erfinden, so könnte man versucht sein, einen besonderen Flechttrieb im Menschen anzunehmen. Zeichnen sich doch sonst kulturlose Völker durch ganz überraschende Flechterkünste aus. Namentlich die Kaffernstämme erheben sich in ihren Leistungen weit über das, was man wohl einem Neger zuzutrauen pflegt.

Dort findet man die Hütten der Häuptlinge mit kunstreich geflochtenen Matten ausgelegt; die Wassereimer sind aus Binsen so dicht geflochten, daß sie keinen Tropfen durchlassen, und wenn der Kaffer gut gelaunt ist, so flicht er wohl aus den Dornen des Stachelschweins das zierlichste Körbchen, das ein Europäer mit Vergnügen für seine Raritätensammlung ankauft.

Korbflechterei. Das Hauptmaterial unsrer heimischen Flechtkünstler bilden bekanntlich die Weidenruten. In neuerer Zeit findet auch das spanische Rohr bedeutende Verwendung. So mancherlei Weidenarten die Natur auch aufzuweisen hat, so ist doch eigentlich nur eine, vermöge der Länge und Zähigkeit ihrer Ruten, zu Flechtarbeiten recht brauchbar, und sie heißt darum auch speziell die Korbweide (Salix viminalis). Durch ihren Anbau wird von manchem anderweit nicht so nutzbaren Bodenstück eine ganz annehmliche Rente gezogen. Die Ruten von 0,60—2 m Länge werden im April oder Mai abgeschnitten und entweder zu groben Sachen samt der Schale verarbeitet, oder zu weißen Waren sogleich im frischen Zustande geschält. Indem hierbei die Ruten einzeln durch eine Art Zange (Klemme) gezogen werden, platzt die Rinde auf und läßt sich nun leicht mit den Fingern abziehen. Die Ruten müssen so schnell als möglich an Luft und Sonne getrocknet werden, da sie, feucht aufbewahrt, der Gefahr unterliegen zu stocken und ihre Zähigkeit, resp. ihre weiße Farbe einzubüßen. Vor der Verarbeitung werden sie wieder eingeweicht.

Zu den feinsten Korbmacherwaren werden die Ruten in Streifen oder sogenannte Schienen gespalten. Man benutzt dazu den Reißer, ein Heft aus hartem Holz oder Metall, dem am vorderen, dünneren Ende drei oder vier, strahlenförmig von der Mitte auslaufende, also bei der Vierzahl ein Kreuz bildende Schneiden oder scharfe Keile angeformt sind. Die zu spaltende Rute schneide man am dicken Ende zuerst auf Zolltiefe mit dem Messer kreuzweise oder im Durchschnitt ein, setzt den Reißer in die Kerben und schiebt ihn durch die ganze Länge der Rute hindurch. So zerfallen die Ruten in drei- oder vier dreiseitige, einer weiteren Ausarbeitung bedürftige Schienen. Sie erhalten dieselbe zunächst durch den Hobel, der aber beim Korbmacher anders als sonst beschaffen ist. Er besteht aus zwei Stahlplatten, welche durch Schrauben näher und entfernter gestellt werden können, und von denen die eine die Zuschärfung eines Hobeleisens hat. Die Hobelbank ist dann das Gestell, auf welches das kleine, etwa 7 cm lange Instrument befestigt wird. Zwischen die Platten steckt man die einzelnen Schienen und zieht sie rasch hindurch. Sie verlieren dabei die eine Kante, welche aus der Mitte der Rute stammt und zum Teil aus Mark besteht. Durch mehrmaliges Ziehen durch den Hobel lassen sich die Schienen noch beliebig verflachen; sie erhalten auf einem andern Ziehinstrument, dem Schmaler, auch eine Bearbeitung von den Seiten her. Das Organ des Schmalers besteht aus zwei nebeneinander aufrecht stehenden Schneideklingen, oder besser aus einer Reihe solcher Messerpaare mit verschieden weiten Abständen. Das Durchziehen auf dem Schmaler bewirkt, daß die Schienen in ihrer ganzen Länge auf gleiche Breite gebracht und die beiden Seitenränder glatt und gerade werden.

Die feinere Korbflechterei hat in Deutschland ihren Hauptsitz in Oberfranken (Bayern), wo sie seit langer Zeit namentlich in Michelau (einem Dorfe von etwa 1500 Einwohnern) betrieben wird; Lichtenfels und Koburg sind in der gleichartigen Industrie nur erst die Zöglinge jenes Mutterortes, von dem aus die feinen Korbflechtereien sich auch den Weltmarkt erobert haben, dem sie jährlich für circa 5 Millionen Mark Waren zuführen. Selbst Frankreich bezieht beträchtliche Mengen der feinsten Phantasieartikel aus dieser Gegend, die häufig genug, nachdem sie in Pariser Werkstätten vollends ausgestattet und dekoriert worden sind, als französisches Fabrikat wieder nach Deutschland zurückkommen. Außer nach Frankreich, wohin der Export gegen 1 Million Mark an Wert beträgt, gehen die fränkischen Flechtereien nach England, Spanien, Amerika, kurz in die ganze Welt. In neuerer Zeit hat in Michelau auch die sogenannte Rohrbrennerei eine große Bedeutung erlangt; das ist die Herstellung von Phantasieartikeln aus gebranntem Rohr, die ursprünglich in Berlin ihren Sitz hatte. Neben Rohr und Weide wird dann auch noch das Espartogras, von den Arbeitern auch Seegras genannt, verwendet. In Frankreich ist die Korbflechterei besonders zu Hause in den Thälern Vervins, Aubenton, Hirson (Aisne). Daselbst bestehen bedeutende Weidengehege, und in dem einzigen Bezirke Vervins z. B. beschäftigt dies Gewerbe mindestens 3000 Familien, welche jährlich für 2½ Millionen Frank Ware erzeugen, von der ungefähr zwei Drittel nach England und Amerika gehen.

Das spanische Rohr, soweit es nicht in seiner ganzen Rundung zu Stühlen u. dgl. dienen soll, erhält eine der vorstehenden ähnliche Behandlung und Zerteilung. Die zu Stuhlflechtwerk wie auch die zu künstlichem Fischbein bestimmten Rohre müssen zunächst, nachdem man sie mittels Dampf gerade gezogen und auf gleiche Längen gebracht hat, auf ihrer ganzen Oberfläche geschliffen werden. In den Anstalten, welche sich mit der Verwandlung des Rohstoffs in die verschiedenen käuflichen Nummern von Stuhlrohrschienen beschäftigen, geschieht das Abschleifen maschinenmäßig vermittelst einer naß gehaltenen Walze. Eine größere Anzahl Rohre sind nebeneinander der Walze untergelegt und eine Längsleiste preßt sich gegen dieselbe an. Das Ende eines jeden Rohrs ist mit einer kleinen Spindel verschraubt und die Spindelbank kann sich auf einem Schlitten von der rasch umlaufenden Walze fortbewegen. So werden, sobald die Maschine in Gang gesetzt ist, die Rohre gleichzeitig von den Spindeln gedreht und unter der Schleifwalze fortgezogen, damit aber wird natürlich eine sehr gleichmäßige Überarbeitung erzielt. Die Zerteilung der Rohre nach der Länge erfolgt so, daß die äußeren Lagen desselben, welche man zur Flechtarbeit verarbeiten will, von dem weichen, markigen Kernstücke abgeschält werden. Das letztere wandert in Form von runden Stäben und unter dem Namen Paddigrohr in französische und deutsche Lackrohrfabriken, woselbst es mit einem 1869 in Paris erfundenen feuerfesten Lacke überzogen und zu mannigfachen Artikeln verarbeitet wird.

Die Abnahme der Rindenteile des sogenannten Naturrohrs erfolgt in vier Segmenten (⊕), mittels eines dünnen, feststehenden Hobels, an welchem das Rohr durch ein Ziehloch vorbeigezogen wird. Die auf solche Weise erhaltenen flachrunden Schienen werden wenigstens noch einmal in der Mitte, nach Erfordern mehrmals, mittels Zieheisen oder Schneidescheiben geteilt, abgeglichen und in verwendbare Form gebracht.

Das Flechten der Rohrstühle zählt zwar auch zur Korbmacherarbeit, ist aber bekanntlich mehr eine Beschäftigung für arme Blinde. Die Arbeit des Korbmachers und das Flechten überhaupt beruht so ganz auf kleinen Handgriffen, daß eine spezielle Beschreibung derselben nicht gut möglich ist. Der Korbmacher arbeitet zwar auch an einer Maschine, die aber diesen Namen nicht verdient, da sie ein bloßer Halteknecht ist. In einem Klötze steht ein hohles Rohr aufrecht, darin steckt ein Stock, der durch eine Druckscheibe festgestellt werden kann. Dies gibt einen Stiel für das Arbeitsstück, der sich heben, senken und drehen, kurz, nach allen Richtungen neigen läßt. Das äußerste Ende dieses kurzen Stücks ist wieder röhrenförmig und seine Höhlung dient zur Aufnahme der Stiele einiger beim Flechten erforderlichen Hilfsgeräte, nämlich der Klemme und verschiedener sogenannter Stöpsel. Die Klemme ist eine Art sehr breiter, hölzerner Zange, welche sich an ein paar Scharnierbändern öffnet und durch eine Schraube geschlossen wird. Sie dient als Halter bei der Bearbeitung flacher Flechtstücke, Deckel und namentlich Korbböden. Der Boden eines Korbes wird stets zuerst gefertigt, worauf die Klemme beseitigt und an ihre Stelle ein Stöpsel eingesetzt wird, d. h. eine flache, gestielte Scheibe von der Größe und Form des Bodens. Nachdem der Boden mit ein paar Nägeln auf der Scheibe befestigt worden, werden die Längsstäbe eingesteckt und die Querruten, von unten nach oben fortbauend, schlangenförmig eingeflochten. Mittels des Klopfeisens schlägt man die eingeflochtenen Ruten dicht zusammen. Die Stellen, wo eine Rute oder Schiene endigt und eine neue angesetzt werden muß, verbirgt man dadurch, daß man die Enden an der am wenigsten in die Augen fallenden Seite des Geflechts auslaufen läßt und so kurz als möglich abschneidet. Zum Schluß versieht der Korbmacher sein Werk durch eine besondere Flechtarbeit mit einem Rand oder in seiner Sprache bezeichnet: mit einem Umschlag. Große Körbe werden ohne Maschine auf dem Schoße oder auf der Erde verfertigt. Eckige, geschweifte und ähnliche Körbe werden über hölzernen Formen oder Klötzen geflochten, deren Äußeres die innere Gestalt des Korbes repräsentiert.

Die fertigen Korbwaren werden, soweit sie nicht aus ungeschälten Ruten bestehen, mit reinem Wasser abgewaschen, feinere durch Schwefeldampf gebleicht, andre gefirnist, lackiert oder bronziert. Zu gefärbten Waren pflegt man gleich die Schienen durch Einlegen oder Kochen in Beizen und Farbebrühen zu färben und dann weißen Lack aufzusetzen; seltener kommen farbige Lacke auf weißes Holz in Anwendung. Der Korbmacher muß daher, namentlich wenn es die Herstellung von Galanterie- und Möbelsachen gilt, auch mit Beizen,

Firnissen, Lacken und Farben wohl umzugehen wissen und sie auch selbst bereiten können. Auch gewisse gewöhnliche Sachen, wie die Geflechte zu Schlitten, Kinderwagen, verlangen schon der besseren Haltbarkeit wegen einen guten Überzug von Leinölfirnis. Die Stücke erhalten zu diesem Zwecke zunächst eine Grundierung von heißem Leim, dann einen mehrmaligen Grund von Kreide und Leim, worauf sie nun zur Annahme einer beliebigen Farbe geeignet sind. Die Farben sind wieder in Leimwasser angerührt, und erst wenn solche hinlänglich trocken und satt sind, erhalten sie einen Überzug von Leinölfirnis oder nach Umständen von Öl- oder Weingeistlack. Das Bronzieren geschieht durch Aufpinseln von Bronzepulver auf den noch nicht völlig hart gewordenen Lacküberzug; bei Zierwaren kommt unter gleichen Umständen auch das Belegen einzelner Partien mit Blattgold vor.

Das spanische Rohr findet auch für gewöhnliche Korbwaren seit einiger Zeit eine steigende Verwendung, und namentlich in Spinnereien, Webereien, Färbereien u. s. w. sind derartige Körbe beliebt, da ihr festeres Material der Abnutzung wie den Einflüssen der Trockenheit, Nässe, Dämpfe u. s. w. so gut widersteht, daß ein solcher Korb bei wenig höherem Preise wenigstens dreimal so lange Dienste thut, wie ein weidener. Ein andrer neuer Artikel aus Rohr, an dem die inneren Tugenden mit äußerem Schmuck gepaart erscheinen, sind die Matten oder Laufteppiche. Sie haben durch verschiedene Farbenzusammenstellungen und lebhaften Glanz ein höchst gefälliges Ansehen, lassen durch die Maschen ihres Geflechts Staub und Schmutz hindurchfallen, können durch bloßes Abspülen mit Wasser rein gehalten werden und verlieren selbst durch beginnende Abnutzung wenig von ihrem guten Ansehen, da das Rohr mit den Farbstoffen durch und durch imprägniert ist.

Strohflechterei. Das Strohflechten bildet eine der Frauen- und Mädchenwelt ganz eigne Domäne, und zwar die unbestrittenste; denn während von dem andern urweiblichen Arbeitsfelde der Spitzenklöppelei und Stickerei die Maschine doch schon ein beträchtliches Stück abgepflügt, hat noch keine Maschine versucht, mit den geschmeidigen Fingern der Flechterinnen in Wettstreit zu treten. Im Gegenteil sehen wir in deutschen Fabrikationsgegenden, daß webende und klöppelnde Bevölkerungen ihr altes, gedrücktes Arbeitsfach verlassen und zur Flechterei übergehend ein besseres Brot finden.

Das beste Strohgeflecht liefert bekanntlich Italien; denn nur der italienische Boden erzeugt das feine, geschmeidige Stroh in ganzer Vollkommenheit. Der ursprüngliche Sitz der dortigen Strohwarenindustrie ist das kleine Toscana, das auch in der Gegenwart noch auf den großen Industrieausstellungen in der Feinheit, Gleichmäßigkeit und Schönheit seines Strohes, der daraus geflochtenen Tressen und fabrizierten Hüte, Mützen, Arbeits- und Zigarrentaschen u. dergl. die erste Stelle behauptet hat. Von diesem ihrem Stammsitze hat sich dann die Flechterei allmählich über Oberitalien, die Schweiz, Frankreich, Deutschland, Belgien, England, kurz über alle industriellen Länder verbreitet.

Die toscanische Strohhutfabrikation ist übrigens nicht sehr alt; erst im vorigen Jahrhundert wurde dieselbe vom Gebirge herab eingeführt und breitete sich allmählich längs des Arno aus. Sie verbesserte und verfeinerte sich, so daß die unter dem Namen Florentiner (auch italienische oder Livorneser) Hüte verkaufte Ware auch im Auslande den größten Ruf erlangte. In der Mitte dieses Jahrhunderts, als Italien sich zum Einheitsstaat entwickelte, nahm die toscanische Strohwarenindustrie, deren Jahresausfuhr bis dahin noch nicht $^3/_4$ Millionen Mark überstiegen hatte, einen immer wachsenden Aufschwung, und sie ist jetzt der gedeihlichste Industriezweig jener Gegend. Die Ausfuhr der Provinz Florenz hat im letzten Jahrzehnt einen jährlichen Wert von 12—15 Millionen Mark erreicht. Der Wert des Rohstoffs macht hiervon etwa den vierten Teil aus.

Seitdem sich die Fabrikation der Strohhüte an den Ufern des Arno angesiedelt hatte, ging man darauf aus, das grobe, durch den Ausdrusch gewonnene Stroh durch eine für die Flechterei ganz besonders geeignete Art zu ersetzen. Diese besondere Kultur, welche zuerst auf den Hügeln der Gemeinde Sita eingeführt wurde, ist als der bahnbrechende Fortschritt der toscanischen Strohindustrie zu betrachten; denn es wurde dadurch ein so geschmeidiges, zähes, weißes und glänzendes Material geliefert, daß die daraus hergestellten Hüte als ein ganz neues Erzeugnis erschienen und sofort jeden Wettbewerb aus dem Felde schlugen. Bemerkt mag werden, daß das Material früher nur aus Weizenstroh bestand, und zwar aus Märzweizen; erst später fing man an, auch Roggenstroh zu verwenden. —

Das beste Material zu Strohgeflecht bilden die Halme des Sommerweizens, der eigens zu diesem Zwecke angebaut, d. h. sehr dicht gesäet wird. In Italien legt man die Weizenfelder am liebsten auf Berg- oder Hügelland an und meidet schweren, fetten Boden. Man hält das Land mit allem Fleiß von Unkraut rein, duldet auch keine Bäume an der Ackergrenze, damit die Sonnenwärme dem Boden voll zu gute komme. Der Acker wird nach Umständen gedüngt und im November oder Dezember mit großer Vorsicht bestellt. Man säet sehr eng, um viele und recht schlanke Halme zu bekommen. Ist der Weizen gegen Ende Juni so weit gereift, daß die Körner fast ausgewachsen, aber im Innern noch milchig sind, so zieht man die Halme einzeln und vorsichtig mit den Wurzeln aus, läßt sie 3—4 Tage in Schwaden liegen, wodurch sie mehr Zähigkeit erlangen, sondert dann die fleckigen und sonst untauglichen Halme aus und formt aus den übrigen dünne Bündel von 30—60 g Schwere, die man 2—3 Wochen lang der Sonne und dem Thau aussetzt, um sie sowohl vollständig zu trocknen, als bis zu einem gewissen Grade zu bleichen. Gegen das Ende dieser Periode löst man die Bündel, breitet die Halme einzeln auf Rasen aus und wendet sie zuweilen.

Fig. 728. Strohflechterinnen im Schwarzwald.

Das Stroh muß, damit es nicht fleckig wird, sorgfältig vor Regen und Rasenfeuchtigkeit bewahrt werden. Kaum ist die Zeit der Ernte herangekommen, so ziehen die Fattorini (Fabrikanten) und die Spekulanten von Hügel zu Hügel, mustern das neue Stroh und kaufen, was ihnen gut und preiswürdig dünkt. Der Preis von 100 Büschel (Menata: was man mit der Hand umspannen kann) schwankt zwischen 5—9 Frank.

Ein Hektoliter Samen liefert durchschnittlich 2000 Menaten, was (das 100 zu 7 Frank berechnet) 140 Frank einbringt. Wenn man nun bedenkt, daß dieser Ertrag auf einer viermal kleineren Fläche erzielt wird, als notwendig wäre, um Brotfrucht zu bauen, so ergibt sich, daß der Strohbau viel vorteilhafter als der Getreidebau ist; freilich ist dafür die Strohkultur mit mehr Risiko verknüpft und mißlingt durchschnittlich etwa alle sechs Jahre vollständig.

Nach dem Bleichen erfolgt die erste Behandlung des Strohes, das Auslesen (sfilatura). Diese Arbeit wird größtenteils von Kindern ausgeführt, welche dabei die Strohbüschel unter der linken Achsel festhalten, mit der linken Hand die Halme einzeln vorziehen, unter dem obersten Knoten festhalten und mit der Rechten den oberen Teil, welcher vorzugsweise zur Verarbeitung bestimmt ist, abreißen. Die Überreste des unter der Achsel verbleibenden Strohes werden unter der Bezeichnung codini (Schwänzchen) als Streu verkauft. Der Arbeitslohn für das Auslesen berechnet sich für das Kilogramm ausgelesenen Strohes auf etwa $1/4$ Frank, und der Durchschnittspreis für dieses Stroh beträgt etwa $2,5$ Frank per Kilogramm. Von 100 Büschel zum Auslesen fertigen Strohes werden $3,4$ kg ausgelesenes Stroh (paglia sfilata) erhalten.

Die ausgelesenen Halme sind nach der Feinheit und Länge zu sondern; vorher pflegt man dieselben aber der Behandlung mit schwefliger Säure auszusetzen. Zu diesem Zwecke schichtet man sie in einem luftdicht verschließbaren Behälter, in welchem Schwefel verbrannt wird, übers Kreuz. Durch diesen Prozeß, der 2—3 Stunden dauert, gewinnen die Halme den glänzenden schwefelgelben Ton, welcher die Florentiner Strohgeflechte auszeichnet.

Wie die ganze Behandlung, so erfordert namentlich das Schwefeln besondere Aufmerksamkeit, um nicht schwarzfleckiges statt weißen Strohes zu erhalten. Ist es gebleicht, so kommt es dann noch eine Nacht auf den Rasen, um wieder zäh zu werden. Erst nach allen diesen Vorbereitungen ist der Stoff zur Verarbeitung tauglich.

In den andern Strohindustrie treibenden Ländern nimmt man das italienische Verfahren des Strohanbaues soviel als möglich zum Anhalt. Es hat sich überall ergeben, daß auf Berg- und Hügelland das beste Material gewonnen wird; aber da die italienische Sonne fehlt, so wird auch nirgends so feines Stroh erzeugt wie dort, und statt der dortigen Naturbleiche muß man aus Mangel an anhaltend gutem Bleichwetter die künstliche Bleiche heranziehen. Als das entsprechendste Bleichverfahren hat sich die Verbindung der Schwefel- mit der Chlorbleiche erwiesen, so daß das Stroh, nachdem es vorher durch heiße Pottaschlösung ausgezogen worden, erst in die Schwefelkammer und dann in eine schwache Chlorkalklösung gebracht wird. Die eigentliche Verarbeitung der Halme beginnt damit, daß man sie je nach dem Grade ihrer Feinheit sondert (in Italien in acht Sorten). Die besseren Halme teilt man von Knoten zu Knoten und gewinnt so 20—30 cm lange Nutzstücke.

Fig. 729 und 730.
Italienischer Weizen, Ähre und Pflanze.

Das Sortieren der Halme wurde bis in die neueste Zeit durch Handarbeit ausgeführt; neuerdings benutzt man aber dazu eine Maschine, durch deren Anwendung die Arbeit schneller, wenn auch nicht gerade besser als mit der Hand verrichtet wird. Zuverlässige Flechterinnen sehen daher das mittels der Maschine sortierte Stroh nochmals durch. Die Wirkungsweise der Maschine beruht darauf, daß die Halme nach ihrer Stärke von durchlöcherten Platten sortiert werden. Die Löcher sind in jeder Platte unter sich gleichweit, bei den verschiedenen Platten aber von verschiedener Weite. Über den der Halmstärke entsprechend angeordneten horizontalen Platten werden die Halme in senkrechten Röhren eingestellt. Das Plattensystem erhält alsdann durch einen geeigneten Mechanismus eine schüttelnde Bewegung, und die Halme, deren Stärke der Weite der Löcher entspricht, fallen hindurch. Die so sortierten Halme sind natürlich von sehr ungleicher Länge; da nun aber das Geflecht um so regelmäßiger ausfällt, je gleichartiger die dazu benutzten Halme sind, so werden letztere nach ihrer Länge in drei oder vier Klassen gesondert. Der Halm nimmt an Güte der Farbe, an Festigkeit und Geschmeidigkeit zu, je mehr er sich der Ähre nähert. Da nun aber die Arbeiterin nicht den ganzen Halm verflicht, so wird das Fußstück von dem oberen Ende getrennt, welchen Prozeß man spedalatura nennt. Das Fußstück (pedale) wird der untere Teil des Halms genannt, welcher durch die Umhüllung der Blätter der unmittelbaren Einwirkung der Sonne entzogen ist; die Spitze (punta) ist der der Ähre zunächst befindliche beste Teil. Daher der Kunstausdruck Puntageflecht für die feinsten Strohgeflechte. Das Zusammenflechten dieser Halme zu schmäleren oder breiteren Bändern oder Streifen macht die eigentliche Kunst aus; das Zusammennähen dieser Streifen zu Hüten u. s. w. ist eine mehr mühsame als künstliche Arbeit. Es würde ein schwieriges, wo nicht vergebliches Bemühen sein, in bloßen Worten die verschiedenen Verfahrungsweisen zu schildern, durch welche die geschmeidigen Halme unter den geschickten Händen der fleißigen Arbeiterinnen sich in zierliches Geflecht verwandeln, welches durch versteckte Nähte in Hüte von primitiver Form übergeführt wird, während diese letzteren schließlich in elegante Formen gebracht werden, wie sie die stets sich ändernde Mode verlangt.

Zu gewissen Flechtwaren werden die Halme in ihrer ganzen Rundung verarbeitet, die Streifen dann flach gepreßt und geglättet; für andre Zwecke zerlegt man den Halm mit einem seiner Größe angemessenen stählernen Reißer in vier, sieben und noch mehr Streifchen oder Zähne. Diese Unterschiede in der Stärke des Materials und anderseits die verschiedenen Arten der Verflechtung, wie sie meist von toscanischen Mädchen erfunden wurden, lassen eine große Mannigfaltigkeit in den Feinheitsgraden der Geflechte und in ihrem Ansehen zu. Die Italiener geben ebenso gern, wie fertige Arbeiten, ihre Streifen und die Tressen und selbst das Stroh in den Handel. So kommt es, daß die meisten italienischen Strohhüte, welche bei uns vorkommen, aus italienischem Material in Frankreich und Deutschland hergestellt werden. Die jetzt in größeren Städten nicht mehr seltenen Strohhutfabriken sind daher eigentlich Nähanstalten, welche italienische oder aus dem Schwarzwald und dem Erzgebirge bezogene Geflechte zusammennähen, glätten und pressen.

Das Zusammennähen wird für den Kopf nach einem Modell ausgeführt, wonach alsdann der Rand angesetzt wird. Man legt dabei die Strohbänder in Spirallinien mit den Rändern aneinander und näht diese mit feinen Seidenfäden zusammen, so daß diese Fäden abwechselnd unter dem Halme des einen Bandes und dann wieder unter dem Halme des andern Bandes durchgezogen werden, so daß sie an der Oberfläche nicht sichtbar sind. Dieses Nähen erfordert sehr große Aufmerksamkeit und sehr feine Nadeln. Die Verbindung muß fest sein, und von dem Faden darf man nichts sehen. Mit dem Glätten und allfällig mit besonderem Formen durch Pressen oder Bügeln der Strohhüte muß die Manneskraft dem leichten Werk weiblicher Hände den Vollendungsstempel aufdrücken, und es ist dies nicht so leicht; denn das Bügeleisen ist beträchtlich größer und schwerer, als es der Schneider braucht. Es hängt am unteren Ende einer an der Decke beweglich befestigten Stange vor dem Arbeitstisch. Der Hut ist über eine hölzerne Blockform gezogen, und während die eine Hand die Hin= und Herbewegung des Bügeleisens besorgt, muß mit der andern die Hutform auf dem Tische den Bewegungen desselben entsprechend gedreht und gewendet werden.

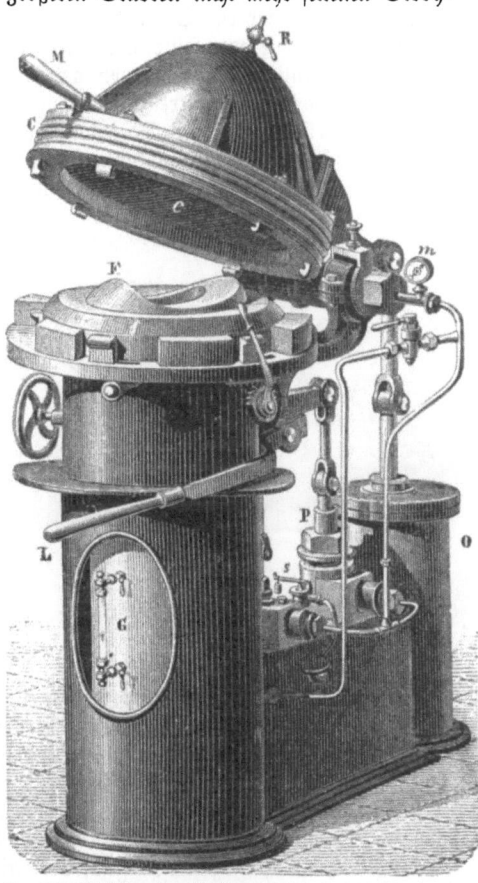

Fig. 731. Maschine von Mathias und Legat zum Appretieren der Strohhüte.

Durch diese Bügelarbeit gibt man in vielen Fällen dem Hute schon seine endgültige Form; in andern aber unterwirft man ihn noch einer weiteren Operation, dem Dressieren durch eine Maschine, die Dressiermaschine, welche ihm durch Einpressen in ein entsprechendes Modell die gewünschte Form erteilt. Derartige Maschinen sind vorzüglich in Frankreich, wo die Hutfabrikation in hoher Ausbildung steht, vervollkommnet worden, und wir geben in Fig. 731 die Abbildung einer solchen, welche von Mathias und Legat gebaut worden ist.

Die Hutform F ist von Metall und kann mittels Dampf geheizt werden. Ein starker metallener Deckel C, ebenfalls nach der Hutform ausgearbeitet, läßt sich auf den Unterteil auflegen; im Innern ist derselbe mit einer Einrichtung versehen, welche erlaubt, heißes Wasser mit großem Druck auf die Innenfläche des zu formenden Hutes wirken zu lassen. Die Innenseite der Deckelform, welche sich in die Höhlung des Hutes hineinlegt, besteht aus einer Kautschukplatte; diese schließt das Wasser ab, welches mittels der hydraulischen Presse, die man hinter dem Formapparat erblickt, durch das bei m das Manometer passierende Rohr hinaufgedrückt wird. Die Presse wird durch den Hebel L in Thätigkeit gesetzt. M ist ein

Handgriff zur Bewegung des Deckels. Man begreift, daß, wenn der Deckel geschlossen und das Wasser in das Innere der Hutform gepreßt worden ist, sich hier der Kautschuk an allen Stellen der Wandung fest anlegt und den vorher durch Anfeuchten geschmeidig gemachten Hut mit Gewalt gegen die dampferhitzten Formwände anpreßt. Diese Operation genügt, denn der Hut behält die ihm gegebene Form, und sie nimmt so kurze Zeit in Anspruch, daß an einer solchen Maschine ein Arbeiter täglich 400 Hüte dressieren kann, während vordem mit der Hand kaum zehn von ihm appretiert werden konnten.

Was die geschichtlichen Verhältnisse dieses interessanten Industriezweigs betrifft, so ist folgendes anzuführen: Seine bisher günstigste Periode fiel in die Zeit von 1816—26. Es wurden damals nur Hüte mit sehr breiten Krempen gefertigt, wie solche noch immer von den Florentiner Bauernfrauen getragen werden. Diese Hüte wurden „Fioretti" genannt und waren in Frankreich und England, später auch in den Vereinigten Staaten in der Damenwelt sehr beliebt. Da infolge der großen Nachfrage die Produktion nicht gleichen Schritt mit dem Absatz halten konnte, so stiegen die Preise und mit ihnen die Arbeitslöhne, so daß im Jahre 1825 geübte Arbeiterinnen bis 5 Frank täglich verdienen konnten; selbst die Männer verließen die Arbeit und wendeten sich der Strohflechterei zu. Die Hutflechterei,

Fig. 732. Bombonaxa.

welche bis dahin auf das Gebiet von Signa und Brozzi beschränkt gewesen war, breitete sich nun rasch auf Campi, Prato, Sesto, Carmignano und andre Orte aus und hob den Wohlstand der Bevölkerung. Es war das goldene Zeitalter der Strohindustrie. Aber dieser blühende Zustand dauerte nicht lange — er hörte 1826 mit einem Schlage auf, weil die Fioretti aus der Mode kamen. Im Jahre 1827 wurde das Geflecht mit elf Halmen eingeführt, das sich bald einen Ruf erwarb und neuen Absatz schaffte. Seine Anordnung unterscheidet sich von dem Geflecht, welches für die im engeren Sinne sogenannten Florentiner Hüte benutzt wird, dadurch, daß die hierzu verwendeten Strohbänder mit 13 Halmen gearbeitet werden, wodurch eine sehr dauerhafte Verbindung erzeugt wird, indem man die Ränder der dreizehnhalmigen Flechten nebeneinander näht, wogegen die elfhalmigen Flechten wegen der Beschaffenheit ihrer Ränder nur übereinander genäht werden können. Die Leichtigkeit dieser Hüte machte sich im Auslande sehr beliebt.

Um das Jahr 1840 kam die Strohflechterei in günstigere Verhältnisse, besonders als man die Verarbeitung von Roggenstroh einführte und damit feinere und billigere Hüte, als sie mit Weizenstroh herzustellen sind, verfertigte. Von da an erschienen immer neue Artikel, so z. B. die glatten Flechten mit 15 und 19 Halmen, das Geflecht für Fußbodenmatten, die durchbrochenen Flechten, die gezackten Flechten, Flechten mit erhabener Arbeit, bunte Flechten und zuletzt das Geflecht mit sieben Halmen aus den Fußenden, das in England erfunden wurde, wo man Versuche mit der Einführung der Strohflechterei gemacht hatte.

Zu den erwähnten verschiedenen Flechtarten gesellte sich noch eine andre eigentümliche Industrie, indem man die Strohhalme mit einem Einschlag von Baumwolle, Seide, Pferdehaaren u. s. w. verarbeitete und so die verschiedenartigsten Bänder herstellte.

Von 1855—67 hatte die toscanische Strohindustrie trotz der mannigfachen politischen Unruhen dieser Zeit jährlich eine Ausfuhr zum Durchschnittswerte von 17 Millionen Frank. Hauptartikel derselben waren der Florentiner Hut und die glatten Flechten von elf Halmen. Diese Artikel und besonders die Hüte werden nicht mehr in der großen Feinheit wie früher verlangt, sondern mehr in mittleren und gröberen Sorten für den allgemeinen Gebrauch, was zu einer zwar etwas weniger vorteilhaften, doch umfassenderen, gleichmäßigeren und lebhafteren Industrie Anlaß gibt. Die Anzahl der in der toscanischen Strohindustrie beschäftigten Arbeiterinnen beläuft sich auf 80000. Sie sind nicht in besonderen Fabriken vereinigt, sondern arbeiten zu Hause; die Kinder erlernen die Fertigkeit des Flechtens schon sehr frühzeitig und können schon mit 8—10 Jahren mit der nötigen Gewandtheit und Genauigkeit darin arbeiten. Manche von den Arbeiterinnen verarbeiten eignes Stroh auf eigne Rechnung, andre empfangen das Material und einen gewissen Lohn von den Fattorini. Diese letzteren beschäftigen sich mit der Überwachung der Arbeiterinnen, mit dem Einkauf des Rohmaterials und mit dem Verkauf der Ware auf Märkten u. s. w., kurz, sie besorgen den Betrieb des heimischen Geschäfts. Die Fattorini übergeben die angekauften Hüte und Geflechte in rohem Zustande den Hutfabriken oder Handelshäusern, welche damit die nötigen Verfeinerungsoperationen vornehmen.

Die Zurichtung (acconciamento) der Hüte und Geflechte, welche die Hauptaufgabe der großen Fabriken bildet, steht gegenwärtig auf einer hohen Stufe und läßt in keiner Weise etwas zu wünschen übrig. Es sind über 20 solcher bedeutender Hutfabriken vorhanden, und man benutzt darin die sinnreichsten Maschinen, mittels deren in kürzester Frist die rohen Hüte in die eleganten und stets wechselnden Formen der Mode gebracht werden.

Fig. 733. Flechten der Panamahüte.

Um einen Maßstab für die Größe dieser Fabriken zu geben, mag bemerkt sein, daß das Etablissement von Becagli Olimpio zu Petriolo bei Florenz (welcher auch ein Geschäft in Paris hat) jährlich 100000 Hüte mit 20000 Flechten zum Werte von etwa 40000 Frank liefert. Der Preis der Hüte beträgt je nach der Feinheit $1\frac{1}{2}$—500 Frank per Stück, der Preis der Geflechte 1—20 Frank per Stück.

Außerhalb des toscanischen Gebiets wird die Strohwarenindustrie in Italien nur in sehr geringem Umfange betrieben. Was das übrige Europa betrifft, so partizipieren an dieser Industrie nur die Schweiz, Belgien, Deutschland und Frankreich, aber auch nur in untergeordneter Weise. Am stärksten nach der Schweiz dürfte die Strohflechterei noch im Königreich Sachsen vertreten sein, in dessen Erzgebirge sie um 1812 von Altenberg aus eingeführt wurde und sich über Geising, Lauenstein, Bärenstein, Glashütte, Liebstadt bis nach Berggießübel und Gottleuba, am Abfall des Gebirges über Schmiedeberg, Dippoldiswalde, Maxen bis Dohna und in Ausläufen bis fast zur Elbe ausgebreitet hat. Der Jahresbericht der Handels- und Gewerbekammer zu Dresden für 1863 gibt an, daß damals in Sachsen 18—20000 Personen in der Flechterei thätig waren. Die ersten Strohflechterinnen waren vorher Klöpplerinnen, brachten also die nötige Fertigkeit und Feinheit der Finger schon mit. Das Stroh wird in den Umgebungen der genannten Städte erzeugt. Man verarbeitet gerissenes Stroh in verschiedenen Feinheitsgraden, wie allerwärts außerhalb Italien; denn nur dort sind die Halme so fein, daß sie in ungeteilter Form verflochten werden können. Die Teilung geht von 7 bis zu 15 Fasern oder Zähnen. Die sächsischen

Geflechte, gewöhnlich von 14 m Länge, werden größtenteils durch Agenten und Händler an auswärtige Hutfabriken u. s. w. abgesetzt. Ferner wird die Strohflechterei im Schwarzwald und in den preußischen Provinzen Hannover und Schlesien betrieben. In den Weberdistrikten des schlesischen Gebirges ist das Strohflechten seit nicht gar langer Zeit als neuer Erwerbszweig zum Ersatz für die in Verfall geratene Weberei eingeführt worden. Man hat Flechtschulen eröffnet, und der Erfolg ist ein sehr erfreulicher; denn es werden bereits sehr gute und zum Teil ausgezeichnete, den belgischen und englischen gleichkommende Geflechte geliefert. Namentlich wird auch die Schönheit des Materials hervorgehoben, das der dortige Boden liefert; dasselbe soll zum Teil so vorzüglich sein, daß selbst Geflechte aus ungespaltenen Halmen daraus hergestellt werden können. Ein recht lebhaftes Strohhutgeschäft wird auch in Bayern, und zwar im Bezirksamt Lindau, in einer Mehrzahl von Ortschaften betrieben. Von dort gehen vielleicht eine Million Strohhüte jährlich in die Welt, und zwar meistens feine. Das Stroh wird, teilweise schon geflochten, aus der Schweiz und Italien eingeführt. Erscheint demnach die Strohflechterei am geeigneten Orte als ein recht lebensfähiger Erwerbszweig gerade für dasjenige Geschlecht und Alter, dem eine bessere Verwertung seiner Arbeitskraft immer dringender nottut, so ist nur zu beklagen, daß dieser Industrie noch nicht diejenige Aufmerksamkeit geschenkt wird, die sie verdient.

Panamahüte. Ein in den vergangenen Jahren bei uns sehr in Aufnahme gewesener Flechtartikel sind die Panamahüte, welche eigenhändig von den die inneren Kordilleren bewohnenden Indianern gefertigt werden. Da, wo die Staaten Peru, Ecuador und Neugranada sich berühren, ist der ursprüngliche Sitz jener Industrie, welche zu Zeiten für einige Millionen Thaler Hüte in den Handel brachte. Die echten Panamahüte sollen nur über das Städtchen Moyobamba bezogen worden sein. Jetzt ist die Liebhaberei für diesen Gegenstand größtenteils schon wieder verschwunden. Die Pflanze, von welcher die Blattrippe das Material für die Panamahüte abgibt, ist eine palmenähnliche, zu den Cyclantheren gehörige Staude, Bombonaxa von den Einheimischen, von den Botanikern Ludovica palmata genannt. Nachdem die jungen Blätter von ihren Fleischteilen befreit sind, werden die Faserteile, faserigen Rippen, eine Zeitlang gekocht und an der Sonne einem Bleich- und Röstprozeß unterworfen, aus welchem sie völlig weiß und biegsam hervorgehen.

Die Arbeit des Flechtens beginnt von der Mitte des Hutes an und wird an Regentagen vorgenommen, weil in trockener Luft die Rippen brüchig werden und sich schwierig behandeln lassen; die Indianer besitzen sehr große Geschicklichkeit darin, Flechtwerke von dem höchsten Feinheitsgrade herzustellen. Die fertigen Hüte, deren Form sich wenig nach den europäischen Moden richtet, und die vielleicht gerade deshalb eine Zeitlang so ausschließlich Modeartikel wurden, eben deswegen aber nachher auch wieder unverdientermaßen in Vergessenheit gerieten, werden in Kisten verpackt, dabei aber in der Mitte zusammengebrochen, woraus jener erhöhte Wulst entstand, der über den ganzen Kopfteil hinlief und, weil die Ware in feuchtem Zustande zusammengepreßt wurde, dauernd blieb. Wie so oft, suchte der unkundige Abnehmer in solchen Nebensachen das Zeichen der Echtheit, und die Nachahmer der Panamahüte hatten nichts Eiligeres zu thun, als ihrem Fabrikat durch Pressen diese leicht erzeugbare Marke aufzudrücken. Es wurden Hüte aus den mannigfachsten Pflanzenfaserstoffen angefertigt, mit entsprechenden Wülsten versehen und als Panamahüte verkauft. Material liefert das Pflanzenreich, namentlich das tropische, in reichlicher Menge. Wir nennen davon nur die Palmato (Sabal mexicana), die Schirmpalme (Corypha inermis), die Besenpalme (Thrinax argentea), von welcher die in England beliebten „Chiphats" kommen, die Toko-pat (Livistonia australis) in Assam, die Chattha-pat (Licuala peltata), die Zwergpalme (Chamaerops humilis), und übergehen dabei noch zahlreiche andre, deren Fasern in den betreffenden Ländern zu Flechtarbeiten, namentlich zu Hüten, verarbeitet werden, wenn auch die daraus gefertigten Erzeugnisse nicht alle als Panamahüte zu uns gelangen. Die Bombonaxa hat aber unter allen die vortrefflichsten Eigenschaften, da ihre Faser nicht nur durch eine schöne milde weiße Farbe sich auszeichnet, welche ihr durch einfaches Waschen mit Seife immer wiedergegeben werden kann, sondern auch weil sie von einer ungemeinen Widerstandsfähigkeit allen äußeren Einflüssen gegenüber ist und sich, ohne Brüche zu bekommen, in jede Form zusammendrücken läßt.

Alle Menschen, groß und klein,
Spinnen sich ein Gewebe fein,
Wo sie mit ihrer Scheren Spitzen
Gar zierlich in der Mitte sitzen.
Wenn nun darein ein Besen fährt,
Sagen sie, es sei unerhört,
Man habe einen Palast zerstört.

Goethe.

Die Verarbeitung der Faserstoffe.

Die Spinnerei.

Einleitung. Geschichtlicher Überblick über die Entwickelung der Spinnerei und Weberei. Die Rohmaterialien. Wolle. Seide. Gewinnung der Rohseide. Baumwolle. Flachs und seine Behandlung. Hanf. Jute. Verfälschungen und ihre Erkennung durch das Mikroskop. Das Spinnen. Spindel und Spinnrad. Die mechanische Spinnerei. Ihre Geschichte. Hargreaves und Arkwright. Die Hauptoperationen des Spinnens und die dabei gebräuchlichen Maschinen. Vorbereitungsmaschine. Whipper. Schlagmaschine. Krempel. Strecke u. s. w. Die Spinnmaschine. Vorspinn- und Feinspinnmaschine. Ringspinnmaschine. Mule-Jenny. Selfaktor. Haspeln, Sortieren und Verpacken des Garnes. Mechanische Wollspinnerei. Streichgarn und Kammgarn. Die Flachs- und Wergspinnerei. Die Jutespinnerei.

Womit werden wir uns kleiden? — diese Sorge ist jedenfalls eine der ersten Triebfedern gewesen, die den Menschen in kälteren Klimaten bewegte und seinen Erfindungsgeist anspornte, der Ungunst der Witterung Trotz zu bieten. Die Felle erlegter Tiere spielten in den Urzeiten die erste Rolle als Bekleidungsstoffe, wie noch heute die Polarländerbewohner sich in Renntier= und Seehundsfelle kleiden, die sie mit den Sehnen der Tiere zusammen= nähen. Das leicht gezähmte Schaf bot sein wärmendes Vlies, und wahrscheinlich lernte man gerade an ihm zuerst Tierhaare auch von der Haut abgesondert verwenden. Man sammelte die abfallenden Flocken, die sich von selbst verfilzten, und machte daraus die ersten wärmenden Decken. Als man gelernt hatte, andre Faserstoffe noch zu gewinnen und die= selben zu Fäden zusammenzudrehen, war man noch lange nicht auf dem Standpunkte der Weberei. Die Erfindung des Webstuhls ist eine viel spätere als die Erfindung der Flechterei. Anfänglich verband man die Fäden jedenfalls durch gewöhnliche Verstrickung miteinander, und erst aus den netzartigen Zeugen entwickelte sich allmählich die Darstellung dichterer Stoffe auf den rascher arbeitenden Maschinen. Flechtwerke aus Binsen, Halmen, Bast ꝛc., wie sie von vielen sonst unkultivierten Völkerschaften zierlich genug angefertigt werden, gaben vielleicht den Gedanken, auch die künstlich gedrehten Fäden in ein Geflecht zu vereinigen, was sich am besten dadurch thun ließ, daß man Längenfäden nebeneinander aufspannte und Querfäden hindurchflocht, ein Verfahren, welches die Grundlage der Weberei ausmacht. Mit dem Zweckmäßigen sodann das Wohlgefällige zu verbinden, das Werk seiner Hände dem entsprechend zu gestalten, was er für schön hält, ist ein dem Menschen von Natur eigner Zug, welcher denselben zum Luxus, einem der mächtigsten Hebel der Erfindung, führt. Man hat in bezug auf Schönheit der Gewebe schon im Altertum manche hohe Stufe der Entwickelung erreicht, aber nur wenige dürftige Nachrichten erzählen uns Näheres über die Technik der alten Völker.

Geschichtliches. Die ursprüngliche Form des Webstuhls — Weben und Spinnen gehören so zusammen, daß wir bei einem geschichtlichen Überblick nicht das eine von dem andern trennen können — finden wir wohl heute noch bei den indischen sowie bei den afri= kanischen Völkern in Anwendung, und trotz der einfachen Werkzeuge sind damit frühzeitig sehr kunstreiche Erzeugnisse dargestellt worden. Aus Babylon hören wir von kostbaren Webewaren, Gewändern und Teppichen zu einer Zeit, aus der uns die Geschichte dieses Landes sonst sehr wenig bestimmte Thatsachen überliefert. Die alten Ägypter waren ebenso geschickt in der Spinnerei und Weberei, wie uns Abbildungen auf alten Steindenkmälern beweisen; von der Fadenbildung mit Hilfe der Spindel bis zum Pressen der gewebten Stoffe finden wir hier alle Handhabungen dargestellt. Es gab mehrere Arten von Web= stühlen, und ebenso vermögen wir aus den, wenn auch mangelhaften Überlieferungen auf verschiedenartige und verschiedenfarbige Webeprodukte zu schließen, zu denen man außer Baumwolle und Leinen auch Schafwolle verwendete und aus denen man Vorhänge, Kleider, Bett=, Tisch= und Stuhldecken gefertigt zu haben scheint. Die Mumien wurden in lange Bänder aus feinem Leinen eingewickelt, und es sind viele dieser Gewebe in natura auf uns gekommen, an denen wir die Webeart studieren und die Feinheit des Gespinstes bewundern können. Nach Herodot war der als Byssus auch sonst vielgenannte Stoff der Asiaten und Ägypter ein seltenes und kostbares Gewebe, das man gewöhnlich als aus Baumwolle oder Leinen gefertigt annahm. Neuere mikroskopische und mikrometrische Prüfungen, welche man mit Fasern von authentisch echten, Reliquien umhüllenden Byssusfasern anstellte, haben in= dessen eine vollständige Übereinstimmung der Byssusfaser mit derjenigen gewisser Urticeen (Nesselarten) ergeben. Daß China seit den ältesten Zeiten spinnt und webt, versteht sich von selbst, und wahrscheinlich ist es auch, daß sich dort das gebräuchliche Verfahren im Laufe der Jahrtausende nur wenig verändert hat.

Wie in ganz Vorderasien, so blühte namentlich bei den Phönikern die Kunst der Weberei; Gewänder „reich an Erfindung, Werke sidonischer Frauen", besingt Homer, und auf die damaligen berühmten Märkte kamen, außer Teppichen von Dedan, Tapeten durch die Syrer, auch Stoffe aus Seide und köstliche Gewänder, seidene und gestickte Tücher aus Haran und Kanne. Die Zucht feinhaariger Schafe und Ziegen in den gebirgigen Gegenden Hinterindiens hat im Altertum bereits die feinen Rohstoffe geliefert, welche in jenen Ländern eine eigentümliche Art der Kunstweberei auf eine so hohe Blüte der Vollkommenheit gebracht hat. An den Gestaden des Mittelmeeres, jener glücklichen Pflanzstätte unsrer Kultur, war die Webekunst eine hochgehaltene, und wenn uns Homer in das glückliche Leben eines wohlgeordneten Hauses blicken lassen will, so zeigt er uns die Frauen, Fürstinnen wie

Geschichtliches.

Sklavinnen, an Spindel und Webstuhl beschäftigt; selbst am Hochzeitsfeste ihrer Tochter läßt Helena den Faden nicht ruhen, und die trauernde Penelope erhoffte am Webstuhl die Rückkehr ihres Gatten. Das Hauptmaterial, welches zur Verarbeitung kam, war Wolle; leinene Gewänder wurden zwar auch getragen, mehr aber nur von Frauen zum Schmuck, und waren sehr teuer. Besonders berühmt war der Flachs von Achaja, und wegen ihrer Feinheit standen die Gewebe von der Insel Kos in hohem Ansehen. Seide und Baumwolle scheinen nach der Eroberung Persiens durch Alexander nach Griechenland gekommen zu sein. Von der Mannigfaltigkeit unsrer heutigen Webereierzeugnisse hatte man damals freilich keinen Begriff, wohl aber schon von der Musterung durch Färben und Bedrucken; denn der Beizendruck wurde in Ägypten nachweislich schon früh ausgeübt. Die Hetären kleideten sich in auffallend bunte Stoffe, die griechischen Frauen trugen höchstens am Saume gestickte oder sonstwie gemusterte Gewänder. Die Weberei war eine Hausindustrie, wir finden nichts von einem Weberstande, wohl aber Zurichter und Walker.

Ähnlichen Verhältnissen begegnen wir in Rom zu jener Zeit, wo die Republik noch heilig und die Sitten einfach waren. Aber mit der wachsenden Macht wuchs auch Reichtum und Lust an Pracht und Luxus. Farbenreiche Gewänder kamen auf, und jenes Phantom, welches das Thun der Menschen, ihre Forschungen, Sorgen und Triumphe mehr beeinflußt als Hunger und Durst, die Mode, wurde in der üppigen Weltstadt geboren. Baumwollene Kleider zu tragen galt bei den Männern lange Zeit für weichlich, Seide war sehr theuer. Noch Kaiser Aurelian erließ im Jahre 274 ein Verbot derselben; im 4. Jahrhundert dagegen war sie so im Preise gesunken, daß selbst die unteren Stände sich darein kleideten. Gewebe durch eingenähte Fäden zu verzieren (Sticken), war im frühsten Altertum schon gebräuchlich.

Wie überall, so war auch bei den alten Deutschen Spinnen und Weben eine Frauen=beschäftigung. „Unsre Frauen, welche bei unsern Beschäftigungen unsre Dienerinnen sind, haben Wolle und Leinen und die Anfertigung der Jacken und Röcke zu besorgen." Diese Verordnung erließ Karl der Große, der selbst in Kleidern ging, welche ihm seine Gemahlin und seine Töchter gesponnen und gewebt hatten, und gegen den Kleiderluxus oft in sehr energischer Weise verfuhr. Es gab zwar sehr kunstreiche Stickerinnen, und namentlich zeigten die Frauen der Edlen in dieser Fertigkeit sich oft sehr erfahren, allein man unter=schied sehr wohl Festgewänder, die oft sehr prunkvoll ausgestattet wurden und als Familien=reichtümer von Kind auf Enkel vererbten, von den gewöhnlichen Kleidungsstücken. Jede Hauswirtschaft erzeugte sich dazu die Stoffe meistens selbst. Karl der Große hatte auf seinen Meierhöfen besondere Weiberhäuser, in denen die leibeignen Mägde, von einer Schaffnerin beaufsichtigt, Garn spannen, Tücher woben und die Kleider verfertigten. Flachs wurde auf der Kunkel, Wolle am Wollrocken gesponnen. Eine etwas größere Ausdehnung, einen gewerbsmäßigen Anstrich, erhielt die Weberei in den Klöstern, denen in Deutschland überhaupt die Ausbreitung nützlicher technischer Fertigkeiten und Künste zu Zeiten gedankt werden muß, wo das Volk mit seinen Bedürfnissen noch auf einer ziemlich niedrigen Stufe stand. Im 9. Jahrhundert gab es im Kloster zu Konstanz Walker und Schneider, und die leinenen Alben aus dem Kloster Raitenbach müssen sehr schön gewesen sein; denn nach einer Urkunde vom Jahre 1070 hatte es deren jährlich nach Rom zu schicken.

Und als mit der Städteentwickelung die verschiedenen Gewerbsthätigkeiten Veranlassung zur Bildung von Genossenschaften und Zünften wurden, da waren die Weberei und die damit verwandten Industriezweige mit unter den einflußreichsten. Kaum gibt es eine alte Stadt in Deutschland, die nicht ihre Webergasse hätte. Aus Regensburg wurden schon 959 Weber nach Flandern berufen, und besonders waren die Berkane und die gemusterten Zeuge, welche in Regensburg gefertigt wurden, berühmt. Die Tuchmacherei hatte ihre günstigste Entwickelung in den Niederlanden; Fries heißt jetzt noch bei uns auf dem Lande eine besondere Tuchgattung, welche vordem jedenfalls aus Friesland (worunter man damals den nördlichen Teil der jetzigen Niederlande mit begriff) eingeführt worden ist. Friesische Mantelkleider wurden von den Großen als Ehrengeschenke gegeben, Karl der Große schickte ein solches sogar einem persischen Fürsten. In den Niederlanden entwickelte sich im Mittel=alter die Wollmanufaktur sehr rasch, besonders dadurch begünstigt, daß das nahe gelegene England sich zu einem höchst ergiebigen Wolllieferanten emporgeschwungen hatte. In Ant=werpen, Brügge, Dordrecht und Mecheln wurden große Wollmärkte abgehalten, und in

Brügge sollen zur Zeit der höchsten Blüte bei der Tuchweberei allein 50000 Menschen ihren Unterhalt gefunden haben. Die friesischen Wollwaren gingen in alle Welt und verschafften ihren Fabrikanten Ansehen und Reichtum; schon im 12. Jahrhundert werden die niederländischen Tucharbeiter ein „freches, übermütiges Volk" genannt, weil sie, ein unabhängiger Stand, immer in vorderster Reihe sich fanden, wo es galt, die bürgerliche Freiheit in der Verwaltung des Stadtwesens gegen alte und bevorzugte Geschlechter zu wahren. Bekannt ist, daß einer von ihnen, Namens Peter, mit dem Beinamen der König in Brügge, zu Anfang des 14. Jahrhunderts vom Grafen Wilhelm von Jülich die Ritterwürde erhielt.

Es waren aber nicht nur die Wollwaren, welche den deutschen Handel im Mittelalter belebten; die schon von den Römern hochgeschätzte Leinwand der deutschen Frauen, welche als Zierat bisweilen mit Gold durchwirkt wurde und damals eine viel mannigfachere Verwendung fand als jetzt, wurde auch zu einem Gegenstande ausgebreiteter Gewerbsthätigkeit, und die anfänglich hauptsächlich in den Niederlanden und in Westfalen gehegte Leinweberei gedieh allmählich auch in Hessen, Thüringen, Böhmen und Sachsen, auch unter den Wenden, in der Mark und am Harz, zu schöner Entwickelung. Am großartigsten aber entfaltete sie sich in Schwaben, und Ulm und Augsburg, wo schon im 10. Jahrhundert die Leinweberei mit Auszeichnung erwähnt wird, waren die Mittelpunkte thätiger und reicher Flachsbau- und Webedistrikte. In Augsburg waren um die Mitte des 14. Jahrhunderts die Weber die an Macht und Ansehen zweite Zunft; zu Anfang des folgenden gab es schon sehr bedeutende Bleichereien dort, 50 Jahre später waren die Weber an 700 stark. Außer Leinen wurde auch Baumwolle und Seide über Italien bezogen, sowie die einst durch die Baumwolle verdrängte, in neuester Zeit aber wieder mehr in den Vordergrund des Interesses getretene Nesselfaser verarbeitet. Borten- und Bandwirker gab es schon im Jahre 1403. Es ist bekannt, daß ein deutsches Fürsten- und Grafenhaus, die Fugger, einen Augsburger Webermeister zum Stammvater hat, und den kolossalen Reichtum, den dies Geschlecht durch seine Handelsunternehmungen erworben, bestätigt die Äußerung Karls V., welche derselbe gethan haben soll, als ihm der Schatz von Paris gezeigt wurde: „Ich habe einen Leinweber in Augsburg, der dies alles mit barem Geld bezahlen kann."

Welche Wichtigkeit man der Weberei auch in andern Ländern beilegte, das bezeugen am besten die Anstrengungen, die man machte, um sie zu heben und sowohl ihre Verfahrungsarten als die zur Verarbeitung kommenden Rohmaterialien zu vervollkommnen. Im 16. Jahrhundert führte man in Spanien aus Afrika die Merinoschafe ein, deren Kreuzung jene feinen Wollen erzielen ließ, die Deutschland und Frankreich veranlaßten, sich im vorigen Jahrhundert die Zucht der Merinoschafe auf das höchste angelegen sein zu lassen; 1789 besaß Frankreich auf 10 Millionen Schafe überhaupt 1 Million solcher veredelter Tiere. Der Seidenbau wurde von Franz II. in Frankreich eingeführt; 1685 hatte Lyon bereits gegen 12000 Seidenstühle, und zu Ende des vorigen Jahrhunderts produzierte Frankreich gegen 15000 Zentner Seide im Werte von gegen 40 Millionen Livres. Bei uns fand die Seidenindustrie gegen das Ende des 17. Jahrhunderts einen lebhaften Aufschwung; namentlich war Berlin der Ort, wo sie sich kräftig entwickelte; 1777 produzierte man hier für circa 1200000 Thaler Seidenwaren.

Einen weit gewaltigeren Einfluß auf die Spinnerei und Weberei hat aber die Baumwolle erlangt, welche man im 17. Jahrhundert in Amerika zu bauen anfing. Ihre Massenerzeugung, ihr Vertrieb und ihre Verarbeitung haben die gesellschaftlichen, politischen und wirtschaftlichen Verhältnisse ganzer großer Reiche umgestaltet, über ganze Erdteile eine neue Kultur verbreitet — freilich auch jenen Schandfleck der Menschheit, die Sklaverei, großgezogen — Wissenschaften und Technik gefördert, Reichtum verbreitet, das Wohlbefinden der Ärmeren erhöht, hingegen auch Kriege erzeugt, deren blutigsten wir im vorletzten Jahrzehnt erst erlebt haben, kurz Umwälzungen gewaltigster Natur hervorgebracht; allein wir müssen unsre kurze Einleitung abbrechen; manche noch bleibende Lücke wird das Folgende ergänzen.

Wenden wir uns nun dem ersten der beiden Hauptteile unsres Gegenstandes, der Spinnerei, zu, so werden wir zweckmäßig mit einem Überblick über diejenigen Stoffe beginnen, welche bei demselben Verwendung finden.

Die hauptſächlichſten Rohſtoffe finden ſich der Natur der Sache nach nur im Tier= und Pflanzenreiche. Zwar läßt ſich das Glas zu äußerſt feinen und biegſamen Fäden aus= ſpinnen, die auch verwebt werden können; aber eine andre Verwendung als etwa zum Schmuck dürften für die Bekleidung Glasfäden ſchwerlich finden; denn wir haben zwar brillante gläſerne Damenhüte und Weſtenſtoffe auf Ausſtellungen geſehen, aber niemand, der ſie hätte tragen mögen. Auch die als Lahn bekannten echten und unechten Silber= und Golddrahtfäden, welche, zu außerordentlichen Feinheitsgraden ausgezogen, in den Teppich=, Möbel= und Tapetengeweben der Klöſter einſt eine ſo hervorragende Rolle ſpielten und neuerdings wieder für denſelben Zweck ſowie zu ganzen Borten, Kantillen ꝛc. und ſelbſt als Zierfäden zu Kleiderſtoffen in Mode gekommen ſind, können dennoch als eigentlicher Webſtoff kaum in Betracht gezogen werden. Die ihrer Unverbrennlichkeit wegen aus Asbeſt= fäden hergeſtellten Gewebe wurden früher nur bei Leichenverbrennungen benutzt, um die Aſche der Todten unvermiſcht mit gemeiner Holzaſche zu erhalten. Heutzutage findet dieſer Stoff ſowohl in Form von Stricken als von Geweben eine freilich gleichfalls beſchränkte Anwendung zu techniſchen Zwecken.

Das Tierreich bietet uns dagegen Spinnſtoffe in der Wolle des faſt überall ver= breiteten Schafes und des Lamas, in dem Haare verſchiedener perſiſcher, tibetaniſcher und ſüdamerikaniſcher Ziegenarten, ferner des Kamels, des Pferdes, Haſen, Kaninchens und der Kuh ſamt ihres Kalbes, den treuen Pudel nicht zu vergeſſen, der uns gelegentlich mit einem Paar ſehr wohlthuender Socken beſchenkt. In der Inſektenwelt, wo ſo mancherlei geſponnen und gewebt wird, haben wir eigentlich doch nur einen praktiſchen Mitarbeiter, dafür aber einen deſto wertvolleren, die Seidenraupe.

In dem Pflanzenreiche ſtehen in dieſer Beziehung obenan die Baumwolle, der Flachs und der Hanf; es ſchließen ſich aber hieran noch eine Reihe weniger wichtiger Spinnſtoffe aus Pflanzenſtengeln, aus Baumſtämmen, Zweigen und Rinden, aus Blättern, Früchten und Blüten, von denen einzelne es bereits zu einer gewiſſen Bedeutung gebracht, andre, erſt neuerdings bekannt gewordene, vielleicht in Zukunft noch Wichtigkeit erlangen. Für jetzt ſind vom induſtriellen Standpunkte aus als die wichtigſten und geradezu unentbehrlich gewordenen Stoffe für Geſpinſte und Gewebe einerſeits die Schafwolle und die Seide, anderſeits die Baumwolle, der Flachs und Hanf, welche beide letztere man auch gemein= ſchaftlich als Leinen bezeichnet, und die Jute zu betrachten.

Die Wolle. Je nach der verſchiedenen Raſſe der Schafe und deren Abarten iſt auch die von ihnen gewonnene Wolle von ſehr abweichender Beſchaffenheit, auf welche überdies noch Klima, Nahrung, Wartung und beſonders Veredelung ganz weſentlich einwirken. Das auf Bergen und Hügeln lebende Schaf iſt anders geartet als das im Tieflande heimiſche; daher hat man zunächſt das Höhen= oder Landſchaf und das Niederungsſchaf zu unter= ſcheiden. Zu der erſten Gattung gehören das deutſche Landſchaf, das ſpaniſche Schaf (Elektoral= und Negrettiraſſe) und die aus beiden Raſſen hervorgehenden veredelten Schafe; zu der zweiten das engliſche langwollige Schaf, das Marſchſchaf, das Heideſchaf und das ungariſche Zackelſchaf.

Man hat noch kein wildlebendes Tier entdecken können, von dem ſich mit Beſtimmtheit ſagen ließe: das iſt das wahre wilde Schaf. Es iſt aber wahrſcheinlich, daß der Mufflon, ein auf den Gebirgen Corſicas, Sardiniens, Griechenlands, Kleinaſiens und der Berberei noch wild vorkommendes Tier, die Stammraſſe des zahmen Schafes ſei. Freilich hat der Mufflon mehr kurze ſteife Haare als Wolle auf dem Leibe, wenn aber, ſo wird erzählt, das Tier in menſchliche Pflege kommt, ſo verſchwindet allmählich das kurze ſchlichte Haar, und das darunter befindliche Grundhaar, das beim wilden Tiere kaum bemerkbar iſt, ent= wickelt ſich nun auf eine merkwürdige Weiſe. Das Männchen erfährt dieſe Veränderung am ſchnellſten, und die Beſchaffenheit ſeines Vlieſes hat auch auf die der Nachkommenſchaft weit mehr Einfluß als die des Weibchens. Dieſe Regel gilt übrigens allgemein. Die Wolle der Tiere, welche von einem grobwolligen Mutterſchaf und einem feinwolligen Widder herſtammen, hält nicht das Mittel zwiſchen beiden Eltern, ſondern ähnelt viel mehr der Wolle des Vaters. Aus der Paarung eines ſolchen Miſchlings mit einem feinen Widder geht wieder ein feineres Vlies hervor, bis in der ſechſten bis achten Generation lauter Ab= kömmlinge erhalten werden, die in Feinheit und Güte der Wolle dem Stammvater völlig gleich sind. Wird die Zucht des Schafes aber vernachlässigt, so erscheinen sehr bald wieder zwischen der wolligen Decke die kurzen, steifen Haare, welche als sogenannte Stichelhaare in der Fabrikation sehr gefürchtet sind. Hieraus erklärt sich die Wichtigkeit, die man guten Zuchtwiddern beilegt, und der für solche gezahlte oft fabelhaft hohe Preis. Leider ist die Zeit, wo man in Deutschland in solcher Art Nutzen aus der Verfeinerung der Schafzucht zu ziehen wußte, wie es scheint, unwiederbringlich dahin, seit die deutschen Landwirte ihr Hauptaugenmerk auf ergiebige Fleischgewinnung richten. Die deutschen Zuchtschäfereien sind mehr und mehr im Abnehmen begriffen, da sie im Inlande kaum noch Absatz für Zuchtvieh finden, und Australien, das eine Zeitlang hohe Preise für Zuchtwidder in Deutschland zahlte, heute sich gänzlich davon emanzipiert hat, indem es in dem australischen Schaf einen ausgesprochenen Typus, eine Vermischung der sächsischen und spanischen Rasse schuf. Während so die deutsche Schafzucht im Rückgange begriffen ist, wurde im Jahre 1883 australischen Züchtern, den Herren Gibson & Son in Scone, für einen 15 Monate alten Zuchtwidder, seiner Abstammung nach Prince III genannt, ein Gebot von 750 Guineas, also circa 16000 Mark, gemacht, das sie indessen in anbetracht der vorzüglichen Eigenschaften des Tieres ausschlugen.

Nach den Haupteigenschaften der Wolle: Feinheit, Sanftheit, Geschmeidigkeit, Dehnbarkeit, Gleichförmigkeit, Festigkeit, Elastizität, Farbe, Glanz, Länge und Kräuselung, bestimmt sich deren Wert und technische Brauchbarkeit. Die nächstdem wichtige Eigenschaft der Wolle, sich infolge der natürlichen Kräuselung zu verfilzen, kann durch Feuchtigkeit, Wärme und mechanische Behandlung unterstützt oder auch durch Einwirkung der beiden letzteren Ursachen aufgehoben werden. Je nachdem man nun den einen oder andern Zweck vor Augen hat, ist die dafür geeignetste Wolle auszuwählen, und hiernach unterscheidet man Streichwolle, welche sich besonders zur Verfertigung tuchartiger, gewalkter Zeuge mit filzartiger Oberfläche eignet, und Kammwolle, die zur Verfertigung glatter Wollzeuge dient, bei denen die Fäden offen und völlig sichtbar auf der Oberfläche liegen.

Zum Streichgarn oder dem Gespinst für Tuch, Flanell, Fries, Kasimir, Molton 2c. wird demnach die sich besser walkende oder filzende fein- und kurzhaarige, stark gekräuselte Wolle, zum Kammgarn oder zu dem Gespinst für Merino, Tibet, Kaschmir, Wollmusselin, Bombassin und Atlas aber glatte, langgewachsene, mehr oder minder weiche und zum Teil auch starkhaarige Wolle verwendet. Mit Kette von Seide oder Baumwolle aber werden weiche Kammgarne zu halbwollenem Kaschmir, Alepine, Chaly u. s. w. verarbeitet. Dagegen werden aus langen englischen oder australischen Wollen, aus Alpako und Mohair, harte Kammgarne und aus diesen die sogenannten Lüster: Orleans, Lasting, Möbeldamaste, Plüsche u. s. w. teils rein, teils gemischt verarbeitet.

Um eine ungefähre Vorstellung über die Produktion des Rohstoffs zu gewinnen, welche in erster Linie von der Pflege der Schafzucht in den verschiedenen Ländern abhängt, mögen hier folgende statistische Daten zusammengestellt sein:

	Stück Schafe.		Stück Schafe.
Rußland besitzt jetzt etwa	50 000 000	Schweden	1 700 000
Großbritannien und Irland	29 000 000	Holland	900 000
Deutschland	19 000 000	Belgien	600 000
Frankreich	25 000 000	Schweiz	500 000
Spanien	22 500 000		195 700 000
Österreich-Ungarn	21 000 000		
Italien	9 000 000	Nordamerika	50 000 000
Rumänien	5 000 000	Südamerika	100 000 000
Portugal	2 700 000	Afrika	40 000 000
Serbien	2 700 000	Australien	90 000 000
Griechenland	2 500 000	Asien	100 000 000
Dänemark	1 500 000	Insgesamt etwa	575 700 000
Norwegen	1 700 000		

Aus diesen Angaben folgert sich die hohe Wichtigkeit dieses Rohstoffs als Welthandelsartikel. Sowie in Europa die Wollproduktion in den Ländern mit großen Weideflächen, z. B. in Ungarn, Rußland, Polen, England u. s. w., am ausgedehntesten ist, so hat dieselbe aus gleichem Grunde auch auf der andern Seite der Erdkugel, in Australien, namentlich in Südaustralien und Neuseeland, am Kap der guten Hoffnung, sowie in Nord-

und Südamerika, besonders in den La Plata-Staaten, außerordentliche Ausdehnung gewonnen. So soll die australische Schafzucht erst um das Jahr 1788 mit nur 28 Stück Schafen begründet worden sein, um sich nach kaum 100 Jahren auf die bedeutende Zahl von 90 Millionen Schafen zu vermehren, in den letzten 20 Jahren z. B. auf das Fünffache, so daß in dem Saisonjahre 1883—84 die Ausfuhr von allen australischen Kolonien zusammen 1 112 280 Ballen Wolle betrug. Noch ausgesprochener ist die Erzeugung in den La Plata-Staaten gestiegen, nämlich von 7 Millionen kg Wolle im Jahre 1860 auf $46^{3}/_{4}$ Millionen im Jahre 1884. Dagegen hat, seitdem sich in überseeischen Gebieten früher brach liegende ungeheure Weideflächen der Schafzucht erschlossen, sich die europäische und so auch die deutsche Erzeugung auf immer engere Grenzen zusammengedrängt. Noch im Jahre 1865 hatte Deutschland $33^{1}/_{3}$ Millionen kg rohe Wolle produziert, dagegen im vorigen Jahre nur noch $24^{1}/_{2}$ Millionen kg; der Schafbestand ist nach authentischen Feststellungen von 28 Millionen Stück zu Anfang der sechziger Jahre auf 19 Millionen zu Anfang des Jahres 1883 zurückgegangen.

Noch ist hier der sogenannten künstlichen oder Lumpenwolle (artificial wool, laine renaissance) zu gedenken. Die Lumpen, welche zu ihrer Herstellung dienen, werden zuerst nach den Gespinstfasern gesondert, also in wollene, halbwollene, seidene, baumwollene ꝛc., von denen nur die ersteren drei für die Kunstwollfabrikation Verwendung finden. Im Nachstehenden ist von dem aus Seidenlumpen gewonnenen Seidenshoddy abgesehen und nur von der Verarbeitung der wollenen und halbwollenen Lumpen die Rede. Nachdem dieselben einer nochmaligen Sonderung nach den Farben unterworfen und dann in tuchartige, d. h. gewalkte, in kammgarnartige, also ungewalkte, sowie in gestrickte und gehäkelte Sorten gesondert, werden alle fremdartigen Stoffe, wie Nähte, Knöpfe, Schnüre, sorgfältig durch Ausschneiden entfernt. Die so maschinenfertigen Lumpen werden alsdann entweder feucht oder trocken auf sogenannten Lumpenwölfen zerrissen und dann entweder in solchem Zustande oder auf Karden gekrempelt in den Handel gebracht. Der Schmutz und Staub, welcher im Durchschnitt 40 Prozent, manchmal sogar bis zu 70 Prozent beträgt, wird auf diese Weise indessen nur unvollständig entfernt, weshalb wohl auch gründliches Waschen vor und nach dem Zerschneiden der Lumpen stattfindet. Je nach der Art des Rohstoffs führt die Kunstwolle den Namen Shoddy- oder Mungowolle, und zwar rührt erstere vorzugsweise aus ungewalkten sowie gestrickten und gewirkten Lumpen, ferner aus Friesen, Decken ꝛc. her, letztere aus gewalkten. Es ergeben demnach Shoddylumpen eine längere, Mungolumpen dagegen, welche wegen ihres verfilzten Zustandes schwieriger aufzulösen sind und meist vor dem Wolfen zur leichteren Verarbeitung noch eigens zerschnitten werden müssen, eine kürzere Faser. Eine dritte Art gewinnt man aus solchen Lumpen, die teilweise aus pflanzlichen Faserstoffen bestehen, meist also von Geweben mit Baumwoll- oder Leinenkette und wollenem Schuß herrührend. Diese müssen von den pflanzlichen Bestandteilen auf chemischem Wege befreit werden; es geschieht dies durch das sogenannte Karbonisieren, einer Behandlung mit verdünnter Schwefel- oder Salzsäure oder auch mit Salzsäuredämpfen, wodurch die pflanzlichen Bestandteile verkohlen und im Verlaufe der weiteren Behandlung als Staub herausfallen. Dem Säurebade folgt ein alkalisches zur Entsäuerung der Wollstoffe sowie gutes Ausspülen in Wasser. Die so gewonnene Art Kunstwolle kommt unter dem Namen Extraktwolle in den Handel.

In der Zeit, wo die Webrohstoffe einen hohen Preisstand einnahmen, ist die Kunstwollerzeugung zu großer Ausdehnung gelangt. Es befinden sich Fabriken dafür sowohl in Deutschland, und hier vorwiegend am Rhein, als in England, Frankreich, Österreich, Russisch-Polen, Italien, Nordamerika. Seit aber die Rohstoffe eine stark weichende Neigung angenommen haben, beginnt sich die Kunstwollerzeugung wesentlich einzuschränken und wird voraussichtlich in allerengste Grenzen zurückkehren, falls, wie man annehmen darf, die Webstoffe ihren jetzigen niedrigen Preisstand nicht wesentlich überschreiten oder gar noch weiter verringern. Es wäre in solchem Sinne der Verfall dieser vor kurzem noch blühenden Industrie durchaus nicht zu beklagen, da dieselbe nur so lange eine innere Berechtigung haben konnte, als sie den ärmeren Volksklassen einen Ersatz für das zu teure Wollfabrikat bot, stets aber den Nachteil mit sich führte, schwer zu beaufsichtigende Verfälschungen auch der besseren Ware dem kaufenden Publikum in die Hände zu spielen.

Die Seide. Seide liefern uns mehrere Raupenarten (Seidenwurm, Seidenspinner), indem sie sich mit einem glänzenden, feinen, aber verhältnismäßig festen Faden zur Verpuppung einspinnen. Je nach der Raupenart ist auch die Seide verschieden. In Europa wird die Seidenraupe, und zwar vorzugsweise in Italien und Frankreich, auf den Blättern des weißen Maulbeerbaumes gezüchtet, doch gibt es in Asien auch Seidenraupen, die auf andern Bäumen, auf Eichen, auf dem Judendorn, dem Pipnibaume und auf den Blättern des gemeinen Wunderbaumes (Ricinus communis) leben. Namentlich sind es zwei Raupenarten, welche man in Frankreich einzuführen versucht hat, die Raupe des Bombyx Cynthia, welche auf dem Wunderbaume lebt, in Indien von den Landleuten in ihren Häusern gezogen wird und eine zwar weniger schöne, aber sehr feste Seide liefert, und die Raupe des Bombyx mylitta (Tussahseidenwurm) in Bengalen, welche von den Blättern der gewöhnlichen Eiche lebt und starke Kokonfäden von schönem Glanze produziert. Auch in Württemberg und Österreich ist in neuester Zeit die Einführung des Eichenspinners (Ailanthusraupe, (Yamamay) aus Japan versucht worden. Die seit Anfang der fünfziger Jahre aufgetretene Raupenkrankheit und der zunehmende Bedarf an Seide haben deren Preis vorübergehend bis in das Jahr 1876 hinein gesteigert und dahin geführt, auch seidene Lumpen und Abfälle in ganz ähnlicher Weise wieder zu benutzen, wie die wollenen zur Kunstwolle.

Die Seide stammt bekanntlich aus China, und obwohl schon im Altertum geschätzt und viel begehrt, kannte man doch den Ursprung derselben nicht und glaubte, daß sie auf Bäumen wachse. Erst im 6. Jahrhundert gaben griechische Mönche Aufklärung und holten Eier der Seidenraupe aus China, die glücklich im Miste ausgebrütet worden. In Griechenland machten die Kaiser anfänglich ein Geheimnis aus der Sache, und eine geraume Zeit gab es nur hier Seidenbau und Seidenweberei, deren Erzeugnisse durch die Venezianer in Europa verbreitet wurden. In der Folge kamen Seidenwürmer nach Sizilien und Unteritalien, von wo aus die Seidenkultur sich bald weiter verbreitete. Der Kaiser Heliogabalus (200 n. Chr.) war der erste, welcher ein seidenes Kleid trug; Aurelian dagegen, einer seiner Nachfolger, schlug seiner Gemahlin die Bitte ab, ihr ein solches zu kaufen, weil der Stoff zu teuer sei; Karl der Große hatte seinen Kaisermantel mit Seidenstreifen verbrämen lassen, und es ließ sich ein schottischer König ein Paar seidene Strümpfe, als er den englischen Gesandten empfangen wollte, weil er aus eignen Mitteln sich keine anschaffen konnte!

Der Seidenwurm oder **Seidenspinner** gehört zur Familie der Nachtfalter. Der Schmetterling mißt mit ausgebreiteten Flügeln in der Breite 4 cm, hat schmutzigweiße Flügel mit zwei bis drei dunklen Querstreifen und dazu auf den Vorderflügeln einen undeutlich gezeichneten bräunlichen Halbmond. Das Weibchen legt 2—300 bläuliche Eier, deren auskriechende gefräßige Raupen schnell wachsen, sich viermal häuten und dann einspinnen. Will man die Seidenraupe mit Erfolg ziehen, so sind mehrere Hauptbedingungen zu erfüllen. Der Züchtungsraum muß gleichmäßige Wärme und angemessenen Feuchtigkeitsgrad besitzen; auch muß die Wärme, bei der die Raupen ausgekrochen sind, allmählich vermindert werden, so daß sie sich bei ihrer Verpuppung an die Temperatur von 18° R. gewöhnen. Ebenso muß fortwährend eine gleichmäßige Lüftung des Züchtungsraums und häufig eine Umlagerung und gleichmäßige Verteilung der Raupen auf den Lagerplätzen stattfinden. Fig. 735 stellt einen Züchtungsraum mit den etagenförmigen Spinnhürden und Fig. 736 die verschiedenen Stadien der Verwandlung der Seidenraupe bis zum Schmetterlinge dar. Die Fütterung der Seidenraupen muß öfter und die Verteilung der nach und nach gröber zu schneidenden Blätter unter ihnen gleichmäßig erfolgen, damit ihre Entwickelung ebenso fortschreite. Mit jeder Altersstufe und zwischen den einzelnen Häutungen der Seidenraupen steigert sich deren Bedarf an Nahrung beträchtlich. Außerdem sind große Reinlichkeit sowie die sorgfältigste Pflege und Überwachung unerläßliche Bedingungen. Deshalb führt man das Futter derart zu, daß man flache, netzartig bespannte Rahmen damit bestreut und den mit dem frischen Futter versehenen Rahmen über den alten stellt. Die Raupen kriechen dann vom letzteren auf den ersteren und man kann nun den alten Rahmen behufs Reinigung entfernen. Fühlt die glatte, weißlich glänzende Raupe, welche verschiedene dunkle Flecken und auf dem letzten Ringe ein Horn hat, daß die Zeit ihres 6—7 Wochen langen Lebens vorbei ist, so wird sie unruhig und läuft hin und her, bis sie einen Ort zum Einspinnen gefunden hat. Sie klebt nun zwei Tropfen des klebrigen Saftes, der ihr aus

Der Seidenwurm oder Seidenspinner.

zwei Öffnungen neben dem Maule hervorquillt, an dem Gegenstande an, wo sie sich einspinnen will, bewegt den Kopf hin und her und haspelt dabei einen dünnen, klebrigen, an der Luft rasch erhärtenden Faden hervor, den sie mit den Vorderfüßen um sich wickelt. Den ersten Tag macht sie nur ein unregelmäßiges Gewebe, eine Art Unterfutter, über welches sie ein Zickzack mit strafferen Fäden spinnt, bis nach 7—8 Tagen ein ovaler Schlauch (Kokon) von der Größe eines Taubeneies fertig ist, der sie unsichtbar macht und aus dem sie nach 2—3 Wochen als Schmetterling durchbricht. Diese Entwickelung läßt man aber nur zu, um für das nächste Jahr Eier zur Zucht frischer Raupen zu erzielen.

Fig. 735. Züchtungsraum der Seidenraupen.

Um davon keine zu verlieren, setzt man das Schmetterlingsweibchen vor dem Eierlegen auf ein Papier, wo dieselben ankleben. Die Eier bringt man, wenn die Zeit des Auskriechens kommt, in eine Stube, deren Wärme nach und nach von 14—22° R. gesteigert wird; die jungen Raupen, die man nie mit dem Finger anfassen darf, füttert man deshalb, wie bereits bemerkt, indem man frische Maulbeerbaumblätter auf Rahmen oder auch auf durchlöchertem Papier über die Blätter des vorigen Tages legt.

Will man den Kokon zu Seide verarbeiten, so muß man vor allem verhüten, daß der Schmetterling auskriecht, weil dieser das Seidengespinst zerstört, dessen Faden über 350 m Länge hat. Man tötet die Puppen daher, indem man sie entweder in einem Backofen 2—3 Stunden einer Hitze von 45—60° R. oder Heißwasserdämpfen aussetzt. Die letztere Arbeit ist die üblichere, da sie nur ungefähr zehn Minuten Zeit erfordert. Hierauf bleiben, um die Hitze noch etwas nachwirken zu lassen, die Körbe mit den Kokons, in wollene Tücher gehüllt, noch einige Stunden stehen. Alsdann breitet man die Kokons zur Vermeidung des Schimmelns auf Tischen aus und rührt sie bis zum Trockenwerden öfter um. Die Kokons sehen weiß, fleischfarben, orange, grün oder gelb aus und müssen zu Strähnen abgehaspelt werden, wenn man sie nicht an die Fabriken roh verkaufen will. Es folgt nun eine sorgfältige Sonderung zuerst nach der Farbe, dann nach der Güte, welche im allgemeinen drei Sorten vorschreibt. Die besten, seidenreichsten, feinsten und glänzendsten Kokons verwertet man zur Erzeugung der Kettenseide oder Organsin, die von mittlerer Güte zu Schußseide oder Trama und die schwächsten und leichtesten mit groben Fäden geben die sogenannte Pelseide. Außerdem findet sich eine große Menge von Abfallkokons, darunter die durch Fäulnis der gestorbenen Puppe fleckig gewordenen, die durch Auskriechen des Schmetterlings durchbohrten, die Doppelkokons, in welchen sich

Fig. 786. Umwandlungsstadien der Seidenraupe.

zwei Raupen zugleich eingesponnen haben, die schimmeligen und eine ganze Reihe andrer, welche zur Bereitung der sogenannten Florettseide Verwendung finden. Zur Vorbereitung für die weitere Verarbeitung werden alsdann die Kokons, nachdem sie vorher sortiert sind, in einen Kessel mit heißem Wasser von 70—75° R. geworfen, damit sich die harzigen Teile des Gespinstes lösen. Wenn sie hier durchweicht sind, so bringt man sie in einen Kessel mit Wasser, unter dem ein mäßiges Feuer unterhalten und neben welchem der Seidenhaspel aufgestellt wird.

Darstellung der Rohseide. Das nun folgende Abhaspeln der Seidenfäden ist eine schwierige Arbeit, welche große Sorgfalt und sehr geübte Arbeitskräfte erfordert und in besonderen Fabriken (Filatorien) betrieben wird.

Nach dem älteren Verfahren, das indessen in Frankreich meist noch im Gebrauch, werden die Seidenhaspeln (Fig. 737) entweder von einer gemeinschaftlichen Betriebskraft aus oder jeder einzelne wird von der Hasplerin selbst durch Treten oder auch von einer Gehilfin mittels Kurbel in Bewegung gesetzt. Nachdem die Hasplerin durch Schlagen der Kokons in dem Kessel mittels eines Besens von Birkenreisig die Anfänge der Fäden gefunden, wobei ein Teil als Flock- oder Florettseide in dem Reisige hängen bleibt, vereinigt sie 3—8, mitunter auch bis 20 solcher Kokonfäden und führt sie durch gläserne Ringe oder Fadenleiter über einen Fadenführer auf den vier-, sechs- oder achtarmigen Haspel. Der wagerecht hin und her gehende Fadenführer hat den Zweck, die noch klebrigen Fäden nebeneinander auf den Haspel zu legen und deren Zusammenkleben zu vermeiden. Deshalb besitzt auch der Haspel schneidige Stäbe, damit die Seidenfäden nur wenig aufliegen. Der Umfang der Haspeln kann 1,2—2,2 m und deren Länge, je nachdem zwei oder vier Strähne gleichzeitig gehaspelt werden, 25—37 oder 55—67 cm betragen. Zwischen zwei unteren und oberen Fadenleitern ist noch ein Rädchen mit zwei Öffnungen eingeschaltet, durch welche die vereinigten Kokonfäden eines Fadenleiters geführt und durch

Darstellung der Rohseide. 401

mehrmalige Umdrehung dieses Rädchens ebenso vielmal ober= und unterhalb desselben ver=
schlungen oder gekreuzt erhalten werden. Diese Kreuzung der vereinigten Kokonfäden trägt
wesentlich zu deren Glättung, Rundung, Dichtigkeit und Gleichheit bei. Während des Ab=
haspelns hat die Arbeiterin eine Schale mit kaltem Wasser neben sich, aus der sie von Zeit
zu Zeit den Fadenhalter abkühlt. Neuerdings hat man auch diese fabrikmäßige Thätigkeit
mehr der Handarbeit zu entreißen und durch mechanische Mittel auszuführen gesucht. Man
bedient sich nämlich zuerst eines Kochapparats zum Einweichen der Kokons, in welchen auf
der einen Seite ein Dampfrohr, auf der andern ein Wasserrohr einmündet. Die Kokons
werden darin zu 4—500 Stück in kleinen Kästchen von durchlochtem Blech etwa drei Minuten
lang der Einwirkung von Dampf und Wasser bei 90—100° C. ausgesetzt.

Fig. 737. Das Abhaspeln der Seide.

Von diesem Kochapparat aus kommen dieselben dann sofort in die Schlagmaschine, in
welcher sich zu ihrer Aufnahme eine in einem größeren Troge von Thon hängende durch=
löcherte Porzellanschüssel befindet. In dieser unterliegen sie der drehenden Bewegung einer
Bürste, welche allmählich aufsteigt, so daß sie schließlich über Wasser, also außer Berührung
mit den Kokons kommt. Die gebürsteten Kokons führt man alsdann in die dicht neben den
Schlagmaschinen befindlichen, gleichfalls mit Wasser= und Dampfzuführung versehenen Becken
(Bacinellen) über, von denen aus alsdann die Überführung der Fäden auf den Haspel in ähn=
licher Weise wie beschrieben bewirkt wird. Bei dieser Einrichtung ist der Haspel in einem
mit Fenster versehenen und durch ein Dampfrohr geheizten Gehäuse untergebracht, in
welchem die Seide fast völlig getrocknet wird. Die durch diesen machinalen Betrieb erreichte

Ersparnis an Arbeitslohn ist eine sehr bedeutende, denn früher hatten je zwei Hasplerinnen ein Mädchen zum Schlagen nötig, während eine Schlagmaschine 25 und mehr Hasplerinnen versorgt. Die Güte der Seide hängt zum Teil mit von der Sorgfalt des Abhaspelns ab, denn die Elementarfäden sind von ungleicher Stärke, namentlich am Anfange stets dicker als gegen das Ende hin und die Ausgleichung erfolgt nur vermöge der Vorsicht der Hasplerin, welche entsprechend einander ausgleichende Fäden oder eine größere bezw. geringere Zahl derselben zusammenzuführen hat, um ein gleichmäßiges Gespinst zu erzielen. Das Gefühl der Stärkenunterschiede liegt ausschließlich in den Fingerspitzen und wird nur durch langjährige Übung erreicht. Nun erst kommt das Zwirnen oder Filieren der aufgehaspelten rohen Seide, die man auch Roh= oder Grezseide nennt. Soll die Seide gefärbt werden, so wird sie locker gezwirnt; soll sie zum Einschlag beim Weben dienen und wird der Faden aus ein, zwei oder drei rohen, locker gedrehten Seidenfäden gemacht, so heißt sie Trama=, Tram= oder Einschlagseide; dagegen entsteht die Ketten= oder Organsinseide, wenn man zwei oder drei Fäden zu einem zusammenzwirnt (zweifädige und dreifädige Organsin), nach= dem man zwei bis acht Kokonfäden zu einem Faden scharf nach rechts zusammengedreht hat.

Fig. 738. Strecken der Seide.

Das Zwirnen geschieht stets entgegen der Drehung des Rohseidenfadens. Es mögen nun hier noch einige besondere Fabrikate, welche in jedem Haushalte Verwendung finden, kurz erwähnt werden. Nähseide stellt man her, indem man entweder zwei oder auch drei Rohseidenfäden nach rechts dreht und nach links zusammenzwirnt, oder zwei bis drei ge= drehte oder auch ungedrehte Rohseidenfäden nach rechts zwirnt und je zwei von den so ent= standenen Zwirnfäden durch eine zweite Zwirnung nach links vereinigt. Je stärker die Zwirnung, desto feiner fällt der Faden aus. Nach der zweitangeführten Methode, nur mit schwächerer Zwirnung, wird die Strickseide erzeugt. Kordonnierte Seide zum Stricken und Häkeln wird durch scharfe Drehung aus vier bis acht rechtsgedrehten Rohseidenfäden besonderer Güte mit Linkszwirnung gewonnen, indem man drei so gezwirnte Fäden mit Rechtszwirnung vereinigt. Stickseide oder Plattseide, die auch zum Broschieren und Einschießen in der Weberei Verwendung finden, entsteht aus Zusammenführen einer Anzahl nicht vorgedrehter Rohseidenfäden unter ganz schwacher Drehung.

Die Einrichtung der Filier= oder Zwirnmaschinen, welche eine lange Zeit hindurch ein Geheimnis der Piemontesen war, hat in neuester Zeit vielfache Verbesserungen erhalten und ist daher an verschiedenen Orten auch oft sehr verschieden; wir unterlassen darum eine eingehendere Beschreibung, welche uns für jetzt schon zu weit in die Mechanik führen würde. Es genügt zu wissen, daß in den oft sehr großartigen Filieranlagen oder Filanden die Seide gespult, gedreht, gereinigt, gelockert und sortiert, in heißem Seifenwasser gekocht, getrocknet und geschwefelt wird, ehe sie in den Handel kommt.

Die Abgänge, welche bei den Kokons von der äußeren und inneren Fadenlage, von durchbissenen und verdorbenen Kokons und beim Abhaspeln selbst entstehen, hat man in der Schweiz schon längst in den sogenannten Florettseidespinnereien in einer der Bearbeitung der Baumwolle und Wolle analogen Art zu Seidengarn versponnen, welches unter dem Namen Schappe vorkommt und entweder als reines Seidengarn oder mit Wolle vermischt zu Tüchern, Shawls, Decken, Möbel= und Kleiderstoffen verwendet wird. Die aus der Florettspinnerei entstehenden Abfälle dienen ihrerseits wieder als Material für die Bourrettespinnerei, welche demnach das geringwertigste Fabrikat in der Seidenbearbeitung bildet.

In der Schweiz und in Italien löst man den Seidenabgang vor dem Spinnen durch warmes Wasser und mit Hilfe der Gärung, in Frankreich dagegen durch Kochen in Seifenwasser auf, welches letztere Verfahren schneller geht, wogegen das erstere dem Rohstoffe eine glänzend weiße Farbe, zugleich aber einen üblen Geruch erteilt.

In den Seidenfärbereien werden die einzelnen Strähne, nachdem sie gefärbt, gewaschen und ausgewunden sind, bis zu einem gewissen Grade gestreckt. Dadurch schließen sich die durch die vorgenannten Behandlungen getrennten Fasern wiederum fester an den Faden an, so daß dieser ein Ganzes bildet. Durch das Strecken gewinnt die Seide nicht nur an Glanz, sondern auch an Dauerhaftigkeit.

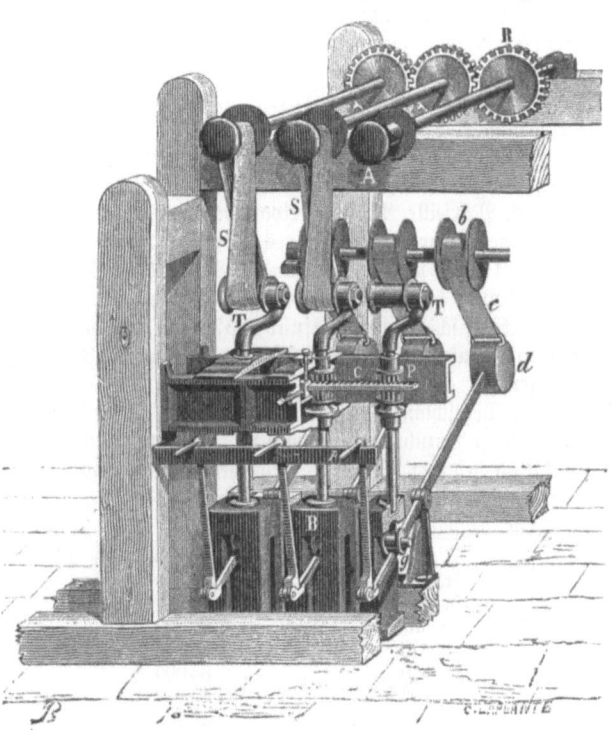

Fig. 789. Seidenstreckmaschine.

Das Strecken wird häufig durch Hand verrichtet, indem der Arbeiter den über ein Horn gehängten Strähn durch Einstecken eines Stabes am andern Ende stark zusammendreht, wie es Fig. 738 zeigt. Diese Arbeit ist anstrengend, erfordert große Geschicklichkeit und geschieht nicht immer ganz gleichmäßig. Man bedient sich daher auch verschiedener Streckmaschinen. Fig. 739 zeigt eine derartige.

Polierte Stahlhörner A, welche durch ein Räderwerk R gedreht werden können, nehmen die oberen Enden der Strähne S und die durch Zahnstange C und Getriebe P drehbaren vertikalen Wellen an den damit verbundenen Hörnern T das untere Ende der Strähne auf. Diese stehenden Wellen sind unterhalb durch Gewichte B belastet, so daß die Strähne neben der Zusammendrehung auch einen starken Zug erfahren. Um den letzteren allmählich auf die Strähne zu äußern, sind die Gewichte an ungleicharmigen Hebeln und an deren längeren Armen die Gegengewichte d verbunden, welche durch Riemen c in Rollen b aufgehängt sind. Beim Aufziehen der Rollenwelle werden die Gegengewichte gehoben und die Gewichte äußern ihre volle Wirkung auf die Strähne. Sind dagegen die Gewichte beim Abnehmen der Strähne von den Hörnern T zu heben, so werden durch Senken der Rollenwelle die Gegengewichte frei und erleichtern das Aufheben der Gewichte.

Da die Seide ein in hohem Grade hygroskopischer Körper ist, so nimmt sie schnell die Feuchtigkeit der Luft an, und es kann je nach der Beschaffenheit des Aufbewahrungsortes der Feuchtigkeitsgehalt der Seide bis zu 30 Prozent ansteigen, ohne daß sie schon eigentliche Nässe zeigt. Schon längst entstanden daher in Italien und Frankreich Anstalten zum Konditionieren, d. h. zur Ermittelung des Wassergehalts und wirklichen Handelswertes der Seide. Dieselben bedienen sich in der Regel des folgenden Verfahrens.

Aus den der Seidentrocknungsanstalt übergebenen Ballen werden einzelne Probestränge gezogen, deren genaues Gewicht man durch doppelte Wägung findet, welche kontrolliert und auch doppelt vermerkt wird. Die hierauf stattfindende Trocknung dieser Probebündel erfolgt bei einer Temperatur von 105—108° C., bei welcher die Seide während einiger Stunden in dem durch Dampf geheizten Trockenkammern verbleibt und wobei deren abnehmendes Gewicht durch die unmittelbar darüber befindliche Wage mehrmals genau bestimmt und angemerkt wird. Nach dem so gefundenen Gewicht wird das Verkaufsgewicht des ganzen Ballens nach Zuschlag von 10 Prozent gesetzlich erlaubter Feuchtigkeit berechnet. Bei größerem Gewichtsunterschied als 1 Prozent zwischen den einzelnen Probebündeln findet auch eine Wiederholung des Verfahrens statt.

Dergleichen Trocknungsanstalten befinden sich jetzt in Ancona, Aubenas, Avignon, Basel, Bergamo, Brescia, Como, Elberfeld, St. Etienne, Florenz, Krefeld, Lecco, Lyon, Mailand, Marseille, Paris, Privas, Roubaix, Turin, Udine, Wien und Zürich und es wurden in denselben während des Jahres 1884 zusammen 10 983 327 kg Seide, davon allein in Lyon 3 347 299 kg, in Mailand 3 323 115 kg konditioniert. Die Gesamterzeugung an Grezen betrug überhaupt 9 315 000 kg, davon entfallen auf Italien allein 2 810 000 kg, auf die chinesische Gesamtausfuhr 3 373 000 kg, die japanische 1 484 000, während die Leistung Frankreichs von 608 000 kg im Jahre 1878 auf 483 000 kg für 1884 zurückgegangen ist.

In Deutschland hat sich trotz vielfacher Versuche die Seidengewinnung nicht in erheblichem Maße einzubürgern vermocht, desto erfreulicher hat sich die deutsche Seidenwarenfabrikation gehoben. Dieselbe steht heute, wenn man von Japan und China absieht, sowohl in bezug auf die Zahl der Webstühle als den Umfang der Fabrikation in zweiter Reihe, und zwar beschäftigte im Jahre 1883:

	Zahl der Seidenwebstühle mit	Leistung in Millionen Frank.
Frankreich	140 000	390
Deutschland	87 000	225
England	77 000	110
Amerika	45 000	105
Schweiz	35 000	80
Österreich	15 000	55
Italien	20 000	42

Die Baumwolle. Was vor Amerikas Entdeckung der Flachs und das Vlies des Schafes für die Völker Europas war, das waren für die Bewohner Mexikos und Perus, der Kulturstaaten des transatlantischen Festlandes, die Samenhaare einer malvenartigen Pflanze, welche die Botaniker Gossypium genannt haben und welche bald als Kraut, bald strauchartig, zuweilen sogar, und zwar in Arabien und Ägypten, als 3—5 m hoher Baum auftritt. Sie hat drei- bis fünflappige, in ihrer frühsten Periode oft schwarzgetüpfelte Blätter und ziemlich große, gewöhnlich gelbe, bei einigen Gattungen purpurrote, fünfblätterige Blumen, welche einzeln in den Blattwinkeln stehen und am Grunde mit drei großen, herzförmigen, gezähnten Hüllblättern umgeben sind. Die Frucht ist drei- bis fünffächerig, einem großen Mohnkopfe ähnlich, springt bei der Reife in mehrere Klappen auf, von denen eine jede drei bis acht Samenkörner enthält, die in eine lange, dichte, weiße, nach dem Aufplatzen elastisch hervorquellende Wolle gehüllt sind. Es ist ein Irrtum, wenn man glaubt, die Alte Welt habe die Kultur der Baumwolle nicht gekannt. Vielmehr ist Indien als die Wiege derselben zu betrachten. Schon zu Herodots Zeiten war dort die Verwendung vegetabilischer Wolle zu Kleiderstoffen üblich, und Plinius berichtet, daß die Pflanze auch in Ägypten und Arabien angebaut werde. Durch die Araber verbreitete sie sich auch in einigen Teilen

Südeuropas, und unter den byzantinischen Kaisern wurde sie in Kleinasien und verschiedenen Strichen Griechenlands Gegenstand der Kultur. Ihre gegenwärtige allgemeine Verwendung jedoch zählt erst seit der Entdeckung Amerikas, und wenn dermalen auch Ägypten, China, das Innere Afrikas und Ostindien beträchtliche Massen von Baumwolle ausführen, so ist doch die bei weitem größere Menge der in unsern Fabriken verarbeiteten und auf unsern Märkten verkauften das Erzeugnis der Pflanzungen des unteren Mississippithales. Hier ist der rechte Boden für die Pflanze, die ein lockeres, leichtes, mit Sand gemischtes, schon angebautes Erdreich verlangt, und hier auch das passende Klima, welches nicht zu trocken sein darf, weil bei Mangel an Regen die Wolle kurz bleibt. Die Kapseln müssen am Morgen, sobald sie aufspringen wollen, abgepflückt werden, die aus denselben gewonnene Faser sitzt aber alsdann noch an den Samenkörnern fest und wird deshalb alsbald am Ernteorte von denselben getrennt und gleichzeitig von Unreinlichkeiten oberflächlich gesäubert. Dies geschieht heutzutage fast ausschließlich durch Maschinenarbeit, und zwar durch die sogenannten Egreniermaschinen (cotton gin). Es gibt deren zweierlei Arten; bei den Walzenauskörnmaschinen, die aus der uralten indischen „Tschurka" hervorgegangen ist, wird die Baumwolle fortwährend von einer umlaufenden rauhen Walze angezogen, muß aber kurz

Fig. 740. Die Baumwollpflanze.

vor derselben ein Paar in 3 mm Abstand voneinander angebrachten Schienen passieren, von denen die obere feststeht, die untere aber sich rasch auf= und abwärts bewegt. Die Samenkerne werden dadurch gleichsam abgeschlagen und fallen vor der Walze zu Boden, während die frei gewordenen Baumwollhaare von der letzteren fortgeführt werden. Eine verbesserte Bauart dieser Maschine soll bei Anwendung von Dampfkraft 60—100 kg gereinigte Baumwolle in der Stunde liefern können. Bei der zweiten Art, der Sägenegreniermaschine (saw-gin), wird dagegen die Faser von an umlaufenden Sägeblättern befestigten Zähnen erfaßt und durch ein Gitter hindurchgerissen, während die Kerne dasselbe nicht durchschlüpfen können und sich deshalb von der Faser trennen. Die auf eine dieser Arten gereinigte Baumwolle wird hierauf in Ballen oder große Säcke verpackt, welche in einer Presse

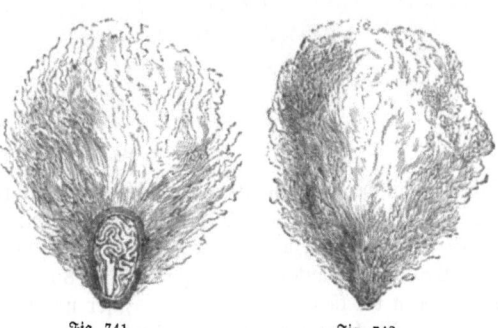

Fig. 741. Fig. 742.
Samenkern der Baumwollpflanze
im Durchschnitt. von außen.

zu gewaltigen viereckigen Kollis zusammengedrückt und dann auf Dampfboote verladen werden, die sie nach den Hafenstädten schaffen.

Der amerikanische Krieg hat die Verhältnisse der Baumwollerzeugung gänzlich umgestaltet. Bezog man früher den weitaus größten Teil des Rohstoffs aus den Südstaaten der Union, um die der fürchterliche Kampf entbrannte, so hat die infolge jener

Umwälzung jahrelang unterbrochene Erzeugung andre Länder zum Anbau der Baumwollpflanze veranlaßt, und die aus Ägypten und andern Strichen des nördlichen Afrikas, Ostindien u. s. w. in den Handel gelangten, von Jahr zu Jahr sich steigernden Baumwollzufuhren beweisen, daß die meisten jener Versuche von günstigem Erfolge begleitet gewesen sind*).

Die sich immer rascher entwickelnde Baumwollkultur Nordamerikas hat übrigens den Beweis geliefert, daß die Südstaaten der Union bei freier Arbeit einen weit besseren wirtschaftlichen Bestand haben können als früher bei der Verwendung von Sklaven zur Bebauung ihrer Felder. Die Thatsache, daß die Baumwollernte dieses Landes 1871—72 2974351 Ballen, 1883—84 aber bereits 5713000 Ballen betrug, also in zwölf Jahren auf das Doppelte gestiegen war, ja 1885—86 sogar die Höhe von circa 6½ Mill. Ballen erreichte, spricht mehr als alles andre für die außerordentliche Lebenskraft und Entwickelungsfähigkeit dieses Staates. Ägypten erzeugt die besten Sorten von Baumwolle, und zwar in dem fruchtbaren Nildelta; die unter dem Namen Sea Island bekannte Art wird wegen ihrer Feinheit und Länge hochgeschätzt und kann bis zu 250er Garn versponnen werden.

Fig. 743. Baumwollernte.

Die ägyptische Baumwollernte wechselt natürlich sehr je nach der Fruchtbarkeit, welche die Überschwemmungen des Nil hervorbringen; so betrug dieselbe im Jahre 1882—83 2250000 Cantar (zu 44½ kg = 100125000 kg) gegen 2900000 Cantar im Vorjahre und 2800000 Cantar der Ernte 1885—86. Indische Baumwolle und namentlich Bengal ist dagegen die kürzeste und gröbste Faser und kann deshalb nur zu niedrigen Garnnummern oder zur Mischung mit besseren Sorten Verwendung finden.

---

*) Die in Fig. 744 beigegebene Darstellung versinnlicht in dem Auf- und Absteigen der Kurve das Auf- und Niedergehen der wöchentlichen Preise von Fair-Bengalbaumwolle in den Jahren 1863 und 1864; die Zahl der ersten Spalte drückt den Preis eines Pfundes in Pence zu den in der oberen Horizontalreihe angegebenen Zeiten aus. Als interessant wollen wir hinzufügen, daß im März 1886 Bengal good fair in Liverpool nur noch 3½ Pence das engl. Pfund kostete. Im Vergleich dazu geben wir in Fig. 746 eine Kurve, welche die Preisschwankungen der Webstoffe während des Kriegsjahres 1870 darstellt.

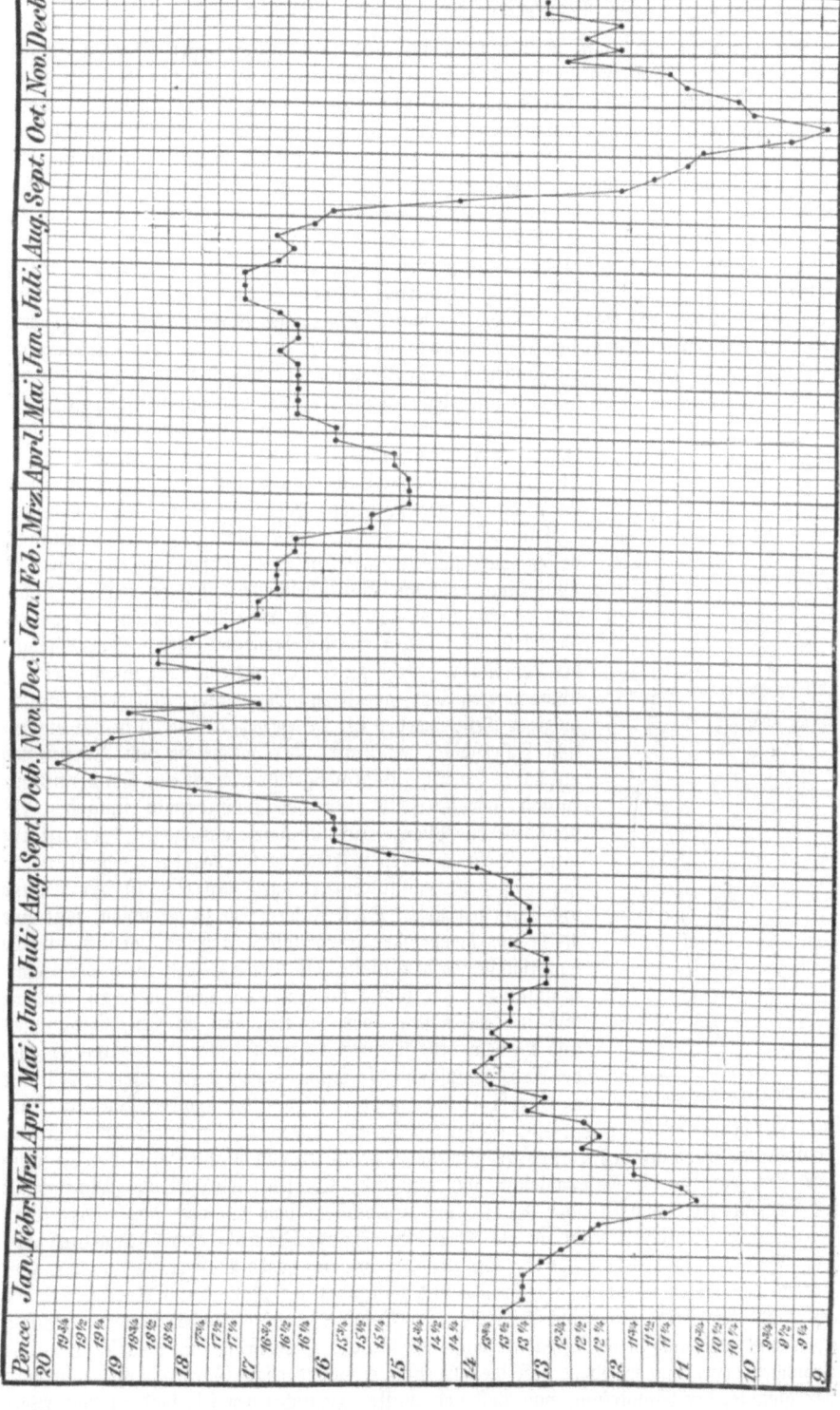

Fig. 744. Darstellung der Preisschwankungen von Fair-Bengalbaumwolle in den Jahren 1863 und 1864.

Wenn man bedenkt, daß in Großbritannien und in den Vereinigten Staaten auf den Kopf ein jährlicher Baumwollverbrauch von 5—6 Pfund, in Frankreich und Deutschland von 4—4½ Pfund, in der Türkei allerdings nur von 2—2½ Pfund, in vielen andern Ländern, namentlich in den tropischen, ein ungleich höherer Verbrauch von Baumwollwaren gerechnet werden darf, so wird man sich einen Begriff machen können von der Menge von Baumwolle, welche jährlich auf der Erde erzeugt werden muß, und es nicht wunderbar finden, daß dieselbe für das Jahr 1877—78 nach verschiedenen Angaben bereits zwischen 1350 und 1600 Millionen kg geschätzt wurde.

Der Flachs. Die vorzüglichen Eigenschaften dieses verspinnbaren Faserstoffs, welche derselbe im Gespinste und Gewebe besitzt: Festigkeit, Länge, Glanz, große Dauerhaftigkeit, die angenehme Kühle des Leinens, sowie die durch sachgemäße Vorbereitung zu erzielende Teilbarkeit, Feinheit und Farbe der Flachsfaser und endlich der Umstand, daß der Flachsbau und die Leinenindustrie schon seit Jahrhunderten in Deutschland sehr ausgebreitete Gewerbszweige bildeten, lassen diesen Rohstoff als einen höchst wichtigen auftreten.

Fig. 745. Der Lein.

Flachs ist der allgemeine Name für eine große Zahl verschiedener Pflanzen eines Geschlechts. Der bekannteste Flachs ist unser gewöhnlicher Lein (Linum usitatissimum, Fig. 745). Man unterscheidet Schließ- oder Dreschlein, dessen Samenkapseln geschlossen bleiben, und Springlein oder Klanglein, dessen Samenkapseln aufspringen. Frühflachs sät man je nach Witterung, Lage und Bodenbeschaffenheit zwischen Ende März und Anfang April, Spätflachs Ende Mai, wovon der erstere wegen seines kernigen Bastes bevorzugt wird. Der Stengel der Leinpflanze besteht zu innerst aus einer mit einem weichen, schwammigen Mark gefüllten Röhre, welche von einer Schicht holziger Teile umgeben ist. Diese geht allmählich in die eigentliche Faserschicht, den Bast, über, welche die zum Verspinnen nutzbaren Fasern, zusammengehalten durch eine Leimsubstanz, enthält und ihrerseits von der Pflanzenrinde umgeben ist. Nachdem die Pflanze zur Erntezeit ausgezogen, gerauft ist, wird dieselbe auf freiem Felde zu sogenannten Kapellen zusammengestellt und solcherart durch den Einfluß der Sonne und Luft getrocknet. Diese Fasern rein zu gewinnen, setzt eine Reihe von Hand- oder mechanischen Arbeiten voraus, welche hauptsächlich darin gipfeln, die Rinde zu entfernen, die Leimsubstanz zu lösen, sowie die Faser von dem Holze zu sondern und in dem Rösten oder Rotten, dem Brechen, Schwingen und Hecheln des Flachses bestehen. Wenn die Stengel aus der Erde gerauft und die Samenkapseln mittels eiserner Kämme abgerisselt sind, werden sie der Luft und dem Wasser, Tau, Dampf oder heißem Wasser ausgesetzt, alles zu dem Zwecke, um durch die herbeigeführte Gärung die kleberartige Substanz des Bastes größtenteils zu zerstören und die Stengel in den Zustand zu versetzen, daß sich die Fasern leicht, gut, rein und unversehrt lösen lassen. Man nennt dieses Verfahren die Röste oder Rotte, und je nachdem man ein oder das andre Verfahren anwendet, bezeichnet man sie als Tau-, Wasser-, Dampf- oder Warmwasserröste. Bei der gemischten Rotte läßt man die vorangehende Wasserröste nur bis zum Eintreten des faulen Geruchs vorschreiten und vollendet die Rotte durch Ausbreiten des Flachses auf dem Felde durch die Tauröste. In Belgien, wo die Flachskultur am höchsten steht, wendet man auch beide Arten der Röste wiederholt abwechselnd an. Neueste chemische Forschungen haben nun ergeben, daß die zum Rösten erforderliche Gärung nicht, wie man bisher glaubte, der Einwirkung von Luft und Wasser zuzuschreiben sei, sondern das Werk einer Art von Bacillen, nämlich des bacillus amylobacter ist, welcher die Zellwandhülle in die zu seiner Ernährung nötige Glykose verwandelt und dadurch die sogenannte Buttersäuregärung hervorruft. Diese Entdeckung verspricht für die Zukunft der Flachskultur und vielleicht auch für die vieler andern Pflanzenfasern von allergrößter Wichtigkeit zu werden.

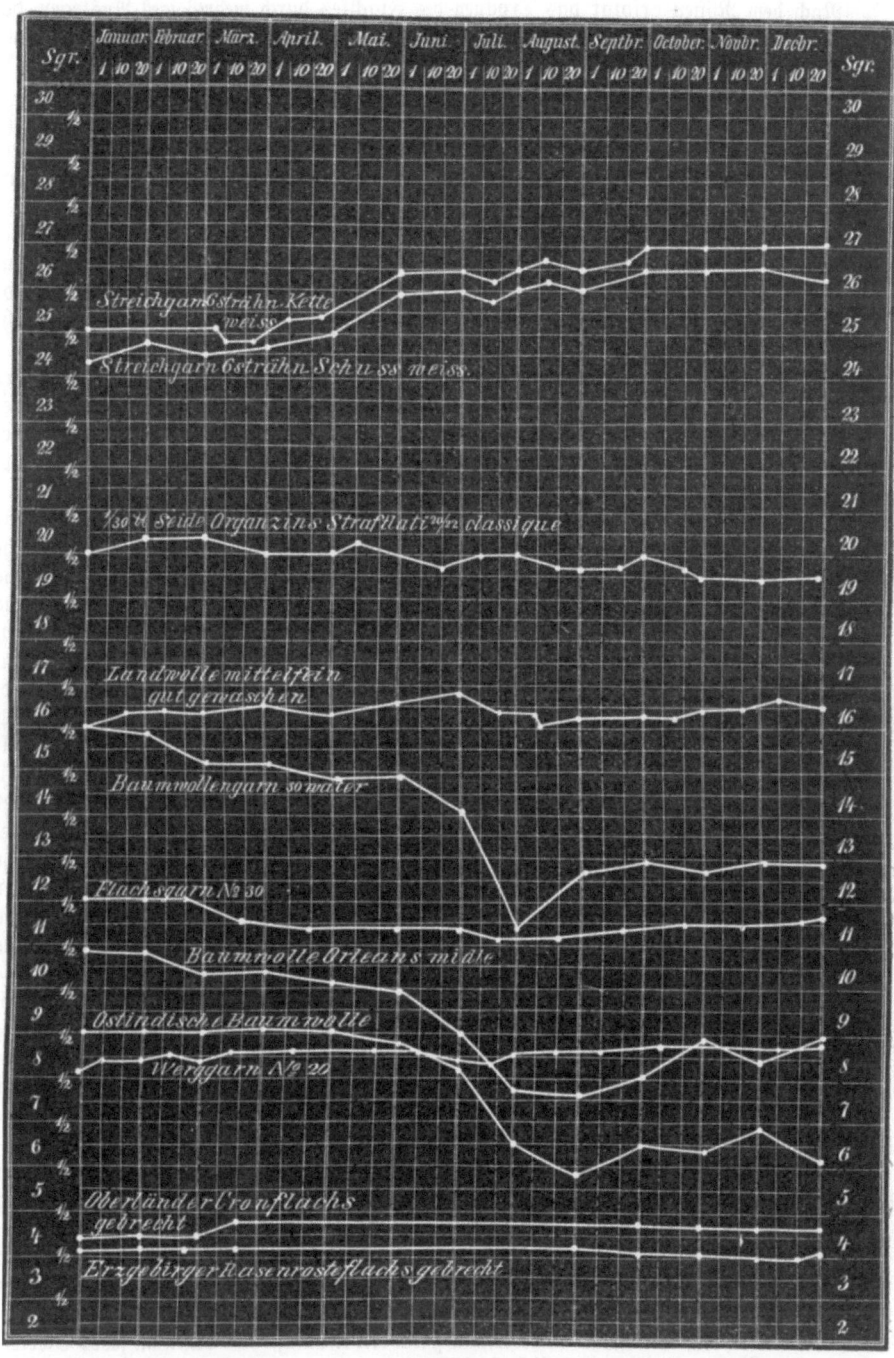

Fig. 746.
Darstellung der Preisschwankungen der Webstoffe während des Kriegsjahres 1870 in Deutschland.

Aus der vorstehenden Figur ersehen wir, daß der Einfluß des großen Krieges von 1870 auf die Preise der Webstoffe nur ein sehr geringer gewesen ist; selbst die Baumwolle die davon am meisten berührt wurde, zeigt lange nicht solche Schwankungen, wie während des amerikanischen Krieges, der allerdings gerade das Haupterzeugungsgebiet betraf.

Das Buch der Erfind. 8. Aufl. VI. Bd.

Nach dem Rösten erfolgt das Trocknen des Flachses durch mehrtägiges Auslegen desselben an Luft und Sonne oder in geheizten Räumen oder auch durch künstliche Erwärmung in besonderen Flachsdarröfen, welches letztere Verfahren indessen der Faser mehr oder weniger schädlich ist.

Das Brechen des Flachses wird meist von den Landleuten selbst ausgeführt und geschah früher ausschließlich durch die in Fig. 747 dargestellte Handflachsbreche. Sie besteht aus einem unbeweglichen Teile, der Lade a, und aus dem beweglichen, an einem Ende drehbar verzapften Deckel oder Schlägel b. Beide Teile sind auf der sich zugekehrten Seite spaltförmig und schneidig so ausgehöhlt, daß die Lade drei, der Deckel aber zwei messerförmige Wände besitzt, wie der Querschnitt c zeigt. Die in einer Handvoll (Riste) quer über die Lade gelegten Flachsstengel werden daher bei rasch wiederholtem Niederstoßen des Deckels und durch das gegenseitige Eindringen der schneidigen Wände geknickt und ihre Holzteile zerbrochen.

Um nun das bei so gewaltsamer Behandlung und selbst auch bei geschickter und sorgfältiger Arbeit immerhin noch stattfindende Zerreißen der Bastfaser möglichst zu verhüten, läßt man dem Brechen ein Klopfen oder Stampfen vorangehen, wozu ein hölzerner hammerförmiger Schlägel, der Botthammer oder Bleuel, oder eine vom Wasser getriebene Stampfmühle, die Pochmühle, dient.

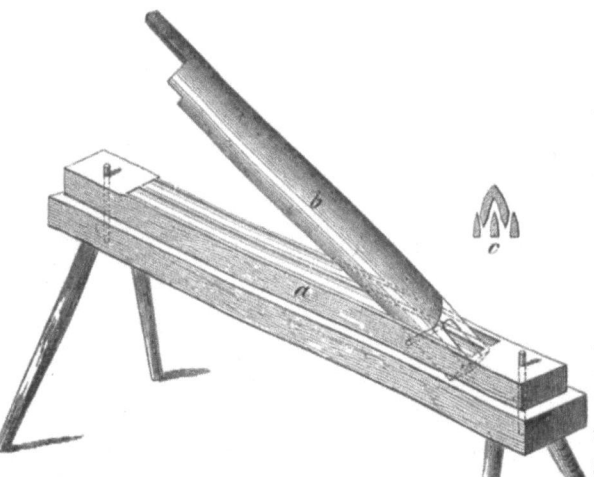

Fig. 747. Handflachsbreche.

Zur Vermeidung der langwierigen und kostspieligen Flachsbereitung mittels der Handbrechen hat man Flachsbrechmaschinen eingeführt, und es sind eine ganze Menge von Systemen gebaut worden, welche sich mehr oder minder gut bewährt haben. Die einfachste und ursprünglichste Arbeitsweise derselben bestand darin, die Flachsstengel zwischen mehreren Paaren mit Längsriffeln versehener Walzen hindurchzuleiten. Um die schädliche Spannung zu vermeiden, welche das zweite und folgende Walzenpaar auf den noch teilweise zwischen den vorhergehenden Walzen befindlichen Stengel ausüben müßten, wurde jedem folgenden Walzenpaare ein langsamerer Gang oder bei gleicher Umdrehungsgeschwindigkeit ein größerer Durchmesser verliehen und die Riffeln bei jeder folgenden Walze feiner gemacht. Durch diese Methode wird indessen wohl das Holz gebrochen, aber es bleibt innerhalb der Fasern und die darauf folgende Schwingarbeit wird alsdann eine sehr bedeutende.

Als vorteilhafter haben sich diejenigen Systeme erwiesen, in welchen einerseits eine der arbeitenden Flächen eine gerade ist und sich auf und nieder bewegt, während die andre eine sich um ihre Achse bewegende Cylinderfläche bildet und anderseits ein solches, bei welchem gegen eine ebene Fläche eine cylinder- oder kegelförmige, sich um sich selbst drehende, arbeitet. Bei dem ersteren, dem Kaselowskyschen System, welches sich durch einfache Bauart und geringes Krafterfordernis auszeichnet, kommt statt der geriffelten Walze eine solche mit auf- und abgehenden Messern zur Verwendung, von denen an jeder Viertelsdrehung ein Paar, im ganzen also vier Paare angebracht sind. Diese Messer greifen in vier andre an einem Klotz befestigte und nach abwärts gerichtete hölzerne Messer ein, welche eine auf- und abwärts gehende Bewegung haben, und bewirken ein Knicken der zwischen beiden Messerarten durchgehenden Stengel. Tritt nach Einführung einer Riste Flachsstengel zunächst das erste Messerpaar in Wirksamkeit, so findet das erste Knicken des Stengels statt, darauf hebt sich der Klotz etwas und die Messer der Walze bewegen sich unter dem eben geknickten Flachs fort und streichen die lose anhängenden Holzteilchen möglichst

Der Flachs. 411

ab, zugleich bewegt sich der Flachs etwas vorwärts, so daß das nächste Messer ihn nun an einer andern Stelle knickt und abstreicht. So wird unter schonender Bearbeitung der Stengel bereits ein Teil des folgenden Schwingprozesses erspart.

Das andre, das Kesselersche System (Fig. 748 u. 749), nähert sich mehr der Mühle; bei ihr bleibt im Gegensatz zu den andern Konstruktionen der Flachs in der Hand des Arbeiters. Der Apparat ist oben mit einem runden Deckel versehen, welcher 5—7 Schlitze enthält, durch welche die Einführung der Flachsstengel durch je einen Arbeiter stattfindet. Unter jedem Schlitz befindet sich ein gerieffter Kegel eingelagert, der in die gleichfalls gerieffte Unterfläche des Deckels eingreift. Bei Bewegung der Kegel um die Mittelachse der Maschine und gleichzeitig um ihre eigne tritt nun durch das Ineinandergreifen der beiden gerieften Flächen das Brechen des zugeführten Stengels ein. Zum Beseitigen der zerbrochenen Holzteile der Stengel, der Scheben, ist ein Kamm, welcher jeder der kegelförmigen Walzen vorausgeht und die Stengel durchkämmt, sowie eine Bürste, welche der Walze in ihrem Gange um die Mittelachse der Maschine folgt und das Holz aus den Fasern ausbürstet, angeordnet. Zur schonenden Behandlung der Stengel haben die Achsen der kegelförmigen Walzen elastische Unterlagen. Der Arbeiter hat es hierbei in der Hand, den Stengel, falls er ihn beim Herausziehen nicht genügend bearbeitet findet, nochmals den Schlitz durchlaufen zu lassen oder nur noch denjenigen Teil zur Bearbeitung einzuführen, den er vorher in der Hand hielt.

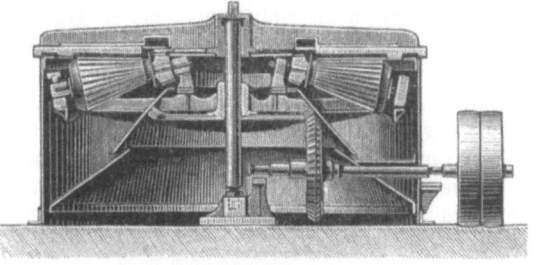

Fig. 748 und 749. Flachsbrechmaschine von Kesseler.

Die beim Brechen des Flachses zwischen den Fasern noch hängen gebliebenen Holzteile werden durch das Schwingen des Flachses mittels des Schwingstocks und der Schwinge entfernt. Dasselbe besteht in einem Abstreichen der Scheben entweder an einem scharfkantigen oder mit Eisenblech beschlagenen, aufrecht stehenden Brette oder vermittelst des Schwingmessers durch die Hand oder durch besondere Schwingmaschinen. Bei den letzteren sind eine größere Anzahl hölzerne Schwingmesser an den eisernen und durch einen Kranz verbundenen Speichen einer wagerechten Welle befestigt, so daß sie bei deren Umdrehung an dem über den nahestehenden Schwingstock gehaltenen Flachs vorbeistreichen. Bei Flächsen, deren Scheben schwer zu beseitigen sind, wird auch das Ribben mittels Ribbmessern oder das Risten, bei welchem der Flachs über einen sogenannten Ristebock hin und her gezogen wird, angewendet, vorteilhafter ist freilich stets ein vorsichtig und gründlich ausgeführtes Schwingen allein. Das Brechen und Schwingen erfolgt häufig in eigens dazu eingerichteten Flachsbearbeitungsanstalten und kommt dann das Produkt als Schwingflachs oder Reinflachs in den Handel, öfters aber werden diese Handhabungen auch schon in den Spinnereien selbst ausgeführt, um eine vorsichtigere Sonderung von Grund eintreten lassen zu können.

Das Hecheln des Flachses, die sich nun anschließende Arbeit, hat nicht nur den Zweck, dessen Reinigung von den kleinsten Teilen der Scheben fortzusetzen, sowie auch die allzu kurzen Fasern, die Heede oder das Werg, abzusondern, sondern es sollen dadurch hauptsächlich die meist noch bandförmig zusammenhängenden Fasern des Bastes durch Spaltung getrennt und alle längeren Fasern noch vollständiger in parallele Lage gebracht werden. Das Hecheln mit Hand setzt Umsicht und Geschicklichkeit des Arbeiters voraus. Die dafür benutzten Hecheln (s. Fig. 750 und 751) besitzen scharf zugespitzte Zähne aus Eisen- oder Stahldraht, welche bei der ersten oder groben Hechel stärker sind und weiter auseinander stehen, bei der zweiten oder feinen Hechel aber aus feinerem Draht hergestellt sind und enger stehen. Der Wergabfall beim Hecheln beträgt 20—60 Prozent und darüber, und es kann solcher nur zu weniger hohen Nummern versponnen werden.

Eine allerneueste Erfindung könnte vielleicht berufen sein, in der Vorbereitungsart des Flachses eine vollständige Revolution hervorzubringen. Es ist nämlich einem belgischen Techniker des Flachsfaches, Jules Cardon, gelungen, eine Maschine zu bauen, welche die drei Handhabungen des Brechens, Schwingens und Hechelns zu einer stetigen Behandlung vereinigt. Die Flachsriste wird in eine Kluppe eingespannt, wie wir solche gelegentlich der Hechelmaschinen kennen lernen werden, so daß die Stengel in das Arbeitsfeld der Maschine hineinhängen, und dieses durchwandert sie nun selbstthätig, indem sie darin unmittelbar hintereinander die Handhabungen des Brechens, Schwingens und Hechelns durchmacht, bis sie schließlich als vollständig verspinnbarer Stoff die Maschine verläßt. Zwischen dem Brechen und dem Schwingen ist noch eine Abteilung eingeschoben, in welcher dem Knicken der Stengel ein Ausstechen derselben mittels Zinken, welche sich begegnen und wieder entfernen, folgt. Die Behandlung des Stoffs auf diesem Apparate soll eine wesentlich schonendere als bei andrer Bearbeitung sein, woraus geringere Mengen an Abfällen, also größeres Ergebnis an verspinnbarem Stoff sich ergibt, außerdem wird an Arbeitslohn wesentlich gespart.

Fig. 750 und 751. Flachshechel.

Der Flachs ist schöner, fester und dauerhafter als die Baumwolle, und sein Anbau ist denn auch, da er in Deutschland so schön gedeiht, neuerdings hier wieder mehr ins Auge gefaßt worden. So hat sich mit Unterstützung der sächsischen Regierung ein Unternehmen begründet, welches durch Anlegung von Musterfeldern den Landwirten die einzuschlagende Richtung und die empfehlenswertesten Systeme des Anbaues sowie der Bearbeitung der Flachsfaser bis zum spinnbaren Zustande vor Augen führen und dieselben durch Wanderlehrer in diesen Verrichtungen unterweisen soll. In der kurzen Zeit ihres Bestehens hat dieselbe es bereits ermöglicht, eigen bereiteten Flachs selbst nach Irland auszuführen, wo derselbe als mustergültig anerkannt worden ist. Im Handel kommen besonders vor: ägyptischer, Archangeler, böhmischer, Danziger, flandrischer, finnländischer, französischer, holländischer, irländischer, Königsberger, Libauer, Lüneburger, Memeler, Narwaer, österreichischer, Pernauer, Petersburger, Rigaer, sächsischer (lausitzer), schlesischer und thüringischer Flachs.

Der Hanf (cannabis sativa) ist neben dem Flachs unsre einheimische Gespinstpflanze, neben dem Flachs, denn die Gebiete seines Anbaues fangen in der Regel da an, wo der Flachsbau nach Süden zu aufhört. Österreich-Ungarn, Rußland und Italien stehen unter den Hanf hervorbringenden Ländern obenan; Rußland führte allein im Jahre 1871 an Hanf 3 650 000 Pud im Werte von 12 200 000 Rubel und an Hanfsaat 22 000 Tschetwerts für 220 000 Rubel aus. Man unterscheidet nach den Blüten männliche und weibliche Pflanzen, welche in Wert bedeutend voneinander abweichen. Die männliche Pflanze, welche gewöhnlich kleiner und dünner bleibt als die weibliche, wird Sommerhanf, Sünderhanf, tauber Hanf oder auch Fimmel genannt und findet vorzugsweise Verwendung zu Zwirn, Netzen, Segeltuch, Hanfleinen ꝛc. Die weibliche, bis 2,5 m hoch werdende Pflanze, Winterhanf, Bästling, auch grüner Hanf genannt, dient dagegen fast ausschließlich zur Herstellung von Seilerwaren. Der Innenbau des Hanfstengels ist ein der Flachspflanze gleicher, weshalb auch die Behandlung der Pflanze, um den Faserstoff abzuscheiden, eine ähnliche ist, wie beim Flachs, in Rösten und Brechen bestehende. Die Verarbeitung geschieht zum größten Teile zu Seilerwaren. Die so gereinigte Faser führt den Namen Reinhanf und hat eine Länge von 1—1,75 m, welche, soweit das Erzeugnis nicht zu Seilerarbeiten Verwendung findet, eine unnötige ist; man teilt sie in solchem Falle durch das Stoßen in zwei bis drei Längenteile, eine Arbeit, die an den ausgespannten Fasern in ziemlich plumper Art mittels schwerer hölzerner Schlägel ausgeführt wird. Ein besonders geschätztes und sehr reines Erzeugnis, der Schleißhanf oder Pellhanf, wird aus dem gerösteten Hanf statt durch Brechen und Schwingen dadurch gewonnen, daß man durch Schleißen oder Pellen von jedem einzelnen Stengel den Bast der Länge nach mit den Fingern abzieht.

Die Jute ist die Bastfaser mehrerer Corchorusarten, Pflanzen, welche zur Familie der Tiliaceen gehören, also unsrer Linde verwandt sind. Die Heimat dieser Pflanzen ist Indien, und hier werden Corchorus capsularis und olitorius schon seit undenklichen Zeiten zu groben Geweben verarbeitet, während die europäische Industrie sie kaum seit 50 Jahren kennt, und eigentlich erst die während des Krimkrieges eintretende Verminderung der Zufuhr von russischem Hanf ernstlich daran denken ließ, der Jute seitens der Webindustrie größere Aufmerksamkeit zu schenken. Gegenwärtig wird die Jute bei uns schon in sehr bedeutenden Mengen verarbeitet, und während 1852 die Ausfuhr aus Kalkutta sich nur auf 17022 Ballen belief, hatte sie sich in den 20 Jahren bis 1872 auf 1891912 Ballen oder 6 Millionen Zentner gesteigert, und war 1885 bis auf etwa 8 Millionen Zentner gestiegen, wovon allein 838000 Zentner in Deutschland Verarbeitung fanden.

Die Kultur der Jutepflanzen, welche sämtlich einjährig sind, ist sehr einfach. Jedes Jahr im April oder Mai, wo der Boden genügend feucht ist, wird, wie bei uns für den Hanf, in Indien die Aussaat für die Jute gemacht, etwa 100 Tage darauf, im August also, ist die Pflanze reif, um geerntet zu werden. Die Triebe haben dann eine Höhe von 3—4 m erreicht; sie werden nun von den Seitentrieben, Blättern und Fruchtkapseln befreit, in dicke lockere Bündel zusammengefaßt und in fließendem Wasser einer Kaltwasserröste unterworfen. Die Auflockerung in den Geweben der Jutestengel erfolgt sehr rasch, so daß sich schon nach einigen Tagen der Bast in langen Streifen vom Stamme trennen läßt. Diese Abscheidung erfolgt auf sehr einfache Weise mittels Handarbeit, indem der vom Stengel abgestreifte Bast nur noch durchs Wasser hindurchgezogen und durch die Luft geschwungen wird. Trotzdem ist die so erlangte Jutefaser außerordentlich rein, und da durch die Röste der Zusammenhang der Bastbündel vollständig gelockert ist, so hat der so erhaltene Rohstoff eine mehr oder minder feinfaserige Zusammensetzung. Die Jutefaser selbst ist sehr lang, 1,5—3 m, in frischem Zustande nur wenig gefärbt, weißlich oder flachsgelb. An der Luft jedoch ändern manche Jutesorten ihre Farbe ins Graue oder Gelbe und dunkeln sogar unter Umständen bis in ein tiefes Braun nach. Je feiner die Qualität ist, um so länger ist die Faser und um so reiner die Farbe. Die Jute gelangt in den Handel bereits nach der Güte gesondert, wobei die Faserbündel zu Risten vereinigt und zu festen Ballen zusammengepackt werden.

Die feinste Sorte heißt Serajgunge, die zweite Naraingunge; Dowrahjute bezeichnet die geringste Gattung. Ein großer Teil der in Bengalen erzeugten Jute wird daselbst auch gleich verarbeitet, ähnlich wie früher bei uns auf dem Lande der selbstgebaute Flachs im Hause versponnen und verwebt wurde. Die Eingebornen fertigen daraus von jeher Gewebe, welche sie in den feineren Sorten zu Kleidung, in den gröberen zu Säcken für Reis, Zucker, Baumwolle u. dergl., sogenannte „Gunny-Bags", die einen bedeutenden Ausfuhrartikel bilden, verbrauchen. In neuerer Zeit hat indessen diese urtümliche Verarbeitung großenteils einer mit allen Hilfsmitteln der Maschinentechnik ausgerüsteten Fabrikindustrie Platz gemacht, welche sich bereits heute so kräftig entwickelt hat, daß sie selbst der englischen Industrie eine gefährliche Nebenbuhlerin zu werden beginnt. Der bei weitem größte Teil des von Kalkutta ausgeführten Rohstoffs wird in Dundee, und zwar dort wie auch bei uns vorzugsweise zu Packtuch, Säcken, Segelleinen und Seilerwaren verarbeitet. Außerdem findet dieser Rohstoff auch noch mannigfaltige Verwendung zu Telegraphenkabeln, Lampendochten, als Verbandmittel ꝛc., nebenbei gesagt auch zu eleganten Chignons, einst der oft belächelten Zierde unsrer Damenwelt. Die besten hell weißlichgelben, auch silbergrauen Sorten, welche einen seidenartigen Glanz besitzen, eignen sich vorzüglich zu Vorhangstoffen, zu Decken, Läufern und Teppichen, die in den natürlichen gelblichgrauen

Farbentönen oder mit eingewebten Mustern von blauer oder brauner Farbe eine sehr gute Wirkung machen und deren Herstellung neuerdings auch in Deutschland stark betrieben wird. Leider liefert das Garn zu diesen feineren Stoffen bisher ausschließlich England.

Die Verarbeitung der Jute entweder zu Juteleinen oder Taugarnen erfolgt ausschließlich in mechanischem Betriebe; dazu sind einige Vorarbeiten nötig, welche wir an dieser Stelle erörtern. Die in rohem Zustande ziemlich harten und steifen Fasern werden zuerst einem Einweichungsprozeß unterworfen, indem man die Risten auflockert, schichtweise in sogenannten Batschfässern nebeneinander aufstapelt und mit einer Mischung von Öl, Robbenthran oder Petroleum und Wasser besprengt, um sie möglichst weich und geschmeidig zu machen. Wenn der Stoff solcherart lange genug gelagert hat, wird er dem Quetsch- oder Erweichungsprozeß unterzogen, welcher aus einem wiederholt kräftigen Drücken und Quetschen der Faser an dicht hintereinander folgenden Stellen besteht. Zur Ausführung desselben bedient man sich der Jutequetschmaschine, von denen zwei verschiedene Systeme in Gebrauch sind.

Die verbreitetste, von Urquhart, Lindsay & Co. in Dundee gebaute, besteht aus einer Anzahl (20—40) dicht nebeneinander gelagerter, stark geriffelter Walzenpaare, deren obere auf die unteren durch Kegelfedern aufgedrückt werden. Die unteren Walzen werden durch Räder angetrieben, die oberen durch den Eingriff der Riffeln mitgenommen. Letztere wechseln insofern, als stets eine Walze links gewundene, die darauf folgende rechts gewundene Riffeln und so fort zeigt. Die mittels eines endlosen Tisches zugeführten Risten gelangen ausgebreitet zwischen die Walzen und es wird dabei jeder Faserteil mindestens einigemal einem starken Druck unterworfen und dadurch seiner Starrheit beraubt.

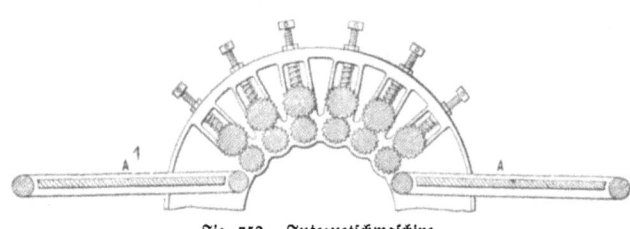

Fig. 752. Jutequetschmaschine.

Bei einer andern, neueren Art dieser Maschinen, von Lawson & Sons in Leeds erbaut (Fig. 752), sind die mit Längsriffeln versehenen Walzenpaare, und zwar deren nur sechs, in einem Halbkreise um die Mittelwelle gelagert und die oberen ebenfalls durch Federn auf die unteren gedrückt. Vor dem ersten Walzenpaare liegt ein endloses Zuführtuch A, hinter dem letzten ein ebensolches Wegführtuch A¹. Die Bewegung wird auf dieser Maschine zu einer doppelten, der sogenannten Pilgerschrittbewegung, nämlich zuerst einer rascheren nach vorn und dann einer geringeren und langsameren nach rückwärts, wodurch die Wirkung der Walzen wesentlich erhöht wird. Indessen ist die ersterwähnte Methode vorzuziehen, da dieselbe ruhiger und leistungsfähiger arbeitet, die Lawsonsche Maschine auch häufigeren Ausbesserungen unterworfen werden muß.

Hiermit ist der Vorbereitungsprozeß im allgemeinen beendet, nur verlangen gewisse Jutesorten mit starken Wurzelenden, daß man die letzteren und manchmal auch die fehlerhaften Kopfenden abtrennt, um dadurch ein gleichmäßigeres, leichter verspinnbares Material zu erhalten. Dies geschieht in kleineren Anlagen durch Handarbeit, in größeren durch sogenannte Schnippmaschinen, welche in verschiedenen Bauarten hergestellt werden. Die verbreitetste davon läßt die Risten über einen Zuführtisch und durch zwei Paare geriffelter Walzen, welche dieselben einziehen und festhalten, zwischen zwei mit radial stehenden Nadeln versehene Trommeln gelangen, welche eine Bearbeitung der Ristenenden resp. Entfernung der bastigen Teile auf beiden Seiten vollführen. Sobald dies in genügender Weise geschehen, so erteilt der Arbeiter durch Umschalten den Riffelwalzen sowie dem Zuführtisch eine entgegengesetzte Bewegung, wodurch die Riste wieder aus dem Apparat entfernt wird. Die nun folgenden Bearbeitungen werden in dem Kapitel Spinnerei Beschreibung finden.

Die Nesselfaser. Aus der durch großen Reichtum an Bastfasern ausgezeichneten Familie der Urticeen, zu welcher auch der Hanf gehört, hat sich neuerdings eine Gruppe von Pflanzen erhöhte Aufmerksamkeit als Spinnstoffe liefernd verschafft. Es sind dies die Nesselarten und unter ihnen vorzugsweise die in Japan, China und Ostindien heimischen

Urtica nivea und tenacissima, Rheea, Ramie oder Chinagras je nach den Ursprungsorten genannt, während die heimischen Arten Urtica dioica sowie die gewöhnliche Brennessel, Urtica urens, deren Anbauversuche als Kulturpflanze in größerem Maßstabe bei uns behufs Fasergewinnung indessen leider bisher nur mäßige Resultate erzielt haben. Desto günstigeren Erfolg hat man mit der Verarbeitung der Nesselfasern erzielt, die an Glanz sich der Seide nähern, dabei eine große Festigkeit besitzen, bei der Bleiche eine schöne weiße Farbe annehmen, sich leicht und ohne Anwendung einer Beize färben und selbst zu den feinsten Geweben verarbeitet werden können. Bisher hat sich allerdings die Fabrikation nur mäßig entwickelt, und zwar einzig und allein wegen der schwierigen Beschaffung des Rohstoffs; es ist aber zweifellos, daß, sobald die Frage der besten Bastgewinnung auf machinalem Wege, für welche die ostindische Regierung mehrfach Preise bis zur Höhe von 100000 Mark ausgesetzt hatte, endgültig gelöst ist, wir in dieser Pflanze, ganz gleich, ob deren Anbau hier gelingt oder wir darauf angewiesen sind, sie aus südlicheren Klimaten einzuführen, eine äußerst schätzenswerte Webfaser erhalten. Ihre mannigfaltige Verwendung findet dieselbe bereits heute u. a. zu Vorhängen, zu Möbel= und Portierenstoffen, Teppichen, Plüschen, Bordüren, Besatzartikeln, als Strickgarn, zu Batisttüchern und neuerdings zu Damenkleiderstoffen, nicht zu vergessen ihrer Bestimmung zu Effektfäden in allen möglichen andern Geweben, wozu sie der ihr eigentümliche Glanz besonders geeignet macht. Leider aber wird sie aus letzterem Grunde auch bereits häufig als Ersatz für Seide benutzt, von welcher sie freilich mittels des Mikroskops leicht zu unterscheiden ist.

Als Pflanzenfasern, welche sich in neuerer Zeit einer größeren Beachtung erfreuen, seien hier noch der Manilahanf, die Kokosfaser, der Neuseelandflachs und der Sisal= oder Aloehanf genannt, welche sämtlich aus den Rippen der Blätter der betreffenden Pflanzen gewonnen werden. Von diesen findet namentlich der Manilahanf zur Verfertigung von Seilerwaren und von Schiffstauen wegen seiner Haltbarkeit im Wasser und seiner Leichtigkeit ausgedehnte Verwendung. Der Gesamtexport dieses Artikels im Jahre 1885 belief sich auf 425000 Ballen, wovon allein 208000 Ballen nach London und Liverpool gingen.

Verfälschungen des Rohstoffs. Bei der Verarbeitung der spinnbaren Stoffe hatte man sehr bald herausgefunden, daß es nützlich sei, mehrere derselben zu vermischen, um so die Vorzüge jeder einzelnen Faserart auszunutzen, etwaige Nachteile nach Möglichkeit ausgleichen zu können. Man vereinigte z. B. die kräftige lange Leinenfaser mit der kürzeren Baumwolle, nicht etwa nur deshalb, um daraus einen billigeren Spinnstoff als den rein leinenen zu gewinnen, sondern weil man daraus ein Gewebe erhielt, das neben annähernd der Kraft der Leinwand auch Füllung durch die kürzere Baumwolle und damit die Fähigkeit empfing, sich dem Körper besser anzuschmiegen und so die demselben innewohnende natürliche Wärme zu erhalten. Auch könnte umgekehrt die kühlende Leinwand in tropischen Klimaten, welche schnellen Temperaturübergängen ausgesetzt sind, geradezu schädlich auf den Körperzustand wirken, und Halbleinen ist daselbst deshalb ein gern gekaufter Artikel. Wie man auf diese Weise versuchte, ein dichteres Gewebe durch Hinzuthun eines füllenden Materials zu gewinnen, so konnte es in andern Fällen auch erwünscht scheinen, eine allzugroße Dichtigkeit des Gewebes zu verhüten. So war es z. B. mit Strumpf= und Unterkleiderwaren der Fall. So angenehm und schützend ein reinwollener Strumpf ist, so hat er doch manche Nachteile an sich. Jede Hausfrau weiß, welche Plage es ist, wenn nach jeder Wäsche der Strumpf einschrumpft; die nicht erschöpfte Filzkraft der Wolle ist daran schuld. Ferner behauptet man, daß die fortwährende Reibung, welche die Wollfaser auf die Haut ausübt, verbunden mit dem starken Reiz zu Ausdünstungen, mit der Zeit schwächend auf die Hautthätigkeit wirke. Aber die letztere Annahme, welche dem Evangelium der Jägerianer schnurstracks entgegensteht und von ihnen deshalb aufs lebhafteste bestritten wird, selbst beiseite gesetzt, so hat wohl jeder schon empfunden, ein wie wohlthuendes Gefühl ein schöner Vigognestrumpf mit seinem milden, anschmiegenden Gewebe gegenüber dem harten Wollstrumpf hervorbringt. Jedenfalls wird der beim Waschen immer dichter werdende Wollstrumpf die Unannehmlichkeit an sich tragen, daß er den Körper gänzlich von der Außentemperatur abschließt. Also alles zu seiner Zeit und in seinem Klima; der Wollstrumpf im Kampfe gegen harte Kälte, der Vigognestrumpf in gemäßigter Witterung.

Weshalb sollte man danach die Vermischung der verschiedenen Faserstoffe als eine Verfälschung durchaus verdammen?

Wohl aber sind diese anfangs aus Zweckmäßigkeitsgründen eingeführten Vermischungen häufig genug zu betrügerischen Zwecken ausgenutzt worden, indem man dem Publikum diese Halbstoffe als ungemischte verkaufte. „Reinwollener Strumpf" war eine so hergebrachte Redensart für eine gute Vigogneware, daß kaum ein Verkäufer ahnte, daß er damit einen Betrug in Szene setzte, ebenso, wie wenn er eine Mischung von Kaffee mit Zichorien als reinen Kaffee verkaufte. In letzterem Falle ist neuerdings der Staat als bestrafende Aufsichtsbehörde mit vielem Erfolg in Wirksamkeit getreten; es wäre zu wünschen, daß er diese Thätigkeit auch auf die Kontrolle der Webwaren erstreckte. Mit andern Worten müßte ein jeder Kaufmann oder Fabrikant seine Ware nur als das bezeichnet verkaufen dürfen, was sie wirklich ist und Betrugsstrafen unterliegen, sobald er diese Vorschrift übertritt. Es würde diese Kontrolle gleichzeitig erziehend auf den Käufer einwirken, an diesem ist es aber auch seinerseits, die ihm zu Gebote stehenden Mittel zu benutzen, um sich vor Schaden zu behüten. Eine jede Ware hat ihre mehr oder weniger große Berechtigung, wenn sie nichts andres scheinen will, als sie wirklich ist.

Die Vermischung der verschiedenen Faserstoffe findet entweder schon vor oder beim

Fig. 753. Schafwollfaser in 400facher Vergrößerung.

Verspinnen statt oder es werden auch Gespinste von verschiedenem Material durch Weben vereinigt. Um nun die Natur der in der Ware enthaltenen Faserstoffe zu prüfen, gibt es Methoden, welche sich teils auf die Anwendung des Mikroskops, teils auf den Gebrauch solcher chemischer Stoffe gründen, welche auf die verschiedenen Fasern eine verschiedene Wirkung ausüben. Bei einiger Übung ist in vielen Fällen das Mikroskop das sicherste Erkennungsmittel; denn die verschiedenen Fasern zeigen bei gehöriger Vergrößerung eigentümliche Merkmale genug, an welchen der Kenner sie leicht unterscheiden kann. Dies werden unsre Leser selbst finden, wenn sie die vergrößerten Abbildungen der Woll=, Baumwoll=, Leinen= und Hanffaser und der Seide ins Auge fassen.

Das Schafwollhaar (s. Fig. 753) erscheint unter dem Mikroskop als eine cylindrische, mit dachziegelförmigen Schuppen bekleidete Röhre. Diese Schuppen sind schon bei 30facher Vergrößerung als dicht nebeneinander liegende, unregelmäßige Querlinien sichtbar. Die Haarröhre selbst wird von vielen faserartigen, dicht aneinander liegenden Längenzellen gebildet, die ein zentrales Mark, aus kleineren, meist undeutlichen Zellen bestehend, umgeben.

Die Baumwollfasern (s. Fig. 754) zeigen bandartig zusammengefallene, platte, selten cylindrische, mehr oder weniger schraubenförmig gewundene oder wellenförmig gebogene Zellen, mit mehr oder minder deutlicher Innenhöhle. Die Leinenfaser (s. Fig. 755) ist lang und schmal und erscheint schon bei 120facher Vergrößerung als ein runder, mit kleinen Knoten versehener, niemals um sich selbst gedrehter Faden, der nur einen schmalen Längenkanal einschließt. Die Bastfaser des Hanfes (s. Fig. 756) ist lang und walzenförmig, aber von ziemlich ungleicher Stärke und an der Spitze stumpf oder geteilt. Die Innenhöhle der Zelle ist in der Regel ziemlich weit, die Wand stellenweise stark verdickt, und es treten deren Verdickungsschichten meist als Längenstreifen deutlich hervor. Die Seidenfaser endlich (s. Fig. 757) ist als ein ausgeflossener und verhärteter Saft glatt, cylindrisch, ohne geregelten Bau und ohne Innenhöhle. Die Oberfläche des Fadens ist glänzend und wird nur selten durch kleine Unebenheiten oder Eindrücke unterbrochen. Die Stärke des Seidenfadens ist in der Regel gleichartig und nur nach der Seidenart verschieden. Die Jute zeigt sich zu dicken Faserbündeln vereinigt, die vereinzelten Fasern haben ungleichmäßig verdickte Zellenwände und der ursprünglich weite Hohlraum ist an einzelnen Stellen

Verfälschungen des Rohmaterials. 417

bis auf eine Linie zusammengedrückt. Die Ramie= oder Nesselfaser ist mit dem Mikroskop sehr leicht an ihrer weiten, infolge verschiedenartiger Verdickung der Zellenwand unregelmäßigen Innenhöhle von dem glatten, cylinderförmigen Seidenfaden zu unterscheiden, was mit bloßem Auge große Schwierigkeiten bietet und bedeutende Sachkenntnis voraussetzt. Die Kunstwolle zeigt in der Vergrößerung deutlich die Verletzungen, welche diese Faser während des Tragens sowie bei den mannigfaltigen Verarbeitungsprozessen erlitten, namentlich diejenigen der Oberfläche, das teilweise oder gänzliche Fehlen der Schuppen, so daß der geringere Verbrauchswert nunmehr leicht erklärlich erscheint.

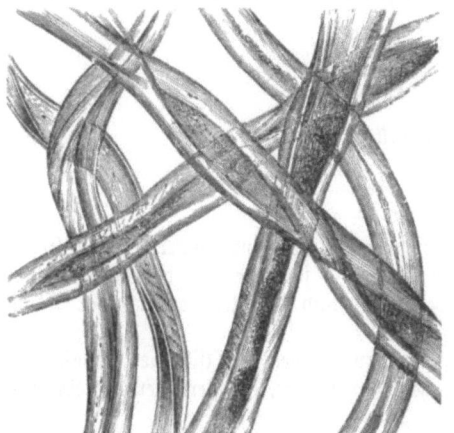
Fig. 754. Baumwollfaser 400mal vergrößert.

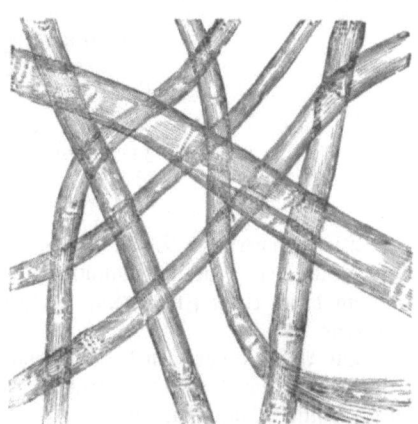
Fig. 755. Leinenfaser 400mal vergrößert.

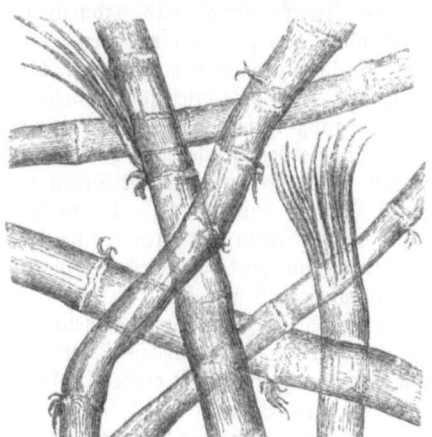
Fig. 756. Hanffaser 400mal vergrößert.

Fig. 757. Seidenfaser 400mal vergrößert.

In verarbeitetem Zustande zeigen Baumwolle und Leinenfaser, diejenigen Stoffe, welche am meisten miteinander vermischt werden, Eigentümlichkeiten, wie sie die folgenden zwei Abbildungen veranschaulichen. Fig. 758 läßt in 100maliger Vergrößerung feinster unverfälschter Leinwand schon deutlich die hauptsächlichsten Eigenschaften der Leinenfaser in der runden, glatten, ungedrehten Form mit nur schmalem Längenkanal und Querlinien, welche die Gliederung oder Knötchen markieren, erkennen. Ebenso ist im feinsten Baumwollbattist (s. Fig. 759) die platte, bandförmige und gedrehte Baumwollfaser bei derselben Vergrößerung schon auffällig wahrzunehmen.

Von der Betrachtung des Spinnstoffs wenden wir uns nunmehr zu den verschiedenen Methoden, dasselbe in Fadenform zu bringen, also zu dem Spinnen selbst.

Das Spinnen. Soweit die früheste Art des Spinnens bekannt ist, erfolgte dasselbe bereits vor Jahrtausenden in ganz ähnlicher Weise, wie es bei außereuropäischen Völkern allgemein geschieht, wie es vor wenigen Jahrzehnten noch sehr häufig in Deutschland, Frankreich, England und Belgien geschah und in einzelnen Gegenden dieser Länder sowohl für sehr feine als auch für starke Leinengewebe entweder noch jetzt unverändert, oder der mechanischen Spinnerei doch nur wenig näher gerückt, stattfindet. Das einfache Werkzeug dafür ist die Spindel, jenes uralte Gerät, das seinen Ursprung an den Küsten des Mittelmeeres oder an den Höhen des Himalaya gefunden haben mag, das bei den alten Griechen in derselben Art in Gebrauch war wie bei den deutschen Hausfrauen und das ein arabisches Rätsel nennt:

  Ein altes Weib, das flink sich dreht,
  In dessen Fleiß sich kleidet
  Der Araber, der Städte baut
  Und der Kamele weidet;
  Doch, wie es jede Blöße hüllt,
  Die Nacktheit immer leidet,
  Weil es um andrer willen stets
  Von seinen Füllen scheidet.

Die Spinnerin zu Dakka in Ostindien spinnt mit Spindel und Kunkel — das Gerät zum Halten der gezupften Baumwolle — einen Faden so fein, daß ein daraus gewebtes Gewand durch einen Fingerring gezogen werden kann und das Zeug auf tauiger Wiese unsichtbar ist.

Die Ägypter schreiben die Erfindung der Kunst zu spinnen der Isis, die Chinesen der Kaiserin Bao, die Lydier der Arachne, die Griechen der Athene, die Peruaner der Mama-Oella, Gattin Manko Kapaks, zu.

Seiner Form nach ist die Spindel oder Spille nichts andres als ein nach beiden Enden hin schwächer zulaufendes hölzernes Stäbchen, welchem meist eine Rolle, der sogenannte Wirtel, aufgesteckt ist. Diese Spille hat doppelten Zweck: einmal wird dadurch eine Drehung bewirkt und andernteils dient sie zur Aufnahme des gesponnenen Fadens. Der Vorgang des Spinnens selbst aber ist folgender. Nachdem von dem aufgesteckten Wollbündel ein lang ausgezogenes Faserbüschel an der Spitze der Spille befestigt und diese mit den Fingern der rechten Hand in schnelldrehende Bewegung versetzt worden ist, wird das Ausziehen von Faserbüscheln mit der linken Hand so lange möglichst gleichmäßig fortgesetzt, bis die rechte Hand die zu drehende Spindel und den sich dabei verlängernden Faden nicht mehr in größere Entfernung fortzuführen vermag. Hierauf wird der $1{,}3$—$1{,}6$ m lange Faden auf den mittleren, stärkeren Teil der Spille aufgewunden, an deren Spitze durch eine Schlinge befestigt und die Spille mit der rechten Hand wieder in Drehung versetzt, während die linke das Ausziehen des Spinnmaterials wiederholt u. s. f.

Je nach der Lebensweise der verschiedenen Völker tritt dieses Instrument in abweichender Form auf, und zwar unterscheidet man nach Reuleaux deren drei hauptsächliche Arten. Die auch bei uns, in Schlesien und Böhmen noch vorkommende Form, welche große Ähnlichkeit mit der in Pfahlbauten gefundenen besitzt, ist die bei den Völkern, welche sitzend oder stehend spinnen, zumeist gebräuchliche und hat den aus Holz, Zinn oder Thon bestehenden Wirtel im unteren Teile. Dicht über dem letzteren befindet sich die Verdickung, welche den Zweck hat, sowohl die Schwungkraft zu vermehren, als auch, dem aufgewickelten Faden Halt zu geben. Sowohl nach oben als nach unten läuft diese Spindel in eine Spitze aus. Die Spinnerin faßt die obere Spitze, gibt ihr eine drehende Bewegung und läßt sie diese nun weiter verfolgen, bis die Spindel den Boden erreicht, worauf sie das Aufwickeln des gesponnenen Fadens bewirkt. Es finden sich auch noch Abarten, z. B. die toscanische Spindel, welche überhaupt keinen Wirtel, sondern an Stelle dessen nur eine wesentlich stärkere Verdickung in der Mitte besitzt, von welcher aus die Spindel sich nach beiden Spitzen hin gleichmäßig verjüngt.

Eine ganz eigentümliche zweite Form, das eigentliche Vorbild der Spule, ist die der neapolitanischen und sizilianischen Spinnerinnen. Dieselbe hat keine Spitze, sondern eine cylindrische Form und ist mit zwei Wirteln, einem oben und einem zweiten in der Mitte versehen, zwischen welchen die Aufwickelung des gesponnenen Fadens erfolgt. Auf dem oberen Wirtel sitzt ein Drahthäkchen, welches als Fadenführer und zugleich zur Befestigung für das gesponnene Ende dient. Die Spinnerin leitet hierbei die drehende Bewegung der Spindel durch Rollen des Spindelendes über ihr Knie mittels der rechten flachen Hand ein; das übrige vollzieht sich wie vorher angegeben. Bei den in hockender oder kauernder Stellung spinnenden Völkern muß naturgemäß die Spindel ihre Andrehung von untenher erhalten; dies führt zur dritten Spindelform: der Spinnende hält mit dem linken Arm die Kunkel empor und faßt die am oberen Ende mit Wirtel und Drahthäkchen versehene, am unteren Ende aber spitz zulaufende Spindel mit den Fingern der rechten Hand und gibt ihr damit die drehende Bewegung.

Aus diesem Vorgange folgern sich auch leicht drei verschiedene Teile des Verfahrens: das Ausziehen, das Drehen und das Aufwickeln des Fadens, und es wird sich später zeigen, daß auch dem fortgeschrittenen Spinnereiprozesse diese drei Stufenfolgen zu Grunde liegen.

Schon früh wandte man sich, trotzdem die Handspindel noch bis heute ihr Dasein fortführt, mechanischen Hilfsvorrichtungen für das Spinnen zu. Eine solche ist das Handspinnrad. Dasselbe trägt auf einem niedrigen Gestelle ein sehr leichtes Rad von 60—80 cm Durchmesser auf wagerechter Achse. Über dasselbe ist eine Schnur ohne Ende gelegt, welche über den gekerbten Wirtel einer wagerecht gelagerten Spindel läuft und diese in rasche Umdrehung versetzt, wenn das große Rad mit der Rechten mittels einer Kurbel umgetrieben wird. Der Spinner bildet mit der Linken aus der Kunkel den Faden, dessen fertiges Ende er an der Spindel befestigt hat. Er hält ihn schräg von der Spindelspitze weg, solange er ihn zwirnen will, braucht ihn aber bloß nahezu rechtwinkelig dagegen zu halten, um ihn sich auf die Spindel aufwickeln zu lassen. So spann schon die Römerin, so spinnt heute noch der ganze Osten von Asien,

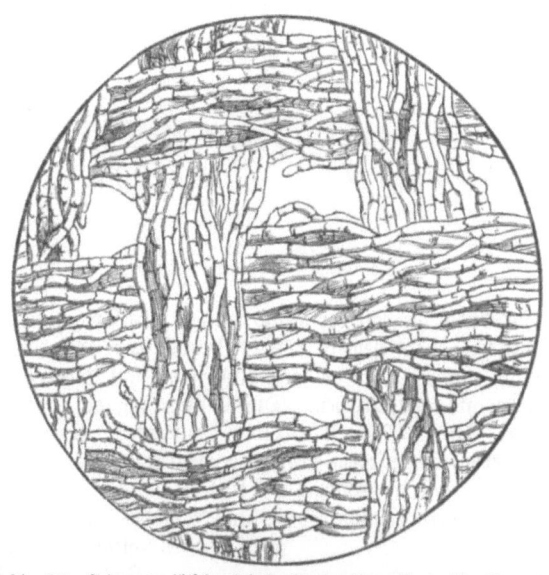

Fig. 758. Feine unverfälschte Leinwand 100mal vergrößert. (Zu S. 417.)

Fig. 759. Feiner Baumwollbatist 100mal vergrößert. (Zu S. 417.)

den Sunda-Archipel eingeschlossen; so spann man auch bei uns im Mittelalter, ja die englischen Einwanderer in Nordamerika sind konservativ genug gewesen, das alte Handrad nicht ganz untergehen zu lassen; man sieht es noch heute in Utah und Kalifornien in Anwendung, ausgeführt mit stuhlhohem Gestell und so gebraucht, daß eine Person das Rad dreht, eine zweite den Faden bildet und leitet. Unter beständigem Wechseln von Ausziehen und Aufwickeln des Fadens wird die Spindel allmählich voll, worauf das Gespinst mittels einer runden Scheibe, welche vorher auf die noch leere Spindel gestellt worden war, heruntergeschoben wird.

Im Mittelalter, wahrscheinlich gegen Ende des 15. Jahrhunderts, wurde die Verbesserung eingeführt, statt der genannten Scheibe eine ganze hölzerne Spule auf die Spindel zu stecken und sodann dieser den Faden durch das Hilfsmittel des „Flügels" zuzuführen. Anfänglich aus Draht gestaltet, wie in der (einer spätmittelalterlichen nachgebildeten) Fig. 760, wurde er später aus Holz gebaut (Fig. 761). Der Faden, als bloß ausgezogenes Faserbündel, wird an der zentralen Stelle A, bezw. a, zugeführt und durch den Flügel so geleitet, daß er zu der aufgestellten Spule von außen zutritt. Ganz genau liegt die Entwickelungsgeschichte des sich nunmehr umgestaltenden Rades noch nicht vor. Eine recht dienliche Verbesserung brachte aber 1530 der Steinmetz und Bildschnitzer Johann Jürgens, im Dorfe Watenbüttel bei Braunschweig lebend, an, indem er das

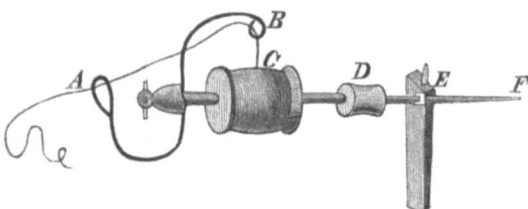

Fig. 760. Spindel mit Spule und Flügel.

Triebrad statt mit der Hand mittels des Tretschemels bewegte und so das „Trittrad" einführte. Bei diesem ist das treibende große Rad, die „Trift", kleiner als beim Handrade, etwa nur 30—50 cm hoch, und wird mittels des bekannten Tretschemels mit Stange, dem „Knecht", umgetrieben. Die Einwirkung auf Spule und Spindel findet sich verschieden vor. In Fig. 761 ist eine der Bauarten „mit einfacher Schnur" dargestellt. Der von der letzteren umgetriebene Wirtel g besteht aus einem Stück mit der Spule f, welche ihrerseits drehbar auf der Spindel ab sitzt.

Wären nämlich Spule und Spindel fest miteinander verbunden, so würden beide die gleiche Anzahl Umdrehungen machen. In diesem Falle aber würde nur eine Drehung des Fadens erfolgen und keine Aufwickelung. Nun aber empfängt die Spindel ihre Betriebskraft durch den auf die Spule übertragenen Faden. Dieser, von Natur aus elastisch, bewirkt, je nachdem er straffer oder loser sich spannt, ein schnelleres oder langsameres Mitlaufen der Spindel, in jedem Falle aber eine geringere Zahl von Umdrehungen bei der letzteren, als bei der Spule. Um so viel Länge, als nun dieser Unterschied beträgt, wird sich also stetig der Faden aufwickeln, und so ist denn die Thätigkeit des Spinners zu einer stetigen gemacht. Von Zeit zu Zeit muß nun der Faden, je nachdem die Füllung der Spule fortschreitet, in ein andres Häkchen bei c eingehängt werden. Ganz leicht ist übrigens die Fortführung der Arbeit nicht. Denn da der Umfang der Spule allmählich wächst, so muß, weil dem entsprechend zu derselben Länge weniger Aufwickelungsumgänge nötig sind, mit wachsendem Umfange der Spule die Geschwindigkeit derselben abnehmen,

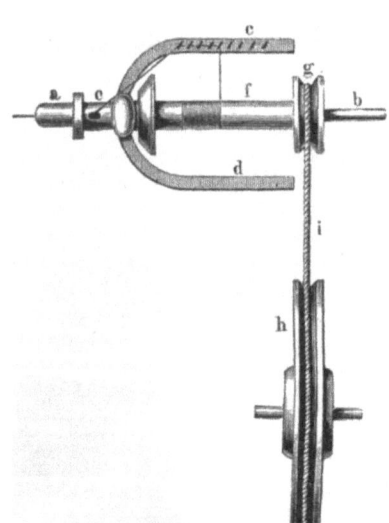

Fig. 761. Einzelheiten des Jürgensschen Spinnrades mit einfacher Schnur.

also der Unterschied der Umläufe der vorauseilenden Spule gegen die der Spindel eine kleinere werden. Es liegt daher der Geschicklichkeit des Spinnenden ob, zu der stärkeren Fadenzuführung bei wachsender Spule mitzuhelfen, während diese stärkere Hergabe von Vorgarn bei der mechanischen Spinnerei durch Mechanismen bewirkt wird.

Die Schwierigkeiten, die sich hier darbieten, waren schon lange vor Jürgens an älteren Spinnvorrichtungen gehoben, indem man nämlich an diesen sowohl die Spule als die Spindel von der Trift aus mittels Triebschnur umtrieb. Es ergab sich dabei das Spinnrad mit „doppelter Schnur" (s. Fig. 762). Bei diesem stecken nach wie vor Spule und

Spindel lose aufeinander, aber die Spindel wird vermöge ihres größeren Wirtels schon langsamer umgetrieben als die Spule und dadurch der Vorgang des Aufwickelns bewirkt.

Man hat zur Vermehrung der Leistung auch zweispulige Spinnräder gebaut, aber diese eignen sich wegen der vermehrten Aufmerksamkeit, welche sie dem Spinnenden auferlegt, nicht gut für feine Flachsgarne. Trotzdem gibt es geschickte Spinnerinnen, die auch damit ein schönes, gleichmäßiges Garn fertig stellen.

Dies waren die Hilfsmittel, welche lange Zeit hindurch der fleißigen Menschenhand das Spinnen ermöglichten. In der zweiten Hälfte des vorigen Jahrhunderts aber traten Umstände ein, welche diese althergebrachten Verhältnisse gänzlich über den Haufen warfen: sinnreiche Köpfe schufen mechanische Spinner, die sich in ihren Leistungen zum Handrad verhalten wie der Dampfwagen zur Schubkarre.

Entwickelung der mechanischen Baumwollspinnerei.

Für den großartigen Bau der Baumwollindustrie überhaupt, sowie für die mechanische Spinnerei insbesondere, wurde in dem letzten Drittel des vorigen Jahrhunderts in England der Grundstein gelegt. Denn in den Jahren 1767 und 1768 war es den Bemühungen und der Ausdauer zweier talentvollen Männer, James Hargreaves und Richard Arkwright, gelungen, Spinnmaschinen mit sehr günstigem Erfolge in Gang zu bringen, indem sie die schon früher gemachten Anfänge, jeder auf eigentümliche Weise, mit Umsicht ergänzten. Von den vorangegangenen und dahin zielenden Erfindungen sind zu erwähnen: die Spinnversuche von Wyatt in den Jahren 1730—43, Lewis Pauls Patent auf ein Verfahren, Baumwolle zu krempeln, im Jahre 1738, sowie Hargreaves' Verbesserungen der Baumwollkrempeln 1760 und die Erfindung der Cylinderkrempel im Jahre 1762 von dem Großvater des im Jahre 1850 verstorbenen Sir Robert Peel.

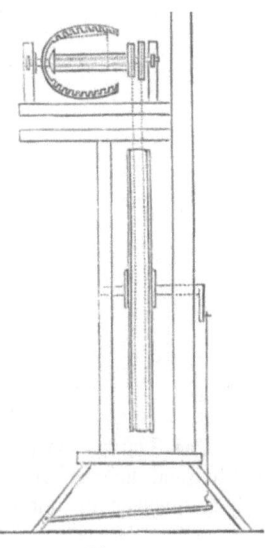

Fig. 762.
Spinnrad mit doppelter Schnur.

Die von John Wyatt im Jahre 1738 erfundene Spinnmaschine, worauf derselbe durch Lewis Paul ein Patent nahm, beruhte auf der Anwendung von hintereinander liegenden Walzenpaaren, welche mit bei jedem folgenden Paare größer werdender Geschwindigkeit umliefen und somit die zwischen ihnen hindurch gehenden, durch Krempeln erzeugten Bänder allmählich immer länger zogen, worauf solche nach einer Verdoppelung und einer abermaligen Streckung durch die Wirkung umlaufender Spindeln ähnlich dem Jürgensschen Spinnrade die Drehung und Aufwickelung erhielten.

Obschon nach der Wyattschen Erfindung in Birmingham im Jahre 1742 bereits Spinnmaschinen von 250 Spindeln ausgeführt waren, welche von zwei Eseln getrieben und von zehn Mädchen bedient wurden, so nahmen diese Versuche doch keinen gedeihlichen Fortgang, und es wurde die Spinnmühle schon im Jahre 1743 wieder geschlossen. Auch eine später in größerem Maßstabe in Northampton erbaute Spinnerei konnte nicht fortbestehen.

James Hargreaves, ein nur wenig gebildeter, aber erfinderischer Weber in Standhill bei Blackburn, hatte nächst den Verbesserungen an Krempeln vielfach versucht, mehrere von den letzteren erhaltene Bänder, welche, ohne zu reißen, eines weiteren Ausziehens fähig waren, gleichzeitig zu Fäden zu verspinnen. Seine Erfindung gründet sich auf das oben beschriebene Handspinnrad mit flügelloser Spindel. Indem er nämlich zwischen den aufgesteckten Spulen, welche die Krempelbänder enthielten, und den von einer Trommel gemeinschaftlich mittels Schnüre und Wirtel zu bewegenden Spindeln eine Klemme oder Presse anbrachte, welche die Bänder, sobald genügend Spinnstoff zum Verspinnen herausgegeben war, festhielt, während sich die Spindeln entfernten, erzielte er ein Ausziehen oder Strecken der Bänder und durch die Drehung der Spindeln einen feineren, festeren Faden. Diese von Hargreaves nach seiner Tochter Jenny Spinning-Jenny benannte Maschine wurde von der ersten Ausführung mit acht Spindeln bald so weit vervollkommnet, daß ein Mädchen

80—120 Spindeln bedienen konnte. Noch bis jetzt ist das Wesentliche des Prinzips, auch sogar der Name dieser Maschine beibehalten worden.

Fig. 763. Hargreaves' Mule-Jenny-Spinnmaschine.

Das Schicksal Hargreaves' war jedoch kein günstiges. Arbeiter und Pöbel drangen in sein Haus und zerstörten seine Maschinen und Gerätschaften, so daß er sich genötigt sah, nach Nottingham zu flüchten, wo er sich besser geschützt glaubte und wo er in der That bedeutende Vervollkommnungen an seiner Maschine zustande brachte. Aber auch hier wurde er verfolgt, bei einem Volksauflauf selbst verwundet, und obwohl er durch die Erfindung der Spinnmaschine seinem Lande nicht hoch genug zu schätzende Vorteile gebracht hatte, blieb ihm nicht nur die verdiente Belohnung versagt, sondern man suchte ihm selbst die Ehre seiner Erfindungen zu schmälern. Vom Unglück verfolgt, starb er in Armut im Arbeitshause in Nottingham.

Fig. 764. Arkwrights Spinnmaschine.

Neben seinem Namen steht in der Geschichte der Spinnerei ein andrer leuchtend da: der des Richard Arkwright, 1740 zu Preston geboren, welcher anfänglich das Barbiergewerbe erlernte und solches auch bis zum Jahre 1767 betrieb. Seine Neigung zu mechanischen Beschäftigungen und sein sich darin später so sehr entwickelndes Talent verlockten ihn zu der Idee, ein Perpetuum mobile zu erfinden, die er jedoch glücklicherweise wieder aufgab. Er beschäftigte sich hierauf mit dem Bau von Spinnmaschinen für Baumwolle.

Entwickelung der mechanischen Baumwollspinnerei.

Schon 1768 kam er, mit Geld von Atherton in Liverpool unterstützt, damit zustande und nahm 1769 das erste Patent darauf, welches 1774 noch auf zehn Jahre verlängert wurde. Die Arkwrightsche Spinnmaschine ist eine Verbindung von Wyatts Walzenpaaren zum Strecken der Krempelbänder oder Lunten und der weit früher in Deutschland benutzten und oben beschriebenen Flügelspindel des Jürgensschen Flachsspinnrades. Das Strecken erfolgte durch drei Walzenpaare mit zunehmender Geschwindigkeit, welche der Faden oberhalb der Flügelspindel zu passieren hatte, die Regelmäßigkeit des Aufwindens wurde statt durch Umlegen des Fadens auf die Häkchen der Flügel durch Heben und Senken der ganzen Spulenbank hervorgebracht. Bei dieser Maschine konnte demnach wie bei dem Trittrade das Ausziehen, Drehen und Aufwickeln der Fäden ununterbrochen und gleichzeitig erfolgen, und da ihr Arkwright gleich anfänglich die Einrichtung zum Betriebe mit Wasserkraft gab, so nannte er sie deshalb als erste derartige Ausführung Waterspinnmaschine, und das damit gesponnene Garn hieß Watergarn (water-twist); und obschon mehrfache Verbesserungen an dieser Maschine eintraten, so liegt auch dieses Prinzip der jetzigen Spinnerei hauptsächlich noch zu Grunde und dient mit derselben Bezeichnung noch zur charakteristischen Unterscheidung.

Fig. 765. Richard Arkwright.

Auch Arkwright wurde anfänglich wegen seiner Maschine verfolgt und wandte sich 1768 nach Nottingham, wo er bei Strutt und Need, den Gründern der so berühmten Spinnerei in Derby, welche seine Erfindungen zu würdigen wußten, die erforderlichen Geldkräfte fand. Seine erste kleine Spinnerei wurde durch Pferde betrieben, eine zweite größere aber, zu Cromford in Derbyshire 1771 erbaut, durch Wasserkraft. Der Nutzen, welchen er aus seinen Patenten zog, war ansehnlicher als der seines vorgenannten Kollegen; er machte ihn zum reichen Manne; denn als Arkwright 1792 zu Cromford starb, hinterließ er seinem Sohne ein Vermögen von 525000 Pfd. Sterl. (etwa 10½ Millionen Mark); im Jahre 1786 war ihm der Adelsbrief verliehen worden.

Zu den eben beschriebenen zwei verschiedenen Maschinen trat durch eine glückliche Verbindung bald noch eine dritte und erweiterte so die Grundlage der mechanischen Spinnerei.

Samuel Crompton, ein Weber in der Nähe von Bolton, verband 1775 die (ursprünglich Wyattschen) Streckcylinderpaare der Arkwrightschen Watermaschine mit dem Spindelwagen der Jennymaschine. Diese Maschine hatte die Spindeln ohne Spulen auf dem Wagen angebracht, so daß das Spinnen und Aufwickeln abwechselnd vor sich ging. Die Stelle der Presse vertraten hier die Streckwalzen, wodurch die Streckung nicht auf diese beschränkt blieb, sondern eine solche in gewissem Maße auch bei dem Auszuge des Wagens stattfand. Diese gleichsam als Bastard aus den früheren hervorgegangene Spinnmaschine nannte Crompton Mule=Jenny oder Mulemaschine (von Mule, Maultier) und verdrängte damit später in der Baumwollspinnerei die Jenny, die jedoch bisher noch immer in der Streichgarnspinnerei Anwendung fand, nur mit der Abänderung, daß man die Presse durch ein Cylinderpaar als Vorziehwalzen ersetzte (Cylindermaschinen).

Hiernach sind also aus den ursprünglichen einfachen Mechanismen folgende vier Arten von Spinnmaschinen hervorgegangen: Jennymaschinen mit Presse zum Ausziehen und Spindeln ohne Spule, Cylindermaschinen mit Spindelwagen und einem Paar Vorziehwalzen und Spindeln ohne Spule; Mulemaschinen mit aus= und einfahrendem Wagen und zwei bis vier Paaren Streckwalzen und Spindeln ohne Spule, Watermaschinen mit Spindelbrett und zwei, drei oder vier Paaren Streckwalzen und Spindeln mit Spule.

Fig. 766. Samuel Crompton.

Dieser kurzen geschichtlichen Darstellung der ersten Grundlagen der mechanischen Spinnerei in England ist hinzuzufügen, daß von 1784—94 die drei ersten mechanischen Spinnereien in den Rheinlanden und in den nächsten Jahren mehrere dergleichen in Barmen, Köln, Elberfeld, Gladbach, Bonn, Neuß, Kaiserswerth u. s. w., in Sachsen durch zwei Chemnitzer Fabrikhäuser 1800, und in Österreich im Jahre 1799 Spinnereien für Water= und Mulegarn angelegt wurden. Von dieser Zeit an, namentlich durch die Kontinentalsperre begünstigt, erhielt die mechanische Spinnerei in Deutschland größeren Aufschwung, und obschon der Bau der Maschinen noch sehr mangelhaft war, so gehörten die Baumwollspinnereien doch zu den sehr einträglichen Unternehmungen.

Mit ungleich rascheren Schritten ging jedoch die Spinnerei in Großbritannien vor, und der englische Maschinenbau unterstützte dieselbe kräftigst. Namentlich richteten die Spinner und Mechaniker ihr Augenmerk auf Vorbereitungsmaschinen zur Auflockerung und Reinigung der Baumwolle, auf Verbesserung der für das Spinnen selbst so einflußreichen Krempel, auf die Streckmaschinen und das Dublieren der Bänder, auf Vorspinnmaschinen u. s. w. Denn alle diese Maschinen wurden mit dem Augenblicke notwendig, wo die persönliche Geschicklichkeit des Spinners nicht mehr in dem Maße wie beim Trittrade zur Geltung kam und die an die Stelle der Handarbeit getretene Maschine ein besser vorbereitetes Material beanspruchte.

Die Hauptoperationen des Spinnens wollen wir nun in dem Nachfolgenden in Kürze zu erläutern versuchen, namentlich wie sie bei der so überaus wichtigen Baumwollspinnerei sich entwickelt haben. Von der rohen Baumwolle bis zu dem fertigen, in den Handel kommenden Gespinst lassen sich folgende sieben Hauptabschnitte des Arbeitsganges hervorheben:

1) Das Mischen oder Gattieren der rohen Baumwolle; dasselbe kann auch erst nach dem Reinigen vorgenommen werden.

2) Die Reinigung und Auflockerung der Baumwolle, wodurch Staub und Unreinigkeiten entfernt und die zusammengedrückten Faserbündel aufgelockert werden, damit die Baumwolle ihre durch die Verpackung unterdrückte Elastizität wieder erlange.

Das Mischen. Vorbereitungsmaschinen. 425

3) Das Krempeln oder Kratzen beseitigt die noch zurückgebliebenen Unreinigkeiten, hauptsächlich aber werden dadurch die zu kurzen Fasern weggeschafft, die längeren Fasern gerade nebeneinander gelegt und daraus zuletzt lange und schmale Bänder hergestellt.

4) Das Strecken oder Ausziehen der von der Krempel erhaltenen Bänder, wodurch ein weiteres Gerade= und Parallellegen der Fasern erzielt, durch gleichzeitiges Dublieren mehrerer Bänder aber auch eine Ausgleichung der stellenweisen Dickenverschiedenheit einzelner Bänder bezweckt wird.

5) Das Vorspinnen. Dieses verwandelt die Bänder durch fortgesetztes Strecken in grobe, lockere und für ein weiteres Ausziehen geeignete Fäden (Lunte, Docht, Vorgespinst, Vorgarn), denen deshalb entweder nur eine sehr schwache bleibende Drehung erteilt wird, oder die, sofern sie nur zur Verdichtung der Bänder dienen soll, sogleich wieder aufgehoben wird.

6) Das Feinspinnen endlich, welches die Vorgespinstfäden durch nochmaliges Strecken und stärkere Drehung in fertiges Garn von verschiedener Feinheit verwandelt. Hierbei dient als Regel, daß die Drehung für Kettgarn eine stärkere als für Schußgarn ist.

7) Das Haspeln, Sortieren und Verpacken des Garns, also die für den Handel damit noch vorzunehmende Zurichtungsarbeit.

Das Mischen. Um einen dem jedesmaligen Zwecke entsprechenden Rohstoff zu gewinnen, mischt man verschiedene Gattungen miteinander, also etwa eine entsprechende Menge feinere oder längere zu einer groben oder kurzen oder auch hellfarbige zu dunklen Gattungen oder umgekehrt. Es wird dies derart ins Werk gesetzt, daß man den Inhalt eines Ballens zu einer Lage ausbreitet und dann eine weitere Lage aus einer andern, damit zu mischenden Sorte darauf bringt und so fort, bis der ganze Vorrat verbraucht ist. Bei der Verarbeitung wird dann stets in senkrechten Schichten von dem so gebildeten Haufen abgenommen. Bei diesem Verfahren wird darauf geachtet, daß das Material möglichst schon hierbei eine Auflockerung erfährt. Zur besseren Öffnung kommt auch wohl, namentlich in England, eine kurze Behandlung mit Dampf in drehbaren geschlossenen Gefäßen zur Anwendung. Zur Durchführung der weiteren Arbeiten treten nun der Reihe nach folgende Maschinen in Thätigkeit.

Fig. 767. Der Whipper.

Vorbereitungsmaschinen zur Auflockerung und Reinigung der Baumwolle. Die Baumwolle wird nun der ersten Maschine übergeben, welche den Zweck hat, dieselbe aufzulockern und zu reinigen. Die dazu je nach Art der zu verarbeitenden Baumwolle verwendeten Systeme heißen der Wolf, Teufel, der Willow oder Zauseler, der Whipper oder Schläger und der Öffner. Von diesen sind die am meisten gebräuchlichen der Whipper und namentlich der Öffner, da sie die Baumwolle schonender behandeln als Wolf und Zauseler; wir wollen deshalb ihre Einrichtung durch einige Figuren versinnbildlichen. Der Whipper (Fig. 767) besteht aus zwei eisernen, in hölzerne Gehäuse eingeschlossenen und circa 0,6 m langen Wellen aa', welche horizontal und parallel auf dem Gestell gelagert und auf dem Umfange mit sechs Reihen eiserner, speichenförmiger Stöcke besetzt sind. Auf der Innenseite der Gehäuse springen gleiche Stöcke hervor, welche so zu einander stehen, daß immer zwischen je zwei Stöcken der einen Welle ein Stock der andern Welle, oder von dem Gehäuse her, eingreift und umgekehrt. Die in die Öffnung d eingegebene Wolle wird durch die nächst darunter befindlichen Stöcke schnell herumgeführt, zerteilt und durch die Stöcke der zweiten Welle bei e herausgeworfen. Die Welle a macht gegen 1300, die Welle a' aber gegen 1500 Umdrehungen in der Minute, und es können in der Stunde 124—150 kg Baumwolle durch die Maschine gehen. Zum Betriebe sind etwa $\tfrac{3}{4}$ Pferdestärken erforderlich.

Der Öffner in einer neueren Konstruktion führt die Baumwolle auf einem Lattentische langsam den Zuführwalzen zu, welche durch Hebel und Gewichte aneinander gepreßt werden und dadurch die Baumwolle festhalten, während ein mit nasenförmigen Spitzen besetzter Cylinder die Faserbüschel zerteilt und sie einem zweiten Cylinder übermittelt, der diese Arbeit in nachdrücklicherer Art fortführt. Unter dem ersten Cylinder ist ein Sieb, unter dem zweiten ein Rost angebracht, durch welche die durch das Schlagen gelösten Unreinigkeiten, wie Sand, Körner, Schalen u. s. w., abgeführt werden. Der sich verbreitende Staub wird durch ein unterhalb liegendes Fachrad abgesaugt. Schließlich wird die Baumwolle zwischen zwei Cylinder getrieben und als Watte durch Abführwalzen auf ein Lattentuch abgeliefert. Diese sich im Prinzip eigentlich der später vorzuführenden Schlagmaschine nähernde Bauart ist mehr für langstapeliges Material geeignet, für kürzeres wird jetzt fast allgemein der sogenannte Crighton=Öffner (Fig. 768) verwendet. Bei demselben wird die Baumwolle durch einen Auflegetisch und zwei Paar Einzugswalzen, zwischen denen eine Streckung stattfindet, dem Hauptcylinder zugeführt. Dieser ist nach unten zu konisch verjüngt und besteht aus Roststäben oder Siebböden. In demselben dreht sich eine stehende Welle, die mit wagerecht gelagerten Scheiben versehen ist. Diese tragen schraubenförmig angeordnete Nasen, welche die Wolle bearbeiten und dann der Siebtrommel nebst darunterliegendem Fachrad

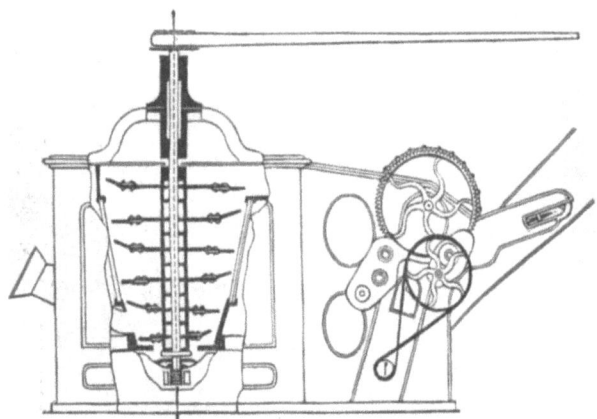

Fig. 768. Öffner von Crighton.

oder auch einem zweiten Öffner zuführen. Von dem Whipper oder Öffner gelangt die Baumwolle auf die Schlag= oder Flackmaschine, Batteur (Fig. 769), deren Zweck es ist, durch eiserne, rahmenförmige und ebenfalls in cylindrische Mäntel eingeschlossene Flügel a und b die ihnen durch ein endloses Tuch c und d und durch Speisewalzen e und f zugeführte Baumwolle noch mehr zu reinigen und aufzulockern. Der erste Schläger a wirft die Wolle auf das zweite endlose Tuch d, auf welchem sie, durch eine Siebtrommel g etwas

zusammengedrückt, dem zweiten Paare Speisewalzen f und durch diese dem zweiten Schläger b zugeführt wird. Von diesem fällt die Baumwolle entweder auf einen Lattenrost oder nochmals auf ein endloses, mit Siebtrommel versehenes Tuch, von dem sie in der Gestalt einer Watte aufgewickelt wird. Das über der Siebtrommel g befindliche vierflügelige Fachrad i entfernt durch einen senkrechten Kanal Luft und Staub, und ein andrer unter dem zweiten Schläger b angebrachter Windflügel befördert durch Forttreiben der durch die Öffnungen k k eingesogenen Luft die Bewegung der Baumwolle im Kanale l. Der erste Schläger macht 1000—1600 Umläufe in der Minute, und somit machen seine zwei Flügel zusammen 2000—3200 Schläge. Der zweite Schläger macht 1200—1900 Umläufe, und somit machen beide Flügel die doppelte Zahl Schläge. Das erste endlose Tuch c führt den geriffelten Speisewalzen die Baumwolle mit einer Geschwindigkeit von $0{,}75$—$1{,}5$ m, das zweite Tuch d aber den nächsten Speisewalzen f mit $1{,}5$—$2{,}25$ m in der Minute zu. Eine derartige, 1 m breite Schlagmaschine kann in zwölf Stunden 3—400 kg Baumwolle bearbeiten und erfordert dazu eine Betriebskraft von zwei Pferden.

An die erste Schlagmaschine schließt sich noch eine zweite ähnliche mit einem Flügel und einer Siebtrommel mit endlosem Tuche an, welche Watten= oder Wickelmaschine (Grobwatt= oder Spreadingmaschine) heißt, weil die nach bestimmtem Gewicht durchgelassene Baumwolle in der Form von Wickeln auf hölzerne Walzen aufgerollt wird. Der Flügel macht ebenfalls 1100—1400 Umläufe und hat beinahe gleichen Durchmesser wie die Flügel bei der ersten Schlagmaschine, nämlich 35—45 cm. In zwölf Stunden können etwa 350 kg

Vorbereitungsmaschinen. 427

Baumwolle in Wickel verarbeitet werden. — Wir geben auch zu dieser eine Abbildung (Fig. 770) und bemerken zur Erklärung derselben, daß die auf das Lattentuch a aufgegebene Baumwolle den Zuführwalzen b der Schlagtrommel c zugeführt wird. Diese läuft in einem Kasten, der oben mit einem Mantel versehen ist und unterhalb ein rostartiges Gitter d besitzt, durch welches die Unreinigkeiten in den Kasten e gelangen. Die aufgelockerte Fasermasse fällt auf das Lattentuch f, welches dieselbe durch Walzen dem Schläger g zuführt.

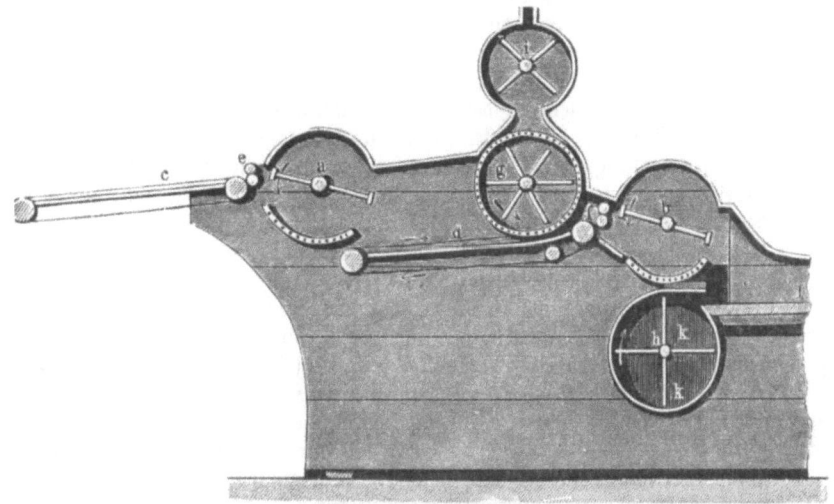

Fig. 769. Schlagmaschine.

Nachdem die Baumwolle hier eine weitere Auflockerung erfahren, geht dieselbe zur nochmaligen Reinigung über den Rost h hinweg zu den Siebtrommeln i und wird schließlich zu einem Wickel aufgerollt. Wird ein Öffner verwendet, so kann man die erstbeschriebene Schlagmaschine fortlassen und statt deren die Wattenmaschine gleich hinter dem Öffner benutzen.

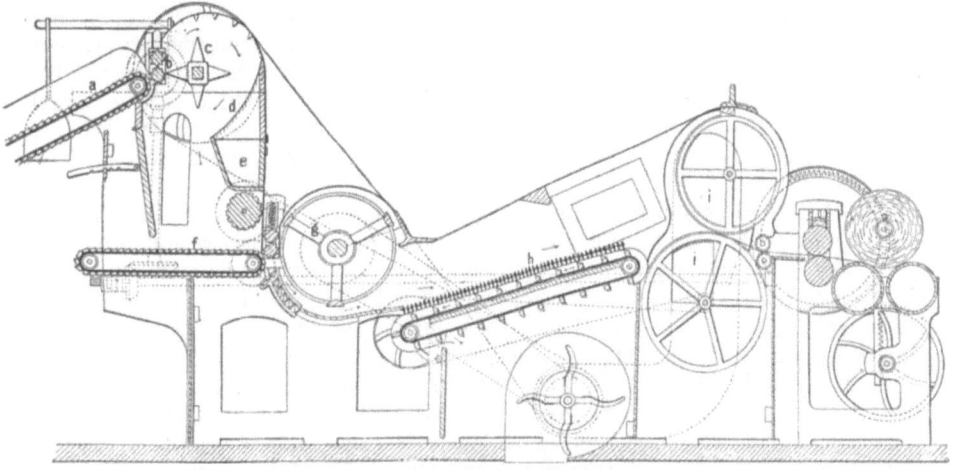

Fig. 770. Schlagmaschine mit Wickelapparat.

In diesem Falle folgt als dritte Maschine die sogenannte Dubliermaschine, welche sich nur dadurch von der Schlagmaschine unterscheidet, daß derselben nicht die lose Baumwolle, sondern zwei bis vier Wickel vorgelegt werden, die zusammengeführt und durch Verstrecken ein gleichstarkes, aber ausgeglichenes Vlies liefern. Es gehören also immer drei Vorbereitungsmaschinen zu einem Sortiment oder Satz.

54*

Krempel- oder Kratzmaschinen. Die Krempelei hat man als die Mutter der Spinnerei bezeichnet, weil die erstere so wesentlichen Einfluß auf ein gutes Gespinst ausübt. Um daher neben weiterer Reinigung und Auflockerung den Hauptzweck des Krempelns, die Fasern unter Ausstoßung der kurzen Härchen glatt zu legen, vollständiger zu erreichen, wird das Krempeln gewöhnlich zweimal hintereinander, auf nur wenig voneinander verschiedenen Maschinen, auf der Vor= und auf der Feinkrempel, verrichtet.

Der arbeitende, also wichtigste Bestandteil der Krempeln sind die sogenannten Beschläge oder Kratzen. Es sind dies Streifen oder Blätter von gutem Leder oder auch vier= bis fünffachem Kautschuk, welche mit feinen Drahthäkchen aus Holzkohleneisen oder Stahl in der Art besetzt sind, daß Uförmig gebogene Drähte durch je zwei Löcher im Leder oder Kautschuk gesteckt und meistens dann stumpfwinkelig umgebogen werden (Fig. 771). Es gibt aber auch Kratzen, die stärker federnd wirken sollen und die man deshalb nicht umbiegt, sondern geradlinig, nach Aufziehen auf die Walzen also radial stehen läßt. Diese Beschläge arbeiten nun, wenn die Krempel in Gang ist, gegeneinander und bewirken dabei ein Streichen der Fasermasse, sobald die Häkchen in entgegengesetzter Richtung stehen (s. Fig. 771 m und n). Wenn dieselben dagegen in der gleichen Richtung miteinander stehen, so wird kein Streichen oder Kardieren, sondern ein Abnehmen des bearbeiteten Materials erfolgen. Ursprünglich wurde das Streichen nicht mit Maschinen, sondern mit Handkratzen bewirkt, nämlich durch zwei mit Griffen versehene Holzstücke, auf welche zuerst Distelköpfe (Karden), dann Kratzenblätter aufgenagelt waren. Daraus hat sich dann später die Krempelmaschine entwickelt, bei welcher mit Kratzen bespannte Flächen gegeneinander arbeiten. Je nach der Art dieser Streichflächen gibt es nun zwei verschiedene Hauptarten von Krempeln; diejenigen, bei denen ein Streichen einer mit Beschlägen überzogenen Trommel gegen einen gleichfalls mit Kratzen nach innen bezogenen halbkreisförmigen Mantel stattfindet, und solche, wo statt des Mantels kleinere mit Kratzen bespannte Walzen gegen die große Kratzentrommel arbeiten. Die erstere Art nennt man **Deckelkrempel**, und zwar besteht der Mantel dabei nicht aus einem Stück, sondern der bequemeren Handhabung und Reinigung wegen aus einer Reihe dicht nebeneinander im Halbkreis liegender, aufklappbarer und die ganze Breite der arbeitenden Fläche einnehmender Deckel. Die

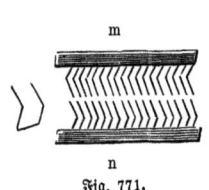

Fig. 771.

zweite Art wird **Walzenkrempel** genannt. Naturgemäß hat die Deckelkrempel mehr Streichfläche, kann deshalb also auch besser und wirksamer arbeiten, verursacht dagegen aber mehr Abgang und muß öfter geputzt werden, während die Walzenkrempel weniger liefert, aber den Stoff mehr schont. Man verwendet daher zur Vorkrempel gern eine Deckelkrempel, als Feinkrempel eine Walzenkrempel oder eine solche mit Deckeln und zwei bis drei Arbeiterpaaren. Die Garnitur (der Beschlag) der Feinkrempel ist aus feinerem Draht als die der Rohkrempel.

Bei der Vor= oder Reißkrempel, welche in Fig. 772 im senkrechten Längendurchschnitt abgebildet ist, wird die auf das endlose Tuch a aufgelegte Baumwolle in Form des von der zweiten Schlagmaschine erhaltenen Wickels von dem doppelten Paare Riffelwalzen c der Krempeltrommel (Tambour) A zugeführt. Dieselbe hat etwa 1 m Durchmesser und Länge, macht in der Minute 90—120 Umläufe und ist auf der Mantelfläche mit Krempelband überzogen. Der ihn konzentrisch umschließende, aus einzelnen Deckelstücken b b gebildete Mantel ist dagegen mit Kratzenblättern bezogen, deren Zähne jedoch in umgekehrter Richtung gegen die der Trommel stehen. Die Zähne beider Teile stehen einander zwar nahe, berühren sich jedoch beim Umlaufe der Trommel nicht. Dem Einlaßtuche a entgegengesetzt befindet sich eine kleinere, ebenfalls spiralförmig mit Krempelband umzogene Trommel oder Walze B von 32—45 cm Durchmesser, welche der Abnehmer oder das Filet (Peigneur) heißt. Das Krempelband auf beiden Trommeln ist nach gleicher Richtung aufgezogen, es müssen daher auch die Zähne an den sich nahe berührenden Umfängen in umgekehrter Richtung stehen. Da aber nach den angedeuteten Pfeilrichtungen beide Trommeln entgegengesetzt umlaufen, so würde nicht dieselbe Gegeneinanderwirkung der Krempelzähne wie zwischen denen der Trommel A und den Deckelstücken b b stattfinden, wenn nicht das Filet viel langsamer als die Trommel umliefe (etwa einmal bei 16—32 Trommelumläufen) und daher gegen die letztere als ruhend angesehen werden könnte.

Die durch die Riffelwalzen c sehr langsam, aber unausgesetzt der Trommel zugeführte Baumwolle wird von dieser aus abwechselnd auf die Krempeldeckel übertragen und dabei ausgezogen, fortgeführt und an die Filettrommel abgesetzt, von welcher dieselbe durch den schnell auf= und niedergehenden Hacker, einen am Winkelhebel d e befestigten Kamm, als eine sehr lockere und dünne Watte abgezogen und entweder auf eine Vliestrommel aufgewickelt (ein Verfahren, das indessen außer in der Baumwollabfallspinnerei nur noch in der Streichgarn=[Woll=]Spinnerei gebräuchlich ist) oder als ein schmales und gedehntes Band gewonnen wird. Dieses Band wird entweder in einen der später zu beschreibenden Preßtöpfe geleitet, und zwar gehört zu je einer Krempel gewöhnlich nur ein Topf, oder einer Kanalmaschine zugeführt. Die dargestellte Reißkrempel hat die letztere Einrichtung. Es ist dabei zwischen einem platten Trichter f aus Weiß= oder Messingblech, durch welchen das $0{,}6$—1 m breite Vlies zu einem 2—4 cm breiten Bande zusammengedrängt wird, und den eisernen oder messingenen Abzugswalzen g ein aus zwei Walzenpaaren bestehendes Streckwerk h eingeschaltet.

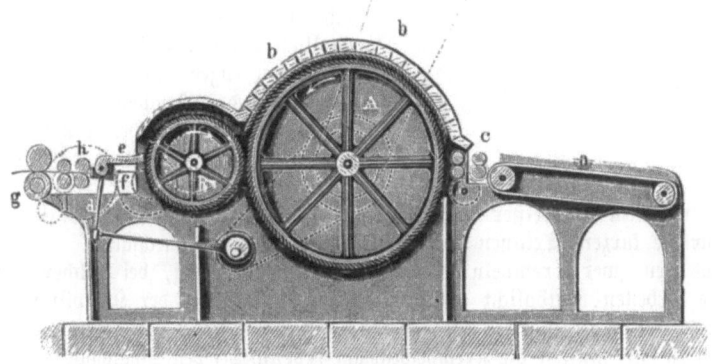

Fig. 772. Vor= oder Reißkrempel.

Obschon man das Strecken der Bänder nicht allgemein mit der Krempel vereinigt, so soll sich doch hier schon eine kurze Erläuterung des Streckprozesses anschließen. Wird ein lockeres Band zwischen zwei durch Belastung aneinander gedrückte Walzen eingeführt, so tritt es mit der gleichen Geschwindigkeit wieder heraus, mit der es die umlaufenden Walzen einziehen. Wird dieses Band aber schneller ab= als eingezogen, so muß es sich in demselben Verhältnisse verlängern oder strecken, in welchem die Geschwindigkeit des Abzugs größer als die des Einzugs ist.

Bei dem Streckwerke h in Fig. 772 ist die Geschwindigkeit des zweiten, nach den Abzugswalzen g hin liegenden Paares zweimal größer als die des ersten, das Band vom Trichter aufnehmenden Paares. Es findet daher eine Verlängerung des Bandes auf das Doppelte statt, welche man den Verzug desselben nennt.

Die aus den Abzugswalzen g g der in einer Reihe nebeneinander stehenden Vorkrempeln austretenden Bänder werden durch eine Kanalleitung (s. Fig. 773) gemeinschaftlich fortgeführt und am Ende derselben zu schmalen Wickeln a' a' (s. Fig. 774) aufgerollt, welche dann durch die dort gegebene Dublier= oder Lappingmaschine zu breiteren Wattrollen a vereinigt werden.

Diese Wattrollen a werden nun bei den darauf folgenden Feinkrempeln (Fig. 775) aufgelegt und durch zwei Paar geriffelte Zuführwalzen c, wovon sich das erste zu dem zweiten etwa in dem Verhältnis wie 10 zu 13 langsamer bewegt, wird die Watte zunächst einer schwächeren Kratztrommel, der Vorreißwalze i, zugeführt und abwechselnd an eine zweite schwache Trommel, den sogenannten Arbeiter k und den Tambour A, abgegeben und gemeinschaftlich bearbeitet. An dem letzteren weiter aufwärts befinden sich noch zwei ähnliche Walzenpaare, wovon die sogenannten Wender l l die Wolle den nachstehenden Arbeitern m m und dem Tambour A ab= und zutragen, und letztere beide sie in derselben Weise gemeinschaftlich bearbeiten, wie es bei i und k der Fall ist. Der übrige Teil des Tambours ist ebenfalls mit Deckeln geschlossen, und die Filettrommel B hat gleichen Zweck wie bei der Vorkrempel. Das vom Hacker d e abgenommene Vlies geht auch hier durch zwei Paare Streckwalzen h nach den Abzugswalzen g und wird in einen Preßtopf geführt.

Fig. 773.

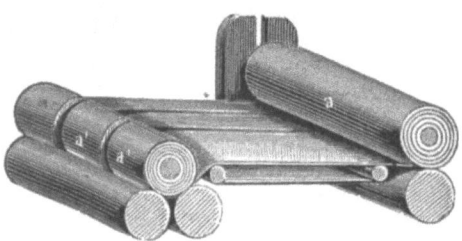

Fig. 774. Lappingmaschine.

Es sei hier noch bemerkt, daß man in neuerer Zeit zur schonenderen Zuführung mit Vorliebe statt der unteren Zuführwalze einen muldenförmig gestalteten Hebel anbringt, der, durch Gewichte an die obere Walze angepaßt, eine zeitweilig zu starke Zuführung an Spinnstoff verhindert. Die Vorreißwalze i wird gewöhnlich mit Kratzenband aus Leder mit starken Drahthaken, dem sogenannten Diamantbeschlag, bezogen. Unter der Vorreißwalze bringt man häufig noch einen Putzvolant aus langen radial gestellten geraden Drähten an, der unten von einem engen Rost umgeben ist, oder auch längs des Tambours nach unten zu zwei Vorreißer, zwischen denen dann die Putzwalze so angebracht ist, daß sie sowohl diese als den Tambour reinigt. Unter dem Tambour und dem Vorreißer liegt ein Rost, damit die lange Baumwolle erhalten bleibt und nur die kurzen Teilchen sowie Schmutz und Staub durchfallen. — Mitunter wird auch aus den zwei Krempeln eine Doppelkrempel gemacht, bei welcher dann ein kontinuierliches Arbeiten ermöglicht wird, allerdings auf Kosten der Kompliziertheit des Maschinensystems.

Von Zeit zu Zeit müssen die Krempelbeschläge (ebenso bei den Schafwollkrempeln) auf dem Tambour, den Deckeln und den Deckelwalzen ausgeputzt, d. h. von der anhängenden Baumwolle und dem Schmutze befreit, außerdem aber auch mitunter geschliffen werden, um die Drahthäkchen zu schärfen und in eine richtige Cylinderfläche abzugleichen.

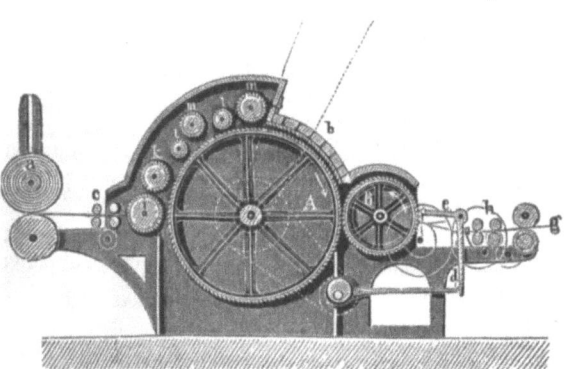

Fig. 775. Fein= oder Reinkrempel.

Das Ausputzen wird durch Auskämmen mit Handkratzen, wie wir solche vorher beschrieben, oder durch selbstthätige Vorrichtungen, das Schleifen meist mit Schmirgeltrommeln verrichtet. Solche mit mechanischem Deckelputzapparat versehene Krempel (Automatkrempel) hatten Dobson und Barlow in Bolton 1862 in London, Schlumberger in Gebweiler und Rieter in Winterthur dergleichen 1867 in Paris ausgestellt.

Das Prinzip der genannten Vorrichtungen ist insofern übereinstimmend, als die Deckel in einer bestimmten Reihenfolge aufgehoben werden und ein darunter vorbeistreichendes Putzbrett mit weichem Belege die unreine Baumwolle daraus wegnimmt.

Die nachstehende Fig. 776 zeigt den Schlumbergerschen Apparat, bei welchem alle Deckel gleichvielmal, und zwar bei der Vorwärtsbewegung desselben der 2., 4., 6., 8., 10. und beim Rückgange der 9., 7., 5., 3., 1. Deckel gehoben werden. Dagegen werden durch

Krempel= oder Kratzmaſchinen. 431

den Rieterſchen Mechanismus die erſten Deckel öfter gereinigt, indem die Deckelhebung in der Reihenfolge ſtattfindet: 2, 4, 6, 10, 14 und 13, 9, 5, 3, 1, hierauf 2, 4, 6, 8, 12 und zurück 11, 7, 5, 3, 1. Es werden hierbei in derſelben Zeit die erſten ſechs Deckel doppelt ſovielmal als die acht letzten gereinigt.

Der Vorgang des Ausputzens zerfällt in die Weiterrückung des Apparates, in die Hebung der Deckel und in die Bewegung des Ausputzens, iſt aber von zu verwickelter Art, als daß eine genaue Beſchreibung in dieſem Werke am Platze wäre.

Ein ſtetiges Ausputzen des Tambours erfolgt durch eine unterhalb eingreifende Filet= walze, von welcher die entnommene Ausputzwolle durch eine zweite Walze wieder auf den Tambour gebracht und von dieſem den Deckeln zugeführt wird.

Wir wollen dieſen Abſchnitt nicht verlaſſen, ohne einen Blick auf eine neuere Vervoll= kommnung des ganzen Krempelſyſtems zu werfen, die vorausſichtlich in Zukunft eine große Rolle ſpielen wird. Es iſt dies das Syſtem der Foß & Pevey=Krempeln. Aus den Fig. 772 und 775 wird es ſofort einleuchten, daß bei jenen Syſtemen der untere Teil des Tambours vollkommen beſchäftigungslos läuft. Dies hat das genannte amerikaniſche Syſtem dadurch vermieden, daß es noch fernere Deckel an den unteren Teil anhängt, welche in eigentüm=

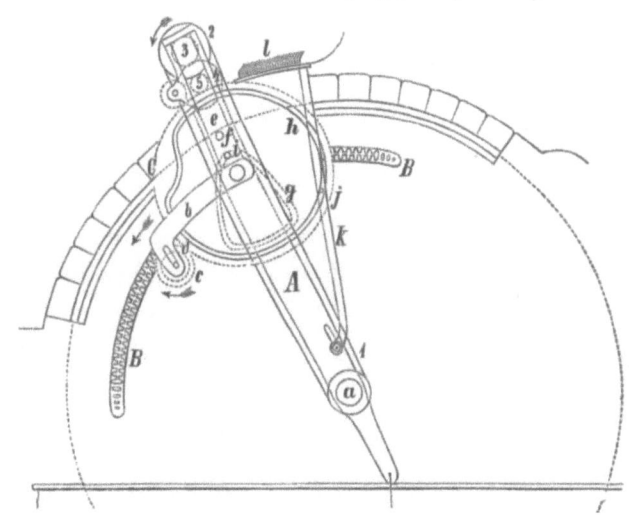

Fig. 776. Der Schlumbergerſche Ausputzapparat.

licher Konſtruktion durch Federn gehalten werden. Dieſer Teil der Deckel hat dann ſeinen eignen Putz= apparat. Bei dieſer Krem= pel liegt der Abnehmer nicht hinter, ſondern vor dem Tambour oberhalb der Eintrittswalzen, die Baum= wolle wird von demſelben durch Hacker als Vlies ent= fernt, geht dann zwiſchen einer Glättwalze und einer Druckwalze hindurch und ſchließlich in einen Topf. Dieſe Karde hat den Vor= zug, bei geringerem Raum= bedarf bis zu 40 Prozent Mehrleiſtung zu liefern. Das neue Syſtem wird auch in Deutſchland, und zwar von der Dampf= und Spinnereimaſchinenfabrik in Chemnitz, umgewandelt.

Ein andres neueres Syſtem, welches wegen der Vereinfachung des Putzens und Schleifens immer mehr Eingang findet, iſt das von Leigh mit wandernden Deckeln. Statt der feſtſtehenden Deckel finden wir hier eine ſich ſehr langſam, in der Minute etwa 3 cm vorwärts bewegende endloſe Deckelkette, deren einzelne Deckel durch Glieder mit= einander verbunden, durch Führungswalzen und Schienen längs des Umfangs des Tam= bours, geleitet werden und zwar in einer ſchwach geneigten Lage, welche durch Stellſchrauben ganz genau geregelt wird. Beim Verlaſſen des Tambours wird jeder einzelne Deckel von einem Putzkamme und dann von einer Bürſtenwalze gereinigt und ſchließlich nach Bedarf auch von einem Schleifcylinder geſchliffen.

Einen andern Verſuch, das beſtehende Baumwollkrempelſyſtem umzugeſtalten, zeigte die 1878 in Paris ausgeſtellte Krempel von Plantrou & Delamare fils. Dieſelbe hat weder den üblichen Tambour noch die Arbeiter, ſondern beſteht in der Hauptſache aus drei ſehr langſam gehenden Peigneurs, zwiſchen denen unterhalb je ein Cylinder von kleinerem Durchmeſſer äußerſt ſchnell umläuft. Zur Reinigung der Peigneurs dient ein Stell= meſſer ſowie zwei Putzwalzen mit Kämmen. Auch dieſe Karde ſoll eine vermehrte Liefe= rung aufweiſen.

432   Die Verarbeitung der Faserstoffe. Spinnerei.

Bei Herstellung hochfeiner Garne, wozu eine vermehrt sorgfältige Arbeit gehört, wendet man das in der Kammgarnspinnerei übliche Kämmen an, dessentwegen wir auf den diesbezüglichen Abschnitt der Wollbearbeitung hinweisen; der Unterschied gegen letztere liegt hauptsächlich in der Zuführung, welche für Baumwolle mittels Kammwalzen statt Kammstäben erfolgt.

Die Strecke. Das Strecken bezweckt außer weiterem Gerade- oder vielmehr Parallellegen der Fasern hauptsächlich ein fortgesetztes Ausziehen und Ausgleichen der von der Feinkrempel erhaltenen lockeren Bänder, wodurch einerseits die Vorbedingungen für einen gleicheren, anderseits auch die für einen widerstandskräftigeren Faden gegeben werden sollen. Die dafür dienende Vorrichtung heißt Strecke oder Zugmaschine (Laminierstuhl). Man benutzt drei bis fünf Cylinderpaare zum Strecken und nennt ein System von Streckcylindern für einmalige Bearbeitung oder Passage mehrerer zu dublierenden Bänder den Kopf der Strecke.

Fig. 777. Krempel von Foß & Pevey.

Eine Streckmaschine nimmt drei, vier oder auch mehr solcher Köpfe, je nachdem feineres oder gröberes Garn hergestellt werden soll, auf. Der schon oben gegebenen Erläuterung über den Vorgang des Streckens ist noch hinzuzufügen, daß die Umfangsgeschwindigkeit der verschiedenen Streckwalzenpaare mit jedem folgenden Paare zunehmend angenommen wird und durch veränderte Räderaufsteckung auch ein andrer Verzug erzielt werden kann. Da man durch das Strecken nicht eine Verfeinerung der Bänder beabsichtigt, so findet gleichzeitig ein Dublieren derselben, d. h. ein Zusammenführen mehrerer Bänder zu je einem Kopfe, statt, durch welche wiederholte Vereinigung man den großen Vorteil erzielt, die Bänder immer gleichmäßiger zu machen.

Bei einer dreicylindrigen und vierköpfigen Strecke habe das zweite Walzenpaar die doppelte Geschwindigkeit des ersten und das dritte Paar die dreifache des zweiten. Hiernach ist der Verzug ein sechsfacher und 1 cm des eintretenden Bandes ist nach dem Durchgange durch die vier Streckköpfe auf die $6 \times 6 \times 6 \times 6$fache Länge, d. i. zu einer Länge

Die Strecke. 433

von 1296 cm, ausgedehnt, hat sich aber durch die Dublierung entsprechend wieder verdickt. Die umstehend im Querschnitte gezeichnete Strecke, eine sogenannte Drehkopfstrecke, hat drei Paar Streckcylinder von 3 cm Durchmesser. Der Deutlichkeit halber ist der Streckkopf in Fig. 780 größer dargestellt. Die unteren geriffelten Cylinder d, e und f laufen durch alle Streckköpfe als ein Ganzes fort und werden durch aufgesteckte Getriebe mit ungleicher Geschwindigkeit bewegt. Der mittelste punktierte Kreis m (s. Fig. 781) deutet die Riemscheibe, die Kreise n und o aber die größeren Räder zur Übertragung der Bewegung an. Die oberen, mit Filz und dann mit Leder überzogenen Druckwalzen a, b und c besitzen nur die Länge eines Streckkopfes; sie sind an ihren Hälsen mit Sätteln v und w überdeckt, welche durch Gewichte belastet werden. Das dublierte Band geht durch den Trichter f (Fig. 781) und die Abzugswalzen g in den Preßtopf h. Dieser in der neueren Zeit benutzte Mechanismus hat den Zweck, durch regelmäßige Windung und Druck des Bandes möglichst viel davon in dem Topfe aufzunehmen. Indem daher durch eine zweite Riemscheibe p die Bewegung nach Angabe der punktierten Kreise auf die Kegelgetriebe q und r und die Abzugswalzen i übergetragen wird, führen diese das Band durch eine in der Spiralscheibe k exzentrisch liegende Öffnung in den Topf h, während beide Teile durch Rädereingriff umgedreht werden.

Fig. 778. Baumwollkarde von Evan Leigh.

Die Spiralwindungen, welche Fig. 779 von oben gesehen darstellt, haben nahezu den Halbmesser des Topfes zum Durchmesser und werden bei weiterer Anfüllung des Topfes immer stärker zusammengepreßt.

Die Strecken sind meist auch mit einer selbstthätigen Abstellung hinter den Streckcylindern, neuere Strecken mit derselben Vorrichtung, dem Wächter, auch noch vor den Streckcylindern versehen, so daß beim Abreißen eines der zu vereinigenden Bänder die Maschine sofort in Stillstand tritt. Solange nämlich das Band ordnungsgemäß einläuft, bleibt der Wächter in der richtigen Stellung, fällt aber bei Reißen eines Bandes durch das nun entstehende Übergewicht des einen Schenkels zurück und kommt hierbei in Verbindung mit einem Exzenter und daran befindlichen Hebel, der das Ausschützen der Maschine oder die Ingangsetzung eines Läutewerks veranlaßt. Außer in den beiden genannten Fällen tritt das auch ein, sobald eine Kanne gefüllt ist. Diese durch Hebelsysteme ausgeführte selbstthätige Auslösung wird neuerdings durch Elektrizität auf zuverlässigere Weise ausgeführt. Dies geschieht nach dem System von Howard & Bullough derart, daß der durch eine kleine elektromagnetische Maschine erzeugte und bei regelrechter Arbeit unterbrochene Strom bei

Eintritt einer Unregelmäßigkeit geschlossen wird. Von den zur Bildung des Stromes mit der Strecke verbundenen beiden Drähten steht nämlich der eine mit der oberen Zuführwalze, den Sätteln, der einen Abzugswalze und dem Kopfstück an derselben, der andre mit der unteren Zuführwalze, sämtlichen oberen Streckwalzen, der andern Abzugswalze und dem Drehteller am Kopfe des Topfes in Verbindung. Durch Reißen des Bandes bei der Zuführung kommen sonach die beiden Zuführwalzen, durch Bewickeln eines Cylinders mit Lunte die betreffende Walze mit dem Sattel, durch Reißen des Bandes bei der Abführung die beiden Abzugswalzen in unmittelbare Berührung miteinander, so daß der Strom geschlossen wird. Das Nämliche geschieht zwischen dem Kopfstück und dem Drehteller bei Überfüllung des Topfes. Um bei Stillstand der Arbeit die Lederwalzen nicht unter dem Druck der Riffelwalzen zu lassen, hängt man die Preßgewichte zu solchen Zeiten aus. Diese viele Hände beschäftigende Arbeit wird auch durch Exzenter selbstthätig bewirkt. Bei den Rieterschen Strecken geschieht die Belastung der Cylinder statt durch Gewichte durch eine Kette, welche abwechselnd über feste Rollen und über bewegliche, an den Sätteln aufgehängte geführt ist; die Enden der Kette sind an einer Trommel mit Gewichtshebeln befestigt, wodurch ein stets gleichmäßiger Druck hervorgebracht wird.

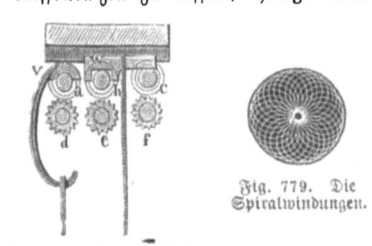

Fig. 779. Die Spiralwindungen.

Fig. 780. Der Streckkopf.

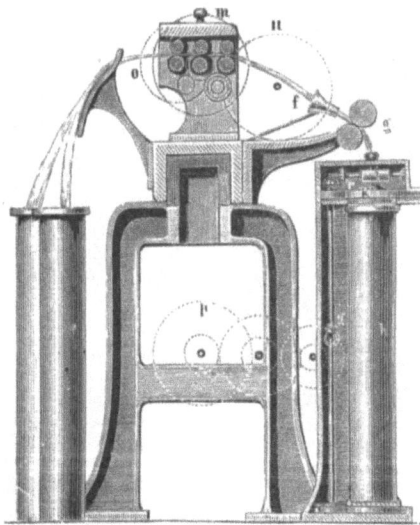

Fig. 781. Strecke oder Zugmaschine.

Schon längst hatte man in England dahin gestrebt, eine möglichst große Länge von Band in einem Topfe zu vereinigen, um durch selteneren Wechsel der Töpfe Arbeit zu ersparen. Die Beschreibung der nach und nach hierfür erfundenen Mechanismen, wie der mechanische Eindrücker, die schwingenden Kannen, die Band-, die Moletten-, die Spiralpresse u. s. w., würde uns aber zu weit führen. Genug, die flockigen Bänder sind so weit fertig, daß sie durch die bekannte Drehung (Draht) nur noch mehr Festigkeit und Dichte erlangen sollen und zu diesem Behufe nun zu dem eigentlichen Vorspinnen gelangen. Die dabei thätigen Maschinen sind aber wieder nach dem Prinzip der Arbeitsteilung mit verschiedenen Aufgaben betraut, denen sie in der Reihenfolge, in der wir sie betrachten wollen, gerecht werden. Zuerst tritt uns die

Vorspinnmaschine entgegen, und zwar in zweierlei Arten, solchen, bei denen der Faden eine, wenn auch nur schwache Drehung erhält, welcher ihm belassen wird, oder diejenigen, bei welchen derselbe stark zusammengedreht wird, aber gleichzeitig eine ebenso starke Drehung nach der entgegengesetzten Seite hin empfängt, wodurch die erstere wieder aufgehoben (falscher Draht) und der Faden also nur verdichtet wird. Danach unterscheidet man zwischen gedrehtem und ungedrehtem Vorgarn. Für uns kommt nur das erstere als das überwiegend gebräuchliche in Betracht und ist von den mannigfachen Abänderungen, welche nach und nach konstruiert worden, wohl die mit dem Namen Flyer (sprich Fleier) bezeichnete Vorspinnmaschine, auch banc-à-broches oder Spindelbank genannt, für feinere Garnsorten und zu gedrehtem Vorgespinst die geeignetste und durch die Zeichnung Fig. 782 dargestellt. Dieselbe ist nach dem System des Jürgensschen Spinnrades mit fester Spindel und fest daran sitzendem Flügel, aber lose aufgesteckter Spule, die von der Spindel mitgenommen wird, gebaut, nur daß der Vorgarnfaden zu wenig Halt besitzt, hierbei die Rolle des Vermittlers zu übernehmen

Vorspinnmaschine.

und deshalb das Nachziehen der Spule durch eine mechanische Vorrichtung bewirkt wird. Je nach der Feinheit des Gespinstes läßt man der Feinspinnmaschine mehrere Flyer vorangehen und unterscheidet daher noch Grob=, Mittel= und Feinflyer. Bei dem Grobflyer kommt die Lunte aus den Kannen, während bei Mittel= oder Feinflyer die vom Grobflyer erzielten, mit Lunte vollgewickelten Spulen (a der Fig. 782) aufgesteckt werden.

Auf dem Gestelle A (Fig. 782) befindet sich ein wie vorher beschriebenes Streckwerk B, durch welches das von den aufgesteckten Spulen a a ablaufende Vorgespinst eines Vorflyers geht, in die trichterförmige Höhlung des oberen Spindelendes b eintritt, aus dessen Seitenöffnung durch den hohlen Flügelarm d nach der Spule e geht und von dem Preßflügel c darauf angedrückt wird. Dieser Preßflügel oder Zentrifugaldrücker besteht aus einem am hohlen Flügelarme herabhängenden Draht mit einem kurzen Arm oder Finger.

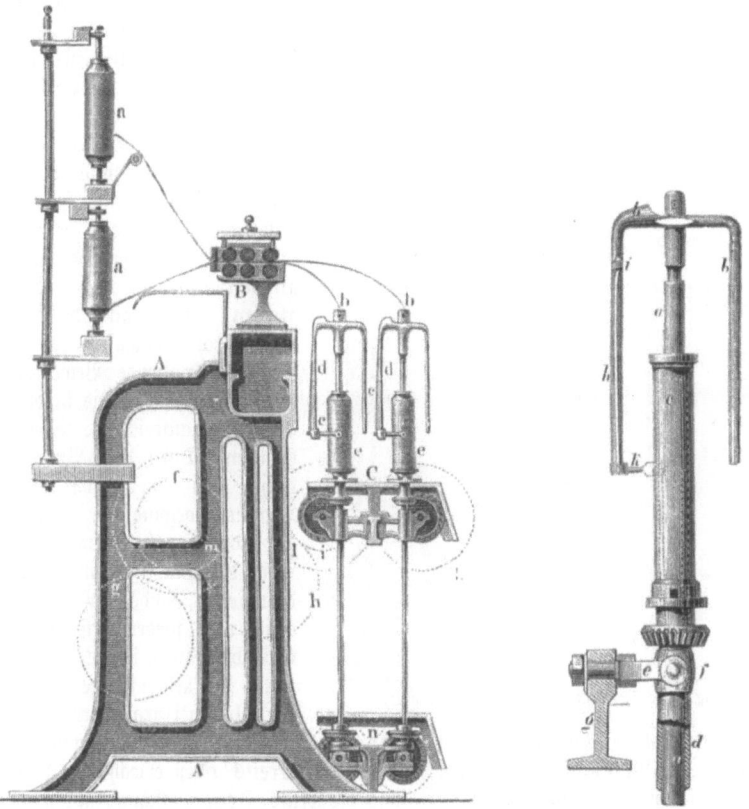

Fig. 782. Die Vorspinnmaschine.   Fig. 783. Der Zentrifugaldrücker.

Derselbe veranlaßt, daß nicht nur das Vorgespinst eine größere Dichte erhält, sondern auch eine weit größere Menge davon auf der Spule aufgenommen werden kann. Damit nun bei plötzlichem Stillstande der Spindeln diese Drücker nicht von der Spule abfliegen und den Faden dehnen und zerreißen können, sind dieselben mit einem Ansatze am oberen Ende auf einer schiefen Ebene des hohlen Flügelarmes aufgehängt und müßten auf der letzteren mit diesem Ansatze aufsteigen, was aber durch ihr eignes Gewicht verhindert wird.

Zur näheren Erklärung dient Fig. 783. Darin bezeichnet a die Spindel, b den Flügel, c die Spule, d die bis in deren Mitte gehende eingeschaltete Hülse, worauf die durch Gelenk e beweglich angeordneten Halslager f gleiten, wenn der Wagen g sich hebt und senkt; h ist der auf die schiefe Ebene i aufgehängte Zentrifugaldrücker mit dem Finger k.

Der Aufwickelung des Vorgespinstes auf den Spulen e (Fig. 782) entsprechend, wird der Wagen C, worauf dieselben stehen, gehoben und gesenkt und dies mittels des punktiert angedeuteten Räderwerks f, g, h, i und k erzielt. Da sich die Räder i und k ebenfalls fortgehend heben oder senken müssen, ohne daß der Eingriff zwischen den Rädern f, h und i unterbrochen wird, so sind die letzteren durch ein Kniegelenk l m miteinander verbunden. Zur Erzielung einer konischen Aufwindung des Garns auf die Spulen wird die Bewegung der Spulenbank nach jedem Hube kürzer. Sobald die Spulen gefüllt sind, erfolgt selbst= thätige Abstellung der Maschine. Durch Kegelräder n an den unteren Enden der Spindel erfolgt deren Umdrehung. Je nach der beabsichtigten Drehung des Vorgespinstes richtet sich die Zahl der Umläufe der Spindeln in der Minute. Eine andre sehr sinnreiche Vor= richtung an dieser Maschine ist derjenige Mechanismus, welcher durch eine veränderliche Umlaufsgeschwindigkeit der Spindeln den Einfluß ausgleicht, den der durch die Aufwicke= lung zunehmende Spulendurchmesser ausübt. Nach dem als Differentialbewegung bezeichneten Mechanismus heißen diese Vorspinnmaschinen gewöhnlich auch **Differentialflyer**.

Eine auf leichteren Gang und schnel= lere Bewegung hinzielende und daher die Lieferung erhöhende Verbesserung der Flyerspindeln ist von William Higgins in Manchester 1861 erfolgt. Während sich letztere gewöhnlich in feststehenden Spindelnäpfchen und in davon unab= hängigen Halslagern bewegen, welche mit den am Wagen befestigten Armen an den Spindeln auf= und niederwärts gleiten, hat Higgins beiden Teilen an sich durch Verzapfung eine sich recht= winkelig kreuzende Beweglichkeit erteilt und sie durch eine bis in die Mitte der Spule hinaufreichende eiserne Hülse ver= bunden. Durch diese Verbesserung kann daher bei einer etwa unregelmäßigen Wagenbewegung nie ein Klemmen der Spindeln in ihren Lagern eintreten, und weil die Halslager nicht an den Spin= deln selbst, sondern an den Spindelhülsen auf= und niederwärts gleiten und die Spindeln durch ihre Lagerung am oberen Ende der Hülse sicherer laufen, so können

Fig. 784. Die Water= oder Drosselmaschine.

dieselben bei Grobflyern 1000, bei Mittel= flyern 1500 und bei Feinflyern 2000 Umdrehungen machen. Den Vorspinnmaschinen folgen **Die Feinspinnmaschinen,** welche, wie wir schon oben erwähnten, ursprünglich in zwei verschiedene Systeme, die Water= und die Mule=Jennymaschine, auseinander gingen.

Die Water= oder die jetzt an deren Stelle getretene Drosselmaschine, von der Fig. 784 eine Querschnittszeichnung giebt, ist der Flyerbauart sehr ähnlich, da sie mit Streckwerk und Spindel mit Spule versehen ist. Die Maschine ist doppelt, d. h. sie ist auf beiden Seiten mit einem Streckwerk und einer Spindelreihe ausgeführt. Wie bei dem Flyer geht das Vorgespinst a a durch die Strecke B, auf deren vorderen Walzenpaaren noch eine mit Tuch oder Plüsch überzogene Putzwalze e liegt, nach den Flügelspindeln b. Zur Be= wegung der Strecke, der Spindeln und des Wagens C dient das punktiert angedeutete Räderwerk. Von dem ersten Rade mit Schneckengetriebe D wird durch die Räder 1, 2, 3 und 4 die Bewegung auf die Strecke, durch die Räder 5, 6, 7, 8, 9 und 10 aber die Bewegung der Spindeln und durch die Schraubenräder f und g mittels Herzscheibe h, Doppel= hebel i k und Stangen die Bewegung des Wagens C (der Spulenbank) erzielt, welche den Zweck hat, die Aufwickelung des Fadens in gleichmäßigen Lagen über die ganze Spule zu bewirken. Entgegengesetzt dem Flyer ist es hier wieder der Faden, welcher die Spule der Bewegung der Spindel folgen läßt und zur Erteilung des nötigen Drahtes ein Zurückbleiben der Spule gegen die Spindel erforderlich. Durch die hierbei bedingte Anstrengung des Fadens lassen sich auf der Drosselmaschine nur festgedrehte Garne weniger feiner Qualität herstellen und das Watergarn findet deshalb vorzugsweise zu Kettgarn sowie gezwirnt zu Strick- und Nähgarn Verwendung. Die vordersten Streckwalzen machen 60—100 und die Spindeln 3500—5000 Umläufe in der Minute. Das Vorgespinst erfährt eine vier- bis zehnfache Streckung.

Eine neuere Art des Watersystems sind die namentlich in Amerika sehr verbreiteten Ringspinnmaschinen (Fig. 785). Bei diesen haben die Spindeln statt des Flügels einen auf einer Schiene befindlichen Metallring mit starkem Rande, auf welchem eine Öse, der Läufer oder Reiter, im Kreise herumgeführt wird und als Fadenführer dient (Fig. 786). Der Unterschied der Umdrehungsgeschwindigkeiten entsteht hier also durch das Zurückbleiben des Reiters gegen die Spindel. Die Aufwindung erfolgt in Kötzerform und wird durch Auf- und Absteigen der Ringbank geregelt.

Fig. 785. Ringspinnmaschine.

Durch die leichtere Bauart der Ringspindeln, welche bei den sogenannten Rabbeth- und den Sawyerspindeln durch Selbstölung und nachstellbare Hals- und Fußlager noch unterstützt wird, kann eine wesentliche Erhöhung der Umlaufzahlen, bis auf 7000 Umdrehungen per Minute, und demgemäß eine um 40—50 Prozent erhöhte Lieferungsmenge gegen die gewöhnliche Drosselmaschine, gegen Mulespindeln sogar eine solche bis zu 60 Prozent erzielt werden.

Mule-Jenny. Die nun zu beschreibende Mule-Jenny oder Mule-Spinnmaschine besteht aus zwei Hauptteilen, einem feststehenden Gestelle A, welches das Streckwerk B trägt, und einem auf Eisenschienen vor- und zurücklaufenden Wagen C, welcher die Spindeln und den zu ihrer Umdrehung dienenden Mechanismus enthält. Die Vorgespinstfäden a a gehen, wie vorher bemerkt, durch das Streckwerk B und sind an den Spitzen der Spindeln b angeschlungen. Beim Anfange des Spinnens ist der Wagen eingefahren, und es befinden sich die Spindeln nahe vor den Streckzylindern. Mit der Umdrehung der letzteren fängt auch der Auszug des Wagens an, so daß die mit einem acht- bis zehnfachen Verzuge aus dem Streckwerke tretenden Vorgespinstfäden fortgehend gespannt bleiben und durch den gleichzeitigen Spindelumlauf einen Teil der erforderlichen Drehung erhalten.

Ist der Wagen nach einem Auszuge von etwa 1,5 m vollständig ausgefahren, so treten auch die Streckwalzen augenblicklich in Stillstand, wogegen sich die Spindeln noch eine kurze Zeit lang fortdrehen, um dem Gespinste die erforderliche stärkere Drehung zu geben. Diese Nachdrehung nennt man die Dareindrehung oder das Nachzwirnen, und sie wird deshalb nicht während des Auszugs, sondern nach dem Stillstande des Wagens verrichtet, damit ein schwaches Nachstrecken nicht verhindert werde, welches man dadurch erzielt, daß die Geschwindigkeit des Wagenauszugs etwas größer als die der vordersten Streckcylinder ist. Nach vollendetem Nachzwirnen wird der Wagen von dem Arbeiter mit angemessener Geschwindigkeit nach dem Streckwerke hin eingefahren und das Gespinst eines Auszugs aufgeschlagen, d. h. auf die Spindeln gewunden. Damit die Fäden, die mit den Spindeln des ausgefahrenen Wagens einen stumpfen Winkel bilden, bei der Aufwickelung rechtwinkelig gegen die Spindeln gehen, werden durch den Spinner sämtliche Fäden mit einem zwischen den gebogenen Armen c d ausgespannten Eisendrahte, dem sogenannten Aufschlagdrahte, niedergedrückt und es wird das Maß der Niedersenkung durch einen Gegendraht, den Gegenwinder, geregelt.

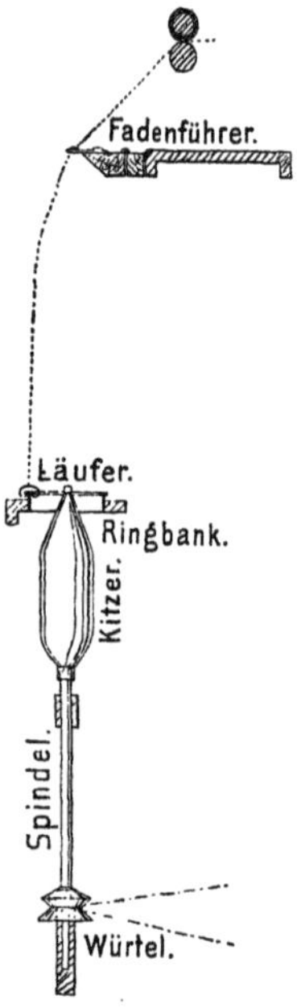

Die Bewegung und das Stillstehen der Streckcylinder erfolgt vermöge Ein= und Ausrückens des Getriebes auf der Welle e und des Ausfahrens des Wagens durch zwei auf derselben Welle sitzende Getriebe i und q, wovon das erste die Bewegung unmittelbar und mit gleicher Geschwindigkeit, das Getriebe q aber durch das Vorgelege r und das Kegelrad s verlangsamt auf die Welle t überträgt, wenn diese nach $2/3$ des Wagenauszugs durch eine Hebelvorrichtung gesenkt worden ist, so daß i aus= und s einrücken kann. Das Rad y, dessen Welle die Riemenscheibe z trägt, bleibt dabei in stetem Eingriffe mit dem Getriebe y'. So wird zugleich auch das Streckwerk in Stillstand versetzt, so daß bei dem letzten Drittel des Wagenauszugs eine Nachstreckung für die ganze Länge des Fadens bei fortgehender Drehung eintritt. Die Drehung der Spindeln b geschieht mittels Schnüren, welche über Trommel k und Wirtel l liegen. Die Bewegung aller im Wagenkörper C befindlichen Trommeln wird während des Wagenauszugs durch eine den Wagen entlang gehende Welle m bewirkt, welche von der Seilscheibe n aus die Bewegung erhält. Für die Nachdrehung des Gespinstes dient die Kurbel o und das Kegelgetriebe p auf derselben Welle. Mulemaschinen von der beschriebenen Art haben 200,

Fig. 786. Ringspindel.

300 und mehr Spindeln und werden im ersteren Falle einfach, bei mehr als 300 Spindeln aber doppelt gebaut, d. h. es wird das zur Bewegung dienende Räderwerk nahe in der Mitte angebracht, was die Handhabung wesentlich erleichtert, da ein Spinner zwei solche Maschinen bedienen kann.

Von den vielfachen Verbesserungen an den Spinnmaschinen ist die von Roberts in Manchester im Jahre 1825 gemachte Erfindung der selbstthätigen Mulemaschine oder des Selfaktors, bei uns Selbstspinner genannt, die hervorragendste. Während nämlich bei den gewöhnlichen Mulemaschinen das Einfahren des Wagens und die Aufwickelung des Gespinstes durch Kurbeldrehung mit der Hand am Schwungrade o verrichtet wird, geschieht dies bei der selbstthätigen Mulemaschine durch einen besonderen Mechanismus. In Fig. 787 läßt sich der letztere teilweise noch ersehen. Die auf den Scheiben v und x liegenden Riemen werden auf die Scheiben u und w verlegt und vermittelst der mit u fest verbundenen Riemenscheibe f die Bewegung auf eine unterhalb liegende Scheibe und durch Kegelräder auf eine Trommel übertragen, worüber ein Seil liegt, dessen Enden an den Haken g und h an der Vorder= und Rückseite des Wagens befestigt sind. Während bei dem Halbselbstspinner das Zurückdrehen der Spindeln und Niedersenken des Aufwindedrahtes vom Spinner geschehen muß, verrichtet es der vollständige Selbstspinner mechanisch.

Der durch den Selbstspinnerbetrieb zu erzielenden Vorteile sind nicht wenige: Ersparnis an Arbeitslohn, indem man die Zahl der Spindeln bis zu 1200 für jeden Stuhl steigern konnte, erhöhte Leistung selbst gegen den besten Spinner, gleichmäßigere, von dem Handbetriebe unabhängige Drehung, Erzielung von festeren und gleichmäßiger geformten Kötzern, die beim Verpacken weniger Raum erfordern und bei dem Abhaspeln oder bei der Verwendung als Schußspulen weniger Fadenbruch und Abfall geben. Diese wesentlichen Vorteile haben mehrfache Patente auf verschiedene Bauarten von Selbstspinnern hervorgerufen und diesen sinnreichen Maschinen allgemeinen Eingang verschafft, so daß die Mulespinnmaschinen von ihnen nun fast gänzlich verdrängt worden sind.

Das Haspeln, Sortieren und Verpacken des Garnes. Das von den Feinspinnmaschinen kommende Baumwollgarn ist nun als Gespinst vollendet, behufs seiner Verwendung verlangt es aber noch mancherlei Dienste. Zunächst wird es mittels eines Garnhaspels (Weife) abgehaspelt, um es in Strähne oder Stränge (Schneller, Nummern oder Zahlen) von bestimmter Länge zu verwandeln. Mittels eines quer durchflochtenen Fadens wird der Strahn in ganz gleichen Abteilungen unterbunden, welche Gebinde heißen. Das Gewicht der Strähne, das man auf einer eignen Sortierwage bestimmt, läßt nun auf die Feinheit des Garnes schließen; je feiner das Garn, um so weniger wiegt ein Strahn, und um so mehr Strähne gehen davon auf ein Pfund. Man bezeichnet daher die Feinheit des Garnes nach der Anzahl der Strähne, welche auf ein Pfund gehen, und erhält dadurch eine nach festem System bestimmte gleichmäßige Feinheitsnummer. Das englische System ist hierfür am allgemeinsten angenommen. Der Umfang des englischen Haspels hat 1½ Yard oder 54 eng=

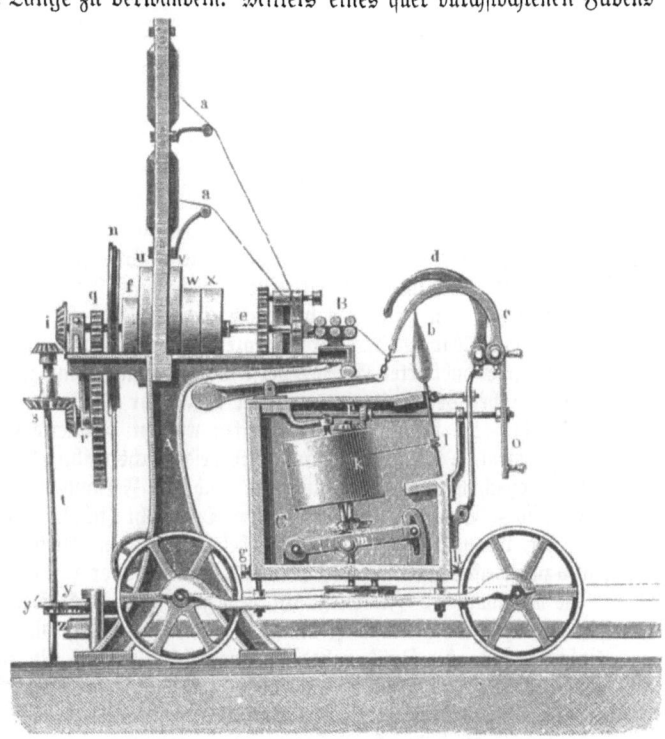

Fig. 787. Mule-Jenny-Maschine neuerer Konstruktion.

lische Zoll; 80 Fadenlagen um den Haspel sind ein Gebind und 7 Gebinde (hank) ein Strahn oder Schneller. Demnach hat der Strahn 2520 englische Fuß oder 840 Yard oder 761 m. Ein Pfund von Nr. 100 hat demnach eine Länge von 84000 Yard. Der französische Haspel hat 1 3/7 m Umfang; 70 Fadenumwindungen sind ein Gebind von 100 m Länge; 10 Gebinde sind ein Strahn von 1000 m Länge. Als Gewichtseinheit gilt hier das ½ kg, die Nummer bildet also die Zahl, welche ausdrückt, wie vielmal 1000 m auf ½ kg (500 g) gehen.

Während für Kattune und Strumpfwaren die Garnnummern von 30 bis 60 und für sehr feine Batiste, Mulle und Musseline die Nummern von 150 bis 250 verwendet werden, hatte auf der Londoner Ausstellung eine französische Spinnerei (Vautroyen & Mallet aus Lille) Garne von Nr. 600 und Holdsworth & Co. von Manchester Garne von Nr. 2150 ausgestellt; erstere waren zugleich in Spitzen=, Musselin= und Nähgarn dargestellt, wogegen das letztere Gespinst, wovon demnach 2150 Strähne oder 1800000 Yard auf ein Pfund gehen, zwar eine außerordentliche Leistung des Fabrikanten bewundern, aber eine praktische Verwendung dieses Fabrikats kaum erkennen ließ.

Das Sortieren des Baumwollgarnes oder Twistes kann erfolgen 1) nach der Art der erzeugenden Spinnmaschinen: Water- oder Muletwist; 2) nach der Güte der Baumwolle unter Mitberücksichtigung der Schönheit des Gespinstes: Prima und Sekunda (extrabeste, beste, gute, kleine u. s. w.); 3) nach dem Zwecke der Verwendung: Kettengarn (chaîne, warp) oder Schußgarn (trame, weft, woof), und in jedem der ersten drei Fälle außerdem 4) nach der Feinheitsnummer, wie oben erwähnt.

Der stärkeren Drehung halber dient Watergarn fast ausschließlich zur Kette, Mulegarn aber ebensowohl zur Kette als zum Schuß, weshalb man ersteres auch unrichtigerweise als Kettengarn, letzteres als Schußgarn bezeichnet. Unter Mediotwist oder Halbkettengarn versteht man stark gedrehtes Mulegarn. Die zum Einschuß für mechanische Weberei benutzten Mulegarne werden als schlanke, birnförmige Garnwickel, Kötzer oder Cops (pincops), von den Spindeln der Mulemaschine abgezogen und auf die Schützenfeder aufgeschoben, um sie ohne weitere Vorarbeit sogleich als Schuß zu verweben. Kettengarn bringt man gehaspelt und gebündelt, ferner als Cops (warpcops) oder auch als für den Webstuhl fertig gestellte (gescherte) Ketten (Warps) in den Handel.

Die Verpackung der Baumwollgarne für den Handel geschieht durch Hebel-, Schrauben-, Kurbel- oder hydraulische Pressen in geschnürten Bündeln von verschiedenem Gewicht. Die Packung der englischen Baumwollgarne geschieht bei Water und Medio in Zehnpfund- und bei Mule in Fünfpfundbündeln, bei feineren Gattungen Mule ebenfalls in Zehnpfundbündeln. Jedes dieser Bündel enthält eine Anzahl Docken oder Puppen, die nach der Feinheit des Garnes aus fünf bis zehn Strähnen bestehen. Feinere Garne von Nr. 60 an sind fast immer mit 30 Strähnen in eine Docke gepackt.

Zwirnerei. Ein wichtiges hier noch einzuschaltendes Verfahren, welches sich, wo erforderlich, unmittelbar an den Spinnprozeß anzuschließen pflegt, ist das Dublieren und Zwirnen. Unter dublierten Garnen versteht man eigentlich nur zwei zusammengedrehte Fäden, während man bei Verwendung von drei und mehr Fäden von dreifachem, vierfachem ꝛc. Zwirn spricht. Zu vermehrter Haltbarkeit werden dublierte Garne nochmals und sogar mehrfach gezwirnt, d. i. kabliert. Man unterscheidet sechsdrähtiges und sechsfach kabliertes Garn.

Die Bezeichnung erfolgt außerdem nach der Feinnummer des verwendeten einfachen Garnes, also z. B. 40er Doubled, 40er Dreidraht (fach). Man stellt gezwirntes Garn (Zwirn) her, wo man einen dicken und besonders festen, harten und runden Faden erhalten will, also zu Zwecken des Nähens, Strickens, Stickens oder zu einzelnen Arten gewebter Stoffe.

Die Richtung des Zwirnens ist gewöhnlich der des Spinnens der Garne entgegengesetzt, bei dublierten Garnen ist dann die zweite Zwirnung wieder entsprechend der Drehung des einfachen Fadens. Früher bediente man sich für das Zwirnen der Handspindel oder des Spinnrades. Heute wird auch diese Arbeit nur auf selbstthätigen Maschinen vorgenommen, und zwar auf statt der Streckwalzen Vorziehwalzen enthaltenden Water- und Mulemaschinen, die dadurch zu sogenannten Zwirnmaschinen oder Zwirnmühlen geworden sind. Überwiegend werden die nach dem Watersystem gebauten Waterzwirnmaschinen verwendet, von denen als Abart neuerdings wiederum die Ringzwirnmaschinen sich großer Beliebtheit erfreuen. Die Spulen mit den einfachen Fäden werden im oberen Teile des Gestells untergebracht und zwei oder mehr davon gemeinschaftlich durch einen Drahtring und statt der Streckwalzen durch zwei Vorziehwalzen (Cylinder) mit gleichbleibender Geschwindigkeit herausgezogen, von den Zwirnspindeln dann zusammengedreht und auf die Spule aufgewickelt. Die Ringzwirnmaschinen sind von den Ringspinnmaschinen gleichfalls dadurch unterschieden, daß sie statt der Streckwalzen Ober- und Untercylinder von 32—51 mm Durchmesser haben. Für Baumwoll-, Leinen-, Jute- und ähnliche Pflanzenfasergarne ist außer dem gewöhnlichen Trockenzwirnen auch das Naßzwirnen im Gebrauch, namentlich für scharfe und feste Zwirne (Nähzwirne — sewing). Zu diesem Ende legt man die einfachen Fäden vorher entweder in Wasser oder läßt sie der größeren Gleichmäßigkeit wegen statt dessen vor dem Zusammendrehen durch einen mit Wasser gefüllten Trog laufen. Bei der englischen Naßzwirnerei liegen diese Wassertröge hinter den Cylindern, beim schottischen System, welches meist für Nähfäden gebraucht wird, unter den Cylindern, so daß die Untercylinder beständig zum dritten Teil in Wasser getaucht sind. Man überzieht dieselben deshalb zum Naßzwirnen mit Messing, während beim Trockenzwirnen

einfache Cylinder von glattpoliertem Eisen verwendet werden. Neuerdings hat sich für Näh=
fäden wegen ihrer großen Leichtigkeit und demgemäßen Lieferungsfähigkeit die gleichfalls mit
Selbstölung versehene Coatssche Fergusliespindel schnell Eingang verschafft.

Zwei= bis dreifache Zwirne werden auf der Zwirnmaschine direkt fertig gesponnen,
für mehrfache resp. dublierte Zwirne sind dagegen mindestens zwei Zwirnmaschinen nebst
einer Fadenspulmaschine erforderlich. Auf der ersten Maschine wird der Vorzwirn durch
Zusammenführen von zwei bis drei Fäden hergestellt. Dieser kommt alsdann auf die Faden=
spulmaschine, wo die zusammen zu zwirnenden Vorzwirnfäden zwei= bis sechsfach neben=
einander auf eine größere Spule aufgewunden werden. Für vielfädige einfache Zwirne
kommen mitunter auch mehrere Spulen in Anwendung, also z. B. zu zwölffädigem ein=
fachen Zwirn drei Spulen zu vier Fäden. Das von der Spulmaschine kommende Garn
erhält nun, falls zu dubliertem Zwirn bestimmt, auf einer zweiten Zwirnmaschine den so=
genannten Nachzwirn und wird dadurch in vier=, sechs=, zwölf= oder mehrfachen Zwirn
verwandelt. Der größte Fehler bei der Zwirnerei besteht darin, daß ein einzelner Faden
stellenweise gerade liegt, während der andre sich schraubenförmig um denselben windet;
man nennt dies hohlsträngig oder meißelbrähtig. Durch das Zwirnen wird die Länge des
Fadens um circa 2—5 Prozent verkürzt. Die für die Weberei bestimmten Zwirne sind
gewöhnlich loser oder schlanker gedreht, man pflegt sie zum Unterschiede dublierte Garne
zu nennen.

Mechanische Wollspinnerei. Nach der besonderen Darstellung der mechanischen
Baumwollspinnerei, an deren Entwickelung sich auch die Woll= und Flachsspinnerei mit
Maschinen anschloß und mit jener weiter voranschritt, ist auf die technischen Verschieden=
heiten der letzteren in der Kürze schon deshalb näher einzugehen, weil Woll= und Leinen=
fabrikate auf dem Kontinente die ältesten und um so wichtiger sind, da auch der Rohstoff
ein eignes Erzeugnis ist. Es ist bereits oben die verschiedene Verwendungsart der Schaf=
wolle zu den zwei Hauptgattungen derartiger Gespinste und Gewebe, zu denen aus Streich=
und Kammwolle, hervorgehoben worden, und es ist nun hier die Vorbereitung und der
Spinnprozeß der ersteren hinzuzufügen.

Sowohl die für Streich= als die für Kammgarn verwendete und meist auf dem Körper
der Schafe gewaschene Wolle wird nach ihrer sehr abweichenden Güte, die sie auf den ver=
schiedenen Körperteilen des Schafes besitzt, sortiert. Man unterscheidet folgende Sorten:
Super=Elekta, Elekta, Prima, Sekunda, Tertia, Quarta u. s. w., oder bezeichnet die auf=
steigende Qualität als C=, B=, A=, AA= und AAA=Wolle. Die erste Vorarbeit beginnt
mit der Fabrikwäsche, wobei der noch anhängende Schweiß und das Fett durch Urin, Seifen=
wasser oder alkalische Flüssigkeiten u. s. w. entfernt werden. Diese Wäsche war früher voll=
ständig Handarbeit, jetzt ist letztere durch Maschineneinrichtungen, die sogenannte Leviathan=
wäsche ersetzt. Diese Waschmaschinen bestehen aus großen Bottichen, in welchen die Wolle
mit alkalischem oder Seifenwasser behandelt und durch Rührgabeln weiter geführt wird.
Derartige Bottiche stehen zwei oder drei hintereinander, von denen jeder folgende eine ver=
dünntere Lauge enthält. Beim Verlassen eines jeden Bottichs wird die Wolle durch Quetsch=
walzen ausgepreßt, so daß die überschüssige Lauge in das Bad zurückfließt, alsdann auf
einer Spülmaschine vom Schmutz und der Lauge, auf einer Schleudermaschine von dem
anhängenden Wasser befreit und alsdann in Trockenkammern oder auf Trockenmaschinen
vollständig getrocknet.

Hiernach bedient man sich einer ähnlichen Auflockerungsmaschine wie bei der Baum=
wolle, des sogenannten Wolfes oder Teufels, dessen Trommel von $0{,}80$—1 m Durchmesser
auf dem äußeren Umfange sowohl als auch die vier Leisten auf der umgebenden inneren
Mantelfläche scharfe Zähne besitzen. Zur Reinigung der immer mehr in Verwendung
kommenden Kolonialwollen von dem ihnen anhaftenden Klettensamen läßt man sie bei der
Streichgarnspinnerei statt dessen einen Klettenwolf durchlaufen, für weniger mit Kletten
behaftete Wollen genügt die Zufügung von einer oder zwei Klettenwalzen zur ersten Krempel.
Die Klettenwölfe, von denen es sehr verschiedene Bauarten gibt, bewirken die Entklettung
durch Trommeln, welche mit Zahnkämmen besetzt sind, während eine hinter der Zuführung
gelegener Vortrommel mit verstellbarem Rost die Wolle öffnet und Siebtrommeln sowie
Bürstenwalzen die Unreinigkeiten mit Hilfe eines Fachrades entfernen.

Statt der Klettenwölfe bringt man auch ein chemisches Verfahren in Anwendung, indem man die in der Wolle enthaltenen Pflanzenstoffe, als Kletten, Futter, Stroh, durch Behandlung mit flüssiger Säure oder Säuredämpfen zerstört und die davon nicht angegriffene Wollfaser nachträglich durch Alkalien entsäuert.

Um die Wollfasern lösbarer zu machen, damit sie bei dem Krempeln weniger zerrissen werden, und um das spätere Ausziehen zu einem Faden zu erleichtern, macht man die Wolle durch Einfetten oder Einölen geschmeidiger, wozu je nach der Feinheit derselben 10—20 kg mit Wasser und Alkalien (Soda) gemischtem Baumöl oder Olein auf 100 kg Wolle zu nehmen sind, und läßt zu vollständigerer Verteilung desselben die damit besprengte Wolle nochmals durch den Wolf gehen. Die Krempeln oder Kratzmaschinen für Streichwolle unterscheiden sich von den oben für Baumwolle beschriebenen darin, daß anstatt der festen Krempeldeckel zu größerer Schonung der Wolle vier bis sechs selbst mit umlaufende schwächere Krempelwalzen, die sogenannten Arbeiter, und zur Abnahme und Weiterführung von denselben die sogenannten Wender angebracht sind. Ferner befindet sich über der Abnehmerwalze eine andre, sehr schnell gehende, mit langen radial gestellten geraden Zähnen, welche nicht, wie die Arbeiter und Wender, nur nahe dem Haupttambour gestellt ist, sondern in denselben eingreift und vermöge der Nachgiebigkeit ihrer Kratzenzähne den Wollfasern eine kämmende, streichende Bewegung verleiht und sie zugleich aus den Beschlägen des Tambours heraushebt, damit der darunter liegende Abnehmer (Peigneur) sie leichter erfassen kann. Dieselbe heißt Volant oder Fixwalze.

Fig. 788. Vorspinnkrempel.

Ein Krempelsystem besteht gewöhnlich aus drei einzelnen Krempeln, der Vor- oder Reißkrempel, welche häufig noch zu besserer Reinigung und Verteilung der Wolle mit einem Drussierapparat oder auch einem avant-train, einer hinter dem Einführtisch eingeschobenen Krempel im kleinen versehen ist, der Feinkrempel und der Vorspinnkrempel oder Continue. Die beiden ersteren Arten unterscheiden sich meist nur in der Feinheit der Krempelbeschläge sowie darin, daß die Zahl der Reinigungswalzen bei der Feinkrempel vermindert ist. Bei der Vorspinnkrempel werden statt des von der ersten und zweiten Krempel gewonnenen Vlieses oder Bandes durch einen hinter dem Abnehmer befindlichen Apparat 20—30 fortlaufende schmale Bänder erzeugt, welche durch ein Würgel- oder Nitschelzeug in eine Art Vorgespinst umgewandelt werden. Die letzte Vorrichtung gibt den Bändern mehr Rundung und Festigkeit, aber keine bleibende Drehung, und liefert sogleich ein für die Feinspinnmaschine geeignetes Vorgespinst. Diese Einrichtung wird durch die Fig. 788 ersichtlich.

Die vom Tambour T durch den Abnehmer P aufgenommene Wolle bildet auf dem letzteren kein zusammenhängendes Vlies, sondern wird auf eine beliebige Anzahl einzelner durch Lederstreifen getrennter Kratzenbänder übertragen, und durch einen gewöhnlichen Hacker werden ebensoviel Wollbänder gebildet. Diese frei werdenden Bänder treten zwischen die sich ihrer Länge nach aneinander verschiebenden Würgel- oder Nitschelwalzen MN (jede durch Lederüberzug aus zwei Walzen vereinigt), werden durch dieselben gerundet und verdichtet und, indem sie durch einen sich ebenfalls hin und her bewegenden Fadenführer F gehen, auf die durch die Walze W mit gleichmäßiger Geschwindigkeit bewegten Spule S in sich kreuzenden Windungen aufgewickelt, welche letztere das Wiederabziehen erleichtern. Wegen der weniger gleichmäßigen Verteilung der Wolle an den Enden des Tambours werden die äußersten Bänder, die sogenannten Eckfäden, auf besondere, durch Reibräder auf der Welle E bewegte Rollen O aufgewickelt. Zur gleichzeitigen Erzielung zweier Bänder

Mechanische Wollspinnerei. 443

können derartige Krempeln einen Abnehmer und zwei Hacker oder zwei Abnehmer und zwei Hacker besitzen. In neuerer Zeit wird der Abnehmer voll, also ohne Zwischenräume, mit Kratzenband überzogen und die Teilung des Flors in einzelne Vorgarnfäden durch wandernde Riemchen aus Leder oder Stahlband bewirkt.

Fig. 789. Kammgarntrempel.

Dies geschieht entweder dadurch, daß die zwei Riemchensysteme abwechselnd Streifen des Vorbandes bedecken, welche der Hacker nicht abtrennen soll und danach immer je ein Streifen nach den oberen und einer nach den unteren Nitschelwalzen geführt wird. Oder das Vlies wird als ein Ganzes von dem Hacker abgetrennt und gelangt dann zwischen zwei parallel

56*

übereinander liegende, mit Nuten versehene Walzen, in welchen endlose Riemchen liegen, deren Lauf durch Walzen geregelt ist, dergestalt, daß abwechselnd die Riemchen nach oben und unten laufen und so das Vlies teilen. Auch in diesem Falle erfolgt dann das Würgeln der schmalen Vliesbändchen zu Vorgarn in dem bereits erwähnten Nitschelzeuge. Die neuere Bauart der Feinspinnmaschine, der sogenannten Cylinderspinnmaschine, besitzt, wie die früheren Fein- und Vorspinnmaschinen, einen aus- und einzufahrenden Wagen mit den Spindeln, unterscheidet sich aber von der älteren Jennymaschine darin, daß an die Stelle der Presse eine doppelte Reihe eiserner Walzen tritt, wovon die unteren gekuppelt sind und periodisch umgedreht, die oberen aber durch bloße Reibung mitgenommen werden. Das angegebene Walzenpaar vertritt hierbei das drei- oder mehrcylindrige Streckwerk; es zieht das Vorgespinst vor und hält es während des Wagenauszuges fest. Die dabei stattfindende Streckung oder der Verzug des Vorgespinstes ist fast ein dreifacher. Überdies ist auch der Selbstspinner in der Streichgarnspinnerei als Feinspinnmaschine eingeführt, und zwar in der Bauart der oben angedeuteten ähnlich.

Auch von den Streichgarnen ist der größeren Festigkeit wegen das für Kette bestimmte weit stärker und rechts gedreht, wogegen das Schußgarn der Weichheit und des besseren Filzes bei der Walke halber schwächer gedreht wird und die Fadendrehung meist eine entgegengesetzte, d. h. linksgängige ist, so daß das Vorgespinst vorerst aufgedreht und dann nach entgegengesetzter Richtung umgedreht wird.

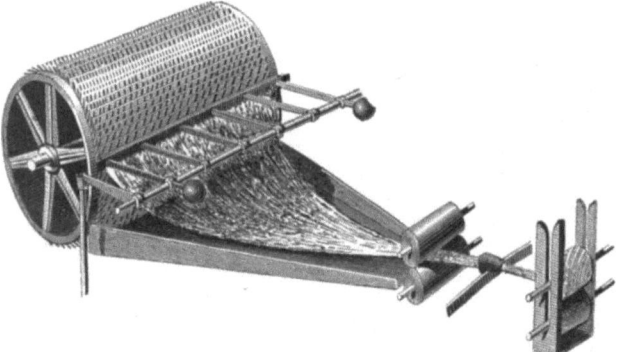

Fig. 790. Detail der Kammgarnkrempel.

Die Feinheit der Streichgarne wird ebenfalls nach der Anzahl der Stücke oder Strähne bestimmt, welche auf ein Pfund gehen. Das Haspelmaß ist jedoch in verschiedenen Ländern und Fabriken abweichend. In preußischen Tuchfabriken hat ein Strahn 20 Gebinde zu 44 Fäden von $2\frac{1}{2}$ Ellen Länge, demnach 2200 preußische Ellen Gesamtlänge. Ein Pfund Garn hat also jedesmal eine Länge von so vielmal 2200 Ellen. In Österreich hat der Strähn 7 Gebinde zu 50 Fäden von $2\frac{1}{4}$ Wiener Ellen, demnach $787\frac{1}{2}$ Wiener Ellen Länge. In Sachsen wird auch ein Haspel von 3 Leipziger Ellen benutzt; 80 Fäden sind ein Gebind, wovon fünf auf einen Strahn gehen, der somit 1200 Leipziger Ellen enthält. Es sind Bestrebungen im Gange, auch hier zu einer einheitlichen internationalen, auf dem metrischen System beruhenden Garnnumerierung zu gelangen, leider aber bis zur Stunde noch nicht durchgedrungen.

Kammgarnspinnerei. Die frühere Zeugmacherei, welche schon zu Ende des 16. Jahrhunderts in manchen sächsischen Städten betrieben wurde, lieferte eine Reihe von Kleiderstoffen, z. B. Rasch, Verkan, Kamelot, Serge, Damis, Kalmang u. s. w., für welche man die Schafwolle durch Handkämmerei zu den Gespinsten vorbereitete. Durch Baumwoll- und feinere Streichgarngewebe wurden zwar die ebengenannten Stoffe meist verdrängt, doch schlossen sich, von der mechanischen Kammgarnspinnerei wesentlich unterstützt, andre Kammgarngewebe, z. B. Lasting, Bombassin, Merino, Tibet, Wollmusselin, Napolitaine u. s. w., an diese Reihe an. Nächst der Maschinenspinnerei hat aber in der neueren Zeit das Hinzutreten der mechanischen Kämmerei, wie solche vorzugsweise in England, Frankreich und Deutschland zu hoher Entwickelung gelangt ist, die Fabrikation von Kammwollwaren außerordentlich gefördert.

Die Kammgarne, welche man je nach der Stärke der Drehung in harte und weiche Garne trennt, bedürfen zu ihrer Herstellung eines Wollstapels, der möglichst lang, gleichmäßig und voll gewachsen ist, dafür aber ein weniger gekräuseltes Haar enthält, als es zur Streichgarnspinnerei wünschenswert ist. Nebenbei spielt der natürliche Glanz eine wichtige Rolle, und es sind deshalb auch neuerdings die durch das milde, feuchte Klima des Inſellandes Auſtralien nebſt Neuſeeland hervorgebrachten Sorten ein geſchätztes Material. Aus gleichem Grunde findet auch das Haar des Vicunna= und des Alpakaſchafes, ſowie der Mohair= und Angoraziege, welches teilweiſe in den Urſprungsländern ſogar noch mit der Hand gekämmt wird, dafür Verwendung. Zu harten Kammgarnen werden mit Vorliebe die einheimiſchen engliſchen und ſchottiſchen Vlieſe der Leiceſter= und Lincolnſchafe und der verſchiedenen Kreuzungsarten mit denſelben verarbeitet.

Die Wichtigkeit, welche die Kammgarnfabrikation erlangt hat, läßt es angemeſſen er= ſcheinen, den aufeinander folgenden Arbeitsprozeß in der Kürze anzudeuten.

Fig. 791. Kammgarnſtreckmaſchine.

Bei der Kammgarnſpinnerei ſind ſämtliche Bearbeitungen vorzugsweiſe darauf ge= richtet, die Länge des Haares auszunutzen und zu erhalten, ſie erfordert deshalb auch eine bei weitem größere Vorſicht und Sorgfalt in der Behandlung des Stoffs, um denſelben möglichſt zu ſchonen. Man vermeidet aus dieſem Grunde die Reinigung durch den Reiß= wolf und läßt höchſtens eine ſolche, verbunden mit Lockerung im Klopfwolf, eine dem Whipper ähnliche, mit Holzſchlägern und darunter liegendem Fachrad verſehene Maſchine dem Waſchen der Wolle vorausgehen. Zur Wäſche der Kammwollen dienen neuerdings faſt ausſchließlich die bereits beſchriebenen Leviathane, bei welchen man ſich indeſſen bemüht, die verfilzende Wirkung der eiſernen Rührgabeln möglichſt zu umgehen. Man vermeidet auch für die Bäder die Anwendung von Alkalien und wäſcht meiſt mit reiner, neutraler, möglichſt verdünnter Seifenlauge ohne Zuſatz von Soda. Nach wiederholtem Ausſpülen wird die Wolle getrocknet. Hierzu bedient man ſich einer Maſchine, bei welcher in dem oberhalb umschlossenen Raume die feuchte Wolle mittels Drahtsieben aufgenommen und infolge der Luftverdünnung vermittelst eines Fachrades in dem unterhalb luftdicht abgeschlossenen Raume äußere Luft durch die feuchte Wolle gesogen und somit die Verdampfung des Wassers beschleunigt wird. Bei gleichzeitiger Anwendung eines Dampfröhrenheizapparates und Durchsaugen von erwärmter Luft wird das Trocknen noch mehr gefördert. Die nicht zu stark getrocknete Wolle kommt nun auf die Krempeln. Die Stelle des Reißwolfs vertritt bei der Kammgarnkrempel durchweg der bereits gelegentlich der Streichgarnspinnerei erwähnte avant-train. Diese Einrichtung besteht aus einem sogenannten Vortambour, welcher von zwei oder drei Arbeiter- und Wenderpaaren umgeben und zwischen den Eintrittswalzen und dem Haupttambour eingeschoben ist. Der Arbeitsgang ist demnach gewöhnlich folgender. Die entweder gar nicht oder mit nur wenig (1 Prozent) Öl eingefettete Wolle wird entweder mit der Hand oder durch selbstthätige Mechanismen auf den Zuführtisch vorgelegt, von den Eintrittswalzen erfaßt und den dahinter liegenden ein bis zwei Reinigungs- (Kletten-)Walzen zugeführt. An der Kettenwalze liegen Schläger oder Messer, welche die Kletten und andre Unreinigkeiten abschlagen. Die so vorgereinigte Wolle gelangt nun an den Vortambour mit seinen Arbeiter- und Wenderwalzen und von da an den Haupttambour. Die Kammgarnkratzen haben der größeren Elastizität wegen meist statt des Leders einen

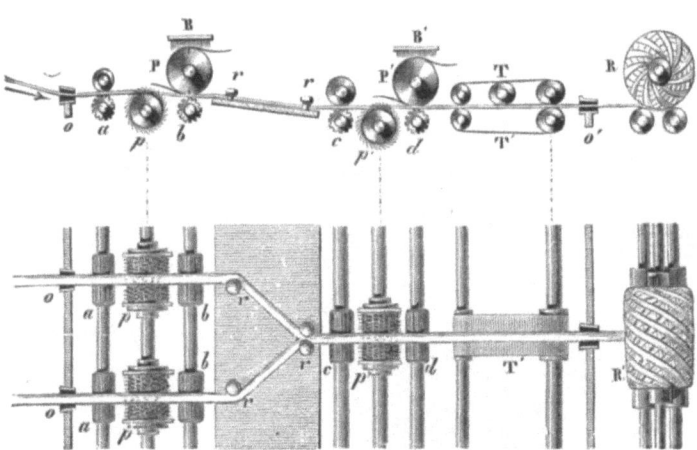

Fig. 792. Details der Streckmaschine.

Stoff von Baumwolle oder Halbwolle, der mit Kautschuk überzogen ist; ihre Zähne stehen weiter voneinander als die der Streichgarnkratzen, sind dagegen länger und haben keine Fütterung. Fig. 789 zeigt uns eine derartige Krempel, jedoch ohne avant-train. Wie bei der Baumwoll- und öfters auch bei der Streichgarnkrempel wird das durch den Hacker gelöste Vlies durch einen Trichter zu einem Bande zusammengedrängt (s. Fig. 790) und dasselbe auf wagerechte Spulen in sich kreuzenden Windungen aufgespult. Diese Spulen werden nun einem Streckwerke (Dubliermaschine) und die davon gewonnenen ähnlichen Spulen darauf folgend bis noch drei weiteren Streckmaschinen vorgelegt, welche durch die Fig. 791 veranschaulicht, deren Arbeitsprozeß aber mit Bezug auf Fig. 792 erläutert wird. In betracht der Länge der Wollfaser und ihres Bestrebens, sich zu drehen, sind zwischen den Paaren der Streckcylinder Stachel- oder Nadelwalzen angebracht, deren Zähne, indem sie in die Bänder eindringen, die Fasern trennen und sie verhindern, sich aus ihrer parallelen Lage wieder zu entfernen. Zwei bis vier Bänder, welche von den in einem Rahmen aufgestellten Spulen auslaufen, gehen durch einen Trichter o o zwischen die Cylinder a, von denen der untere kanneliert ist, über eine Stachelwalze p durch die schneller gehenden Streckcylinder b. Die Bürsten B B' dienen zur Reinhaltung der Verzugscylinder. Das über einem Tische r r zusammenlaufende Band erfährt nun durch ein ähnliches Walzensystem c p' d eine zweite Streckung, und nachdem es durch einen mit Leder überzogenen Würgel- oder Nitschelapparat T und durch den Trichter o' gegangen, wird es auf Spulen R gewunden, welche der Kämmmaschine aufgegeben werden. Auf der letztgenannten Maschine werden die längeren Wollfasern von den kürzeren, der Kämmlingswolle, gesondert, so daß die ersteren ein weit reineres Band bilden und noch mehr parallel liegen als in den Krempelbändern.

Die äußerst sinnreich gebauten mechanischen Kämmmaschinen sind vorzugsweise nach drei Systemen hergestellt worden, welche je nach der zu erzielenden Ware Verwendung finden; es sind dies die Systeme Noble, Lister und Heilmann, von denen das letztere auch für Hanf und Baumwolle vorzüglich anwendbar ist und wegen seiner Vielseitigkeit eine weite Verbreitung genießt. Die Fig. 793 zeigt die Hauptteile der Heilmann-Schlumbergerschen Kämmmaschine. A ist der aus Querstäben und den dazwischen einzusenkenden Nadelstäben bestehende Speiser, welcher sich periodisch öffnet und, nachdem er vorgegangen und sich geschlossen hat, bei seinem Rückgange ein Stück von den auf Spulen vorgelegten Bändern L einzieht. Der unterhalb vorgeschobene Teil dieser Bänder wird durch eine zweite sich schließende Zange BP, wovon die untere Kante von B mit Tuch oder Kautschuk belegt, die von P aber geriffelt ist, festgehalten und durch den darunter vorbeistreichenden und mit Nadelstäben besetzten Teil der Kämmwalze C ausgekämmt. Dieser rein gekämmte Wollbart legt sich auf den belederten Teil der Kämmwalze auf, und indem die Zähne eines Vorstechkammes D ihn festhalten, bewirkt eine auf den Lederbezug angepreßte kannelierte Walze V das Abreißen dieses Teiles, welcher durch zwei Walzen über ein Tuch ohne Ende T den Abzugwalzen E und dem Gefäß J zugeführt wird. Durch eine besondere Vorrichtung legen sich die Enden der einzeln gekämmten Teile übereinander und werden durch den darauf wirkenden Druck der Abzugwalzen vereinigt. Die in der Kämmwalze hängen gebliebene kurze Wolle wird durch eine Bürstenwalze F abgelöst, nun auf eine Krempelwalze G übertragen und von dieser sodann durch einen Hacker H als Kämmlingswolle

Fig. 793. Hauptorgan der Heilmann-Schlumbergerschen Kämmmaschine.

(Kämmlinge) getrennt. Fig. 794 und 795 stellen den Speiser dar mit eingesenkter und gehobener Nadelplatte sowie die Kämmwalze C mit den abwechselnden Flächen des Nadelbesatzes p und des Lederüberzuges S in doppelter Größe der Fig. 793. c ist die Abreiß- und c' die Führungswalze des Bandes.

Hierauf folgt wiederum zweifaches Strecken mit vier- und sechsfacher Dublierung. Die hiernach ebenfalls auf große Spulen gewundenen Bänder gehen nun, hauptsächlich ihrer Entfettung halber, durch ein doppeltes Seifenbad und durch die Plättmaschine, welche das Trocknen, Spannen und Glätten der Bänder bewirkt und zugleich der Faser mehr Glanz verleiht. Man unterscheidet Dampf- und Feuerplättmaschinen, wovon die letzteren einen höheren Hitzegrad anzuwenden gestatten und sich deshalb vorzugsweise für Watergarne aus vollkommen entkräuselter Wolle eignen. Die Dampfplättmaschine besitzt in zwei übereinander liegenden Reihen 14 eiserne hohle und durch Dampf geheizte Cylinder, zwischen und über welchen die Bänder wellenförmig hindurch und in Kannen oder auf Wickel geführt werden.

Mit den zuletzt beschriebenen Bearbeitungen ist die Reinigung und Glättung der Wollbänder und somit die Vorbereitung der Wolle, welche dem Vor- und Feinspinnprozesse vorangeht, beendet. Die Bänder werden nun mit einer drei= oder vierfachen Dublierung gestreckt und nach einer zweiten Streckung mit sechsfacher Dublierung mittels eines Würgelapparates zu einem dochtartigen Vorgespinste, dem Zug, gebildet. Statt der bis= her nun gewöhnlich angewendeten Grob=, Mittel= und Feinflyer sind der Grob=, Mittel= und Feinwürgler in Anwendung gekommen, und letztere haben na= mentlich dadurch, daß der Docht keine bleibende Drehung erhält und daß sie leichter zu bedienen sind, wesentliche Vor= züge vor den Flyern. Die auf der letzten Vor= bereitungsmaschine er= haltenen Spulen werden sodann zum Feinspin= nen dem Selbstspinner vorgelegt und auf koni= sche Papierhülsen (Ka= netten) gesponnen. Der Kammgarnselbstspinner unterscheidet sich darin vom Streichgarnselbst= spinner, daß bei ersterem der Verzug überwiegend

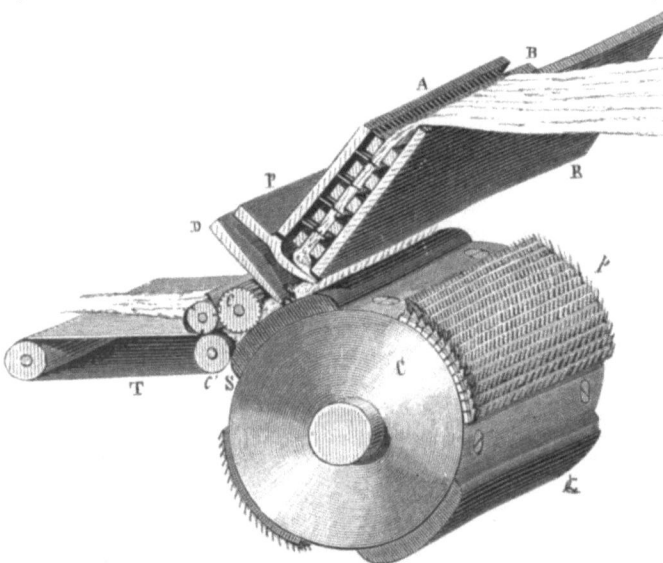

Fig. 794. Speiseapparat mit eingesenkter Nadelplatte.

durch die Streckwalzen, statt beim letzteren durch den Wagenauszug bewirkt wird. Kürzere Wollen, bei denen man keine Kämmlinge absondert, welche man anfänglich der Vorbe= reitung des Streichgarnes unterwirft und später zumeist wie für das Kammgarn behandelt, verarbeitet man zu den sogenannten Halbkamm=, Strick= oder Strumpf= wirkergarnen.

Die Güte der Kammgarne wird von der feinsten absteigend AAA (drei A), AA (Doppel=A), A, dann B, C, D bezeichnet. Früher stimmte für Kammgarne das deutsche Numerie= rungssystem mit dem englischen für Baum= wollgarne überein (die Anzahl der Strähne, welche auf ein Pfund gehen, gab die Feinheits= nummer), und man haspelte Strähne oder Schneller von 7 Gebin= den zu 80 Fäden und

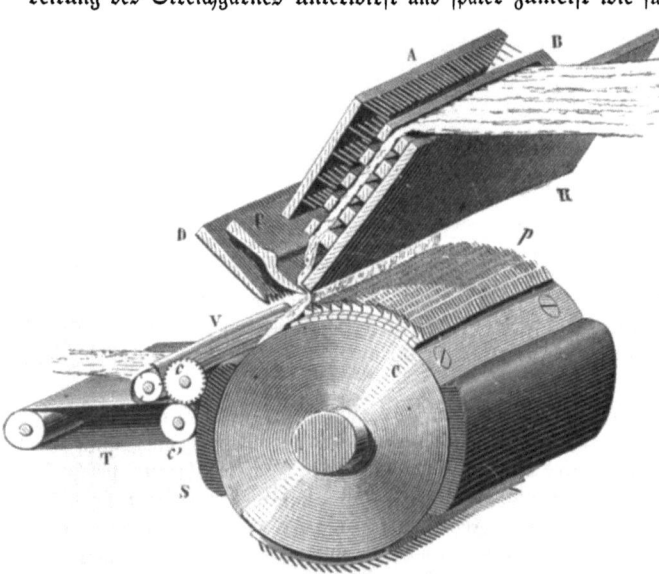

Fig. 795. Speiseapparat mit gehobener Nadelplatte.

1½ Yard Umfang, somit von 840 Yard oder 2520 englischen Fuß Länge. In England dagegen hat der kurze Haspel nur 1 Yard Umfang (der mittlere 1½, der lange 2 Yard), und 1 Strähn daher 560 Yard Länge. Hiernach mußte eine deutsche Kammgarnnummer mit 1½ multipliziert werden, um der eine gleiche Feinheit bezeichnenden englischen zu entsprechen.

Jetzt haspeln indessen die deutschen Kammgarnspinnereien nach metrischem System den Strähn zu 1000 m Länge und bezeichnen das Garn je nach der Menge von Tausenden Metern, welche auf das Kilogramm gehen; 46er Garn ist also beispielsweise ein solches, bei welchem 46000 m auf das Kilogramm gehen. In Frankreich hat der Strähn meist 600 Aunes oder 720 m, geteilt in 500 Faden zu $1{,}44$ m Umfang und die auf $1/_2$ kg gehende Zahl der Strähne gibt die Feinheitsnummer. Man hat daher die neuen deutschen metrischen Nummern mit $0{,}88$ und resp. mit $0{,}70$ zu multiplizieren, um den entsprechenden Feinheitsgrad in englischen oder französischen Nummern auszudrücken.

Fig. 796. Flachshechelmaschine.

Flachs- und Wergspinnerei. Obschon durch die mechanische Baumwollspinnerei der Weg für die Verspinnung andrer Faserstoffe vorgezeichnet war, so würden doch die Versuche, auch den Flachs mit Maschinen zu verspinnen, wegen der bei diesem längeren und härteren Faserstoffe entgegentretenden besonderen Schwierigkeiten, wahrscheinlich noch länger erfolglos geblieben sein, wenn nicht ein aufmunternder hoher Preis, den der Kaiser Napoleon I. während der Kontinentalsperre mittels Dekrets vom 7. Mai 1810 auf mechanische Verspinnung des Flachses aussetzte, schneller zur Lösung der Aufgabe geführt hätte. Der Franzose Girard nahm in den Jahren 1810—18 mehrere Patente auf Vorbereitungsmaschinen für Flachsspinnerei sowie auf eine Feinspinnmaschine und legte hierdurch den Grund zu den noch heute größtenteils befolgten Prinzipien des Flachsspinnprozesses. Fruchtbringend wurde aber auch diese Erfindung erst auf englischem Boden; sie wurde im Jahre 1820 den Engländern bekannt, und bereits im Jahre 1830 bestand die Flachsspinnerei von Marshall in Leeds mit 20000 Spindeln. Dagegen hat auch unsre deutsche Flachsspinnerei inzwischen eine nicht zu unterschätzende Ausdehnung angenommen, obgleich der überwiegende Teil der deutschen Leinengarne noch immer Handgespinst ist. Eine Reihe größerer

Anlagen betreiben die mechanische Flachsspinnerei meist auch mit mechanischer Weberei verbunden und es verfügt z. B. eines der bedeutenderen, die Ravensberger Spinnerei in Bielefeld, allein über 28000 Spindeln.

In England, Schottland und Irland befinden sich jetzt circa 1460000 Flachsspindeln im Gange, in Frankreich 620000, in Belgien 200000, in Österreich 340000, davon in Böhmen 239000 Spindeln; in Deutschland 280000, davon in Westfalen und Rheinpreußen 80000 und in Schlesien 90000 Spindeln; endlich sind in Rußland circa 90000 und in Nordamerika 100000 Spindeln im Gange, und es beläuft sich hiernach die Gesamtzahl aller im Betriebe befindlichen Flachsspindeln auf etwas über 3 Millionen.

Nach der bei den Rohstoffen angegebenen Vorbereitung des Flachses folgen nun als Hauptarbeiten zum Verspinnen des gehechelten Flachses: Bildung von Bändern, Dublieren und Strecken derselben, Herstellung des Vorgespinstes sowie dessen Umwandlung in Feingespinst. Zuvor ist jedoch hier noch die Hechelmaschine (s. Fig. 796) zu betrachten.

Die Hechelmaschinen sind in neuerer Zeit so weit vervollkommnet worden, daß fast alle Flachsspinnereien davon Gebrauch machen. Die Handhechelei ist aber dadurch keineswegs ganz entbehrlich gemacht und dient namentlich zum Anhecheln des auf die Maschine zu bringenden und zum Fertighecheln des für feinere Garne bestimmten Flachses. Feine belgische Flachse läßt man vor dem Hecheln besondere Zerreißmaschinen durchlaufen, in welchen die weniger guten Kopf- und Wurzelenden abgetrennt werden, die sodann zurückbleibenden feineren Mittelstücke nennt man geschnittenen Flachs; derselbe dient zur Erzeugung der feinsten Nummern.

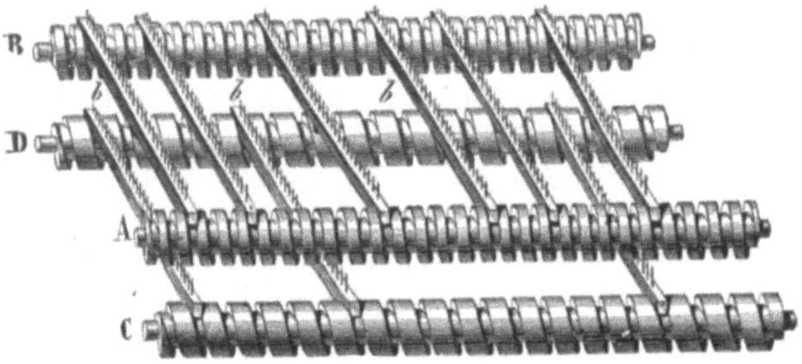

Die Arbeit der Hechelmaschinen unterscheidet sich dadurch von der des Handhechelns, daß bei ersteren auf Trommeln, Riemen ohne Ende oder zwischen Schraubenspindeln angeordnete Hechelstäbe beweglich gemacht sind, der der Maschine vorgelegte Flachs aber während des Aushechelns durch Zangen festgehalten und

Fig. 797. Anordnung der Fallkämme (gills).

so der streichenden und kämmenden Bewegung der Hecheln ausgesetzt wird, welche die Fasern zuerst an den Spitzen und dann nach der Mitte zu bearbeiten.

In der durch Fig. 796 dargestellten Hechelmaschine bezeichnen a a die von einer Seite aus zwischen einer horizontalen Kulissenführung eingeführten Zangen und PP die Hechelkämme, welche auf endlosen und über zwei Rollen liegenden Riemen befestigt sind. Der die Zangen tragende Wagen wird abwechselnd gehoben und gesenkt; im letzteren Falle greifen die sich nach der Pfeilrichtung bewegenden Hechelkämme in den Flachs ein und bearbeiten ihn. Nach dem Aufhube werden die Zangen durch einen Hebelmechanismus 1 m um eine volle Zangenlänge fortgerückt, so daß linker Hand eine Zange aus der Bahn tritt und auf der schiefen Ebene herabgleitet, während rechter Hand die Aufgebung einer neuen Zange erfolgt. Je weiter die Zangen vorschreiten, desto feiner sind die Hechelzähne. Die abgenommenen Zangen werden geöffnet und der Flachs mit dem umgekehrten Ende eingeklemmt, um nunmehr am ungehechelten Teile bearbeitet zu werden. Die Maschinen können sowohl einfach als doppelt gebaut sein, im ersteren Falle geschieht das Hecheln nur von einer Seite, die Riste muß also umgedreht werden, falls dies die Maschine nicht selbstthätig besorgt. Ohne solche Vorrichtung muß die Riste die einfache Hechelmaschine demnach viermal durchlaufen. Bei der doppelten Hechelmaschine hängen die Zangen in der Mitte und werden durch je ein System von Hechelriemen auf beiden Seiten zugleich oder nacheinander bearbeitet, so daß in jedem Falle die Rückführung nach Durchmachung eines Hechelfeldes vermieden wird. Die Beseitigung der Schäben und der Hede wird durch schnell umlaufende Bürsten oder Kammwalzen besorgt, welche dieselben in gesonderte Hechelkästen ablegen. Zur Vermeidung des zeitraubenden und unzuverlässigen Einspannens der Risten in die Kluppen mittels Handarbeit haben Combes & Barbour neuerdings eine mechanische Einspannvorrichtung erfunden, wodurch

Flachs- und Wergspinnerei.

die Regelung der Einspannung in der erforderlichen Gleichmäßigkeit ermöglicht wird. Hiermit ist der Flachs zum Verspinnen fertig gestellt, es folgt nunmehr nur noch ein genaues Sortieren sowohl des Flachses als des Werges oder der Hede. Die Spinnerei teilt sich von nun an in zwei gesonderte Fächer, die wir nacheinander beschreiben, nämlich in die Flachs- und in die Werg- oder Abfallspinnerei.

Die erste Arbeit der Flachsspinnerei, die Bildung eines Bandes, geschieht auf der Anlegemaschine. Bei der Flachsband- oder Anlegemaschine wird der Flachs auf einem endlosen Zuführtuche in dünnen, möglichst gleichmäßigen Schichten etwa 12 cm breit aufgelegt und den glatten gußeisernen und belasteten Einziehwalzen zugeführt. Nahe hinter denselben greifen die Nadeln von sich erhebenden Hechelstäben oder sogenannten Fallkämmen in den Flachs und führen ihn den sich viel schneller bewegenden Streckwalzen zu, nachdem sie sich ganz nahe vor den letzteren wieder gesenkt und aus dem Flachsbande zurückgezogen haben. Das Eintreten und Zurückziehen der Hechelkämme wird durch Führung von den Enden derselben zwischen Schraubengewinden erzielt (Schraubenstrecke). Fig. 797 zeigt die Anordnung der beweglichen Fallkämme (gills) zwischen den Gewinden der oberen und unteren Schraubenspindeln A B und C D. Bei Drehung der ersteren werden die in den Flachs eingreifenden Kämme b bis an die Spindelenden fortgeführt, und zwar schneller als das Flachsband geht, und fallen dann in die stärkeren und entgegengesetzt gerichteten Gewinde der unteren parallel liegenden Spindeln C D, durch welche sie rasch zurückgeführt werden.

Die Streckwalzen können je nach der Länge des Flachses 0,6—1 cm von den Einziehwalzen abstehen und erzeugen bei einer 20—60mal größeren Umgangsgeschwindigkeit als die der letzteren eine

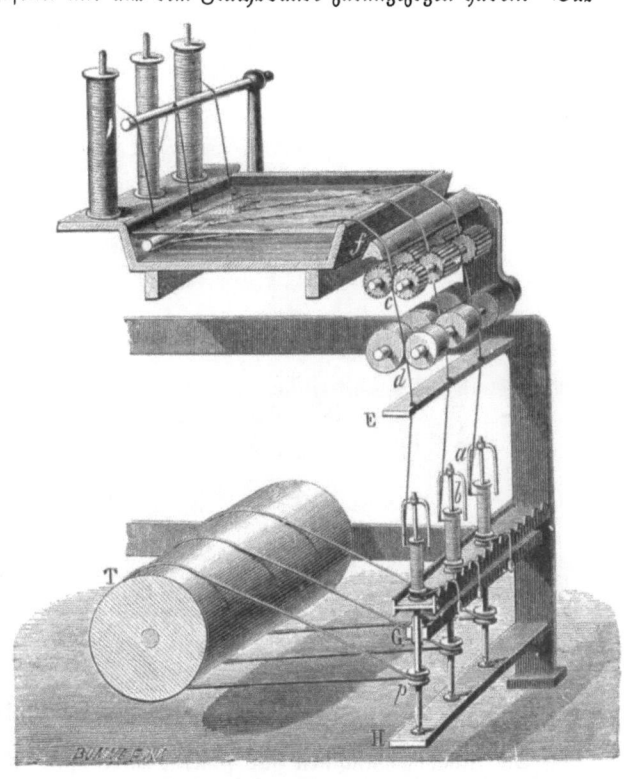

Fig. 798. Flachsfeinspinnmaschine.

Streckung des Bandes in gleichem Verhältnisse. Zwei oder vier solche Bänder werden durch die Spalten der sogenannten Bandplatte den Abziehwalzen zugeführt und von diesen in darunter stehende Blechtöpfe geleitet, wobei zugleich deren Länge durch ein Zählwerk, aus doppelten Schraubenrädern bestehend, gemessen wird, während ein Glockenzeichen angibt, daß Bänder von bestimmter Länge abgeliefert sind.

Die von der Anlegemaschine erhaltenen Bänder kommen in so abgemessenen gleichen Teilen aus den Blechtöpfen unmittelbar ohne Zuführtuch für gleichen Zweck wie in der Baumwollspinnerei auf Strecken und werden auf der ersten Strecke 2-, 4-, 6—10- und 12fach eingedoppelt. Die dabei stattfindende Streckung übersteigt die Eindoppelung, so daß das auslaufende Band etwas feiner als das aufgegebene ist. Die Bänder von der ersten Strecke gelangen zu 8—18 dubliert auf die zweite, welche durch den Verzug wieder ein etwas feineres Band als das der ersten Strecke liefert. Die Zuführvorrichtung besteht hierbei aus drei Walzen, von denen die eine über den beiden andern ruht; das Band geht zuerst unterhalb der ersten untersten Walze her, umfaßt dann die darüber liegende, um unterhalb der

57*

zweiten unteren Walze wieder hervorzutreten. Beide Strecken besitzen ebenfalls zwischen den Einführungs= und Streckwalzen in der vorher angegebenen Weise angeordnete und wirksame Hechelkämme, die jedoch feiner sind und dichter stehen. Auch bei dem Vorspinnen durch Flyer werden die Bänder durch abermaliges Strecken und unter Anwendung noch feinerer Hechelkämme mit 8—20fachem Verzuge ausgezogen und dabei schwach gedreht ($^3/_{10}$—$^1/_2$ Drehung auf 1 cm), um ihnen hinreichende Haltbarkeit zu geben. Das aus den Kannen zugeführte Band hat hier entweder einfach oder zwei= bis vierfach eingedoppelt einen ansteigenden Einziehtisch, dann, wie bei der eben beschriebenen Flachsstrecke, eine Drei=Walzenzuführung, dann das Hechelfeld und hierauf die Streckwalzen zu durchlaufen, um schließlich auf die darunter stehende Spindel zu gelangen. Die Spulen der Flügelspindeln werden, wie früher angegeben, durch einen Wagen gehoben und gesenkt.

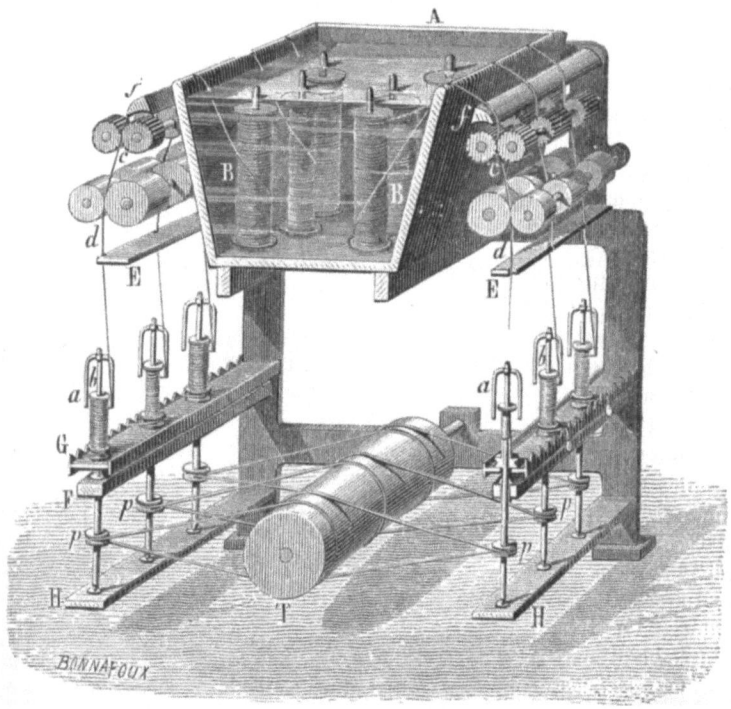

Fig. 799. Flachsfeinspinnmaschine andrer Art.

Die Feinspinnmaschinen für Flachsspinnerei sind stets Watermaschinen. Bei ganz niederen Nummern und namentlich bei Werggarn zieht man das Vorgespinst zur beab= sichtigten Feinheit trocken aus; am häufigsten aber, und zwar bei feineren Nummern stets, läßt man das Vorgespinst durch heißes Wasser gehen, ehe es in die hinteren Streckwalzen eintritt, wie es Fig. 798 zeigt. Oder es stehen die Vorgespinstspulen selbst in einem mit heißem Wasser angefüllten Kasten, wie es Fig. 799 ersichtlich macht. Dadurch erweichen sich die Fasern, und man kann die Streckcylinder näher, etwa 12 cm von den Einlaß= cylindern, legen; wogegen bei dem, nur bis etwa Nr. 20 angewendeten Trockenspinnen dieser Abstand 25—30 cm beträgt. Beim Naßspinnen werden sowohl die Einführwalzen c als auch beim Streckwerk d die unteren Walzen (Streckwalzen) mit Messing, die oberen (Druckwalzen) mit Kautschuk bekleidet. Eine dritte Art, das Halbnaßspinnen, unterscheidet sich fast nur dadurch vom Naßspinnen, daß statt des warmen kaltes Wasser verwendet wird. Bei beiden Naßspinnereimethoden wird das Garn, um dem Verderben vorzubeugen, alsbald auf Strähne gehaspelt und in einer Garntrockenmaschine getrocknet.

Trocken gesponnenes Garn ist rauh und unansehnlicher als naß gesponnenes, da das warme Wasser, in Ersetzung der Lippenfeuchtigkeit der Spinnerin, den Pflanzenleim erweicht und die Fasern sich hierdurch leichter miteinander verbinden und einen glatten Faden geben, auch kann derselbe Flachs trocken höchstens nur zu halb so hoher Nummer als naß versponnen werden. Indessen haben die trocken gesponnenen Garne anderseits mehr Festigkeit und Elastizität und tragen sich im Gewebe nicht so rauh.

Die Verspinnung des Werges unterscheidet sich von der des Flachses hauptsächlich durch die anfängliche Behandlung mittels Krempeln und wegen der geringen Länge der Fasern durch näherliegende Streckwalzenpaare und geringere Streckung bei den nachfolgenden Maschinen. Die Krempeln haben hierbei die Aufgabe, die wirr durcheinander liegende Masse des Werges vorerst zu ordnen; zur vorherigen Reinigung desselben von den Schäben sowie von Staub und Schmutz wird dasselbe vorher einem Schüttelprozeß unterworfen oder auch auf einem Whipper bearbeitet. Die Krempeln sind ähnlich denen zur Bearbeitung der Wolle mit Arbeitern und Wendern gebaut, nur sind in anbetracht der Länge der Fasern die Durchmesser der Walzen kleiner, dagegen die Anzahl der Arbeiterpaare bis auf neun vermehrt. Die Beschläge sind bedeutend stärker als bei der Wollbereitung und statt der dünnen gebogenen Drahthäkchen kräftige und zugespitzte Stahlnadeln, und zwar in hölzerne Beläge eingeschlagen. Ferner bedecken dieselben häufig nicht die gesamte Arbeitsbreite, sondern sind durch Zwischenräume in mehrere Arbeitsfelder geteilt, so daß dem entsprechend auch mehrere Bänder gewonnen werden. Das Abnehmen des Vlieses vom Peigneur geschieht entweder mittels schwingender Hacker oder mittels glatter eiserner Kammwalzenpaare; dasselbe wird dann durch Trichter zu Bändern gesammelt und diese zwischen ein oder zwei Streckwalzenpaaren eingedoppelt und verstreckt, um alsdann in Blechkannen abgeführt zu werden. Gewöhnlich wird außer der Vorkarde noch eine Feinkarde angewendet, bei welcher dann die Zuführung durch eine Dublier- oder Lappingmaschine (s. Fig. 774) geschieht. Die nun folgenden Arbeitsvorgänge des Streckens, Vorspinnens und Feinspinnens sind mit dem vorher erwähnten kleinen Unterschiede an den Streckwerken denen bei der Flachsspinnerei vollkommen entsprechend.

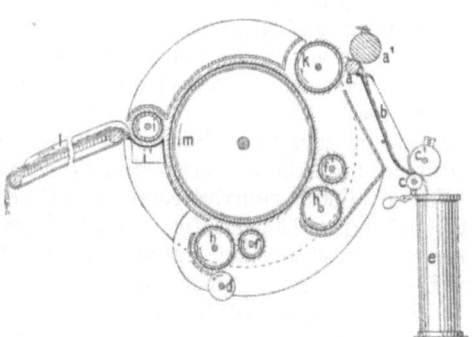

Fig. 800. Vorkrempel für Jute.

Ebenso ist die Hanfspinnerei von der Flachsspinnerei nur dadurch unterschieden, daß die dazu benötigten Maschinen dem Faserstoff entsprechend kräftiger gebaut sind; wir können also von einer Beschreibung dieses Zweiges Abstand nehmen. Dagegen dürfte es bei der zunehmenden Bedeutung der Jutepflanze für die deutsche Industrie erwünscht sein, deren Fabrikation weiter zu verfolgen.

Jutespinnerei. Die Verspinnung der Jute geschieht je nach der Güte des zu erzeugenden Garns auf zwei gesonderte Arten, und zwar für die geringeren Sorten Nr. $^1/_4$ bis 10 zu sogenannten Jute-Taugarn mittels Krempelns in Art der Wergspinnerei oder zu feineren Garnen, namentlich Nr. 16—20, dem sogenannten Jute-Leinengarn, in der Art der Flachsspinnerei. Erstere Art der Fabrikation ist bisher in Deutschland ausschließlich in Gebrauch, während die letztere, zu welcher nur die feinsten Sorten Verwendung finden, in England und Frankreich betrieben wird. Die bereits beschriebenen Vorarbeiten sind für beide Garnsorten die nämlichen, nur werden die zu Leinengarn dienenden Risten vor dem Hecheln auf besonderen Maschinen, ebenso wie wir dies von den feineren Flachssorten berichteten, in drei Teile geschnitten und nur der mittelste beste Teil verwendet.

Die Krempel für Jute-Taugarn weicht nicht unwesentlich von der Form der andern ab; wie wir gesehen haben, ist nämlich die Jutefaser entgegengesetzt zu der des Flachses und Hanfes in Faserbündeln vereinigt, welche erst durch den Krempelprozeß getrennt werden müssen. Der Krempelsatz besteht hier wieder aus einer Vor- und einer Feinkarde. Die erstere besteht im wesentlichen aus einer mit einem Holzdeckel fast völlig verschlossenen, mit Nadeln versehenen Trommel m (Fig. 800), welche indessen nur an ihrem unteren Teile zur Arbeit herangezogen wird. Der Stoff gelangt zuerst durch einen endlosen Zuführtisch an eine in einer eisernen Mulde i^1 liegende Nadelwalze i und erfährt zwischen dieser und der dahinter liegenden Trommel die erste Bearbeitung. Nach unten zu trifft es dann an einen größeren Wender h, welche dem kleineren Arbeiter f dasselbe zuführt. Eine fernere Verarbeitung findet dann beim zweiten Wender= und Arbeiterpaare $h^1 f^1$ statt, und schließlich bringt eine Abnehmerwalze k das nunmehr zusammenhängende Vlies durch ein dahinter liegendes gerifseltes Abzugswalzenpaar a a^1 auf ein abwärts gerichtetes, nach unten zu sich verjüngendes Leitblech b, welches mittels Ablieferungswalzen c c^1 dasselbe in die Blech= kanne o befördert. Zwischen dem ersten und dem zweiten Arbeiterpaare ist der Holzmantel unterbrochen und findet hier die Ausscheidung der harten Teile, des Bastes, Schmutzes und der kurzen Fäserchen statt. Die Fasern sind nun indessen noch nicht genügend zerteilt und liegen noch mehr oder weniger verwirrt. Die Aufgabe der Feinkarde besteht deshalb darin, eine weitere Teilung unter Ausscheidung von Bast= und Faserteilchen sowie die Herstel= lung möglichst gleichlanger und parallel zu einander liegender Fasern, die schließlich zu einem Bande vereinigt werden, zu bewirken. Die Anordnung der Feinkrempel richtet sich nach der Güte des zu bearbeitenden Stoffs; sie besteht aus einem Tambour, welcher von drei bezw. vier Arbeiter= und Wenderpaaren entweder auf dem ganzen oder nur dem halben Trommelumfang umgeben sind. Für die Speisung dieser Maschine wird häufig eine Wickelmaschine verwendet, welche ähnlich der in Fig. 774 veranschaulichten Dubliermaschine die Herstellung von Wickeln veranlaßt. Sobald ein solcher von einer gewissen Länge fertig, wird er selbstthätig ausgeschaltet. Mit zunehmendem Durchmesser des Wickels nimmt die Umfangsgeschwindigkeit der ihn leitenden Wickelwalze ab. Dem Kratzen folgt das Strecken und Eindoppeln auf Streckmaschinen, von denen wir als eigentümlich die nach Goods System gebaute, mit Hechelstäben in Kettenführung versehene hervorheben. Durch drei Einziehwalzen gelangt das Band in den Bereich der auf einer wandernden Kette ohne Ende angeordneten Hechelstäbe, welche senkrecht in das Band ein= und austreten und sich mit demselben horizontal weiterbewegen. Das Material hat dann eine Dublierplatte mit daran sich anschließenden Abzugswalzen zu durchlaufen. Die nun folgenden Vorspinnmaschinen sind denen der Flachsbearbeitung entsprechend; das Feinspinnen geschieht stets nach dem System der Watermaschinen und zwar nur auf Trockenspinnmaschinen.

Das Haspelmaß (Weise) in den deutschen Flachs= und Jutespinnereien ist gleich dem englischen. Es geben 120 Weifumfänge zu $2^{1}/_{2}$ Yard oder $7^{1}/_{2}$ Fuß englisch ein Gebind (lea) = 300 Yard, 10 Gebind einen Strähn und 20 Strähne ein Bündel englisch. Der Verkauf des Leinengarns findet bei uns häufig nach dem sogenannten Schock statt. Dasselbe enthält 12 Bündel oder 2400 Gebinde.

Die Anzahl der auf ein englisches Pfund gehenden Gebinde, jedes zu 300 Yard Fadenlänge, drückt nach dem englischen Numerierungssystem die Garnnummer aus. Da nun bei dem Baumwollgarn die Anzahl der Strähne zu 840 Yard, welche auf ein Pfund gehen, die Feinheitsnummer ausdrückt, so muß demnach eine Leinengarnnummer mit $\frac{840}{300}$, d. i. mit $2{,}8$ geteilt werden, um die gleichbedeutende Baumwollgarnnummer zu erhalten. Dennoch weichen die nach dem Verhältnis zwischen Gewicht und Fadenlänge übereinstimmend ge= fundenen Garnnummern zwischen Leinen= und Baumwollgespinst dem Ansehen nach merklich voneinander ab, da das dichtere Leinengarn viel feiner erscheint.

Neben Seide, Wolle, Baumwolle und Flachs, Hanf und Jute, deren Verarbeitung zu Gespinst wir in dem Vorhergehenden besprochen, sind neuerdings noch eine Anzahl andrer Faserstoffe der Webindustrie zu Gebote gestellt worden, welche wenigstens zu Fäden für gröbere Gewebe zu verarbeiten sind; wir nennen hier nur den neuseeländischen Flachs, den Manilahanf, den Aloehanf und das Kokosbast. Es gibt aber noch eine viel größere Anzahl von Pflanzenarten, welche verspinnbare Fasern liefern; die Wiener Weltausstellung hat davon Zeugnis abgelegt, indem sie eine reiche Auswahl davon, sowohl als Rohstoffe wie auch in Gespinsten und Geweben verarbeitet, vorführte. Die Einführung solcher neu entdeckter über= seeischen Faserpflanzen nach Europa ist zum Teil schon eine sehr bedeutende geworden.

Du kennst von dieser Welt, vom allgemeinen
  Leben,
Das End' und Anfang nicht, nur kaum der
  Mitte Schweben,
Sie geht nach einem Ziel, doch scheint es zu
  entweichen,
Du gehst nach einem auch, doch wirst du's
  nie erreichen.

Rückert.

Seil- und Taufabrikation.

Theorie des Seiles. Material. Innere Beschaffenheit eines Seiles. Das Seilerrad. Spinnen. Anschweifen. Teeren. Seildrehen über die Leere. Maschinenseilerei. Huddarts Patenttaue. Bindfadenfabrikation. Verknüpfung der Taue. Flachseile. Netzstrickerei. Drahtseile.

In vielen Tropenländern, in denen den Leuten Brot und Butter auf den Bäumen wachsen, vertritt auch der Wald bis auf einen gewissen Grad die Stelle des Seilers. Die verschiedenen Schlingranken, die ihn durchsetzen, werden abgestreift und, nach ihren Stärkegraden geordnet, in besonderen Kaufläden der Städte feilgeboten. In Brasilien sind die Cipós allgemein in Gebrauch. Mit den dünneren Nummern bindet man die Dachpfosten und das Sparrwerk des Hauses zusammen, stärkere müssen sogar Baustoff zu Brücken hergeben.

Nicht alle Länder sind aber so glücklich, — die Kunst mußte hier nachhelfen. Zu welcher Zeit aber und wo man von der bloßen Handarbeit des Faserzusammendrehens zu den einfachsten mechanischen Hilfsmitteln der Seilerei gelangte, davon schweigt noch die Geschichte. Jedenfalls ist das Schnur= und Seilspinnen schon auf alten Entwickelungsstufen zugetreten. Sprachlich zeigt sich dies deutlich, nicht bloß bei der so häufigen „Richtschnur" der Bibel, sondern schon in dem lateinischen Worte für den geraden Zug auf irgend einer Fläche, Linie (linea) von der Leinenschnur her genannt, welche die Richtung angab, zweifellos auch auf den Wachsschreibtafeln. Eine krumme Linie ist eine gekrümmte Leine, line sagt auch heute der Engländer, ligne der Franzose für beides, den Strich und die Schnur.

Theorie der Seile. Bei einiger Überlegung wird es jedem einleuchten, daß man von einer Anzahl Fasern, z. B. Hanf, die stärkste Haltbarkeit dann zu erwarten haben wird, wenn sie einzeln nebeneinander gelegt und des praktischen Gebrauchs halber etwa umwickelt oder in eine Hülse gesteckt werden. Dann könnte man sagen: wenn eine Faser einen Zug von $\frac{1}{2}$ kg aushalten kann, so muß ein Verein von 100 Fasern wenigstens 50 kg tragen. Aber dies würde doch immer nur so lange gelten, als die Fasern eines solchen Bündels, völlig gleichmäßig angestrengt und nicht, wie dies beim Gebrauch von Seilen unvermeidlich, in Lagen kommen, wo der Zug gewisse Partien des Seildurchschnitts vorzugsweise trifft, die also dann für das Ganze haften müssen, während ein andrer Teil wenig oder nichts leistet. Das Zusammendrehen, das Vereinigen zu einem runden Körper, macht sich aber notwendig, weil die Natur nur Fasern von verhältnismäßig kurzer Länge liefert, die man am besten eben durch Aneinanderdrehen in so nahe Berührung zu bringen vermag, daß die natürliche Reibung Platz greifen kann, und zwar so hinreichend, daß sich eine einzelne Faser eher zerreißen als zwischen ihren Nachbarn herausziehen läßt. Weiter aber als bis zu diesem Punkte soll die Drehung auch nicht getrieben werden; denn jede Drehung raubt nachweislich einem Seil etwas von seiner natürlichen Festigkeit, d. h. von der Summe der Widerstandskräfte der einzelnen Fasern, und dies steigert sich natürlich mit der Drehung. Auch macht die feste Drehung die Seile steif, so daß sie sich nicht willig um eine Rolle u. s. w. herumbiegen, und hierin liegt ein weiterer Grund zu einseitiger Anstrengung und zu möglichen Brüchen; denn je steifer das Seil, um so mehr hat es Ähnlichkeit mit einem wirklichen festen Körper. Dreht doch umgekehrt der Holzhacker seine Weidenrute auf, mit der er ein Reisigbund machen will, weil sie sonst zu starr ist und bei kurzen Biegungen brechen würde. Hier wirkt dieselbe Behandlung nicht schließend, sondern öffnend, die einzelnen Fasergruppen trennen sich der Länge nach, und die nun freiere Beweglichkeit der einzelnen Bestandteile ergibt eine größere Geschmeidigkeit des Ganzen.

Das beste Seil ist dasjenige, welches mit der größten Stärke die größte Biegsamkeit verbindet. Dies ist nun gerade nicht mit der runden, gedrehten Form am besten zu erreichen, wiewohl diese in andrer Hinsicht wieder Vorzüge besitzt; vielmehr hat man schon früher erkannt, daß die bloß wie ein Zopf geflochtenen Seile darin Vorzüge haben, und daß die letztere Art noch von den geklöppelten Seilen übertroffen werden. Man befolgt ein ähnliches Prinzip in den **Flachseilen**, welche die ihrem Namen entsprechende Form haben und daher mehr Gurte als Seile im gewöhnlichen Sinne darstellen. Sie sind an ihrer richtigen Stelle besonders da, wo es etwas aufzuwinden gibt, also namentlich in Bergwerken u. s. w.

Stoff. Die Grundlage der meisten Seilerwaren ist ein gröber oder feiner gesponnenes Garn, Hanf oder Flachs. Die feinsten und weichsten Hanfsorten wählt man zu den Bindfadenarten und feineren Schnüren. Die festen Hanfsorten, deren Fasern weniger weich sind, werden zu Leinen und stärkeren Seilen bestimmt. Außerdem kann man selbstverständlich alle uns schon bekannten Faserstoffe zu Seilen verarbeiten; mit einigen, wie mit der Seide, geschieht es wohl auch zu besonderen Zwecken; in ausgedehnterem Gebrauch sind aber außer unsern einheimischen Rohstoffen nur noch einige ausländische, von denen der Coir oder Roya, die faserige Hülle der Kokosnuß, und der sogenannte Manila= sowie Pisalhanf die hervorragendsten sind. Seile und Taue aus Coir fühlen sich zwar rauh an und lassen sich nicht teeren, sie gewinnen aber durch das Wasser eher noch an Haltbarkeit und geben guten Hanftauen nichts nach. Seit langen Zeiten stellen die Südseeinsulaner das sämtliche Tauwerk ihrer Schiffe daraus her; in neueren Zeiten werden sie aber auch von europäischen Nationen gern zu Ankertauen benutzt.

Der Manilahanf stammt aus den Blättern einer Spielart der Banane und wird von den Philippinen aus neuerdings stark zur Taufabrikation verschifft. Neben diesen schmiegsamen Fasern beteiligt sich nun aber auch noch das starre Eisen an der Herstellung von Tauen, und wir werden am Schluß auf die Erzeugnisse daraus, die Drahtseile, noch besonders zu sprechen kommen. Die Telegraphenkabel gehören einem besonderen Zweige der Technik an, der mit ganz andern Hilfsmitteln und zu ganz andern Zwecken arbeitet; wir müssen in bezug auf dieselben unsre Leser auf das in Bd. II, S. 409 ff. Gesagte verweisen.

Das Seildrehen. Wollte man einige Hundert oder Tausend Garnfäden gleich in ein Ganzes zusammendrehen, so würde das ein schlechtes Seil geben, denn die äußeren Garnlagen müßten dabei notwendig, weil sie die weitesten Spiralen beschreiben, am meisten eingekürzt werden, während die inneren, je tiefer sie nach dem Zentrum lägen, zwar dieselbe Anzahl Windungen, aber mehr um ihre eigne Achse haben würden.

Würde nun ein solches Seil angestrengt, so würde die Spannung zunächst nur die äußeren Lagen treffen, die inneren aber würden müßig liegen, ja die ersteren würden weit früher platzen, ehe die inneren in den Fall kämen, ihre Widerstandskraft geltend zu machen. Die wirkliche Bauart der Seile ist daher eine andre; man dreht (schlägt, wie der terminus technicus heißt) aus dem Garn Litzen oder Duchten, und diese wieder zu Seilen zusammen. Seile für Flaschenzüge, für die Landwirtschaft u. s. w. werden aus vier Litzen zusammengedreht, Seile für die Schiffahrt dagegen aus drei. Zu den Litzen werden soviel Schnüre genommen, daß sie der Stärke des anzufertigenden Seiles entsprechen. Hierdurch wird nicht nur eine innigere Verflechtung der sämtlichen Fasern und Fäden bewerkstelligt, sondern Gleichmäßigkeit der Beanspruchung herbeigeführt. Ganz beseitigt ist aber bei starken, nach der gewöhnlichen Art gearbeiteten Tauen der natürliche Fehler noch immer nicht; hierzu gehören andre Maßnahmen, auf die wir weiterhin bei Gelegenheit der Patenttaue zu sprechen kommen.

Fig. 802.
Innere Beschaffenheit des Taues.

Der Seiler, sagt der Volkswitz, ist ein guter Christ, denn er überwindet das Böse mit Gutem; man kann aber wenigstens seine Werke viel leichter prüfen als die vieler andrer Künstler, unter welchen der Turmdecker am unerreichbarsten dasteht. Drieseln wir also das Ende eines stärkeren Seiles oder Schiffstaues auf, nicht um nach Bösem zu suchen, sondern um dessen Zusammensetzung zu ergründen. Wir werden dann meistens finden, daß das Ganze aus drei schwächeren Seilen zusammengewunden ist. Die Untersuchung eines derselben ergibt wieder eine dreiteilige Zusammensetzung, wir finden drei Stränge oder Litzen; eine jede derselben zeigt sich bei weiterer Untersuchung als aus einer ziemlichen Anzahl Garnfäden bestehend, und einen Schritt weiter gelangen wir ins Bereich der Natur zurück und finden als Bestandteil eines Garnes eine Anzahl einzelner Hanffasern.

Die Seile für den gewöhnlichen Gebrauch werden durch Handarbeit erzeugt; bei Herstellung des für die Schiffahrt gebrauchten Tauwerks aber wirken häufig Maschinen mit, wofür wir England zu danken haben; die erste Handarbeit, das Garspinnen, wird zwar auch hier meist noch mit der Hand ausgeführt. Doch haben in den letzten Jahren Seilspinnmaschinen mannigfacher Bauart Anwendung gefunden, welche ganz vortreffliche Ware liefern. Freilich sind diese großen Bindfadenmaschinen ihrer kostspieligen Anschaffung wegen für den bei uns üblichen Handwerksbetrieb der Seilerei nicht geeignet, da sie aber im ganzen viel billiger arbeiten und, was ganz besonders in Betracht zu ziehen ist, ein gutes Seilgespinst auch aus viel geringerem Rohmaterial liefern, als der nach der alten Methode arbeitende Seiler, so ist voraus zu sehen, daß die Seilerei früher oder später dem Schicksale verfällt, dem die meisten Industrien verfallen sind, dem nämlich, zur Fabrikation zu werden.

Das Spinnen des Seilers ist eine oft an Weg und Steg vorkommende, aber vielleicht doch nicht von allen völlig begriffene Arbeit. Im Grunde geschieht hier ganz dasselbe wie an jedem Spinnrad, nur daß bei diesem das Spinnen und Aufwinden gleichzeitig, beim Seiler abwechselnd erfolgt. Bei dem Spinnrad des Seilers setzt die Laufschnur oder der Lauftriemen eine Anzahl horizontal in einem halbkreisförmigen Gerüste liegende eiserne Spindeln in Umdrehung, welche äußerlich hakenförmig umgebogen sind. In der Regel wird zu zweien an solch einem Rade gearbeitet. Jeder Spinner hat eine Partie gehechelten Hanfs in einer Schürze oder so um den Leib geschlagen, daß beide Enden sich vorn befinden. Er beginnt damit, daß er eine gewisse Menge Fasern hervorzieht, eine Öse dreht und diese an einen der Haken anhängt. Dann entfernt er sich rückwärts gehend von dem Rade, und indem er beständig von seinem Vorrat neue Fasern hervorzieht und mit ihren Enden in den durch das Drehen sich bildenden Faden einlaufen läßt, dabei auch mit der andern Hand ordnend und regelnd eingreift, gelangt er schließlich ans Ende der Bahn und hat einen Faden fertig. Jetzt tritt sofort der zweite Spinner ein, indem er den Faden seines Gefährten vom Rade abhängt, das Ende einem Weifer übergibt, seinen eignen Hanf anhängt und denselben Weg antritt. Währenddessen wird der erste Faden aufgeweift, und der erste Spinner kommt mit dem unteren Ende desselben zugleich herauf, weil er dieses zu tragen und den Faden unterwegs in einiger Spannung zu halten hatte. So gehen beide Arbeiter abwechselnd und sich begegnend auf und nieder, und das Arbeiten erfolgt ohne Zeitverlust. Die Garnstrecken, welche der Weifer solchergestalt empfängt, knüpft er aneinander.

Fig. 803. Das Seilerrad.

In den großen Seilereien, welche Schiffstaue machen und die man bekanntlich Reepschlägereien nennt, ist das Bild lebendiger. Dort sind Spinnbahnen, die 400 m und mehr Länge haben, in vollem Betriebe, und es arbeiten zwölf Spinner gleichzeitig an einem Rade mit zwölf Spindeln, und zwar in drei Gruppen zu je vier Mann, welche Gruppen sich auf ihrem Hin= und Hermarsche immer 100—130 m auseinander halten. Die Haspeln, auf welche das Garn abgegeben wird, nehmen gewöhnlich 100—125 kg auf.

Man braucht nur ein wenig die Vorgänge bei Entstehung eines Fadens zu überdenken, um zu finden, daß der Stärkegrad desselben oder seine Spinnnummer sowohl von der Anzahl der aufgewendeten Fasern als von der Geschwindigkeit abhängt, mit welcher der Spinner rückwärts schreitet und mit welcher das Rad gedreht wird. Die Stärke der Garne wird in der Regel nach Klaftern angegeben, d. h. man sagt, aus einem Pfund oder Kilogramm Faserstoff sind so und so viel Klafter Fadenlänge gesponnen. Jeder geübte Spinner muß beim Spinnen sofort jede bestimmte Garnstärke im Griffe wie im Auge haben. Die für jede Abänderung nötigen Fingerbewegungen vollbringt der Spinner sozusagen unbewußt oder instinktmäßig, und klare Auseinandersetzungen darüber würden wahrscheinlich gerade ihm am wenigsten gelingen. Ein geübter Spinner kann 300 m Garn etwa in zwölf Minuten fertig machen. Das entstehende Gespinst muß, wie schon die gewöhnliche Seilerbahn lehrt, über Stützen oder in Haken gelegt werden, damit es nicht auf der Erde schleift.

Das vorstehende Seilerrad (Fig. 803) ist veraltet und wird nur noch in wenigen Fällen angewandt. Seit mehreren Jahren baut die Firma E. F. W. Berg in Berlin sogenannte Spinnmaschinen (Fig. 804), welche den Seiler in den Stand setzen, den Dreher zu ersparen und vermittelst einer endlosen Leine, die der Spinner am Gürtel befestigt, gestatten, daß dieser auch gleichzeitig die Maschine mit in Bewegung setzt.

Die zweite Vornahme nach dem Spinnen bildet das sogenannte Aufziehen des Garnes.

Dasselbe wird von den Haspeln abgewunden und in Fäden von bestimmter Länge, von 150—300 m und mehr, parallel nebeneinander aufgespannt, und zwar so viel Fäden beisammen, als zu dem Tau beabsichtigt sind, häufig zwischen 200 und 300. Das Ausziehen dient sowohl zum Abteilen einer bestimmten Menge gleichlanger Fäden als auch zur Kontrolle des Spinners. Man hat wohl auch die Einrichtung, daß an jedem Ende der Reepbahn ein Spinnrad steht und die Spinner immerfort, sowohl beim Hin= als Rückgange, spinnen. Die erzeugten Fäden werden gleich an beiden Seiten abgehängt und gestreckt auf die Erde gelegt; ist die bestimmte Zahl beisammen, die einen Strahn bilden soll, so nimmt man sie zusammen auf, hängt sie zwischen die beiden Räder jederseits an einen Haken, der nicht wie die des Spinnrades durch eine Schnur oder einen schmalen Riemen, sondern vermittelst starker eiserner Zahnräder getrieben wird.

Es kommt nun darauf an, ob das zu bildende Tau weiß bleiben oder geteert werden soll. Letzteres geschieht mit Schiffstauwerk und allem solchen, welches Wetter und Nässe aushalten muß, wogegen Seile, die unter Dach und Fach gebracht werden, ungeteert bleiben, weil sie in diesem Zustande erfahrungsgemäß haltbarer sind, offenbar wegen der größeren Steifigkeit, welche der Teer dem Seile mitteilt. Anderseits ist aber der Schutz, welchen dieses Zwischenmittel der Hanffaser gegen die Zerstörung durch Feuchtigkeit gewährt, ein so erheblicher Vorteil, daß man ihn nicht missen mag und daher lieber jenen kleineren Nachteil mit in den Kauf nimmt. — Das Teeren selbst erfolgt entweder dergestalt, daß man das Garn in einem einzelnen Faden durch ein Gefäß mit heißem Teer laufen läßt, während er sich von einem Haspel ab= und dem andern aufwindet, oder gewöhnlicher so, daß gleich die ganzen Strähne langsam durchzogen werden. Die Gewichtsvermehrung, welche die Garne durch den Teer erfahren, beträgt gewöhnlich $1/5$ ihres Gewichts.

Fig. 804. Spinnmaschine von C. F. W. Berg.

Das Garn, geteert oder ungeteert, soll nun zunächst zu Strängen oder Litzen zusammengedreht werden. Man hängt soviel Garnfäden, als auf einen Strang kommen sollen, mit ihren Enden gemeinschaftlich an einen Haken, der sich in entgegengesetzter Richtung zu dem dreht, an welchem das Garn gesponnen worden. Dieses entgegengesetzte Drehen bewirkt eben, wie alles Zwirnen u. dergl., daß die einzelnen Garnfäden sich willig und leicht zu einem Ganzen zusammenlegen, das keine Neigung hat, sich wieder aufzudrehen. Die Zahl der so zusammengedrehten Garnfäden hängt von der Stärke der Garnnummer als auch von dem Umfange des anzufertigenden Bindfadens, der Schnur oder des Seiles ab. Bei der oben gegebenen Zerlegung eines Seiles fanden wir in einem Strange nur sieben oder acht Garnfäden; bei einem derartigen Kabel von 30 cm Umfang — denn alle Maßangaben von Tauen betreffen diesen und nicht den Durchmesser — hat ein Strang 80 Garnfäden, und in den stärksten im Seewesen vorkommenden Kabeln gar 360; in jedem Falle erfolgt das gleichmäßige Zusammendrehen in einerlei Weise, die Garne hängen mit ihren Enden gemeinschaftlich jederseits an einem Haken, deren einer sich dreht, oder es drehen sich beide, natürlich in entgegengesetzter Richtung, wo dann die Arbeit schneller geht. Das Zusammendrehen bringt selbstverständlich eine fortschreitende Verkürzung mit sich, daher denn das eine (in diesem Falle nicht drehbare) Ende entweder durch ein Gewicht angespannt ist, welches nachgeben kann, oder der zweite Haken sich auf einem Gestelle befindet, das auf Rädern oder Schleifbalken verschiebbar ist und sich während der Arbeit, dem Zuge der Einkürzung folgend, dem Seilerrade immer mehr nähert. Zu einem Seile kommen in der Regel drei Stränge; diese werden nahe bei einander derart aufgespannt, daß einerseits die drei Enden einzeln, jedes an einen besonderen Drehhaken, angehängt wird, während am andern Ende alle drei zusammengenommen einem größeren Haken übergeben werden. Von beiden Seiten her wird nun gedreht; der große Haken dreht sich in entgegengesetzter Richtung von der, in welcher die Stränge ursprünglich gedreht worden sind, und bewirkt dadurch ihre Vereinigung zu einem Ganzen, dreht aber dabei jene erste Arbeit zum Teil wieder auf. Diesem entgegen zu wirken, sind nun die kleinen Haken am andern Ende beschäftigt; sie stellen, indem sie sich wieder gegenläufig zum Haken drehen, beständig das wieder her, was jener aufdreht, und bewirken so, daß die Stränge mit demjenigen Drehungsgrade, der ihnen ursprünglich eigen war, auch in das Seil zu liegen kommen.

Die ganze Arbeit würde übrigens sehr mangelhaft ausfallen ohne eine simple Vorrichtung, die aus einem kegelförmigen Holz, dem sogenannten Seiltopf (Fig. 805) besteht,

Fig. 805 und 806. Der Seiltopf.

welches so viele Längsfurchen hat, als Stränge zu verseilen sind. Dieser Topf, welcher bei dicken Seilen so groß ist, daß seine Last durch einen Karren gestützt wird, steckt zwischen den Strängen (Fig. 806) und verhindert, daß dieselben sich gleich auf eine weite Strecke lose umeinander legen; vielmehr kann das Schließen nur hinter dem spitzen Ende des Topfes erfolgen und wird hier unter kleinen Nachhilfen eines mitgehenden Arbeiters in Ordnung erhalten.

Aus drei Strängen werden schon tüchtige Taue gedreht; die stärksten Taue oder Kabel entstehen aber dadurch, daß man drei solcher dreisträngigen Taue in ein „Kabel" zusammendreht. Ein Kabel enthält also neun Stränge in drei Gruppen, und die Fadenzahl dieser Länge bestimmt das Kaliber desselben. Für ein Tau von 20 cm Umfang z. B. erhalten die einzelnen Stränge 37 Fäden, daher befinden sich im ganzen Stück solcher Fäden 333.

Nach dem bisher Gesagten scheint die Dreizahl in der Seilerei eine große Rolle zu spielen, aber alleinherrschend ist sie doch nicht; man dreht auch Seile aus vier Strängen, noch höhere Zahlen aber kommen wohl kaum in Anwendung. Sowie man indes die Dreizahl verläßt, wird eine besondere Maßregel nötig; das Seil muß einen Mittelstrang, eine Seele, bekommen. Drei gedrehte Stränge berühren sich im Innern des Seiles vollständig und lassen keinen Mittelraum frei; aber schon vier können dies nicht mehr, sie würden ein hohles, oder vielmehr, da in die Höhlung sich doch ein oder der andre Strang eindrängen würde, ein unrundes Seil bilden. Zur Ausfüllung dieses schädlichen Raumes also, und um alle Stränge in gleichweitem Abstande von der Seilachse zu halten, wird ein schwacher Mittelstrang eingelegt. Eine vermehrte Haltbarkeit erwächst dadurch dem Seile nicht.

Fig. 807. Seildrehen über den Seiltopf.

Maschinenseilerei. In der angeführten Weise und mit so ursprünglichen Hilfsmitteln ist die Seilerei wahrscheinlich schon im Altertume betrieben worden, wenigstens werden die damals angewendeten Verfahren nicht viel hinter denjenigen zurückgestanden haben, denen bis ins 18. Jahrhundert hinein die Aufgabe zufiel, Taue, Seile, Bindfäden, und wie die einfachen Erzeugnisse dieser rohen Spinnerei heißen mögen, für den damaligen Bedarf hervorzubringen. Verbesserungen in dem Arbeitsgerät des Seilers sind eigentlich erst zu Anfange dieses Jahrhunderts aufgetreten, und es hat dazu namentlich der hohe Aufschwung, den die Seeschiffahrt gegen das Ende des vorigen Jahrhunderts nahm, beigetragen, weil dadurch die Fabrikation von Schiffstauwerk zu einer vermehrten Leistung veranlaßt wurde, der sie, umgeben von dem Jugendrausch des Maschinenwesens, welcher alle Arbeitsgebiete erfaßt hatte, natürlich auch durch Maschinen gerechtwerden wollte. Es lag in der Natur der Sache, daß England an die Spitze trat, um das Spinnen von Taugarnen auf Maschinen zu bewirken; derartige Maschinen rühren z. B. von Chapman in Newcastle (1799), Huddart, Bates (1831), Lang (1831), Author in Glasgow (1837) her. Da man einsehen lernte, daß die alte Art, die zu einer Litze erforderlichen Fäden sämtlich in gleicher Länge aufzuziehen und dann durch Drehung zu einem Ganzen zu vereinigen, sehr fehlerhaft ist, weil zufolge der schraubenförmigen Windungen ein Faden eine um so größere Länge haben muß, je weiter er von der Achse entfernt liegt, so wickelte man die einzelnen Fäden auf Spulen, von denen jede nach Bedarf die nötige Länge hergab. Auf solche Art war unter andern die Seilspinn= maschine von Helsingör eingerichtet, das Prinzip aber wurde erst durch Huddart, der 1793 sein erstes Patent erhielt, zur weiteren Ausbildung gebracht, und zwar dadurch, daß er die Garnfäden durch eine Platte mit Löcherkreisen (das sogenannte Register) gehen ließ, welche den einzelnen Fäden ihre entsprechende Anordnung in der Litze vorschrieb. Im Jahre 1799 nahm Huddart auf eine Vervollkommnung seiner Maschine ein zweites Patent, und daher schreibt sich auch der Name „Patenttaue", welchen von da ab die auf solche Weise herge= stellten Erzeugnisse führten.

Fig. 808. Maschine zum Seildrehen.

Der Unterschied zwischen den sogenannten Patenttauen und den gewöhnlichen beruht also in folgenden Umständen. Bei den nach alter Art verfertigten Tauen erhalten die äußeren Lagen einen größeren Schraubengang als die inneren, werden dadurch kürzer, und es entstehen bei all diesen Fäden notwendig sehr ungleiche Grade von Anspannung. Durch den Gebrauch der Seile wird der Fehler allerdings kleiner; die Drehungen und Biegungen, die das Seil erleidet, bringen allmählich eine bleibende Streckung der äußeren Schichten zuwege, der Unterschied zwischen ihnen und den schlaffer liegenden inneren wird geringer, und es tritt der merkwürdige Umstand ein, daß das Seil nach einiger Zeit des regelmäßigen Gebrauchs besser wird, d. h. mehr Kraft zum Zerreißen verlangt als in neuem Zustande. Indes dahin aber, daß alle Fäden ganz gleichen Anteil am Widerstande nähmen, kommt es doch nicht, und dies ist eben das Ziel, auf welches die Maschinenseilerei gleich von vorn= herein lossteuert. In einem Patenttau sind die Fäden von sehr verschiedener Länge, die innersten sind die kürzesten, und die äußersten, welche die größten Umschweife zu machen haben, die längsten. Man erreicht dies, indem man die Garnfäden, jeden an seiner Stelle, gerade in solchem Maße in den Strang eintreten läßt, als der Zug der Drehung es mit sich bringt. Das Garn wird nämlich, und dies bildet den ersten Unterschied zwischen dem alten und neuen System, nicht gespannt, sondern nach dem Teeren auf etwa $1/3$ m hohe Spulen gewickelt, deren jede etwa 10 kg Garn aufnimmt. Nachdem die erforderliche Anzahl Spulen der Maschine vorgelegt sind und die Garnenden derselben angehangen worden, macht sich das weitere von selbst; jede Spule gibt so viel her, als die Maschine nimmt. Auf diese Weise gestaltet sich allerdings das Seil oder Tau so, daß alle Fäden den gleichen Grad von Anspannung haben. Dies würde aber nur erstrebenswert sein, wenn das oben erwähnte Nachlassen der äußeren Schichten im Gebrauch bei den Patentseilen nicht einträte; da dies aber hier ebenso der Fall ist wie bei den auf gewöhnliche Art gesponnenen Tauen, so würden ohne weitere Vorkehrungen die inneren Lagen endlich den Widerstand allein zu leisten haben, oder mit einem Wort: das Seil würde, im Gegensatz vom vorigen Falle, im Gebrauch schlechter. Diesem vorzubeugen, erhalten die Stränge vor dem Zusammendrehen erst noch eine Nachdrehung, d. h. sie kommen einzeln zwischen zwei Haken, die sich in entgegengesetzter Richtung drehen. Sie werden auf diese Weise im Äußeren schärfer gespannt als im Innern, und damit ist ihnen ein Vorsprung gegeben, der das nachmalige Strecken der Außenseite unschädlich macht.

Eine andre Eigentümlichkeit der Taumaschinen ist dann die schon erwähnte Führung der Fäden durch ein sogenanntes Register, d. h. eine kugelschalige Platte mit so viel in konzentrische Kreise gestellten Löchern, als der Strang Fäden erhalten soll. Indem jeder Faden vor der Vereinigung durch eines der Löcher geht, die Löcher der verschiedenen Kreise auch mit Rücksicht auf den Winkel, den die verschiedenen Garnanlagen gegen die Mittellinie des Stranges anzunehmen haben, gebohrt sind, so treten alle Fäden in der für das Zusammenzwirnen günstigsten Lage zusammen und in den Strang ein.

Nach diesen Vorausschickungen wird es nicht schwer sein, die interessante Maschine, deren Abbildung wir in Fig. 808 geben, im allgemeinen zu verstehen. Wir sehen rechts ein Rahmenwerk zur Aufnahme der Garnrollen, deren jede ihren Faden durch die konvexe Löcherplatte sendet. Gleich dahinter gehen die Fäden durch ein Rohr, in welchem sie eine Zusammenpressung erleiden, und dann weiterhin durch das Räderwerk hindurch, das sie als fertiger Strang verlassen, um von einem großen Haspel aufgenommen zu werden. Da aber ohne Drehen doch kein Strang entsteht, so liegt die Frage nahe: wo und was wird hier gedreht? Nun, das Drehende ist nichts andres als die mittlere Maschinenteilgruppe selbst, von dem Rohre bis zum Haspel. Das kleine Räderwerk dieses Teiles bildet das eigentliche Register und dient, um die Garnfäden unter spitzeren oder stumpferen Winkeln zusammenzuzwirnen und damit dem Strange den gewünschten Grad von Lockerheit oder Festigkeit zu geben. Die Vorbereitung für die verschiedenen Grade der Drehung geschieht durch Auswechseln von Rädern am Register; um eine lockere Nummer zu spinnen, muß das Getriebe des Registers, bei gleichbleibender Geschwindigkeit der allgemeinen Umdrehung, schneller gehen; das Garn wird damit schneller durchgezogen und erhält weniger Draht als im umgekehrten Falle, der einen harten Strang erzeugt. Die Huddartschen Einrichtungen sind trotz ihrer Vortrefflichkeit erst um 1862 durch Laird in England (Greenock) und durch Herbert in Frankreich, durch verschiedene in Deutschland erfolgreich in die Praxis eingeführt worden, nachdem die ungeheuren Seillängen, welche die Telegraphenkabel forderten, zur Anschaffung der Maschinen und zu deren fortwährender Ausnutzung geführt hatten.

Andre Maschinen, auf welchen dickere Stränge gemacht, wie auch Stränge zu Tauen geschlagen werden und die ebenfalls Registerwerk haben, ähneln mehr den herkömmlichen Apparaten und bilden eine Art Seilerrad, das vor die Spulrahmen hingepflanzt ist und die gewöhnlichen umlaufenden Haken trägt. Aber da von beiden Teilen doch einer weichen muß und der Rahmen hierzu zu ungeschickt wäre, so ist dem Spinnapparat die Fortschrittsrolle zugeteilt und derselbe bewegt sich an einem Seil ohne Ende auf einer Eisenbahn im steten Tempo von dem Rahmen immer weiter fort, wohl auf 300 m weit. Huddart führte auch die Arbeitsweise ein, welche in England das heiße Registrieren heißt; er ließ nämlich die Garne auf einer dazu eingerichteten Maschine gleich warm vom Teerkessel weg zu Strängen drehen. Hierdurch entsteht eine so kompakt geschlossene Masse von Hanf und Teer, daß keine Feuchtigkeit ihr etwas anhaben kann, und die in solcher Weise gefertigten Taue sind um 14 Prozent stärker befunden worden als gewöhnliche. Sie eignen sich besonders gut für das stehende Tauwerk an Schiffen, bei dem es nicht auf Geschmeidigkeit, sondern nur auf Haltbarkeit ankommt. Berücksichtigt man, daß ein größeres Schiff, etwa ein Kriegsschiff von 100 Kanonen, eine Quantität Tauwerk zu seiner Ausrüstung bedarf, die ungeteert 82000 kg, geteert aber 100000 kg wiegt, daß allein in den Docks zu Greenwich immer 2—300 Schiffe gleichzeitig liegen, so kann man begreifen, welche Massen von Tauwerk jährlich allein die englische Marine bedarf. Auf den Schiffen selbst finden die Taue eine so vielfältige Verwendungsweise, daß die Matrosen dadurch ebensowohl halb zu Seilern und Seilflechtern wie zu Seiltänzern werden. Aus altem Tauwerk wird an Bord das sogenannte Schiemannsgarn gefertigt, indem man dasselbe in die einzelnen Garnfäden auflöst und je nach Bedürfnis teert und zusammendreht. Dieses Schiemanns= garn muß dann beim Verbinden und Umwickeln der Taue vielfach Hilfe leisten.

Die neuesten Fortschritte in der Maschinenseilerei beziehen sich weniger auf die An= fertigung starker Taue aus einzelnen fertigen Fäden, als vielmehr auf die Herstellung dieser selbst aus dem Rohstoff; sie sind solchergestalt nicht eigentliche Taumaschinen als viel= mehr Umwandlung der uns von der Baumwoll= und Flachsspinnerei her bekannten Spinn= vorrichtungen auf andres Material und zum Zweck der Erzeugung ungleich gröberen Ge= spinstes. Auf der Wiener Weltausstel= lung von 1873 waren es vorzüglich englische Maschinenfabriken (Lawson and Sons), welche in der Lösung dieses Problems sich versucht hatten. Ihre Spinnereimaschinen bildeten ein ganzes System; zuerst wurde der Hanf in einzelnen Bündeln der soge= nannten Band= oder An= legemaschine über= geben, welche densel= ben in ein endloses Band umwandelte. Mehrere dieser Bän= der gehen sodann zur

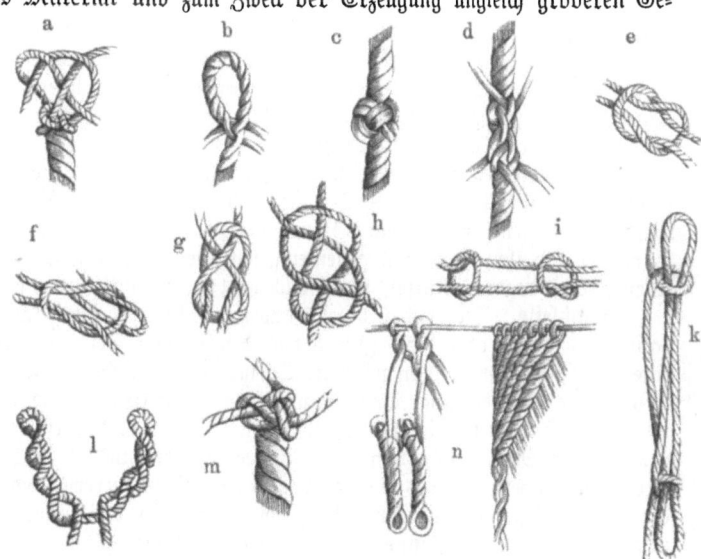

Fig. 809—821. Tauverknüpfungen.

zweiten ähnlich gebauten, d. h. mit zwei aufeinander folgenden Feldern mit Hechelstäben versehenen Maschine, der Strecke, auf welcher durch die schnellere Bewegung des einen Hechelfeldes die zugebrachten Bänder ausgekämmt und ausgezogen werden.

Von der Streckmaschine ging das Band schließlich auf die Spinnmaschine, wo es eine nochmalige Verlängerung durch ein Hechelsystem erleidet, und dann erst durch Spindeln, welche mittels Riemchen bis zu 1200mal in der Minute umgedreht werden, zu Bindfaden gesponnen wird. Eine mit Maschinenbetrieb arbeitende Bindfadenfabrik verhält sich also zu einer gewöhnlichen Seilerbahn genau so, wie eine mechanische Baumwollspinnerei zu den alten Kunkelstuben, jene haben das Wirtschaftliche für sich — diese das Malerische.

Verknüpfung der Taue. Es ist ebenso oft nötig, ein gebrochenes oder zwei kürzere Taue zusammenzustücken, wie es vorkommt, daß ein zu langes Tau in haltbarer, bequemer Weise verkürzt werden muß, ohne etwas davon abzuschneiden. Die Tauenden müssen auf geschickte Weise dagegen verwahrt werden, daß sie sich auflösen. Zu gewissen Zwecken müssen sie in regelmäßigen Abständen mit Knoten versehen werden, zu andern wieder Schlingen oder Schleifen erhalten. Es kann die Verbindung zweier Taue in der Weise gewünscht werden, daß solche nicht wieder gelöst wird und möglichst dauerhaft ist, sie kann aber zu andern Zwecken nur auf kurze Zeit nötig sein und muß sich dann bequem wieder öffnen lassen. Dasselbe gilt auch von dem Anhängen und Anschlingen von Tauenden an Haken,

Stangen u. dergl. Die vielerlei hierbei gebräuchlichen Formen und Verbindungen der Takelage, sowie die dabei üblichen Handgriffe und Verrichtungen, bilden ein reiches Kapitel in der Schifferkunst und Schiffersprache, aus dem wir nur ein kleines Pröbchen in den vorstehenden Abbildungen von Fig. 809—821 geben, die zugleich Seilverbindungen zeigen, deren Anwendung häufig in andre technische Fächer übergegangen ist.

a und m zeigen den sogenannten Schildknopf oder Kreuzknopf, durch welchen die Tauenden gegen das Auflösen gesichert werden, indem ihre einzelnen Bestandteile zunächst aufgedreht und dünn miteinander verschlungen werden. b ist eine am Takelwerk des Schiffes sehr gebräuchliche Augsplissung, ebenfalls durch Verflechten der dünneren Taustränge (Duchten der Schiffer) gebildet. c zeigt uns einen Knoten, in der Mitte eines Taues gebildet, den „doppelten Schauermannsknopf" der Matrosen. d—i zeigen uns Verbindungsweisen zweier Taue, teils durch festes Verflechten (d Spleißen der Taue), teils durch Verschlingen bewirkt (g der Weberknoten, h der Plattstich, i der Fischerknoten). d zeigt den kurzen oder „deutschen" Spliß, besser ist der lange oder „spanische" Spliß, bei welchem die Verflechtung der Litzen auf eine Länge von 2—3 m verteilt wird. Bei k ist eine Verschlingung dargestellt, durch welche lange Taue schnell verkürzt werden können; l gibt ein Beispiel einer Knotenverschlingung zum Anhängen an Haspen und Ringe. Bei n wird schließlich in dem Stück einer „Flechtmatte" angedeutet, wie die Matrosenarbeit auch in andrer Weise noch dem Seiler ins Handwerk kommt. Tauflechtereien werden an größeren Tauen als schützender Überzug angebracht, um das Durchreiben derselben durch darüberlaufendes andres Tauwerk zu verhüten.

Das Schlingen künstlicher Knoten hat schon in alten Zeiten eine mystische Rolle gespielt und mußte ab und zu die Schlösser und sogar die Schreibkunst ersetzen. Vielfach wird von dem Knotenriemen, dem Guipu, erzählt, mittels dessen die alten Mexikaner und Peruaner sich ihre Gedanken gegenseitig mitteilten, nur den Eingeweihten verständlich, für jeden andern dagegen Rätsel, wenn auch nicht unentwirrbar wie der gordische Knoten.

Flachseile. Die früher bereits erwähnten Flach- oder Bandseile entstehen einfach dadurch, daß vier oder sechs gute dünne, gewöhnliche Seile nebeneinander gelegt und mit einer im Zickzack querdurch geführten Schnur zu einem Ganzen vernäht werden. Es ist dies also eine Nadelarbeit, aber eine, die nur einem Riesenfräulein angemessen wäre; in der Regel wird sie von einer kräftigen und interessanten Maschine ausgeführt. Die vier oder sechs zu verheftenden Seile laufen von ihren Vorlegehaspeln zunächst durch einen Heizkasten, wo sie durch das Erweichen ihres Teers etwas nachgiebiger werden, und gelangen dann gleich in eine Art Zwinge, wo sie von oben, von unten und von beiden Seiten Druck empfangen und nirgends weichen können. Aber diese Vorrichtung hat an den Seiten Löcher, durch welche Nähnadeln ihren Durchgang finden, wenn man einen spitzen Stahlstab von mindestens 30 cm Länge und $\frac{1}{4}$ cm Dicke, der mittels Maschinenkraft durch vier Seile hindurch gestoßen wird, noch eine Nadel nennen kann. Solcher Stichwaffen wirken zwei, auf jeder Seite eine, und da sie ihre Löcher schrägüber treiben, entsteht der Vorstich zu einer Zickzacknaht. Zwei Männer, auf jeder Seite einer, haben nun das schwere Amt, in die Löcher, sowie sie entstehen, den verbindenden hänfenen Faden einzuziehen, der natürlich die Löcher ausfüllen muß und daher auch riesenmäßig genug ist, um als Strick oder wenigstens als Strickchen gelten zu können.

So starke Kabel, wie man früher anwandte, werden in neuerer Zeit nur noch selten gemacht; während ein Umfang von 45 cm sonst noch eine gangbare Größe war, macht man sie jetzt selten dicker als 30 cm und nimmt statt der höheren Nummern lieber entweder Drahtseile oder eiserne Kettentaue, die namentlich zur Führung der Anker fast allgemein in Gebrauch gekommen sind. Kettentaue sind Ketten, deren Glieder mit besonderer Sorgfalt und in besonderer, den Erfordernissen der Haltbarkeit und leichten Beweglichkeit am besten entsprechender Form gearbeitet sind; sie gehören nicht in den Kreis unsrer jetzigen Betrachtung, wogegen die andre Verwendung des Eisens zu Seilwerk, nämlich in Form von Eisendraht, nicht unerwähnt bleiben darf.

Betrachten wir die Seilerei in ihrem engeren Sinne, so würde sie es nur mit der Herstellung jener seilartigen Körper zu thun haben und außer Bindfäden, Schnüren, Seilen und Tauen nichts Wesentliches mehr dem Markte zuführen können. Indessen hat

Drahtseile. 465

sich dieser beschränkte Wirkungskreis sehr bald von selber erweitert, als sich für die rauhere Jahreszeit, wo das Arbeiten in den offenen alten Seilerbahnen nicht füglich stattfinden konnte, die Heranziehung andrer Beschäftigung notwendig machte. Eine solche zeigte sich sehr naheliegend in der Weiterverarbeitung der im Sommer gesponnenen Garne, die sowohl im Flechten als im Knüpfen, Stricken und Weben bestehen konnte. Es zählen daher auch zu den Seilerwaren gewisse Gurtwaren und Schlauchgewebe einerseits, anderseits wieder die mancherlei Netze, welche die Fluß= und Seefischerei, die Jagd zum Einfangen kleiner Tiere oder zum Verlappen der abgesteckten Treiben, oder auch der Gartenbau zum Schutz der Spaliere gegen Vögel braucht, und jedenfalls mit augenscheinlicherer Berechtigung als die Pechfackel, zu deren Anfertigung dem Lehrlinge die Wergabfälle zur Verfügung gestellt werden.

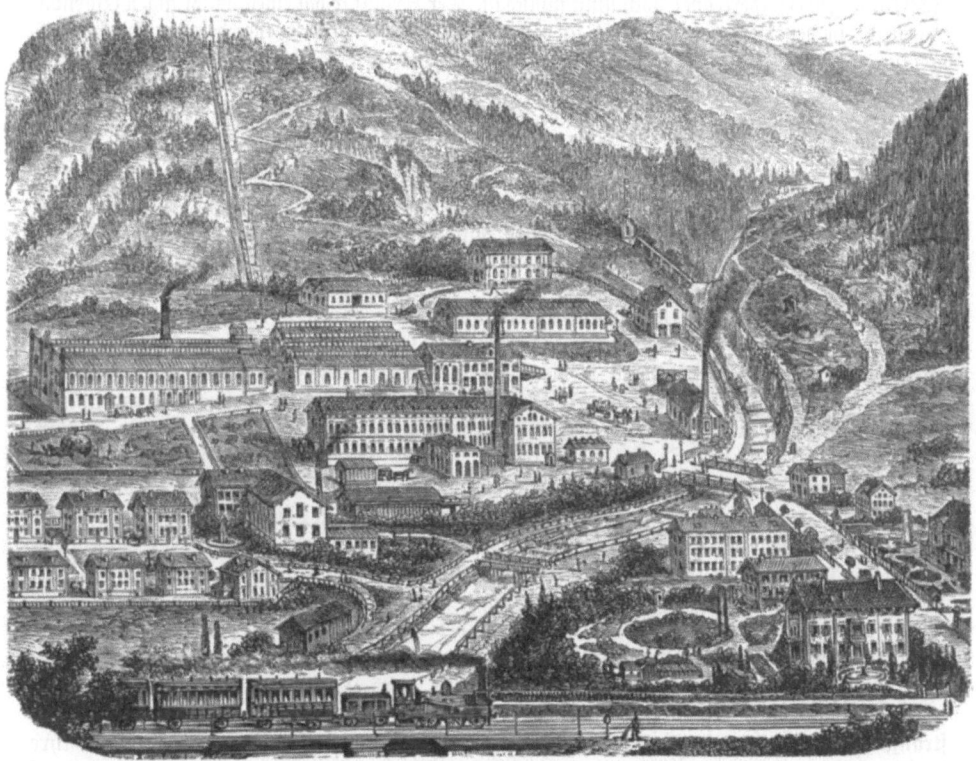

Fig. 822. Mechanische Bindfadenfabrik zu Immenstadt.

Die Netzstrickerei ist jedenfalls eine der ältesten menschlichen Gewerbsthätigkeiten, da bereits im Stande des Jäger= und Fischertums das Netz zum Erhaschen der Nahrungs= tiere in Gebrauch zu sein pflegte, und sie ist zugleich eine derjenigen, welche ihre Verfahrungs= weisen im Laufe der Jahrtausende am wenigsten sich hat ändern sehen. Wohl auf keinem andern Gebiete haben sich die ursprünglichen Handgriffe zweifellos so gleichmäßig erhalten als bei der Herstellung der Netze — oder ist vielleicht eine andre Art denkbar, auf die der Pfahlbauer seine Fäden verknüpft haben sollte als diejenige, mittels der auch heute noch

> Der Fischer flickt sein Netz in Ruh,
> Wenn der See glänzt heiter im Sonnenglanz —?

Bis auf unsre Zeit wenigstens hat sich jene Ursprünglichkeit erhalten — allein sie ist auch im Schwinden und deswegen gerade müssen wir uns ihrer nochmals bewußt werden. Auf der Wiener Weltausstellung war in der französischen Abteilung ein Netz, für den Sardinen= fang bestimmt, zu sehen, welches, obwohl es 1 346 000 Maschen zählte, dennoch in 13 Stunden mit der Maschine hergestellt worden war!

Drahtseile. Die Eisendrahtseile sind zuerst zu Klausthal auf dem Harz durch Ober= bergrath Albert zur Erzbeförderung eingeführt worden und haben sich seitdem überallhin

Das Buch der Erfind. 8. Aufl. VI. Bd. 59

verbreitet, da ihre großen Vorteile nicht verkannt werden konnten. Sie sind nämlich nicht allein viel dauerhafter, sondern auch gegen Hanfseile so wohlfeil, daß sie nur $1/4$ der Herstellungskosten jener verlangen. Hierbei gilt aber nicht die Dicke der beiden Seilarten als Vergleichspunkt, sondern ihre Tragfähigkeit. Ein Hanfseil muß $2-2^{1}/_{2}$mal dicker sein als das Drahtseil, dem es an Stärke gleichkommen soll, und hierin liegt abermals ein Vorteil auf seiten des letzteren.

Ganz dünne Eisendrähte würden sich auf der gewöhnlichen Seilerbahn wie Garn verarbeiten lassen; es kommen aber gewöhnlich stärkere Nummern in Anwendung, und diese müssen anders behandelt werden. Man hat erstlich ein Verfahren, die Drähte durch Handarbeit zu Strängen oder Strähnen und die Strähne zu Seilen zu drehen, das zwar wenig Vorrichtungen erfordert, aber doch umständlich ist. Der Arbeiter hat einen zweigriffigen eisernen Schlüssel, in dessen mittlerer Partie so viele Löcher (3—7) sind, je nachdem der Draht dick und die einzelne Litze Drähte haben soll. Anstatt des Schlüssels bedient man sich auch eiserner Leeren. Die aufgezogenen Drähte werden auf dem einen Ende alle an ein eisernes Rad (Geschirr) geschlungen. Am andern Ende dagegen wird jeder einzelne Draht an ein kleines, leicht in sich drehbares Häkchen (Nachhänger) gelegt. Sämtliche Nachhänger sind wiederum an einen nachgebenden Seilschlitten befestigt. Liegen nun sämtliche Drähte regelrecht so wie in der Seilleere, welche am Ende beim Geschirrhaken eingesetzt wird, so wird derselbe langsam gedreht, wobei die Leere der Runde entsprechend weitergeführt wird. Die Windung welche den Drähten durch die Drehung des Geschirrhakens gegeben wird, löst sich durch die freie Drehung der Nachhänger wieder auf; andernfalls würden ohne Nachhänger die Drähte brechen. Auf dieselbe Weise werden später die Litzen zu Seilen vereinigt. Die Windungen an Drahtseilen sind übrigens immer viel gestreckter als an gewöhnlichen; bei einem Seile aus drei Strängen zu je vier Drähten machen letztere etwa auf 15 cm, erstere auf 30 cm einen Umgang. Die Drahtseile lassen sich beliebig lang machen, da man immer einen neuen Draht anlöten kann, sobald ein früherer aufgebraucht ist. In manchen Fällen genügt es auch, den neuen Draht etwas früher in die Mitte des Strahns einzuführen als er gebraucht wird, so daß die Zahl der Drähte auf eine gewisse Strecke um einen vermehrt ist, und das Neue vereinigt sich durch die Reibung mit dem Alten. Für die Fabrikation wendet man übrigens jetzt ebenfalls Maschinen an, welche schneller und billiger arbeiten als die Menschenhand, und deren Bauart im wesentlichen dieselbe ist wie die zur Anfertigung von Hanfseilen.

Die Drahtseile werden zum Schutz gegen Rost entweder mit einer zähen und geschmeidigen Fettmischung überzogen und in ihren Zwischenräumen ausgefüllt, oder die Drähte werden verzinkt, wobei dann das Einfetten wegfällt. Zu bemerken ist noch, daß man die Drahtseile, welche recht biegsam sein sollen, aus Hanf und Eisen zugleich macht, indem man sowohl Litzen als Stränge mit einer Hanfseele versieht, d. h. um einen Hanfstrang Eisendraht spinnt. Hierdurch wird die Biegsamkeit der Seile vermehrt, ohne ihre Haltbarkeit merkbar zu vermindern, und es haben sich somit die beiden Wettbewerber Hanf und Eisen zu einer Leistung vereinigt, die dem einzelnen in gleichem Maße nicht gelungen wäre. Das eiserne und stählerne Drahtseil hat sich nach seiner hohen Vervollkommnung durch die Herstellung auf der Maschine jetzt einen Platz erobert, der früher dem Hanfseil allein anzugehören schien, das ist das Takelwerk der Schiffe, auf welchen es als „stehendes Gut", „stehende Wand" in den Wanten zum Verspannen der Masten, als „laufendes Gut" in den „Taljen" oder „Blöcken" zum Aufziehen, Niederlassen, Schleppen u. s. f. Verwendung findet, wo sonst allein das Hanftau herrschte.

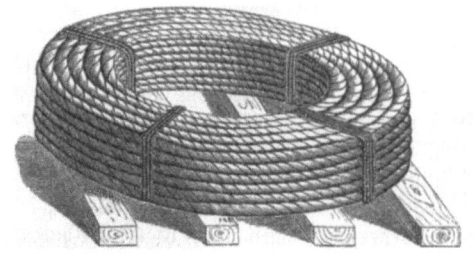

So schauet mit bescheid'nem Blick
Der ewigen Weberin Meisterstück,
Wo ein Tritt tausend Fäden regt,
Die Schifflein hinüber, herüber schießen,
Die Fäden ungesehen fließen,
Ein Schlag tausend Verbindungen schlägt,
Das hat sich nicht zusammengebettelt,
Sie hat's von Ewigkeit angezettelt,
Damit der ewige Meistermann
Getrost den Einschlag werfen kann.

Goethe.

Das Weben.

Was ist ein Gewebe? Indischer Webstuhl. Webstuhl aus den Pfahlbauten. Altrömischer Webstuhl. Geschichtliche Bemerkungen über den Betrieb der Woll- und Leinweberei im Mittelalter. Der bei uns gebräuchliche Webstuhl mit seinen Bestandteilen: Kettenbaum mit Spannvorrichtung, das Geschirr mit Tritten. Litzen. Die Lade mit Schützen. Der Brustbaum mit Aufwinder. Die Vorarbeiten des Webens. Spulen mit der Hand und mit der Spulmaschine. Das Scheren. Scherrahmen. Das Aufbäumen, Einziehen und Anschnüren und das Schlichten der Kette. Das Weben. Die Grundstoffe: Taft, Köper, Atlas. Fuß- und gezogene Arbeit. Kontermarsch und die Vorläufer der Jacquardmaschine. Charles Marie Jacquard. Die Jacquardmaschine und ihre Einrichtung. Bonellis elektrischer Webstuhl. Erzeugnisse der Kunstweberei. Shawlweberei. Doppelstoffe und Hohlgewebe. Pikee. Gaze, Samt, Teppiche, Gobelins, Bänder. Der mechanische Webstuhl. Schaftscheiben. Appretur: Walken, Sengen, Rauhen, Scheren, Mangen, Moirieren und Kräuseln.

Ein Gewebe ist eine Verbindung zweier Systeme von Fäden, die sich rechtwinkelig kreuzen und verschlingen. Das eine System, welches von Anfang an für die ganze Länge des Gewebes aus lauter parallelen Fäden fertig vorgerichtet wird, heißt die Kette, das andre der Schuß oder Einschlag. Letzterer stellt einen fortlaufenden Faden oder eine Anzahl derselben dar, welche hin- und wiederkehrend einmal von links nach rechts, dann von rechts nach links, hierauf wieder von links nach rechts u. s. w. die Kettenfäden durchziehen. Von den Geweben unterscheiden sich die gewirkten und spitzenähnlichen Waren dadurch, daß man diese entweder aus Kettfäden mit schräglaufend durchflochtenen Eintragsfäden oder nur aus ausgespannten Kettfäden oder endlich auch nur aus einem einzigen in wellen- oder schlangenförmigen Krümmungen fortlaufenden Faden bildet, indem durch mannigfache eigentümliche Verschlingungen zusammenhängende Schleifen oder Maschen hergestellt werden.

Zur Anfertigung von Geweben hat schon längst der gewöhnliche Webstuhl gedient, der anfänglich von der größten Einfachheit war und für viele einfache und glatte Gewebe es noch jetzt ist, in der Folge aber für manche Muster- und Kunstgewebe sich zu einem sehr zusammengesetzten Mechanismus erweitert hat. Aus dem alten Rom sind uns Webstühle und die dazu gehörigen Apparate in Abbildungen erhalten worden, und wir geben in Fig. 827 und 828 einige Ansichten dieser Art.

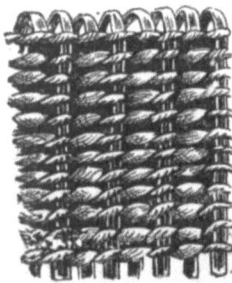 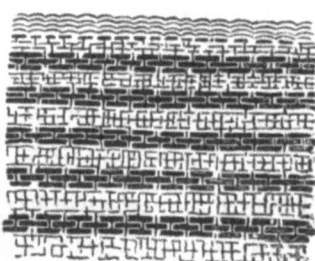

Fig. 825 und 826. Gewebestücke aus den Pfahlbauten.

Unter den Überresten der Pfahlbauten, welche man in vielen Seen der Schweiz, Italiens u. s. w. gefunden hat und die auf ein mutmaßliches Alter von mehreren tausend Jahren schließen lassen, kommen auch Gewebestücke mit vor von einer so künstlichen Art der Herstellung (s. Fig. 825 und 826), daß man lange Zeit glaubte, diese Produkte wären von einem weit höher kultivierten Volke gefertigt und durch Handelsverbindung den Pfahlbautenbewohnern zugeführt worden. Indessen ist es gelungen, die Herstellungsweise dieser Erzeugnisse nachzuahmen mit Webstühlen, welche dem in Fig. 827 abgebildeten römischen entsprechend sind, so daß wir vielleicht annehmen dürfen, daß ähnliche Geräte bei den Bewohnern jener merkwürdigen Wasseransiedelungen in Gebrauch gewesen sein mögen. Man darf dieser Vermutung um so mehr Wahrscheinlichkeit geben, als sich in den Pfahlbauten ganz dieselben durchbohrten Stein- oder Thonkugeln gefunden haben, deren sich auch die Römer an ihren Webstühlen bedienten, um die einzelnen Gänge der vertikalen Kette auszuspannen.

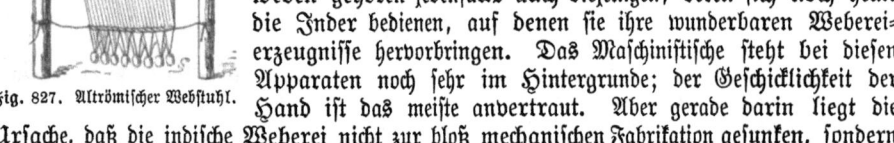

Zu den ältesten Vorrichtungen zur Herstellung von Geweben gehören jedenfalls auch diejenigen, deren sich noch heute die Inder bedienen, auf denen sie ihre wunderbaren Webereierzeugnisse hervorbringen. Das Maschinistische steht bei diesen Apparaten noch sehr im Hintergrunde; der Geschicklichkeit der Hand ist das meiste anvertraut. Aber gerade darin liegt die Ursache, daß die indische Weberei nicht zur bloß mechanischen Fabrikation gesunken, sondern eine Kunst geblieben ist, wie es in der Vorzeit auch die Weberei jedes andern Landes war.

Fig. 827. Altrömischer Webstuhl.

Der indische Webstuhl (s. Fig. 829) ist durch seine auffällige Einfachheit bemerkenswert, und wahrscheinlich arbeiten die jetzigen Inder noch an demselben Webeapparate, der ihren Vorfahren schon vor Jahrtausenden gedient hat. Nach den Beschreibungen besteht ihr Stuhl nur aus zwei Walzen oder Bäumen von Bambusrohr und aus zwei Geschirrteilen. Das

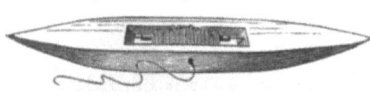

Fig. 828. Altrömisches Weberschiffchen.

Gerät, worauf der Einschuß gewickelt ist, dient zugleich als Schützen oder Schiffchen und als Lade; es ist daher wie eine große Stricknadel gestaltet, die etwas länger als die Zeugbreite ist. Diese Vorrichtung trägt der Weber unter irgend einen schattigen Baum, an dessen Fuße er ein Loch gräbt, das seine Füße und den unteren Teil des Geschirres faßt, und spannt dann den Zettel (Kette, Werfte) auf, indem er die beiden Walzen in gehöriger Entfernung voneinander mit Pflöcken auf dem Rasen befestigt. Den oberen Teil des Geschirres und dessen Hebel macht er an irgend einem passenden Zweige fest, am unteren Geschirrteile hingegen bringt er zwei Schlingen an, in welche er mit seinen Schuhen tritt und so die Tretschemel ersetzt. Die Kette wird von ihm nicht aufgerollt, sondern er spannt sie der ganzen Länge nach auf den Rasen hin, wo allerdings regnerisches Wetter seine Weberei oft unterbricht. Abends trägt er sein Webgerät wieder in seine kleine Hütte.

Das Weben. 469

Bei uns würde eine derartige urtümliche Weberei schon in den Witterungsverhältnissen einen ärgerlichen Gegner finden; noch mehr aber als diese Notwendigkeit, sich nach Haltbarerem umzusehen, hat die Erfindungslust den Webeapparat vervollkommnet. Im Abendlande waren Spinnen und Weben Hauptbeschäftigungen im Hause, zumal in früheren Zeiten die ganze Kleidung der Herrschaft sowie des Gesindes aus selbstgebautem Flachs und Hanf gesponnen und von den eignen Leuten gewebt wurde. Zu Karls des Großen Zeiten bestanden auf den größeren Besitztümern eigne Gebäude, in denen der weibliche Teil der Bewohner dem Spinnen, Weben und der Kleidermacherei oblag. Neben der Leinweberei war vorzüglich die Herstellung wollener Stoffe in ausgedehnter Ausübung, und beide Gewerbszweige haben auch späterhin, nachdem das bürgerliche Leben in den Städten zur Entwickelung gekommen war, ihre Bedeutung sich erhalten. Viele deutsche und besonders auch niederländische Städte sind durch dieselben zu großem Wohlstande gelangt.

Die Anfänge der Tuchmacherei gehen bis zum achten Jahrhundert zurück, und es lassen sich die von Friesen bewohnten und durch ausgedehnte Heidestrecken die Schafzucht fördernden holländischen Provinzen und namentlich die Städte Kempten, Zwolle, Deventer, Zütphen u. s. w. als Ausgangspunkte der deutschen Woll- und Tuchmacherei betrachten. Bald verbreitete sich dieses Gewerbe, welches vorzugsweise ein städtisches wurde, auf andre niederländische Städte und erreichte im 14. Jahrhundert seine höchste Blüte in den Städten

Fig. 829. Indischer Webstuhl.

Gent, Brügge, Löwen, Utrecht u. a. Die in jener Zeit namentlich von den rauflustigen Tuchmachern veranlaßten Streitigkeiten und Aufstände führten stets zu Auswanderungen derselben, wodurch die Wollenweberei nach dem Nieder- und Mittelrhein, nach der Donau, nach Brandenburg und Sachsen und weiterhin verpflanzt wurde. Diese Störungen und Fehden waren Ursache zu dem im 15. Jahrhunderte beginnenden Niedergange dieses hochwichtigen niederländischen Gewerbzweiges.

Da zu jener Zeit das Spinnen und Weben mit der Hand erfolgte, so ist es erklärlich, wie durch dieses Hausgewerbe in mancher dieser Städte eine so bedeutende Bewohnerzahl ihren Unterhalt fand. Viele Städte, in denen die Tuchmacherei schon seit Jahrhunderten betrieben wurde, besitzen dieselbe noch jetzt in beschränkterem oder ausgedehnterem Umfange, doch ist sie mit wenigen Ausnahmen vom handwerksmäßigen zum Fabrikbetriebe übergegangen. Um die Verschiedenheit dieser Betriebsweisen durch ein vergleichendes Beispiel zu zeigen, sei bemerkt, daß, während früher ein Stück vom Tuchmacher gewebtes Tuch nach dem Noppen

(Belesen) zum Walken, Rauhen, Scheren, Färben und Pressen an ebensoviele andre Hände (Gewerbe) überging und im günstigen Falle erst nach Verlauf von Monaten abgeliefert werden konnte, die fabrikmäßige Herstellung dagegen nicht selten die Möglichkeit gezeigt hat, die in die Fabrik gelangte rohe Wolle nach wenigen Tagen schon als fertige Ware abliefern zu können, wobei die durch Maschinen verrichteten Arbeiten noch vorzüglicher als durch Hand ausgeführt werden.

Ein ähnliches Verhältnis hat bezüglich der Leinengewebe stattgefunden. Die Flachsspinnerei hat der mechanischen Leinweberei Bahn gebrochen, und dieser hat sich die Jacquardmaschine als ein wichtiges Hilfsmittel angeschlossen. Die schönen und oft mit großen Mustern versehenen Leinendamaste, z. B. Tischgedecke, welche früher durch den Handzugstuhl (Zampelstuhl) hergestellt wurden, werden zwar auch jetzt noch häufig auf Handstühlen, aber fast ausschließlich mit Hilfe der Jacquardmaschine erzeugt.

Wollten wir aber die geschichtliche Entwickelung der Weberei weiter verfolgen, so würden wir sehr bald auf Fragen rein technischer Art stoßen, deren Verständnis uns nur möglich sein wird, wenn wir vorher uns mit dem eigentlichen Wesen der Weberei und mit dem

Fig. 880. Flämischer Weber im 16. Jahrhundert.
Nach Jost Amann.

wichtigsten Apparate, dem Webstuhle, etwas genauer bekannt gemacht haben. Wir sparen uns daher jene geschichtlichen Darstellungen für eine geeignetere Stelle auf und beginnen zunächst unsern Gegenstand damit, den Webstuhl, wie er meist in Gebrauch ist, zu beschreiben, indem wir uns dabei auf Fig. 832 beziehen.

Der Webstuhl ist je nach den herzustellenden Stoffen in den Abmessungen mehr oder minder wesentlich abweichend. Das Stuhlgestell A A a a, von $1{,}8 - 2$ m Höhe, $2-2{,}7$ m Länge und je nach dem darauf zu webenden Stoffe von $1{,}2 - 1{,}8$ m oder noch größerer Breite, ist meist durch mehrere Längen- und Querriegel a a zu einem Ganzen fest verbunden, öfters aber auch noch durch Stützen, die man gegen die Wände und die Decke des Zimmers richtet, befestigt. Dasselbe schließt die nachgehends mit bezug auf die Figur näher erläuterten vier Hauptteile ein.

1) **Der Kettenbaum mit Spannvorrichtung.** Der an den hinteren Stuhlsäulen meist in eisernen Zapfen drehbare Kettenbaum B enthält die aufgebäumte, sich beim Weben allmählich abziehende und über den Brustbaum C nach dem Zeugbaum D hingehende Kette, welche zwischen diesen Teilen ausgespannt erhalten wird und mit ihren Enden im Ketten- und Zeugbaume durch Klemmleisten befestigt sein kann. Will man bei geringer Stuhllänge des Schlichtens halber dennoch ein längeres Stück Kette frei ausspannen oder den Einfluß beseitigen, den die veränderliche Dicke des Ketten- und Brustbaumes (wenn letzterer auch zugleich Zeugbaum ist) auf die Richtung (Höhe) und Spannung der Kette ausüben können, so verlegt man den Ketten- und Zeugbaum höher und tiefer und bringt an deren Stelle Streichbäume zur Führung der Kette und des Zeuges an, wie in der Figur durch b und c dargestellt sind. Der Kettenbaum wird daher auch nicht selten an den oberen oder unteren Enden der Stuhlsäulen angebracht. Die Spannung der Kette kann eine feste, harte oder nachgiebige sein. Die feste Spannung wird durch ein am Kettenbaume befestigtes Sperrrad e mit Kegel f erzielt, durch welches der Kettenbaum festgehalten wird, wenn man durch eine gleiche Sperrvorrichtung g am Zeugbaum D die Kette anspannt. Für manche Zwecke ist eine nachgebende Spannung vorzuziehen. Der Spannungsgrad richtet sich nach der Feinheit und Dichtheit des Materials und Gewebes. Eine zu starke Spannung erschwert das Anschlagen des Schusses und Niedertreten der Tritte und vermehrt die Fadenbrüche; bei zu schwacher Spannung arbeitet sich aber die Kette zu stark ein, und das Gewebe wird schlaff

Der Webstuhl. 471

und uneben. Die schon beim Scheren des Zettels durch Schränken oder Kreuzen geteilte Kette wird auch im Stuhle durch mehrere flache und quer hindurch gesteckte Holzleisten, die sogenannten Kreuzruten oder Schienen d, in dieser Trennung erhalten. Dadurch lassen sich die über und unter diesen Ruten abwechselnd hingehenden einzelnen Kettenfäden bequemer in Ordnung halten und beim Reißen schneller auffinden.

2) **Das Geschirr mit Tritten.** Um Schußfäden zwischen Kettenfäden einführen und mit diesen verbinden zu können, muß die Kette geteilt oder gespalten, d. h. ein Fach gebildet werden. Es geschieht dies durch Aufziehen eines Teils und, um ein größeres Fach für den Schützendurchgang herzustellen, durch gleichzeitiges Niederziehen des andern Teils der Kettenfäden mittels der Flügel, Kämme oder Schäfte. Die ganze Vorrichtung zur Fachbildung, die Schäfte nebst deren Aufhängung, den zugehörigen Tritten u. s. w., heißt das Geschirr, Zeug, Werk oder Remise. Steht die Kette für leinwandartige Stoffe nicht sehr dicht, so sind immer zwei Schäfte zur Fachbildung genügend, wovon der eine den ersten, dritten, fünften, siebenten u. s. w., und der andre Schaft den zweiten, vierten, sechsten, achten u. s. w. durchzogenen Kettenfaden abwechselnd hebt oder niederzieht. Der aufgezogene Teil der Kette heißt das Oberfach (Obergelese, Obersprung), der niedergezogene das Unterfach (Untergelese, Untersprung), die Größe der Öffnung aber die Fach- oder Sprunghöhe. Die Anzahl der erforderlichen Schäfte richtet sich nach der Beschaffenheit des Gewebes, und es können 2 bis 30 und noch mehr Schäfte in Anwendung kommen. Jeder einzelne Flügel besteht aus zwei schwachen Stäben, welche in einer Entfernung von 17—22 cm die dazwischen befindlichen Litzen oder Helfen mit ihren Enden aufnehmen; jede Litze wird aber aus

Fig. 831. Muster von Geweben des Altertums und der Neuzeit.
1 und 2 Griechisch. 3 Byzantinisch (6. Jahrh.). 4 Byzantinisch (12. Jahrh.). 5 Lilienmuster (13. Jahrh.). 6 und 7 Granatapfelmuster des 15. Jahrh. 8 Bordüre (Anfang des 16. Jahrh.). 9 Deutsches Muster (1577). 10 Französisch (Ende des 16. Jahrh.). 11 17. Jahrhundert. 12 18. Jahrhundert.

gezwirnten und der Dauer wegen meist gefirnißten baumwollenen oder leinenen Doppelfäden oder gezwirnten Seidenfäden hergestellt, welche durch Verschlingung oder Knoten eine bloße Schleife oder ein Auge (Häuschen) bilden oder auch ein besonderes Auge oder Ringelchen (maillon) aus Glas oder Metall eingeknüpft enthalten. Man unterscheidet noch den am oberen und den am unteren Stabe verbundenen Litzenteil als Ober- und Unterlitze oder Stelze.

Die in der Hauptfigur nicht ersichtlichen Litzen sind durch Fig. 833 in verschiedenen Abweichungen dargestellt. A zeigt die Litze eines sogenannten Satzschaftes; der obere und untere Litzenteil sind hier ganz gleich, und beide nehmen zwischen ihrer Umschlingung den durchgezogenen Kettenfaden auf. Die Ober- und Unterlitzen werden nicht unmittelbar mit den Stäben verbunden, sondern mit einer auf deren oberster und unterster Seite hinlaufenden Schnur verknüpft. Der Satzschaft wird in Frankreich, England und im nördlichen Deutschland hauptsächlich für Baumwollen= und Leinengewebe benutzt. B Doppellitze; für einen Kettenfaden dienen zwei der vorigen Litzen, die Oberlitze bringt den Kettenfaden ins Oberfach, die dahinter stehende Unterlitze ins Unterfach. Vielfach angewendet werden die Doppellitzen an den Lyoner Seidenstühlen.

Bei den drei folgenden Litzen C, D und E besitzt die Oberlitze ein Häuschen durch eine einfache oder Knotenverschlingung, die Verbindung beider Litzenteile findet aber wie bei A und B statt. C ist eine Litzenform, welche in Deutschland für viele Warengattungen gebräuchlich ist. F ist eine in Amerika aufgekommene Litzenform, wobei die Stelze wegfällt.

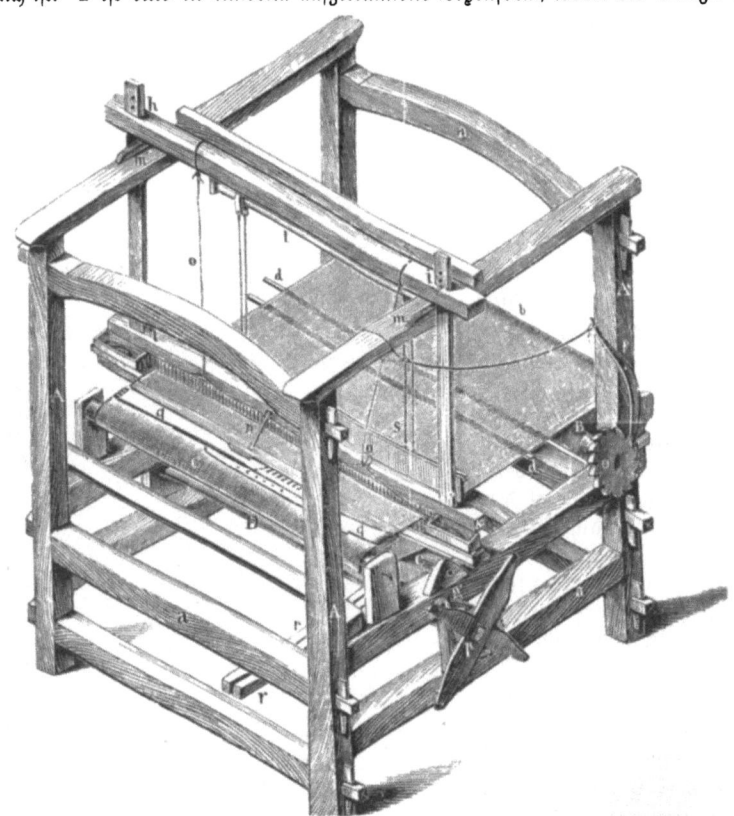

Fig. 882. Der Webstuhl.

Der Litzenfaden a bildet durch zwei einfache, noch offen dargestellte Knotenverschlingungen, durch welche der gerade hindurchgehende Faden b verbunden wird, das Häuschen für den Kettenfaden. G sind Draht= und Blechaugen, welche besonders für Wollenwaren dienen, wofür Zwirnlitzen nicht haltbar sein würden. Die obere und untere Öffnung nimmt die Ober= und Unterlitze, die mittlere den Kettenfaden auf. H sind Glasaugen oder =Äuglein, besonders für Seidenstühle und damastartige Stoffe, bei denen auch drei oder mehrere Kettenfäden durch ein Häuschen gehen können.

Das Geschirr befindet sich hinter der Lade, und es ist der obere Stab des einen Schaftes s mit Schnüren verbunden, welche über Rollen oder über eine um Zapfen drehbare Walze t laufen und mit dem oberen Stabe eines zweiten Schaftes vereinigt werden, so daß dieser mit dem ersten im Gleichgewicht steht und aus dem Niederziehen des einen der Aufhub des andern Schaftes folgt. Das Niedertreten der Schäfte geschieht durch die Tritte oder Schemel r r, welche ebenfalls mit Schnüren an den unteren Stäben der Schäfte angehangen sind. Die Zahl der Tritte für leinwandartige Gewebe ist in der Regel zwei. Abweichende und zusammengesetztere Trittvorrichtungen für andre Gewebearten werden bei diesen Erwähnung finden.

Der Webstuhl.

3) **Die Lade nebst Riet und Schützen.** Durch das in der Lade eingesetzte Rietblatt wird die Kette in gleichmäßiger Breite erhalten und der mittels des Schützen (Schießspule) eingeführte Schuß angeschlagen, und es hängt von der Stärke und Gleichmäßigkeit des Anschlags die Dichtheit und Egalität des Gewebes ab. Die Lade hikl (s. Fig. 832) ist ein hölzerner Rahmen von etwas größerer Breite als die der Kette und wird durch das oberste Querstück hi, den Ladenstock oder Ladenbalken, getragen. Dieser besitzt eiserne Stifte oder Schneiden, welche in entsprechenden Lagern m auf den obersten Längenriegeln des Stuhles stehen und darin leicht spielen. In den vorstehenden Enden des Ladenstockes sind die zwei herabgehenden Arme oder Schwingen hl und ik verzapft, an welchen über der Zeugkette der Ladendeckel aufgeschoben, unter derselben aber der dickere und zuweilen noch besonders belastete Ladenklotz befestigt ist, welcher bei der pendelartigen Bewegung der Lade hauptsächlich durch sein Gewicht wirken soll. Zwischen diesen beiden Teilen, welche Längennuten besitzen, ist das Rietblatt (Rietkamm, Kamm, Riet) eingesetzt. Dasselbe besteht aus zwei 1—1,2 cm dicken Holzleisten, welche je nach der Fach- oder Sprunghöhe 5—15 cm voneinander entfernt und durch zwei ebensolange Holzstücke zu einem Rahmen verbunden sind, der die Zähne, Stäbe, Riete oder Rohre einschließt, die man aus plattgewalztem Stahl- oder Messingdraht oder aus Rohr herstellt. Von der Fadenzahl der Kette und wie viel Kettenfäden zwischen je zwei Zähnen oder Stäben stehen (Rietstand), hängt die Zahl der Zähne und die Dichtheit des Rietblattes ab. Eine gewisse Anzahl Riete oder Zähne, meistens 40 oder 48, bezeichnet man als einen Gang und berechnet die Breite des Rietblattes nach Gängen.

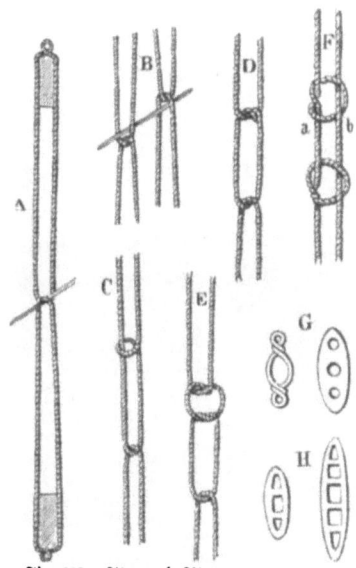

Fig. 833. Litzen und Litzenaugen.

Die oben etwas abgeschrägte Seite des Ladenklotzes bildet die Schützenbahn, welche an ihren Enden durch die Schützenkasten geschlossen wird. Der für Handstühle angewendete Schützen ist meist aus Buchsbaum, zuweilen aus Palmen-, Apfelbaum- oder Buchenholz angefertigt, 15—40 cm lang, 2—5 cm breit und 2,5—4 cm hoch und läuft nach beiden Seiten hin in eine konische oder kantige Metallspitze aus, um sicherer durch das Fach zu gleiten. Man unterscheidet zwei Arten von Schützen: den Hand- und den Schnellschützen; den ersteren wirft der Weber mit der Hand durch das offene Fach, weshalb er der Längenrichtung nach auch eine Ausbiegung besitzt; der letztere wird aber durch die Treiber oder Schneller im Schützenkasten, woran die Schnüre o der Peitsche n geknüpft sind, hin und her geworfen. Von den Handschützen oder Schiffchen unterscheidet sich der Schnellschützen neben seinen geraden Längskanten noch durch die in seinem Boden quer eingesetzten, wenig hervorstehenden und sehr leicht drehbaren Rollen, womit derselbe auf dem Unterfache und der Schützenbahn hinrollt. Der jetzt so allgemein verbreitete Schnellschützen wurde im Jahre 1733 von John Kay in Bury eingeführt; er wird mittels eines Zugs durch die Peitsche n abwechselnd nach links und rechts durch die geöffnete Kette geschnellt.

Der mittlere Teil des Schützenkörpers ist ausgehöhlt, um die Schußspule auf der festen oder beweglichen Achse, der Schützenzwecke oder Schützenfeder, aufzunehmen. Die eingelegten Spulen sind entweder Lauf- oder Schleifspulen. Die erste Art wird lose auf die Schützenfeder gesteckt und deren Drehbarkeit meist durch eine andrückende Metallfeder reguliert. Die Schleifspulen werden dagegen fest auf die Schützenfeder aufgesteckt, und es ziehen sich die Fadenwindungen nach dem konisch zulaufenden Ende der Spule leicht nacheinander herunter. Die Spulen selbst sind aus Holz, Papier oder auch aus Rohr, und es werden letztere bisweilen an beiden Enden mit einem Pechfaden umwickelt, um das Spalten des Rohrs zu verhüten. In die Schützenwand ist ein Glas- oder Porzellanauge für den Durchgang des Spulenfadens eingesetzt.

Soll beim Einschuß ein Farben- oder Faserstoffwechsel erfolgen, so kann man vermittelst der von Robert Kay, Sohn des John, 1760 erfundenen Doppel- oder Wechsellade mehrere Schützen in beliebiger Reihenfolge abwechseln lassen. Vincent führte schon längst derartige Wechselladen für zwölf verschiedene Einschußfarben aus. Anstatt der beim Schußwechsel sich jedesmal bis zur Schützenbahn hebenden oder senkenden mehrzelligen Schützenkästen hat man letztere auch wagerecht verschiebbar oder drehbar angeordnet.

4) **Der Brustbaum mit Aufwinder (Kreuz) oder Regulator und Spannstab.** Ist der Brustbaum zugleich Zeugbaum, so ist er auch mit einer Vorrichtung zum Aufwinden des fertigen Gewebes versehen; er besitzt dann kreuzweise durchgebohrte Löcher, um einen Spannstock zu seiner Umdrehung einzustecken, oder angeschobene Kreuzarme, und hat in beiden Fällen noch Sperrrad mit Kegel, um das Zurückgehen zu verhindern. In Fig. 832 sind die Kreuzarme p an dem als Zeugbaum tiefer liegenden Unterbaume angebracht. Es ist einleuchtend, daß ein zu lange verschobenes Aufwinden wegen der Breite der fertigen Ware die Schwingungen für den Ladenanschlag wesentlich verkürzt. Um ein gleichförmiges und ununterbrochenes mechanisches Aufwinden zu bewirken, wendet man den Regulator an, der im allgemeinen so gebaut ist, daß mit jedesmaliger Bewegung des Trittes oder der Lade ein Sperrrad bewegt und durch Zwischenräder oder eine Schnecke ein auf dem Brustbaume befestigtes Zahnrad gerade soviel umgedreht wird, als der Raum jedes Einschusses beträgt. Es wird daher der Scheitel des Faches immer in derselben Linie und der Spielraum für die Lade von gleicher Größe erhalten. Um das Zeug dabei auf dem Unterbaume aufzuwickeln, wird dieser durch Gewichtsbelastung nach der dem Aufwinden entsprechenden Richtung hin fortgehend angezogen und der Brustbaum zum Festhalten und Fortziehen des Zeuges mit einem rauhen Überzuge, z. B. aufgeleimtem Sande, eingeschlagenen Spitzen, Fischhaut ꝛc., versehen.

Fig. 884. Handspulrad für Schußspulen.

Durch die Umkehr des Einschlagfadens bei jedesmaligem Schusse findet eine Zusammenziehung der Kette der Breite nach statt, wodurch eine unregelmäßige wellenförmige Kante oder Sahlleiste entsteht. Um diesem Übelstande zu begegnen, wendet man den Spannstock oder Spannstab (Sperrrute, Tempel) q an. Dieses Werkzeug ist linealförmig und aus zwei Teilen so verbunden, daß es verkürzt und verlängert werden kann, und ist an den etwa 5 cm breiten Enden mit scharfen Spitzen besetzt, die in die Zeugkanten eingestochen werden. Der Spannstab ist daher der Lade immer möglichst nahe und mit etwas größerer Länge, als die Zeugbreite beträgt, einzusetzen und auf kurze Strecken der fertigen Ware weiterzurücken. Auch diese Arbeit läßt sich durch einen mechanischen oder selbstthätigen Spannstock ohne Unterbrechung und Zuthun des Arbeiters verrichten.

Nachdem wir den Webstuhl betrachtet haben, wollen wir uns, nach den Vorarbeiten, dem Weben selbst zuwenden. Wir werden dabei Gelegenheit haben, manche Begriffe, die wir bei der Beschreibung des Webstuhls als bekannt voraussetzen mußten, näher zu erläutern.

Die Vorarbeiten zum Weben beziehen sich sowohl auf Kette als auf Schuß. Die Vorbereitungen der Kette bestehen im Spulen, Scheren, Aufbäumen und Schlichten, welche Vornahmen für Handwebstühle ebenfalls mit der Hand, bei mechanischen oder Kraftstühlen aber größtenteils durch Hilfsmaschinen verrichtet werden. Das Gespinst wird nicht

Das Spulen. 475

in allen Fällen aus den Spinnereien gleich in Form von Spulen geliefert, in der Regel muß es erst aus den Strähnen auf die einzelnen Röhrchen, von denen es dann leichter ablaufen kann, übertragen werden, und dieser Prozeß heißt das Spulen.

Das Spulen hat den Zweck, das Ketten= und Schußgarn auf Spulen zu bringen, welche für das Kettenscheren oder zum Einlegen in den Schützen dienen, insofern man für letzteres nicht die von der Mulemaschine abgenommenen Kötzer (pincops) unmittelbar benutzt. Das Spulen kann mit dem Handspulrade oder mit einer Spulmaschine erfolgen; im ersteren Falle wird nur eine Spule, im letzteren werden 6—80 und mehr Spulen gleichzeitig umgetrieben, welche entweder in einer Reihe, oder in zweien, oder auch in einem Kreise angeordnet sind. Besondere Sorgfalt muß auf die Herstellung der Schußspulen auf dem Handspulrade verwendet werden, damit die Auflage der Fadenwindungen so erfolge, daß sich die einzelnen Umgänge beim Eintragen in die Kette auch leicht wieder nacheinander ablösen und herabgleiten und nicht mehrere Windungen zugleich abschlagen oder abschießen.

Fig. 835. Vorarbeiten für das Weben. Spulen und Scheren. Nach einem alten Bilde.

Lauf= und Schleifspulen sind kleiner als Kettenspulen. Baumwollener, leinener und wollener Einschlag wird häufig naß verarbeitet, weil er dann weicher und nachgiebiger ist, sich dichter im Gewebe einlegen läßt und namentlich baumwollene Stoffe hierdurch mehr Glätte zeigen. Für diesen Zweck wird das Garn entweder naß gespult oder die Spule vor der Verarbeitung in Wasser gelegt. Fig. 834 zeigt ein Handspulrad, welches auch für Kettenspulen dienen kann, hier aber, für Seidenweberei vorausgesetzt, sich zur Darstellung solcher Schußspulen in Anwendung zeigt, bei denen die Fäden von acht Bobinen (roquets) vereinigt werden.

Bei der Spulmaschine werden die Garn= oder Seidensträhne auf leicht drehbare Winden oder Kronen gelegt und die Fadenenden der Strähne mit den Spulen verbunden, welche entweder durch Schnurläufe, die von einer gemeinschaftlichen und durch Tritt zu bewegenden Schnurscheibe ausgehen, Spindelwirtel in Umdrehung versetzen, oder nur

60*

durch die Reibung von Scheiben oder Cylindern mitgenommen werden, worauf sie stehen oder liegen. Bei gutem Garn machen die Spulen circa 300 Umläufe in der Minute. Damit die Fadenwindungen sich regelmäßig auf den Spulen verteilen, sind die Fäden durch Glasringelchen eines hin und her oder auf und ab gehenden Stabes gezogen und laufen somit abwechselnd von einem Ende der Spule nach dem andern schraubenförmig fort. Die Bewegung des Fadenführers erzielt man durch eine herzförmige Scheibe oder durch einen ähnlichen Mechanismus.

Von den Kettenspulen wird nun die für das Gewebe nötige Fadenzahl (von der Breite des zu erzeugenden Gewebes und dem Feinheitsgrade des dazu verwendeten Kettengespinstes abhängig) aufgewunden, so daß dieselbe ausgespannt ein fortlaufendes paralleles Fadensystem bilden würde, in welches der Einschuß eingetragen werden kann. Dieses Aufwinden heißt

Scheren, auch Schweifen, Kettenanschlagen oder Zetteln. Die dazu dienende Vorrichtung heißt Schweif= oder Scherrahmen (s. Fig. 836) und ist ein 8= bis 16armiger hölzerner und aufrechtstehender Haspel von etwa 2 m Höhe und 3 m Umfang. Das untere Ende der Haspelwelle läuft mit eisernem Zapfen in einem metallenen Fußlager, das obere, verlängerte Wellenende aber in einem von der Decke aus angebrachten Halslager, so daß sich der Rahmen mit Leichtigkeit drehen läßt. Oberhalb befinden sich an demselben drei hölzerne, etwa 15 cm lange Nägel oder Pflöcke, die Kreuz= oder Schränknägel, welche dazu dienen, eine gewisse Anzahl von Kettenfäden, die meist einen ganzen oder halben Gang ausmachen, mit den vereinigten Enden an dem äußersten oder Kopfnagel anzuhängen und hiernach die Hälften dieser Fadenzahl an den beiden folgenden Nägeln verschränkt oder ins Kreuz zu legen, d. h. die eine Hälfte über dem zweiten und unter dem dritten, die andre Hälfte aber unter dem zweiten und über dem dritten Kreuznagel hinzuführen.

Fig. 836. Der Scherrahmen.

Bei der nun folgenden Umdrehung des Rahmens werden alle Fäden auf dessen Umfange als bandförmiger Streifen vereinigt, in abwärts gehenden engen Spiralwindungen aufgelegt, über (oder unter) den ersten der zwei höher oder tiefer stellbaren Fußnägel geführt, der äußerste aber damit umschlungen und unter (oder über) den ersten zurückgeführt. Langen bei der Rückdrehung des Rahmens die Windungen wieder oberhalb an, so geschieht das Schränken wie vorher angegeben, und das ganze Verfahren wiederholt sich, bis die erforderliche Zahl der Gänge geschert ist. Die Fäden, welche man auf einmal schert, laufen von den meist horizontal lagernden Spulen des Schweifgestelles (Schweifstock, Scherbank, Kanter) durch das Lesebrett mit eingesetzten Glasaugen, durch welches der Arbeiter das Höher= und Tieferführen aller Fäden bewirkt. Anstatt den Scherrahmen durch Fortstoßen der Haspelstäbe umzudrehen, kann dies auch durch eine besondere Kurbelwelle mit Riemenscheibe geschehen, wobei dann auch der an einer Säule verschiebbare Führer (Leserost, Katze) mechanisch auf und nieder bewegt werden kann, indem solcher an eine Schnur gehängt ist, welche sich beim Auf= und Niederscheren auf das verlängerte obere Ende der Haspelwelle auf= und

Das Scheren. 477

abwickelt und somit den Führer hebt oder senkt. Die Stärke des Wellenendes vom Haspel bedingt das Maß für die Schnuraufwickelung einer Umdrehung und somit für die gleichzeitige Geschwindigkeit oder Hubhöhe des Führers.

Unsre Abbildung zeigt einen Scherrahmen, wie solcher in Frankreich häufig in Anwendung ist. Der Leserost besteht aus zwei 15 cm hohen Rähmchen, deren jedes zehn in der Mitte durchlochte Stäbchen enthält. Durch den vorderen Rahmen gehen die zehn Fäden von der vorderen Spulenreihe, durch den hinteren die zehn Fäden der hinteren Spulenreihe des Scherstockes. Hierdurch ist die jedesmalige Teilung für das Fadenkreuz am oberen Ende durch aufeinander folgende Hebung des ersten und zweiten Lerostes bequem zu bewirken.

Fig. 837. Webstuhl im 17. Jahrhundert. Nach einem alten Bilde.

Bei der letzten Annahme sind 40 Fäden auf einen Gang gerechnet, und es muß der Scherrahmen so vielmal vor- und rückwärts gedreht werden, als die zu scherende Kette Gänge besitzt. Das Längenmaß der gescherten Kette ist vom Umfange des Scherrahmens und von der Anzahl der Windungen zwischen den oberen und unteren Nägeln abhängig. Damit die Länge aller Fäden möglichst gleich werde, dürfen die nachfolgenden Windungen sich nicht auf, sondern müssen sich dicht neben die vorhergehenden legen. Es wird dies dadurch erzielt, daß der Führer vor jedesmaliger Umkehrung nahe um so viel gehoben wird, als die Breite sämtlicher Fäden einer Windung beträgt. Aus gleichem Grunde ist bei dem Scheren auch auf ein gleichmäßiges Abwickeln der Spulen zu sehen, da zu locker oder zu straff gespannte Fäden Streifen im Zeuge verursachen können. Von dem Scherrahmen wird die Kette auf Knäuel oder, wenn sie Seide ist, auf Rollen gewickelt. Zuvor werden jedoch durch die an den oberen Schränknägeln gebildeten zwei Kreuze (Fadenkreuze), sowie durch das auf den Fußnägeln entstandene Kreuz (Gangkreuz, wodurch die Kette nach halben Gängen abgeteilt wird) Bindfäden gezogen und dieselben unterbunden. Nach dem Scheren der Kette erfolgt nun die Übertragung derselben auf den eigentlichen Webeapparat, Webstuhl, das sogenannte Aufbäumen.

Das Aufbäumen ist die gleichmäßige Verteilung und Aufwindung der gescherten Kette in ihrer ganzen Breite auf dem Kettenbaume. Für diesen Zweck schiebt man in das auf den Fußnägeln unterbundene Kreuz die Fitz- oder Baumrute ein, legt solche in die Nut des Kettenbaumes und bindet sie durch umgelegte Schnüre daran fest. Damit sich nun die Kette über die ganze Breite auf dem Kettenbaume auflege, wird sie in einen dem Rietblatte ähnlichen Kamm, den Scheide-, Riet- oder Reifkamm, Öffner u. s. w., so eingelegt, daß zwischen je zwei Kammstäbe $1/4$, $1/2$ oder 1 Gang, oder 10, 20, oder 40 Fäden fallen. Der Schneidekamm besteht aus zwei Holzleisten; in der unteren sind $4{,}5$ cm lange Holzstäbchen oder Messingzähne und an den Enden zwei längere Holzzapfen eingesetzt, worauf nach dem Einlegen der angedeuteten Fadenzahl zwischen je zwei Stäbe die oberste Leiste (Kappe oder Deckel) auf die Zapfen geschoben wird, so daß die Stäbe der untersten Leiste $0{,}6$ cm in die Nut der oberen treten und der zwischen beiden bleibende Raum oder die Zahnhöhe $3{,}9$ cm beträgt. Durch Drehung des in seinen Lagern befindlichen Kettenbaumes mittels der Kreuzstäbe oder der Kurbel wird die von einer zweiten Person gespannt gehaltene Kette straf aufgewunden und durch den Kamm eine fortgehende parallele Teilung und eine gleichmäßige Anordnung über den ganzen Baum bewirkt.

Regelmäßiger geschieht das Aufbäumen mit der sogenannten Trommel, einem horizontal liegenden Haspel, worauf die Kette vom Scherrahmen zunächst aufgewickelt und hiernach auf den Kettenbaum übertragen wird.

Mag das Aufbäumen nun aus der Hand oder mittels Trommel erfolgen, so muß es stets sehr sorgfältig geschehen, weil dadurch die schnellere Auffindung zerrissener Fäden erleichtert und deren Reibung unter sich vermindert wird. Damit nun die verschiedenen Lagen der Kettenwindungen auf dem Kettenbaume sich immer zu einer gleichmäßigen Anfüllung und ebenen Oberfläche ergänzen, so daß sich die wegen der Stäbe des Öffners entstehenden Zwischenräume ausgleichen, muß der Öffner stets etwas hin und her geführt werden, und damit die Breite der aufgebäumten Kettenschichten mit dem zunehmenden Durchmesser etwas schmaler werde, muß man den Öffner nach und nach immer schräger halten, so daß sich seine Breite verkürzt und die durchgehende Kette schmaler auflegt. An dem Ende der aufgebäumten Kette, womit das Einziehen und Andrehen erfolgt, sind in die unterbundenen Fadenkreuze die Kreuzruten einzuschieben.

Einziehen und Anschnüren. Dem Aufbäumen schließt sich zunächst als Vorrichtung des Stuhles das Einziehen oder Einpassieren (Einreihen) der Kettenfäden durch die Litzenaugen oder Häuschen der Schäfte und zwischen den Rietstäben des Blattes sowie das Anschnüren, d. h. die Verbindung der Schäfte mit den Tritten, an. Das Einziehen durch die Schäfte wird mittels des Einzieh- oder Reihehakens, das Einziehen durch das Rietblatt (Kammstechen) aber durch zwei Personen mit dem Blatt- oder Einziehmesser vorgenommen. Die eine Person (Fadenaufgeber oder Zureicher) reicht von der Rückseite des Geschirrs die Fäden der Ordnung nach der andern zu, welche solche mit dem Haken faßt und durchzieht. Fig. 838 zeigt die Arbeit des Einziehens, welche meist von Mädchen verrichtet wird. Der Einziehhaken ist ein mit Heft versehener 23—25 cm langer Draht, der am oberen Ende platt geschlagen und durch einen schrägen Einschnitt hakenförmig gestaltet ist. Das Einziehmesser ist ein 15—20 cm langer und $1{,}3$ cm breiter Messingstreifen, der am vorderen Ende ebenfalls zugespitzt und mit einem schrägen Einschnitt versehen ist.

Die mühsame Arbeit des Einziehens kann aber immer dann erspart werden, wenn ein neues Zeugstück mit dem abgearbeiteten im Blatte ganz gleich steht. Man schneidet dann das nicht weiter zu verarbeitende Ende der Kette (Trum, Drahm) hinter den Schäften der Quere nach durch und verbindet die Enden der vorigen mit den Enden der neuen Kette durch Andrehen derselben zwischen den Fingern und zieht mit dem Trum die neue Kette so weit nach dem Brustbaume vor, daß sie an diesem oder an dem tiefer liegenden Zeugbaume befestigt werden kann. Für diesen Zweck werden die von der Lade herabhangenden Fäden büschelweise von $2{,}6$—4 cm Kettenbreite abgeteilt und alle Fadenbüschel zu einem Knoten verschlungen. Die Verbindung erfolgt nun durch eine hinter jedem Knoten eingezogene und abwechselnd um die im Zeugbaume einzulegende Rute und mit den Enden an der letzteren befestigte Schnur. Zuweilen wird $2{,}6$ cm von der ersten Knotenreihe entfernt noch eine zweite geknüpft und zwischen beiden die Schnur eingezogen. Oder man verknüpft mit den Büscheln zwei starke Drähte und befestigt diese mittels Schnüre und einer im Brust= oder Zeugbaume eingelegten Rute. Auch klemmt man ein Stück grobe Leinwand mittels Einlegstäbchen im Zeugbaume ein und verbindet dieses sogenannte Vor= oder Untertuch mit den Knoten, wie vorher auch bereits durch Einziehen und Anheften der im Zickzack laufenden Schnur geschehen war.

Das Anschnüren der Tritte an den Schäften unterhalb und die Verbindung letzterer oberhalb durch Riemen oder Schnüre, die über Rollen oder Walzen laufen, das Verschieben der Kreuzruten, um die Kette im vorderen oder hinteren Kreuze zu teilen, und das Ausbessern zerrissener Fäden gehen dem Schlichten und der Ingangsetzung des Stuhles voran.

Das Schlichten und Leimen der Kette wird für alle Garnarten, außer für Seide, notwendig bedingt, damit die Kettenfäden glatt und fest genug werden, um den Nachteilen der Reibung, die sie in den Litzen, zwischen den Rietstäben und unter sich selbst erleiden, möglichst zu begegnen. Für Baumwollen= und Leinenketten verwendet man Weizenmehl=, Stärke=, Kartoffel=, Kastanien=, Moosschlichten u. s. w. Diese Stoffe werden durch Kochen bis zu gehöriger Verdickung vorbereitet und erhalten zuweilen noch Zusätze von Kupfer= und Zinkvitriol, Alaun, Chlorcalcium, Talg, Leim u. s. w., um die Schlichte sowohl haltbarer als auch hygroskopischer und geschmeidiger zu machen. Das Schlichten geschieht der Länge der Kette nach vom Geschirr nach dem Kettenbaume zu mit zwei Bürsten aus langen Schweinsborsten, wovon der Arbeiter, nachdem er die eine mit Schlichte getränkt hat, mit dieser über, mit der andern unter den Kettenfäden hinfährt und diese durch fortgesetztes Anstreichen der Fäserchen glättet.

Wollene Ketten werden geleimt. Das vom Scherrahmen abgewundene Knäuel wird in dünne, lauwarme Leimauflösung getaucht und diese gleichmäßig ausgepreßt,

Fig. 838. Das Einziehen der Kette.

so daß nur so viel davon zurückbleibt, um die Fäden zu durchdringen. Zur Trennung der Fäden dient eine Art Kamm oder Rechen, den man wiederholt durch die trocknende Kette zieht. Seidene Ketten werden weder geschlichtet noch geleimt, da die Seide an sich schon mehr Glätte und Festigkeit besitzt, überdies aber auch jede Verunreinigung vermieden werden muß, da Farbe und Glanz ein Auswaschen des Gewebes ohne Nachteil nicht verträgt.

Das Weben selbst, welches nach diesen Vorarbeiten beginnen kann, geschieht nun in der folgenden Weise. Der Weber tritt den ersten (rechten) Tritt und bildet durch Auf= und Niederziehen zweier oder mehrerer Flügel das Ober= und Unterfach, wobei alle Fäden des einen oder andern Faches in einer Ebene liegen sollen, damit bei dem nun folgenden Einschießen des Fadens mittels des Schützen keine Kettenfäden abgerissen werden. Hiernach kann das Anschlagen der Lade sogleich oder auch erst nach dem Treten des zweiten (linken) Trittes geschehen; ersteres nennt man das Schlagen bei offener, letzteres das Schlagen bei geschlossener Kette. Hierauf folgt das Einschießen von der entgegengesetzten Seite wie vorhin und nach Befinden das Anschlagen oder Treten zunächst u. s. f. Die Verschiedenheit des Anschlages übt einen wesentlichen Einfluß auf das Gewebe aus. Beim Weben mit offenem Fache kann sich der Schuß seiner Länge nach glatt ausbreiten, weshalb er weniger sichtbar wird; wogegen er beim Weben mit geschlossenem oder gekreuztem Fache mehr zurückgehalten oder stärker zwischen den Fäden hervorgedrängt und daher mehr sichtbar und dem Gewebe mehr Fülle und Dicke, der sogenannte Griff, gegeben wird. Das Anschlagen bei offener Kette wird vorzugsweise bei Stoffen angewendet, welche Glanz und Appretur erhalten sollen; das Anschlagen bei geschlossener Kette aber für schwere, durch den sogenannten vertretenen Schlag eine Art Walke erhaltende Stoffe, die auch ohne oder vor der Appretur einen gewissen Griff besitzen sollen. Will man noch größere Dichtheit des Stoffes erzielen, so wendet man ein zweimaliges Anschlagen an. So schreitet das Gewebe allmählich bei jedem Einschuß um eine Fadenbreite vor und wird von Zeit zu Zeit das Fertige auf den Brustbaum aufgewunden, nachdem vorher bei manchen Stoffen noch ein Reinigen von Flocken oder Knoten mittels einer kleinen Zange (Pflücker), oder auch noch ein Reiben und Glätten der Länge und Breite des Zeuges nach mittels einer gut abgerundeten und geglätten Scheibe von Horn, Stahl oder Blech vorgenommen worden ist.

Haben sonach die Handhabungen des eigentlichen Webens etwas Einförmiges, so können nichtsdestoweniger sehr verschiedenartige Stoffe durch dieselben erzeugt werden, lediglich schon durch die verschiedene Art der Kettenteilung in Fächer. Indem man nämlich den Einschußfaden nicht jedesmal über einen Kettenfaden hinweg und dann unter dem nächsten hindurchgehen läßt, also zwei ganz gleiche Fächer bildet, von denen das eine der Reihe nach die Kettenfäden 1, 3, 5, 7, 9, 11, . . ., das andre 2, 4, 6, 8, 10, 12 . . . enthält, sondern die Kette in Gruppen von Fäden abteilt, welche zu gleicher Zeit über den Einschußfaden zu liegen kommen, kann man das Ansehen des Gewebes mannigfach variieren. Der Hauptsache nach haben wir für die Erzeugnisse der Weberei drei Grundstoffe, drei charakteristisch voneinander verschiedene Gewebegattungen anzunehmen: Taft, Köper und Atlas; sie dienen allen übrigen Geweben zur Grundlage.

Die Grundformen: Taft, Köper und Atlas. Die Verschiedenheit der Verschlingung oder Abbindung zwischen Kette und Schuß wird durch die Art der Passierung oder des Einzuges der Kette durch die Schäfte, durch die Schnürung, d. h. durch die Verbindung der Schäfte mit den Tritten und durch eine entsprechende Trittweise erzielt. Die den drei Grundformen eigentümlichen Schnürungen werden deshalb auch als Haupt= oder Fundamentalschnürungen bezeichnet.

Der Einzug, die Schnürung mit der Trittfolge, sowie die daraus abzuleitende Fadenverbindung lassen sich bildlich darstellen, und man nennt eine solche Darstellung das Musterbild oder die Patrone des Gewebes.

Taftartige Gewebe. Die Taft= oder Leinwandbindung ist die natürlichste, älteste und einfachste. Für jeden Schußfaden teilt sich die Kette in zwei gleiche Teile, so daß die aufeinander folgenden Kettenfäden abwechselnd über und unter jedem Schußfaden liegen. Hiernach besitzt ein taftartiges Gewebe die meisten Kreuzungs= und Verbindungsstellen und somit verhältnismäßig die größte Festigkeit.

Stellen die wagerechten Linien in Fig. 839 die Flügel oder Schäfte, die senkrechten Linien linker Hand nacheinander folgende Kettenfäden, die rechter Hand aber die Tritte dar, so drücken die Ringelchen oder Augen auf oder neben den Kreuzungsstellen der ersteren den Einzug, dagegen der durch ein Kreuz bezeichnete Schnitt der letzteren die Anschnürung oder Verbindung eines Flügels mit demjenigen Tritte aus, welcher aufgehen soll. Die Abbildung macht es daher anschaulich, daß alle in ungerader Zahl liegenden Kettenfäden auf den ersten Flügel passiert und durch diesen beim Treten des ersten Trittes aufzuheben sind, worauf durch Treten des zweiten Trittes der zweite Flügel und somit alle den geraden Zahlen entsprechenden Kettenfäden gehoben und in das Oberfach gebracht werden. Das einem taftartigen Gewebe zugehörige Musterbild zeigt daher eine dem Damenbrett ganz ähnliche Abwechselung der Ketten= und Schußfäden, und es sind in dieser sowie auch in den beiden folgenden Figuren durch a die von oben sichtbaren Ketten= und durch b die von oben sichtbaren Schußfäden bezeichnet.

Bei dichteren und namentlich bei Seidenstoffen wird die Kette auf vier, sechs oder acht Flügel einpassiert. Ein derartiger Stoff ist z. B. Gros de Naples, bei dem auf eine Breite von etwa 50 cm über 2000 Kettenfäden fallen, die man auf acht Schäfte verteilt. Läßt man bei derselben Bindung die Kettenfäden über zwei Schußfäden, die durch eine besondere Sahlleiste verbunden werden, oder jeden Schußfaden über zwei benachbarte Kettenfäden fallen, wozu vier Flügel erforderlich sind, so entsteht im ersten Falle der sogenannte Cannelé oder Carrelé aus der Kette oder im zweiten der aus dem Einschlage.

Den leinwandartigen Stoffen, dem Taft, Tuch, Kattun, dem Wollmusselin, Batist, Orleans, Lüstrine, Mohair, Toile de Soie, Chaly u. s. w., schließen sich daher noch solche an, bei denen die Verschiedenheit zwischen Kett= und Schußmaterial kannelierte, gerippte changierte, chinierte, jaspierte, irisierte, gestreifte und quadrillierte Stoffe hervortreten läßt, z. B. den eben erwähnten Cannelé, den Gros de Tours, Velours, Ottoman, Gros d'Afrique, ferner Gros grain, Gros d'Epingle, Rips, Glacé, Chamäleon, Chiné u. s. w.

Köperartige Gewebe. Von der Leinwandbindung unterscheiden sich die Köpergewebe charakteristisch durch diagonal fortlaufende, abwechselnd breitere Höhenstreifen und schmalere Furchen, welche durch freiliegende Ketten= und verdeckte Schußfäden oder umgekehrt gebildet werden. Um diese ungleich breiten Diagonalstreifen herzustellen, muß die Gesamtzahl der Kettenfäden durch die Schäfte in ungleiche Teile geteilt werden. Das Verhältnis dieser Teilung und somit das der Streifenbreite selbst gibt hauptsächlich vier verschiedene Köper= arten. Teilt sich die Kette in dem Verhältnis wie 1 zu 2 oder zu 3, 4, 5, so daß das eine Fach stets $1/3$ oder $1/4$, $1/5$, $1/6$, und das andre gleichzeitig $2/3$ oder $3/4$, $4/5$, $5/6$ 2c. der Kettenfäden enthält, so liegt hierin die Be= dingung für zwei Köperarten, welche sich nur darin unterscheiden, daß die größere Fadenzahl der Teilung entweder den Schuß deckende oder vom Schuß verdeckte Kettenfäden sind. Die hiernach entstehenden zwei Hauptarten sind der sogenannte Kettköper und der Schußköper. Bei dem ersten bildet die überwiegend frei= liegende Kette den Effekt, während bei dem letzten der weit mehr sichtbare Schuß das Aus= sehen der Oberfläche bedingt. Diejenige Seite, auf welcher die Kette oder der Schuß durch breitere und höhere Diagonalstreifen den Effekt darstellt, wird als die **rechte Seite**, und der= artige Köper werden als **einseitige oder einfach rechtseitige** bezeichnet.

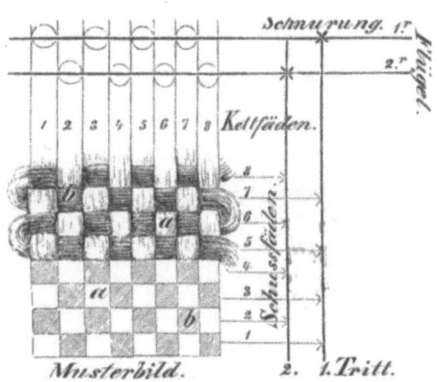

Fig. 839. Taftschnürung mit zwei Flügeln.

Da die Summe der Verhältnis= oder Teilungszahlen der in das Ober= und Unter= fach fallenden Kettenfäden auch zugleich die Zahl der notwendig bedungenen Schäfte und Tritte ausdrückt, so wird hiernach der Köper selbst als drei=, vier=, fünfschäftiger oder drei=, vier=, fünfbindiger u. s. w. bezeichnet. Vierbindiger Kettköper ist demnach solcher, bei welchem drei nebeneinander liegende Kettenfäden drei nacheinander folgende Schußfäden überdecken, und fünfbindiger Schußköper solcher, bei dem vier hintereinander folgende Schußfäden vier nebeneinander liegende Kettfäden überdecken.

Die dritte Köperart bedingt, daß eine der notwendigsten Schäfte= oder Trittezahl gleiche Anzahl Kettenfäden, deren Minimum vier sein kann, bei Aufnahme der Schußfäden sich stets in zwei gleiche Teile trennt, so daß z. B. bei einem vierschäftigen Köper beim ersten Schuß der erste und zweite Kettenfaden nach unten, der dritte und vierte nach oben, beim zweiten Schuß der zweite und dritte Kettenfaden nach unten, der vierte und erste nach oben, beim dritten Schuß der dritte und vierte Kettenfaden nach unten, der erste und zweite nach oben, und endlich beim vierten Schuß der vierte und erste Kettenfaden nach unten, der zweite und dritte aber nach oben sich bewegen. Nach derselben Regel teilen sich die sechs= schäftigen Köper in drei Kettenfäden nach oben und in drei nach unten, die achtschäftigen Köper in vier nach oben und in vier nach unten. Diese Köper heißen **doppelt recht= seitige**, weil sie auf beiden Seiten ganz gleich erscheinen. Die Zahl der Schäfte muß demnach hierbei immer **eine gerade** sein.

Die vierte Köperart bedingt, daß die der notwendigen Schäfte= und Trittezahl gleiche Anzahl von Kettenfäden, deren Minimum fünf ist, sich stets in zwei ungleiche Teile teilen muß, wovon sich der eine Teil bei Aufnahme des Schusses nach entgegengesetzter Richtung des andern bewegt. So z. B. geht bei einem fünfschäftigen derartigen Köper beim ersten Schuß der erste und zweite Schaft oder Kettenfaden nach unten, der dritte, vierte und fünfte nach oben; beim zweiten Schuß der zweite und dritte Schaft nach unten, der vierte, fünfte und erste nach oben, beim dritten Schuß der dritte und vierte Schaft nach unten, der fünfte, erste und zweite Schaft nach oben u. s. w. In derselben Weise können derartige sechs-, sieben-, acht- und mehrschäftige Köper gebildet werden. Einige Schäftezahlen lassen mehrere Fälle zu; so kann z. B. die Zahl 7 in 5 + 2 oder 4 + 3, und die Zahl 8 in 6 + 2 oder in 5 + 3 zerlegt werden. Fig. 839 zeigt einen einseitigen fünfbindigen Schußköper.

Aus den obigen Erklärungen ist leicht abzuleiten, daß die Köpergewebe mehr Glanz und Glätte als taftartige Stoffe zeigen, und es ist dies um so mehr der Fall, je flotter oder weniger gebunden Ketten- oder Schußfäden liegen. Die Köperschnürungen sind zwar sehr mannigfaltig, und es läßt sich deren Zahl durch Abwechselung und Abbindung noch viel weiter steigern; immer arbeitet aber jeder Kettenfaden nach derselben Regel, nur um einen Schuß früher oder später als der benachbarte, woraus folgt, daß alle Abbindungspunkte diagonal verlaufen. Im Vergleich zur Leinwandbindung gestattet die geringere Zahl der Bindungsstellen eine größere Dichtheit (Dicke oder Schwere) des Stoffs bei gleicher Fadendicke; die verschiedentlich abzuändernde Streifenform gibt dem Köper ein gefälliges Ansehen, und es läßt derselbe die Verwendung eines geringeren Schuß- oder Kettengarnes zu, je nachdem man durch flotter liegende Kett- oder Schußfäden den Effekt erzielen will. Weiterhin geht aus dem Gesagten hervor, daß die geköperten Gewebe eine große Mannigfaltigkeit der Erscheinung gestatten. Von den Kettköpern bei Streichgarngeweben sind die unter verschiedenen Namen vorkommenden Buckskins und Kaschmire zu erwähnen, bei Kammgarngeweben die Kasimire, bei Leinengeweben die Drelle und Zwilche, bei Baumwollgeweben die Drelle und Barchente, bei Seidengeweben die Levantinen,

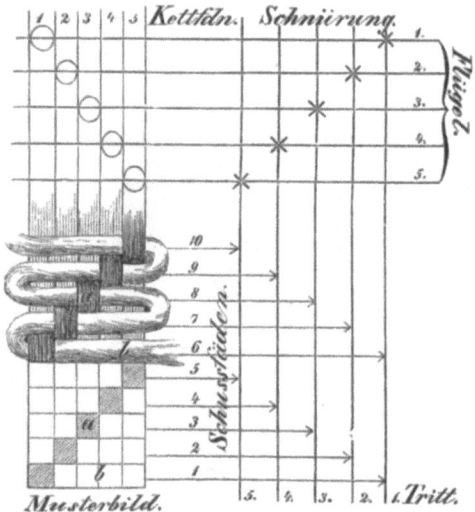

Fig. 840. Fünfbindiger Schußköper.

Croisés, Bombassins u. s. w. Schußköper kommen vor als Cassinet, Merino, Napolitain, Barchent, Paramatta oder Halbmerino, halbseidener Levantin ꝛc.

Zu den doppelt rechtseitigen Köpern gehören der Tibet, Batavia, Croisé, die Köperflanelle, Coatings und Lamas.

Die als vierte Art angegebene Köperbindung kommt bei gewöhnlichen Geweben weniger vor, öfter aber bei Tritt- und Jacquardmustern.

Atlas oder Satin. Wenn bei Köperstoffen die Bindungen zwischen Schuß und Kette aneinander stoßen und schräg laufende Linien bilden, so besitzt dagegen der Atlas keine zusammenhängenden, sondern zerstreute Bildungsstellen. An diese allgemeine Unterscheidung schließt sich folgende besondere Erklärung über Atlasstoffe. Bei jedem Atlasgewebe umschlingt ein Kettenfaden eine Anzahl von Schußfäden, so daß er auf der rechten Seite des Stoffs über allen außer einem liegt. Jeder folgende Kettenfaden umschließt eine gleiche Anzahl von Schußfäden auf dieselbe Weise, es erscheint jedoch die Umschlingung (Bindungsstelle) bei je zwei aufeinander folgenden Kettenfäden wenigstens um zwei Einschlagfäden fortgerückt. Das Flottliegen der Kettenfäden verleiht diesem Gewebe Glätte und ausgezeichneten Glanz.

Geht demnach ein Kettenfaden über sieben Schußfäden und liegt er unter dem achten, so heißt ein solcher Atlas achtschäftig, achtbindig oder achtteilig, da zur ganzen Schnürung acht Kettenfäden und acht Schüsse gehören, und zu seiner Anfertigung acht Flügel

Fuß- und gezogene Arbeit.

und acht Tritte nötig sind. Die Schäftezahl bei einem Atlas läßt sich immer in zwei durch einander nicht teilbare Zahlen erlegen, wovon man die kleinere als die Fortschreitungszahl bezeichnet. Dieselbe ist z. B. bei einem achtteiligen Atlas drei. Bei einem siebenbindigen kann diese Zahl zwei und drei sein; bei einem fünfbindigen ist sie drei; bei einem neunbindigen ist sie zwei und vier, und bei einem elfbindigen Atlas ist sie zwei, drei, vier oder fünf, weil die Zahl 11 ebensowohl in $2+9$, als in $3+8$, in $4+7$ oder in $5+6$ zerlegt werden kann.

Zählt man daher auf dem Netze oder Musterbilde, dessen Zwischenräume sich kreuzende Ketten- und Schußfäden eines achtbindigen Atlasses durch Fig. 341 darstellen, von einem sichtbaren Kettenfaden oder der hier schraffierten Bindungsstelle mit der Fortschreitungszahl 3 vertikal aufwärts und springt bei der letzten Einheit auf den nächsten Kettenfaden über, so erhält man eine zweite Bindungsstelle u. s. f., wie es die mit 3 bezeichneten schraffierten Felder andeuten. Zählt man aber von einer Bindungsstelle mit dem zweiten Zahlenwert, hier 5, herabwärts, so gibt die letzte Einheit auf dem benachbarten Kettenfaden eine folgende Bindungsstelle 5.

Die bekanntesten Stoffe in Atlasbindung sind: die Drelle, das englische Leder, Lasting oder Prünell, verschiedene Satins und Serges u. s. w. Überdies kommt Atlasbindung kombiniert in den sogenannten beidrechten Stoffen vor, welche Atlas auf der einen und Leinwand- oder Köperbindung auf der andern, oder auch auf der einen und andern Seite Atlas zeigen. Eine solche Kombination zweier verschiedener Schnürungen ist z. B. der Moleskin, ein sechsbindiger Atlas einerseits und dreibindiger Köper auf der Rückseite. Ebenso können Stoffe beiderseits einen achtbindigen

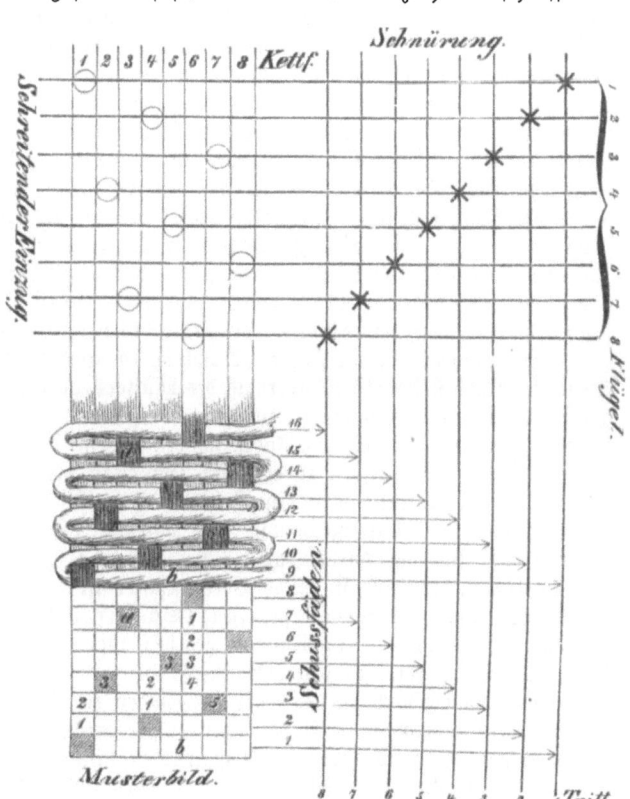

Fig. 841. Achtbindiger Atlas.

Atlas, oder auf der einen Seite fünfbindigen Köper, auf der andern Satin de Chine zeigen ɼc.

Vor der Einführung der Jacquardmaschine konnte man Mustergewebe nur auf mühsamerem und kostspieligerem Wege darstellen, und es sollen zunächst die Mittel hierzu in der Kürze angeführt und unterschieden werden.

Fuß- und gezogene Arbeit. Durch Fußarbeit bezeichnet man die Herstellungsart solcher Mustergewebe, welche durch Schäfte und Tritte zu erzielen sind, und deren Abänderung oder Verschiedenheit sich 1) durch die Anzahl der Schäfte, 2) durch die Art der Einpassierung, 3) durch die Schnürung, 4) durch die Anzahl der Tritte und 5) durch die Trittfolge bedingt. Es ist nun oben bereits erklärt worden, wie durch Auf- und gleichzeitiges Niedergehen von Schäften die Kette in Ober- und Unterfach geteilt und dadurch die Grundbindungen und Armuren erzeugt werden können. Im Gegensatze zu der Hebung der Kettenfäden durch Schäfte oder Flügel steht der Aufhub derselben durch den Zug vermittelst sogenannter Korden. Anstatt durch die in einem Schafte vereinigten Litzen zu gehen,

61*

sind die Kettenfäden durch lauter einzelne, an Schnüren hängende Litzen gezogen, und es werden alle in der Zeugbreite gleichliegenden Kettenteile an einer Korde vereinigt und durch diese gemeinschaftlich gehoben, sowie es vorher durch einen Schaft erfolgen konnte. Die sich quer über die Kette gleichförmig wiederholenden Litzen=reihen nennt man zusammen den Harnisch. Alle vertikalen Schnüre oder Aufheber (Heber, Arkaden) der Harnischlitzen gehen durch das horizontal liegende Harnisch= (Gallier= oder Löcher=) Brett und sind unterhalb mit einem 20.—25 cm langen Drahte oder einem schwachen Stäbchen von Blei oder Eisen belastet, um die Litzen anzu=spannen und nach erfolgter Hebung wieder herabzuziehen.

Im Vergleich zur Fußarbeit findet aber bei der gezogenen noch der Unterschied statt, daß bei der letzteren das Fach sich nur durch eine Hebung und nicht durch gleichzeitiges Niederziehen von Kettenfäden bildet. Das Fach wird daher auch nicht so hoch, als wenn die durch Schäfte geteilte Kette ein Ober= und Unterfach darstellt. Hierin liegt die Ur=sache, weshalb die Fachbildung durch den Kontermarsch der einer Zeugmaschine für manche Waren vorzuziehen ist, und weshalb man zur Vergrößerung des Faches die Kette bisweilen etwa $1/3$ der Fachhöhe unter die wagerechte Ebene geneigt legt. Ob diejenigen Kettenfäden, welche durch den Zug aufgehoben werden, Figur oder Grund bilden, dies ist je nach der Beschaffenheit des Musters und Gewebes sehr abweichend; der letzteren Arbeit halber be=folgt man aber dabei gern die Regel, daß man bei größeren Mustern, bei denen die Zahl der auf die Figur fallenden Kettenfäden größer als die für den Grund ist, den letzteren aus=hebt und die Figur auf die untere Seite fallen läßt. Erheischt die Figur eine minder große Zahl von Kettenfäden, so wird man vorziehen, diese zu heben, so daß die rechte Seite nach oben fällt. Bei seidenen Musterwaren liegt die rechte Seite stets unten, und bei solchen Geweben, wo der Einschlag die Figur bildet, ist dasselbe häufig der Fall.

Um nun sowohl in der Figur als auch im Grunde die erforderliche Bindung zu geben, können nicht alle Kettenfäden innerhalb des Musters oder des Grundes gehoben und liegen gelassen werden, oder umgekehrt, sondern es muß ein Teil der Fäden, welche Muster bilden, liegen bleiben und ein Teil der Fäden für den Grund ins Oberfach gehoben werden, oder umgekehrt. Um diesen Zweck zu erreichen, kann man die Bindungen, insofern die Figuren=fäden selbst einfache sind, durch den Zug oder Harnisch heben lassen, wofür dann die Bin=dungspunkte in die Musterzeichnung oder Patrone hineingebracht werden müssen. Oder es kann diese Bindung durch Schäfte (Vorderkämme) geschehen, wie dies namentlich bei Damastgeweben der Fall ist. Das Vordergeschirr ist zwischen dem Harnisch und der Lade angebracht, und es müssen die Litzen lange Schleifen besitzen, damit die durch die Korden aufgezogenen Kettenfäden unbehindert gehoben werden können. Sind daher durch den Harnisch sämtliche Figurenfäden gehoben, so wird durch den aufgetretenen Vorkamm zum Behuf der Bindung noch ein Teil der Grundfäden in das Oberfach gehoben und durch den niedergehenden Schaft ein Teil der schon aufgezogenen Figurenfäden wieder herab in das Unterfach gezogen, worauf der Einschuß erfolgen kann.

An den ältesten Zugstühlen, an dem Kegel= und Zampelstuhle, mit welchem man schon vor 500 Jahren in Spanien sehr künstliche Kirchenstoffe und Tapeten webte, erfolgt das Aufziehen der Korden mit der Hand durch Zugschnüre, bei der Trommel= (Walzen= oder Stift=), Leinwand= und Jacquardmaschine aber durch eine mecha=nische Vorrichtung mittels Platinen, und bei dem Wellenstuhle durch Tritte mittels sogenannter Hochkämme und Wellen. Die Benennung der erstangeführten Vorrichtungen folgert sich daher, daß bei der ersten die Zugschnüre mit hölzernen Knöpfen oder Kegeln versehen, bei der zweiten an einem am Boden befindlichen Zampelstocke befestigt sind. Bei der Trommelmaschine sind am Umfange einer Trommel Stifte eingeschlagen und bei der Leinwandmaschine auf einer über zwei Walzen ausgespannten Leinwand Holzklötzchen auf=geleimt, um die Platinen zu heben. Diese Vorrichtungen sind jetzt fast gänzlich von der Jacquardmaschine verdrängt worden, deren Vorzüge sich nach ihrer spezielleren Beschreibung leichter werden übersehen lassen. Sowie aber schon oben angedeutet worden ist, daß die Jacquardmaschine auch zum Aufziehen von Schäften (als Tritt= oder Kammmaschine) benutzt wird, ebenso hat man diesen Zweck auch schon früher durch den Kegel= und Zampelzug oder durch die Trommel= und Leinwandmaschine erzielt.

Kontermarsch- und Jacquardgewebe. Die oben erläuterten Grundformen oder Haupt=
schnürungen lassen als Elemente an sich, sowie auch besonders durch ihre Verbindung vielseitige
und mannigfaltige Erweiterungen zu, von denen einige bereits hervorgehoben worden sind.

Man pflegt nun diejenigen klein figurierten Muster, welche durch Verbindung oder ver=
schiedenartige Anwendung der Fundamentalschnürungen und demnach nur mittels Schäfte
und einer abgeänderten oder künstlichen Einzugs= oder Trittweise hergestellt werden, mit
dem Namen Phantasiebindungen oder Armüren zu bezeichnen. Diese Klasse von
Geweben steht demnach zwischen den Grundstoffen und den mit größeren Mustern aus=
geführten Geweben und bildet daher den Übergang zu der eigentlichen Musterweberei.

Die Ausführung von Armüren wird durch die jetzige Benutzung der Trittmaschine
ganz besonders erleichtert, indem das künstliche und regelmäßige Treten einer größeren
Anzahl von Tritten beseitigt und infolge dieser Vereinfachung für die Herstellung von klein
gemusterten Stoffen ein weites Feld eröffnet worden ist.

Bevor nun auf die Einrichtung der Tritt= oder Schaftmaschine näher eingegangen
wird, ist noch eine Hilfsvorrichtung zu erläutern, welche bei vielschäftiger oder Fußarbeit
häufige Anwendung findet und durch die Trittmaschine auf einfachere Weise in Gang gesetzt
wird. Es ist dies der sogenannte Kontermarsch.
Man versteht darunter ein System von Hebeln,
welche an den Schäften und Tritten angeschnürt
sind, um durch das Treten der letzteren das Auf=
und Niederziehen der durch die Litzen gezogenen
Kettenfäden mittels der Schäfte so zu bewirken,
daß beim Treten des ersten Trittes der erste Schaft
hinauf= und der am zweiten Tritte angeschnürte
zweite Schaft gleichzeitig hinabgezogen wird.
Fig. 842 zeigt die Voderansicht eines Konter=
marsches, wobei der eine Tritt des verzeichneten
Paares als getreten angenommen, die Zahl solcher
Paare aber beliebig vermehrt zu denken ist. a be=
zeichnet den getretenen, a' den aufgezogenen Tritt;
der erstere ist durch eine lange Schnur mit
den Schaft A niederziehenden kurzen Querschemel,
dem Niederzieher b, und durch eine kurze
Schnur mit dem langen Querschemel c, dem Auf=
zieher, verbunden, welcher beim Niederziehen den
oberen Hebel d e, den Obertritt oder Tümmler
am Ende d des längeren Armes niederzieht, wobei

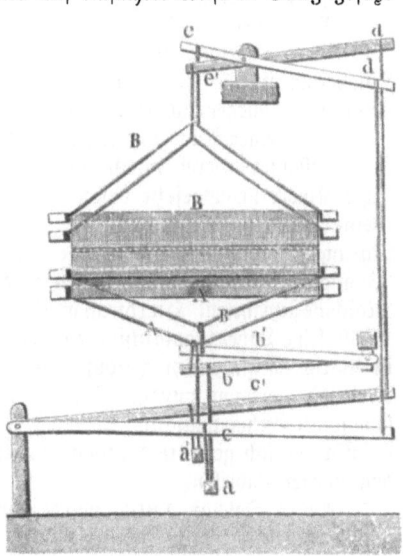

Fig. 842. Kontermarsch.

das Ende e des kürzeren Armes aufwärts geht. Es wird somit der an b geschnürte Schaft A
nieder= und der an e geschnürte Schaft B aufwärts gezogen. In ganz gleicher Art ist der
Tritt a' angeschnürt.

Die Tritt= oder Kammmaschine verrichtet nun die Bewegung des Kontermarsches
und somit aller Flügel durch einen einzigen Tritt und macht es sogar möglich, das Auf=
und Niederziehen der Schäfte in mehrfacher Weise abzuändern, so daß man z. B. verschiedene
Schnürungen beliebig anwenden, damit aussetzen und wechseln kann. Bei dem Gebrauche
vieler Schäfte für klein gemusterte Stoffe läßt sich daher diese Vorrichtung mit großem
Vorteil benutzen. Was aber die Bauart derselben betrifft, so liegt ihr die Einrichtung der
so außerordentlich wichtig gewordenen Jacquardmaschine zu Grunde, eine Erfindung, welche
es rechtfertigt, das Bild des Erfinders zuvor selbst in den Vordergrund zu stellen.

Charles Marie Jacquard ward den 7. Juli 1752 in Lyon geboren. Sein Vater
war Werkmeister in einer Seidenfabrik und seine Mutter Mustereinleserin. Die höchst an=
strengenden Arbeiten der dortigen Seidenweber erstreckten sich zu jener Zeit bis auf die
Kinder und legten den Keim zu einer sehr verkümmerten Fabrikbevölkerung. Diese Umstände
flößten dem jungen Jacquard schon in der frühsten Jugend eine Abneigung gegen das
Gewerbe seines Vaters ein, obschon ihn dieser dafür bestimmen wollte und deshalb den
Schulunterricht für überflüssig hielt, um welchen ihn der Knabe inständig bat. In seinem

zehnten Jahre verlor Jacquard seine Mutter und kam später zu einem Verwandten, um das Buchbinderhandwerk zu erlernen. Während dieser Zeit dachte er schon unausgesetzt über die Möglichkeit nach, das Los dieser unglücklichen Arbeiter zu erleichtern, und es trug dieses Streben jedenfalls zur Entwickelung seiner Neigung für praktische Mechanik bei. Jacquard war 20 Jahre alt, als sein Vater starb; sein Erbteil war sehr gering und bestand hauptsächlich in einem Webstuhle. Er war daher unentschlossen, ob er sich einen Buchbinder= laden kaufen oder sich zur Weberei wenden sollte. Um jedoch seine Ideen zur Ausführung zu bringen, zog er letzteres vor; seine Umstände gestalteten sich aber immer kümmerlicher, und ehe ihm die Neuerungen, an denen er arbeitete, auch nur den geringsten Nutzen gebracht hatten, kam er in eine so drückende Lage, daß er seine Vaterstadt und Frau und Kind ver= lassen mußte, um in einem Gipsbruche zu Bugey seinen Unterhalt zu erlangen.

Bei Beginn der französischen Revolution, der er sich wie alle lebhaften Geister freudig anschloß, trat er in die militärischen Reihen. In einem Treffen nahe bei Hagenau fiel sein 14jähriger Sohn, durch eine tödliche Kugel getroffen, nahe an seiner Seite. Durch diesen Unglücksfall des militärischen Lebens überdrüssig, hielt er um seine Entlassung an und kehrte traurig nach Lyon zurück.

Nach einer im Jahre 1794 veröffentlichten Liste waren 40000 Bewohner dieser Fabrikstadt umgekommen und 10000 entflohen. Die früher so blühende Industrie war fast vernichtet; um sie einigermaßen wieder zu heben, suchte man durch einen Direktorial= beschluß die ausgewanderten Arbeiter zur Rückkehr in das Vaterland zu bewegen.

Nach seiner Rückkehr suchte Jacquard seine Pläne zur Ausführung einer Hilfsmaschine für die Musterweberei, welche ihn im Hinblicke auf das Los der dabei verwendeten unglück= lichen Kinder unausgesetzt beschäftigten, weiter zu verfolgen. Die Erfindung war in seinem Geiste schon zur Reife gediehen, doch hinderte der Mangel an Geldmitteln deren Aus= führung. Glücklicherweise fand er einige einsichtsvolle und freigebige Gönner, welche, die Wichtigkeit des ihnen mitgeteilten Projektes erkennend, die nötigen Mittel zum Bau der Maschine gewährten. Hierdurch wurde es Jacquard nach mehrjährigen Anstrengungen möglich, 1799 seine Latzenzugmaschine zustande zu bringen und solche auf der im September 1801 in Paris stattfindenden Industrieausstellung zu veröffentlichen, worauf ihm die bronzene Medaille zuerkannt wurde. Stand zwar diese sinnreiche Erfindung seiner späteren nach ihm benannten Webereimaschine in bezug auf Einfachheit und Leistung weit nach, so löste er doch dadurch die sich gestellte Aufgabe und verschaffte dieser Maschine vielseitige Einführung in den Lyoner Fabriken.

Am 2. Januar 1802 wurde ihm ein Erfindungspatent auf zehn Jahre verliehen, wovon er jedoch keinen Gebrauch machte, vielmehr suchte er seiner Maschine zum besten der Arbeiter die möglichste Vollkommenheit zu geben. Insoweit hatte jedoch seine Erfindung die Aufmerksamkeit erweckt, daß ihm die Behörde von Lyon ein Arbeitslokal im Palaste der schönen Künste unter der Bedingung gewährte, junge Weber in der Handhabung der neuen Maschine unentgeltlich zu unterrichten. Zu diesem Zwecke hatte er aus eignen Mitteln nicht unerhebliche Auslagen für Baustoffe und verschiedene Geräte zu machen, die ihm nie= mals wiedererstattet worden sind. Von dieser praktischen Schule und seiner Werkstatt wurde er nach einer zweijährigen Wirksamkeit, einer andern Angelegenheit halber, nach Paris gerufen.

Es hatte nämlich die Gesellschaft der Künste zu London und gleichzeitig auch die fran= zösische Gesellschaft zur Aufmunterung des Gewerbfleißes jede einen Preis auf die Erfindung einer Maschine zur Herstellung von Fischnetzen ausgeschrieben. Jacquard löste diese Auf= gabe zur Ehre seines Vaterlandes. Der General Bonaparte wünschte ihm Glück zu seiner Erfindung. Die oben erwähnte Gesellschaft verlieh ihm am 2. Februar 1804 die große goldene Medaille und eine Gratifikation von 3000 Frank. Er wurde im Konservatorium der Künste und Gewerbe angestellt, und hierdurch war sein Glück und Ruhm begründet.

Somit endlich in einen entsprechenden Wirkungskreis gestellt, konnte Jacquard seine fruchtbaren Ideen verwirklichen. Er erfand und verbesserte eine Reihe von Maschinen und namentlich solche für Weberei und Bandfabrikation. Hier sah er auch zum erstenmal die Überbleibsel einer für die Musterweberei bestimmten Maschine von Vaucanson, welche denselben Zwecken zu dienen bestimmt war, für welche auch Jacquard bereits eine Maschine sich hatte patentieren lassen. Jacquard unternahm es, die Vaucansonsche Maschine, von der er vorher kaum etwas gehört hatte, wieder einzurichten; indessen stellte sich dabei die Unzweckmäßigkeit derselben auf das entschiedenste heraus, da sowohl die Kosten für die Vorrichtung als auch der Kraftaufwand zur Handhabung dieser Maschine zu beträchtlich waren.

Aus seiner glücklichen Thätigkeit am Konservatorium wurde Jacquard plötzlich in seine Vaterstadt zurückberufen. Nach reiflicher Überlegung ging er dahin, um die Direktion eines Arbeitshauses, in welchem die Fabrikation wollener Teppiche eingeführt werden sollte, zu überwachen. Mißlich war es für Jacquard, daß er an diesem Hospital nicht einmal die Mittel fand, welche die beabsichtigte Fabrikation erheischte.

Aber gerade sein Aufenthalt am Konservatorium und insbesondere seine Bekanntschaft mit der Vaucansonschen Maschine waren für ihn von der größten Wichtigkeit gewesen, denn er fand an der letzteren die meisten Hauptbestandteile, die er für seine neue, von der Latzenzugmaschine durchaus verschiedene Konstruktion so sinnreich zu benutzen wußte, indem er statt der Vaucansonschen Mustertrommel das Prisma mit Karten substituierte.

Schon im Jahre 1805 trat er mit seiner nach ihm benannten und großes Aufsehen erregenden Maschine hervor, übergab solche mehreren Fabriken zur Benutzung und erhielt die ehrendsten Zeugnisse darüber. Da entschied ein kaiserliches Dekret, gegeben in Berlin am 27. Oktober 1806, über seine Zukunft. Der Magistrat von Lyon erhielt durch dasselbe den Befehl, ihm eine lebenslängliche Rente von 3000 Frank zu gewähren, wovon nach seinem Tode die Hälfte an seine Frau übergehen sollte. Dafür sollte Jacquard der Stadt Lyon seine sämtlichen Erfindungen und Maschinen als Eigentum überlassen. Ein andres kaiserliches Dekret hatte ihm eine Prämie von 50 Frank für jeden mit seiner Maschine ausgestatteten Stuhl bestimmt.

Obschon nun Jacquard es sich unabläßig angelegen sein ließ, seiner Maschine die möglichste Vollkommenheit zu geben und sie einzuführen sowie durch Proben ihre Brauch=

Fig. 843. Charles Marie Jacquard.

barkeit zu zeigen, so war trotz dem kaiserlichen Eingreifen und trotz der ihm für jede in den Gang gesetzte Maschine bewilligten Prämie sein wirklicher Lohn ein wenig beneidenswerter. Seine Ideen und Modelle wurden in unrechtmäßiger Weise von andern benutzt, und wenn er dies in seiner Uneigennützigkeit auch verschmerzen konnte, so traf ihn die Undankbarkeit und die Eifersucht gerade derer, für welche er seine Erfindung berechnet hatte, auf das schmerzlichste. Ja, sein Leben war mehrmals in der größten Gefahr. Man schleppte die Originalmaschinen nach dem Platze des Terraux und verbrannte sie zur Befriedigung einer schaulustigen großen Volksmenge. Auch die anderweit aufgestellten Jacquardmaschinen wurden von der Wut des Volkes zertrümmert. Nicht genug! Der Rath der Prud'hommes forderte ihn sogar vor das Tribunal, da die Werkmeister für den ihnen durch diese Maschinen an Zeit und Materialien verursachten Verlust Schadenersatz verlangten. Der aus Fabrikanten bestehende Rath verurteilte ihn, und nur auf inständiges Bitten wurde ihm die Nachsicht gestattet, den Gegenbeweis zu liefern. Jacquard setzte hierauf eine seiner Maschinen wieder zusammen und arbeitete damit im Palaste St. Pierre vor einer großen Zahl Neugieriger ein Mustergewebe, für welches man seine Vorrichtung als ungeeignet dargestellt hatte. Man mußte ihn freisprechen.

Alle diese Widerwärtigkeiten verzögerten nun zwar die Einführung dieser Maschine, welche die Ausländer bereits als ein Meisterstück anerkannten, trotzdem aber arbeiteten von den im Jahre 1825 in Lyon und seiner Umgebung im Gange befindlichen 30 000 Webstühlen schon über ein Drittel mit der Jacquardmaschine.

Die Stadt Lyon bewilligte Jacquard die ihm vorher entzogene Rente wieder und ließ durch einen der ersten Künstler sein Bildnis anfertigen, welches man im dortigen Museum aufbewahrt. Zur allgemeinen Genugthuung erhielt er im Jahre 1819 nach der Industrieausstellung das Kreuz der Ehrenlegion, eine Auszeichnung, die an Gleichwürdige zu verteilen es selten, an Würdigere wohl nie Gelegenheit gegeben hat.

Nach Erfüllung seiner Wünsche zog sich Jacquard aus dem Geschäftsleben und vom Geräusche der Welt zurück. Seine obschon mäßige Pension war ihm hinreichend für seine noch mäßigeren Bedürfnisse. Auf einem kleinen Landhause mit freundlichem Garten zu Oullins, nahe bei Lyon, verlebte er mit seiner Frau in großer Zurückgezogenheit seine Tage, wie ein Weiser, ohne Bitterkeit über die erfahrenen Widerwärtigkeiten. Er starb am 7. August 1834, ein hölzernes Kreuz bezeichnet auf dem Kirchhofe zu Oullins die Stelle, wo seine irdische Hülle ruht. Am 26. August eröffnete der Gewerbevorstand von Lyon eine Sammlung zu einem Denkmale für Jacquard, welches, ein bronzenes Monument, endlich im Jahre 1840 vor dem Pflanzengarten errichtet wurde.

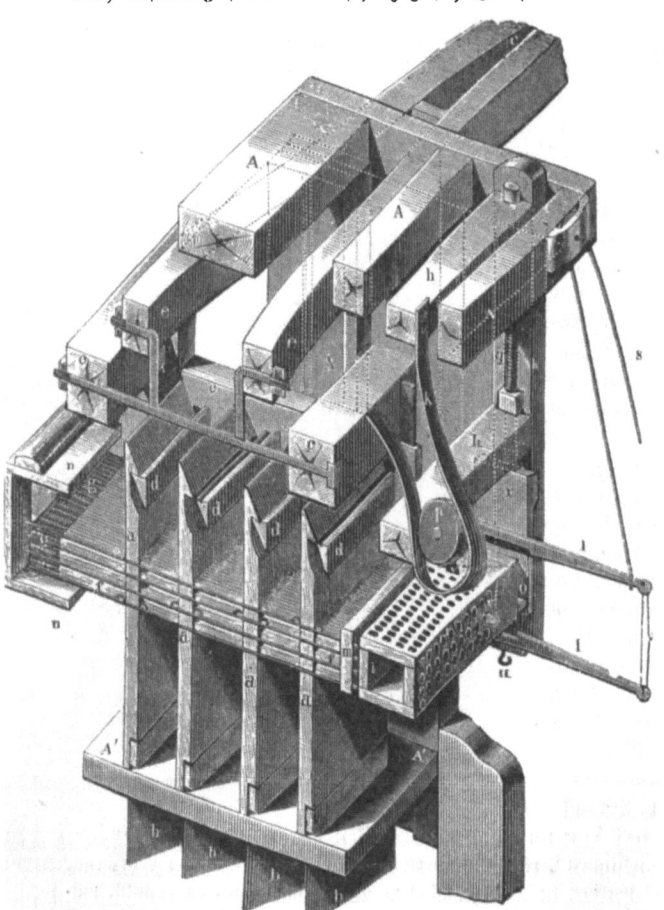

Fig. 844. Jacquardmaschine.

Die Jacquardmaschine ist in Fig. 844 im Querschnitt schräg= über dargestellt. In dem Gestelle von Holz (oder Eisen) A A lassen sich wie beim Webstuhle vier Hauptteile nebst zugehörigen Bestandteilen hervorheben, und sollen diese zuförderst hier nähere Erläuterung finden.

1) Die Platinen oder Hebehaken a a mit den angehängten Korden b b. An jeder Korde ist unterhalb eine den Figuren entsprechende Anzahl Harnischlitzen angeknüpft, so daß mit sämtlichen Korden alle Harnischlitzen und Kettenfäden aufgezogen werden können. Es gibt nur einige Ausnahmefälle, z. B. bei dem Pikee, wo nur ein Teil der Kette durch den Harnisch, der andre Teil aber durch das Vordergeschirr geht. Die hölzernen Platinen besitzen am oberen Ende eine Nase, die eisernen aber eine hakenförmige Umbiegung, mittels welcher der Aufhub erfolgt. Die Platinen stehen auf dem unterhalb im Gestelle befestigten Platinenbrett A' A'.

Die Jacquardmaschine. 489

2) Der Messerkasten c, welcher den aus Holz- oder Eisenstäben d d bestehenden Messerrost enthält und durch einen Hebel e oder auch durch einen Rollenzug beim Niedertreten des Trittes aufgezogen und dadurch jede beliebige Anzahl der auf den Messern oder Roststäben anhängenden Platinen aufgehoben werden kann.

Fig. 845. Jacquardwebstuhl.

3) Die horizontal liegenden Nadeln oder Stößel f f mit aufgesteckten Spiralfedern g g im Nadelkasten n haben den Zweck, die Platinen a a von den Messern herabzudrücken und dann durch die Mitwirkung der Federn wieder darauf zu schieben.

Die aus Draht bestehenden Nadeln besitzen daher zwei an der Vorder- und Rückseite der Platine dicht anschließende Öhre, wodurch die Rück- und Vorschiebung erfolgt. Wird nun durch einen am vorderen Ende der Nadel entgegentretenden Widerstand dieselbe zurück- und vom Messer geschoben, so wird dadurch die kleine messingene Spiralfeder g, welche auf dem umgebogenen hinteren Ende der Nadel aufgesteckt ist, zusammengedrückt und gespannt und drückt nach Beseitigung des Widerstands die bis dahin schief stehende Platine wieder auf das Messer zurück.

4) Die Lade h mit dem Prisma (der Walze oder dem Cylinder) i, die Presse k zur Schwingung der Lade und der Hund l zur Drehung des Cylinders. Damit von den Platinen a a jede beliebige Anzahl stehen gelassen oder gehoben werden kann, müssen die vom Hube auszuschließenden von den Messern geschoben werden, die aufzuhebenden aber mit ihren Haken darauf verbleiben. Dies wird durch die sich vor das Prisma legende Musterkarte von Pappe erzielt. Diese Karten sind nämlich der Patrone oder dem Musterbilde entsprechend durch Stahlstempel der Kartenschlagmaschine so durchlocht, daß die darauf verteilten Öffnungen genau über die etwa 1 cm tief und eng gebohrten Löcher der Walze i zu liegen kommen.

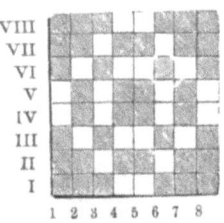

Fig. 846. Patrone eines Jacquardmusters.

Wo demnach die Karte Löcher besitzt, werden die über das Nadelbrett m etwas vorstehenden Nadelenden beim Anschlagen des Prismas in dasselbe eindringen, so daß ebensoviel Platinen auf dem Roste gelassen werden, also zum Aufhube gelangen. Dadurch werden die anhängenden Platinenschnüre oder Korden und durch diese die Litzenschnüre und Kettenfäden gehoben werden. Während aber der Messerkasten die Platinen aufzieht, entfernt sich nach und nach das Prisma vom Nadelbrette m, und die Spiralfedern g drängen die vorher stehen gebliebenen Platinen wieder vorwärts. Inzwischen macht das Prisma vermöge des Eingriffs des Hundes in die Laternenstäbe o eine Viertelsumdrehung.

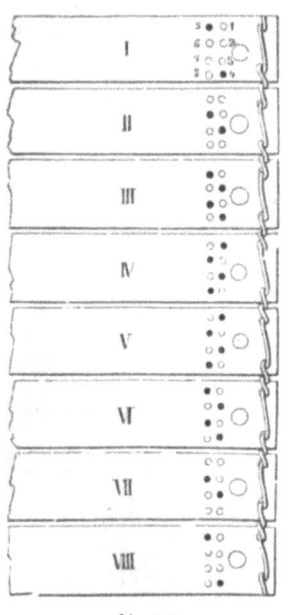

Fig. 847. Karte eines Jacquardmusters.

Hiernach läßt man den gewichtigen Messerkasten zurücksinken, wobei die in der Presse herabgehende Rolle p die Lade und somit das Prisma mit der neu vorgelegten Karte durch kräftigen Anschlag dicht an das Nadelbrett m anlegt und für den folgenden Aufhub diejenigen Platinen zurückdrängt, die nicht mit aufgezogen werden sollen.

Zwei innerhalb der Lade angebrachte starke Spiralfedern q wirken durch das Querstück r drückend auf die Stäbe o der Laterne und verhindern die zu leichte Umdrehung des Prismas. Außer der gewöhnlichen vorgängigen Bewegung desselben durch die am Messerkasten befestigte und in der Presse aufsteigende Rolle p, wodurch die Schwingung der Lade und die Walzendrehung durch den Hund eintritt, kann durch letzteren mittels der Schnur s s auch ein Zurückdrehen des Prismas (Wiederholen einer beliebigen Kartenzahl) bewirkt werden. Statt der vierseitigen hat man auch sechsseitige Prismen angewendet.

Die Karten haben an jeder schmalen Seite zwei Bindelöcher, durch welche Bindfäden so gezogen werden, daß sie sich im Zwischenraume der Karten kreuzen. Die so wie ein Band ohne Ende verbundenen Karten läßt man über leicht drehbare Walzen laufen, wozu für die Zapfen der oberen Walzen die Haken u am unteren Ende der Lade dienen. Zum Festhalten und regelmäßigen Fortziehen der Karten hat das Prisma auf jeder Seite zwei Warzen v und jede Karte zwei entsprechende Warzenlöcher.

Außer der Verschiedenheit, daß Jacquardmaschinen überwiegend von Holz oder ganz von Eisen ausgeführt und in sehr abweichender Größe mit zwei-, vier-, sechs-, acht-, zehn- und zwölfhundert Platinen erbaut werden, hat man auch die Stößelfedern durch einen zweiten, elastisch wirkenden Schenkel der Drahtplatinen ersetzt. Auch hat man der zum Zwecke der Schaftbewegung dienenden Jacquardmaschine (Trittmaschine) ein zum gleichzeitigen Senken mit dem Platinenaufhube eingerichtetes Platinenbrett gegeben, um ein größeres Fach zu erzielen.

Bei Jacquardmaschinen bis 600 Platinen hat eine Längenreihe immer 50 Löcher, so daß eine 200er Maschine vier, eine 400er Maschine aber acht solcher Reihen hat. Bei größeren Maschinen dagegen fallen auf eine Längenreihe 75, 100 und auch mehr Löcher. Man pflegt die hinterste Ecke linker Hand vom Stuhlsitze aus sowohl am Gallier- oder Schnürbrett, als auch auf der wagerechten oberen Fläche des Prismas als den Anfangspunkt für die Litzenschnüre und Kartenlöcher zu nehmen und zählt, bei einfacher Vorrichtung, der Breite oder schmalen Seite dieser Teile nach und immer auf derselben Linie des Anfangspunktes beginnend.

Die Verbindung einer Jacquardmaschine mit dem Webstuhle ist durch Fig. 845 ersichtlich. C bezeichnet die Kartenkette, D das Prisma, L den mit den Platinenkorden verbundenen Harnisch, M den Tritt zum Aufschube des Messerkastens, O den Warenbaum und P das Rietblatt. Auf dem Brustbaume befindet sich zur regelmäßigen Fortführung der Ware ein Regulator, dessen Hebel durch eine mit den Tritten oder der Lade verbundene Schnur a bewegt wird; b sind die Peitschenschnüre für den Schnellschützen.

Um an einem einfachen Beispiele die Übertragung eines Musters von der Patrone auf die Karte zu zeigen, wählen wir Fig. 846, welche sich auf der Zeugbreite 25mal wiederholen soll. Da nun der Rapport dieser Figur acht Ketten- und acht Schußfäden beträgt, so werden 8 × 25 = 200 Platinen und acht Karten erforderlich. Wenn nun, wie in diesem Falle, an jeder Platinenschnur nur eine Litzenschnur der Kette hängt, so nennt man diese Anordnung einchörig. Würde man aber dieselbe (200er) Maschine für ein doppelt oder mehrfach breites Gewebe mit gleichem Muster benutzen, so müßten von jeder Platinenschnur zwei, drei, vier, fünf Litzenschnüre ausgehen, um die gleichen Ketten-

Fig. 848. Levierrahmen.

teile der hinzugekommenen Breite zu heben, und es würde der Harnisch dann aus zwei, drei, vier, fünf Chören bestehen oder diese Vorrichtung zwei-, drei-, vierchörig u. s. w. heißen.

Bezeichnen nun die weißen Quadrate in Fig. 846 des obigen Musters die Kette und die schwarzen den Schuß, so entsprechen den aufeinander folgenden Karten (s. Fig. 847) die durch gleiche römische Ziffern bezeichneten Schußfäden des Musters, und die dunkler angegebenen Löcher der Karten folgen sich in gleicher Weise, wie es die gleichnamigen arabischen Ziffern zwischen dem ersten Schußfaden der Patrone und der ersten Karte ableiten lassen: eine Öffnung oder dunkle Kreisfläche hat eine Kettenhebung oder ein weißes Quadrat zur Folge oder umgekehrt.

Das Einlesen (Levieren) von Mustern ist eine Vorarbeit für das Kartenschlagen. Für das Muster Fig. 846 ist das Verfahren des Einlesens folgendes. Für die erste Karte werden von den Schnüren eines Levierrahmens, wie solcher in Fig. 848 verzeichnet ist, unter der oben ausgesprochenen Voraussetzung, daß die weißen Quadrate zu hebende Kettenfäden sind, drei der ersten Schnüre gelassen, zwei genommen und wieder drei gelassen, und in gleicher Abwechselung die nächsten 24 Muster für die erste Karte der 200er Maschine eingelesen. Für die zweite Karte heißt es: zwei gelassen, eine genommen, zwei gelassen, eine genommen und zwei gelassen u. s. w. Die genommenen und gelassenen Schnüre, Stempelkorden, wovon erstere den zu hebenden Kettenteilen entsprechen, werden durch eine quer durchgeführte Schnur, Latz, getrennt. Wird dieselbe angezogen, so werden dadurch Platinen der Ausschlagmaschine so gestellt, daß die zugehörigen Stahlstößel die vorgelegte Karte durchlochen.

Der Grundgedanke Jacquards besteht, wie wir oben gesehen haben, in der Verwendung von Karten, durch welche die Hebung der nach der Zeichnung zur Musterbildung bestimmten Faden und der hierzu vorhandenen Vorrichtungsart der „Schnürung" bewirkt wird, derart, daß jedes andre auf gleicher Vorrichtung beruhende Muster oder Dessin sofort durch Auswechselung einer andern Karte gewebt werden kann. Nun sind aber die Karten, welche aus bester und fester Pappe bestehen müssen, ein kostspieliges Objekt bei großen Mustern und auch das Gewicht derselben führt oft zu umständlichen Hilfsmitteln, welche hierbei nötig werden. Es sind auch schon viele Versuche gemacht worden, Papiere zu verwenden, aber die direkte Berührung der Jacquardnadeln mit dem Papier zerstörte bald die Papierkarte.

Acklin war der erste, der den Gedanken hatte, das Papier auf indirektem Wege auf die Jacquardnadeln wirken zu lassen, eine Idee, welche durch den Franzosen Verdol zur praktischen Ausführung gelangt ist und welche in der Pariser Weltausstellung 1878 zur Schau gestellt war. Diese Erfindung war hauptsächlich für Handwebstühle anwendbar, deren Geschwindigkeit selten 60 Schläge per Minute beträgt; als die Erfindung nach England kam, fand man, daß sie bedeutender Verbesserungen bedurfte, denn erstens folgten die Bewegungen denen eines mechanischen Stuhls bis zu 150 Schlägen keinesfalls, und zweitens dehnte sich das Papier in feuchter Witterung derart, daß der Rapport der Löcher ganz verloren ging. Um diesem Übelstande abzuhelfen, bildete sich in Manchester eine Gesellschaft, welche mehr als 200000 Mark für Versuche und Verbesserungen ausgab und die Erfindung dann an Bensons Patent-Jacquardkompanie verkaufte, welche weitere Vervollkommnungen daran vornahm. Diesen Apparat hier zu beschreiben, würde zu weit führen, doch sei erwähnt, daß die Jacquardmaschine dabei ganz so bleibt als sie ist, nur werden der sogenannte Cylinder und die Karten weggenommen (vgl. Voigt, „Die Weberei"). Die Karten können jedoch zu jeder Zeit wieder aufgelegt werden, wenn der neue Apparat abgenommen wird. Dieser letztere besteht eigentlich in einem kleineren feineren Jacquard mit wage- und senkrechten Nadeln, von denen letztere aus dünnem Draht sind. Vermittelst des neuen Apparates ist vor allem ein viel größeres Muster billig herzustellen als mit Pappkarten; eine weitere große Ersparnis besteht in dem verminderten Gewicht.

Der elektrische Webstuhl. Um den oft sehr beträchtlichen Aufwand für Karten zu sparen, deren große Muster oft Tausende erheischen, sind mannigfache Mittel versucht worden. Der Telegraphendirektor Bonelli in Turin führte die Idee aus, von der metallischen Oberfläche einer Musterzeichnung aus Elektromagnete wirksam zu machen und durch diese vermittelst horizontaler Nadeln die zugehörigen Platinen über die Messer der Jacquardmaschine zu bewegen (1853). Er gab jedem Hebehaken (Platine) einen Magnet für sich, dessen Leitungsdraht bis zur Musterzeichnung führte und erregt wurde, je nachdem er bei deren Vorwärtsdrehung auf metallische Stellen der Zeichnung traf oder nicht. Die Einrichtung selbst lernen wir später noch etwas genauer kennen.

Der Mechaniker Hipp vervollkommnete diesen Apparat noch weiter, so daß damit im Jahre 1857 in Turin ein Stück Zeug gewebt wurde, dessen Zeichnung 4 m Länge hatte und 40000 Karten darstellte. Andre Einrichtungen rühren von Maument in Reims und dem Mechaniker Brèguet her. Dieselben behielten die Haupteinrichtung der alten Jacquardmaschine bei, nämlich die hängenden Platinen, die wagerechten Nadeln mit ihrem Federhause und den Messerkasten. Nur wurden die Nadeln etwas anders gestellt und die Federn, anstatt ziehend, vordrängend auf die Nadeln wirken gelassen. Jede Nadel hat auch hier ihre kleine elektromagnetische Spirale und wird durch Erregung derselben angezogen, wodurch sie das Häkchen frei macht. Beim Hube des Hebezeugs werden dann diejenigen Platinen und folgerecht deren Kettenfäden gehoben, durch deren Spiralen der Strom geht. Die Elektromagnete liegen in einem Kasten, der bei jedem Hube den Nadeln nahe gerückt wird, beim Zurückgehen des Hebezeugs aber an seine alte Stelle rückt und die Nadeln frei läßt.

Wie werden aber die betreffenden Elektromagnete erregt? Durch eine Walze, auf deren Umfange das Muster durch Messingstifte stickmusterähnlich eingesetzt ist. Bonellis Einrichtung der Mustercylinder war ähnlich. Später hat derselbe aber einen wesentlichen Fortschritt, der die kostspielige Herstellung der Platten oder des Cylinders umgeht, eingeführt, indem er das Muster auf einen Stanniolstreifen mit einer harzigen, nichtleitenden Substanz aufzeichnet. Dieses Musterblatt wickelt sich auf einen Cylinder und gleitet unter einer Reihe von metallenen Zähnen, deren jeder gesondert mit einem der kleinen Elektromagneten in leitender Verbindung steht, hin. In den Cylinder geht der elektrische Strom, derselbe kann aber nur durch diejenigen Zähne weiter, welche auf der nicht bemalten Stanniolfläche ruhen. Es ist dies dasselbe Prinzip, welches einigen Telegraphen (z. B. dem vielbesprochenen Casellischen) zu Grunde liegt. Danach werden alle diejenigen Platinen und Kettenfäden, welche mit dem Muster in Verbindung stehen, angezogen und aufgehoben, während alle übrigen liegen bleiben.

Zur Zeit ist allerdings mit dem Bonellischen Webstuhle noch nicht das erreicht worden, was von vielen Seiten davon erhofft wurde. Das Prinzip ist ganz richtig, die Schwierigkeit aber liegt in der billigen Darstellung der Metallkarten. Wie die von Theodor Martin herausgegebene „Leipziger Monatsschrift für Textilindustrie" berichtet, hat man jedoch von weiteren Versuchen mit Bonellis elektrischem Webstuhl Abstand genommen, denn die Metallkarten müssen so vollständig sein als Pappkarten, aber das Muster muß mit Firnis genau auf ein Metallband aufgetragen werden, Tupfen für Tupfen; dies ist natürlich sehr mühsam und kostet mehr als Kartenschlagen. Und dann hat man nur einen Satz Karten! Für jeden ferneren Satz muß also die Arbeit genau wiederholt werden, während man bei Pappkarten doch nachschlagen kann.

Schalweberei. Unter dem Namen Schal, welchen wir in gedankenloser Nachahmung der Engländer bisher „Shawl" geschrieben haben, während unsre Muttersprache die unvermittelte Herübernahme des echten und alten indischen Wortes „Schala" unter bloßer (regelmäßiger) Abstoßung des a gestattet, ist eine, Mittelasien eigentümliche, aus feinstem Garn gewebte Art von Umschlagetüchern bekannt, welche früher nur selten, nach dem ägyptischen Feldzuge der Franzosen aber häufiger nach Europa kamen und in mehreren Ländern eine mehr oder minder ähnliche Nachahmung und fabrikmäßige Herstellung hervorriefen. Gegenwärtig werden jedoch unter dieser Bezeichnung eine Anzahl Stoffe, vorzugsweise zu Damentüchern, verstanden, welche den echten Schalen mehr oder weniger ähnlich sind und hauptsächlich in Frankreich, England, Wien und Berlin in verschiedener Vollkommenheit hergestellt werden. Das Garn zu den orientalischen Schalen ist das flaumartige feine Grundhaar der Kaschmir- oder tibetanischen Ziege, die paschm genannt, welches sich auf der Haut des Tieres unter dem langen, viel gröberen Haar verborgen findet. Die Natur hat diese Tiere durch eine sehr warme Bekleidung gegen die schnell abwechselnde Temperatur in jenen hohen Gegenden Asiens gesichert. Da nach Verlauf des Winters sich die feine Wolle von der Haut ablöst, so gewinnt man sie durch Kämmen der Ziegen in jedem Frühjahre. Nach dem Reinigen der Paschm folgt ein sehr sorgfältiges Auslesen der Haare und das Verspinnen auf dem nationalen Spinnrade, der Charka.

Über die Herstellung des Schals auf dem indischen Webstuhle ist in den meisten Kreisen so wenig Genaues verbreitet, daß wir dieser merkwürdigen Kunst, einige Worte widmen müssen. Dieselbe ist außerordentlich mühsam und zeitraubend, da die eingewebten Muster durchweg broschiert, d. h. mittels besonderer kleiner Schützen ausgeführt werden. Dabei führt der „Schalbaf" oder Schalweber von Kaschmir, dessen herrliche Arbeiten die schönsten, edelsten Bekleidungsstücke bilden, die es überhaupt gibt, ein kümmerliches Dasein; letzteres ist kaum mehr als eine elende freiwillige Sklaverei. Die Spinnerinnen verkaufen zunächst die gesponnene Paschm an den Garnhändler, den Tarfarosch, von welchem der Werkstattsbesitzer, Karkhandar, die Garne kauft und sie nun färben läßt. Von dem Preise von 5 bis 9 Mark für das Ser (nahezu 1 kg) ist durch die verschiedenen Bearbeitungen hierbei allmählich der Preis der Paschm auf 25—60 Mark das Ser gestiegen. Der Karkhandar nun läßt von seinen Schalwebern, den Schalbafen, die Tücher in Werkstätten weben, in welchen gewöhnlich drei bis sechs Webstühle in einem Raume beisammen stehen; meist sind drei Weber, die nebeneinander vor dem Brustbaum sitzen und die zahllos scheinenden

Broschierschützen einzuschießen haben, an jedem Stuhle beschäftigt. Die Zahl der Schützchen soll manchmal Tausend erreichen, was vielleicht ein wenig gefärbt ist. Die Zeichnung befindet sich auf einem herabhängenden Papier, welches von untenher unter die Kette geschlagen wird und durch seine Linien- und Farbenandeutungen dem Weber das Muster angibt.

Die Kette, die Zamin genannt, liefert den gleichförmigen Grund des Schals; das Garn dazu führt den Namen Alwan, was nichts andres bedeutet als Farbe; man webte immer auf gekreuzter Kette (s. oben). Die Schalbasen verdienen nur knapp ihren Lebensunterhalt. Im Winter setzen sie Wärmbecken unter ihre Füße; die Fenster werden zugleich erklärlicherweise verschlossen gehalten, die Webkette wird von Zeit zu Zeit mit Reiswasser geschlichtet, so daß Dunst und Dumpfigkeit in dem Gemache stets die Herrschaft führen. Die Armen kaufen von ihrem kärglichen Lohn ihr Hauptnahrungsmittel, den Reis, von ihrem Karkhandar; sie müssen so — ein ausgebildetes Trucksystem; dieser aber muß selbst den Reis sehr teuer von der Regierung kaufen, die das Monopol darauf besitzt oder doch den Karkhandaren gegenüber geltend zu machen scheint. Denn diese stehen wiederum in ihrer Hand wegen der Besteuerung ihrer Gewebe.

Jetzt nämlich kommt das Allersonderbarste oder richtiger das Allertollste in der Arbeitenfolge der Schalweberei. Jeden Monat erscheint der Steuererheber in der Werkstatt, um die zu zahlende Steuer vom fertigen Erzeugnis festzustellen oder richtiger die Einschätzung zu bewirken. Und was thut er zu dem Ende? Er schneidet das fertig gearbeitete Stück Schal vom Webstuhl herunter und nimmt es mit! Dasselbe wird dann von amtlichen Einschätzern geschätzt, entsprechend gestempelt und nun zurückgebracht, worauf der Karkhandar die Lappen für den Steuerbetrag wieder kaufen muß.

Was nun damit? Jetzt werden die sich so aufsammelnden Stücke wieder an der Zamin zusammengenäht. Dies führt der Flicker oder Stopfer, der Rafugar oder Rafagar, aus, welcher mit einer mehr als erstaunlichen Geschicklichkeit das so schändlich Zerrissene, Getrennte wieder verbindet durch für ungeübte Augen unentdeckbare Nähte. Er erhält dafür — eine Rupie, d. i. nicht ganz 2 Mark für das Stück, d. h. für die Naht.

So kommt es denn, daß die meisten der schönen und schönsten Schale aus 15 bis zu 30 Stücken bestehen. Dies vermindert aber keineswegs ihren Wert und Preis. Einen einzigen Vorteil kann man in dem geschilderten barbarischen Verfahren finden; es ist der, daß eine Reihe von Stühlen zugleich für denselben Schal oder dasselbe Paar von Schalen — denn sie werden stets paarweise gefertigt und verkauft — beschäftigt werden können und so die Herstellungszeit auf Monate herabgezogen werden kann, die sonst 6—7 Jahre dauern würde.

Ausgenommen von dem paarweisen Verkauf sind zwei Arten von Schalen, der Dschamawar und der Duschala oder Doppelschal. Dschamaware sind Schale von einfacher Streifung, bei welcher die Zamin oder der Grund nicht sichtbar wird, oder auch solche mit einfachem verstreuten Musterchen; sie werden meist im Lande verbraucht, und zwar zu geschnittenen Kleidungsstücken. Der Name Dschama-war bedeutet nämlich nichts andres als: geeignet zum Gewand. Die Doppelschale sind die gröbsten, dicksten Schale; sie kommen fast nie nach Europa; meist werden sie in Persien von den Frauen der Vornehmen zu Wintergewändern benutzt.

Die zuerst besprochenen Schale sind die berühmten Kaschmirschale. Ihr Preis kommt in Europa auf 2500—6000 Mark, wovon die Hälfte auf den Zwischenhandel fällt. Die reichen indischen und persischen Großen bestellen für ihren Bedarf die Schale an Ort und Stelle und lassen deren Anfertigung überwachen, wie man bei uns mit — Schienenlieferungen thut.

Die unvergleichliche Schönheit und der so hohe Preis der echten Schale erregte selbst in Paris viel Aufsehen und zog namentlich auch die Aufmerksamkeit der Industriellen auf sich. Zuerst gelang es Bellanger in Paris, die Fabrikation der orientalischen Schale genau zu erfahren und sie ziemlich vollkommen nachzuahmen. Nach ihm folgte der berühmte Fabrikunternehmer Baron Ternaux, welcher, als der größte Beförderer der französischen Industrie, auch diesem Zweige größere Vollkommenheit gab und die unter dem Namen Ternauxschale bekannten Fabrikate ausführte. Mit großen Schwierigkeiten bezog er zuerst Kaschmirwolle aus Asien und überreichte der damaligen Kaiserin Josephine daraus angefertigte kostbare Schale. Er ist der Begründer der für Frankreich so überaus wichtigen

Schalfabrikation, die er später noch wesentlich dadurch unterstützte, daß es ihm nach vielfältigen Bemühungen gelang, 400 Stück von tibetanischen abstammende kirgisische Ziegen einzuführen und auf seinen Ländereien dadurch so ausgezeichnete Wollen zu erzeugen, daß sie der tibetanischen nahe standen. Außer durch die Feinheit der Wolle, welche dem Gewebe eine ungemeine Leichtigkeit gibt, zeichnen sich die orientalischen Schale besonders durch ihre wundervollen Muster und ihre zarte harmonische Färbung aus, so daß die europäische Schalfabrikation in der That nichts Besseres von künstlerischem Standpunkte thun konnte, als hierin ganz den asiatischen Vorbildern nachzuahmen und den fremden Stil als unübertrefflich anzunehmen. — Das Grundgewebe der nachgeahmten Schale ist vierschäftiger Köper und besteht, sowie auch der Figurschuß, entweder ganz aus reiner Kaschmirwolle (Pariser, Ternaux= oder Kaschmirschale), oder es besteht der Grund aus gezwirnter Florettseide, der Figurschuß aus Kaschmirwolle, oder beide aus ganz feiner Wolle (Lyoner sogenannte Hindukaschmirschale), oder es ist der Grund zum Teil Florettseide, zum Teil Baumwolle, der Musterschuß mehr oder weniger feine Wolle (Wiener, englische und schottische Schale, Nimeser, Elberfelder, Berliner u. s. w.).

Ein Hauptunterschied zwischen den echten und den diesen nachgeahmten Schalen besteht darin, daß, statt broschiert zu werden, die sämtlichen Schußfäden durch die ganze Breite des Gewebes fortlaufen, auf der Rückseite teilweise frei liegen und ausgeschnitten werden müssen und folglich eine linke Seite erhalten. Außerdem werden Schale unter verschiedenen Bezeichnungen ganz in Seide oder Kammgarn, in Seide und Kammgarn oder Baumwolle und im Gewebe als Satin, Tibet, Gaze, Krepp, Musselin u. s. w. glatt, gestreift, gewürfelt und in verschiedenen Mustern ausgeführt. Bei Doppelschalgeweben fallen die Rückseiten nach innen.

Doppelstoffe oder Hohlgewebe. Sowie ein Gewebe durch entsprechende Einlitzung und Schnürung als beidrechter oder doppelseitiger Stoff ausgeführt werden kann, so lassen sich auch durch dieselben Mittel zwei nahe übereinander befindliche Ketten durch den Schuß entweder zu einem schlauch= oder sackähnlichen Gewebe, oder an den Grenzen größerer oder kleinerer Musterteile zusammenweben. Man nennt derartige Gewebe Hohlgewebe. Bei einigen Artikeln derselben sind beide Ketten von gleicher Beschaffenheit, wie z. B. bei Lampendochten und Spritzenschläuchen; bei andern sind die Farben beider Ketten verschieden, wie dies bei den zuerst in Kidderminster in England erzeugten und danach benannten wollenen Fußteppichen sowie bei Umschlagetüchern der Fall ist. Beide Gewebe sind an den Grenzen der Figuren, welche der Zeichnung nach völlig gleich und nur in der Farbe verschieden sind, gebunden, so daß auf der einen Seite diejenige Farbe die Figur darstellt, welche auf der andern den Grund bildet. Die Eintragfäden wechseln in gleichen Farben wie die Kettenfäden und gehen an der Figurengrenze in das anderseitige Gewebe über, und zwar so, daß, wenn sie auf der oberen Seite eine rote Figur bilden, ein gleichfarbiger Grund als untere Nebenfigur in dem unteren Zeuge entsteht. Ein ziemlich verbreiteter Artikel dieser Art sind die in Berlin vielfach gefertigten mehrfarbigen Umschlagetücher, bei denen die Kette und der Schuß drei= und vierfarbig und die Farben dabei meist so gewählt sind, daß die eine Seite hellen, die andre aber dunklen Grund besitzt, und ein solches Tuch, da es dem Ansehen nach als ein andres erscheint, auf beiden Seiten getragen werden kann. Je nachdem die einzelnen Gewebe solcher Doppelstoffe von gleicher Dichtheit und Teiligkeit sind oder nicht, lassen sich bei deren Fabrikation bestimmte Regeln für Litzung und Schnürung aufstellen.

Ein andres Doppelgewebe ist der Pikee, ein zu Decken und Westen vielfach benutztes Baumwollgewebe. Beide auf besonderen Bäumen befindliche Ketten bleiben bis zur Bindung einzelner Fäden der einen und der andern Kette voneinander getrennt. Das obere Gewebe heißt der Grund, das untere das Futter. Für den Grund wird feineres und doppelt soviel Garn für Kette und Einschlag wie für das Futter verwendet. Die von den Bindungslinien eingeschlossenen Felder erscheinen erhöht und gleichsam abgenäht oder gesteppt, wovon sich der Name herleitet.

Als ein verwandter Gegenstand schließt sich hieran noch die gleichzeitige Herstellung zweier Plüschgewebe auf dem von Chabod=Debonel zu Lockeren in Belgien gebauten Webstuhle. Derselbe besitzt zwei Kettenbäume. Mit der sich teilenden Hauptkette wird die Polkette abwechselnd im Ober= und Untergewebe, welche letztere etwa 1 cm voneinander

496　Die Verarbeitung der Faserstoffe. Das Weben.

stehen, gebunden und sogleich durch eine schützenartige Messervorrichtung geschnitten, welche an einem eisernen Stabe zwischen beiden Geweben quer hin und her geht.

Gaze, Samt, Teppiche und Bänder. Im Vergleich zu den vorher angegebenen Geweben sowie auch zu den nachgehends zu erwähnenden Teppichen sind Gaze- und Samtgewebe ganz verschieden, da sich bei ihnen ein Teil der Kettenfäden in andrer Weise kreuzt und verschlingt als bei den ersteren.

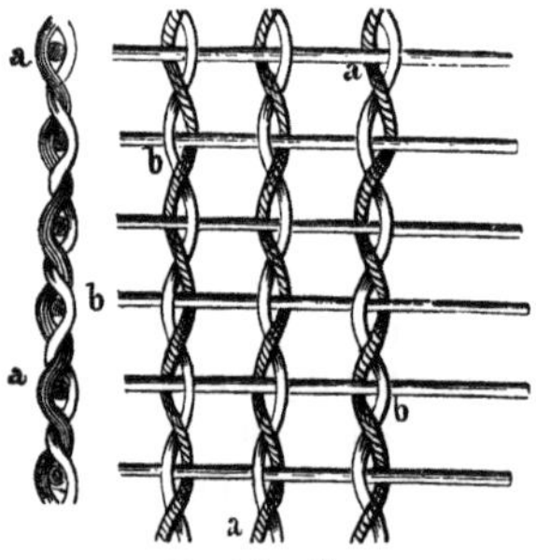

Die Herstellung der Gaze, deren Verbindung Fig. 849 zeigt, beruht auf der Bildung eines Kreuzfaches. Es muß daher ein Kettenfaden a über oder unter dem benachbarten hinweggezogen und diese Verschlingung durch b festgehalten werden. Von den beiden sich kreuzenden Fäden heißt der rechter Hand in der Kette liegende und hier schraffierte der Dreher- oder Polfaden, und es fällt dieser stets in das Unterfach; der linker Hand liegende heißt der Stückfaden und fällt stets in das Oberfach.

Fig. 849. Gaze.

Ein Kreuzfach läßt sich auf verschiedene Weise herstellen. Es kann dazu ein Stab mit Nadeln dienen, welche Häkchen oder Gabeln (wie bei dem Stichstabe für den russischen Stich) oder Öhre besitzen, wie solche Fig. 850—852 zeigt, durch welche die Dreherfäden gefaßt und über die Stückfäden gezogen werden. Oder man

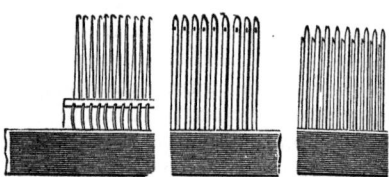

Fig. 850—852. Nadeln mit Haken, Gabeln oder Öhr zur Bildung eines Kreuzfaches.

bedient sich eines besonders eingerichteten Schaftes, welches entweder der sogenannte Perlkopf oder ein gewöhnlicher Satzschaft C (Fig. 853) ist, dessen untere Stelze sich mit dem längeren Litzenhäuschen e eines halben Schaftes D verschlingt, wie es dort dargestellt ist. Jeder Pol- oder Dreherfaden a geht durch ein Häuschen e des halben Schaftes und zugleich durch das Häuschen eines weiter hinten liegenden Schaftes A, jeder Stückfaden b aber durch das Häuschen des hinteren Nebenschaftes B.

Hiernach wird sich nun der Vorgang, wie das Kreuzfach und die Gaze selbst entsteht, übersehen lassen. Beim Treten des Gazeschaftes C mit dem sogenannten schweren oder harten Tritte setzt sich [das obere Ende der unteren Stelze im unteren Ende des Häuschens e auf, und wenn sich der in dem letzteren eingezogene Dreherfaden bis in die wagerechte Ebene oder bis zur Stückkette niedersenkt, befindet sich derselbe auch bereits auf der linken Seite des Stückfadens. Bei weiterem Niedergehen des Schaftes C wird auch der halbe Schaft D tiefer gezogen, bis endlich das obere Ende des Häuschens e auf den Dreherfaden trifft und diesen auf der linken Seite niederzieht, worauf diese Verschlingung durch einen Schußfaden festgehalten wird. Nach dem Treten des leichten Trittes erfolgt der zweite Schuß.

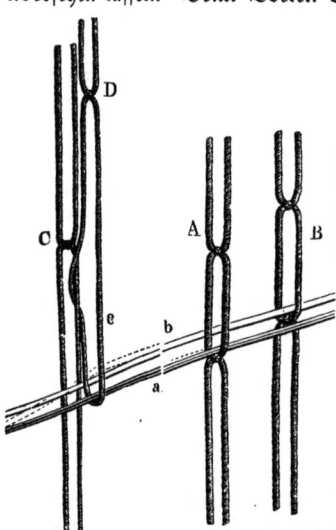

Fig. 853. Gazeschäfte.

Durch das Kreuzen erleiden sowohl die Polfäden als auch die Litzen des Gazeschaftes eine starke Spannung, und man macht die ersteren nachgiebiger, indem man zwei Kettenbäume (Stück- und Polkette) anwendet. Anstatt dieses Mittels kann aber eine andre, nur wenig bekannte Anordnung als ebenso zweckentsprechend empfohlen werden. Der Kettenbaum ist mit einer Riemscheibe zum Betrieb versehen und kann beim Treten des schweren Trittes etwas nachgelassen werden, wodurch sich die Kette so weit lockert, als es das Kreuzfach erfordert. Diese Vorrichtung ist mit wenig Kosten an jedem Gazestuhle anzubringen.

Samt oder Sammet war den Alten schon bekannt, ja der Name stammt von ihnen. Die alte griechische Form desselben ist Hexamitos, d. h. sechsfädig, aus sechs Fäden bestehend.

Samt. Teppiche und Gobelins.

Die samtartigen Gewebe haben die Eigentümlichkeit, daß sie auf dem taft- oder köperartigen Grundgewebe eine aufrecht stehende oder niederzustreichende haarartige Bedeckung, den Flor oder Pol, aus Poil, Haar, ins Deutsche herübergebildet, besitzen. Der Flor kann durch den Einschuß oder auch durch eine besondere Kette erzeugt werden. Ersteres findet beim baumwollenen Manchester, letzteres bei dem eigentlichen Samt aus Seide und Wolle sowie beim Plüsch und Velpel oder Felbel statt. Der Felbel hat seinen Namen von der mittelhochdeutsch so genannten Falbar oder weißen Weide, deren Blätter auf der Rückseite die zarte samtartige Oberfläche zeigen.

Der Flor wird durch ein eigentümliches Verfahren beim Weben gebildet, indem man, wenn die Fäden der Polkette das Oberfach machen, eine Nadel oder Rute einlegt und anschlägt und nach dem Umtreten den Schuß einführt. Die von der Polkette um die Ruten gelegten Schleifen werden aber nach dem Verweben der Pol- und Grundkette festgehalten, auch wenn die Nadel entfernt ist. In Fig. 854 sind die Kettenfäden mit C, die Schußfäden mit T bezeichnet. Ein Teil der Kettenfäden bildet die Maschen oder Schleifen B. Je nachdem nun so entstandene Schleifen oder Maschen aufge=

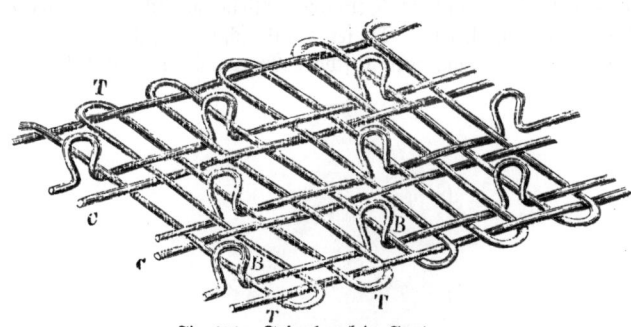

Fig. 854. Fadenlage beim Samt.

schnitten werden oder nicht, unterscheidet man geschnittene und gelockte Samte. Fig. 855 zeigt die aufgeschnittenen Schleifen oder den Flor P', die nicht aufgeschnittenen, P, den Leinwandgrund a und die eingelegte Rute b. Erfolgt das Aufschneiden nur teilweise, so heißen solche Samte halbgeschnittene. Unter Plüsch versteht man einen Samt mit längerem Flor, und am längsten ist derselbe bei dem Velpel oder Felbel, doch bezeichnet man auch den wollenen Samt vorzugsweise als Plüsch.

Es ist nun einleuchtend, daß die Polkette um so länger als die Grundkette zu nehmen ist, je stärker die eingelegten Nadeln sind, oder je größer die Schleifen werden. Beim gewöhnlichen Samt ist die Polkette etwa sechsmal länger als die Grundkette. Während sich daher beim Samt je nach der Dichtigkeit der Polkette und je nach der Länge des Flors der Grund beliebig verdecken läßt, ist bei dem Manchester ein längeres Haar nur durch entferntere Bindungspunkte zu erzielen und steht somit auf dem Gewebe sparsamer verteilt.

Bei diesem Gewebe dient ein Teil des Einschusses (Grundschuß) zur Bildung des auf der Rückseite sichtbaren Grundgewebes, ein andrer Teil (Polschuß) liegt aber auf der rechten Seite in größeren

Fig. 855.
Samt mit Leinwand und eingelegter Rute b.

Längen, welche zusammen wenigstens drei Viertel der Gewebebreite betragen, flott und bildet als parallele Längenstreifen sozusagen Schläuche, welche aufgeschnitten werden. Für diesen Zweck wird das Gewebe auf einer Tafel ausgespannt, Fig. 856, und ein eigentümlich geformtes und mit der Schneide aufwärts gerichtetes Messer in den schlauchförmigen Streifen eingesetzt und fortgeführt.

Teppiche und Gobelins. Die zum Belegen der Fußböden oder verschiedener Möbel, zu Überzügen oder zum Behängen der Wände dienenden Teppiche sind neben der Verschiedenheit des Webestoffs auch nach der Beschaffenheit ihrer Bindung verschieden und lassen sich in letzterer Beziehung in drei Hauptklassen bringen.

1) Teppiche aus einfachem Gewebe. Dahin gehören neben den verschiedenen gröberen Fußdeckenzeugen, deren Kette entweder aus Werggarn oder Leinenzwirn, deren Einschuß aber aus Kuh- oder Ziegenhaargarn besteht, auch die als Tiroler Tisch- und Fußteppiche bezeichneten, bei denen öfters wollenes Streichgarn den Einschlag bildet. Auch verwendet man jetzt Jutegarn und Kokosbast zu Fußteppichen. 2) Bei den englischen Teppichen besteht

498 Die Verarbeitung der Faserstoffe. Das Weben.

die Kette aus dünnem, zweifädigem, abwechselnd schwarzem und farbigem Kammwollzwirn, der Einschlag abwechselnd aus einem schwächeren, meist gezwirnten Leingarnfaden und aus dickeren, nicht gezwirnten, 10—20 einzelne Leinen= oder Baumwollgarnfäden enthaltenden Schußfäden. 3) Die Kettenfäden, durch Jacquardmaschine gehoben, bilden das Muster und decken den Schuß. Diese britischen Teppiche bilden eine vervollkommnete Nachahmung der sogenannten venezianischen Teppiche.

Große Mannigfaltigkeit hat diese Fabrikation zuerst in England durch den Druck erhalten, indem entweder die Kette vor dem Verwenden mechanisch vielfarbig bedruckt wird, oder auch der fertige Teppich selbst. Die englischen, durch Kettendruck erzeugten Teppiche sind in bezug auf reiche Muster und Schönheit der Farben so vorzüglich und beliebt, daß die größte und berühmteste Teppichfabrik, die von John Croßley in Halifax, ungerechnet größerer Massen andrer Teppiche, allein jährlich 80—90000 Stück in Kettendruck von 40 Yard Länge liefert. Dieser Klasse schließen sich auch die Gobelinteppiche oder Tapeten als überaus mühsame und kostbare Erzeugnisse der Kunstweberei an.

Fig. 856. Aufschneiden des Samts.

Die Kunst der Teppichweberei scheint ihren Ursprung im Morgenlande zu haben, und Pergamo, Thyrus, Sidon und Babylon besaßen herrliche Teppiche, die oft mit Gold und Silber durchwirkt waren. Schon im 8. Jahrhundert war die Kunst der Teppichweberei in England bekannt und eine Beschäftigung der vornehmsten Damen, denn der noch vorhandene Teppich von Bayeux, auf dem die Eroberung Englands durch die Normannen dargestellt ist, wurde zu jener Zeit von der Königin Mathilde und ihren Hofdamen gewirkt. Im 14. und 15. Jahrhundert finden wir die Teppichweberei in Brüssel und Arras handwerksmäßig betrieben, und von dort kam sie auch nach Deutschland, wo in Schwabach die erste derartige Werkstatt war.

Die deutsche Teppichfabrikation nimmt heute bereits eine achtunggebietende Stellung auf dem Weltmarkte ein, namentlich Berlin, Düren, Schmiedeberg in Schlesien, Chemnitz, Wurzen, Barmen u. s. w. erfreuen sich als Erzeugungsplätze dieses Artikels eines wohlbegründeten Rufes. Man lobt die Vollkommenheit der deutschen Teppichfabrikate, welche sich durch lebendige Farbenstellung wie durch geschmackvolle Musterung hervorheben. Während in früheren Jahren noch für rund 6 Millionen Mark Teppiche aus England nach Deutschland eingeführt wurden, beträgt die englische Einfuhr jetzt kaum noch eine Million Mark.

Teppiche und Gobelins. 499

In jüngster Zeit hat man in Deutschland — erst in den Rheinlanden, dann im sächsischen Vogtlande — auch die Fabrikation von Axminsterteppichen aufgenommen und damit große Erfolge erzielt. So setzt beispielsweise eine einzige Firma, Koch & te Kock in Olsnitz i./V., nahezu für 1 Million Mark jährlich Axminsterteppiche, welche dieses Etablissement als Spezialität erzeugt, um. Auch die Fabrikation von Knüpfteppichen, einer Nachahmung von Smyrnateppichen, hat seit wenigen Jahren in Deutschland eine hohe Bedeutung gewonnen, so daß jenes Fabrikat schon vielfach mit den Maschinenteppichen in Wettbewerb tritt.

Fig. 857. Ein Stück vom Teppich zu Bayeux.

Die Firma Eppstein & Co. in Sprottau stellt beispielsweise Knüpfteppiche bereits in solch vollendeter Technik dar, daß an einer Zunahme des Verbrauchs in dieser Ware, den auch andre Firmen mit Glück aufgenommen haben, nicht zu zweifeln ist. Seit etwa Jahresfrist beginnt die Teppichknüpferei auch als Hausindustrie Fortschritte zu machen, und werden die Bestrebungen, diesen Erwerbszweig in die Hausindustrie einzubürgern, sicherlich durch die von Bruno Neubauer in Plauen erfundene Knüpfzange Förderung finden, da diese neue Knüpfzange das Arbeiten sehr erleichtert und die umständliche und zeitraubende Arbeit mit der Häkelnadel und den Fingern beseitigt.

Die Weberei von Teppichen zerfällt in zwei Teile, nämlich in die niederländische Art, wo die Kette wagerecht liegt, und in die deutsche, wo sie senkrecht steht. Jene nennt man tiefschäftige (Basseliffe), diese hochschäftige (Hauteliffe) Arbeit. Die meisten Fabriken machen tiefschäftige Arbeit, nur in Paris und Petersburg wird hochschäftig gearbeitet. Die Manufaktur in Paris wurde 1440, vielleicht auch erst unter Franz I., in dem Hause eines geschickten Färbers, Namens Gobelin, begründet, und nach diesem erhielten die Teppiche den Namen Gobelins, der sich dann auf alle derartigen Erzeugnisse erstreckt hat. Wie in Frankreich, so waren auch in den Niederlanden die Teppichwirker eine hoch angesehene Kunstgilde, für die selbst Meister wie Raffael und Rubens es nicht unter ihrer Würde hielten, Vorbilder zu entwerfen. Später, und namentlich unter Ludwig XIV., ging in Frankreich die Gobelinmanufaktur in die Hände des Staates über, und Lebrun, der erste Maler des Königs, machte die Kartons (so nennt man die Vorlegeblätter, nach denen der Weber arbeitet) für dieselbe. Im 17. Jahrhundert und bis in das 18. waren übrigens auch in Deutschland, so namentlich in München, Gobelins=wirkereien, welche, aus fürstlichen Schatullen unterstützt, vortreffliche Werke hervorbrachten. Das bayrische Nationalmuseum besitzt noch eine große Zahl dieser kostbaren Wandschmuck=werke, welche vielfach zwischen den Höfen zu Geschenken benutzt wurden.

Die Papiertapeten haben, da sie wohlfeiler sind, jene Teppiche fast ganz verdrängt, erst in der Neuzeit ist der Luxus in der Einrichtung der Wohnräume allgemein genug geworden, um auch kostbaren Erzeugnissen des Kunstgewerbes, wie die Gobelins sind, erweiterte Ver=wendung zu gewähren. Außer in Paris werden in Beauvais herrliche Gobelins gefertigt.

Die Herstellung der Gobelins. Für tiefschäftige Arbeit dient ein sehr einfacher, aber breiter Stuhl, an welchem mehrere Personen gleichzeitig arbeiten. Das Gewebe ist lein=

Fig. 858. Gobelin aus der Zeit Ludwigs XIV.

wandartig und das Weben mit einer mühsamen kunstvollen Stickerei zu vergleichen, indem sich das Einziehen des Schusses mittels kleiner Spulen aus freier Hand nur auf eine kleine Anzahl von Kettenfäden erstreckt, welche der Weber aus dem Ober=sache aufhebt, um die Schußspule darunter durchzustecken. Die rechte Seite ist beim Weben unten und die ausgemalte Patrone befindet sich etwa einen Zoll unter der Kette. Für jeden Teil, den ein Weber bearbeitet, dienen zur Herstellung des Ober= und Unterfaches eigne Schäfte und Tritte. Alle Farben und Farbenschattierungen werden für sich gewebt und dabei die benach=barten Teile außer acht gelassen, weshalb an den Grenzlinien der Farben auch häufig ein Zusammen=nähen der aneinander stoßenden Teile nötig wird. Das Festdrängen des Schusses geschieht mittels eines Kammes ebenfalls aus freier Hand.

Bei der hochschäftigen Arbeit mit einer in senkrechter Ebene aus=gespannten Kette (Fig. 859) sind die Schäfte durch ein andres Mittel ersetzt: von der als Vorder= und Hinterfach geteilten Kette werden alle Hinterfäden einzeln angelitzt und können von dem Weber nach Vorschrift der etwa $\frac{1}{2}$ m hinter der Kette befindlichen Patrone durch das Vorderfach gezogen werden. Das Weben selbst erfolgt wie im vorigen Falle, und es liegt die rechte Seite des Gewebes hinterwärts. Mittels durchsichtigen Papieres werden die Konturen des Mustergemäldes auf die ausgespannte Kette übertragen, auf welcher die durch Punkte angedeutete Figur als Anleitung für den Weber dient, der wie vorher die Ausfüllung durch Farben vornimmt.

Bei dieser Arbeit, die sich damit beschäftigt, die Werke der Maler bis in die kleinsten Einzelheiten treu wiederzugeben, muß der Farbenkasten der Gobelins, wo keine Mischungen stattfinden können, den größten Reichtum an Farben und deren Schattierungen enthalten, und deshalb hat auch die Anstalt der Gobelins ihre eigne Färberei, bei welcher Chemiker wie **Chevreuil, Chaptal, Thenard** sich beschäftigt haben. Es liegt am Tage, daß dieser Zweig der Weberei mehr als irgend ein andrer den Namen einer Kunst in Anspruch nimmt.

Die Herstellung der Gobelins.

Wenn das reichste Muster in der Seidenweberei eine große Aufmerksamkeit zu seiner Herstellung bedarf, so hat doch der Jacquardstuhl eben diese Herstellung mechanisch gemacht; der Gobelinweber arbeitet aber wie der Maler. Er schafft mit seinen Fäden ein Kunstwerk, für welches es allein in seiner Hand und in seinem Auge liegt, wieviel Fäden der Kette er zu dieser oder jener Farbe verwenden, wie er die Schattierungen wählen will u. s. w. Indessen kehren wir wieder zu den Teppichen zurück, von denen wir noch folgende zu betrachten haben. — Teppiche aus einem Doppelgewebe bestehend, auch als Kidderminsterteppiche bekannt. Da über Doppelgewebe bereits das Nähere angegeben, so ist nur noch zu bemerken, daß die Kette ebenfalls aus gezwirntem Kammgarn oder bei wohlfeileren Sorten aus Baumwollzwirn, der Einschuß aber aus einfachem groben Streichgarn besteht. Bei den dreifachen oder schottischen Teppichen wird durch Anwendung eines dreifachen Gewebes eine größere Mannigfaltigkeit der Farbenstreifen und Muster erzielt.

Samtartige Teppiche; sie besitzen auf der rechten Seite geschnittenen oder ungeschnittenen Flor und bedecken dadurch gänzlich den nur auf der Rückseite sichtbaren Grund. Ist der Samtflor dabei kurz und ungeschnitten, so heißen sie ausgezogene oder Brüsseler Teppiche, die mit längerem aufgeschnittenen Flor aber geschnittene, Plüsch- oder Veloursteppiche. Für die Grundkette wird starker Leinen- oder Hanfzwirn, für die farbige Florkette aber zweifadig gezwirntes Kammwollgarn verwendet, welches sich auf einzelnen Spulen zu je zwei Fäden befindet, um den Maschen mehr Körper zu geben und den Grund besser zu decken.

Zu den samtartigen Teppichen gehören auch die türkischen geknüpften oder Savonnerieteppiche (so genannt nach der ersten Fabrik in einem früheren Seifensiedereigebäude). In die senkrecht stehende Kette aus gezwirntem Kammgarn oder starken Leinenfäden werden die den Flor bildenden farbigen, starken Wollfäden nach Maßgabe der Patrone in der ganzen Breite der Kette einzeln angeknüpft und mit eisernen Kämmen festgeschlagen, worauf ein die Kette leinwandartig verbindender Schußfaden eingetragen und mit der Lade angeschlagen wird. Die Fadenenden jeder Schlinge werden mit scharfem Messer

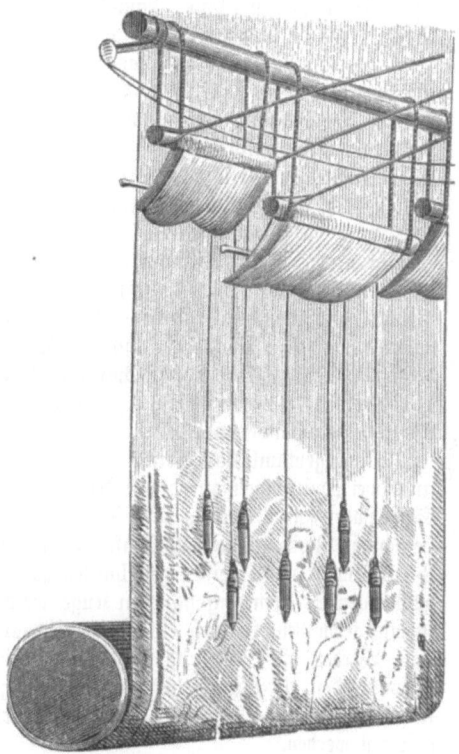

Fig. 859. Seitenansicht des Bilderwebstuhls.

verschnitten und die fertigen Teppiche dann geputzt und geschoren. Die vollendetsten Erzeugnisse dieser Art kommen auch jetzt noch aus Persien zu uns, wenngleich die neueren persischen Teppiche betreffs der feinen Harmonie der Farben, der geschmackvollen Zeichnung des Musters, der Sorgfältigkeit der Ausführung und der Echtheit der Farben hinter den alten ungefähr ebenso zurückstehen, wie das neue chinesische Porzellan hinter dem antiken oder die jetzigen indischen Stahlwaren hinter denen, die aus früheren Zeiten uns überliefert worden sind. Namentlich hatten die leicht bestechenden Teerfarben einen verderblichen Einfluß auf die Fabrikation der persischen Teppiche ausgeübt, ja die ganze überlieferte edle Farbengebung war in Gefahr, der Verwilderung anheimzufallen, weil die schreienden Anilintöne der Skala gebrochener Farben, über welche der persische Teppichweber verfügt, sich nicht gutwillig einfügen ließ. Es scheinen Rücksichten auf den falsch verstandenen Geschmack der europäischen Käufer zu der Anwendung jener grellen Farbstoffe geführt zu haben, von der nur wenige entlegene Landstriche sich frei gehalten haben, neuerdings aber gewinnt es das Ansehen, als ob die richtige Erkenntnis und damit die Rückkehr zur alten echten Technik wieder sich

Geltung verschaffen werde, insbesondere seit der Schah von Persien die Einfuhr der Anilinfarben in das persische Reich verboten hat. Die besten persischen Teppiche stammen aus Farahan in der Provinz Arak im südwestlichen Persien, ein ruhig gehaltenes kleinblumiges Muster mit breiter Bordüre; harmonische Färbung und feines dichtes Gewebe zeichnen sie als Ware erster Güte aus. Die Chorassaner Teppiche sind von lebhafterer Färbung, bizarrem Muster, aber weniger dauerhaft; ganz besonders geschätzt dagegen sind die turkomanischen Teppiche aus der Gegend des Atrekgebietes, von einfach dunkelbraunem Grunde, in den nur wenige geometrische Figuren eingewebt sind; allein diese Teppiche sind von allen am feinsten gewebt und deswegen auch von einer unvergleichlichen Dauerhaftigkeit.

Bänder. Die Bänder unterscheiden sich von den bisher beschriebenen Geweben hauptsächlich nur durch eine weit geringere Breite, während die Vorarbeiten zum Weben derselben, sowie dieses selbst und die gebrauchten Hilfsmittel, wenig abweichen. Dem Garne nach unterscheidet man wollene, baumwollene, leinene und seidene Bänder, dem Gewebe nach Taft=, Gros de Tours=, Gros de Naples=, Köper=, Atlas=, Gaze=, Samtband u. s. w.

Die Anfertigung der Bänder erfolgt entweder auf dem Posamentierstuhl mit Handschützen oder auf dem Bandmacher= und auf dem Mühlstuhle, auf welchem eine gewisse Anzahl von Bändern mit Schnellschützen hergestellt werden kann, und endlich auf Bandwebemaschinen, welche durch eine Elementarkraft bewegt werden. Die letzteren Bandstühle besitzen natürlich so viele Rietblätter und kleine Schützen, als Bänder (Läufe, Gänge) auf dem Stuhle vorkommen, und es werden sämtliche Schützen durch einen Rechen oder durch die Triebstange gemeinschaftlich bewegt. Nach dem Durchwerfen der kleinen Schiffchen werden alle Bänder gleichzeitig mit dem Rietblatte geschlagen. Es ist einleuchtend, daß man die Ketten und Schüsse der Bänder auf einem und demselben Stuhle verschieden wählen, also gleichzeitig grüne, blaue und rote Bänder mit verschiedenfarbigen Mustern machen kann. Die Jacquardmaschine aber arbeitet nur einmal für alle Bänder eines Stuhls; die Anordnung ist eine so vielchörige, als Gänge vorkommen. Viele Bänder werden noch cylindriert, moiriert oder gaufriert, worunter man eine verschiedene Pressung zum Mustern der Bänder versteht.

Ein eigentümlicher Artikel ist die **Chenille.** Eine Kette mit abwechselnd zwei Seiden= und zwei Zwirnfäden wird mit Einschlag von Seide taftartig gewebt. Während die zwei Seidenfäden zur Bindung und Festhaltung des Schusses dienen, wird der auf jeder Seite befindliche Zwirn= oder Leistenfaden ausgezogen, nachdem man das Gewebe in schmale, 3—6 mm breite Streifen zerschnitten hat. Durch Drehung mit einer an die senkrecht ausgespannten Streifen angehängten Kugel werden die ausgefaserten Streifen bleibend schraubenförmig gewunden, so daß eine solche Schnur raupenartig erscheint, woher der Name.

Werden die Streifengewebe nach bestimmten Mustern ausgeführt, so lassen sich die Chenillefäden als Schuß benutzen, um ein gemustertes Chenillegewebe zu geben, wie solche in Wien, Berlin, Annaberg, Hohenstein=Ernstthal u. a. O. als Shale, Tücher u. s. w. gefertigt werden.

An die Fabrikation der Bänder schließt sich eine Reihe andrer Posamente, z. B. Borten, Fransenbesätze, Galons, Tressen, Kordeln, Litzen, elastische und hohle Schnüre und Bänder u. s. w., wozu man außer den gewöhnlichen Webstoffen auch teilweise Pferdehaar, Stroh und Glas verwendet. Ihre Betrachtung würde uns aber zu weit führen.

Der mechanische Webstuhl. Die bisher betrachteten Stuhleinrichtungen gestatten nun aber nicht, die Geschwindigkeit über eine gewisse Grenze zu steigern, welche von der Aufmerksamkeit und Geschicklichkeit des daran Arbeitenden ebenso abhängig ist wie von der Bauart des Webstuhls. Dagegen gibt es sehr viele Erzeugnisse der Weberei, welche in ihrer Herstellung so einfach sind, daß sie die Beaufsichtigung ganz entbehren könnten, wenn anders der Stuhl die Thätigkeiten selbstthätig übernehmen könnte, deren Erfüllung bisher der Menschenhand überlassen war. Es ist dieses Problem, welches für die Massenerzeugung der heutigen Weberei der Ausgangspunkt sein mußte, durch die Erfindung des mechanischen Webstuhls gelöst worden.

Wir verdanken dieselbe dem Dr. Cartwright, einem Geistlichen der englischen Kirche, welcher in dem im Jahre 1784 erfundenen Maschinenwebstuhl eine der sinnreichsten Maschinen hergestellt hat, mit welcher bereits Seidenstoffe, Möbeldamaste, Orleans und feine

Der mechanische Webstuhl.   503

Baumwollgewebe, am überwiegendsten aber Kattune und tuchartige Stoffe hergestellt werden. Der mechanische Webstuhl oder Kraftstuhl muß natürlich dieselben Hauptmechanismen wie der Handwebstuhl enthalten, und es sind namentlich die Bewegungen des Ketten= und Warenbaumes, des Geschirrs, der Lade und des Schützen zu unterscheiden. Um diese Bewegungen zu erzielen, muß die ursprüngliche Betriebskraft durch entsprechende Getriebe umgewandelt werden. So wird z. B. die hin und her gehende Schützenbewegung durch die absetzende Bewegung des Schlagarmes, dessen Bewegung aber wiederum durch die fortgehende Kreisbewegung einer Scheibe oder eines Daumens bewirkt.

Fig. 860. Der mechanische Webstuhl.

Die schwingende Bewegung der Lade wird durch fortgehende Kreisbewegung von Kurbelzapfen, durch exzentrische Scheiben oder auch durch Kurbeln mit Gelenkstück (Kniehebel) erzielt. Fortgehende Kreisbewegung wird in absetzende und diese in geradlinig absetzende Bewegung der Schäfte verwandelt u. s. w. Sind nun Schützen, Lade und Schäfte als arbeitende Maschinenteile zu bezeichnen, so lassen sich demnach sämtliche am Maschinenstuhle vorkommende Teile als Arbeit und Bewegung übertragende unterscheiden.

Alle diese Teile lagern in und an dem gußeisernen Maschinengestelle, dessen Wände A (Fig. 860) durch Längsriegel und das bogenförmige Oberteil B miteinander verbunden sind. C ist die gekröpfte oder Kurbelwelle, welche durch eine Riemscheibe die Bewegung aufnimmt, durch Kurbelstangen D unmittelbar auf die Lade E und mittels der Zahnräder F und F' auf die untere Welle G überträgt. Auf der letzteren befinden sich in der Mitte Kurvenscheiben, welche in ähnlicher Weise, wie es bei dem Handstuhle durch den Fuß des Webers geschieht, die darunter liegenden Tritte und somit die an diesen und an der oberen Geschirrwelle H durch Anschnürung vereinigten Schäfte bewegen. Zwei andre solche Scheiben I auf derselben Welle und nahe an der Innenseite der Stuhlwände wirken auf darüber liegende kurze Arme oder Knaggen der außerhalb liegenden Wellen K, deren Arme L durch Riemen die Treiber= oder Schlagarme M anziehen. Die durch einen Ladenspalt gehenden oberen Enden dieser Arme treiben den Schützen auf der Ladenbahn durch das von den Schäften gebildete Fach der Kette. Die letztere wird beim Abarbeiten des Stuhls von dem damit angefüllten Baume N abgewickelt und geht über eine hohle gußeiserne Walkwelle J. Um der Kette die entsprechende Spannung zu erteilen und ihr dabei ein durch die Ladenanschläge verursachtes langsames Fortrücken zu gestatten, sind die Enden des Kettenbaumes mit einer Kette (oder einem Seile) O umschlungen und deren Ende mit einem durch verschiebbares Gewicht Q belasteten Bremshebel P verbunden. Und um in gleicher Weise die fertige Ware aufzuwinden, wird von dem einen Ladenarme aus vermittelst Sperrkegel die Aufwindungsvorrichtung R und durch deren letztes Rad auf dem Warenbaume dieser selbst sehr langsam umgedreht. Jeder Kraftstuhl ist noch mit einer Sicherheitsvorrichtung zum Abstellen desselben, dem Schützenwächter, versehen. Tritt der Schützen nicht in den Kasten ein, so wird auch die Feder oder Schützenklappe und der anliegende Arm eines Winkelhebels nicht zurückgedrängt, und es wirkt dann der andre Arm dieses Hebels auf einen

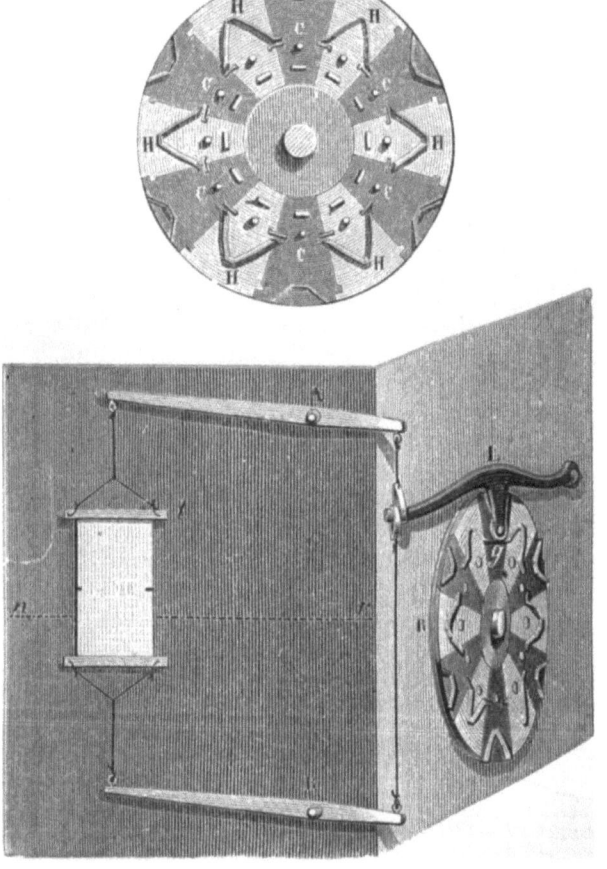

Fig. 861. Schaftscheibe am mechanischen Webstuhl.

federnden Ausrückhebel und dieser durch die Verschiebung des Riemens auf die Losscheibe auf Abstellung des Stuhls.

Eine andre Ausrückvorrichtung ist der Schußwächter, durch welchen der Stuhl bei jedem Fadenbruche des Schusses außer Gang gesetzt wird. Im Blatte ist nahe am linken Schützenkasten ein kleines Gitter eingesetzt. Legt sich ein Schußfaden vor dieses Gitter, so drängt er kurz vor dem Ladenanschlage gegen die herabgehenden Zinken einer Gabel und erhebt deren hinteres hakenförmiges Ende; fehlt dagegen der Schuß, so nimmt ein unter der Gabel schwingender Hebel diese durch einen Gegenhaken mit und stößt gegen den soeben erwähnten federnden Ausrückhebel. In der Figur bezeichnet S den Schußwächterhebel, welcher durch eine unrunde Scheibe T auf der Welle G in schwingende Bewegung versetzt wird und eine gleiche auf die Gabel überträgt.

Fig. 862. Webereisaal von Th. Kogeler in Bühl im Elsaß.

Die Leistung eines Kraftstuhls ist von dessen Bauart, von der Beschaffenheit des zu verwebenden Garns und des herzustellenden Gewebes, von der Breite des Stuhls, ganz besonders aber von der Übung und Aufmerksamkeit der den Webstuhl bedienenden Person abhängig. Je nach den angegebenen Verhältnissen können Kraftstühle mit 50—180 und mehr Schützenläufen in der Minute arbeiten, und es läßt sich im allgemeinen annehmen, daß, je nachdem eine Person einen oder zwei Kraftstühle bedient, das tägliche Erzeugnis eines solchen Stuhls der 2—3½fachen, und bei sehr dichten und schweren Waren der vierfachen Leistung eines Webers im Handstuhle gleichkommt. Außerdem tritt aber noch eine größere Gleichmäßigkeit der Ware wie auch der Umstand hinzu, daß sich sehr dichte Gewebe auf dem Kraftstuhle in besserer Beschaffenheit herstellen lassen als durch die Handweberei. — Um Gewebe mit verschiedenen Bindungen herzustellen, welche eine größere Zahl Schäfte erheischen, kann deren Bewegung am mechanischen Webstuhle durch sogenannte Schaft= scheiben, die eine Vereinigung einzelner Hubscheiben bilden, ausgeführt werden.

Fig. 861 stellt eine solche Scheibe R mit dem Hebel L und dessen Verbindung durch einen Ober= und Unterschemel A und B mit dem Schafte dar. Die darüber befindliche Figur zeigt diese Scheibe in vergrößertem Maßstabe. Dieselbe ist aus ein= zelnen Ausschnitten H und C, die entgegengesetzt gekrümmte Hervorragungen besitzen, so zusammen= gesetzt, daß letztere zwischen sich eine Bahn für die Gleitrolle g des Schaftscheibenhebels L bilden und bei Drehung der Scheibe diesen Hebel sowohl als auch die Schemel A und B und den Schaft auf= und niederwärts bewegen. Je nach der Zahl und Zu= sammensetzung der Ausschnitte und der davon ab= hängigen Zahl der auf der gewöhnlichen Scheiben= welle versetzt stehenden Schaftscheiben läßt sich eine den verschiedenen Geweben entsprechende Schaft= bewegung erzielen.

Da bei der Fachbildung die Kette stärker ge= spannt und somit eher ein Fadenreißen veranlaßt wird, so sucht man diesem dadurch zu begegnen, daß man dem Streichbaume oder der Walkwelle J eine schwingende Bewegung gibt und die Kette somit in dem Augenblicke etwas lockert, wo die Fachbildung vor sich gehen soll.

Fig. 863. Rauhkarden verschiedener Art.

Die Vervollkommnung der mechanischen Web= stühle, an welcher namentlich Louis Schönherr und Richard Hartmann in Chemnitz hervorragenden Anteil haben, ist nach und nach so weit vorgeschritten, daß sich in Verbindung mit der Wechsel= lade und der Jacquardmaschine nicht nur die verschiedenen Gardinen= und Damastgewebe, sondern auch Seiden= und Gazegewebe und außer gewöhnlichen Teppichen auch die Velours= teppichgewebe in der Art herstellen lassen, daß der Stuhl die Nadeln oder Ruten selbstthätig einführt und bei deren Herausziehen die Samtnoppen aufschneidet.

An dieser Stelle mag daran erinnert werden, daß, entsprechend der fortschreitenden Verbesserung und Vervollkommnung im Webstuhlbau, auch die für die Vorarbeiten der Weberei bestimmten Maschinen eine stetige Vervollkommnung erfahren haben, und so werden denn in der mechanischen Weberei für die Zwecke des Spulens, Scherens, Schlichtens u. s. w. heute bereits Maschinen benutzt, welche gegen die zum Teil auch jetzt noch in der Handweberei verwendeten (Seite 475 u. ff. beschriebenen) Vorrichtungen als ein ganz bedeutender Fortschritt zu bezeichnen sind.

Wenn es zwar als eine allgemeine Erfahrung gilt, daß jeder Kraftstuhl nur mit einer gewissen größten Geschwindigkeit am vorteilhaftesten arbeitet, so beweist es doch immerhin eine große Vervollkommnung im Bau der mechanischen Webstühle, wie z. B. der Keighleysche Webstuhl, nun sogar 300 und mehr Schläge in der Minute zu machen im stande sind.

Daß die große Leistungsfähigkeit des mechanischen Webstuhls dessen Einführung überall begünstigte und die Handweberei dadurch in arge Bedrängnis brachte, kann nicht Wunder nehmen. Wenn auch für gewisse Waren der mechanische Stuhl kaum jemals Anwendung finden wird, so steht doch fest, daß die Handweberei als Hausbetrieb infolge der Einführung des mechanischen Webstuhls in einem stetigen Rückgange begriffen ist.

Es ist klar, daß diese Thatsache ernsteste Beachtung verdient, denn bei der ungemein großen Zahl von Handwebern — wir erinnern nur an die Fabrikbezirke des Niederrheins — ist der völlige Niedergang der Handweberei gleichbedeutend mit einer sozialen Gefahr.

Diese Erwägung hat wohl auch die preußische Regierung veranlaßt, im Jahre 1885 dem Direktor der königlichen Webschule in Krefeld, Herrn Emil Lembcke, die Summe von 20 000 Mark für Versuche zur Erhaltung des Hauswebereibetriebes zu bewilligen. Wie der Genannte in der „Leipziger Monatschrift für Textilindustrie" (Jahrg. 1886) berichtet, handelt es sich in erster Reihe um die Erbauung eines Webstuhls, welcher nahezu dasselbe leistet als der mechanische Stuhl, welcher möglichst ebensoviel und ebenso gute Ware herstellt als der mechanische Stuhl und welcher keine Betriebsmaschine erfordert, sondern wie der Handwebstuhl durch die Muskelkraft des Webers in Betrieb erhalten wird.

Das Bestreben nach einem derartigen Webstuhl ist so alt wie die Erfindung der mechanischen Webstühle selbst!

Sogenannte dandy-looms oder mechanische Handkraftstühle oder halbmechanische Webstühle sind erfunden resp. gebaut worden von Louis Schönherr in Chemnitz, Maumy frères & Lestang in Paris, Smith in Zittau, Arndt

Fig. 864. Rauhmaschine.

in Chemnitz, Mittner & Lüders in Görlitz, Wilke in Chemnitz, Laeferson & Wilke in Moskau ꝛc.

Entweder bewegt der Weber, wie bei den Bandmühlen, eine wagerecht vor dem Stuhl herlaufende Stange hin und her oder er dreht eine seitwärts am Stuhle angebrachte Kurbel, oder er benutzt eine lange vor dem Brustbaum liegende Welle mit Kröpfungen zum Betrieb, oder er arbeitet mit den Füßen, wirkt auf ein Kurbelgetriebe ein, wie solche bei den Draisinen und in einfacherer Art jetzt bei dem Velociped angewendet wird, oder er arbeitet mit Händen und Füßen, gleichzeitig oder abwechselnd, indem er mit den Händen auf die erstgenannte Stange und mit den Füßen auf einen Tretschemel einwirkt.

Schönherr gab sehr bald seinen halbmechanischen Webstuhl auf und richtete ihn ganz mechanisch her. Die Stühle der andern hingegen — ausgenommen die der beiden oben zuletzt genannten — bewährten sich nicht und sind nahezu der Vergessenheit anheim gefallen.

Solche leicht gebaute Handkraftstühle sind starken Erschütterungen ausgesetzt und verlangen, daß sich der Weber übermäßig anstrengen muß, wenn er derartige Maschinen in richtiger Weise betreiben soll, wenn er nur annähernd so viel Gewebe anfertigen soll als der mechanische Stuhl. Bessere Resultate weisen die oben erwähnten halbmechanischen Stühle von Laeserson & Wilke auf. Es sind dies Handfußtritt=Webstühle, doch kann das denselben zu Grunde liegende System auch für ganzmechanische Webstühle verwandt werden.

Webstühle der letzteren Art eignen sich nach den Versuchen Lembckes ganz vorzüglich für den Betrieb mit Kleinmotoren. Hier sei auch das neue Webstuhlsystem von Lembcke= Döhmer in Krefeld erwähnt, welches berufen scheint, noch eine bedeutende Rolle in der Seiden= industrie zu spielen. Die Webstühle dieses Systems sind Seidenstoffstühle und arbeiten mit der für rein seidene Stoffe so wichtigen Fallade. Ihre Einrichtung entstand aus der des bekannten Sallierstuhls, wobei die Hauptaufgabe der Erbauer die war: einen Web= stuhl herzustellen, welcher als Handwebstuhl und als mechanischer Webstuhl, je nach Wunsch, ohne große Zeitverluste brauchbar ist. Als mechanischer Stuhl ist der von Lembcke=Döhmer gleich gut verwendbar für die kleinsten Betriebe, namentlich die Haus= industrie und ebenso für die größeren Fabrikbetriebe. Die Leistung dieses Stuhls kommt der des mechanischen Stuhls nahezu gleich.

Wir sehen, daß die Lösung des Problems, den Niedergang der Hand= weberei durch Einführung entsprechender Webstühle aufzuhalten und eine Um= gestaltung der Handwebe= rei herbeizuführen, wieder einen, wenn auch vorerst nur kleinen Schritt vor= wärts gerückt ist, und ob= wohl sich diese Angelegen= heit vorläufig noch in dem Stande des Versuchs befin= det, so darf man bei dem nie erschlaffenden Erfindungs= geiste der Menschheit doch das Beste von der Zukunft hoffen!

Fig. 865. Einsetzen der Karden in die Rauhtrommel.

Appretur. Die meisten Gewebe unterliegen noch verschiedenen Vollendungsarbeiten, bevor sie Handelsartikel werden. Je nach dem Garn, woraus die Gewebe bestehen, unterscheiden sich diese in ihrer Gesamtheit die Appretur ausmachenden Arbeiten. So be= stehen die letzteren z. B. bei Wollwaren in Walken, Sengen, Rauhen, Scheren, Färben, Dämpfen, Mangeln oder Spannen und Pressen. Einige dieser Arbeiten mögen hier mit bezug auf die dafür dienenden Maschinen nähere Erläuterung finden. Bei Baumwollwaren hat das Walken hauptsächlich den Zweck der Reinigung derselben, wogegen man durch das Walken der tuchartigen Stoffe eine Verfilzung der Wollfasern auf beiden Seiten des Ge= webes beabsichtigt. Früher benutzte man dafür Hammerwalken, indem die durch eine Daumenwelle bewegten hölzernen Walkhämmer beim Niederfallen durch ihr Gewicht das in einem Walkkumpe liegende durchnäßte und zusammengefaltete Tuch quetschen und ver= schieben, wodurch es zugleich regelmäßig gewendet und überall gleichmäßig bearbeitet wird.

Verschiedene Unvollkommenheiten der Hammerwalken führten auf die Walzenwalken. Das mit seinen Enden zusammengenähte Tuch (ohne Ende) läuft bei denselben aus einem mit Seifenwasser gefüllten Troge über Leitwalzen durch einen etwa 7 cm breiten und 11 cm hohen Einführungskanal zwischen zwei hölzerne Walzen, wovon die obere auf die mittels einer Riemscheibe getriebene untere durch Federn entsprechend angedrückt und durch Reibung mitgenommen wird. Durch den Widerstand, den das aus den Walzen tretende gefaltete Tuch durch einen zweiten Kanal mit regelnder Klappe und durch das Aufschlagen zweier kleiner Walzen auf das über einen nachgiebigen Tisch gehende gefaltete Tuch erfährt, erfolgt nach mehrstündigem Durchgange durch die Walzen eine ähnliche Wirkung wie durch die Walkhämmer, ohne wie bei diesen eine Beschädigung befürchten zu dürfen.

Viele Gewebe sollen eine möglichst glatte Oberfläche erhalten; es müssen daher die an den Fäden hervorstehenden Fasern beseitigt oder gleichmäßig abgeschnitten werden.

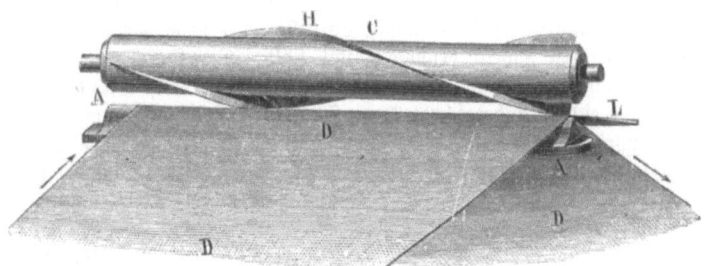

Fig. 866. Schermaschinen mit Spiralmessern.

Es kann dies durch Sengen oder Wegbrennen oder durch Scheren erfolgen. Durch ersteres Mittel können auch die zwischen den Fäden liegenden Fasern entfernt werden, wogegen man durch das Scheren nicht eine gänzliche Beseitigung, sondern nur ein mehr oder minder tiefes Abschneiden der Fasern beabsichtigt, so daß sie das Gewebe noch decken.

Fig. 867. Gaufriermaschine für Plüsche.

Das Sengen kann überhaupt geschehen: auf eisernen oder kupfernen glühenden Stäben, auf dergleichen hohlen und von unten zu heizenden Halbcylindern (Prismen) und durch Spiritus- oder Gasflamme. Wir haben schon in Bd. V, S. 450, einen Sengapparat der zweiten Art abgebildet und verweisen unsre Leser darauf.

Dem Scheren geht das Rauhen der Wollstoffe voran. Durch letzteres werden vermittelst der Rauhkarden, wie solche Fig. 863 darstellt, die Wollfasern mehr herausgezogen

510 Die Verarbeitung der Faserstoffe. Das Weben.

und nach gleicher Richtung ausgestrichen. Bei der Handrauherei, welche mit der sogenannten Kardenbürste erfolgt, die jetzt fast gänzlich durch die Rauhmaschine verdrängt ist, stehen zwei Arbeiter vor dem auf zwei Rauhbäumen senkrecht aufgehängten und unterhalb durch ein Wassergefäß gehenden Tuche und streichen mit der Kardenbürste, welche eingesetzte Karden oder Distelköpfe enthält, am Tuche herunter, wobei sie auf der Rückseite ein glattes Holz entgegenhalten, damit das Tuch nicht ausweiche. Die schon vor vielen Jahrhunderten zu dem in Rede stehenden Zwecke benutzte Distel hält sich einstweilen noch gegenüber den sie zu verdrängen suchenden Drahtkratzen; doch wird sie wohl nicht mehr lange widerstehen.

Fig. 864 zeigt eine Rauhmaschine, deren Hauptteil, die Rauhtrommel (Tambour), auf seiner Oberfläche von einem Rahmen eingeschlossen wird, in welchen die Karden, wie es aus Fig. 865 ersichtlich ist, eingesetzt werden. Das auf der Walze R aufgedockte Tuch geht um den verstellbaren Stab E, legt sich an der vorderen Seite der Rauhtrommel C und einer Leitwalze R' an und geht nach der Rückseite des Baumes R'', der es aufwickelt, worauf man es auf die untere Walze zurückgehen läßt, um es, wie vorher, zum zweitenmal zu rauhen ec.

Fig. 868. Maschine zum Locken und Kräuseln.

Nach dem Rauhen folgt das Scheren, wozu man früher die Tuchschere gewöhnlich benutzte. Auch diese ist von der Schermaschine verdrängt worden, deren wesentlichster Teil ein mit Stahlblättern H schraubenförmig umwundener Cylinder C (Fig. 866) ist. Dem Umfange mit seiner Schneide ganz nahe liegt ein wagerechtes Messer L gegenüber, mit welchem der schnell umlaufende Cylinder C eine Schere bildet. Durch eine Führungsleiste wird das Gewebe der Schnittfläche beider Messer so weit genähert, daß die durch eine Cylinderbürste aufgestrichenen Fasern mehr oder minder tief abgeschnitten werden, je nachdem die Stellung der Messerschneiden reguliert ist.

Die allermeisten Gewebe erhalten noch durch Trockenmaschinen, heißes Mangen oder Pressen einen sehr verschiedenen Appret. Je nachdem man entweder vorzugsweise ein schnelles (hartes) Trocknen der angefeuchteten Ware oder ein starkes Pressen derselben beabsichtigt, wendet man Dampftrockenmaschinen oder Heißmangen, Kalander an. Im ersten Falle geht die Ware über oder zwischen hohlen Cylindern von Kupferblech, im letzteren zwischen stark aufeinander gepreßten Eisencylindern hindurch. In beiden Fällen können diese Cylinder durch Dampf geheizt werden.

Eine Reihe von Maschinen dienen dazu, den Geweben ein gewässertes Aussehen zu erteilen (moirieren) oder Muster einzupressen (gaufrieren), oder auch den längeren Flor eines

Die Spitzenfabrikation. 511

Gewebes wellenförmig zu kräuseln (frisieren). Das Wässern der Stoffe geschieht durch starkes Pressen oder Mangen des doppelt übereinander gelegten angefeuchteten Stoffs, indem durch das Plattquetschen der Einschußfäden der bekannte Lichteffekt erreicht wird.

Durch Fig. 867 ist eine Gaufriermaschine für wollene Plüsche dargestellt, um gleichzeitig auf zwei Geweben Muster einzupressen. Für diesen Zweck besitzt dieselbe außer den

Fig. 869. Alte Brüsseler Spitze. Aus Ilg, „Geschichte und Terminologie der alten Spitzen".

vier Bäumen zur Ab- und Aufwindung der Ware drei Walzen: eine gravierte und zu heizende Kupferwalze und zwei sie einschließende Holzwalzen, welche von oben und unten durch Schraubendruck entsprechend angepreßt werden können. Um verschiedenen Winterstoffen eine gekräuselte oder gelockte Oberfläche zu geben, dient eine durch Fig. 868 dargestellte Maschine. Der Stoff, dessen Haar vorher aufgestrichen worden ist, geht zwischen

Fig. 870. Moderne Brüsseler Spitzenkante.

zwei Holzplatten P und Q hindurch, wovon die obere mit einem groben Gewebe überzogen ist und abwechselnd eine drehende und auf- und abwärts gehende Bewegung erhält. Durch eine Nadelwelle H wird die Ware einer Flügelwelle zugeführt, um sie zu legen.

Die Spitzenfabrikation ist ein ganz eigentümlicher Zweig der Webindustrie; in ihren ersten Anfängen fast ausschließlich eine Kunst der freien Hand, wie das Sticken, hat sie doch im Verlaufe der Zeit sich eine Menge mechanischer Hilfsmittel dienstbar gemacht, kraft deren sie sich zur Industrie entwickelt hat, welche für ausgedehnte Gegenden die ausschließliche Beschäftigungsquelle geworden ist. Unter diesen Geräten und Verfahrungsarten war in erster Reihe die Erfindung des Klöppelns, in der Neuzeit die Anwendung der Maschinenwebstühle, der Bobbinetmaschine, Stickmaschine u. s. w. epochemachend.

Spitzen sind bekanntlich jene zarten Gewebe, welche auf einem durchbrochenen, netzartigen Grunde dichtere Muster enthalten, die entweder durch Klöppeln oder durch Sticken und Nähen, durch Aufsetzen ausgeschnittener Teile dichteren Gewebes u. s. w. eingebracht sind. Wie der Name andeutet, der im Italienischen dentelli oder merli (Zähnchen oder kleine Zinnen, wie sie auf langen Mauern aufgesetzt wurden), im Französischen dentelles lautet, und für den wir auch im Deutschen den alten Ausdruck Zinnichen sowie die noch gebräuchlichen Zacken und Kanten haben, so sind diese zarten Erzeugnisse ursprünglich nur zum Besatz, zur Verbrämung dichterer Stoffe bestimmt gewesen.

Fig. 871. Spitze aus dem 18. Jahrhundert. Point d'Argentan.

Solche Besätze sind wohl schon sehr lange bei den Frauen in Gebrauch gewesen; will man doch an antiken Statuen Andeutungen davon bemerkt haben; indessen genau ist es doch erst die Zeit der Renaissance, welche die Spitzenkunst allgemein in Aufnahme gebracht hat infolge der völligen Umgestaltung in Sachen der Kostüme, welche mit den allgemeinen Umwälzungen Hand in Hand ging. Der erwachende und rasch sich ausbreitende Sinn für veredelten heiteren Lebensgenuß, der alle Künste frisch belebte, bevorzugte die feinen Spitzengebilde ganz besonders, bei denen ja die Schönheit der Zeichnung mehr als bei einem andern Gewebe zur Hauptsache wurde. Venedig, Bologna, Genua, Florenz, ebenso Siena, Padua und Rom waren die Pflegestätten einer reizenden Kunst, die von den vornehmen adligen Damen mit Vorliebe geübt wurde und in den verschiedenen Städten, unter dem Einfluß der heimischen Maler, eigentümliche und charakteristische Blüten trieb. So war in Venedig der point de rose, die wundervolle Reliefspitze, entstanden, die selbst wieder in zahlreiche Unterarten sich teilte; Genua zeichnete sich durch eine Gattung Fransenwerk aus, welche macramé genannt wird, und die auf dem Klöppelkissen hergestellt wurde; in Siena scheint, wie das Musterbuch des Matteo Florimi andeutet, die Nadelarbeit besonders beliebt gewesen zu sein, womit jedoch keineswegs gesagt sein soll, daß an den genannten Orten jene Gattungen ausschließlich gearbeitet worden wären. Die verschiedenen Kunstweisen wurden hier und da geübt, verändert, miteinander und mit Neuerfundenem verbunden, und die dadurch entstandene Mannigfaltigkeit ist so groß, daß eine strenge Ordnung und Benennung der alten Spitzen sich zur Zeit noch gar nicht einmal genau durchführen läßt.

In Deutschland ist die Spitzenindustrie, wie es scheint, nicht zu jener Vollkommenheit gediehen, deren sie sich in Italien erfreute; obwohl gerade hier die Kunstfertigkeit in Nadelarbeiten sehr verbreitet und besonders in den Klöstern sehr gepflegt war, wurden die besseren Spitzen doch früher meist aus Italien, später aus den Niederlanden und Frankreich bezogen.

Die reichen Städte der Niederlande waren dagegen schon im 15. Jahrhundert berühmt durch ihre Spitzen, für deren Erzeugung in den zahlreichen Beguinenklöstern ein ganzes Heer kunstgeübter Hände geschult wurde und deren Verbrauch durch die prunkvolle, üppige Lebensweise eine sehr günstige Förderung erfuhr. Brüssel, Brügge, Binche, Mecheln, Antwerpen und wie die Städte alle heißen — ihre Namen sind alle mit reizenden Erfindungen auf diesem duftigen Gebiete verknüpft. Denn die zierlich feine Arbeit des Klöppelns und

Fig. 872. Spitzen von Bayeux, in alter venezianischer Manier (modern).

Stickens sagte der fleißigen und geschickten Bevölkerung ganz besonders zu, außerdem aber wurde das Spitzengewerbe hier durch einen vortrefflichen Rohstoff wesentlich gefördert, indem die nördlichen Bezirke von Frankreich und die wasserreichen Landschaften des heutigen Hollands und Belgiens von alters her durch eine vortreffliche Flachskultur ausgezeichnet waren. Dazu kam, daß das nahegelegene Frankreich ein nie zu übersättigender Abnehmer von Spitzen wurde, und der Absatz dahin für zahlreiche Hände eine reichlich fließende Einnahmequelle bot. In Frankreich nämlich steigerte sich der Luxus im Spitzenverbrauch

Fig. 873. Spitzenkante von Bayeux, Point Colbert in Hochrelief nach alter venezianischer Manier (modern).

durch die Mode allmählich bis zur Tollheit. Anfänglich in Abhängigkeit von Italien — Katharina von Medici noch ließ Spitzenarbeiterinnen aus Florenz nach Frankreich kommen — suchte die überhand nehmende Liebhaberei den Bedarf nach und nach im eignen Lande zu decken, und als die Spitzenverschwendung unter Ludwig XIII. und seinen Nachfolgern immer größere Maße annahm, wurde es sogar zu einer staatswirtschaftlichen Frage von der höchsten Bedeutung, wie dem ohnehin ausgesogenen Lande die ungeheuren Summen zu erhalten seien, welche alljährlich für eingeführte Spitzen nach den Niederlanden, nach Genua, Venedig u. s. w. gingen. Die Spitze beherrschte alles: Bettbehänge, deren Spitzenschmuck Hunderttausende kostete, waren bei den Vornehmen allgemein; ja, es gab eine Zeit, wo die Kavaliere besondere Stiefeln mit nach oben zu sehr ausweitenden Schäften

514 Die Verarbeitung der Faserstoffe. Das Weben.

trugen, lediglich um dieselben, wie Blumenvasen mit Blumen, mit den feinsten Spitzen vollzustopfen. Mazarin und Colbert gingen daran, der Spitzenmanufaktur in Frankreich aufzuhelfen und dadurch, daß dies von dem letztgenannten geistreichen Finanzmanne in durchdachter Weise geschah, daß er Geschmack, Kunstfertigkeit und Fleiß unterstützte, wurde das Ziel viel eher und vollständiger erreicht, als durch die unzähligen Spitzenverbote und Ausschlußmaßregeln, mit denen man es vorher versucht hatte.

Fig. 874. Spitzenvorhang aus Nottingham (Jacobi & Co.) von der Wiener Ausstellung 1873.

Zu Lonray wurde eine Spitzenschule errichtet, der späterhin andre zu Quesnoy, Arras, Reims, Sedan, Alençon und andern Orten folgten, Muster wurden aus den Niederlanden, Arbeiter aus Italien zur Unterweisung bezogen; dies und der entgegenkommende Patriotismus, der mit Begeisterung den einheimischen Erzeugnissen sich zuwandte, kräftigten die junge Industrie derart, daß der point de France in verhältnismäßig kurzer Zeit zur schönsten Spitze der Welt sich erhob. Die Valenciennes- und Alençonspitzen, die Spitzen von Bayeux und Chantilly haben ihren Platz in der Kunstgeschichte wie die Werke der Augsburger Plattner oder der Venezianer Glasbläser.

In Deutschland war, wie schon erwähnt, das Los der feinsten aller Gewebkünste kein so günstiges. Die Aufhebung des Edikts von Nantes und die Vertreibung der Protestanten aus Frankreich brachte eine große Zahl geschickter und fähiger Arbeiter nach Deutschland, welche naturgemäß hier ihre Industrien einführten. Auf diese Weise wurde die Spitzenfabrikation unter anderm in Elberfeld-Barmen, Ansbach, Berlin u. s. w. zu einiger Ausdehnung gebracht. Es ist bekannt, daß Barbara Uttmann durch Einführung des Spitzenklöppelns im sächsischen Erzgebirge große Verdienste um jene, von einer fleißigen und genügsamen Bevölkerung bewohnten Gegenden erworben hat, welche, nachdem die im 16. Jahrhundert bei Annaberg erschürften reichen Erzgänge "aussagten", d. h. an Ergiebigkeit nachließen und aufgegeben werden mußten, in Not und Elend zu geraten drohten. Das Klöppeln, eine stille, saubere Thätigkeit, wird hier hauptsächlich von Frauen betrieben, und bei dem anerkannt konservativen Charakter derselben ist es erklärlich, daß es sich in Gegenden, wo es einmal als Familienbeschäftigung, an der schon vier- bis fünfjährige Kinder teilnehmen können, Platz gegriffen hat, auch dauernd erhält, selbst wenn sich der an sich schon ärmliche Ertrag immer mehr und mehr verkürzt.

Ebenso wie auf der sächsischen wird auch auf der böhmischen Seite des Erzgebirges die Spitzenindustrie betrieben. Hier ist Graslitz der Hauptort, und neuerdings macht sich hier, dank dem fördernden Einflusse, den das Österreichische Museum auf alle kunstgewerblichen Richtungen ausübt, betreffs der Musterung ein künstlerischer Aufschwung bemerklich.

Die Einführung der Maschinenarbeit in die Spitzenindustrie, welche von England ausgegangen, hat durch die Billigkeit ihrer Fabrikate der erzgebirgischen Spitze erheblich geschadet, und es ist lebhaft zu wünschen, daß energische Schritte geschehen, um einen Erwerbszweig zu heben, der durch seinen künstlerischen Charakter eine veredelnde Wirkung auf die Bevölkerung ausüben muß.

Fig. 875. Spitzenklöpplerin.

Was die Herstellungsweise der Spitzen anlangt, so ist diese, wie gelegentlich schon hervorgehoben wurde, eine sehr mannigfaltige: Nähen, Stricken, Sticken, Klöppeln, selbst das stellenweise Ausziehen von Fäden aus leinwandartigem Gewebe und das Verknüpfen der stehenbleibenden nach einem bestimmten Muster (eine ganz alte Methode), das Ausschneiden des Musters aus dichterem Stoffe und nachheriges Aufnähen auf den zarten Grund (Applikation) und andre Verfahren kommen zur Anwendung. In der Hauptsache aber unterscheidet man zweierlei Arbeit: die mit der Nadel und das Klöppeln.

Das Klöppeln erfolgt in der Weise, daß das Muster auf einer gepolsterten Unterlage, dem Klöppelkissen, aufgespannt und durch eingesteckte Stecknadeln markiert wird. Um diese Nadeln werden die Fäden, welche auf Spulen aufgewickelt sind und durch Holzhülsen (Klöppel) laufen, mittels deren sie gehandhabt werden können, herumgeschlungen, so daß da, wo die Nadeln eng stehen, ein gewebartiges, da, wo sie weit stehen, ein netzartiges Geflecht entsteht, welches Grund und Muster zugleich fertig macht. Bei den genähten Spitzen wird bisweilen ebenfalls der Grund zugleich mit dem Muster fortschreitend mit der Nadel gearbeitet, in andern Fällen dagegen auch das Muster in einen fertigen Grund eingestickt. Die alten Spitzen sind durchgängig mit der Hand gearbeitet. Neben den Leinenspitzen werden seidene (Blonden) am häufigsten hergestellt. In Belgien geschieht das Spinnen des zu Spitzen bestimmten Flachses in feucht gehaltenen Räumen, gewöhnlich Untergeschossen, weil der Flachs in trockener Luft brüchig und die Gleichmäßigkeit des Fadens beeinträchtigt werden würde.

In England hat die Spitzenfabrikation durch die Anwendung besonderer, für sie erfundener Maschinen eine bedeutende Entwickelung erlangt. Namentlich ist es die Gegend um Nottingham und diese Stadt selbst, welche jene unter dem Namen Nottinghamspitzen bekannten Fabrikate in ganz unglaublichen Massen und zu ganz unglaublich billigen Preisen in den Handel bringt. Geklöppelte Spitzen werden in England zwar auch und vorzüglich in dem Flecken Honiton unweit Exeter in Devonshire gefertigt (honiton laces), es liegt aber in der Natur der Sache, daß diese, zumal bei dem großen Wettbewerb, dem sie von seiten des sächsischen Erzgebirges (Schneeberg, Annaberg, Eibenstock u. s. w.) sowie von seiten der Schweiz ausgesetzt sind, eine gleichbedeutende Rolle bei weitem nicht spielen können. Die wesentlichsten Förderungsmaschinen für die Spitzenfabrikation sind die 1828 von Heilmann erfundenen Stickmaschinen, welche wir später bei Besprechung der Nähmaschine zu betrachten Gelegenheit haben werden; der Nadelstuhl, welchen Gonnet in Lyon 1842 konstruiert hat, und der, auf beiden fußend, von Pusher erfundene englische Spitzenwebstuhl, welcher die künstlichsten Muster gleich mit dem Grunde in demselben hervorbringt, während der Gonnetsche Nadelstuhl hauptsächlich für Musselinstickerei in Baumwolle (das Muster entsteht in Plattstichmanier auf beiden Seiten gleich) geeignet ist. In den letzten Jahren hat die (mit Dampf zu betreibende) Schiffchenstickmaschine in größerem Umfange Eingang in die Stickindustrie gefunden. Auch auf diese Maschine kommen wir noch später zurück.

Die mechanische Spitzenfabrikation, als deren Mittelpunkt Nottingham, Calais, Lyon, Amiens zu betrachten sind, hat allen Erwartungen entgegen die von Hand geklöppelte Spitze nicht verdrängt; der billige Preis ihrer Erzeugnisse hat den Gebrauch verallgemeinert und die Spitzen den minder begüterten Volkskreisen zugänglich gemacht; der hohe Luxus der vornehmen Gesellschaftsklasse bewahrte aber nach wie vor seine Gunst der „echten", d. h. von Hand gefertigten Spitze. In neuester Zeit hat nun allerdings ein Franzose einen mechanischen Spitzenstuhl erfunden, von dem behauptet wird, daß er es der Hand der Klöpplerin gleich thun soll, und es hat sich auch sofort in Paris eine Aktiengesellschaft zur Ausbeutung der neuen Erfindung gebildet. Die Gründung fällt indes in das letzte Pariser Börsen- oder richtiger Gründungsfieber und jetzt, nachdem die Posaunenstöße der Aktienausgebung verklungen sind, hört man nichts mehr von dieser vielgepriesenen neuen Erfindung.

Man teilt die Spitzen nach der Art ihrer Herstellung ein in:
1) Mit Hand gearbeitete Spitzen (pillow laces), a) Valenciennes, Brüssel, Mecheln, Honiton, Buckingham; b) Spitzen mit gebogener Nadel gearbeitet, Guipure; c) Seidenspitzen (silk laces), weiße oder Blonden, und schwarze, Chantilly, Puy, Grammont und Black-Buckingham. 2) Applizierte Spitzen: points appliqués, appliqué lace, bei denen der Grund auf dem Stuhle gewebt, die Figuren mit der Hand aufgenäht oder gestickt sind. 3) Glatte Halb- und Maschinenspitzen, Bobbinets, Tülls, Maschinenblonden von Cambray, Mecheln, Brüssel, Alençon; Grund und Rand (Nets and Quillings) mit der Maschine, das Muster mit der Hand gearbeitet. 4) Tambourierte Spitzen, der Grund durch die Maschine, das Muster teils mit der Hand, teils mit der Maschine hergestellt. 5) Nottinghamspitzen, Grund und Muster mit der Maschine gearbeitet. 6) Die Luftstickereispitzen, welche auf der Stickmaschine namentlich in St. Gallen hergestellt werden und jetzt versuchen, sich Eingang zu verschaffen.

Welch eine Zauberin
Muß das nicht sein,
Die das Zwiefpältige
Bringt zum Verein!

Rückert.

Die Nähmaschine.

Geschichte der Erfindung der Nähmaschine. Thomas Saint. Madersperger. Thimonnier. Walter Hunt. Newton und Archbold. Corliß u. s. w. Howe. Vervollkommnung der Nähmaschine durch Singer, Wilson. Grover und Baker. J. E. A. Gibbs. Anteil Europas an der Nähmaschinenfabrikation. Die Grundprinzipien der verschiedenen Systeme. Einfadenmaschine, Wilcox und Gibbs. Kreisnadelmaschine. Maschine mit Greifer, Wheeler und Wilson. Schiffchenmaschine, Singer. Leistungen der Nähmaschine. Handel mit Nähmaschinen. Preise. Fabrikation. — Die Stickmaschine.

Wir können die Gewebe auf dem Wege ihres Verbrauchs nicht weiter hin begleiten, da sie von nun an den verschiedenartigsten Künstlern in die Hände fallen, welche bemüht sind, des Menschen Leib darein zu kleiden — zum Schutz oder zur Zierde — manchmal auch weder zu dem einen noch zu dem andern. Aber einem mechanischen Hilfs= arbeiter dabei wollen wir unsre Aufmerksamkeit noch einige Zeit zuwenden, weil derselbe erst in neuerer Zeit erstanden und trotzdem bereits epochemachend geworden ist. Es ist dies die Nähmaschine.

Geschichte. Es ist eine längst erkannte Wahrheit, daß in dem Auftreten neuer Erfin= dungen eine gewisse logische Reihenfolge herrscht, daß in den natürlichen Gruppen mensch= licher Arbeitskreise die eine Erfindung die andre weckt und fördert, bis eine Gruppe ver= wandter Aufgaben gelöst, ein System ausgebaut ist. Nach derselben natürlichen Logik bleiben auch Ideen zu neuen Erfindungen so lange im Keimzustande, bis Zeit und Um= stände ihrer Entwickelung günstig geworden, das vorher unwichtig Scheinende in seiner Bedeutung erkannt ist. Das findet seine volle Anwendung auch auf die Nähmaschine. Ihre Idee und die ersten Versuche zu deren Verwirklichung gehören Europa an; aber erst in einer viel späteren Zeit, unter ganz veränderten Zuständen und im fernen Amerika kam die Maschine wirklich zustande.

Werfen wir einen Blick auf die Vorläufer der jetzigen Nähmaschine, so soll eine solche schon 1755 von einem Deutschen, Weisenthal, erfunden worden sein, und im selben Jahre wurde in England ein Patent auf eine Nadel mit zwei Spitzen verliehen, die in der Mitte geöhrt war und dazu dienen sollte, die Näherei mechanisch zu verrichten. Die älteste Zeichnung, welche sich vorfindet, ist jedoch diejenige einer Kettenstich-Nähmaschine, welche von Thomas Saint in Middlesex gebaut und am 17. Juli 1790 in England patentiert wurde, wie es in der Patentbeschreibung heißt, dazu bestimmt, an entire new methode of making and completing shoes, boots etc. (eine ganz neue Methode der Herstellung von Schuhen, Stiefeln u. s. w.) zur Anwendung zu bringen. Die Einrichtung dieser mit einem Pfriem (zum Vorstechen der Löcher) und einer Nadel in Kettenstich arbeitenden Maschine ähnelt in Form und Einzelteilen den heutigen Nähmaschinen, und es wird beim Ledernähen in der That noch jetzt dasselbe Prinzip in Anwendung gebracht. Der Betrieb erfolgte vermittelst einer Handkurbel und einer Welle, deren exzentrische Scheiben Pfriem und Nadel in auf- und abgehende Bewegung versetzten, während der Stoff auf einem mittels Schraubenspindel beweglichen Schlitten befestigt war und von Hand oder Räderwerk schrittweis unter der Nadel hingeführt wurde. Es ist nicht bekannt, welchen praktischen Erfolg diese Maschine hatte. Sehr bemerkenswert ist, daß dieser Erfinder sich auf richtigerem Wege zur Erreichung seines Zieles befand, als manche seiner Nachfolger. Er wollte seine Aufgabe durch einfache machinale Bewegungen lösen, während die andern mit ihren Konstruktionen immer wieder das verwickelte Spiel der menschlichen Hand möglichst getreu nachzuahmen suchten. Ein Engländer, Duncan, soll 1804 ein Patent auf eine Tambouriermaschine genommen haben. Zum Teil ebenfalls auf richtiger Fährte, anderseits aber doch auch von dem gewohnten Wesen der Handarbeit befangen gemacht, beschäftigte sich ums Jahr 1814 der Tiroler Joseph Madersperger, Schneidermeister in Wien, mit der Erfindung einer Nähmaschine. Wohl ging er von dem richtigen Grundsatze aus, der Maschine nicht die Nachahmung der Handarbeit zuzumuten, und ersann eine besondere Nähweise, wozu er eine

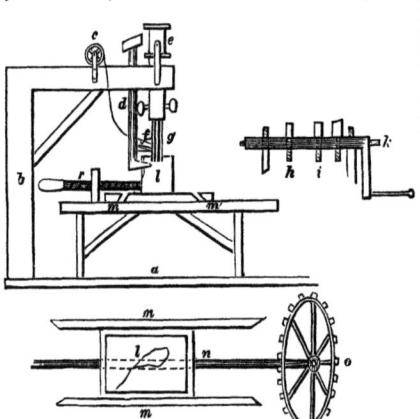

Fig. 877. Nähmaschine von Thomas Saint (1790).

zweispitzige, in der Mitte mit dem Fadenloch versehene Nadel herstellte, welche durch einen geeigneten Mechanismus abwechselnd von oben und von unten vollständig durch den Stoff hindurchgeführt wurde. Aber er blieb bei dem kurzen, für die Handnäherei geeigneten Faden von etwa 45 cm Länge stehen, so daß er immer nach etwa 130 Stichen, womit dieser Faden verbraucht war, die mittels Handkurbel betriebene Maschine zum neuen Einfädeln anhalten mußte. Hieraus ist wohl erklärlich, daß die Leistungsfähigkeit seiner Maschine zu gering blieb, um der Handarbeit den Vorrang ablaufen zu können. Nach jahrelangem erfolglosen Bemühen in der Verbesserung seiner Konstruktion überreichte Madersperger ein Exemplar derselben dem Wiener Polytechnischen Institute, in dessen Sammlung dieselbe noch als historisches Denkmal eines erfolglos angewendeten scharfsinnigen Bestrebens aufbewahrt ist. Gelegentlich der Weltausstellung von 1873 war diese interessante Maschine in der additionellen Ausstellung „Zur Geschichte der Gewerbe in Österreich" zu sehen.

Zwischen 1830 und 1850 wurden in Frankreich, England und Amerika über dreißig Patente auf Nähmaschinen erteilt. Nur eine einzige derselben, die des französischen Schneidermeisters Barthelemy Thimonnier, konnte einige praktische Bedeutung beanspruchen. Thimonnier lebte in den zwanziger Jahren als armer Schneider in der französischen Stadt St. Etienne. Vernachlässigung seines Geschäfts und ein exzentrisches Wesen waren schuld, daß er nichts vor sich brachte, vielmehr in völlige Armut versank. Auch sein geistiger Zustand hatte sich so ungünstig gestaltet, daß er allgemein für überschnappt galt. Doch hatte er die ganz vernünftige Idee, eine Nähmaschine erfinden zu wollen. Bei den Fabrikanten Südfrankreichs herrscht der Gebrauch, daß sie große Mengen von Näherei und

Stickerei von der weiblichen Bevölkerung des platten Landes arbeiten lassen, und dieser Umstand hatte den Schneider auf seinen Gedanken gebracht. Ohne Mittel und Beihilfe konstruierte er an seiner Maschine vier Jahre lang, hatte sie 1830 fertig und erhielt ein Patent darauf. Sie war in Holz ausgeführt. Der vermittelst dieser Maschine hergestellte Stich ist der Kettenstich. Die Nadel, welche von oben durch das Zeug hindurchsticht, hat an ihrer Spitze einen Haken, in den sich beim Aufgange der unterhalb des Zeugs befindliche Faden hineinlegt, nachdem er durch einen kleinen Apparat um die Nadel geschlungen ist. Beim nächsten Stiche bleibt die so gebildete Schlinge oben auf dem Zeuge liegen, die Nadel holt in derselben Weise eine zweite Schlinge herauf und führt diese durch die erstere hindurch, wodurch bekanntlich der erwähnte Stich gebildet wird.

Ein Regierungsingenieur, Namens Beaunier, der die Maschine zu Gesicht bekam und sogleich ihren Wert erkannte, nahm den Schneider mit nach Paris, und hier kam bald eine Kompanie zur Ausbeutung des Patents zustande unter der Firma Ferrand, Thimonnier, Germain, Petit & Co. Im Jahre 1831 konnte man in der Rue de Sèvres ein Arbeitslokal sehen, wo 80 hölzerne Maschinen beständig mit der Anfertigung von Militärkleidung beschäftigt waren. Aber noch dasselbe Jahr brachte ein Ende mit Schrecken. Die Pariser Handwerker sahen in der neuen Maschine nur eine Veranstaltung, die ihnen und ihren Familien das Brot vom Munde wegnehmen müsse, und da der Geist der Revolte ohnehin in diesem Jahre noch sehr lebendig war, so stürzte sich eine wütende und bewaffnete Rotte auf Thimonniers Werkstatt, zerschlug alle seine Maschinen und zwang ihn, für sein Leben zu sorgen. Bald darauf starb Beaunier; die andern Teilnehmer traten zurück, und der arme Schneider saß wieder auf dem Trocknen. Im Jahre 1834 kehrte er nach Paris zurück; er hatte seine Maschine verbessert und wollte nun versuchen, sich durch Übernahme von Näharbeit eine Existenz zu gründen. Dies schlug indes fehl, und Thimonnier sah sich endlich genötigt, den langen Weg in seine Heimat zurückzuwandern, seine Maschine auf dem Rücken, die er unterwegs als Kuriosität vorzeigte, um dadurch seine Wegzehrung zu gewinnen.

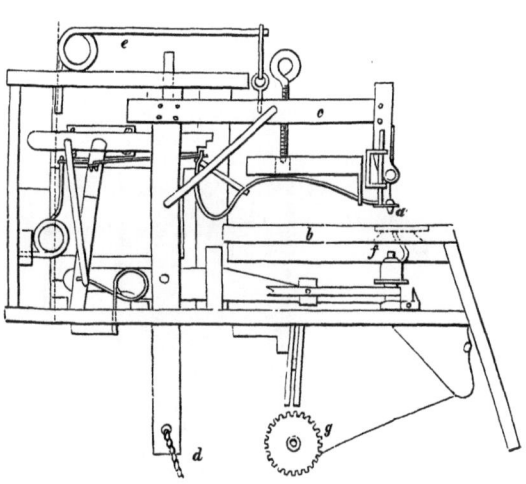

Fig. 878. Thimonniers Nähmaschine.

Nach so schlimmen Erfahrungen hätte man glauben sollen, der Erfinder werde an seiner Sache verzweifeln, aber im Gegenteil, er griff von neuem an und baute wieder einige Maschinen, für die er mit den größten Schwierigkeiten Abnehmer fand. Im Jahre 1845 eröffneten sich endlich bessere Aussichten: ein Herr Magnin verband sich dem Erfinder und gab das Geld zur Einrichtung einer Maschinenbauanstalt. Es wurden Maschinen zu 50 Frank hergestellt, und es schien, als werde sich das Geschäft lohnen. Im Jahre 1848 arbeiteten diese Maschinen mit 300 Stichen in der Minute und konnten in jedem Material von Musselin bis zu Leder nähen und sticken. An Stelle des Holzes war das Eisen getreten. Das Jahr 1848 war aber auch das Todesjahr des ganzen Unternehmens: die Februarrevolution zertrümmerte alle Hoffnungen, und beide Gesellschafter sahen sich völlig ruiniert. Thimonnier verkaufte sein englisches Patent an eine Gesellschaft in Manchester für eine Kleinigkeit und sandte 1851 seine beste Maschine zur Londoner Weltausstellung, allein dieselbe traf erst ein, als die Jury ihre Arbeiten vollendet hatte. Der rechte Augenblick war unwiederbringlich versäumt. Wenn auch später bei Gelegenheit der Pariser Ausstellung 1855 die Jury laut und sogar mit Unrecht erklärte: „La machine Thimonnier à servi évidemment de type à toutes les machines à coudre modernes!" und wenn sie auch dem Kompagnon Thimonniers, Magnin, eine Medaille erster Klasse zuerkannte, so war doch die Zwischenzeit von den Amerikanern, bei denen die Idee der Nähmaschine sich auf andern Grundlagen entwickelt hatte, bereits so gut ausgenutzt, daß Thimonniers Maschine nur noch geschichtlichen Wert haben konnte. Für Thimonnier, der seit 1825 unablässig an der Ausbildung der Nähmaschine gearbeitet hatte, war durch den unglücklichen Zufall auf der Londoner Ausstellung die Frucht der Mühe und Arbeit seines ganzen Lebens vernichtet. Gebrochen zog er sich nach seiner Heimat zurück und starb dort 1857 im Alter von 64 Jahren. Die einzige Freude für seine Lebensarbeit bereitete ihm jener Ausspruch der Jury bei der Ausstellung von 1855 in Paris, ein leidiger Trost, und der dennoch manchem Erfinder in ähnlicher Lage nicht zu teil wird.

Die französischen Schriftsteller betrachten die Maschine Thimonniers als die Grundlage aller nachfolgenden Bauarten, doch stimmt diese Ansicht mit der Wirklichkeit durchaus nicht überein; vielmehr ist erwiesen, daß weder Hunt, noch Howe, noch Wilson irgend eine Kenntnis von der Thimonnierschen Nähmaschine hatten.

Fast zur selben Zeit, wo Thimonniers Maschine zuerst patentiert wurde, bildete sich in Amerika die Nähmaschine auf neuer, besserer Grundlage aus. Wir begegnen 1832—34 der ersten Nähmaschine, welche einen für alle Zwecke verwendbaren, der Handarbeit am meisten gleichenden Stich erzeugte, nämlich den jetzt allgemein gebräuchlichen Doppelsteppstich, der die Handnaht nicht nur vollständig ersetzt, sondern auch durch Haltbarkeit und schönes Aussehen übertrifft. Der erste Erfinder einer solchen Maschine war der Amerikaner Walter Hunt, der 1832—34 die Nähmaschine mit einem Webschiffchen erbaute und mit einer Nadel versah, welche an der Spitze geöhrt war, jedenfalls von dem Gedanken ausgehend, die Stichbildung nach Art der Weberei zu verrichten. Er baute mehrere solcher Maschinen, die alle zur vollen Zufriedenheit ihrer Abnehmer arbei-

Fig. 879. Nähmaschine von Greenough (1842).

teten, doch legte er seiner Erfindung keinen Wert bei und begab sich durch den Verkauf der Maschinen aller Rechte auf ein Patent, das später für eine ähnliche Erfindung einem andern erteilt wurde. Nächst dieser finden wir dann 1841 eine Nähmaschine von Newton & Archbold in England, die zur Verzierung von Handschuhen bestimmt war, und 1842 eine solche von Greenough, die vermittelst der bereits auch von Madersperger angewendeten in der Mitte geöhrten Nadel mit zwei Spitzen und einer Ahle zum Vorstechen arbeitete, und zum Nähen von Leder und andern schweren Stoffen dienen sollte. Ferner eine ähnlich gebaute Maschine von Corliß, 1843 in den Vereinigten Staaten patentiert; 1844 eine Maschine von Rodger, die den einfachen Vorstich machte und zum Zusammenheften der Kanten von Zeugen, die gefärbt, gebleicht oder gedruckt werden sollten, Verwendung fand. B. W. Beau 1843, Bostwick 1844 in England sowie Smith & Chadburne 1850 in den Vereinigten Staaten erhielten Patente auf ähnliche Maschinen, welche den zu nähenden Stoff durch einen geeigneten Mechanismus fältelten und in diesem Zustande auf eine lange unbewegliche Nadel schieben ließen; später wurde dieselbe Idee von Professor Walther in Nürnberg ausgeführt.

Von den sämtlichen bisher erwähnten Versuchen zur Herstellung einer Nähmaschine hatte, vielleicht mit Ausnahme desjenigen von Barthélemy Thimonnier, nicht ein einziger einen irgendwie nennenswerten Erfolg aufzuweisen gehabt. Einem jungen Amerikaner,

Geschichtliches.

Elias Howe jun., sollte es vorbehalten sein, bahnbrechend für alle weiteren Vervollkommnungen der Nähmaschine zu wirken.

Elias Howe jun., den man mit Fug und Recht als den Erfinder unsres jetzigen Nähmaschinensystems bezeichnen kann, wurde 1819 zu Spencer in Massachusetts geboren. In seiner Jugend mußte er schon frühzeitig seinem Vater in dessen Thätigkeit als Farmer und Müller zur Seite stehen; nur des Winters war es ihm vergönnt, eine Schule zu besuchen. Erst in seinem siebzehnten Jahre entschloß sich Elias, Maschinenbauer und Maschinist zu werden und wandte sich zu diesem Zwecke nach der durch ihre Maschinenindustrie damals schnell emporblühenden Stadt Lowell. Hier blieb er zwei Jahre und arbeitete in einer Maschinenfabrik, welche hauptsächlich Web- und Spinnstühle baute. Durch die Handelskrisis von 1837 arbeitslos geworden, ging er zunächst nach Cambridge und von dort nach Boston. In Boston fand er Beschäftigung bei einem sehr geschickten Mechaniker, Ary Davis, welcher sich zu jener Zeit im Auftrage eines Kapitalisten mit der Erfindung einer Strickmaschine beschäftigte. Bei Ary Davis wurde Elias Howe eines Tages Zeuge eines Gesprächs, welches sowohl für ihn als auch für die Erfindung der Nähmaschine bedeutungsvoll werden sollte. Ary Davis, unwillig geworden über das vergebliche Bemühen, die Strickmaschine fertig zu bringen, warf in der ihm eignen rauhen Manier die Worte hin:

„Ei, zum Teufel, warum sich den Kopf mit einer Strickmaschine zerbrechen, macht mir lieber eine Nähmaschine!"

„Eine Nähmaschine? Das geht nicht!" erwiderte der Kapitalist.

„Nicht?" fiel Davis ein, „ei wie, ich verpflichte mich, eine solche zu machen."

„Recht gut, Davis, macht sie, und ich bürge Euch für ein schönes Vermögen."

Ob Ary Davis je im Ernste daran gedacht haben mag, seine flüchtig hingeworfene Bemerkung weiter zu verfolgen, kann dahingestellt bleiben, aber in dem damals

Fig. 880. Elias Howe.

zwanzigjährigen Elias Howe, der unbeachtet, aber aufmerksam dem Gespräche gefolgt war, blieb die Idee einer Nähmaschine haften und verließ ihn nicht mehr.

Als Elias Howe 1840 großjährig geworden war, verheiratete er sich, obgleich er nur 9 Dollars in der Woche verdiente. Trotzdem ihn nun die Sorge für die Erhaltung seiner Familie zu strenger Arbeit veranlaßte, arbeitete er dennoch an seiner Idee der Nähmaschine weiter. Mehrere Jahre suchte er vergeblich, wie schon mancher vor ihm, die Bewegung der nähenden Hand nachzuahmen, bis ihn, als er die Aussichtslosigkeit seiner Bemühungen einsah, plötzlich der Gedanke erfaßte: „Ist es denn notwendig, daß eine Maschine gerade die Verrichtung der Hand sklavisch nachmachen muß? Kann nicht eine andre Art des Stichs gefunden werden?" Dieses war der Wendepunkt in der Erfindungsgeschichte der Nähmaschine.

Howe arbeitete damals in Cambridge, und es ist daher wohl kaum anzunehmen, daß er Kenntnis gehabt hat von der Erfindung Hunts, dessen Maschine in einem Winkel der Werkstatt ihres Verfertigers unbenutzt stand. Vielmehr kann angenommen werden, daß Howe durch seine Bekanntschaft mit Webstühlen dazu geführt worden ist, einen dem Weben ähnlichen Vorgang zum Nähen auszubilden, wie derselbe ja thatsächlich in der Nähmaschine

Howes zur Anwendung gekommen ist und von da ab bahnbrechend wurde für alle andern Nähmaschinenkonstruktionen.

Howes erste auf diesem Grundsatz beruhende Maschine war in Holz ausgeführt, aber doch schon so sehr gangbar, daß sie ihn von der Richtigkeit seiner Lösung der Aufgabe vollkommen überzeugte. Er hatte damals schon seine Stellung verlassen und lebte in den kümmerlichsten Verhältnissen mit seiner Familie bei seinem Vater. Von seinen Bekannten, die ihn beschuldigten, seine Zeit zu verträumen, verlacht und verspottet, gelang es ihm dennoch von einem Jugendfreunde, George Fischer, Geld zur Ausführung einer eisernen Maschine zu erhalten. Bald war auch diese fertig gestellt, und ihre Leistung — sie machte 300 Stiche in der Minute — berechtigte zu den schönsten Hoffnungen. Aber dennoch mußten noch lange Jahre der Entbehrung und des Kummers vergehen, ehe Howe sich und seiner Nähmaschine diejenige Stellung errang, welche ihn für seine Bemühungen belohnen sollte. Nicht nur, daß man in Amerika der Howeschen Erfindung wenig Beachtung schenkte, sondern man begegnete derselben geradezu mit Abneigung, obwohl Howe durch ein Wettnähen dargethan hatte, daß seine Maschine mehr leistete als fünf der geübtesten Näherinnen.

Als Howe sich längere Zeit vergeblich abgemüht hatte, seiner Erfindung in Amerika Eingang zu verschaffen, faßte er, durch die Not getrieben, den Entschluß, nach England zu gehen, um diesem für Maschinen sonst so ergiebigen Lande seine Erfindung anzubieten. Zunächst sandte er seinen Bruder Amasa Howe im Oktober 1846 hinüber. Doch als Amasas geringe Barschaft bald zu Ende gegangen war, sah sich dieser genötigt, die Maschine an einen Herrn W. Thomas zugleich mit der Berechtigung zu verkaufen, daß Thomas sich für seinen Gebrauch so viel Nähmaschinen anfertigen lassen könne, als ihm beliebe. Mündlich wurde noch verabredet, daß Thomas auf die Maschine in England Patent nehmen dürfe, aber dem Erfinder pro verkaufte Maschine 3 Pfd. Sterl. Prämie zu entrichten habe.

Obgleich Thomas sofort das Patent in England nachsuchte und auch erhielt, hat er dennoch später an Howe nie etwas bezahlt, vielmehr die Nähmaschine durchaus als eigne Erfindung behandelt und später von allen Maschinen, die in England erbaut wurden, eine Prämie von 2 Pfd. Sterl. erhoben.

Der Charakter dieses Ehrenmannes wird noch besser durch folgende Begebenheit gekennzeichnet. Auf ein Anerbieten von Thomas kam Howe im Februar 1847 selbst nach England, um die Nähmaschine für die Korsettenfabrikation abzuändern. Er wurde von Thomas freundlich aufgenommen und auch so lange freundlich behandelt, bis er die Abänderung zur Zufriedenheit des Thomas ausgeführt hatte — dann aber bei der ersten besten Gelegenheit entlassen. Howe geriet hierdurch mit seiner Familie, die ebenfalls mit nach England gekommen war, in die bitterste Not; er mußte, um die Kosten der Überfahrt nach Amerika decken zu können, sein amerikanisches Patent in England versetzen. Bald nach seiner Rückkunft, welche 1849 stattfand, starb seine Frau und er selbst geriet in die unglücklichste Lage.

Hatte man in der Zeit seiner Abwesenheit in Amerika auch bald den Erfinder der Nähmaschine vergessen, so war diese selbst inzwischen bereits zu einer beträchtlichen Berühmtheit gelangt. Ein Mann, ausgerüstet mit praktisch schlauem Verstande und vielleicht einem ebenso weiten Gewissen als der vorgenannte Engländer Thomas, hatte sich in Amerika der Erfindung Howes bemächtigt, geringe Teile daran abgeändert und auch wirklich in Patent erhalten. Nicht entkräftigt durch jahrelange Erfinderarbeit, nicht verarmt durch kostspielige Versuche, die fast stets eine Erfindung begleiten, nicht gebeugt und ins Elend gestoßen durch Mißerfolge und die gewinnsüchtige Heuchelei eines hartherzigen Engländers, konnte dieser Mann, Isaak Meritt Singer, seine ganze Kraft der Einführung der Nähmaschine zuwenden. Was Howe, dem Erfinder, nicht gelungen war, gelang ihm, dem Nachahmer. In der Abwesenheit Howes hatte er durch gewandte Reklame der Nähmaschine bereits ein bedeutendes Abgangsgebiet verschafft, was sich täglich vergrößerte.

Howe blieb jedoch nicht müßig, mit Hilfe eines Kapitalisten löste er sein in England verpfändetes Patent wieder ein und strengte gegen Singer und andre Nachahmer einen großartigen Prozeß an. Obgleich Singer auf alle vorher erteilten Patente zurückgriff, um Howes Patent zu vernichten, lautete schließlich der Urteilsspruch dahin, daß

„das Patent des Klägers (Elias Howe jun.) gültig und die Maschinen des Beklagten (J. M. Singer) eine Verletzung desselben seien". Ferner: „daß Elias Howe jun.

der Erfinder, Isaak Meritt Singer aber der Nachahmer sei, und daß kein Zweifel darüber entstehen könne, daß das Publikum die wohlthätigen Folgen der Einführung der Nähmaschine Elias Howes jun. zu verdanken habe!"

Diese Entscheidung war von großem Werte, denn sie schnitt jede Anfechtung des Erfindungsrechts Howes in Amerika gänzlich ab. Jetzt fiel auch ein beträchtlicher Gewinn Elias Howe jun. zu, ein wohlverdienter Lohn für die bitteren Notjahre, die er für die Nähmaschine zu erdulden gehabt hatte. Bis zu seinem Tode, welcher frühzeitig im Jahre 1867 erfolgte, hatten ihm die Nähmaschinen, deren jede einzelne ihm tributpflichtig geworden war, mehr als 2 Millionen Dollars eingetragen.

Nach Howe sind als die bedeutendsten Förderer der Nähmaschine besonders der bereits erwähnte J. M. Singer von der jetzigen Singer Manufacturing Co., A. B. Wilson, jetzt Wheeler & Wilson Co., Grover & Baker und J. E. A. Gibbs, sämtlich Amerikaner, anzusehen. Am meisten Verdienste, namentlich um die Einführung der Nähmaschine, erwarb sich Singer, dessen Maschine 1851 patentiert wurde. Nach ihm ist es die Firma Wheeler & Wilson, die das sogenannte Greifersystem erfunden, welche es ebenfalls verstand, ihrem Fabrikat ein weites Absatzgebiet zu verschaffen; die Fabrik von Wheeler & Wilson in New York hatte bis zur Wiener Ausstellung bereits 900 000 Nähmaschinen fertig gestellt und sich damals schon bis zu einer Leistungsfähigkeit von 600 Maschinen pro Tag aufgeschwungen. Die Grover & Bakermaschinen fanden ebenfalls großen Absatz, jedoch der Eigenart ihres Stichs wegen haben sie ebenso wie die Wilcox & Gibbsmaschinen einen dauernden Erfolg nicht behauptet. Die Grover & Bakermaschine stellte mittels zweier Fäden und einer unteren Kreisnadel den sogenannten Knotenstich her, während die Wilcox & Gibbsmaschine den einfachen Kettenstich mit einem Faden erzeugte; beide Sticharten sind aber teils ihrer geringen Haltbarkeit wegen, teils wegen zu großen Fadenverbrauchs durch die prak-

Fig. 881. Elias Howes Nähmaschine (1846).

tischeren Doppelsteppstichmaschinen fast ganz aus dem Markte verdrängt worden und nur das Wilcox & Gibbssystem findet noch für Handnähmaschinen Verwendung.

Daß die Nähmaschinenfabrikation, welche in Amerika rasch einen ungeheuren Aufschwung nahm, sich auch bald nach Europa verpflanzte, konnte nicht fehlen; am entschiedensten und mit dem größten Glück ging Deutschland darin voran, während England und Frankreich auch heute noch auf diesem Gebiete zurückgeblieben sind. Schon 1855 finden wir die Fabrikation der Nähmaschinen in Leipzig vertreten, wo hauptsächlich nach Singers System schwere Handwerkermaschinen hergestellt wurden; bald darauf findet sich die Fabrikation von Wheeler & Wilson-Maschinen in Berlin, später in Hamburg, sie wurde jedoch nur in kleinerem Maßstabe betrieben, bis 1863 die Singerkompanie ihre Maschinen in Deutschland einzuführen begann und damit eine andre Bewegung in das Nähmaschinengeschäft brachte. Die inländischen Fabriken mehrten sich, da hier kein Patentschutz hemmend wirkte; doch zu einer größeren Bedeutung gelangten erst gegen Ende der sechziger Jahre einige Fabriken, unter welchen besonders die folgenden zu erwähnen sind: Klemens Müller in Dresden, welcher anfänglich die einfädige Kettenstich-Handnähmaschine nach Wilcox & Gibbs baute, später eine Doppelsteppstich-Handmaschine, die Saxonia, und jetzt das Singersystem liefert. A. Wertheim in Frankfurt a. M., Gebr. Kaiser in Kaiserslautern, welche nach dem Singersystem bauen, und Frister & Roßmann in Berlin, die ursprünglich nur nach Wheeler & Wilson, in letzterer Zeit aber hauptsächlich nach Singer fabrizierten und neuerdings nach einem eignen, vielfach neuen System arbeiten. Eine nicht unbedeutende Fabrikation hauptsächlich des Wheeler & Wilson-Systems befindet sich in Saalfeld und Bielefeld, während in Hamburg namentlich die Herstellung von Handmaschinen — Gruhl & Harbeck, Kettenstich; Dreyer, Lippmann & Lind, Doppelsteppstich — betrieben wird, nachdem eine der bedeutendsten Aktien-Nähmaschinenfabriken, die das Wheeler & Wilson- sowie das Singer-System lieferte, ihre Thätigkeit eingestellt hat.

In Österreich, wo die Nähmaschinenfabrikation hauptsächlich in Wien zusammengedrängt ist, wird ebenfalls meistens nach Singer und Wheeler & Wilson gebaut, und ähnlich verhält es sich in Frankreich und England. Nur die sogenannte Cylinder- oder Elasticmaschine, welche in ihrer äußeren Form von den andern Nähmaschinen abweicht, hat ihre Entstehung dem letztgenannten Lande zu verdanken; dieselbe wurde zuerst von Bradbury & Co. in Oldham erbaut, später von Jones & Co. in Manchester ebenfalls hergestellt und wird jetzt auch in Deutschland vielfach gebaut. In Italien, Spanien sowie in Rußland und dem übrigen Norden hat die Nähmaschinenfabrikation keine Bedeutung, nur Dänemark macht hierin eine rühmliche Ausnahme, indem sich in Kopenhagen und einigen Provinzstädten mehrere, im Verhältnis zur Größe des Landes recht ansehnliche Fabriken befinden, die alle nach Singers System arbeiten, aber vorzugsweise Handmaschinen liefern.

Auf der Wiener Weltausstellung von 1873 waren von 82 Ausstellern große Gruppen von Nähmaschinen zur Ansicht gebracht worden; von nordamerikanischen Fabrikanten waren 7, von französischen 5, von italienischen 1, von schwedischen 1, von dänischen 5, von englischen 4, von belgischen 1 vertreten, während aus Deutschland 47 Fabriken von Nähmaschinen und 3 Bestandteilfabriken ausgestellt hatten und Österreich durch 11 Aussteller vertreten war.

Die Grundprinzipien der verschiedenen Nähmaschinen, welche sich jetzt im Handel befinden, entstammen, mit Ausnahme der Nadel und des Schiffchens, welche von Hunt und später selbständig von Howe erfunden worden sind, alle den vier Systemen: Singer, Wheeler & Wilson, Grover & Baker und Wilcox & Gibbs, die in bezug auf die Art ihres Stichs jedoch nur in drei Klassen zerfallen, nämlich den einfädigen Tambourier- oder Kettenstich, den Grover & Baker- oder Doppelkettenstich mit zwei Fäden und den Doppelsteppstich. Die Bewegung der Nadel ist bei allen diesen Maschinen fast die gleiche: durch einen Mechanismus rasch auf- und niedergetrieben, bringt sie beim Hinabgehen durch das Zeug und führt so den Faden, der in dem Öhr nahe an ihrer Spitze eingefädelt ist, doppelt hinab; beim Wiederaufsteigen bleibt der Faden unterhalb einen Moment in Form einer Schlinge stehen und wird erst, nachdem die Schlinge gesichert ist, durch den letzten Teil des Nadelhubes herauf- und fest angezogen. Im wesentlichen bestehen also nur in dem Mechanismus, welcher unterhalb auf die Schlinge wirkt, die Unterschiede der verschiedenen Maschinen. Andre weniger wesentliche Unterschiede sind durch den besonderen Zweck bedingt, für welchen die Maschinen bestimmt sind. So ist bei den meisten Maschinen für starke Arbeit der nach vorn gerichtete Aufsatz oder Arm stark und feststehend, und an seinem Kopfe befindet sich der Mechanismus zur Auf- und Niederführung der Nadelstange, gewöhnlich eine Kurvenscheibe, das Herz genannt; dagegen besitzen die Maschinen für leichtere Arbeit meistens einen dünneren Arm, der selbst beweglich ist und seine Bewegung empfängt, während die Nadel an ihm unbeweglich ist. Die Bewegung dieses Armes erscheint dann wie ein rasches, leichtes Hämmern, und da sein Auf- und Niedergehen den kleinen Teil eines Kreisbogens ausmacht, so ist auch die Nadel etwas einwärts gekrümmt. Hiernach unterscheiden sich die Maschinen als Räder- und Hebelmaschinen.

Die Einfadenmaschine, Wilcox & Gibbssystem, ist das einfachste Werk, und eine solche hat man immer zu erwarten, wenn von ganz billigen Maschinen, bis zu 10 Mark herab, die Rede ist. Während bei ihr die Schlinge ganz wie bei den übrigen Maschinen gebildet wird, kann die Sicherung der Naht nur dadurch geschehen, daß eine dieser Schlingen in die andre gezogen wird, wodurch der bekannte Tambourier- oder Kettenstich entsteht, wie er bei der gewöhnlichen Häkelarbeit gebildet wird. Steigt nämlich die Nadel, so faßt ein Haken in die Schlinge und hält sie fest, während das Zeug durch die Maschine um einen Stich weitergeschoben wird. Die Schlinge kommt dadurch so zu liegen, daß die wiederkehrende Nadel gerade durch sie hindurchstechen muß; der Haken läßt nun die erste Schlinge aus und ergreift die zweite, und so geht es dann weiter. Die Damen wissen ohne uns, daß diese Naht nicht für die Ewigkeit ist, denn wenn irgendwo der Faden reißt, so thut sich gleich eine ganze Anzahl Stiche auf. Doch gibt es immerhin so manches, was nur leicht verbunden zu sein braucht oder bald wieder zertrennt werden soll, wo also der Häkelstich an seinem Orte ist. Insbesondere verwendet man diese Maschine zur Herstellung von Ziernähten auf Handschuhen, Fußbekleidungsstücken, Mützen, Krawatten u. s. w., weil das kettenförmige Aussehen des Kettenstichs sich hierzu besonders gut eignet. Auch zum vorübergehenden Zusammennähen z. B. der Zeugstücke in Kattundruckereien und zum Ansetzen leichter Ziersachen, Frisuren u. s. w. an Damenkleidungsstücken eignet sich die Kettenstichmaschine wegen ihrer einfachen Einrichtung und ihres schnellen Ganges. In bezug auf die Geschwindigkeit, womit diese Maschinen ihre Arbeit verrichten,

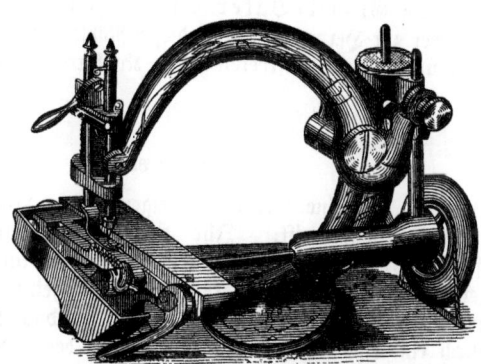

Fig. 882. Wilcox & Gibbs' Einfadenmaschine.

kann bemerkt werden, daß eine in Wien 1873 ausgestellte, mit Dampf betriebene Wilcox-Gibbsmaschine in der Minute 4—5000 Stiche machte, was einer Nahtlänge von über 6 m in derselben Zeit entspricht.

Die Doppelfadenmaschinen, die viel dauerhaftere Nähte herstellen, unterscheiden sich in der Hauptsache als Doppelsteppstich- und Grover-Bakermaschine. Bei der Doppelsteppstichnaht wird der obere oder Nähfaden mittels der Nadel durch den Stoff hindurchgeführt und unterhalb desselben eine Schleife gebildet, durch welche der auf einer kleinen Spule befindliche untere oder Bindefaden hindurchgeschoben wird. Der untere Faden verhindert also, daß die Schleife des oberen Fadens beim Zurückgange der Nadel wieder aus dem Stoff herausgezogen wird, ähnlich wie ein durch eine Öse oder Krampe geschobener Riegel dieselbe festhält. Bei der Grover-Bakernaht dagegen wird der obere Faden mittels der Nadel

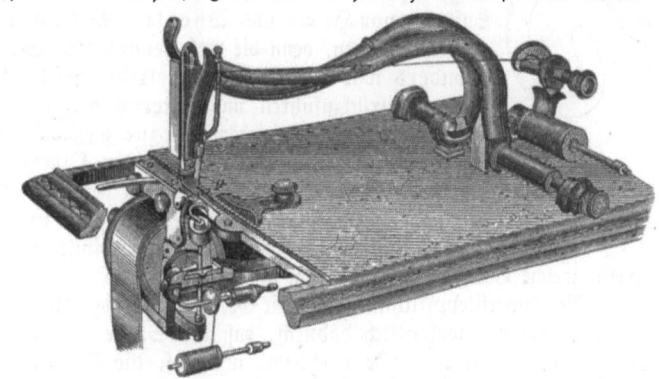

Fig. 883. Grover- & Bakers Kreisnadelmaschine.

ebenfalls durch den Stoff geführt und durch eine Art Haken zu einer Schlinge ausgezogen, der untere Faden aber wird nicht gänzlich mit seiner Spule durch diese Schleife gezogen, sondern es tritt nur ein Stück desselben in Form einer zweiten Schleife durch die Schleife des Nadelfadens, während in diese zweite Schleife des unteren Fadens ihrerseits wieder die Nadel hineinsticht. Was das Verhältnis der beiden Nähte betrifft, so muß die Steppnaht als die entschieden vorzüglichere derselben anerkannt werden. Abgesehen davon, daß die Grover-Bakernaht immer noch eine gewisse Auflösbarkeit zeigt, wenn auch nicht eine so große wie die Kettennaht, gehört zu ihr auch eine sehr bedeutende Garnmenge, indem zu einer Naht von 1 m Länge 5—6 m Garn erforderlich sind. Dagegen ist zur Steppnaht nur die $2^1/_2$—3fache und zur Kettennaht die $3^1/_2$—4fache Länge der Naht an

Garn erforderlich. Dieser Umstand spricht insbesondere bei Verwendung des teuern seidenen Nähgarns sehr für die Steppstichmaschinen. Hierzu kommt aber noch der Übelstand, daß die Grover=Bakernaht auf der einen Stoffseite infolge der mehrfachen Verschlingung eine dicke, fast schnurförmig vorstehende Wulst bildet, welche der Abnutzung sehr unterliegt und für manche Nähereiarbeiten sich gar nicht eignet; überhaupt paßt diese Naht besser zur Verzierung als zur festen Verbindung. Diese Eigentümlichkeiten der beiden hier betrach=teten Maschinennähte haben dazu geführt, daß die Grover=Bakernaht fast gänzlich von der Steppnaht verdrängt worden ist und noch sehr selten nur für Ziernähte Verwendung findet.

Die Grover=Bakermaschine zeichnet sich durch einen eigentümlichen Bestandteil aus, der zur Hervorbringung dieser Nähte nötig ist, die Kreisnadel. Howe hatte schon bald nach seinem Auftreten einen Konkurrenten an Judkins erhalten, der an Stelle des

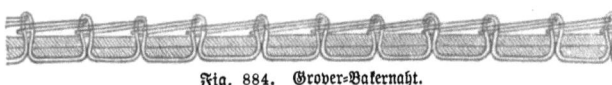

Fig. 884. Grover=Bakernaht.

Schiffchens eine zweite wage=rechte liegende Nadel zum Einschlingen des Unterfadens anwandte. Die Grover=Bakersche Maschine bildet eine eigentümliche Abänderung derselben, insofern diese untere Nadel gekrümmt ist. Ihr sinnreicher Mechanismus liefert einen doppelten Stich (s. Fig. 887), der seine Haltbarkeit in sich hat und nicht mit leidet, wenn sein Nachbar auf=getrennt wird. Die Grover=Bakernaht erscheint vergrößert und auseinander gezogen, etwa wie in Fig. 884. In Fig. 885 geben wir das Bild der Nadel. Der Faden m geht bei l durch ein Öhr der Nadel, legt sich auf deren Außenseite in eine Rinne und tritt bei K durch ein andres Öhr wieder aus. Indem die Kreisnadel oder der Greifer in Wechsel=wirkung mit der oberen Nadel sich etwa um $3/4$ des Kreises nach vorwärts dreht und dann in seine frühere Lage zurückkehrt, greift er in die oberen Schleifen und bildet die der Maschine eigentümliche Naht, welche oben als Steppnaht, unten als feines aufliegendes Schnürchen erscheint. Die Maschine selbst hat wenig Nachahmung gefunden und mit dem Aufhören der Grover & Bakerkompanie ist ihr Haupterzeuger abgetreten.

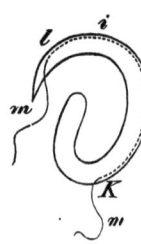

Fig. 885.
Die Grover=Bakersche Kreisnadel.

Maschine mit Greifer, Wheeler & Wilson=System. Von der Doppelsteppstichmaschine, deren Naht (s. Fig. 887) mit der Handsteppnaht einige Ähnlichkeit zeigt, sind es besonders die schon oben genannten beiden Systeme von Howe und Wheeler=Wilson, welche sich als Nebenbuhler gegenüberstehen, denn die viel genannte Singermaschine ist im wesentlichen, besonders was das Schiffchen betrifft, auf die früher erfundene Howesche Bauart zurückzuführen und unterscheidet sich von dieser nur in der An=wendung andrer Betriebsmittel zur Bewegung von Nadel und Schiffchen. Während nämlich Howe diese beiden Organe durch cylindrische Kurven=führungen bewegt, welche unterhalb der Nähplatte angebracht sind, bewirkt Singer die Schiffchenbewegung durch eine Kurbel, und die Bewegung der Nadelstange durch eine herzförmige Pinne, in die ein exzentrischer Zapfen greift, welche Vorrichtung nach ihm als Singersches Herz bezeichnet wird.

Die Doppelsteppstichmaschine mit Greifer, Wheeler=Wilson, unterscheidet sich nun von den letztgenannten wesentlich dadurch, daß die Spule, welche den Unterfaden aufgewickelt enthält, fest an ihrer Stelle verbleibt, und daß die Schlinge des Nadelfadens von einem zweckentsprechenden Organ, dem Greifer (s. Fig. 888), erweitert und über die erwähnte Spule geschoben wird. Die Spule mit dem Unterfaden erhält dabei keine eigne Bewegung, abgesehen von der geringen ruckweisen Drehung um ihre Achse, welche ihr durch den Faden erteilt wird, wenn derselbe bei jedem Stiche um die zur Stichbildung erforderliche Faden=länge abgezogen wird. Auch ist hinsichtlich der Nadelbewegung darin ein bedeutender Unterschied, daß bei den Schiffchenmaschinen die Nadel in einen besonderen prismatischen Nadelschieber (Nadelstange) befestigt ist, womit die Nadel geradlinig auf= und niedergeführt wird, während bei der Wheeler=Wilsonmaschine die Nadel am freien Ende eines schwin=genden Hebels angebracht ist, an dessen Schwingungen sie teilnimmt und also sich kreis=bogenförmig bewegt; infolgedessen muß die Nadel eine entsprechend gekrümmte Form haben, damit sie leicht durch den Stoff hindurchgehen kann und denselben nicht seitlich zu verschieben sucht.

Diese gekrümmte Nadel ist aber ein schwacher Punkt der Wheeler=Wilsonmaschine, denn es ist wohl ohne weiteres klar, daß die krumme Nadel viel leichter dem Verbiegen und Zerbrechen ausgesetzt sein muß als die widerstandsfähigere Nadel der Schiffchen= maschine. Man findet daher dem entsprechend bei allen sogenannten Handwerkermaschinen für Schneider, Schuhmacher, Lederarbeiter u. s. w., worauf stärkere Stoffe, wie Tuch und Leder, genäht werden müssen, ohne Ausnahme das Schiffchensystem in Gebrauch.

Dagegen besitzt das Greifer= system, bei welchem der Nadelhebel durch eine Kreisscheibe ohne ver= wickelte Führungsnute bewegt wird, und bei welchem der fest mit der Hauptwelle verbundene Greifer eine einfache drehende Bewegung erhält, den großen Vorzug, wegen der ein= facheren Bewegungsübertragung eine größere Geschwindigkeit zu gestatten, und doch einen geräuschloseren Gang zu haben, als dies bei der Schiffchen= maschine wegen der hin= und her=

Fig. 886. Wheeler & Wilsonmaschine.

gehenden Massen, der Nadelstange, des Schiffchens und Schiffchenkorbes, der Fall sein kann. Daher hat die Greifermaschine sich sofort nach ihrem Auftauchen ein besonderes Feld erobert und ihren Platz neben der Schiffchenmaschine behauptet. Sie wird nämlich mit Vorteil in der Wäsch= und Weißzeugnäherei ver= wendet, wo nur dünne Stoffe verarbeitet werden, so daß die krumme Nadel nicht über= anstrengt wird. Da die Teile der Maschine sehr leicht sind,

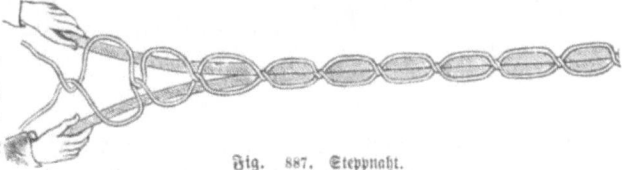

Fig. 887. Steppnaht.

so eignet sie sich vorzüglich für zarte Stepparbeiten in feiner Wäsche; auch ist die Geschwin= digkeit eine sehr große, denn man kann die Maschine bei Fußbetrieb unbedingt 12—1500 Stiche in der Minute machen lassen. Die Bauart des Greifers und der Spule ist äußerst sinnreich, dabei ist aber eine sorgsame und geschickte Hand zur Bedienung der Maschine erforderlich, wenn dieselbe gut arbeiten soll. Dieses Erfordernis ist jedoch bei geschäftsmäßigem Betrieb leicht erreichbar, wo die betreffende Arbeiterin, welche unausgesetzt an der Maschine, in der Regel sogar mit ganz gleichartiger Arbeit beschäftigt ist, sehr bald die erforderliche Geschicklichkeit erlangt.

Von dem der Wheeler=Wilsonmaschine eigen= tümlichen Greifer, der bei jedesmaligem Hinabgehen der Nadel die hierbei entstehende Fadenschlinge er= faßt und die den Unterfaden enthaltende flache Metallspule hindurchgleiten läßt, so daß dieser zweite Faden von der Schlinge des ersten gefangen und auf solche Weise die Doppelsteppnaht hergestellt wird, geben wir in Fig. 888 eine Abbildung. Dieselbe zeigt diesen Maschinenteil, den man die

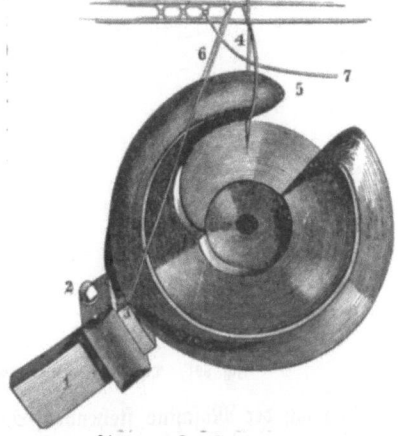

Fig. 888. Der Greifer.

stehende Spule, den Drehhaken oder den Greifer nennt, in natürlicher Größe bildlich, wie er eben in Arbeit begriffen ist. Der schraubengangartig geformte Greifer hat neben sich die Spule, welche linsenförmig, wie aus zwei auseinander gelegten Schüsselchen, gebaut ist und im Innern den Zwirn birgt. Wir sehen, wie der Greifer mit seiner Spitze (5) eben in die Schleife der Nadel (4) eingetreten ist; im weiteren Fortgange der Drehung wird er ganz hindurchgehen und eine Schleife bilden, wie sie von 6 bis 3 laufend bereits zu sehen ist, und durch welche der Unterfaden 7, der sich in der linsenförmigen Spule neben dem Greifer befindet, umfaßt wird. Da diese Stellung der Fäden bei jedem Umlaufe vorkommt, so sind immer zwei Stiche in Arbeit, und die Schleife des vorletzten Stichs wird von 3, welches eine kleine Bürste ist, so lange angehalten, bis die Greiferspitze wieder in eine neue Schleife 4 eingetreten ist, worauf der vorletzte Stich angezogen wird. Das Greiferwerk näht allerdings nicht so stramm wie das mit dem Schiffchen und ist deshalb für schwere Arbeit nicht anwendbar, um so praktischer aber für Weißzeug, als sich die Maschine durch bedeutende Schnelligkeit empfiehlt. Das Zeug wird bei diesen Maschinen von links nach rechts fortbewegt, wodurch sie sich von allen übrigen Nähmaschinen unterscheiden.

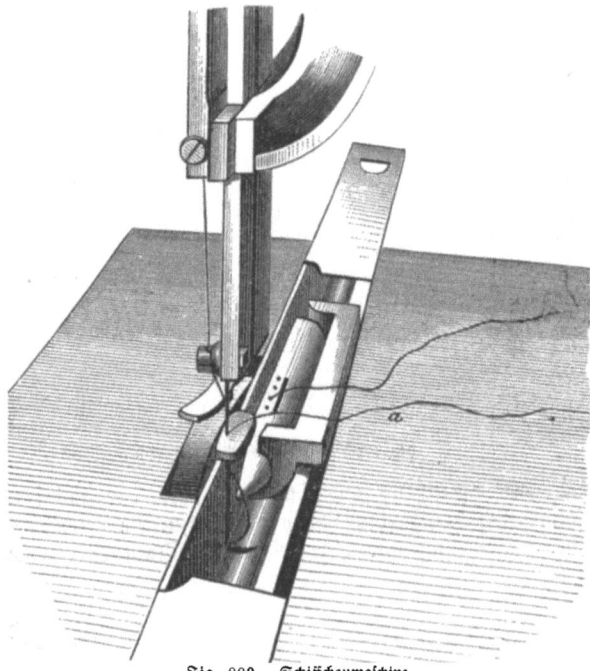

Fig. 889. Schiffchenmaschine.

Die Maschine mit Schiffchen wird durch die Abbildung Fig. 889 in der Hauptsache gut versinnlicht. Wir bemerken zunächst die Nadel am Ende der auf- und niedergehenden Stange, fortwährend durch das in der kleinen Metallplatte, der sogenannten Stichplatte, befindliche Loch spielend, und sehen ferner das glatt polierte metallene Schiffchen (Fig. 890), welches,

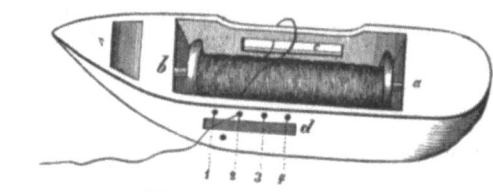

Fig. 890. Das Schiffchen.

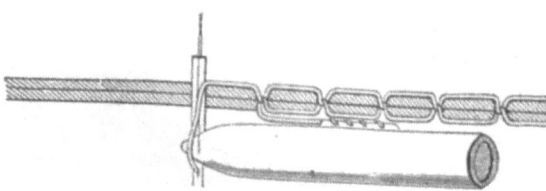

Fig. 891. Das Schiffchen in Thätigkeit.

mit der offenen Seite gegen die linksseitig befindliche Wand liegend, seinen schnellen Hin- und Hergang macht. Den Antrieb dazu erhält es von dem Treiber, der es klammerartig umfaßt. In dem Schiffchen, das an dem stumpfen Ende ein festes, an dem spitzen Ende ein mit einer Feder versehenes Lager hat, liegt die Metallspule, auf der eine ansehnliche Länge Seide oder Zwirn aufgewunden ist. Der Mechanismus ist in dem Moment dargestellt, wo das Schiffchen mit einer frischen Spule eingelegt und der obere Nähfaden, welcher von einer auf der Maschine stehenden Spule herabläuft, neu eingefädelt ist. Die Nadel ist bereits wieder ein wenig über ihren tiefsten Stand emporgegangen, und infolgedessen ist, wie Figura zeigt, der innere Teil des Nähfadens bogenförmig von der Nadel abgesprungen, die Schlinge ist gebildet. Erhält jetzt die Kurbel der Maschine, während die beiden Fäden festgehalten werden, eine Viertelsdrehung, so gleitet das Schiffchen wie ein Aal durch die Schlinge ganz hindurch, die Nadel zieht sich hierauf nach oben, und eine erste Einschlingung

Die Grundprinzipien der verschiedenen Nähmaschinen.

ist geschehen, worauf dann durch Einstoßen der beiden Schieber der Mechanismus verdeckt wird. Dieser ersten Bewegung gleichen natürlich alle folgenden: Eindringen der Nadel, Schlingenbildung, Durchfliegen des Schiffchens und Zurückgehen desselben, während die Schlinge nach oben angezogen wird, machen zusammen einen Stich, und die Stiche folgen so rasch, daß in der Minute 5—600 fertig werden.

Die Naht, welche durch diesen Mechanismus entsteht, ist ebenfalls eine Steppnaht und hat, wenn sie gut geraten ist, die in Fig. 887 und 891 dargestellte Form. Soll die Naht untadelhaft sein, so müssen die Umschlingungen der beiden Fäden in die Mitte des genähten Stoffs hineingezogen sein, so daß die Naht rechts und links ein ganz gleichmäßiges Ansehen hat; das wird sich aber natürlich nur dann erfüllen, wenn beiden Fäden der gehörige Grad von Spannung gegeben ist, eine Aufgabe, welche die Umsicht der Näherin hauptsächlich in Anspruch nimmt. Beide Fäden dürfen nicht ganz willig, sondern nur einer gewissen Zugkraft folgend in die Naht treten. Die Spannung im Unterfaden, auf welche schon das

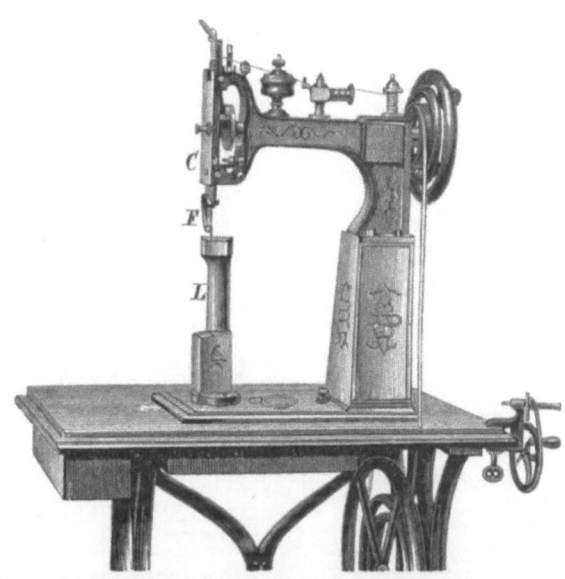

Fig. 892. Säulennähmaschine für Schuhmacherei.

mehr oder weniger genaue Aufspulen desselben auf die Spule des Schiffchens Einfluß hat, wird durch Reibung bewirkt, je nachdem der Faden so geschlungen ist, daß er bei seinem Austreten durch ein, zwei oder drei Löcher, mit oder ohne Einschlingung, in den daneben befindlichen Schlitz d laufen muß. Der von der oberen Spule herablaufende Nähfaden streift eine stellbare Feder, welche ihm die nötige Straffheit erteilt.

Die arbeitende Nadel hat aber natürlich auch mehrere mechanische Gehilfen. Da ist erstlich der Drücker, ein durch Federkraft nach unten strebender Körper, der mit seinem unteren, schuhförmigen Teile auf das Zeug drückt und dieselben Dienste thut, wie der Daumen beim Handnähen. Unter ihm steht das Schubrad mit seiner gerauhten Oberfläche. Zwischen Schubrad und Schuh kommt das Zeug zu liegen, und da ersteres nach jedem Stich um eine bemessene Länge fortrückt, so muß notwendig das Zeug mit fortgehen. Die Fortrückung des Rades und damit die Länge der Stiche lassen sich abändern. Viele Maschinen haben statt des Rades einen hin und her gehenden Stoffrücker (oder Transporteur), der für weiche und dünne Stoffe besser als das Rad ist.

Fig. 893. Elastik- oder Cylindernähmaschine.

Bei den Maschinen für Arbeiten in Leder, Segeltuch und dergleichen (Schiffchenmaschine) ist die Nadel zu einer starken, zweischneidigen Ahle vergrößert, und der Nähdraht geht durch dieselbe quer durch von Schneide zu Schneide. Besonders bei starkem Leder ist es erforderlich, daß die Stiche schräg durch den Stoff geführt werden.

Maschinen für Hohl- oder Rundarbeiten haben eine abgeänderte Form insofern,

als bei ihnen der untere Mechanismus nicht in die Tischplatte, sondern in einen hervor=
springenden Körper eingesetzt ist, welcher so angelegt ist, daß das hohle Arbeitsstück darauf
geschoben werden kann.

In der Schuhmacherei finden jetzt namentlich die Säulenmaschine Fig. 892 und
die Elastik= oder Cylindernähmaschine Fig. 893 Anwendung. Erstere besitzt eine
aufrecht stehende Säule L, über welche der zu nähende Stoff geschoben wird. Im
oberen Teile der Säule L arbeitet das Schiffchen mit dem Unterfaden und oberhalb der
Säule bewegt sich die an der Nadel=
stange befestigte Näh=
nadel F auf und ab.
Die Elastiknähma=
schine hat einen lang
vorgestreckten Arm,
an dessen äußerstem
Ende das Schiffchen
liegt. Der Arm ist
so schwach gehalten,
daß man die engsten
Schuhe damit nähen
kann. Über dem
Schiffchen liegt die
auf= und abgehende
Nähnadel und der
Stoffrücker, welcher
letztere so eingerichtet
ist, daß man den zu
nähenden Stoff nach
allen Seiten hin ver=
schieben kann.

Fig. 894. Handschuhnähmaschine.

Die Nähmaschinen für Sattler sind nach dem System Singer gebaut, die Nadel
hat jedoch eine scharfe, lanzenförmige Spitze, um die dicken Stoffe durchdringen zu können;
außerdem sind diese Maschinen mit einem Rädervorgelege versehen, da dieselben bedeutend
langsamer arbeiten müssen. Eine wesentliche abweichende Einrichtung besitzt die in Fig. 894
gezeigte Handschuhnähmaschine. Die zusammenzunähenden Teile werden zwischen die
beiden sich drehenden Scheiben A und B gebracht; an der Stelle, wo sich diese Scheiben
berühren, sticht die Nadel hindurch, deren Faden vom hin und her schwingenden Schiffchen

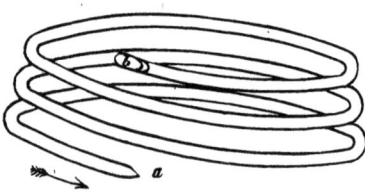

Fig. 895. Spiralförmige Nähnadel.

durchschossen wird, außerdem ist noch ein Faden=
fänger vorhanden, welcher den Faden von der einen
Seite des Stoffs auf die andre überträgt, so daß
eine sogenannte überwendliche Naht entsteht. Zum
Nähen von Säcken hat zuerst der Engländer Laing
die in Fig. 895 abgebildete spiralförmige Nähnadel
verwendet, welche an dem einen Ende eine Spitze a
und am andern Ende einen Haken b zum Einhängen
des Nähfadens besitzt; während der Stoff an der Nadel
vorbeigeführt wird, windet sich die Nadel durch denselben hindurch und zieht den Faden nach.

Die beliebteste Maschine sowohl für den Familiengebrauch wie für die verschiedensten
gewerblichen Zwecke ist die Singersche, da vermöge ihrer einfachen Bauweise die Hand=
habung derselben außerordentlich leicht zu erlernen und sie für die verschiedensten Stoffe
verwendbar ist. Fig. 896 ist eine Abbildung dieser Maschine, bei welcher der Mechanis=
mus bloßgelegt ist. Der durch eine Kappe verdeckte Treibriemen läuft über eine kleine,
hinten an der horizontalen Welle befindliche Schnurscheibe und verursacht bei jeder Um=
drehung ein Auf= und Absteigen der Nadelstange. Das an der oberen Welle befindliche
Bahnrad überträgt die Bewegung auf die untere Welle, welche unten in einer exzentrischen

Scheibe und einer Kurbel endigt, die dem Schiffchen und Stoffrücker die zur Stich=
haltung nötigen Bewegungen verleihen. Die Stichstellung geschieht durch die unten am
Maschinenraume sichtbare Knopfschraube, indem ein Verschieben derselben nach rechts oder
links den Drehpunkt des unten arbeitenden Hebels, welcher das Fortrücken des Stoffrückers
bewirkt, verändert und somit durch ein größeres oder geringeres Ausheben desselben ver=
schiedene Stichlängen hervorbringt. Der durch die Nadelstange gehende Fadenhebel bewirkt
den Wiederanzug des schlaffen Fadens, welcher sich bei jedem Stiche bildet; vermittelst einer
unter dem hinteren Ende dieses Hebels arbeitenden Feder, deren Kraft je nach der Stärke
des Fadens vermindert oder vermehrt werden kann, wirkt er ähnlich wie bei der gewöhn=
lichen Näherei die Hand.

Daß die Maschinen von Gibbs, Wheeler & Wilson und Singer, welche noch immer
den Vorrang einnehmen, fast keine Abänderung erfahren haben, läßt auf eine von vorn=
herein vollkommen durchdachte Bauart schließen. Veränderungen sind in der That nur da
vorgenommen, wo besondere Zwecke es erforderlich machten, und so finden wir denn jetzt
Nähmaschinen für Hutfabrikanten, die das Band selbstthätig um den Hutrand legen und
diesen selbstthätig drehen; Maschinen für Sack= und Segelnäherei, die mit besonders großem
Schiffchen versehen sind und einen beweglichen Pressenfuß haben. Zum Zusammennähen
von Filzsohlen sind dieselben Maschinen mit einem besonders hohen Nadelhub versehen. Zu
den neuesten Vervollkomm=
nungen gehören die mit
Pechfaden arbeitenden Ma=
schinen für Sattler sowie
Singers Heftmaschine für
Buchbinder, die zum Heften
von Druckbogen dient und
als besondere Einrichtung
einen Schneideapparat be=
sitzt, der jedes vorher ge=
nähte Heft von dem nach=
folgenden abschneidet und es
dann zwischen zwei Walzen
gleiten läßt, die es wieder
zusammenfalzen und ab=
legen. Ferner Singers Zick=

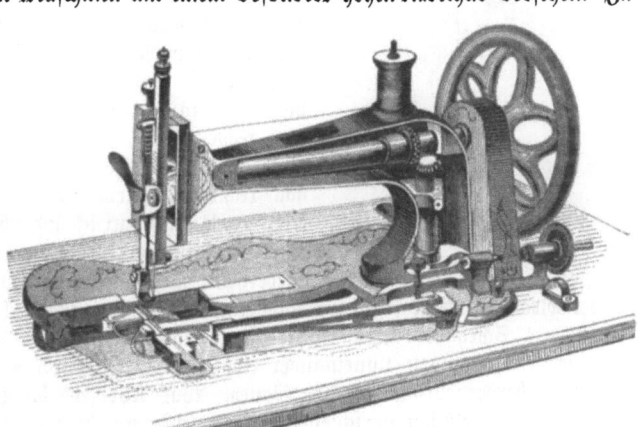

Fig. 896. Singernähmaschine für den Familiengebrauch.

zacknähmaschine für Verzie=
rungen auf Kleider und Wollstoffen sowie zum Benähen der Kanten von Hutledern, und nächst
diesen die Teppichnähmaschinen, ebenfalls von Singer. Letztere unterscheiden sich von den
gewöhnlichen Nähmaschinen dadurch, daß sie eine überwendliche Naht herstellen und daß
der Stoff festliegt, während die Maschine sich mit dem Arbeiter je um eine Stichlänge rück=
wärts bewegt. Die Maschine ruht auf einem vierräderigen Gestell, auf welchem auch der
Arbeiter seinen Platz hat, und das auf Schienen läuft. Sie wird auf gewöhnliche Weise
mit den Füßen in Bewegung gesetzt, wobei ein Mechanismus, welcher mit der gezahnten
Flansche des einen Rades in Verbindung steht, dieses und somit das ganze Gestell bei jeder
Umdrehung nach rückwärts bewegt.

Die Leistungen der Nähmaschinen sind sehr bedeutend, indem mit denselben je nach
der Bauart und dem zu verarbeitenden Stoffe ohne Anstrengung des Arbeiters 400 bis
800 Stiche in der Minute gemacht werden können. Die größte Schnelligkeit besitzen die
einfädigen Kettenstichmaschinen, während die Doppelsteppstichmaschinen erst in zweiter Linie
stehen und auch hier wieder bedeutende Unterschiede obwalten. So z. B. liefert eine der=
artige Maschine in Weißzeug oder Tuch 6—700 Stiche, die größeren, für schwere Leder=
arbeiten berechneten Maschinen aber nur 3—400 und zuweilen noch weniger, weil bei
schnellerem Arbeiten die Nadel sonst zu warm werden würde. Was die Leistungsfähigkeit
noch besonders erhöht hat, sind die vielen mit der Zeit erfundenen Hilfsapparate, als
Säumer, Kräusler, Bandeinfasser, Schnuran= und =einnäher, Bandaufnäher, Kapper u. s. w.,
durch welche viele Vorarbeiten wegfallen und also außerordentlich an Zeit gespart wird.

Zum Ausnähen von Knopflöchern findet der Knopflochapparat von Julius Guttmann in Berlin allgemeine Anerkennung. Derselbe wird, wie Fig. 897 zeigt, ebenfalls am Kopf der Nähmaschine befestigt und dient sowohl zum Nähen von Knopflöchern als auch zur Herstellung einer überwendlichen und einer Ziernaht. Durch ein auf der Nadelstange befestigtes Zahnrad wird ein zweites auf der Zeichnung sichtbares Zahnrad in Umdrehung versetzt, welches vermittelst eines an demselben befestigten Daumens und eines springenden Hebels dem in der Nadelstange A horizontal verschiebbaren Nadelschieber B, in welchem die Nähnadel befestigt ist, bei jedem Stiche eine Verschiebung erteilt, so daß die Nadel abwechselnd in das Knopfloch und in den Stoff einsticht. Beim Verriegeln des Knopflochs wird dem Nadelschieber durch Einstellen eines linksseitig angeordneten exzentrischen Hebels M die doppelte Bewegung erteilt.

Eine hübsche Erfindung in dieser Beziehung ist der Zierstichapparat, bei dessen Anwendung zwei Fäden, gleichviel ob Wolle, Baumwolle oder Seide, in den Steppstich eingeflochten werden und auf diese Weise eine schnurartige Verzierung hergestellt wird. Das Neueste auf diesem Gebiete ist ein in Amerika von Smyth erfundener Apparat, der in der Weise auf den Stoffrücker wirkt, daß dieser z. B. vier Stiche in schräger Richtung nach links und dann ebenso nach rechts macht, wodurch eine Zickzacklinie entsteht; oder er macht zwei Stiche in Halbkreisform vorwärts, einen Stich nach rechts und wieder zurück, wiederum einen vorwärts und einen rechts und zurück und schließlich noch zwei Stiche vorwärts in Halbkreisform, worauf sich sämtliche Bewegungen wiederholen und ganz selbstthätig eine reizende Ziernaht gebildet wird.

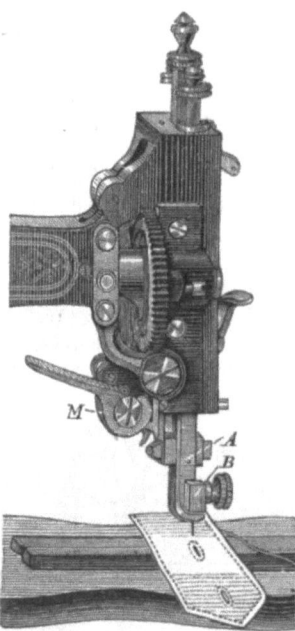

Fig. 897. Knopflochapparat.

Der Apparat, für Singermaschinen bestimmt, arbeitet unterhalb der Maschine. Er hat 64 Schraubenlöcher, in welche je nach der Art des Stichs 4—30 Schrauben in gewissen Entfernungen voneinander eingesetzt und dadurch mehr als 60 verschiedene Verzierungen hervorgebracht werden können. Was übrigens die Verschiedenheit der Sticharten anlangt, die mittels der verschiedenen Nähmaschinen ausführbar sind, so ist diese, wie Fig. 899 zeigt, eine ganz überraschende. Von diesen Sticharten kommen aber nur die schon genannten einfacheren bei den gewöhnlichen Nähmaschinen in Anwendung, die übrigen dienen, wenn sie überhaupt gebraucht werden, besonderen Zwecken.

Fig. 898. Apparat für Stickerei.

Die Kleider= und Wäschefabrikation hat seit Einführung der Nähmaschine einen vollständigen Umschwung in der Richtung des Großbetriebes erhalten, und wie die Maschine auf einem großen Teile des menschlichen Arbeitsfeldes umgestaltend, neue Wege eröffnend wirkt und immer durchgreifender wirken wird, sehen wir unter anderm in Bielefeld, wo neben dem alten Leinenhandel eine großartige und blühende Fabrikation von fertiger Wäsche ins Leben getreten ist. In Berlin sind in einigen großen Fabriken mehrere hundert Maschinen nur für die Damenmäntelfertigung in Thätigkeit, und nicht minder sind sie in der Schuhmacherei vertreten, besonders in Mainz, Hamburg und Breslau.

Der Betrieb der Nähmaschine geschieht bekanntlich meistens durch die nähende Person selbst, indem dieselbe ein kleines Trittschemelchen in Schwingungen versetzt. Diese Bewegung wird durch ein Kurbelgetriebe auf ein mit einer Schnurrolle versehenes Schwungrädchen übertragen. Da aber die Trittbewegung bei anhaltender Arbeit nachteilige Einflüsse auf die Gesundheit der Näherin ausübt, so hat man alle bekannten Kraftmittel, als Dampf=, Gas=, Wasser=, Heißluft=, Feder= und elektrische Motoren, versuchsweise zum Betriebe der Nähmaschine benutzt.

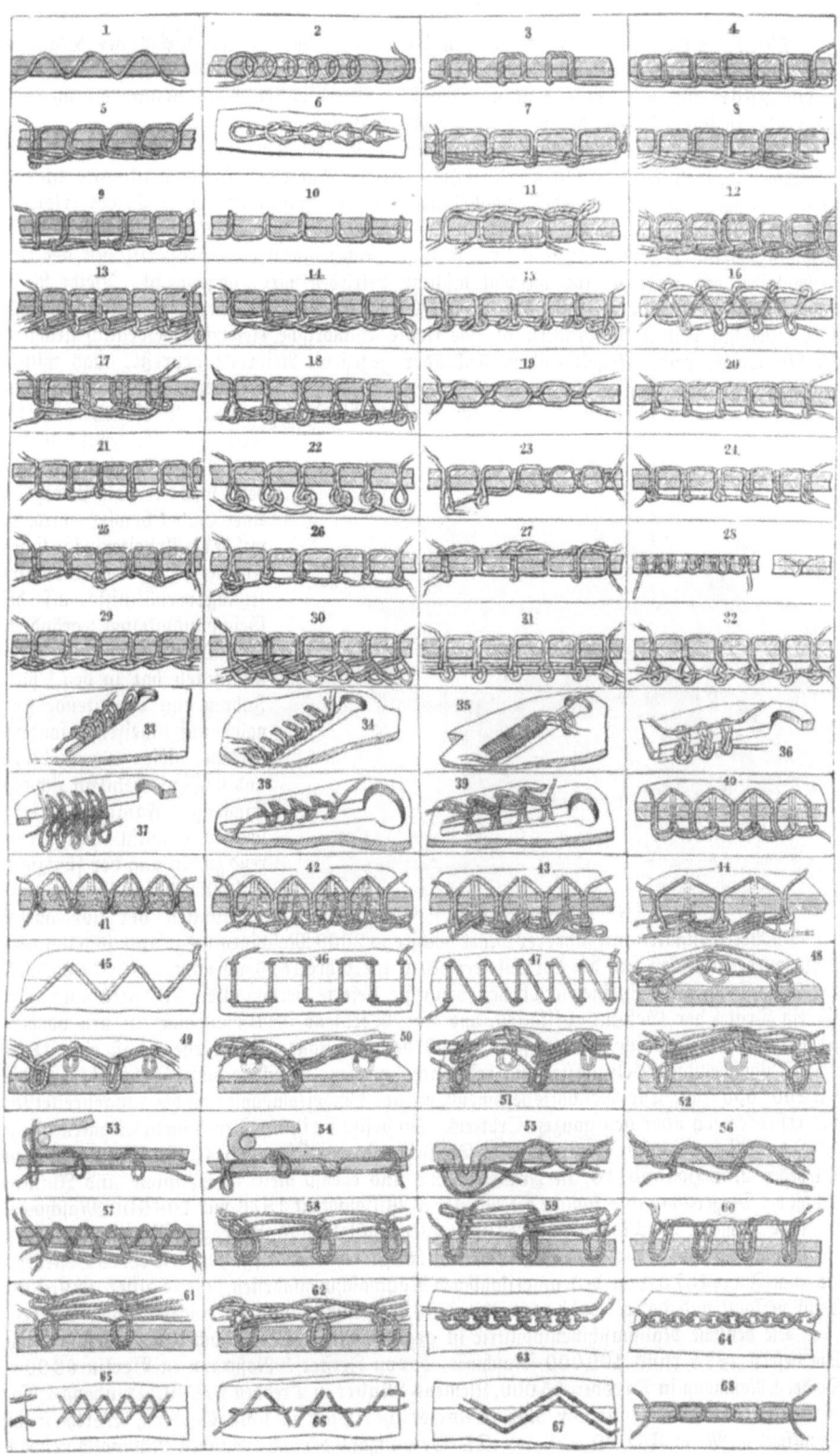

Fig. 899. Verschiedene mit der Nähmaschine ausführbare Stricharten.

Dieselben leiden aber sämtlich an dem Übelstande, daß sie den **Preis** der Maschine wesentlich erhöhen und daß sie einer größeren Wartung bedürfen als die Nähmaschine selbst. Hierzu gesellen sich noch das meist unangenehme Geräusch der Motoren und die mannigfachen Unterhaltungskosten, denen dieselben ausgesetzt sind.

Für den Betrieb zahlreicher Nähmaschinen in Fabriken eignet sich die Betriebsvorrichtung von L. Frobeen in Berlin (Fig. 900). Auf einer Fundamentplatte ist eine Welle A gelagert, welche entweder unmittelbar vom Motor oder von einer Triebwerkswelle aus durch Riemscheiben bewegt wird. Auf dieser Welle sitzt für jede Nähmaschine ein kegelförmiges Reibrad B. Ein zweites Reibrad von gleicher Form und Größe ist mit der Antriebsscheibe, von welcher aus die Nähmaschine betrieben wird, angebracht. Beide Reibräder sind so gelagert, daß ihre Achsen parallel, jedoch ihre Spitzen entgegengesetzt gerichtet sind. Zwischen beiden Reibrädern ist eine kleine cylindrische Reibrolle beweglich gelagert. Werden nun die beiden kegelförmigen Reibräder gegen die Reibrolle gepreßt, was mittels eines Tretschemels geschieht, so wird die Bewegung von der Triebwerkswelle auf die Nähmaschine übertragen, hört die Pressung auf, so steht die Maschine still. Verschiebt man die Reibungsrolle zwischen den beiden kegelförmigen Reibrädern, was durch die Bewegung einer Gabel bewirkt wird, in welche die Arbeiterin ihr linkes Knie legt, so werden die Übersetzungsverhältnisse, also die Geschwindigkeiten, geändert.

Fig. 900. Vorrichtung für Nähmaschinenbetrieb von L. Frobeen in Berlin.

Der Handel in Nähmaschinen hat in den letzten Jahren eine bedeutende Zunahme aufzuweisen, besonders seitdem diese unermüdliche und fleißige Gehilfin sich den Eingang in Familien zu verschaffen gewußt hat. Während zu Anfang der fünfziger Jahre von den Nähmaschinenfabrikanten der nordamerikanischen Vereinsstaaten mit schwerer Mühe höchstens 2000 Maschinen insgesamt jährlich umgesetzt wurden, beliefen sich die Verkäufe derselben im Jahre 1876 auf nahezu 600000 Stück. Die Singerkompanie steht hierbei obenan, denn sie lieferte hiervon allein 262300 oder mehr als ein Drittel der Gesamtfabrikation, und wie bedeutend ihr Umsatz auch in den vorhergehenden Jahren gewesen sein muß, mag aus dem Umstande hervorgehen, daß eine 1876 auf der Philadelphia=Weltausstellung befindlich gewesene Maschine dieser Fabrik bereits die Nr. 2000000 trug. Die Geschäftsverbindungen der Singerkompanie sind die ausgebreitetsten und erstrecken sich über den ganzen Erdkreis. So besitzt sie in den Vereinigten Staaten allein 82 eigne Filialen, in England 121, in Deutschland und Österreich 48, in Rußland 5, in Schweden 2, in Holland 10, in Frankreich 22 und ebenso viele in Spanien und Italien. Nächst der Singerkompanie kommt die Wheeler & Wilsonfabrik 1876 mit 108900 Maschinen, dann die Domestic S. M.=Co. mit 23000, Weed mit 15000, Wilcox & Gibbs mit 12700, Remington mit ebenso vielen, und alles in allem gerechnet sind seit der Zeit ihres Bestehens bis zum Jahre 1876 von den amerikanischen Nähmaschinenfabriken bereits über 5395000 Stück verkauft und dafür wohl weit über 300 Millionen Dollars eingenommen worden.

Die deutsche Nähmaschinenindustrie ist gegenwärtig die erste nach der amerikanischen. Sie lieferte 1884 rund 400000 Maschinen, davon Frister & Roßmann in Berlin 63000, Seidel & Naumann in Dresden 55000, Klemens Müller in Dresden 40000, Dünhopp & Co. in Bielefeld 40000, Junker & Ruh in Karlsruhe, Pfaff in Kaiserslautern, Wertheim in Frankfurt a. M. je 35000 u. s. w. Die Gesamtzahl der im deutschen Nähmaschinenbau beschäftigten Arbeiter übersteigt 10000.

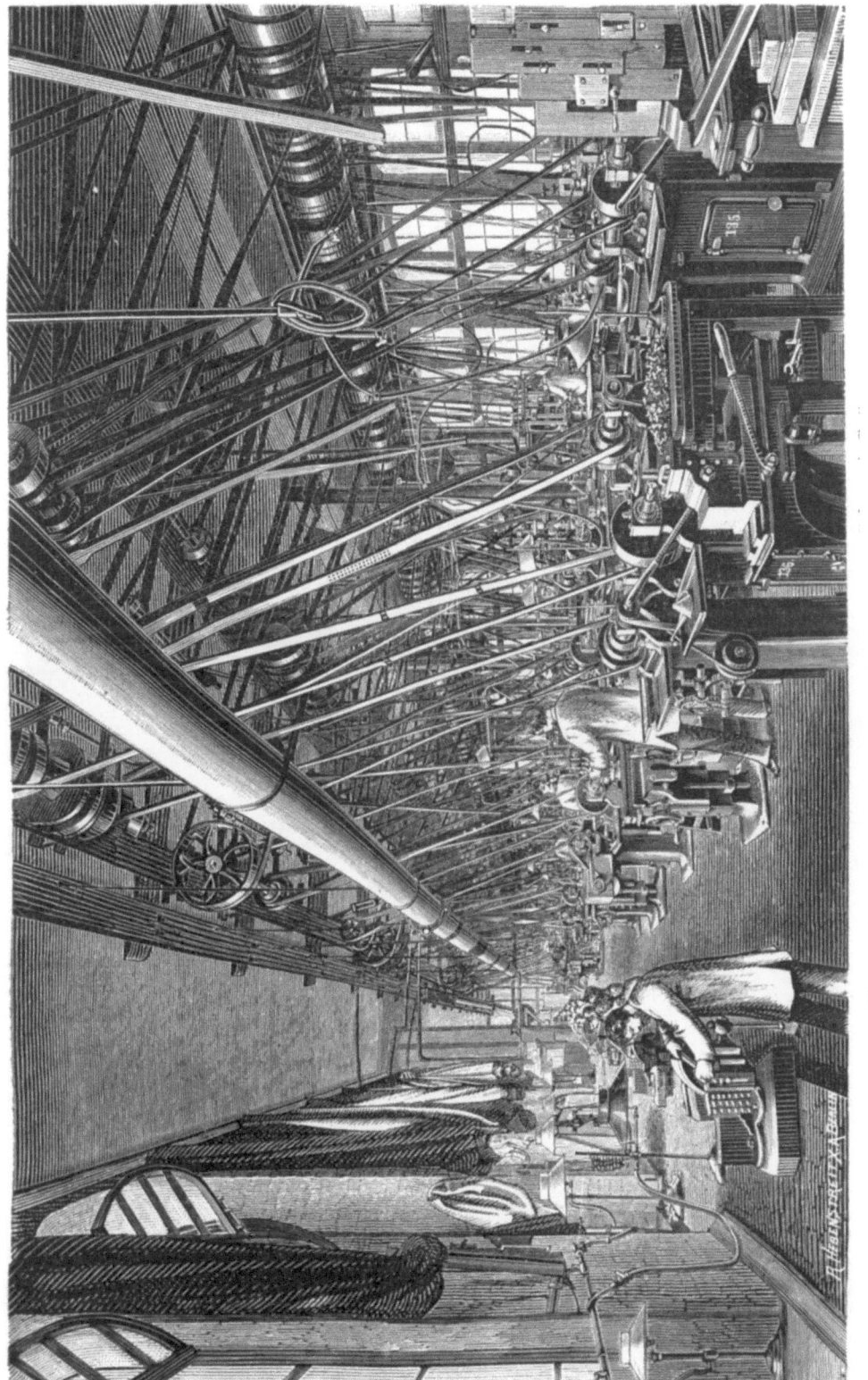

Fig. 901. Fabriksaal der Nähmaschinenfabrik vormals Frister & Roßmann in Berlin.

Die Preise der Nähmaschinen haben, wie solches leicht erklärlich ist, schon viele Änderungen erfahren. Die zuerst eingeführten Wheeler & Wilson-, Grover & Baker- und Singermaschinen kosteten zwischen 65 und 72 Thaler, ermäßigten sich aber im Jahre 1870 auf 40—45 Thaler und stehen jetzt im Preise von 110—120 Mark. Daß es bei dem in Amerika erfolgten Prinzip, die Preise möglichst hoch zu halten, der inländischen Industrie leicht wurde, mitzukommen, ist einleuchtend; so war denn dieselbe in den Stand gesetzt, bei billigeren Preisen noch immer einen erheblichen Nutzen zu erzielen; jetzt stehen sich jedoch alle Fabrikate so ziemlich gleich und scheint überhaupt der Minimalpreis eingetreten zu sein. Anders verhält es sich mit dem Mutterlande der Nähmaschinen. Die Fabrikation dort war keine freie, indem zuerst das an Howe erteilte Patent auf Nadel und Schiffchen darauf lastete. Dieses lief Ende 1867 ab, aber noch einige andre Hauptteile der Nähmaschine waren auf eine Reihe von Jahren durch Patente geschützt, die sich im Besitze einer Vereinigung von den drei größten Fabriken, Singer, Wheeler & Wilson und Grover & Baker, befanden. Es war mithin die Lizenz dieser Vereinigung erforderlich, um Nähmaschinen fabrizieren zu können, und wenn die hierfür zu leistende Abgabe auch nur gering war, nämlich 3 Dollar für die Maschine, so mögen die mit der Kontrolle verbundenen Umstände doch manchen von der Nähmaschinenfabrikation abgehalten haben, und dieselbe verblieb in verhältnismäßig wenigen Händen, die allerdings einen desto größeren, teilweise ganz außerordentlichen Umsatz machten. Diesem Umstande sowie der dortigen mit erheblichen Kosten verbundenen Verkaufsweise ist es beizumessen, daß sich in Amerika die Preise fast unverändert hoch erhielten und dieselben Maschinen, die hier bereits zu 110 Mark verkauft wurden, dort noch 60 Dollar (220 Mark) kosteten, bis am 8. Mai 1876 das oben erwähnte sog. Bachhelder-Patent für den Rücker ablief. Nun erst setzte die Singerkompanie auch ihre dortigen Preise herab; es kosten dieselben jetzt ebensoviel wie hier, wodurch die übrigen Fabrikanten zu einem ähnlichen Vorgehen gezwungen wurden.

Die Fabrikation der Nähmaschinen ist eine umständliche; sie ist aber durch die Methode der Herstellung aller Teile auf Maschinen, durch welche die Auswechselbarkeit der Teile erzielt ist, zu einer sicher und schnell arbeitenden gemacht worden. Die weitaus größte Fabrik besitzt die Singerkompanie in Elizabethport bei New York; sie wurde 1873 in Betrieb gesetzt, nachdem die älteren Fabrikanlagen in Mattstreet und Delanchystreet zu anderwärtiger Benutzung verkauft waren. Die Fabrik in Elizabethport umfaßt ein Areal von 106000 qm; das Hauptgebäude hat 70 m Front mit einem 310 m langen Flügel, an welchen sich zwei weitere Gebäude von je 50 m Länge anschließen. Alles, was zur Herstellung der Maschinen erforderlich, wird hier ausgeführt. Neben den Räumen, in welchen Hunderte von Werkzeugmaschinen an der Herstellung der einzelnen Maschinenteile, Schrauben, Federn, Schiffchen u. s. w., arbeiten, finden wir Gießereien für Eisen und Messing, Eisenhammer und Walzen zur Bearbeitung des Rohmaterials, Lackierer- und Malerwerkstätten, Tischlerei und selbst eine großartige Nadelfabrikation, da die Singerkompanie auch diese für ihre sämtlichen Maschinen selbst anfertigt und davon jährlich etwa 14—16 Millionen liefert. Alle Einzelteile zu den Nähmaschinen werden durch besonders dazu eingerichtete Werkzeugmaschinen mit einer solchen Genauigkeit erzeugt, daß derselbe Bestandteil zu jeder Maschine paßt; besonders ist es das Fräsen, welches im weitesten Umfange zur Bearbeitung der Rohstücke herangezogen wird, wie denn die vollständigste Arbeitsteilung in der ganzen Herstellung durchgeführt ist. In den sogenannten Justiersälen findet die Zusammensetzung der Maschinen und das Einnähen derselben statt, da keine Maschine zur Versendung kommt, die nicht in allen Teilen die Probe gehörig bestanden hat. Sechs Dampfmaschinen von 60 und 80 Pferdestärken dienen dazu, alle Werkzeug- und sonstigen Arbeitsmaschinen in Bewegung zu setzen, und mehr als 4000 Arbeiter bedienen die Maschinen oder verrichten die sonstigen Arbeiten, wovon ein nicht geringer Teil auf die Verpackung kommt, da etwa 5000 Maschinen wöchentlich die Fabrik verlassen, zu deren Fortschaffung nach dem nahegelegenen Hafen oder der Bahnstation mehrere Schienengeleise die Fabrikanlage durchschneiden. Außer dieser Fabrik besitzt die Singerkompanie noch eine andre in Glasgow, welche nach den amerikanischen Modellen arbeitet und etwa 1800 Arbeiter beschäftigt. Gebührt nun nach alledem den Amerikanern der Ruhm, nicht nur die Hauptsysteme der Maschine erfunden und in praktischer Weise ausgeführt zu haben, sondern auch in betreff der Fabrikation unsre Lehrmeister gewesen zu sein, so darf man doch von den Deutschen sagen, daß sie sich in Verbesserung, zweckmäßiger Umgestaltung und guter Ausführung der Nähmaschinen mit Fleiß und Erfolg bemühten.

Nachdem die beschriebene Massenerzeugung seit dem Jahre 1868 unter Benutzung amerikanischer Werkzeugmaschinen bei uns eingeführt worden, richteten die deutschen Fabrikanten zunächst ihr Bestreben auf die Ersetzung des Gußeisens in den bewegten Teilen durch Schmiedeisen und Stahl, dann auf eine überaus genaue Fertigrichtung aller Maschinenteile und Nähvorrichtungen, sowie auf geschmackvolle Ausstattung. Überwiegend bauen die deutschen Fabriken jetzt Singersystem, welches sie durch einige für den Hausgebrauch sehr wertvolle Verbesserungen bereichert haben. Das Wheeler=Wilsonsystem wurde hierbei, wie auch oben für Amerika schon angedeutet, mehr und mehr auf das Gebiet der Weißnäherei zurückgedrängt. Die älteren übrigen Systeme sind ziemlich verschwunden aus Europa; nur für das Howesystem ist eine, indessen im Schwinden begriffene Vorliebe in Österreich, Frankreich, Spanien und Italien geblieben.

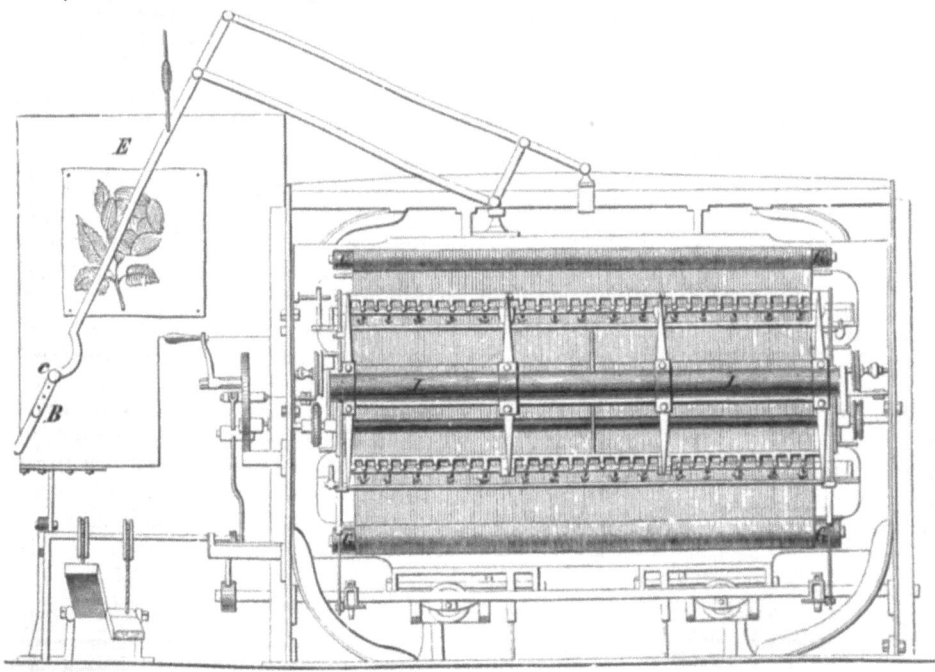

Fig. 902. Die Stickmaschine.

Seit etwa 1875 brachen sich in den Vereinigten Staaten einige neue Systeme, wie White, Domestic, New Howe, Standard, Bahn, welche sämtlich das Schiffchen, statt geradlinig, im Kreisbogen führen und dadurch eine wesentliche Vereinfachung im Bau, allerdings zuweilen auf Kosten der Dauerhaftigkeit, erreichen. Daneben wurde dem Maschinenarm ein höherer Durchgangsraum gegeben. Auch die älteren Fabriken, Howe, Wheeler=Wilson und Singer, treten seit der Weltausstellung von Philadelphia mit neuen, sehr interessanten Bauarten auf. Einige derselben haben auch in Deutschland Nachahmung gefunden, teilweise aber auch zu neuen, ganz selbständigen Erfindungen angeregt. Von diesen wollen wir die mit zwei großen umlaufenden Garnrollen arbeitende von Junker & Ruh in Karlsruhe und die treffliche, vereinfachte und wenig Kraft brauchende Maschine mit schwingendem Rundschiffchen von Frister & Roßmann erwähnen. Hinzufügen müssen wir, daß, wegen der amerikanischen Methode des Verkaufs auf Abzahlung, das Nähmaschinengeschäft wesentlich auf Kapitalkraft angewiesen ist und dadurch die Neuheiten und Vervollkommnungen im Betriebe stark in den Hintergrund geschoben worden sind.

Als Fabrikanten von Nähmaschinen für besondere Zwecke sind schließlich zu nennen: G. Kallmeyer in Bremen und J. Guttmann in Berlin, welche sehr zweckmäßige und einfache

Knopflochmaschinen erfanden. Die Kallmeyersche Maschine ist eigentlich eine Doppelsteppstichmaschine nach Howes System, welche durch eine sehr einfache und sinnreiche Vorrichtung ohne weiteres nur durch einen Fingerdruck zur Herstellung der Knopflochnaht befähigt wird, um ebenso schnell wieder in eine gewöhnliche Steppstichmaschine verwandelt werden zu können.

Fig. 903. Muster von Luftstickerei.

Was die sogenannten Handwerkermaschinen betrifft, so werden dieselben in Leipzig von den Firmen Manßfeld, Kiehle, ferner Mundlos & Co. in Magdeburg, Larrabie in Frankfurt a. M. (Schuhnähmaschinen aller Art), Weber & Miller in Bockenheim (Sohlenaufnähmaschine) und anderen in guten Bauarten ausgeführt. Zur Herstellung von Handschuhen liefern besonders Necker & Co. in Berlin und Vidol & Englerth in Wien geeignete Maschinen.

Die Stickmaschine. Wenn auch der Stickmaschine die technisch-soziale Bedeutung der Nähmaschine nicht zugeschrieben werden darf, so bietet sie doch ein weiteres interessantes Beispiel, wie sich Arbeiten auf die Maschine übertragen lassen, die man als unbestreitbares Gebiet der Menschenhand ansehen sollte. Anderseits hat die Stickmaschine die Grundlage zu einer ins Großartige gehenden Industrie geliefert. Zur Nähmaschine steht sie insofern in Beziehung, daß gerade die Organe, welche diese als unbrauchbar abgelegt hatte, bei jener zur vollen Geltung gekommen sind; denn das einfache Prinzip der Stickmaschine liegt darin, daß eine doppelt gespitzte, in der Mitte durchlochte, mit Faden versehene Nadel von einer Zange durch das aufgespannte Zeug gestoßen, jenseits von einer gleichen Zange gefaßt und auf Fadenlänge ausgezogen, dann wieder herangebracht und durch das Zeug hindurch der ersten Zange ins Maul gesteckt wird, die nun ihrerseits ebenfalls einen Auszug macht, die Nadel wieder heranbringt und durchsticht und so fort; was aber hier von einer einzigen Nadel gesagt ist, gilt an der Maschine von einer ganzen Menge Nadeln zugleich. Die Zahl der Nadeln an einer Maschine gewöhnlicher Größe ist 130, geht aber bis 300. Die Abbildung Fig. 902 gibt ein Bild der von Heilmann im Elsaß erfundenen Stickmaschine. Englische und französische Nacherfinder haben zwar in Einzelheiten abgeändert, die wir ohnehin hier außer acht lassen müssen; der Grundgedanke ist aber der Heilmannsche geblieben. Die schattierte Partie unsrer Abbildung stellt den Stickgrund vor, der in einen großen aufrecht stehenden Stickrahmen vermöge der Rollen GG eingespannt ist. Vor dem Zeuge und in ganz gleicher Weise hinter demselben befindet sich ein Zangenträger oder Karren, getragen von der Eisenwalze LL, welcher durch Kurbel und Getriebe auf einer Schienenbahn hin und her geführt werden kann, die in der Zeichnung nicht hervortritt und welche der Beschauer auf sich zu gerichtet denken muß. Nach der Länge dieser Bahnen bestimmt sich die der zu verarbeitenden Fäden, die $0{,}75 - 1$ m zu sein pflegt. Auf dem Querstücke des Karrens sind in zwei Reihen die Nadelzangen oder Kluppen angeordnet, welche sämtlich durch einen einzigen Tritt auf einen der links sichtbaren Tretschemel an dem einen Karren geöffnet und am andern geschlossen werden oder umgekehrt. Jeder der beiden Karren hat natürlich seine Kluppen dem Zeuge zugewendet, und ihr Wechselspiel erfolgt so, daß immer der eine, nachdem er die Nadeln durchgestoßen und seinem Partner überlassen hat, so lange dicht am Zeuge stehen bleibt, bis jener aus- und wieder eingefahren ist und ihm die Nadeln wiederbringt, worauf dann dieser zweite ruht und der erste seine Aus- und Einfahrt macht. In dieser Weise würde aber jede Nadel immer auf demselben Punkte durch das Zeug gehen; der Stickrahmen muß daher vor jedem neuen Durchgange der Nadeln eine dem Muster entsprechende Lagenveränderung erhalten. Diese Verrückung geschieht mittels des oberhalb angebrachten Storchschnabels, dessen Führungsstab B die Stickerin oder der Sticker fleißig handhaben muß, indem Schritt vor Schritt ein bei C durchgehender Stift auf der Vorzeichnung E weiter zu setzen ist, bis die ganze Figur durchgenommen ist. Die Vorzeichnung ist sechsmal größer, als sie im Zeuge wieder erscheint. Der schwere Stickrahmen ist durch ein Gegengewicht entlastet und beweglicher gemacht.

Betrieben wird die Maschine in der Regel durch einen Mann, den Sticker, welcher auf einem Reitstuhl vor dem Storchschnabel sitzt. Er hat eine Gehilfin, welche nach Verbrauchung des Nähtlings (eingefädelten Fadens) die Fadenenden abschneidet und neue, mit Nähtling versehene Nadeln einlegt. Das Einfädeln geschieht gewöhnlich durch Kinder.

Zum Stechen der Löcher, wo das Muster solche erfordert, dient ein Bohrapparat. Derselbe besteht aus einer der Nadelreihe entlang liegenden Schiene, welche mit vierschneidigen Stahlpfriemen versehen und so angelenkt ist, daß durch Vorklappen dieser Schienen ein solcher Pfriem vor jede Nadel zu liegen kommt. Nachdem nun auf der andern Seite des Stoffs, um einem Zurückweichen desselben vorzubeugen, eine mit entsprechenden Bohrungen versehene Schiene an denselben angelegt worden ist, wird der Vorderwagen gegen den Stoff gefahren, und es werden so an den mit Hilfe des Storchschnabels bestimmte Stellen des Stoffs die gewünschten Durchbrechungen desselben ausgeführt. Nach dem Gebrauche werden die erwähnten Schienen wieder zurückgeklappt und darauf die Ränder der Durchbrechungen umstickt.

Zur Herstellung der hierzu beliebten Beschlängungsstiche oder Knopflochstiche dient das sogenannte Festonnier- oder das Beschlängungswerk. Dasselbe besteht aus langen

Die Stickmaschine.

wagerechten, zu einem beweglichen Rahmen verbundenen Schienen, welche unter den Nadel=
bahnen vorn vor dem Stoffe so angebracht sind, daß daran befindliche Gabeln, sobald
der Beschlänger eingerückt ist, beim Einfahren des Vorderwagens die Fäden erfassen und
mit denselben Schlingen bilden, welche so lange in ihren Lagen gehalten werden, bis die
nun wieder von hinten kommenden Nadeln durch diese Schlingen hindurchgegangen sind.
Mit dem Wiederausfahren des Vorderwagens gehen dann die Gabeln aus den Schlingen
heraus in ihre frühere Stellung zurück, wobei gleichzeitig die Schlingen durch das An=
ziehen der Fäden nach vorn zusammengezogen werden. Mit dem nun folgenden Wieder=
einfahren des Wagens nach erfolgtem Verrücken des Stoffs mittels des Storchschnabels
beginnt ein neues Spiel des Beschlängers.

Eine zweite Art von Stickmaschinen, die der sogenannten Schiffchenstickmaschinen, unter=
scheidet sich von der vorigen wesentlich in der Art der Stiche, indem hier der Faden wie bei
den Nähmaschinen unmittelbar von Spulen verstickt wird, während hinter dem Stoffe ein aus
einem Schiffchen kommender zweiter Faden die Schlingenversicherung besorgt. Bei dieser Ma=
schine sind hinter dem Stoffe ebensoviel Schiffchen, wie vor demselben Nadeln. Außerdem ist diese
Maschine wegen ihrer einfacheren
Arbeitsweise für Dampfbetrieb
eingerichtet. Das Aussehen der
auf den Schiffchenstickmaschinen
erzeugten Stickereien steht freilich
demjenigen der ersten bei weitem
nach; auch können echte Beschlän=
gungen auf der Schiffchenstick=
maschine nicht hergestellt werden.

Die Stickmaschine dient der
vorstehenden Beschreibung gemäß
wesentlich zur Herstellung sich
wiederholender Figuren; man
baut sie so, daß der Abstand der
aufeinander folgenden Figuren,
der sogenannte Rapport, von $3/4$
bis zu 2 Pariser Zoll geht; durch
Auslassung einzelner Nadeln kann
ein beliebig größerer Rapport
hergestellt werden. Allmählich hat
sich die Industrie der Maschinen=
stickerei zu einer ungeahnten
Größe entwickelt, vor allem in

Fig. 904. Kurbelstickmaschine.

der Schweiz, wo in 14 Kantonen auf mehr als 5000 Stickmaschinen Waren erzeugt werden,
1885 in einem Gesamtwerte der Ausfuhr von über 80 Millionen Frank. Ein zweites
kleineres Gebiet der Stickmaschine ist Sachsen, insbesondere die Gegend von Plauen, wo
über 900 solche Maschinen thätig sind, sämtlich gebaut von der ausgezeichneten Fabrik von
Voigt in Kappel bei Chemnitz. Auch Norditalien hat begonnen, die Stickmaschine in größerem
Maßstabe zu verwenden. In neuerer Zeit ist das Gebiet der Maschine noch wesentlich durch
die Einführung der Kunststickerei erweitert worden, in welcher erstaunliche, feine, phantasie=
reiche Zeichnungen verwirklicht werden. Sodann ist die Maschine auch mit Glück auf die
Herstellung von Spitzen angewendet worden, und zwar in der eigentümlichen sogenannten
Luftstickerei. Diese besteht darin, daß mit zusammenhängenden Stichen auf einen Grundstoff
gestickt wird, welcher sich durch Eintauchen in eine geeignete Flüssigkeit auflösen läßt; man
nennt dieses Auflösen das Ätzen. Seidener Untergrund, mit Baumwollgarn bestickt, läßt
sich leicht wegätzen; aber auch Papier hat man dazu verwendet, welches einfach im Wasser=
bad herausgewaschen wird. Wir geben in Fig. 903 einige Muster (nach Naturselbstdrucken),
welche die Höhe erkennen lassen, zu welcher sich die Luftstickerei bereits aufgeschwungen hat.

Verhehlen dürfen wir nicht, daß die Maschinenstickerei auch einen Anhang von sozialen
Nachteilen bekommen hat. Die Sticker verfallen nach und nach in ihrem Gesundheitszustande

wegen der einseitigen Beanspruchung ihrer Muskeln, der sitzenden Lebensweise, der Stuben=
luft u. s. w. Andre Übelstände bringt das Zusammenleben der beiden Geschlechter mit sich.
Sodann aber auch die Heimarbeit, bei welcher der Fabrikant einer Familie eine Maschine
stellt, alle Familienmitglieder aber wegen der mehr und mehr gedrückten Löhne angestrengt
mitarbeiten müssen, namentlich auch ganz kleine Kinder, welche mit Einfädeln beschäftigt
und dabei um Jugendgenuß und Entwickelung gebracht werden. Jetzt schreitet man in der
Schweiz, wo über 50000 Personen in der Stickindustrie Beschäftigung finden, gesetzlich
gegen diese Mißbräuche ein; auch hat sich in St. Gallen ein Verband der Stickindustriellen
gebildet, welcher dem viel zu weit getriebenen Drucke der bereits zu Hungerlöhnen gewordenen
Löhne entgegentritt. So hat also auch hier die so bewunderungswürdig entfaltete Blüte
einen schwarzen Wurm.

Vor der Kettenstichstickmaschine hat die von dem Franzosen E. Bonnaz erfundene so=
genannte Kurbelstickmaschine eine willfährigere Aufnahme gefunden und ist durch eine große
Anzahl von E. Cornely in Paris, Schirmer & Blau sowie Lintz & Eckhardt in Berlin daran
angebrachten Hilfsgeräte zu einer allge=
meinen Anwendung befähigt worden. Wie
Fig. 904 zeigt, hat sie die äußere Form
einer Singernähmaschine, bei näherer Be=
trachtung entdeckt man jedoch einen sauber
ausgeführten und für den ersten Augen=
blick verwickelt erscheinenden Mechanis=
mus, mit Hilfe dessen die Herstellung der
verschiedenartigsten Verzierungen der
Naht ermöglicht wird. Die Veränderun=
gen der Nahtrichtung werden nicht wie
bei der Nähmaschine durch unmittelbares
Verschieben des Stoffs von der Hand des
Arbeiters, sondern vermittelst einer unter
der Maschinenplatte liegenden Kurbel a
vorgenommen, welche zu gleicher Zeit die
Stellung der Nadel, des Stoffrückers und
des Fadeneinlegers verändert. Der An=
trieb der ganzen Maschine erfolgt durch
einen Fußtritt mittels einer Schnur,
welche über die an dem Schwungrad be=
festigte Schnurscheibe gelegt ist. Die
Schwungradwelle wird durch Einschal=
tung einer Stiftkuppelung mit der Haupt=
welle verbunden und bewirkt die Auf=
und Abwärtsbewegung der mit einer
hakenförmigen Nadel versehenen Nadel=
stange. Der zur Verwendung kommende
Stickfaden wird einer Garnrolle ent=

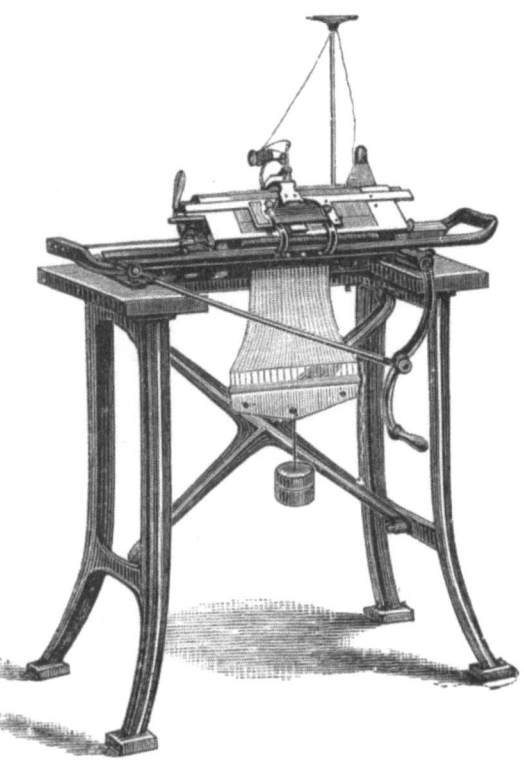

Fig. 905. Laues Strickmaschine.

nommen und dann vermittelst eines schwingenden Fadeneinlegers beim Niedergang der Nadel
in deren Haken eingelegt. Beim Aufwärtsgehen der Nadel wird der eingelegte Faden zu
einer Schleife ausgezogen und diese durch die um die Nadel liegende alte Schleife hindurch=
gezogen. Neuerdings hat man statt der einen Nadel mehrere nebeneinander liegende Nadeln
angebracht, wodurch die gleichzeitige Herstellung mehrerer paralleler Nähte erzielt werden
kann; auch verwendet man einen zweiten Faden, welcher sich um den unteren Stickfaden
herumschlingt und eine beliebig starke, ein= oder mehrfarbige Schnur bildet.

Durch den Bau von Stickmaschinen hat sich, wie schon erwähnt, besonders die Firma
Albert Voigt in Kappel bei Chemnitz ausgezeichnet, aus deren Fabrik im Jahre 1872
schon die tausendste solcher Maschinen hervorging. Es vermag diese Fabrik monatlich
50 Stickmaschinen zu liefern. Interessant ist, daß eine große Ausfuhr der Voigtschen Stick=
maschinen nach der Schweiz, dem eigentlichen Mutterlande dieser Maschinen, stattfindet.

Maschinen zur Stickerei in Bobbinet erfanden die Engländer Heatschcont 1832 und Fischer & Gibbons 1844. Eine ältere Stickmaschine Englands von John Duncan arbeitete mit Häkchennadeln, welche nach Durchstechung des Stoffs durch dasselbe Loch zurückkehrten und auf der Vorderseite ein Muster in Kettenstichnaht bildeten. Dem Grundgedanken nach ähnliche Maschinen baut neuerdings nach drei verschiedenen eigentümlichen Systemen die schon erwähnte Stickmaschinenfabrik von Voigt. Zur Kettenstichstickerei in Bobbinet ist vor einigen Jahren von der Pariser Firma Férouelle Sohn, Saphore & Gillet eine Vorrichtung hergestellt worden, welche sich an Stickmaschinen anbringen läßt und aus einer Art Nadelbalken oder Stuhl besteht, dessen arbeitende Organe sich gegen den zu stickenden Stoff in geeigneter Weise unter Einwirkung einer Jacquardmaschine rechtwinkelig bewegen, welche auch den Stuhl ausrückt, wenn ein Teil des Musters fertig ist. Diese Stickmaschine, deren Anordnung neu ist, führt alle Arten von Mustern mit der größten Regelmäßigkeit aus.

Die Strickmaschine. Schließlich sei noch eine andre Maschine an dieser Stelle erwähnt, welche wiederum eine Beispiel darbietet, wie sich alte Handarbeiten auf die Maschine übertragen lassen. Wir meinen die Maschine für Strickarbeiten, eine Maschine, die mehr als für die Familie sich im wesentlichen für einzelne Arbeiter sowie zur Errichtung eines mehr oder weniger großen Fabrikbetriebes eignet, unter allen Umständen aber durch ihre ungeheure Lieferungsfähigkeit den häuslichen Bedarf an den benötigten Strickarbeiten im Preise ermäßigt.

Unter den Strickmaschinen verschiedenartiger amerikanischer und deutscher Systeme ist die Lambsche Maschine im Gebrauche beliebt und bewährt. Die bedeutenden Leistungen derselben — sie strickt in einem Tage ungefähr 30 Paar großer Frauenstrümpfe — sind durch die neuen technischen Vervollkommnungen fast bis an die Grenze des Möglichen gebracht worden. Mit den verschiedenartigsten Vorrichtungen zum Musterstricken versehen, werden die zierlichsten Muster damit hervorgebracht, und zwar in den mannigfaltigsten Abwechselungen, geschlossen und durchbrochen, ohne Erschwerung des Verfahrens, ebenso schnell wie die glatte Strickerei zu dem einfachen Strumpfe, der ganz fertig, mit geschlossener Ferse, auf der Maschine hergestellt wird.

Der ungeheure Bedarf an Strümpfen und Strumpfwaren, der durch die Arbeit der Frauenhand heute gar nicht mehr gedeckt werden könnte, hat der Strickmaschine immer leichteren Eingang auf dem Gebiete größerer Fabrikationsthätigkeit und auch in Familienkreisen da eröffnet, wo das Wohl und Wehe von Frauen und Töchtern, in materieller Hinsicht wenigstens, von der Erwerbsfähigkeit und dem Leben des Familienhauptes unabhängig gemacht werden soll, und hat für diese Zwecke eine bei weitem größere Bedeutung erreicht als für die ausschließliche Ausnutzung in einer einzigen Hauswirtschaft, wo ihre Anschaffung sich nur selten lohnt.

In Deutschland ist die Fabrikation der Strickmaschinen durch Claes & Flentje in Mühlhausen, Laue & Timmäus in Dresden und mehrere Chemnitzer Firmen mit Erfolg aufgenommen worden.

Fig. 906. Japanische Stickerin.

Kein Wesen kann zu nichts zerfallen,
Das Ewige regt sich fort in allem;
Am Sein erhalte dich beglückt.

Goethe.

Papiermaché und Verwandtes.

Ursprung der Industrie. Ihre Rohstoffe. Methoden der Verarbeitung derselben. Herstellung eines plastischen Breies. Formen desselben. Brennen, Steinpappe. Gepreßte Holzmasse. Methode des Übereinanderleimens. Dosenfabrikation. Japanische Artikel. Fabrikation in England und Deutschland. Spielwaren. Die Pappe. Papierwäsche und ihre Herstellung.

Copia heißt die Menge und im abgeleiteten Sinne die Nachbildung. Der Grundzug unsrer heutigen Industrie ist unstreitig die Erzeugung großer Mengen, und je größere Mengen erzeugt werden, desto sicherer ist anzunehmen, daß die Erzeugnisse Kopien sind, Abklatsche und Kinder irgend einer Urform, die selbst nicht einmal in allen Fällen greifbar vorhanden sein muß, sondern auch bloß in irgend einer Zusammenstellung schneidiger und andrer Werkzeuge und Geräte verborgen liegen kann.

Zu den massenhaft kopierenden Industriezweigen gehört nun auch die in neuerer Zeit zu hoher Entwickelung gekommene Fabrikation der Papiermachéwaren. Sie arbeitet in den denkbar leichtesten Stoffen und geht darauf aus, kleinere leichte Waren zum Gebrauch, Spiel und Zierat wohlfeil und in Menge zu erzeugen, Waren, die niemals ihre ursprüngliche Außenseite zeigen, sondern stets ein schützendes und verschönerndes Kleid von Lack und Farben anlegen. In all diesem nur auf das Eintagswesen Gerichteten spricht sich deutlich ein moderner Charakter aus, und in der That läßt sich dieser Gewerbszweig nicht viel über 100 Jahre zurück verfolgen. Aber während sich sonst die Völker bekanntlich um die Ehre einer Erfindung häufig streiten, schreiben sonderbarerweise die Engländer die erste Darstellung des Papiermaché den Franzosen und diese wiederum den Engländern zu. Am wahrscheinlichsten aber hat die Industrie ihren Ursprung in Deutschland. Es ist ermittelt, daß ein Fürther Goldarbeiter Wächtler, der nur silberne Dosen fertigte, um seine ganze Nahrung kam, als die Dosen aus Papiermaché aufkamen. Die Periode seines

Verfalls liegt zwischen 1730 und 1740. Die erwähnten Massedosen wurden namentlich in Wien, in und bei Nürnberg, dann in Wasserburg gefertigt und bestanden aus mehreren Lagen übereinander gekleisterten Papiers. Das Anlegen des Stoffs von außen um eine Vollform, also das **Überformen**, war somit die älteste Methode, welche man später verließ und zu dem Einformen des in einen teigartigen Zustand versetzten Bildungsstoffs in Hohlformen überging. Hierbei mögen sich die Franzosen hervorgethan haben, wie die Benennung papier mâché (buchstäblich „gekautes Papier", Papierteig) anzudeuten scheint, welche auf die ältere Darstellungsmethode nicht paßt. Der heutige Sprachgebrauch aber bezeichnet alle Lackierwaren aus leichter Masse als Papiermaché, unter denen sogar viele vorkommen, die eigentlich Papparbeiten sind; Lack und Farben machen ja äußerlich alles gleich.

Durch das Übereinanderleimen einzelner Papierblätter, deren jedes schon einen gewissen Grad von Festigkeit und Zerreißungswiderstand mitbringt, müssen sich offenbar Sachen herstellen lassen, die schon bei dünneren Wandungen mehr Gedrängtheit, daher auch mehr Dauer versprechen als ähnliche aus einer Teigmasse geformte. Aus diesem Grunde hat sich jene alte Art hauptsächlich bei Herstellung von Dosen, Kaffeebrettern u. s. w. in Anwendung erhalten, während andre Fabrikate, namentlich alle Spielwaren, im Wege der Teigformerei und Bäckerei entstehen. Erst in neuerer Zeit ist die Überklebungsmethode wieder in erweiterte Aufnahme gekommen und namentlich in England sehr weit geführt worden, wovon später die Rede sein wird.

Die Fabrikation des Papiermaché erscheint als eine vorteilhafte Verwertung der Abfälle von Faserstoffen, und wir begleiten bei der Betrachtung dieser Industrie eine ganze Klasse von Naturerzeugnissen, welche wir in dem Vorhergegangenen sich allmählich immer mehr und mehr veredeln und für den Menschen wertvoller werden sahen, auf der allerdings viel rascher abfallenden Bahn zu ihrem volkswirtschaftlichen Grabe. Alte Papierspäne und Fetzen, alte Drucke und Schriften, wie sie auch der Pappenmacher braucht, aber im Werte nicht so hoch steigern kann, geben Papiermaché; auch zerkleinerte Lumpen finden wohl gelegentlich mit Verwendung, ebenso soll Stroh benutzt werden, das in zerkleinertem Zustande mit starker Kali= oder Natronlauge zu Mus gekocht, ausgewaschen und auf einem Holländer u. s. w. ähnlich wie Papierzeug weiter zerkleinert wird. Überhaupt liegt es nahe, daß eine Menge faseriger Stoffe, wenn sie nur wohlfeil zu haben sind, mit Verwendung finden können und auch finden werden, und es besteht darin jedenfalls ein Teil des Geheimnisses, in welches manche Fabrikanten ihre Verfahrungsweisen zu hüllen pflegen.

Der gewöhnliche papierne Rohstoff wird zunächst nach seiner Feinheit und Weiße in mehrere Klassen gesondert und in kleine Stückchen zerrissen, die dann durch heißes Wasser erweicht und beim Kleinbetrieb durch Handstampfen, in größeren Anstalten durch Stampfwerke oder auf einem Holländer breiartig zerkleinert werden. Man erhält so aus den weißen Papierspänen eine Masse, wie sie in der Papiermühle zur Herstellung geringen Papiers dienen würde, während die gemischteren Sorten der Masse den Pappdeckeln ähnlich sind. Soll die Masse nicht sofort geformt werden, so preßt man sie ab, trocknet sie in Form von Kuchen oder Klumpen und reibt sie bei der späteren Verarbeitung wieder zu Pulver.

Aus dem reinen, mit nichts weiter als einem Bindemittel vermischten Papierteig werden die leichten Waren, z. B. Masken, Puppenköpfe u. s. w., gefertigt; in vielen Fällen aber setzt man erdige Stoffe, namentlich Kreide, Thon oder auch feinen Sand zu. Dies ist in den meisten Fällen eine Ersparungsmaßregel, doch ist z. B. bei feinen Ornamentierungsarbeiten ein Zusatz von fein geschlämmter Kreide und Thon nebst Schwerspat und dergleichen, welcher Mischung zuweilen auch noch Mineralfarben hinzugesetzt werden, wesentlich, weil dann die Masse eine dem Marmor ähnliche Politur annimmt. Wie leicht zu denken, erhalten die Waren durch solche mineralische Zusätze eine vermehrte Härte auf Kosten der Elastizität, sie werden im Verhältnis der Zusätze starrer und brüchiger. Eine sehr feine, aber mühsam herzustellende Masse dieser Art ist die Aschenpaste, welche der Oberst von Auracher in Wien (vor 1820) erfand; ferner sind hiermit nahe verwandt zwei neuere französische Erzeugnisse, die Steinpappe und die Lederpappe, aus welchen beiden Reliefornamente für das Innere der Häuser verfertigt werden, sowie das künstliche Holz (patent wood und fibrous slab genannt) von Bielefeld in London seit der Mitte der fünfziger Jahre aus Thon und Papierhalbzeug oder gehacktem Werg nebst einigen andern Zusätzen hergestellt und besonders für Platten zu Tafelwerk u. s. w. verwendet. Als Bindemittel dient für gewöhnliches Papiermaché Leim oder Kleister, oder beide zusammen; Gummiwasser spielt ebenfalls eine Rolle. Für Waren, die eine dunklere Lackierung erhalten sollen, hat man mit der Auswahl der Zuschläge und Bindemittel noch freiere Hand; so setzt man z. B. für Waren, welche nach dem Trocknen in fahlbrauner Farbe erscheinen, der Papiermasse, welche als Bindemittel bloß Roggenmehlkleister mit ein wenig Leim erhält, noch soviel feingesiebte Holzasche zu, daß schließlich die Masse das Doppelte des früheren erreicht, und erhält nach sorgfältigem Durcharbeiten eine ganz gleichartige Masse, welche sich sehr gut formen läßt und die zartesten Eindrücke dauernd aufnimmt. Bei solchen Massen, wo der Leim das Hauptbindemittel bildet, ist es Regel, den in heißem Wasser gelösten und verdünnten Leim erst wieder zu Gallerte erkalten zu lassen und ihn in diesem Zustande in die Masse einzuarbeiten. Neuerdings werden unter der Bezeichnung Kunstholz auch plastische Massen aus feingesiebten Holzsägespänen mit Klebemitteln und andern Zusätzen vermischt, zur Herstellung von Ornamenten und allerlei Gegenständen durch Pressung in Formen benutzt. So verschieden indes die Vornahmen und Bestandteile in besonderen Fällen sein mögen, so läuft doch schließlich alles auf die Herstellung einer bildsamen Masse, etwa von dem Zusammenhang des Brotteigs, hinaus, welcher durch Einarbeiten in Formen Gestalt und Gepräge gegeben wird.

Die Formen bestehen aus Gips, Schwefel, hartem Holz, oder auch aus Metall, wenn starker Druck nötig ist, und werden zur Verhinderung des Anklebens mit Leinöl vorbereitet. Je nachdem die Stücke bloße Reliefs oder aber gerundete Körper, und je nachdem letztere voll oder hohl sein sollen, sind die Formen ebenso wie die Formen für Gipsabgüsse u. s. w. verschieden eingerichtet.

Hat die Masse in den Formen soviel Festigkeit gewonnen, daß sie handlich geworden ist, so werden die Stücke herausgenommen und bis zur völligen Lufttrockne aufgestellt. In Teilen geformte Stücke werden nun zu Ganzen vereinigt, indem man ihre Ränder entweder mit Leim verbindet, oder, wenn sie nachgehends gebrannt werden sollen, einen Kitt dazu gebraucht, der die Hitze aushält. Die Gräte und Nuten, welche durch das Zusammensetzen entstehen, werden entweder zunächst oder nach dem Brennen durch Raspeln, Schleifen mit Bimsstein und ähnliche Glättungsverfahren beseitigt. Viele Waren nämlich, sofern sie nicht wie Gesichtsmasken u. dergl. hellfarbig und mehr elastisch bleiben sollen, werden vor dem Lackieren noch gebacken. Man bestreicht sie zu diesem Zwecke mit Leinölfirnis und setzt sie auf Drahtgestellen in einer Art Backofen einer ziemlich starken Hitze aus, wodurch sie eine Härte etwa gleich der von hartem Holz erhalten und, wenn sie es nicht schon waren, jedenfalls braun werden. Lackierer, Maler, Vergolder u. dergl. nehmen dann die rohen Erzeugnisse in Arbeit und geben ihnen das gefällige Ansehen, welches ihnen in der feinen Welt Eingang verschaffen soll.

Steinpappe. Als eine neuzeitliche Erweiterung der alten Papiermachéindustrie erscheint die in Frankreich erfundene und von Gropius nach Berlin verpflanzte **Steinpappe** (cartonpierre). Es ist einleuchtend, daß, wenn bei Zusammensetzung des Formteigs die Menge der mineralischen Bestandteile mehr und mehr vergrößert wird und also die Menge des Papierstoffs im selben Maße zurücktritt, die Beschaffenheit des Erzeugnisses eine andre werden muß, und daß, wenn schließlich der letztere Bestandteil ganz ausgelassen wird, die Sache eigentlich auf ein fremdes Feld, auf das der Stuckaturarbeit, hinausgerückt ist. Eine Steinpappmasse ohne Papier- oder Lumpenzusatz ist aber nichts Neues, sondern wird schon längst von den Vergoldern zur Darstellung mannigfaltiger Verzierungen auf Rahmen u. s. w. benutzt. Von hier aus verbreitete sich dann die Anwendung solcher Massen zur Verzierung von Schatullen und andern kleinen Möbeln, bis sich auch hieraus ein ansehnlicher selbständiger Industriezweig entwickelte, welcher die Herstellung einer Menge von Zier- und Gebrauchsgegenständen in sein Bereich gezogen hat, so z. B. architektonische Verzierungen für das Innere von Gebäuden, Spiegel- und Bilderrahmen, Reliefs und Statuen der verschiedensten Art.

Die Bestandteile der Steinpappe sind ebenso schwankend wie die des Papiermaché und zum Teil von örtlichen Verhältnissen abhängig. Während in besonderen Fällen immer noch Papierteig, Leim, Thon oder Kreide die Bestandteile bilden, nimmt man in andern von dem ersten Bestandteil ganz oder fast ganz Umgang und verwendet eine ganze Reihe andrer Mineralstoffe, wie Gips, Alabasterstaub, Kalk, Straßenstaub u. s. w. In Frankreich stellt man sehr schöne plastische Erzeugnisse lediglich aus feinem Holzpulver dar, welches entsprechend gefärbt und mit heißer Brühe aus flandrischem und Fischleim angemacht und in dünner Lage in Formen gestrichen wird; durch wiederholtes Auftragen weiterer Lagen aus gröberer Masse werden die Formen allmählich gefüllt, mit Gewichten oder mittels einer hydraulischen Presse einem starken Druck ausgesetzt und schließlich die Stücke herausgenommen und getrocknet. In dieser Weise sind die Waren aus sogenanntem künstlichen Ebenholz gewonnen, welche als Schreibzeuge, Briefbeschwerer, Statuetten u. s. w. durch Schönheit der Masse sowohl als der Form selbst künstlerischen Ansprüchen genügen. Das künstliche Elfenbein dagegen, das sogenannte Celluloid, ist eine ganz andre Masse.

Die Steinpappmasse wird oft in ihrer Beschaffenheit dadurch verbessert, daß man ihr schließlich Leinöl oder noch besser Leinölfirnis durch Kneten einverleibt. Die Arbeiten werden dadurch, unter der Voraussetzung, daß die Masse übrigens Leim enthält, wasserbeständig. Es beruht dies auf dem nämlichen Vorgange, den sich auch Tischler und andre zu nutze machen, indem sie Leim mit Öl oder Firnis durch fleißiges Rühren verbinden. Obwohl nämlich beide Stoffe sich wie Wasser und Öl abstoßen, so vermögen sie doch, einmal vereinigt, infolge ihrer Dickflüssigkeit sich nicht wieder zu trennen, sondern trocknen zusammen zu einer Masse ein, welche nicht nur fester bindet als der bloße Leim, sondern auch durch Wasser sich nicht mehr erweichen läßt.

Methode des Überformens. Dosenfabrikation. Durch Übereinanderleimen verschiedener Lagen Papier lassen sich, wie gesagt, Hohlwaren herstellen, die trotz ihrer Leichtigkeit und Dünnwandigkeit einen ansehnlichen Grad von Haltbarkeit und selbst einige Elastizität besitzen. Es gehört dazu ein feines, starkes weißes Papier und ein klarer, dünner, aus feinem Weizenmehl und Leimwasser bereiteter Kleister. Je nach der Form der Gegenstände schneidet man das Papier in Streifen, Scheiben u. s. w., die man einzeln über eine Holzform anlegt und jedesmal mit einem Kleisteranstrich befestigt. Je nach Umständen werden 8, 12—20 Papierlagen genommen, dann die Stücke bei mäßiger Wärme getrocknet, worauf ein schwarzer Teerfirnis aufgetragen und die Waren von neuem in schärferer Hitze getrocknet werden. Das Firnissen und darauf folgende Trocknen wird so lange wiederholt, bis die Firnislage stark genug ist und das Papier nicht mehr durchscheinen läßt; dann werden die Unebenheiten durch Schleifen mit Bimsstein beseitigt und durch Lackieren, Bemalen, Bronzieren, Vergolden u. s. w. der Arbeit schließlich die Vollendung gegeben. Während sich aber das Gesagte zunächst auf Dosen und ähnliche Arbeiten bezieht, werden bei größeren Gegenständen, z. B. bei Tischblättern, Platten für Schatullen u. dergl., wohl bis zu 150 Papierblätter einzeln übereinander geleimt. Vermöge dieser allerdings etwas langwierigen Darstellungsweise entstehen die festesten und haltbarsten Erzeugnisse, die sich etwa mittelhartem Holze gleich verhalten, aber vor diesem den Vorzug haben, in ihrer Zusammensetzung gleichartiger zu sein und sich nicht zu werfen. Geschweifte Körper arbeiten sich in dieser Klebmethode am schwierigsten, denn hier muß das Papier zur Vermeidung von Falten oft eingerissen, übereinander gelegt, stark angerieben und zur Erhaltung einer gleichen Wanddicke mit kleineren Stückchen nachgefüttert werden. Die dann noch fehlende glatte Oberfläche wird endlich nach vorherigem scharfen Austrocknen, nach Umständen durch Behobeln, Raspeln oder Abdrehen, hergestellt.

Nach einem ähnlichen Verfahren werden gegenwärtig auch Leitungsröhren für Gas- und Wasserwerksanlagen hergestellt, indem eine eigne Papiersorte, deren Breite der Länge der einzelnen Rohre gleichkommt, durch geschmolzenen Asphalt gezogen und mittels besonderer Maschinen auf einen Cylinder, dessen Stärke der Rohrweite entspricht, gewickelt werden. Diese sogenannten Asphaltrohre halten einen Druck von über 15 Atmosphären aus.

Nachdem die Fabrikation von Dosen in Deutschland so lange nach dem Überklebungsverfahren betrieben worden, ohne daß die naheliegende Ausdehnung derselben auf eine Menge andre Gegenstände versucht worden wäre, vielmehr dieser Fortschritt zuerst anderwärts, namentlich in England, gethan wurde, hat sich schließlich doch die deutsche Fabrikation dieses Zweigs wiederum bemächtigt und liefert jetzt ganz ebenso schöne Waren wie das Ausland. Inzwischen ist aber die alte Weise, indem sie solchergestalt ein großes neues Feld besetzte, aus ihrem ursprünglich kleinen Gebiet der Dosenfabrikation verdrängt worden. In der letzteren hat ein kürzeres Verfahren Platz gegriffen, das indes auch gute und dauerhafte Waren liefern kann. Die jetzige Dosen=, Büchsen= und Schachtelfabrikation ist mit einem Worte reine Papparbeit. Statt die Scheiben und Streifen zu einer Dose vielfach aus Papier zu schneiden, bildet man sie einfach aus starker, fester Pappe, die sogleich die ganze Wandstärke ergibt. Diese Zuschnitte werden an ihren Rändern durch Leim verbunden, in das Innere einer polierten Hohlform gestellt und in den Hohlraum des Arbeitsstücks eine ebenfalls polierte metallene Kernform eingesetzt. Nachdem das Ganze dem Drucke einer Schraubenpresse ausgesetzt gewesen, erscheint das eigentlich noch rohe Fabrikat doch schon so glatt und eben, als wäre es abgedreht. Es braucht nur noch mit Leinöl getränkt, im Ofen getrocknet und mit einer Firnisfarbe grundiert zu werden, um für die weitere dekorative Behandlung reif zu sein, welche die nämliche ist wie bei den übrigen Methoden. Verarbeitet man die zu pressenden Pappstücke naß, nachdem sie mit Wasser stark aufgeweicht sind, so lassen sich auf diesem Wege auch geschweifte, mit Reliefs u. dergl. versehene Gegenstände erzeugen.

Fig. 908.
Blumentisch aus Papiermaché.

In Japan und China ist diese Art der Papierverwendung seit undenklichen Zeiten in Übung und das Papier (aus den Fasern der Rinde und junger Triebe des Maulbeerbaumes) spielt dort überhaupt als Stoff für allerhand Gebrauchsgegenstände eine weit größere Rolle als bei uns. Man stellt daraus Möbel und Kistnerwaren, Schuhsohlen, spanische Wände, wasserdichte Hüte und Regenmäntel her, ebenso Panzer und Riemenzeug, die haltbarsten Stricke und Seile, und das Packpapier ist so fest und zähe, daß es vollständig die Stelle unsres Pack= und Sackleinens einnimmt. Wahrscheinlich ist es auch, daß die Engländer durch japanische Arbeiten angeregt wurden, sich diesem Industriezweige zuzuwenden und ihn zu erweitern. Heißen doch bei ihnen alle Artikel dieser Art Japanware, und sie ahmen oft genug geradezu japanische Muster nach, wenn es ihnen wie allen andern Mitbewerbern auch noch nicht gelungen ist, die Vortrefflichkeit des japanischen Lackes zu erreichen.

Die Methode des Überklebens hat nicht nur kleine Gegenstände hervorgebracht, sondern sich sogar an Möbeln der größten Art versucht (war doch schon ein Klavier aus Papiermaché ausgestellt). Und es ist nicht zu leugnen, daß diesen Erzeugnissen vor denen aus Holz manche Vorzüge innewohnen; so besitzen sie namentlich bei ansehnlicher Festigkeit eine sehr große Leichtigkeit (die Beine der Möbel sind alle hohl geformt); der Stoff selbst gestattet eine ungemein leichte Bearbeitung in jeder Richtung, er reißt nicht und wirft sich nicht und hat im Trocknen vielleicht dieselbe Dauer wie Holz. Ja, es hat dies künstliche Holz vor dem natürlichen eine Art von Vorzug, nämlich den, daß es sich zu eingebrannten Lackwaren verarbeiten läßt, während natürliches in der Ofenhitze reißen oder sich krümmen würde.

In England sind besonders Birmingham und Wolverhampton Fabrikationsorte papierner Möbel und andrer Waren. Man tränkt daselbst die Papierstücke, ungeleimtes, feineres und mürbes Baumwollpapier, in dem aus Stärke und Leim gekochten Bindemittel, legt etwa fünf Blätter zusammen, preßt sie in eine metallene Hohlform und bringt diese in einen Trockenofen. Ist die Papierschicht ausgetrocknet, so wird eine zweite in gleicher Weise aufgetragen und getrocknet. In dieser Art wird fortgefahren, bis die erforderliche Dicke erreicht ist. Für hohle Stücke, wie Röhren, Stuhlbeine u. s. w., legt und streicht man die geleimten Blätter über Dorne oder Kernformen aus dürrem Holz, bringt sie mit diesen in den Trockenofen und fährt so abwechselnd bis zur Vollendung fort. Sind die Dorne von solcher Form, daß sie nicht herausgezogen werden können, so schneidet man die Papiermasse querdurch in Stücke, oder teilt sie der Länge nach in zwei Hälften, entfernt den Dorn und verbindet die Teile mittels Leim wieder zu einem Ganzen. Durch die gewöhnlichen Mittel, Abdrehen, Schleifen mit Bimsstein oder Schmirgel, Grundieren, Lackieren und Anbringen von Verzierungen, lauter Behandlungen, die auch in andern technischen Fächern vorkommen, werden dann die rohen Stücke ihrer Vollendung entgegengeführt.

Eine andre Verarbeitungsweise derselben Masse besteht darin, daß man die geklebten Schichten mit Hilfe von hydraulischen Pressen zu Platten und Blöcken zusammenpreßt, bei starker Wärme trocknet und dann ganz wie feines Holz mit scharfen Instrumenten zu einer Menge von Gegenständen verarbeitet. Unter dem mächtigen Pressendruck erhält die Masse die Härte von Buchsbaum oder Ebenholz. Durch Sägen, Hobeln, Drechseln und alle andern Mittel der Holzbearbeitung macht man daraus Möbelteile und Verzierungen, Leuchter, Schreibzeuge, Schmuckkästchen u. dergl.; ferner eine Menge Schmuckwaren, die unter dem Namen Jet gehen und für Glanzsteinkohle gehalten werden. Endlich liegt auch allen sogenannten japanischen Lackwaren, welche die Engländer so trefflich herzustellen wissen, nichts andres als diese Kleisterpapiermasse zu Grunde.

Neuerdings stellt man in Amerika sowohl als in Deutschland (Gebrüder Abt in Kaiserslautern) aus Papiermasse auch Eisenbahnwagenräder her, die mehr und mehr Benutzung finden und wegen ihres weichen elastischen Laufes besonders für Schlafwagen beliebt sind, wo man die größeren Anschaffungskosten im Vergleich zu Eisenrädern nicht zu scheuen braucht.

Die ersten derartigen Räder wurden 1860 von Allen in Chicago ausgeführt, die Fig. 909—911 zeigen die bezüglichen verschiedenen Bauarten derselben. Die Nabe besteht aus Gußeisen, welches natürlich zu dem Zwecke von außerordentlicher Güte sein muß. Auf dieser Nabe sitzen zwei Scheiben aus Eisen oder Stahl, zwischen denen sich die Papiermasse befindet. Das Ganze ist von dem eisernen Reif umgeben. Die Verbindungsweise ist aus den Fig. 909—911 deutlich zu erkennen.

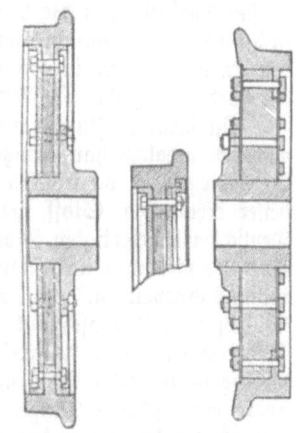

Fig. 909—911. Eisenbahnwagenräder aus Papiermasse.

Der Papierkern dieser Räder ist aus Scheiben von Strohpappe gebildet, die auf einer Maschine rund ausgeschnitten und gelocht werden. Drei und drei solche Scheiben werden zusammengeleimt, so daß eine Scheibe von 6—8 mm Dicke gebildet wird. Alsdann werden 15 solche dicke Scheiben auf dem Tische einer hydraulischen Presse übereinander geschichtet und drei Stunden lang einem Drucke von etwa 650 Tonnen unterworfen, worauf dieselben bei einer Temperatur von 50° C. getrocknet werden. Dieses Trocknen muß mit großer Sorgfalt ausgeführt werden, damit alle Teile der Pappmasse einer gleichmäßigen Temperatur ausgesetzt sind, und es dauert dieser Trockenprozeß mindestens zwei Wochen. Man fährt alsdann damit fort, die Scheiben allmählich zusammenzuleimen und dazwischen immer wieder zu pressen und zu trocknen, bis die gewünschte Dicke erreicht worden ist, die für die in Fig. 909 und 910 abgebildete Bauart etwa 3 cm beträgt. Eine Scheibe dieser Art besteht aus 100—120 Pappblättern. Die Papierscheiben der Räder nach der Bauart Fig. 911 bestehen dagegen aus 240—250 Pappblättern. Hierauf werden diese Papierscheiben auf einen Durchmesser abgedreht, der etwas größer ist als die lichte Weite des Reifens, und alsdann wird die letztere mit einem hydraulischen Drucke von etwa 400 Tonnen darüber getrieben. Nachdem dies geschehen ist, werden die Metallscheiben beiderseits aufgelegt, dann wird die Nabe mittels einer hydraulischen Presse eingeschoben und die Verbindung des Ganzen mittels Schraubenbolzen hergestellt. Bei der Bauart in Fig. 910, welche in Deutschland üblich, ist noch ein zum besonderen Festhalten des Reifens dienender eiserner Ring angebracht.

Diese Papierräder besitzen infolge ihrer ausgezeichneten Elastizität eine viel längere Dauer wie die Eisenräder. Nach den in Deutschland angestellten Versuchen können solche Papierräder 8—900000 km durchlaufen, bevor sie unbrauchbar werden, während Hartgußräder nur 120000 km ausdauern. Auch den Achsen kommt die Elastizität der Räder fast in gleichem Verhältnis der Dauer zu gute.

Neuerdings haben die Amerikaner auch Riemscheiben mit (stroh=)papiernen Kränzen eingeführt, welche sich sowohl durch Leichtigkeit als gutes Anhaften des Riemens auszeichnen.

Zu dem Lackieren, das bei den meisten Papiermachéwaren eine Hauptrolle spielt, tritt häufig noch Malerei, Vergoldung, Einlegen von Perlmutter u. dergl. Die Malereien sind häufig nicht auf dem Stücke selbst ausgeführt, sondern bestehen aus bemalten Einlagen, die gleich auf den ersten Grundierfirnis befestigt, dann von den folgenden Lackschichten überdeckt und durch das nachfolgende Schleifen wieder zu Tage gebracht werden, so daß sie nun mit der Lackschicht in gleicher Ebene liegen. Dieselbe Behandlung erfahren die Einlagen von Perlmutterblättchen, die nachgehends vom Maler in die Verzierung mit verflochten und öfter selbst noch mit durchsichtigen Farben übermalt werden, um die Perlmutterwirkung noch mehr zu heben. Für das Aufbringen vergoldeter Zeichnungen hat man eine besondere Behandlung. Zu einer Zeit, wo der letzte Lack noch nicht völlig trocken ist, belegt man die ganze Zeichnungsfläche mit Blattgold; auf diesem Grunde führt man mit einem guten Kopaldeckfirnis die Zeichnung aus und läßt sie halb oder so weit trocken werden, daß sie einiges Wischen vertragen kann. Ist dieses Stadium erreicht, so überwischt man die Fläche mit einem in Wasser getauchten Läppchen und nimmt damit alles freiliegende Gold fort, so daß nur die gedachte Zeichnung stehen bleibt. Nach dem Trockenwerden übergeht man schließlich die Fläche mit Terpentinöl, welches nun seinerseits den Decklack auflöst und wegnimmt, so daß die Goldzeichnung rein hervortritt.

Im Fache der eigentlichen Papierteigwaren scheint nach ihrer Vertretung auf den großen Ausstellungen die deutsche Industrie das Mannigfachste und Gediegenste zu liefern; in den neueren Steinpapp- und holzartigen Artikeln dürfte sie ebenfalls den Franzosen nicht, den Engländern nur in Hinsicht der Vollkommenheit der Lackierung, etwas nachstehen, in der Wohlfeilheit aber sie beide schlagen.

Die deutsche Papiermachéfabrikation, die sich in ihrem Arbeitskreise immer ziemlich gesondert gehalten hat, bringt alljährlich noch Millionen von Dosen an den Markt, die stets Liebhaber finden, da sich für diesen Zweck noch kein leichterer, dauerhafterer und den Tabak besser erhaltender Stoff gefunden hat. Allbekannt sind die an verschiedenen Punkten Deutschlands gefertigten Masken, Attrappen, Puppenköpfe und andre Spielwaren, unter ihnen die niedlichen und naturgetreuen Tierfiguren, die ausnahmsweise statt der Lackierung ihr in Scherwolle u. dergl. nachgeahmtes Naturkleid tragen, die Hirsch-, Eber-, und andre Wildköpfe als Wandschmuck, die Tiermasken u. s. w. Als neuere Erscheinungen auf diesem Felde begegnen uns kunstreiche Nachbildungen anatomischer Präparate, Skelette u. dergl., Nachahmungen alter Waffen, höchst naturgetreu dargestellte Baum- und Knollenfrüchte und andre überraschende Dinge. Und nicht wenige Örtlichkeiten unsres deutschen Vaterlandes sind es, wo der eine oder andre Zweig dieses Faches entweder in alter Praxis oder in neuerer Begründung mit Erfolg betrieben wird. Die Hauptsitze des Gewerbfleißes, Wien, Berlin, Nürnberg-Fürth u. s. w., sind auch hier an erster Stelle zu nennen; außerdem gibt es in Braunschweig, Wolfenbüttel, Koblenz, Stuttgart, Offenbach und Frankfurt, Gotha, Hildburghausen, Sonneberg und sonst in Thüringen, im Altenburgischen (die berühmten Müllerdosen), Dresden, Lengefeld und an noch manchen andern Orten Werkstätten und zum Teil große Fabriken, die schon jetzt neben Engländern und Franzosen den Weltmarkt bis in die entferntesten Teile mit Papiermachéwaren versorgen.

Von all diesen Orten sind Sonneberg und diejenigen Gegenden des Meininger Landes, welche sich mit der Spielwarenherstellung hauptsächlich beschäftigen, der ganzen kleinen Welt bekannt durch die Figuren, die von hier aus als Spielzeuge nach allen Richtungen der Windrose versandt werden. Wir haben die eigentümliche Industrie schon früher besprochen und fügen an diesem Orte nur noch dasjenige bei, was sich auf die Herstellung der Papiermachéfiguren und namentlich auf die Massenfabrikation der Puppenköpfe bezieht.

Die zu diesen Erzeugnissen verwendete Papiermachémasse besteht in der Hauptsache aus zerkleinertem Papier, Sand und Leim. Sie wird in der Regel von den Fabrikanten selbst bereitet; nur den Sand liefern die sogenannten Massemühlen. Häufig wird der so zusammengesetzten Masse noch schwarzes Mehl zugesetzt. Die frisch bereiteten feuchten Klumpen von Papiermaché werden mit einem Nudelholz platt gewalzt, bis sie die Stärke dicker Pappen erreicht haben. Dann werden diese Kuchen in rechteckige Streifen zerschnitten, deren Größe sich nach dem Umfange des damit herzustellenden Gegenstandes richtet.

In den ersten Jahrzehnten dieses Jahrhunderts wurden die Papiermachéfiguren so hergestellt, daß man zwischen den Händen Wülste drehte von der Stärke des Rumpfes oder der Arme und Beine und dann durch Kneten mit dem Finger den Einzelheiten nachhalf. Es gehörte hierzu schon einige Kunstfertigkeit, und es wurden diese Arbeiten daher auch von einem besonderen Gewerbe, der Bossiererzunft, geübt. Gegenwärtig formt man die Papiermachéfiguren nicht mehr aus freier Hand, sondern entwirft von ihnen zunächst ein Modell aus Thon. Es gibt in Sonneberg Bossierer für Spielwaren, welche sich in bezug auf die Erfindungsgabe und die Technik der Ausführung manchem Künstler an die Seite stellen können, der es unter seiner Würde halten würde, Spielzeugmodelle zu entwerfen; an Raschheit der Erzeugung sogar werden die Sonneberger Bossierer wohl alle andern übertreffen. Denn hier gilt es, rasch Ideen zu verkörpern und für den Handel, der sie nur so lange begünstigt, als sie durch Neuheit überraschen, nutzbar zu machen. Wechselvolle Artikel verdanken ihren Ursprung, aber auch ihr Eintagsbestehen politischen Tagesneuigkeiten: die Osman Paschas und die Skoboleffs beispielsweise, welche nach irgend einer Illustration getreu modelliert worden sind, wanderten schon vier Wochen nach dem Auftreten ihrer Urtypen auf der Weltbühne als Papiermachémänner, zu Hunderten friedlich in großen Kisten übereinander gepackt, in die Hafenplätze des neutralen Englands.

Von dem ursprünglichen Thonmodell wird vorerst ein Abguß in Gips oder Schwefel genommen. (Als die brauchbarsten haben sich die Schwefelformen, welche in entsprechenden Hälften angefertigt werden, erwiesen. Versuche, galvanoplastische Kupferformen herzustellen, sind bisher gescheitert; doch ist zu wünschen, daß an Stelle des sich bald abnutzenden Schwefels ein härterer Stoff beschafft wird.) — In diese Formen werden die erwähnten rechteckigen Streifen aus Papiermaché sorgfältig eingedrückt, und es können auf diese Weise Tausende von Abdrücken derselben Grundfigur gewonnen werden. Die abgedrückten Teile werden später zusammengeleimt. Die Figuren aus Papiermaché sind daher in der Regel hohl und bieten einen versteckten Raum dar, welcher zur Anbringung von allerlei Mechanismen, zum Bewegen der Arme und Beine oder zum Verdrehen der Augen, oder zum Hervorbringen von Stimmen dienen kann. Zum Schluß werden die Figuren entsprechend bemalt.

Die meisten Hände des Sonneberger Industriebezirks sind jetzt mit der Herstellung insbesondere von Kinderpuppen, die man hier lieber „Täuflinge" nennt, beschäftigt. Millionen von Dutzenden Sonneberger Täuflingen wandern von hier aus in die Kinderstuben der ganzen Welt. Von den kostbarsten, in Samt und Seide gekleideten Salondämchen an, wovon das Stück bis zu 12 Mark bezahlt wird, bis herab zu den geringsten Sorten, wovon das Dutzend für 60 Pfennige zu haben ist, welche aber doch noch hübsch genug sind, um auch dem Töchterchen des Arbeiters glückliche Stunden zu bereiten, werden sie hier mit überall gleicher Emsigkeit hergestellt. Welch vorteilhafte Arbeitsteilung hier gepflegt wird, wird aus der folgenden Darstellung hervorgehen. Von den gewöhnlicheren Puppen ist in der Regel nur der Kopf aus Papiermaché; er wird deshalb von ganz andern Händen erzeugt als die übrigen Körperteile. So billig das Erzeugnis auch in den Handel kommen mag, so wird doch auf seine Urform große Sorgfalt verwendet, und erst auf einem langen Wege werden die Wiederholungen vollendet. Zunächst ist in seiner Werkstatt der Bossierer bemüht, ein möglichst reizendes Gesichtchen, das eine Mal mit einem Stumpfnäschen und mit schelmischen Grübchen in den Wangen, das andre Mal mit aristokratischem Profil und ernsthaft ausschauend, entweder nach freiem Ermessen oder auf Bestellung zu entwerfen. Von hier aus gelangt das gelungene Modell zum „Former", der ein für allemal die zur Vervielfältigung nötige Schwefel- oder Gipsform abgießt. Die Formen werden nun dem „Drücker" übergeben, dessen Aufgabe es ist, die feuchten Papiermachéstreifen möglichst eng anschließend in die Formen einzudrücken. Zu diesem Geschäfte, das beinahe ebensolche Sorgfalt der Behandlung voraussetzt, wie das des Bossierers, werden nur die geschicktesten Leute verwendet. Jedes Fältchen im Gesicht, wie es vom Bossierer mit Absicht angebracht worden war, muß ja genau wiedergegeben werden. Ein gewandter Drücker kann an einem Tage zu zehn Arbeitsstunden trotzdem recht gut zwei Groß Abdrücke fertigen. Nachdem die von ihm auf die Seite gelegten Hälften der Figur trocken geworden sind, werden sie von andrer Hand an der „Nut" geleimt. Die vorstehende Nut wird vom Nächsten durch ein scharfes Messer abgeschnitten oder abgekratzt. Dessen Nachbar steht weiter mit dem Farbentopfe bereit, um dem noch papiergrauen Kopfe ein menschliches Aussehen zu geben. Als Menschenfarbe wurde bis vor kurzem allgemein ein Gemenge von Bleiweiß mit etwas Mennige oder Fuchsin verwendet. Das giftige und auch wenig beständige Bleiweiß wird indes jetzt mehr und mehr durch das vollkommen giftfreie und billigere „Sonneberger Weiß", eine dankenswerte Erfindung des gegenwärtigen Direktors der Sonneberger Gewerbeschule, verdrängt, so daß die Sonneberger Spielwaren bald ganz ohne Scheu vor Vergiftung durch weiße Anstrichfarben den Kindern in die Hände gegeben werden dürfen.

Das Bemalen der Puppenköpfe setzt nicht nur eine ziemliche Geschicklichkeit, sondern auch eine kluge Berücksichtigung des Geschmacks der Käufer voraus. Die Sonneberger Kaufleute, welche ihre Waren nach außerdeutschen Ländern schicken, lassen für Spanien und Frankreich blonde, für England und Schweden brünette Puppenköpfe malen. Denn sie wissen aus Erfahrung, daß sie in den südeuropäischen Staaten so gut wie gar keine Geschäfte machen würden, wenn sie ihnen Puppen anböten mit so schwarzem Haar und mit so dunklen Augen, als die dortigen Bewohner selbst schon besitzen. Die Engländer haben eine Vorliebe für Karikaturen, die Amerikaner für kunstreiche Mechanismen. Der Haarfarbe entsprechend wird auch die der Augenbrauen und Augen gewählt. Zuletzt erhalten die Lippen und die Wangen ihr Rot. Sind die aufgetragenen Farben gehörig trocken geworden, so wird das Ganze mit einem durchsichtigen Lack überzogen, der gegen das Abfärben oder das Ablecken schützen soll.

Die Köpfe der besseren Puppen erhalten vor dem Bemalen noch einen Überzug von Wachs. Das geschieht einfach dadurch, daß sie kurze Zeit in geschmolzenes Wachs eingetaucht werden, in welches bereits die Menschenfarbe eingerührt worden ist. Die wieder herausgehobenen Köpfe halten eine dünne Wachsschicht an sich, während das überflüssige abtropft. In einer Stunde können von einem Arbeiter recht gut 400, an einem Tage also 4000 Puppenköpfe „gewachst" werden. Die weitere Bearbeitung dieser Köpfe ist nun eine von der vorhin beschriebenen mehrfach abweichende, jedenfalls noch sorgfältigere: die Augen werden hier nicht gemalt, sondern durch wirkliche Glasaugen ersetzt. Zu dem Ende müssen die Augenhöhlen vorher ausgeschnitten werden. Da das Befestigen der Glasaugen an der Innenseite geschieht, so muß durch einen beherzten Schnitt auch der Hinterkopf über dem Ohre noch einmal abgetrennt werden. Die Glasaugen werden von dem benachbarten Orte Lauscha, das durch seine ausschließliche Glasindustrie berühmt ist, in allen Sorten zu Millionen nach Sonneberg geliefert. Die schwärmerischsten himmelblauen und veilchenblauen, die feurigsten braunen und schwarzen Augen bilden nur die Extreme zahlreicher Abänderungen durch das Grau und Grün hindurch. Aber nicht nur künstliche Augen, sondern auch künstliche Gebisse werden den besseren Puppen von innen aus eingesetzt. Immer sind es wieder andre Arbeiter, welche diese Besonderheiten ihr Leben lang betreiben. Solange der Hinterkopf abgelöst bleibt, ist es auch noch Zeit, Mechanismen im Innern des Kopfes versteckt anzubringen, welche ein Verdrehen der Augen, ein Auf- und Zuklappen des Mundes u. dergl. bewirken sollen. Endlich erhält der wieder „ganz gemachte" Kopf die Frisur. Hunderte von Sonneberger Mädchen sind geübt, die geschmackvollsten modernen wie antiken Frisuren anzubringen. Als Haar wird das lange und dem menschlichen ähnliche der Angoraziege fast ausschließlich verwendet. Die teils blond, teils brünett gefärbten Haare werden glatt gekämmt und dann entweder zu Locken gebrannt oder zu Zöpfen verflochten oder auch zu Chignons u. dergl verarbeitet. Die feinsten Puppenköpfe werden ganz aus Wachs hergestellt, und hierin werden die Haare sogar einzeln eingestochen.

Inzwischen sind tausend andre Hände beschäftigt gewesen, um die „Bälge", d. h. den Rumpf mit den Gliedmaßen, zu fertigen, auf welchen die Köpfe später aufgesetzt werden sollen. Die Puppenköpfe haben zum Zweck besserer Befestigung am Rumpfe außer dem Halse noch zwei Ansätze nach Brust und Rücken von Haus aus erhalten. Die Bälge bestehen ihrerseits aus weichen und harten Teilen. Die Brust, der Bauch, die Oberschenkel und Oberarme sind Leinwandpolster, gefüllt mit Sägspänen. An diese schließen sich die aus starrem Stoff hergestellten Unterschenkel und Unterarme an. Bei geringen Puppensorten werden die Beine und Arme aus Holz gedreht, bei besseren aus Papiermaché, teils hohl, teils voll gefertigt, und je nach den Umständen ebenfalls bemalt und mit Lack überzogen oder auch gewachst. Die Bälge werden meist in den Dörfern um Sonneberg gefertigt. Während der Vater mit dem Sohne die Beine und Arme aus Holz drechselt, stopfen und nähen Mutter und Tochter die Weichteile. Diese kopflosen Täuflinge werden sodann, zu Hunderten übereinander geschichtet, am Lieferungstage in großen Körben meistens von Frauen zur Stadt getragen. Namentlich Sonnabends sind die Landstraßen nach Sonneberg ungemein belebt von solchen Frauen, welche das während der vergangenen Woche von der gesamten Familie mühsam Erarbeitete zu Markte bringen, um dann mit dem Erlös und mit neuer Bestellung zurückzukehren. Wie genügsam noch heute diese fleißigen Bewohner der Thüringer Berge in ihren Ansprüchen an Geldverdienst sein müssen, geht schon daraus hervor, daß für ein Dutzend vollständig fertig gestellter Täuflinge oft nur 60 Pfennig bezahlt werden. Dabei muß der Arbeiter die Stoffe, wie Papiermaché, Holz, Farben, Leim, Leinwand u. s. w. immer selbst schaffen. Und wie viele Handhabungen sind nicht nötig gewesen, um auch nur die einfachste Puppe zu vollenden!

Die Puppen werden häufig noch bekleidet, in der Regel mit einem Hemdchen, seltener mit einem vollständigen Anzuge. Nur die kostbareren Sorten erhalten mehrere ganze Anzüge mit auf den Weg. Hierfür bestehen seit neuerer Zeit zwei eigne Fabriken, in denen allerdings beisammen eine größere Anzahl von geschickten Schneiderinnen ausschließlich mit Zuschneiden und Nähen der Anzüge beschäftigt ist. Die Puppenfabrikation ist also gegenwärtig der stärkste Zweig der Sonneberger Industrie. Außerdem werden aus Papiermaché noch Tiere aller Art, zum Teil mit natürlichem Pelz und Fell überzogen, mechanische Spielwerke, elastische Figuren verfertigt. Besonders erwähnenswert ist auch die Maskenfabrikation, welche derselben Verfahren sich bedient, wie sie bei der Herstellung der Puppenköpfe üblich sind.

Pappe. Seiner Natur und Herkunft nach ist also das Papiermaché, mag es uns in noch so schönem Kleide entgegentreten, nichts weiter als ausgebildeter Pappdeckel. Dies wird einleuchtender, wenn wir einen Blick auf die Herstellungsweise dieses letzteren anspruchslosen Erzeugnisses werfen und dabei bemerken, daß auch hier schon die zweierlei Formungsarten, nämlich aus Brei und aus einzelnen Lagen, anzutreffen sind. Die Pappen unterscheiden sich hiernach in geschöpfte und gekautschte. Der Rohstoff für geringe Ware, was die geschöpften Pappen immer sind, allerhand Abgänge von Papier, Pappen, Lumpen, wird in bekannter Weise in einen dünnen Brei verwandelt, dem auch öfter gepulverte Kreide oder Thon beigemischt wird; daraus wird mit einer grobgerippten Papiermacherform, welcher nur ein viel höherer Umfassungsrand aufgesetzt wird, die zu einem Bogen erforderliche Masse mit einem Mal geschöpft, auf einen Filz gestürzt, ein zweiter Filz darauf gelegt, auf diesen wieder eine Lage Zeug gestürzt, und in dieser Art fortgefahren, bis ein Haufen (Pausch) gebildet ist, den man unter die Presse bringt, und weiter so verfährt, wie wir es schon von der Papierfabrikation her wissen (vgl. Bd. I). Nach der Art des Maschinenpapiers werden auch geformte Pappen von großer Länge erzeugt, und zwar sowohl auf flacher endloser Form nach Art der Schüttelmaschine, als auch auf Cylindermaschinen, wie solche zuerst Strobel in Chemnitz im Jahre 1860 ausgeführt hat. Das derartig erzeugte Fabrikat bleibt notwendig in seinem Gefüge locker; es ist ungleichartig und auch schon deshalb gering, weil man guten Stoff nie in dieser Weise verarbeitet. Man hat indessen durch mancherlei Kunstgriffe, insbesondere mittels mechanischer Vorrichtungen, zu verbessern gesucht. Bessere Pappen erzielt man durch das Kautschen, wobei das Zeug gewöhnlich nicht aus Papierabfällen, sondern aus Hadern, Werg, alten Stricken u. dergl., öfter mit Zumischung von Strohmasse und zuweilen von Lederabfällen hergestellt wird. Zu den feinsten, ganz weißen Pappen dient das gewöhnliche weiße Papierzeug. Jedenfalls wird die Masse feiner gearbeitet und dünnflüssiger als bei geschöpfter Pappe gehalten, ähnlich der zu wirklichem Papier, und es besteht zwischen dem Anfertigen des Papiers und der gekautschten Pappe weiter kein Unterschied, als daß man in letzterem Falle nicht jedes einzeln geschöpfte Blatt von dem folgenden durch eine Filzlage trennt, sondern solcher Lagen mehrere, je nach der verlangten Pappstärke bis zu zwölf, unmittelbar übereinander stürzt, bevor wieder ein Zwischenfilz eingelegt wird. Wie sich denken läßt, vereinigt das nachfolgende Pressen des so geformten

Pausches sämtliche zwischen je zwei Filzen in enger Berührung liegende Schichten zu einer einzigen Platte, die eine Pappe von viel besserem Kern und Halt gibt, als beim ersterwähnten Verfahren gewonnen werden kann. Streng genommen gehört schon das Doppelpapier hierher, wie solches als starkes Zeichenpapier, Musiknotenpapier u. s. w. im Handel vorkommt. Solches Papier ist als Handpapier schon längst hergestellt worden. Im Jahre 1830 nahm Dickinson in England auf eine dazu dienende Cylindermaschine ein Patent. Später fabrizierte derselbe sogar dreifaches Papier. Die Herstellung der gekautschten Pappe auf Cylindermaschinen wird seit 1840 in der Weise betrieben, daß man das noch feuchte Papierblatt auf eine hölzerne Walze vielfach aufwickelt, dann diese gebildete Papierrolle an der einen Seite parallel zur Walzenachse aufschneidet, die Papierschicht alsdann flach ausbreitet und preßt. Das Glätten erfolgt zwischen polierten gußeisernen Walzen oder, wenn hoher Glanz erforderlich ist, in der Glättmaschine mittels starken Drucks und Reibens mit einem polierten harten Steine oder einer polierten Metallwalze.

Die feinste und dichteste Sorte der gekautschten Pappen bilden die sogenannten Preßspäne, ein Artikel, der schon einen gesteigerten Betrieb voraussetzt, während gewöhnliche Pappen öfter von kleinen Leuten, namentlich von Händlern mit Papierspänen und Lumpen, angefertigt werden. In der Masse zu den Preßspänen, die in der Bütte geleimt wird, scheint viel gekünstelt zu werden; offenbar aber müssen die besten Faserstoffe, Hadern von Leinen und Flachs, die besten Erzeugnisse geben; andre Zuschläge, wie Sägespäne, Kalk, können zur Güte der Masse wenig beitragen. Die englischen Preßspäne sollen hauptsächlich aus altem Schiffstauwerk angefertigt werden, und sie sind in ihrer Güte noch jetzt nirgends anders völlig erreicht, obwohl in Deutschland, namentlich in Berlin, auch recht preiswürdige Ware erzeugt wird. Bei Anfertigung dieser Stücke pflegt man darauf zu sehen, daß die inneren Lagen aus langfaserigem Stoff, die äußeren aus feinerer Masse gefertigt werden, so daß für Haltbarkeit und feine Oberfläche zugleich vorgesorgt ist. Die eigentümliche Härte, Glätte und Elastizität erhalten diese Pappen durch vielfaches Pressen und schließliches Glätten in der oben angegebenen Weise. Die besten Sorten haben einen fast glasartigen Glanz und eine hornartige Härte und sind bei zweckmäßigem Gebrauch eigentlich gar nicht zu verwüsten, werden vielmehr in ihrer Beschaffenheit nur verbessert.

Außerdem kommen noch geklebte Pappen, gewöhnlich Kartenpappe genannt, vor. Insbesondere werden daraus die Spielkarten angefertigt. Die Herstellung dieser Pappsorte erfolgt gewöhnlich durch Handarbeit, jedoch gibt es dazu auch Maschinen, die namentlich bei Herstellung sehr langer Blätter aus unzerschnittenem Maschinenpapier unentbehrlich sind. Diese Maschinen tragen den Kleister auf, vereinigen die Papierlagen und pressen das Ganze zwischen Walzen.

Papierwäsche. Zwar nicht als eines Erzeugnisses der Papiermachéindustrie, aber immerhin als eines solchen, das aus demselben Rohstoff hergestellt wird, welches jene verarbeitet, dürfen wir hier dieses interessanten Fabrikats gedenken, das in den letzten fünfzehn Jahren sich fast den Weltmarkt erobert hat. Ihren Ursprung hat die Erfindung in Amerika, wohin die Idee vielleicht von Japan eingeführt wurde, wo sie aber schnell Wurzel faßte, weil die dortigen Arbeitslöhne so maßlos hohe sind, daß die Reinigung der gewöhnlichen gewebten Wäschstücke ungleich kostspieliger sich herausstellt als solche Wäschstücke selbst, wenn sie anstatt aus Gewebe aus Papier hergestellt werden. Nach einmaligem Gebrauch kann man solche Papierkragen, Manschetten u. dergl. wegwerfen und macht in Amerika immer noch Ersparnis gegen die Kosten, welche die Wäscherei verursachen würde. Die Papierwäsche fand aus Amerika ihren Weg nach dem europäischen Festland; zuerst als Sonderbarkeit belächelt, wohl auch als „Surrogat" mißachtet und anfänglich nur von wenigen gebraucht, hat sie sich doch bei uns in Aufnahme zu bringen gewußt, und jetzt schon ist der Verbrauch dieser Wäsche in Deutschland ein ganz fabelhafter. In sehr ausgedehnter Weise wird dieser Fabrikationszweig von der bekannten Firma Mey & Edlich in Plagwitz bei Leipzig betrieben. Die Fabrikation, die sich auch in Frankreich eingebürgert hat, ist aber noch bedeutender, und ein großer Teil der Erzeugnisse sucht seinen Weg ins Ausland. Die Ware hat sich allerdings auch in der kurzen Zeit seit ihrem Auftauchen ganz wesentlich vervollkommnet, und es gehört ein sehr mißtrauisches und scharfes Auge dazu, um sich nicht von den eleganten Kragen täuschen zu lassen, die jetzt manch feiner Mann aus Papier zu tragen sich nicht mehr scheut. Vollkommen weiß oder in jedem beliebigen Tone herzustellen, nimmt das dazu verwendete Papier durch Appretur, Pressung, Satinierung u. dgl. jede Formung viel leichter und regelmäßiger an, als sie der Leinwand durch Stärken und Plätten gegeben werden kann; dabei aber ist es auch oberflächlich so herzustellen, daß es das Fadennetz eines Gewebes auf das genaueste und täuschendste wiedergibt.

Natürlich lassen sich nicht alle Wäschstücke aus Papier herstellen — es würde wenigstens nicht zweckmäßig sein — aber für diejenigen, welche die in die Augen fallendsten Teile der äußeren Bekleidung bilden, namentlich also für Kragen und Manschetten, die zum Anknöpfen eingerichtet werden können, eignet sich der Stoff sehr gut.

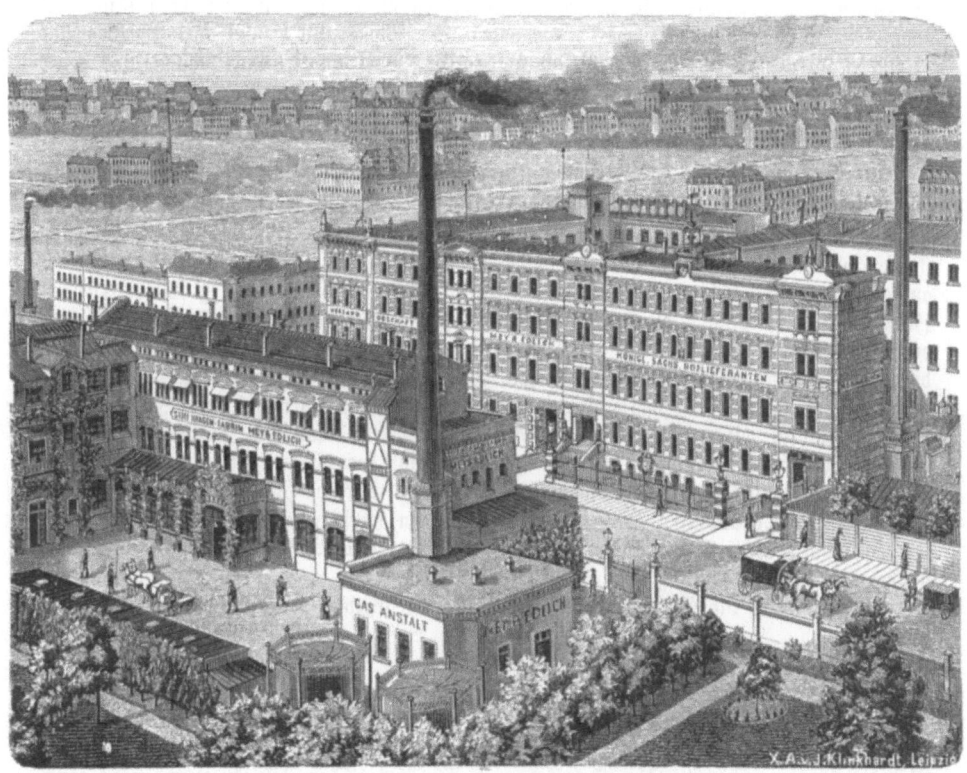

Fig. 912. Fabrik von Mey & Edlich in Plagwitz bei Leipzig.

In den Vereinigten Staaten von Nordamerika werden jährlich gegen 150 Millionen Papierkragen verbraucht, und statistische Aufzeichnungen beweisen, daß diese ungeheure Zahl noch stetig wächst, sowie durch Verbesserungen in der Fabrikation die Ware billiger wird. Diese Kragen werden in zwei Gattungen hergestellt: von Papier und Stoff im Verein und von Papier allein. Das hierzu verwendete Papier wird aus dem besten Stoffe hergestellt. Es wird in starken weißen Bogen, nach unserm Maße 90 cm lang und 40 cm breit, geliefert und wiegt auf das Ries über 75 kg. Bei der Kragenfabrikation kommt es zuerst in die Emaillierungsabteilung, wo jeder Bogen mit einer dünnen sogenannten Emailschicht bedeckt und dann zum Trocknen auf Gestellen in einem durch Dampfröhren geheizten Raume aufgehängt wird. Das Auftragen der Emailmischung erfolgt durch gewöhnliche Bürsten, und diese ganze Vorbereitung wird durch Handarbeit verrichtet.

Nachdem die Bogen vollständig trocken sind, wird ihnen ein webstoffartiges Muster aufgepreßt, um dem Papier das Aussehen von Gewebe zu geben. Um diese Wirkung hervorzubringen, wird Musselin straff über Zinnplatten von der Größe der Papierbogen ausgespannt und darauf gekleistert. Zwischen je zwei so hergerichtete Platten wird das Papier gelegt. Es werden etwa 14 Bogen gleichzeitig so behandelt und daraus eine Schicht gebildet, welche demnach abwechselnd aus Papier und Zinn besteht; diese Schicht läßt man alsdann zwischen schweren Stahlwalzen hindurchgehen, durch deren Druck die feinen Maschen des Gewebes sich vollständig deutlich auf dem Papier abdrucken und so diesem auf das täuschendste das Aussehen von Musselin geben. Man erkennt hierin die Reste von Schamgefühl wegen der Täuschung, die man immerhin bei Anlegung des Ersatzmittels begeht.

Hierauf erhält jeder Bogen mittels schnell rotierender feiner Bürsten noch eine Art Polierung, worauf das Papier zur Verarbeitung zu Kragen fertig ist. Es kommt zu diesem Zwecke in die Zurichtekammer, wo es mittels beweglicher Stahlstangen, die mit messerartigen Schneiden versehen sind, zerschnitten wird, indem man einen Stoß von etwa 80 Bogen in eine Presse legt und mittels derselben die Stanze darauf wirken läßt. Die ganze Schicht wird von den scharfen Schneiden der Stanze auf einmal durchschnitten und so eine entsprechende Anzahl von passend geformten Papierstücken ausgeschlagen, aus denen je nachdem Kragen, Manschetten oder dergleichen zugerichtet werden. Dieselben Papierstücke sind vor der Hand noch ganz flach und ohne Knopflöcher, weshalb sie noch einigen weiteren Operationen unterworfen werden müssen.

An dem einen Ende der Zurichtekammer sind viele Rollen von gestärktem Musselin aufgehäuft, deren Zweck nicht sogleich zu erraten ist, doch gibt die nächstfolgende Behandlung, welcher die Kragen unterliegen, darüber Aufklärung. Man sieht nämlich die Musselinstreifen mittels Maschinen in kleine länglichrunde Stücke zerschneiden, welche auf die Stellen aufgeklebt werden, wo ein Knopfloch eingeschlagen werden soll. Dies geschieht zu dem Zwecke, den Knopflöchern die nötige Widerstandsfähigkeit zu geben und deren Aufreißen zu verhüten, wenn die Kragen beim Tragen etwas an Steifigkeit verlieren. Das Befestigen dieser Musselinstückchen, das Schneiden der Knopflöcher, das Einpressen der nachgeahmten Stiche an deren Rändern, das Falten der Kragen und Aufdrücken des ihre Weite bezeichnenden Stempels wird alles gleichzeitig mittels einer sehr sinnreichen Maschine, bei einer einzigen Bewegung derselben, bewirkt. Ja man gibt dem Papier selbst stellenweise eine Streckung, indem man es durch eine zugleich schiebend wirkende Pressung austreibt, so daß ein solcher Art behandelter Kragen, ohne Falten zu werfen, jeder Krümmung angepaßt werden kann. Natürlich sind dazu sehr genau gearbeitete Model notwendig, die aus Birnbaum- oder Buchsbaumholz und Stahl hergestellt werden.

Zuletzt, bevor die Maschine die Kragen abliefert, werden dieselben noch nach der Halsform gebogen. Das Formwerk verrichtet seine Arbeit mit überraschender Schnelligkeit und wetteifert so mit der Flinkheit der Mädchen, welche die Kragen dutzendweise in Schachteln legen. Jedes Mädchen packt täglich etwa 20000 Stück ein. Die mit Stoff belegten Kragen sind selbstverständlich teurer als die einfachen Papierkragen. Sie werden von Papier erzeugt, auf welches entweder weißer oder bunter Musselin aufgeklebt ist; dabei wird das Pressen erspart. Ihre Fabrikation ist im übrigen der oben skizzierten ganz gleich.

Außer diesen Nachahmungen dichter Gewebe hat man in der letzten Zeit auch durchbrochene Stoffe, so namentlich Spitzen, nachgeahmt, die in Gestalt von Kragen und Manschetten überraschenden Effekt machen und sich z. B. für die Bühne eignen. Die Herstellung derselben erfolgt durch Ausschlagen zwischen zwei stählernen, genau ineinander gearbeiteten Formen, einer Matrize und einer Patrize, von denen die erstere außerdem alle jene Teile des Musters vertieft enthält, welche durch die Pressung auf der Oberfläche erhaben erscheinen sollen. Selbstverständlich können gewisse Sorten Spitzen auf solche Weise nachgeahmt werden, und zwar solche, bei denen nur das Muster aus dichten Partien besteht, welche nicht durch allzufeine Fäden miteinander verbunden sind. Während also für die Nachahmung von Mechelner oder Brüsseler Spitzen das Verfahren sich nicht eignet, ist es für die Nachahmung von alten Venezianer Reliefspitzen sehr gut anwendbar.

Die Zeiten sind vorbei, wo ein geflügelt
Wort
Aus Sängers Munde ging von Mund zu
Munde fort.
Jetzt, um zu fliegen, muß es sich papierne
Schwingen
Anheften, die es schwer von Ort zu Orte
bringen.
Rückert.

Die Buchbinderei.

Geschichtliches. Alte und moderne Buchbinderei. Das Technische derselben. Die neuen Hilfsmaschinen des Buchbinders. Falzen. Falzmaschine. Schlagen und Glätten. Heften. Das Beschneiden und die dazu dienenden Werkzeuge. Das Anbringen des Schnittes. Marmorieren, Goldschnitt u. s. w. Biselieren des Schnittes. Biseliermaschine. Rücken und Ecken. Die Decke. Pressen, Vergoldung und sonstige Verzierungen. Lederplastik.

Zu den Zeiten der Griechen und Römer, als man auf Papier von der Papyrusstaude und auf Pergament schrieb und die Blätter auf Stäbe aufrollte, nahm die Stelle des heutigen Buchbinders ein Gehäusemacher ein, denn man steckte die Schriftrollen in Büchsen von Zedernholz oder von noch kostbareren Stoffen, die man zuweilen reich verzierte. Man versah dann auch die Blätter selbst wenigstens mit einem Schnitt, d. h. man glättete die beiden Endflächen der Rolle durch Abschleifen und gab ihnen eine gewöhnlich rote, glänzende Färbung.

Diese Rollenform der Bücher (das volumen) war im Altertum die gebräuchlichste, ohne Zweifel, weil sie für das brüchige Papyruspapier die passendste war. Es gab aber für gewisse Zwecke, für Tabellen= und Rechnungswesen, Gesetze u. s. w., Holztafeln zur Aufnahme von Schrift, die anfänglich mit Wachs, später gewöhnlich mit Bleiweiß grundiert waren. Indem man solche Tafeln allmählich immer dünner arbeitete, auf beiden Seiten beschrieb und die zusammengehörigen an der Rückseite durch Riemen u. dergl. verband, kam man auch unsern heutigen Buchformen nahe. Ein solches Werk hieß ein codex, etwa Schrift= block, und der Name erhielt sich auch fort, als später an Stelle der hölzernen Tafeln pergamentene getreten waren.

Die Buchbinderei.

In den ersten christlichen Zeiten lag das ganze Schrifttum in den Händen der Klöster, und die Mönche, welche die Bücher durch Abschreiben vervielfältigten, hatten zugleich für den Einband zu sorgen. Meistens versah man die zusammengehefteten Blätter mit einem Umschlag von Pergament, und zwar so, daß beide Decken vorn übereinander griffen. Etwas später verwendete man zu den Bücherdeckeln dünne Holztafeln, wodurch denn die Form der Bücher der heutigen wieder einen Schritt näher gebracht wurde. Die Mönche suchten aber ihre Arbeiten nicht bloß dauerhaft, sondern auch schön zu machen, und damit den reich verzierten Bunt= und Goldbuchstaben, Ornamenten und Miniaturgemälden, womit die Text= und Titelblätter ausgestattet waren, auch das Äußere entsprach, brachte man hier kunstreiche Verzierungen in Holzschnitzerei, Metallarbeit und selbst in Edelsteinen an. Natürlich gilt dies nur von Prachtwerken für die vornehmsten und reichsten Leute. Solche reich ausgestatteten Werke aus früheren Jahrhunderten haben sich bis auf unsre Zeit als hochgeschätzte Erbstücke erhalten. Namentlich finden sich in England kostbare alte Büchereinbände mit kunstvollen Decken aus massigem, auch emailliertem Golde. Dort war

Fig. 914. Rückendeckel vom Gebetbuch der heiligen Elisabeth.

der Mönch Herrmann, der zur Zeit der Eroberungen einwanderte, einer der berühmtesten Buchbinder, der es bis zum Bischof brachte. Bücher waren vor Erfindung der Druckkunst an sich schon bei weitem kostbarer als heute, und wie man den heiligen Inhalt durch künstliche Malereien zu schmücken suchte, so geschah es natürlich, daß die blühende Kunst des Goldschmieds, Gürtlers, Stempelschneiders, Bildschnitzers, Ziselierers u. s. w. sich also auch auf die Verzierung der Hülle erstreckte. Es bildete sich eine dekorative Buchbinderei aus, auf die sich mit der Zeit auch bürgerliche Personen außerhalb der Klöster verlegt haben werden, denn es ist schon vor Erfindung des Buchdrucks von einzelnen Buchbindern und Zünften, z. B. in Nürnberg, die Rede, die demnach nur handschriftliche Werke, also sehr kostbare Stücke, banden.

Der Ausbreitung des Buchdrucks folgte natürlich die der Buchbinderei auf dem Fuße. Jetzt gab es eine ganz andre Menge Arbeit für die Buchbinder, und so wandten sich denn allerorten Leute diesem Geschäft zu, so daß die Buchbinderei im 15. Jahrhundert allmählich Sache zünftigen Handwerks wurde. Die Bücher zum gewöhnlichen Bedarf und Gebrauch waren nun überwiegend; von ihnen wurde keine Pracht, sondern nur Dauerhaftigkeit verlangt, und die alten Buchbinder leisteten darin in der That das Mögliche. Die ersten gedruckten Bücher bekamen schwere Eichenholzdeckel mit Kupfer beschlagen; dann überzog man dünnere Holzdecken mit Pergament oder Schweinsleder, entweder ganz schlicht oder mit mehr oder weniger eingepreßten Verzierungen, und versah die Deckel mit Schließhaken, hauptsächlich darum, weil die Holzplatten sich sonst leicht verzogen und warfen. Auch die Prachtbände besaßen diesen währhaften Charakter und zeichneten sich vor den schlichteren Erzeugnissen nur durch das mehr oder minder kostbare Beiwerk aus. Einen großen Fortschritt zum Schöneren, die Einführung des Maroquinbandes, verdankt die Buchbinderei dem Könige Matthias Corvinus von Ungarn, der 1490 starb. Dieser große Bücherfreund hatte eine Bibliothek von 50000 Bänden zusammengebracht, ein Weltwunder zu damaliger Zeit. Er hielt stets ein kleines Heer von Künstlern, die seine Bücher in Maroquin banden, vergoldeten und bemalten. Jeder Band trug in Anspielung auf des Königs Namen den Stempel eines Raben mit einem Ringe im Schnabel. Die schöne Sammlung ist bei den

Einfällen der Türken fast ganz zu Grunde gegangen. Um jene Zeit wurde das Volumen der Bücher den Erfordernissen der Leichtigkeit mehr angepaßt, und während die Drucker statt schwerer Folianten und Quartanten häufiger kleines Format wählten, ließen die Buchbinder die hölzernen Deckel weg und wendeten statt deren Pappe an. Statt mit Schweinsleder überzog man die Deckel später mit dem weicheren Kalbleder. Diese Neuerung ging (im 17. Jahrhundert) von Frankreich aus, und von daher schreibt sich die noch gebräuchliche Bezeichnung Franzband. Zu den ganzen Franzbänden mit vollständigem Lederüberzug und den halben mit Lederrücken und Ecken gesellte sich endlich der Troß der bloßen Pappbände mit verschiedentlich gefärbtem Papierüberzug. Gleich den Franzosen waren auch die Engländer im 17. Jahrhundert von den alten Holzeinbänden abgegangen, und man nannte daher die damals erscheinende leichtere Ware auch englische Einbände.

Wie überhaupt im vorigen Jahrhundert der Gewerbebetrieb auf eine niedere Stufe der bloßen Lebenserhaltung herabgekommen war, so konnte auch die Buchbinderei an ihrem unmittelbaren Vorarbeiter, dem Buchdrucker mit seinem schlechten Druck auf schlechtem Papier, kein anregendes Beispiel finden. Die Massenerzeugung der Bücher vernichtete das Wohlgefallen an guten und schönen Einbänden endlich ganz und gar; weil für neun Zehntel der Bücher eine gediegene Hülle viel zu teuer war, gewöhnte man sich daran, auch die besseren Werke in ähnlicher mißachtender Weise betreffs ihres Einbandes zu behandeln. Und durch die Fabrikbuchbinderei, welche der moderne Buchhandel groß gezogen hat, ist das Übel nicht besser geworden. Nur sehr allmählich hat die Überzeugung, daß es in unsern Gewerben nicht so fortgehen könne, auch in der Buchbinderei Platz gegriffen, und so sind anfangs zwar vereinzelt, jetzt aber schon von vielen Seiten Anstrengungen gemacht worden, der Buchbinderei den tüchtigen, künstlerischen Charakter wiederzugeben, der ihr früher eigen war. Davon zeugen heutzutage sowohl die Läden großer Städte als auch die gewerb-

Fig. 915. Vorderdeckel vom Gebetbuch der heiligen Elisabeth.

lichen Ausstellungen, welche das kunstgewerbliche Moment immer entschiedener in den Vordergrund stellen. Was früher nur als ein sehr simples Gewerbe manchem erschienen sein mag, zeigt sich hier schon zu einem förmlichen Kunstzweige erwachsen, und dennoch muß immer noch viel dafür gethan werden; freilich in erster Reihe von dem Publikum selbst, welches anfangen muß, selbst an schöner und geschmackvoller Arbeit Vergnügen zu finden und sich damit zu umgeben. Neue Maschinen und Werkzeuge, welche in immer größerer Vollkommenheit erbaut worden sind, gewähren nicht nur große Vorteile in bezug auf Zeitersparnis, sondern sichern auch genaue und dabei billige Arbeit, so daß jetzt ein guter und schöner Einband nicht mehr zu kosten braucht als früher die gewöhnlichen elenden Machwerke.

Leider hat aber die höhere Buchbinderei außer den Ausstellungen bei uns immer noch zu wenig Gelegenheit, sich zu bethätigen; es fehlen die Abnehmer, die solche Leistungen zu würdigen wissen. Gediegene Einbände, selbst wenn sie nicht zu der Klasse von Leistungen zählen, wie die in Fig. 916 und 917 abgebildeten Wiener Buchbinderarbeiten, gehören immer noch zu den vereinzelten Erscheinungen. Anders in England, wo reiche Büchersammlungen einen Stolz der wohlhabenden Klassen bilden und der Bibliothek die schönsten Räume des Hauses gewidmet sind. Da hält der Bücherfreund auf echte handverzierte Einbände und duldet keine Maschinenarbeit, die bei uns freilich das meiste macht. Gebe Deutschland dem Buchbindergewerbe nur gute Aufgaben, so wird dieses sie auch wieder zu lösen wissen!!

Das Maschinenwesen hat sich am breitesten in den fabrikmäßigen Buchbindereien entfaltet, wie sie sich an Verlagsorten wie Leipzig, Stuttgart und Berlin gebildet haben, nachdem es im Buchhandel Brauch geworden ist, neue Verlagswerke großenteils gebunden in die Welt zu schicken. Hier handelt es sich also stets um Herstellung großer Mengen von Exemplaren, die natürlich ein gleichförmiges Gewand erhalten, dessen billigste Beschaffung ein Hauptgesichtspunkt der Verlagshandlung zu sein pflegt, und es dient hierbei zur Förderung der Arbeit eine große Anzahl Hilfsmaschinen, welche dem heutigen Buchbinder nicht nur seine Arbeiten erleichtern, sondern die ihnen übertragenen Funktionen auch viel schneller und zum Teil genauer ausführen, als das durch Menschenhand möglich ist. Des Reizes freilich, der jedem Erzeugnis künstlerischer Handarbeit innewohnt, entbehren diese Fabrikbände gänzlich. In der heutigen Buchbinderei finden wir in Anwendung: Falz- und Heftmaschinen, Vergolde- und Prägpressen, Pappenscheren, Ritzmaschinen, Schrägkantenmaschinen, Einsägemaschinen, Schneidemaschinen, Walzwerke, Deckenanreibe-, Buchrückenrundungs-, Schnittziselier-, sogar Goldabkehrmaschinen. Diese große Anzahl von Maschinen liefert aber zunächst nur den Beweis von der Ausdehnung und Bedeutung, welche die moderne Buchbinderei genommen hat; gibt es doch große Werkstätten,

Fig. 916. Deckel eines Gebetbuchs.
Von Wiener Künstlern der Kaiserin von Österreich dargebracht.

in denen jene Maschinen wenigstens in doppelter, mitunter selbst in vielfacher Anzahl vorhanden sind, so daß in denselben zusammen an dreißig und noch mehr derartige Maschinen gebraucht werden. Seit neuerer Zeit kommt außerdem noch die Dampfkraft in Anwendung, wodurch die Leistungsfähigkeit dieser mechanischen Hilfsarbeiter noch wesentlich erhöht wird und womit dem Arbeiter nun auch noch der anstrengendste Teil der Arbeit abgenommen wird. Die Buchbinderei tritt auf solche Weise ganz und gar in die Sphäre der Fabrikation, und es darf nicht wundern, wenn die in größeren Anlagen der vorhin genannten Städte beschäftigten Arbeiter sehr häufig die Zahl von 30—150 erreichen. Wenn der vielseitige Maschinenbetrieb in der Buchbinderei ein Bild der Größe und Ausdehnung derselben vergegenwärtigt, so zeigt uns derselbe gleichzeitig, wie verwickelt und vielgestaltig die Herstellung eines Bucheinbandes ist, die dem Laien als eine scheinbar unbedeutende Arbeit gilt. Damit soll jedoch nicht gesagt sein, daß die Maschinen das Buch fix und fertig herstellen;

es gehören außerdem noch viele Hände dazu, um dies zu bewerkstelligen, indem bei der Massenfabrikation, die hier ins Auge gefaßt ist, die Arbeitsteilung in ausgedehntem Maße zur Anwendung kommt. In den kleineren Werkstätten, wo es sich nur um die Bindung einzelner Bücher handelt, liegt die komplette Herstellung meistens in einer Hand. Wenn wir nun die Werkstätte des Buchbinders etwas spezieller durchgehen, so werden wir Gelegenheit haben, die verschiedenen Einrichtungen und Vornahmen näher ins Auge zu fassen.

Das Technische der Buchbinderei. Das erste Geschäft des Buchbinders war früher das Planieren der ihm übergebenen rohen Bücher, sofern sie nicht auf Schreibpapier gedruckt waren. Man zog die Bogen in dünnen Lagen durch warmes, mit Leim und Alaunlösung versetztes Wasser, preßte den Überschuß der Flüssigkeit aus und hing die Bogen auf Schnüren zum Trocknen auf. Heutzutage wird diese mühsame Vorbereitung größtenteils unterlassen, da einesteils das Publikum hierin nachsichtiger geworden, andernteils auch ein reeller Entschuldigungsgrund in der wenn auch sehr schwachen Harzleimung vorliegt, die das Maschinenpapier gleich in der Masse erhält, und welche das Planieren erschwert, oft gar vereitelt. Für gewöhnlich also macht den Anfang der Bearbeitung das Falzen, d. h. das Zusammenbrechen und Glattstreichen der Bogen nach Maßgabe des Formats, so daß ein in Quart gedruckter Bogen zwei, ein Oktavbogen drei Brüche erhält. Hierbei dienen als Anhalt die sogenannten Signaturen am Fuße der ersten und dritten Bogenseite, die

Fig. 917. Deckel eines Gebetbuchs.
Von Wiener Künstlern der Kaiserin von Österreich dargebracht.

Einstiche, welche die Bogen beim Drucken erhalten (Punkturlöcher), und die Seitenzahlen, welche genau aufeinander treffen müssen. Geübte Falzer sehen indes auf letztere Zeichen nicht mehr, sondern falzen schon nach bloßem Augenmaß richtig.

Da die meisten Bücher jetzt broschiert, also bereits gefalzt in den Handel gehen, so wäre dem bindenden Buchbinder diese Arbeit erspart, wenn die frühere Arbeit immer gut wäre. Sie ist es aber oft nicht, muß deshalb stets geprüft und die mangelhaft gefalzten Bogen müssen wieder aufgeschlagen und besser gefalzt werden.

Das Falzen ist für Ungeübte eine zeitraubende Arbeit, aber Personen, die es als ausschließliches Geschäft treiben, bringen es darin zu einer großen Fertigkeit. Die mancherlei Maschinen, die schon zum Behuf des Falzens erfunden worden, ergeben daher für den Buchbinder keine besonderen Vorteile, zumal sie auch nicht die feinste Arbeit liefern. Desto passender und gebräuchlicher sind sie in den Verlagsgeschäften von Zeitungen und Wochenschriften, wo sie die raschere Ausgabe ermöglichen. Eine solche Maschine ist von Black konstruiert und wurde auf der Londoner Ausstellung von 1851 prämiiert; seitdem hat man die Sache noch vervollkommnet, obwohl das Prinzip bei allen das nämliche geblieben ist. Die Bogen werden mit möglichster Akkuratesse auf den Maschinentisch einzeln aufgelegt. Zum Anhalt hierbei dienen die Punkturlöcher oder andre Druckmarken. Der Auflegetisch hat in der Mitte einen Spalt, über welchem eine horizontale, an einem vertikal beweglichen Träger sitzende Klinge schwebt. Diese Klinge taucht, wenn die Maschine im Gange ist, beständig in den Spalt unter und wieder auf. Ein aufgelegter Bogen wird also in der Mitte gefaßt, in den Kasten hineingezogen und erhält somit seinen ersten Bruch. Innerhalb gerät derselbe zwischen Walzen und leitende Bänder, die sowohl den Bruch glatt drücken, als den Bogen einer zweiten Klinge zuführen, durch die er wieder einen Querschlag und Bruch erhält; das Nämliche wiederholt sich, wenn das Format Oktav ist, ein drittes Mal, und zwar so rasch, daß der oben verschwindende Bogen eins zwei drei unten gefalzt wieder herauskommt. Die Förderung einer Falzmaschine wird gewöhnlich auf 2000 Bogen für die Stunde angegeben, also mindestens das Vierfache der Leistung eines flinken Falzers.

Es gibt auch Maschinen, welche neben dem Falzen noch das Heften besorgen, und eine solche ist in Fig. 916 abgebildet. Die Bogen kommen indessen nicht zusammengeheftet, sondern wie sonst einzeln heraus, aber die Maschine hat sie im Mittelbruch, d. h. da, wo alles Heften zu erfolgen hat, viermal durchstochen und in je zwei Löcher einen kurzen Faden derart eingezogen, daß die vier Fadenenden am Rücken des Bogens herausstehen. Werden nun die zu einem Exemplar gehörigen Bogen zusammengelegt, eingepreßt und am Rücken mit Leim oder Kleister gestrichen, so werden sich die Fädchen in den Klebstoff nach verschiedenen Richtungen einlegen und nach dem Trocknen allerdings zum Zusammenhalt beitragen. Die Falz- und Heftmaschine dient also nur zur Erzeugung von Broschüren.

Fig. 918. Das Falzen.

In der Regel folgen auf das Falzen der Bogen verschiedene Vornahmen, um jene für das Heften vorzubereiten. Bei größeren Mengen, wo alle ersten, zweiten u. s. w. Bogen noch für sich zusammenliegen, findet jetzt das Zusammentragen statt. Die Haufen der einzelnen Bogen werden der Reihe nach nebeneinander gestellt, und ein Bursche oder ein Mädchen geht immer längs derselben hin, zieht von jedem Haufen einen Bogen ab und sammelt die Bogen in der andern Hand zu einem Exemplar an. In englischen großen Buchbindereien benutzt man zum Zusammentragen auch den sogenannten Karusselltisch. Dieser ist ein kreisrunder Tisch, etwa von 2¼ m Durchmesser, durch dessen Mitte senkrecht eine eiserne Stange geht, die am Fußboden in einem Metalllager ihren Stützpunkt hat und an der Decke mittels mehrfach übersetzter Kammräder befestigt und mit einem Vorgelege verbunden ist, so daß der Tisch durch mechanische Kraft in Bewegung gesetzt werden kann. Die Bogen eines Werkes werden an der Peripherie des Tisches in Stößen aufgestellt, und zwar so, daß möglichst der vorhandene Raum vollständig ausgenutzt wird. So können z. B. bei Werken von geringer Bogenzahl zwei bis drei und noch mehr Exemplare nebeneinander aufgestellt werden. Wird der Tisch in Bewegung gesetzt, so dreht er sich wie ein Karussell um seine Achse und zieht die Arbeiterin von den ihr entgegenkommenden Stößen je einen Bogen ab. Da der Tisch in der Minute drei Umdrehungen macht und vollständig gefüllt circa 45 Bogen groß Oktav im Format dieses Werkes faßt, so muß die Arbeiterin ihre Arbeit rasch, aufmerksam und mit Geschick verrichten, wenn sie von jedem Stoße rechtzeitig einen Bogen abheben will. Ist ein solcher Tisch mit einem Zählwerk verbunden, so ist die Quantität der gelieferten Arbeit für jede Stunde genau zu kontrollieren. Derselbe gewährt noch den Vorteil, daß eine beliebige Anzahl Arbeiterinnen, ohne sich gegenseitig zu inkommodieren, zu gleicher Zeit zusammentragen können. In Deutschland haben sich diese Tische nur vereinzelt eingebürgert, während dieselben eine vielseitige und allgemeine Anwendung in England gefunden haben.

Sowohl beim Zusammentragen in der gewöhnlichen Art als auch bei Benutzung des Karusselltisches kommt es bei der Schnelligkeit, mit welcher diese Arbeit verrichtet wird, sehr leicht vor, daß der Inhalt des Buches durch doppelt gegriffene oder fehlende Bogen u. s. w. unrichtig zusammengelegt ist. Die nächste Arbeit des Buchbinders ist deshalb, das Buch zu kollationieren, d. h. er muß es prüfen, ob die Bogen alle da sind und richtig liegen, und ob im Falzen kein Fehler vorgekommen. Das Kollationieren gefalzter Bogen erfordert eine gewisse Fertigkeit des Arbeiters, bei welcher dieser den oberen Teil der Bogen mit der rechten Hand festhält, während er mit der linken Hand den unteren Teil der Bogen nach der geschlossenen Seite so erfaßt, daß er jeden derselben einzeln fortschnellen kann, wobei das Auge jede einzelne Signatur beachten und unrichtige oder fehlende bemerken muß. Ist alles richtig befunden oder berichtigt, so gibt es oft noch mancherlei zu thun, als Titel ankleben, Bilder an ihrem Orte einsetzen, Karten, Pläne u. dgl., die meistens viel größer als das Buch selbst sind, angemessen brechen und einhängen, umgedruckte Blätter (Kartons) an Stelle der kassierten setzen u. s. w.; auch das Herausnehmen kann nötig werden, nämlich solcher Sachen, die bei dem nachgehenden Pressen und Schlagen Schaden nehmen oder stiften könnten, wie frische, kräftige Kupferstiche, mit Gummi überzogene bunte Bilder u. dergl. Ist der Druck noch sehr frisch, so muß man zur Vermeidung des gegenseitigen Überdruckens Makulatur dazwischen legen. Die gerade gestoßenen Bogen kommen nun auf einige Zeit zwischen

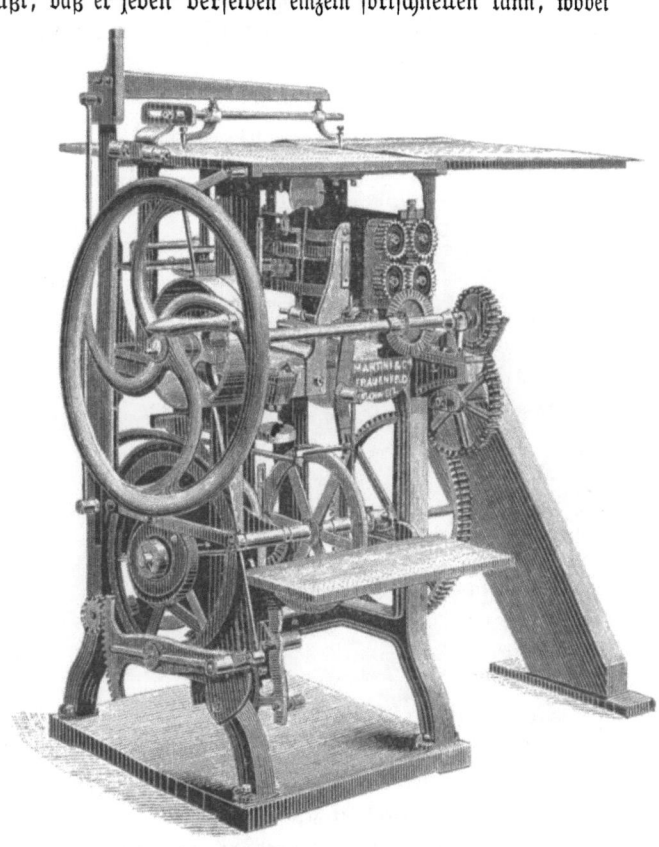

Fig. 919. Einfache Falzmaschine von Martini & Co. in Frauenfeld.

Brettern in eine Presse. Handelt es sich um Broschüren, so bewendet es hierbei; bei Werken aber, die gebunden werden sollen, müssen die Blätter dichter zusammengedrängt werden, und hierzu dient das Schlagen oder an dessen Stelle das Walzen.

Das Schlagen geschieht mit einem 5—10 kg schweren Hammer auf einem abgerichteten Stein oder einer glatten Eisenplatte und wird mit sämtlichen oder wenigstens einer größeren Anzahl der Bogen eines Bandes zugleich vorgenommen, indem erst auf die eine, dann auf die andre Seite der Lage Schlag neben Schlag geführt wird. Diese Arbeit ist eine sehr mühsame und zeitraubende, für Anfänger auch eine riskante, weil manches dabei verdorben werden kann. Unter den Hammerschlägen verdünnt sich die Bogenlage bedeutend, die Blätter erhalten Glätte und das Bauschige und Lockere des Buches wird beseitigt.

Heutzutage ersetzt man die Wirkung des Hammers meistens, und zwar mit Vorteil, durch Walzendruck. Dieselbe Satinier- oder Glättpresse, durch welche jetzt jede bessere Buchdruckerei ihre Bogen, zwischen Preßpappen oder Zinktafeln gelegt, glättet und von der

Druckschattierung befreit und dadurch schon dem Buchbinder seine Arbeit erleichtert, hat auch dieser zu würdigen gelernt, und indem er seine gefalzten Bogen durch die Walzen schickt, erreicht er im Nu dasselbe und besser, was ihm sonst zwanzigmal mehr Mühe und Arbeit kostete.

Die einfachste Verbindungsweise für die gefalzten Bogen ist das Broschieren, wofür es verschiedene Methoden gibt, die natürlich alle auf schnelles Fertigwerden berechnet sind und bei denen oft gar nicht geheftet, sondern nur geleimt oder gekleistert wird. Da aber das Broschieren nur als Vorläufer des Bindens zu betrachten ist, so sollten solche Methoden vermieden werden, bei denen der Rücken für die nachfolgende Bearbeitung verdorben wird, wie das Anbringen von Einschnitten zur Aufnahme des Leims oder das Durchziehen von Fäden quer durch den Rücken. Die beste Methode bleibt daher immer ein notdürftiges Heften, so daß die Bogen wenigstens durch einen Stich untereinander zusammenhängen. Dies nennt man holländern. Es geschieht in der Heftlade, und werden eine Anzahl Bücher bis zur Höhe der Lade an zwei Schnüren aufeinander geheftet und, nachdem der Rücken geleimt, exemplarweise auseinander genommen. Sogenannte steife Broschüren oder kartonierte Werke werden, da sie in der Regel in diesem Zustande bleiben, gleich als Bücher behandelt und ordentlich geheftet.

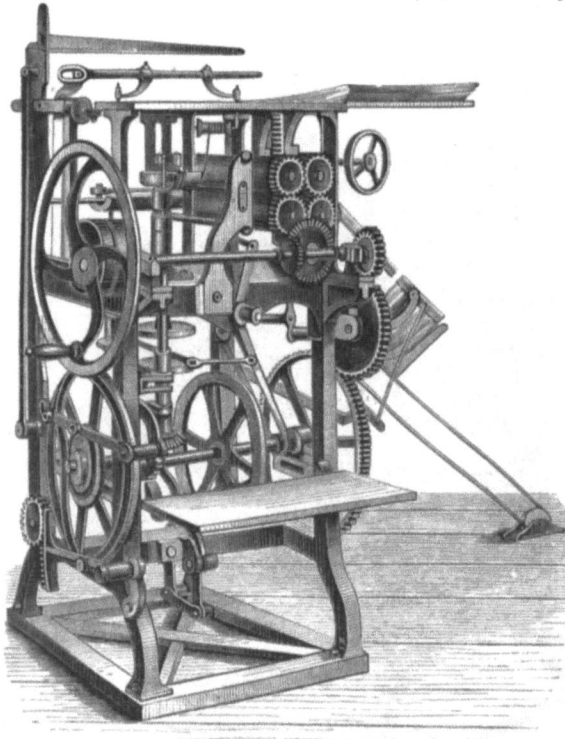

Fig. 920. Frauenfelder Falz- und Heftmaschine.

Das Heften der zu bindenden Bücher geschieht ebenfalls an der Heftlade, deren Form sich aus Fig. 918 ergibt. Der obere Quersteg ist verschiebbar und läßt sich mittels der beiden Schraubenmuttern auf eine beliebige Höhe bringen. Dadurch werden die Heftschnüre angespannt, deren wir in unserm Bilde vier bemerken. Diese Schnüre oder Bünde bestehen aus Bindfaden; an dieselben werden die einzelnen Bogen mittels des Heftzwirns angeschlungen, und sie bleiben dem Buche einverleibt, nicht nur soweit sie über dessen Rücken laufen, sondern beiderseits noch ein Stückchen darüber hinaus. Man nimmt anstatt der Schnüre auch Leder- oder Pergamentriemen oder Bänder, und die Schnüre kann man entweder bloß an den Rücken sich anlegen lassen, so daß die Bünde am fertigen Buche erhabene Rippen bilden, oder man senkt dieselben in den Körper des Buches ein, das dann einen glatten Rücken erhält. Man spannt zu diesem Ende das Buch in die Handpresse dergestalt, daß der Rücken etwas zwischen den Preßbrettern hervorsteht, und macht mit einer passenden Säge so viel Einschnitte querüber, als man Bünde haben will, und so tief und breit, daß sie den Bindfaden aufnehmen können. Größere Werkstätten benutzen für diese Arbeit die bereits genannte Einsägemaschine, die mittels kleiner Kreissägen, über welche die in einem Kasten eingespannten Bogen mit dem Rücken geführt werden, die Einschnitte in beliebiger Anzahl auf einmal hervorbringt. Ein tüchtiger Arbeiter liefert mit dieser Maschine das Sechsfache der Handarbeit.

Es gibt drei Arten des Einbindens, das Heften auf erhabene, auf versenkte und auf flache Bünde. Das erstere, ältere kommt jetzt gewöhnlich nur bei großen Büchern zur Anwendung, die sehr dauerhaft werden sollen; das zweite ist das gebräuchlichste; auf Riemen

Das Heften. 565

oder Band werden hauptsächlich Kontobücher geheftet, weil sie sich bei dieser Form am leichtesten aufschlagen.

Die Zahl der Bünde richtet sich nach der Größe des Buches und beträgt nach Umständen drei, vier bis sechs. Außerdem entstehen zwei sogenannte Vize- oder Fitzbünde, einer zu oberst und einer zu unterst, dadurch, daß man an einer bestimmten, markierten Stelle mit dem Heftfaden von einem Bogen auf den nächsten übergeht. Durch den Heftfaden wird jeder einzelne Bogen an die Bünde angehängt; aber während dies bei eingesägten Bünden so geschieht, daß der Faden im Buche ziemlich in gerader Linie liegt, muß bei erhabenen Bünden, damit der Faden nicht das Papier aufreißt, die Nadel so geführt werden, daß der Faden um den Bund ganz herum und dann erst weiter geführt wird. Eine geschickte Hefterin kann 2000—3000 Bogen täglich heften.

Fig. 921. Glättpresse.

Auch bei gehefteten Büchern lassen sich mehrere übereinander fertig machen, am leichtesten bei der eingesägten Arbeit, denn hier lassen sich die Bundschnüre nach dem Heften noch hin und her ziehen, und man verteilt den Faden so, daß beim Durchschneiden jedes Bundes zu beiden Seiten ein Stückchen übrig bleibt. Diese vorstehenden Enden werden nun aufgedreiselt, und sie sind es, welche mit den Decken des Buches verleimt werden und den Hauptverband desselben bilden. Ferner dienen hierzu auch die sogenannten Vorsetzblätter aus Schreibpapier, die vorn und hinten am Buche gleich mit angeheftet werden. Seit neuerer Zeit wird die Arbeit des Heftens ebenfalls mittels der Maschine ausgeführt. Namentlich ist es die von Gebrüder Brehmer in Plagwitz bei Leipzig äußerst sinnreich konstruierte Heftmaschine, welche statt des Zwirns Draht verwendet und die eine große

Umwälzung in der Buchbinderei hervorgerufen hat. Dieselbe (Fig. 919) heftet selbstthätig eine beliebige Anzahl Lagen durch eigentümliche Drahtklammern von dieser Form: ⊓. Die Maschine führt sich selbst den Draht zu, stellt die Klammern aus demselben her und führt die eigentliche Heftung aus, indem sie die Füße der Klammern durch die zu heftenden Lagen stößt und an deren Rücken umlegt, wobei die Verbindung der einzelnen Lagen zu einem Buche durch geeignetes Zeug oder Bänder erfolgt, die so angeordnet sind, daß jede in die Lagen eingeführte Klammer diese an jene anheftet. Je nach der Größe des Buches werden nun durch jede Lage mehr oder weniger Klammern geführt, und die Maschine ist so eingerichtet, daß dieses für jede Lage gleichzeitig geschieht. Der verzinnte Heftdraht wird den links von der Maschine auf einem Ständer aufgesteckten Spulen durch ein Walzenpaar entnommen und durch Leitkanäle den Drahtköpfen zugeführt, welche die Klammern bilden und abschneiden.

Diese Maschinen werden jetzt in allen bedeutenden Werkstätten Deutschlands und des Auslandes in teilweise vielfacher Anzahl verwendet, ihre Leistungsfähigkeit ist gegenüber der Handarbeit eine bedeutende, dieselbe kann das 6—10 fache der letzteren angenommen werden.

Fig. 922. Arbeit an der Heftlade.

Die Drahtheftung verlangt ein gutes festes Papier und ist diese, wo solches nicht vorhanden, nicht anwendbar. Außerdem sind bei derselben trotz der großen Vorzüge auch nicht zu unterschätzende Mängel vorhanden, die bei der soliden Heftung mit Faden nicht vorkommen. Dieser Umstand veranlaßte die Konstruierung der Fadenheftmaschine, welche erst in allerneuester Zeit gelungen ist. Die dabei zu lösende Aufgabe war fast noch schwieriger als bei der Drahtheftmaschine, jedoch ist auch diese in höchst geistreicher Weise von Gebrüder Brehmer in Plagwitz gelöst worden. Man kann die Maschine als eine Nähmaschine, verbunden mit Webstuhl, bezeichnen. Sie heftet auf Zeug, Band oder Bindfaden. Ein Einsägen der Bogen findet nicht statt und liegt der Bindfaden wie bei der im Altertum üblichen Heftung obenauf. Das Heftzeug befindet sich auf Rollen über der Maschine, über diesen befinden sich die Zwirnrollen, welche in 3—5 facher Anzahl je nach der Größe des Buches verwendet werden. Die Heftfaden werden eingefädelt, ähnlich wie bei der Nähmaschine, das Heftzeug wird mit der Kante eingespannt und kann, nachdem die Stellung der Nadeln erfolgt ist, mit der Heftung begonnen werden.

Die zu heftenden Bogen werden einzeln auf ein bewegliches eisernes Lineal gehängt, welches selbstthätig diese unter die Nadeln führt. Diese durchstechen dieselben in der Mitte des Buches und bilden den Zwirn im Innern desselben zu einer Öse, durch welche gleichzeitig ein Schiffchen mit eingelegter Zwirnspule schlüpft. Die Nadeln gehen sodann wieder zurück und ziehen den Schiffchenfaden im Innern des Bogens fest. Diese Maschine kann nur durch mechanische Kraft in Betrieb gesetzt werden, die Bedienung erfolgt durch ein Mädchen, die Leistungsfähigkeit ist der der Drahtheftmaschine gleich.

Fig. 923. Draht=Buchheftmaschine von Gebrüder Brehmer.

Fig. 924. Fadenheftmaschine von Gebrüder Brehmer.

Den Rücken des Buches nimmt man nach dem Heften in Behandlung; man bestreicht ihn mit heißem, nicht zu dickem Leim und reibt denselben mit einem Hammer überall gut ein. Der Leim bildet ein weiteres allgemeines Bindemittel zwischen sämtlichen Bogen, er darf aber weder wie eine Schicht über dem Rücken liegen, noch zu tief eindringen. Hat das am Rücken geleimte Buch die nötige Trockenheit erreicht, so wird dasselbe, und zwar zunächst an der vorderen Seite, beschnitten, was heute nur noch in einzelnen Fällen mittels der Beschneidepresse geschieht. Dieselbe besteht, wie Fig. 925 zeigt, aus zwei Balken c c, deren einer auf den Riegeln b b verschiebbar ist. Durch zwei Schrauben kann dieser gegen den ersten so weit hingezogen werden, bis das Buch eingepreßt ist. Das Gegenstück hierzu bildet der Hobel, der so eingerichtet ist, daß er sich zwischen Schienen auf der Presse geradlinig hin und her schieben läßt. Innerhalb, bei h in der Abbildung, ist das Schneideeisen eingesetzt und geht immer in derselben Linie dicht am Preßbalken entlang. Indem man durch Anziehen der Schraube die beiden Balken allmählich nähert, bringt das Eisen immer tiefer in das Papier ein, bis endlich die ganze Seite des Buches beschnitten ist.

Bei den immer mehr sich steigernden Ansprüchen und der Anstrengung, welche die Beschneidepresse zumal bei längerer Benutzung verursacht, machte sich das Bedürfnis nach einer Maschine fühlbar, und schon seit geraumer Zeit sind denn auch sehr praktische Beschneidemaschinen in Gebrauch und haben eine solche Verbreitung gefunden, daß selbst ganz kleine Werkstätten sie nicht mehr entbehren mögen. Die Bedienung ist eine sehr leichte, ohne erhebliche Kraftanwendung, so daß das Beschneiden eines dicken Folianten, bei welchem sich der alte Buchbinder ehrlich plagen mußte, hier zu einer sehr leichten Arbeit wird.

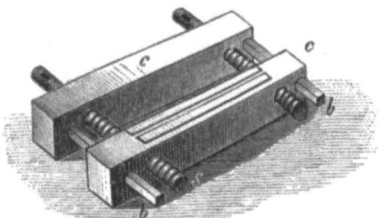 

Fig. 925. Die Beschneidepresse. Fig. 926. Der Beschneidehobel.

Diese Beschneidemaschinen werden in verschiedenen Systemen gebaut; doch finden zwei Arten die hauptsächlichste Anwendung. Bei der einen findet die Bewegung des Messers mittels Räder und Exzenter, bei der andern mittels Hebel statt. Das Buch wird auf den unter dem Messer befindlichen eisernen Tisch gelegt, mittels eines Winkels, der durch eine Schraube verstellbar ist, in die Lage gebracht, daß der Schnitt an richtiger Stelle erfolgen muß, durch die an der Maschine befindliche und hinter dem Messer liegende Presse festgespannt und endlich durch Drehung des Schwungrades das Messer in Bewegung gesetzt. Dasselbe bewegt sich in schräger Richtung nach unten und bewirkt den Schnitt, wie schon bemerkt, mit großer Leichtigkeit. In gleicher Weise arbeitet die Hebelmaschine, nur daß hier mittels Hebeldruck der Schnitt erfolgt. Aber auch diese Maschinen genügten den Anforderungen an rasches Arbeiten noch nicht, weshalb von den Maschinenfabrikanten zu den Dreiseitenbeschneidemaschinen übergegangen wurde. Bei diesen erfolgt das Beschneiden der Bücher bei nur einmaliger Einspannung von drei Seiten. Dieser Vorteil wird dadurch erreicht, daß der Tisch, auf welchem das Beschneiden stattfindet, um eine senkrechte Achse drehbar ist.

Die Drehbewegung des Tisches erfolgt nach Lösung eines Riegels, welcher mittels Feder in einem im Preßkörper hergestellten Einschnitt festgehalten wird. Ein leichter Druck am Hebel des Riegels nach oben hebt denselben aus dem Einschnitt, gibt den Tisch frei, um ihn 90 Grad herumdrehen zu können und so dem Messer nacheinander die drei zu beschneidenden Seiten zuzuwenden. Die Maschine wird in der Regel mit Dampfkraft getrieben und wird nur beim Einspannen eines neuen Stoßes zum Stillstand gebracht. Auf diese Weise lassen sich in der Stunde 40—60 Stöße auf drei Seiten beschneiden.

Nachdem es beschnitten worden ist, stellt das Buch immer erst nur einen vierkantigen Klotz dar, welcher nach der Rückenseite hin wegen der Umbiegestelle der Bogen nicht unbeträchtlich dicker ist als auf der gegenüberliegenden Seite. Die Verdickung wird dadurch

Der Schnitt.

weggeschafft, daß der Buchrücken nach hinten ausgerundet oder — wie der Buchbinder sagt — rund gemacht wird. Dies vollzieht er, indem er das Buch vor sich hinlegt und mit geschickten, nach sich zu gerichteten Hammerschlägen längs der Rückenkante erst auf der einen, dann auf der andern Seite das Eckige in eine leichte Rundung treibt, die dann auf der Vorderseite natürlich als entsprechende Hohlung erscheint. Auch diese Arbeit wird seit längerer Zeit schon in großen Werkstätten mittels der Maschine verrichtet, die aber statt durch Hammerschläge durch Druck wirkt. Diese Maschine liefert das Doppelte der Handarbeit und so genau, wie dies nur ganz geschickte Arbeiter vermögen; außerdem arbeitet sie ganz ruhig und vermeidet den Lärm der Hammerschläge, der in Werkstätten, wo mehrere Arbeiter unausgesetzt mit dem Treiben der Rücken beschäftigt sind, kein geringer ist. Nachdem der Rücken gerundet ist, erfolgt dann das Beschneiden der oberen und unteren Seite, wobei gerade so verfahren wird, wie beim Vorderschnitt, damit ist nun das Buch so weit fertig, um den Schnitt verzieren zu können.

Der Schnitt. Die Bücherschnitte werden in der Regel nicht weiß gelassen, sondern man färbt, besprengt oder marmoriert sie. Den einfarbigen Schnitt macht man meistens gelb, rot oder grün, indem man Chromgelb, Karmin oder Zinnober mit Kleister oder Eiweiß anreibt und mit einem feinen Pinsel den Schnitt damit färbt. Während des Auftragens, wie auch beim Glätten des trocken gewordenen Überzugs, muß das Buch gut eingepreßt sein. Das Glätten geschieht mit achatenen Glättzähnen unter Anwendung von etwas Wachs. Besprengt wird nach der alten Methode dadurch, daß man über einen mit Farbe versehenen steifen Borstenpinsel mit dem Finger nach sich zu streicht, damit die abschnellenden Borsten die Farbe fortspritzen. Ein schöneres Resultat erhält man in kürzerer Zeit durch Anwendung von Bürste und Gitter. Man gibt die Farbe auf eine steife Bürste und reibt mit derselben auf dem Gitter, einem eingerahmten Geflecht, herum, so daß das Durchspritzende auf die wagerecht liegenden Schnitte fällt. Legt man vorher Graupen oder ähnliche Körper in angemessener Verteilung auf den Schnitt, so bleiben die gedeckten Stellen weiß, und man erhält den sogen. Körnerschnitt.

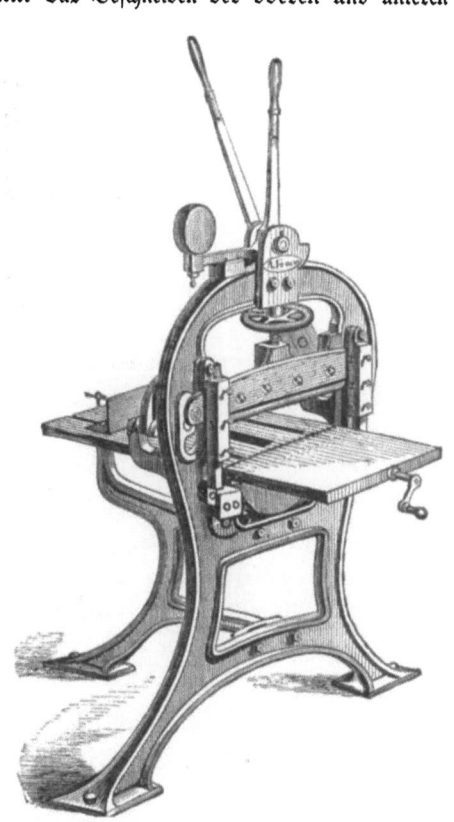

Fig. 927. Beschneidemaschine (Hebelsystem) von August Fomm in Leipzig.

Eine bei weitem schönere Verzierung des Schnitts wird durch das Marmorieren erreicht, eine Arbeit, die viel Übung erfordert, jedoch mit zu den interessantesten Beschäftigungen des Buchbinders gehört. Das Verfahren ist folgendes: In einen flachen Kasten von Zinkblech schüttet man den durch Kochen von isländischem Moos und Wasser gewonnenen Schleim, oder in Wasser aufgequollenen Tragantgummi, welcher den sogenannten Marmoriergrund bildet. Auf diesen Grund sprengt nun der Marmorierer mit einem Pinsel besonders bereitete Farben, welche mit Rindsgalle versetzt sind und die Eigentümlichkeit haben, daß die aufgesprengten Tropfen sich bedeutend verflachen, aber trotzdem nicht ineinander verlaufen, sondern unvermischt nebeneinander stehen bleiben, und dadurch, daß die zuletzt aufgespritzten Farben die früheren zu starken Adern zusammendrängen, ein dem natürlichen Marmor ganz ähnliches Muster bilden. Um dieses auf den Schnitt zu bringen, nimmt der Arbeiter das Buch zwischen zwei Bretter und taucht dasselbe behutsam in die Flüssigkeit, wodurch sich die oben schwimmenden Farben auf den Buchschnitt übertragen.

570 Die Buchbinderei.

Da sich die feuchten Schnitte leicht verwischen, so müssen die Bücher, bevor daran weiter gearbeitet werden kann, gut getrocknet werden.

Die einmalige Farbenauftragung dient übrigens nur für eine Schnittfläche; einmal benutzt, ist an dieser Stelle die Farbe nicht mehr zu brauchen, es müssen daher die Farbenreste von dem Marmoriergrunde mittels eines scharfen Papierstreifens entfernt und für neue Schnitte neue Farben aufgetragen werden. Mittels dieses Verfahrens lassen sich eine große Anzahl verschiedener Muster herstellen, die zu beschreiben zu weit führen würde.

Fig. 928. Dreiseitige Beschneidemaschine von August Fomm in Leipzig.

Die bekanntesten derselben sind der türkische Marmor, Kamm= oder Federmarmor, Boukett=marmor u. s. w. In der Regel kann der geschickte Buchbinder alle Muster, welche die in den Handel kommenden Marmorpapiere haben, auch an seinen Bücherschnitten zur Ausführung bringen, und es sind solche Einbände, an welchen der Schnittmarmor mit dem des Vorsatzes und bei Halbfranzbänden auch des Überzugs übereinstimmt, von Liebhabern ganz besonders geschätzt. Man hat auch versucht, den Marmor mittels Kautschukwalzen aufzudrucken, jedoch kann sich der so aufgetragene Marmor nicht messen mit demjenigen, welcher nach vorstehend geschildertem Verfahren hergestellt wird.

Unter den Verzierungen des Buchschnitts haben wir aber noch des Goldschnitts zu gedenken, dessen Herstellung einen hohen Grad von Genauigkeit und Gewandtheit erfordert. Der Buchbinder gebraucht hierbei das Goldkissen, ein Polster von feinem, festem Leder,

Der Schnitt. 571

Auf diesem schneidet er das in den meisten Fällen aus echtem Gold bestehende Blattgold in die gewünschte Größe und überträgt mittels eines feinen Flors, welcher auf einen Pappenrahmen gespannt ist, indem er denselben auf das Goldblättchen leicht andrückt, so daß er nur ganz locker haftet, dieses auf den vorher zubereiteten Buchschnitt. Der letztere ist zu dem Behufe so zwischen zwei Bretter fest eingepreßt, daß die Fläche des Schnitts etwas hervorsteht und bequem bearbeitet werden kann. Mittels einer Schabklinge werden vorher alle unebenen oder rauhen Stellen entfernt, mit Poliment (präparierter armenischer Bolus) grundiert, und dann erst kann darauf das Aufheften des Goldes, welches mittels verdünnten Eiweißes geschieht, erfolgen. Ist der vergoldete Schnitt gehörig getrocknet, so wird er mit achatenen Glättzähnen poliert, um ihm den nötigen Glanz zu geben. Mitunter verziert man den Goldschnitt auch schließlich noch dadurch, daß man ihn ziseliert, d. h. man schlägt mittels sogenannter Ziselierpunzen, bestehend in kleinen Punkten, Sternen u. s. w., nach gegebener Zeichnung Muster darauf.

Fig. 929. Pappdeckelschneidemaschine.

Solche Arbeiten verlangen von dem Buchbinder große Kunstfertigkeit, und deswegen werden alte Einbände mit schönen ziselierten Schnitten von Liebhabern und Sammlern mit hohen Preisen bezahlt. Da die Herstellung solcher Schnitte eine sehr zeitraubende und kostspielige ist, so wird die Anwendung derselben nur an Prachtbänden, bei welchen der Preis keine Rolle spielt, möglich. Neuerdings ist man jedoch mittels einer neu erfundenen Maschine in den Stand gesetzt worden, Buchschnitte auf viel billigerem Wege zu ziselieren, und da auf solche Weise derartiges Verzieren größerer Partien Bücher nun kein Hindernis mehr ist, weil die Maschine die Arbeit ziemlich rasch und billig besorgt, so stand zu erwarten, daß das Ziselieren an den in den Handel kommenden Büchern häufig Anwendung finden würde, diese Hoffnung hat sich jedoch nicht erfüllt. Ein andres Verfahren, Schnitte zu verzieren, besteht darin, Bordüren auf den Schnitt überzudrucken, mittels Häutchen, welche aus Walzenmasse, wie sie der Buchdrucker zu seinen Farbenwalzen gebraucht, gegossen werden. Eine gravierte oder in Zink geätzte Bordüre wird mit starkem, sogenannten Goldfirnis eingewalzt, das Walzenmassehäutchen aufgelegt, mit einem weichen Ballen angedrückt, von der Bordüre behutsam abgezogen und auf den Schnitt des Buches gebracht. Hierauf wird dasselbe abermals sorgfältig auf die Fläche des Buchschnitts angedrückt und läßt davon

72*

soviel von dem Firnis auf demselben zurück, daß wenn die Fläche mit Gold- oder Silber-
bronze überzogen wird, das Muster in klarer Zeichnung dasteht. Diese Schnittverzierung
war eine Zeitlang sehr beliebt, wird jedoch jetzt nur noch in vereinzelten Fällen angewendet,
weil sich die Bronze beim Benutzen des Buches abgreift.

Decken. Ist der Schnitt des Buches in gehörigen Stand gesetzt, so verschreitet man
zur Anlegung des Rückens und der Decken. Vorher jedoch findet, sofern der Band nicht
von ganz schlichter Sorte werden soll, noch eine Zwischenarbeit statt, das Kapitalen des
Buches, welches darin besteht, daß unten und oben an den Enden des Rückens ein Streifen
Leinwand oder farbigen Bandes querüber geleimt wird, welches über den Schnitt etwas
hervorsteht und nachgehends das Mittelglied zwischen diesem und dem Rückenstück bildet.
Das Kapitalen dient nicht allein zum besseren Aussehen, sondern trägt auch zur Haltbarkeit
des Bandes bei.

Das Zerschneiden der Pappen in die benötigten Deckelgrößen geschieht im kleinen auf
einem Schneidebrett mittels eiserner Lineale und Messer, viel bequemer aber auf einer
Pappdeckelschere. Sie besteht aus einem auf einem Gestell ruhenden eisernen Tisch, an
welchem nach vorn ein vierkantiges Stück Stahl das Messer bildet. Das Gegenmesser ist
gebogen; es ist an dem einen Ende des Tisches befestigt und am vorderen Ende mit einem
Handgriff versehen. Beim Arbeiten wird die Pappe auf den Tisch gelegt, mittels eines durch
den Fuß zu bewegenden eisernen Balkens festgehalten und mit dem nach unten zu bewegten
Messer zerschnitten. Für ganz großen Betrieb hat man die Pappdeckelschneidemaschine.

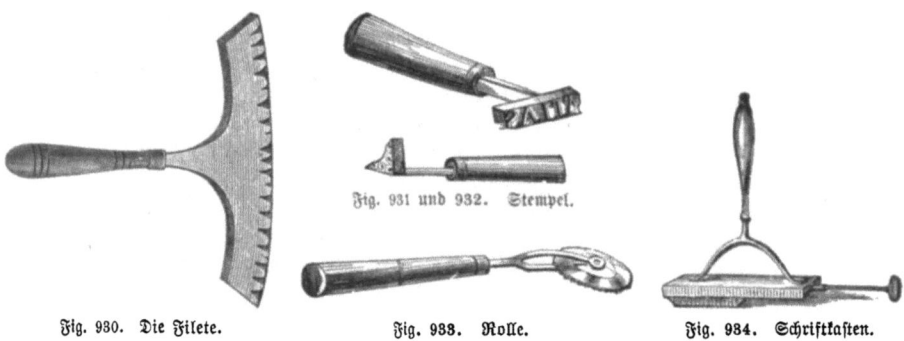

Fig. 930. Die Filete.   Fig. 931 und 932. Stempel.   Fig. 933. Rolle.   Fig. 934. Schriftkasten.

Eine solche wird in der Hauptsache aus einer Anzahl kreisförmiger Messer gebildet, die
auf einer Welle in der Breite der Buchdeckel gestellt sind und bei rascher Drehung den vom
Arbeiter zugeführten Pappstreifen im Nu in so und so viel Deckel von genau gleicher Größe
zerteilen. Mit Hilfe derselben kann ein Arbeiter an einem Tage 20000 Buchdeckel schneiden.
Bevor die Pappdeckel an das Buch befestigt werden können, muß mit denselben noch das
sogenannte Abpressen vorgenommen werden; dies geschieht, indem man das Buch so
zwischen zwei Bretter spannt, daß dieselben etwa 3—4 mm von der Rückenkante des Buches
abstehen. Mit einem eisernen Hammer wird dann der Rücken von der Mitte aus nach der
Kante an beiden Seiten gehämmert, die elastischen, durch Leim zusammengehaltenen Bogen
fügen sich den Hammerschlägen und bilden einen Falz, in welchem die Pappendeckel ihren
Platz finden; bei der Arbeit muß aber darauf geachtet werden, daß der Falz nur so hoch
wird, daß die Deckel denselben gerade ausfüllen. Auch für diese Arbeit ist die Handarbeit
in großen Werkstätten nicht ausreichend und man hat eine besondere Abpreßmaschine gebaut, welche das Hämmern ersetzt. Das Buch wird bei derselben, den Rücken nach oben,
zwischen zwei Preßplatten gespannt, über denselben befindet sich an einem Gestell eine kleine
eiserne drehbare Walze, welche so angebracht ist, daß sie mittels eines Handgriffs im Halbkreis über den Buchrücken geführt und mit Hilfe einer besonderen Stellvorrichtung für jede
beliebige Rückenseite passend eingerichtet werden kann. Durch diese Bearbeitung des Rückens
bilden sich die Falze viel rascher und schöner, als dies durch das Hämmern zu erzielen ist.

Die Deckel können auf verschiedene Art an den Band befestigt oder angesetzt werden.
Immer aber werden die ausgefaserten Bünde oder das Band oder Heftzeug bei mit Draht
gehefteten Büchern hierzu mit benutzt, welche flach ausgebreitet, angeleimt oder angekleistert

werden; dabei werden die Deckel scharf im Falze eingesetzt. Der Rücken des Buches erhält ebenfalls eine Bekleidung; sie besteht aus einem guten Kartonpapier, von welchem ein Streifen, breiter als der Rücken, geschnitten wird, so daß er, wenn umgebogen, an den Seiten bis zu den Falzen herumreicht, wo er entweder noch vor den Deckeln oder später angeleimt wird. Über dem Buchrücken selbst kommt also das Rückenstück hohl zu liegen.

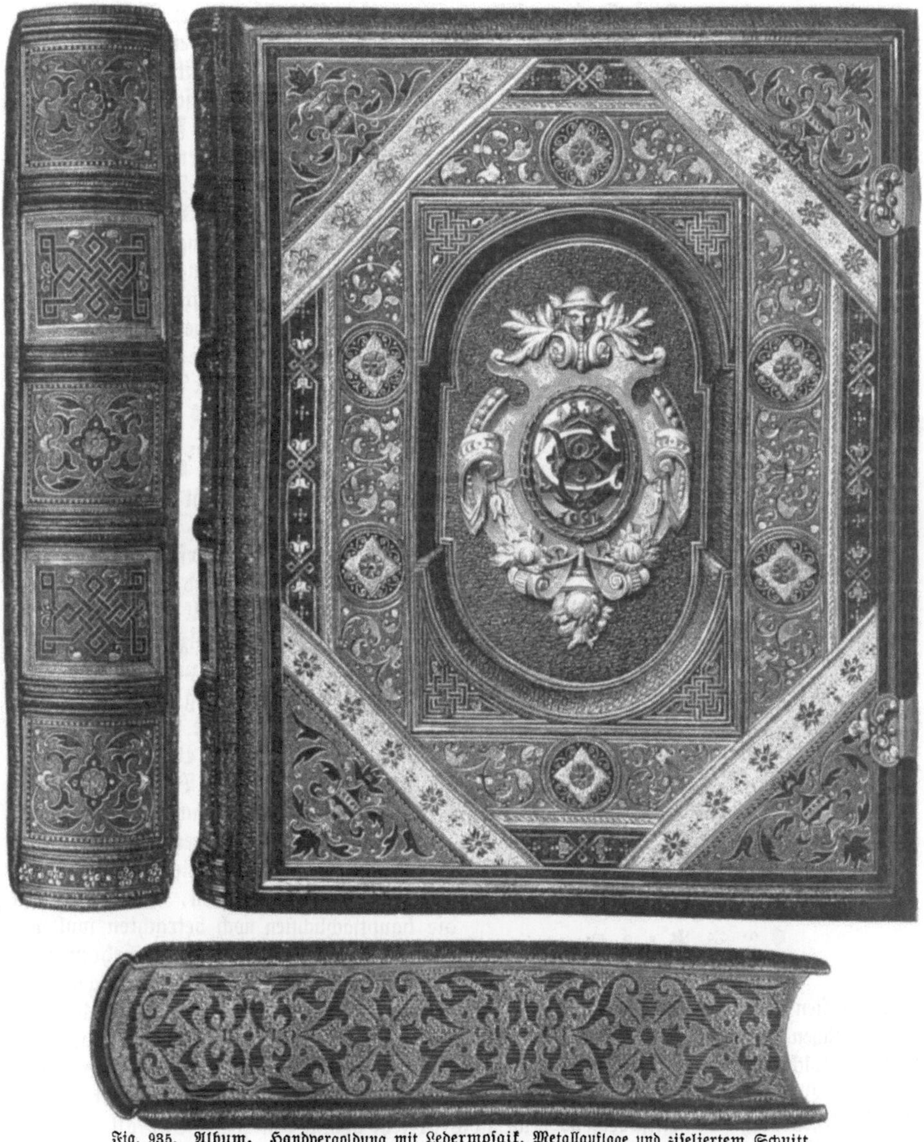

Fig. 935. Album. Handvergoldung mit Ledermosaik, Metallauflage und ziseliertem Schnitt, ausgeführt von Gustav Fritzsche in Leipzig.

Es muß eine gewisse Elastizität besitzen, so daß der hohle Rücken sich beim Aufschlagen des Buches mehr rundet und zurücktritt, beim Zumachen aber wieder anlegt. Bei den sogenannten festen Rücken ist kein Rückenstück vorhanden, sondern der Überzug, der dann wenigstens Leinwand sein muß, ist gleich auf den eigentlichen Rücken festgeleimt.

Haben nun die Bücher ihr rohes Unterkleid erhalten, so kann mit dem Überziehen derselben begonnen werden, und werden dazu die verschiedenartigsten Stoffe verwendet, als: Pergament, Leder, Kaliko, Leinen, Seidenzeug, Samt und Papier. Als Bindemittel dient je nachdem Leim oder Kleister. Das Leder muß, bevor es aufgezogen wird, noch geschärft, d. h. an dem etwa 1½ cm breiten Einschlag an der Fleischseite mit einem besonderen Messer, Schärfmesser, dünn ausgeschnitten werden, damit dasselbe im Buche selbst keine Erhöhung bildet. Das Überziehen der Deckel „am Buche" findet aber großenteils nur noch an feinen Halbfranzbänden oder Ganzlederbänden statt; wo es sich um Herstellung größerer Partien handelt, fertigt der Buchbinder die Decken besonders an, in welche dann die vorgerichteten Bücher „eingehängt" werden. Diese Deckenherstellung im großen beschäftigt in der Regel zwei bis drei Mann zu gleicher Zeit, welche die an den Decken vorkommenden Arbeiten so verteilen, daß der erste den Überzugsstoff mit Leim bestreicht, der zweite den zugeschnittenen Deckel und Rückeneinlagen darauf bringt und an zwei Seiten den Stoff umlegt, „einschlägt", während der dritte die übrigen zwei Seiten einschlägt und den Stoff mit einem Falzbein anreibt, damit keine hohlen und blasigen Stellen entstehen. Auch für das Anreiben der Decken gibt es neuerdings eine eigne Maschine, welche ähnlich wie die in den Haushaltungen wohlbekannte Wringmaschine eingerichtet ist, d. h. aus einer festen (hier eisernen) und einer mit Kautschuk überzogenen elastischen Walze besteht, welche sehr eng gegeneinander gestellt sind und zwischen denen die Decken hindurchlaufend gelassen werden. Der Druck der Gummiwalze bewirkt dasselbe, was sonst der Arbeiter mit seinem Falzbein besorgt.

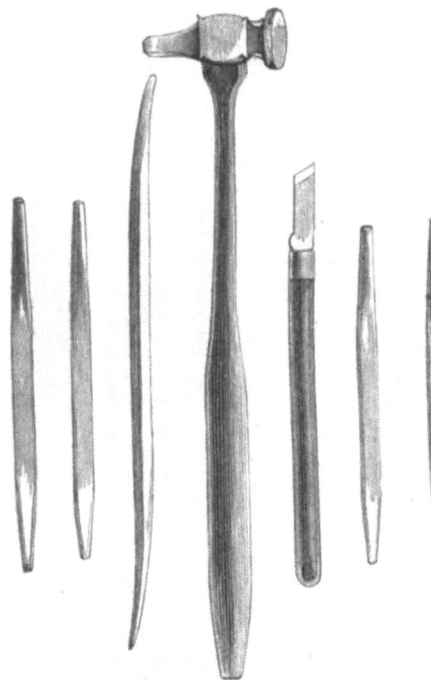

Fig. 986. Werkzeuge zum Lederschnitt.

Fig. 987. Punzen.

Dem Überziehen des Buches folgt das Anpappen, und es besteht dasselbe darin, daß von dem Vorsetzpapier zu Anfang und Ende des Buches das äußerste Blatt an dem Deckel sauber festgeklebt wird. Hierdurch wird einesteils der Zusammenhalt verstärkt, hauptsächlich aber der Rückenfalz und die eingeschlagenen Enden des Überzugs verdeckt, auch nicht selten durch Anwendung eines feinen Vorsatzes dem Buche noch eine besondere Zierde verliehen. Damit ist das Buch eingebunden, allein zu seiner gänzlichen Vollendung dienen in vielen Fällen noch mancherlei Verfahren, Pressen, Vergolden, Verzieren mit Schriften rc. welche eine große Zahl verschiedenartiger Werkzeuge in Anspruch nehmen, von denen wir die hauptsächlichsten noch betrachten wollen.

Die überzogenen Bücher entbehren nämlich jetzt noch jeder Verzierung und gehört es zu den besten Kunstfertigkeiten der Buchbinder, diese anbringen zu können. Da alle dazu gebräuchlichen Verfahren in früherer Zeit ausschließlich mittels Handarbeit ausgeübt wurden, so haben solche alte Einbände auch jetzt noch ein höheres Interesse für den Liebhaber als die modernen Buchdecken, bei denen die Platten für Tausende von Exemplaren graviert werden, und sie stehen auch dem entsprechend heute noch in sehr hohem Ansehen. Vor allen Dingen war es früher eine Notwendigkeit, daß der Buchbinder auch mit der Hand zu vergolden verstand, und dies mit Geschmack und Geschick zu thun, setzte um so mehr Übung und künstlerischen Sinn voraus, als zur Zusammensetzung oft sehr umfänglicher Musterung immerhin nur ein beschränktes Material an Stempeln und Zierstücken zur Verfügung zu stehen pflegte, welche miteinander vereinigt und zu harmonischer Wirkung verbunden werden mußten. Es gehört hierzu eine Auswahl in Messing geschnittener Zierstempel, die bei langgestrecktem Muster Fileten heißen und eine etwas gekrümmte Bahn haben, damit sie die zu bedruckenden Stellen nur nach und nach treffen, wenn sie an einem Ende aufgesetzt und sozusagen wiegenartig fortgeführt werden. Die Stempel für Eckstücke u. dergl. haben gerade Druckflächen.

Eine gleichsam endlose Filete bildet die Rolle, ein am Rande gemustertes Messingscheibchen, das in einer Gabel läuft und unter entsprechendem Druck, mit Anlegen des Stiels an die Achsel, langhin geschoben wird. Hierher gehört auch der Schriftkasten, ein Werkzeug, das zum Eindrücken von Schrift, also hauptsächlich zum Aufsetzen des Titels auf den Rücken, nötig ist. Der Buchbinder verwendet meist die gewöhnlichen Drucklettern, wie sie der Schriftgießer liefert; er setzt die einzelnen Zeilen in den Schriftkasten, schraubt sie fest und druckt sie heiß auf.

Fig. 938. Schreibmappe mit Lederplastik. Jubiläumsgeschenk für Se. Durchlaucht den Fürsten von Bismarck. Ausgeführt von Gustav Fritzsche in Leipzig.

Erhitzt müssen nämlich sowohl alle Stempel als auch die Drucklettern werden; nur unter Hitze findet ein guter, bleibender Eindruck statt, und der Vergolder muß sich auf die verschiedenen Hitzegrade verstehen und wissen, was auf Leder, Zeug u. s. w. das Richtige ist.

Die Eindrücke, welche mit Stempeln und Fileten auf dem bloßen Leder und Zeuggrund hervorgebracht werden können, heißen Blinddruck. Zur Erzeugung vergoldeter Ornamente werden die betreffenden Stellen vorher mit Goldblättchen überlegt oder das Gold wird gleich mit dem Stempel aufgenommen. Durch die Hitze der Stempel wird die

Eiweißgrundierung so umgewandelt, daß sie Gold an den getroffenen Stellen festhält; das von dem Stempel nicht berührte Gold läßt sich wegnehmen und abwischen. Für Stoffe, die keine Feuchtigkeit vertragen, gibt es eine trockene Grundierung aus getrocknetem Eiweiß oder gewissen Gummiharzen, die feingepulvert aus einer mit Flor überzogenen Büchse aufgepudert werden. Mit den sehr einfachen Handvergoldewerkzeugen ist ein geschickter Buchbinder im stande, die kunstvollsten Zeichnungen auf dem Bucheinband herzustellen.

Leider finden sich in Deutschland für derartige kunstvolle Werke der Buchbinderei sehr wenig Liebhaber, während in Frankreich und England reiche Bibliophilen derartige luxuriös gebundene Bücher als einen Bestandteil eines vornehmen Haushalts betrachten. Für diese Handvergoldungen haben sich bereits seit dem Mittelalter verschiedene Stile herausgebildet, die mit Stil von Grolier, von le Gascon, von Maioli, von Clovis Eve 2c. bezeichnet werden, welche noch heute mustergültige Vorbilder liefern und vielfach kopiert werden. Man begnügte sich jedoch vielfach nicht mit der einfach vergoldeten Dekoration, sondern wandte auch verschiedene farbige Leder an, um in die Zeichnung Abwechselung zu bringen. Das Leder wurde zu diesem Behufe ganz dünn ausgeschärft, genau in der Form des Ornaments ausgeschnitten, auf das mit Leder bezogene Buch aufgeklebt und die Konturen mit Goldlinien eingefaßt. Dadurch entsteht die sogenannte Ledermosaik, mit welcher Farbeneffekte von überraschender Schönheit geliefert werden können. Eine andre Technik der Ledermosaik, welche der Neuzeit angehört, besteht darin, eine Zeichnung in verschiedenem farbigen Leder so auszuschneiden und wieder ineinander zu fügen, als ob die verschiedenen Leder ein Stück bilden. Hier können die Konturen nicht mit Goldlinien eingefaßt werden und muß deshalb diese Arbeit mit peinlicher Genauigkeit gemacht werden. Sie läßt sich am besten mit den Intarsiearbeiten des Kunsttischlers vergleichen, mit welchen sie auch die größte Ähnlichkeit hat.

Lederplastik. Noch zu erwähnen ist endlich auch die alte Kunst des Lederschneidens und Punzierens, die, dem Anfang des Mittelalters entstammend, seit dem 16. Jahrhundert nicht mehr geübt wurde und erst in den siebziger Jahren durch den verstorbenen Buchbinder Wunder in Wien der unverdienten Vergessenheit entzogen wurde. Eine Anzahl derartiger Arbeiten aus dem Altertum, bestehend in Bucheinbänden, Kassetten, Rollen, Stuhlbezügen, befinden sich im Besitz von Kunstgewerbemuseen und Privatsammlungen und geben Zeugnis von der künstlerischen und stilvollen Vollendung dieser Arbeiten der damaligen Zeit. Dem geschickten Buchbinder bietet diese Technik ein weites und dankbares Feld, Vielseitiges und Hervorragendes zu leisten, weil nicht nur Einbände, sondern auch eine große Anzahl Gebrauchs- und Luxusgegenstände, z. B. Brieftaschen, Schreibmappen, Lampenteller, Körbchen, Stuhlbezüge u. s. w., sich darin ausführen lassen.

Einige Fertigkeit im Zeichnen, möglichst auch im Modellieren, und eine kleine Anzahl sehr einfacher Werkzeuge s. S. 574, bestehend in einem kleinen Messer, einigen Perl- und Sternpunzen in verschiedener Größe, einem Mattpunzen, einem Modelliereisen und einem kleinen Hammer, genügen, um bei einigem Geschick und nach einiger Übung sehr hübsche Arbeiten liefern zu können. Es wird dazu ausschließlich ungefärbtes Rindsleder verwendet. Die Zeichnung wird auf das Leder aufgepaust und die Umrisse mit dem Messer bis zur Hälfte der Stärke des Leders eingeschnitten. Dasselbe wird dann etwas feucht gemacht und die Flächen zwischen dem Ornament bis hart an die eingeschnittene Umrißlinie mittels des Modelliereisens scharf niedergedrückt. Dadurch tritt die Zeichnung bereits plastisch hervor; hierauf werden besonders hoch zu modellierende Ornamente von der Rückseite des Leders mit dem Modelliereisen herausgedrückt und mit Modellierwachs unterlegt. Jetzt beginnt das eigentliche Modellieren, indem man durch Streichen und Drücken mit dem Modelliereisen den Ornamenten die entsprechende Form gibt.

Ist die Arbeit fertig modelliert, werden die Flächen zwischen dem Ornament gepunzt, d. h. mittels Einschlagen der erwähnten Perlen, Sterne oder mit einem Muster versehen, wodurch die Modellierung sich scharf und bestimmt abhebt. Hiernach wird die Arbeit mit Lauge oder aufgelöster Pottasche braun gefärbt und nach dem Trocknen fertig verarbeitet. Schöne Arbeiten in Lederplastik liefern Fritzsche in Leipzig, Hulbe in Hamburg und Hupp in München.

Eine ausführliche Anleitung zur Herstellung geschnittener und geprägter altdeutscher Lederarbeiten hat Gustav Fritzsche in Leipzig herausgegeben. Dieselbe ist zwar in erster

Linie nur für Dilettanten berechnet, jedoch ist sie auch für den strebsamen Buchbinder, der diese Kunst erlernen will, mit Nutzen zu gebrauchen. Fünf lithographierte Beilagen, welche gegen 50 Zeichnungen derartiger Arbeiten enthalten, sowie zwei Buntdrucktafeln und eine Anzahl Illustrationen im Texte unterstützen in instruktiver Weise die Beschreibung.

Präge- und Vergoldepresse. Die Verzierung der Einbände durch Handarbeit erfordert viel Zeit und konnte auf die Dauer bei großen Mengen den Anforderungen gar nicht oder nur sehr unvollkommen genügen. Deshalb kam auch hier die Maschine, die Vergolde- und Prägepresse, in Anwendung, und zwar in so ausgedehntem Maße, daß die Handvergoldung in vielen Werkstätten zu einer fast gar nicht mehr geübten Kunst geworden ist. Die Vergoldepresse ist englischen Ursprungs; die ersten derartigen Maschinen wurden in Leipzig in den fünfziger Jahren benutzt; seitdem haben dieselben hinsichtlich der Bauart noch vielfache Verbesserungen erfahren. Im allgemeinen sind die gebräuchlichen Vergoldepressen mit sogenanntem Kniehebelwerk gebaut. In größeren Werkstätten sind besonders Preßvergolder angestellt, die ausschließlich die Pressungen an den Buchdecken ausführen, und die in der Behandlung ihres Materials um so geschickter sein müssen, als dasselbe sehr wertvoll ist; gibt es doch Werkstätten, welche für 20—30000 Mark und noch mehr echtes Blattgold jährlich verbrauchen. Mit der Vergoldepresse allein ist jedoch nichts auszurichten; um damit arbeiten zu können, sind eine große Anzahl in Messing gravierter Platten und Schriften nötig. In der Art der Gravierung sind dieselben wieder sehr verschiedenartige, je nachdem sie für Relief-, für Gold-, Blind- oder Farbendruck dienen sollen. Bei ersterer ist die Zeichnung in der Platte vertieft graviert und gehört eine Gegenplatte (Matrize) dazu, um die Pressungen mit der nötigen Schärfe ausführen zu können. Diese Matrize fertigt sich der Buchbinder selbst aus Pappe oder

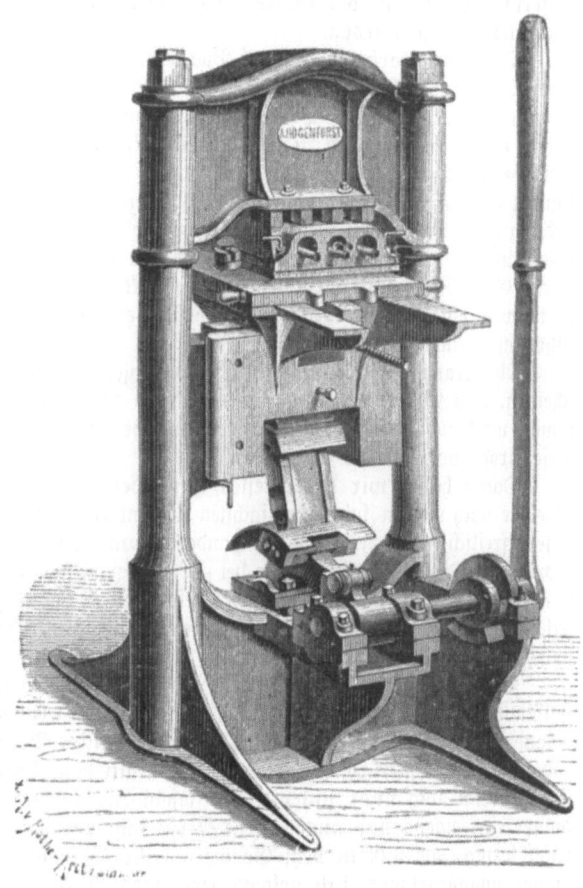

Fig. 939. Präge- und Vergoldepresse von Hogenforst.

Leder. Für Goldpressungen sind diejenigen Stellen der Platte, welche auf dem Buchdeckel metallisch glänzend erscheinen sollen, ähnlich wie bei den Holzschnittplatten, in ihrer ebenen Fläche stehen gelassen, alles andre dagegen herausgestochen worden.

Ähnliches geschieht bei den Platten für Farbendruck, nur daß hier die Oberfläche wegen des Anhaftens der Druckfarbe nicht so blank poliert wird wie bei den Vergoldeplatten. Weil alle Pressungen außer dem Farbendruck mit erhitzten Platten, wie bei der Handvergoldung, ausgeführt werden müssen, so befindet sich oben an der Presse der sogenannte Heizkasten, welcher mittels glühender Bolzen, Gas oder Dampf, in die richtige Hitze gebracht wird, die sich ihrerseits nach dem zu bearbeitenden Material richtet und die der Vergolder genau kennen muß. An der Unterseite dieses Heizkastens werden die Platten, welche vorher auf ein Stück Pappe geklebt worden sind, befestigt; Decken und Rücken, welche vergoldet werden sollen, werden vorher mit verdünntem Eiweiß grundiert, sodann mit Blattgold belegt, welche Arbeit größtenteils von Mädchen, den Goldaufträgerinnen, geschieht. Die so vorgerichteten Decken bringt der Vergolder dann einzeln in die Presse, wo sie mittels Punkturen oder indem sie in einen Winkel geschoben werden, den richtigen Platz unter der Vergoldeplatte erhalten; hierauf erst wird durch den Hebel der vorher mittels einer Stellung geregelte Druck ausgeübt. Durch diesen mechanischen Druck und durch die Wärme wird das Gold an den von der gravierten Platte berührten Stellen befestigt, von den übrigen Stellen darauf das lose aufliegende Blattgold mittels einer weichen Bürste in einen verschließbaren Kasten gefegt. Die etwa noch anhaftenden kleinen Goldstäubchen werden durch Bäuschchen von Baumwolle, Tuch oder Gummi, je nachdem es der Stoff erfordert, entfernt. Der Abfall des Goldes, Kehrgold genannt, wird sorgfältig gesammelt, um wieder eingeschmolzen zu werden.

Die ersten Farbendrucke auf Buchdecken bestanden im Schwarzdrucken der Ornamente. Dieselben wurden Anfang der siebziger Jahre zuerst von den Engländern ausgeführt und wurden mit denselben in Verbindung mit Gold sehr gute Effekte erzielt. Diese Schwarzdrucke bürgerten sich auch in Deutschland bald ein und beherrschten eine Reihe von Jahren den Geschmack in der Einbandschmückung. Seit einigen Jahren hat man begonnen, mit bunten Farben zu drucken und haben es einige große Buchbindereien darin zu großer Vollendung gebracht. Man findet jetzt eine große Anzahl Prachtwerke und Werke der Geschenkslitteratur mit solchen buntfarbigen Einbänden verziert, auf welchen Landschaften, Blumenstücke, Genrebilder und Ornamente aufgedruckt sind. Die Ausführung und Farbenstimmung ist teilweis eine so vorzügliche, daß sie sich getrost mit den guten Erzeugnissen der Chromolithographie messen können.

Ob derartige Schmückungen, so wirkungsvoll sie auch für den ersten Augenblick erscheinen, dem Charakter eines Bucheinbandes entsprechen, dürfte vom künstlerischen Standpunkte nicht gut zu bejahen sein, jedoch würde es den Rahmen dieses Artikels überschreiten, diese Frage noch weiter zu erörtern.

Damit haben wir das Pressen, Vergolden und Farbendrucken dargestellt, wie es seiner Theorie nach und in seinen einfachsten Anwendungen wohl ausgeführt wird, indessen unsern Lesern freilich keineswegs alle die Handgriffe und Vornahmen, alle die Rücksichten und kleinen Vorteile schildern können, wie sie bei nur einigermaßen umfangreicheren Arbeiten zur Anwendung kommen. Mit einer einmaligen Pressung ist in der Regel nichts gethan; wiederholt, oft bis sechs- und mehrmal, wandern die Decken in die Presse, und es ist dann die höchste Sorgfalt und Genauigkeit anzuwenden, um das Muster rein und scharf herauszubringen.

Vergleichen wir den heutigen Stand der Buchbinderei in bezug auf die technischen Hilfsmittel mit dem Zustande, in dem sich das Gewerbe vor etwa 2—300 Jahren befand, so müssen wir erstaunen, wenn wir unter Berücksichtigung dieser Ausstattung die damaligen Leistungen in Vergleichung stellen mit dem Durchschnitt unsrer modernen Arbeiten. Dort, wenn auch nicht unter allen Umständen, höchst entwickelter Kunstgeschmack, so doch immer eine eigenartige angemessene Verzierung der durchweg soliden Arbeit, eine liebevolle Ausführung, die nur in dem Gelungenen ihr Genügen fand; hier seit hundert Jahren ein immer unangenehmer sich geltend machendes Abknappen und Ersparen, zuerst an guten Stoffen, späterhin auch an Mühe und Arbeit, ein Verdrängen des echten Stoffs durch billige Ersatzmittel, für die eine sorgfältige Behandlung schließlich fast nicht mehr nötig schien, ein allmähliches Aufgeben aller künstlerischen Grundsätze bei der Verzierung, die selbst immer geringer und nebensächlicher wurde, denn man verziert schließlich nur dasjenige, woran man mit Liebe gearbeitet hat; und für all dies Verlorene als einzigen Trost nur eine allerdings unglaubliche Billigkeit. Während früher, d. h. vor der Zeit der Maschinenarbeit und unsres so fabelhaft entwickelten Verkehrs, die Güte, die innere Tüchtigkeit einer Ware der Wertmesser war, welcher bei dem Wettbewerb den Ausschlag gab, pflegt dies jetzt nur der geringe Preis zu sein. Daß aber eine solch unwirtschaftliche Richtung gerade auf dem dem Kunstgewerbe angehörenden Arbeitsfelde der Buchbinderei zu den bedauerlichsten Zielen führen mußte, das ist einleuchtend. Erst als die äußerste Grenze der Verschlechterung erreicht war, hat die Gegenströmung endlich ihr Haupt erheben können — diesmal zum Guten. Die letzten Weltausstellungen zeigten in immer erfreulicherer Weise, wie die vordem nur von wenig einzelnen mühsam gepflegte künstlerische Anschauung an Boden gewann, langsam zwar, denn der verkommene Geschmack des Publikums mußte erst wieder befruchtet werden, aber doch stetig.

In England, wo man, wie schon erwähnt wurde, immer auf gute Bindung der Bücher gehalten hat, ist vorzüglich Zaehnsdorf in London berühmt als ein Buchbinder, der im edelsten Sinne Geschmack mit Eleganz, äußere Schönheit mit dauerhafter Solidität zu verbinden weiß. Frankreich hat in Tours Alfred Mame & Fils, jene große Kunstbuchhandlung, die besonders in dem Vertriebe von Gebetbüchern geglänzt. Von den 1000 Personen, welche diese Riesenanlage beschäftigt, gehören allein 700 der Buchbinderei an, aus welcher täglich 2000 fertig gebundene Bände hervorgehen. In Frankreich ist übrigens die Arbeitsteilung im Buchbindergewerbe so weit durchgeführt, daß es besondere Werkstätten gibt, in denen nur bestimmte Arten von Schnitten gemacht werden, auf die man hier viel mehr Aufmerksamkeit wendet als anderswo, und in deren Herstellung man es daher auch zur höchsten Vollkommenheit gebracht hat. Photographiealbums werden besonders in Berlin gemacht, woselbst auch jene tausend und abertausend Umschläge, Kartonagen u. s. w. ihre Entstehung nehmen, die zu Neujahrsgeschenken in Unmassen verwendet werden.

In Österreich ist Wien der Sitz der feineren Buchbinderei, obwohl vereinzelt auch in andern Städten Vorzügliches geleistet wird, wie auf der Weltausstellung

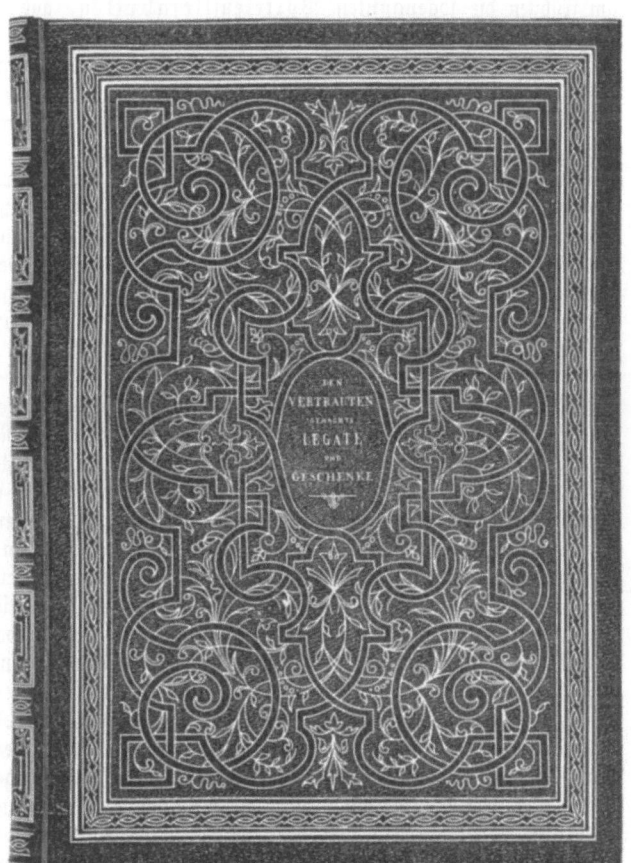

Fig. 940. Bucheinband. Handvergoldung mit Ledermosaik.
Entworfen von Prof. Fr. zur Straßen, ausgeführt von Gustav Fritzsche in Leipzig.

von 1873 Adolf Lachnik aus Olmütz bewies. Durch die Anregungen, welche vom österreichischen Museum ausgingen, hat sich in Wien als Besonderheit die Fabrikation von Luxusartikeln entwickelt, welche neben Bronze und feinen Hölzern mit großer Vorliebe Leder als Rohstoff verarbeitet; die Buchbinderei, als näh verwandter Gewerbszweig, mußte von den hier gemachten Fortschritten Vorteil ziehen. Deutschland liefert zur Zeit vorzugsweise immer noch billige Einbände, allein dieselben werden wenigstens jetzt schon bei weitem geschmackvoller hergestellt als früher; es fangen aber auch an bessere Arbeiten begehrt zu werden, und die Leistungen, welche aus Werkstätten wie die von Fritzsche, Herzog oder Hager in Leipzig, von Graf in Altenburg, Collin und Vogt in Berlin u. s. w. hervorgegangen sind, beweisen, daß das Handwerk ernstlich die Vereinigung mit der Kunst wieder sucht, mit der es zu unsrer Väter Zeiten so eng verbunden war. Eine Musterzeitung („Moderne

Bucheinbände", herausgegeben von G. Fritzsche in Leipzig) sucht durch Mitteilung von stilvollen Originalentwürfen für Buchdeckel den Geschmack für die Außenverzierung unter den Fachgenossen zu heben; und das bereits Erreichte läßt hoffen, daß die Zeit der schlechten Einbände im Ausgehen ist.

Der Buchbinder hat als ein Mann, der mit allerlei Stoffen, mit Papier, Pappe, Leder, mit Leim, Kleister u. s. w., geschickt und sauber umzugehen weiß, von jeher einige Nebengeschäfte betrieben, so namentlich das Anfertigen von allerlei Papp= und Lederarbeiten, von Bestecken, Futteralen, Mappen, Albumbänden ɔc., das Aufziehen von Karten, Einrahmen von Bildern, Stickereien u. s. w. Im Laufe der Zeit haben sich aber aus solchen Nebensächlichkeiten eigne, von der Buchbinderei unabhängige Fabrikzweige herausgebildet, am frühsten die sogenannten Portefeuillefabriken, aus welcher späterhin die Fabrikation der sogenannten Wiener Artikel hervorging.

Was wir unter dem Sammelnamen Wiener Artikel begreifen, das gehört, wie wir schon angedeutet haben, eigentlich sehr verschiedenen Techniken an. Der Bronzearbeiter, der Emailleur, Graveur und Ziseleur, der Holzschnitzer, Maler, Lackierer, der Kunsttischler, Schlosser, kurz alle dem Kunstgewerbe zugehörigen Kräfte werden in Thätigkeit gesetzt, um jene eleganten Nippes hervorzubringen, jene proteusartig wechselnden Garnituren, Aufsätze, Kassetten, Alben, Geldbörsen, Kapseln, Brieftaschen auszuführen, mit denen Wien die Welt überschwemmt und durch die es selbst Paris aus dem Felde geschlagen hat. An dieser Stelle können wir uns selbstverständlich nur so weit mit dem Gegenstande beschäftigen, als er der Papp= und Lederwarenindustrie angehört. Dieses besondere Fach wurde zuerst in Deutschland, und zwar in Offenbach (1776 durch die Familie Mönch), selbständig; von da gelangte sie nach Wien und später erst nach Paris. In Wien jedoch hat sie ihre höchste künstlerische Ausbildung erhalten.

Das Leder, welches zur Verwendung kommt, ist für die feinsten Gegenstände russischer Juchten, Saffian und Kalbleder (für geringere Waren werden Nachahmungen aus Schafleder verarbeitet), außerdem auch alle andern auf das sorgfältigste zubereiteten feinen Ledersorten, Seehundsleder, Krokodilhaut, Fischhaut, Pergament, ferner Samt, Seide u. s. w. Die Art und Weise der Verarbeitung zu schildern, ist bei der ungeheuren Verschiedenheit der erzeugten Waren ganz unmöglich. Nachdem die Idee zu Papier gebracht, d. h. eine Zeichnung danach in natürlicher Größe gemacht worden ist, werden von dem Musterarbeiter die Zuschneide= und Arbeitsmodelle angefertigt, der Zuschneider schneidet hierauf die erforderlichen Stoffe zu, welches dann an die verschiedenen Arbeiter, Vergolder u. s. w., zur Ausführung übergeht. Bei der nachfolgenden Massenerzeugung wird dann wohl noch verbessert, vereinfacht, den Forderungen des Käufers, der Erleichterung des Arbeiters angepaßt.

Die fertige Ware unterscheidet man als Rahmenarbeit oder als weiche Ware, welche letztere nur aus Leder ohne jeden Metallbestandteil als höchstens ein Schlößchen angefertigt wird, während bei der ersteren das Leder in einen Metallbügel gefaßt ist, der die Hauptform bildet und die Arbeit wesentlich erleichtert. Die Herstellung der weichen Ware ist bei weitem schwieriger, da hierbei so gut wie keine Hilfsmaschinen Anwendung finden können, vielmehr alles durch die Hand des Arbeiters geformt und verbunden werden muß. Bei der Holzarbeit wird der Gegenstand aus Holz hergestellt und schließlich nur mit Leder überzogen. Die Mosaik spielt zur Verzierung eine große Rolle, Wappen, Monogramme u. s. w. werden aus farbigen Ledersorten eingesetzt; dazu wird das Leder auf die verschiedenste Art gepreßt, und die einzelnen Verfahren kombiniert man mannigfach, um immer neue Wirkungen hervorzubringen. Während die bedeutendsten Fabrikanten, an deren Spitze J. Weidmann, dann August Klein, Rosenberg, Gebrüder Rodeck u. s. w. nur hochfeine Artikel, teuer zwar, aber bei aller Eleganz äußerst solid, herstellen, liegt der Schwerpunkt der Offenbacher Industrie in der Massenerzeugung billigerer Gegenstände, mit welcher Berlin schon seit einer Reihe von Jahren mit Erfolg in Bewerbung getreten ist.

Sandalen drücken neu, bequem sind sie zer=
schlissen;
Sobald dir etwas ganz gerecht ist, wirst
du's missen.

Rückert.

Die Verarbeitung des Leders.
Sattler, Schuh= und Handschuhmacher.

Verarbeitung des Leders. Sattler= und Täschnerarbeit. Der Schuhmacher. Der fabrikmäßige Betrieb, die
mechanische Schuhfabrikation. Glacéhandschuhe. Ursprung ihrer Fabrikation. Material. Egalisieren der Felle.
Zuschneiden und Nähen.

Die Lederindustrie mit allem, was damit zusammenhängt, bildet ein so weit umgrenztes
Arbeitsfeld, daß wir an eine erschöpfende Behandlung desselben nicht denken können
und uns auf die Hervorhebung einiger Teile beschränken müssen. Erzeugung
und Verbrauch von Leder zu den verschiedensten Bedarfs= und Luxuswaren steigen all=
jährlich, und die hierauf bezüglichen technischen Fortschritte unsrer Zeit sind so vielfach als
erheblich. So hat man, um aus dem Fache der Gerberei nur eines solchen zu gedenken,
früher aus Roßhäuten stets nur ein geringartiges, lediglich zu Einlegesohlen dienliches
Leder zu bereiten gewußt und wohl geglaubt, das liege so in der Natur des Pferdes,
während man heute denselben Rohstoff so zu behandeln und zu veredeln versteht, daß ein
sehr preiswürdiges, dem Kalb= oder feinen Rindsleder ganz gleichstehender Rohstoff für
Oberleder gewonnen wird.

Wenn Wechsel der Zeitverhältnisse und Änderungen des Geschmacks einzelne Geschäfts=
zweige emporheben und andre sinken lassen, so ist die Lederindustrie in dem günstigen
Falle, daß ihr die Neuzeit nur Vorschub und Förderung leistet. Der Einfluß der Eisen=
bahnen z. B. auf den Verbrauch von Leder ist ein großartiger zu nennen. An den

Dampfrossen selbst ist allerdings für Riemer und Sattler nichts zu verdienen, wohl aber an den unzähligen Pferdefuhrwerken, welche durch die Eisenbahnen erst ins Leben gerufen wurden, im geraden Gegenteil zu der anfänglichen Besorgnis, die Pferdekraft werde durch die des Dampfes bis auf einen kleinen Rest außer Dienst gesetzt werden. Seitdem ferner die Eisenbahn die halbe Welt zu Reisenden macht, hat sich ein ganzes großes Zeughaus mit ungemessenen Vorräten lederner Reisegeräte aufgethan, um das lokomobile Publikum mit Reisekoffern und Hutschachteln, Reise- und Geldtaschen, Brieftaschen und Börsen bestens auszustatten. Während die größeren derartigen Stücke von Sattlern und Täschnern geliefert werden, fallen andre in das Fach der Fabrikation von Portefeuille- und Ledergalanteriewaren, ein Geschäft, das sich, früher als ein Nebenzweig der Buchbinderei betrieben, seit einigen Jahrzehnten in Deutschland so bedeutend gehoben hat, daß es jetzt einen selbständigen, höchst ansehnlichen Fabrikzweig bildet, welcher außer Leder auch Metalle, Holz, Papier, Zeuge, Stickereien, Perlen u. s. w. zu geschmackvollen und eleganten Kleinwaren, wie Mappen, Alben, Notizbücher, Brief- und Zigarrentaschen, Necessaires, Kartentaschen, Schreibzeuge, Kapseln der verschiedensten Art und Bestimmung u. s. w., verarbeitet. Die Einführung der ledernen Geldtäschchen (Portemonnaies) an Stelle der ehemaligen Geldbeutel, die schon in eine etwas frühere Zeit fällt und so rasch als durchgreifend gelang, kann als einer der ersten und nachhaltigsten Erfolge der feineren Lederindustrie betrachtet werden. Der hervorragendste Erzeugungsort für diese Artikel ist Wien, das alle Mitbewerber geschlagen hat. Selbst Paris, so eifersüchtig dasselbe auf seinen Ruhm und

Fig. 942. Altägyptischer Schuster.
Nach alten Wandbildern.

Absatz ist, muß eingestehen, daß es mit Erzeugnissen, wie sie von den Wiener Häusern in den Handel gebracht werden, nicht in die Schranken treten kann. Die bedeutendsten derselben halten großartige Magazine in der französischen Hauptstadt, und indem sie selbst dort die Mode vorschreiben, beweisen sie auf das schlagendste, daß dem Deutschen Geschmack und Erfindung sehr wohl auch auf dem Gebiete zu Gebote steht, das die Franzosen lange Zeit als ihre eigne Domäne betrachteten, und daß es nur auf ihn ankommt, diese hilfreichen Mitwirker zur Geltung zu bringen. Die Weltausstellung in Wien hat ihren Besuchern die Augen geöffnet darüber, wie Wien und Paris in dieser Beziehung sich zu einander verhalten.

Eine andre moderne Geschmacksrichtung hat den Bedarf und die Erzeugung einer besonderen Ledersorte, des Lackleders, in unglaublicher Weise gesteigert. Wie heute kein Elegant ohne Lackstiefeln gedacht werden kann, so verwenden auch Sattler, Riemer, Kutschenbauer, Mützenmacher u. s. w. steifes und weiches Lackleder in allen Formen als ein unentbehrlichen Stoff, und es scheint auch hier, als wolle sich unser Zeitalter das Beiwort des lackierten verdienen. Glücklicherweise sind wir in Deutschland nicht mehr wie früher eine Zeitlang hinsichtlich des Lackleders den Franzosen tributpflichtig; die deutsche Ware ist jetzt mindestens ebenso schön wie die sonst unvermeidliche Pariser. Namentlich in Südwestdeutschland versteht man sich jetzt auf diesen Industriezweig bestens, wie die bekannten Frankfurter Leder bezeugen, die aber nur zum kleinsten Teil aus Frankfurt, vielmehr aus verschiedenen andern benachbarten Städten hervorgehen, unter denen namentlich Worms an der Spitze der Fabrikation steht.

Nicht uninteressant ist, wie heutzutage die Verzierungskunst auch sonst noch dem Leder manches abzugewinnen gelernt hat. Man fertigt jetzt, namentlich zur Verwertung kleiner Abfälle, aus Leder die zierlichsten Flechtwerke, ebenso künstliche Lederblumen und durch Ausstanzen und Pressen vielerlei plastische Verzierungen, wie Rosetten u. dergl., die als Möbelbeschläge und in andrer Weise Verwendung finden. Ja, eine der jüngsten Wandlungen der Pariser Mode verpflanzte die Lederzieraten, die sonst den Reit- und Kutschpferden überlassen waren, sogar auf die Kleidung der Modedamen.

Die nachhaltigste Förderung und höchste Entwickelung finden aber einzelne technische Zweige dann, wenn sie, statt der bloßen Methode zu dienen, von dauernden nationalen

Der Schuhmacher.

Neigungen und Sitten getragen und gehoben werden. So brachte das Ritterwesen des Mittelalters die Kunstfertigkeit der deutschen Meister in Herstellung von Schwertern, Stahl- und Kettenpanzern, Schieß- und Reitzeugen zu solcher Höhe, daß sie in der Welt einzig dastanden, und in gleicher Weise sind heute die englischen Sättel, Peitschen und sonstigen Reit- und Fahrgeschirre unbestritten die besten der Welt, weil die noblen Passionen der Engländer ihnen stets ein starkes Publikum sichern, das dergleichen zu schätzen weiß und bezahlen kann.

Der Schuhmacher steht von allen Künstlern in Leder offenbar zu jedem Einzelnen in nächster Beziehung, er hat für gute Fußbekleidung zu sorgen, und das ist ein unerläßliches Teil vom allgemeinen Wohlergehen. Es gibt keinen Glücklichen mit Hühneraugen.

Wenn wir jetzt einige Blicke in die Werkstätten der Fußbekleidung werfen wollen, so geschieht dies nur, um zu zeigen, daß das alte ehrsame Handwerk kein so beständiges ist, wie es scheinen könnte, daß vielmehr Fortschritte und neue Einrichtungen auch hier mit Macht hereindringen. Ist dies auch bei dem einzelnen maßnehmenden Meister, dem eigentlichen Leibschuster, noch am wenigsten auffällig (allenfalls noch durch eine Nähmaschine), so zeigen dagegen die neuen Fabriken von Schuhwerk, die für Markt und Ausfuhr wie für Heeresbedarf arbeiten, eine von dem ursprünglichen Verfahren, dessen sich die Schuhmacher seit den ältesten Zeiten mit nur geringen Abänderungen bedient haben, ganz abweichende, eigentümliche Physiognomie, wenigstens kann man auf altägyptischen Bildwerken schon ganz dieselben Vornahmen dargestellt finden, welche auch unsre Fußkünstler noch anwenden, soweit nicht die Verschiedenartigkeit des von ihnen verlangten Werkes Abweichungen bedingt.

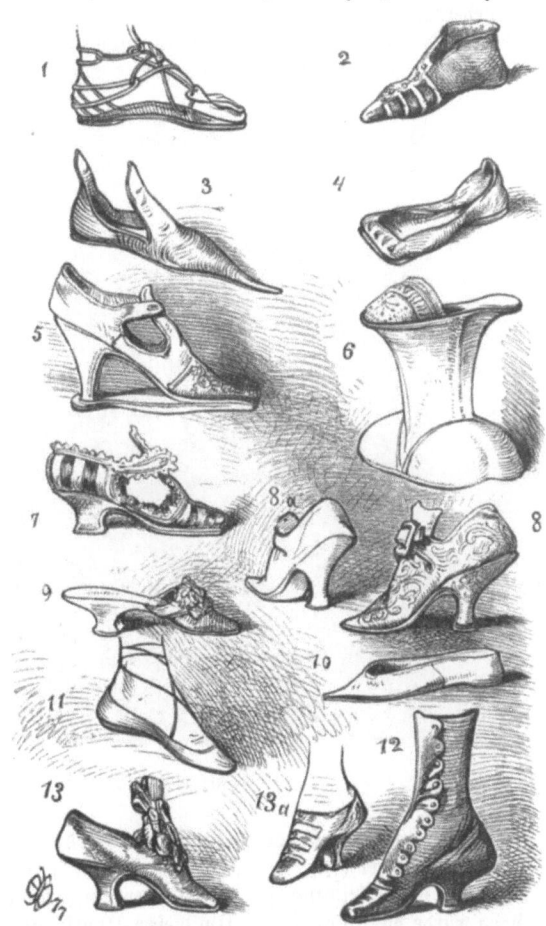

Fig. 943—956.
1 Antike griechische Sandale. 2 12. Jahrh. 3 Schnabelschuh, 15. Jahrh. 4 Anfang des 16. Jahrh. Deutsch. 5 Schuh der Katharina von Medici. 6 Venezianischer Unterschuh, sogen. Cioppini. 7 Anfang des 17. Jahrh. Niederländisch. 8 Stöckelschuh, 18. Jahrh. 9 Zeit Ludwigs XVI. 10 Schuh der Sansculotte merveilleuse. 11 Anfang des 19. Jahrh. 12—13 Modern.

Handwerksmäßige Schusterei nach alter Methode. In Fig. 957 und 958 sind die beiden Hauptverfahren eines nach altherkömmlicher Weise mit Knieriemen und Pechdraht arbeitenden Schusters dargestellt. Es handelt sich dabei darum, die drei Hauptteile des Arbeitsstücks, Oberleder, Sohle und Absatz, fest miteinander zu verbinden.

Das Oberleder besteht gewöhnlich aus einem dünnen, geschmeidigen Leder. Es wird auf einer Patrone aus Zinkblech mit dem sogenannten Kneif geschnitten. Sohle und Absatz werden natürlich aus viel dickerem Leder hergestellt.

Die gewöhnliche Handschusterei geht nun in folgender Weise vor sich: Der Arbeiter nimmt einen der Form und Größe des zu bekleidenden Fußes möglichst genau entsprechenden Leisten, d. i. eine hölzerne Fußform, und befestigt zuerst auf der Unterseite derselben eine Sohle (erste oder Brandsohle), welche durch Hammerschläge nach der Krümmung des Leistens geformt wird. Hierauf wird in diese Sohle ringsum nahe am Rande ein fortlaufender Einschnitt mit dem Kneif gemacht, um der Ahle ihren Weg anzudeuten und dem Pechdraht eine Vertiefung zu gewähren, in welche sich derselbe bei jedem Stiche einlegen kann. Hierauf wird das zugeschnittene Oberleder über den oberen, dem Spann entsprechenden Teil des Leistens gelegt und dessen Rand ringsum über die erste Sohle hinweggezogen, wozu sich der Arbeiter, wie Fig. 957 zeigt, einer Zange bedient, und den übergezogenen Rand befestigt er vorläufig mittels eingeschlagener Zwecken. Dann wird ein Lederband, Rahmen genannt, über die niedergedrückten Ränder des Oberleders gelegt und mittels Pechdraht und Ahle Brandsohle, Oberleder und Rahmen zusammengenäht. Hierauf wird auf den Rahmen eine zweite Sohle gelegt und dieselbe auf die erste genäht.

Fig. 957. Das Zwicken des Oberleders.

Es folgt hieraus, daß der so hergestellte Boden des Fußbekleidungsstücks flach ausfallen würde, so daß der Fuß, der unterhalb sich einkrümmt, keine gehörige Stütze finden könnte, wenn die Fußbekleidung so zur Verwendung käme; große Ermüdung und schmerzhafter Gang würde die Folge sein. Um diesem Übelstande vorzubeugen, muß die Sohle gekrümmt oder geschweift werden. Zu diesem Zwecke legt der Schuster auf die erste Sohle am gehörigen Orte ein genügend starkes Stück Leder, Schweife genannt, unter, welches bestimmt ist, die Hohlung der Fußsohle auszufüllen und den Fuß zu stützen. Die zweite Sohle wird darüber gelegt, das Arbeitsstück mit dem darin steckenden Leisten mittels des Knieriemens fest gegen die Kniee angezogen (s. Fig. 958) und der zweiten Sohle mit Hammerschlägen die gehörige rundliche Form gegeben, worauf sie erst auf die erste aufgenäht wird. Was den Absatz betrifft, so wird derselbe aus halbrunden starken Lederscheibchen hergestellt, welche mit Leim bestrichen und mit Stiften aufeinander befestigt werden. Das erste dieser Scheibchen wird über den umschlagenen Rand des Oberleders auf die erste Sohle aufgenäht.

Hinzugefügt muß noch werden, daß der Hinterteil der Fußbekleidung noch durch ein starkes Stück Leder versteift wird. Der Sohlenrand wird dann mittels Kneif und Raspel genau geformt und mittels eines heißen Eisens glatt und glänzend gemacht.

Der fabrikmäßige Betrieb, die mechanische Schuhfabrikation, ist erst in der Neuzeit entstanden und hat sich von Amerika aus nach Europa fortgepflanzt.

Die Herstellung der Fußbekleidung erfordert eine solche Aufmerksamkeit und Geschicklichkeit, daß man die Schuhfabrikation mittels Maschinen lange Zeit für ganz unmöglich gehalten hat. Trotz des großartigen Bedarfs an Schuhwerk war es der Technik bei allem darauf verwendeten Fleiße nicht gelungen, taugliche Maschinen herzustellen, welche die Handarbeit nur einigermaßen befriedigend ersetzen konnten, und daher erklärt sich die Thatsache, daß die Schuhmacherei als Kleingewerbe so lange Zeit sich erhalten hat. Zunächst war es der Massenverbrauch des Militärs, namentlich in Mobilmachungsfällen, welcher zur fabrikmäßigen Herstellung des Schuhwerks drängte. Hierfür mußte die Anwendung mechanischer Hilfsmittel zunächst wertvoll erscheinen. Die erste Maschine zur Sohlenbefestigung war eine Erfindung des englischen Ingenieurs Brünel. Mittels derselben wurden 1813 zu Chelsea in England genagelte und geschraubte Stiefel für das englische Militär hergestellt.

Fig. 958. Klopfen der Sohle.

Diese Befestigungsweise mittels Metall hat sich aber nicht bewährt, sie wurde häufig Ursache von Verletzungen der Füße und konnte deshalb nicht zur allgemeinen Anwendung gelangen.

Noch lange Zeit hindurch bemühte man sich vergeblich, dieses System, z. B. durch Standard= oder Lemercierschrauben, zu verbessern. Erst nach der genialen Erfindung der Nähmaschine im Jahre 1844 durch den Amerikaner Elias Howe geschah in dieser Richtung ein Schritt nach vorwärts, indem man die Nähmaschine auch für die Schuhfabrikation in Anwendung zu bringen versuchte.

Es gelang dem Amerikaner Lyman Reed Black im Jahre 1858 die Herstellung einer Nähmaschine mit Kettenstich für die Schuhfabrikation, womit die Zeit des geschäftlichen Betriebs der mechanischen Schuhfabrikation beginnt, der in kurzer Zeit einen so gewaltigen Aufschwung nahm, daß z. B. schon im Jahre 1882 in den Vereinigten Staaten von Amerika über 120 Millionen Paar Schuhe und Stiefel mit diesen Maschinen hergestellt wurden. Auch in Deutschland konnten selbst die kleineren Schuhmachermeister die Nähmaschine bald nicht mehr entbehren und das Befestigen der Sohlen mit Holznägeln sowie das Nähen der Schäfte und des Oberleders und das Einfassen mit der Nähmaschine ergab schon einen nicht unbedeutenden Fortschritt gegenüber der alten Arbeitsweise. Daneben entstanden aber auch in Europa in den letzten zwanzig Jahren mehr oder minder ausgedehnte Schuhfabriken.

586　Die Verarbeitung des Leders. Sattler, Schuh- und Handschuhmacher.

Aber alle diese Maschinen waren unvollkommene Hilfsmittel und ihre Leistungen standen der guten Handarbeit weit nach; sie schafften zwar billiger, aber schlechter. Aber bald wurden diese Maschinen verbessert, und zwar haben sich auch deutsche Fabrikanten, so unter andern die Firma Christian Mansfeld in Leipzig-Reudnitz, Verdienste um die Herstellung verbesserter Schuhmachereimaschinen und dazu gehöriger Hilfsgeräte erworben, so daß gegenwärtig in einer gut eingerichteten Schuhfabrik alle Arbeit auf das vorteilhafteste mit Maschinen ausgeführt wird. So werden die Sohlen mittels geeigneter Ausstanzmesser durch Pressen aus dem Leder herausgeschnitten; ebenso die Absatzflecke. Ferner werden die Sohlen in Pressen geformt, indem denselben die den Wölbungen der Fußsohle entsprechende Biegung mitgeteilt wird.

Fig. 959 zeigt eine vom Engländer Mc. Kay erfundene Sohlennähmaschine, welche die Sohlen durch Kettenstich mit Pechdraht aufnäht. Diese Maschine kann je nach Wunsch für Fuß- oder Dampfbetrieb eingerichtet werden und ist mit Spul- und Ritzmaschine sowie mit einem Pechapparat versehen.

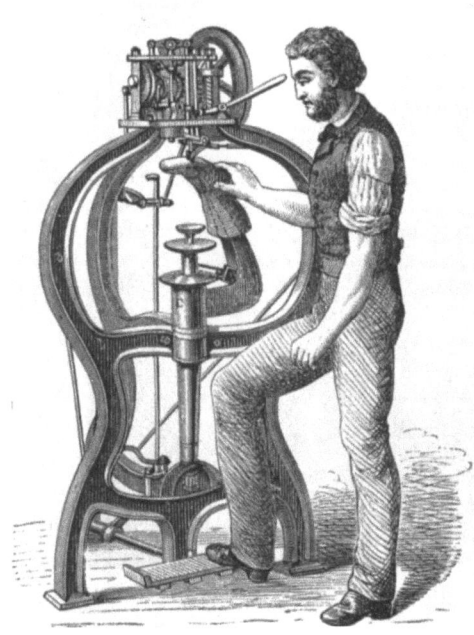

Fig. 959. Sohlennähmaschine, System Mc. Kay.　　Fig. 960. Sohlennähmaschine, System Mansfeld.

Mittels dieser Maschine können Sohlen an die Oberteile aller Arten von Schuhen oder Stiefel von jeder Größe und Stärke angenäht werden. Die Maschine paßt sich selbstthätig jeder Stärke des Leders an, das genäht wird, und regelt die Fadenspannung für einfache und für Doppelsohlen. Das den Schuh oder Stiefel tragende Horn der Maschine wird während der Arbeit mit Gas oder Spiritus geheizt, so daß der vorher gut gepichte Faden weich und biegsam ist; nach dem Durchziehen des Garns durch das Loch, welches die Nadel macht, ist dasselbe mit gepichtem Garn angefüllt, wodurch der Stich sehr fest wird und länger hält als bei Handarbeit. Man kann auf dieser Maschine bei Fußbetrieb täglich 3—400, bei Dampfbetrieb aber täglich 4—500 Paar Schuhe oder Stiefel nähen.

Fig. 960 stellt die verbesserte, weil sehr vereinfachte Maschine dieses Systems dar, welche den gleichen Stich wie die vorhergehende macht und ebensoviel leistet, aber wegen ihrer Einfachheit billiger herzustellen und leichter in Ordnung zu halten ist.

Lange Zeit hindurch hielt man es für unmöglich, solche Schuhsohlennähmaschinen anders als mit Kettenstich arbeiten zu lassen, aber seit der Erfindung der Steppstichmaschine durch den Deutsch-Engländer Keats ist dieses Vorurteil beseitigt worden. Während die frühere Nähmaschine die Fadenschlinge mittels eines Greifers bildet, wodurch Schlinge in Schlinge gelegt und so eine Art durch das Leder hindurchgezogene Fadenkette gebildet wird, arbeitet die Keatssche Maschine mit zwei Fäden, wovon der eine Faden sich auf der Spule eines Schiffchens befindet. Die Nähweise dieser Maschine wird aus Fig. 961, welche die Fadengänge deutlich zeigt, verständlich.

Fig. 962 stellt die Keatssche Steppstichmaschine, den sogenannten eisernen Schuhmacher dar; von derselben ist nunmehr schon eine große Anzahl in allen Ländern Europas im Gebrauche und es erfreut sich dieselbe überall des Beifalls der Schuhfabrikanten. Die Maschine ist verhältnismäßig leicht gebaut. Sie durchnäht Schichten von jeder Form und Dicke, ferner ebenso gut Sohlen der kleinsten Kinder- und feinsten Damenschuhe wie starker Mannsschuhe und sie ist auch für die Anfertigung von Militärstiefeln eine Mustermaschine geworden. Ebenso steppt diese Maschine vortrefflich die Kappen langschäftiger Stiefel, die

Fig. 961. Doppelsteppstich der Keatsmaschine.

Seitennähte von Schnür- und Jagdstiefeln, ferner näht sie die Sohlen an Binnensohlen von Segeltuch, und zwar, wenn nötig, mit einem gepichten Faden im Riß und einem ungepichten Faden auf der Brandsohle, so daß die Innenseite des Schuhs ganz dicht und ganz bleibt. Dies ist sehr beachtenswert für Filzschuhfabrikanten. Die Maschine näht auch Rahmen, Oberteile und Brandsohle zusammen, und zwar kann zur letzteren das dünnste Leder verwendet werden; sie näht hohe Absätze à la Louis XV. auf Damenstiefel und sie ist auch zum Besohlen alter Stiefel zu verwenden — kurz, die Keatssche Bauart ergibt eine wahre Universalmaschine. Im Steppen der Oberteile, Durchnähen aller Arten von Sohlen und Absätze von Schuhen und Stiefeln übertrifft dieselbe alle andern Nähmaschinen. Für andre Zwecke, wie für schwere Sattlerarbeiten sowie zum sogenannten Gelbdoppeln, ist die Keatssche Maschine, in geeigneter Weise abgeändert, ebenfalls sehr gut brauchbar.

Besonders wichtig sind auch noch die Maschinen, welche die Verwertung der kleinsten Lederabfälle für Absatzflecken ermöglichen. Auf diese Weise hat die Schuhmacherei allmählich einen ganz andern Charakter angenommen und das alte ehrwürdige Handwerk wird mehr und mehr zurückgedrängt. Man kann annehmen, daß eine gut eingerichtete Schuhfabrik mindestens mit einem Dutzend verschiedenartiger Maschinen arbeitet.

Im Vaterlande der Maschinenschusterei, den sogenannten Neuenglandstaaten Nordamerikas, sind die gewöhnlichen Meister, Gesellen und Lehrlinge so gut wie ausgestorben. Wo nur irgend möglich, ist in den Schuhfabriken die Handarbeit durch Maschinen ersetzt, die von Dampfkraft getrieben und großenteils von Frauenzimmern bedient werden. Da ge-

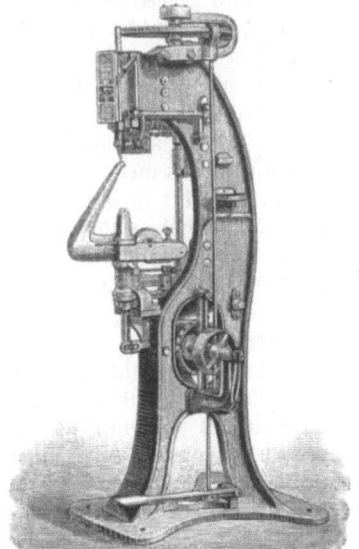

Fig. 962. Keats Schuhsohlennähmaschine.

schieht das Zuschneiden des Sohl- und Oberleders oder Oberzeugs durch Ausstoßen mit stählernem Schneidezeug, ähnlich wie es die Handschuhfabriken führen. Das Sohlleder ist vorher, statt ausgehämmert zu werden, durch ein schweres Walzwerk gegangen und die Häute in Streifen zum Vorlegen für die Ausschlagmaschine zerschnitten worden. Eine besondere Formmaschine preßt dann die Sohlen in die Form, die sie am fertigen Schuhwerk haben. Das Zusammennähen der Weichteile besorgen gewöhnliche Nähmaschinen; zum Aufbringen der Sohlen hat man verschiedene Wege. Nachdem Oberteil, Brandsohle und Sohle über einem Leisten zusammengebracht und durch Stifte und Pechdraht verloren befestigt sind, übergibt man das Stück entweder einer Maschine, welche mit Holzpflöcken nagelt, oder einer französischen Aufschraubmaschine oder einer Nähmaschine von besonderer Art und Stärke, welche mit einem Pechdraht näht und in wenigen Minuten mit einer Sohle fertig ist. Die Fabrikation der Absätze ist vielfach ein besonderes Geschäft. Eine Maschine, der man die zu einem Absatz gehörigen Lederscheiben zuschiebt, preßt dieselben zu einem Stück zusammen und durchbohrt sie zugleich mit einer Anzahl Löcher, worauf eine andre Maschinerie diese Löcher mit Nägeln versieht und den Absatz mit einem Ruck an seinem Bestimmungsorte festdrückt. Außerdem dient auch die Einschraubmaschine zum Befestigen der Absätze. Endlich geschieht auch das Abgleichen und Verputzen der Absatz= und Sohlen= ränder mittels raspelnder, schabender und glättender Hilfsmaschinen.

Die Maschinenschusterei wurde anfänglich meist zur Befriedigung des Heeresbedarfs eingeführt; gegenwärtig erstreckt sie sich bereits auf die Versorgung des ganzen großen Publikums. Am besten ausgerüstet sind die Fabriken zu London und Paris, welche nach mehreren Hundert systematisch abgestuften Modellen arbeiten, so daß wahrscheinlich ein jedes Individuum seine passende Beschuhung finden kann. Die große Fabrik von Latour in Paris hat denn auch einen so starken Ladenabsatz, daß die tägliche Einnahme über 10 000 Frank beträgt.

Auch in vielen deutschen Städten, besonders aber in den Werkstätten der Militär= bekleidungsämter, hat sich die Maschinenschuhmacherei schon eingebürgert. Zur Zeit arbeiten in Deutschland schon gegen 40, in Österreich=Ungarn etwa 25, in der Schweiz 10, in Frankreich 45, in Belgien 5, in Spanien 4, in Portugal 1, in Italien 3 und in Rumänien 7 Keatssche Schuhsohlennähmaschinen.

Wir fügen ein Verzeichnis der bedeutendsten Firmen, welche die Schuhfabrikation mit Maschinen betreiben, hier an:

Eduard Lingel in Erfurt, Otto Herz & Co. in Frankfurt a. M., S. Wolf in Mainz, Fr. Langenickel in Gotha, Korn & Bredt in Leipzig, J. C. Meischke & Söhne in Groitzsch bei Leipzig, R. Baumann in Sangerhausen, Maxim. Moritz Schmidt in Dresden, Alfred Fränkel in Mödling bei Wien, Adolf Falk & Co. in Wien, C. F. Bally & Co. in Schönenwerth bei Aarau (Schweiz).

Außerdem sind auch die Filzschuhfabriken nicht zu vergessen, von denen wir die fol= genden Firmen nennen:

Ferd. Fischer in Pegau, Karl Breiding & Sohn in Soltau (Hannover) und Gustav Engelhardt, Schuh= und Pantoffelfabrik in Zeitz u. s. w.

Auch die amerikanische und englische Schuhindustrie benutzt fast ausschließlich diese Maschinen, die für Deutschland von der schon oben genannten Firma Christian Mans= feld in Leipzig=Reudnitz gebaut und von der Keats=Maschinengesellschaft in Frankfurt a. M. vertrieben werden.

Glaceehandschuhe. Unter den Industrien der feineren Lederverarbeitung nimmt die Fabrikation der Handschuhe an Ausdehnung und Bedeutsamkeit ohne Zweifel die erste Stelle ein, um so mehr, als man eigentlich auch den ihr dienenden und von ihr groß ge= zogenen Zweig der Gerberei und Färberei als einen wesentlich zum Ganzen gehörigen Teil zu betrachten hat. Diese Fabrikation ist eine altfranzösische Industrie und wurde schon vor etwa 200 Jahren durch französische Emigranten, meistens aus Grenoble stammend, nach Deutschland, zunächst in die Städte Halberstadt, Magdeburg und Erlangen, verpflanzt. Noch jetzt ist Grenoble ein Hauptfabrikort dieses Artikels; ein volles Drittel seiner Einwohner ist darin beschäftigt. Paris hat sich später auch in diesem Fache an die Spitze gestellt, und hier war es besonders Jouvin, welcher der Fabrikation einen hohen Aufschwung gab und den Ruf der Pariser Handschuhe im Auslande begründete; von ihm ging die Methode des Zuschneidens mit Maschinen aus. Schon im vorigen Jahrhundert wurden französische Handschuhe von solcher Feinheit gefertigt, daß man sie in Eier und selbst in Nußschalen verkaufte, und noch jetzt thut sich die französische Ware in Feinheit und Eleganz hervor, während auch die deutschen Fabrikanten sich um die Verbesserung ihres Fabrikats redlich bemüht haben und namentlich auch durch die Haltbarkeit und Dauer desselben sich aus=

zeichnen, so daß sich der Absatz der aus Frankreich kommenden Handschuhe auf deutschem Markte schon ansehnlich geschmälert hat.

Die Verpflanzung der französischen Handschuhmacherei nach Deutschland fand am Ende des 17. Jahrhunderts durch ausgewanderte Franzosen statt, welche sich nach Berlin, Erlangen, Dresden, Prag ꝛc. wendeten. Vier solcher Emigranten gründeten 1702 in Berlin eine französische Handschuhmacherzunft, die 1844 noch bestand und neun Meister zählte. Das erste fabrikmäßige Unternehmen für Verfertigung französischer

Fig. 963. Fingerfach zum Handschuhnähen.

Handschuhe trat in Preußen erst 1828 zu Breslau ins Leben. In Prag begann 1784 die Fabrikation des Handschuhleders und der Handschuhe nach französischer Art; in Wien hob sich seit 1820 durch die Bestrebung zweier Franzosen, des Balmes und Jacquemar, die Handschuhfabrikation auf gleiche Höhe mit der französischen; schon 1823 gab es daselbst über 30 größere und kleinere mit Herstellung dieses Artikels sich beschäftigende Fabriken. Anerkannt muß aber werden, daß die bedeutendsten Erfindungen in diesem Fache stets von Frankreich ausgegangen sind.

In der französischen Glaceehandschuhfabrikation werden gegen 70000 Arbeiter beschäftigt, indem ebensoviel zur Zubereitung des Leders als zur Anfertigung der Ware selbst gebraucht werden. Die

Fig. 964. Daumenfach.

jährliche Produktion beträgt ungefähr 24 Millionen Paar im Durchschnittswert von 80 Millionen Frank.

Auch Österreich (Wien und Prag) treibt ein bedeutendes Handschuhgeschäft und versendet stark nach den Donaufürstentümern, Rußland ꝛc.

So einfach die Herstellung eines Handschuhes ist, da sie im wesentlichen nur aus dem Zuschneiden und Zusammennähen besteht, so ist auf die Vervollkommung dieses Zweigs doch so viel Fleiß und Studium verwandt worden, daß in Frankreich seit Anfang dieses Jahrhunderts nicht weniger als 80 verschiedene Patente in diesem Fache erteilt worden sind. Darunter zählt außer verschiedenen mechanischen Hilfsmitteln ein genaues Maß- und Numeriersystem, wodurch im Schnitt und Sitzen des Handschuhes eine große Genauigkeit erreicht ist.

Die Glaceehandschuhe werden aus den Fellen von Ziegen, Schafen und Lämmern fabriziert, an deren Lieferung sich fast alle Länder Europas beteiligen. Sachsen zeichnet sich hierbei dadurch aus, daß es die schönsten und gesuchtesten Zickel oder Felle von Jungziegen liefert. Die

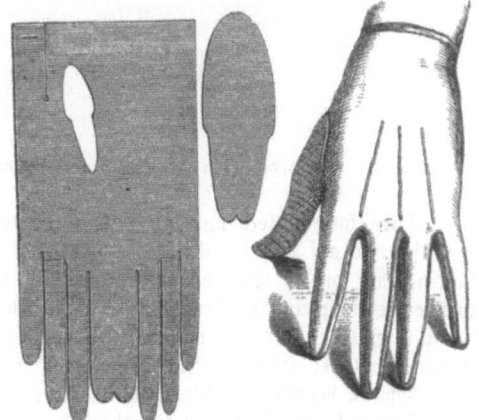

Fig. 965—967. Handschuhschnitt.
Lage der Nähte am gespannten Handschuh.

Zubereitung der Felle geschieht mit den Mitteln der namentlich in Berlin blühenden Weißgerberei, welche wir schon im V. Bande dieses Werkes betrachtet haben und deren Zweck ist, dem Leder die notwendige Weiche und Dehnbarkeit zu erteilen. Denn obwohl es das Ziel eines systematischen Zuschneiders ist, alle Modellierungen der Hand gleich in den Schnitt zu legen, so ist dies doch in der Praxis nicht völlig erreichbar; was noch fehlt, muß das Leder durch seine Dehnbarkeit hergeben. Das Färben der Felle geschieht jetzt zum Teil in besonderen Färbereien zur Bequemlichkeit der kleineren Handschuhschneider, welche nicht wie die großen Fabriken das Färben selbst besorgen können. Der sanfte Glanz der Glaceehandschuhe ist nicht das Ergebnis einer besonderen Bearbeitung, sondern beruht auf dem Wert des Leders und der mehr oder minder guten Gerberei.

Die zur Verarbeitung kommenden Felle sind auf ihrer Fleischseite noch rauh und faserig, dazu an verschiedenen Stellen von ungleicher Dicke; sie verlangen daher eine Ausgleichungsarbeit, die das Dolieren genannt wird. Das auf einer glatten Marmorplatte ausgebreitete Fell wird auf der ganzen Fleischseite mit einer breiten, sehr scharfen Klinge in ganz flachen Schnitten und schabend so lange überarbeitet, bis es glatt und so gleichmäßig dünn als möglich geworden ist. Erst nach dem Dolieren läßt sich die Brauchbarkeit des Leders vollständig beurteilen. Die Leder werden nun ausgestückelt, d. h. in Streifen von reichlich doppelter Handbreite zerschnitten. Diese Stücke (Etablions) reckt man in ihrer Längsrichtung vollständig aus, während man der Breite nach nichts dergleichen thut, und schreitet dann zum eigentlichen Zuschneiden. Dies geschah in früheren Zeiten mit der Handschere nach Vorzeichnung der Umrisse auf dem Leder.

Fig. 968. Hilfsmaschine zum Handschuhnähen. Vorderansicht.

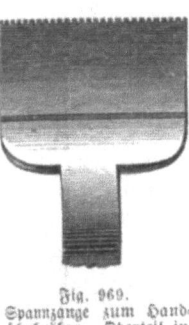

Fig. 969. Spannzange zum Handschuhnähen. Oberteil in Seitenansicht.

Dann kamen blecherne Patronen in Gebrauch, welche das Zeichnen ersparten, indem man sie nur auf das weiche Leder aufzudrücken brauchte, um die Umrisse sichtbar zu erhalten. Auf diesem Standpunkte mögen sich noch einzelne kleine Geschäftsleute befinden, welche die kostspieligen Vorrichtungen zum Maschinenzuschneiden nicht anschaffen können, die bei reinerem und schärferem Ausschnitt in gleicher Zeit 25mal mehr leisten als ein Arbeiter mit der Handschere. Dieses jetzt in allen größeren Anstalten eingeführte Zuschneidesystem benutzt als Werkzeug das Ausschlageisen. Auf einem Brette sind stählerne Schneiden mit der Schärfe nach oben so geformt und angeordnet, daß der ganze Umriß des Zuschnitts nebst dem Daumenloch gegeben ist (s. Fig. 963). Für das Daumenstück dient ein besonderer Durchstoß (s. Fig. 964). In dieses Schneidefach werden 4—6 Etablions gleichzeitig übereinander eingelegt, eine Deckplatte aufgebracht und das Ganze durch eine Walzenpresse geführt; der Zuschnitt ist dann fertig. Die Klingen sind vom besten Stahl mit besonderer Genauigkeit gearbeitet, und da man für jede Größennummer einen besonderen Satz haben muß, so begreift sich, daß dieser Apparat nicht unter 1800—2400 Mark anzuschaffen ist.

In einigen Pariser Fabriken verbindet man mit derartiger Zuschneibung zugleich eine Vorbereitung für das nachfolgende Zusammennähen. Neben den scharfen Kanten des Schnittfachs ziehen sich nämlich Reihen spitzer Stifte entlang, welche ebenso viele Löcher in die Ränder einstechen, so daß alsdann die Näherin nur den Faden in dieselben einzuziehen hat und der sonst gebräuchliche Nähkamm entbehrlich wird. Das Nähen soll hierbei noch flinker als sonst von statten gehen; das mehr zusammengesetzte Schneidezeug dürfte aber auch um so leichter Beschädigungen ausgesetzt sein.

Zum Nähen dient allgemein Seide und man bedient sich dabei einer kleinen Hilfsmaschine, welche nebst dem Nutzen, daß sie den Stoff festhält und der Arbeiterin beide Hände freiläßt, auch die Gleichförmigkeit der Stichfolge liefert. Fig. 968 zeigt das Maschinchen, welches auf einen Tisch oder Ständer geschraubt wird, von der schmalen, vorderen Seite. Es bildet eine Art breiter Zange, die durch den Druck einer Feder sich von selbst geschlossen hält, dagegen durch ein Trittbrett mit Zugschnur sich öffnen läßt. Es bestehen aber die oberen Stücke der Zange aus einem Paar Messingplatten, die sich nach Bedarf auswechseln lassen, und diese Platten haben da, wo sie zusammenstoßen, eine engere oder weitere Zahnreihe, wie dies aus der Fig. 969 gezeichneten Breitseite ersichtlich ist. Indem die Näherin die zu verbindenden Lederteile nur so viel über den Kamm hervorstehen läßt, als zur Bildung der Naht erforderlich, durchsticht sie den Stoff stets innerhalb der Lücken zwischen zwei Zähnchen, und dadurch erhält die Naht das gleichförmige, gefällige Ansehen, das besonders an den äußeren Steppnähten auf der oberen Handfläche vorwalten muß. Die ganze Vorrichtung ist übrigens nicht neu; sie wurde schon 1807 von James Winter in England erfunden und 1829 durch Jacquemar in Wien eingeführt.

In neuerer Zeit ist die Nähmaschine auch in die Handschuhfabrikation eingetreten und hat der Näherei ein andres Ansehen gegeben. Denn sollten auch nicht alle Partien und Zwickel des Handschuhes der Maschine zugänglich sein, so läßt sich doch offenbar die Maschinennaht für den größten Teil der Arbeit zu gunsten einer noch schnelleren Herstellung benutzen, als sie den eingeübten Näherinnen bereits möglich war.

Eine derartige, seiner Zeit von Bruno Rudolph in Berlin gebaute Nähmaschine zeichnet sich durch einen neuen, eigentümlichen und praktischen Zeugrücker aus, welcher ermöglicht, zwölf Paar Handschuhe in derselben Zeit, d. h. in acht Stunden, zu liefern, in welcher die geschickteste Näherin höchstens nur vier Paar fertig bringt. Der Hauptsache nach ist der Rudolphsche Zeugrücker ein Walzenpaar, welches die aufeinander gelegten Lederstreifchen gleichzeitig fortführt und der überwendlichen Durchnähung darbietet.

Eine Handschuhnähmaschine neuerer Art ist im Abschnitt über die Nähmaschinen Seite 530 (Fig. 894) dargestellt.

Das Dressieren oder Nacharbeiten der genähten Handschuhe besteht im Geradeziehen der etwa verzogenen Teile, im Abflachen der Nähte, im Pressen u. s. w. Der wichtigste Teil der Fabrikation aber bleibt immer das Nähen, eine Arbeit, welche Tausenden von Personen weiblichen Geschlechts eine mit gutem Verdienst verbundene Beschäftigung gewährt.

Die Handschuhfabrikation hat sich in den letzten zehn Jahren in Deutschland sehr entwickelt; Berlin hat sich ganz unabhängig von Paris gemacht; Württemberg (Eßlingen) liefert vorzügliche Ware auf den Weltmarkt, wo auch Böhmen eine große Rolle spielt.

Reich ist an Körnern wie an Spreu die Ernte; scheue
Nur nicht die Müh' und lies die Körner aus der Spreue.

Rückert.

Verarbeitung der Haare, Borsten und Därme.

Die Hutmacherei. Vorbereiten der Haare zur Erzeugung des Filzes. Das Fachen, Walken und Plattieren. Das Formen und Appretieren. Hammerfilze, Dachfilze u. s. w. — Borsten, Bürsten und Pinsel. Sortieren und Zurichten der Borsten. Einsetzen. Rauharbeit und eingezogene Arbeit. Pinselfabrikation. — Darmsaiten. Ihre Herstellung in Italien, Frankreich und Deutschland.

Die Erzeugung des Filzes. Das Haarkleid gewisser Tiere ist und war von jeher das beste Schutzmittel des menschlichen Körpers gegen die Einflüsse eines rauhen Klimas, möge nun das Haar oder die Wolle samt der Haut oder abgesondert verwendet werden. Die Tierhaare waren wohl die ersten Faserstoffe, welche die entstehende Industrie zur Verwendung brachte. Vom Kostüm des Bären-, Schaf- oder Ziegenfelles bis zu den Künsten des Spinnens und Webens ist aber ein großer Kulturweg, auf welchem viele kleinere Fortschritte Raum haben konnten, und es erscheint wenigstens die Vermutung nicht unzulässig, daß schon in der frühsten Zeit die Bereitung des Filzes, ein im Vergleich mit der Weberei so einfaches Verfahren, erfunden worden ist. Die Hutmacher haben einen vornehmen Patron, den heiligen Klemens, der der vierte Bischof von Rom war. Als dieser fromme Mann — so erzählt eine hübsche Legende — einst vor seinen Verfolgern auf der Flucht war, schmerzten ihn die Füße, und er suchte Erleichterung darin, daß er sich etwas Wolle zwischen Fußsohlen und Sandalen legte. Im Verlauf seiner weiteren Wanderung hatte sich die Wolle zu einem zusammenhängenden Ganzen gestaltet, es waren ein paar Filzsohlen entstanden, und da Klemens sah, daß die Sache gut war, sorgte er dafür, daß sie von Werkleuten weiter verfolgt und zu nützlichen Dingen angewandt wurde. Wenn nun

Der Hutmacher.

auch feststeht, daß die Filzmacherei nicht auf solche Entstehungsgelegenheit hat warten müssen, so zeigt diese Legende doch, wie leicht man überhaupt irgend einmal darauf verfallen konnte. Die tatarischen Nomadenvölker der asiatischen Steppen lebten wohl seit Jahrtausenden ganz in derselben Weise wie heute und verfertigen sich auf dieselbe Art wie vor Jahrtausenden ihren Filz zu den Zelten, unter denen sie wohnen, sowie ihre eiförmigen Hüte. Ebenso alt ist der Filzhut bei den Chinesen, und daß die Griechen und Römer Filzhüte trugen, ist ausgemacht. Die Causia, makedonischen Ursprungs, war ein Hut mit runder Kuppe und breiter nach oben gebogener Krempe, von einer Form, die sich auch heute noch mitunter sehen läßt. In Frankreich datiert man den Gebrauch der Filzhüte von Karl VI. an.

Durch bloßes Zusammendrücken, Reiben, Klopfen, Bürsten und ähnliche mechanische Bearbeitung lassen sich nämlich, zumal unter Einfluß von Wärme und Feuchtigkeit, Wolle und andre Tierhaare dergestalt ineinander wirren, daß ein fest zusammenhängender Stoff, wenn entsprechend bearbeitet, von bedeutender Widerstandskraft gewonnen wird.

Fig. 971. Ein Biberhaar unter dem Mikroskop.

Über das Wie und Warum dieses Erfolgs konnte aber erst das Mikroskop Aufschluß geben; es zeigte, daß die Tierhaare keineswegs einfache Röhrchen, sondern daß sie auf ihrer ganzen Oberfläche mit feinen, schräg aufwärts gerichteten Spitzen oder statt dessen ebenso gestellten ringelartigen Schuppen besetzt sind. Diese Ansätze wirken wie die Grannen einer Gerstenähre, vermöge welcher diese bekanntlich in dem Ärmel bald bis zur Achsel emporkriecht; sie gestatten die Ineinanderschiebung in einer Richtung, bilden aber ebenso viele Riegel gegen das Rückwärtsgehen.

Der Hutmacher ist der hauptsächlichste Filzarbeiter; denn wenn auch jetzt noch ein Teil der Männerwelt Seidenhüte trägt, d. h. solche, die aus einer Unterlage von Filz oder künstlich gesteiftem Zeug und einem Überzug von Seidenstoff (Felbel) bestehen, so bleibt ein ganz aus Filz bestehender feiner Hut doch immer ein wertvolles Stück und wird auch trotz aller Wettbewerbung immer seine Liebhaber behalten. Übrigens sind auch die Filzunterlagen der Seidenhüte Erzeugnisse der gewöhnlichen Hutmacherarbeit. Ein Teil der Hutmacherei sorgt übrigens auch für die Warmhaltung der Füße durch Socken und Filzstiefel, meistens eine gröbere Filzarbeit, aus der sich erst in jüngerer Zeit

Fig. 972. Das Fachen mit der Hand.

auch feinere, auf Eleganz Anspruch machende Erzeugnisse entwickelt haben.

Den gewöhnlichen Rohstoff zu Filzhüten bilden Hasen- und Kaninchenhaare, letztere für geringere Hüte. Auch die fast ganz ausgestorbenen Kastorhüte erhalten eine Unterlage von geringem Filz, die teuren Biberhaare bilden stets nur eine dünne Oberflächenschicht oder sogenannte Plattierung. Unechte Kastorhüte, in welchen der Biber durch das Haar der Fischotter, der Moschusratte oder noch andrer kleiner amerikanischer Pelztiere vertreten ist, fertigt man namentlich in England. Zu gröberen Hüten nimmt man Lammwolle und Kamelhaar, auch wohl solches von Kälbern. Etwas feine Lamm- oder Vigoniawolle bildet übrigens einen stehenden Zusatz auch bei feineren Hutfilzen, um eine leichtere Verarbeitung zu erzielen. Denn nicht alles Haar filzt sich gleich gut, am besten immer die Schaf- und Vigoniawolle. Das Hasenhaar muß sogar, um es zum Kräuseln und Verfilzen geneigter zu machen, einer Vorbereitung durch Beizen unterworfen werden. Die Beize (mit einem überflüssigen, sprachlich auch ganz falsch gebildeten Fremdwort auch Secretage genannt) besteht aus einer Lösung von Quecksilber in Scheidewasser mit Zusatz von Ätzsublimat und weißem Arsenik und wird auf das Haar gebracht, während es noch am Felle sitzt. Das Abhaaren geschieht seltener durch Ausrupfen, wobei die langen Stachelhaare stehen bleiben und nur das weiche Unterhaar gewonnen wird; meistens stutzt man die langen Haare mit einer Schere ein und nimmt dann den ganzen Haarbesatz mit einem scharfen Messer ab. In England benutzt man zur Enthaarung auch Maschinen mit auf- und niedergehendem Messer, welche mit großer Sauberkeit arbeiten, ohne in die Haut zu schneiden. Von den Langhaaren des Biberfells darf gar nichts in die Filzmasse kommen; man rupft sie daher vor dem Scheren sorgfältig mit der Hand aus.

Beim Haarschneiden entnimmt man von den verschiedenen Körperteilen verschiedene Sorten; die Rückenhaare sind bei jeder Tierart die besten. Sondern und Mischen ist überhaupt bei der Hutmacherei von Wichtigkeit. In größeren Fabriken benutzt man zum Trennen gröberer und feinerer Fasern sowie zur Vermischung verschiedener Gattungen auch eine Maschine, ein Blasewerk nach dem Prinzip der gewöhnlichen Kornfege. Die erste Bearbeitung der Haare, das Fasern und Reinigen, erfolgt bei Handbetrieben durch Schlagen derselben auf geflochtenen Horden mit Stäben, sonst auf einer Maschine mit Reißkrempelwalzen.

Das Filzen. Die erste die Verfilzung einleitende Behandlung bildet das Fachen, wodurch das Haar aufgelockert, von Staub und den gröbsten Borstenhaaren befreit und zugleich die parallele Lage der einzelnen Fasern zerstört wird. Auf eine auf dem Werktische stehende, aus dünnen Leisten zusammengesetzte Hürde, durch deren Zwischenräume der Staub u. s. w. durchfallen kann, wird die zu einem Hute erforderliche abgewogene Menge Haare gebracht und der Fachbogen in Thätigkeit gesetzt. Dieser letztere gibt das Bild eines Baßbogens im vergrößerten Maßstabe, denn der Bogenstock ist $1{,}6-2$ m lang und zur Erleichterung der Hand hängt das Werkzeug an einer von der Decke herabgehenden Schnur. Mit einem Holzspatel schnellt nun der Facher die starke Darmsaite des Bogens fortwährend an und läßt sie gegen und in die Haare schwirren. Während er anfänglich dieselben mehr hin und her treibt, leitet er späterhin die Saite so, daß sie emporgeschleudert werden und im Herabfallen eine sehr lockere, überall möglichst gleichdicke Schicht bilden. Im Fortgange der Bearbeitung einer Hutportion wird dieselbe in zwei Hälften geteilt und jede derselben mit dem Fachbogen besonders weiter behandelt. Ist endlich der gewünschte Grad von Lockerung und Klärung erreicht, so formt der Arbeiter durch geschickte Führung seines Bogens aus den zwei Hälften zwei dreieckige, lockere Lagen, deren Seiten aber nicht geradlinig, sondern gebaucht sind. An diesen sogenannten Fachen beginnt nun das Filzen mittels einer Art Sieb, das vorsichtig auf die Haarschichten gesetzt und dessen Boden behutsam nach allen Richtungen hin gedrückt und getrieben wird; hierdurch gewinnt das Fach schon so viel Zusammenhang, daß es als ein Ganzes weiter bearbeitet werden kann. Zwei bis drei Paar solcher Fache werden nun mit Wasser eingesprengt und übereinander gelegt, jedoch abwechselnd mit gleichgeformten Blättern von starkem, geleimtem Papier (Filzkerne), darauf der Stoß in ein gleichfalls nasses Tuch geschlagen und das Bündel längere Zeit durch Drücken und Kneten mit den Händen bearbeitet. Die spinnwebartigen Filzblätter erhalten dadurch so viel Zuwachs an Bestand, daß sie nunmehr paarweise zusammengearbeitet, d. h. an je zweien ihrer Ränder verbunden werden können, so daß eine große kegelförmige Mütze oder die Form eines Filtrierbeutels von 1 m Höhe entsteht; die Verbindung geschieht wieder durch Verfilzen. Man legt zwischen zwei Stücke einen papiernen Filzkern, der aber jetzt kleiner ist, so daß man zwei Ränder umschlagen kann, die deshalb schon beim Fachen dünner gehalten wurden. Durch Einschlagen in das Filztuch, Drücken, Rollen und dergleichen Handhabungen unter häufigem Benetzen mit angesäuertem Wasser wird der Zweck erreicht, zwei Stücke ohne Naht zu einem zu verbinden. Zeigen sich hierbei dünne Stellen, so werden solche durch Auflegen und Einfilzen von Stückchen besonderer dünner Fache (Bußfache) aufgebessert.

Die weitere Verdichtung der Filze erfolgt vermittelst des Walkens. Die Walktische für eine Anzahl Arbeiter sind um einen Kessel geordnet, der die Walkbeize enthält, und ihre Flächen sind nach dem Kessel zu abschüssig. Die Beize, die beständig nahe an der Siedhitze zu halten ist, besteht aus Wasser mit einem Zusatz von Schwefelsäure oder Weinhefen. In diese heiße Flüssigkeit werden die Filze häufig getaucht und dann auf dem Walktische mit den Händen und dem Rollholz tüchtig und nach allen Seiten bearbeitet, bald auf der äußern, bald nach erfolgter Umwendung auf der innern Seite. Hat die Verdichtung und

Das Filzen. 595

Verkleinerung schon bedeutend zugenommen, so kommt eine ganz steife, häufig in die heiße Beize getauchte Bürste in Anwendung, die unter wachsendem Drucke in der Runde geführt wird. Die Bürste entfernt zugleich die herausstehenden Stachelhaare und gibt eine Art Lüster. Abreiben mit Bimsstein ist ein weiteres gewöhnliches Mittel zur Entfernung der langen gröberen Haare; man bedient sich hierzu neuerdings auch einer Maschine, welche die auf ein Futter gezogenen Filzkegel rasch, leicht und säuberlich mit schraubenförmig auf einer laufenden Welle sitzenden Messerklingen rasiert. Die Bearbeitung eines Hutes in der Walke erfordert etwa drei bis vier Stunden, und der geschickteste Arbeiter kann in einem Tagewerke nicht mehr als drei Hüte walken, und da dies Geschäft in der Dampfatmosphäre eines heißen Kessels betrieben wird, so leuchtet ein, daß der Hut schon während seines Entstehens ein schweißtreibendes Mittel ist.

Fig. 978. Hutwalkerei.

Die Wirkung des Walkens ist eine sehr bedeutende Verdichtung des Filzkörpers, begleitet von einer entsprechenden Größenverminderung, und zwar geht letztere so weit, daß das Format des Filzes fast um zwei Drittel der anfänglichen Größe schwindet. Bei Kastor- und andern plattierten Hüten geschieht die Plattierung während des Walkens; man belegt den Filz sauber mit einem dünnen Fach des edleren Stoffs und walkt beide Schichten in eins.

An das Walken schließt sich gleich das Formen, wobei dieselben Werkzeuge und dieselbe Walkbeize dienen. Um die Spitze der Filzkappe verschwinden zu lassen, drückt man sie zunächst nach innen, dann wieder in geringerem Maße nach außen, dann wieder einwärts und so fort, bis sie gänzlich zu einer Anzahl ringförmiger Falten eingeschrumpft ist, welche nunmehr durch energisches Walken mit den Händen unter häufiger heißer Benetzung zum

75*

Verschwinden gebracht und zu dem flachen Deckel umgeformt werden. Dann wird der Hut über eine Holzform gezogen und alle Teile genau an dieselbe angearbeitet, nahe zu unterst aber eine Schnur umgelegt und darüber der Rand aufgekrempt.

Die somit gewalkten und geformten Hüte kommen nun nach Erfordernis in die Farbe. Das Färben hat, wenigstens bei Haarfilz, seine Schwierigkeiten, geschieht aber mit denselben Mitteln, die auch der gewöhnliche Färber anwendet. Das Schwarzfärben erfordert etwa zehn Stunden, während welcher Zeit die Hüte in dem heißen Farbkessel fleißig umgelegt, auch zwischendurch einmal an die Luft gesetzt werden müssen. Nach Befreiung der Hüte von der lose ansitzenden Farbe durch vieles Wasser werden sie in erwärmtem Raume getrocknet und dann geglänzt, d. h. über einer Holzform mit nassen Bürsten immer in derselben Richtung übergangen. Nach abermaligem Trocknen folgt das Steifen. Die Hüte werden dabei auf der Innenseite mit einer Appretur getränkt, die, sonst aus Leim und Gummi u. dergl. bestehend, jetzt wohl allgemein durch eine wasserdichte Steife ersetzt ist, deren Hauptinhalt eine weingeisthaltige Schellacklösung bildet. Nach dem Steifen folgt das Zurichten, wobei der Hut seine vollendete Form, den Strich und Glanz des Haares erhält. Das Bügeln, unter abwechselnder Anwendung von Bürsten, bildet beim Zurichten eine Hauptsache; auch rupft man dabei die noch vorstehenden steifen Haare mit einer Zange aus. Meistens bedient man sich beim Bügeln einer Art Drehbank; der Hut ist auf

Fig. 974. Formen des Hutes.

eine an der Spindel sitzende Form gezogen und läuft immer in einer Richtung gegen das angehaltene Bügeleisen. Für das Bügeln der Deckelfläche hat die Drehbank eine zweite, aufrecht stehende Spindel. Schließlich wird der Hut staffiert, d. h. auf der Nähmaschine eingefaßt, mit dem Futter und anderm Beiwerk versehen.

Bei den glanzlosen Filzhüten werden die über den Grund des Filzes heraustehenden Härchen nicht beibehalten, sondern durch Schleifen mit Bimsstein weggeschafft; und man läßt sie entweder weich oder härtet sie ebenfalls durch eine wasserdichte Steife. Hierbei verfährt man so, daß der Hut mit der Schellacklösung getränkt und dann in Wasser gesteckt wird. Das Wasser bezweckt die Ausscheidung des Schellacks aus dem Spiritus, und die Steife dieser Hüte besteht somit aus einer im Filze steckenden Schicht pulverförmigen Schellacks.

Dies wäre in kurzen Andeutungen der Gang bei der Herstellung der Filzhüte in der alten handwerksmäßigen Weise. Gleich vielen andern Handwerkszweigen ist aber auch die Hutmacherei dem Zeitdrange gefolgt, indem sie sich unter Zuhilfenahme geeigneter Maschinen in einen fabrikmäßigen Betrieb umwandelte und ihre Erzeugnisse möglichst schnell und billig herzustellen suchte. Insbesondere haben die Pariser Hutfabrikanten Laville und Crespin bezügliche Verbesserungen in die Praxis dieses Betriebes eingeführt. Das Mischen der Haare erfolgt nunmehr in einer Reihe von miteinander verbundenen Schränken. Die Haare werden auf ein endloses Tuch gelegt, von welchem sie durch Walzen einer mit Schlagflügeln versehenen, schnell umlaufenden Welle überliefert werden, welche sie in den ersten Schrank treibt. Eine Fache unterstützt die Bewegung, und so kann man durch die Glasfenster der Schränke die zu mischenden und zu reinigenden Haare wild durcheinander wirbeln sehen, wobei die zu kurzen und zu dicken, die sich für die Verfilzung nicht eignen, zu Boden fallen und in Schubkästen sich sammeln.

Die so behandelten Haare werden hierauf einer Fach- und Filzmaschine, französisch bastisseuse genannt, überliefert, welche die oben beschriebene mühsame und zum Teil auch ungesunde Arbeit des Fachens und Verfilzens auf eine sehr zweckdienliche Art ausführt. Zu diesem Ende werden die (wie eben beschrieben) vorbereiteten Haare, die eine wollartig lockere Masse bilden, von Frauen abermals auf ein endloses Tuch T (s. Fig. 972) ausgebreitet und von diesem gegen ein Paar sogenannte Speisewalzen V geführt, welche die

Das Filzen.

Haarmasse einer umlaufenden großen Bürste übergeben. Bei der so erfolgenden Weiterbewegung gelangen die Haare in einen Kanal A, der sich allmählich in senkrechter Richtung verengt und in einen langen senkrechten Spalt endet, vor welchem eine große kupferne Glocke C steht.

Fig. 975. Fach- und Filzmaschine.

Diese Glocke ist mit zahllosen kleinen Löchern versehen, so daß sie eine Art Sieb bildet, mit einem feuchten Tuche überdeckt und dreht sich langsam um ihre senkrechte Achse auf einem in sie einmündenden kastenartigen Untersatze, aus welchem mittels einer Luftpumpe die Luft gesaugt und so in der Glocke ein luftverdünnter Raum gebildet wird.

Im Kanale A werden die Haare von einem kräftigen Luftstrom erfaßt, aus dem Spalte heraus gegen die Glocke getrieben und von dieser alsbald angesaugt, so daß sie sich auf dem letztere bedeckenden feuchten Tuche filzartig zusammenhäufen, wobei sie allmählich den ganzen Umfang der Glocke gleichmäßig überdecken. Damit die auf diese Weise sich bildende glockenartige Haarschicht eine gleichmäßige Dicke erhalte, ist der Spalt nicht gleichzeitig in seiner ganzen Länge geöffnet, indem der die Maschine bedienende Arbeiter anfänglich den oberen Teil des Spaltes mit einem passend geformten Brette R abschließt und nur nach und nach öffnet, so daß die Haarschicht an der Spitze der Glocke sich zuletzt anlegt und nicht dicker werden kann als am Fuße derselben. Schließlich wird die so mit einem lockeren Haarfilz überkleidete Glocke mit einem feuchten Tuche umhüllt, vom Ständer abgenommen und in angesäuertes Wasser eingetaucht, wodurch die Filzmasse an Zusammenhang gewinnt und von der Glocke abgezogen werden kann. Die so erhaltene Masse muß noch gedichtet werden, und diese Bearbeitung führt eine Walkmaschine aus, welche die Filzkegel haufenweise mit einer grobgezahnten Walze durcheinander arbeitet.

Durch das Walken gehen mehrfache Veränderungen mit dem Filze vor; er erhält nicht nur einen sehr hohen Grad von Festigkeit und Dichtheit, sondern sein Umfang wird dabei auch um fast zwei Drittel der früheren Größe vermindert.

Nach dem Walken folgt das Formen und die Appretur, welche letztere das Färben, Glätten und Bügeln oder Zurichten umfaßt; den Schluß macht das Staffieren, worunter man das Einfassen des Randes mit Band, das Einnähen des Futters und Schweißleders und sonstige Nebenarbeiten versteht.

Das Glätten oder Bimsen der Hüte wird mittels der in Fig. 976 abgebildeten Vorrichtung ausgeführt. Der Filz wird dabei über cylindrische, oben gewölbte Formen F gezogen, welche sich in einer rasch drehenden Bewegung befinden, wobei der Arbeiter den zum Glätten benutzten Bimsstein daran drückt. Das Glätten der Ränder erfolgt, indem der Hut in eine hohle Form gesteckt wird, wobei der Rand sich auf einen um die Hohlung befindlichen Vorsprung auflegt.

Die größten meist mit Maschinen arbeitenden Hutfabriken weist jetzt Deutschland in Leipzig, Offenbach, Frankfurt a. M., Elbing, Altona u. s. w. auf. Die in dieses Fach einschlagenden Maschinen werden besonders gefertigt in Offenbach, Bremen u. s. w. Auf den Weltausstellungen bildet die Schnellfabrikation von Hüten einen Hauptanziehungspunkt für die Besucher, und wie 1867 in Paris, so war auch 1873 in Wien ein Maschinensortiment in Thätigkeit, welches Hüte in 15—20 Minuten fertig stellte. Natürlich sind sie auch danach gewesen. Hüte von einiger Dauerhaftigkeit lassen sich mit den neueren Mitteln wohl in etwa drei Stunden herstellen, wohlgemerkt, wenn sie weiß bleiben sollen, denn das Färben allein nimmt, wie gesagt, mehr als dreimal soviel Zeit in Anspruch.

Außer der Hutmacherei gibt es noch einige Filz erzeugende und verarbeitende Industrien, bei welchen von der Tafelform der Filze ausgegangen wird. Der Gang der Sache ist dabei gewöhnlich so, daß in einer Krempelmaschine Watten erzeugt werden, die man dann von einer Walkmaschine, mehrfach übereinander gelegt, zu Filz zusammenarbeiten läßt. Vermöge neuer Maschinen hat man in Länge und Breite solcher Filze einen großen Spielraum. Eine besondere hochwertige Ware dieser Gattung bilden die Hammerfilze zum Überziehen der Klavierhämmer. Der Stoff hierzu ist lediglich Wolle von Edelschafen, und eigentlich sollen nur die Esterhazyherden in Ungarn das recht taugliche Haar hierzu liefern. Andre Filze dienen zerschnitten zu Sohlen und andern kleinen Gegenständen oder gefärbt zu Regenmänteln u. dergl., sowie bedruckt zu Teppichen und Decken. Gedruckte Filzteppiche bilden eine moderne, sehr geschmackvolle Waare. Andre feinere Filze werden durch Tränken mit Firnis und Lackieren in die sogenannten Lackierfilze umgewandelt und zu Mützenschirmen, im Kutschenbau u. s. w. verwandt. Endlich haben auch die gröbsten Filze ihre sehr nützlichen Verwendungen, z. B. mit Asphalt getränkt als Dachfilz, bei Schiffsbauten als Unterfutter für den Kupferbeschlag, an Dampfcylindern und Dampfrohren als Wärme haltender Überzug.

Borsten, Bürsten und Pinsel. Es ist eine absonderliche Fügung der Dinge, daß gerade das unflätigste Tier, gleichsam zur Sühne seiner Untugend, in seinem Rückenbesatz einen Rohstoff hergeben muß, den jeder einzelne zur Pflege der Sauberkeit und des Glanzes seiner Erscheinung fort und fort bedarf und keinen Tag missen möchte, der einer Reihe von

Das Buch der Erfindungen. 8. Aufl. VI. Bd.   Leipzig: Verlag von Otto Spamer.

Kunstreiche Hutformen.
Entworfen von Architekt G. Rehlender in Berlin.

Industriezweigen bei ihren Arbeiten unentbehrlich ist und der selbst zur Herstellung gemalter Kunstschöpfungen seine Hilfe leiht. Die Borste hat in der That eine gewisse kulturhistorische Sendung und Bedeutung; sie ist um so unentbehrlicher, als sie in ihrem eigensten Berufskreise durch nichts andres völlig zu ersetzen ist, und so ist es natürlich, daß der Begehr nach Borsten und ihr Kaufwert eine fortwährende Richtung zum Steigen haben. Der Borstenhandel bildet einen ganz bedeutenden, weitgreifenden und große Summen umsetzenden Geschäftszweig, und es dürfte nicht jedermann geläufig sein, daß ein Pfund Borsten bester Sorte etwa 7—8 Mark zu kosten pflegt, mithin eines der mächtigen Fässer, in denen die Ware gesondert und ungesondert in den Großhandel kommt, einen Wert bergen kann, der an die 3000 Mark hinanreicht.

Fig. 976. Glätten der Filzhüte.

Die meiste Bedeutung für die Bürstenbinderei haben die Rückenborsten; ihr Wert wird bedingt durch ihre Länge, Straffheit und Elastizität, ferner auch durch die Farbe, so daß die weißen bei gleicher Beschaffenheit mehr gelten als die grauen, rötlichen, gescheckten und schwarzen, obgleich die letzteren in der Regel die längsten und strafften sind. Weiche Borsten von andern Teilen des Tieres sowie von jungen Schweinen finden, wie auch Ziegenhaare, ihre Verwendung zu den milden Samt- und Möbelbürsten, und auch die Schweinswolle und der übrige Abgang werden nicht weggeworfen, sondern auf verschiedenen Wegen noch nutzbar gemacht. Pferdeschweifhaare bilden ebenfalls einen Rohstoff für die Bürstenfabrikation; sie dienen zu Glanz- und Zahnbürsten, und die schwarzen sind die an Güte vorzüglichsten. In neuerer Zeit hat merkwürdigerweise ein Erzeugnis des Pflanzenreichs für die Borstenindustrie einige Bedeutung erlangt. Die Piassava in Südamerika, eine oder vielmehr zwei Palmenarten, liefern, die eine starke braune, die andre feinere weiße Fasern von bedeutender Härte und Zähigkeit, wenn auch nicht ganz so elastisch wie Borsten. Während man aus den starken Fasern sehr dauerhafte Kehrbesen fertigt, benutzt man die feinen auch zu Bürsten, entweder im Gemisch mit Borsten oder auch allein, und es zeugt für die Besonderheit dieses Pflanzenstoffs, daß der Nichtkenner sich über seine wahre Herkunft fast regelmäßig täuscht und Fasern von Fischbein zu sehen glaubt. Mehr Bedeutung noch als die Piassava hat die Kokosnußfaser für Bürsten erlangt; England führt jetzt hiervon größere Gewichtsmengen ein als von Borsten.

Im allgemeinen sind die Borsten von Schweinen nördlicher Länder die wertvollsten. Die besten kommen aus Polen und Rußland; Norddeutschland, Ungarn u. s. w. liefern Mittelware; Frankreich, England und selbst Amerika müssen starke Borsten vom Auslande kaufen, und es gehen dahin alljährlich große Mengen über den deutschen Markt. Bei den Engländern verursacht weniger das Klima den Borstenmangel, als der Gang ihrer Viehzucht. Sie haben ihre alten Landschweinerassen aussterben lassen und züchten kolossale Fettschweine, die nichts weniger als Borsten tragen.

Auf den Wert der Ware hat auch schon die Art der Absonderung Einfluß; die kalt ausgezogenen Borsten haben den Vorzug vor den abgebrühten, die durch das heiße Wasser in der Güte beeinträchtigt sind. Eigentümlicherweise bringt Kalk der Borste diesen Nachteil nicht, daher sind die Kalkborsten, d. h. welche durch Behandeln der Häute mit Kalk losgemacht werden, den Käufern angenehm.

Die Fleischer bringen den ganzen Hautbesatz des Schweines zum Verkauf; die Zwischenhändler entfernen zunächst die Wollhaare durch Ziehen über einen stehenden stählernen Kamm und sondern das Brauchbare dann gewöhnlich nach der Verschiedenheit der Farbe und jede Farbe für sich wieder in eine erste, zweite und dritte Gattung. Der Bürstenfabrikant muß für seine Zwecke noch gründlicher reinigen und sondern, er wendet wieder den Kamm an und scheidet dann längere und kürzere, weichere und stärkere Borsten voneinander. Alle Sonderungsarbeit erfolgt einfach mit der Hand, jedenfalls eine langweilige Beschäftigung, die überdies große Aufmerksamkeit und lange Übung erfordert. Ein englischer Borstenhändler hat sich bemüht, das Sondern auf eine Maschine zu übertragen, die mit einer Menge von Zängelchen die Borsten aus einer vorbeigehenden Hechel einzeln herausziehen und in zehn Längen von je 6 mm Unterschied scheiden soll. Die Borsten gelangen dann auf quergeriefte Tafeln, in deren feinen Rinnen immer nur eine bestimmte Stärkenummer liegen bleibt. Wir wissen nicht zu sagen, ob der Engländer mit seiner verwickelten Maschine etwas praktisch Brauchbares erreicht hat.

Das nötige Reinwaschen der Borsten vor ihrer Bearbeitung pflegt mit heißer Alaunlösung zu geschehen; man spült sie dann in reinem Wasser und setzt sie längere Zeit der Luft und Sonne aus, um ihre Weiße zu erhöhen. Man hält sie dabei feucht, bedeckt sie auch wohl mit Glastafeln. Einige Arten Borsten nehmen dann durch die Sonnenbleiche eine reine Weiße an; sicherer führt jedoch eine Schwefelbleiche zum Ziele, und man vollzieht dieselbe, indem man die mit heißer Seife gereinigten Borsten einen bis zwei Tage in eine gesättigte Auflösung schwefliger Säure in Wasser legt, dann nochmals mit Seife wäscht, spült und unter Glas der Sonne aussetzt. Hierbei erhalten die Borsten neben vollkommener Weiße einen schönen Seidenglanz, der ihnen schon den Charakter einer Luxusware verleiht.

Manche Borsten werden nach der Bleiche noch gefärbt, indem man sie erst in eine heiße Beize von Alaun- oder Eisenlösung und darauf in eine ebenfalls erhitzte Farbebrühe von Blauholz, Pernambuk, Indigo u. dergl. einlegt. Damit die bunten Farben gut aussehen, müssen die Borsten natürlich weiß sein; graue, rötliche, gelbe, gescheckte u. s. w. eignen sich nur für Schwarzfärbung.

Der Rohstoff und die Ausarbeitung der Bürstenwaren richtet sich natürlich nach ihrer Bestimmung und dem dafür zu zahlenden Preise; es ist eine lange Reihe vom gröbsten bis zum feinsten. Bei geringen Bürsten, Borstwischen und Besen dient zur Fassung gewöhnliches Hartholz, Buche oder Eiche, in der natürlichen Färbung, bei besseren Sorten werden die gewöhnlichen Hölzer mit Furnieren von feineren Hölzern belegt, Lackierung u. dergl. tritt hinzu, die Oberseite bekommt eine Deckplatte zur Verbergung der Einziehdrähte u. s. w.; bei ganz feinen Sorten kommt oft sehr geschmackvolle eingelegte Arbeit in Anwendung, wozu gebeizte Edelhölzer, Perlmutter, Elfenbein u. s. w. gebraucht werden. Zahn- und ähnliche Bürsten faßt man in Knochen und die feineren in Elfenbein, in welches nicht selten zierliches Schnitzwerk gearbeitet wird. Die Fassungen werden mit der Säge zugeschnitten, durch Raspeln, Feilen, Abziehen mit Ziehklingen, Schleifen mit Glaspapier vorgerichtet und ausgearbeitet. Für geschweifte Bürstenhölzer hat man eigne Sägemaschinen, die auf krummen Schnitt eingerichtet sind.

Zum Einsetzen der Borstenbüschel sind in die Fassungen Löcher zu bohren. Dies geschieht in alter Weise durch Handbohrung mittels einer Brustleier, viel besser aber auf der Drehbank, an deren Spindel der Löffelbohrer angebracht ist, während die Fassung ihm entgegen geführt wird. Auf diesem maschinenmäßigen Wege kann ein Arbeiter täglich gegen 60000 kleine oder gegen 50000 größere Löcher erzeugen. Die Löcher stehen in Längsreihen, doch so, daß immer ein Loch der einen Reihe der Lücke zwischen zwei andern gegenüber ist, und außerdem sind häufig nur die Mittelreihen senkrecht, die nach außenhin zunehmend schräger gestellt. Auf der Bohrmaschine kann die Fassung mittels Schraube und Gradzeigers in die erforderliche Schräglage gebracht werden, doch bohren geübte Arbeiter auch aus freier Hand richtig, indem sie das Arbeitsstück in den Händen halten.

Das Einsetzen der Borstenbüschel in die Bohrlöcher geschieht in zweierlei Weise, entweder durch die sogenannte Rauharbeit oder durch die eingezogene Arbeit. Bei letzterer gehen die Löcher durch die ganze Fassung, bei ersterer nicht. Der Rauharbeiter teilt seine Borsten in gleiche Bündel, bindet sie am Wurzelende mit Zwirn fest zusammen, taucht dann jedes einzelne mit dem gebundenen Ende in heißes Pech und drückt es drehend in das Loch hinein. Bei der eingezogenen Arbeit dient Bindfaden oder Messingdraht zum Einholen und Festhalten der Borsten in der Weise, daß man den Faden oder Draht doppelt gelegt, also eine Schlinge bildend, von der Rückseite her durch ein Loch schiebt, das Borstenbündel so einlegt, daß seine Mitte genau auf dem Loche liegt und dann den Einzug bewirkt, durch den die Borsten in der Mitte zusammengebrochen werden. Zur gleichförmigen Abstutzung des Borstensatzes dient gewöhnlich ein Haubeil auf einem Bleiklotze, und der Arbeiter haut jede eingezogene Reihe sogleich einzeln ab.

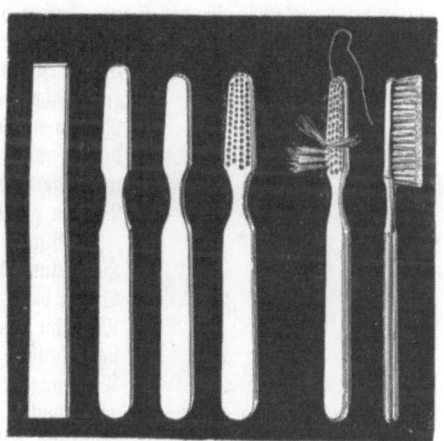

Fig. 977. Befestigung der Borsten in den Zahnbürsten.

Es gibt auch kleine eingezogene Bürsten, deren beinerne oder elfenbeinerne Fassung aus einem einzigen Stück besteht und doch auf dem Rücken von Löchern und Draht nichts sehen läßt. Das Kunststück besteht darin, daß die Stücke im Innern so vielmal längshin durchbohrt sind, als Büschelreihen vorhanden; in diese inneren Kanäle münden die Büschellöcher; das Bindemittel ist geglätteter Zwirn; man zieht einen Faden durch das Langloch, holt bei jedem Büschelloch eine Schleife desselben heraus, legt die Borsten ein und zieht fest; die kleinen Löcher an den Enden werden schließlich verkeilt und verputzt.

Der Bürstenbinder macht auch gelegentlich gedrehte Arbeit, indem er zwischen zwei ausgespannte, sich berührende Drähte gleichlang geschnittene Borsten so einbringt, daß sie gerade in der Mitte gefaßt werden. Wird dann diese Zurichtung mittels einer Kurbel gedreht, so ordnen sich die Borsten in einen schraubenförmigen Gang, erhalten zugleich einen festen Sitz, und man hat je nach Umständen eine Flaschenbürste, einen Gewehr- oder Pfeifenräumer u. dergl.

Auch dem Bürstenbinder hat man mehrfach mit Maschinen ins Handwerk zu greifen gesucht, bis es endlich vollständig gelungen ist. Es ist bereits vor etwa fünfzehn Jahren von einem Herrn Woodbury in New York eine sinnreich erdachte und leistungsfähige Maschine zur Bürstenfabrikation erfunden worden, deren Beschreibung wir mit bezug auf die Fig. 978 und 979 folgen lassen. Die Arbeitsausführung dieser Maschine besteht im wesentlichen aus der Befestigung der Borsten im Bürstenholze nach einer von den oben beschriebenen Verfahrungsweisen gänzlich verschiedenen und dabei sehr praktischen Methode. Bei dem Woodburyschen Verfahren werden die Löcher, die zur Aufnahme der Borsten im Bürstenholze dienen, nicht ganz durchgebohrt, so daß nicht ein besonderes Rückenholz zur Verdeckung der eingesetzten Borstenenden und zum Schutze der dieselben festhaltenden Fäden oder Drähte aufgeleimt zu werden braucht, was selbstverständlich von Vorteil ist.

Die Herstellung der Bürsten nach Woodburys Verfahren geht in der folgenden Weise vor sich: Die Bürstenhölzer werden der Fabrik bereits in der gehörigen Form geliefert und die Stellung der Löcher für die Befestigung der Borsten ist darauf mittels Einpressung durch eine geeignete Maschine angegeben. Die Löcher selbst werden alsdann mittels einer besonderen, sehr zweckmäßig eingerichteten kleinen Bohrmaschine eingebohrt, wobei die Maschine auf die gewünschte Lochtiefe eingestellt wird, so daß alle Löcher ohne weiteres genau gleichtief werden. Mit einer solchen Maschine kann ein Arbeiter in zehn Stunden 50—60 000 Löcher bohren.

Die Borsten werden unterdessen mittels eines besonderen Apparats zwischen die Zähne großer Metallkämme eingesetzt, so daß dieselben für die Wirkung der Borsteneinsetzmaschine bereit gehalten werden. Zum Zweck dieser Anordnung der Borsten nimmt der Arbeiter ein Bündel derselben in die Hand, breitet dieselben aus und schiebt sie rasch zwischen zwei seitlich vorstehende Leisten seines Apparates ein; durch Niedertreten eines Fußbrettes werden die Borsten von diesen Leisten eingeklemmt und so zwischen zwei Zähne des in dem Raume befindlichen Kammes gebracht. Der Kamm bewegt sich dann abwärts und ein frisches Borstenbündel wird zwischen das nächste Paar Zähne gebracht; so wird die Arbeit fortgesetzt, bis alle Zähne des Kammes mit Borsten gefüllt sind.

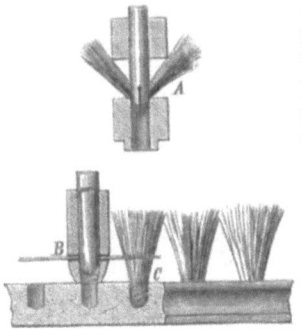

Fig. 978. Befestigung der Borsten im Bürstenholze nach Woodburys Methode.

Bürstenhölzer und Borsten sind nunmehr zur weiteren Herstellung der Bürsten bereit und zur Ausführung dieser Arbeit dient die bereits erwähnte, in Fig. 979 abgebildete Maschine, deren hauptsächlich wirksame Teile sich in einem vorstehenden Arme befinden, unter welchem ein verstellbarer Tisch angebracht ist. Der mit den Borsten gefüllte Kamm wird hinter den erwähnten Arm in schräger Lage auf eine Führung gelegt und die in Thätigkeit versetzte Maschine ergreift mit Zähnen die Borsten und führt dieselben durch einen spiraligen Gang, wobei eine Spitze die zu einem Bündel nötige Menge abteilt. Unter dieser Spitze befindet sich ein Keil, welcher das Bündel über ein Rohr und unter einen eingekerbten und geschlitzten Stempel führt, wie Fig. 978 zeigt. Dieser Stempel preßt im Niedergange das Borstenbündel durch das Rohr hindurch, wobei die Bürsten in der Mitte erfaßt und mit ihren Enden beiderseits nach oben gerichtet werden, indem sie sich in die Einkerbung des Stempels beiderseits einschmiegen. Am unteren Ende des Rohrs befindet sich eine Mutter mit einem spiralig eingeschnittenen Gewinde. Die Mutter ist mit seitlichen Löchern versehen, und wenn das doppelt zusammengebogene Borstenbündel in dieselbe eintritt, wird ein Draht selbstthätig von einer Rolle abgewunden, so daß derselbe durch die Mutter hindurchgezogen wird und sich fest um den umgebogenen Teil des Borstenbündels herumwindet, worauf derselbe in der erforderlichen Länge abgeschnitten wird.

Hierauf bewegt sich das Kolbenrohr und die Mutter mit dem eingeschlossenen Borstenbündel B herunter nach dem Bürstenholze, welches auf dem verstellbaren Tische in die gehörige Lage gebracht worden ist, so daß das mit Draht umwundene Ende des Borstenbündels über eines der Löcher des Bürstenholzes zu stehen kommt, worauf der Stempel mit einer drehenden Bewegung das mit der Drahtspirale umwundene Ende des Borstenbündels in das Loch des Bürstenholzes hineindreht, so daß das Borstenbündel darin förmlich eingeschraubt wird, wie bei C ersichtlich ist.

Die Maschine ist sowohl zur Herstellung grober als auch feiner Bürsten zu benutzen und arbeitet nicht nur auf Borsten, sondern auch auf Haar, Tambiko und jeden andern anstatt der Borsten zur Bürstenherstellung benutzten Stoff. Auch kann anstatt des Holzes jedes andre geeignete Gebilde, wie Elfenbein, Knochen, Hartgummi, Leder u. s. w., angewendet werden. Nach dem Einsetzen der sämtlichen Borstenbündel werden dieselben mittels einer besonderen Maschine auf gleiche Länge geschnitten, um der Bürste eine gerade glatte Fläche zu geben. Diese Maschine arbeitet mit einer Walze, auf welcher ein spiralig gebogenes Messer sitzt. Schließlich wird der Borstenhalter oder Bürstenrücken noch auf einer Maschine mit einer rotierenden Sandpapierwalze abgeschliffen, worauf die Bürsten durch Lackieren oder Polieren ihre Vollendung erhalten. Die so hergestellten Bürsten sollen sich durch große Haltbarkeit auszeichnen. Die beschriebene Maschine soll auf die angegebene Weise in der Minute 60—70 Borstenbüschel in der Bürste befestigen können.

Fig. 979. Woodburys Maschine zur Bürstenfabrikation.

Von Pinseln pflegt der Bürstenmacher nur die größeren, mit Holzstiel versehenen, für Tüncher, Anstreicher u. s. w. bestimmten in seinen Bereich zu ziehen, deren einfache Herstellung, wobei Borsten und Holz durch Pech, Bindfaden, Blechstreifen u. s. w. verbunden werden, eine Beschreibung nicht erfordert. Dagegen bildet die Fabrikation der Pinsel für alle Arten von Kunstmalerei in der Regel einen besonderen Geschäftszweig, und zwar einen solchen, bei dem es auf Geschick und Genauigkeit im Behandeln kleiner Gegenstände ganz besonders ankommt. Eine ganze Reihe verschiedener Tierarten muß bekanntlich im Dienste der Kunst Haare lassen zu Pinseln, ohne daß deshalb das Schwein entbehrlich würde, denn der Ölmaler kann bei der Zähigkeit seiner Farben nur Borstenpinsel brauchen und bestreitet damit bis auf einzelne Fälle feinster Arbeit alles. Es dienen hierbei die weichsten Borsten des zahmen Schweines; am tauglichsten sind die Borsten aus der Champagne, demnächst die fränkischen und hessischen. Obwohl die Ölfarbenpinsel sich im Volumen schon mehr den gewöhnlichen Bürstenwaren nähern, so erfordert ihre Anfertigung doch dieselbe Sorgfalt wie die der kleinen Haarpinsel und geschieht auch in gleicher Weise, nur daß man die Borsten nicht in Federposen, sondern in ein Blechrohr faßt und einen Holzstiel einsteckt.

Zu den weichen Haarpinseln werden in den meisten Fällen nur die Schweifhaare und nur von einigen Pelztieren die ganze Behaarung benutzt. Man entfettet zunächst die Haare durch Waschen der Schwänze oder Felle in Alaunwasser, legt dieselben 24 Stunden lang in Wasser, entfernt letzteres durch Streichen in der Richtung der Haare und trocknet sodann. Hierauf faßt man die Haare in kleinen Büscheln mit einer Zange und schneidet dieselben mit einer Schere glatt am Felle ab. Die Büschel legt man einzeln, unter Berücksichtigung der Haarlängen, denn es ist wesentlich, daß die Haare eines Pinsels sämtlich von gleicher Länge sind. Die genauere Sonderung erfolgt durch Einsetzen der Haare, mit den Spitzen nach oben in ein blechernes Kästchen, wobei man es durch gelindes Aufstoßen des Kästchens auf den Tisch dahin zu bringen sucht, daß alle Haare mit ihren unteren Enden auf den flachen Boden zu stehen kommen. Ist dies geschehen, so zieht man mit der Zange alle über eine gewisse Höhe vorstehenden Haare heraus und verbraucht dieselben bei Herstellung andrer Nummern. Von dem ausgesonderten Vorrat gleichlanger Haare nimmt man nun in einzelnen Mengen so viel, als zu einem Pinsel gehört, und stellt jedes dieser Büschel mit den Haarspitzen nach unten in ein Becherchen, das einen rund ausgetieften Boden hat und etwa einem Fingerhute zu vergleichen ist. Durch gelindes Aufstoßen des Becherchens bringt man die Haare auf dem nach innen gewölbten Boden wieder zum Aufsitzen, drückt dann den Büschel mit den Fingern zusammen und schnürt ihn am Wurzelende mit einem feinen, im Fischerknoten geschlungenen Faden. Der kleine Haarcylinder erhält darauf noch eine weitere einstweilige Umwickelung mit einem stärkeren Faden, dann schneidet man das Hinterende mit einer Schere gerade ab. Um die Pinsel in Schwan=, Gans=, Tauben= u. s. w. Kiele ein= zusetzen, weicht man diese zunächst einen Tag in Wasser und schiebt dann die ebenfalls an= gefeuchteten und zwischen den Lippen gespitzten Büschel mit einem Stäbchen oder Draht vom dicken nach dem dünnen Ende hindurch, bis sie genügend herausgetreten sind. Wenn das Größenverhältnis zwischen Büschel und Pose gehörig beachtet ist, so daß zum Durchschieben einige Gewalt nötig ist, so halten die Haare in der beim Trocknen sich zusammenziehenden Pose fest und sicher. Durch die Wirkung des erwähnten fingerhutförmigen Modells zeigen die Pinselhaare im trockenen Zustande eine stark gewölbte, halbkugelartige Endfläche und bilden, mit Farbe getränkt, eine einzige schlanke und fein auslaufende Spitze, von deren Gleichmäßigkeit die Güte des Pinsels abhängt. Bei Breitpinseln ist die Bearbeitung der Haare nicht wesentlich verschieden, nur daß sie schließlich zu einer Fläche ausgebreitet und zwischen zwei Plättchen gefaßt werden.

Von den zu Pinseln dienenden Haaren mögen die gebräuchlichsten hier namhaft ge= macht werden. Ziegenhaare, von den gesamten kurzen und feinen Haaren der Ziege, sind wohl der älteste Rohstoff zu Malerpinseln, fast ebenso gut, aber nicht so dauerhaft wie die Fischpinsel. Diese letzteren mit ihrer korrupten Benennung sollen eigentlich Fitschpinsel heißen und stammen aus dem Schweife des Iltis (englisch fitch), die geringeren vom in= ländischen, die feinen vom russischen Silberiltis. Von Marderpinseln hat man rote und braune, letztere vom Edelmarder, erstere von dem roten Marder asiatischer Steppen und aus dem nördlichen Amerika. Dachspinsel kommen entweder von den Gesamthaaren des amerikanischen oder in geringerer Güte des deutschen und polnischen Dachses. Die beste und feinste, aber auch teuerste Sorte sind die schwarzen russischen Zobelpinsel, anwendbar für jede Art Malerei und im Miniaturfach durch nichts andres zu ersetzen.

Auch die feinen Malerpinsel waren sonst ein Artikel, der nur aus dem Auslande, namentlich aus Paris, in bester Güte bezogen werden konnte. Jetzt hat sich dies geändert; man fertigt in Deutschland selbst jetzt ebenfalls gute Ware, und namentlich hat sich in München unter dem Einfluß der dortigen Künstlerwelt eine Fabrikation herausgebildet, welche die Pariser Pinsel völlig entbehrlich macht.

Darmsaiten. Wenn uns im Konzert die seelenvollen, perlenreinen Töne des Violin= virtuosen in Entzücken versetzen, so denken wir gewiß am allerwenigsten daran, wie der Künstler nur dadurch die Töne schafft, daß er Pferdehaare über Schafdärme hinwegzieht. Pferd und Schaf haben das alte, wie es scheint, unumstößliche Privilegium, für das schönste Musikinstrument, das der Mensch ersann, die Hauptbestandteile zu liefern. Nur die Seiden= raupe kann einigermaßen für das Schaf eintreten; aus ihren Fäden lassen sich, was man eigentlich von den Chinesen gelernt hat, brauchbare Quinten spinnen, ohne daß ihnen jedoch die ganze Tonfülle der Darmsaiten inne wohnte; indes sie sind weniger als diese dem Reißen ausgesetzt, und dieser ökonomische Vorzug verschafft ihnen bei böhmischen Musikanten und andern Kleinkünstlern Eingang.

Die Benutzung tierischer Därme zu allerhand Saitenspiel scheint uralt zu sein; in Deutschland wurden schon vor länger als 400 Jahren neben Drahtsaiten auch solche aus Därmen gemacht, am meisten in Nürnberg und Augsburg. Das Bezugsland der besten Saiten ist bekanntlich lange Zeit hindurch Italien gewesen; ohne sogenannte römische Saiten, die aber nicht in Rom, sondern in Neapel, bezw. Verona, gefertigt wurden, konnte kein Geiger bestehen; indes werden jetzt in Deutschland und Frankreich vielleicht bessere Saiten gefertigt als in Italien, weil von dort nur noch Quinten verlangt werden, zu denen auch der weniger passende Stoff mit verarbeitet werden muß.

Man hat lange die Überlegenheit der italienischen Saiten in Fachgeheimnissen gesucht oder durch das warme, trockene Klima die Eigenheiten des dortigen Schafviehes u. s. w. erklären wollen. Der eigentliche Grund jedoch liegt in dem wirtschaftlichen Umstande, daß die meisten italienischen Schafe, weil ihre Aufzucht zur Wollerzeugung nicht lohnt, schon im ersten Jahre unter das Schlachtmesser kommen. Es fehlt daher den Saitenfabrikanten in der passenden Jahreszeit nicht an gutem Rohstoff, der übrigens auch hoch bezahlt wird. Für die Quinten dienen die ausgesuchtesten Därme von solcher Feinheit, daß ihrer drei auf eine Saite kommen. Nur noch die Lyoner Fabriken liefern dreidrähtige Ware, da ihnen das kleine Schafvieh einiger südfranzösischer Gegenden dies ermöglicht; anderwärts macht man sie zweidrähtig oder teilt, was man namentlich in Paris gut versteht, die Därme der Länge nach und verarbeitet diese Bänder statt ganzer Därme. Die größte französische Fabrik ist die von Savaresse in Paris; sie verarbeitet jährlich die Därme von 800000 Schafen.

In Italien beginnt das Schlachten der Lämmer und die Saitenfabrikation zu Ostern; die Tiere sind zu dieser Zeit aber noch zu jung und ohne Grasnahrung, und die Saiten, die von ihnen kommen, taugen nichts, obschon sie das schönste kristallhelle Ansehen haben. Man erkennt sie daran, daß sie nicht völlig schlicht, sondern etwas grieselig sind. Von Juni bis September fällt die schönste Ware; weiterhin werden die Därme für Quinten zu stark und geben nur noch die stärkeren Nummern; doch verlegt man sich jetzt in Italien auch auf das Spalten der Därme, um immer noch Quinten machen zu können. Noch vor Jahresschluß hört die Fabrikation ganz auf, um erst zu Ostern wieder zu beginnen.

Der Hauptnachdruck bei der Saitenfabrikation liegt in einer höchst sorgfältigen Zurichtung der Därme vor der Verspinnung. Es werden nur die Dünndärme des Tieres benutzt. Wie die allgemeine Körperhaut, besteht auch die Wandung der Därme aus drei Schichten, deren beide äußere wegzuschaffen sind, da nur die mittlere brauchbar ist. Die Därme müssen deshalb einer Art Maceration oder angehenden Fäulnis unterworfen werden, damit eine Auflockerung eintritt, welche die Entfernung des Unbrauchbaren gestattet. Nachdem also sofort beim Schlachten die Därme von ihrem Inhalte gereinigt werden, legt man sie in Italien 24 Stunden in frisches Wasser, das öfters erneuert werden muß. In der Pariser Fabrik von Savaresse läßt man durch den steinernen Macerationskasten 12—15 Stunden lang Wasser von 25° langsam durchfließen und zuletzt noch ein Waschrad fünf Stunden lang darin gehen. In warmer Witterung kann man den Macerationsprozeß auch mit freiem, fließendem Wasser vornehmen, indessen mißlingt derselbe den Italienern doch oft genug.

Aus dem Macerationswasser genommen, werden die Därme sogleich durch schiebendes Drücken mittels einer stumpfkantigen Klinge auf einem Brette von der inneren schleimigen Membran befreit und dann die äußere in Form von Streifen abgezogen, welche in Paris ebenfalls gedreht, geschwefelt und geglättet werden und für Peitschenfabrikanten u. dergl. brauchbar sind. Die übrig gebliebenen mittleren Membranen unterliegen nun noch der eigentlichen Zubereitung, welche aus einer Behandlung mit anfangs sehr schwachen, dann immer stärker werdenden alkalischen Laugen besteht. In Italien wendet man Weinhefe an, bei Savaresse Weinhefe mit Pottasche, anderwärts auch wohl Pottasche allein. Während dieser Zeit aber gehen die Därme oder Saitlinge wohl 20mal durch die Hände der Arbeiter, indem sie jedesmal, wenn sie aus einem Laugenbade genommen werden, um in ein stärkeres gebracht zu werden, was gewöhnlich alle Tage einmal zu geschehen pflegt, vorher immer zwischen dem mit einem messingenen Fingerhut versehenen Daumen und dem Zeigefinger mit einer gewissen Pressung durchgezogen und dadurch von allen noch anhängenden Unreinheiten befreit und zugleich gestreckt werden. Bei jedem Wechsel der Lauge bleiben die Saitlinge eine Stunde an der Luft hängen und werden in dem hierbei eintretenden halbtrockenen Zustande ebenfalls durch die Finger gezogen. Bei dieser vielfachen Bearbeitung werden sie immer reiner und klarer, quellen immer mehr auf und schwimmen endlich auf dem Wasser. Dies ist der Zeitpunkt, in welchem sie ohne Zaudern versponnen werden müssen, nachdem sie zuvor in frischem Wasser von aller Lauge befreit worden sind. Vor dem Verspinnen ist jedoch noch mit aller Sorgfalt die Sortierung vorzunehmen. Man sucht die feinsten, zu dreidrähtigen Quinten passenden Stücke aus, scheidet die hellen von den dunkleren, welche rot oder blau zu färben sind, sortiert nach verschiedenen Stärken und spaltet nötigenfalls, wenn man Material für Quinten zu erhalten wünscht. Da die Därme immer nach dem einen Ende dünner auslaufen, so legt man die zu einer Saite bestimmten verschränkt aneinander, um eine möglichst gleiche durchgängige Dicke zu erhalten. Das nachträgliche Abschleifen ist ein schlechter Notbehelf, da er zur Folge hat, daß die Saiten im Gebrauch rauh werden.

Das Spinnen oder Zusammendrehen der feuchten Saitlinge geschieht auf einem Seilerrad, und man muß dabei großes Augenmerk auf die Saite haben und stets mit den Fingern darauf hin und her fahren, um Knotenstellen auszugleichen und eine gute Rundung zu erzielen. Die Saiten erhalten durchschnittlich ein paar hundert Drehungen, die Quinten mehr, die dickeren im Verhältnis weniger. Man gibt aber den bestimmten Grad der Drehung nicht auf einmal, sondern in Absätzen, auf zwei=, drei=, selbst auf viermal. Ist die erste lockere Drehung gegeben, so spannt man die Saite, um sie in diesem Zustande zu erhalten, sofort noch feucht auf einen mit Pflöckchen besteckten Rahmen. Wenn derselbe voll ist, so kommt er in die Schwefelkammer. Hier erhalten die Saiten zunächst eine gelinde Heizung, so daß sie in zwölf Stunden etwas, aber durchaus nicht ganz getrocknet sind. Dann zündet man den Schwefel an und verklebt die Kammer. Nach etwa 24stündigem Aufenthalt in der Kammer nimmt man die nun gebleichten Saiten heraus und gibt ihnen auf dem Rade eine zweite Drehung. Für schwache Saiten genügt dieselbe, während man bei stärkeren die Schwefelung und Drehung nach Verhältnis noch ein= bis zweimal wiederholt, oder, wie bei Savaresse, den Aufenthalt in der Schwefelkammer 2—8 Tage dauern läßt, die Rahmen in der Zwischenzeit zuweilen herausnimmt, um sie zu befeuchten und der Luft auszusetzen. Zuletzt werden die aufgespannten Saiten geglättet, indem man sie befeuchtet und einen Wisch von Pferdehaaren etwa 50mal drückend über sie hinführt, oder, wie in Frankreich, eine einfache, mit ein paar Haarkissen versehene Maschinerie diese für die Hand mühsame Abreibung besorgen läßt. Zum Schluß poliert man in derselben Weise trocken mit Glaspulver und tränkt dann die Saiten mit gutem Olivenöl.

Zu den höchsten Mandolinensaiten werden nur zwei Saitlinge verwendet, zu Violinquinten drei, oder, wo man dazu das Zeug nicht hat, 4—6 zusammengedrehte halbe; zu der a=Saite 3—4 ganze, zu der d=Saite 6—8 dergleichen. Für Guitarre nimmt man feinere Därme als für Violine, für Violoncello bis 10, für Harfen bis 22, für die Quinte des Kontrabasses bis 40, für das D desselben bis 85. Je stärker die Saiten, um so eher läßt sich für den eigentlich besten Rohstoff etwas Verwandtes unterschieben. In Deutschland und Frankreich verarbeitet man die Därme von Hammeln und Kälbern mit, in Italien außer Lammdärmen auch Ziegendärme.

Ende des sechsten Bandes.

Im Verlage von **Otto Spamer** in **Leipzig** und **Berlin** ist erschienen und durch alle Buchhandlungen des In- und Auslandes zu beziehen:

Illustrirtes
Allgemeines Familien-Spielbuch.

Vorführung

aller bekannteren Spiele und gebräuchlichen Unterhaltungsweisen

für alle Kreise,

zur körperlichen Erholung und geistig-gemüthlichen Erheiterung und Anregung

im Freien wie im Zimmer.

Mit einer Einleitung

über die Bedeutung des Spiels für Jung und Alt, nebst einer übersichtlichen Erklärung aller in den Spielen vorkommenden Kunstausdrücke, Regeln und Gesetze.

Unter Mitwirkung anerkannter Sachverständiger

herausgegeben von

Dr. Jan Daniel Georgens und **Jeanne Marie von Gayette-Georgens.**

Mit über 300 Text-Abbildungen sowie 10 Tonbildern und einem aquarellirten Titelbilde von Hermann Vogel, Einführungs- und Buntbildern von L. Burger, G. Aeßel, C. Röhling u. A., Tabellen, musikalischen und anderen Beigaben.

Ein starker Band von 80 Bogen geheftet ℳ 9; elegant in Ganzleinen gebunden ℳ 10.
Auch in 18 Heften (zu je 5—6 Bogen) à 50 Pf. beziehbar.

Kurze Inhaltsübersicht:

Einleitung: Das Spiel und seine Bedeutung für Jung und Alt. **Erste Abtheilung:** I. Gesellschafts- und Personenspiele im Freien und im Zimmer. Gedankenspiele (jeux d'esprit). Gesellige Belustigungen. Bezir-, Wett- und Rathspiele. II. Formenspiele. III. Darstellende Spiele. Dramatische Spiele mit und ohne Musikbegleitung. Lebende Bilder, Charaden- und Sprichwörter-Aufführungen. Haus- und Familienfeste. Polterabendscherze. Zur silbernen Hochzeit. Geburtstagsgratulationen. Weihnachtsaufführung. Volksthümliche Weihnachtspiele. Liebhabertheater. Anhang: Musikbeilage. **Zweite Abtheilung.** I. Wurf- und Schleuder-, beziehentlich Stoßspiele. Ballspiele. Kugelspiele. Kegelschieben. Das Billardspiel. II. Setz- und Glücksspiele. Das Lotto und seine Abarten. Die Knöchel- und Würfelspiele. Das Domino. Das sogenannte Tivolispiel (Gesellschaftsspiel). Roulette. Die Wette und das Börsenspiel. III. Brett- und Positionsspiele (Sitzspiele). Reine Positionsspiele. Brettspiele mit (Benutzung von) Würfeln. IV. Das Schachspiel und seine Abarten. V. Die Kartenspiele. **Dritte Abtheilung.** Sport, Leibesübungen und ritterliche Künste. Anhang. Uebersichtliche Erklärung aller in den Spielen vorkommenden Kunstausdrücke, Regeln und Gesetze. Musikbeilagen.

Bestellungen nehmen alle Buchhandlungen des In- und Auslandes entgegen, sowie die
Verlagsbuchhandlung von Otto Spamer in Leipzig, Gellertstr. 2/3
— in Berlin, Großbeerenstr. 75. —

Verlagsbuchhandlung von **Otto Spamer** in **Leipzig**.

Interessante Neuigkeit!

Moderne Wunder.

Natürliche Erklärung der älteren wie neueren Geheimnisse
der
Spiritisten und Antispiritisten, Geistercitierer, Hellseher,
Gedankenleser, Heilmedien, Mnemotechniker, Rechenkünstler

sowie der

neueren sensationellen Wunder und Darstellungen

aus dem Gebiete der Optik, Physik und Mechanik.

Von

Carl Willmann,

Fabrikant magischer Apparate in Hamburg.

In Oktavformat, 240 Seiten. Mit 50 Text-Abbildungen u. acht Tonbildern.

Preis: Geheftet ℳ 5. Elegant gebunden ℳ 6.50.

Kurze Inhalts-Übersicht.

Aberglaube und Afterwunder. — Die Sinnestäuschungen. — Die Bindeproduktionen. — Die Durchdringung der Stoffe. — Materialisirte Gestalten. — Die Dunkelsitzung.

Die Hand- und Fußabdrücke. — Die Geisterschrift. — Die magnetische Heilkraft. — Das Tischrücken. — Das Hellsehen. — Das Gedankenlesen. — Die Geistererscheinungen.

Sensationelle Wunder.

Prospekte mit ausführlicher Inhaltsangabe und Illustrationsprobe werden an Interessenten gratis abgegeben!

Zu beziehen durch alle Buchhandlungen des In- und Auslandes.

If you have any concerns about our products,
you can contact us on
ProductSafety@springernature.com

In case Publisher is established outside the EU,
the EU authorized representative is:
**Springer Nature Customer Service Center GmbH
Europaplatz 3, 69115 Heidelberg, Germany**

Printed by Libri Plureos GmbH
in Hamburg, Germany